미국관습단위와 SI 단위 사이의 환산

U.S. Customary unit		Times conversion factor		Equals SI unit	
		Accurate	Practical		
Acceleration (linear)					
foot per second squared	ft/s^2	0.3048*	0.305	meter per second squared	m/s^2
inch per second squared	$in./s^2$	0.0254*	0.0254	meter per second squared	m/s^2
Area					
circular mil	cmil	0.0005067	0.0005	square millimeter	mm^2
square foot	ft^2	0.09290304*	0.0929	square meter	m^2
square inch	$in.^2$	645.16*	645	square millimeter	mm^2
Density (mass)					
slug per cubic foot	$slug/ft^3$	515.379	515	kilogram per cubic meter	kg/m^3
Density (weight)					
pound per cubic foot	lb/ft^3	157.087	157	newton per cubic meter	N/m^3
pound per cubic inch	$lb/in.^3$	271.447	271	kilonewton per cubic meter	kN/m^3
Energy; work					
foot-pound	ft-lb	1.35582	1.36	joule (N·m)	J
inch-pound	in.-lb	0.112985	0.113	joule	J
kilowatt-hour	kWh	3.6*	3.6	megajoule	MJ
British thermal unit	Btu	1055.06	1055	joule	J
Force					
pound	lb	4.44822	4.45	newton ($kg·m/s^2$)	N
kip (1000 pounds)	k	4.44822	4.45	kilonewton	kN
Force per unit length					
pound per foot	lb/ft	14.5939	14.6	newton per meter	N/m
pound per inch	lb/in.	175.127	175	newton per meter	N/m
kip per foot	k/ft	14.5939	14.6	kilonewton per meter	kN/m
kip per inch	k/in.	175.127	175	kilonewton per meter	kN/m
Length					
foot	ft	0.3048*	0.305	meter	m
inch	in.	25.4*	25.4	millimeter	mm
mile	mi	1.609344*	1.61	kilometer	km
Mass					
slug	$lb-s^2/ft$	14.5939	14.6	kilogram	kg
Moment of a force; torque					
pound-foot	lb-ft	1.35582	1.36	newton meter	N·m
pound-inch	lb-in.	0.112985	0.113	newton meter	N·m
kip-foot	k-ft	1.35582	1.36	kilonewton meter	kN·m
kip-inch	k-in.	0.112985	0.113	kilonewton meter	kN·m

미국관습단위와 SI 단위 사이의 환산 (계속)

U.S. Customary unit		Times conversion factor		Equals SI unit	
		Accurate	Practical		
Moment of inertia (area)					
inch to fourth power	in.^{4}	416,231	416,000	millimeter to fourth power	mm^4
inch to fourth power	in.^{4}	0.416231×10^{-6}	0.416×10^{-6}	meter to fourth power	m^4
Moment of inertia (mass)					
slug foot squared	slug-ft^2	1.35582	1.36	kilogram meter squared	kg·m^2
Power					
foot-pound per second	ft-lb/s	1.35582	1.36	watt (J/s or N·m/s)	W
foot-pound per minute	ft-lb/min	0.0225970	0.0226	watt	W
horsepower (550 ft-lb/s)	hp	745.701	746	watt	W
Pressure; stress					
pound per square foot	psf	47.8803	47.9	pascal (N/m^2)	Pa
pound per square inch	psi	6894.76	6890	pascal	Pa
kip per square foot	ksf	47.8803	47.9	kilopascal	kPa
kip per square inch	ksi	6.89476	6.89	megapascal	MPa
Section modulus					
inch to third power	in.^{3}	16,387.1	16,400	millimeter to third power	mm^3
inch to third power	in.^{3}	16.3871×10^{-6}	16.4×10^{-6}	meter to third power	m^3
Velocity (linear)					
foot per second	ft/s	0.3048*	0.305	meter per second	m/s
inch per second	in./s	0.0254*	0.0254	meter per second	m/s
mile per hour	mph	0.44704*	0.447	meter per second	m/s
mile per hour	mph	1.609344*	1.61	kilometer per hour	km/h
Volume					
cubic foot	ft^3	0.0283168	0.0283	cubic meter	m^3
cubic inch	in.^{3}	16.3871×10^{-6}	16.4×10^{-6}	cubic meter	m^3
cubic inch	in.^{3}	16.3871	16.4	cubic centimeter (cc)	cm^3
gallon (231 in.^{3})	gal.	3.78541	3.79	liter	L
gallon (231 in.^{3})	gal.	0.00378541	0.00379	cubic meter	m^3

*An asterisk denotes an *exact* conversion factor

***Note:* To convert from SI units to USCS units, *divide* by the conversion factor**

Temperature Conversion Formulas

$$T(°C) = \frac{5}{9}[T(°F) - 32] = T(K) - 273.15$$

$$T(K) = \frac{5}{9}[T(°F) - 32] + 273.15 = T(°C) + 273.15$$

$$T(°F) = \frac{9}{5}T(°C) + 32 = \frac{9}{5}T(K) - 459.67$$

Mechanics of Materials
Second Edition, SI

Andrew Pytel

The Pennsylvania State University

Jaan Kiusalaas

The Pennsylvania State University

SI Edition Prepared by:

Ishan Sharma

Indian Institute of Technology Kanpur

Cengage

Mechanics of Materials, SI Edition, 2nd Edition

Andrew Pytel
Jaan Kiusalaas

ISBN-13: 979-11-5971-575-4

Cengage Learning Korea Ltd.
14F YTN Newsquare 76 Sangamsan-ro
Mapo-gu Seoul 03926 Korea
Tel: (82) 1533 7053
Fax: (82) 2 330 7001

Printed in Korea
Print Number: 01 Print Year: 2024

MECHANICS of MATERIALS
SI version

재료역학

SECOND EDITION

Andrew Pytel, Jaan Kiusalaas 지음

이주성 · 노인식 · 서영성 · 신광복
양박달치 · 우경식 · 이종길 옮김

북스힐
Cengage

Australia • Brazil • Canada • Mexico • Singapore • United Kingdom • United States

재료역학 2판

2판 1쇄 발행 | 2013년 3월 4일
2판 4쇄 발행 | 2024년 3월 5일

지은이 | Andrew Pytel, Jaan Kiusslaas
옮긴이 | 이주성 · 노인식 · 서영성 · 신광복
양박달치 · 우경식 · 이종길
펴낸이 | 조승식
펴낸곳 | (주)도서출판 북스힐

등 록 | 1998년 7월 28일 제 22-457호
주 소 | 서울시 강북구 한천로 153길 17
전 화 | (02) 994-0071
팩 스 | (02) 994-0073

홈페이지 | www.bookshill.com
이메일 | bookshill@bookshill.com

정가 33,000원

ISBN 979-11-5971-575-4

SI 판에 대한 서문

재료역학의 본판 전체에서는 국제단위계(*Le Systéme International d'Unités* 또는 SI)을 사용하였다.

단위의 국제 시스템

미국관습단위계 (United States Customary System: USCS)는 FPS (foot-pound-second) 단위를 사용한다. 이를 영국 또는 영국 제국 단위라고도 한다. SI 단위들은 기본적으로 MKS (meter-kilogram-second) 시스템이다. 그러나 때로는 특히 교재들에서 CGS (centimeter-gram-second)이 SI 단위로서 사용되기도 한다.

본 저서에서의 SI 단위의 사용

본 저서에서는 MKS와 CGS 단위를 모두 사용하였다. 본 저서의 US 판에서 사용했던 USCS 단위나 FPS 단위들은 교재 내용과 문제들에서 모두 SI 단위로 변환하였다. 그러나 안내서, 정부의 표준 그리고 제품 매뉴얼에서 따온 경우 모든 값들을 SI 단위로 변환하는 것이 대단이 어려울 뿐만 아니라 자료의 지적 재산권을 침해할 수 있다. 또한 ASTM의 최저 단위의 수와 Jominy 거리들은 일반적으로 FPS 단위로 계산되고, SI 단위로 변환할 경우 타당성을 상실할 수 있다. 따라서 그림, 표, 예제 그리고 참고 문헌들에 있는 어떤 자료들은 FPS 단위로 남겨 놓았다. FPS와 SI 시스템 사이의 관계에 익숙하지 않은 독자들을 위해 앞표지와 뒷표지 안쪽에 단위 변환표를 제공하였다.

제공된 자료의 사용이 필요한 문제들을 풀기 위해, 제공된 값들은 그것들이 계산에 사용되기 바로 전에 FPS 단위를 SI 단위로 변환할 수 있다. SI 단위로 표준화된 값과 제조자의 자료를 얻기 위해서는 독자는 해당 나라나 지역에 있는 적절한 정부 기관이나 관계자와 접촉해야 할 것이다.

강사용 자료

SI 단위로 된 강사용 풀이집은 요청하면 얻을 수 있다. SI 단위로 된 강사용 풀이집의 전자판과, 그림들의 PowerPoint 슬라이드는 **http://login.cengage.com**에서 구할 수 있다.

독자들이 SI 판에 대해 피드백해 주면 본 저서를 개정할 때 많은 도움이 될 것이다.

발행인

저자서문

이 교재는 재료역학(mechanics of materials)의 첫 번째 과정에서 사용될 것을 목표로 편찬된 것이다. 기계공학, 토목공학 그리고 항공공학과 같이 역학과 관련된 교육 프로그램에서는 2학년 또는 3학년 때에 이 과정을 이수할 것을 요구한다. 다루는 주제의 기본적인 특성상 재료역학은 많은 다른 교과 과정에서 요구되는 과정 또는 기술적인 선택 과목으로 받아들여지는 과정이다. 재료역학을 공부하기 위한 선수 조건으로서 학생들은 강체의 정역학과 적분대수를 포함하는 대수학에 관한 과목을 이수해야 한다.

이 판에서는 이전 판들의 조직성을 유지하였다. 첫 8개의 단원에서는 응력, 변형률, 비틀림, 굽힘 그리고 조합 하중에 대한 설명을 통해 탄성 해석 부분을 강조하였다. 강사는 2 또는 3학점의 시간 내에 이 주제들에 대해 손쉽게 강의를 진행할 수 있을 것이다. 이 교재의 나머지 다섯 개 단원에서는 초보적인 과정에서는 생략해도 되는 내용들을 다루고 있다. 이들 상급의 주제들은 기초 이론을 다루는 이전의 단원들에는 뒤섞여 있지 않기 때문에, 단원들 내의 주제를 생략하지 않고 핵심적인 내용을 가르칠 수 있다. 강사는 탄성 해석 부분을 다 다루고 나서 시간이 허락된다면 그 뒤의 단원에 있는 고급 주제에서 자유롭게 선택할 수 있다. 이러한 방식으로 내용을 구성하면 기본적인 교재에서 볼 수 있는 주제들을 희생하지 않고 많은 분량을 절약할 수 있게 된다.

이 교재의 구성에서 가장 주목할 만한 특징들은 다음과 같다.

제1장에서는 경사면에 작용하는 응력을 포함해서 응력의 개념을 소개하였다. 그러나 일반적인 응력 변환식과 Mohr 원에 대해서는 제8장 이전까지 미루어 놓았다. 학생들이 축 하중, 비틀림하중 그리고 굽힘 하중을 해석하는 경험을 충분히 습득할 때까지 공학 강사들은 종종 조합 하중에 의한 어느 한 점에서의 응력 상태의 개념을 가르치는 것을 멀리한다. 그러나 강사가 과정의 초기에 일반적인 응력 변환식과 Mohr 원을 가르치고 싶다면, 제8장의 내용을 자유롭게 토론하고, 적합하다고 판단되는 부분에서 이를 사용한다.

- 복합보와 곡선보, 비대칭 굽힘과 전단 중심과 같이 고급화된 보의 주제는 기본적인 보 이론과 구분되는 단원들에 나타나 있다. 이렇게 함으로써 강사는 그의 강의 과정에서 설명하고 싶은 주제들에 대해서만 선택하는 것을 편리하도록 해준다.
- '특별 주제들'이라고 이름을 붙인 제12장에서는 중요하지만 기초적인 과정에서는 필수적이지 않은 주제들을 통합 정리하였다. 이에는 에너지법, 파손이론, 응력 집중 그리고 피로에 대한 내용이 포함되어 있다. 모든 것은 아니지만 어떤 내용들은 강사의 판단으로 3학점 과정에서 통상 다룰 수 있는 것들이다.
- 이 교재의 마지막 단원인 제13장에서는 비탄성 해석의 기본에 대해 논의하고 있다. 이 주제를 마지막에 위치시킴으로써 강사는 학생들이 탄성 해석의 기본에 대해 다 배운 다음에 탄소성 변형, 잔류응력 그리고 극한 해석에 대해 효율적이고 종합적으로 취급할 수 있다.

- 감수자들의 제안들을 따라서, 직사각형 봉의 비틀림에 대한 논의를 포함시켰다. 이에 추가하여 기둥들과 보강된 콘크리트보들에 대한 저자들의 의견을 최신화하였다.

이 교재에는 SI 단위를 사용하는 같은 수의 문제를 포함하고 있다. 연습문제들은 직접적으로 관련이 있는 공학형 문제와 직설적인 방식으로 원리를 보여주는 강의용 문제가 균형을 이루도록 노력하였다. 학생들에게 이론에서 문제로 넘어가는 때로는 과도기적인 과정의 어려움에 도움을 주기 위해 응용적인 문제를 푸는 과정의 개요를 포함하였다. 이 교재와 예제 전반에 걸쳐 미지의 물리량들을 정의하고 독립적인 방정식의 수를 인지할 수 있도록 자유물체도를 사용하였다. 역학의 세 기본 개념인 평형 조건, 적합 조건 그리고 물성방정식은 부정정문제에서 지속적으로 강조하였다. 문제들은 다음과 같은 방식으로 배열되어 있다.

- 실질적으로 모든 절의 뒤에는 예제와 각 절에서 설명한 원리와 문제를 푸는 과정을 보여주는 연습문제가 뒤따른다.
- 선택적인 주제들을 제외하고는 각 단원에는 복습문제들이 포함되어 있다. 각 단원에서 설명된 원리를 주어진 문제에 적용하는 것이 항상 분명치 않기 때문에 이렇게 하면 복습문제를 통해 학생들의 이해도를 시험할 수 있다.
- 거의 모든 단원에서 설계 지향적인 문제가 대부분인 컴퓨터 문제로 마무리짓고 있다. 학생들은 이 문제들을 MATHCAD®나 MATLAB®과 같은 고급언어로 풀 수 있는데, 이렇게 하면 프로그래밍을 하는 노력을 최소화할 수 있고, 풀이에 대한 구성과 발표에 집중할 수 있도록 해준다.

부수적인 내용 추가의 강의 자료가 필요하면, **www.cengagebrain.com**을 방문하세요. **cengagebrain.com** 홈페이지에서, 홈페이지 상단에 있는 찾기박스를 사용하여 책의 뒷 표지에 있는 제목의 ISBN을 찾으세요. 그러면 학생들과 강사들을 위한 자료를 찾을 수 있습니다. **www.cengagebrain.com**에서는 다음과 같은 부수적인 것들이 있습니다.

- *Pytel*과 *Kiusalaas*의 재료역학, 제2판 *SI J.L. Pytel*과 *A. Pytel,* 2012와 함께하는 공부 안내. 이 공부 안내의 목적은 두 가지이다. 첫째로 학생들이 부가된 읽을거리에 대한 두드러진 특징에 집중할 수 있도록 도움을 주는 자체 시험이 포함되어 있다. 둘째로 공부 안내는 학생들이 교재에 있는 문제를 푸는 것을 시도하기 전에 대표적인 문제들을 접하는 기회를 갖도록 하는 안내된 문제들을 사용한다.
- 강사용 풀이집과 **http://login.cengage.com**을 통해서 교재에 있는 모든 그림들과 표들의 *PowerPoint* 슬라이드가 있다.

감사 이 교재를 검토하여 제안을 주시고 토를 달아 주신 다음 분들에게 감사를 드린다:

- Roxann M. Hayes, Colorado 대학 광산학부
- Daniel C. Jansen, California 폴리텍 주립대학, San Luis Obispo Ghyslaine McClure, McGill 대학교
- J.P. Mohsen, Louisvulle 대학교
- Hassan Rejali, California 폴리텍 주립대학, Pomana

그리고 열심히 교정해 주신 Pennsylvania 주립대학교 Berks 캠퍼스의 Thomas Gavigan 교수님에게 감사를 드린다.

Andrew Pytel
Jaan Kiusalaas

역자 서문

재료역학(mechanics of materials)은 공학을 전통적인 구분 방법으로 구분할 때 기계공학, 토목공학, 건축공학, 조선공학, 해양공학 그리고 항공공학과 같이 역학과 관련된 교육 프로그램이 요구되는 분야에서는 필수적인 과목이다. 대개의 교과 과정에서 2학년 과정에서 이를 거의 필수 성격으로 이수할 것을 요구하고 있다. 이는 해당 전공과 관련된 제품의 설계에 있어서 반드시 필요한 익혀야 될 지식이기 때문이다.

Pytel과 Kiusalaas이 공저한 이 책을 처음 받아 펼쳐 들고 읽어 본 소감은 이러하다. 이론적인 부분에 대한 군더더기 없는 원리에 대한 설명, 원리를 적용하는 단계적 예제들 그리고 원리의 이해와 응용력을 키워 줄 수 있는 다양한 연습문제들 게다가 컴퓨터를 이용하여 해결하는 문제들 등 원리의 이해에서부터 실제적인 문제에의 응용에 이르기까지 균형을 잃지 않고 체계적으로 다루고 있다는 것이었다. 이번 SI 판에서는 현재 길이-질량-시간의 단위로 주로 사용하는 SI 단위로 불리우는 국제 단위인 MKS (meter-kilogram-second) 시스템을 책 전체를 통틀어서 사용한 것이 이전 판과 다른 점이다.

저자 서문에서 기술한 방식대로 이 교재를 사용한다면 재료역학에서의 기본 원리를 이해하고 이를 실제적인 문제에 응용할 수 있는 능력까지 배양될 것으로 보인다.

이 책을 번역하면서 원문에 충실하고 가능한 이해하기 쉽도록 표현하려고 노력하였으나 재료역학을 필요로 하는 다양한 공학 분야에서 사용하는 용어에 다소 차이가 있을 수 있기에 어색한 부분이 많이 있어 보인다. 영어의 표현을 그대로 번역하면 오히려 이해하는 데에 어려움이 있기 때문에 때로는 원서의 내용을 의역한 부분이 다소 있을 수 있다. 많은 분량의 내용을 번역하는 과정에서 오류와 미흡한 부분이 있을 것으로 보인다. 이 책을 이용하는 여러분들의 아낌없는 질책과 조언을 바탕으로 더 유용한 책으로 보완할 계획이며, 이 책을 이용하는 모든 분들에게 작은 도움이 되기를 희망한다.

끝으로 번역에 기꺼이 참여해 주신 교수님들 그리고 본 번역판이 발행될 수 있는 기회를 주신 북스힐 관계자 여러분들께 감사를 드린다.

역자대표 이주성

차례

제10장
기둥 433

제11장
보에 관한 추가적인 주제들 465

제12장
특별한 주제들 501

제13장
비선형 작용 545

부록 A
평면 도형의 특성에 대한 복습 575

부록 B
표 601

부호목록

A	면적
A'	보 단면의 부분 면적
b	폭: 원점에서 Mohr 원 중심까지의 거리
C	면적의 도심: 우력
c	중립축에서 최외측 섬유까지의 거리
D, d	직경
d	거리
E	탄성계수
e	하중의 편심: 연결부의 간격
f	진동수
F	힘
G	탄성계수
g	중력가속도
H	수평력
h	높이: 보의 높이
I	면적의 관성 모멘트
$\bar{I}$	면적의 중심 관성 모멘트
I_1, I_2	단면의 주관성 모멘트
J	면적의 극관성 모멘트
$\bar{J}$	면적의 중심 극관성 모멘트
k	응력 집중계수: 면적의 관성 반경: 스프링 상수
L	길이
L_e	기둥의 유효길이
M	굽힘 모멘트
M_L	극한 모멘트
M_{nom}	최종 공칭 굽힘 모멘트
M_{ult}	최종 굽힘 모멘트
M_{yp}	항복 모멘트
m	질량
N	안전계수: 수직력: 하중 사이클의 수
n	충격계수: 탄성 계수의 비
P	힘: 봉에서의 축력

P_{cr}	기둥의 임계(좌굴) 하중
P_{des}	기둥의 설계 강도
$\mathscr{P}$	동력(power)
p	압력
Q	면적의 1차 모멘트: 假想하중(假하중)
q	전단류
R	반경: 반력: 합력
r	반경: 기둥 단면의 최소 관성반경
S	단면계수: 중심선의 길이
s	거리
T	운동 에너지: 온도: 인장력: 토크
T_L	극한 토크
T_{yp}	항복 토크
t	두께: 접선 이탈: 단위길이 당 토크
$\boldsymbol{t}$	응력벡터
U	변형률 에너지: 일
u, v	직각 좌표
v	보의 처짐: 속도
V	연직전단력
W	중량 또는 하중
w	분포 하중의 세기
x, y, z	직각 좌표
$\bar{x}, \bar{y}, \bar{z}$	도심의 좌표 또는 무게 중심
α	열팽창률
α, β	각도
γ	전단 변형률: 비중
δ	봉의 신장 또는 수축량: 변위
δ_s	정적 변위
Δ	주어진 변위
ϵ	수직 변형률
$\epsilon_1, \epsilon_2, \epsilon_3$	주변형률
ϕ	저항계수
θ	각도: 탄성선의 처짐각(기울기)

θ_1, θ_2	x축과 주 방향과의 각도
ν	Poisson 비
ρ	곡률 반경: 반경 방향 좌표: 밀도
σ	수직응력
$\sigma_1, \sigma_2, \sigma_3$	주응력
σ_a	반복 하중에서 응력의 진폭
σ_b	지압응력
σ_c	원주응력
σ_{cr}	기둥의 좌굴응력
σ_l	종방향 응력
σ_{nom}	기둥의 공칭(좌굴)응력
σ_{pl}	비례 한도에서의 수직응력
σ_{ult}	최종응력
σ_w	사용 수직응력 (허용수직응력)
σ_{yp}	항복점에서의 수직응력 (수직항복응력)
τ	전단응력
τ_w	사용 전단응력 (허용전단응력)
τ_{yp}	항복점에서의 전단응력 (전단항복응력)
ω	각속도

제 1 장 응력

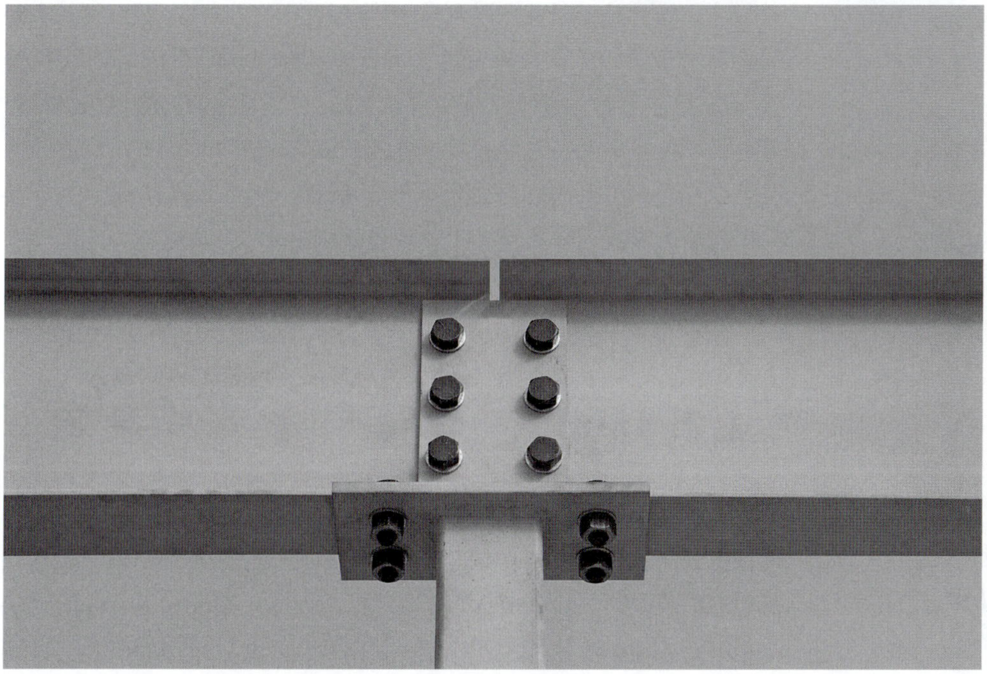

Mark Winfrey/Shutterstock

고속도로 교량 트러스의 부재들은 굽힘은 거의 없이 직접 인장 또는 압축에 의해 하중을 받는다. 트러스는 구조 중량 대 하중비가 높은 효율적인 구조 중의 하나이다.

1.1 개요

공업역학의 세 개의 기본 분야는 정역학, 동역학과 재료역학이다. 정역학과 동역학에서는 주로 **강체의 외적인 영향**을 다룬다. 즉 물체 형상의 변화 (변형)는 무시한다. 이에 비해 **재료역학**에서는 외력에 의한 **내적인 영향**과 **변형**을 다룬다. 이 두 가지에 대해 고려하는 것은 설계에 있어서 가장 중요하다. 기계 요소나 구조는 부서지지 않고 또한 동시에 과도한 변형 없이 작용하는 하중을 받도록 충분히 강해야 한다.

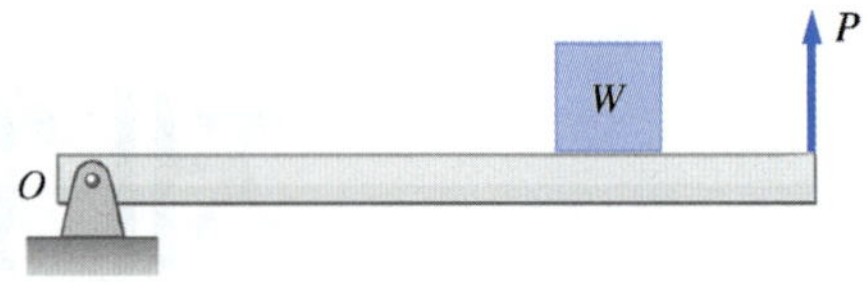

그림 1.1 평형 해석은 하중 P를 결정할 것이다. 그러나 봉의 강도나 강성도를 결정하지는 못한다.

강체역학과 재료역학의 차이는 그림 1.1에 보인 봉을 고려하면 정확히 알 수 있다. 그림에서 보인 위치의 하중 W를 지지하는 힘 P는 평형 해석으로부터 쉽게 구할 수 있다. 봉에 대한 자유물체도(free-body diagram, FBD)를 그린 후, O점의 핀에 관한 모멘트 평형식에서 P 의 값을 결정할 수 있다. 이 해를 구하는 데에 봉은 변형을 무시한 강체로, 그리고 하중 W를 충분히 지지할 수 있을 정도로 강하다고 가정한다. 재료역학에서 정적인 해는 봉이 부서지지 않고 또한 지나친 변형이 없는 것을 확인하기 위해 봉의 내부에 작용하는 하중의 해석을 포함하는 것으로 확장할 수 있다.

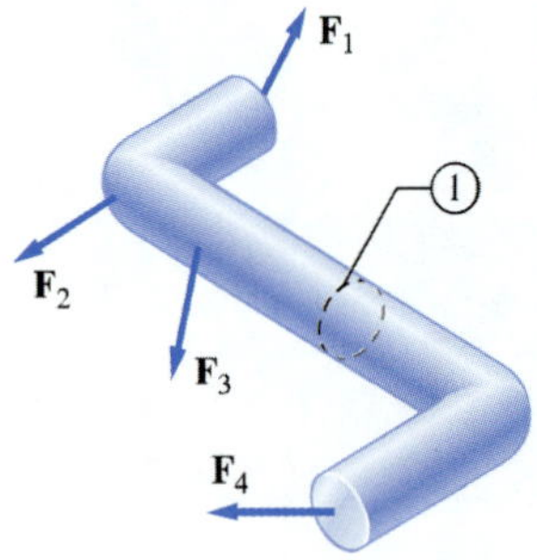

그림 1.2 물체에 작용하는 외력

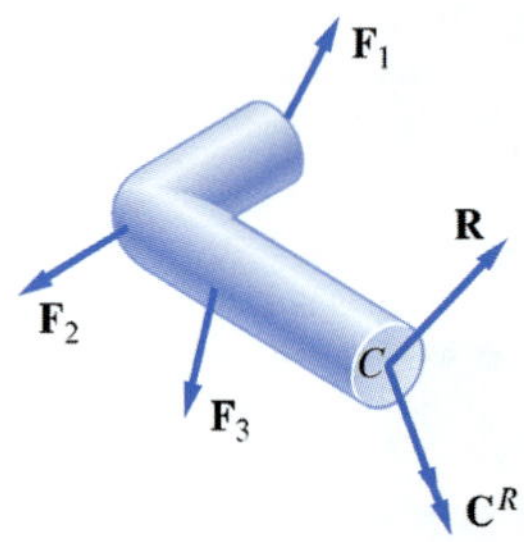

(a)

그림 1.3 (a)
단면①의 내력계를 구하기 위한 자유물체도

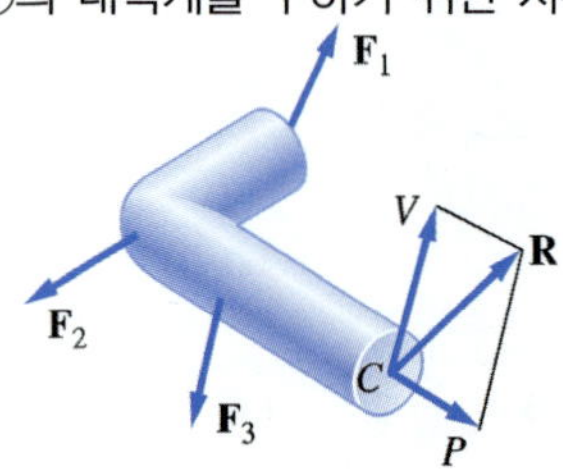

(b)

그림 1.3 (b)
내력 R을 축력 P와 전단력 V로 분해

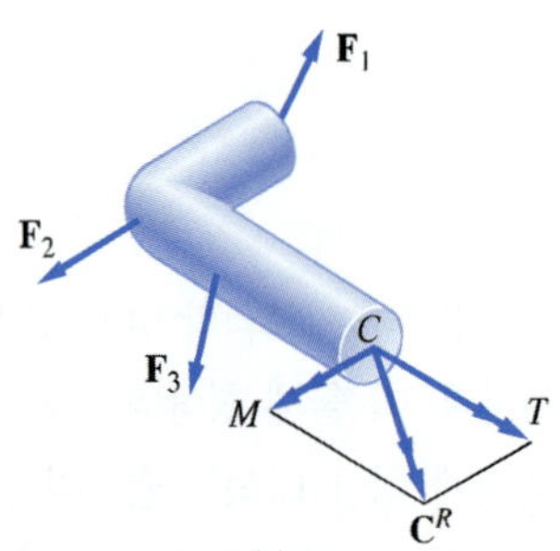

(c)

그림 1.3 (c) 내력 모멘트 $\mathbf{C}^R$을 토크 T와 굽힘 모멘트 M으로 분해

1.2 내력의 해석: 응력

강체의 평형 해석은 주로 외적 반력(물체에 외부로부터 작용되는 힘)과 내적 반력(내부 연결 위치에 작용하는 힘)에 관계된다. 재료역학에서 이 해석은 내력−물체 내부의 단면에 작용하는 힘−을 결정하기 위하여 확장된다. 또한 내력이 물체 내부에 분포되는 방식을 고찰하여야 한다. 이 계산이 수행된 이후에 설계자는 부재의 적절한 치수를 결정할 수 있고 부재를 만드는 재료를 선택할 수 있다.

만약 물체의 평형을 유지시키는 외력을 안다면, 평형 해석에 의해 내력을 바로 계산할 수 있다. 외력 $\mathbf{F}_1$, $\mathbf{F}_2$, $\mathbf{F}_3$와 $\mathbf{F}_4$를 받고 있는 물체를 보인 그림 1.2를 예로 들어 보자. 단면 ①에 작용하는 내력계를 결정하기 위하여 먼저 단면 ①의 양쪽 중 어느 한 방향의 봉의 부분을 떼어 내어 고립시킨다. 그림 1.3 (a)에서는 단면 ①의 왼쪽 부분에 대한 자유물체도를 보인다. 이 자유물체도에는 외력 $\mathbf{F}_1$, $\mathbf{F}_2$, $\mathbf{F}_3$와 더불어 단면에 걸쳐 분포하는 합력−합우력계[1] (resultant force-couple system)를 보여주고 있다. 합력 R은 단면의 도심 C를 지나고, 합우력 $\mathbf{C}^R$은 이중 화살표를 사용하여 우력벡터로 표시되었다.

1 합력 R은 합우력을 도입하면 단면의 어느 위치에도 놓일 수 있다. 합력 R이 단면의 도심에 놓이는 이유는 다음에 설명된다.

만약 외력을 안다면, 평형식 $\Sigma\mathrm{F} = 0$와 $\Sigma\mathrm{M}_C = 0$를 사용하여 R과 $\mathrm{C}^{\boldsymbol{R}}$을 구할 수 있다.

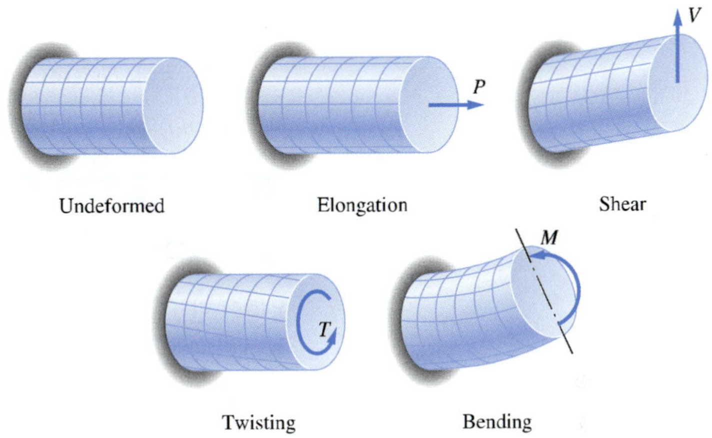

그림 1.4 내력과 우력의 성분에 의해 생기는 변형.

계산 편의상 두 벡터 R과 $\mathrm{C}^{\boldsymbol{R}}$을 그림 1.3 (b)와 (c)에 보인 것과 같이 하나는 단면에 수직하고 다른 하나는 단면에 접하는 두 성분으로 표시한다. 이 성분들에 대해서 다음과 같이 물리적으로 의미있는 이름을 붙인다:

P : 단면에 수직하고 봉을 늘리거나 줄이는 힘의 성분으로 **수직력**(*normal force*)으로 부른다.

V : 단면의 평면에 접하고 봉의 한 부분을 다른 부분에 대하여 자르려는 힘의 성분으로 **전단력**(*shear force*)으로 부른다.

T : 봉을 비트는(회전시키는) 합우력 성분으로 **비틀림 모멘트**(*twisting moment*) 또는 **토크**(*torque*)라 부른다.

M : 봉을 굽히는 합우력 성분으로 **굽힘 모멘트**(*bending moment*)라 부른다.

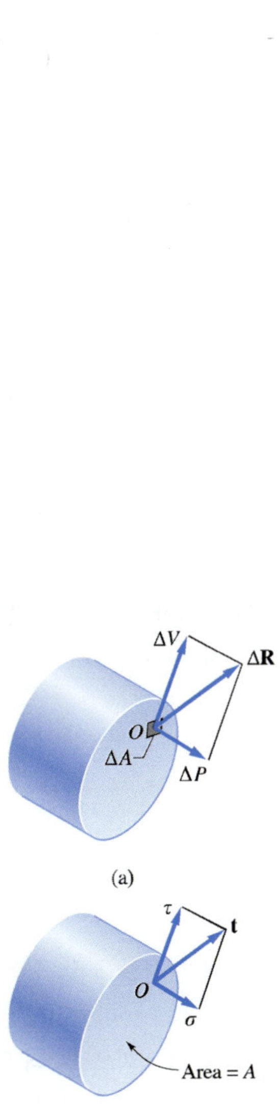

그림 1.5 식 (1.2)에서 정의된 점 O의 단면에 작용하는 수직응력과 전단응력

이 내력과 우력의 성분에 의해 생기는 변형을 그림 1.4에 보여준다.

지금까지는 단지 내력계의 결과에 대해서만 다루었다. 하지만 설계에 있어서는 내력이 분포되는 방식도 똑같이 중요하다. 이를 위하여 한 점에 작용하는 힘의 세기를 도입하는데, 이를 **응력**(*stress*)이라 정의하며 하중을 받는 부재의 설계에 있어서 중심적인 역할을 한다.

그림 1.5 (a)에 보인 것과 같이, 임의의 점 O에 위치한 단면의 작은 면요소 ΔA를 고려해 보자. 이 ΔA에 작용하는 합력의 부분을 $\Delta\mathrm{R}$이라 하고 그것의 수직과 전단 성분을 각각 ΔP와 ΔV라 가정한다. 이를 사용하여 단면의

임의 점 O에 작용하는 **응력벡터**(*stress vector*)를 다음과 같이 정의한다.

$$\mathrm{t} = \lim_{\Delta A \to 0} \frac{\Delta \mathrm{R}}{\Delta A} \tag{1.1}$$

그림 1.5 (b)에 보인 바와 같이 응력벡터의 수직 성분 σ (그리스어 소문자의 *sigma*)와 전단 성분 τ (그리스어 소문자의 *tau*)는

$$\sigma = \lim_{\Delta A \to 0} \frac{\Delta P}{\Delta A} = \frac{dP}{dA} \qquad \tau = \lim_{\Delta A \to 0} \frac{\Delta V}{\Delta A} = \frac{dV}{dA} \tag{1.2}$$

응력의 단위는 힘을 면적으로 나눈 단위 $[F/L^2]$이다. 국제단위계(SI)에서 힘은 N(newtons), 면적은 m^2를 기본 단위로 하므로 응력은 **평방미터당** *newton*(N/m^2) 즉, 파스칼 (Pa): 1.0 Pa =1.0 N/m^2로 표시된다. 대부분의 공학응용에서 1.0 Pa는 아주 작은 값이기 때문에 응력은 통상 SI접두사 M(mega, 10^6)와 같이 사용한다. 1.0 MPa = 1.0×10^6 Pa 일반적으로 사용되는 축 하중의 **부호 규약**은 인장 하중을 양(+)으로, 압축 하중을 음(−)으로 정의한다. 이 규약은 수직응력에도 적용되어 인장 응력은 양, 압축응력은 음으로 고려된다. 전단응력에 대한 간단한 부호 규약은 없으나 좌표계에 따르는 규약은 이 책의 뒤에서 소개된다. 만약 응력들이 균일하게 분포된다면 이들은 다음 식으로 계산될 수 있다.

$$\sigma = \frac{P}{A} \qquad \tau = \frac{V}{A} \tag{1.3}$$

여기에서 A은 단면적이다. 만약 응력들이 균일하게 분포되지 않는다면 식 (1.3)은 그 단면의 **평균 응력**으로 간주되어야 한다.

1.3 축 하중을 받는 봉

a. 도심(축) 하중

그림 1.6 (a)에서 보인 바와 같이 일정한 단면적 A의 봉을 보자. 봉은 양단에서 세기 p(단위 : Pa)의 균일 분포하는 수직력을 받는다. 하중이 균일하다면 **'하중의 합력은 하중 면적의 도심을 지난다'**는 것을 정역학으로부터 알 수 있다. 따라서 양단의 합력 $P = pA$는 그림 1.6 (b)에서 보인 바와 같이 도심축 (단면들의 도심을 연결한 선)을 따라 작용한다. 그림 1.6의 하중을 중심 하중 (또는 축 하중)이라 한다.

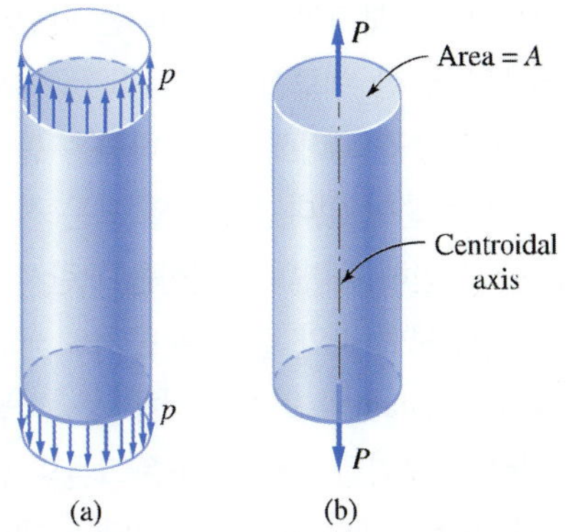

그림 1.6
(a) 세기 p 의 균일 분포 하중을 받는 봉
(b) 정적 등가 중심 하중 $P=pA$의 축 하중을 받는 봉

그림 1.6 (a)와 (b)의 하중들은 정적으로는 동일하지만 봉의 응력 분포는 같은 결과를 주지 않는다. 그림 1.6 (a)의 균일 하중의 경우, 내력 역시 모든 단면에 균일하게 작용한다. 따라서 단면의 임의 점에 작용하는 응력은

$$\boxed{\sigma = \frac{P}{A}} \tag{1.4}$$

그림 1.6 (b)의 집중 하중에 의한 응력 분포는 보다 복잡하다. 고등의 해석 방법에 의하면 양단에 인접한 단면에서의 최대응력은 평균응력 P/A보다 상당히 크다는 것을 보여준다. 양단에서 떨어지면 응력은 보다 균일해져 상대적으로 짧은 거리만 떨어진 단면에서도 일정한 값 P/A에 도달한다. 다시 말하면, 봉의 양단에 가까운 단면을 제외하고 응력 분포는 근사적으로 균일하다. 집중 하중에 대한 예로서 그림 1.7 (a)에서 보인 것과 같은 폭이 b인 얇은 스트립을 고려해 보자. 이 스트립은 중심력 P의 하중을 받는다. 그림 1.7 (b)~(d)에서 세 개의 다른 단면에서의 응력 분포를 보이고 있다. 하중 단으로부터 $2.5b$ 거리에서 최대응력이 평균응력 P/A와 단지 0.2% 차이가 나는 데 주목하라.

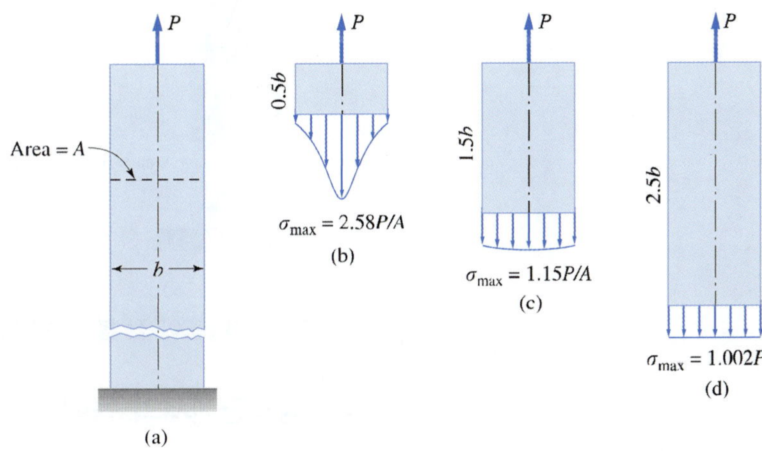

그림 1.7 집중 하중에 의한 스트립 내부의 수직응력의 분포

b. Saint Venant의 원리

약 150년 전에 프랑스의 수학자 Saint Venant은 비틀림을 받는 봉에 정적으로 등가인 하중의 효과에 대하여 연구하였다. 그의 연구 결과인 다음의 관찰 내용을 '*Saint Venant*의 원리'라고 부른다.

"정적으로 동일한 서로 다른 두 하중에 의한 효과의 차이는 하중에서 충분히 떨어진 위치에서 아주 작아진다."

그림 1.7의 예는 Saint Venant의 원리의 한 보기이다. 이 원리는 단면의 급격한 변화에 의한 효과에도 또한 적용된다. 한 예로서 그림 1.8 (a)에서 보인 것과 같은 홈이 진 반경 R의 실린더형 봉을 고려해 보자. 하중은 봉의 끝에 균일하게 분포된 힘 P로 구성된다. 만일 홈이 없다면 단면의 모든 점에서 수직응력은 P/A일 것이다. 홈이 있음으로 인해 응력의 균일성을 교란시킨다. 그러나 그 효과는 그림 1.8 (b)와 (c)에서 보인 바와 같이 홈 근처로 국한된다. 재료역학에서 대부분의 해석은 Saint Venant의 원리에 의해 정당화될 수 있는 단순화에 기초하고 있다. 지지반력을 포함한 하중은 자주 그들의 합력으로 대체되고 구멍, 홈, 필렛의 응력과 변형에 의한 효과는 무시된다. 재료역학에서의 많은 이러한 단순화는 정당화 될 수 있을 뿐만 아니라 필요하다. 단순화의 가정이 없다면 해석은 지나치게 어렵게 될 것이다. 그러나 해석 과정에서 근사화가 도입되었다는 것을 항상 염두에 두어야 하며, 최종 설계에서 그들에 대한 여유를 고려해야 한다.

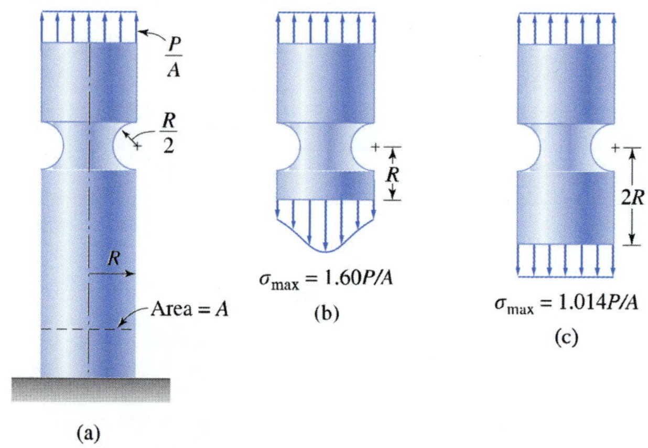

그림 1.8 홈이 진 봉의 수직응력 분포

c. 경사면에서의 응력

단면적이 A인 봉이 축 하중 P를 받을 때 봉의 단면에는 수직응력 P/A가 작용한다. 여기에서 그림 1.9 (a)에서 보인 것과 같이 단면에 대해 각도θ 경사된 면 $a-a$에 작용하는 응력을 고려해 보자. 경사면의 단면적은 $A/\cos\theta$임에 유의하라. 이 면에 작용하는 힘을 구하기 위해 그림 1.9 (b)에 보인 봉의 부분에 대한 자유물체도를 고려한다. 이 부분에는 두 개의 힘이 작용하므로 경사면의 내력의 합력은 축 하중 P와 같아야 한다. 이 힘은 수직 성분 $P\cos\theta$와 전단 성분 $P\sin\theta$로 분해될 수 있다. 따라서 이에 대한 응력은 그림 1.9 (c)에서 보인 바와 같이 다음 식으로 표시된다.

$$\sigma = \frac{P\cos\theta}{A/\cos\theta} = \frac{P}{A}\cos^2\theta \tag{1.5a}$$

$$\tau = \frac{P\sin\theta}{A/\cos\theta} = \frac{P}{A}\sin\theta\cos\theta = \frac{P}{2A}\sin 2\theta \tag{1.5b}$$

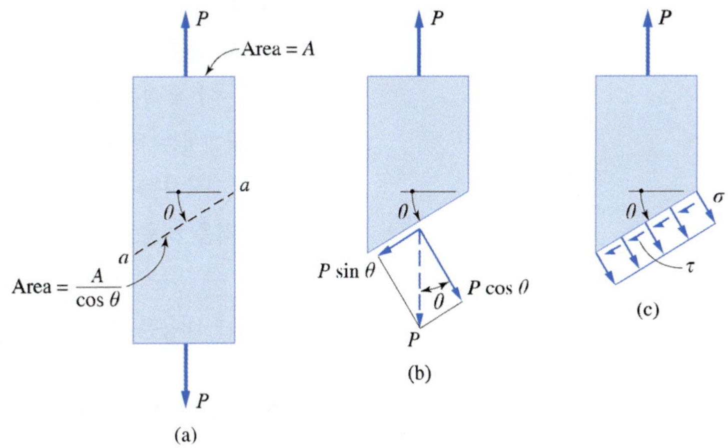

그림 1.9 봉의 경사면에 작용하는 응력의 결정

이 식들로부터 최대 수직응력이 P/A이고, 봉의 단면, 즉 $\theta = 0$인 면에 작용함을 알 수 있다. $\theta = 0$일 때 전단응력은 예상한 대로 0이 된다. 최대 전단응력은 $P/2A$이고, 단면에 대하여 $\theta = 45°$경사면에 작용한다. 요약하여 정리하면, 축 하중은 수직응력뿐만 아니라 전단응력도 유발한다. 이 두 응력의 크기는 그들이 작용하는 경사면의 방향에 의존한다.

식 (1.5)의 θ를 $\theta + 90°$로 대체하면 그림 1.10 (a)에 보인 것과 같이 $a-a$면에 수직한 $a'-a'$면에 작용하는 응력을 얻는다.

$$\sigma' = \frac{P}{A}\sin^2\theta \qquad \tau' = -\frac{\mathrm{P}}{2\mathrm{A}}\sin 2\theta \tag{1.6}$$

여기에서 삼각함수의 공식 $\cos(\theta+90°) = -\sin\theta$와 $\sin 2(\theta+90°) = -\sin 2\theta$를 사용하였다. 식 (1.5)와 (1.6)의 응력들은 서로 수직인 면, 즉 여평면(餘平面, complementary plane)에 작용하는 응력이므로, 여응력(*complementary stresses*)이라 한다. 여응력을 시각화하기 위한 전통적인 방법은 그림 1.10 (b)에 보인 것과 같이 여평면에 평행한 변을 가지는 작은 (미소) 요소에 그리는 것이다. 응력을 표시할 때 식 (1.5)와 (1.6)으로부터 유도되는 다음의 중요한 결과를 이용한다.

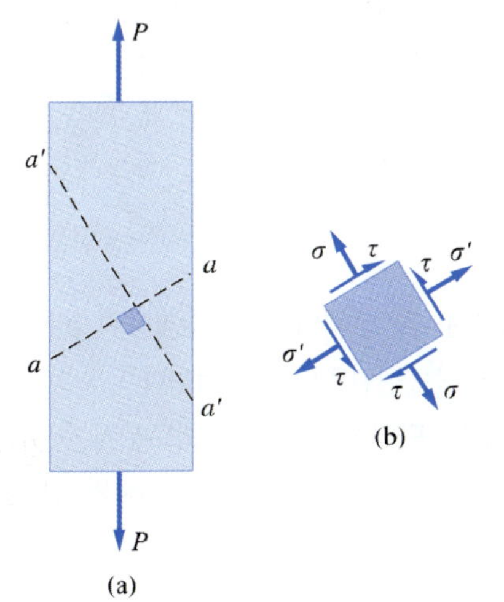

그림 1.10 봉의 서로 수직인 두 경사면에 작용하는 응력

$$\tau' = -\tau \tag{1.7}$$

이를 달리 표현하면 "여평면에 작용하는 전단응력은 서로 크기는 같고 방향이 반대이다."

식 (1.7)은 축 하중에 대하여 유도되었지만, 보다 복잡한 하중에도 적용될 수 있음을 뒤에 보일 것이다.

축 하중을 받는 봉의 설계는 일반적으로 봉의 최대 수직응력에 기초를 둔다. 이 응력을 보통 '**수직응력**(*normal stress*)'이라 하고 'σ'로 표시하며 이 책에서는 관습적으로 이를 따른다. 따라서 봉의 설계 기준은 $\sigma = P/A$가 봉을 제작하는 재료의 **사용응력**(*working stress*)을 초과하지 않아야 한다. 사용응력은 **허용응력**(*allowable stress*)으로도 불리는 것으로 재료가 안전하게 견딜 수 있는 응력의 최댓값이다. 사용응력은 σ_w으로 표기하며, 이에 대한 자세한 내용은 2.2절에서 다룬다.

d. 응력 해석의 과정

일반적으로 축 하중을 받는 구조 부재의 수직응력은 다음의 단계를 따라 구한다.

평형 해석

- 필요한 경우, 구조 전체에 대한 자유물체도(FBD)를 이용하여 외부반력을 구한다.
- 단면법(method of sections)을 이용하여 부재의 축 하중 P를 계산한다. 이 방법은 가상 단면을 도입하여 구조로부터 고립시킨다. 이때 절단면은 관심 부재의 단면을 포함하여야 한다. FBD에 축 하중은 외력으로 나타나게 되므로 고립된 부분의 FBD로부터 축 하중을 구할 수 있다.

응력의 계산

- 평형 해석에서 축 하중이 계산된 후, 부재의 평균 수직응력 $\sigma = P/A$를 계산할 수 있다. 여기에서 A는 절단면의 단면적이다.
- 가는 부재의 경우, 단면이 하중과 단면의 급격한 변화로부터 충분히 떨어져 있다면 $\sigma = P/A$는 실제 응력이 된다(Saint Venant의 원리).

설계에서의 고려 사항 설계 목적으로, 계산된 응력은 사용응력이라고 불리는 허용응력과 비교되어야 한다.

σ_w로 표시하는 사용응력은 다음 장에서 상세히 논의한다. 부재의 파손을 방지하기 위해서는, 계산된 응력이 사용응력보다 작아야 한다.

트러스 해석에 대한 주요 사항 트러스 해석에 도입되는 가정은 (1)부재의 자중은 하중에 비해 무시될 수 있다. (2)연결부는 매끄러운 핀으로 거동한다. (3)모든 하중은 트러스 연결부에 작용한다. 이러한 가정하에서 트러스의 각 부재는 축 하중을 받는다. 봉의 내력은 각 단면 또는 연결부를 포함하는 자유물체도에서 구할 수 있다.

예제 1.1

그림 (a)에 보인 봉 $ABCD$는 단면적이 서로 다른 세 개의 실린더 강봉으로 구성되어 있다. 축 하중이 그림에서 보인 것과 같을 때, 각 봉의 수직응력을 계산하라.

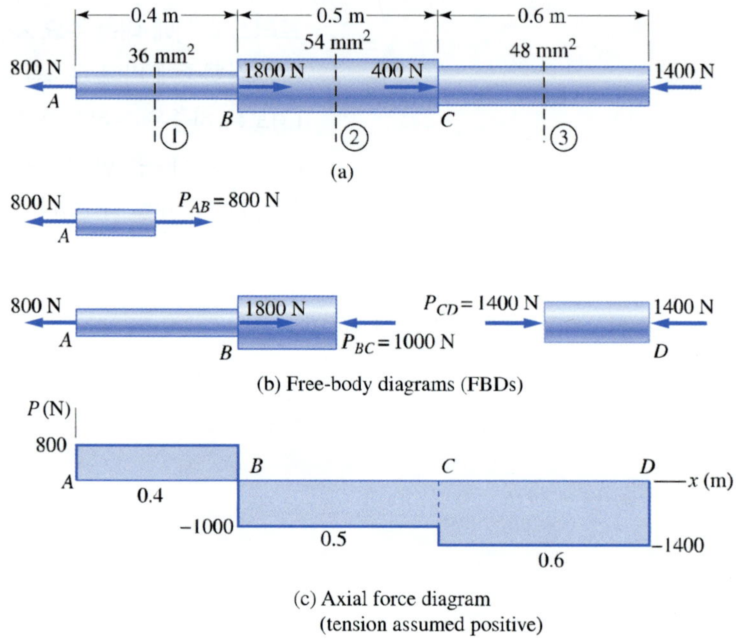

풀이

수직응력을 구하기 위하여 먼저 각 봉의 축 하중을 계산하기 위한 평형 해석을 사용하여야 한다(평형 해석이 응력해석의 첫 단계임을 상기하라!). 그림 (b)에서 보인 것과 같이 단면 ①, ②, ③의 왼쪽 부분의 봉을 고립화시켜 요구되는 자유물체도를 그린다. 이 자유물체도들로부터 봉의 세 부분에 작용하는 내력을 구한다. $PAB = 800$ N (T), $PBC = 1000$ N (C), $P_{CD} = 1400$ N (C), 여기서 (T)는 인장, (C)는 압축을 나타낸다. 봉에 따라 작용하는 내력이 달라지며 각 봉에서는 내력이 일정함에 유의하라.

그림 (c)에 보인 축력에 대한 그림은 끝점 A에서 잰 거리 x에 대해 축력이 어떻게 변하는가를 보여준다. 내력이 각 부분별로 변하나 각 부분에서는 일정함을 주지하라. 점 A, B, C와 D에서 내력이 불연속이기 때문에 여기에서의 계산은 이러한 점들에 너무 가깝지 않은 단면에서 유효할 것이다(Saint Venant의 원리).

세 개의 각봉에 작용하는 수직응력은

$$\sigma_{AB} = \frac{P_{AB}}{A_{AB}} = \frac{800\ \text{N}}{36\ \text{mm}^2} = 22.2\ \ \text{N/mm}^2\,(\text{T}) \qquad \text{[답]}$$

$$\sigma_{BC} = \frac{P_{BC}}{A_{BC}} = \frac{1000\ \text{N}}{54\ \text{mm}^2} = 18.5\ \ \text{N/mm}^2\ (\text{C})$$ [답]

$$\sigma_{CD} = \frac{P_{CD}}{A_{CD}} = \frac{1400\ \text{N}}{48\ \text{mm}^2} = 29.2\ \ \text{N/mm}^2\ (\text{C})$$ [답]

봉의 길이가 응력의 계산에 영향을 미치지 않음을 주시하라. 또한, 봉이 강으로 만들어졌다는 사실도 무관하다. 즉, 막대의 일부분이 무슨 재료로 제조되었든지 이에 상관없이 그 부분에 걸리는 응력은 앞에서 계산한 것과 동일하다.

예제 1.2

그림 (a)에 보인 트러스에 대하여 (1)부재 *AC* (2)부재 *BD*의 수직응력을 계산하라. 각 부재의 단면적은 900 mm²이다.

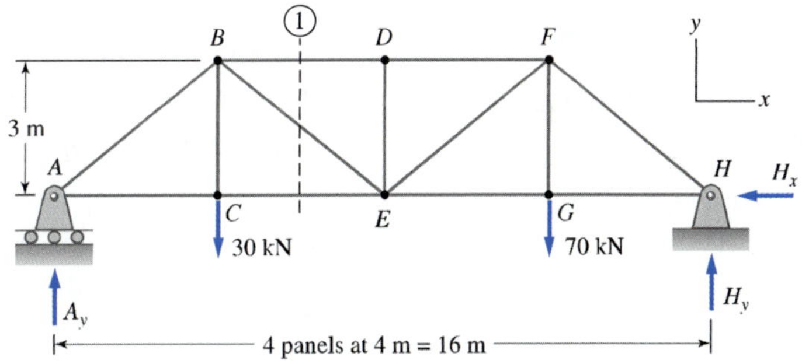

(a)

풀이

그림 (a) 보인 전체 트러스의 자유물체도에 대한 평형 해석에서 다음의 외적 반력을 얻는다. $A_y = 40\ \text{kN},\ H_y = 60\ \text{kN},\ H_x = 0$.

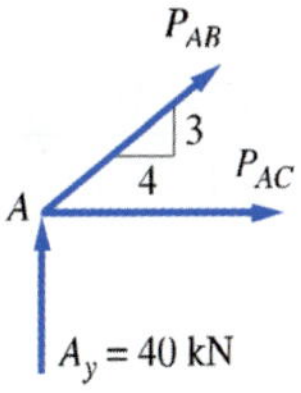

(b) FBD of pin *A*

(1)

트러스 해석에 사용하였던 가정, 모든 부재는 축 하중을 받는다는 것을 상기하자. 부재 *AC*의 힘을 구하기 위하여 그림 (b)에서 보인 것과 같이 핀 *A*의 자유물체도를 그린다. 부재 *AB*, *AC*의 힘을 각각 P_{AB}, P_{AC}라 하자. 여기에서 이 힘들을 모두 인장으로 가정하였다. 이 힘들은 동시에 작용하고, 같은 평면 내에 있으므로 두 개의 서로 독립인 힘의 평형식이 된다. 그림 (b)의 자유물체도에서 다음을 얻는다.

$$\sum F_y = 0 \ +\uparrow \ 40 + \frac{3}{5}P_{AB} = 0$$

$$\sum F_x = 0 \ \overset{+}{\rightarrow} \ P_{AC} + \frac{4}{5}P_{AB} = 0$$

이 식을 풀면 $P_{AC} = 53.33$ kN(T)을 얻을 수 있고, 따라서 부재 *AC*의 수직응력은 다음과 같다.

$$\sigma_{AC} = \frac{P_{AC}}{A_{AC}} = \frac{53.33 \text{ kN}}{900 \text{ mm}^2} = \frac{53.33 \times 10^3 \text{ N}}{900 \times 10^{-6} \text{ m}^2}$$ [답]

$$= 59.3 \times 10^6 \text{ N/m}^2 = 59.3 \text{ MPa (T)}$$

(2)

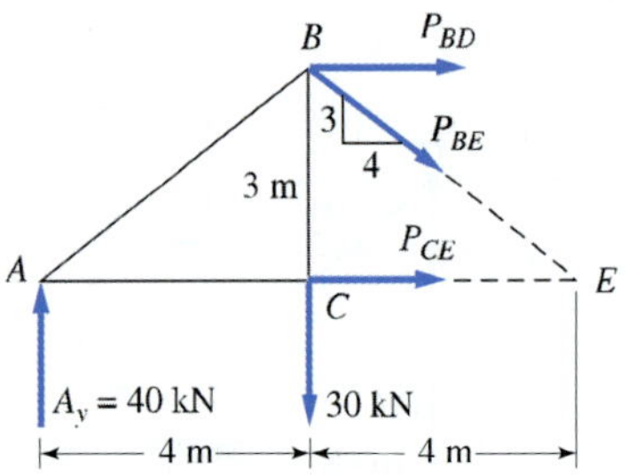

(c) FBD

부재 *BD*의 힘을 구하기 위하여 부재 그림 (a)의 단면 ①로 부재 *BD*, *BE*, *CE*를 잘라 왼쪽 부분에 대해서 그림 (c)의 자유물체도를 얻는다(물론 오른쪽 부분에 대해서도 사용할 수 있다). 트러스의 이 부분에 대해서 세 개의 평형식이 가용하므로 필요한 세 개의 힘을 구할 수 있다. 부재의 힘들을 다시 인장으로 가정한다. 부재 *BD*의 힘을 구하기 위하여 다음의 평형식을 사용한다.

$$\Sigma M_E = 0 \quad +\circlearrowleft \ -40(8) + 30(4) - P_{BD}(3) = 0$$

이로부터

$$P_{BD} = -66.67 \text{ kN} = 66.67 \text{ kN (C)}$$

따라서 부재 *BD*의 수직응력은 다음과 같다.

$$\sigma_{BD} = \frac{P_{BD}}{A_{BD}} = \frac{-66.67 \text{ kN}}{900 \text{ mm}^2} = \frac{-66.67 \times 10^3 \text{ N}}{900 \times 10^{-6} \text{ m}^2}$$

$$= -74.1 \times 10^6 \text{ N/m}^2 = 74.1 \text{ MPa (C)}$$ [답]

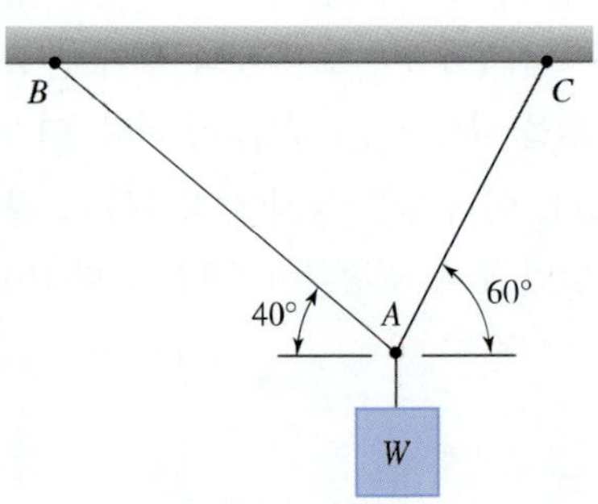

(a)

예제 1.3

그림 (a)은 두 개의 부재에 의해 중량 *W*의 블록을 지지하는 트러스를 보여주고 있다. 부재 *AB*, *AC*의 단면적은 각각 800 mm², 400 mm²이다. 사용응력이 *AB*는 110 MPa, *AC*가 120 MPa일 때 중량 *W*의 최대 안전값을 구하라.

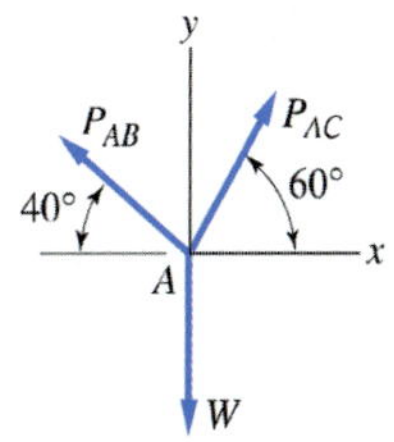

(b) FBD of pin A

풀이

트러스의 부재 AB, AC는 축 하중을 받는 봉으로 고려할 수 있다. 봉에 작용하는 힘은 그림 (b)에서 보인 핀 A의 자유물체도를 해석하여 얻을 수 있다. 평형식은

$$\Sigma F_x = 0 \quad \overset{+}{\rightarrow} \quad P_{AC}\cos 60° - P_{AB}\cos 40° = 0$$

$$\Sigma F_y = 0 \quad +\uparrow \quad P_{AC}\sin 60° + P_{AB}\sin 40° - W = 0$$

연립방정식을 풀면

$$P_{AB} = 0.5077\ W \qquad P_{AC} = 0.7779\ W$$

봉 AB에서의 수직응력에 대한 설계

봉 AB의 수직응력이 사용응력과 같게 되는 W의 값은 다음과 같다.

$$P_{AB} = \sigma_{AB}A_{AB}$$

$$0.5077\ W = (110\times 10^6\,\mathrm{N/m^2})(800\times 10^{-6}\,\mathrm{m^2})$$

$$W = 173.3\times 10^3\ \mathrm{N} = 173.3\ \mathrm{kN}$$

봉 AC에서의 수직응력에 대한 설계

봉 AC의 수직응력이 사용응력과 같게 되는 W의 값은 다음과 같다.

$$P_{AC} = \sigma_{AC}A_{AC}$$

$$0.7779\ W = (120\times 10^6\,\mathrm{N/m^2})(400\times 10^{-6}\,\mathrm{m^2})$$

$$W = 61.7\times 10^3\ \mathrm{N} = 61.7\,\mathrm{kN}$$

올바른 답의 선택

앞의 두 값중 작은 값이 W의 최대 안전 중량이 된다. 즉,

$$W = 61.7\ \mathrm{kN} \qquad \text{[답]}$$

봉 AC의 응력이 W의 안전값을 결정함을 알 수 있다. 다른 해 W = 173.3 kN은 봉 AC의 사용응력 120 MPa를 초과하는 응력이므로 버린다.

예제 1.4

그림에서 보인 사각 목재판은 두 개의 판을 30° 경사선을 따라 접착에 의해 만들어졌다. 목재판의 사용응력이 8 $\mathrm{N/mm^2}$이고 접착 연결부의 수직 및 전단에 대한 사용응력이 각각 5 $\mathrm{N/mm^2}$와 3 $\mathrm{N/mm^2}$일 때 축 하중 P의 최댓값을 구하라.

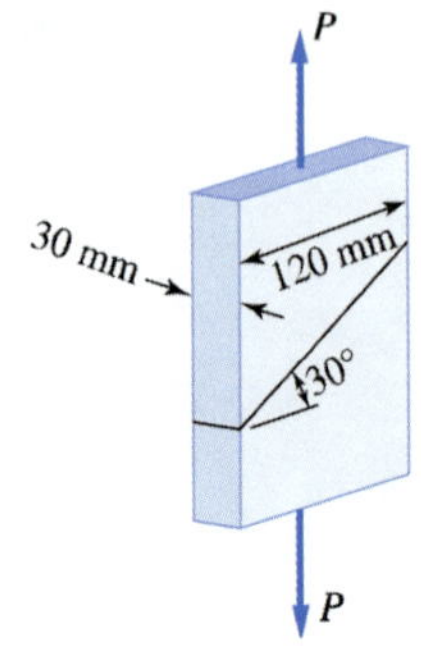

풀이

이와 같은 설계 형식의 문제를 푸는 가장 편리한 방법은 다음과 같이 세 개의 설계 기준을 각각 만족하는 하중 P의 최댓값을 구하는 것이다.

목재의 사용응력에 대한 설계

목재판이 사용응력에 도달하는 하중값은 다음과 같이 구한다.

$$P = \sigma_y A = 8(120 \times 30) = 28,800 \text{ N}$$

접착부의 수직응력에 대한 설계

접착부의 수직응력이 최대 허용값에 도달하는 하중값은 다음과 같다.

$$\sigma = \frac{P}{A}\cos^2\theta$$

$$5 = \frac{P}{(120 \times 30)}\cos^2 30°$$

$$P = 24,000 \text{ N}$$

접착부의 전단응력에 대한 설계

접착부의 전단응력이 최대 허용값에 도달하는 하중값은 식 (1.5b)로 부터 계산된다.

$$\tau = \frac{P}{2A}\sin 2\theta$$

$$3 = \frac{P}{2(120 \times 30)}\sin 60°$$

$$P = 24,941.5 \text{ N}$$

정답의 선택

앞의 세 값을 비교하여 가장 큰 안전한 축 하중의 값은 접착부의 수직응력에 의해 결정됨을 알 수 있고 그 값은 다음과 같다.

$$P = 24,000 \text{ N}$$ [답]

연습문제

1.1 내부 직경이 80 mm인 얇은 강관이 330 kN의 축 인장 하중을 받아야 한다. 강관의 사용응력이 110 MN/m^2일 때 최소 허용 외부 직경을 구하라.

1.2 그림에서 보인 봉 *ABCD*의 단면적은 600 mm^2이다. 봉의 최대 수직 응력을 구하라.

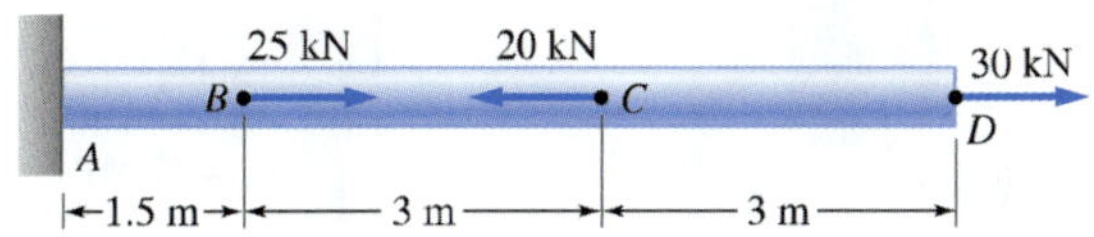

그림 P1.2

1.3 그림에서 보인 두 개의 강선 *AB*와 *AC*에 의해 지지될 수 있는 최대 중량 *W*를 구하라. 강선의 사용응력은 *AB*가 100 MPa이고 *AC*는 150 MPa이다. 단면적은 *AB*와 *AC*가 각각 400 mm^2, 200 mm^2이다.

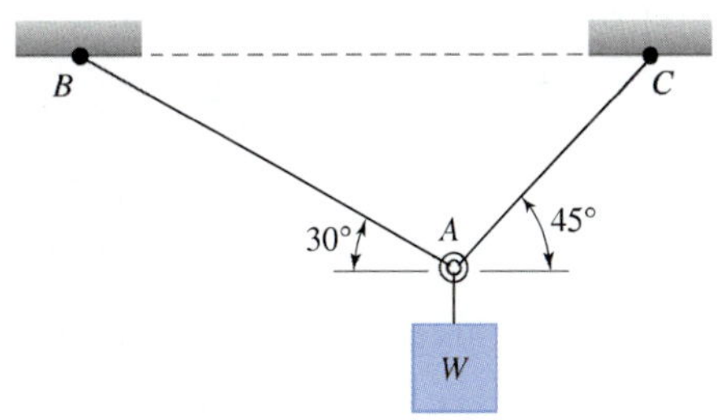

그림 P1.3

1.4 그림에서 보인 축 하중이 작용하는 복합봉은 강과 황동 부분 사이에 단단하게 고착된 알루미늄 부분으로 구성되어 있다. 하중이 $P = 10$ kN로 주어질 때 각 재료에 작용하는 응력은 얼마인가?

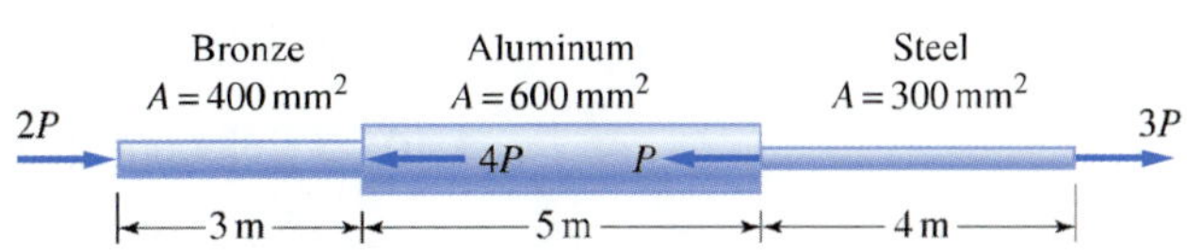

그림 P1.4, P1.5

1.5 축 하중이 작용하는 복합봉은 강과 황동 부분 사이에 단단하게 고착된 알루미늄 부분으로 구성되어 있다. 사용응력은 강이 120 MPa, 알루미늄이 68 MPa, 황동이 110 MPa일 때, 최대 안전 하중 *P*는 얼마인가?

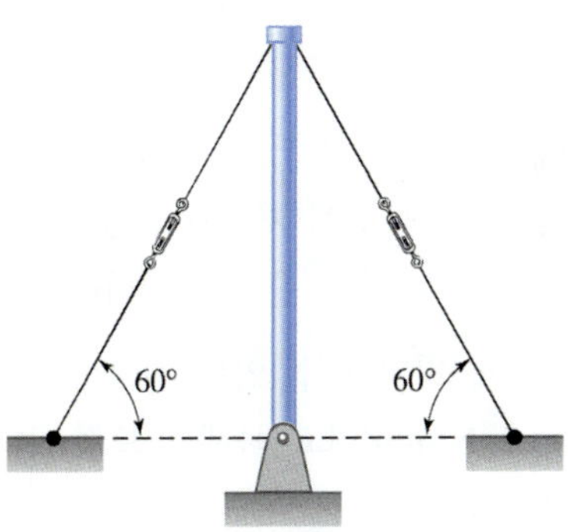

그림 P1.6

1.6 목재 기둥이 직경이 10 mm인 두 개의 케이블에 의해 지지되어 있다. 케이블은 장력이 600 N/mm^2가 되도록 죔쇠(turnbuckle)에 의해

조여진다. 목재의 허용 압축응력이 2 N/mm²일 때, 기둥의 최소 허용 직경을 구하라.

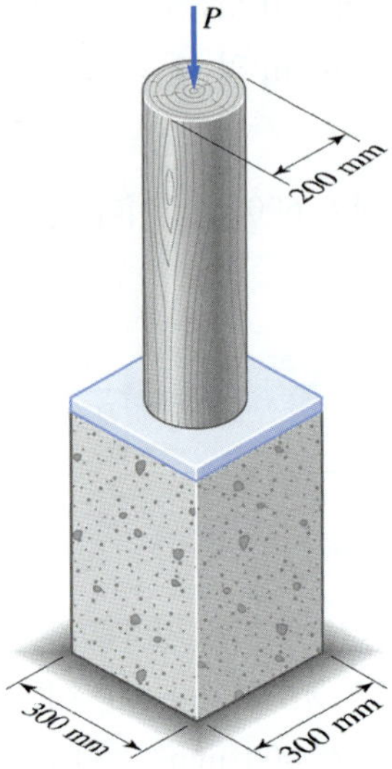

그림 P1.7

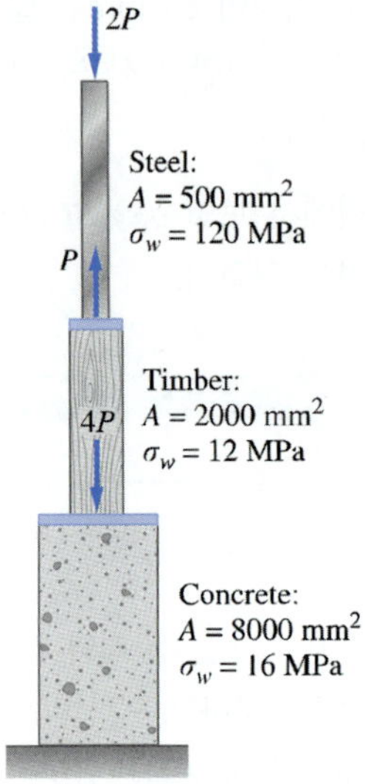

그림 P1.8

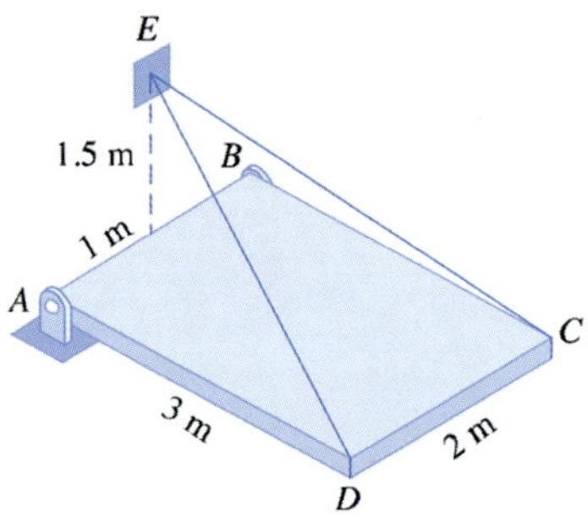

그림 P1.9

1.7 목재과 콘크리트 기초(밑둥, footing)의 두 재료로 이루어진 기둥이 강판에 의해 나누어져 있다. 목재의 사용응력이 10 N/mm²이고 콘크리트의 사용응력이 4.5 N/mm²이라면 축 하중 P의 최대 안전값은 얼마인가?

1.8 기둥에 작용하는 P의 최대 허용 하중을 구하라. 각 기둥의 단면적과 허용응력(σ_w)는 그림에 나타내었다.

1.9 질량 600 kg의 균일한 판 $ABCD$는 힌지 AB에 대해서 자유롭게 회전할 수 있다. 이 판은 케이블 DE와 CE에 의해 지지되고 있다. 이 케이블의 사용응력이 180 N/mm²일 때, 케이블의 최소 안전 직경을 구하라.

1.10 균질한 9000 N의 봉 AB가 양끝에서 강선에 의해 지지된다. 강선의 사용응력이 180 N/mm²일 때 각 강선의 최소 안전 단면적을 구하라.

1.11 균질한 6000 N의 봉 ABC가 C에서 핀으로 지지되고, D에서 마찰없는 도르래에 감겨 A에서 B로 연결된 줄에 의해 지지되어 있다. 케이블의 직경이 18 mm일 때, 케이블에 작용하는 응력을 구하라.

1.12 그림에서 보인 구조에 의해 안전하게 지지될 수 있는 최대 중량 W를 구하라. 강선의 사용응력은 160 N/mm²이고 목재 스트럿 BC는 7.2 N/mm²이다. 구조물의 자중을 무시하라.

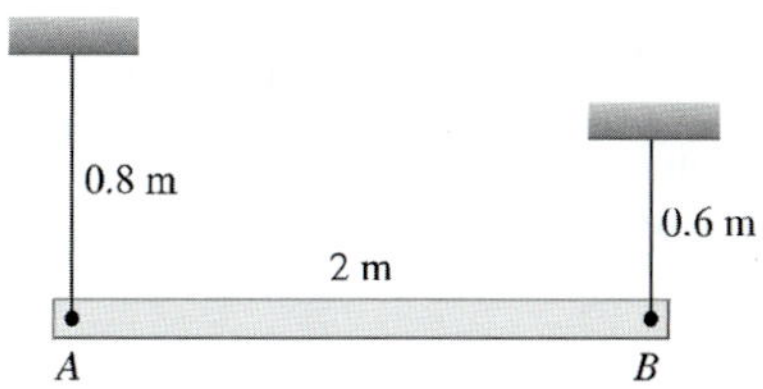

그림 P1.10

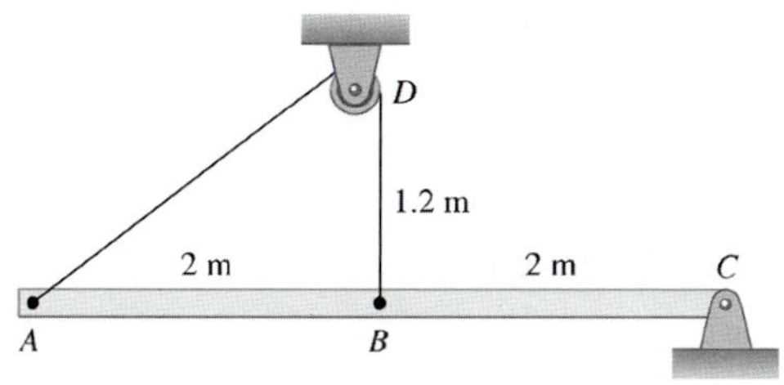

그림 P1.11

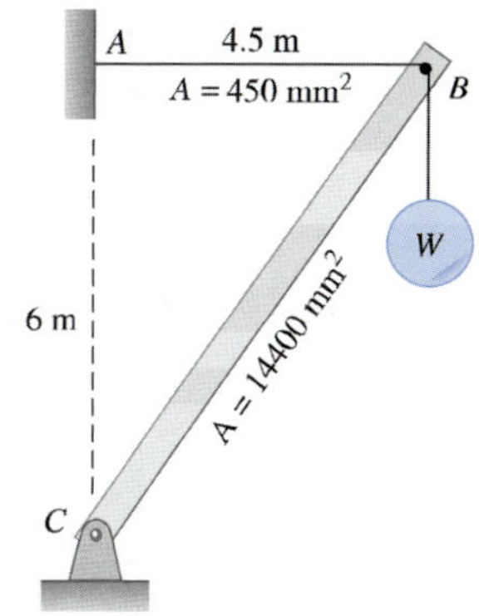

그림 P1.12

1.13 그림에서 보인 케이블 BC가 50 MPa의 응력을 넘지 않고 견딜 수 있는 균일한 실린더의 최대 질량을 구하라. 마찰과 봉 AB의 자중을 무시하라. BC의 단면적은 100 mm²이다.

1.14 300 N의 균일한 봉 AB가 A에서 500 N의 연직 하중을 받는다. 봉은 B에서 핀으로 지지되고 직경 15 mm인 케이블 CD에 의해 지지된다. 케이블에 작용하는 응력을 구하라.

1.15 그림은 경비행기의 착륙 기어를 보여준다. 착륙 반력 $R = 40$ kN에 의해 스트럿 AB에 발생 하는 압축응력을 구하라. 부재의 자중은 무시하라. 스트럿은 외부 직경 50 mm, 내부 직경 40 mm의 얇은 튜브이다.

1.16 1000 kg의 균일한 봉 AB가 각 단면적이 400 mm²인 두 개의 케이블 AC와 BD에 의해 매달려 있다. 봉에 최대로 가할 수 있는 추가의 축 하중 P의 크기와 위치 x를 구하라. 케이블 AC와 BD에서의 응력은 각각 100 MPa와 50 MPa로 제한된다.

1.17 그림에서 보인 트러스 각 부재의 단면적은 1800 mm²이다. 부재 CE, DE와 DF의 응력을 계산하고, 인장 또는 압축인지를 표시하라.

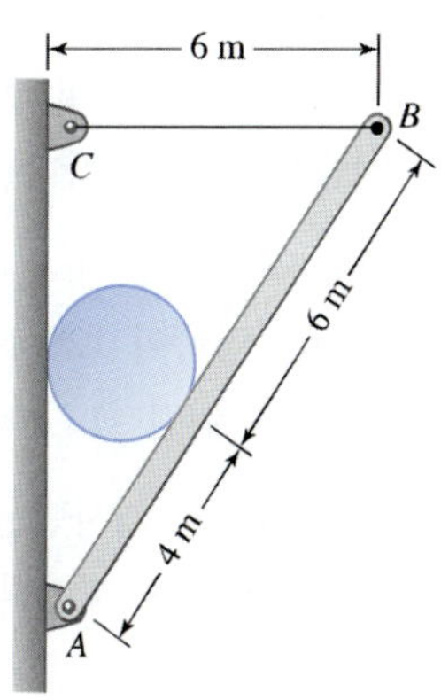

그림 P1.13

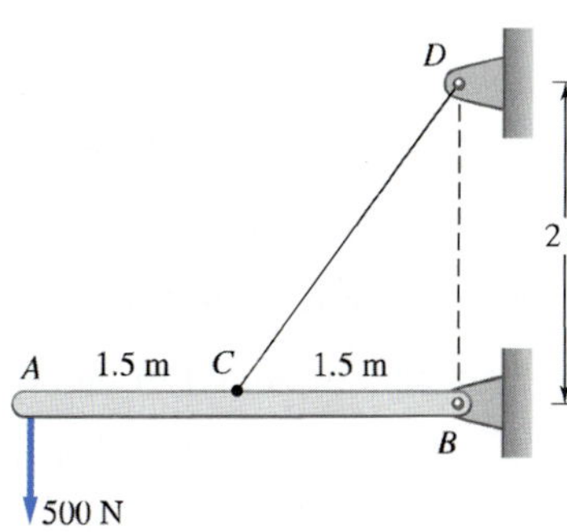

그림 P1.14

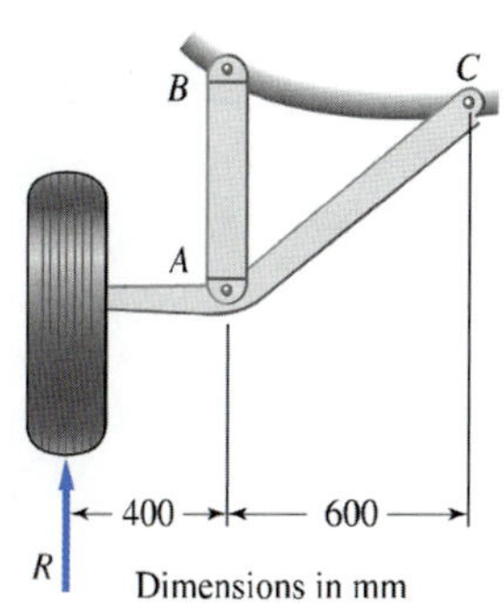

그림 P1.15

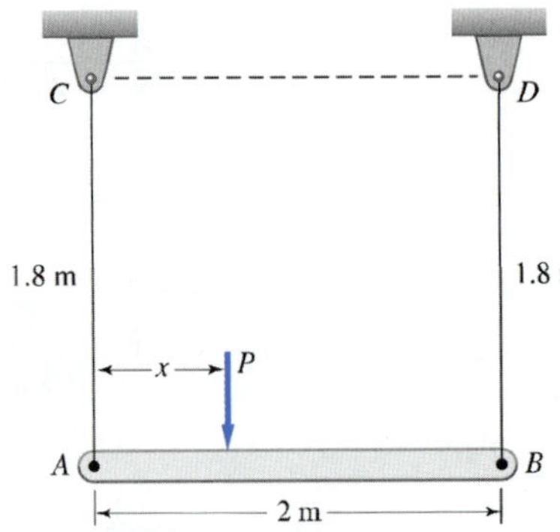

그림 P1.16

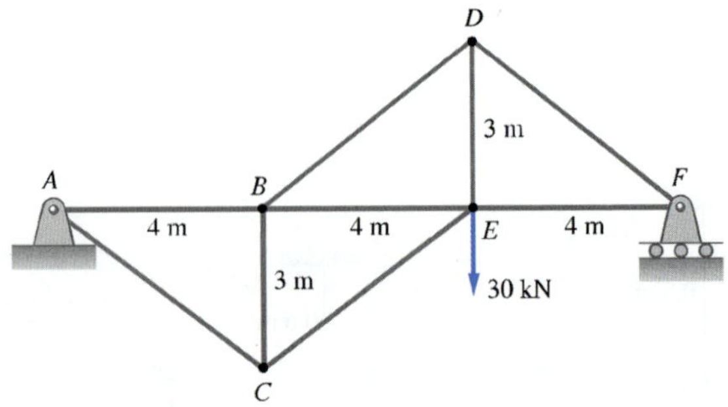

그림 P1.17

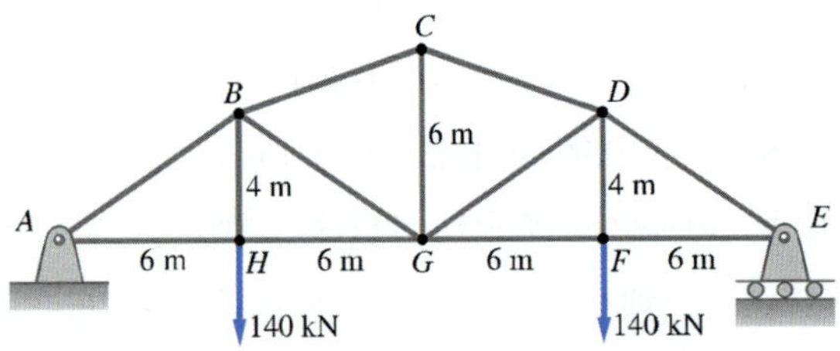

그림 P1.18

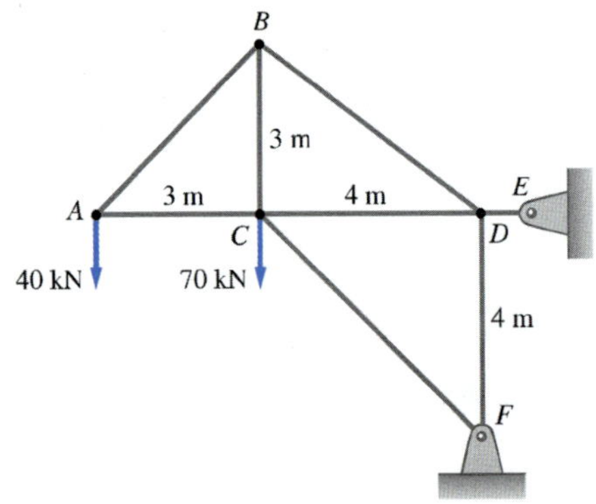

그림 P1.19

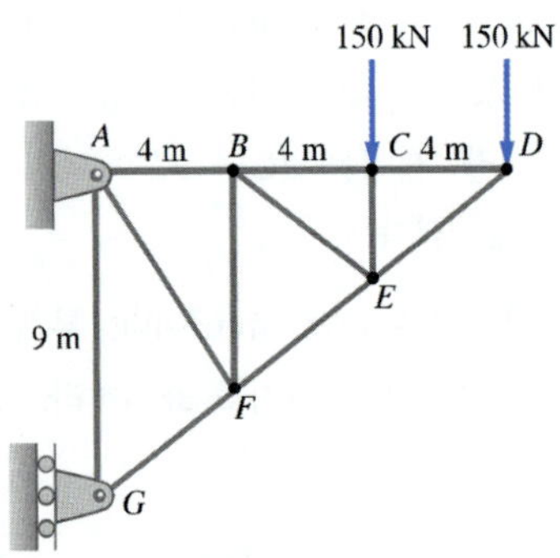

그림 P1.20

1.18 그림에서 보인 트러스의 부재 *CD*와 *GD*와 *GF*의 최소 안전 단면적을 구하라. 사용응력은 인장이 140 MPa, 압축이 100 MPa이다(압축에 대한 사용응력은 좌굴에 대한 위험을 줄이기 위하여 인장 사용응력보다 작다).

1.19 그림에서 보인 트러스 부재 *BC*, *BD*와 *CF*의 응력을 구하고, 인장 또는 압축인지를 표시하라. 각 부재의 단면적은 1400 mm^2이다.

1.20 그림에서 보인 트러스의 부재 *CE*, *BE*와 *EF*의 최소 허용 단면적을 구하라. 사용응력은 인장이 200 N/mm^2, 압축이 140 N/mm^2이다(좌굴의 위험을 줄이기 위하여 압축 사용응력이 더 작다).

1.21 그림에서 보인 트러스의 부재 *BD*, *BE*와 *CE*의 최소 허용 단면적을 구하라. 사용응력은 인장이 200 N/mm^2, 압축이 120 N/mm^2이다(좌굴을 고려하여 압축은 감소된 응력으로 주어진다).

1.22 60 mm × 120 mm의 나무토막 두 개가 40°의 경사면을 따라 접착되어 있다. 접착부의 전단응력이 1250 N/mm^2로 제한될 때 안전하게 가할 수 있는 최대 축 하중을 결정하라.

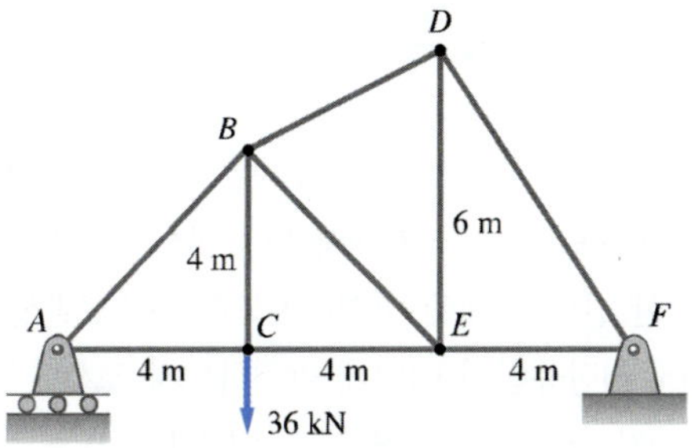

그림 P1.21

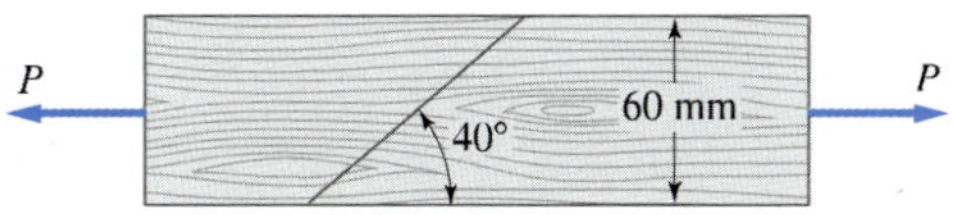

그림 P1.22

1.23 그림에서 보인 단면 치수가 50 mm × 100 mm인 직사각형 나무토막은 압축 블록으로 사용된다. 목재의 결은 수평과 20° 경사되어 있다. 목재 결의 평면에 대한 허용응력이 압축에 대해서 18 MPa, 전단에 대해서 4 MPa일 때 안전하게 가할 수 있는 최대 축 하중 P를 구하라.

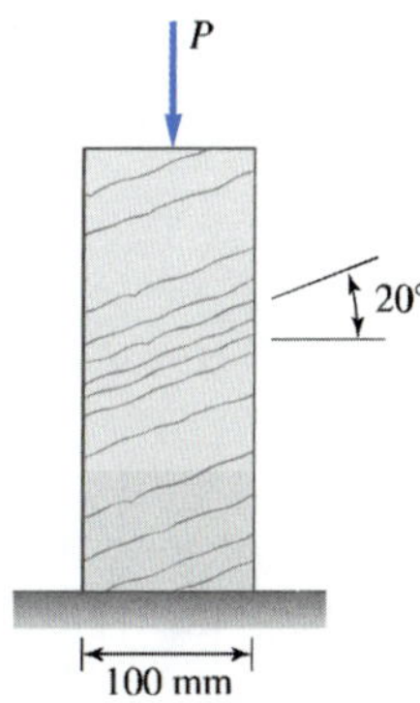

그림 P1.23

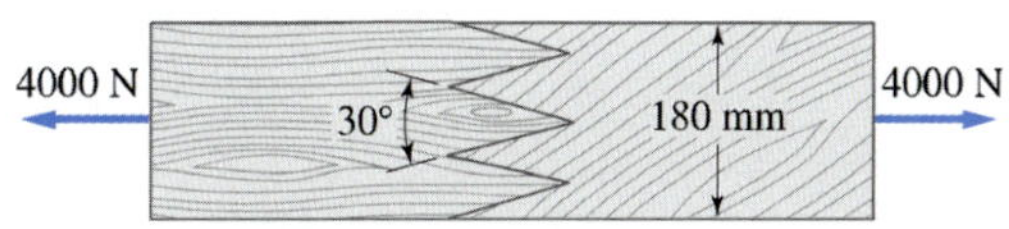

그림 P1.24

1.24 그림은 휭거조인트(finger joint)로 알려진 접착 연결부를 보여준다. 180 mm × 22.5 mm의 목재 토막의 접착면에 작용하는 수직응력과 전단응력을 구하라.

1.25 단면의 치수가 100 mm × 100 mm인 나무토막이 연직축에 대해 각도 θ로 경사된 접착 연결부를 포함하고 있다. 목재의 인장 사용응력은 20 MPa이며 접착제의 인장 사용응력이 8 MPa, 전단 사용응력이 12 MPa이다. 각도 $\theta = 50°$일 때 최대 허용 축 하중 P를 구하라.

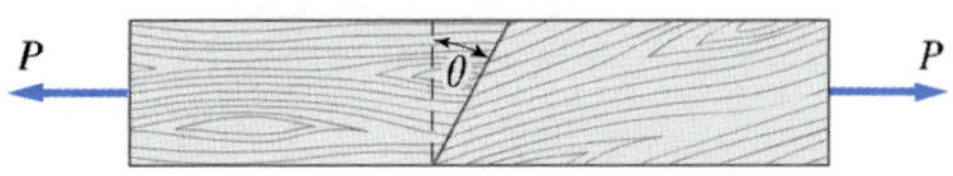

그림 P1.25

1.4 전단응력

정의에 의해 물체 내부의 면에 작용하는 수직응력은 면에 수직한 방향을 향한다. 그에 반해 전단응력은 그 작용면에 접선 방향이다. 전단응력은 물체의 한 단면을 인접한 단면에 대해 미끄러지도록 할 때 발생한다. 1.3절에서 축 하중에 놓인 봉에 전단응력이 어떻게 발생하는지 조사하였다. 그림 1.11에서 전단응력의 세 가지 다른 예를 보인다. 그림 1.11 (a)는 두 개의 판이 리벳에 의해 연결된 것을 보여주고 있다. 그림의 자유물체도에서 보인 것과 같이 리벳은 전단력 $V = P$를 견뎌야 한다. 리벳의 한 단면이 전단응력을 저항하므로 리벳은 **단일 전단**(*single shear*)에 놓였다고 한다. 그림 1.11 (b)에서 보인 크레비스(clevis)의 볼트는 두 개의 단면에 연하여 하중 P를 받는다. 이 볼트는 **이중 전단**(*double shear*)상태에 있다고 부른다. 그림 1.11 (c)에서는 원형 슬러그를 금속판을 뚫어 만든 것이다. 여기에서 전단력은 P로, 전단면은 동전의 옆면과 비슷하다. 그림 1.11에서 보인 하중은 때로 **직접 전단**(*direct shear*)이라고 언급되는 것으로 그림 1.9에서 보인 **유도 전단**(*induced shear*)과 구분되는 것이다.

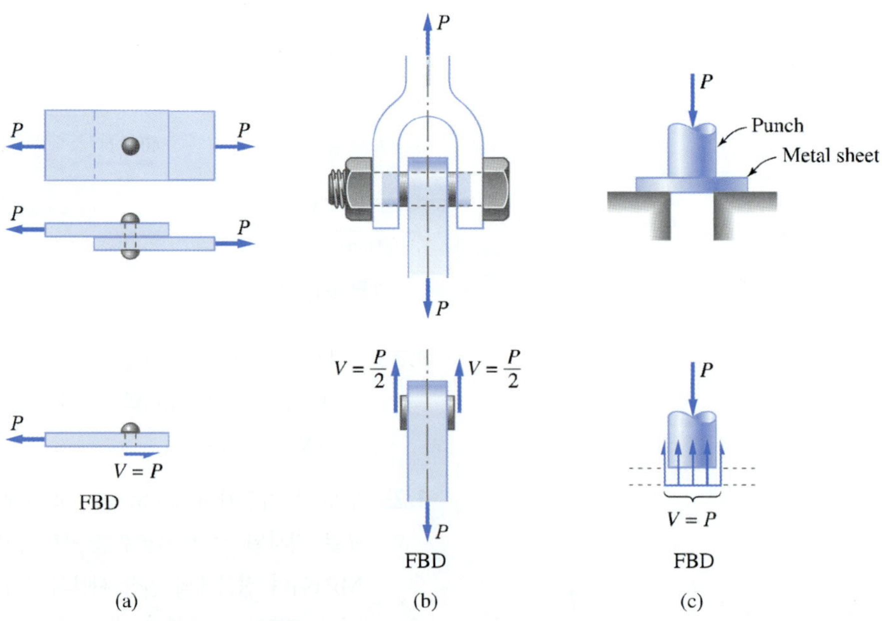

그림 1.11 직접 전단의 예 (a)리벳 내의 단일 전단 (b)볼트 내의 이중 전단 (c)펀치에 의한 금속판 내의 전단

직접 전단응력의 분포는 복잡하고 대부분 쉽게 결정되지 않는다. 통상 전단력 V가 전단면 A에 균일하게 분포하는 것으로 가정하는데 그에 의한 전단응력은 다음 식으로 계산된다.

$$\tau = \frac{V}{A} \tag{1.8}$$

엄밀히 말하면 식 (1.8)은 **평균** 전단응력으로 해석되야 한다. 이는 리벳, 볼트, 용접과 같은 연결체의 설계 시 강도 계산에 자주 사용된다.

1.5 지압응력

만약 두 물체가 서로 눌린다면 접촉 면적에 압축응력이 발생한다. 이러한 면의 압축 하중에 의한 응력을 **지압응력**(止壓應力, *bearing stress*)이라 부른다. 지압응력의 예는 교각(pier) 밑의 토압, 리벳과 구멍의 옆면 사이의 접착 압력을 들 수 있다. 만약 지압응력이 충분히 크다면 재료를 국부적으로 뭉갤 수 있으며, 이는 더 심각한 문제를 일으킬 수 있다. 지압응력을 감소시키기 위해서 공학자들은 자주 지압판을 삽입하는데 이는 접촉력을 넓은 면적으로 분산시키는데 목적이 있다.

지압응력의 보기로서 그림 1.12 (a)에 보인 것과 같은 리벳으로 고착된 두 판의 랩 조인트(lap joint)를 고려해 보자. 리벳에 의한 지압응력은 일정하지 않고 그림 1.12 (b)에서와 같이 구멍 양면에서 0으로부터 리벳 후면에서 최대가 되는 변화를 한다. 이렇게 복잡한 응력 분포에 내재된 장애는 통상 지압응력 σ_b가 감소된 면적에 균일 분포하는 것으로 가정하여 피할 수 있다. 감소된 면적 A_b를 리벳의 **투영 면적**(*projected area*)으로 택하면:

$$A_b = td$$

그림 1.12 (c)에서 윗판의 자유물체도에 보인 바와 같이, t는 판의 두께, d는 리벳의 직경이다. 이 자유물체도에서 지압력 P_b는 작용 하중 P와 같으므로, 지압응력은 다음과 같이 된다(판들 사이에 마찰이 있다면 지압하중은 감소될 것이다).

$$\sigma_b = \frac{P_b}{A_b} = \frac{P}{td} \tag{1.9}$$

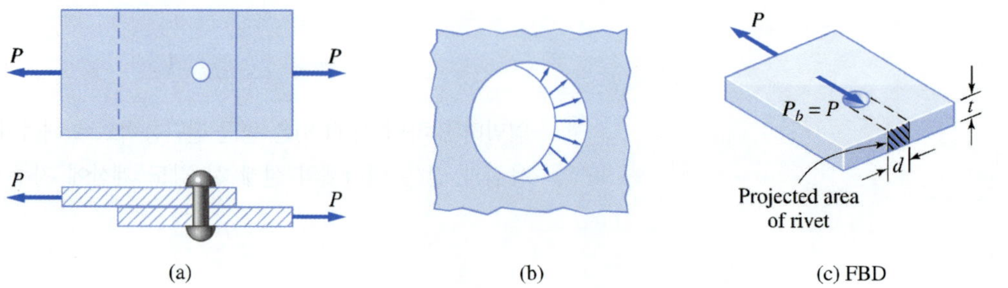

그림 1.12 지압응력의 예 (a)랩조인트 내의 리벳 (b)일정하지 않은 지압응력 (c)지압력 P_b에 의하여 투영면적 td에 균일하게 분포하는 것으로 가정한 지압응력

예제 1.5

그림 (a)에 보인 랩조인트는 직경이 30 mm인 네 개의 리벳에 의해 조여진다. 리벳의 전단에 의한 사용응력이 0.2 kN/mm^{2}이고 판의 지압에 대한 사용응력이 0.25 kN/mm^{2}일 때, 가할 수 있는 최대 하중 P를 구하라. 작용 하중은 네 개의 리벳에 골고루 분배된다고 가정하고, 판들 사이의 마찰은 무시하라.

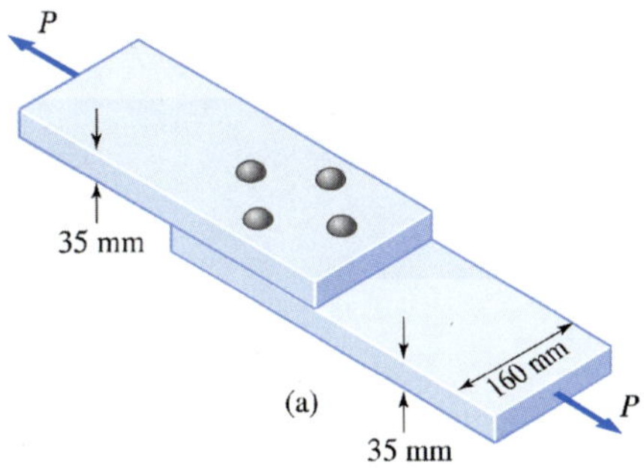

(a)

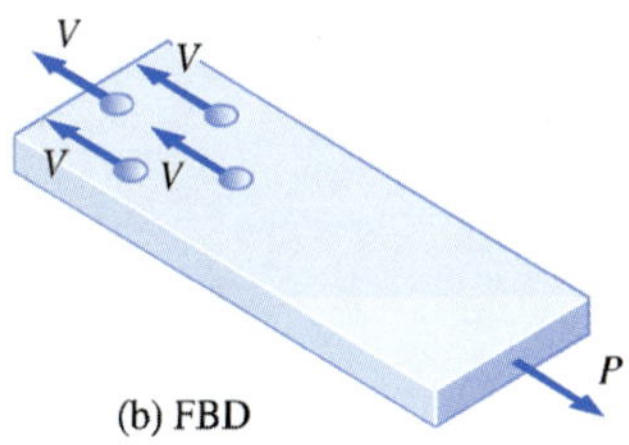

(b) FBD

풀이

두 개의 설계 기준을 사용해 하중 P를 계산한다. 최대 하중 값은 이 두 값중에 작은 것이다. 그림 (b)는 아래 판의 자유물체도를 보인다. 이 그림에는 절단면에 의해 위 판으로부터 잘려진 리벳의 아래 반 부분이 판 속에 있다. 이 절단면에 리벳의 단면에 작용하는 전단력 V가 작용한다. 평형식에서 $V = P/4$임을 알 수 있다.

리벳의 전단응력에 의한 설계

리벳의 전단응력이 사용응력에 도달하는 하중 P는 다음으로 구해진다.

$$V = \tau A$$

$$\frac{P}{4} = (0.2 \times 10^3)\left[\frac{\pi(30)^2}{4}\right]$$

$$P = 565486 \text{ N}$$

판의 지압응력에 의한 설계

1개 리벳의 단면에 작용하는 전단력 $V = P/4$는 리벳과 판 사이에 작용하는 접촉에 의한 지압력 P_b와 같다. 사용응력과 같은 지압응력을 주는 하중값 P는 식 (1.9)로부터 다음과 같이 계산된다.

$$P_b = \sigma_b td$$

$$\frac{P}{4} = (0.25 \times 10^3)(35)(30)$$

$$P = 1050000 \text{ N}$$

정답의 선택

위의 해를 비교하면 랩조인트에 가할 수 있는 최대 안전 하중 P는 리벳의 전단응력에 설계 기준을 적용한 것으로 다음과 같다.

$$P = 565.5 \text{ kN}$$ [답]

연습문제

1.26 두께가 25 mm인 판에 직경 20 mm의 구멍을 뚫기 위해 요구되는 힘은 얼마인가? 판의 전단 강도는 350 MN/m²이다.

1.27 전단 강도 240 MPa를 가지는 판에 원형 구멍을 뚫고자 한다. 그림 1.11 (c)를 참조하라. 펀치의 사용 압축응력은 300 MPa이다. (a)직경 75 mm의 구멍을 낼 수 있는 최대 판 두께를 구하라. (b)판 두께가 7.5 mm일 때, 뚫릴 수 있는 최소 구멍의 직경을 구하라.

1.28 그림 1.11 (b)의 클레비스(clevis)에 하중 P = 400 kN이 작용할 때 사용할 수 있는 볼트의 최소 직경을 구하라. 볼트의 사용 전단응력은 300 MPa이다.

1.29 그림 1.11 (a)의 두 판을 연결하는 리벳의 직경을 d = 20 mm로 가정하라. 판의 지압에 대한 사용응력이 120 MPa, 리벳의 사용 전단응력이 60 MPa이다. 각 판의 최소 안전 두께를 구하라.

1.30 그림의 랩조인트는 세 개의 직경 20 mm 리벳에 의해 연결된다. 축 하중 P = 50 kN이 세 개의 리벳에 골고루 분배된다고 가정할 때 다음을 구하라. (a)리벳의 전단응력 (b)판과 리벳 사이의 지압응력 (c) 각 판의 최대 평균 인장응력

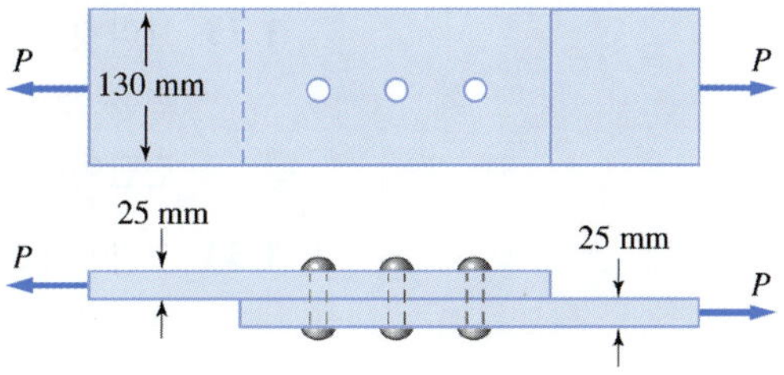

그림 1.30, 그림 1.31

1.31 그림의 랩조인트에서 세 개의 직경 20 mm 리벳에 축 하중 P가 골고루 분배된다고 가정한다. 허용응력이 리벳의 전단에 대하여 40 MPa, 판과 리벳 사이의 지압응력에 90 MPa, 판의 인장에 대하여 120 MPa 일 때, 가할 수 있는 최대 하중 P를 구하라.

1.32 축과 도르래 사이의 상대적인 회전을 하나의 키로 방지한다. 축에 가해지는 토크는 T = 2200 N · m이고, 키의 사용 전단응력이 60 MPa일 때, 키의 최소 치수 b를 구하라.

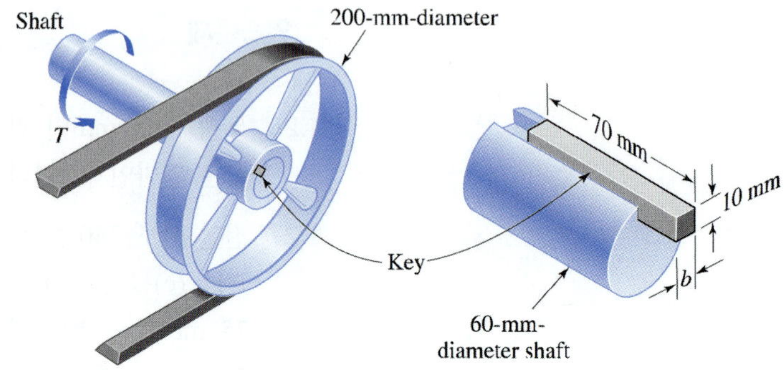

그림 1.32

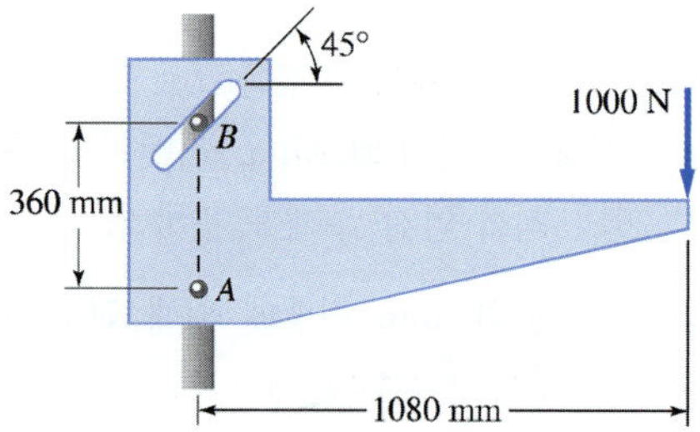

그림 P1.33

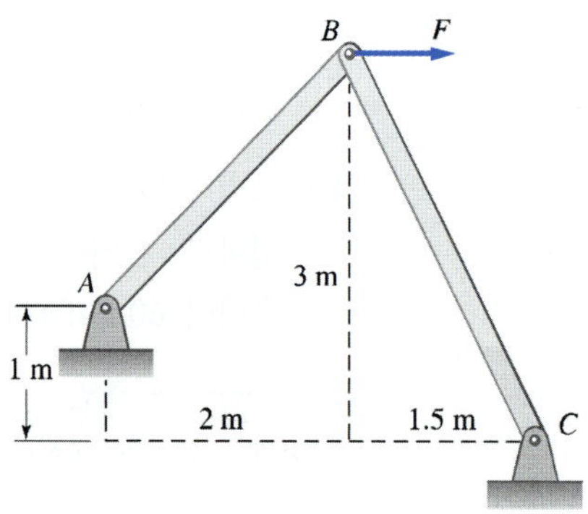

그림 P1.34

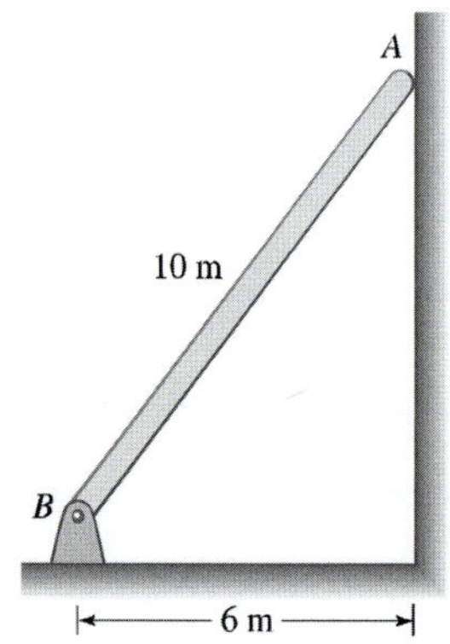

그림 P1.35

1.33 브라킷이 A와 B에서 직경 15 mm인 핀들에 의해 지지된다(B에서 핀은 브라킷 내 45°슬롯에 맞추어져 있다). 마찰력을 무시하고 단일 전단이라 가정하여 핀들의 전단응력을 구하라.

1.34 그림에서 보인 A와 C에서 구조를 지지하는 직경 35 mm 핀은 단일 전단을 받는다. 이 핀들의 사용 전단응력이 30,000 kPa일 때, 구조에 가할 수 있는 최대 힘 F를 구하라. 부재의 자중은 무시하라.

1.35 균일한 2 Mg의 봉이 A에서 매끄러운 벽면에 의해 지지되고 B에서는 이중 전단을 받는 핀에 의해 지지된다. 핀의 사용 전단응력이 60 MPa일 때, 핀의 최소 직경을 구하라.

1.36 그림에서 나타낸 힘들에 의해 평형 상태에 있는 벨크랭크는 D에서 이중 전단을 받는 직경 20 mm의 핀에 의해 지지된다. (a)연결봉 AB의 사용 인장응력이 100 MPa로 주어질 때, 봉 AB의 소요 직경과 (b)핀의 전단응력을 구하라.

1.37 페달에 가할 수 있는 최대 힘 P를 계산하라. 단일전단을 받는 B의 핀은 직경이 6 mm이고 사용 전단응력이 28 MPa이다. C에 연결된 케이블의 직경은 3 mm이고 사용 수직응력이 140 MPa이다.

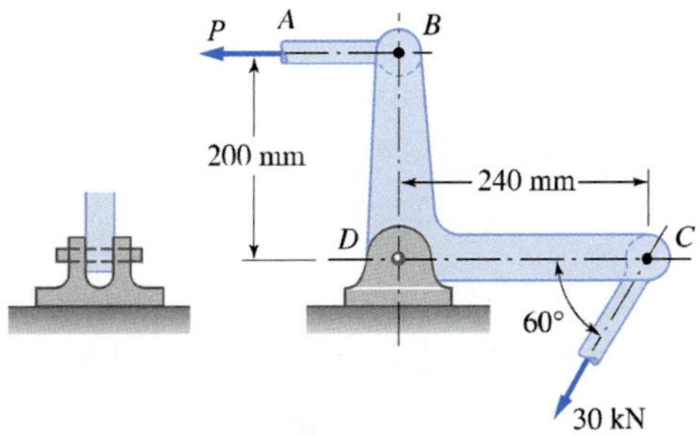

그림 P1.36

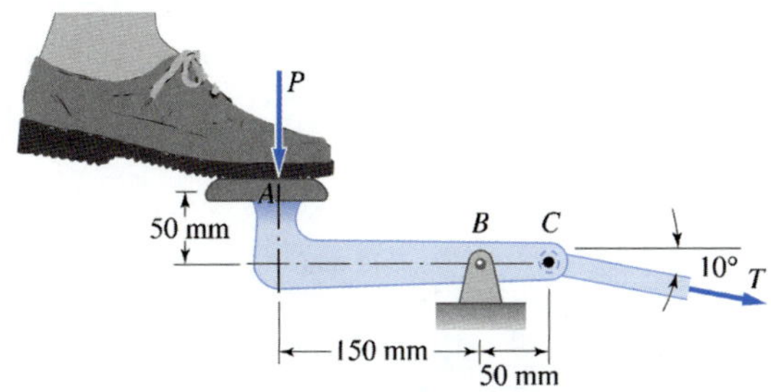

그림 P1.37

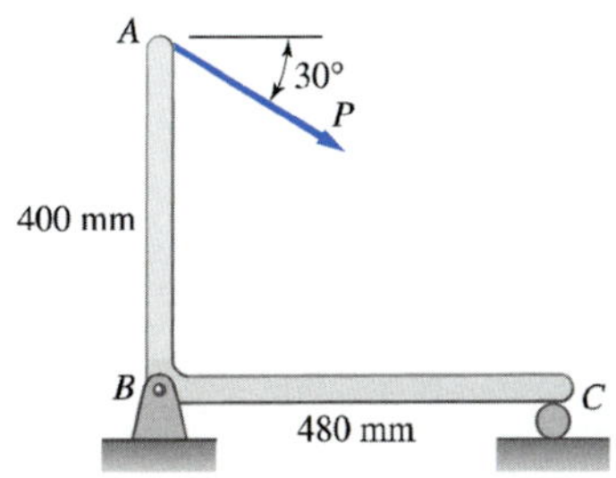

그림 P1.38

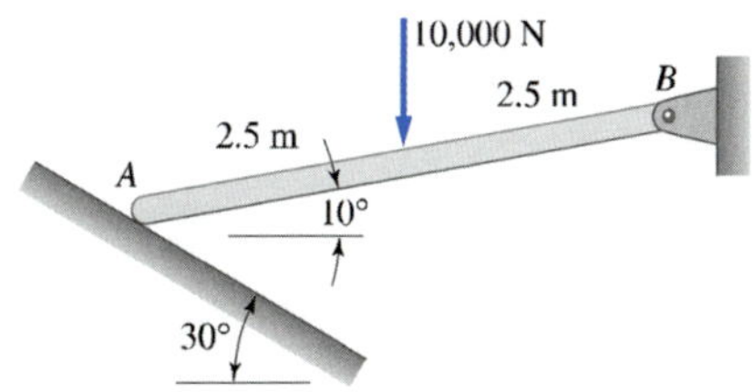

그림 P1.39

1.38 직각봉이 B에서는 핀에 의해서 그리고 C에서는 롤러에 의해 지지된다. 핀의 전단응력이 120 MPa으로 제한될 때 가할 수 있는 최대 안전 하중 P의 값은 얼마인가? 핀의 직경은 30 mm이며 이중 전단을 받고 있다.

1.39 봉 AB는 A에서 마찰이 없는 경사면과 이중 전단 상태에 있는 직경 35 mm의 핀에 의해 B에서 지지된다. 연직 하중 10,000 N이 작용할 때, 핀의 전단응력을 결정하라. 봉의 자중은 무시하라.

1.40 두 개의 합판을 두께 t인 목재판으로 된 덧붙임판(gusset)으로 접착 연결하고 있다. 인장 사용응력은 합판이 7.2 MPa, 목재판이 4.2 MPa이며 접착부의 사용 전단응력은 0.3 MPa이다. 접착부가 목재판과 같은 강도를 갖기 위한 치수 b, t를 구하라.

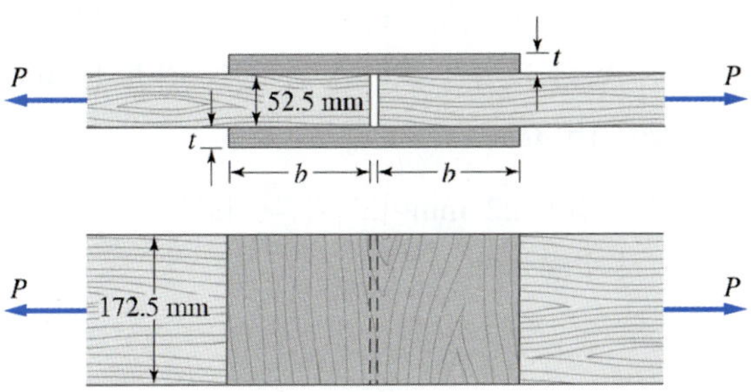

그림 P1.40

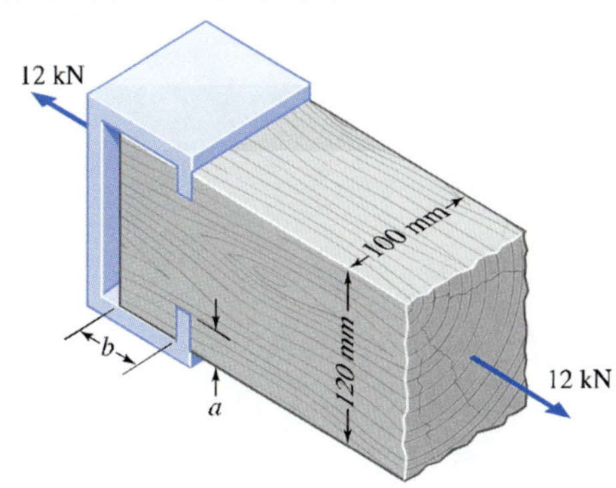

그림 P1.41

1.41 그림에서 보인 것과 같이 강재 마감 뚜껑이 목재 기둥에 홈을 파서 장치되어 있다. 기둥의 사용응력이 목재 결에 평행한 방향으로 전단에 대해서 1.8 MPa와 수직한 방향으로의 지압에 대해서 5.5 MPa로 주어진다. 최소의 안전 치수 a와 b를 구하라.

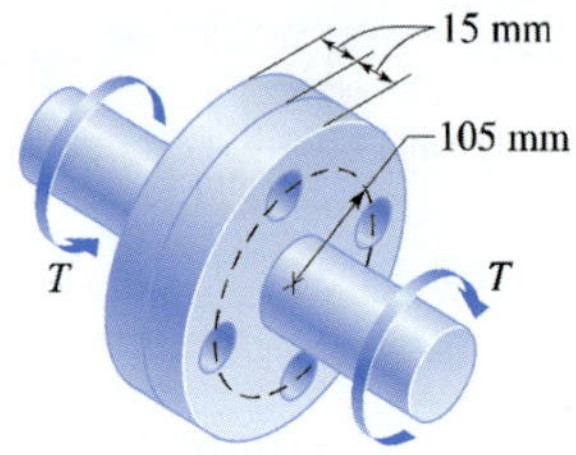

그림 P1.42

1.42 그림에서 보인 반쪽 커플링(coupling)들이 직경이 25 mm인 네 개의 볼트에 의해 합체되어 있다. 볼트의 사용 전단응력은 60 MPa이고 커플링의 사용 지압응력은 90 MPa이다. 이 커플링에 의해 안전하게 전달될 수 있는 최대 토크 T를 구하라. 볼트는 같은 크기의 힘을 갖는다고 가정하라.

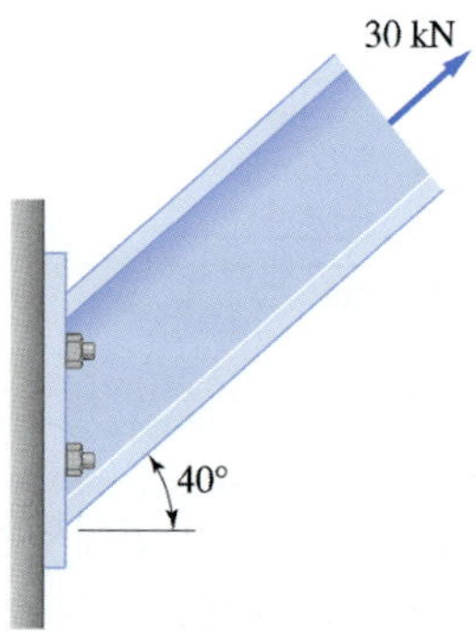

그림 P1.43

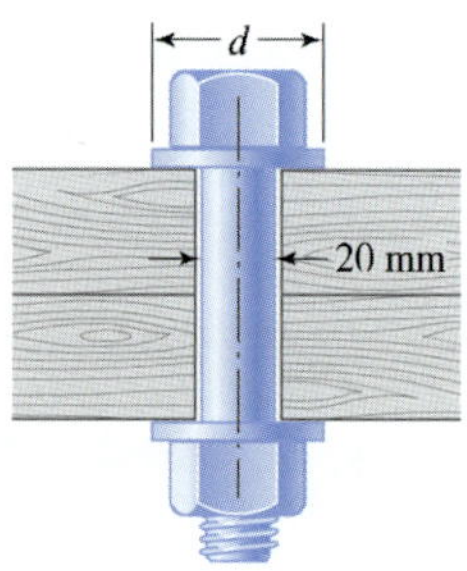

그림 P1.44

1.43 I-형 보의 한 단에 용접된 판이 한쪽에 각각 두 개씩 네 개의 직경 10 mm 볼트로 조인다. 그림과 같은 30 kN의 하중이 볼트에 똑같이 분배된다고 가정할 때, 볼트의 수직응력과 전단응력을 구하라.

1.44 직경 20 mm의 볼트가 두 개의 목재판자를 조이고 있다. 너트는 볼트의 인장응력이 150 MPa 될 때까지 조였다. 목재의 허용 지압응력이 13 MPa일 때 워셔의 최소 안전 직경을 구하라.

1.45 그림에서는 지붕의 트러스와 연결부 B를 상세하게 보여준다. 부재 BC와 BE는 앵글 단면으로 두께는 그림과 같다. 사용응력은 리벳의 전단에 대하여 70 MPa, 리벳의 지압응력에 대하여 140 MPa이다. 다음 부재를 덧붙임판에 조이기 위하여 몇 개의 직경 19 mm 볼트가 필요한가: (a)BC (b)BE ?

1.46 문제 1.45의 리벳 직경이 22 mm이고 다른 자료는 변화가 없을 때, 문제 1.45을 반복하여 풀어라.

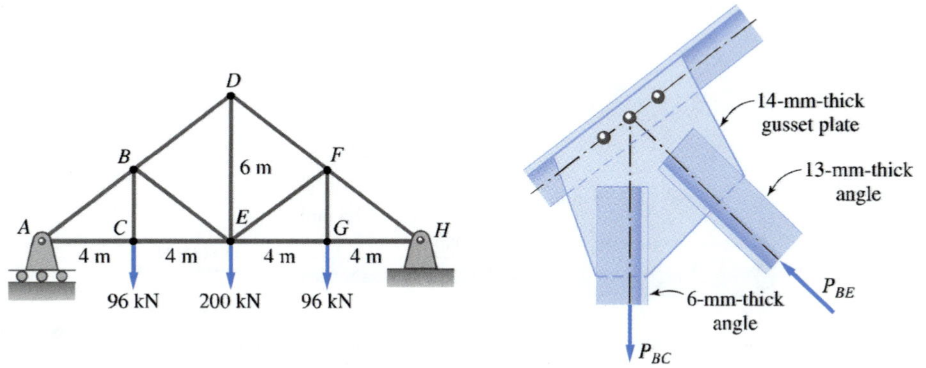

그림 P1.45, P1.46

복습문제

1.47 트러스 각 부재의 단면적이 1200 mm²이다. 부재 DF, CE와 BD의 응력을 계산하라.

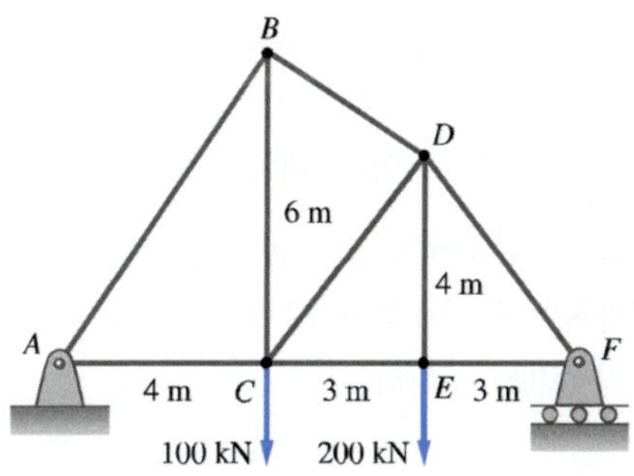

그림 P1.47

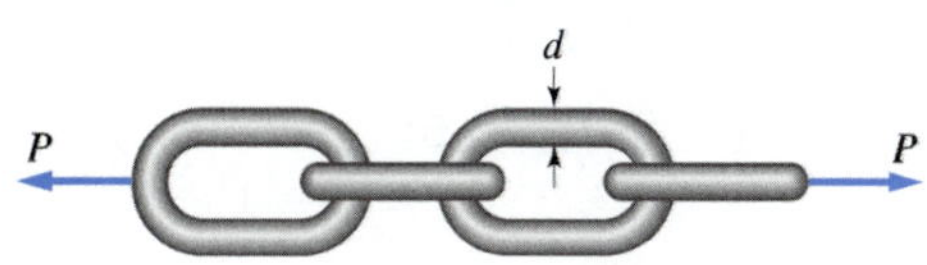

그림 P1.48

1.48 그림의 체인 링크는 인장 사용응력이 300 MPa인 강으로 만들어졌다. 만약 체인이 힘 P = 45 kN을 지지한다면 링크의 최소 안전 직경은 얼마인가?

1.49 봉의 AB부분은 외부 직경 45 mm, 벽 두께 3.75 mm인 튜브이다. BC부분은 직경이 22.5 mm인 중실봉(solid rod)이다. 봉의 각 부분의 응력을 구하라.

1.50 강재 실린더 기둥은 외부 직경이 120 mm, 내부 직경이 105 mm이다. 이 기둥은 콘크리트 기초와 정사각형 지압판에 의해 분리된다. 기둥의 사용 압축응력이 156 MPa이고 콘크리트의 사용 지압응력은 7.2 MPa이다. 기둥에 가할 수 있는 최대 하중 P를 구하라.

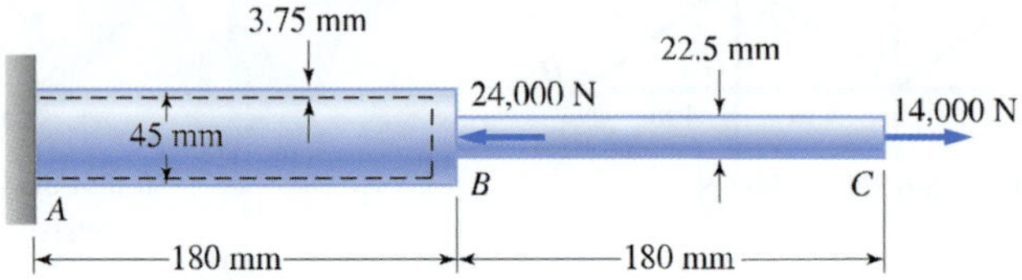

그림 P1.49

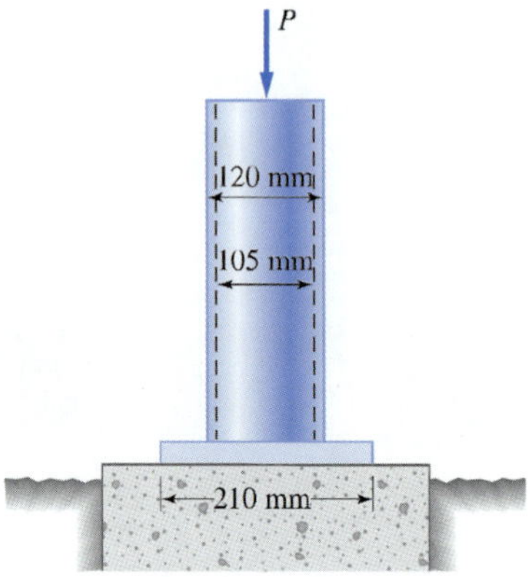

그림 P1.50

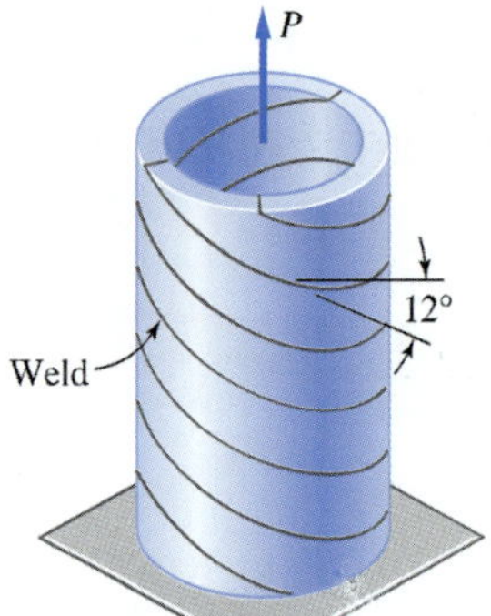

그림 P1.51

1.51 튜브형 인장 부재가 강재 스트립을 12°경사의 나선형으로 용접해 제작되었다. 튜브의 단면적은 2475 mm^2 이다. 용접면에 작용하는 수직응력이 72 MPa일 때, (a)축 하중, *P*, (b)용접면에 작용하는 전단응력을 결정하라.

1.52 6 mm 직경의 알루미늄 케이블이 고위도 풍선으로부터 늘어져 있다. 알루미늄의 밀도는 2700 kg/m^3, 파단응력이 390 MPa이다. 파단 없이 늘어질 수 있는 케이블의 최대 길이를 결정하라.

1.53 직경 24 mm의 강재 볼트가 알루미늄 슬리브에 끼워져 있다. 너트는 볼트의 수직응력이 72 MPa이 될 때까지 조여졌다. 슬리브에서의 수직응력을 구하라.

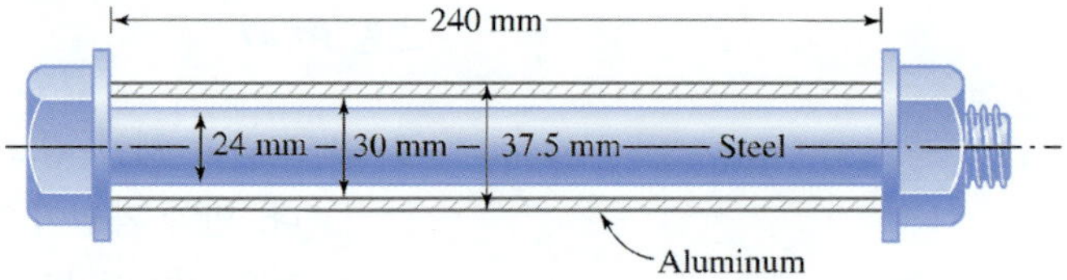

그림 P1.53

1.54 그림에서 보인 연결부에 대하여 (a)핀과 부재 사이의 최대 지압응력, (b)핀에서의 평균 전단응력, (c)부재의 최대 평균 수직응력을 계산하라.

1.55 직경 30 mm인 네 개의 리벳에 의해 조여진 랩조인트가 있다. 사용응력이 리벳의 전단에 대하여 84 MPa, 판의 지압에 대하여 84 MPa이다. 이 조인트에 가할 수 있는 최대 안전 축 하중 *P*를 구하라. 하중은 리벳들에 대해 똑같이 분배되는 것으로 가정하라.

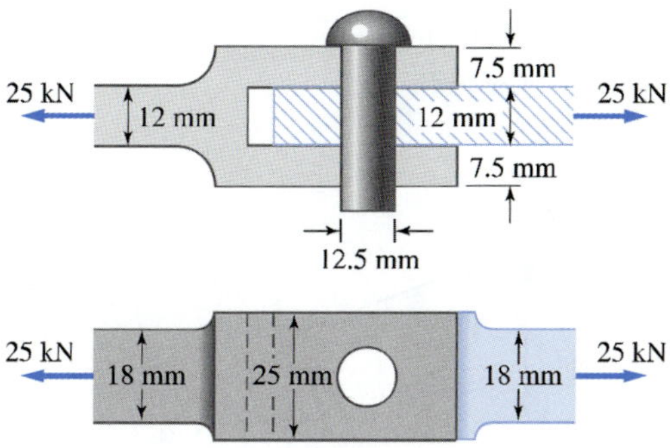

그림 P1.54

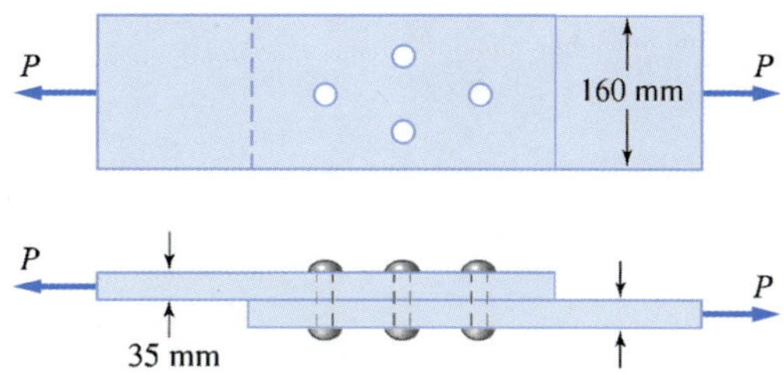

그림 P1.55

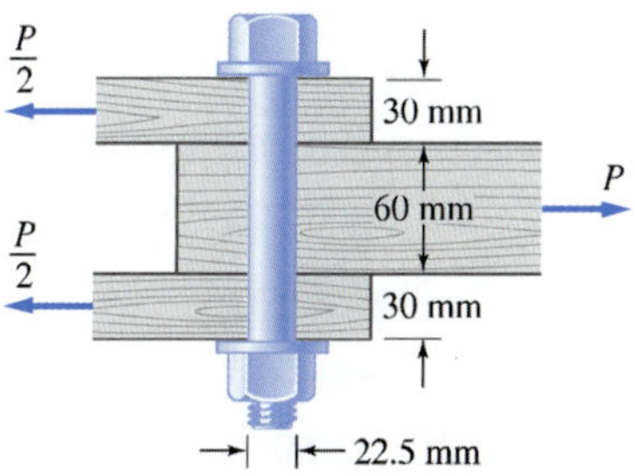

그림 P1.56

1.56 폭이 각각 120 mm인 세 장의 목재판이 직경 22.5 mm의 볼트로 연결되어 있다. 목재의 사용응력이 인장에 대하여 4.8 MPa, 지압에 대하여 9 MPa일 때, 최대 허용 하중 P를 구하라.

1.57 단면 치수가 75 mm × 75 mm인 주철 블럭이 그림과 같이 두 조각으로 구성되어 있다. 길이 75 mm의 강재 키로 이 조각들이 55° 경사진 연결면을 따라 미끄러지지 못하게 하였다. 사용응력이 주철이 지압에 대하여 240 MPa, 키의 전단에 대하여 300 MPa일 때, 키의 최소 안전 치수 b와 h를 결정하라.

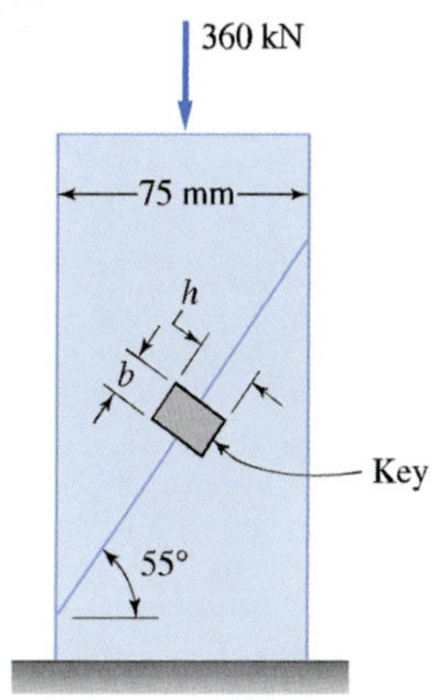

그림 P1.57

1.58 그림에서 보인 트러스에 대해서 부재 BC와 BE에 작용하는 응력을 구하라. 각 부재의 단면적은 3780 mm²로 동일하다. 작용응력이 인장(T), 또는 압축(C)인지 표시하라.

1.59 그림에서 보인 활대(Boom) AC는 벽 두께 7.5 mm이고 120 mm의 정사각형 튜브로 되어 있다. 활대는 직경 15 mm의 핀으로 A에서 지지되고 직경 11.25 mm인 케이블 BC에 의해 지지되어 있다. 사용응력은 케이블이 150 MPa, 활대가 108 MPa이고 핀의 사용 전단응

력은 81.6 MPa이다. 활대의 자중을 무시하고 그림과 같이 가할 수 있는 하중 P의 최댓값을 구하라.

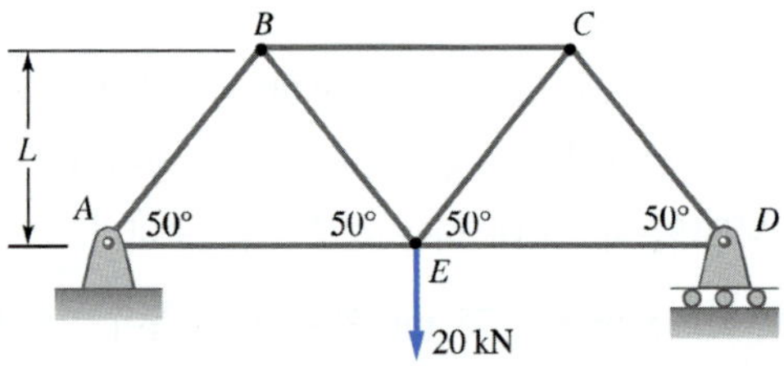

그림 P1.58

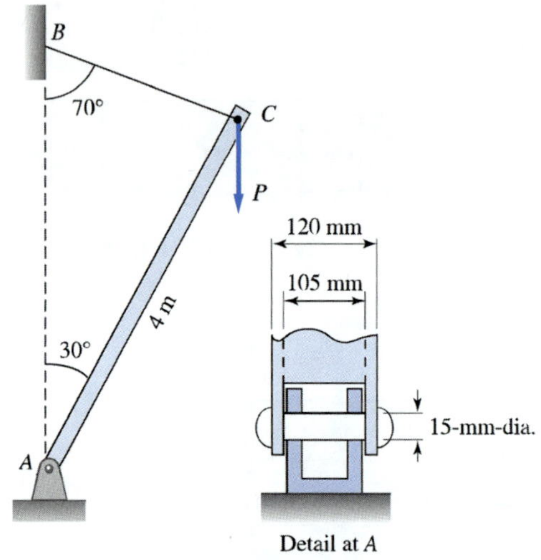

그림 P1.59

컴퓨터문제

C1.1 높이 h, 너비 $2b$인 대칭 트러스 ABC가 꼭짓점 C에서 위로 작용하는 연직 하중 P를 받는다. 부재의 사용응력이 인장에 대하여 σ_t, 압축에 대하여 σ_c이다. b, P, σ_t와 σ_c가 주어질 때, h $0.5b$에서 $4b$까지 변화할 때 h에 대한 트러스의 소요 체적 그래프를 그리기 위한 알고리즘을 작성하라. 또 트러스의 최소 체적을 산출하는 h를 구하라. 트러스가 완전히 응력을 받고 있는 상태(모든 부재가 사용응력에 도달한 상태)로 가정하라. 아래 데이터를 사용하라: $b = 6\text{m}$, $P = 120$ kN, $\sigma_t = 18$ kPa, $\sigma_c = 12$ kPa.

C1.2 P가 연직 아래로 작용하는 경우에 대해서 문제 C1.1를 풀어라.

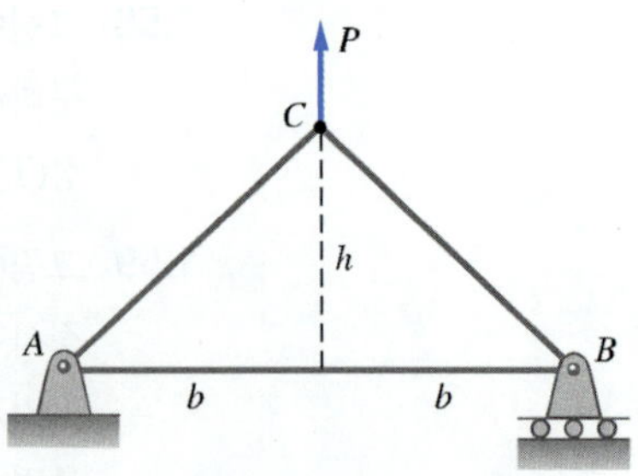

그림 C1.1, C1.2

C1.3 돌출부의 폭이 b인 트러스 ABC의 각 부재는 수평에 대하여 각각 양의 각도 α와 θ만큼 경사되어 있다. A에 하향 연직 하중 P가 작용한다. 부재의 사용응력이 인장에 대하여 σ_t, 압축에 대하여 σ_c이다. b, P, α, σ_t와 σ_c가 주어지고 θ가 0°에서 75°까지 변할 때, 트러스의 소요 체적변화를 나타내는 그래프를 그리기 위한 알고리즘을 작성하라. 모든 부재에서의 응력이 사용응력까지 작용한다고 가정하라. 또 트러스의 최소 체적을 산출하는 θ를 구하라. 아래 데이터를 사용하라: $b = 1.8$ m, $P = 530$ kN, $\alpha = 30°$, $\sigma_t = 125$ MPa $\sigma_c = 85$ MPa

C1.4 단면적이 A인 두 개의 금속 봉을 단면에 대하여 각도 θ만큼 경사진 면 m-n에 강력 접착제를 사용하여 연결한다. 접착제의 사용응력이 인장에 대하여 σ_w, 압축에 대하여 τ_w이다. A, σ_w와 τ_w가 주어질 때, 봉에 가할 수 있는 최대 허용 축 하중 P를 각도 θ의 함수 ($0° \le \theta \le 60°$)의 그래프를 그리기 위한 알고리즘을 작성하라. 금속이 접착제에 비하여 매우 강해서 P가 접착제의 응력에 의해 결정된다고 가정하라. 아래 데이터를 사용하라: $A = 400$ mm², $\sigma_w = 3500$ N/mm², $\tau_w =$ 1800 N/mm².

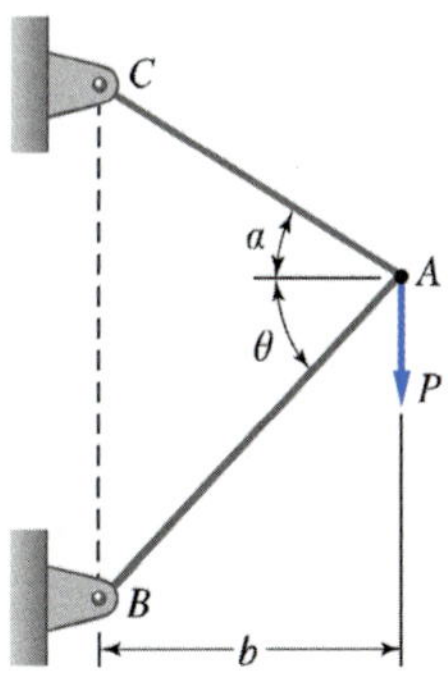

그림 C1.3

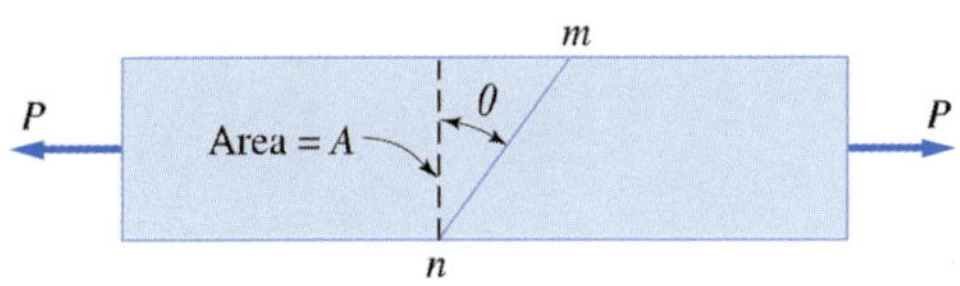

그림 C1.4

C1.5 일정한 벽 두께 1.5 m를 갖는 콘크리트 냉각탑이 자중을 받고 있다. 냉각탑의 외부 직경은 다음 식과 같이 변한다.

$$d = 20\text{ m} - 0.1x + (0.35 \times 10^{-3}\text{m}^{-1})x^2$$

여기서 x와 d는 meter 단위이다. 냉각탑의 축응력을 x의 함수로 나타내는 그래프를 그리기 위한 알고리즘을 작성하라. 최대응력이 나타나는 위치와 그 크기를 구하라. 콘크리트의 중량 밀도 150 N/m³를 사용하라.

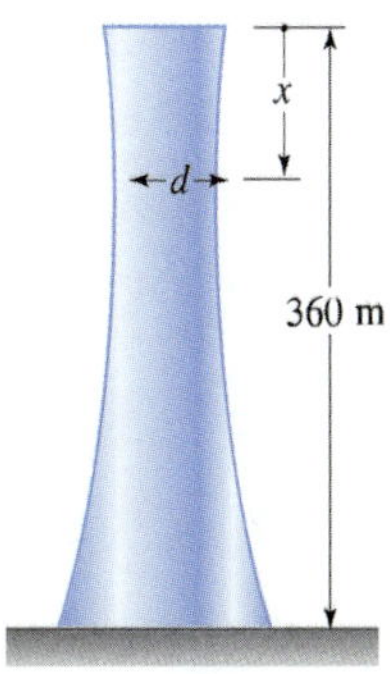

그림 C1.5

제 2 장
변형률

Andrew Brookes, National Physical Laboratory/Photo Researchers, Inc

인장시편 모음. 인장 시험은 구조 재료의 역학적 성질을 결정하는 표준 방법의 하나이다. 중요한 소재 물성 가운데 하나가 응력–변형률 선도이며, 이 장에서 논의된다.

2.1 개요

이제까지 우리는 주로 구조 부재들의 강도나 하중 전달 능력에 관하여 다뤘다. 여기서 우리는 이들과 동등하게 중요한 재료역학 주제인 변형(deformation) 혹은 **변형률**(*strain*)에 대한 학습을 시작한다. 일반적으로 변형률은 물체의 변형을 계량하는 기하학적 양이다. 변형률에는 두 가지 형태가 있는데, 하나는 치수 변화를 특징짓는 **수직 변형률**(*normal strain*)이며, 다른 하나는 형상의 뒤틀림(각도 변화)을 특징짓는 **전단 변형률**(*shear strain*)이다. 응력(stress)과 변형률(strain)은 재료역학의 두 가지 기본 개념이다. 이들의 상호 관계가 재료의 기계적 특성을 정의하며, 그 관계에 대한 지식은 설계에 있어서 매우 중요하다.

비록 이번 장에서는 축 하중을 받는 봉이 우리의 주된 관심사이나, 여기서 전개되는 원리와 방법들은 이후에 논의될 더 복잡한 하중 문제의 경우에 대해서도 마찬가지로 적용된다. 또 다른 주제로 부정정계 문제를 풀기 위하여 어떻게 힘−변형 관계를 평형 조건과 연계하여 사용하는지에 대하여도 학습한다.

2.2 축 방향 변형: 응력−변형률 선도

재료의 강도(strength)가 기계 부품이나 구조물의 설계 시에 고려되는 유일한 판단 기준은 아니다. 재료의 강성(stiffness)은 종종 경도(hardness), 인성(toughness), 연성(ductility) 등과 같은 기계적 특성들과 동등하게 중요하다. 이러한 특성들은 실험에 의하여 결정된다. 많은 소재들, 특별히 금속들에 대해서는 이러한 실험 방법들을 상세하게 규정하는 표준들이 확립되어 있다. 이들 시험 가운데 하나(강의 인장 시험)에만 주목하여, 그 결과들을 재료 거동에 대한 몇 가지 중요 개념들을 설명하는 데 사용한다.

a. 수직(축) 변형률

인장 시험을 설명하기 전에 수직(축) 변형률의 정의를 정형화하여야 한다. 그림 2.1과 같은 길이 L의 균일 단면봉의 신장(elongation)에 대하여 생각해 본다. 축 하중의 작용, 온도 상승에 의한 팽창, 혹은 힘과 온도 상승이 동시에 작용하여 신장량 δ가 발생할 수 있다. 변형률은 그 변형의 원인에 관계없이 변형의 기하학적 형상을 묘사한다. 수직 변형률(normal strain) ϵ(그리스어 소문자 *epsilon*)은 단위 길이당 신장량으로 정의된다. 따라서 축 방향으로 놓여 있는 봉의 **수직 변형률**은 다음과 같으며, 이것은 **축 변형률**(*axial strain*)로도 알려져 있다.

$$\epsilon = \frac{\delta}{L} \tag{2.1}$$

봉이 균일하게 변형한다면 식 (2.1)은 봉의 모든 위치에서의 축 변형률을 나타내게 된다. 만약 그렇지 않다면 이 식은 **평균 축 변형률**로 보아야 한다. 수직 변형률은 단위 길이당 신장량이므로 무차원화 된 양임을 주목하라. 그러나 mm/mm 같은 "단위"들이 수직 변형률을 나타내는 데 종종 사용되고 있다.

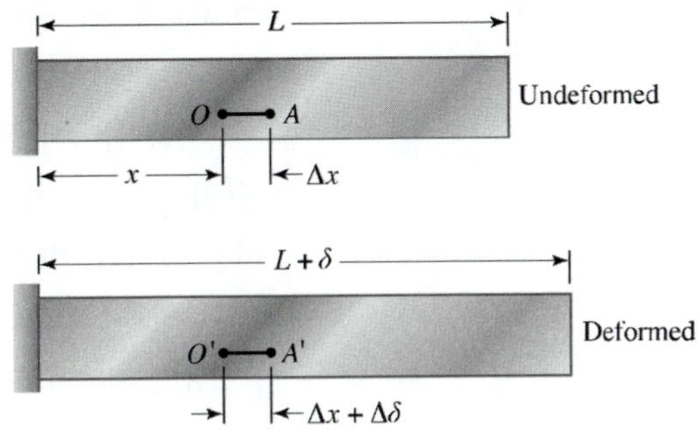

그림 2.1 균일단면봉의 변형

만약 변형이 균일하지 않다면 변형률을 한 점에서 정의하여야 한다. 그림 2.1에서 O점을 고정단에서 거리가 x인 위치에 있는 봉 속의 한 점이라고 하자. O점에서의 축 변형률을 결정하기 위해, 봉 속의 O점에 내재된 길이 Δx의 가상적인 선 요소 OA를 생각하자. OA의 신장량을 $\Delta\delta$로 나타낼 때, O점에서의 **축 변형률**을 다음과 같이 정의한다.

$$\epsilon = \lim_{\Delta x \to 0} \frac{\Delta\delta}{\Delta x} = \frac{d\delta}{dx} \tag{2.2}$$

수직응력과 마찬가지로 수직 변형률도 **주어진 방향의 한 점**에서 정의됨을 주목하라. 만약 축 변형률의 분포가 알려진다면 봉의 신장량을 다음의 식으로부터 계산할 수 있다.

$$\delta = \int_0^L d\delta = \int_0^L \epsilon \, dx \tag{2.3}$$

균일 변형률 분포(축 변형률이 모든 점에서 동일함)에 대하여 식 (2.3)은 $\delta = \epsilon L$이 되며, 이것은 식 (2.1)과 일치한다.

비록 이상의 논의들을 신장을 가정하여 진행하였지만, 그 결과들은 압축에 대하여도 동일하게 적용한다. 전통적으로 압축은 음의 부호를 동반한다. 예를 들어 $\epsilon = -0.001$은 크기가 0.001인 압축 변형률을 의미한다.

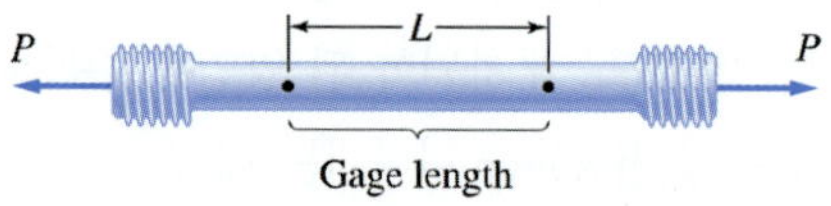

그림 2.2 표준 인장 시험에 사용되는 시편

b. 인장 시험

표준 인장 시험에 있어서, 그림 2.2에 나타낸 것과 같은 시편은 인장 시험기의 그립에 놓이게 된다. 그립은 시험기에 의해 가해지는 하중 P가 축 방향이 되도록 설계된다. **표점길이**(*gage length*) L을 정의하기 위해 두 개의 표점(gage mark)이 시편에 새겨진다. 이들 표점들은 그립에 의해 유발되는 국부적 효과를 피하고, 표점들 사이에 있는 소재들의 응력과 변형률이 균일하게 되도록 하기 위해 끝단으로부터 좀 떨어진 곳에 위치한다.

시험기는 시편을 서서히 일정한 속도로 파단될 때까지 신장시킨다. 시험 중에는 가해진 하중과 표점 길이의 신장량이 연속적으로 읽혀진다. 이들 데이터는 응력과 변형률로 변환된다. 응력은 $\sigma = P/A$에서 계산된다. 여기에서 P는 하중 그리고 A는 시편 단면의 초기 단면적을 나타낸다. 변형률은 $\epsilon = \delta/L$식에서 계산되는데, 여기서 δ는 표점 길이의 신장량 그리고 L은 초기 표점 길이를 나타낸다. **초기 단면적과 초기 표점 길이**에 근거한 이들 결과들은 **공칭응력**(*nominal stress*)과 **공칭변형률**(*nominal strain*)로 불린다.

봉이 당겨짐에 따라 그 단면적은 감소하고 표점 길이는 증가한다. 하중을 시편의 실제(현재) 면적으로 나누면 **진응력**(*true stress*)을 얻게 된다. 마찬가지로 신장량 δ를 현재 표점 길이로 나누면 **진변형률**(*true strain*)이 얻어진다. 금속의 사용 영역에서 "공칭" 계량과 "실제" 계량의 실질적인 차이는 거의 없다. 이들의 차이는 고무나 파단 직전의 연성 금속에서 일어나는 대변형률 문제에서만 나타난다. 몇몇 예외를 제외하면, 공칭응력과 공칭변형률이 공학적 용도로 주로 사용된다.

축 응력을 축 변형률에 대하여 그리면 응력-변형률 선도가 된다. 만약 시험이 적절하게 수행되었다면 주어진 소재에 대한 응력-변형률 선도는 시험 시편의 크기와 무관하다. 즉, 이 선도의 특성은 재료의 역학적 성질에 의해서만 결정된다. 구조용 강재의 응력-변형률 선도의 일례를 그림 2.3에 나타내었다. 다음과 같은 역학적 성질들이 이 선도로부터 결정될 수 있다.

비례한도와 Hooke의 법칙 그림 2.3에서 볼 수 있는 바와 같이 응력-변형률 선도는 원점 O에서 **비례한도**(*proportional limit*)로 불리는 점까지는 직선이다. 이것은 *Hooke*의 **법칙**[1]을 명확히 보여준다. Hooke의 법칙에서 응력은 변형률에 비례한다. 즉,

1 이 법칙은 Robert Hooke에 의하여 1678년에 처음으로 상정되었다.

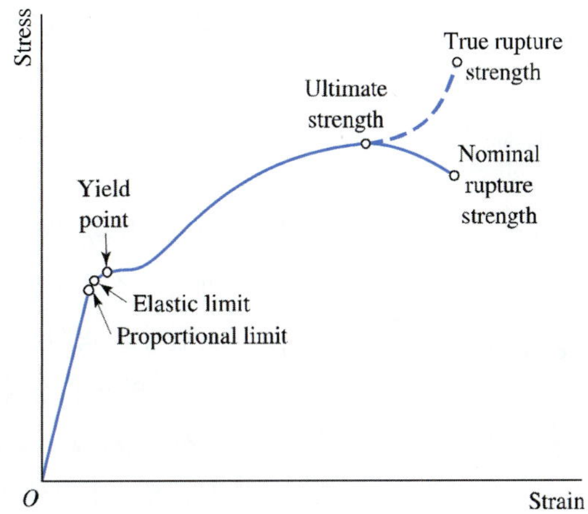

그림 2.3 구조용 강재의 표준 인장 시험에서 얻은 응력-변형률 선도

$$\boxed{\sigma = E\epsilon} \tag{2.4}$$

여기서 E는 **탄성계수**(*modulus of elasticity*) 혹은 **영률**(*Young's modulus*)로 알려진 물성값이다. E의 단위는 응력의 단위와 같으며 Pa이다. 강의 경우 E $= 200$ GPa 가량이다. Hooke의 법칙이 응력-변형률 선도의 전체에 적용되지는 않는다는 점에 주목하라. 그 유효성은 비례한도에서 끝난다. 이 점을 지나면 응력은 더 이상 변형률에 비례하지 않는다.[2]

탄성 한계 어떤 재료에 하중을 가한 뒤 하중을 제거했을 때, 다시 원래의 형상으로 돌아간다면 그 재료는 **탄성**(*elastic*)이라고 말한다. **탄성 한계**(*elastic limit*)란 말 그대로 재료가 그 값 이상에서는 더 이상 탄성이 아닌 응력값을 말한다. 하중을 제거한 후 재료에 남아 있는 항구적 변형을 **영구변형**(*permanent set*)이라고 부른다. 탄성 한계는 비례한도보다 약간 큰 값을 가진다. 그러나 탄성 한계를 정확하게 결정하는 것이 어렵기 때문에 보통은 탄성 한계가 비례한도와 일치하는 것으로 가정한다.

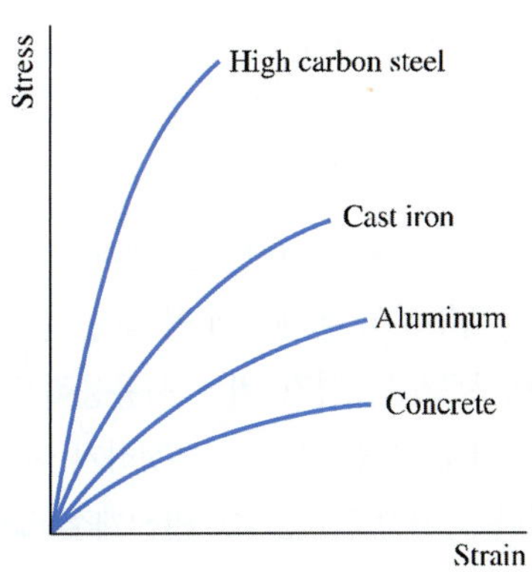

그림 2.4
분명한 항복 없이 파손되는 다양한 소재들에 대한 응력-변형률 선도

항복점 응력-변형률 선도가 거의 수평하게 되는 지점을 **항복점**(*yield point*), 그리고 그 점에서의 응력을 **항복응력**(*yield stress*) 혹은 **항복 강도**(*yield strength*)라고 부른다. 항복점을 지나면 그에 부합하는 하중의 증가 없이 상당한 정도로 재료가 신장되는 현상 즉, 항복이 발생한다. 실제로 항복

2 많은 재료의 응력-변형률 선도가 실제로 뚜렷한 비례한도가 없는 곡선이다. 이 경우, 응력-변형률의 비례도는 응력-변형률 선도의 초기 접선에 의하여 보인 것보다 변형률이 50%의 속도만큼 더 크게 증가할 때의 응력까지만 유지하는 것으로 가정한다.

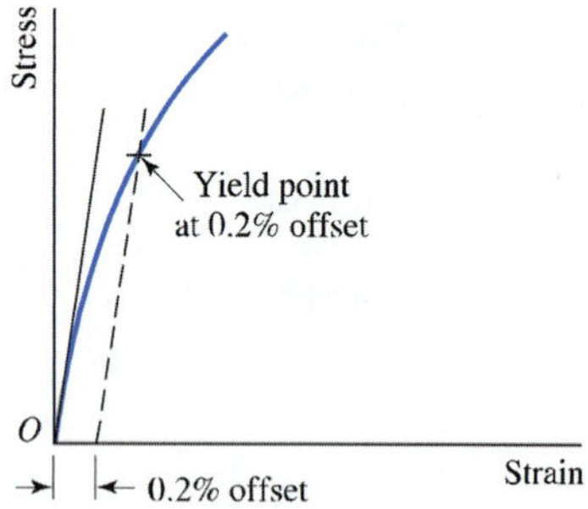

그림 2.5
0.2% 오프셋 방법에 의한 항복점 결정

이 일어나는 동안은 하중이 감소하기도 한다. 그러나 항복 현상은 구조용 강재에서 유일하다. 그림 2.4에 나타낸 재료들의 응력-변형률 곡선에서처럼 다른 등급의 강 혹은 강합금 그리고 다른 재료들은 어느 시점에서 항복하는지 분명치 않다. 그런데 이 곡선들은 가공이나 시효(aging) 공정에서 발생한 상당한 잔류응력(residual stress)들을 포함하는 재료에 첫 번째 하중을 가할 때 전형적으로 나타난다. 반복 하중을 거치면 이 잔류응력들은 제거되고 응력−변형률 곡선은 거의 직선이 된다.

명확하게 정의되는 항복점을 가지지 않는 재료들에 대한 항복 응력은 오프셋 법(*offset method*)에 의해 결정된다. 이 방법은 응력−변형률 곡선 시작 부분에서의 접선에 평행한 선을 긋는 것으로 이루어지는데, 이 평행선은 보통 0.2%($\epsilon = 0.002$)로 규정된 오프셋 변형률에서 시작한다. 그림 2.5에 나타낸 바와 같이, 이 선과 응력-변형률 곡선의 교점을 **0.2% 오프셋 항복점**이라고 한다.

극한응력 극한응력(*ultimate stress*), 인장강도(*tensile*) 혹은 극한 강도(*ultimate strength*)는 응력−변형률 곡선상의 최대응력이다.

파단응력 파단응력(*rupture stress*) 혹은 파단 강도(*rupture strength*)는 파단이 일어나는 점의 응력이다. 구조용 철강의 경우, 공칭 파단응력은 하중을 초기 단면적으로 나누어 계산하기 때문에 극한강도에 비하여 상당히 작은 값을 가진다. 실제 파단 강도는 파괴가 일어나게 될 감소된 단면에서 계산된다. 이들 값의 차이는 병목(necking)으로 알려진 현상에 기인한다. 파괴에 가까워질수록 재료는 매우 빠르게 신장되면서 그림 2.6에 보인 것과 같은 단면 감소를 유발한다. 파단이 일어나는 단면의 크기가 원래 초기 단면에 비해 작기 때문에 실제 파단응력은 최대 강도보다 커지게 된다. 그러나 극한 강도는 흔히 소재가 지탱할 수 있는 최대응력으로 사용된다.

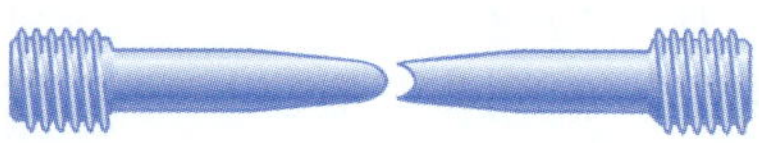

그림 2.6
단면의 병목 혹은 축소를 보이고 있는 파손된 인장 시험 시편

c. 사용응력과 안전계수

허용응력(allowable stress)으로도 불리는 사용응력(working stress), σ_w은 설계에 사용되는 최대 안전 축응력이다. 대부분의 설계에서 응력이 탄성 범위(응력−변형률 선도의 직선부분)에 머무르도록 하기 위해 사용응력은 비례한도를 넘지 않도록 제한한다. 그러나 비례한도는 정확히 결정하기 어렵기 때문에, 사용응력으로 항복응력(σ_{yp})이나 극한강도(σ_{ult})를 안전계수(*factor of safety*)로 불리는 적절한 수 N으로 나눈 값을 사용하는 것이 관례이다. 따라서,

$$\sigma_w = \frac{\sigma_{yp}}{N} \quad \text{or} \quad \sigma_w = \frac{\sigma_{\text{ult}}}{N} \tag{2.5}$$

구조용 철강에서는 항복점이 σ_w를 결정하는 근간으로 선택되는데, 이는 항복점 응력에서 허용이 불가할 정도의 큰 영구 변형이 일어날 수 있기 때문이다. 다른 재료들에 대해서는 사용응력은 보통 극한 강도에 근거한다.

사용응력을 결정하려면 많은 인자들이 고려되야 한다. 이 선택은 초보자에 의해 결정되어서는 안 된다. 사용응력은 통상 숙련된 엔지니어 집단에 의해 결정되며, 건축 규정이나 사양에 들어 있게 된다. 사용응력의 선정을 지배하는 인자들에 대한 논의는 많은 재료들의 경우 비례한도가 극한 강도의 약 1/2이라는 관찰에서 시작한다. 갑작스런 불의의 과부하를 피하기 위해 점진적으로 부과되는 사하중(dead load)을 고려하여 사용 하중은 비례한도의 절반 정도로 한다(**사하중**은 구조물의 자중과 일단 부과되면 제거되지 않는 다른 하중들을 지칭한다). 이러한 방법으로 정의된 사용 하중은σ_{ult}에 안전계수 4를 적용한 것에 해당하며, 균일하고 균질인 재료들에 대해 권장된다. 나무처럼 예측할 수 없는 비균질성이 존재하는 다른 재료들에 대해서는 더 큰 안전계수가 사용된다. 갑작스럽게 부과되는 하중에 의한 동적 효과가 있는 경우에도 더 큰 안전계수가 필요하다.

2.3 축 하중을 받는 봉

그림 2.7은 축 하중 P가 가해지는 길이 L, 단면적 A인 봉을 나타내고 있다. P에 의해 유발되는 응력이 비례한도 이하라고 가정하면, Hooke의 법칙 $\sigma = E\epsilon$이 적용된다.

봉이 균일하게 변형하므로 축 변형률은 $\epsilon = \delta/L$이며, Hooke의 법칙에 대입하면 $\sigma = E(\delta/L)$을 얻는다. 따라서 봉의 신장량은 최종적으로 $\sigma = P/A$를 대입할 때, 다음과 같다.

$$\delta = \frac{\sigma L}{E} = \frac{PL}{EA} \tag{2.6}$$

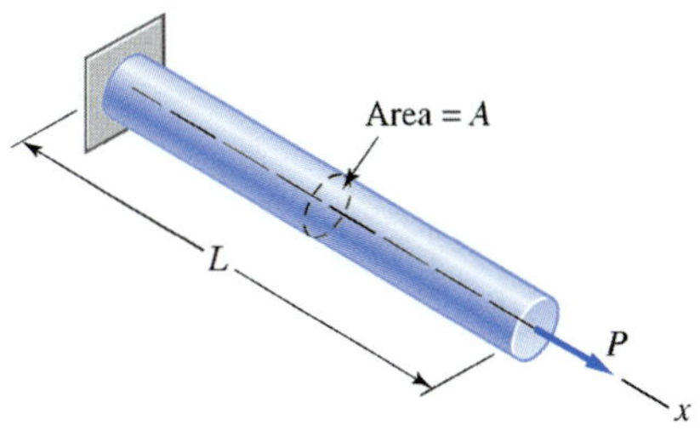

그림 2.7 축 하중을 받는 봉

만약 봉의 변형률(혹은 응력)이 균일하지 않다면 식 (2.6)은 적합하지 않다. 축 변형률이 x-좌표를 따라 변하는 경우, 신장량은 식 (2.3), 즉 $\delta = \int_0^L \epsilon \, dx$과 같이 적분에 의해 얻어질 수 있다. P가 내부 축력을 의미한다고 할 때, $\epsilon = \sigma/E = P/(EA)$을 사용하면 다음 식을 얻는다.

$$\delta = \int_0^L \frac{\sigma}{E} dx = \int_0^L \frac{P}{EA} dx \tag{2.7}$$

여기서 P, E, A가 상수일 때만 식 (2.7)이 식 (2.6)으로 축약됨을 알 수 있다.

변형량 계산에 대한 언급

- 식 (2.6)과 (2.7)의 내력 P의 크기는 평형 해석에서 결정되야 한다. 양(인장)의 P는 양의 δ(신장)를, 반대로 음(압축)의 P는 음의δ(수축)를 일으킨다.
- 식 (2.6)과 (2.7)에서 일관된 단위들을 사용하도록 주의해야 한다. 통상적으로 E의 단위에 따라 사용할 P, L, A의 단위를 결정하도록 한다. E가 Pa(N/m^2)로 표시되는 SI 단위계에 부합되는 단위는 P [N], L [m]그리고 A [m^2]이다.
- 축응력이 탄성 영역에 있는 동안, 신장량(혹은 수축량)은 봉의 전체 길이에 비하여 매우 작다. 이 특성은 트러스와 같이 축 하중을 받는 봉으로 구성된 구조물의 변위 계산을 단순화하는 데 이용될 수 있다.

예제 2.1

강재(steel) 프로펠러 축 $ABCD$가 그림 (a)에 보인 것과 같은 축 하중을 지지하고 있다. 이들 하중에 의해 유발되는 축의 길이 변화량을 구하라. 강에 대해 $E = 200$ GPa를 사용하라.

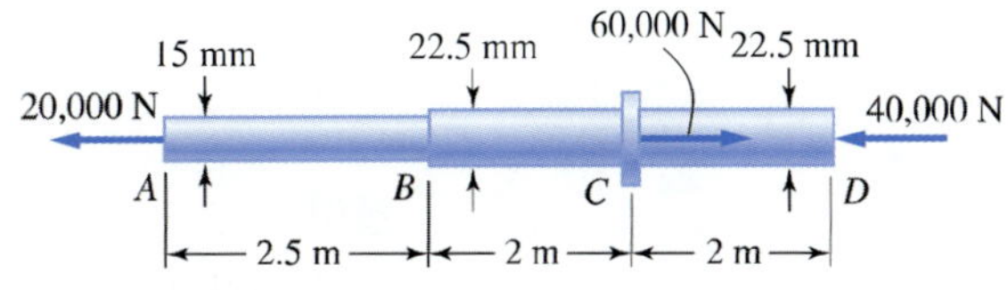

(a)

풀이

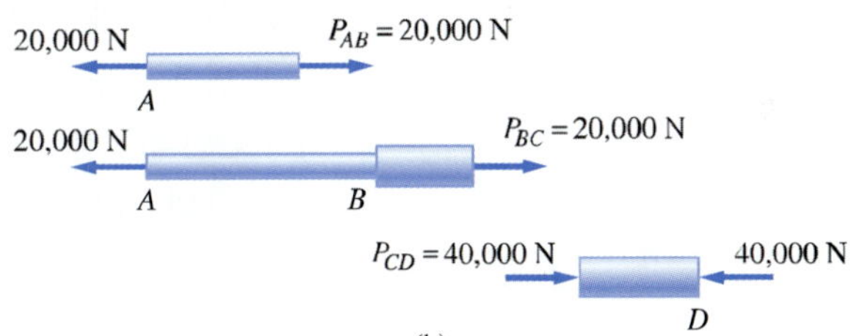

(b)

그림 (b)의 자유물체도에서 축의 세 부분에 걸리는 내력들이 다음과 같음을 알 수 있다.

$$P_{AB} = P_{BC} = 20{,}000\text{N (T)}, \quad P_{CD} = 40{,}000\text{N (C)}$$

각 부분에서의 단면적과 축력이 일정하므로, 각 부분의 길이 변화량은 식 (2.6)의 $\delta = PL/(EA)$로부터 계산될 수 있다. 축의 길이 변화량은 각 부분의 기여량을 더하여 얻어진다. 인장력은 신장을 압축력은 수축을 유발하는 것을 주목하면, 축의 신장량을 얻을 수 있다.

$$\begin{aligned}\delta &= \Sigma\frac{PL}{EA} = \frac{1}{E}\left[\left(\frac{PL}{A}\right)_{AB} + \left(\frac{PL}{A}\right)_{BC} - \left(\frac{PL}{A}\right)_{CD}\right]\\ &= \frac{1}{200\times10^3}\left[\frac{20{,}000(2500)}{\pi(15)^2/4} + \frac{20{,}000(2000)}{\pi(22.5)^2/4} - \frac{40{,}000(2000)}{\pi(22.5)^2/4}\right]\\ &= 0.91\ \text{mm}\end{aligned}$$

[답]

예제 2.2

10 m 길이의 편평한 어떤 강재 막대의 단면은 20 mm의 일정한 두께를 가지나 폭은 그림과 같이 변한다. 100 kN의 축력에 의한 막대의 신장량을 구하라.

$E = 200$GPa를 사용하라.

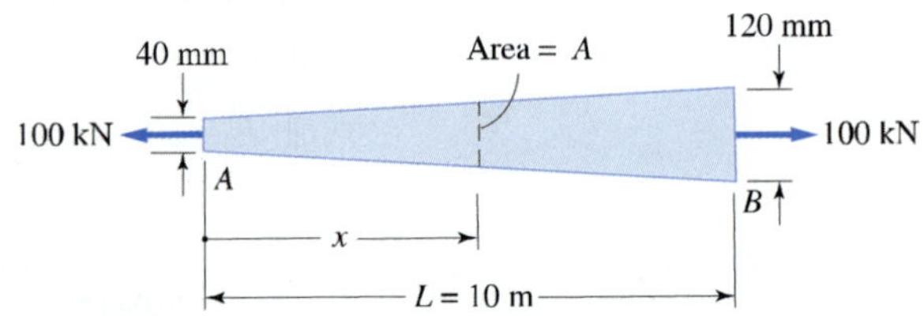

풀이

평형 조건에 의하면 내부 축력은 봉의 전체 길이에 걸쳐 $P = 100$ kN으로 일정하다. 그러나 단면적 A가 봉의 x-좌표에 따라 변하므로 봉의 신장량은 식 (2.7)에서 계산되어야 한다.

단면적 A를 x의 함수로 표시하는 것에서부터 시작한다. A와 B 위치에서의 단면적은 각각 $A_A = 20 \times 40 = 800$ mm^{2}와 $A_B = 20 \times 120 = 2400$ mm^{2}이다. A와 B사이에서 단면적은 x의 선형함수이다.

$$A = A_A + (A_B - A_A)\frac{x}{L} = 800\ \text{mm}^2 + (1600\ \text{mm}^2)\frac{x}{L}$$

면적을 mm^{2}에서 m^{2}으로 변환하고 $L = 10$ m를 대입하면, 다음 식을 얻는다.

$$A = (800 + 160x) \times 10^{-6}\ \text{m}^2 \tag{a}$$

식 (a)를 $P = 100 \times 10^3$N, $E = 200 \times 10^9$ Pa과 함께 식 (2.7)에 대입하면, 봉의 신장량을 구할 수 있다.

$$\delta = \int_0^L \frac{P}{EA}dx = \int_0^{10\ \text{m}} \frac{100 \times 10^3}{(200 \times 10^9)[(800 + 160x) \times 10^{-6}]}dx$$

$$= 0.5\int_0^{10\ \text{m}} \frac{dx}{800 + 160x} = \frac{0.5}{160}[\ln(800 + 160x)]_0^{10}$$

$$= \frac{0.5}{160}\ln\frac{2400}{800} = 3.43 \times 10^{-3}\ \text{m} = 3.43\ \text{mm}$$ [답]

예제 2.3

그림 (a)의 강체봉 BC는 단면적이 225 mm^{2}인 막대 AC에 의해 지지되고 있다. 10,000 N 하중에 의한 C점의 연직 방향 변위를 구하라. 강에 대해 $E = 200$ GPa를 사용하라.

풀이

막대 AC에 작용하는 축 하중을 계산하는 것으로 시작한다. 막대 BC가 두 힘 부재임을 주목하면, 조인트 C에서의 자유물체도(FBD)인 그림 (b)에서 다

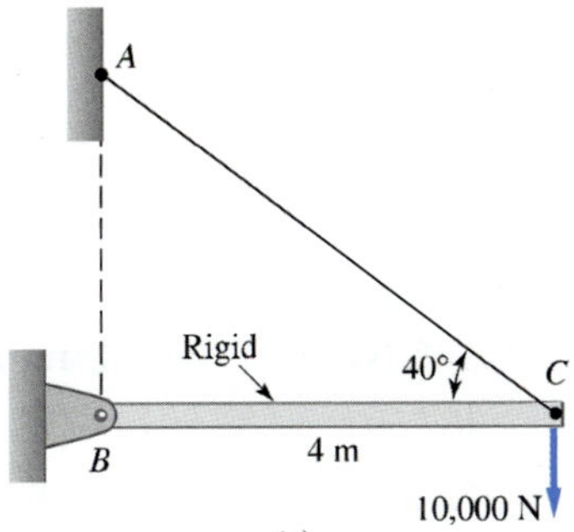

(a)

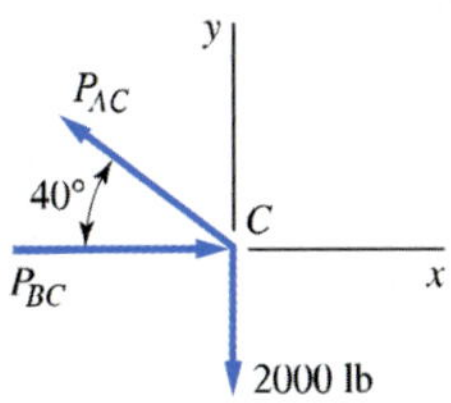

(b)

음을 얻는다.

$$\Sigma F_y = 0 \quad +\uparrow \quad P_{AC} \ \sin 40° - 10{,}000 = 0$$
$$P_{AC} = 15{,}557.2 \text{ N}$$

AC의 신장량은 식 (2.6)으로부터 얻을 수 있다. 막대의 길이가

$$L_{AC} = \frac{L_{BC}}{\cos 40°} = \frac{4000}{\cos 40°} = 5221.6 \text{ mm}$$

임을 주목하면, 다음을 얻을 수 있다.

$$\delta_{AC} = \left(\frac{PL}{EA}\right)_{AC} = \frac{(15{,}557.2)(5221.6)}{(200 \times 10^3)(225)} = 1.8 \text{ mm} \qquad \text{(신장)}$$

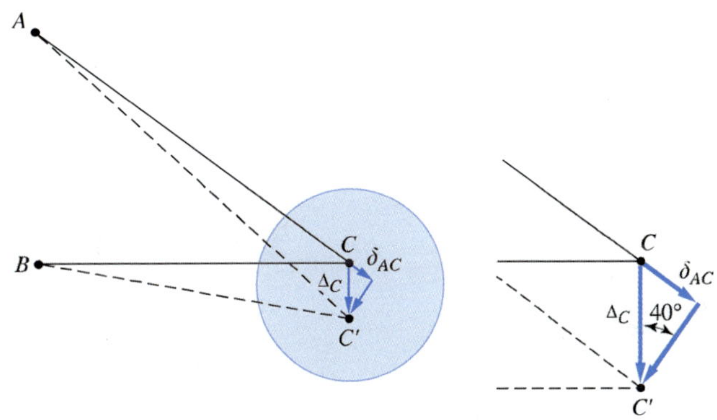

(c)

δ_{AC}와 C의 변위 Δ_C사이의 기하학적 관계를 그림 (c)의 변위 선도에 나타내었다. 막대 BC가 강체이므로 C점의 변위는 B점을 중심으로 하는 원호로 제한된다. 변위가 막대들의 길이에 비하여 매우 작다는 것을 감안하면, 이 원호는 거의 BC에 수직인 직선 CC'이 된다. Δ_C의 방향을 결정하고 나면, Δ_C를 AC에 수직한 성분과 평행한 성분으로 분해할 수 있다. 여기서 수직 성분은 A에 대한 막대 AC의 회전에 기인하며 평행 성분은 AC의 신장에 의한 것이다. 그림 (c)의 변위 선도 확대부에 나타낸 기하학적 형상으로부터 다음을 얻는다.

$$\Delta_C = \frac{\delta_{AC}}{\sin 40°} = \frac{1.8}{\sin 40°} = 2.8 \text{ mm} \downarrow \qquad \text{[답]}$$

연습문제

2.1 다음 데이터는 직경 14.0 mm인 연강봉의 인장 시험 중 기록된 것이다. 게이지 길이는 50.0 mm이다.

하중(N)	신장량(mm)	하중(N)	신장량(mm)
0	0	46,200	1.25
6310	0.010	52,400	2.50
12,600	0.020	58,500	4.50
18,800	0.030	65,400	7.50
25,100	0.040	69,000	12.50
31,300	0.050	67,800	15.50
37,900	0.060	65,000	20.00
40,100	0.163	61,500	파단
41,600	0.433		

응력−변형률 선도를 작성하고 다음의 역학적 물성값들을 구하라. (a) 비례한도 (b)탄성계수 (c)항복응력 (d)극한응력 (e)공칭 파단응력

2.2 다음 데이터는 알루미늄합금의 인장 시험에서 얻은 것이다. 시험 시편의 초기 직경은 15.15 mm이고, 표점 길이는 60 mm이다.

하중(N)	신장량(mm)	하중(N)	신장량(mm)
0	0	70,000	0.6
11,550	0.066	72,000	0.75
23,200	0.132	72,500	1.8
34,750	0.198	73,000	2.4
46,450	0.264	74,000	3
58,000	0.33	73,000	3.6
65,000	0.45	68,000	파단

응력−변형률 선도를 작성하고 다음의 역학적 물성값을 구하라. (a) 비례한도 (b)탄성계수 (c)0.2% 오프셋 항복응력 (d)극한응력 (e)공칭 파단응력

2.3 그림 (a)의 봉 *ABC*는 두 개의 원통형 부분으로 구성되어 있다. 이 봉의 소재는 그림 (b)에 보인 것과 같은 응력−변형률 선도를 갖는다. 약 20 kN의 축 하중에 의해 봉에 발생하는 신장량의 근삿값을 구하라.

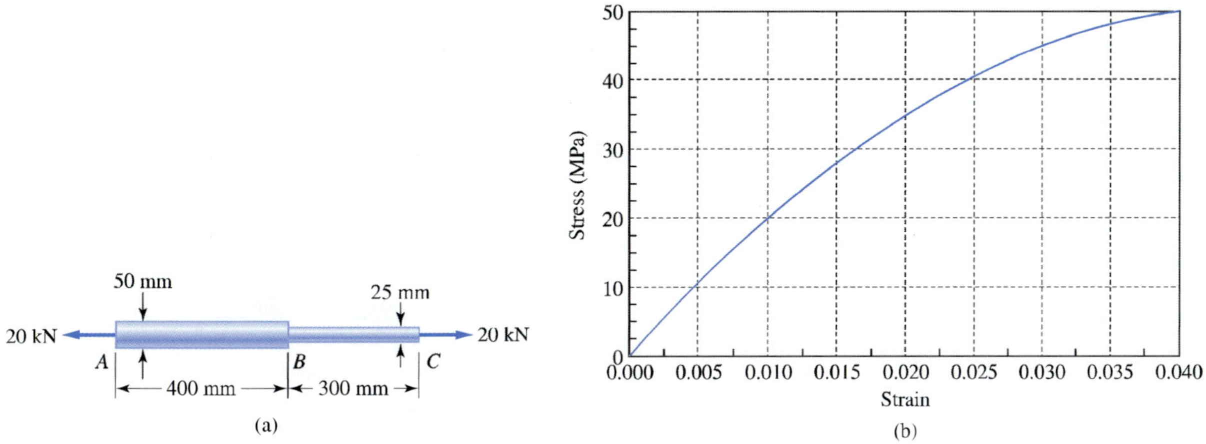

그림 P2.3

2.4 길이 L, 단면 A, 밀도 ρ의 균질봉이 한쪽 끝단에서 연직으로 매달려 있다. (a) 중력 가속도가 g이고, 탄성계수가 E일 때 봉의 신장량이 $\delta = \rho g L^2/(2E)$임을 보여라. (b) 만약 봉의 질량이 M이면 $\delta = MgL/(2EA)$임을 보여라.

2.5 단면적이 300 mm^{2}이고 길이 150 m인 강봉이 한쪽 끝에서 연직으로 매달려 있다. 이 봉은 다른 편 자유단에서 20 kN의 인장 하중을 지지하고 있다. 강의 밀도가 7850 kg/m^{2}이고 $E = 200$ GPa 일 때, 봉의 전체 신장량을 구하라(힌트: 문제 2.4의 결과를 이용하라).

2.6 30 kN의 축 하중에 의해 발생하는 테이퍼진 알루미늄 원형봉의 신장량을 구하라. $E = 72$ GPa를 이용하라.

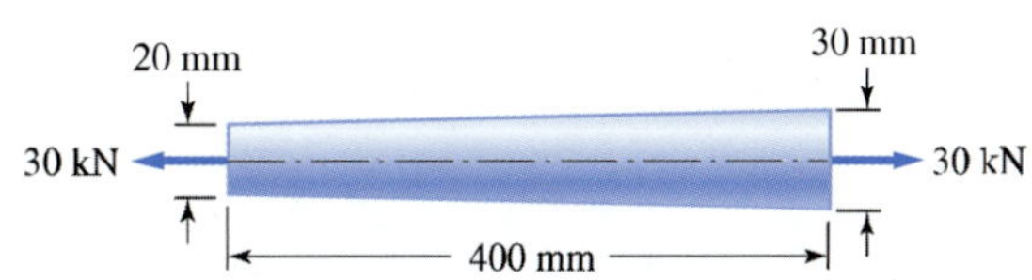

그림 P2.6

2.7 두께가 50 mm로 일정한 강재 띠가 있다. 축 하중 500 kN에 의한 띠의 신장량을 계산하라. 강의 탄성계수는 200 GPa이다.

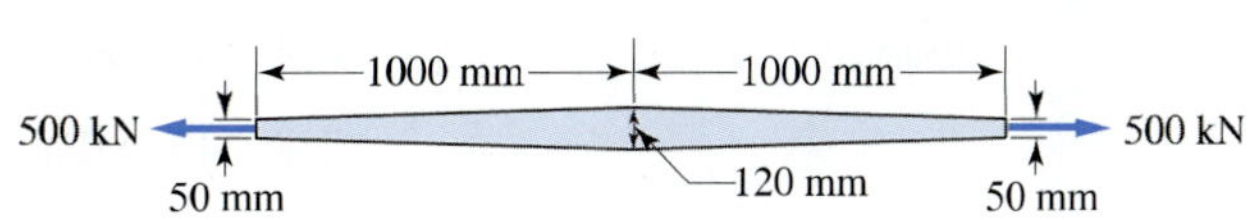

그림 P2.7

2.8 직경 4 mm, 길이 3.2 m의 와이어가 축 하중 P를 전달하고 있다.

강의 최대 허용 가능한 수직응력과 신장량이 각각 280 MPa, 4 mm 일 때, 안전하게 전달할 수 있는 P의 최댓값을 찾아라. $E = 200$ GPa를 이용하라.

2.9 일정한 단면적 255 mm²을 가진 복합봉 $ABCD$가 있다. 축 하중 P가 가해질 때, 봉은 0.54 mm만큼 줄어든다. 하중 P의 크기를 구하라. 탄성계수는 강이 $E = 200$ GPa이며 알루미늄이 $E = 70$ GPa이다.

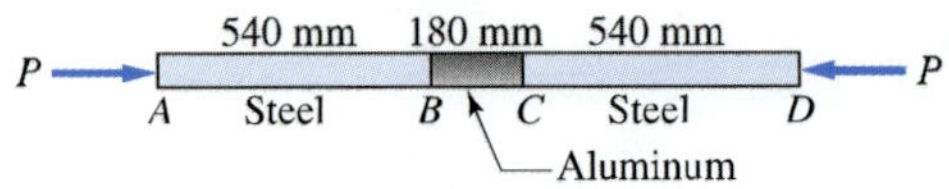

그림 P2.9

2.10 강봉이 구리 튜브 안에 놓여 있으며, 이들의 길이는 정확히 450 mm 이다. 만약 이 조립품이 0.225 mm만큼 압축될 경우, 각 부품 속의 응력을 결정하고 부과된 하중 P를 구하라. 탄성계수는 강이$E = 200$ GPa, 구리가 $E = 120$ GPa이다.

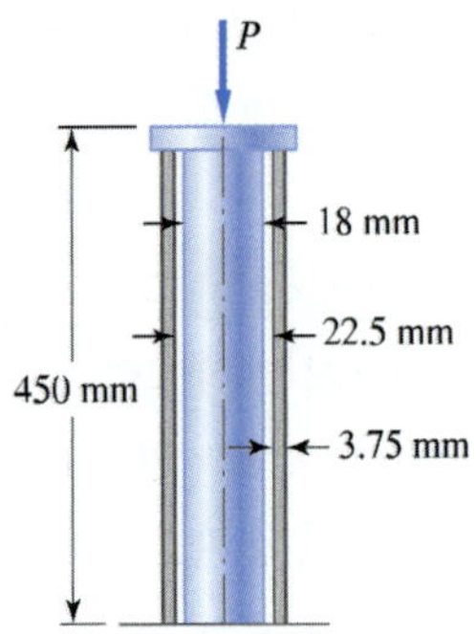

그림 P2.10

2.11 두께 10 mm, 폭 80 mm, 내부 직경 1500.0 mm인 강재 후프를 가열하여 직경 1500.5 mm인 강재 실린더에 끼웠다. 후프가 냉각된 후 후프에 작용하는 수직력은 얼마인가? 실린더의 변형은 무시하고, 강에 대해 $E = 200$ GPa를 사용하라.

2.12 단면적이 1750 mm²이고 탄성계수가 12 GPa인 목재 부재가 있다. 그림과 같은 하중이 가해진 후 목재의 전체 길이 변화량을 계산하라.

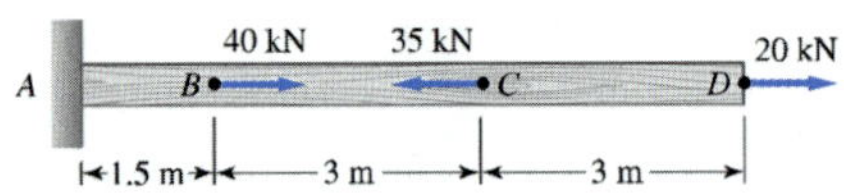

그림 P2.12

2.13 청동봉 BC의 끝에 나사산이 있는 강봉 AB를 끼워서 연결하였다. 다음과 같은 설계 기준을 만족하는 최대 하중 P를 구하라.

설계 기준 : (i) 부재의 전체 길이 변화량은 3 mm 이하이다. (ii) 강봉의 응력은 140 MPa, 청동봉의 응력은 120 MPa를 넘지 않는다. 강의 탄성계수는 200 GPa이고 청동의 탄성계수는 80 GPa이다.

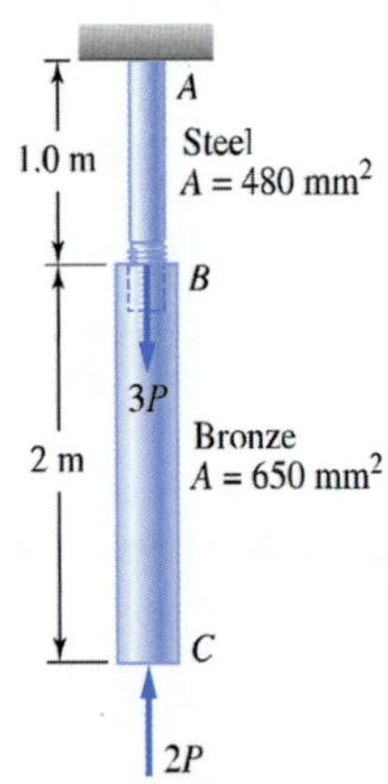

그림 P2.13

2.14 어떤 복합봉이 축 하중 P와 $2P$를 지지하고 있다. 사용응력은 강에 대해 240 MPa, 알루미늄에 대해 120 MPa이고, 전체 신장량이 6 mm를 넘지 않는 조건을 만족하는 최대 허용 하중 P를 구하라.

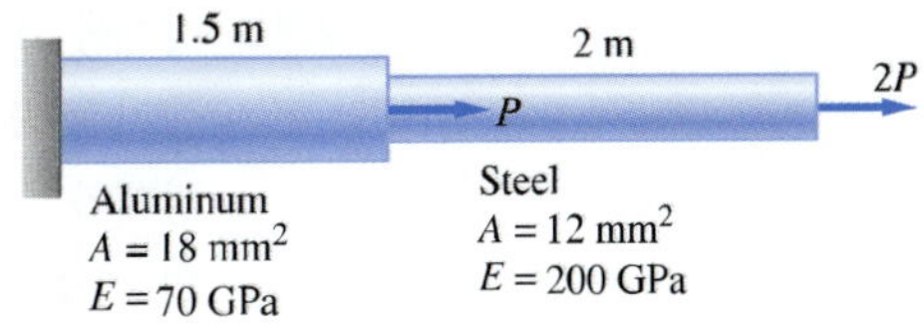

그림 P2.14

2.15 그림과 같이 강, 청동 그리고 알루미늄으로 이루어진 복합봉이 있다. 각 부분의 특성과 사용응력은 다음 표와 같다.

	A(mm^2)	E(GPa)	σ_w(MPa)
강	675	210	120
청동	900	84	108
알루미늄	450	70	72

전체 봉의 길이 변화량이 2.4 mm를 넘지 않고 사용응력들을 초과하지 않는 최대 허용 하중 P를 구하라.

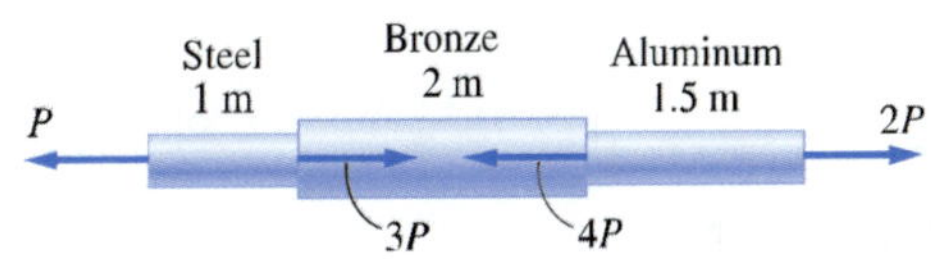

그림 P2.15

2.16 강, 청동, 알루미늄으로 이루어진 복합봉에 그림과 같이 하중이 가해지고 있다. 전체 봉의 길이 변화량이 2 mm를 넘지 않고, 사용응력이 표에 주어진 값을 넘지 않는 최대 허용 하중 P를 구하라.

	A(mm^2)	E(GPa)	σ_w(MPa)
청동	450	83	120
알루미늄	600	70	80
강	300	200	140

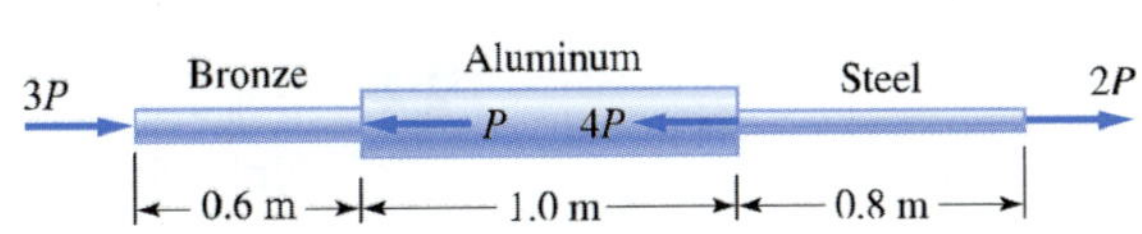

그림 P2.16

2.17 봉 ABC가 A점의 핀과 B점의 강재와이어에 의해 지지된다. 360 N의 수평 하중이 C점에 가해질 때, 와이어의 신장량을 계산하라. 와이어의 단면적은 2.25 mm²이고, 강의 탄성계수는 200 GPa이다.

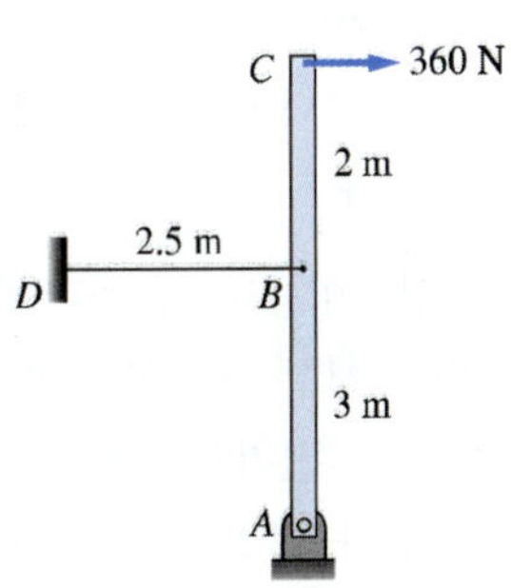

그림 P2.17

2.18 강체봉 AB가 두 개의 동일 소재 막대에 의해 지지된다. 강체봉은 하중이 가해지기 전에는 수평 상태였다. 하중이 가해진 후에 봉이 수평 상태를 유지하기 위해 하중 P가 가해야 하는 위치를 찾아라. 봉 AB의 자중은 무시하라.

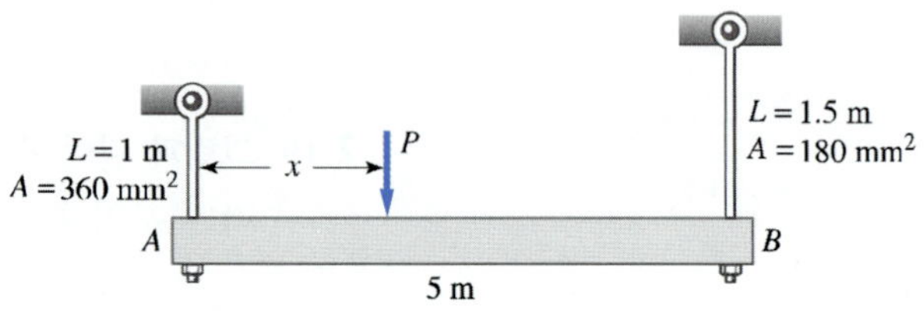

그림 P2.18

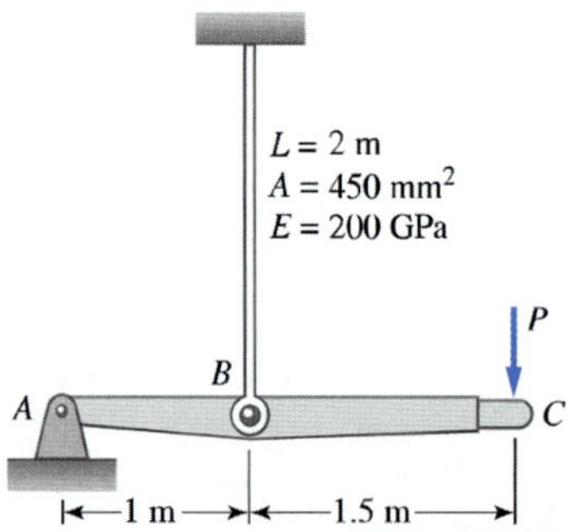

그림 P2.19

2.19 봉 ABC가 A점의 핀과 B점의 강봉에 의해 지지된다. 강봉의 응력이 35 MPa로 제한되고, C점의 연직 변위가 3.6 mm로 제한될 때, 가할 수 있는 연직 하중 P의 최댓값을 결정하라. 각 부재들의 자중은 무시하라.

2.20 강봉과 알루미늄봉에 부착되어 있는 강체봉 AB는 하중 P가 가해지기 전에 수평을 유지하고 있다. $P = 50$ kN에 의해 발생하는 C점의 연직 변위를 구하라. 모든 부재의 자중은 무시하라.

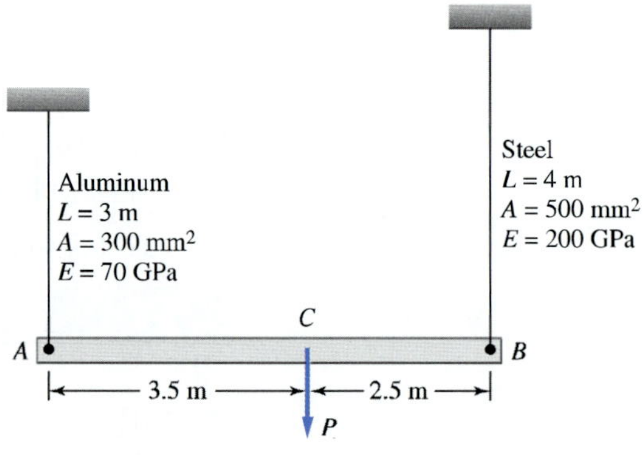

그림 P2.20

2.21 강체봉 ABC와 CD가 A와 D의 핀과 B의 강봉을 통해 지지되고 있다. 강체봉들은 C점에서 롤러를 통해 연결되어 있다. 50 kN의 하중에 의한 C점의 연직 방향 변위를 구하라.

2.22 두 개의 강체봉(AB와 CD)과 각각 알루미늄과 강으로 만들어진 두 개의 막대로 이루어진 구조물이 있다. 모든 연결부는 핀 이음으로 되어 있다. 하중이 가해지는 부분의 연직 변위가 6 mm로 제한될 때, 가해질 수 있는 최대 하중 P를 계산하라. 모든 부재의 자중은 무시하라.

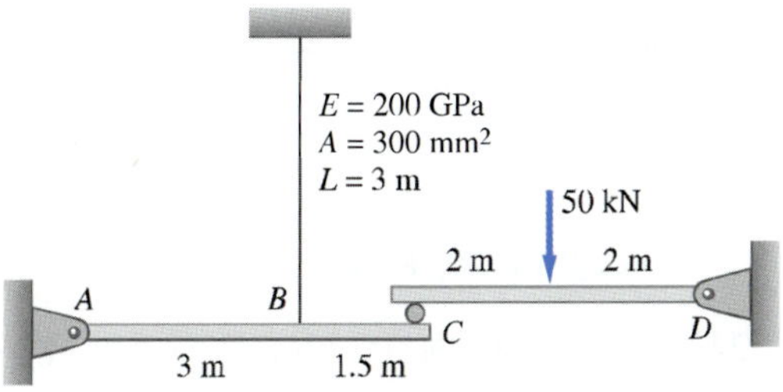

그림 P2.21

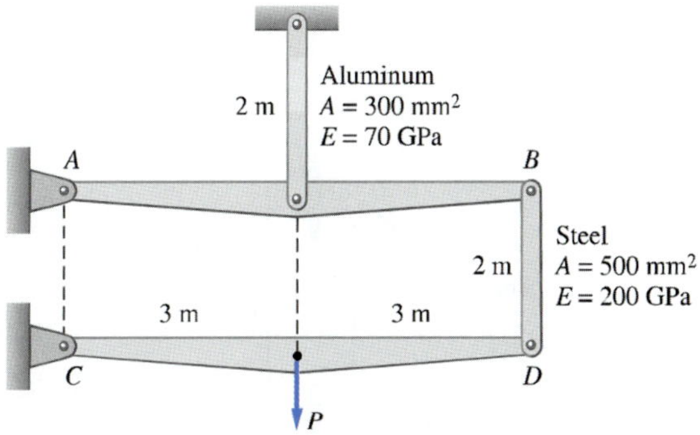

그림 P2.22

2.23 강체봉 AB와 CD는 A와 D점에서 핀으로 지지되고 있다. 연직 막대들은 각각 알루미늄과 청동으로 만들어져 있다. 하중 $P = 50$ kN이 가해지는 위치의 수직 변위를 구하라. 부재들의 자중은 무시하라.

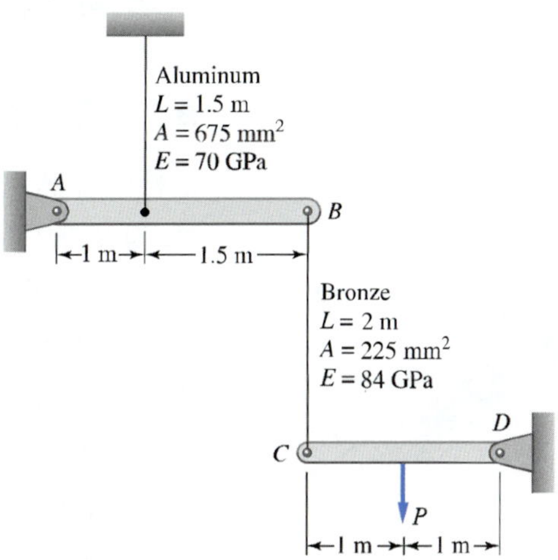

그림 P2.23

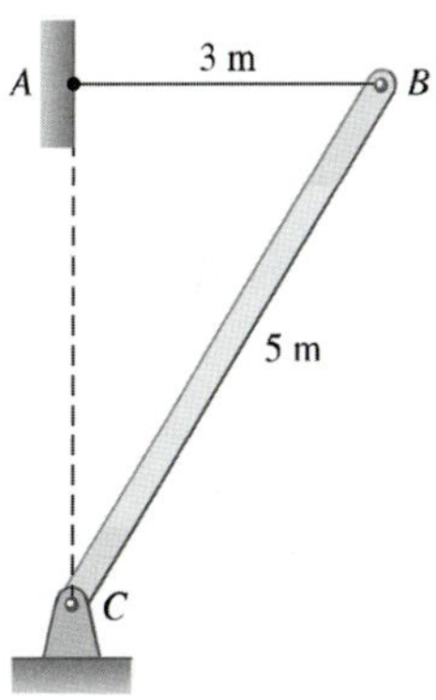

그림 P2.24

2.24 자중 22,000 N의 균일봉 BC가 C점에서의 핀과 알루미늄와이어 AB에 의해 지지되고 있다. 알루미늄와이어의 단면적은 148.5 mm^{2}이다. 봉 BC가 강체라고 가정할 때, 봉의 자중에 의한 B점의 수직 변위를 구하라. 알루미늄에 대해 $E = 70$ GPa를 사용하라.

2.25 단면적이 120 mm^{2}인 두 개의 강봉 AC, BC가 C에서 핀으로 연결되어 있다. 15 kN의 하중에 의해 발생하는 C점의 변위를 구하라. 강에 대해 $E = 200$ GPa를 사용하라.

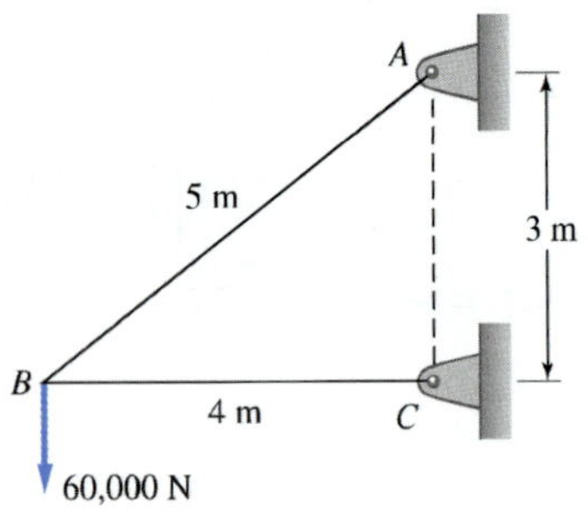

그림 P2.27

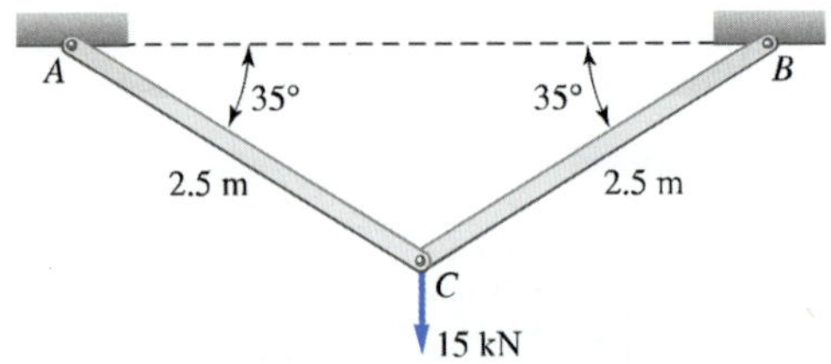

그림 P2.25, P2.26

2.26 만약 하중이 오른쪽으로 수평하게 15 kN으로 작용할 경우에 대해 문제 2.25를 풀어라.

2.27 강재 트러스가 60,000 N의 하중을 지지하고 있다. 부재의 단면적은 AB가 450 mm^{2}이고 BC가 675 mm^{2}이다. $E = 200$ GPa를 사용하여 B점의 수평 변위를 구하라.

2.4 일반화된 Hooke의 법칙

a. 단축 하중; Poisson 비

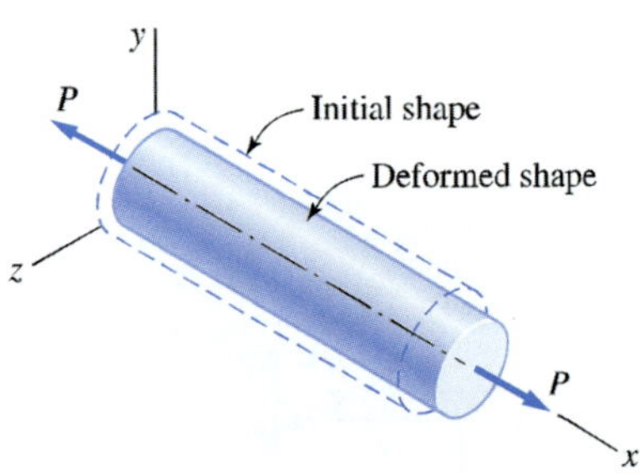

그림 2.8
축력 P에 의해 봉이 늘어나면서 횡 방향 치수는 줄어든다.

실험에 의하면 그림 2.8에 나타낸 바와 같이 축 하중에 의해 봉이 신장될 때, 횡 방향으로는 수축이 일어난다. 1811년 Siméon D. Poisson은 비례한도 이내의 응력 범위에서 축 변형률과 횡 변형률의 비율이 일정한 값을 갖는 것을 증명하였다. *Poisson* 비(*Poisson's ratio*)로 불리는 이 상수는 ν(그리스어 소문자 *nu*)로 표시된다. 그림 2.8에 나타낸 것과 같은 x방향 1축 하중에 대해 Poisson 비는 $\nu = -\epsilon_t / \epsilon_x$이며, ϵ_t는 횡 변형률이다. 여기서 음의 부호는 축 방향 양의 변형률(신장)이 횡 방향 음의 변형률(수축)을 일으킨다는 것을 의미한다. 횡 변형률은 단면의 모든 부분에서 균일하며 단면평면의 모든 방향에서 같다. 따라서 단축 하중에 대하여 다음의 식을 얻는다.

$$\epsilon_y = \epsilon_z = -\nu \epsilon_x \tag{2.8}$$

Poisson 비는 금속의 경우 0.25와 0.33 사이의 값을 갖는 무차원 양이다.

식 (2.8)에서 $\sigma_x = E\epsilon_x$를 이용하면 단축 하중($\sigma_y = \sigma_z = 0$)에 대한 일반화된 Hooke의 법칙이 나온다.

$$\epsilon_x = \frac{\sigma_x}{E} \qquad \epsilon_y = \epsilon_z = -\nu\frac{\sigma_x}{E} \tag{2.9}$$

b. 다축 하중

2축 하중

Poisson 비를 통해 1축 하중에 대한 Hooke의 법칙을 2축(biaxial)과 3축(triaxial) 하중의 경우로 확장할 수 있다. 그림 2.9 (a)와 같이 x방향과 y방향의 수직응력이 동시에 작용하는 어떤 재료 내부의 한 요소를 생각하자. σ_x만에 의한 변형률은 식 (2.9)에 주어져 있다. 마찬가지로 σ_y에 의한 변형률은 $\epsilon_y = \sigma_y/E$이고, $\epsilon_x = \epsilon_z = -\nu\sigma_y/E$ 이다. 중첩을 통해 두 수직응력에 의한 조합 효과를 다음과 같이 쓸 수 있으며, 이것이 xy평면에서의 2축 하중($\sigma_z = 0$)에 대한 Hooke의 법칙이다.

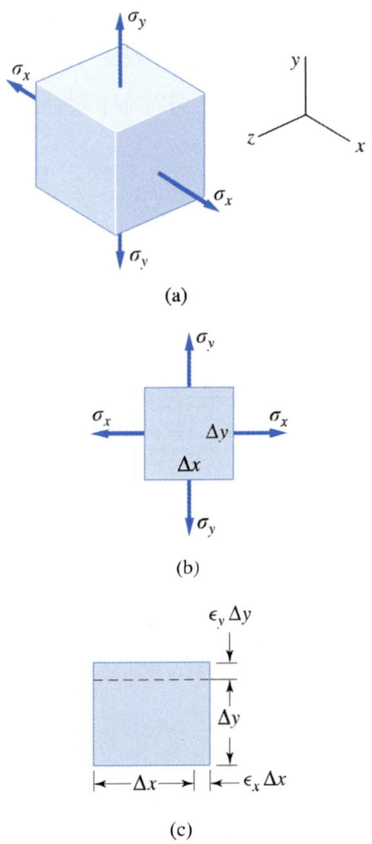

그림 2.9
(a) 2축 하중하에서 재료 요소에 작용하는 응력
(b) 응력의 2차원적 표시
(c) 요소의 변형

$$\epsilon_x = \frac{1}{E}(\sigma_x - \nu\sigma_y) \quad \epsilon_y = \frac{1}{E}(\sigma_y - \nu\sigma_x) \quad \epsilon_z = -\frac{\nu}{E}(\sigma_x + \sigma_y) \tag{2.10}$$

식 (2.10)의 첫 번째 두 항은 응력을 변형률로 나타내기 위하여 역으로 표현될 수 있다.

$$\sigma_x = \frac{(\epsilon_x + \nu\epsilon_y)E}{1-\nu^2} \qquad \sigma_y = \frac{(\epsilon_y + \nu\epsilon_x)E}{1-\nu^2} \tag{2.11}$$

xy평면에서 응력의 2차원 표시와 그에 따른 변형률을 그림 2.9 (b)와 (c)에 나타내었다. 식 (2.10)은 2축 하중에서 ϵ_z가 영이 아님, 즉 변형률은 2축이 아니라 3축이라는 점을 나타내고 있음에 주목하라.

3축 하중

그림 2.10의 3축 하중에 대한 Hooke의 법칙은 σ_z의 기여분, 즉 $\epsilon_z = \sigma_z/E$와 $\epsilon_x = \epsilon_y = -\nu\sigma_z/E$를 식 (2.10)의 변형률에 더하여 얻을 수 있다.

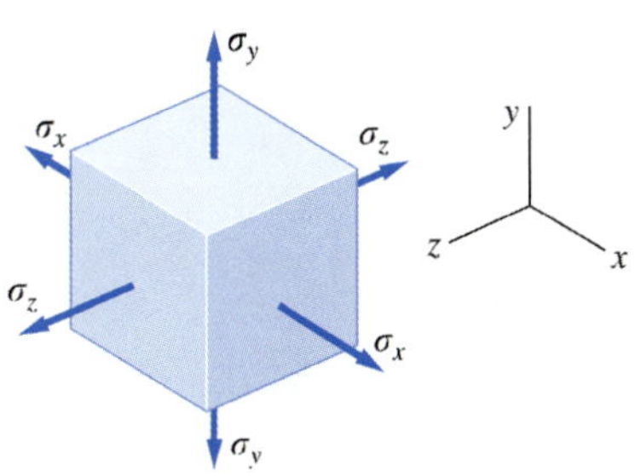

그림 2.10
3축 하중하에서 재료 요소에 작용하는 응력

$$\begin{aligned}\epsilon_x &= \frac{1}{E}[\sigma_x - \nu(\sigma_y + \sigma_z)] \\ \epsilon_y &= \frac{1}{E}[\sigma_y - \nu(\sigma_z + \sigma_x)] \\ \epsilon_z &= \frac{1}{E}[\sigma_z - \nu(\sigma_x + \sigma_y)]\end{aligned} \tag{2.12}$$

식 (2.8)-(2.12)는 인장과 압축 효과의 경우에 대해 모두 유효하다. 단지 신장과 인장응력에는 양의 부호를, 수축과 압축응력에 대해서는 음의 부호를 부여하기만 하면 된다.

c. 전단 하중

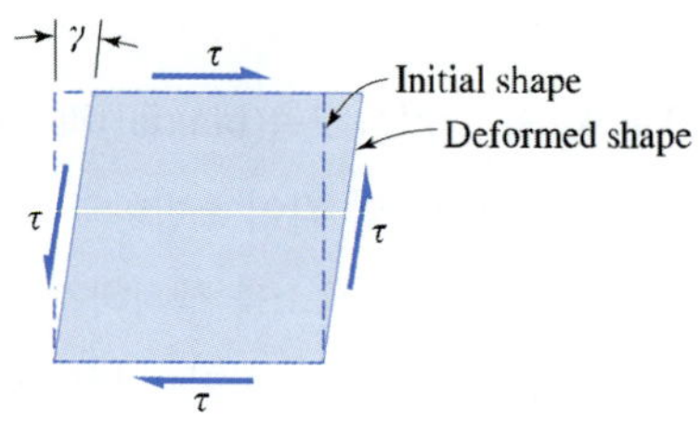

그림 2.11
전단응력에 의한 재료 요소의 변형

전단응력은 그림 2.11에 보인 것과 같은 변형을 일으킨다. 요소의 변의 길이는 변하지 않으나 이 요소는 직사각형에서 평행사변형으로 일그러진다. 일그러진 정도를 계량하는 **전단 변형률**(*shear strain*)은 바로 그 각도 γ(그리스어 소문자 *gamma*)이며 항상 radian으로 표시된다. 탄성 범위에서 전단응력 τ와 전단 변형률 γ는 선형적인 관계를 갖는다. 즉,

$$\tau = G\gamma \tag{2.13}$$

이며, 이것이 전단에 대한 Hooke의 법칙이다. 재료 상수 G는 **전단 탄성계수**(*shear modulus of elasticity*) 또는 단순히 **전단계수**(*shear modulus*) 혹은 **강성계수**(*modulus of rigidity*)라고 불린다. 전단계수는 탄성계수와 같은 단위를 갖는다(Pa). 나중에 증명하겠지만, G와 탄성계수 E, Poisson 비 ν 사이에 다음과 같은 관계가 있다.

$$G = \frac{E}{2(1+\nu)} \tag{2.14}$$

예제 2.4

직경 50 mm인 고무봉이 윤활된 강체벽을 갖는 구멍 속에 놓여 있다. 봉과 구멍의 벽 사이에는 간격이 없다. 8 kN의 하중이 가해질 때, 봉의 길이 변화를 구하라. 고무에 대하여 $E = 40$ MPa, $\nu = 0.45$를 사용하라.

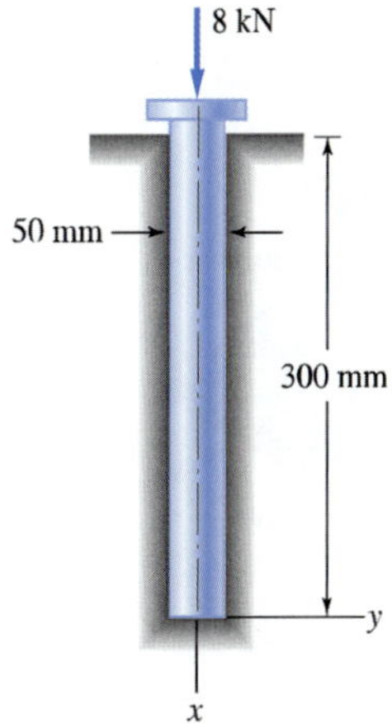

풀이

윤활에 의해 봉은 축 방향으로 자유롭게 수축할 수 있으므로, 봉의 전체 영역에 걸쳐 축 방향 응력은

$$\sigma_x = -\frac{P}{A} = -\frac{8000}{\frac{\pi}{4}(0.05)^2} = -4.074 \times 10^6 \text{ Pa}$$

이다(음의 부호는 압축을 의미한다). 구멍의 벽에 의해 봉의 횡 변형률이 제한되므로 $\epsilon_y = \epsilon_z = 0$이다. 고무가 측면으로 팽창하려는 것(Poisson 효과)이 벽과 고무 사이의 일정한 접촉 압력 p에 의해 저항을 받으므로 $\sigma_y = \sigma_z = -p$이다. 식 (2.12)의 두 번째 식을 사용하면(세 번째 식도 동일한 결과를 준다.) $\epsilon_y = 0$조건은 다음과 같이 된다.

$$\frac{\sigma_y - \nu(\sigma_z + \sigma_x)}{E} = \frac{-p - \nu(-p + \sigma_x)}{E} = 0$$

여기서 다음을 얻는다.

$$p = -\frac{\nu\sigma_x}{1-\nu} = -\frac{0.45(-4.074 \times 10^6)}{1-0.45} = 3.333 \times 10^6 \text{ Pa}$$

축 변형률은 식 (2.12)의 첫 번째 식에서 주어진다.

$$\epsilon_x = \frac{\sigma_x - \nu(\sigma_y + \sigma_z)}{E} = \frac{\sigma_x - \nu(-2p)}{E}$$

$$= \frac{[-4.074 - 0.45(-2 \times 3.333)] \times 10^6}{40 \times 10^6} = -0.02686$$

이에 따른 봉의 길이 변화는

$$\delta = \epsilon_x L = -0.02686(300)$$

$$= -8.06 \text{ mm} = 8.06 \text{ mm} \quad (\text{수축})$$ [답]

비교를 위해 구멍의 구속 효과를 무시하고 계산하면 변형은 다음과 같다.

$$\delta = -\frac{PL}{EA} = -\frac{8000(0.3)}{(40 \times 10^6)\left[\frac{\pi}{4}(0.05)^2\right]} = -0.0306 \text{ m} = -30.6 \text{ mm}$$

예제 2.5

그림 (a)처럼 전단 마운트를 만들기 위해 52.5 mm 두께의 고무 패드 두 개를 세 개의 강판에 붙였다. 12,000 N의 하중을 가할 때, 가운데 판의 변위를 구하라. 고무의 변형만을 고려하고, 고무에 대해 $E = 0.01$ GPa, $\nu = 0.48$을 사용하라.

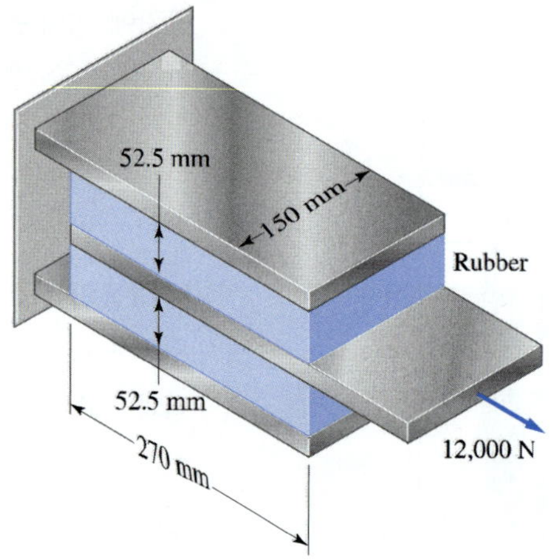

(a)

풀이

고무 패드의 변형을 가시화하기 위하여, 그림 (b)처럼 상부 패드의 측면에 격자를 그린다. 하중이 가해질 때, 이 격자는 그림에 나타낸 것과 같이 변형한다. 패드 선단부 일부 영역을 제외하고는 변형이 균일 전단임을 주목하라 (Saint Venant의 원리).

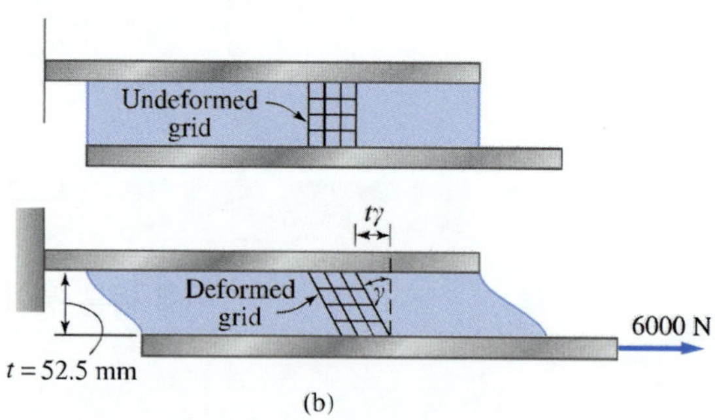

(b)

각각의 고무 패드는 $A = 150 \times 270 = 40{,}500$ mm^{2}의 전단 면적을 가지며 이 전단 면적을 통해 12,000 N의 절반만큼의 하중이 지지된다. 따라서 고무 속의 평균 전단응력은

$$\tau = \frac{V}{A} = \frac{6000}{40{,}500} = 0.148 \text{ N/mm}^2 = 0.148 \text{ MPa}$$

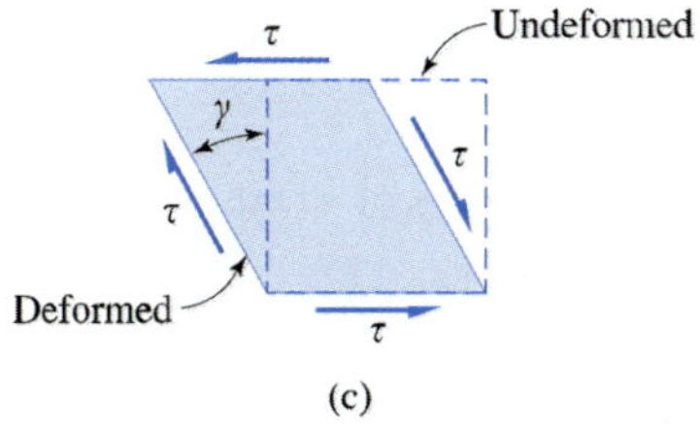

(c)

이다. 이 응력은 그림 (c)의 격자 측면에 작용한다. 이에 따른 전단 변형률은 $\gamma = \tau / G$이고, 여기서 G는 식 (2.14)에서 다음과 같이 구한다.

$$G = \frac{E}{2(1+\nu)} = \frac{0.01 \times 10^3}{2(1+0.48)} = 3.38 \ \text{MPa}$$

그러므로

$$\gamma = \frac{\tau}{G} = \frac{0.148}{3.38} = 0.0438$$

이다. 그림 (b)에서 가운데 판(그림에서 아래쪽 판)의 변위는

$$t\gamma = 52.5(0.0438) = 2.3 \ \text{mm} \qquad \text{[답]}$$

이다.

예제 2.6

초기에 직사각형이었던 재료 요소가 그림에 보인 것과 같이 변형되었다(변형을 매우 과장하여 나타내었음에 주의하라). 이 요소에 대한 수직 변형률 ϵ_x, ϵ_y와 전단 변형률 γ를 계산하라.

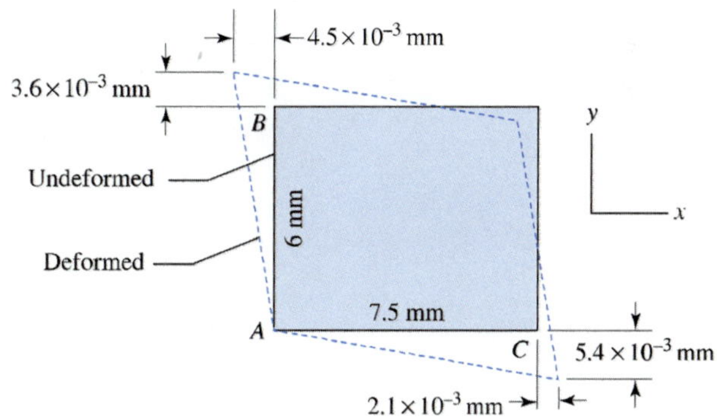

풀이

변 AC의 신장량은 $\delta_{AC} = 2.1 \times 10^{-3}$ mm이다. 따라서 요소의 수평 방향 변형률은 다음과 같다.

$$\epsilon_x = \frac{\delta_{AC}}{AC} = \frac{2.1 \times 10^{-3}}{7.5} = 280 \times 10^{-6} \qquad \text{[답]}$$

변 AB의 신장량은 $\delta_{AB} = 3.6 \times 10^{-3}$ mm에서 수직 방향 변형률은 다음과 같이 된다.

$$\epsilon_y = \frac{\delta_{AB}}{AB} = \frac{3.6\times10^{-3}}{6} = 600\times10^{-6}$$ [답]

전단 변형률은 radian으로 측정된 뒤틀림각(요소의 모퉁이 각의 변화)이다. 모퉁이 A를 생각하면, 다음의 결과를 얻는다.

$$\gamma = AC\text{의 회전각} + AB\text{의 회전각}$$

$$= \frac{5.4\times10^{-3}}{7.5} + \frac{4.5\times10^{-3}}{6} = 1470\times10^{-6}\,rad$$ [답]

연습문제

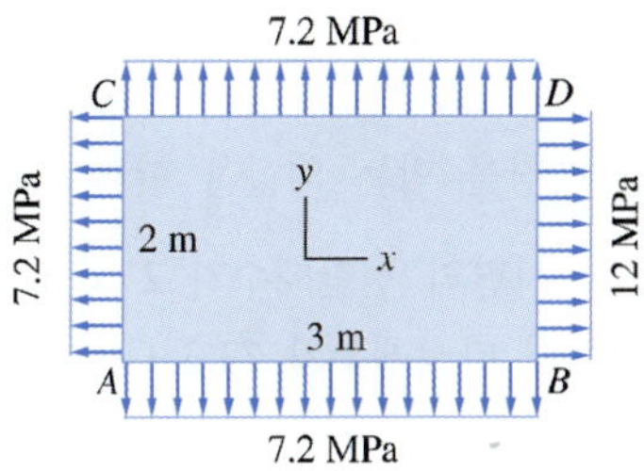

그림 P2.29

2.28 직경 d인 중실 실린더가 축 하중 P를 전달하고 있다. 직경의 변화량이 $4P\nu/(\pi Ed)$임을 증명하라.

2.29 폴리에틸렌 판재가 2축 하중하에 놓여 있다. 변 AB와 AC의 신장량을 구하라. 폴리에틸렌의 물성값은 $E = 1800$ MPa, $\nu = 0.4$이다.

2.30 구리판 하나가 xy 평면에서 2축으로 인장되고 있다. 판의 변형률이 $\epsilon_x = 0.40 \times 10^{-3}$, $\epsilon_y = 0.30 \times 10^{-3}$일 때, 응력 σ_x와 σ_y를 구하라. $E = 110$ GPa, $\nu = 0.35$를 사용하라.

2.31 강재 부재 내부의 한 점에서 수직응력이 $\sigma_x = 48$ MPa, $\sigma_y = -24$ MPa, $\sigma_z = 60$ MPa이다. $E = 200$ GPa와 $\nu = 0.3$을 이용하여, 이 점에서의 수직 변형률들을 결정하라.

2.32 길이 L, 단면적 A인 직사각형 블록이 두 개의 윤활된 강체벽 사이에 놓여 있다. 축 하중 P에 의한 블록의 길이의 변화량을 표현하는 식을 유도하라.

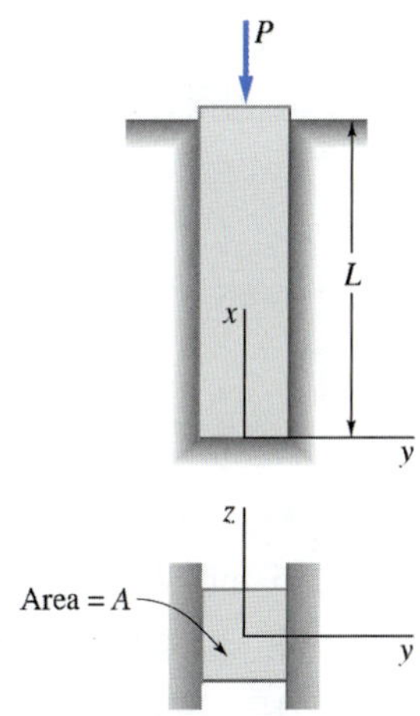

그림 P2.32

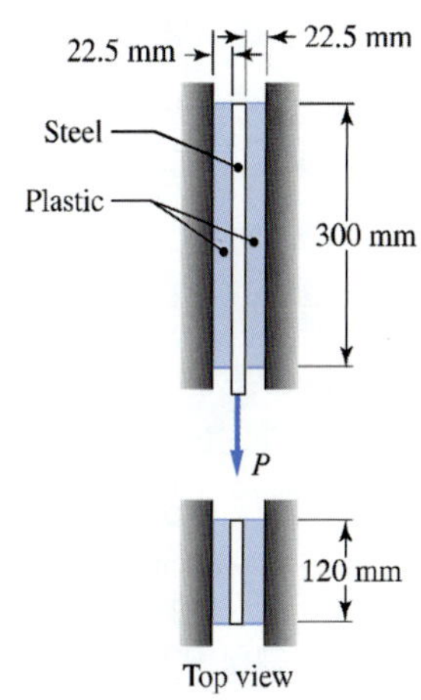

그림 P2.33

2.33 유연한 플라스틱판재 2장이 강재 스트립의 중앙에 부착되어 있다. 스트립에 안전하게 가할 수 있는 하중 P의 최댓값과 그때의 스트립 변위를 계산하라. 플라스틱에 대해서 $\tau_w = 60$ MPa, $G = 4800$ MPa를 사용하라. 강판의 변형은 무시한다.

2.34 어떤 재료의 시편이 크기 p의 균일한 3축 압축응력(정수압 응력)하에 놓여 있다. 체적 변화량을 ΔV, 초기 체적을 V로 표시할 때, 체적 변형률이 $\dfrac{\Delta V}{V} = -3p(1-2\nu)/E$임을 보여라.

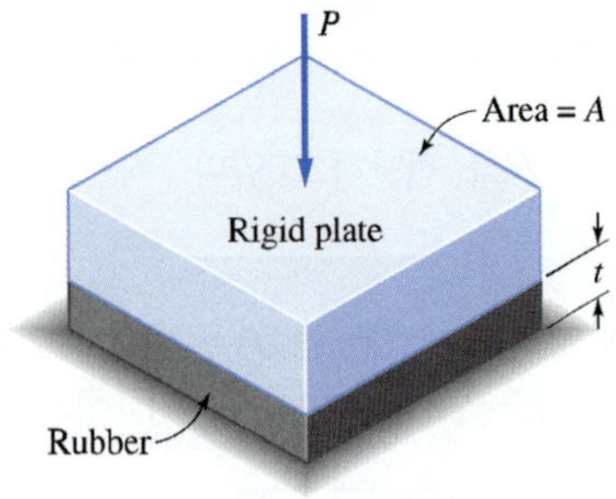

그림 P2.35

2.35 두께 t, 단면적 A인 고무판이 그림에서와 같이 압축되고 있다. 모든 접촉면은 미끄러짐이 발생하지 않을 정도로 충분히 거칠다. P에 의해 발생하는 고무판의 두께 변화량이 다음과 같음을 보여라.

$$\delta = \frac{(1+\nu)(1-2\nu)}{(1-\nu)} \frac{Pt}{EA}$$

(힌트: 표면 조도는 판의 횡 방향 팽창을 막는 역할을 한다.)

2.36 비틀림 시험을 통해 어떤 알루미늄 시편의 전단계수가 27.6 GPa임을 알았다. 같은 시편의 인장 시험에서 탄성계수가 73.2 GPa로 밝혀졌다. 이 시편의 Poisson비를 구하라.

2.37 초기에 직사각형이던 어떤 소재의 요소가 그림에 보인 것과 같이 변형하였다. 이 요소에 대한 ϵ_x, ϵ_y, γ를 구하라.

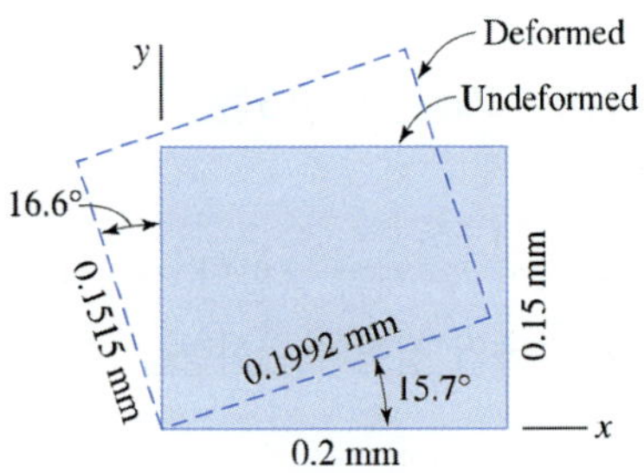

그림 P2.37

2.38 초기에 정사각형이던 어떤 요소가 그림에 보인 바와 같이 변형하였다. 요소의 전단 변형률과 대각선 AC, BD의 수직 변형률을 구하라.

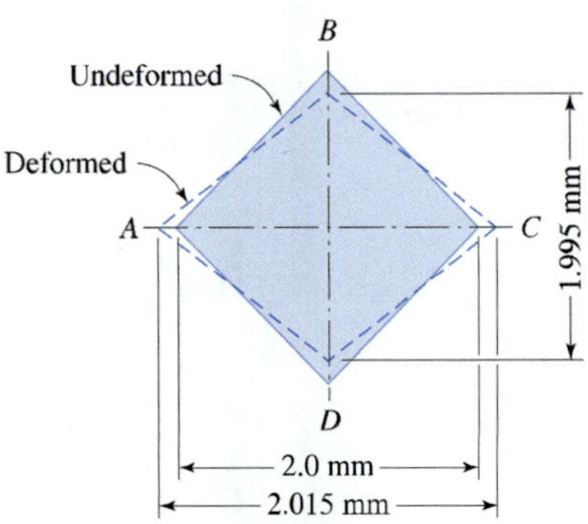

그림 P2.38

2.39 어떤 직사각형 요소가 그림과 같이 변형하였다. 전단 변형률을 구하라.

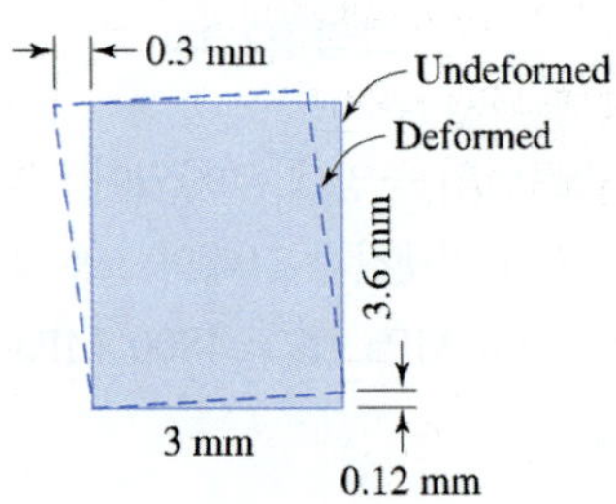

그림 P2.39

2.40 어떤 소재의 정사각형 요소가 전단 변형률 γ을 받고 있다. $\gamma \ll 1$라고 가정할 때, 대각선 AC, BD의 수직 변형률을 구하라.

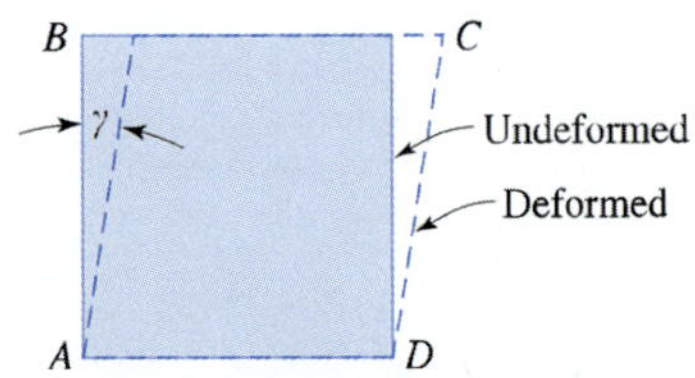

그림 P2.40

2.41 15 mm 두께의 플라스틱판이 핀으로 연결된 강재 프레임에 붙어 있다. 봉 AB가 수평 방향으로 5.4 mm 움직이게 하는 하중 P의 크기를 구하라. 플라스틱에 대하여 $G = 420$ MPa를 사용하고, 강재 프레임의 변형은 무시하라.

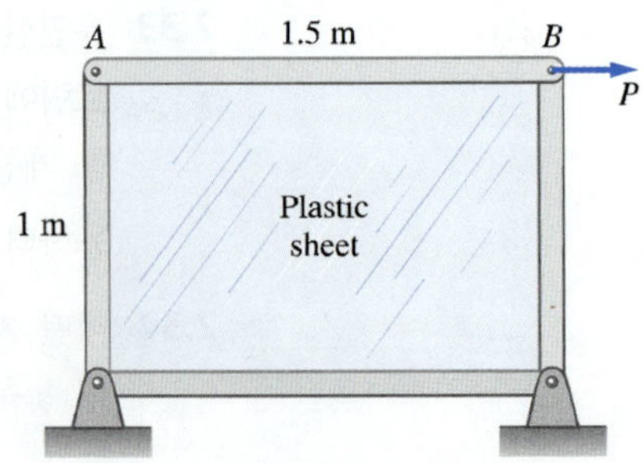

그림 P2.41

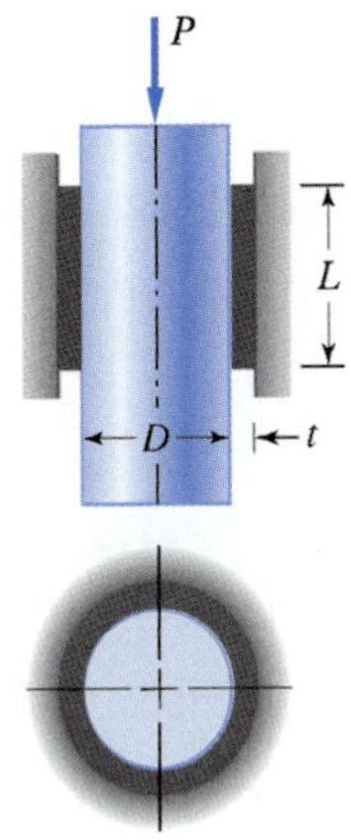

그림 P2.42, P2.43

2.42 직경 D의 강재축이 두께 t, 길이 L의 고무 슬리브에 접착되어 있다. 슬리브의 바깥쪽 면은 강체 지지대에 붙어 있다. 축 하중 P를 가할 때, 강재축의 축 방향 변위가 $\delta = Pt/(\pi GDL)$임을 보여라. 여기서 G는 고무의 전단계수이다. $t << D$임을 가정하라.

2.43 만약 문제 2.42의 고무 슬리브가 두꺼우면, 축의 변위는

$\delta = \dfrac{P}{2\pi GL}\ln\dfrac{D+2t}{D}$ 임을 보여라.

2.5 부정정 문제들

만약 평형 조건이 어떤 물체에 작용하는 모든 힘(지지부 반력을 포함하여)을 계산하는 데 충분하면 이들 힘은 **정정**(*statically determinate*)이라고 한다. 정정 문제에서는 미지력의 개수가 항상 독립적인 평형방정식의 개수와 같다. 만약, 미지력의 개수가 독립적인 평형방정식의 개수를 넘어가면, 그 문제는 **부정정**(*statically indeterminate*)이라고 한다.

부정정이라고 해서 그 문제가 풀릴 수 없다는 것을 의미하지는 않는다. 이것은 단순히 평형방정식들로부터 해를 구할 수 없다는 것을 의미한다. 부정정 문제들은 항상 그 변형에 있어 어떤 제한들이 존재한다. **적합조건식**(*compatibility equations*)으로 알려진 이들 제한 조건의 수학적 표현은 그 문제를 푸는데 필요한 추가적인 방정식을 제공한다(**적합**이라는 단어는 변형과 구속 조건 사이의 기하학적 적합성을 의미한다). 적합조건식의 근원이 변형이므로 적합조건식들은 변형률들이나 신장량들에 대한 미지수를 포함한다. 그러나 Hooke의 법칙을 이용하여 변형에 대한 척도를 응력들과 힘들로 표현할 수 있다. 미지력을 구하기 위해 이 평형조건식들과 적합조건식들을 함께 푼다.

부정정 문제를 푸는 과정 요약하자면, 부정정 문제를 푸는 것은 다음의 단계들을 포함한다.

- 필요한 자유물체도를 그리고 **평형**방정식들을 유도한다.
- **적합**조건식들을 유도한다. 변형에 대한 제한 조건들을 시각화하기 위해 변형의 크기를 과장하여 스케치하는 것이 유용할 때가 있다.
- 적합조건식에 있는 변형들(변형률들)을 힘들(응력들)에 대한 식으로 표현하기 위해 **Hooke의 법칙**을 이용하라.
- 미지력들을 구하기 위해 평형조건식들과 적합조건식들을 함께 푼다.

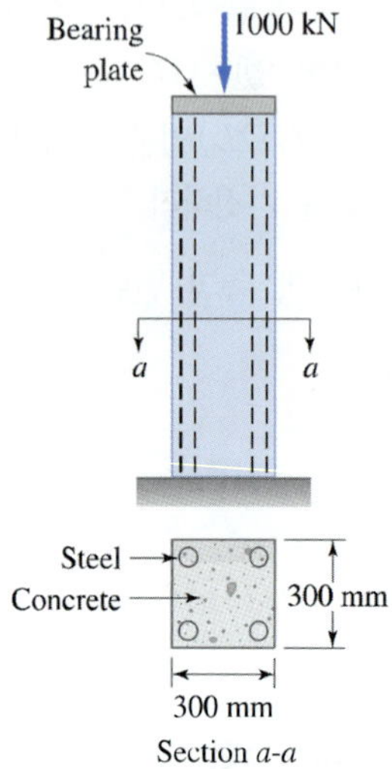

(a)

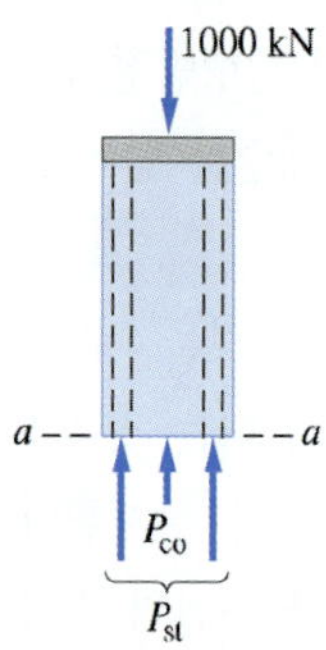

(b) FBD

예제 2.7

그림 (a)의 콘크리트 기둥은 각각의 단면적이 900 mm²인 강봉 네 개가 대칭적으로 배치되어 축 방향으로 보강되고 있다. 1000 kN의 하중을 가할 때, 각 재료에서의 응력을 계산하라. 탄성계수는 강이 200 GPa, 콘크리트가 14 GPa이다.

풀이

평형 조건 그림 (b)의 자유물체도(FBD)는 기둥의 $a-a$단면 상단 부분을 분리하여 그린 것이며, 여기서 P_{co}는 콘크리트에 작용하는 하중을 나타내고 P_{st}은 강봉에 작용하는 총 하중을 나타낸다. 평형을 위해 다음의 식을 만족해야 한다.

$$\Sigma F = 0 \quad +\uparrow \qquad P_{st} + P_{co} - 1.0 \times 10^6 = 0$$

이것을 응력의 항으로 표기하면 다음과 같이 된다.

$$\sigma_{st} A_{st} + \sigma_{co} A_{co} = 1.0 \times 10^6 \text{ N} \tag{a}$$

식 (a)가 이 문제에서 사용할 수 있는 유일한 독립된 평형 조건이다. 여기에는 두 개의 미지 응력들이 존재하므로 이 문제는 부정정이다.

적합 조건 변형이 적합한 것이기 위해서는 강봉과 콘크리트 기둥의 길이 변화량이 동일하여야 한다. 즉, $\delta_{st} = \delta_{co}$이다. 강봉과 콘크리트 기둥의 길이가 동일하므로 적합 조건은 변형률의 항으로 다음과 같이 표현될 수 있다.

$$\epsilon_{st} = \epsilon_{co} \tag{b}$$

Hooke의 법칙 Hooke의 법칙으로부터 식 (b)는

$$\frac{\sigma_{st}}{E_{st}} = \frac{\sigma_{co}}{E_{co}} \tag{c}$$

이 된다. 이제 식 (a)와 (c)를 응력에 대하여 풀 수 있다. 식 (c)로부터

$$\sigma_{st} = \frac{E_{st}}{E_{co}} \sigma_{co} = \frac{200}{14} \sigma_{co} = 14.286 \sigma_{co} \tag{d}$$

을 얻는다.

다음과 같은 단면적

$$A_{st} = 4(900 \times 10^{-6}) = 3.6 \times 10^{-3} \text{ m}^2$$

$$A_{co} = 0.3^2 - 3.6 \times 10^{-3} = 86.4 \times 10^{-3} \text{ m}^2$$

과 식 (d)를 식 (a)에 대입하면,

$$(14.286\sigma_{co})(3.6 \times 10^{-3}) + \sigma_{co}(86.4 \times 10^{-3}) = 1.0 \times 10^6$$

이 된다. 이것을 콘크리트에서의 응력에 대하여 풀면 다음을 얻는다.

$$\sigma_{co} = 7.255 \times 10^6 \text{ Pa} = 7.255 \text{ MPa}$$ [답]

식 (d)에서 강봉에서의 응력은 다음과 같다.

$$\sigma_{st} = 14.286(7.255) = 103.6 \text{ MPa}$$ [답]

예제 2.8

예제 2.7의 기둥들에서 허용응력을 $\sigma_{st} = 120$ MPa, $\sigma_{co} = 6$ MPa라고 하자. 가할 수 있는 최대 안전 축 하중 P를 계산하라.

풀이

경솔한 학생들은 평형조건식 (예제 2.7의 식 (a)를 보라)에 허용응력을 대입하여 하중을 얻으려 할 수도 있다. 이러한 접근 방법은 적합조건식, 즉 두 재료의 변형률이 동일하다는 조건을 무시했기 때문에 옳지 않다. 예제 2.6의 식 (d)에서 동일 변형률 조건이 다음의 관계를 필요함을 알 수 있다.

$$\sigma_{st} = 14.286\sigma_{co}$$

따라서 만약 콘크리트에 한계응력인 6 MPa이 걸릴 경우, 그에 해당하는 강에서의 응력은

$$\sigma_{st} = 14.286(6) = 85.72 \text{ MPa}$$

이며, 이것은 허용응력 120 MPa 보다 낮다. 최대 안전 허용 하중은 $\sigma_{co} =$ 6 MPa, $\sigma_{st} = 85.72$ MPa를 평형조건식에 대입하면 얻을 수 있다.

$$\begin{aligned} P &= \sigma_{st} A_{st} + \sigma_{co} A_{co} \\ &= (85.72 \times 10^6)(3.6 \times 10^{-3}) + (6 \times 10^6)(86.4 \times 10^{-3}) \\ &= 827 \times 10^3 \text{ N} = 827 \text{ kN} \end{aligned}$$ [답]

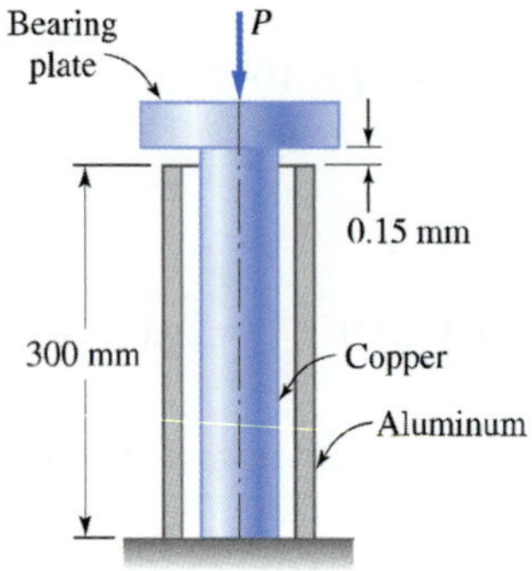

(a)

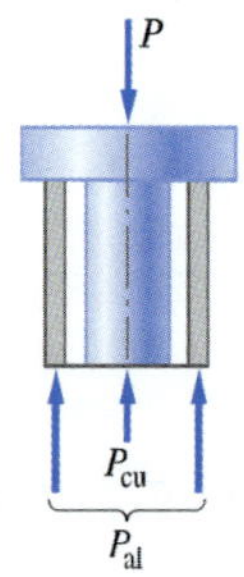

(b) FBD

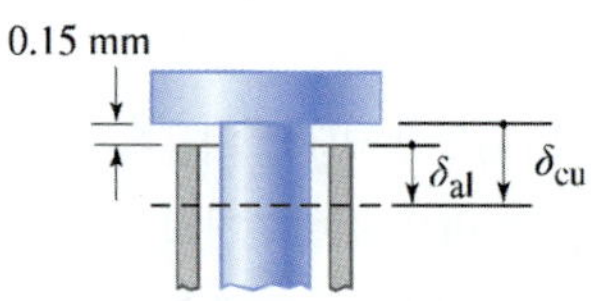

(c)

예제 2.9

그림 (a)는 알루미늄 튜브 속에 놓여 있는 구리봉을 보여주고 있다. 이 봉은 튜브보다 0.15 mm 더 길다. 다음 데이터를 이용해서, 베어링 판 위에 가할 수 있는 최대 안전 하중 P를 구하라.

	구리	알루미늄
면적(mm^2)	1800	2700
E(GPa)	120	70
허용응력(MPa)	160	80

풀이

평형 조건 그림 (b)의 FBD에 나타낸 것과 같이 봉이 충분히 변형해서 베어링 판이 슬리브에 닿는다고 가정하자. FBD로부터

$$\Sigma F = 0 \quad +\uparrow \quad P_{cu} + P_{al} - P = 0 \tag{a}$$

을 얻는다. 사용할 수 있는 다른 평형방정식이 없으므로, P_{cu}와 P_{al}는 부정정이다.

적합 조건 그림 (c)는 두 재료의 길이의 변화를 나타낸다(변형이 매우 과장되게 나타내었다). 여기서 적합 조건은 다음과 같음을 알 수 있다.

$$\delta_{cu} = \delta_{al} + 0.15 \text{ mm} \tag{b}$$

Hooke의 법칙 식 (b)에 $\delta = \sigma L/E$를 대입하면,

$$\left(\frac{\sigma L}{E}\right)_{cu} = \left(\frac{\sigma L}{E}\right)_{al} + 0.15 \text{ mm}$$

혹은

$$\frac{\sigma_{cu}(300.15)}{120 \times 10^3} = \frac{\sigma_{al}(300)}{70 \times 10^3} + 0.15$$

를 얻는다. 이것은 다음과 같이 귀착된다.

$$\sigma_{cu} = 1.7134\sigma_{al} + 60 \tag{c}$$

식 (c)에서 만약 $\sigma_{al} = 80$ MPa이면, 구리봉에 197 MPa의 과응력(overstress)이 걸리는 것을 알 수 있다. 따라서 구리에서의 허용응력(160 MPa)이 한계 조건이다. 이 한계응력에 따른 알루미늄에서의 응력은 식 (c)에서 구한다.

$$160 = 1.7134\sigma_{al} + 60$$

이것으로부터 다음을 얻는다.

$$\sigma_{al} = 58.4 \text{ MPa}$$

식 (a)에서 안전 하중은

$$\begin{aligned} P &= P_{cu} + P_{al} = \sigma_{cu} A_{cu} + \sigma_{al} A_{al} \\ &= 160(1800) + 58.4(2700) = 445{,}680 \text{ N} = 445.68 \text{ kN} \end{aligned}$$ [답]

이다.

예제 2.10

그림 (a)는 A 점에서의 핀과 두 개의 막대에 의해 지지되는 강체봉을 나타낸다. 여기서 두 개의 막대는 각각 강과 청동으로 만들어져 있다. 봉의 무게를 무시하고, 다음 데이터를 이용하여 50 kN의 하중에 의해 막대에 생기는 응력을 계산하라.

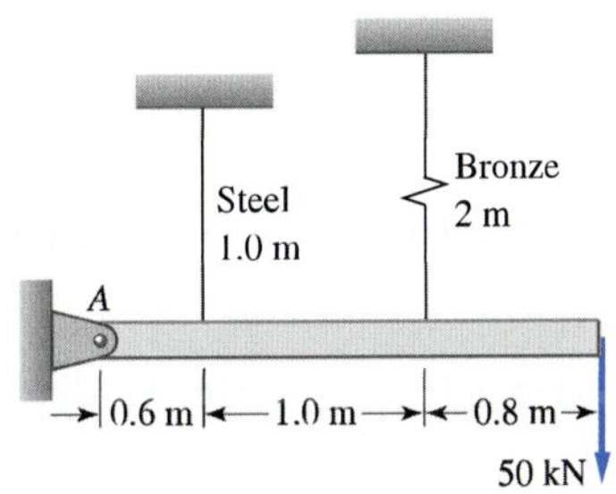

(a)

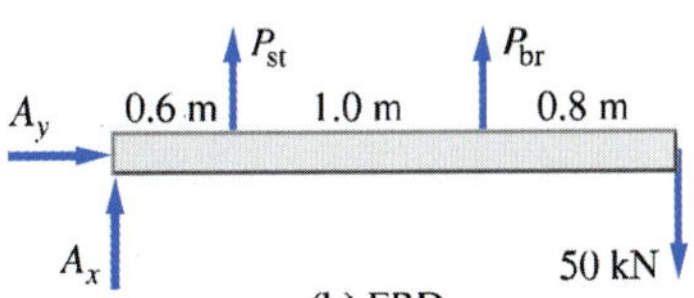

(b) FBD

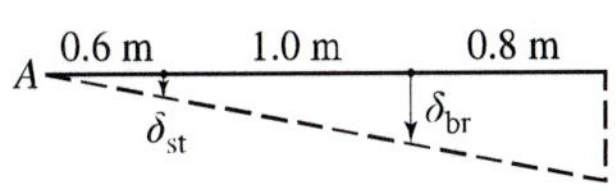

(c)

	강	청동
면적(mm²)	600	300
E(GPa)	200	83

풀이

평형 조건 그림 (b)에 보인 봉의 자유물체도에는 네 개의 미지력이 포함되어 있다. 그런데 독립적인 평형조건식은 세 개 밖에 없으므로, 이 힘들은 부정정이다. A에서의 핀의 반력을 포함하지 않은 평형방정식은

$$\Sigma M_A = 0 \quad +\circlearrowleft \quad 0.6P_{st} + 1.6P_{br} - 2.4(50 \times 10^3) = 0 \tag{a}$$

적합 조건 A 점을 중심으로 하는 강체 회전을 포함한 봉의 변위를 그림 (c)에 과장하여 나타내었다. 삼각형의 닮은 꼴을 이용하면, 지지 막대의 신장량은 다음의 적합 조건을 만족해야 함을 알 수 있다.

$$\frac{\delta_{st}}{0.6} = \frac{\delta_{br}}{1.6} \tag{b}$$

Hooke의 법칙 $\delta = PL/(EA)$를 식 (b)에 대입하면, 적합조건식은 다음과 같이 된다.

$$\frac{1}{0.6}\left(\frac{PL}{EA}\right)_{st} = \frac{1}{1.6}\left(\frac{PL}{EA}\right)_{br}$$

주어진 데이터를 이용하면,

$$\frac{1}{0.6}\frac{P_{st}(1.0)}{(200)(600)} = \frac{1}{1.6}\frac{P_{br}(2)}{(83)(300)}$$

을 얻는다. 이 식을 정리하면

$$P_{st} = 3.614P_{br} \quad \text{(c)}$$

이다. 계산을 진행하면서 면적을 mm^2에서 m^2으로 환산하지 않고 탄성계수에서 10^9이라는 인자를 생략하였음을 주목하라. 환산 인자들이 식의 양쪽에 모두 나타나므로 이들을 소거할 수 있다.

식 (a)와 (c)를 풀면 다음을 얻는다.

$$P_{st} = 115.08\times10^3 \text{ N} \qquad P_{br} = 31.84\times10^3 \text{ N}$$

응력들은

$$\sigma_{st} = \frac{P_{st}}{A_{st}} = \frac{115.08\times10^3}{600\times10^{-6}} = 191.8\times10^6 \text{ Pa} = 191.8\text{MPa} \quad \text{[답]}$$

$$\sigma_{br} = \frac{P_{br}}{A_{br}} = \frac{31.84\times10^3}{300\times10^{-6}} = 106.1\times10^6 \text{ Pa} = 106.1 \text{ MPa} \quad \text{[답]}$$

이다.

연습문제

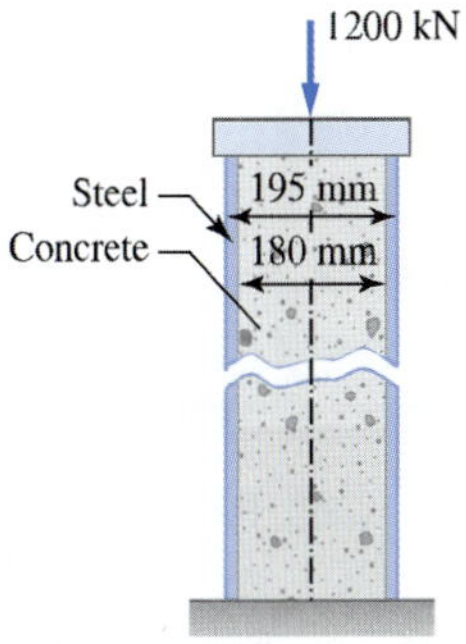

그림 P2.44

2.44 콘크리트로 채워지고 강체판으로 위쪽을 막은 원형의 강재 튜브의 단면을 그림에 나타내었다. 1200 kN의 축 하중에 의해 강과 콘크리트에 발생하는 응력을 계산하라. E_{st} = 200 GPa, E_{co} = 14 GPa를 이용하라.

2.45 직경 200 mm의 보강된 콘크리트 기둥이 320 kN의 압축 하중을 지지하도록 설계되었다. 철근의 허용응력을 120 MPa, 콘크리트의 허용응력을 6 MPa이라고 할 때, 요구되는 보강용 철근의 단면적을 구하라. E_{co} = 14 GPa, E_{st} = 200 GPa를 사용하라.

2.46 단면적이 200 mm × 200 mm인 목재 기둥이 네 면에 부착된 폭 200 mm 두께 t의 강판으로 보강되어 있다. 목재의 사용응력이 7.2 MPa이고, 철판의 사용응력이 20 MPa일 때, 1500 kN을 견디기 위한 최소 두께를 결정하라. 탄성계수는 목재가 10 GPa이고 강이 200 GPa이다.

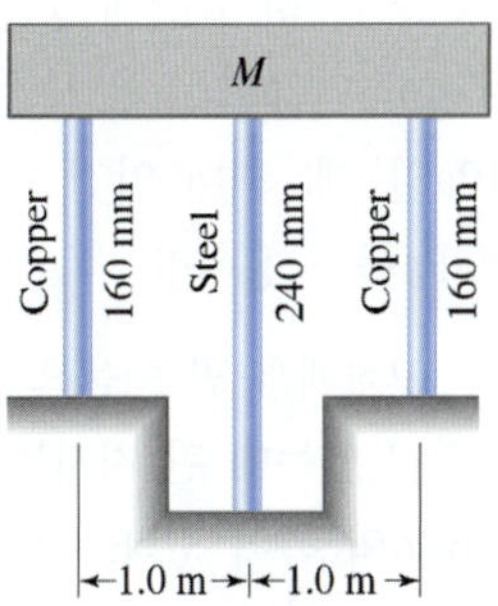

그림 P2.47

2.47 질량 M인 강체 블록이 대칭으로 배치된 세 개의 봉에 의해 지지되고 있다. 각각의 봉의 끝은 블록이 부착되기 전에 편평하게 만들어져 있었다. 막대의 물성값이 다음과 같을 때, 허용 가능한 최대 M을 구하라(σ_w는 사용응력이다).

	E (GPa)	A (mm^2)	σ_w (MPa)
구리	120	900	70
강	200	1200	140

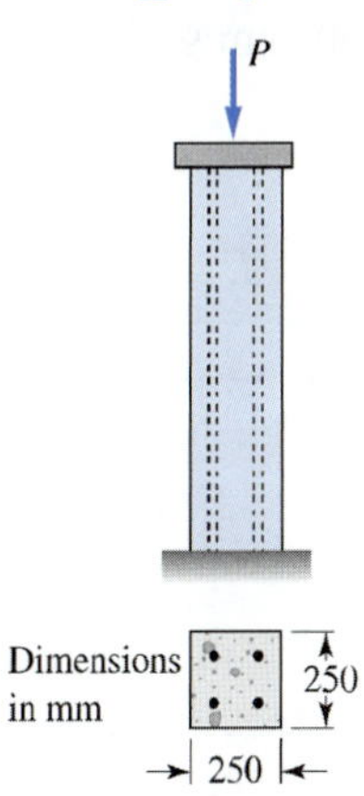

그림 P2.48

2.48 콘크리트 기둥이 단면적의 총합이 1250 mm^{2}인 네 개의 강봉에 의해 보강되었다. 강과 콘크리트의 사용응력이 각각 180 MPa, 15 MPa 일 때, 안전하게 가할 수 있는 축 하중 P의 최댓값을 구하라. E_{st} = 200 GPa, E_{co} = 24 GPa를 이용하라.

2.49 무게 중심이 G에 위치한 무게 W의 강체 평판이 세 개의 동일한 와이어에 매달려 있다. 각 와이어에 작용하는 힘을 구하라.

2.50 400 kN의 하중을 가하기 전에 어떤 강체 단(rigid platform)이 그림처럼 단면적 1400 mm^{2}인 두 개의 강봉에 위에 놓여 있었다. 알루미늄봉의 단면적은 2800 mm^{2}이다. 400 kN의 하중이 가해지고 난 후, 알루미늄봉 속의 응력을 계산하라. 강과 알루미늄에 대해 각각 E = 200 GPa, E = 70 GPa를 사용하라. 강체단의 무게는 무시하라.

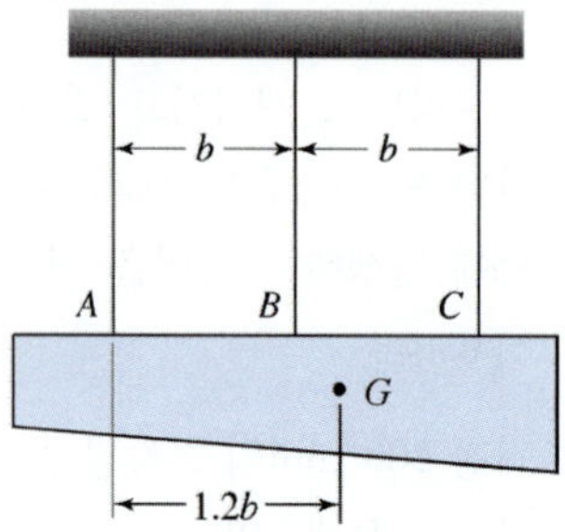

그림 P2.49

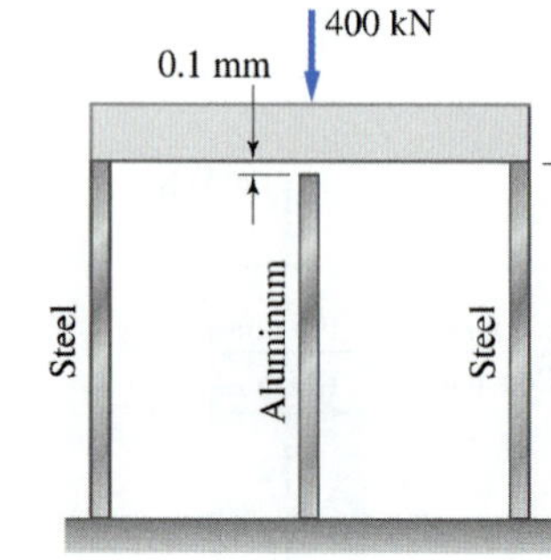

그림 P2.50

2.51 각각의 단면적인 120 mm × 30 mm인 세 개의 강재봉들(E=200 GPa)이 양 끝단에 있는 구멍에서 직경 26.25 mm인 핀에 의해 연결되어 있다. 바깥쪽에 있는 두 막대에 있는 구멍 사이의 거리는 10 m이고, 중간에 있는 막대에서는 거리가 1.35 mm만큼 짧다. 핀에 발생하는 전단응력을 구하라. 구멍에서의 국부적인 변형은 무시하라.

2.52 무게를 무시할 수 있는 강체봉 ABC가 단면적 270 mm²인 알루미늄 와이어에 의하여 매달려 있다. 하중 P를 하기 전에 중간에 있는 와이어는 다른 두 개의 와이어보다 6 mm만큼 길어서 느슨한 상태였다. 와이어들의 사용응력이 96 MPa일 때, 최대 안전 하중 P를 결정하라. 알루미늄에 대해 E = 70 GPa를 사용하라.

2.53 무게를 무시할 수 있는 강체봉 AB가 O점에서 핀 이음으로 지지되고 있다. 봉의 양끝에 강 막대가 부착되어 있는데 핀 지지부 C와 왼쪽 강 막대의 끝단 사이에는 Δ = 4 mm의 틈이 있다. 왼쪽 막대의 끝이 지지부에 부착된 후 왼쪽 막대 속의 응력을 계산하라. 단면적은 막대 AC가 300 mm², 막대 BD가 250 mm²이다. 강에 대해 E = 200 GPa를 사용하라.

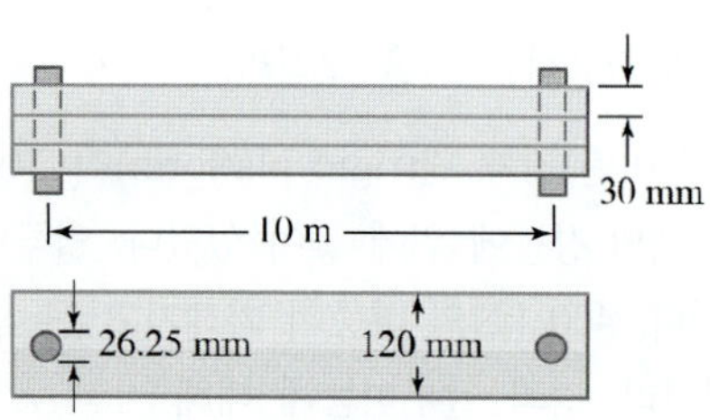

그림 P2.51

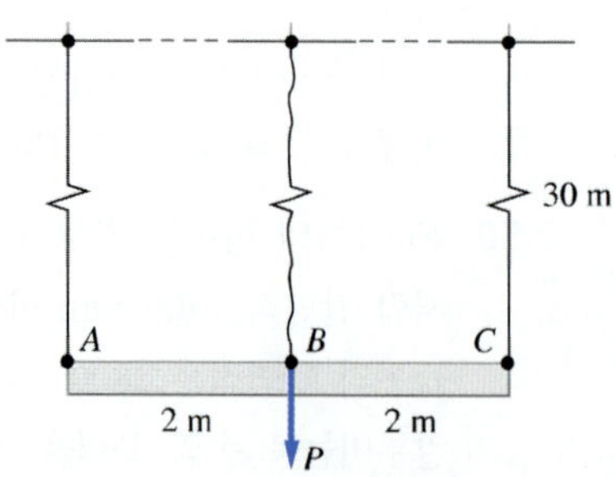

그림 P2.52

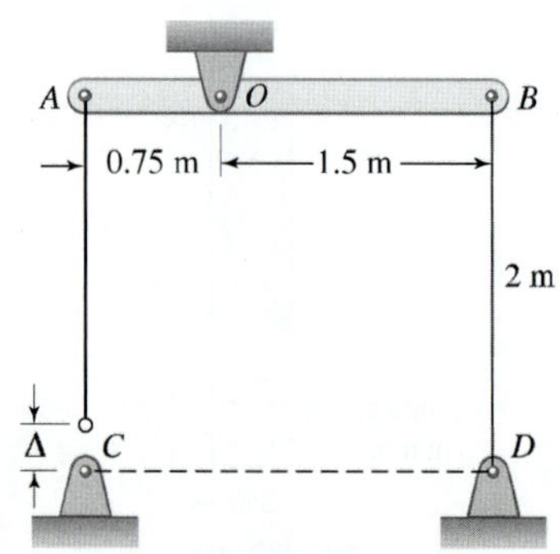

그림 P2.53, P2.54

2.54 무게를 무시할 수 있는 강체봉 AB가 O점에서 핀이음으로 지지되고 있다. 봉의 양끝에 강 막대가 부착되어 있는데 핀 지지부 C와 왼쪽 강 막대의 끝단 사이에는 Δ의 틈이 있으며, 부착 후 왼쪽 막대에 발생한 변형률 1.5×10^{-3}이다. 틈의 길이 Δ는 얼마인가? 단면적은 막대 AC가 300 mm², 막대 BD가 250 mm²이다. 강에 대하여 $E = 200$ GPa를 사용하라.

2.55 일정 단면을 가진 균질봉이 항복하지 않는 지지대에 부착되어 있다. 봉은 그림에서와 같이 하중 P를 지지하고 있다. 반력이 각각 $R_1 = Pb/L$, $R_2 = Pa/L$임을 보여라.

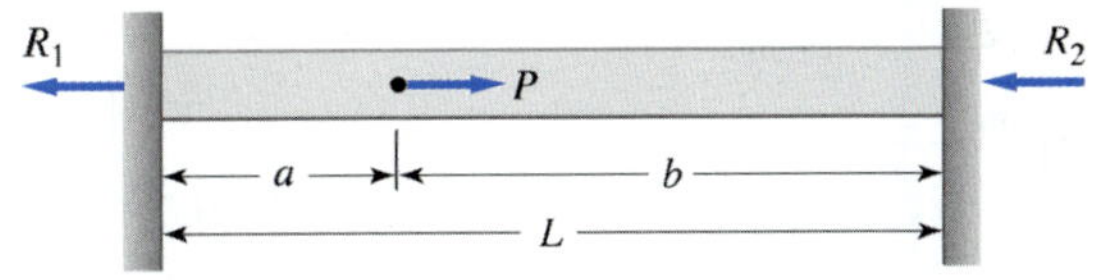

그림 P2.55

2.56 단면적 600 mm²인 균질봉이 강체벽에 부착되어 있다. 봉은 그림에 보인 바와 같이 $P_1 = 20$ kN, $P_2 = 60$ kN을 전달하고 있다. BC부분의 응력을 구하라(힌트: 각각의 반력 P_1, P_2를 계산하는 데 2.55의 결과를 이용하라. 두 개의 하중이 모두 가해지는 경우의 반력을 계산하는 데 중첩의 원리를 이용하라.)

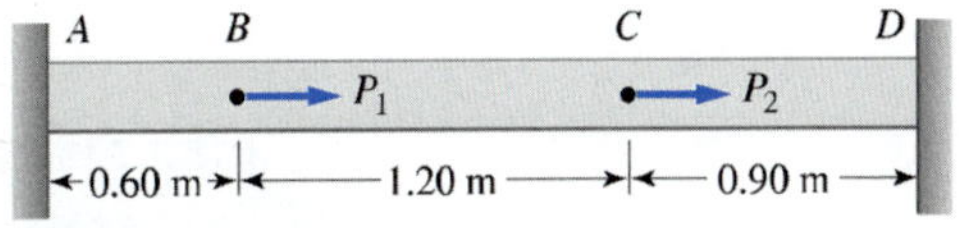

그림 P2.56

2.57 복합 봉이 항복하지 않는 지지부에 부착되어 있다. 축 하중 320 kN이 작용할 때 각 재료에 발생하는 응력을 계산하라.

2.58 항복하지 않는 지지부에 부착된 복합봉이 초기에는 응력을 받고 있지 않다. 만약 알루미늄의 허용응력이 80 MPa, 강의 허용응력이 144 MPa이라면 가할 수 있는 최대 하중 P의 크기는 얼마인가?

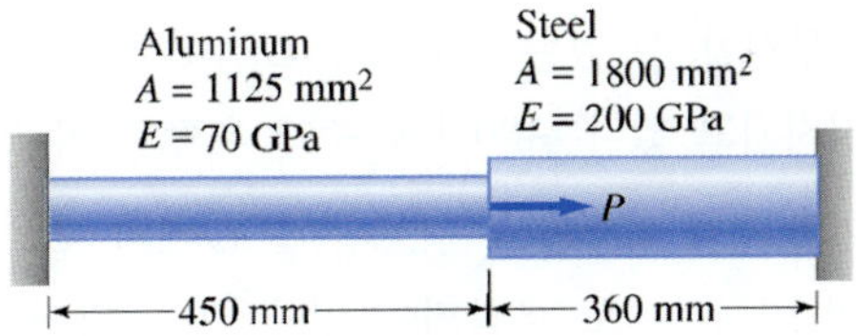

그림 P2.57, P2.58

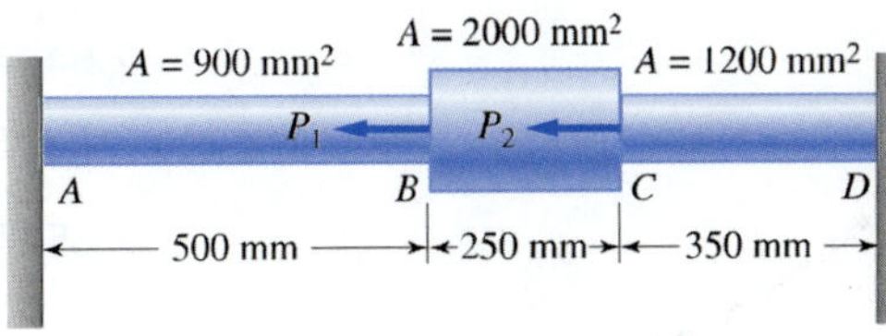

그림 P2.59

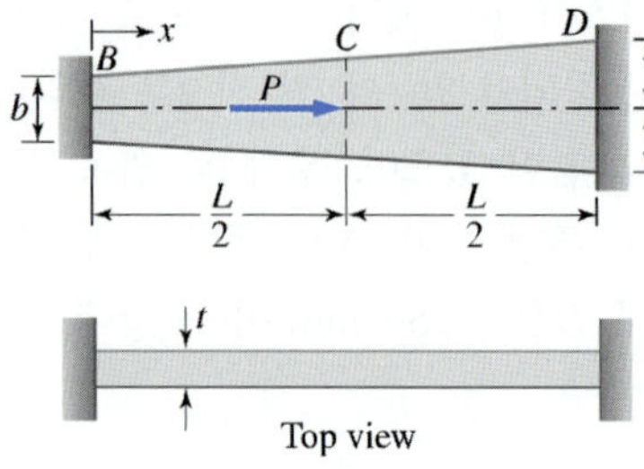

그림 P2.60

2.59 강봉에 $P_1 = 150$ kN, $P_2 = 90$ kN의 하중이 가해지기 전까지는 응력이 없다. 벽이 강체라고 가정할 때, 이 하중들이 가해진 후 발생하는 각 부분의 축력을 구하라. $E = 200$ GPa를 사용하라.

2.60 일정한 두께 t를 가진 길이 L의 봉 BCD는 그림처럼 폭이 변하는 형상을 가지고 있다. 봉의 단면적 A는 $A = bt(1 + x/L)$으로 나타낼 수 있다. 봉의 양 끝단은 강체벽에 부착되어 있다. 하중 P가 중앙 지점 C에 가해질 때, B와 D에서의 반력을 계산하라.

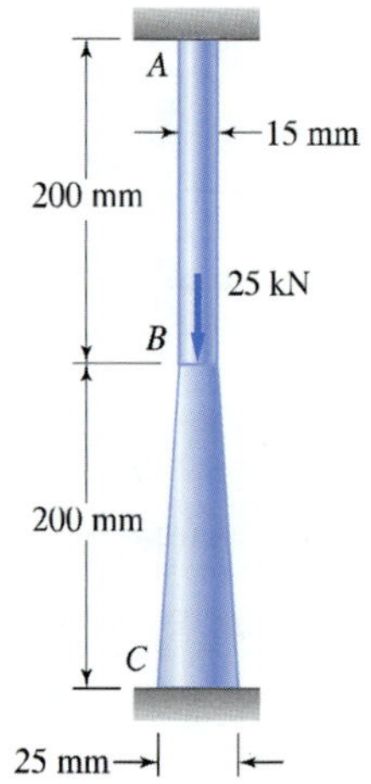

그림 P2.61

2.61 원형 단면을 가진 강재 기둥이 A와 C에서 강체 지지부에 부착되어 있다. 25 kN의 하중에 의해 기둥에 발생하는 최대응력을 구하라.

2.62 청동 튜브와 나사산이 나 있는 강재 볼트로 이루어진 조립품이 있다. 나사의 피치는 1 mm이다(너트가 1회전 시 1 mm이동함). 단면적은 튜브가 1350 mm²이고 볼트가 675 mm²이다. 너트는 튜브에 24 MPa의 응력이 발생할 때까지 죄어진다. 만약 너트가 추가적으로 1회전만큼 더 죄어질 때, 볼트와 튜브에 걸리는 응력을 구하라. 청동에 대하여는 $E = 83$ GPa, 강에 대해서는 $E = 200$ GPa를 이용하라.

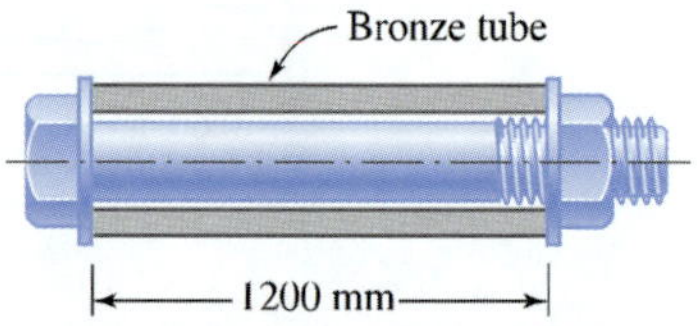

그림 P2.62

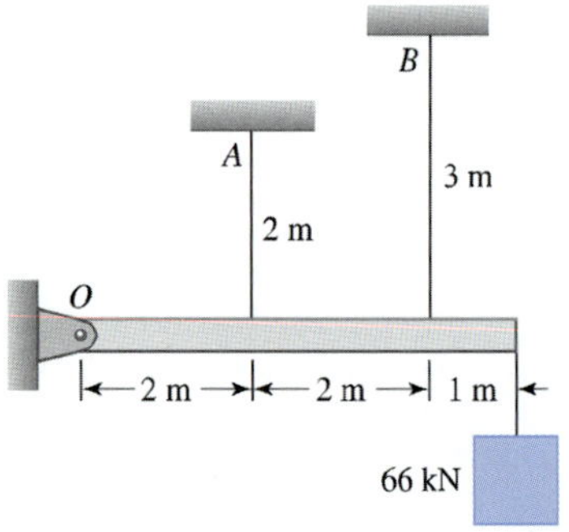

그림 P2.63

2.63 길이만 다른 두 개의 연직봉이 강체 막대에 부착되어 있다. 무게 66 kN의 추를 매달기 전까지 막대는 수평을 유지하고 있었다. 추의 작용에 의해 두 개의 봉에 발생하는 축 하중을 구하라. 막대의 무게는 무시하라.

2.64 무게를 무시할 수 있는 강체보가 O점에서의 핀과 두 개의 연직봉에 의해 지지되고 있다. 400 kN 추에 의한 연직 변위를 구하라.

2.65 무게를 무시할 수 있는 강체봉이 O에서 핀으로 연결되어 있고, 두 개의 연직봉에도 부착되어 있다. 이들 막대가 초기에 응력을 받고 있지 않았다고 가정할 때, 강봉에 발생하는 응력이 150 MPa,

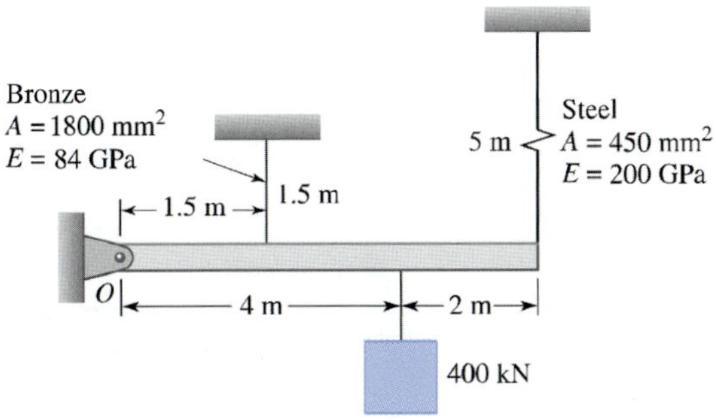

그림 P2.64

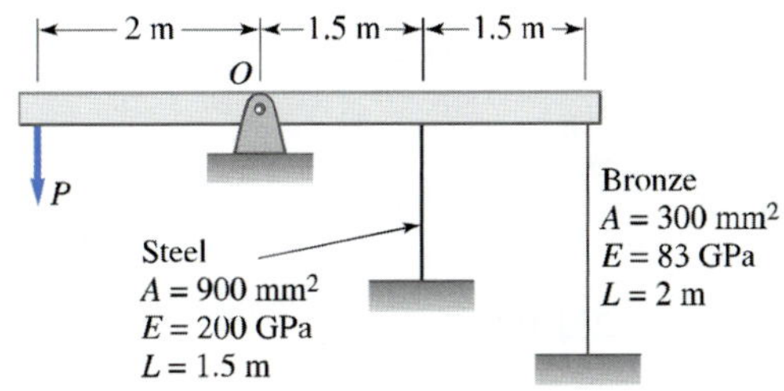

그림 P2.65

청동봉에 발생하는 응력이 70 MPa를 넘지 않고 가할 수 있는 최대 하중 P는 얼마인가?

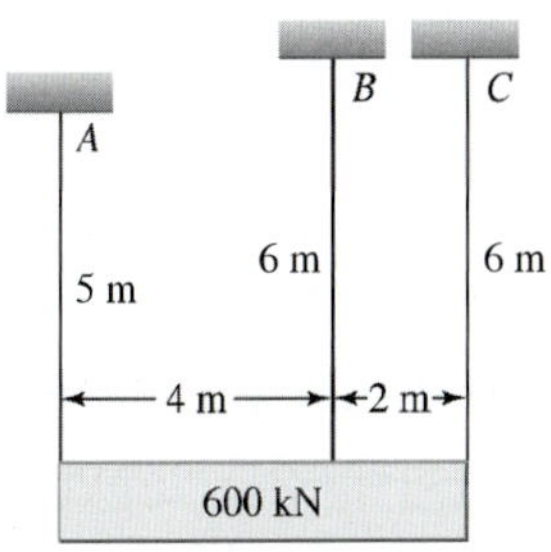

그림 P2.66

2.66 무게 600 kN의 균질 강체판이 동일 재료, 동일 단면을 갖는 세 개의 봉에 의해 지지되고 있다. 판이 부착되기 전에 봉의 끝단은 같은 높이로 맞춰져 있었다. 가해진 무게에 의해 각 봉에 발생하는 축 하중을 계산하라.

2.67 강체 막대 BCD가 동일 단면의 두 개의 강 케이블에 의해 지지되고 있다. 무게 W의 추가 가해질 때, 각 케이블에 걸리는 힘을 구하라.

2.68 각각의 단면적이 250 mm²인 세 개의 강봉이 7.5 kN의 하중을 함께 지지하고 있다. 하중이 가해지기 전까지 각 봉에 걸리는 응력은 없었고, 느슨한 부분도 없었다. 각 봉에 걸리는 힘을 구하라. 강에 대해 $E = 200$ GPa를 사용하라.

2.69 막대 AB, AC 그리고 AD는 그림과 같이 핀으로 함께 연결되어 있다. A에서의 핀의 수평 운동은 강체 수평 기둥에 의해 방지되고 있다. 80 kN의 하중에 의한 기둥 내부의 축력을 구하라. 각각의 강봉에 대해 $A = 270$ mm², $E = 200$ GPa이고, 알루미늄봉에 대하여는 $A = 540$ mm², $E = 70$ GPa이다.

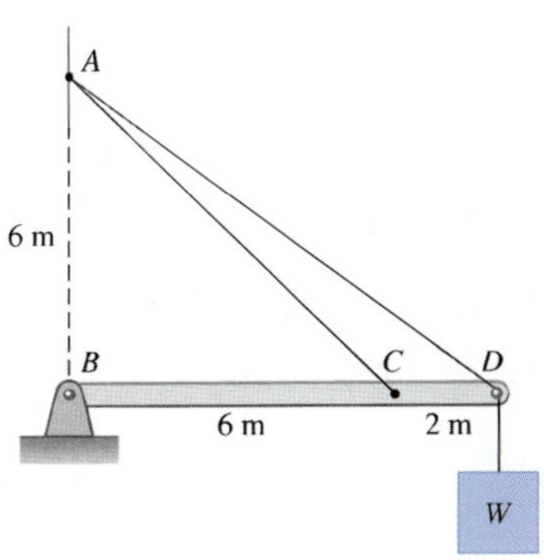

그림 P2.67

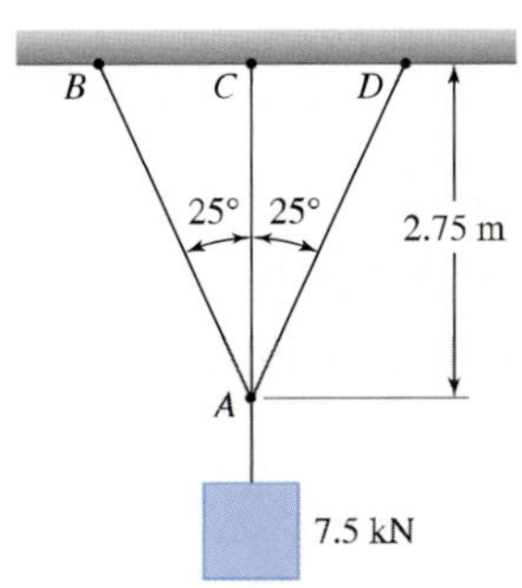

그림 P2.68

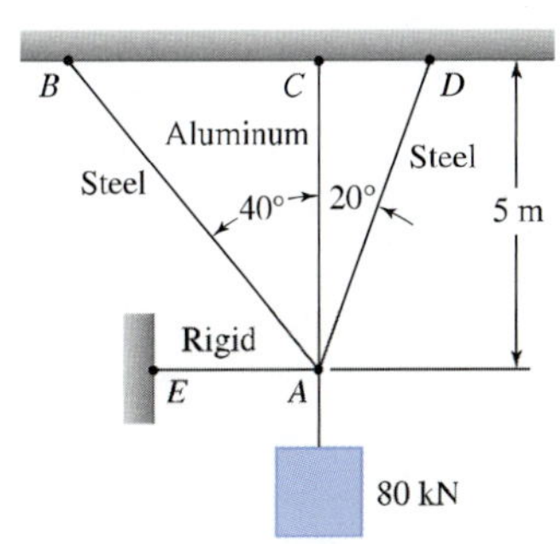

그림 P2.69

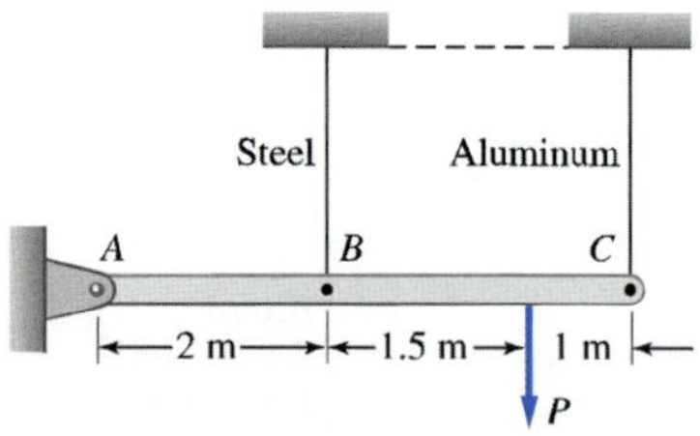

그림 P2.70

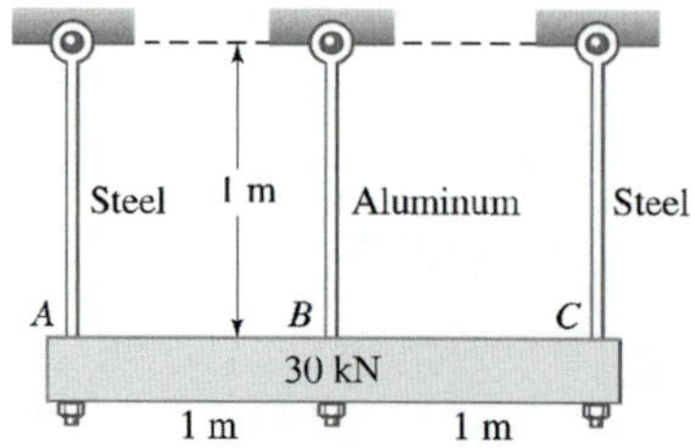

그림 P2.71, P2.72

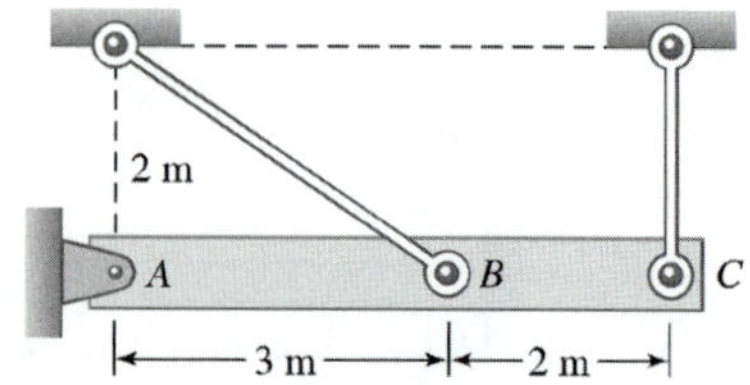

그림 P2.73

2.70 수평봉 ABC가 A에서의 핀과 동일 단면적의 두 개의 막대에 의해 지지되고 있다. B의 막대는 강이고, C의 막대는 알루미늄이다. 봉의 무게를 무시하고, $P = 80$ kN의 하중을 가할 때, 각 막대에 걸리는 힘을 구하라. 강과 알루미늄의 탄성계수는 각각 $E_{st} = 200$ GPa, $E_{al} = 70$ GPa를 사용하라.

2.71 30 kN 무게의 균일 강체봉 ABC가 부착되기 전 세 개의 수직 막대의 끝단은 같은 높이를 유지하고 있었다. 각 막대의 단면적은 450 mm^2이다. 바깥쪽에 있는 두 막대는 강재이고, 중간은 알루미늄재이다. 중간에 있는 막대에 걸리는 힘을 구하라. 강과 알루미늄의 탄성계수는 각각 $E_{st} = 200$ GPa, $E_{al} = 70$ GPa를 사용하라.

2.72 C점에 부착된 강봉을 같은 크기의 알루미늄 막대로 교체하여 문제 2.71을 풀어라.

2.73 무게 W의 균질 강체봉이 길이만 다른 두 막대에 의해 지지되고 있다. 봉이 부착되었을 때, 수평 위치에 있었다고 가정하고, 부착 후 각 막대에 걸리는 힘을 결정하라.

2.6 열응력

온도의 변화가 물체의 치수에 변화를 일으키는 것은 잘 알려진 사실이다. 온도의 상승은 팽창을 일으키는 반면 온도의 하강은 수축을 일으킨다. 이 변형은 등방성(모든 방향으로 동일함)이고 온도 변화에 비례한다. **열 변형률**(*thermal strain*)이라 불리는 이 변형률은

$$\epsilon_T = \alpha(\Delta T) \tag{2.15}$$

이 된다. 여기서 상수 α는 **열팽창계수**(*coefficient of thermal expansion*)라

고 하는 물성값이며, ΔT는 온도의 변화량이다. 열팽창계수는 1도의 온도 변화에 의해 발생하는 수직 변형률을 나타낸다. 관행적으로 온도가 상승할 때 ΔT는 양이며, 온도가 하강할 때 ΔT는 음이 된다. 따라서 식 (2.15)에서 양의 ΔT는 양의 변형률(신장)을 유발하고, 음의 ΔT는 음의 변형률(수축)을 유발한다. α의 단위는 SI계에서는 1/℃이다. 전형적인 α값은 알루미늄이 23 × 10^{-6}/℃이고, 강이 12 × 10^{-6}/℃이다.

만약 어떤 물체의 전체 영역에 걸쳐 온도 변화가 균일하다면, 열 변형률도 균일하다. 결과적으로 길이 L인 물체 내 임의 부분의 변화량은 다음 식으로 주어진다.

$$\boxed{\delta_T = \epsilon_T L = \alpha(\Delta T)L} \tag{2.16}$$

만약 열 변형이 어떤 제한도 없이 자유롭게 일어날 수 있다면(예를 들어 팽창 이음(expansion joint), 롤러 지지(roller support) 등을 사용하면), 물체의 내부에 어떤 내력도 발생하지 않는다. 즉, 변형률은 있으나 응력은 없다. 일부이든 전체이든 물체의 변형이 제한되는 경우에는 열 팽창 혹은 열 수축에 반대되는 방향으로 내부 하중이 발생한다. 이러한 내부 하중에 의해 발생하는 응력이 **열응력**(*thermal stress*)으로 알려져 있다.

온도 변화에 의해 발생하는 힘들은 평형 해석만으로는 구할 수 없다. 즉, 이 힘들은 부정정이다. 결과적으로 열응력에 대한 해석은 2.5절에서 사용되었던 것과 같은 원리(즉 평형 조건, 적합 조건, Hooke의 법칙)를 따른다. 여기서 유일한 차이는 변형에 대한 해석에서 열팽창을 포함하여야 한다는 것이다.

적합조건식 유도 과정 적합조건식을 유도하는 데 다음과 같은 과정을 따를 것을 권한다.

- 열 변형이 자유롭게 일어나도록 모든 구속들을 제거한다(이 과정은 지지부 완화라고 한다). 열 변형을 과장하여 스케치로 나타낸다.
- 지정된 제한 조건을 회복하기 위해 필요한 힘들을 작용시킨다. 이 힘들에 의해 발생하는 변형을 이전 단계에서 그려진 스케치에 더한다(기하학적 제한 조건과 일치하도록 변형의 크기를 그려 넣는다).
- 스케치를 검토하여 열 변형과 구속력(constraint force)에 의한 변형 사이의 관계를 작성한다.

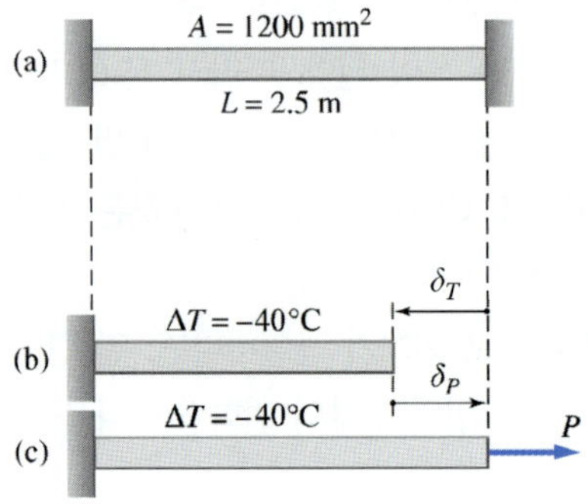

예제 2.11

길이 2.5 m, 단면적 1200 mm²인 수평 강봉이 그림 (a)에 보인 것과 같이 벽 사이에 고정되어 있다. 20℃에서 봉은 무응력(stress-free)상태에 있었다면, 온도를 −20℃로 떨어뜨렸을 경우의 응력을 계산하라. 다음의 경우들을 가정하여 계산하라. $\alpha = 11.7 \times 10^{-6}$/℃와 $E = 200$ GPa를 사용하라.

(1) 벽들은 움직이지 않는다.

(2) 벽들이 $\Delta = 0.5$ mm까지 함께 움직인다.

풀이

(1)

적합 조건 그림 (b)에 나타낸 것과 같이, 온도 하강 ΔT에 의한 수축 δ_T가 자유롭게 일어날 수 있도록, 봉이 벽에서 떨어져 있다고 가정하고 시작한다. 봉을 벽에 붙이기 위해서는 인장력 P를 가해서 봉을 원래 길이까지 늘려야 한다. 그림 (c)에 보인 것과 같이, 변형의 적합 조건에 의해 신장량 δ_P는 δ_T와 같아야 한다. 즉,

$$\delta_T = \delta_P$$

이다.

Hooke의 법칙 $\delta_T = \alpha(\Delta T)L$, $\delta_P = PL/(EA) = \sigma L/E$를 대입하면, 적합조건식은 다음과 같이 된다.

$$\frac{\sigma L}{E} = \alpha(\Delta T)L$$

따라서 봉 속의 응력은

$$\begin{aligned} \sigma &= \alpha(\Delta T)E = (11.7\times10^{-6})(40)(200\times10^{9}) \\ &= 93.6\times10^{6}\ \text{Pa} = 93.6\ \text{MPa} \end{aligned}$$ [답]

이다. 앞의 식에서 L이 상쇄되었음을 주목하라. 이것은 응력이 봉의 길이에 무관함을 나타낸다.

(2)

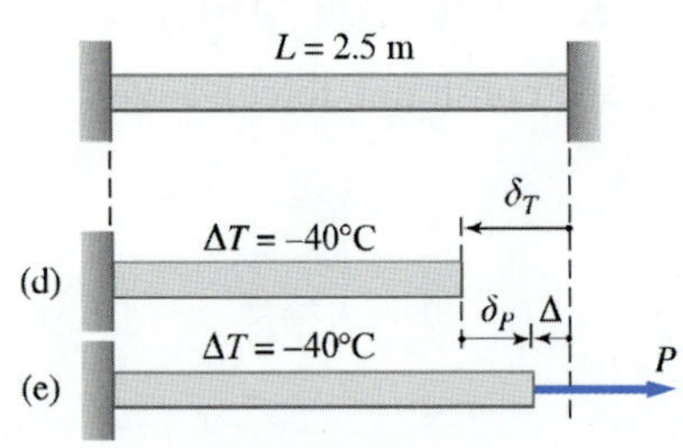

적합 조건 벽들이 Δ만큼 함께 움직일 때, 자유 열 수축 δ_T와 축 하중 P에 의한 신장량 δ_P는 다음과 같은 관계가 성립함을 그림 (d)와 (e)에서 알 수 있다.

$$\delta_T = \delta_P + \Delta$$

Hooke의 법칙 δ_T와 δ_P를 (1)에서처럼 대입하면,

$$\alpha(\Delta T)L = \frac{\sigma L}{E} + \Delta$$

을 얻는다. 응력에 대한 해를 구하면,

$$\begin{aligned}\sigma &= E\left[\alpha(\Delta T) - \frac{\Delta}{L}\right] \\ &= (200\times10^9)\left[(11.7\times10^{-6})(40) - \frac{0.5\times10^{-3}}{2.5}\right] \\ &= 53.6\times10^6 \text{ Pa} = 53.6 \text{ MPa}\end{aligned}$$ [답]

이다. 벽의 이동이 응력을 상당히 감소시키고 있음을 알 수 있다. 또 (1)의 경우처럼 길이 L이 상쇄되지 않음을 주목하라.

예제 2.12

그림 (a)에서 무게 96 kN 인 균질의 강체 블록이 대칭으로 위치한 봉에 의해 지지되고 있다. 봉의 아래쪽 끝단은 블록이 부착되기 전에 같은 높이로 맞추어져 있다. 블록이 부착되고 온도가 40 ℃만큼 상승한 후 각 봉 속의 응력을 결정하라. 다음 데이터를 이용하라.

	A(mm²)	E(GPa)	α(/℃)
강봉	675	200	12×10^{-6}
청동봉	1350	84	19×10^{-6}

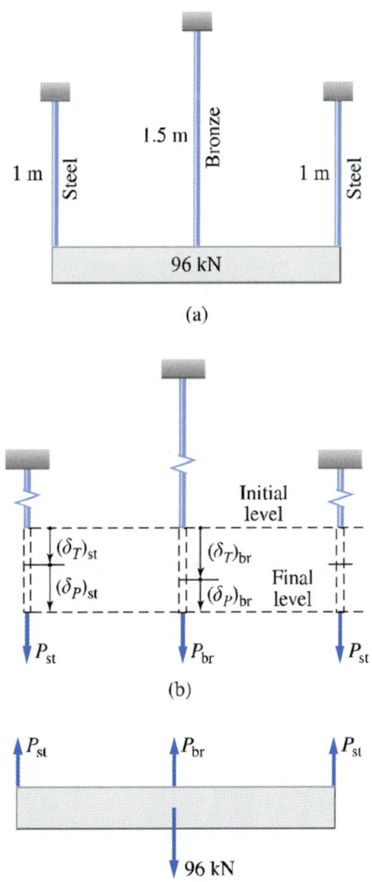

(a)
(b)
(c) FBD

풀이

적합 조건 구조물의 대칭성에 의해 블록이 수평을 유지함에 주목하라. 그림 (b)에 나타낸 것처럼 블록이 봉에서 떨어졌다고 가정하자. 구속되지 않은 상태에서, 온도 상승에 의해 강봉은 $(\delta_T)_{st}$ 만큼 늘어나고 청동봉은 $(\delta_T)_{br}$ 만큼 늘어난다. 블록을 봉에 부착하기 위해서 봉들은 각각$(\delta_P)_{st}$와 $(\delta_P)_{br}$ 만큼의 추가적인 변형을 하여야 한다. 이들 두 변형은 모두 신장이라고 가정한다. 그림 (b)의 변형 선도에서 다음의 적합조건식을 얻는다(블록은 수평 상태로 남아 있음을 기억하라).

$$(\delta_T)_{st} + (\delta_P)_{st} = (\delta_T)_{br} + (\delta_P)_{br}$$

Hooke의 법칙 Hooke의 법칙을 이용하면 적합조건식을 다음과 같이 쓸 수 있다.

$$[\alpha(\Delta T)L]_{st} + \left[\frac{PL}{EA}\right]_{st} = [\alpha(\Delta T)]_{br} + \left[\frac{PL}{EA}\right]_{br}$$

주어진 데이터를 대입하면,

$$(12\times10^{-6})(40)(1\times1000) + \frac{P_{st}(1\times1000)}{(200\times10^{3})(675)}$$

$$= (19\times10^{-6})(40)(1.5\times1000) + \frac{P_{br}(1.5\times1000)}{(84\times10^{3})(1350)}$$

을 얻는다. 식을 정리하면, 적합조건식은 다음과 같이 된다.

$$0.005P_{st} - 0.0132P_{br} = 660 \qquad \text{(a)}$$

평형 조건 그림 (c)의 자유물체도에서

$$\Sigma F = 0 \quad +\uparrow \qquad 2P_{st} + P_{br} - 96000 = 0 \qquad \text{(b)}$$

을 얻는다. 식 (a)와 (b)를 함께 풀면,

$$P_{st} = 61375.8\ \text{N} \text{이고,}\ P_{br} = -26751.6\ \text{N}$$

이 된다. P_{br}이 음의 부호인 것은 청동봉 속의 힘이 압축력임을 의미한다(이것은 그림에서 보인 것과 반대 방향으로 작용한다). 봉 속의 응력은 다음과 같다.

$$\sigma_{st} = \frac{P_{st}}{A_{st}} = \frac{61375.8}{675} = 90.9\ \text{MPa (T)} \qquad \text{[답]}$$

$$\sigma_{br} = \frac{P_{br}}{A_{br}} = \frac{-26751.6}{1350} = -19.8\ \text{MPa (C)} \qquad \text{[답]}$$

예제 2.13

예제 2.12의 데이터를 이용해서 블록의 모든 하중이 강봉에 의해서만 지지되게 하는 온도 상승값을 구하라.

풀이

평형 조건 문제에 의하면 청동봉은 무응력 상태이다. 따라서 각각의 강봉은 강체 블록 무게의 절반을 지지한다. 즉 $P_{st} = 48\ \text{kN} = 48{,}000\ \text{N}$이다.

적합 조건 그림에 보인 바와 같이 온도 상승에 의해 강봉과 청동봉은 각각 $(\delta_T)_{st}$, $(\delta_T)_{br}$ 만큼 신장된다. 청동봉이 하중을 지지하지 않아야 하므로 블

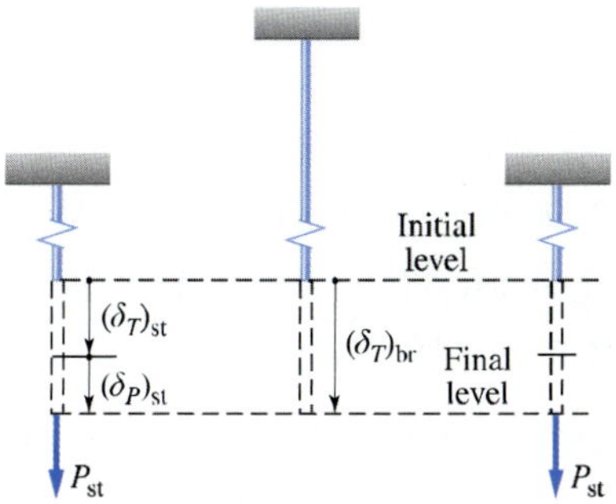

록이 부착되기 전에 강봉의 끝은 무응력 상태의 청동봉과 같은 높이에 있어야 한다. 따라서 강봉은 인장력 P_{st} = 48,000 N에 의해 $(\delta_P)_{st}$ 만큼 늘어나야 한다.

$$(\delta_T)_{br} = (\delta_T)_{st} + (\delta_P)_{st}$$

Hooke의 법칙 Hooke의 법칙에 의해 적합조건식은 다음과 같이 된다.

$$[\alpha(\Delta T)L]_{br} = [\alpha(\Delta T)L]_{st} + \left[\frac{PL}{EA}\right]_{st}$$

$$(19\times10^{-6})(\Delta T)(1.5\times1500) = (12\times10^{-6})(\Delta T)(1\times1000) + \frac{48,000(1\times1000)}{(200\times10^{3})(675)}$$

여기서 청동봉이 무응력 상태가 되는 온도 상승값은 다음과 같다.

$$\Delta T = 21.5\ ℃$$ [답]

연습문제

2.74 단면적이 225 mm²인 강봉을 두 개의 고정점 사이에서 늘였다. 20 ℃에서 봉에 작용하는 인장력은 9600 N 이다. (a)−20 ℃에서 응력은 얼마가 되는가? (b)응력이 영이 되는 온도는 몇 도인가? $\alpha = 12 \times 10^{-6}$ / ℃, $E = 200$ GPa를 이용하라.

2.75 강봉 하나를 두 벽 사이에서 늘였다. 20 ℃에서 강봉 속의 인장력은 5000 N이다. 만약 −20 ℃에서 응력이 130 MPa를 넘지 않아야 한다면, 봉의 최소 허용 직경은 얼마인가? $\alpha = 11.7 \times 10^{-6}$ / ℃, $E = 200$ GPa를 이용하라.

2.76 길이 10 m의 강재 철도 선로들이 15 ℃에서 끝과 끝의 간극이 3 mm가 되도록 놓여 있다. (a)몇 도의 온도에서 선로들이 서로 닿기 시작하는가? (b)만약 초기에 틈이 없었다면 이 온도에서 얼마의 응력이 발생하는가? $\alpha = 11.7 \times 10^{-6}$ / ℃, $E = 200$ GPa를 이용하라.

2.77 단면적 270 mm²이고 길이 1.5 m인 강봉을 두 개의 고정점 사이에서 늘였다. 25 ℃에서 봉에 작용하는 인장력은 9600 N이다. $\alpha = 12 \times 10^{-6}$ /℃, $E = 200$ GPa를 이용하여 봉 속의 응력이 다음의 값이 되는 온도를 계산하라. (a) 80 MPa, (b) 0 MPa

2.78 길이 3 m, 단면적 350 mm²인 청동봉이 두 강체벽 사이에 놓여 있다. 그림에서와 같이 −20 ℃의 온도에서 $\Delta = 2.2$ mm의 틈이 있다. 봉 속의 압축응력이 30 MPa이 되는 온도를 구하라. $\alpha = 18.0 \times 10^{-6}$ / ℃, $E = 80$ GPa를 이용하라.

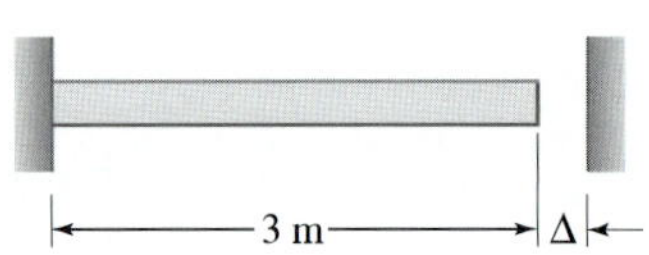

그림 P2.78

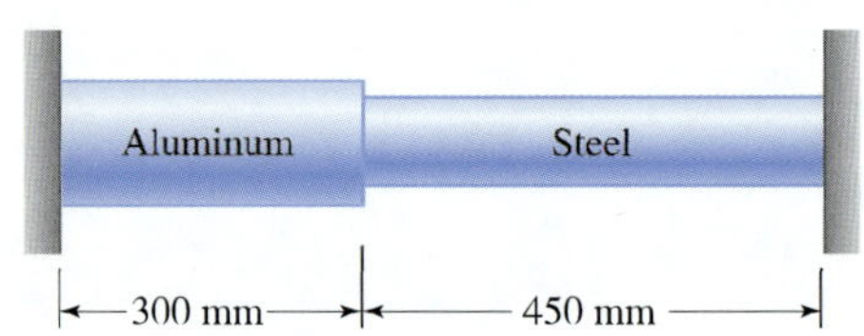

그림 P2.79

2.79 온도가 30 ℃만큼 상승할 때, 복합봉의 각 부분에서의 응력을 계산하라. 지지부는 물러나지 않는 것으로 가정하며, 다음의 데이터를 이용하라.

	A(mm²)	*E*(GPa)	α(/℃)
알루미늄	1350	70	23×10^{-6}/℃
강	1800	200	12×10^{-6}/℃

2.80 길이 L의 단면이 일정한 봉이 두 강체벽 사이에 놓여 있다. 만약 봉 한쪽 끝의 온도 상승량은 ΔT_A이고 다른 쪽 끝의 온도 상승량은 ΔT_B이며, 봉 내부의 온도 상승량은 선형으로 분포한다고 하면, 봉 내부의 응력은 $\sigma = \alpha E(\Delta T_A + \Delta T_B)/2$이 됨을 보여라.

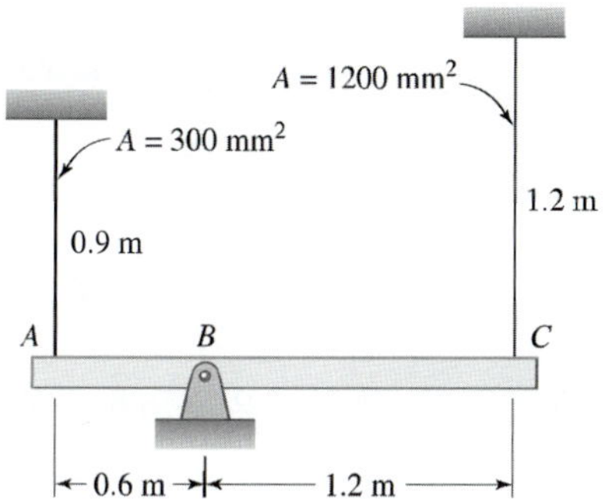

그림 P2.81

2.81 강체봉 ABC가 B에서의 핀과 두 개의 강재 막대에 의해 지지되고 있다. 봉은 초기에 수평을 유지하고 있으며, 무응력 상태이다. A 막대의 온도가 40 ℃만큼 하강했을 때, 각 막대 속의 응력을 구하라. 봉 ABC의 무게는 무시하라. $\alpha = 11.7 \times 10^{-6}$ / ℃, $E = 200$ GPa를 이용하라.

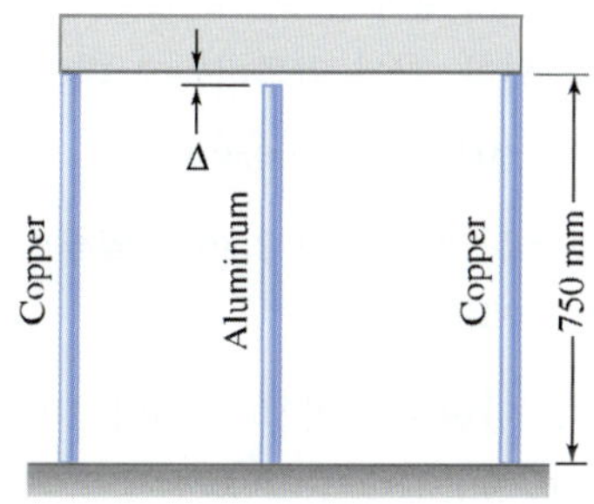

그림 P2.82

2.82 강체판이 수평하게 두 개의 동일한 구리 봉에 붙어 있다. 알루미늄으로 만들어진 중간의 봉과 판 사이에는 Δ = 0.18 mm의 간극이 있다. 판의 무게를 무시하고, 이 전체의 온도가 85 ℃만큼 상승할 때 각 막대 속의 응력을 계산하라. 다음 데이터를 사용하라.

	A(mm²)	α(/℃)	**E(GPa)**
구리봉	500	16.8×10^{-6}	120
알루미늄봉	400	23.1×10^{-6}	70

2.83 청동 슬리브를 강재 볼트에 헐겁게 끼워 초기 응력이 12 MPa이 되도록 너트로 조였다. 전체 조립체의 온도가 40 ℃만큼 상승할 때 각 부재의 내부 응력을 구하라. 각 부품의 물성값은 다음의 표에 나열되어 있다.

	A(mm²)	α(/℃)	**E(GPa)**
청동 슬리브	1350	20×10^{-6}	84
강볼트	675	12×10^{-6}	200

2.84 무게를 무시할 수 있는 강체봉이 그림과 같이 지지되어 있다. W = 80 kN일 경우, 강봉에 인장응력 50 MPa를 유발하는 전체 조립체의 온도 변화량은 얼마인가? 다음 데이터를 이용하라.

	A(mm²)	α(/℃)	**E(GPa)**
강봉	300	11.7×10^{-6}	200
청동봉	1400	18.9×10^{-6}	83

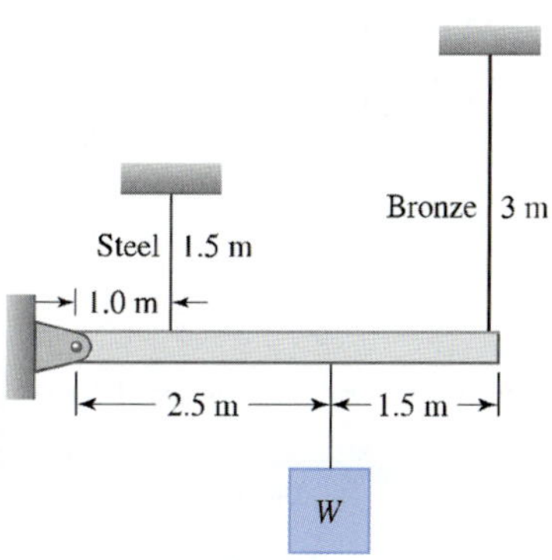

그림 P2.84, P2.85

2.85 무게를 무시할 수 있는 강체봉이 그림과 같이 지지되어 있다. 이 조립체는 초기에 무응력 상태이다. 하중 W = 120 kN이 가해진 후,

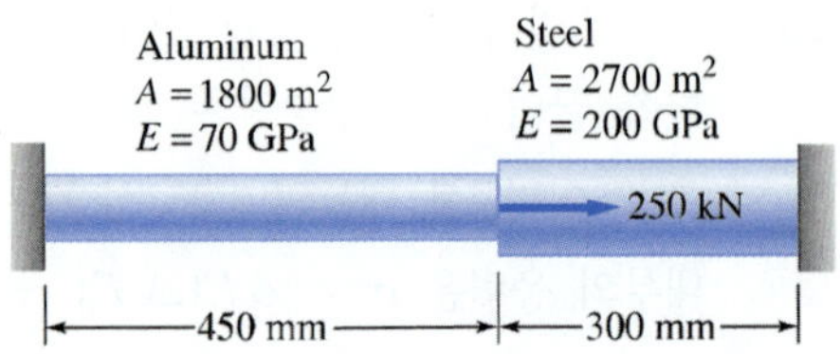

그림 P2.86, P2.87

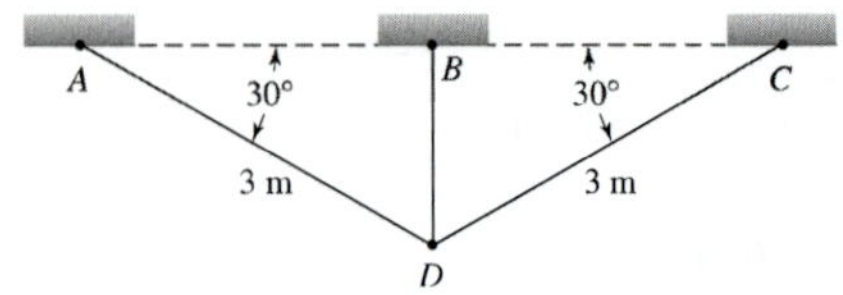

그림 P2.88

전체의 온도가 20 ℃ 만큼 상승하였을 때, 각 봉 속의 응력을 구하라. 2.84에 주어진 물성값을 사용하라.

2.86 복합봉 하나가 강체 고정 지지부에 붙어 있다. 봉은 30 ℃에서 무응력 상태이다. 250 kN의 하중은 가하고, 온도를 50 ℃까지 상승시켰을 때, 각 소재 내부의 응력을 계산하라. 강과 알루미늄에 대해 각각 $\alpha = 12 \times 10^{-6}$ / ℃, $\alpha = 23.1 \times 10^{-6}$ / ℃을 사용하라.

2.87 250 kN의 하중을 가한 후, 어느 온도에서 문제 2.86의 알루미늄과 강 부분에서 같은 크기의 응력이 발생하는가?

2.88 강재 트러스의 모든 부재가 동일한 단면적을 가진다. 만약 10 ℃의 온도에서 트러스가 무응력 상태일 때, 90 ℃에서 각 부재 속의 응력을 구하라. 강에 대해 α =11.7 × 10^{-6} / ℃, E = 200 GPa이다.

2.89 강체봉 $ABCD$가 B에서 핀으로, C와 D에서는 단면적 250 mm^2인 두 개의 동일한 강봉에 의해 지지된다. 온도가 80 ℃만큼 상승할 때, C의 봉이 무응력 상태가 되도록 하기 위해 가해야 하는 힘 P를 구하라. E = 200 GPa, α=12 × 10^{-6} / ℃을 이용하라.

2.90 그림과 같이 세 부분으로 이루어진 복합봉이 초기에는 무응력 상태였다. 온도가 25 ℃만큼 하강할 때, 각 소재에 걸리는 응력을 계산하라. 벽은 고정된 강체이며, 다음의 데이터를 이용하라.

	A(mm²)	α(/℃)	E(GPa)
청동 부분	2400	19.0×10^{-6}	83
알루미늄 부분	1400	23.0×10^{-6}	70
강 부분	600	11.7×10^{-6}	200

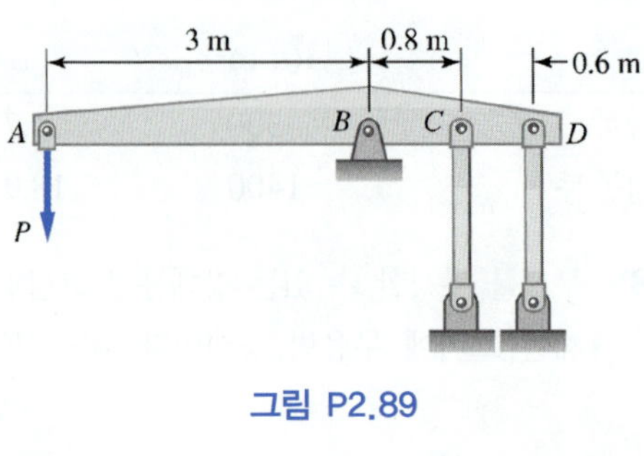

그림 P2.89

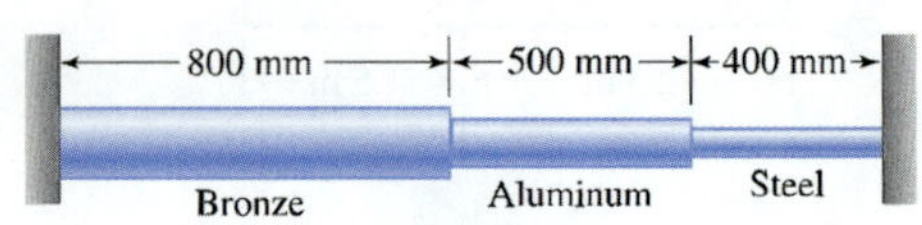

그림 P2.90

2.91 강체봉 AOB가 O에서 핀 이음되어 있으며, 알루미늄봉과 강봉에 연결되어 있다. 봉이 주어진 어떤 온도에서 수평을 유지하고 있다면, 임의의 온도 상승 후에도 수평을 유지하기 위한 두 봉의 면적비를 구하라. 봉의 무게는 무시한다.

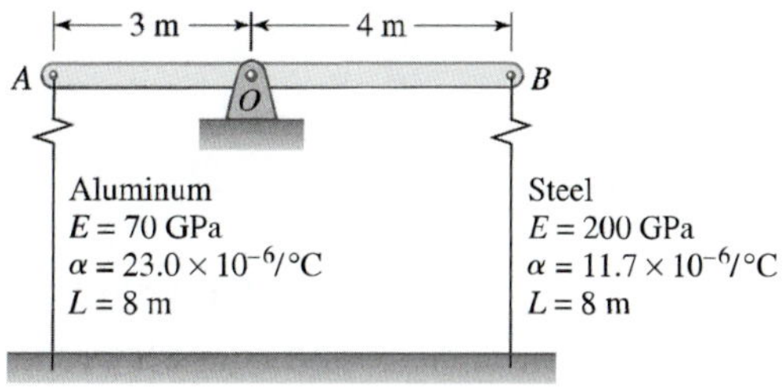

그림 P2.91

2.92 알루미늄과 청동 실린더가 두 개의 강체판 사이에 중심이 정렬된 상태로 두 개의 강재 볼트에 의해 조여져 있다. 10℃의 온도에서 이 조립체 속에 축 하중이 존재하지 않는다. 온도가 90℃로 상승할 때, 강재 볼트 속의 응력을 구하라. 다음 데이터를 이용하라.

	A(mm^2)	α(/℃)	E(GPa)
알루미늄 실린더	1800	23×10^{-6}	70
청동 실린더	2700	19×10^{-6}	84
강재 볼트	675	12×10^{-6}	200

2.93 청동 슬리브가 나사산이 있는 강재 볼트에 끼워진 조립체가 있다. 너트는 볼트에 손으로 꽉 조여져 있다. 조립품의 온도가 90 ℃ 만큼 상승할 때, 슬리브와 볼트의 응력을 구하라. 다음 데이터를 사용하라.

	A(mm^2)	α(/℃)	E(GPa)
청동	1350	19×10^{-6}	84
강	675	12×10^{-6}	200

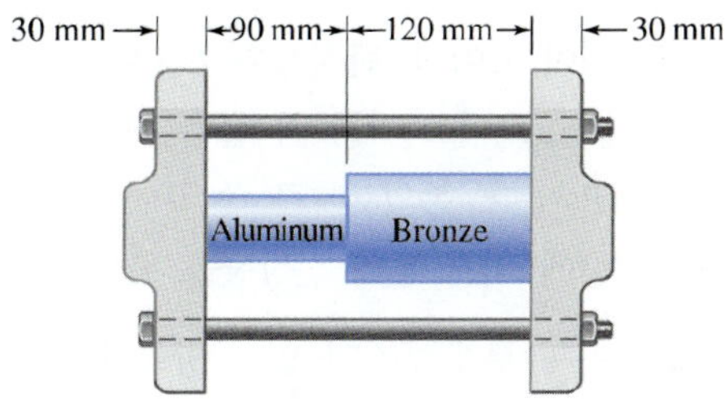

그림 P2.92

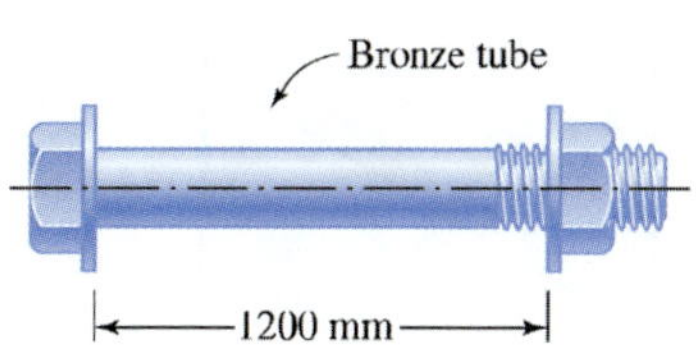

그림 P2.93

복습문제

2.94 중간이 패인 길이 L, 폭 b, 두께 t인 탄성판이 있다. 축 하중 P에 의해 발생하는 판의 신장량 표현식을 유도하라.

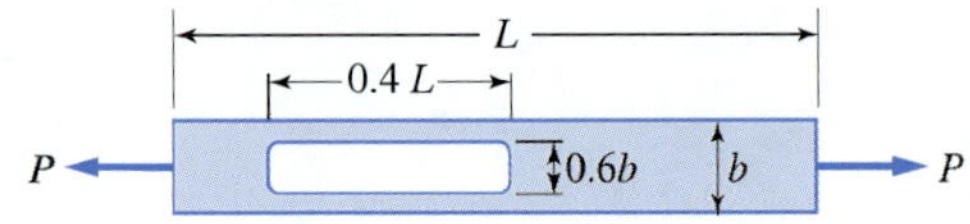

그림 P2.94

2.95 단면적 540 mm²인 알루미늄봉이 그림과 같이 축 하중을 전달하고 있다. $E = 70$ GPa로 주어진 봉의 전체 길이 변화를 계산하라.

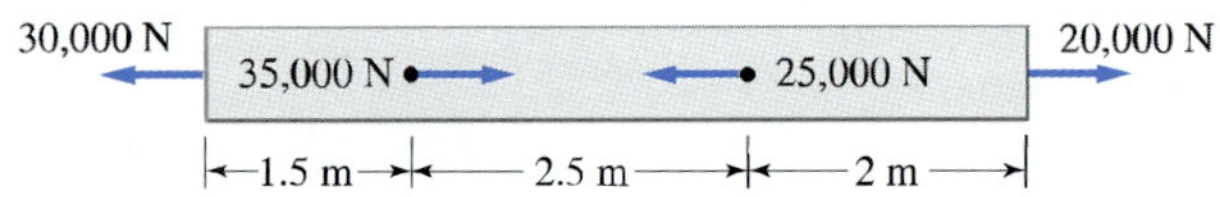

그림 P2.95

2.96 무게 W의 균일보가 두 개의 봉에 의해 지지되고 있으며, 이들 봉의 아래쪽 끝은 초기에 같은 높이로 맞추어져 있었다. 이들 봉이 보에 부착된 후 수평을 유지하기 위한 봉의 단면적 비를 구하라. 보의 변형은 무시하라.

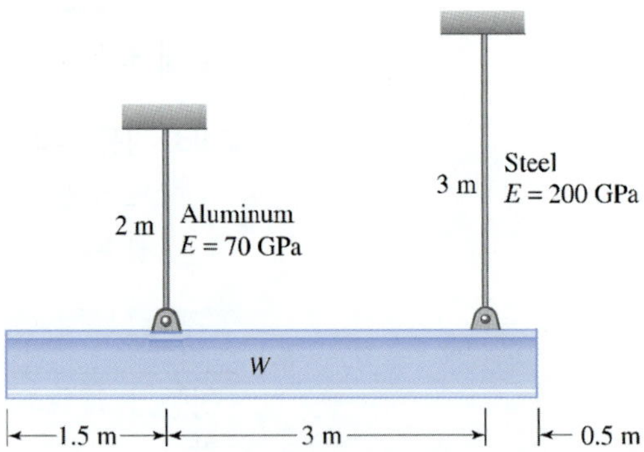

그림 P2.96

2.97 길이 L이며, 탄성계수 E, 무게 밀도 γ인 둥근봉이 한쪽 끝은 직경이 $2D$이고 다른 쪽 끝은 직경 D로 일정하게 테이퍼 진 형상을 하고 있다. 봉의 더 큰 쪽 끝이 고정되어 연직으로 매달려 있을 때, 자중에 의한 봉의 신장량을 구하라.

2.98 목재 부재 BC가 연직 방향과 $\theta = 60°$를 이루고, B에서 핀과 A에서 22.5 mm 직경의 강봉에 의해 지지되고 있다. (a)25,000 N의 힘을 가할 때, C의 변위가 연직이 되기 위한 BC의 단면적을 구하라. (b)그에 따른 C의 변위를 구하라. 탄성계수는 목재가 12 GPa이고,

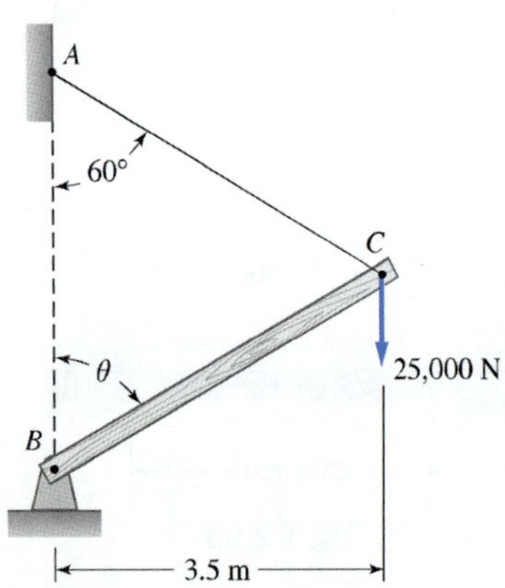

그림 P2.98

강이 200 GPa이다. BC의 무게는 무시하라.

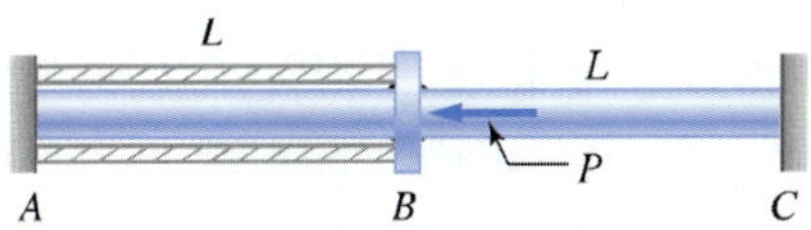

그림 P2.99

2.99 길이 $2L$인 원통형 강봉 AC의 중간에 칼라(collar) B가 용접되어 있다. 봉의 왼쪽 끝은 황동 튜브에 넣어져 조립되어 있으며, 이 조립체는 강체벽 사이에 놓여 있다. 힘 P를 칼라에 가할 때, 황동튜브와 강봉에 작용하는 힘을 구하라. 칼라의 변형은 무시하고, $(EA)_{\text{st}} = 3(EA)_{\text{br}}$로 가정하라.

2.100 직경 80 mm의 중공(hollow) 알루미늄 축이 튜브의 중심에 맞추어져 끼워졌다. 알루미늄 축이 400 kN의 축 방향 압축하중을 지지할 때, 튜브와 축 사이에 접촉 압력이 없기 위한 튜브의 최소 내부 직경을 구하라. 알루미늄에 대하여 ν=1/3, E = 70 GPa를 이용하라.

2.101 어떤 알루미늄 블록에 걸리는 수직응력들이 σ_x = −30 MPa, $\sigma_y = \sigma_z = -p$이다. (a)ϵ_x = 0일 때, p를 구하라. (b)이에 해당하는 ϵ_y를 구하라. E = 70 GPa, ν = 0.33을 이용하라.

그림 P2.102

2.102 단면적 45 mm^{2}인 세 개의 와이어가 무게 W를 지지하고 있다. 이들의 무응력 상태에서의 길이는 37.49 m, 37.50 m, 37.51 m다. (a) W = 12,000 N일 경우, 가장 긴 와이어에 걸리는 응력을 구하라. (b) W = 4000 N일 때, 가장 짧은 와이어에 걸리는 응력을 구하라. E = 200 GPa를 사용하라.

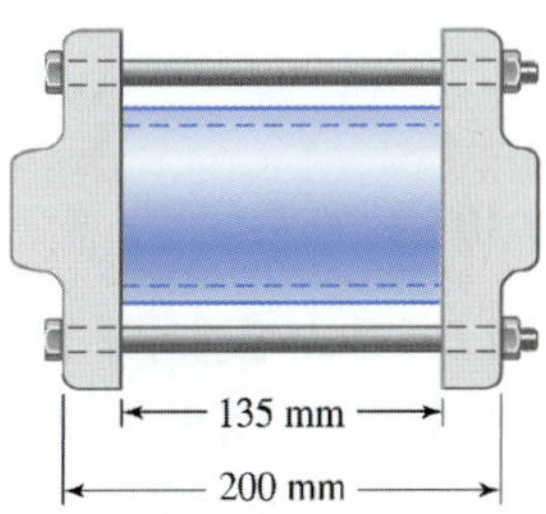

그림 P2.103

2.103 그림에서 알루미늄 튜브는 강체 덮개 사이에 놓여 있다. 덮개를 연결하는 두 개의 강재 볼트를 손으로 꽉 조인 후, 온도를 90℃ 만큼 상승시켰다. 튜브와 볼트에 작용하는 힘들을 계산하라. 다음의 데이터를 사용하라.

	E(GPa)	**α(/℃)**	**직경(mm)**
알루미늄 튜브	70	23 × 10^{-6}	외부 직경 : 68, 내부 직경 : 60
강 볼트	200	12 × 10^{-6}	각 볼트 : 12

2.104 강체봉 $ABCD$가 B에서 핀으로, C와 D에서 동일한 강봉에 의해 지지된다. 연직 하중 P를 가할 때, 강봉들에 걸리는 힘을 구하라.

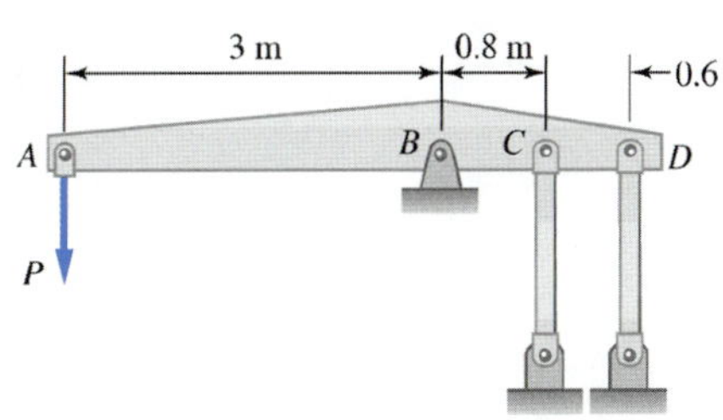

그림 P2.104

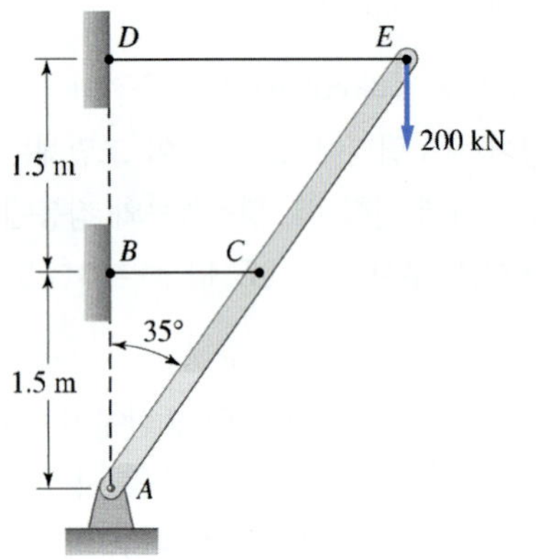

그림 P2.105

2.105 강체봉 ACE가 A에서의 핀과 단면적 50 mm^{2}인 두 개의 수평 알루미늄 막대에 의해 지지되고 있다. E점에 200 kN의 하중을 가할 때, (a) 막대 DE의 축 하중을 구하라. (b) E점의 연직 방향 변위를 구하라. 알루미늄에 대해 $E = 70$ GPa를 사용하라.

2.106 강체봉 $ABCD$를 지지하는 두 개의 강봉들은 초기에 무응력 상태에 있었다. 160 kN의 하중을 가할 때, 각 봉 속의 응력을 구하라. 봉의 무게는 무시하고, 강에 대해 $E = 200$ GPa를 사용하라.

2.107 무게를 무시할 수 있는 강체봉 $ABCD$는 초기에 수평 상태이고, A와 C에서의 강봉들은 무응력 상태였다. 160 kN의 하중을 가하고, 강봉의 온도를 ΔT만큼 변화시킬 때, 두 개의 강 막대 내부의 응력이 같아지게 하는 ΔT를 구하라. 강에 대하여 $\alpha = 12 \times 10^{-6}$ / ℃, $E = 200$ GPa를 사용하라.

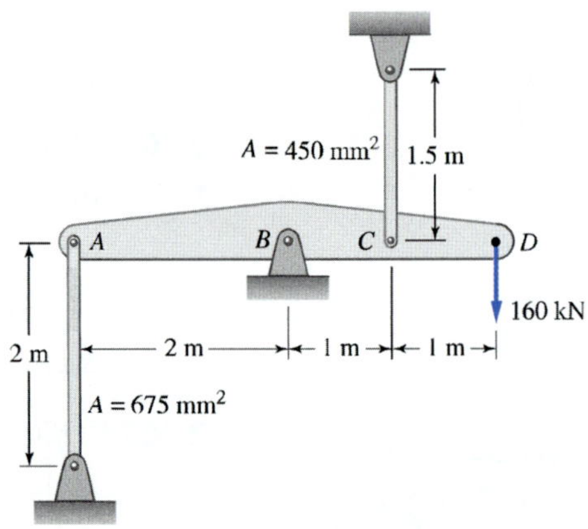

그림 P2.106, P2.107

2.108 질량을 무시할 수 있는 수평 강체봉 ABC가 그림에서와 같이 두 개의 막대에 연결되어 있다. 이 시스템이 초기에 무응력 상태일 때, 황동 막대 속의 응력이 90 MPa이 되게 하는 온도 변화값을 구하라. 두 막대가 동일한 온도 변화 상태에 있는 것으로 가정하라.

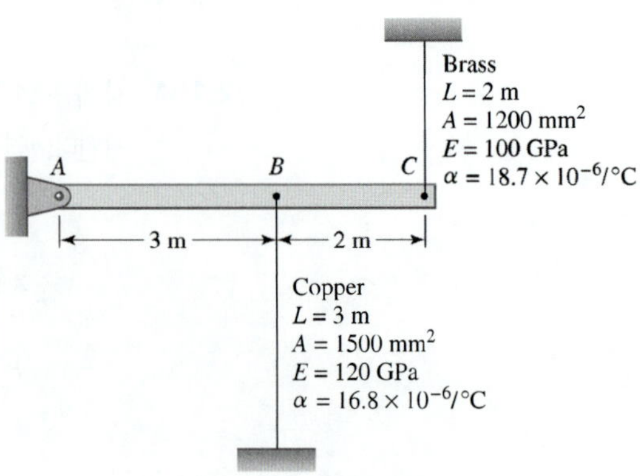

그림 P2.108

컴퓨터문제

C2.1 그림은 직경이 변하는 원형 단면의 알루미늄봉을 보이고 있다. 6 kN의 축 하중에 의한 봉의 신장량을 계산하는 데 수치적분을 이용하라. 알루미늄에 대하여 $E = 70 \times 10^9$ Pa을 이용하라.

C2.2 그림에 보인 것과 같은 형상을 가진 편평한 알루미늄 막대의 두께가 10 mm이다. 수치적분을 이용하여 6 kN의 축 하중에 의한 봉의 신장량을 구하라. 알루미늄에 대하여 $E = 70 \times 10^9$ Pa이다.

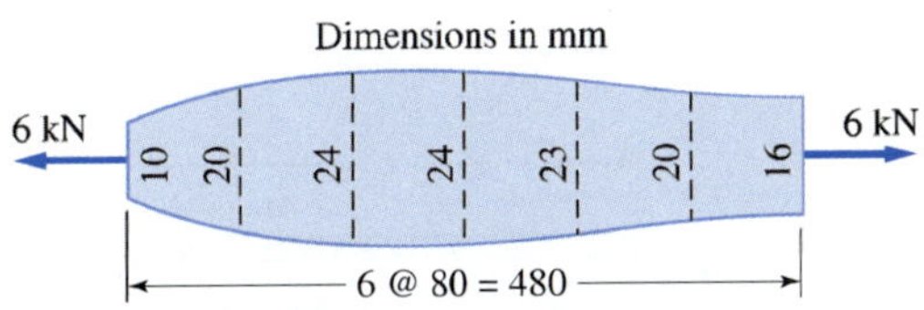

그림 C2.1, C2.2

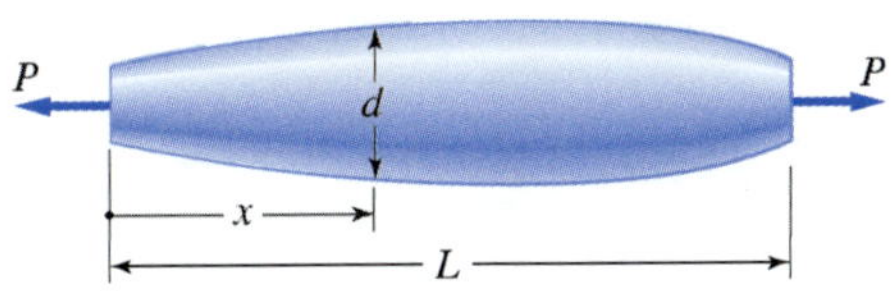

그림 C2.3

C2.3 길이 L인 축의 직경 d는 축 방향 좌표 x에 따라 변한다. 주어진 $L, d(x)$ 그리고 탄성계수 E에 대하여 축의 축 방향 강성 $k = P/\delta$를 계산하기 위한 알고리즘을 작성하라.

(a) $L = 500$ mm이고, $d = (25\text{mm})\left(1 + 3.8\dfrac{x}{L} - 3.6\dfrac{x^2}{L^2}\right)$

(b) $L = 200$ mm이고,

$$d = \begin{cases} (24 - 0.05x)\ \text{mm} & \text{if} \quad x \leqq 120\ \text{mm} \\ 18\ \text{mm} & \text{if} \quad x \geqq 120\ \text{mm} \end{cases}$$

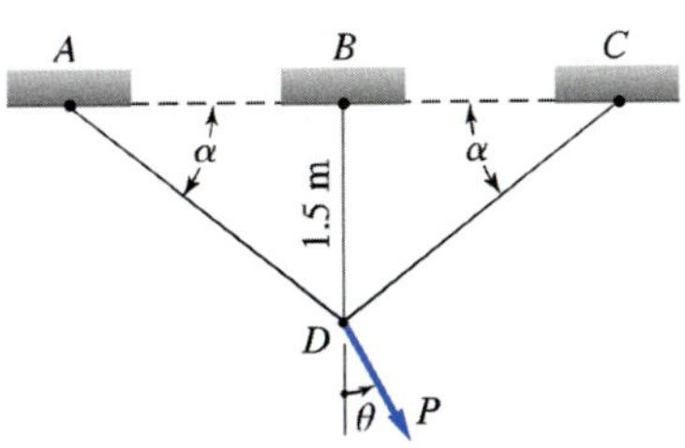

그림 C2.4

C2.4 대칭 구조의 트러스가 연직 방향과 θ의 각도만큼 기울어진 하중 P를 지지하고 있다. 주어진 P와 각도 α에 대하여, $\theta = -90°$에서 90°까지 변하는 데 따른 각각의 축 방향 부재력을 θ의 함수로 그려내는 알고리즘을 작성하라. 각 부재의 단면적은 동일하다고 가정하라. $P = 10$ kN이고 (a)$\alpha = 30°$, (b)$\alpha = 60°$을 사용하라(힌트: P의 수평 성분과 수직 성분에 의한 효과를 따로 계산하고, 그 효과를 중첩하라).

C2.5 무게를 무시할 수 있는 길이 b의 강체봉 BC가 단면적 A, 탄성계수 E인 줄 AC에 의해 지지되고 있다. C점의 수직 변위는 다음의 형태로 표현된다.

$$\Delta_C = \frac{Pb}{EA} f(\theta)$$

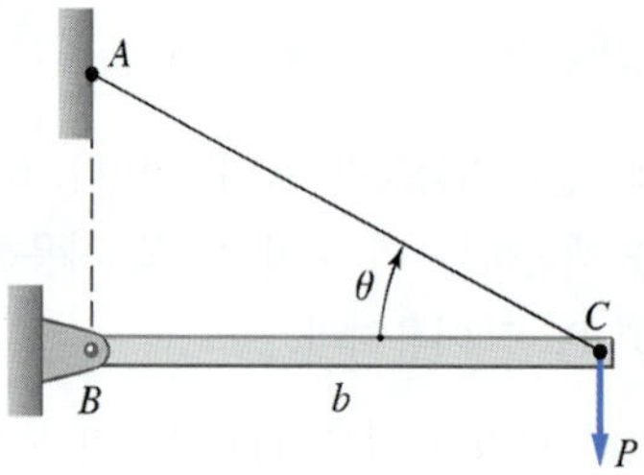

그림 C2.5

여기서 θ는 줄과 강체봉 사이의 각도이다. (a)함수 $f(\theta)$를 유도하고, $\theta = 20°$에서 85°까지 변화시켜 가며 그려라. (b)θ가 얼마일 때, C의 변위가 최소가 되는가?

C2.6 단면적이 A_0인 강재 볼트가 단면적이 역시 A_0인 알루미늄 튜브 안에 놓여 있다. 이 조립체는 너트를 손으로 조여서 완성된다. 중간의 줄어든 볼트부의 크기(길이 b, 단면적 A)는 전체 조립체의 온도가 90 ℃만큼 상승했을 때, 볼트부가 항복하도록 설계되어 있다. 이 설계 조건을 만족하는 A/A_0와 b/L의 관계식을 결정하는 알고리즘을 작성하라. b/L가 0에서 1.0까지 변할 때, A/A_0를 b/L의 함수로 그려라. 강과 알루미늄의 물성값은 그림에 나타낸 것을 사용하라.

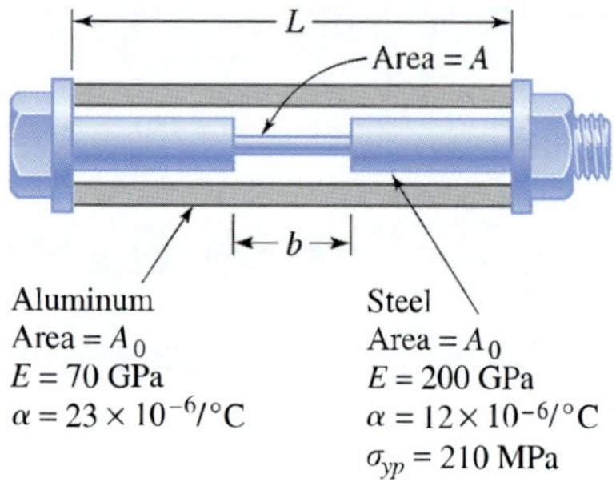

그림 C2.6

제3장
비틀림

dutourdumonde/Shutterstock

트윈로터 헬리콥터의 구동축. 터빈의 출력은 축에 의해 로터로 전달된다. 전달되는 동력과 축의 전단응력 사이의 관계가 이 장의 주제 가운데 하나이다.

3.1 개요

많은 공학적 응용에서 부재들은 비틀림(torsion) 하중을 전달해야 한다. 이 장에서는 원형축의 비틀림에 관해 생각한다. 원형 단면은 비틀림 하중에 저항하는 데 있어서 효과적인 형상이기 때문에 원형축은 회전 기계에서 동력을 전달하는 데 흔하게 사용된다. 그리고 또 하나의 중요한 응용인 박판 튜브의 비틀림에 관해서도 다룬다.

비틀림은 부재의 단면에 걸쳐 응력이 균일하지 않거나 혹은 균일한 것으로 가정되는 문제들에 대한 입문이다. 나중에 다루게 될 이 범주의 또 다른 문제는 보의 굽힘이다. 비틀림과 굽힘의 해석에서 이용되는 식들의 유도 방법은 다음과 같은 단계를 따른다.

- 실험적 사실에 근거하여 변형을 단순화하는 가정들을 만든다.
- 가정된 변형에 기하학적으로 적합한 변형률을 정의한다.
- 적합조건식을 응력의 항들로 표시하기 위해 Hooke의 법칙을 사용한다.
- 평형방정식들을 유도한다(이 방정식들은 가해진 하중들과 응력들 사이의 관계를 제공한다).

3.2 원형축의 비틀림

a. 단순화를 위한 가정들

그림 3.1은 비틀림 모멘트(토크) T를 받고 있는 원형축의 변형을 나타낸다. 변형을 가시화하기 위해 토크가 가해지기 전에 축의 표면에 직선 AB를 새겨 넣자. 하중이 가해진 후, 이 직선은 축의 자유단이 θ만큼 회전함에 따라 나선 AB'으로 변형한다. 변형이 진행되는 동안 단면은 어떤 방식으로도 일그러지지 않고 평면으로 남아 있으며, 반경 r은 변하지 않는다. 덧붙여 축의 길이 L도 상수로 남아 있다. 이러한 관찰을 근거로 하여 다음의 가정들을 세운다.

- 원형 단면은 뒤틀리지 않고 평면을 유지하며, 회전축의 중심축에 수직하게 남아 있다.
- 단면들은 변형하지 않는다(단면 내에서 변형률이 없다).
- 단면들 사이의 거리는 변하지 않는다(축 방향 수직 변형률은 영이다).

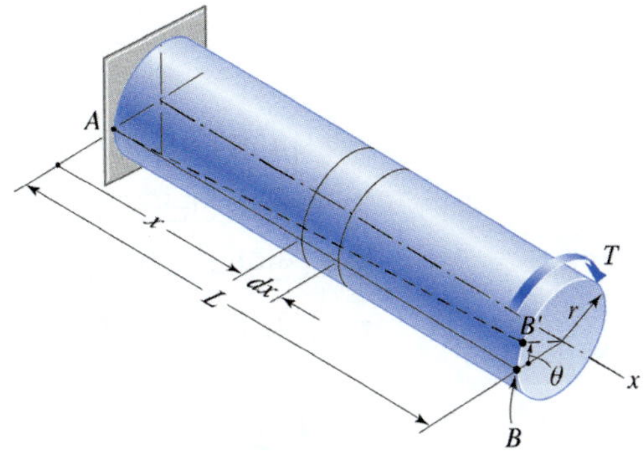

그림 3.1 토크 T에 의한 원형축의 변형. 초기에 직선이었던 AB가 나선으로 변형한다.

상기의 가정들에서 얻어지는 변형은 상대적으로 단순하다. 즉, 각 단면은 회전축에 대하여 강체처럼 회전한다. 비록 이러한 결론은 일정한 내부 토크를 받고 있는 실린더형의 축의 변형에 대한 관찰에서 나온 것이지만, 이 결론이 직경 혹은 내부 토크가 축의 길이 방향으로 변하는 경우에도 유효한 것으로 가정한다.

b. 적합 조건

그림 3.1의 축 내부의 변형을 분석하기 위해, 그림 3.2 (a)에 보인 것과 같은 축의 일부분을 생각하자. 먼저 미소 길이 dx인 축의 일부를 떼어 내 고립시키고 그 외피를 벗겨, 반경 ρ인 실린더형 코어를 남긴다. 축이 변형함에 따라 이 코어의 두 단면 부분이 x축에 대해 회전하게 된다. 이 두 단면이 미소 거리 dx만큼 떨어져 있으므로, $d\theta$로 표시되는 이들의 회전량 차이도 역시 미소량이 된다. 이제 실린더의 표면에 직선 CD가 그려졌다고 생각한다. 단면들이 $d\theta$만큼 상대 회전을 겪음에 따라 CD는 나선 CD'로 변한다. 음영이 넣어진 부분의 변형을 관찰하면, 나선각(helix angle) γ가 그 요소의 전단 변형률(*shear strain*)임을 알 수 있다.

그림 3.2 (a)의 기하학에서 $\overline{DD'} = \rho d\theta = \gamma\, dx$를 얻으며, 이로부터 전단 변형률은

$$\gamma = \frac{d\theta}{dx}\rho \tag{3.1}$$

이다. $d\theta/dx$는 단위 길이당 비틀림각이고, θ는 radian으로 표현된다. 그림 3.2 (b)에 나타낸 것과 같이, 이 전단 변형률에 부합하는 전단응력은 Hooke의 법칙에 의해 결정된다.

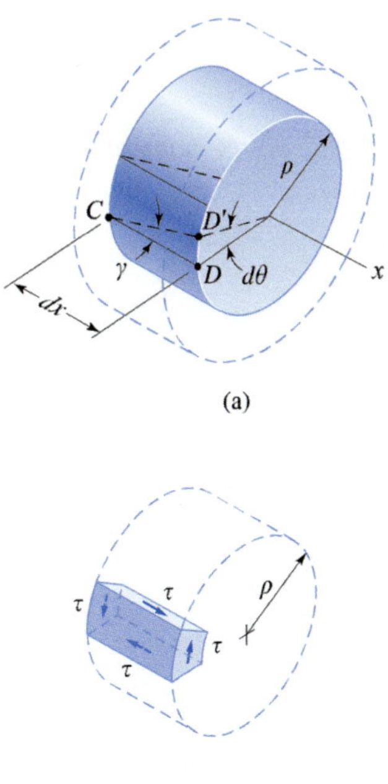

그림 3.2
(a) 축의 비틀림에 의해 발생하는 요소의 전단 변형률 (b) 그에 해당하는 전단응력

$$\tau = G\gamma = G\frac{d\theta}{dx}\rho \tag{3.2}$$

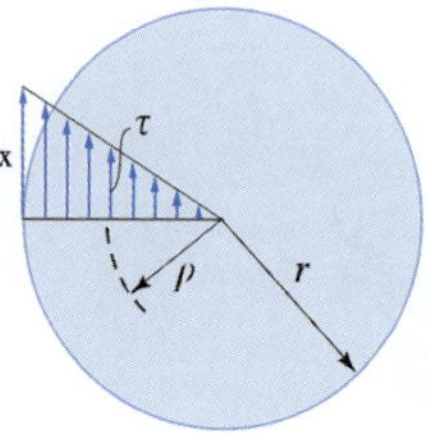

그림 3.3
원형축의 반경에 따른 전단응력 분포

식 (3.2)에서 $G(d\theta/dx)$가 반경 방향으로의 거리 ρ에 무관함을 주목하라. 따라서 전단응력은 축의 중심에서 반경 방향으로의 거리 ρ에 따라 선형적으로 변한다. 단면에 작용하는 전단응력의 분포를 그림 3.3에 나타냈다. τ_{max}로 표시되는 최대 전단응력은 축의 표면에서 발생한다.

c. 평형 조건

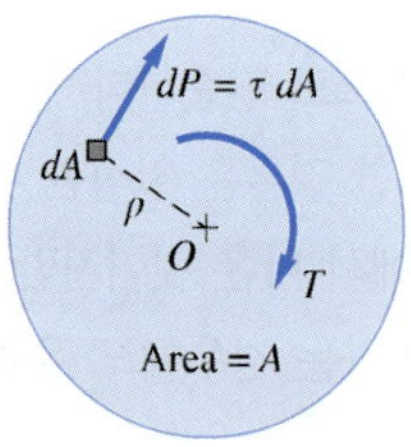

그림 3.4
단면에 작용하는 전단응력의 효과 계산. 이 효과의 합은 내부 토크 T와 같은 우력이다.

축이 평형 상태에 있기 위해서는 단면에 작용하는 전단응력에 의한 효과의 합은, 그 단면에 작용하는 내부 토크와 같아야 한다. 그림 3.4는 축의 중심에서 반경 방향으로 ρ만큼 떨어진 곳에 위치한 미소 면적 dA를 포함하는 한 단면을 나타내고 있다. 이 면적에 작용하는 전단력은 $dP = \tau dA = G(d\theta/dx)\rho dA$이며 반경에 수직한 방향이다. 따라서 dP에 의한 O점에서의 모멘트(토크)는 $\rho dP = G(d\theta/dx)\rho^2 dA$이다. 전체 단면에 대해 이러한 미소 요소들의 기여를 모두 합하여 이것이 내부 토크와 같다고 놓으면 $\int_A \rho dP = T$ 또는,

$$G\frac{d\theta}{dx}\int_A \rho^2 dA = T$$

이다. $\int_A \rho^2 dA = J$ 이 단면의 극관성 모멘트(*polar moment of inertia*)로 정의됨을 기억하면, 이 식은 $G(d\theta/dx)J = T$ 또는,

$$\frac{d\theta}{dx} = \frac{T}{GJ} \tag{3.3}$$

이 된다.

비틀림각(*angle of twist*)이라고 불리며, 축의 자유단에서 단면의 회전은 적분에 의해 얻어진다.

$$\boxed{\theta = \int_0^L d\theta = \int_0^L \frac{T}{GJ}dx} \tag{3.4a}$$

일정한 토크를 전달하는 단면이 균일한 봉의 경우처럼 적분되는 함수가 x에 무관하다면, 식 (3.4a)는 다음의 토크−비틀림 관계식으로 축약된다.

$$\theta = \frac{TL}{GJ} \tag{3.4b}$$

식 (3.4)와 이에 해당하는 축 변형 공식, $\delta = \int_0^L (P/EA)dx$와 $\delta = PL/(EA)$, 사이의 상사성(similarity)에 주목하라.

비틀림각 계산에 대한 언급

- G의 단위에 따라 식 (3.4)의 다른 항들의 단위가 결정되게 하는 것이 일반적 관례이다. SI 단위계에서는 G[Pa], L[m], T[N·m], J [m]^4 이다.
- 식 (3.4)에서 계산에 사용되는 단위계에 관계없이 θ의 단위는 radian 이다.
- 토크와 비틀림각에 대해 부호 규약을 사용하는 것이 편리한 문제들의 경우, 그림 3.5에 나타낸 것과 같이 토크를 오른손 법칙에 따른 벡터로 표시한다 (회전이나 우력을 표현하는데에 이중 화살표를 이용한다). 토크벡터는 단면에서 밖으로 나오는 경우를 양(+)로, 단면 방향으로 향하는 경우를 음(−)으로 간주한다. 비틀림각 θ에 대해서도 같은 부호 규약을 적용한다.

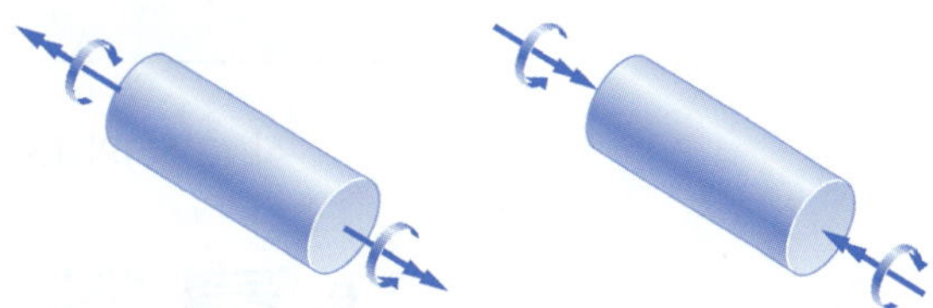

그림 3.5 토크 T와 비틀림각 θ에 대한 부호 규약

d. 비틀림 공식

식 (3.3)에서 $G(d\theta/dx) = T/J$임을 알 수 있다. 이것을 식 (3.2)에 대입하면, 축의 중심에서 ρ만큼 떨어진 곳에 작용하는 전단응력을 얻을 수 있다.

$$\tau = \frac{T\rho}{J} \tag{3.5a}$$

최대 전단응력은 ρ를 축의 반경 r로 대체하면 얻어진다.

$$\tau_{\max} = \frac{Tr}{J} \tag{3.5b}$$

식 (3.2)-(3.5)를 유도할 때 Hooke의 법칙이 사용되었기 때문에, 이들 공식들은 전단을 받고 있는 부재의 전단응력이 비례한도를 넘어가지 않을 때만 유효하다. 나아가 이들 공식들은 중실(solid)이나 중공(hollow)인 원형축에만 적용 가능하다.

원형 단면의 극관성 모멘트에 대한 공식들이 그림 3.6에 주어져 있다. 이 공식들을 식 (3.5b)에 대입하면 다음을 얻는다.

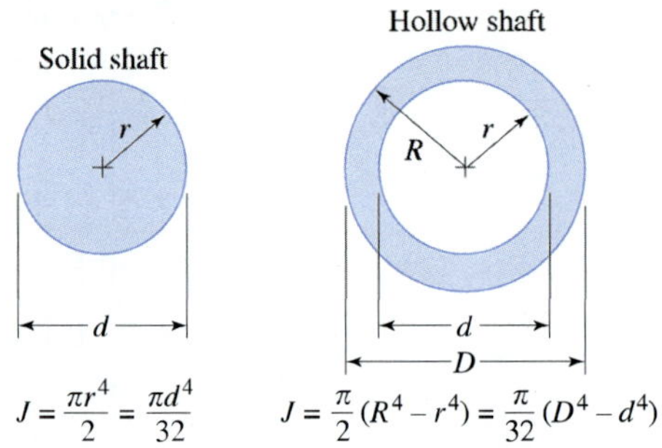

그림 3.6 원형 단면의 극관성 모멘트

$$\text{중실축}: \tau_{max} = \frac{2T}{\pi r^3} = \frac{16T}{\pi d^3} \tag{3.5c}$$

$$\text{중공축}: \tau_{max} = \frac{2TR}{\pi (R^4 - r^4)} = \frac{16TD}{\pi (D^4 - d^4)} \tag{3.5d}$$

식 (3.5c)와 (3.5d)는 **비틀림공식**(*torsion formula*)[1]이라고 불린다.

e. 동력 전달

많은 실제 문제의 경우, 축은 동력을 전달하는 데 사용된다. 각속도 ω로 회전하면서 토크 T에 의해 전달되는 동력 $\mathscr{P}$는 $\mathscr{P} = T\omega$로 주어진다. 여기서 ω는 단위 시간당 회전각(radian)으로 표시된다. 만일 축이 단위 시간당 f 회전(revolutions)의 주파수로 회전하고 있다면 $\omega = 2\pi f$이고, $P = T(2\pi f)$가 된다. 따라서 토크는 다음과 같이 표현될 수 있다.

$$T = \frac{\mathscr{P}}{2\pi f} \tag{3.6}$$

---

1 비록 비례한도를 넘어가도 파단 시 토크에 상응하는 "전단응력"을 구하는데 종종 식 (3.5b)가 사용된다. 이렇게 얻어진 값은 **비틀림 파단계수**(*torsional modulus of rupture*)라고 불린다. 이것은 다양한 재료와 직경을 갖는 축의 극한 강도를 비교하는데 사용된다.

SI 단위계에서 $\mathscr{P}$는 보통 watt (1.0 W = 1.0 N · m/s)로 표시하고, f는 hertz(1.0 Hz = 1.0 rev/s)로 표시한다. 따라서 식 (3.6)는 토크 T를 N · m단위로 결정한다.

f. 부정정계 문제들

부정정인 비틀림 문제를 푸는 과정은 2.5절에서 축 하중을 받는 봉에 대하여 제시한 단계들과 비슷하다.

- 자유물체도를 그리고 **평형**방정식을 쓴다.
- 비틀림각에 부여된 제약 조건들로부터 **적합조건**식들을 유도한다.
- 적합조건식에 있는 비틀림각을 토크로 표현하기 위해 식 (3.4)의 **토크-비틀림** 관계식들을 이용한다.
- 평형방정식과 적합조건식을 토크에 대하여 푼다.

예제 3.1

그림 (a)는 C의 지지부에 고정되어 있으면서 토크 T_A와 T_B를 받고 있는 직경 60 mm의 중실 강재 실린더를 나타내고 있다. (1)실린더의 AB와 BC 부분에서 각각 최대 전단응력을 구하라. (2)끝단 A의 회전각을 구하라. 강에 대해 $G = 80$ GPa를 사용하라.

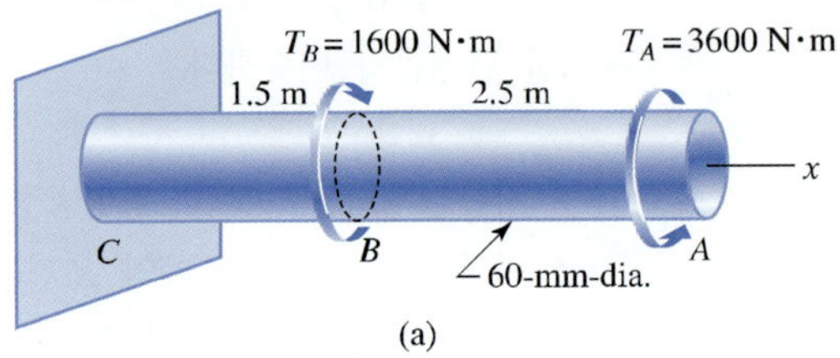

(a)

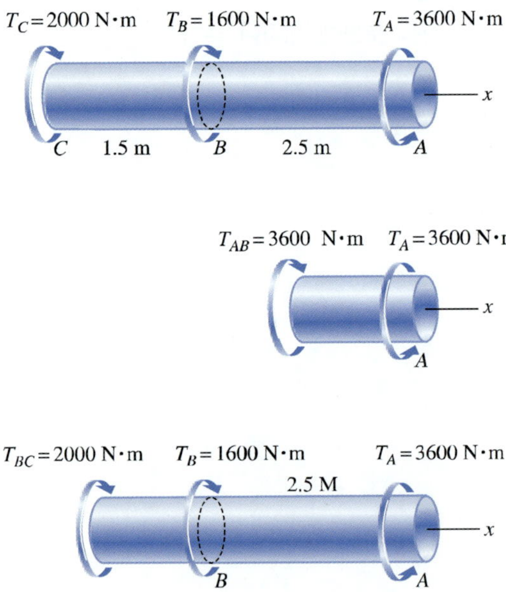

(b) FBDs

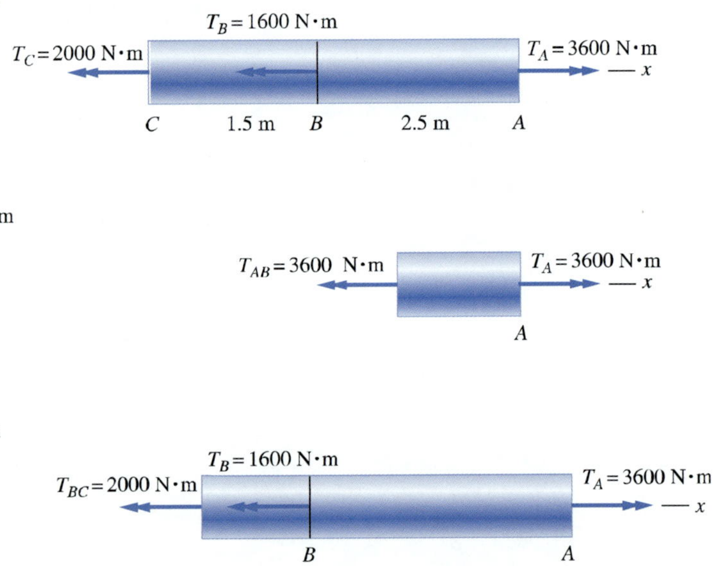

(c) FBDs (using the right-hand rule)

풀이

예비 계산

응력과 끝단 A의 회전을 구하기 전에, 실린더의 두 부분에서의 토크를 결정하기 위해 평형 조건에 따른 분석을 해야 한다.

그림 (b)에서 세 개의 FBD를 보여주고 있다. 가장 위의 FBD는 실린더 전체에 작용하는 토크를 보여준다. 중간과 아래의 FBD는 AB와 BC부분의 임의의 단면에 작용하는 내부 토크를 보여준다. 모멘트 평형식 $\Sigma M_x = 0$을 적용하면, C에서의 반작용(reactive) 토크는 $T_C = 2000$ N·m이고, 내부 토크는 각각 $T_{AB} = 3600$ N·m, $T_{BC} = 2000$ N·m이다. 그림 3.5의 부호 규약을 적용하면 두 개의 내부 토크는 모두 양이다. 나아가 각 부분에서의 토크가 상수임을 주목하라.

그림 (c)의 등가 FBD처럼 토크를 오른손 법칙을 활용한 이중 화살표 모양의 벡터로 표시하면 편리하다.

실린더의 극관성 모멘트는 다음과 같다.

$$J = \frac{\pi d^4}{32} = \frac{\pi (60)^4}{32} = 1,272,345 \text{ mm}^4$$

(1)

식 (3.5b)를 사용하여 각 부분에서의 최대 전단응력을 다음과 같이 계산할 수 있으며, 토크는 N·mm로 환산하여 사용하였다.

$$(\tau_{\max})_{AB} = \frac{T_{AB}\, r}{J} = \frac{(3600 \times 1000)(30)}{1,272,345} = 84.9 \text{ MPa} \quad \text{[답]}$$

$$(\tau_{\max})_{BC} = \frac{T_{BC}\, r}{J} = \frac{(2000 \times 1000)(30)}{1,272,345} = 47.2 \text{ MPa} \quad \text{[답]}$$

(2)

끝단 A의 회전각은 두 부분의 회전각을 더하면 된다.

$$\theta_A = \theta_{A/B} + \theta_{B/C}$$

식 (3.4b)를 사용하여 다음의 식을 얻는데, 여기서 길이는 mm, 토크는 N·mm로 환산하였다.

$$\begin{aligned}\theta_A &= \frac{T_{AB}L_{AB} + T_{BC}L_{BC}}{GJ} \\ &= \frac{(3600 \times 1000)(2.5 \times 1000) + (2000 \times 1000)(1.5 \times 1000)}{(80 \times 10^3)(1,272,345)} \\ &= 0.11789 \text{ rad} = 6.75° \quad \text{[답]}\end{aligned}$$

결과가 양인 것은 A의 회전벡터가 x축 양의 방향임을 의미한다. 즉, θ_A는 A에서 C를 바라볼 때, 반시계 방향이다.

예제 3.2

그림 (a)의 축에서 직경 90 mm의 알루미늄 부분이 직경 60 mm의 강 부분에 굳게 접합되어 있다. 이 축의 끝단은 강체 지지부에 붙어 있다. 토크 $T = 80$ N·m가 가해질 때, 축의 각 부분에 발생하는 응력의 최댓값을 계산하라. 알루미늄과 강에 대해 각각 $G = 28$ GPa, $G = 80$ GPa를 사용하라.

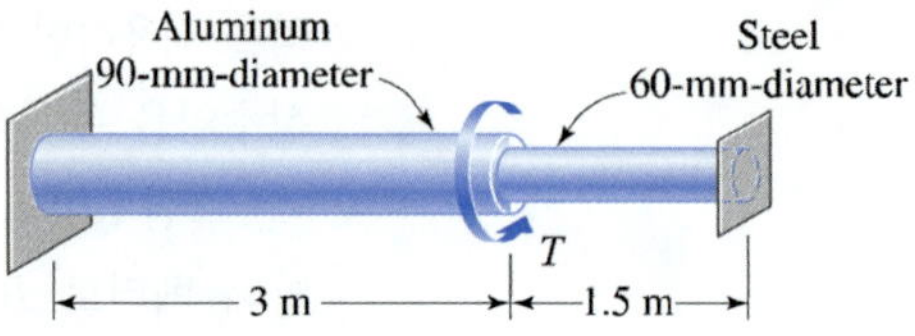

(a)

풀이

평형 그림 (b)에 있는 전체 축에 대한 FBD에서 평형 조건은

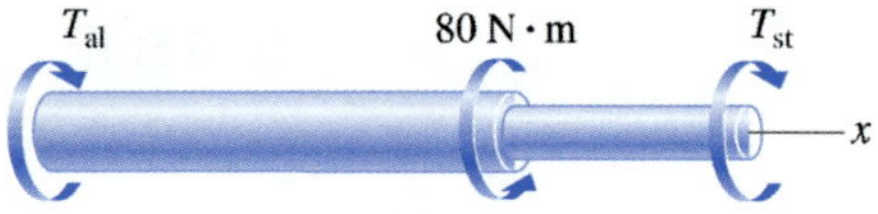

(b) FBD

$$\Sigma M_x = 0 \quad (80\times10^3) - T_{st} - T_{al} = 0 \tag{a}$$

이다. 이 문제는 두 개의 미지 토크 T_{st}와 T_{al}을 가지고 있으나 독립적인 평형방정식은 하나뿐이므로 부정정이다.

적합 조건 토크에 대한 두 번째 식은 알루미늄 부분의 오른쪽 끝이 강 부분의 왼쪽 끝과 같은 각도를 회전해야 한다는 사실에서 얻어진다. 따라서 두 부분은 같은 비틀림각을 가져야 한다. 즉, $\theta_{st} = \theta_{al}$이다. 식 (3.4b)로부터 이 조건은 다음과 같다.

$$\left(\frac{TL}{GJ}\right)_{st} = \left(\frac{TL}{GJ}\right)_{al}$$

$$\frac{T_{st}(1.5\times1000)}{(80\times10^3)\frac{\pi}{32}(60)^4} = \frac{T_{al}(3\times1000)}{(28\times10^3)\frac{\pi}{32}(90)^4}$$

여기서

$$T_{st} = 1.1287\,T_{al} \tag{b}$$

식 (a)와 (b)를 풀면,

$$T_{al} = 37.6 \text{ N}\cdot\text{m} \quad T_{st} = 42.4 \text{ N}\cdot\text{m}$$

를 얻는다.

식 (3.5c)의 비틀림 공식에서 최대 전단응력은

$$(\tau_{max})_{al} = \left(\frac{16T}{\pi d^3}\right)_{al} = \frac{16(37.6\times10^3)}{\pi(90)^3} = 262.7 \text{ kPa} \quad \text{[답]}$$

$$(\tau_{max})_{st} = \left(\frac{16T}{\pi d^3}\right)_{st} = \frac{16(42.4\times10^3)}{\pi(60)^3} = 999.7 \text{ kPa} \quad \text{[답]}$$

이다.

예제 3.3

그림 (a)와 같은 하중을 받는 네 개의 강체 기어가 직경 60 mm의 강재축에 붙어 있다. 기어 D에 대한 기어 A의 비틀림각을 구하라. $G = 80$ GPa를 사용하라.

풀이

그림 (b)에 있는 FBD들에 토크를 오른손 법칙에 기초한 벡터로 표시하는 것이 편리하다. 내부 토크 T_{AB}, T_{BC}, T_{CD}가 앞에서 정의한 부호 규약에 따라 양이라고 가정한다(양의 토크벡터는 단면으로부터 나오는 방향이다).

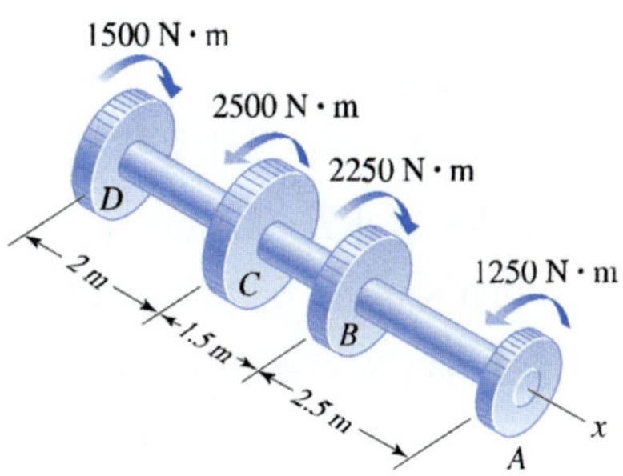

(a)

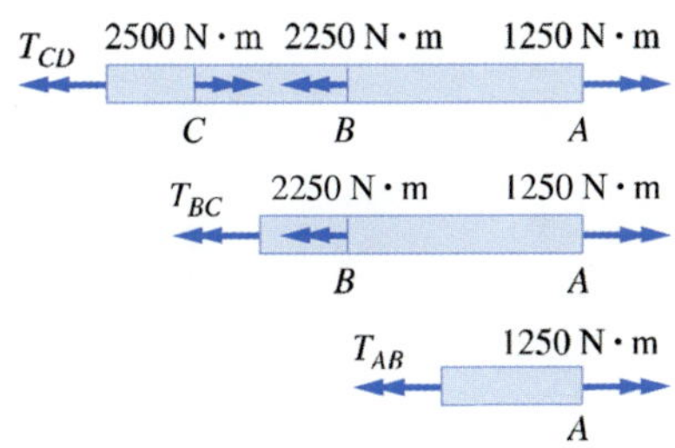

(b) FBDs

평형 조건 $\Sigma M_x = 0$을 각각의 FBD에 적용하면, 다음을 얻는다.

$$1250 - 2250 + 2500 - T_{CD} = 0$$
$$1250 - 2250 - T_{BC} = 0$$
$$1250 - T_{AB} = 0$$

이로부터

$$T_{AB} = 1250 \text{ N}\cdot\text{m} \qquad T_{BC} = -1000 \text{ N}\cdot\text{m} \qquad T_{CD} = 1500 \text{ N}\cdot\text{m}$$

이 된다. 음의 부호는 T_{BC}의 방향이 FBD에 표시된 것과 반대임을 나타낸다.

기어 D에 대한 기어 A의 회전은 기어 D가 고정되어 있을 경우에 대한 기어 A의 회전으로 볼 수 있다. 이 회전량은 세 부분의 비틀림각을 더하여 얻는다.

$$\theta_{A/D} = \theta_{A/B} + \theta_{B/C} + \theta_{C/D}$$

식 (3.4b)를 이용하면, 다음을 얻는다.

$$\begin{aligned}\theta_{A/D} &= \frac{T_{AB}L_{AB} + T_{BC}L_{BC} + T_{CD}L_{CD}}{GJ} \\ &= \frac{(1250\times 1000)(2.5\times 1000) - (1000\times 1000)(1.5\times 1000) + (1500\times 1000)(2\times 1000)}{[\pi(60)^4/32](80\times 10^3)} \\ &= 0.04543\,\text{rad} = 2.6^\circ\end{aligned}$$

[답]

양의 결과식은 D에 대한 A의 회전벡터가 양의 x방향임을 나타낸다. 즉, θ_{AD}는 A에서 D를 바라볼 때, 반시계 방향이다.

예제 3.4

그림 (a)는 세기 (단위 길이당 토크)가 $t = t_B(x/L)$인 분포 토크를 전달하고 있는 길이 $L = 1.5$ m, 직경 $d = 25$ mm의 강재축을 나타내고 있으며, $t_B = 200$ N·m/m 이다. (1)축 속의 최대 전단응력 (2)축의 비틀림각을 구하라. 강에 대하여 $G = 80$ GPa를 사용하라.

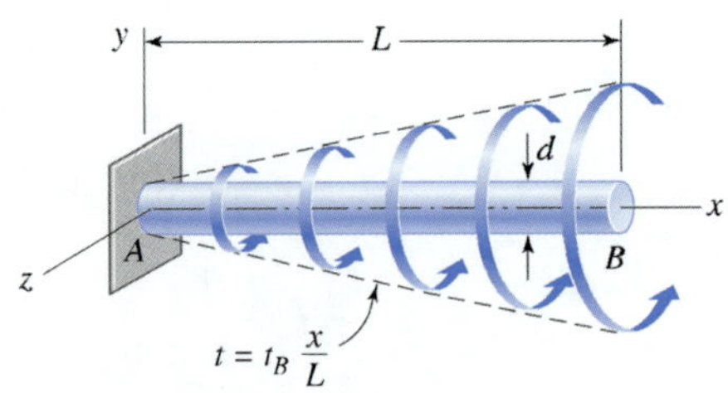

(a)

풀이

(1)

그림 (b)는 축의 FBD를 나타낸다. 축의 길이 dx에 가해지는 토크는 tdx이

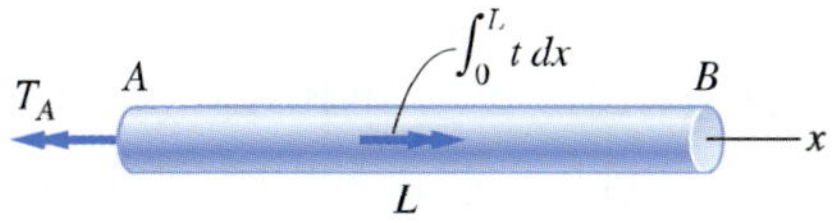

(b) FBD

다. 따라서 축 전체에 가해지는 토크는 $\int_0^L tdx$ 이다. 축의 최대 토크는 T_A 이며, 축의 고정부에서 발생한다. FBD에서 다음을 얻는다.

$$\Sigma M_x = 0 \qquad \int_0^L tdx - T_A = 0$$

따라서

$$T_A = \int_0^L tdx = \int_0^L t_B \frac{x}{L} dx = \frac{t_B L}{2}$$

$$= \frac{1}{2}(200)(1.5) = 150 \text{ N·m}$$

이다. 식 (3.5c)에서 축의 최대 전단응력은

$$\tau_{\max} = \frac{16\,T_A}{\pi d^3} = \frac{16(150)}{\pi\,(0.025)^3} = 48.9 \times 10^6 \text{ Pa} = 48.9 \text{ MPa}$$ [답]

이다.

(2)

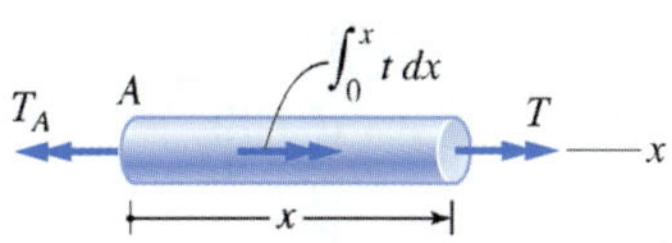

(c) FBD

고정단에서 x만큼 떨어진 단면에 작용하는 토크 T는 그림 (c)의 FBD에서 구할 수 있다.

$$\Sigma M_x = 0 \qquad T + \int_0^x tdx - T_A = 0$$

여기서 다음을 얻는다.

$$T = T_A - \int_0^x tdx = \frac{t_B L}{2} - \int_0^x t_B \frac{x}{L} dx = \frac{t_B}{2L}(L^2 - x^2)$$

식 (3.4a)로부터 축의 비틀림각은

$$\theta = \int_0^L \frac{T}{GJ} dx = \frac{t_B}{2LGJ}\int_0^L (L^2 - x^2) dx = \frac{t_B L^2}{3GJ}$$

$$= \frac{200(1.5)^2}{3(80 \times 10^9)[(\pi/32)(0.025)^4]} = 0.0489 \text{ rad} = 2.80°$$ [답]

예제 3.5

압연기에 있는 중실강재축이 2 Hz로 20 kW의 동력을 전달하고 있다. 3 m 길이에 대한 비틀림각이 6°를 넘지 않고, 전단응력이 40 MPa를 넘지 않기 위한 축의 최소 안전 직경을 구하라. $G = 83$ GPa를 사용하라.

풀이

이 문제는 충분한 강성과 강도를 모두 갖도록 하는 설계의 일례를 보여준다. 토크를 결정하기 위해 식 (3.6)를 적용하는 것에서 시작한다.

$$T = \frac{\mathscr{P}}{2\pi f} = \frac{20 \times 10^3}{2\pi(2)} = 1591.5 \text{ N}\cdot\text{m}$$

강도 조건을 만족하기 위하여 식 (3.5c)의 비틀림공식을 적용한다.

$$\tau_{max} = \frac{16T}{\pi d^3}, \quad 40 \times 10^6 = \frac{16(1591.5)}{\pi d^3}$$

이로부터 $d = 58.7 \times 10^{-3}$ m = 58.7 mm를 얻는다.

다음으로 강성 조건을 만족하기 위해 필요한 직경을 구하기 위하여 식 (3.4b)의 토크-비틀림 관계식을 적용한다(θ를 도(°)에서 radian으로 변환하는 것을 기억하라).

$$\theta = \frac{TL}{GJ}, \quad 6\left(\frac{\pi}{180}\right) = \frac{1591.5(3)}{(83 \times 10^9)(\pi d^4/32)}$$

이로부터 $d = 48.6 \times 10^{-3}$ m = 48.6 mm을 얻는다.

강도와 강성 조건을 모두 만족하기 위해서 더 큰 직경을 선택해야 한다. 즉,

$$d = 58.7 \text{ mm} \qquad \text{[답]}$$

연습문제

3.1 길이가 1 m이고 직경이 100 mm인 강재축이 끝단에서 45 kN·m의 토크를 전달하고 있다. (a) 축 내부의 최대 전단응력과 (b) 축의 비틀림각을 구하라. 강에 대하여 $G = 80$ GPa를 사용하라.

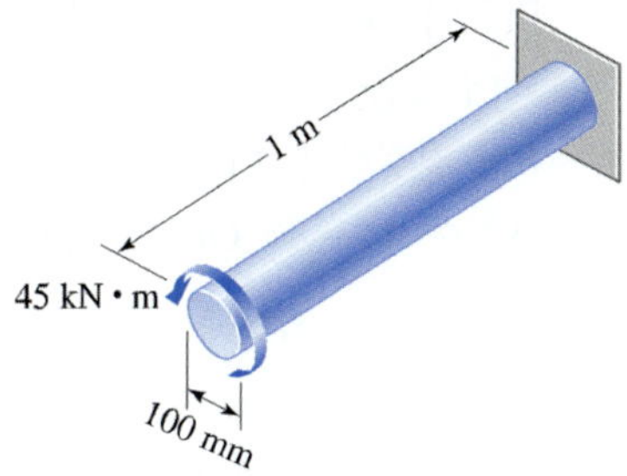

그림 P3.1

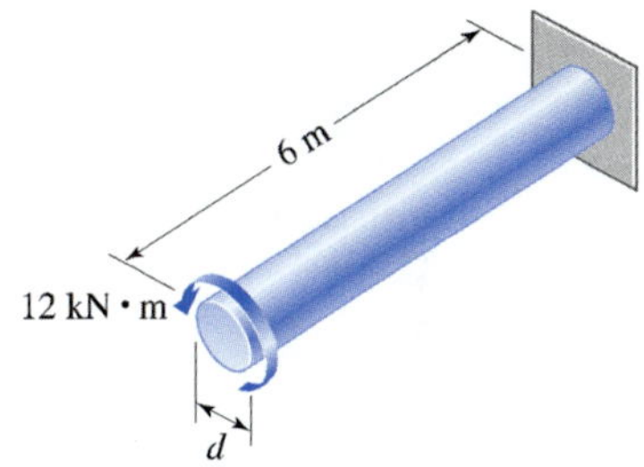

그림 P3.2

3.2 6 m길이의 강재축의 자유단에 12 kN·m의 토크를 하였다. 축의 비틀림각은 3°로 제한된다. (a)사용될 수 있는 축의 최소 직경 d를 구하라. (b)축에 발생하는 최대 전단응력은 얼마가 되겠는가? 강에 대하여 $G = 83$ GPa을 사용하라.

3.3 250 kN·m의 토크가 8 m 길이의 중공 강재축에 48 MPa의 최대 전단응력을 발생시키고 있으며, 축의 내부 직경은 외부 직경 D의 2/3이다. (a)축의 외부 직경 D를 구하라. (b)축의 비틀림각을 구하라. $G = 80$ GPa를 사용하라.

3.4 중공축의 내부 직경이 외부 직경 D의 1/2 이다. 이 중공축이 전달할 수 있는 최대 토크는 동일한 소재의 중실축이 전달할 수 있는 최대 토크의 15/16임을 보이라.

3.5 8 m길이의 중실 강재축이 4°까지 비틀렸다. 최대 전단응력이 48 MPa일 때, 축의 직경 d를 구하라. 강에 대하여 $G = 80$ GPa를 사용하라.

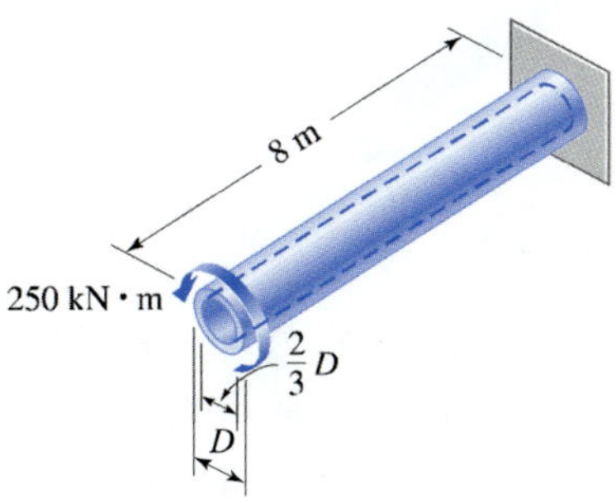

그림 P3.3

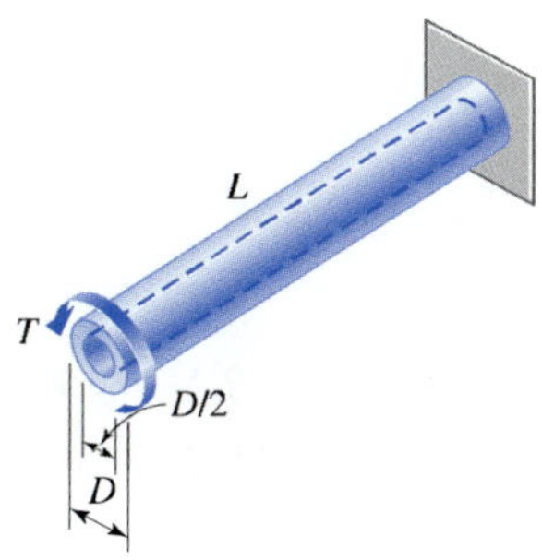

그림 P3.4

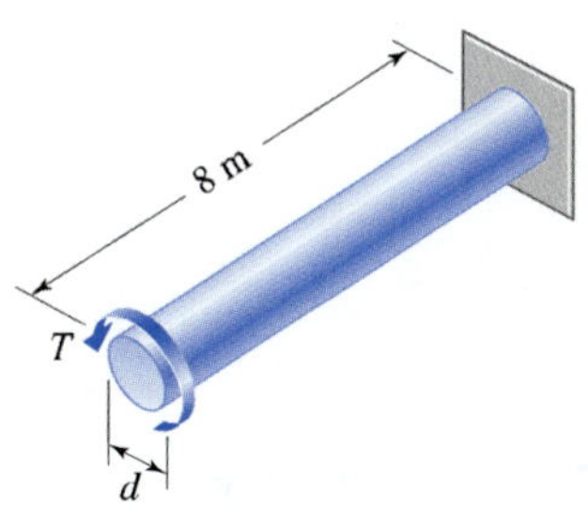

그림 P3.5

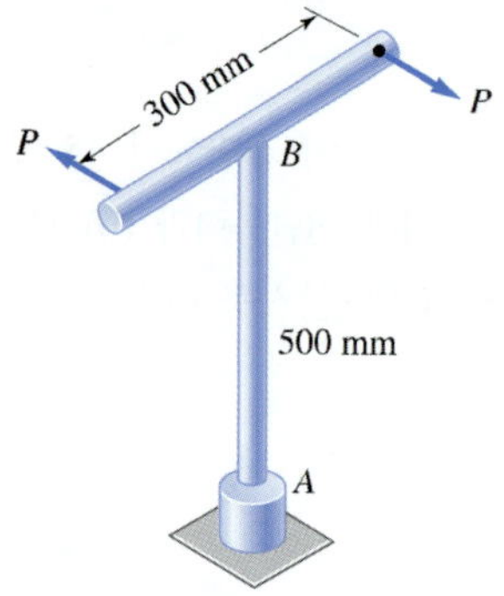

그림 P3.6

3.6 크기가 각각 P인 두 개의 힘이 렌치에 가해지고 있다. 강재축 AB의 직경이 15 mm이라고 한다. 축의 전단응력은 120 MPa를 넘을 수 없으며, 비틀림각은 5°로 제한될 때, 허용 가능한 최대 P 값을 구하라. 강에 대하여 $G = 80$ GPa를 사용하라.

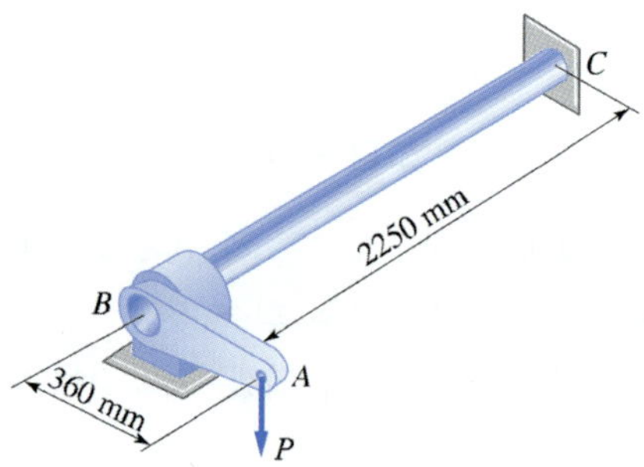

그림 P3.7

3.7 직경 37.5 mm의 강재축 BC가 C의 강체벽에 박혀 있으며, B에서는 마찰이 없는 베어링에 의해 지지된다. 그리고 레버 AB가 축에 용접되어 있을 때, 레버의 끝 A의 연직 변위가 60 mm가 되도록 하는 힘 P를 결정하라. 이때, 축에 발생하는 최대 전단응력은 얼마인가? 강에 대하여 $G = 80$ GPa를 사용하고, 레버의 변형은 무시하라.

3.8 중공축을 중실축에 붙여서 만든 강재축이 있다. 전체 축의 길이가 3.5 m라고 할 때, 축의 비틀림각이 2.5°를 넘지 않고, 최대 전단응력이 70 MPa를 넘지 않도록 하는 최대 토크 T를 결정하라. 강에 대하여 $G = 83$ GPa를 사용하라.

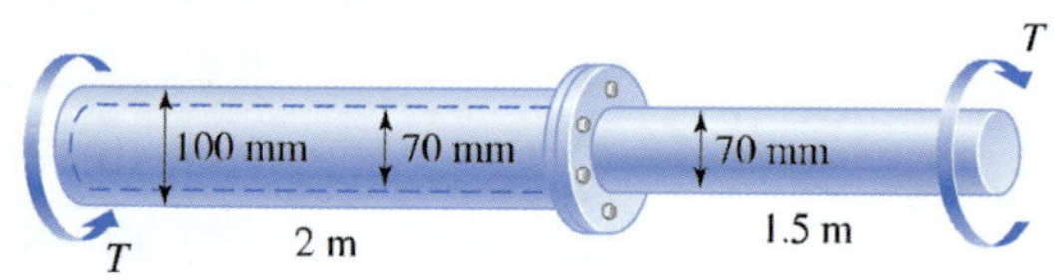

그림 P3.8

3.9 청동과 강으로 만들어진 복합축이 있는데, 직경은 두 부분이 모두 120 mm로 동일하다. 토크 T가 청동 부분에 100 MPa의 최대 전단응력을 유발시킬 자유단의 비틀림각을 구하라. 강에 대하여 $G = 83$ GPa, 청동에 대하여 $G = 35$ GPa를 사용하라.

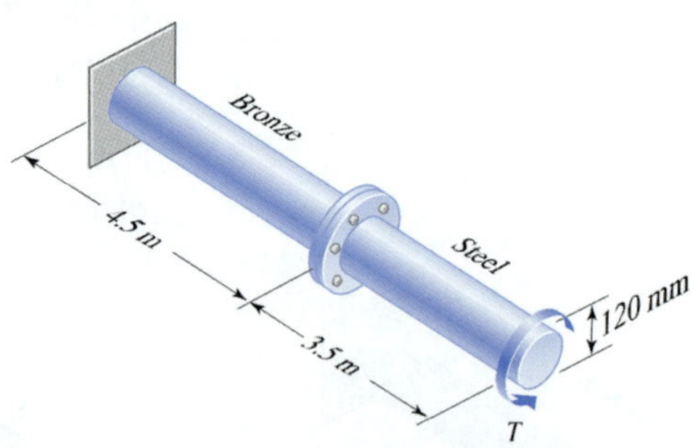

그림 P3.9

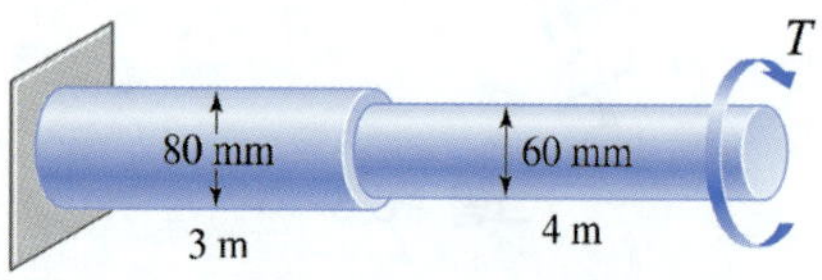

그림 P3.10

3.10 단차가 있는 강재축이 토크 T를 전달하고 있다. 사용응력이 12 MPa이고, 자유단의 회전각이 4°로 제한될 경우, 최대 허용 토크 T의 크기를 구하라. 강에 대하여 $G = 83$ GPa를 사용하라.

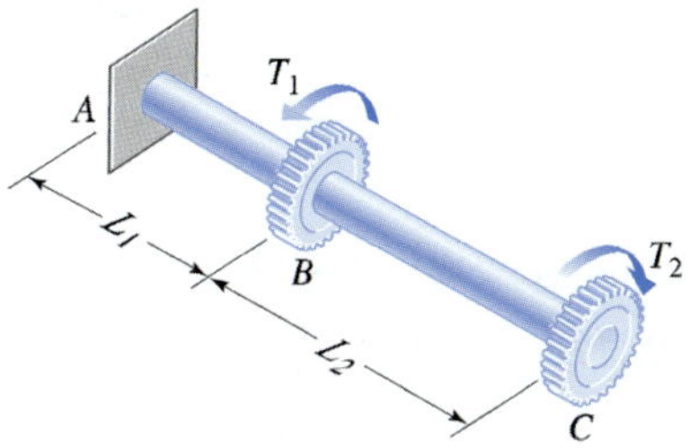

그림 P3.11

3.11 중실 강재축이 토크 $T_1 = 750$ N·m, $T_2 = 1200$ N·m를 전달하고 있다. $L_1 = L_2 = 2.5$ m, $G = 83$ GPa이다. 전단응력은 60 MPa, 자유단의 회전각은 4°로 제한할 때, 축의 최소 허용 직경을 구하라.

3.12 세 개의 다른 재료로 만들어진 중실 복합축이 그림과 같은 두 개의 토크를 전달하고 있다. (a)각 부재에서의 최대 전단응력을 계산하라. (b)축의 자유단의 회전각을 구하라. 전단계수는 알루미늄이 28 GPa, 강이 83 GPa, 청동이 35 GPa이다.

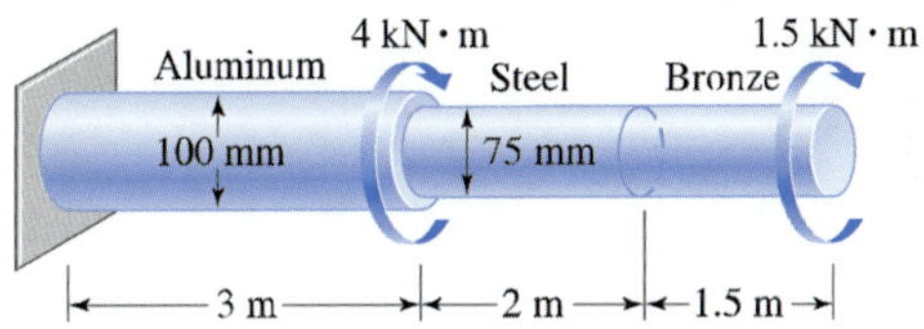

그림 P3.12

3.13 강 부분과 알루미늄 부분으로 이루어진 축이 각각 토크 T와 $2T$를 전달하고 있다. 사용응력이 철은 84 MPa, 알루미늄은 45 MPa이며, 자유단에서의 회전각이 8°를 넘지 않아야 할 경우, T의 최대 허용값을 구하라. 강에 대하여 $G = 80$ GPa, 알루미늄에 대하여 $G = 28$ GPa를 사용하라.

3.14 네 개의 도르래가 직경 50 mm의 알루미늄 축에 붙어 있다. 토크가 도르래에 그림과 같이 가해질 경우, 도르래 A에 대한 도르래 D의 회전각을 구하라. 알루미늄에 대하여 $G = 28$ GPa를 사용하라.

3.15 테이퍼진 가단 주철축이 끝단의 토크 $T = 30$ N·m를 지지하고 있다. 축의 비틀림각을 구하라. 가단 주철에 대해 $G = 70$ GPa를 사용하라.

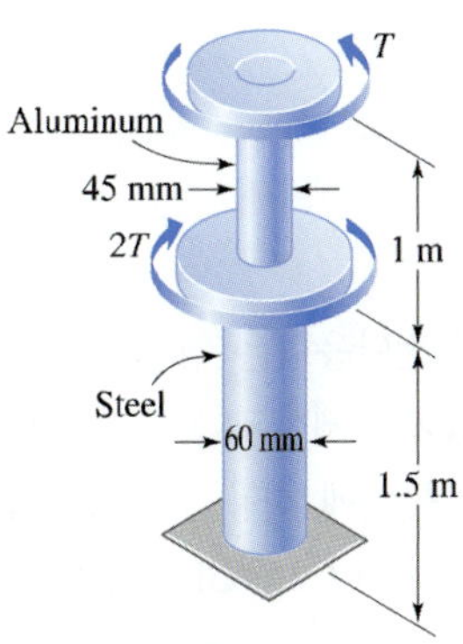

그림 P3.13

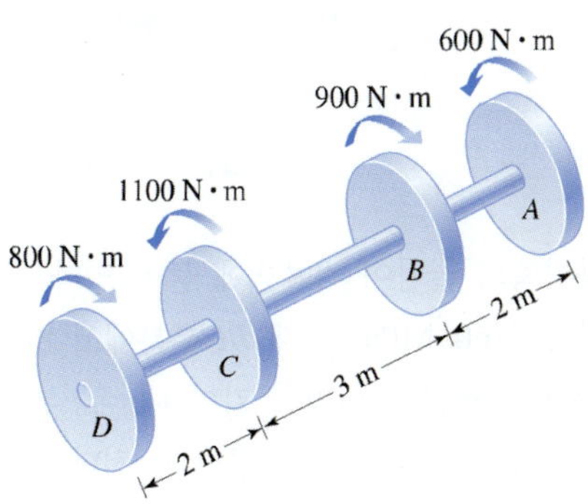

그림 P3.14

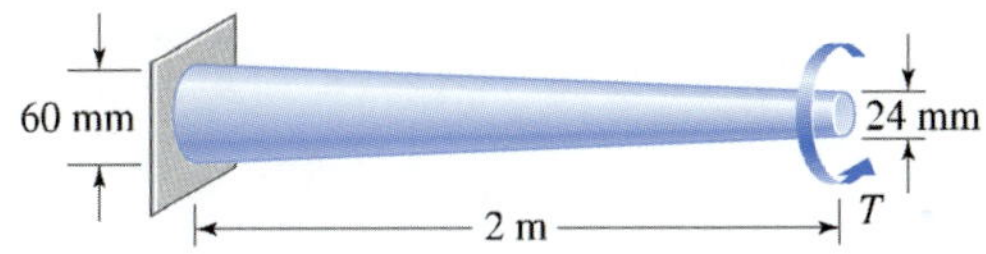

그림 P3.15

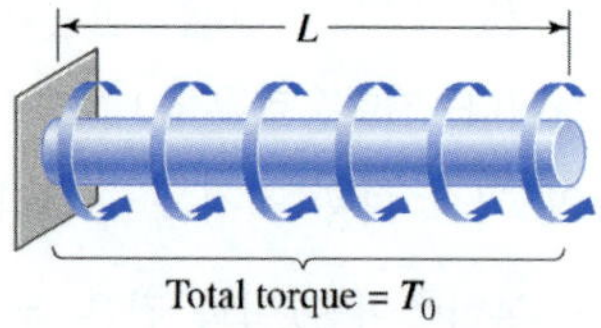

그림 P3.16

3.16 축의 길이 방향으로 균일하게 분포되어 있으며, 그 전체 크기가 T_0인 토크를 전달하고 있는 축이 있다. 축의 비틀림각을 T_0, L, G 그리고 J의 함수로 구하라.

3.17 길이 $L = 1.5$ m, 직경 $d = 25$ mm인 강재축의 양끝이 강체벽에 고정되어 있다. 축에 세기 $t = t_A(L-x)/L$인 분포 토크가 작용하고 있으며, $t_A = 200$ N·m/m이다. 축 내부의 최대 전단응력을 구하라.

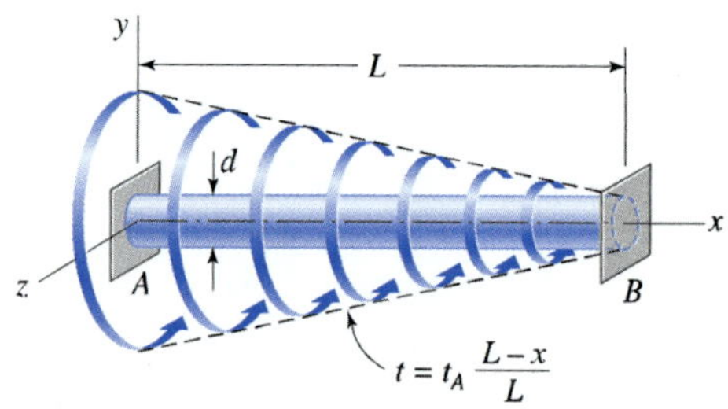

그림 P3.17

3.18 복합축이 양 끝단에서 강체벽에 붙어 있다. 청동으로 만들어진 부분인 AB는 직경이 75 mm이고 $G = 35$ GPa이다. 강으로 된 부분 BC는 직경이 50 mm이고, $G = 83$ GPa이다. $a = 2$ m, $b = 1.5$ m이며, 최대 전단응력이 강에서는 80 MPa, 청동에서는 60 MPa로 제한될 때, 그림과 같은 형태로 가해질 수 있는 최대 토크 T를 계산하라.

3.19 문제 3.18에 기술되어 있는 복합축에 대하여, 각 부재가 동시에 허용한계에 도달하도록 응력을 받을 때, 토크 T와 b/a를 구하라.

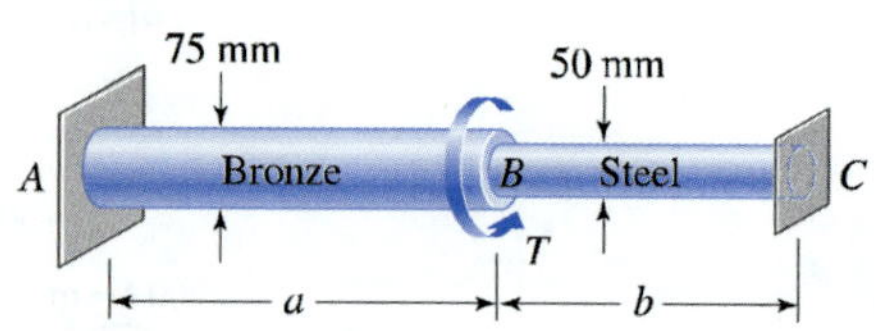

그림 P3.18, 19

3.20 복합축의 끝단이 강체벽에 붙어 있다. 최대 전단응력은 청동재 AB부분에서 60 MPa, 강재 BC부분에서 84 MPa로 제한된다. 토크 $T =$ 40 kN·m를 그림처럼 가할 때, 두 부재가 동시에 허용 한계에 도달하도록 각각의 직경을 구하라. 전단계수는 청동이 35 GPa, 강이 80 GPa이다.

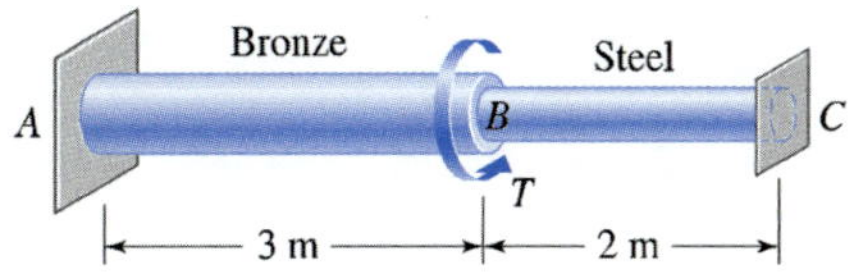

그림 P3.20

3.21 강재축의 양끝이 강체 지지부에 고정되어 있다. 외부 토크 T를 가할 때, A와 B에서의 반작용 토크의 크기가 같아지게 되는 외부 토크의 작용 위치까지의 거리 a를 구하라.

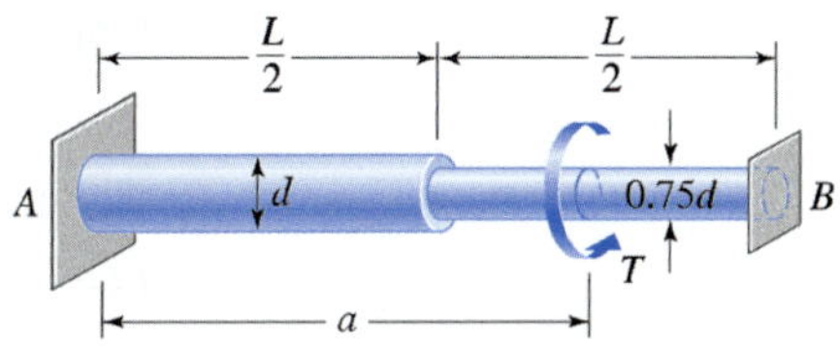

그림 P3.21

3.22 강, 알루미늄, 청동으로 이루어진 복합축이 그림과 같은 두 개의 토크를 전달하고 있다. $T_C = 1250$ N·m일 때, 각 부재에 발생하는 최대 전단응력을 구하라. 강, 알루미늄, 청동에 대한 강성계수는 각각 80 GPa, 30 GPa, 35 GPa이다.

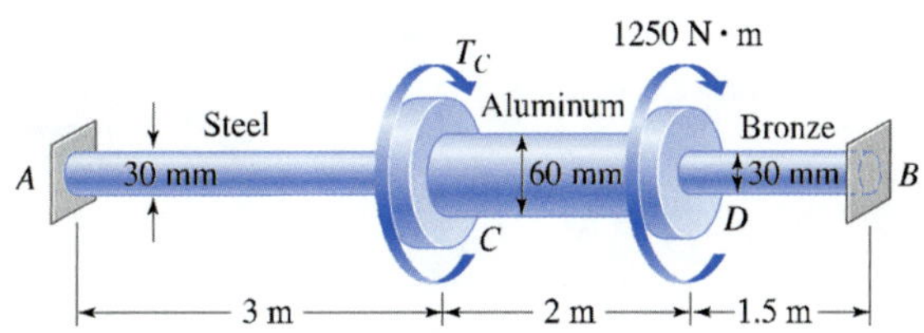

그림 P3.22

3.23 단차가 있는 강재축이 양의 끝에서 강체 지지대에 고정되어 있다. 토크 T를 B에 가할 때, 두 부분에서의 최대 전단응력이 동일하게 되는 BC부분의 직경을 결정하라. 각 부분의 길이는 주어진 것과 같으며, AB부분의 직경은 60 mm이다.

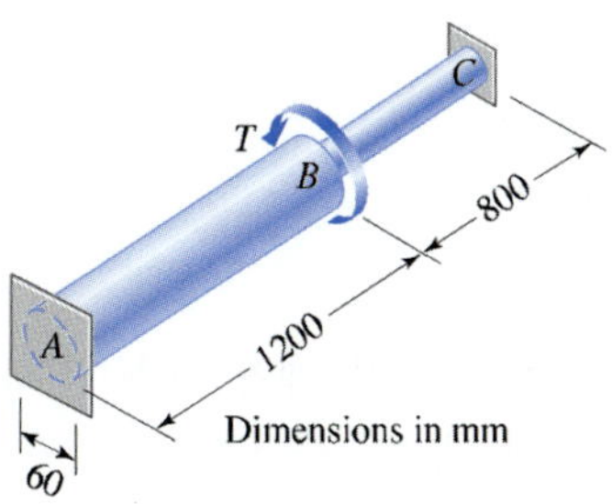

그림 P3.23

3.24 강봉이 알루미늄 슬리브에 느슨하게 끼워 맞추어져 있다. 두 부품은 모두 A에서 강체벽에 붙어 있고, B에서는 핀으로 연결되어 있다. 정렬이 약간 잘못되어 드릴 작업된 구멍 때문에, 강봉을 슬리브와 핀으로 체결하기 위해 $T_0 = 750$ N·m의 토크를 작용시켜 구멍을 정렬하고 두 부품을 체결하였다. 토크 T_0가 제거된 후 각 부품에 걸리는 토크를 구하라. 강에 대해 $G = 80$ GPa, 알루미늄에 대해 $G =$

28 GPa를 사용하라.

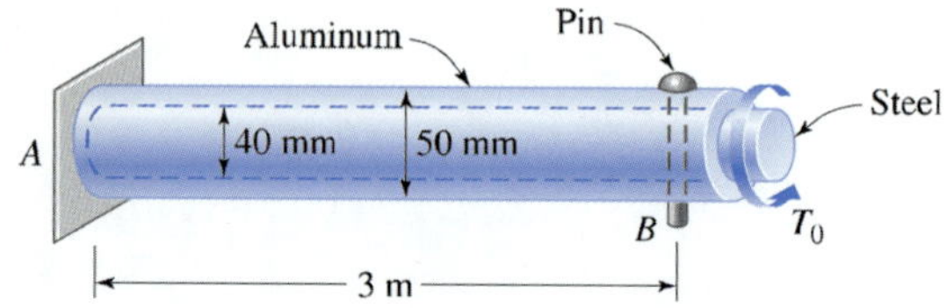

그림 P3.24

3.25 외부 직경 90 mm이고 내부 직경 60 mm인 청동 튜브 안쪽으로 같은 길이의 직경 60 mm인 중실 강봉을 미끄러지듯이 밀어넣어 만든 복합축이 있다. 이들 두 부품은 양끝 단에서 함께 단단히 조여져 있다. 강의 사용응력이 100 MPa이며, 청동의 사용응력이 60 MPa일 때, 이 복합축이 전달할 수 있는 최대 토크는 얼마인가? 청동에 대해 $G = 35$ GPa, 강에 대해 $G = 80$ GPa이다.

3.26 문제 3.25에서 기술된 축이 8000 N·m의 토크를 전달할 때, 각 부재에서의 최대 전단응력을 구하라.

3.27 두 개의 동일한 축 1과 2가 왼쪽 끝에서 지지부에 고정되어 있고, 그들 각각의 오른쪽 끝에 붙어 있는 기어들은 3번 축에 붙어 있는 또 다른 기어와 맞물려 있다. 500 N·m의 토크를 3번 축에 가할 때, 1번과 2번 축에 걸리는 토크를 결정하라.

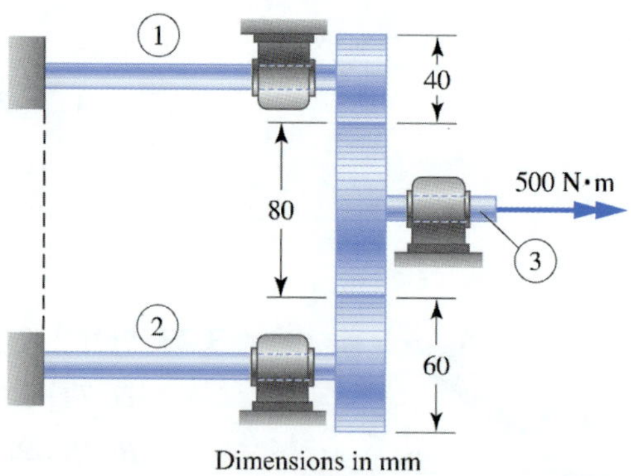

그림 P3.27

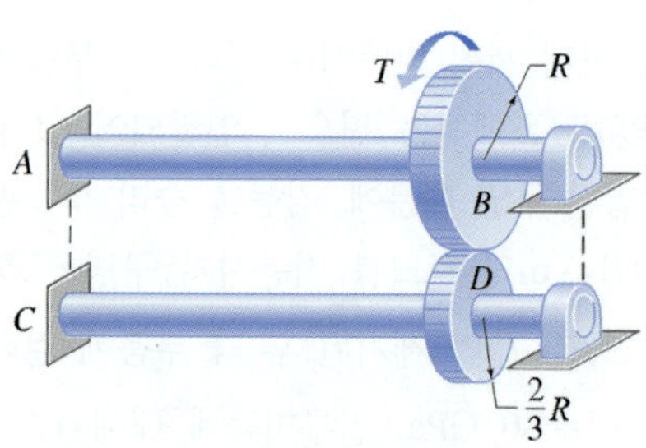

그림 P3.28

3.28 한쪽 끝은 강체벽에 붙어 있고, 다른 쪽 끝은 베어링으로 지지되는 두 개의 동일한 축이 있다. 이들 축에 기어가 붙어 있으며, 이 기어들은 맞물려 있다. 기어 B에 토크 T를 가할 때, A와 C에서의 반작용 토크를 구하라.

3.29 한쪽 끝이 강체 지지대에 고정되어 있는 두 개의 축이 있다. 이들 축의 반대쪽 자유단에는 플랜지가 붙어 있으며 이들 플랜지들은 서로

볼트로 체결되어 있다. 그러나 그림에 나타낸 것과 같이 이들 두 플랜지의 볼트 구멍들 사이에는 초기에 6°의 어긋남이 있었다. 플랜지들을 볼트로 체결되고 난 후, 각 축 속의 최대 전단응력을 구하라. 강에 대한 전단 탄성계수는 80 GPa이다. 볼트와 플랜지의 변형은 무시하라.

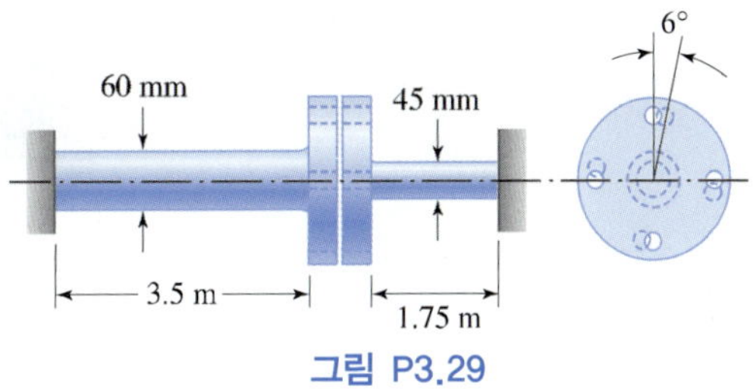

그림 P3.29

3.30 중실 강재축이 120 rev/min으로 회전하며 20 kW를 전달하고 있다. 최대 전단응력이 50 MPa로 제한되고, 길이 5 m에 대해 비틀림각이 9°를 넘지 말아야 할 때, 최소 안전 직경을 구하라. 강에 대해 $G =$ 80 GPa를 사용하라.

3.31 길이 3 m의 중공 강재축의 외부 직경이 90 mm, 내부 직경이 45 mm이다. 축은 120 rev/min에서 200 kW를 전달하고 있다. (a)축에 발생하는 최대 전단응력을 구하라. (b)비틀림각을 도(°) 단위로 구하라. 강에 대해 $G = 80$ GPa를 사용하라.

3.32 길이 9 m의 중공 강재 프로펠러축의 외부 직경이 420 mm, 내부 직경이 300 mm이다. 축은 189 rev/min에서 5000 kW를 전달하고 있다. 강에 대해 $G = 80$ GPa를 사용한다. (a)축에 발생하는 최대 전단응력과 (b)축의 비틀림각을 계산하라.

3.33 그림은 선상용 엔진, 4 m길이의 강재 구동축, 그리고 모터 보트용 프로펠러를 나타내고 있다. 축은 3500 rev/min에서 200 kW를 안전하게 전달하도록 설계되어 있다. 사용될 수 있는 축의 최소 직경과 그에 해당하는 비틀림각을 구하라. 강에 대하여 사용 전단응력은 80 MPa, $G = 80$ GPa를 사용하라.

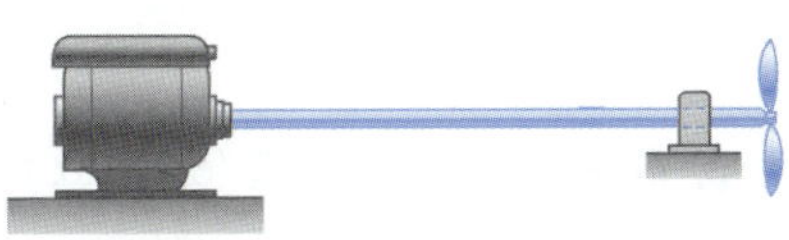
그림 P3.33

3.34 두 개의 다른 직경을 가진 강재축이 4 Hz로 회전하고 있다. 기어 C에 가해지는 동력은 55 kW이고, A 기어에 의해 35 kW, B 기어에 의해 20 kW가 소비되고 있다. (a)축에 발생하는 최대 전단응력과 (b)기어 C에 대한 기어 A의 회전각을 구하라. 강에 대해 $G = 83$ GPa를 사용하라.

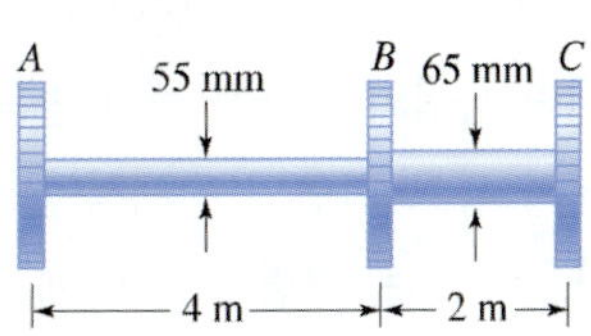

그림 P3.34

3.35 모터 A가 1500 rev/min에서 3000 kW를 축에 전달하고 있으며, 이것은 기어 B에서 1000 kW, 기어 C에서 2000 kW만큼씩 소비되고 있다. (a)축에 발생하는 최대 전단응력과 (b)축의 끝단 D의 A에 대한 비틀림각을 구하라. 강에 대해 $G = 80$ GPa를 사용하고, 베어링 D에서의 마찰은 무시하라.

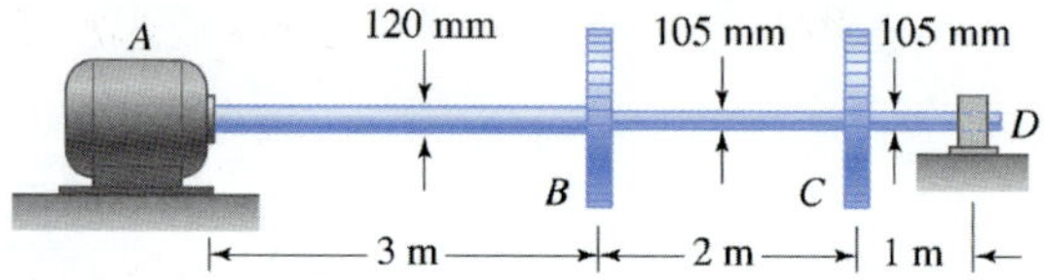

그림 P3.35

3.3 박판 튜브의 비틀림

원형 단면이 아닌 축들의 비틀림에 대한 해석을 위해서는 진보된 해석 방법들이 필요하지만, 박판 튜브에 대해서는 상당히 단순한 근사 공식들을 사용할 수 있다. 이러한 부재들은 자동차, 항공기 등과 같이 경량화가 매우 중요한 구조물에서 흔하게 볼 수 있다.

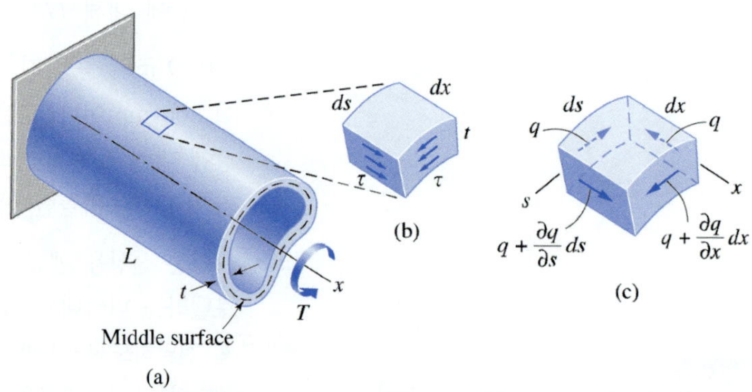

그림 3.7 (a) 비틀림 상태의 박판 튜브 (b) 튜브벽 속의 전단응력 (c) 벽 요소의 전단류

그림 3.7 (a)에 보인 것과 같이 토크 T를 받고 있는 박판 튜브를 생각하자. 튜브는 단면이 일정하나 그 벽의 두께 t는 단면 내에서 변할 수 있다고 가정한다. 튜브의 바깥 경계면과 안쪽 경계면 사이의 중간에 놓인 면을 **중간면**(*middle surface*)이라고 부른다. 만약 t가 튜브 단면의 전체적인 크기에 비하여 작다면 토크에 의해 발생하는 전단응력 τ는, 그림 3.7 (b)에 나타낸 것과 같이 튜브 두께 방향으로 일정하며 중간면에 접선방향을 향한다. 이제

중간면의 테두리 길이당 전단력으로 정의되는 **전단류**(*shear flow*) q의 개념을 도입하는 것이 편리하다. 전단류는 다음과 같이 나타낼 수 있다.

$$q = \tau t \tag{3.7}$$

만약 전단응력이 벽 두께 방향으로 상수가 아니라면 식 (3.7)의 τ는 평균 전단응력으로 보아야 한다.

이제 **전단류가 튜브 전체에 걸쳐 일정함**을 보일 것이다. 이 결과는 그림 3.7 (c)에 보인 요소의 평형을 생각하면 얻을 수 있다. 여기서 전단류를 표시할 때, 전단류는 원주 방향(s)뿐만 아니라 길이 방향(x)으로도 변하는 것으로 가정한다. 따라서$(\partial q/\partial x)dx$와 $(\partial q/\partial s)ds$는 dx와 ds의 거리 사이에서 나타나는 전단류의 변화를 나타낸다. 요소의 각 측면에 작용하는 힘은 전단류와 테두리 길이를 곱한 것과 같으며, 다음의 평형식으로 귀착된다.

$$\Sigma F_x = 0 \qquad \left(q + \frac{\partial q}{\partial s}ds\right)dx - q dx = 0$$

$$\Sigma F_s = 0 \qquad \left(q + \frac{\partial q}{\partial x}dx\right)ds - q ds = 0$$

이 식에서 $\partial q/\partial x = \partial q/\partial s = 0$이 되며, 따라서 전단류는 튜브 전체에 걸쳐 일정하다.

작용하는 토크 T에 전단류를 연관짓기 위해 그림 3.8의 튜브 단면을 생각하자. 중간면의 미소 테두리 길이 ds에 작용하는 전단력은 $dP = q ds$이다. 단면 내 임의의 점 O에 대한 이 전단력의 모멘트는 $r dP = (q ds)r$이다. 여기서 r은 O점과 dP의 작용선 사이의 수직 거리이다. 평형 조건에 의하면 이들 모멘트의 합은 작용하는 토크와 같아야 한다. 즉,

$$T = \oint_S qr\, ds \tag{a}$$

이다. 여기서 적분은 중간면과 단면의 교차에 의해 형성되는 폐곡선에 대해 행하여지는데, 이 곡선을 **중선**(*median line*)이라고 부른다.

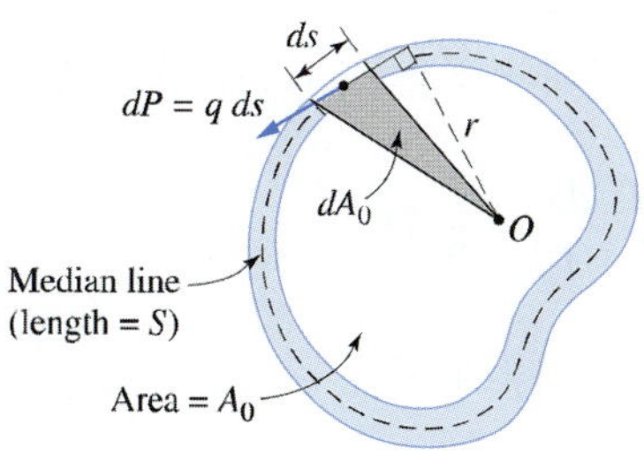

그림 3.8
튜브의 단면에 작용하는 전단류의 합 효과에 대한 계산. 합 효과는 내부 토크 T와 같은 우력이다.

식 (a)가 정식으로 적분을 통해 계산되어야 할 필요는 없다. q가 상수임을 기억하면, 이것을 적분 밖으로 뺄 수 있고, 식 (a)를 $T = q\oint_S r\, ds$로 쓸 수 있다. 그러나 그림 3.8에서 $r\, ds = 2\, dA_0$임을 알 수 있고, dA_0는 음영 처리한 삼각형의 면적이다. 따라서 $\oint_S r\, ds = 2A_0$이며, 여기서 A_0는 중선에 의하여 만들어지는 단면의 면적이다. 결과적으로 식 (a)는

$$T = 2A_0 q \tag{3.8a}$$

가 된다. 여기서 전단류는

$$q = \frac{T}{2A_0} \tag{3.8b}$$

이다.

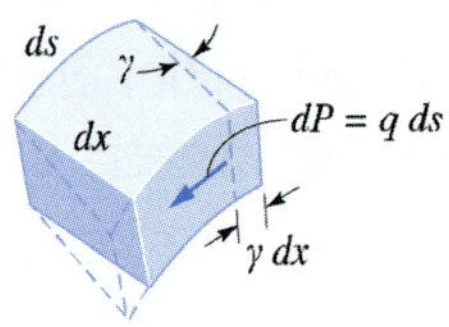

그림 3.9
전단류에 의한 요소의 변형

튜브의 비틀림각은 튜브 내부의 전단응력에 의한 일과 외부에서 가해진 토크 T에 의한 일을 같게 놓음에 의해서 구해질 수 있다. 그림 3.7 (c)의 요소에 작용하는 전단류에 의한 일을 구하는 것에서 시작하자. 이 요소의 변형을 그림 3.9에 나타내었으며, 여기서 γ는 요소의 전단 변형률이다. 요소에 작용하는 전단력 $dP = q\,ds$이 $\gamma\,dx$만큼의 거리를 움직이며 일을 하였다는 것을 알 수 있다. 만약, γ가 τ에 비례한다고 가정하면(Hooke의 법칙), 이 일은

$$dU = \frac{1}{2}\,(\text{힘} \times \text{변위}) = \frac{1}{2}(q\,ds)(\gamma\,dx)$$

이며, $\gamma = \tau/G = q/(Gt)$를 대입하면 다음이 된다.

$$dU = \frac{q^2}{2Gt}\,ds\,dx \tag{b}$$

전체 튜브에 대해 전단류가 한 일 U는 식 (b)를 튜브의 중간면에 대해 적분하면 얻을 수 있다. q와 G는 상수이고, t는 x와 무관함을 주목하면,

$$U = \frac{q^2}{2G}\int_0^L\left(\oint_S \frac{ds}{t}\right)dx = \frac{q^2 L}{2G}\oint_S \frac{ds}{t} \tag{c}$$

를 얻는다.

에너지 보존에 의해 U는 작용하는 토크 T에 의한 일과 같아야 한다. 즉, $U = T\theta/2$이다. 식 (3.8b)의 q에 대한 식을 식 (c)에 대입하면,

$$\left(\frac{T}{2A_0}\right)^2 \frac{L}{2G}\oint_S \frac{ds}{t} = \frac{1}{2}\,T\theta$$

을 얻는다. 이로부터 튜브의 비틀림각은 다음과 같다.

$$\theta = \frac{TL}{4GA_0^2}\oint_S \frac{ds}{t} \tag{3.9a}$$

만약 t가 상수이면, $\oint_S (ds/t) = S/t$가 된다. 여기서 S는 중선의 길이이다. 따라서 식 (3.9a)는

$$\theta = \frac{TLS}{4GA_0^2 t} \quad (t \ : \ \text{상수}) \tag{3.9b}$$

이 된다.

튜브가 실린더 형태가 아니라면, 그 단면은 평면으로 남아 있지 않으며 뒤틀리게 된다. 튜브의 양끝이 강체판이나 강체 지지대에 붙어 있다면 이들 양끝 면은 뒤틀릴 수 없다. 결국 튜브의 비틀림 강성은 증가하게 되고 응력 상태는 더 복잡하게 된다. 즉, 이 경우에는 전단응력뿐 아니라 수직응력도 존재한다. 그러나 세장 튜브(길이가 단면의 크기보다 훨씬 큰 튜브)라면, 뒤틀림에 대한 제한은 튜브 끝단 근처의 아주 작은 영역에서만 일어난다(Saint Venant의 정리).

매우 얇은 벽을 가진 튜브는 그 응력들이 아직 탄성 영역에 있는 동안에도 좌굴(튜브벽들이 아코디언처럼 접힘)에 의해 파손될 수 있다. 이런 이유로 박판의 사용을 권장하지 않는다. 일반적으로 좌굴을 일으키는 전단응력은 단면의 형상과 재료의 물성값에 의존한다. 예를 들면, 원형 단면을 가진 강재 튜브가 비틀림에 의한 좌굴에 견디려면 $r/t < 50$ 이어야 한다.

튜브 단면에서 급격하게 오목해지는 모서리(re-entrant corner)들은 응력 집중을 유발하므로 피해야 한다. 모서리부의 안쪽 경계에서의 전단응력은 평균응력보다 상당히 클 수 있다고 알려져 있다. 응력 집중 효과는 모서리의 반경 a가 증가함에 따라 감소하며, 대략 $a/t > 2.5$ 정도이면 무시할 만하다.

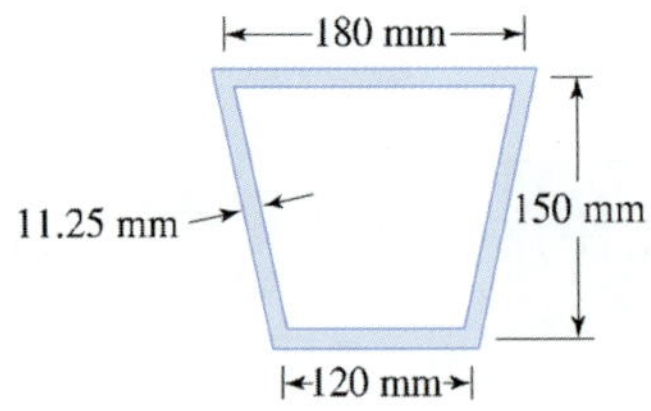

예제 3.6

그림과 같은 단면을 가진 강재 튜브가 토크 T를 전달하고 있다. 튜브의 길이는 3 m이며 벽의 두께는 11.25 mm로 일정하다. (1)튜브의 비틀림 강성 $k=T/\theta$를 계산하라. (2)튜브가 0.5°까지 비틀렸을 때, 튜브의 벽에서의 전단응력을 구하라. $G=80$ GPa를 사용하고, 모서리에서의 응력 집중은 무시하라.

풀이

(1)

벽의 두께가 일정하므로, 비틀림각은 식 (3.9b)에 의해 주어진다.

$$\theta = \frac{TLS}{4\,GA_0^2 t}$$

따라서 튜브의 비틀림 강성은 다음 식에서 계산될 수 있다.

$$k = \frac{T}{\theta} = \frac{4GA_0^2 t}{LS}$$

중선에 의해 둘러싸인 면적은

$$A_0 = \text{평균폭} \times \text{높이} = \left(\frac{180+120}{2}\right)(150) = 22{,}500 \text{ mm}^2$$

이고, 중선의 길이는

$$S = 180+120+2\sqrt{30^2+150^2} = 605.9 \text{ mm}$$

이다.

결과적으로 비틀림 강성은 다음과 같다.

$$k = \frac{4(80\times 10^3)(22{,}500)^2(11.25)}{(3\times 1000)(605.9)} = 1.003\times 10^9 \text{ N}\cdot\text{mm/rad}$$

$$= 17.5\times 10^6 \text{ N}\cdot\text{mm/deg}$$ [답]

(2)

0.5°의 비틀림각을 만들기 위해 필요한 토크는

$$T = k\theta = (17.5\times 10^6)(0.5) = 8.75\times 10^6 \text{ N}\cdot\text{mm}$$

이고, 이에 따른 전단류는

$$q = \frac{T}{2A_0} = \frac{8.75\times 10^6}{2(22{,}500)} = 194.4 \text{ N/mm}$$

이다.

이에 상응하는 전단응력은 다음과 같다.

$$\tau = \frac{q}{t} = \frac{194.4}{11.25} = 17.28 \text{ MPa}$$ [답]

예제 3.7

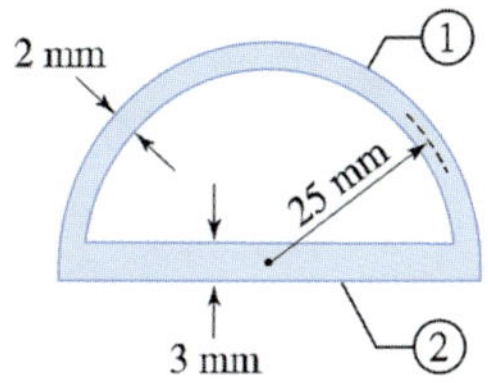

길이가 1.2 m인 알루미늄 튜브가 그림에서와 같이 반원형 단면을 가지고 있다. 모서리에서의 응력 집중을 무시할 때, (1)최대 전단응력 40 MPa를 유발하는 토크, (2)그에 상응하는 튜브의 비틀림각을 구하라. 알루미늄에 대해 $G = 28$ GPa를 사용하라.

풀이

(1)

단면이 일정한 튜브에서 전단류는 상수이므로, 최대 전단응력은 벽의 가장 얇은 부분에서 일어나며, 이 부분은 $t = 2$ mm인 반원형 부분이다. 따라서 최대 전단응력 40 MPa를 일으키는 전단류는

$$q = \tau t = (40 \times 10^6)(0.002) = 80 \times 10^3 \text{ N/m}$$

이다.

중선에 의해 둘러싸인 단면적은

$$A_0 = \frac{\pi r^2}{2} = \frac{\pi (0.025)^2}{2} = 0.9817 \times 10^{-3} \text{ m}^2$$

이다.

여기서 식 (3.8a)를 참조하면, 토크는 다음과 같다.

$$T = 2A_0 q = 2(0.9817 \times 10^{-3})(80 \times 10^3) = 157.07 \text{ N} \cdot \text{m}$$ [답]

(2)

단면은, 그림에서 ①과 ②로 표시된 두 부분으로 이루어져 있으며 각각은 일정한 두께를 가지고 있다. 따라서 다음과 같이 쓸 수 있다.

$$\oint_S \frac{ds}{t} = \frac{1}{t_1}\int_{S_1} ds + \frac{1}{t_2}\int_{S_2} ds = \frac{S_1}{t_1} + \frac{S_2}{t_2}$$

여기서 S_1과 S_2는 각각 ①부분과 ②부분에 대한 중선의 길이이다. 따라서,

$$\oint_S \frac{ds}{t} = \frac{\pi r}{t_1} + \frac{2r}{t_2} = \frac{\pi(25)}{2} + \frac{2(25)}{3} = 55.94$$

이고, 식 (3.9a)에 의하면 비틀림각은 다음과 같다.

$$\theta = \frac{TL}{4GA_0^2}\oint_S \frac{dS}{t} = \frac{157.07(1.2)}{4(28\times 10^9)(0.9817\times 10^{-3})^2}(55.94)$$

$$= 0.0977\,\text{rad} = 5.60°$$ [답]

■

연습문제

다음 문제들에서 튜브 코너의 응력 집중은 무시하라.

3.36 중선의 평균 반경은 $\bar{r}$, 두께는 일정하게 t이며, 길이는 L인 얇은 실린더형 튜브를 생각하자. (a)단면의 극관성 모멘트가 근사적으로 $J = 2\pi \bar{r}^3 t$가 됨을 보여라. (b)이 근사식을 이용하여 식 (3.8b)와 (3.9b)가 각각 $\tau = T\bar{r}/J$, $\theta = TL/(GJ)$와 등가임을 보여라.

3.37 중선의 평균 반경이 $r = 150$ mm, 길이가 $L = 7$ m이고 전단계수 $G = 80$ GPa인 원통형 금속 튜브가 토크 $T = 18{,}000$ kN · mm를 전달하고 있다. 전단응력이 72 MPa, 비틀림각이 2°로 제한되어 있을 때, 최소 허용 벽 두께 t를 구하라.

3.38 벽 두께가 일정하게 t이며, 안쪽 반경 $r = 10\ t$인 실린더형 튜브가 토크 T를 전달하고 있다. (a)식 (3.5d)의 중공축에 대한 비틀림공식, (b)식 (3.8b)의 박판 튜브 공식을 각각 이용해서 튜브 속의 최대 전단응력에 대한 식을 구하라. 박판 튜브 근사에 의해 발생한 오차는 몇 퍼센트인가?

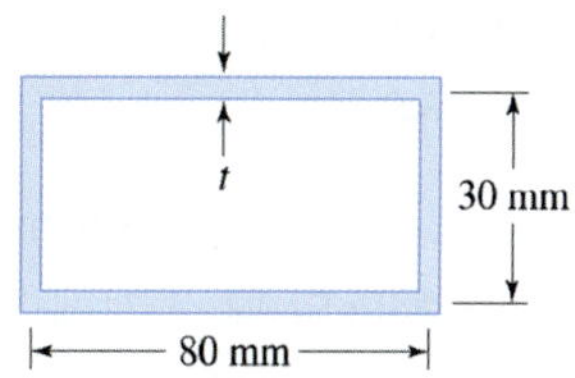

그림 P3.39

3.39 800 N · m의 토크가 그림과 같은 직사각형 단면에 가해지고 있다. 전단응력이 90 MPa를 넘지 않기 위한 최소 허용 벽 두께 t를 구하라.

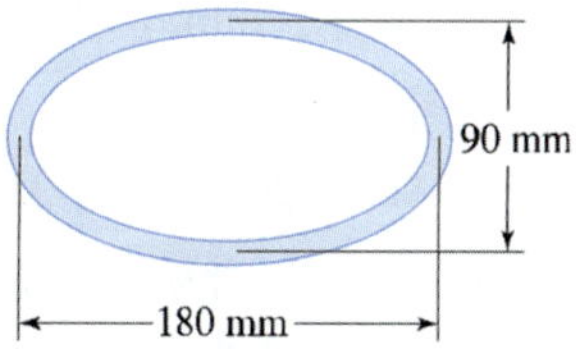

그림 P3.40

3.40 타원형 단면을 가진 튜브의 두께가 3.6 mm로 일정하다. 얼마의 토크가 가해지면 36 MPa의 전단응력이 발생하는가?

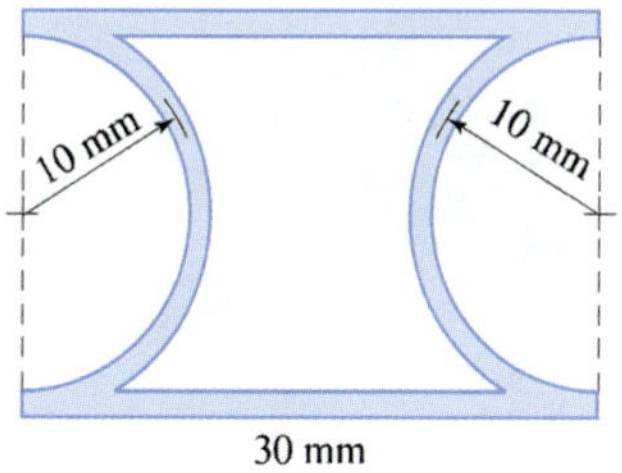

그림 P3.41

3.41 그림과 같은 단면을 가진 강재 튜브의 두께가 2 mm로 일정하다. 만약 600 N · m의 토크가 튜브에 가해지고 있다면 (a)튜브벽에서의 전단응력을 구하라. (b)단위 길이당 비틀림각을 구하라. 강에 대하여 $G = 80$ GPa를 사용하라.

3.42 두 개의 동일한 금속판이 그림과 같이 원형과 정사각 단면을 갖는 튜브로 성형되었다. 각각의 튜브에 같은 토크가 가해질 경우, (a)전단응력비 $\tau_{\text{circle}}/\tau_{\text{square}}$을 구하라. (b)비틀림각비 $\theta_{\text{circle}}/\theta_{\text{square}}$를 구하라.

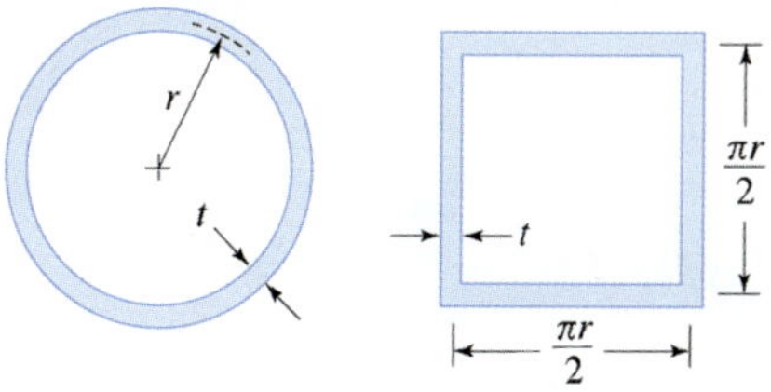

그림 P3.42

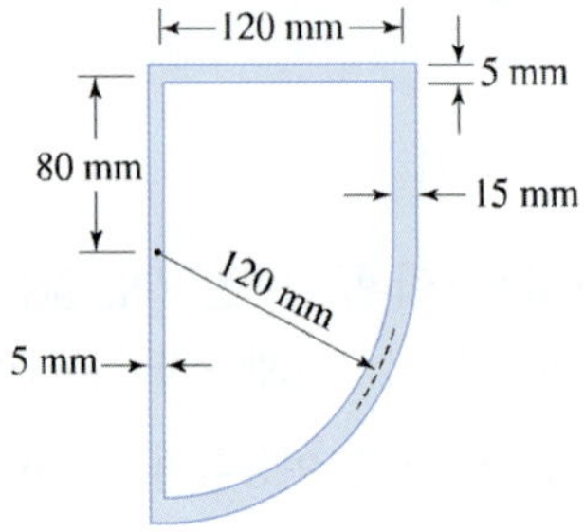

그림 P3.43

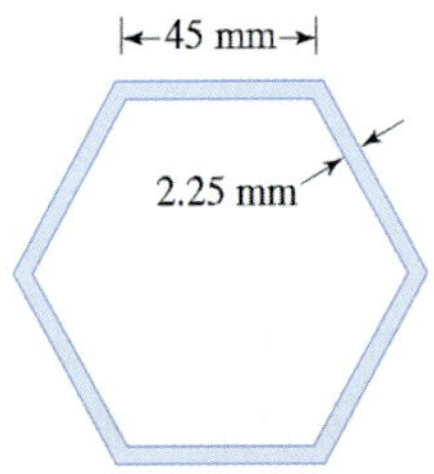

그림 P3.44

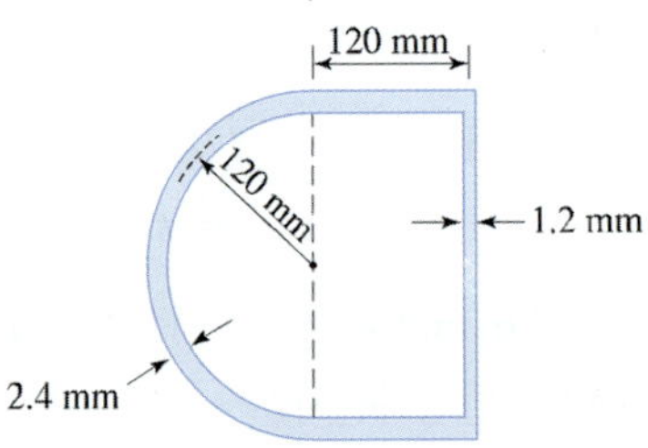

그림 P3.45

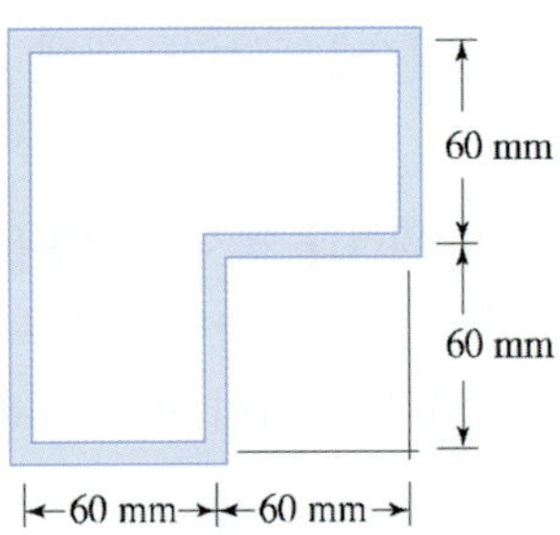

그림 P3.46

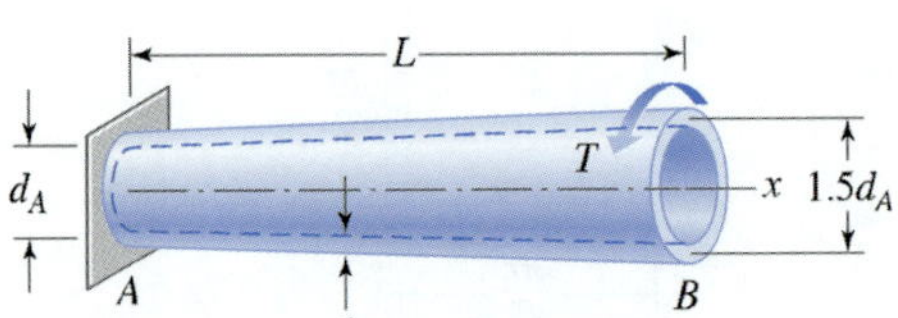

그림 P3.48

3.43 그림과 같은 단면의 강재 튜브가 7.5 kN·m의 토크를 전달하고 있다. (a)튜브 속의 최대 전단응력을 구하라. (b)단위 길이당 비틀림각을 구하라. 강에 대해 $G = 80$ GPa를 사용하라.

3.44 그림과 같이 육각 단면을 가진 1 m 길이 알루미늄 튜브의 두께가 일정하게 2.25 mm이다. (a)전단응력이 40 MPa로 제한될 때, 튜브가 전달할 수 있는 최대 토크를 구하라. (b)이 토크에 의해 생기는 비틀림각을 구하라. 알루미늄에 대해 $G = 28$ GPa를 사용하라.

3.45 그림에 나타낸 것과 같은 단면을 가진 2 m 길이의 튜브가 알루미늄으로 만들어져 있다. 최대 전단응력 60 MPa를 일으키는 토크를 구하라. 알루미늄에 대해 $G = 28$ GPa를 사용하라.

3.46 그림에 보인 것과 같은 단면을 가진 강재 튜브 두께가 3.6 mm이고, 길이는 3 m이다. (a)허용 전단응력이 48 MPa일 때, 튜브에 가할 수 있는 최대 토크를 구하라. (b)이에 상응하는 비틀림각을 구하라. 강에 대해 $G = 80$ GPa를 사용하라.

3.47 강재 비틀림봉(torsion bar)의 AB부분은 두께 2 mm의 실린더형 튜브이고, BC 부분은 두께 3 mm의 정사각 튜브이다. 단면들의 외부 치수는 그림에 나타낸 것과 같다. 이들 튜브는 B에서 강체 브라켓에 붙어 있고, 이 브라켓에는 힘 P에 의한 우력이 작용하고 있다. 각 튜브의 전단응력이 60 MPa로 제한되는 경우, 최대 하중 P를 결정하라.

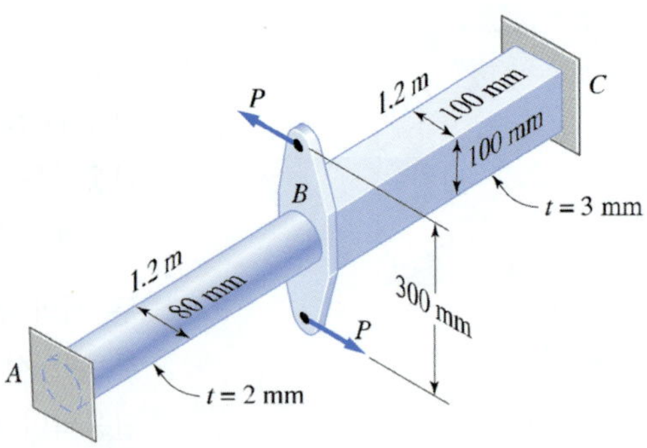

그림 P3.47

3.48 길이 L의 테이퍼진 원형 박판 튜브가 일정한 두께 t를 가지고 있다. 토크 T에 의해 생기는 비틀림각이

$$\theta = \frac{20}{9\pi}\frac{TL}{Gtd_A^3}$$

임을 보여라[힌트: 축의 미소 길이 dx에 대하여 식 (3.9b)를 적용하라].

3.4* 사각봉의 비틀림

3.2절의 원형 축에 대한 해석은 평면인 단면은 평면으로 남아 있으며 뒤틀리지 않은 채로 유지된다는 가정에 기초한 것이다. 만일 축의 단면이 원형이 아닌 경우, 실험에 의하면 단면은 뒤틀리고 평면으로 남아 있지 않는다. 따라서 3.2절에서 유도된 전단응력 및 비틀림 강성(torsional rigidity) 공식은 비원형 부재(noncircular members)인 경우에는 적용될 수 없다.

그림 3.10은 토크 T에 의해 발생하는 사각봉의 변형을 보여주고 있다. 변형의 두 가지 특징적인 형태는 다음과 같다.

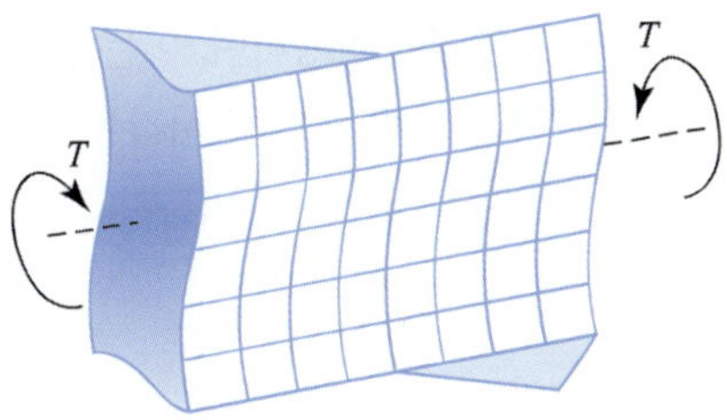

그림 3.10 비틀림에 의한 사각봉의 변형

- 단면이 뒤틀린다.
- 전단 변형률 (따라서 전단응력)은 봉의 가장자리(edges)들에서 영이고 측면의 중앙부에서 최대이다.

봉의 가장자리에서 전단 변형률이 사라지는 이유가 그림 3.11에 도시되어 있다. 그림 3.11 (a)에서 A로 표시된 미소 요소는 봉의 가장자리에 위치하고 있다. 이 요소의 면에 작용하는 전단응력들은 그림 3.11 (b)에서와 같이 τ_1, τ_2, τ_3로 나타냈다(여평면에 작용하는 전단응력들은 크기가 같고 방향이 반대임을 기억하라). 음영으로 처리된 요소의 두 면은 자유면이므로 무응력 상태에 있다. 따라서 $\tau_1 = \tau_2 = \tau_3 = 0$이고, 이것은 봉의 모서리에 전단응력이 없음을 의미하고, 따라서 전단 변형률도 없게 된다.

최대 전단응력 τ_{max}는 그림 3.11 (a)의 요소 B에서 발생하며, 이 요소는 봉의 면 가운데 더 넓은 면의 중심선에 위치한다. 이 응력을 그림 3.11 (c)에 나타냈다.

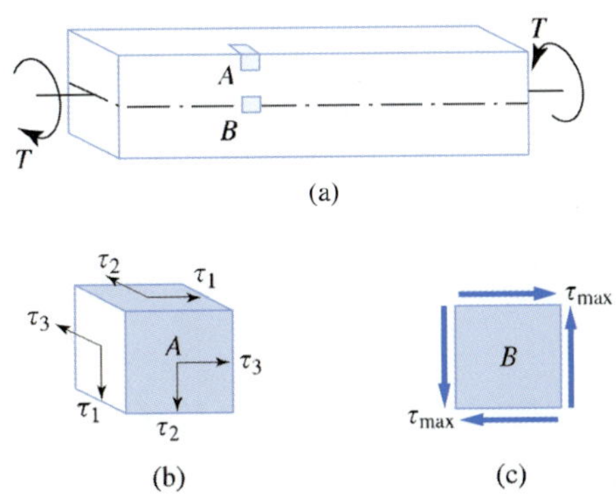

그림 3.11 비틀림을 받는 사각봉에서 무응력 및 최대응력 위치

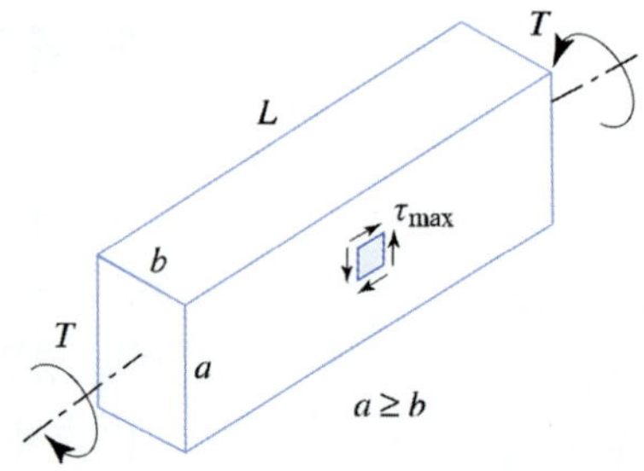

그림 3.12 식 (3.10)에서 사용된 치수들을 보여주는 비틀림을 받는 사각봉

비원형봉의 비틀림에 대한 해석은 탄성학의 영역에 해당하며, 이는 본 교재의 범위를 넘어서는 것이다. 토크 T를 전달하는 그림 3.12의 사각봉에 대하여 수치적 방법을 이용하여 결정한 최대 전단응력 τ_{max}와 비틀림각 θ는 다음과 같다.

$$\tau_{max} = \frac{T}{C_1 ab^2} \tag{3.10a}$$

$$\theta = \frac{TL}{C_2 ab^3 G} \tag{3.10b}$$

여기서 G는 전단계수이다. 그림 3.12에 보인 것과 같이 a와 b (rm $a \geq b$)는 봉의 단면 치수이며, L은 봉의 길이이다. 계수 C_1과 C_2는 비율 a/b에 의하여 결정되며, 표 3.1에 나타냈다.

표 3.1

a/b	C_1	C_2
1.0	0.208	0.141
1.2	0.219	0.166
1.5	0.231	0.196
2.0	0.246	0.229
2.5	0.258	0.249
3.0	0.267	0.263
4.0	0.282	0.281
5.0	0.291	0.291
10.0	0.312	0.312
∞	0.333	0.333

예제 3.8

각 부분의 길이가 L인 두 부분으로 구성된 나무봉이 있다. 한 부분은 폭이 d인 정사각형 단면, 다른 부분은 직경이 d인 원형 단면을 가지고 있다. 나무의 사용응력은 $\tau_w = 5$ MPa이고, 전단계수는 $G = 0.5$ GPa이다. $L = 0.6$ m, $d = 50$ mm임을 이용하여, (1)안전하게 가할 수 있는 최대 토크 T와 (2)그에 상응하는 최대 비틀림각을 구하라.

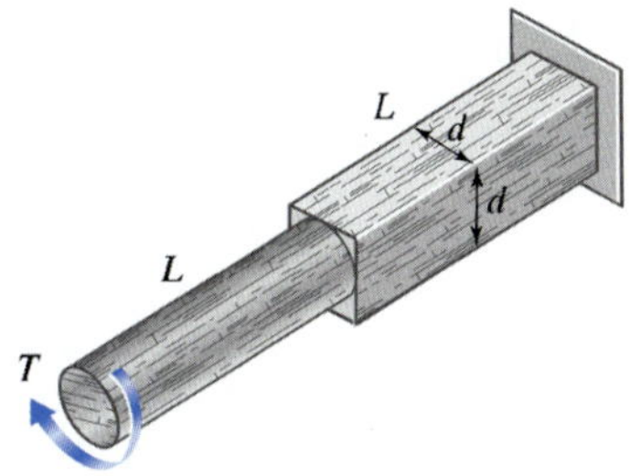

풀이

(1)

원형 부분이 문제를 지배한다고 가정하면, 식 (3.5c)에 의해 최대 안전 토크는 다음과 같다.

$$T = \frac{\tau_w \pi d^3}{16} = \frac{(5 \times 10^6)\pi(0.05)^3}{16} = 122.7 \text{ N}\cdot\text{m}$$

정사각형 부분이 중요하다고 가정하면, 식 (3.10a)에서 최대 안전 토크가 나온다.

$$T = C_1 d^3 \tau_w = 0.208(0.05)^3(5 \times 10^6) = 130.0 \text{ N}\cdot\text{m}$$

여기서 $C_1 = 0.208$은 표 3.1에서 얻어진 것이다.

T에 대한 위의 두 값들을 비교하면, 원형 부분의 응력이 문제를 지배함을 알 수 있다. 따라서 안전하게 가할 수 있는 최대 토크는 아래와 같다.

$$T = 122.7 \text{ N}\cdot\text{m}$$ [답]

(2)

봉의 비틀림각은 식 (3.4b)와 (3.10b)를 이용하여 계산된 각 부분의 기여분을 합하면 된다.

$$\theta = \frac{TL}{GJ} + \frac{TL}{C_2 d^4 G} = \frac{TL}{G(\pi d^4/32)} + \frac{TL}{(0.141)d^4 G}$$

$$= \frac{TL}{Gd^4}\left(\frac{32}{\pi} + \frac{1}{0.141}\right) = 17.28\frac{TL}{Gd^4}$$

$$= 17.28\frac{122.7(0.6)}{(0.5 \times 10^9)(0.05)^4} = 0.4071 \text{ rad} = 23.3°$$ [답]

연습문제

3.49 (a)최대 전단응력이 120 MPa로 제한될 때, 직사각형 강봉에 안전하게 가할 수 있는 최대 토크를 구하라. (b)이에 상응하는 비틀림각을 강에 대하여 $G = 80$ GPa를 사용하여 구하라.

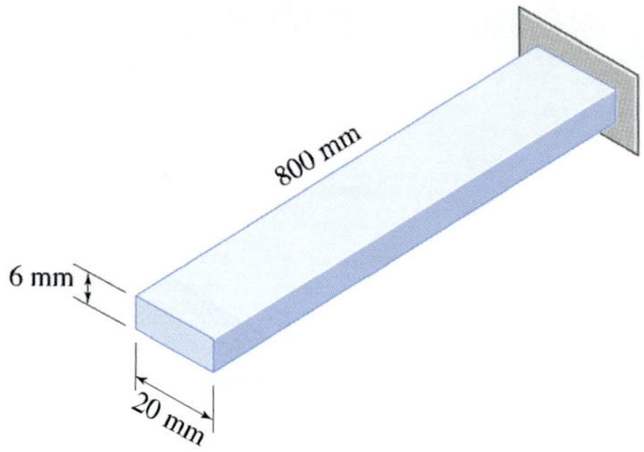

그림 P3.49

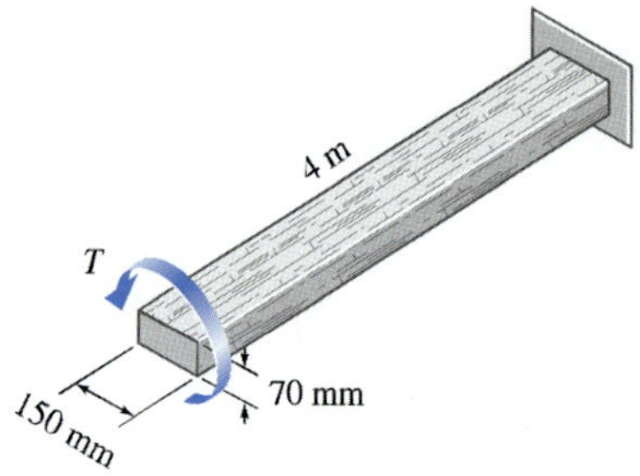

그림 P3.50

3.50 나무 조각이 5° 비틀리게 하는 데 필요한 토크를 구하라. 나무에 대하여 $G = 6$ GPa를 사용하라.

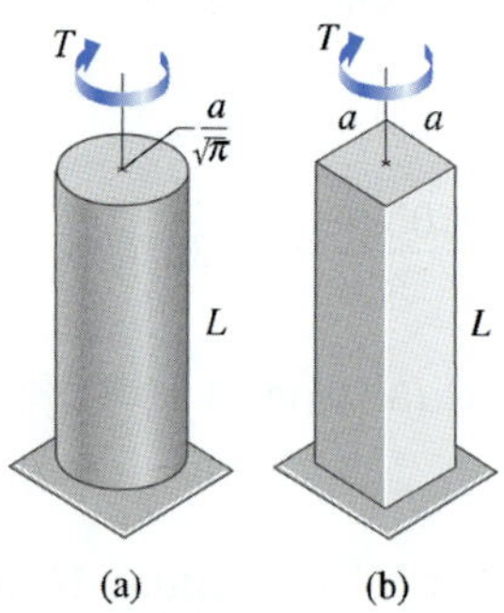

그림 P3.51

3.51 그림 (a)의 원형 강봉과 그림 (b)의 사각형 강봉에 동일한 토크 T를 가하였다(봉의 부피가 같음에 주의하라). (a)최대 전단응력의 비 $(\tau_{max})_a / (\tau_{max})_b$과 (b)비틀림각의 비 $(\theta_{max})_a / (\theta_{max})_b$를 구하라.

3.52 그림에 나타낸 것과 같은 단면을 갖는 두 개의 강봉에 동일한 토크 $T = 10$ kN · m를 가하였다(봉들의 단면적이 같음에 주의하라). 각 봉의 길이는 4 m이다. 각 봉에 대하여 최대 전단응력과 비틀림각을 계산하라. 강에 대하여 $G = 80$ GPa를 사용하라.

3.53 그림 (a)에 보인 것과 같은 육각 단면을 가진 봉에 토크 T를 가했을 때, 봉에 발생하는 최대 전단응력을 수치 해석을 통하여 구하면 $\tau_{max} = 5.7\ T / c^3$이 된다고 한다. 직경 d의 원형봉이 그림 (b)와 같이 육각형으로 가공되었을 때, 강도(strength)상 손해를 보게 되는 비율을 퍼센트로 나타내라.

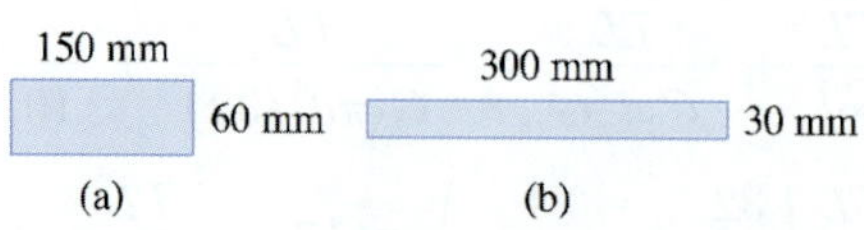

그림 P3.52

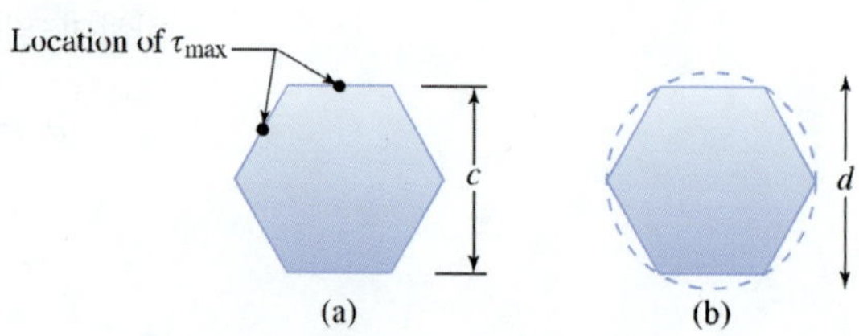

그림 P3.53

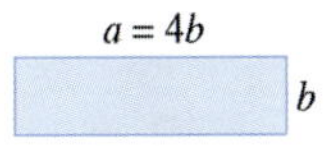

그림 P3.54

3.54 그림에 나타낸 것과 같은 단면을 갖는 길이 L의 강봉을 90°까지 비튼다. 최대 전단응력이 150 MPa를 넘지 않을 비율 L/b의 최소값을 결정하라. 강에 대하여 $G = 80$ GPa를 사용하라.

복습문제

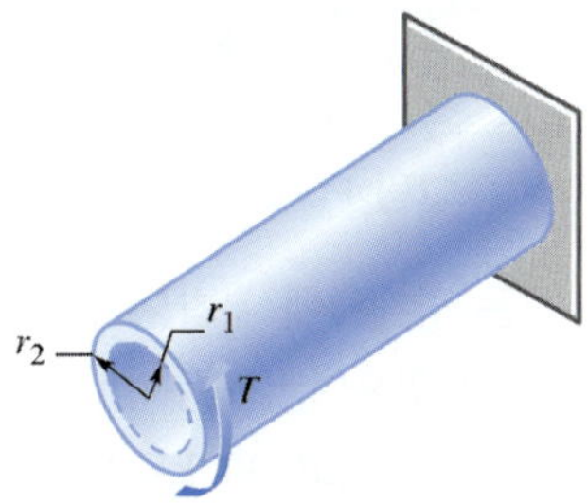

그림 P3.55

3.55 토크 T를 반경 r_2인 중실축에 가하고 있다. T의 절반에 해당하는 토크를 전달하고 있는 축의 내부 영역의 반경 r_1을 구하라.

3.56 알루미늄 중실축 $ABCD$가 그림에 보인 것처럼 세 개의 토크를 전달하고 있다. (a)전단 허용응력이 90 MPa일 때, 최소 안전 축 직경을 결정하라. (b) $G = 28$ GPa를 사용하여 끝단 A의 회전각을 계산하라.

3.57 외부 직경이 D인 원형 튜브를 직경 40 mm인 중실 원통에 끼워 용접하였다. 튜브와 원통의 비틀림 강도가 같아지게 하는 D는 얼마인가?

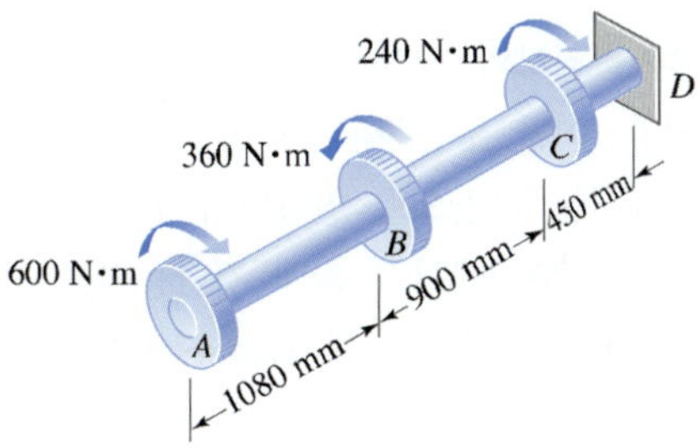

그림 P3.56

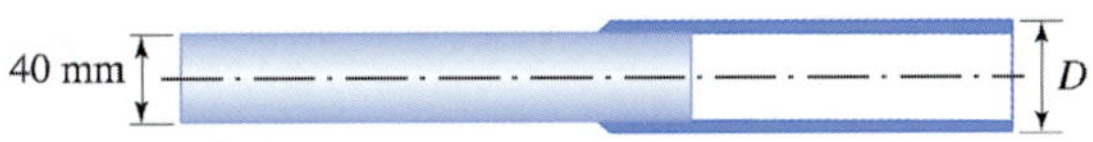

그림 P3.57

3.58 길이 4 m의 중실 강재축이 3°까지 비틀렸을 때, 70 MPa의 응력이 발생했다. (a) $G = 83$ GPa로 주어질 때, 축의 직경을 구하라. (b)18 Hz로 작동할 때, 이 축은 얼마의 동력을 전달하는가?

3.59 외부 직경이 100 mm, 내부 직경이 80 mm인 중공 강재축에 가할 수 있는 최대 토크를 구하라. 전단응력은 70 MPa로 제한되고, 비틀림각은 1.0 m에 대하여 0.4°를 넘을 수 없다. 강에 대하여 $G = 83$ GPa를 사용하라.

3.60 60 mm직경의 강재축이 240 rev/min으로 회전하고 있다. 전단응력이 72 MPa로 제한될 때, 이 각속도에서 전달될 수 있는 최대 동력을 구하라.

3.61 강과 알루미늄으로 이루어진 복합축이 그림과 같이 두 개의 토크를 전달하고 있다. 다음의 설계 조건에 따른 T의 최대 허용값을 구하

라. 강에 대해 $G = 83$ GPa, 알루미늄에 대해 $G = 28$ GPa를 사용하라.

설계 조건 : $\tau_{st} \leq 83$ MPa, $\tau_{al} \leq 55$ MPa 그리고 $\theta \leq 6°$(θ는 자유단의 회전각이다).

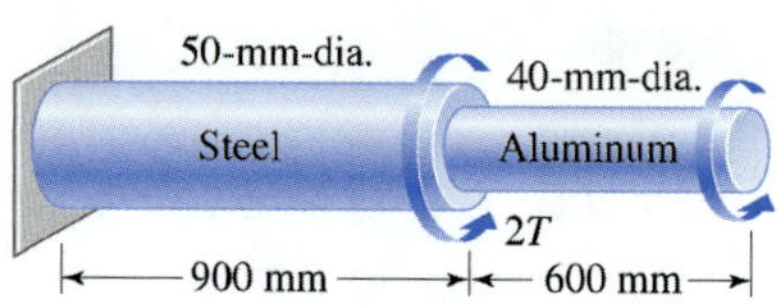

그림 P3.61

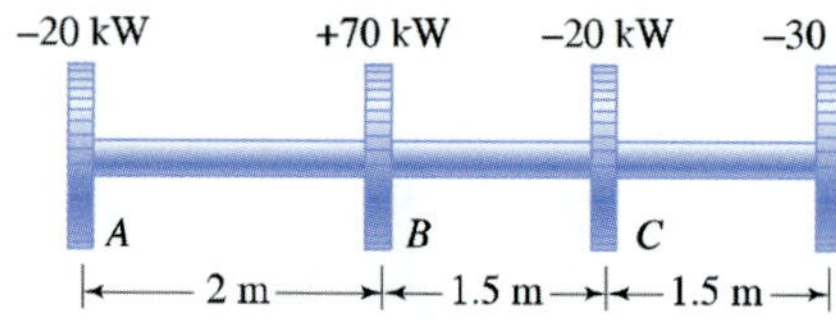

그림 P3.62

3.62 네 개의 기어가 2 Hz로 회전하고 있는 강재축에 부착되어 있다. 기어 B는 70 kW의 동력을 축에 공급하고 있으며, 그 동력 중 20 kW는 기어 A에서, 20 kW는 기어 C에서, 그리고 30 kW는 기어 D에서 사용되고 있다. (a)축의 전단응력이 60 MPa를 넘지 않을 경우, 균일한 축의 직경을 구하라. (b)균일한 축의 직경이 100 mm로 주어질 때, 축의 한쪽 끝이 다른 쪽 끝에 비해 뒤처지게 되는 각도를 구하라. 강에 대해 $G = 83$ GPa를 사용하라.

3.63 알루미늄 슬리브와 거기에 느슨하게 끼워진 구리봉으로 구성된 복합축이 있다. 이들 두 부재의 한쪽 끝은 강체벽에 붙어 있으며, 다른 한쪽 끝에서는 끝판으로 연결되어 있다. 끝판에 2 kN·m의 토크가 가할 때, 각 부재에서의 최대 전단응력을 구하라. 알루미늄에 대해 $G = 26$ GPa, 구리에 대해 $G = 47$ GPa를 사용하라.

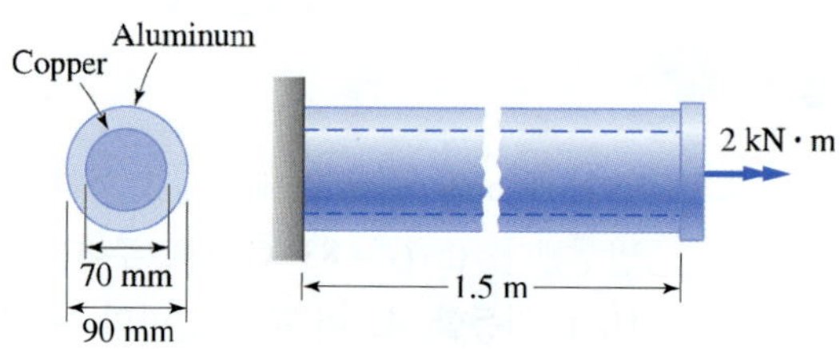

그림 P3.63

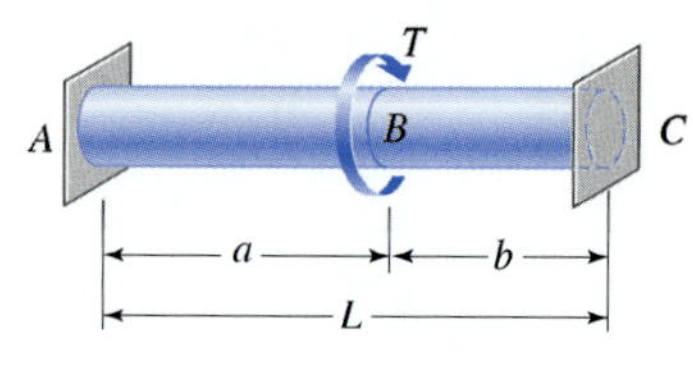

그림 P3.64

3.64 양단이 고정된 중실축에 토크 T를 가하고 있다. (a)벽에서의 반작용 토크가 $T_A = Tb/L, T_C = Ta/L$임을 보이라. (b)축이 중공 축이라면 (a)의 결과가 어떻게 바뀌는가?

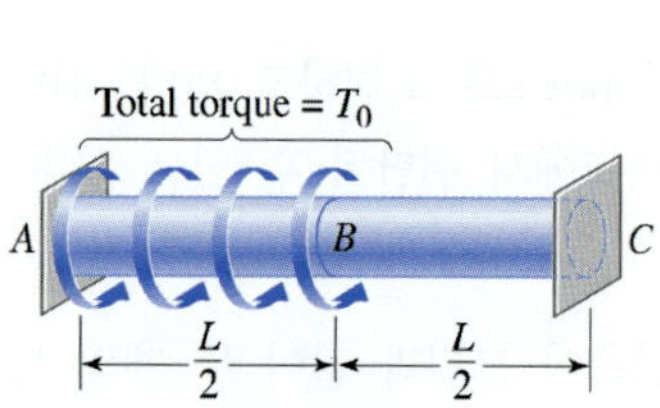

그림 P3.66

3.65 직경 6 mm의 강봉을 감싸면서 세기 25 kN·m/m의 토크를 전달할 수 있을 정도로 끼워 맞춘 튜브로 유연한 축을 구성하였다. (a)봉에서의 전단응력이 120 MPa를 넘지 않게 하는 축의 최대 길이를 구하라. (b)봉의 양 끝단 사이의 상대 회전각은 얼마인가? 강에 대하여 $G = 80$ GPa를 사용하라.

3.66 축 ABC가 A와 C에서 강체벽에 붙어 있다. 토크 T_0가 축의 AB 부분에 걸쳐 균일하게 분포되어 있다. A와 C에서의 반작용 토크를 구하라.

3.67 두께가 3 mm로 일정한 정사각 튜브에 1000 N·m의 토크를 가하였다. 전단응력이 40 MPa로 제한될 때, 가능한 최소 치수 a를 구하라.

3.68 그림에 나타낸 것과 같이 두께가 일정한 황동 정삼각형 튜브가 있다. 전단응력이 48 MPa로 제한되고, 비틀림각이 미터당 2°를 넘지 않아야 할 경우, 튜브에 가할 수 있는 최대 허용 토크를 구하라. 황동에 대하여 $G = 40$ GPa를 사용하라.

3.69 정사각 튜브 안에 원형 튜브를 위치시키고, 이들의 양단을 강체 끝판(end plate)으로 연결하여 비틀림 부재를 만들었다. 이들 튜브는 같은 재료로 되어 있으며, 두께도 모두 $t = 5$ mm로 일정하다. 토크 T를 이 부재에 가할 때, 각 부분이 얼마의 비율로 T를 나누어 전달하는가?

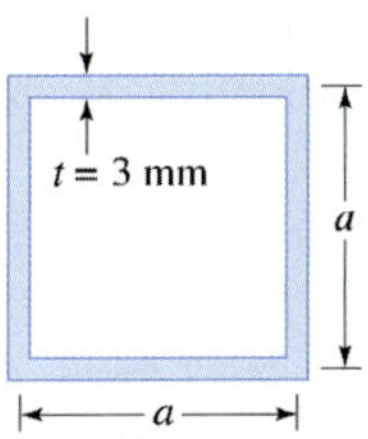

그림 P3.67

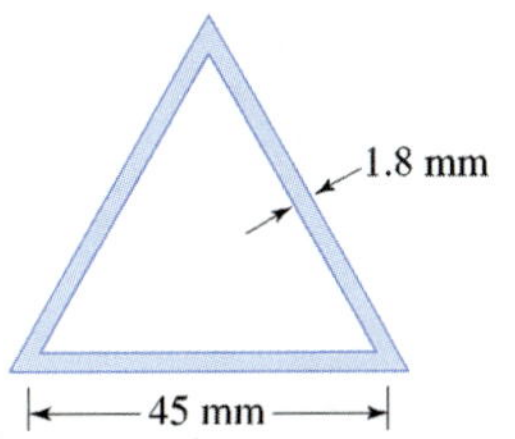

그림 P3.68

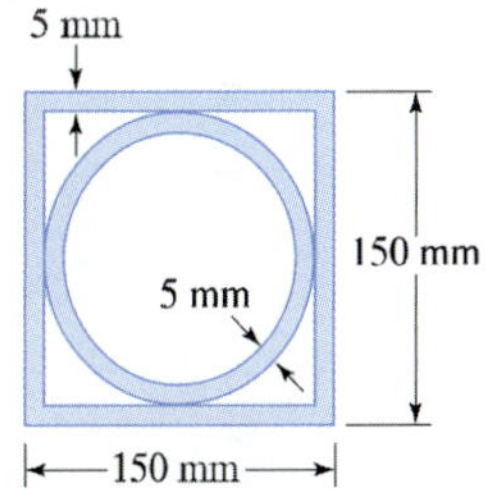

그림 P3.69

3.70 그림과 같은 단면을 가진 길이 3 m의 알루미늄 튜브가 200 N · m의 토크를 전달하고 있다. (a)튜브 속의 최대 전단응력을 구하라. (b)튜브 끝단들의 상대 회전각을 구하라. 알루미늄에 대하여 $G = 28$ GPa를 사용하라.

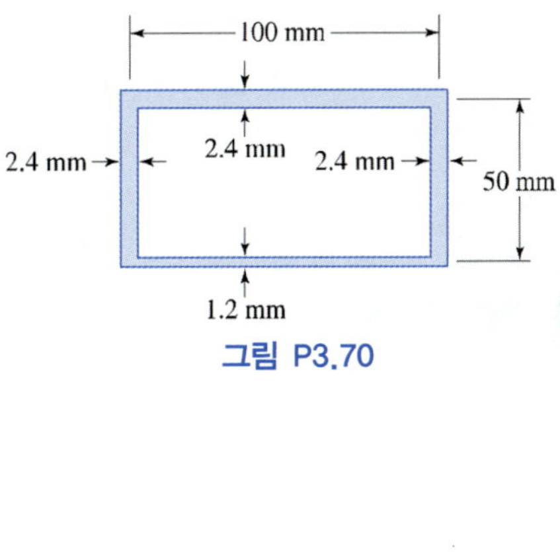

그림 P3.70

컴퓨터문제

C3.1 원형 단면과, 문제 C2.1에 기술된 형상을 갖는 알루미늄봉이 15 N·m의 토크를 받고 있다. 수치적분을 이용하여 봉의 비틀림각을 계산하라. 알루미늄에 대해 $G = 30$ GPa를 사용하라.

C3.2 원형 단면의 강봉이 그림과 같은 형상을 가지고 있다. 봉의 비틀림강성 $k = T/\theta$을 계산하는 데 있어서 수치적분을 사용하라. 강에 대해 $G = 80$ GPa를 사용하라.

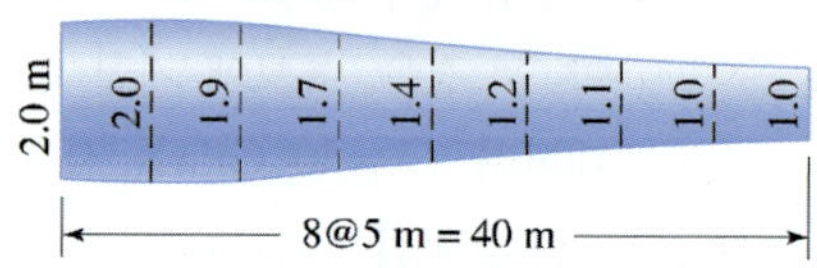

그림 C3.2

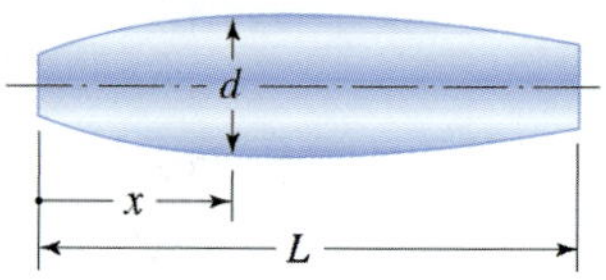

그림 C3.3

C3.3 길이 L인 중실축의 직경 d가 축 방향 좌표 x에 따라 변한다. 주어진 L과 $d(x)$에 대하여 이와 동등한 비틀림 강성을 가지는 일정 직경 D를 계산하는 알고리즘을 작성하라. 두 축의 길이가 같고 같은 재료로 만들어졌다고 가정하라.

(a) $L = 500$ mm이며, $d = (25\ \text{mm})\left(1 + 3.8\dfrac{x}{L} - 3.6\dfrac{x^2}{L^2}\right)$

(b) $L = 650$ mm이며,

$$d = \begin{cases} 20\ \text{mm} & \text{if } x \le 200\ \text{mm} \\ 20\ \text{mm} + \dfrac{x - 200\ \text{mm}}{10} & \text{if } 200\ \text{mm} \le x \le 350\ \text{mm} \\ 35\ \text{mm} & \text{if } x \ge 350\ \text{mm} \end{cases}$$

C3.4 길이 L인 중실축 ABC가 강체 지지대 A와 C에 붙어 있다. 이 축의 직경 d는 길이에 따라 변한다. A에서 거리 b만큼 떨어진 곳에 토크 T를 가하였다. 주어진 L, b, $d(x)$에 대하여 AB부분과 BC부분이 분담하는 T의 비율을 계산하는 알고리즘을 작성하라.

(a) $L = 200$ mm, $b = 110$ mm이며,

$$d = 30\ \text{mm} - (20\ \text{mm})\sin\frac{\pi x}{L}$$

(b) $L = 400$ mm, $b = 275$ mm이며,

$$d = \begin{cases} 25\ \text{mm} & \text{if } x \le 200\ \text{mm} \\ 25\ \text{mm} + \dfrac{(x - 200\ \text{mm})^2}{250} & \text{if } 200\ \text{mm} \le x \le 250\ \text{mm} \\ 35\ \text{mm} & \text{if } x \ge 250\ \text{mm} \end{cases}$$

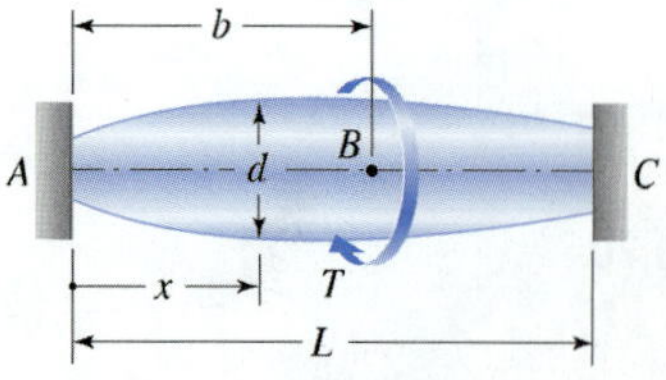

그림 C3.4

C3.5 압출된 길이 L의 튜브가 그림에서와 같은 단면을 갖는다. 중선의 반경 $r=75$ mm이고, 벽의 두께는 각도 α에 따라 다음과 같이 변한다.

$$t = t_1 + (t_2 - t_1)\sin\frac{\alpha}{2}$$

주어진 L, r, t_1, t_2, G에 대해서 최대 전단응력 τ_{max}을 발생시키는데 필요한 비틀림각을 계산하는 알고리즘을 작성하라. $L=1.8$ m, $r=75$ mm, $t_1=$ 2 mm, $t_2=$ 4 mm, $G=40$ GPa(황동) 그리고 $\tau_{max}=110$ MPa를 사용하라.

C3.6 잘린 원뿔 형태의 박판 튜브가 그 길이 L에 대하여 균일하게 분포된 토크 T_0를 전달하고 있다. 중선의 반경은 튜브의 길이에 대해 r_1에서 r_2로 선형적으로 변하고 있다. 벽 두께 t는 일정하다. 주어진 L, r_1, r_2, t, T_0 그리고 G에 대해 (a)축 방향 거리 x의 함수로 전단응력을 그리는 알고리즘과 (b)튜브 자유단의 회전각을 계산하는 알고리즘을 작성하라. $L=5$ m, $r_1=90$ mm, $r_2=360$ mm, $t=6$ mm, $T_0=150$ kN·m, $G=80$ GPa(강)을 사용하라.

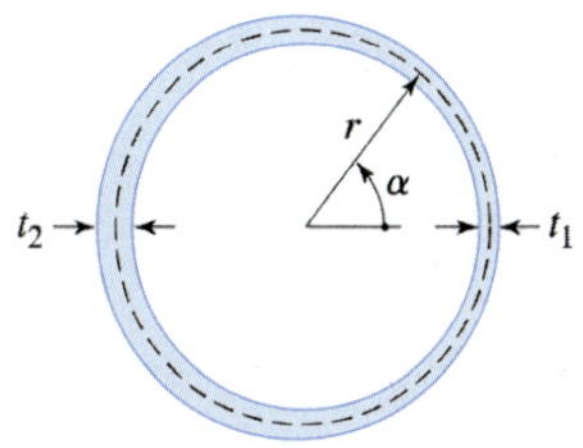

그림 C3.5

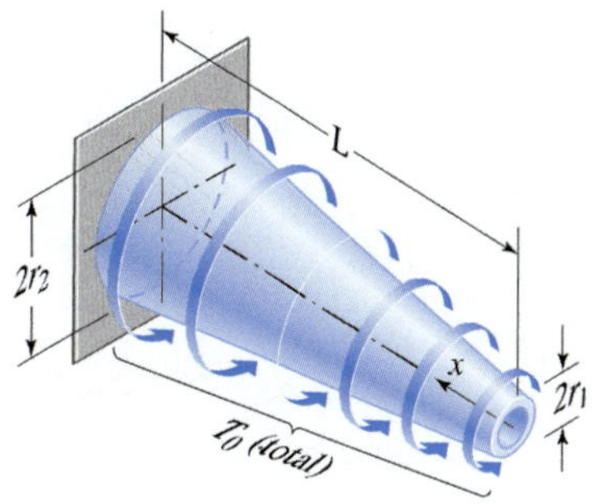

그림 C3.6

제 4 장

보에서의 전단력과 모멘트

2009fotofriends / Shutterstock

풍력 발전 단지에 있는 전력 생산용 터빈. 지지 기둥은 풍 하중을 받는 보로 모델링할 수 있다. 이 장에서는 다양한 하중 조건에 의하여 보에 작용하는 전단력과 굽힘 모멘트를 결정하는 방법을 배운다.

4.1 개요

보(*beam*)는 횡 방향 하중을 받는 세장 부재(slender bar)를 의미한다. 즉, 작용하는 하중이 봉에 대하여 수직 방향이다. 보에서 내력계는 그 단면에 작용하는 전단력과 굽힘 모멘트로 구성된다. 이전의 장들에서 보아온 것처럼 축 하중과 비틀림 하중은 봉 전체 혹은 봉의 일부분에서 일정한 내력들을 발생시킨다. 그러나 일반적으로 전단력과 굽힘 모멘트가 보의 길이를 따라 연속적으로 변한다는 사실로 인해 보에 대한 공부는 복잡해진다.

내력들은 보의 횡단면에서 두 가지 종류의 응력을 유발한다. 즉, (1)굽힘 모멘트에 의해 생기는 수직응력과 (2)전단력에 의한 전단응력이 그것이다. 이 장은 다양한 조합 하중과 지지 조건에 따른 전단력과 굽힘 모멘트의 변화에만 관심을 둔다. 보에서 전단력과 굽힘 모멘트의 분포에 대한 지식은 응력과 변형의 계산에 있어 필수적이며, 이들 계산은 다음 장들에서 다루어질 것이다.

4.2 지지점과 하중

보는 그 지지점에 따라 분류된다. 그림 4.1 (a)에 보인 것과 같은 **단순지지보**(*simply supported beam*)는 한쪽 끝의 핀(pin) 지지와 다른 쪽 끝의 롤러(roller) 지지를 받는다. 핀 지지는 보 끝의 변위가 생기지 않도록 막아주나 회전을 막지는 않는다. **롤러 지지**는 보의 축과 평행한 방향으로 자유롭게 움직일 수 있는 핀 연결을 지칭한다. 따라서 이러한 형태의 지지는 단지 횡방향의 변위만을 억제한다. **외팔보**(*cantilever beam*)는 그림 4.1 (b)에 보인 것과 같이 한쪽 끝에서 강체벽에 고정되어 있으며 다른 쪽 끝은 자유단이다. 이런 고정 지지는 보 끝의 회전뿐만 아니라 변위까지 막는다. 그림 4.1 (c)와 같은 **내다지보**(*overhang beam*)는 핀이나 롤러로 지지되고 있으며, 보의 한쪽 혹은 양쪽 끝이 지지 부분을 넘어간다. 이 세 가지 유형의 보는 평형방정식들에서 지지 반력들을 구할 수 있으므로 정정(statically determinate)이다.

그림 4.1 (a)에서 보인 P와 같은 **집중 하중**(*concentrated load*)은 매우 작은 영역에 작용하는 힘을 근사화한 것이다. 이에 반하여, **분포 하중**(*distributed load*)은 유한한 면적에 작용한다. 만약 분포 하중이 폭이 매우 좁은 영역에 작용하면, 그 하중은 **선 하중**(*line load*)으로 근사화될 수 있다. 이 하중의 세기 w는 단위 길이당 힘(N/m 등)으로 표시된다. 하중의 분포는

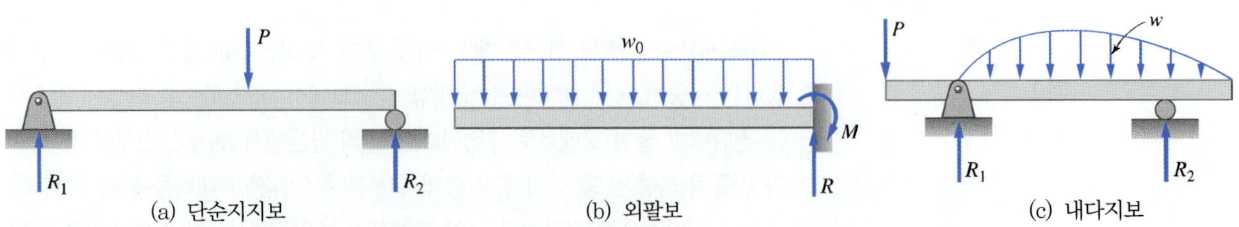

(a) 단순지지보 (b) 외팔보 (c) 내다지보

그림 4.1 정정보

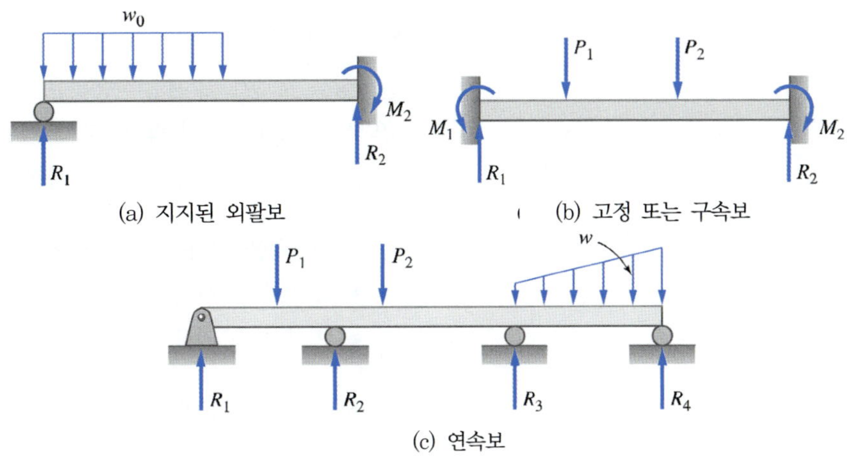

그림 4.2 부정정보

그림 4.1 (b)에서처럼 균일할 수도 있고, 그림 4.1 (c)에서처럼 보의 길이 방향으로 변할 수도 있다. 보의 자중은 분포 하중의 한 예이다. 그러나 그 크기는 일반적으로 보에 작용하는 하중에 비해 작다.

그림 4.2는 다른 유형의 보를 보여준다. 이들 보는 각각의 보가 지지를 위해 필요한 것보다 최소한 하나 이상의 반력을 더 가지고 있다는 측면에서 과지지(oversupported)되어 있다. 이런 보들은 부정정이다. 이러한 **잉여 지지점들**(*redundant supports*)이 있을 경우에는 보의 변형을 고려하여 얻을 수 있는 추가적인 방정식들을 사용해야 한다. 부정정보에 대한 해석은 7장에서 논의할 것이다.

4.3 전단력-모멘트 방정식과 전단력-모멘트 선도

보의 주어진 하나의 단면에 작용하는 내력계를 결정하는 것은 간단하다. 즉, 이 힘들을 드러내는 자유물체도를 그리고 평형방정식을 이용하여 이들 힘을 계산한다. 그러나 보를 해석하는 목적에는 많은 것들이 포함되어 있다. 보의 모든 단면에서 전단력 V와 굽힘 모멘트 M을 결정하려면, 보를 따라 계측되는 거리 x의 항으로 표현된 V와 M의 식을 유도해야 한다. 이들 표현식을 적절한 척도로 그리면, **전단력과 굽힘 모멘트 선도**(*shear force and bending moment diagrams*)를 얻을 수 있다. 전단력과 굽힘 모멘트 선도는 보 속의 내력들을 편리하게 가시화한 것이다. 특히 이들은 V와 M의 최댓값을 보여준다.

a. 부호 규약

일관성을 지키기 위하여, 작용하는 하중과 전단력, 굽힘 모멘트에 대한 부호 규약을 채택하는 것이 필요하다. 그림 4.3에 보인 것과 같은 규약들을 사용하는데, 여기서는 다음을 양으로 가정한다.

- 아래쪽을 향하는 외력들, 시계 방향의 외부 우력들
- 보 요소를 시계 방향으로 회전하도록 하는 전단력들
- 보 요소를 위로 오목한 모양으로 굽히는 굽힘 모멘트

상기의 부호 규약들의 주요 약점은 이들이 "아래로", "시계 방향으로" 등과 같은 형용사에 의존한다는 것이다. 이러한 장애를 없애기 위해서, 때때로 직교 좌표계에 기초한 규약들이 사용된다.

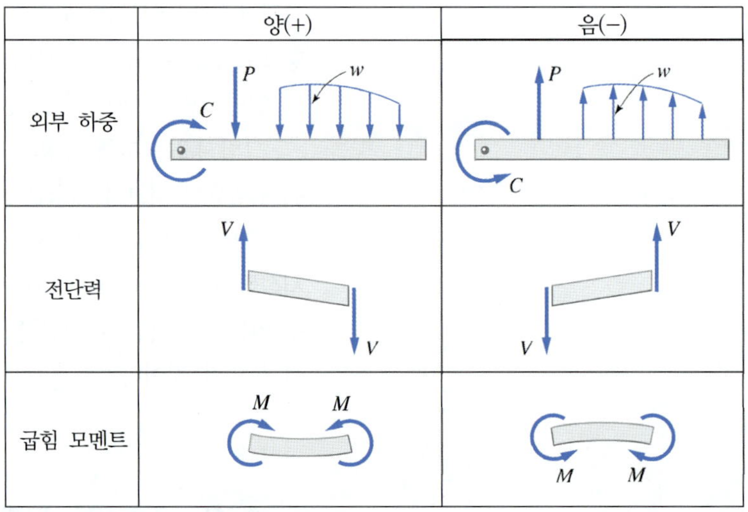

그림 4.3 외부 하중들, 전단력 그리고 굽힘 모멘트에 대한 부호 규약

b. 전단력과 굽힘 모멘트 선도를 결정하는 과정

다음은 정정보의 전단력과 굽힘 모멘트 선도를 얻는 일반적인 과정이다.

- 보 전체의 자유물체도(FBD)에서 지지 반력들을 계산한다.
- 각각의 구간 안에 작용하는 하중이 연속이 되도록 보의 구간을 나눈다. 따라서 집중 하중이나 집중 우력이 구간 끝에 포함되기 때문에, 각 구간의 끝에서 하중은 불연속이다.

보의 각 구간에서 다음의 단계들을 수행한다.

- 보의 왼쪽 끝에서 x만큼 떨어진 곳에, 보를 두 구간으로 자르는 가상적인 절단면을 설정한다.
- 편리한 대로 절단면의 왼쪽 또는 오른쪽에 있는 부분에 대하여 FBD를 그린다. 절단면에서 V와 M을 부호 규약에 따른 양의 방향으로 나타낸다.
- FBD에서 얻을 수 있는 평형방정식으로부터 V와 M에 대한 식을 결정한다. 보통 x의 함수인 이들 식들은 그 구간에 대한 전단력과 굽힘 모멘트 방정식이다.
- 해당 구간에 대한 V와 M의 식을 그린다. V선도를 전체 보의 FBD 아래에 그리고, M선도를 V선도 아래에 그리는 것이 시각적 측면에서 바람직하다.

전체 보의 굽힘 모멘트와 전단력 선도는 각 구간의 V 및 M선도의 조합이다. 일반적으로 각 구간의 끝에서는 하중이 불연속이기 때문에, 이들 선도도 불연속이거나 불연속적인 기울기를 갖는다.

예제 4.1

그림 (a)의 단순지지보가 두 개의 집중 하중을 전달하고 있다. (1)보의 각 구간에 대해 전단력과 굽힘 모멘트 식을 유도하라. (2)전단력 및 굽힘 모멘트 선도를 스케치하라. 보의 자중은 무시하라. A와 D에서의 반력들은 이미 계산되어 그림 (a)에 보였음을 주목하라.

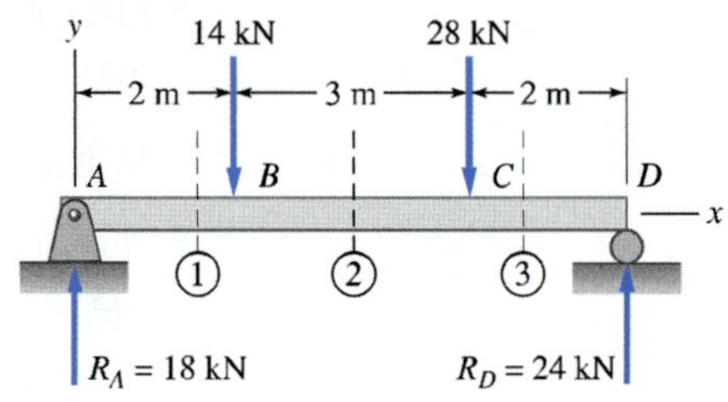

(a)

풀이

(1)

보의 세 구간(AB, BC, 그리고 CD) 각각에 대한 V와 M의 표현식을 결정하는 것을 아래에 설명하였다.

구간 AB **(0 <** x **< 2 m)** 그림 (b)는 구간 AB 내에 있는 단면 ①에 의해 나뉜 두 부분에 대한 FBD를 보여주고 있다. 그림 4.3의 부호 규약에 따라 V와 M을 양의 방향으로 작용하는 것으로 표현하고 있다는 것에 주목하라. 두 개의 FBD에서 V와 M은 크기가 같고 방향이 반대이며 이들은 어느 FBD를 사용하더라도 계산될 수 있다. 단면 ①의 왼쪽 부분의 FBD에 대한 해석에서 다음을 얻는다.

$$\Sigma F_y = 0 + \uparrow \quad 18 - V = 0$$

$$\therefore\ V = +18\ \text{kN}$$ [답]

$$\Sigma M_E = 0 + \circlearrowleft \quad -18x + M = 0$$

$$\therefore\ M = +18x\ \text{kN}\cdot\text{m}$$ [답]

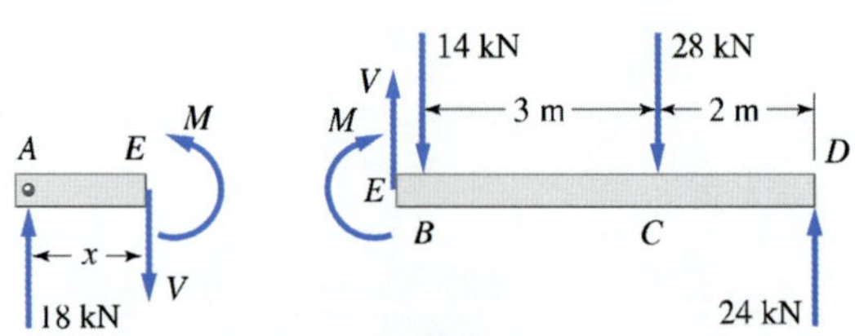

(b) FBDs

구간 BC **(2 m <** x **< 5 m)** 그림 (c)는 구간BC 내의 임의의 단면 ②에 의해 나뉜 두 부분에 대한 FBD를 보여주고 있다. 여기서도 V와 M을 그림

4.3의 부호 규약에 따른 양의 방향으로 가정하였다. 단면 ②의 왼쪽 부분의 FBD를 해석하면 다음의 결과를 얻는다.

$$\Sigma F_y = 0 + \uparrow \quad 18 - 14 - V = 0$$

$$\therefore\ V = +18 - 14 = +4\ \text{kN}$$ [답]

$$\Sigma M_F = 0 + \circlearrowleft \quad -18x + 14(x-2) + M = 0$$

$$\therefore\ M = +18x - 14(x-2) = 4x + 28\ \text{kN}\cdot\text{m}$$ [답]

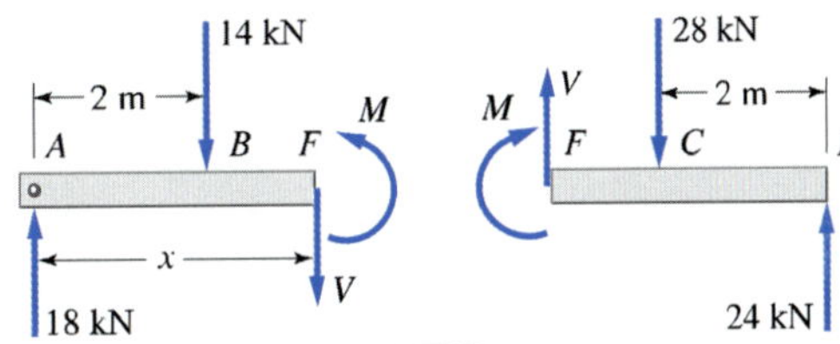

(c) FBDs

구간 CD **(5 m <** x **< 7 m)** 구간 CD에서 전단력과 굽힘 모멘트를 구하기 위해 단면 ③이 사용되었다. 그림 (d)의 FBD에서 V와 M을 양의 방향으로 표시하였다. 단면 ③의 왼쪽 부분의 FBD를 해석하면 다음과 같은 결과를 얻는다.

$$\Sigma F_y = 0 + \uparrow \quad 18 - 14 - 28 - V = 0$$

$$\therefore\ V = +18 - 14 - 28 = -24\ \text{kN}$$ [답]

$$\Sigma M_G = 0 + \circlearrowleft \quad -18x + 14(x-2) + 28(x-5) + M = 0$$

$$\therefore\ M = +18x - 14(x-2) - 28(x-5) = -24x + 168\ \text{kN}\cdot\text{m}$$ [답]

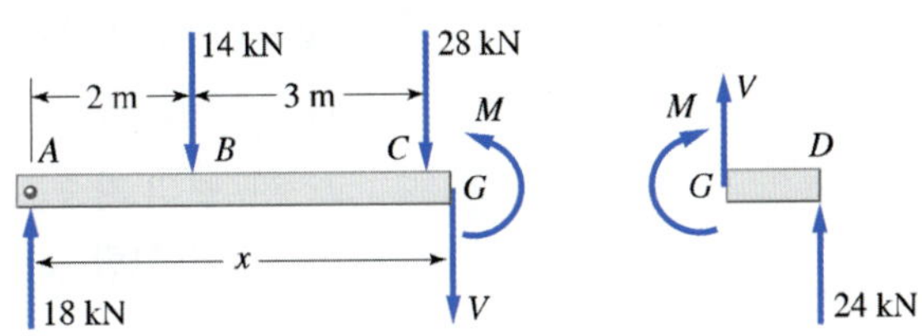

(d) FBDs

(2)

그림 (f)와 (g)의 전단력과 굽힘 모멘트 선도는 (1)에서 얻은 V와 M의 식을 그린 것이다. 이들 그림들을 그림 (e)에 보인 보에 대한 스케치 바로 아래에 위치시키면, 선도와 보에서의 위치에 대한 관계를 시각적으로 명확히 볼 수 있다.

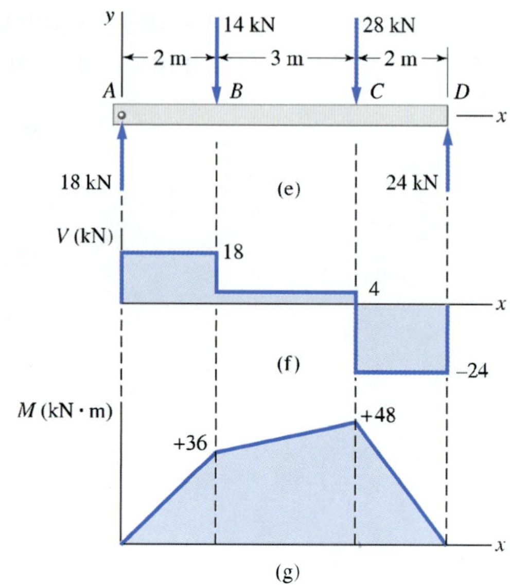

전단 및 굽힘 모멘트 선로

V선도를 검토하면 보 속의 최대 전단력은 –24 kN이고 구간 CD의 모든 단면에서 이 값을 가짐을 알 수 있다. 굽힘 모멘트 선도에서 최대 굽힘 모멘트는 +48 kN · m이고, 이 값은 28 kN이 작용하는 C지점에서 발생함을 알 수 있다. 집중 하중이 작용하는 각각의 점에서 V선도는 바로 그 힘의 크기만큼 점프가 일어남을 주목하라. 나아가 각각의 집중 하중점에서 굽힘 모멘트 선도의 기울기도 불연속이다.

예제 4.2

그림 (a)의 단순지지보에 B 지점에서 시계 방향의 우력 C_0가 가해지고 있다. (1) 전단력과 굽힘 모멘트 식을 유도하라. (2) 전단력과 굽힘 모멘트 선도를 그려라. 보의 자중은 무시하라. A와 C에서의 지지점 반력은 계산되어 있고, 이들 값이 그림 (a)에 표시되어 있다.

풀이

(1)

우력 C_0가 존재하므로, 구간 AB와 BC을 분리하여 분석해야 한다.

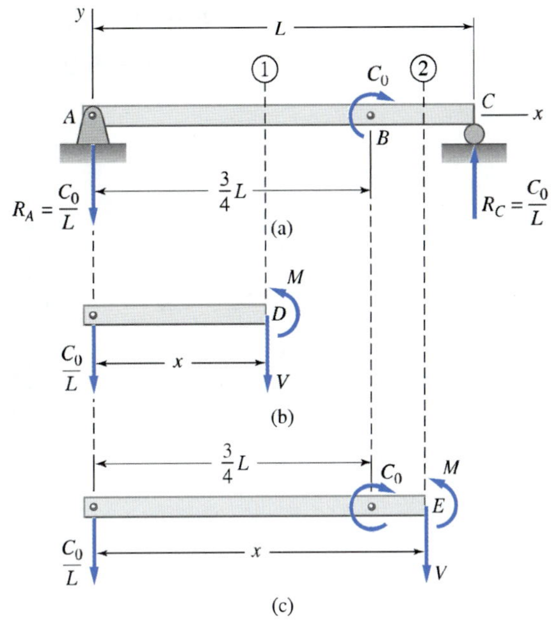

FBDs

구간 AB **(0 < x < 3L/4)** 그림 (b)는 보의 단면 ①의 왼쪽 부분의 FBD를 나타낸다(오른쪽 부분을 이용할 수도 있다). V와 M은 그림 4.3의 부호 규약에 따라 양으로 가정되어 있음을 주목하라. 보의 이 부분에 대한 평형조건식에서 다음을 얻는다.

$$\Sigma F_y = 0 + \uparrow \qquad -\frac{C_0}{L} - V = 0 \qquad V = -\frac{C_0}{L} \qquad \text{[답]}$$

$$\Sigma M_D = 0 +\circlearrowleft \qquad \frac{C_0}{L}x + M = 0 \qquad M = -\frac{C_0}{L}x \qquad \text{[답]}$$

구간 BC **(3L/4 < x < L)** 그림 (c)는 보의 단면 ②의 왼쪽 부분에 대한 FBD를 나타내고 있다(오른쪽 부분이 사용될 수도 있다). 역시 V와 M은 양의 방향으로 가정되었다. 이 부분에 평형방정식을 적용하면 다음을 얻는다.

$$\Sigma F_y = 0 + \uparrow \qquad -\frac{C_0}{L} - V = 0 \qquad V = -\frac{C_0}{L} \qquad \text{[답]}$$

$$\Sigma M_E = 0 +\circlearrowleft \qquad \frac{C_0}{L}x - C_0 + M = 0 \qquad M = -\frac{C_0}{L}x + C_0 \qquad \text{[답]}$$

(2)

그림 (d)에 보의 스케치를 반복하여 수록하였다. 그림 (e)와 (f)의 전단력과 굽힘 모멘트 선도는 (1)에서 얻은 V와 M의 식을 그린 것이다. V선도로부터 보의 모든 단면에서 전단력이 일정함을 알 수 있다. M선도는 우력이 작용하는 지점에서 C_0 만큼의 점프가 있음을 보여준다.

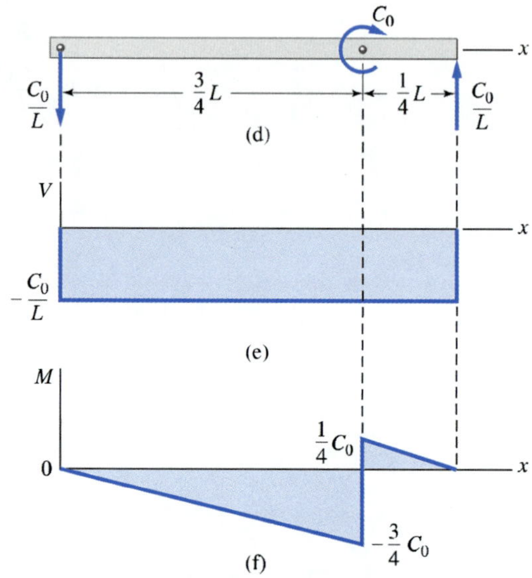

전단력 및 모멘트 선도들

예제 4.3

그림 (a)의 내다지보(overhanging beam) ABC는 집중 하중과 균일 분포 하중을 받고 있다. (1)보의 전단력과 굽힘 모멘트 식을 유도하라. (2)전단력 및 굽힘 모멘트 선도를 그려라. 보의 자중은 무시하라.

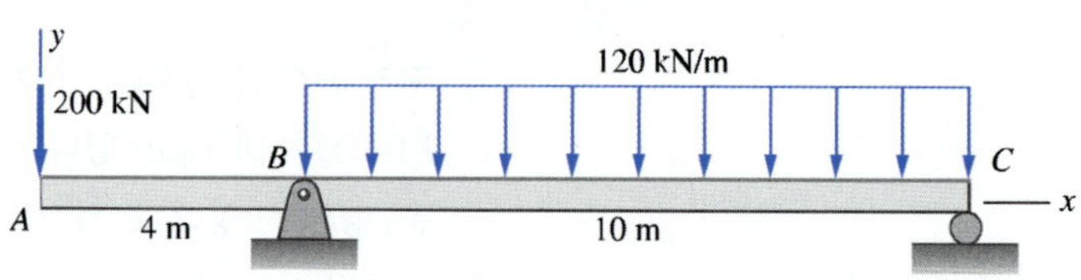

(a)

풀이

그림 (a)의 보를 검토하면 AB 부분과 BC 부분을 분리하여 해석해야 함을 알 수 있다.

(1)

보의 FBD를 그림 (b)에 나타내었다. 균일한 분포 하중이 이것의 등가 합력인 120(10) = 1200 kN(하중 선도 아래의 면적)으로 대체되어 하중 선도의 도심에 작용함을 주목하라. B와 C에서의 지지 반력은 평형방정식으로부터 계산되었다.

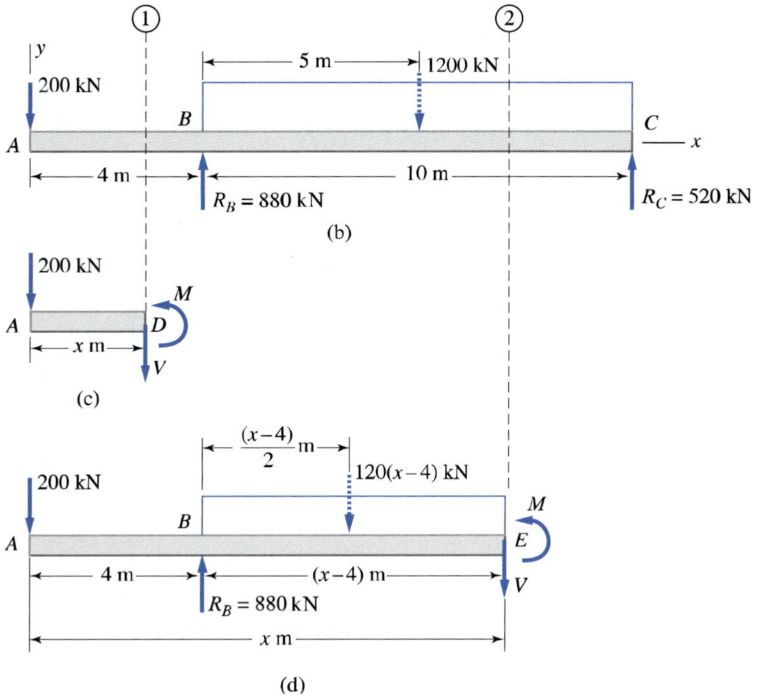

구간 AB **(0 < x < 4 m)** 그림 (c)는 보의 단면 ①왼쪽 부분의 FBD를 나타낸다(오른쪽 부분을 이용할 수도 있다). 잘린 단면에 작용하는 전단력 V와 굽힘 모멘트 M은 그림 4.3의 부호 규약에 따라 양의 방향으로 작용하도록 가정하였음을 주목하라. 보의 이 부분에 대한 평형조건식에서 다음을 얻는다.

$$\Sigma F_y = 0 + \uparrow \quad -200 - V = 0 \quad V = -200 \text{ kN}$$ [답]

$$\Sigma M_D = 0 + \circlearrowleft \; +200x + M = 0 \quad M = -200x \text{ kN}\cdot\text{m}$$ [답]

구간 BC **(4 m < x < 14 m)** 그림 (d)는 보의 단면 ②왼쪽 부분의 FBD를 나타낸다(오른쪽 부분을 이용할 수도 있다). 이번에도 잘린 단면에 작용하는 전단력 V와 굽힘 모멘트 M은 양의 방향으로 작용하도록 가정하였다. 보의 이 부분에 대한 평형조건식으로부터 다음을 얻는다.

$$\Sigma F_y = 0 + \uparrow \quad -200 + 880 - 120(x-4) - V = 0$$

$$V = 1160 - 120x \text{ kN}$$ [답]

$$\Sigma M_E = 0 + \circlearrowleft \; 200x - 880(x-4) + 120(x-4)\frac{(x-4)}{2} + M = 0$$

$$M = -60x^2 + 1160x - 4480 \text{ kN}\cdot\text{m}$$ [답]

(2)

보의 FBD를 다시 한 번 더 그림 (e)에 나타내었다. 그림 (f)와 (g)는 각각 전단력 선도와 굽힘 모멘트 선도를 나타낸다. 전단력 선도는 모두 직선 선분으로, 굽힘 모멘트 선도는 *A*와 *B* 사이에는 직선 그리고 *B*와 *C* 사이에는 포물선으로 이루어짐을 주목하라.

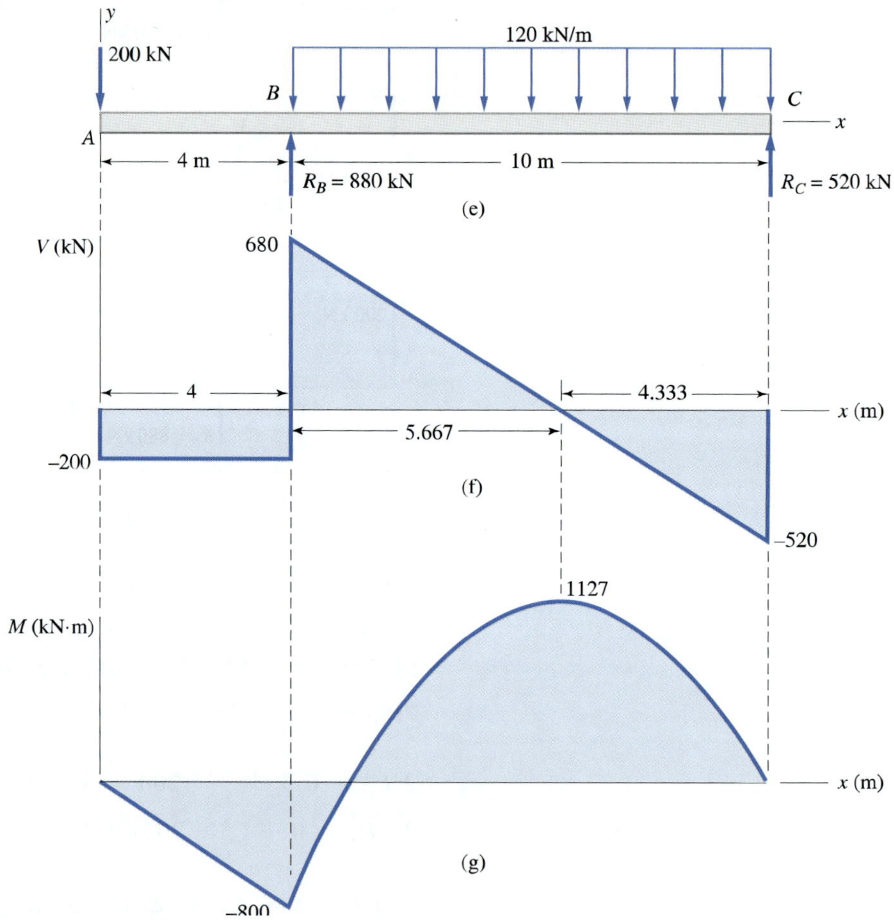

전단력이 영인 단면의 위치는 다음과 같이 구한다.

$$V = 1160 - 120x = 0$$

이로부터

$$x = 9.667 \ \text{m}$$

을 얻는다. 최대 굽힘 모멘트는 모멘트 선도의 기울기가 영인 지점, 즉 다음과 같이 $dM/dx = 0$인 지점에서 얻는다.

$$\frac{dM}{dx} = -120x + 1160 = 0$$

이 식에서 다시금 $x = 9.667$ m을 얻는다(최대 굽힘 모멘트가 전단력이 영인 지점에서 일어나는 이유는 4.4절에서 설명할 것이다). 이 x 값을 굽힘 모멘트 식에 대입하면 최대 굽힘 모멘트를 다음과 같이 얻는다.

$$M_{\max} = -60(9.667)^2 + 1160(9.667) - 4480 = 1127 \ \text{kN} \cdot \text{m}$$

예제 4.4

그림 (a)의 외팔보는 하중의 세기가 왼쪽 끝에서 오른쪽 끝으로 0에서 360 kN/m로 변하는, 삼각형 모양의 분포 하중을 받고 있다. 여기에 1000 kN의 위로 향하는 연직 하중이 보의 자유단에 추가적으로 작용한다. (1)전단력과 굽힘 모멘트 식을 유도하라. (2)전단력과 굽힘 모멘트 선도를 그려라. 보의 자중은 무시하라.

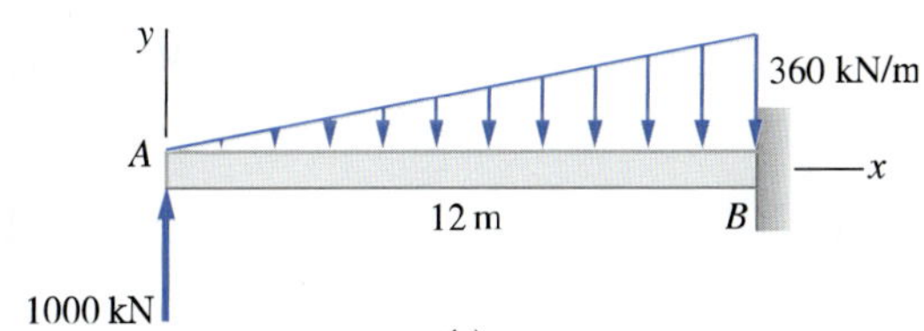

(a)

풀이

보의 FBD를 그림 (b)에 나타내었다. 삼각형 모양의 분포 하중이, 크기가 0.5(12) (360) = 2160 kN이며 하중 선도의 도심에 작용하는 등가 집중 하중으로 바뀌었음을 주목하라. 이제 지지점 B에서의 반력들은 평형조건식에서 계산될 수 있다. 이 결과들을 그림 (b)에 나타내었다.

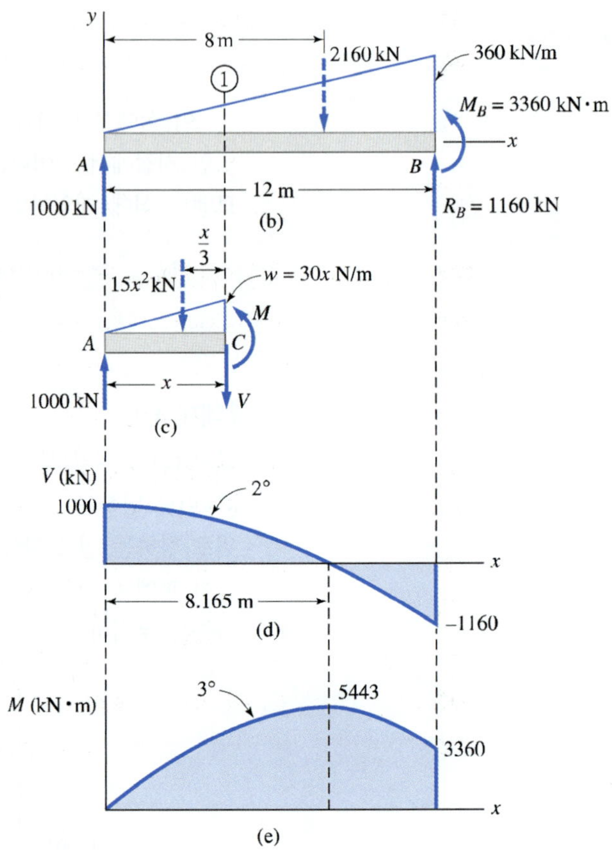

하중이 연속이므로, 보의 구간을 나눌 필요는 없다. 따라서 V에 대한 하나의 식과 M에 대한 하나의 식만이 보의 전 영역에 걸쳐 적용된다.

(1)

그림 (c)는 단면 ①의 왼쪽 부분을 보여주고 있다. 그림 (b)에 보인 것처럼 w를 단면 ①에서의 하중의 세기라고 놓으면, 닮은꼴의 삼각형들에서 $w/x = 360/12$, 또는 $w = 30x$ kN/m를 얻는다. 이제 그림 (c)의 삼각형 모양의 하중은, 크기가 $15x^2$이며 단면 ①에서 $x/3$ m인 곳에 위치한, 하중 선도의 도심에 작용하는 집중 하중으로 교체될 수 있다. 단면 ①에 작용하는 전단력 V와 굽힘 모멘트 M은 그림 4.3의 부호 규약에 따라 양의 방향으로 나타내었다. 그림 (c)에 보인 FBD의 평형 해석에 의해 다음을 얻는다.

$$\Sigma F_y = 0 + \uparrow \quad 1000 - 15x^2 - V = 0$$

$$V = 1000 - 15x^2 \text{ kN}$$ [답]

$$\Sigma M_C = 0 + \circlearrowleft \quad -1000x + 15x^2\left(\frac{x}{3}\right) + M = 0$$

$$M = 1000x - 5x^3 \text{ kN}\cdot\text{m}$$ [답]

(2)

(1)에서 얻은 V와 M의 식을 그리면 그림 (d)와 (e)에 보인 바와 같이 전단력 및 굽힘 모멘트 선도를 얻는다. 전단력 선도는 포물선이며 굽힘 모멘트 선도는 3차 다항식임을 주목하라.

전단력이 영이 되는 단면의 위치는 다음과 같이 구한다.

$$V = 1000 - 15x^2 = 0$$

여기서

$$x = 8.165 \text{ m}$$

을 얻는다. 최대 굽힘 모멘트는 M 선도의 기울기가 영인 곳, 즉 $dM/dx = 0$인 곳에서 발생한다. M에 대한 식을 미분하면 다음을 얻는다.

$$\frac{dM}{dx} = 1000 - 15x^2 = 0$$

여기서 다시 한 번 $x = 8.165$ m를 얻는다(다음 절에서 전단력이 영인 단면에서 굽힘 모멘트의 기울기가 항상 영임을 보일 것이다). 이 x 값을 M에 대한 식에 대입하면, 다음과 같이 최대 굽힘 모멘트를 얻는다.

$$M_{\max} = 1000(8.165) - 5(8.165)^3 = 5443 \text{ kN} \cdot \text{m}$$

연습문제

4.1-4.21 그림에 보인 보에 대하여 V와 M의 식을 유도하고, 전단력 및 굽힘 모멘트 선도를 그려라. 보의 자중은 무시한다.

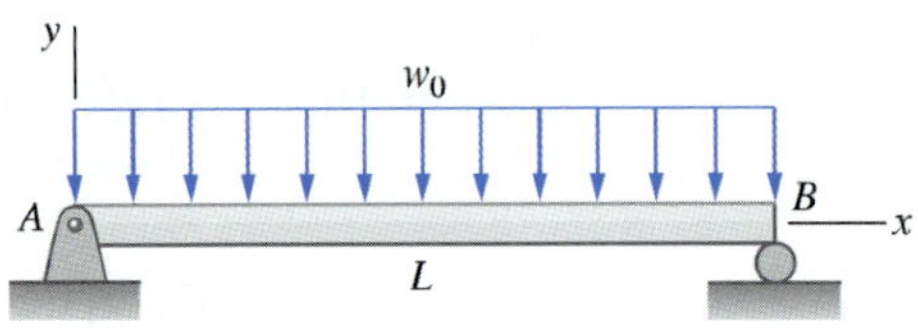

그림 P4.1

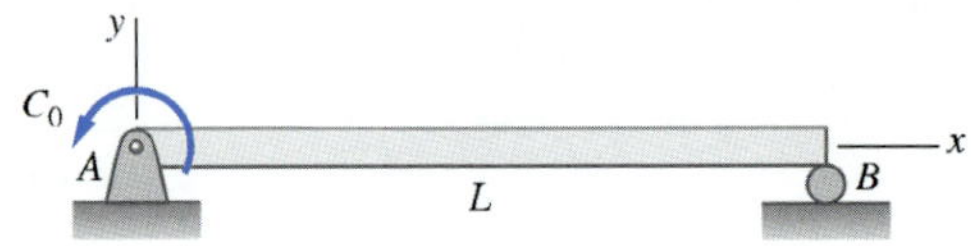

그림 P4.2

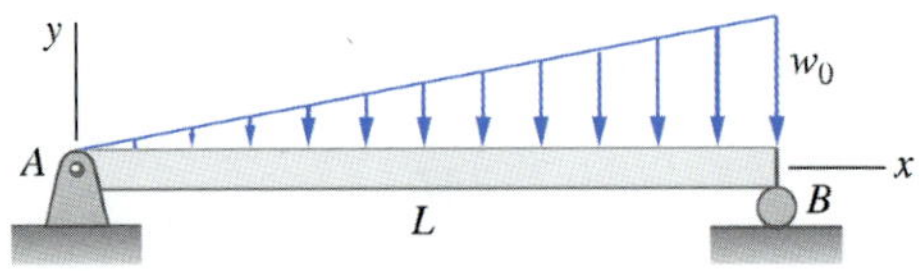

그림 P4.3

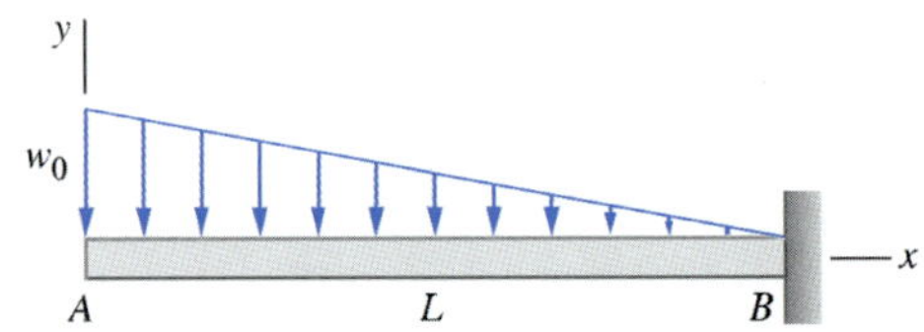

그림 P4.4

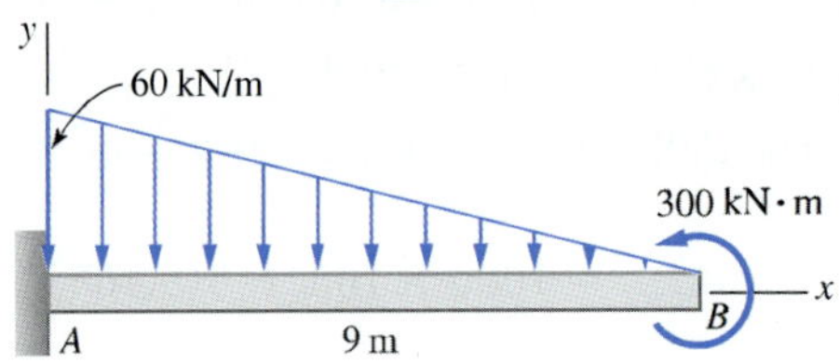

그림 P4.5

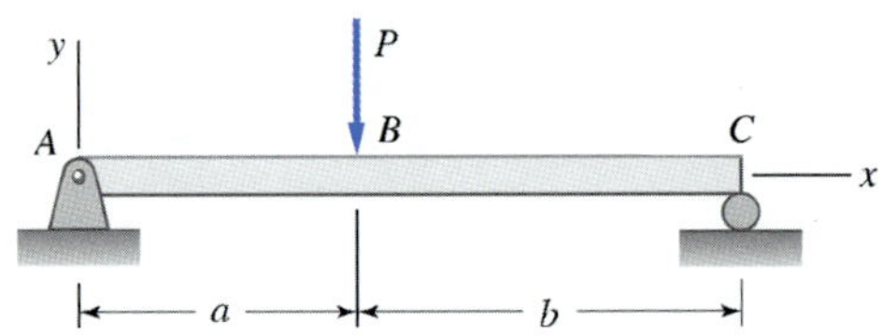

그림 P4.6

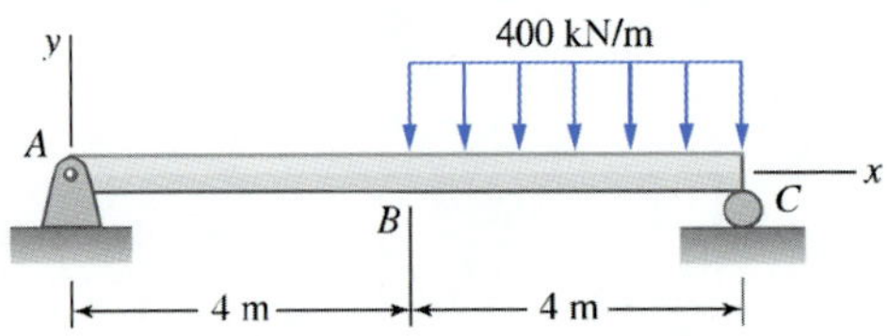

그림 P4.7

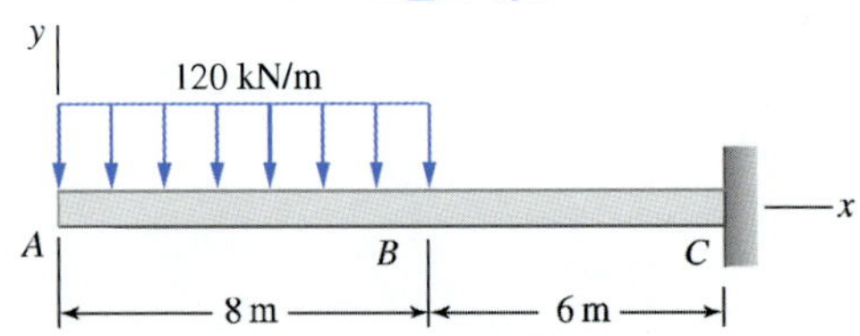

그림 P4.8

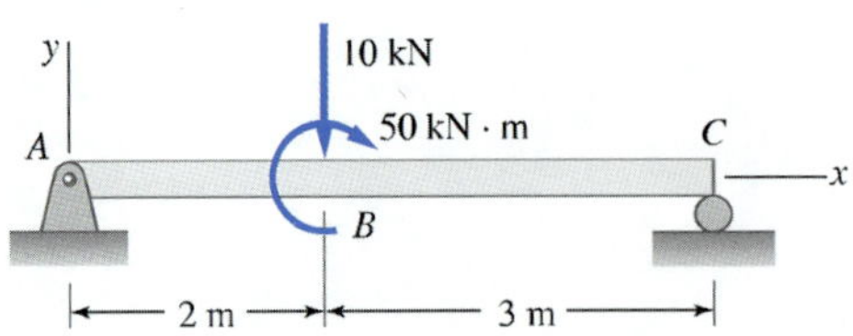

그림 P4.9

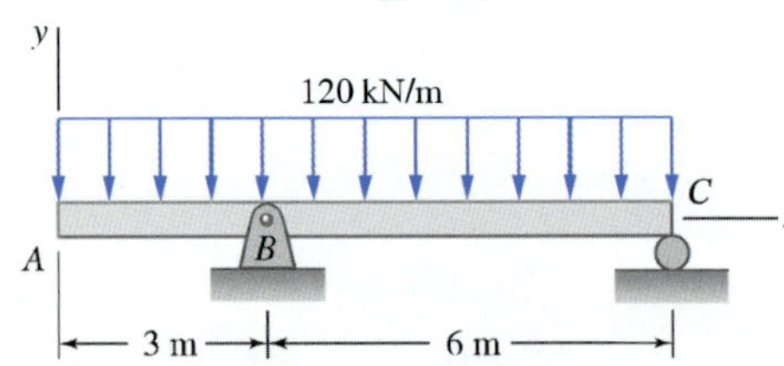

그림 P4.10

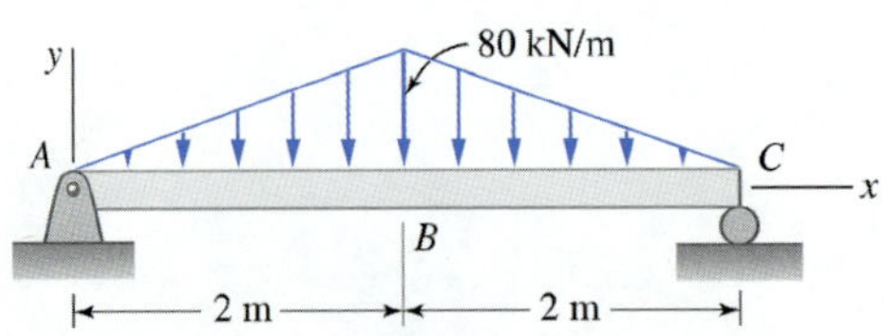

그림 P4.11

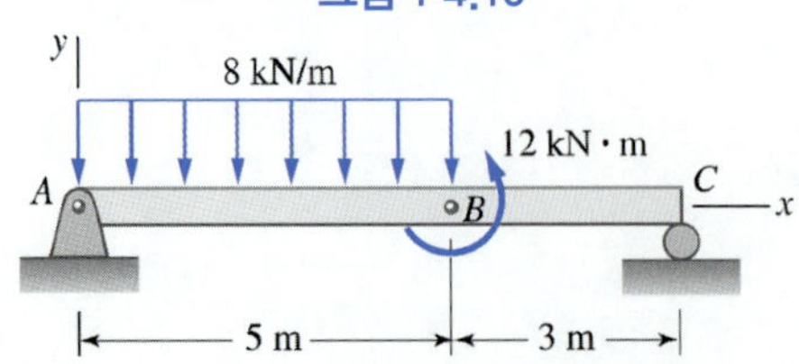

그림 P4.12

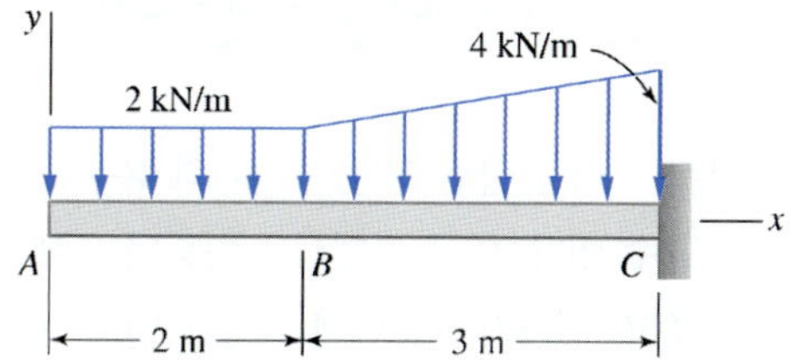

그림 P4.13

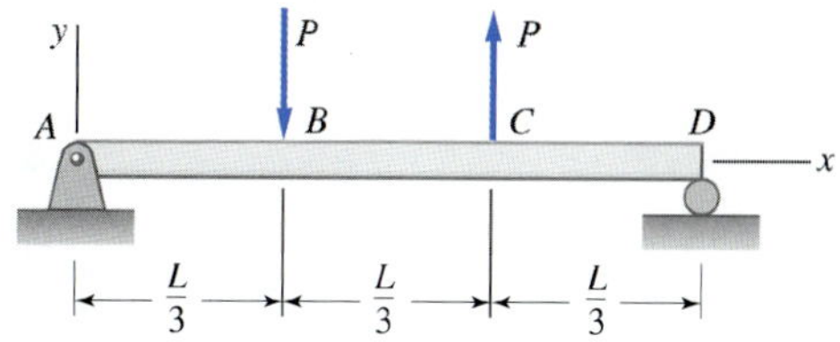

그림 P4.14

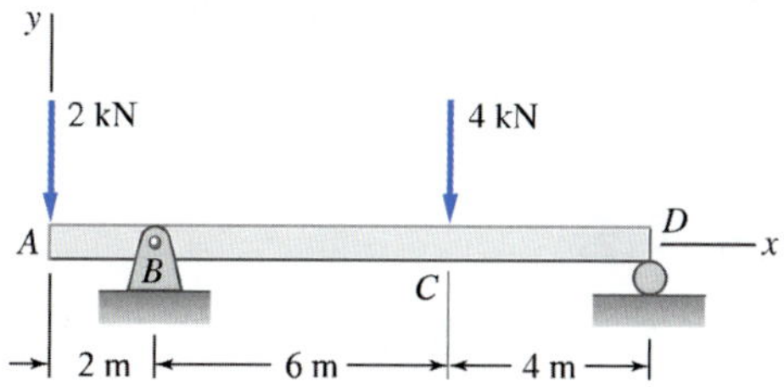

그림 P4.15

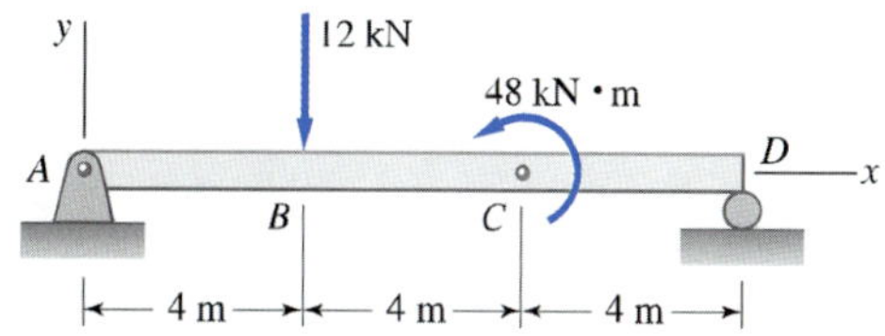

그림 P4.16

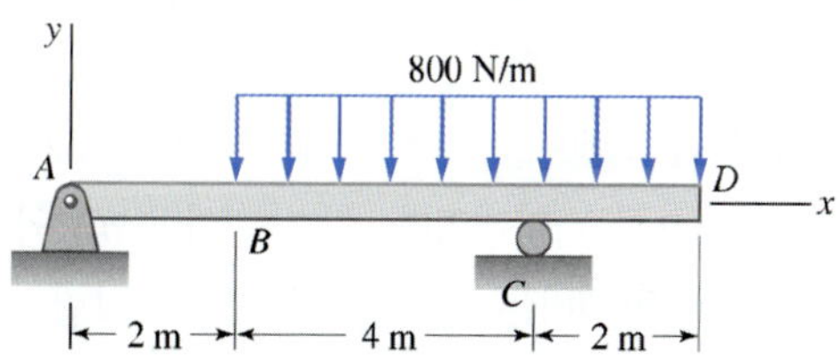

그림 P4.17

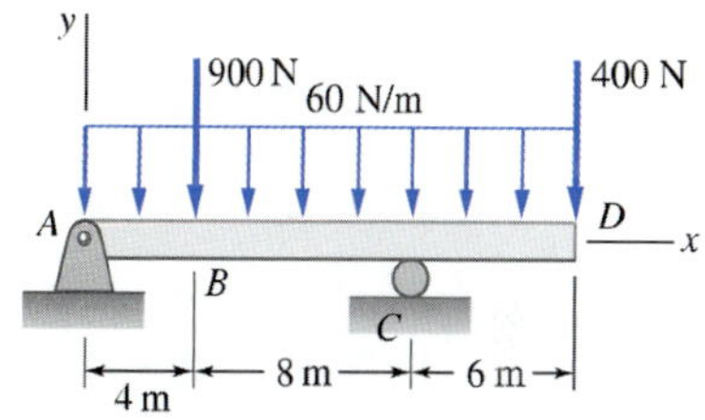

그림 P4.18

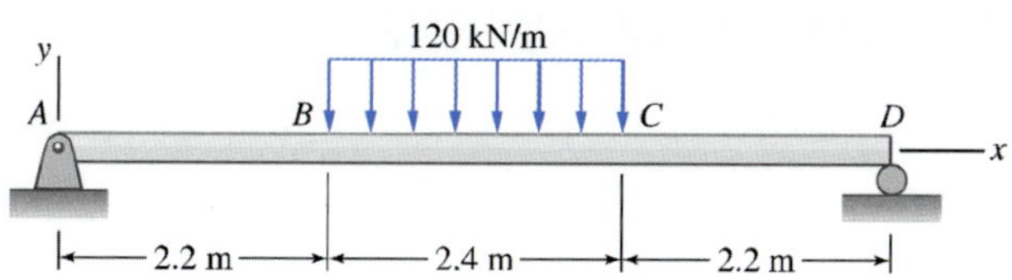

그림 P4.19

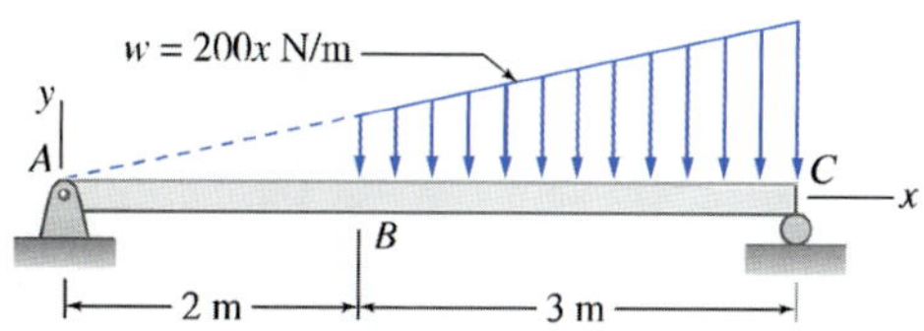

그림 P4.20

4.22-4.23 그림에 보인 아치형 구조물에 대하여 각도 θ의 함수로 전단력과 굽힘 모멘트를 유도하라. 아치의 자중은 무시하라.

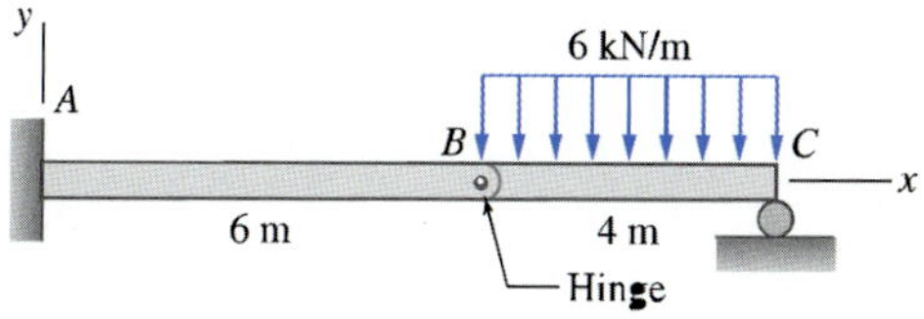

그림 P4.21

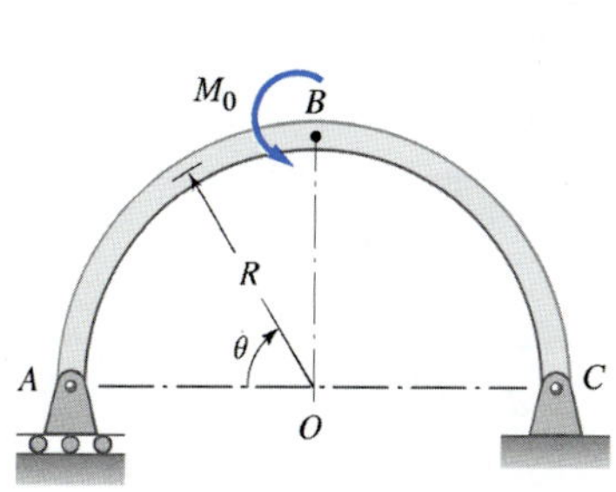

그림 P4.22

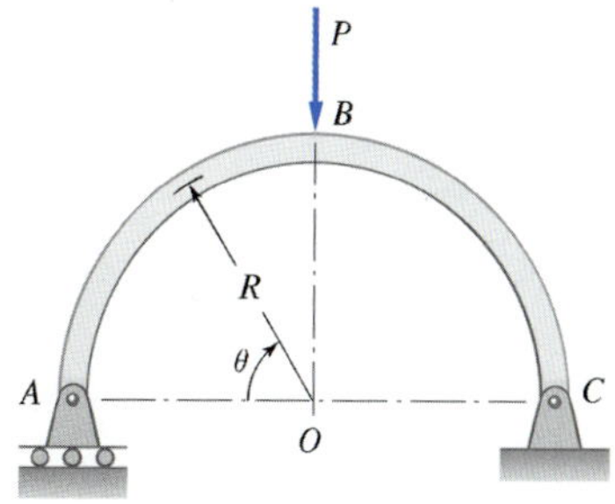

그림 P4.23

4.4 전단력-모멘트 선도를 그리기 위한 면적법

하중, 전단력 그리고 굽힘 모멘트 사이의 유용한 관계식들은 평형조건식들로부터 유도될 수 있다. 이들 관계식은 하중 선도에서 직접 전단력 선도를 그릴 수 있게 해주고, 전단력 선도에서 굽힘 모멘트 선도를 작성할 수 있도록 해준다. **면적법**(*area method*)이라 불리는 이 방법은 V와 M에 대한 식의 유도 없이 전단력과 굽힘 모멘트 선도를 그릴 수 있도록 해준다. 먼저 분포 하중을 받고 있는 보를 생각하고, 그 후에 집중 하중과 우력에 대해 생각한다.

a. 분포 하중

세기 w의 선 하중을 받고 있는 그림 4.4 (a)의 보를 생각하자. 여기서 $w(x)$는 연속함수로 가정한다. 보의 왼쪽 끝단에서 x만큼 떨어진 곳에 위치한 보의 미소 요소에 대한 자유물체도를 그림 4.4 (b)에 보인다. 이 부분은 분포 하중 $w(x)$와 함께 양단에서 전단력과 굽힘 모멘트를 받고 있다. 전단력과 굽힘 모멘트를 왼쪽 단에서는 V와 M, 오른쪽 단에서는 $V+dV$와 $M+dM$으로 나타내었다. 미소 변화량 dV와 dM은 요소의 미소 길이 dx에 대하여 발생하는 변화를 의미한다. 그림 4.3(130쪽)에서 정의한 것처럼, 모든 힘들과 굽힘 모멘트는 양의 방향으로 작용하는 것으로 가정한다.

이 미소 요소에 대한 힘의 평형방정식은

$$\Sigma F_y = 0 + \uparrow \qquad V - w\,dx - (V + dV) = 0$$

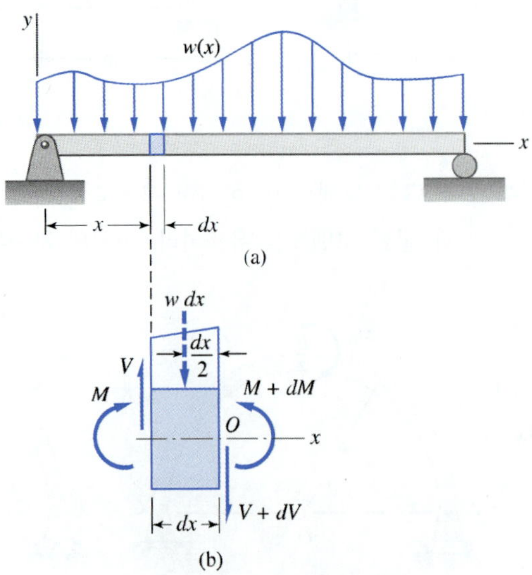

그림 4.4
(a) 분포 하중을 받는 단순지지보
(b) 미소보 요소의 자유물체도

이다. 여기서

$$w = -\frac{dV}{dx} \tag{4.1}$$

를 얻는다. 모멘트의 평형방정식으로부터

$$\Sigma M_0 = 0 \quad + \circlearrowleft \quad -M - Vdx + (M + dM) + w\,dx\,\frac{dx}{2} = 0$$

M을 상쇄시키고 dx로 나누면,

$$-V + \frac{dM}{dx} + \frac{w\,dx}{2} = 0$$

을 얻는다. dx가 미소하므로, 마지막 항은 사라지고(이것은 근사가 아니다). 다음을 얻는다.

$$V = \frac{dM}{dx} \tag{4.2}$$

식 (4.1)과 (4.2)는 보의 **평형에 대한 미분방정식**이라고 한다. 하중, 전단력 그리고 굽힘 모멘트 선도를 연관 짓는 다음의 다섯 개의 정리가 이 방정식들에서 도출된다.

1. 보의 어느 단면에서 하중의 세기는 그 단면에서 전단력 선도의 기울기의 음의 값과 같다.
   증명 — 식 (4.1)에서 바로 얻는다.
2. 어떤 단면에서의 전단력은 그 단면에서 굽힘 모멘트의 기울기와 같다.
   증명 — 식 (4.2)에서 바로 얻는다.
3. 보의 어느 두 단면 사이의 전단력의 차이는 그 두 단면 사이의 하중 선도의 면적과 같다.
   증명 — 그림 4.5의 A, B 단면 사이에서 식 (4.1)을 적분하면 다음을 얻는다.

   $$\int_{x_A}^{x_B} \frac{dV}{dx}dx = V_B - V_A = -\int_{x_A}^{x_B} w\,dx$$

   이 식의 오른쪽에 있는 적분은 A와 B 사이의 하중 선도의 면적을 나타내므로, 다음을 얻는다.

   $$V_B - V_A = -\,w\,\text{선도의 면적}\Big]_A^B \qquad \text{Q.E.D}$$

   계산상의 목적으로, 이 식을 더 편리한 형태로 표현하면

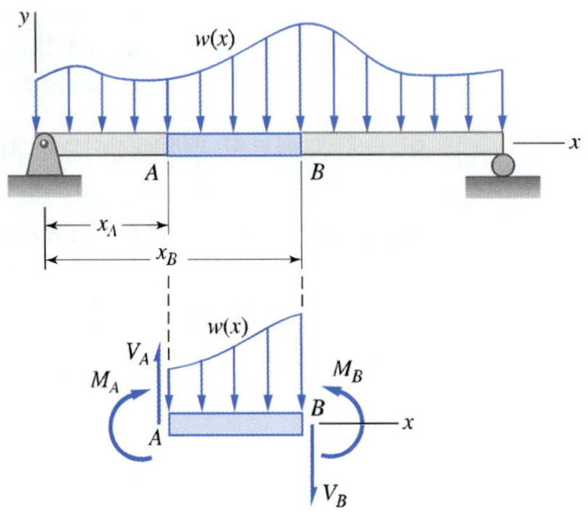

그림 4.5
(a) 분포 하중을 받는 단순지지보
(b) 유한한 보 요소의 자유물체도

$$V_B = V_A - w \text{ 선도의 면적}\Big]_A^B \tag{4.3}$$

이다. 식 (4.3)의 부호는 $x_B > x_A$일 경우에만 옳음을 주목하라.

4. 보의 어느 두 단면 사이에서 굽힘 모멘트의 차이는 그 두 단면 사이의 전단력 선도의 면적과 같다.
증명 ― 단면 A, B 사이에서(그림 4.5를 보라) 식 (4.1)을 적분하면 다음을 얻는다.

$$\int_{x_A}^{x_B} \frac{dM}{dx} dx = M_B - M_A = \int_{x_A}^{x_B} V dx$$

이 식의 오른쪽은 A와 B 사이에서 전단력 선도의 면적을 나타내므로, 다음을 얻는다.

$$M_B - M_A = V \text{ 선도의 면적}\Big]_A^B \qquad \text{Q.E.D}$$

이 식은 다음의 형태로 표현하는 것이 편리하다.

$$M_B = M_A + V \text{ 선도의 면적}\Big]_A^B \tag{4.4}$$

식 (4.4)의 부호는 $x_B > x_A$일 경우에만 옳다.

5. 만약 하중 선도가 n차 다항식이라면, 전단력 선도는 $(n+1)$차 다항식이며, 굽힘 모멘트 선도는 $(n+2)$차 다항식이다.
증명 ― 식 (4.1)과 (4.2)를 적분을 통하여 바로 얻는다.

전단력과 굽힘 모멘트 선도를 그리기 위한 면적법은 전술한 정리들을 직접 적용한 것이다. 예를 들어, 그림 4.6 (a)에 보인 바와 같이 길이가 2 m이고 균일 분포 하중 $w = 300$ N/m를 받는, 그림 4.6 (a)에 나타낸 보의 일부분을 생각하자. 그림 4.6 (b)는 왼쪽 단에서 전단력과 굽힘 모멘트가 $V_A = +1000$ N, $M_A = +3000$ N·m로 주어진 경우, 이 부분에 대한 전단력 선도와 굽힘 모멘트 선도의 작성에 필요한 단계들을 보여준다.

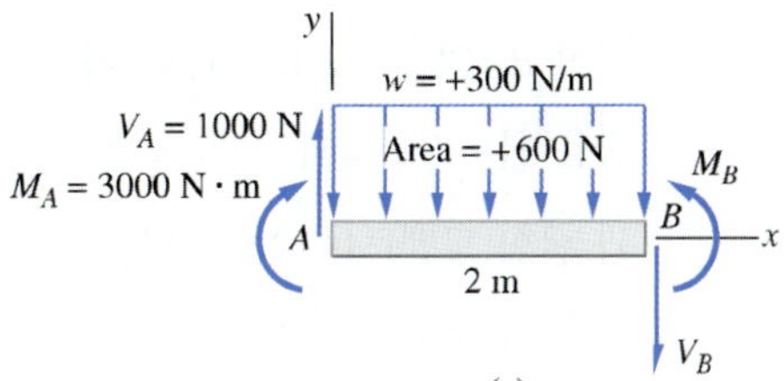

(a)

$w = +300$ N/m (상수)	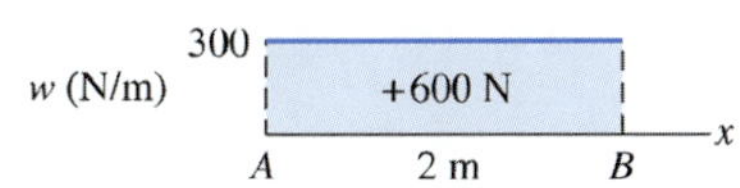
$V_A = +1000$ N (주어짐)	
$V_B = V_A -$ area of w-선도의 면적$\Big]_A^B$ $= 1000 - 600 = +400$ N	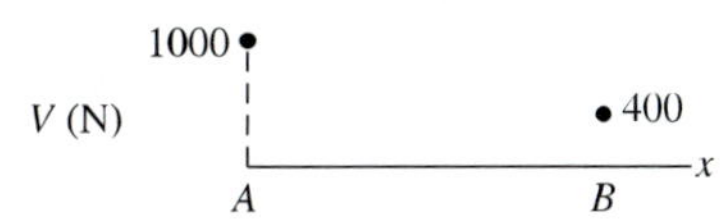
$dV/dx = -w = -300$ N/m (주어짐) V선도는 직선	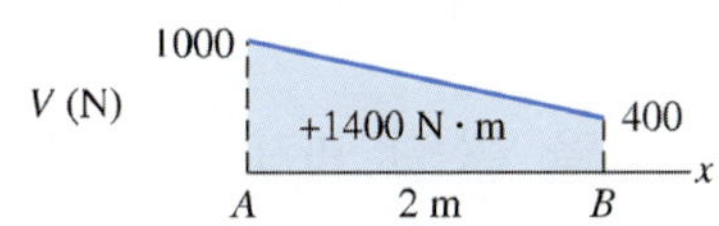
$M_A = +3000$ N·m (주어짐)	
$M_B = M_A + V$-선도의 면적$\Big]_A^B$ $= 3000 + 1400 = +4400$ N·m	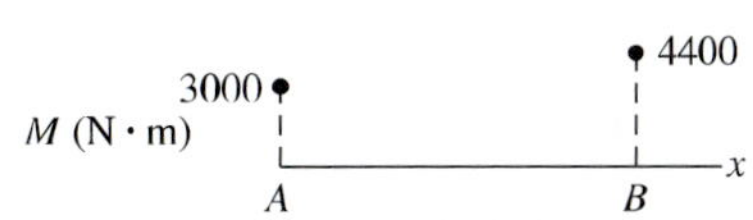
$(dM/dx)_A = V_A = +1000$ N $(dM/dx)_B = V_B = +400$ N	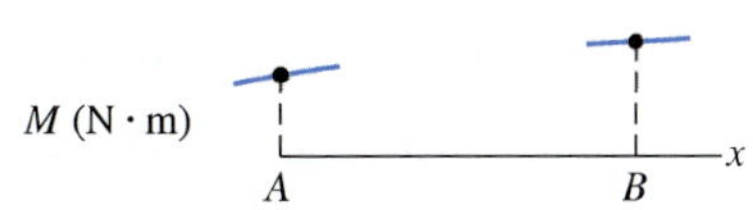
M선도는 포물선	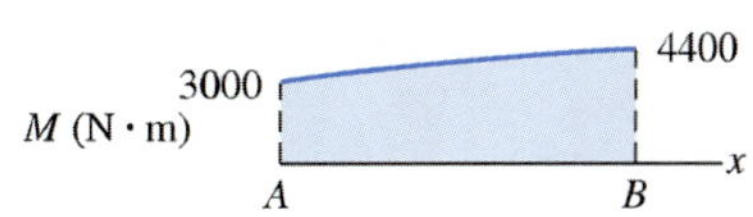

(b)

그림 4.6
(a)균일 하중을 전달하는 보 일부분의 자유물체도; (b)보 일부분에 대한 전단력 및 굽힘 모멘트 선도 작성

b. 집중 하중과 우력

앞서 기술한 분포 하중에 대한 전단력 및 굽힘 모멘트 선도 작성을 위한 면적법은 집중 하중 및 우력을 받고 있는 보에 대해서도 확장될 수 있다. 그림 4.7은 집중 하중 P_A와 집중 우력 C_A가 작용하는 점 A를 포함하는 미소 길이 dx의 보 요소에 대한 자유물체도를 보여준다. 이 미소 요소의 왼쪽에 작용하는 전단력과 굽힘 모멘트는 V_A^-, M_A^-로, 오른쪽에 작용하는 전단력과 굽힘 모멘트는 V_A^+, M_A^+로 표시하였다. 모든 힘과 모멘트는 그림 4.3의 부호 규약에 따라 양으로 가정되어 있음을 주목하라.

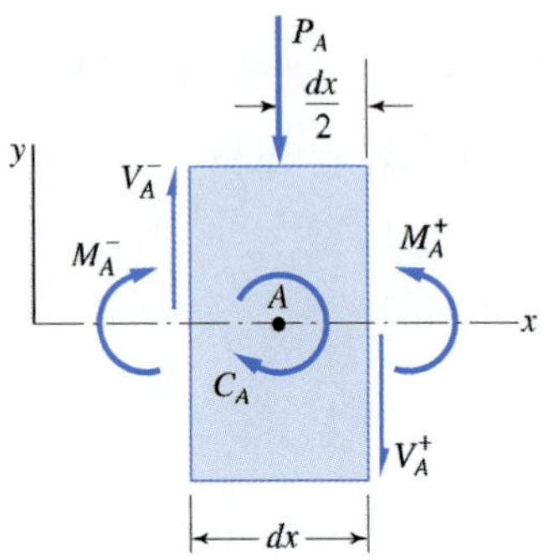

그림 4.7
집중 하중 P_A와 집중 우력 C_A를 받는 미소보 요소에 대한 자유물체도

힘의 평형방정식으로부터

$$\Sigma F_y = 0 \quad +\uparrow \quad V_A^- - P_A - V_A^+ = 0$$

$$\boxed{V_A^+ = V_A^- - P_A} \tag{4.5}$$

이다. 식 (4.5)는 A에 작용하는 양의 집중 하중이 전단력 선도에서 음의 불연속 점프를 유발함을 보여준다(집중 우력은 전단력 선도에 영향을 주지 않는다).

모멘트의 평형방정식에서,

$$\Sigma M_A = 0 \quad +\circlearrowleft \quad M_A^+ - M_A^- - C_A - V_A^+\frac{dx}{2} - V_A^-\frac{dx}{2} = 0$$

을 얻는다. 마지막 두 항은 미소하므로 무시하면(이것은 근사가 아니다).

$$\boxed{M_A^+ = M_A^- + C_A} \tag{4.6}$$

따라서 양의 집중 우력은 굽힘 모멘트 선도에서 양의 점프를 일으킨다.

c. 요약

아래에 반복된 식 (4.1)-(4.6)은 V와 M의 식을 유도하지 않고 전단력 및 굽힘 모멘트 선도를 작성하는 면적법의 기초를 형성한다. 면적법은 하중 및 전단력 선도하의 면적을 손쉽게 계산할 수 있을 경우에만 유용하다.

$$w = -\frac{dV}{dx} \tag{4.1}$$

$$V = \frac{dM}{dx} \tag{4.2}$$

$$V_B = V_A - w \text{ 선도의 면적}\Big]_A^B \tag{4.3}$$

$$M_B = M_A + V \text{ 선도의 면적}\Big]_A^B \tag{4.4}$$

$$V_A^+ = V_A^- - P_A \tag{4.5}$$

$$M_A^+ = M_A^- + C_A \tag{4.6}$$

면적법의 과정 다음의 단계들은 면적법으로 전단력과 굽힘 모멘트 선도를 작성하기 위한 과정들을 요약한 것이다.

- 전체 보의 자유물체도(FBD)로부터 지지 반력들을 계산한다.
- 지지 반력들을 포함하여 하중 값들을 보여주는 보의 하중 선도를 그린다(이것도 FBD의 하나이다). 각 하중의 올바른 하중 부호를 결정하기 위해 그림 4.3의 부호 규약을 사용하라.
- 식 (4.1)-(4.6)을 이용하여 왼쪽에서 오른쪽으로 진행하며 보의 각 부분에 대한 V 및 M선도를 작성한다.
- 보의 오른쪽 끝에 이르렀을 때, 계산된 V와 M이 맞는지 확인하기위해 지지 조건과 일치하는지 확인하라. 만약 이들이 일치하지 않으면, 계산에 오류가 있는 것이다.

언뜻 보기에는 면적법이 전단력과 굽힘 모멘트 식을 유도하여 그리는 것보다 더 귀찮은 것으로 보일 수도 있다. 그러나 연습을 해보면 면적법이 훨씬 빠를 뿐만 아니라 계산의 자체 검산 특성으로 인하여 수치적 오류를 범할 가능성도 적음을 알게 될 것이다.

예제 4.5

그림 (a)의 단순지지보가 B 지점에서 집중 하중 30 kN, D에서 집중 우력 40 kN·m를 받고 있다. 면적법을 이용하여 전단력과 굽힘 모멘트 선도를 스케치하라. 보의 자중은 무시하라.

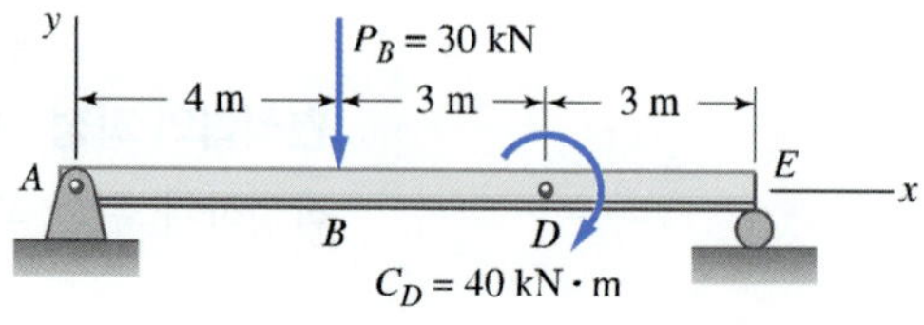

(a)

풀이

하중 선도

보에 대한 하중 선도를 그림 (b)에 나타내었다. A와 E에서의 반력들은 평형 해석을 통해서 구하였다. 각 힘(그리고 우력)의 수치 뒤 괄호 안에 부호를 표시하였다. 이 부호는 그림 4.3의 부호 규약에 의한 것이다.

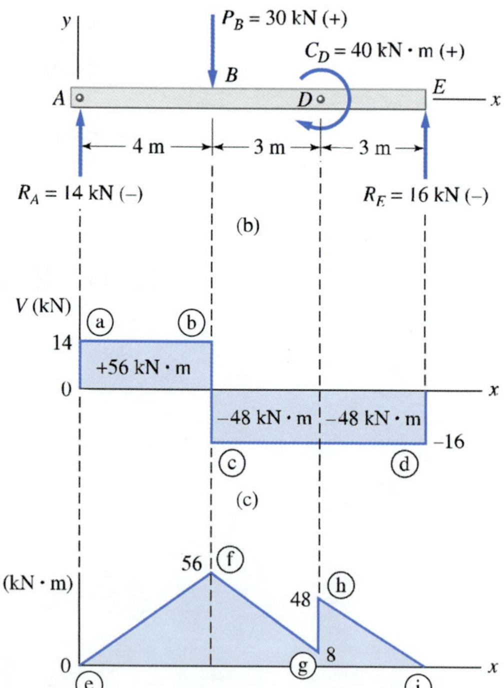

전단력 선도

이제 그림 (c)의 전단력 선도를 구성하는 데 사용되었던 단계들을 설명한다. 하중 선도에서 A, B, E점에서 집중 하중이 있으며, 이들이 전단력 선도에서 점프를 유발시킬 것임을 알 수 있다. 따라서 전단력에 대한 논의에서 이들

점의 바로 왼쪽과 오른쪽 부분들은 구분하여야 한다.

A의 왼쪽에서는 작용하는 하중이 없으므로, $V_A^- = 0$으로부터 시작한다. 그리고 나서 보의 왼쪽에서 오른쪽으로 가로질러 선도를 그려 나간다.

$$V_A^+ = V_A^- - R_A = 0 - (-14) = +14 \text{ kN}$$

ⓐ점을 그려라.

$$V_B^- = V_A^+ - w \text{ 선도의 면적}\Big]_A^B = 14 - 0 = 14 \text{ kN}$$

ⓑ점을 그려라.

A와 B 사이에서 $w = -dV/dx = 0$이므로, 이 점들 사이에서 V 선도의 기울기는 0이다.

ⓐ점과 ⓑ점을 수평선으로 연결하라.

$$V_B^+ = V_B^- - P_B = 14 - (+30) = -16 \text{ kN}$$

ⓒ점을 그려라.

$$V_E^- = V_B^+ - w \text{ 선도의 면적}\Big]_B^E = -16 - 0 = -16 \text{ kN}$$

ⓓ점을 그려라.

B와 E 사이에서 $w = -dV/dx = 0$임을 주목하면, BE 구간에서 V 선도의 기울기가 영이라는 결론을 얻는다.

ⓒ점과 ⓓ점을 수평선으로 연결하라.

E지점의 오른쪽에서는 하중이 없으므로, $V_E^+ = 0$이어야 한다.

$$V_E^+ = V_E^- - R_E = -16 - (-16) = 0$$

확인 !

굽힘 모멘트 선도

이제 그림 (d)에 나타낸 굽힘 모멘트 선도를 구성하는 데 필요한 단계들을 설명한다. D에 작용하는 우력이 굽힘 모멘트 선도에 점프를 일으킨다고 알려져 있으므로, D점의 바로 왼쪽과 오른쪽을 구분하여야 한다. 과정을 진행하기 전에, 보의 각각 다른 구간들에 대해 전단력 선도의 면적을 계산한다. 이 계산의 결과들을 그림 (c)에 나타내었다. 전단력의 부호에 따라 이들 면적의 부호도 양이거나 음임을 주목하라.

$M_A = 0$(A점에 가해진 우력이 없다).이라는 사실에서 굽힘 모멘트 선도의 구성을 시작한다.

ⓔ점을 그려라.

보의 왼쪽에서 오른쪽으로 가로질러 진행하면서, 다음과 같은 방법으로 굽힘 모멘트 선도를 작성한다.

$$M_B = M_A + V \text{ 선도의 면적}\Big]_A^B = 0 + (+56) = 56 \text{ kN}\cdot\text{m}$$

ⓕ점을 그려라.

V 선도에서 A와 B 사이에서 전단력이 상수이고, 양임을 볼 수 있다. 따라서 이들 두 단면 사이에서 M 선도의 기울기도 상수이며 양이다 ($dM/dx = V$임을 기억하라).

ⓔ와 ⓕ를 직선으로 연결하라.

$$M_D^- = M_B + V \text{ 선도의 면적}\Big]_B^D = 56 + (-48) = 8 \text{ kN}\cdot\text{m}$$

ⓖ점을 그려라.

B와 D 사이에서 V 선도의 기울기고 음이고 상수이므로, M 선도는 이 구간에서 음의 기울기를 갖는다.

ⓕ와 ⓖ를 직선으로 연결하라.

$$M_D^+ = M_D^- + C_D = 8 + (+40) = 48 \text{ kN}\cdot\text{m}$$

ⓗ점을 그려라.

다음으로 $M_E = 0$(E 지점에 작용하는 우력이 없다.)임을 주목한다. V 선도의 면적을 토대로 계산한 결과는 이 결과를 확인해야 한다.

$$M_E = M_D^+ + V \text{ 선도의 면적}\Big]_D^E = 48 + (-48) = 0 \quad \text{확인 !}$$

ⓘ점을 그려라.

D와 E 사이에서 전단력은 음이며 상수이다. 이것은 이 구간에 대한 M 선도의 기울기도 역시 상수이며 음임을 의미한다.

ⓗ와 ⓘ를 직선으로 연결하라.

예제 4.6

그림 (a)의 내다지보가 두 개의 균일 분포 하중과 한 개의 집중 하중을 받고 있다. 면적법을 이용하여, 이 보에 대한 전단력과 굽힘 모멘트 선도를 그려라.

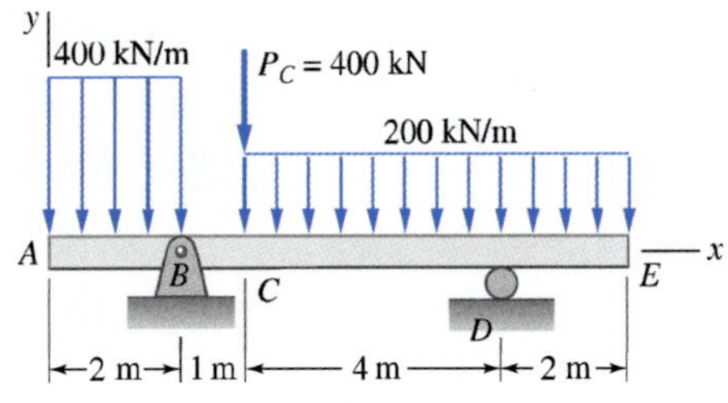

(a)

풀이

하중 선도

이 보에 대한 하중 선도를 그림 (b)에 나타내었다. B와 D에서의 반력은 평형 해석에서 구한 것이다. 각 힘의 수치 뒤 괄호 안에 (+), (−) 부호를 표시하였다. 이 부호는 그림 4.3의 부호 규약에 의한 것이다. F로 표시된 단면의 중요성은 이후의 설명에서 분명히 알게 될 것이다.

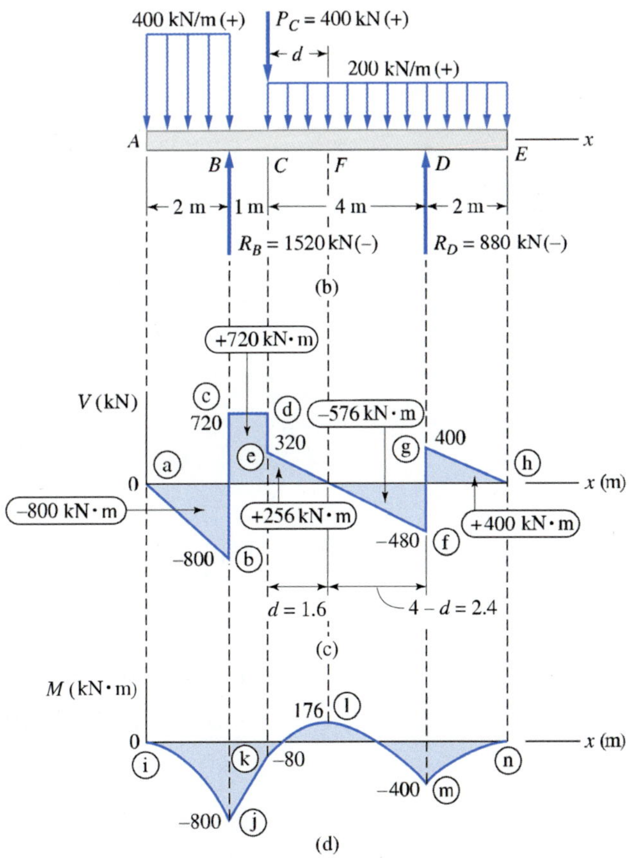

전단력 선도

그림 (c)의 전단력 선도를 구성하는 데 필요한 단계들을 상세히 설명한다. 하중 선도에서 B, C, D 지점에 집중 하중이 작용하며, 이들이 전단력 선도에서 점프를 일으킬 것임을 알 수 있다. 따라서 이들 각 지점의 바로 왼쪽과 오른쪽 부분에서 전단력을 구별해야 한다.

A 지점에 작용하는 힘이 없으므로, $V_A = 0$이라는 사실에서 V 선도의 작성을 시작한다.

ⓐ점을 그려라.

$$V_B^- = V_A - w \text{ 선도의 면적}]_A^B = 0 - (+400)(2) = -800 \text{ kN}$$

ⓑ점을 그려라.

그림 (b)에서 A와 B 사이에 작용하는 하중이 상수이며 양임을 알 수 있으며, 따라서 이들 두 단면 사이에서 전단력 선도의 기울기는 상수이며 음이다 ($dV/dx = -w$임을 기억하라).

ⓐ와ⓑ를 직선으로 연결하라.

$$V_B^+ = V_B^- - R_B = -800 - (-1500) = 720 \text{ kN}$$

ⓒ점을 그려라.

$$V_C^- = V_B^+ - w \text{ 선도의 면적}]_B^C = 720 - 0 = 720 \text{ kN}$$

ⓓ점을 그려라.

B와 C 사이에서 $w = -dV/dx = 0$임을 주목하면, 이 구간에서 V 선도의 기울기는 영이다.

ⓒ점과 ⓓ점을 수평선으로 연결하라.

$$V_C^+ = V_C^- - P_C = 720 - (+400) = 320 \text{ kN}$$

ⓔ점을 그려라.

$$V_D^- = V_C^+ - w \text{ 선도의 면적}]_C^D = 320 - (+200)4 = -480 \text{ kN}$$

ⓕ점을 그려라.

C와 D 사이의 하중이 상수이고 양이므로, 이 두 단면들 사이에서 V 선도의 기울기는 상수이고 음이다.

ⓔ와 ⓕ를 직선으로 연결하라.

계산 도중에 부수적으로 흥미로운 점을 밝혔는데, 이는 그림 (b)의 하중 선도에서 F로 표시된, 전단력이 영인 지점이다. F의 위치는 다음에서 구할 수 있다.

$$V_F = V_C^+ - w \text{ 선도의 면적}]_C^F = 320 - (+200)d = 0$$

여기서 그림 (c)에 보인 것처럼, $d = 1.60$ m를 얻는다.

보를 따라서 계속 진행하면, 다음을 얻는다.

$$V_D^+ = V_D^- - R_D = -480 - (-880) = 400 \text{ kN}$$

ⓖ점을 그려라.

다음으로 $V_E = 0$(E에 작용하는 힘이 없다). 임을 주목한다. 하중 선도의 면적에 기초한 계산은 이 결과를 확인해야 한다.

$$V_E = V_D^+ - \; w \text{ 선도의 면적}]_D^E = 400 - (+200)2 = 0 \text{ 확인!}$$

ⓗ점을 그려라.

그림 (b)에서 D와 E 사이에 작용하는 하중은 상수이며 양임을 볼 수 있다. 따라서 이 두 단면들 사이에서 V 선도의 기울기는 상수이며 음이다.

ⓖ와 ⓗ를 직선으로 연결하라.

이것으로 전단력 선도의 작성은 끝난다.

굽힘 모멘트 선도

이제 그림 (d)에 나타낸, 굽힘 모멘트 선도의 작성에 필요한 단계들을 설명하도록 한다. 작용하는 우력이 없으므로, M 선도에는 점프가 없을 것이다. 보의 각각 다른 부분에서의 전단력 선도의 면적을 그림 (c)에 나타내었다.

A에 작용하는 우력이 없으므로 $M_A = 0$임을 주목하면서 시작한다.

ⓘ점을 그려라.

왼쪽에서 오른쪽으로 보를 가로질러 진행하면서, 다음과 같이 굽힘 모멘트 선도를 작성한다.

$$M_B = M_A + V \text{ 선도의 면적}]_A^B = 0 + (-800) = -800 \text{ kN·m}$$

ⓙ점을 그려라.

그림 (c)에서 A와 B 사이의 V 선도가 1차 다항식(기울어진 직선)임을 알 수 있다. 따라서 이 두 단면들 사이의 M 선도는 2차식, 즉 포물선이다. $dM/dx = V$로부터, A와 B에서 M 선도의 기울기는 각각 0과 -800 kN/m이다.

ⓘ와 ⓙ를 포물선으로 연결하되,
ⓘ에서의 기울기가 영이고 ⓙ에서 음의 기울기를 가지도록 하라.
이 포물선은 아래로 오목하게 될 것이다.

$$M_C = M_B + \; V \text{ 선도의 면적}]_B^C = -800 + (+720) = -80 \text{ kN·m}$$

ⓚ점을 그려라.

B와 C 사이에서 V 선도가 상수이고 양이므로 이들 두 단면 사이에서 M 선도의 기울기는 상수이며 양이다.

ⓙ와 ⓚ를 직선으로 연결하라.

$$M_F = M_C + V \text{ 선도의 면적}]_C^F = -80 + (+256) = +176 \text{ kN} \cdot \text{m}$$

ⓛ점을 그려라.

$V = dM/dx$를 사용하여, M 선도의 기울기가 C와 F에서 각각 +320 kN/m와 영임을 알 수 있고, 또 이 두 단면 사이에서 포물선이라는 것을 알 수 있다.

ⓚ와 ⓛ을 포물선으로 연결하되,
ⓚ에서의 기울기가 양이고 ⓛ에서의 기울기가 0이 되게하라.
이 포물선은 아래로 오목하게 될 것이다.

$$M_D = M_F + V \text{ 선도의 면적}]_F^D = 176 + (-576) = -400 \text{ kN} \cdot \text{m}$$

ⓜ점을 그려라.

F와 D사이의 M 선도는 포물선이며 F와 D에서의 기울기는 각각 0과 −480 kN/m 이다.

ⓛ과 ⓜ을 포물선으로 연결하되, ⓛ에서의 기울기가 0 이고
ⓜ에서의 기울기가 음이 되게 하라. 이 포물선은 아래로 오목하게 될 것이다.

다음으로 E에 작용하는 우력이 없으므로 $M_E = 0$임을 주목한다. V 선도의 면적에 기초한 계산에서 이 결과를 확인해야 한다.

$$M_E = M_D + V \text{ 선도의 면적}]_D^E = -400 + (+400) = 0 \quad \text{확인 !}$$

ⓝ점을 그려라.

D와 E사이의 M 선도는, D와 E에서의 기울기가 각각 +400 kN/m와 0인 포물선이다.

ⓜ과 ⓝ을 포물선으로 연결하되, ⓜ에서의 기울기가 양이고
ⓝ에서의 기울기가 0이 되게 하라. 이 포물선은 아래로 오목하게 될 것이다.

이로써 굽힘 모멘트 선도의 작성이 끝난다. M 선도의 기울기가 ⓙ와 ⓜ에서 불연속임을 그림 (d)에서 명확하게 알 수 있다. ⓚ에서 기울기가 불연속인지는 그리 명확하지 않다. $dM/dx = V$로부터 ⓚ의 바로 왼쪽에서 M 선도의 기울기가 +720 kN/m이고, 오른쪽에서 +320 kN/m임을 볼 수 있다. ⓛ의 좌우에서는 전단력이 같은 값(0)을 가지므로, ⓛ에서 M 선도의 기울기는 연속임에 주목하라.

연습문제

4.24-4.47 다음에 나타낸 보에 대하여 면적법을 사용하여 전단력과 굽힘 모멘트 선도를 작성하라. 보의 무게는 무시하라.

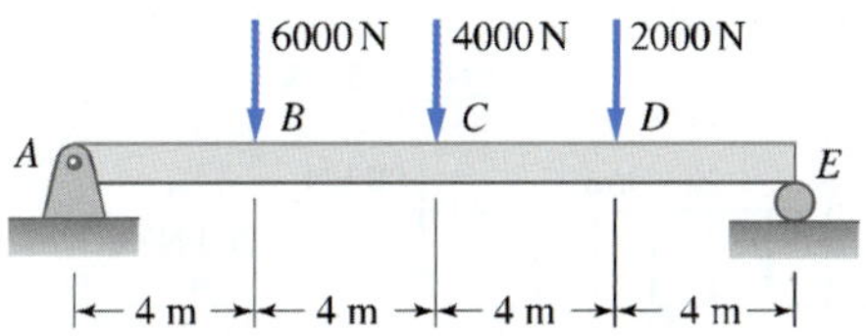

그림 P4.24

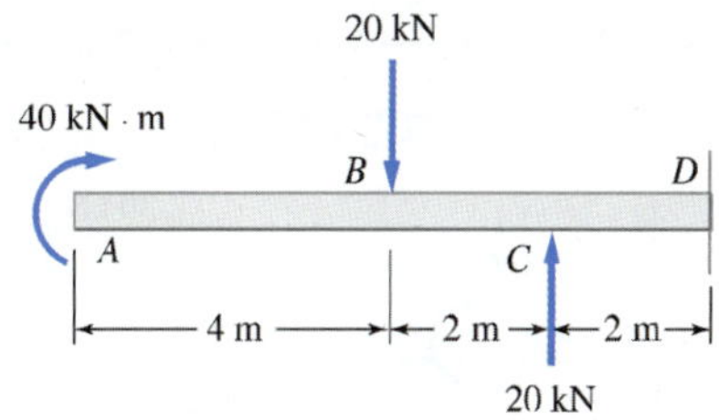

그림 P4.25

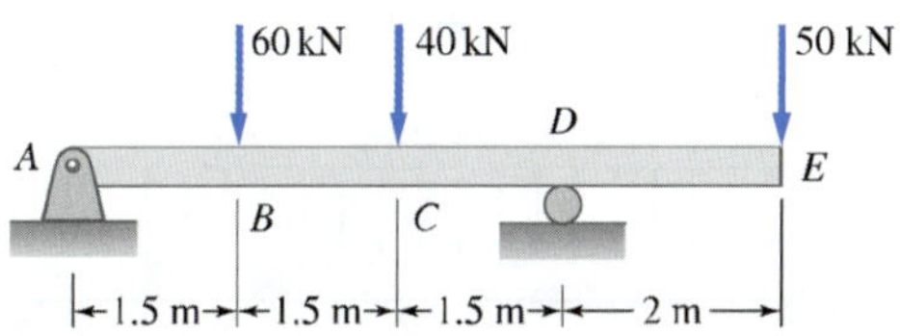

그림 P4.26

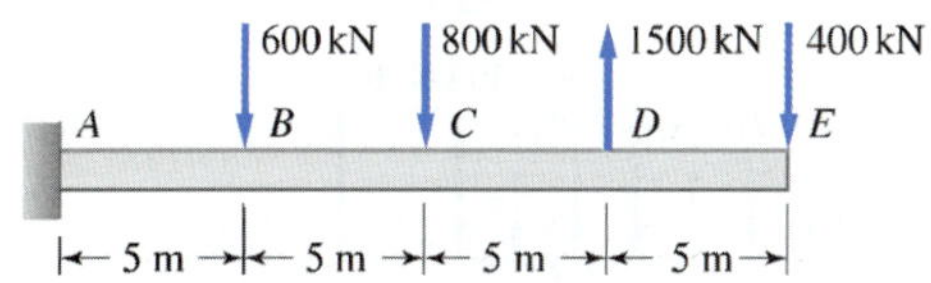

그림 P4.27

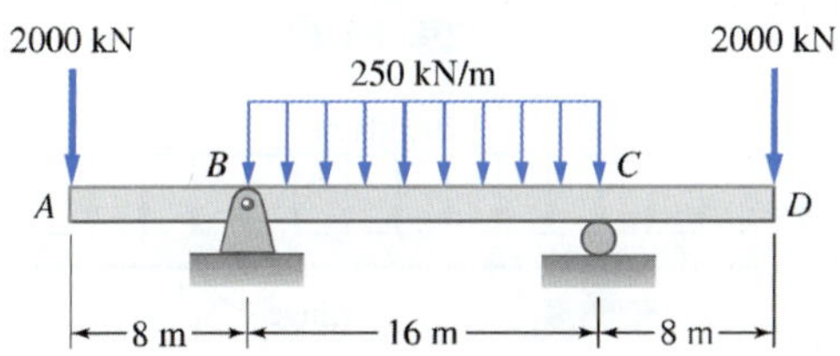

그림 P4.28

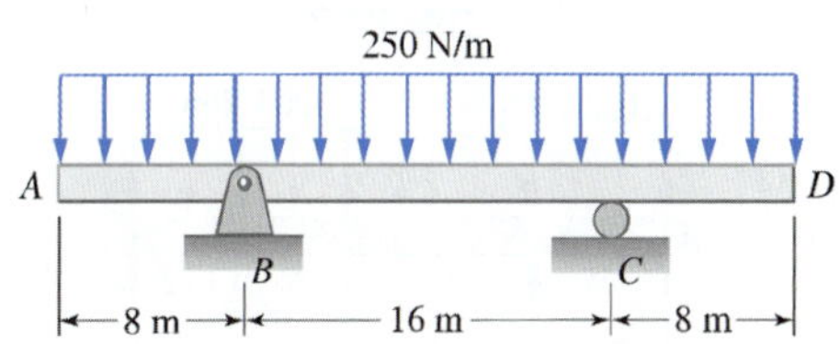

그림 P4.29

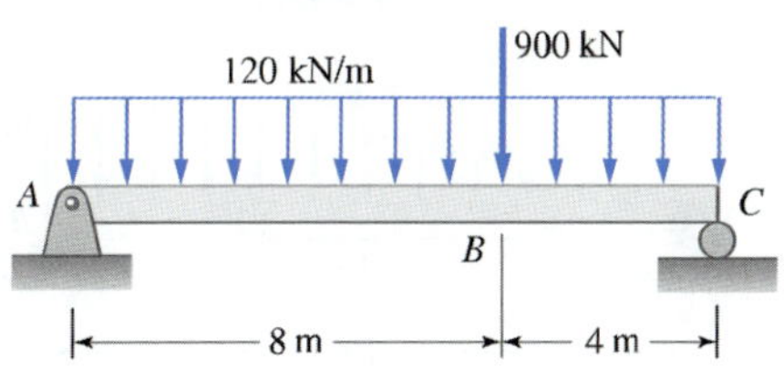

그림 P4.30

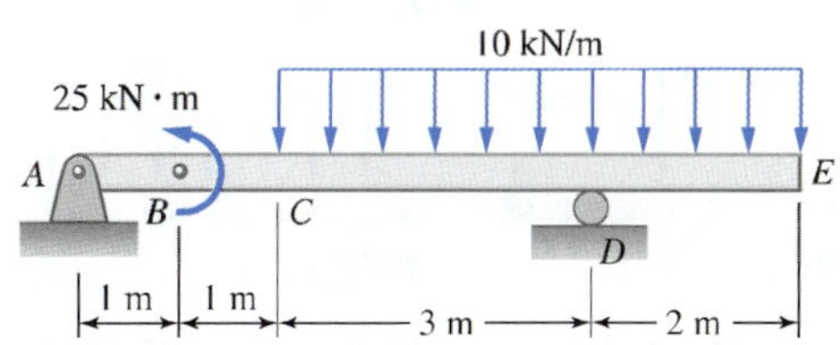

그림 P4.31

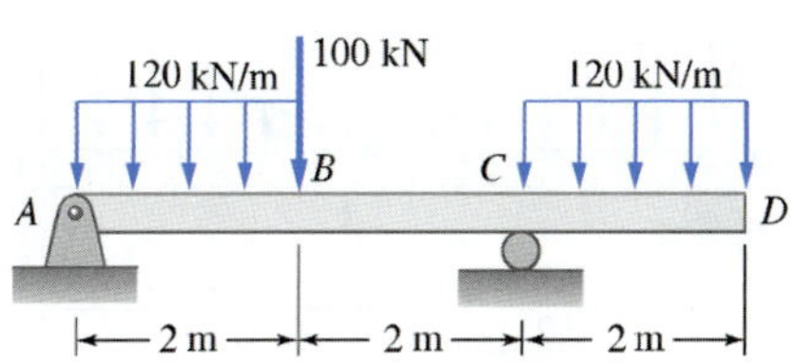

그림 P4.32

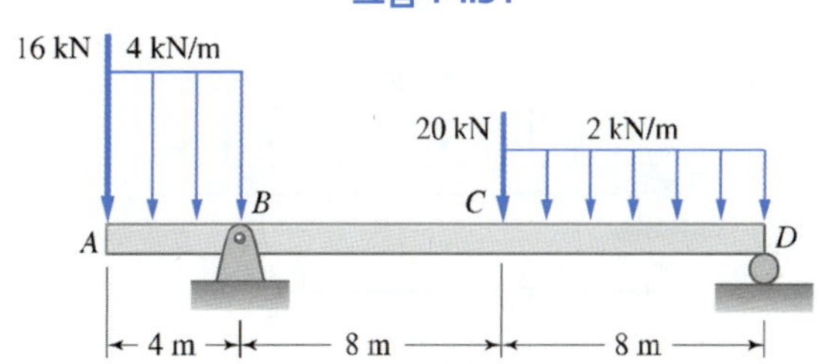

그림 P4.33

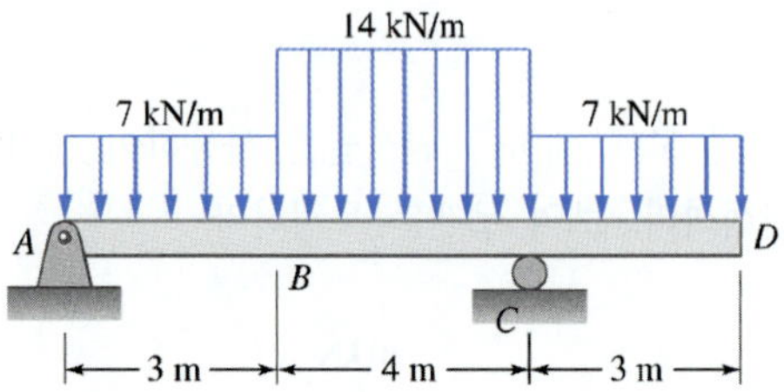

그림 P4.34

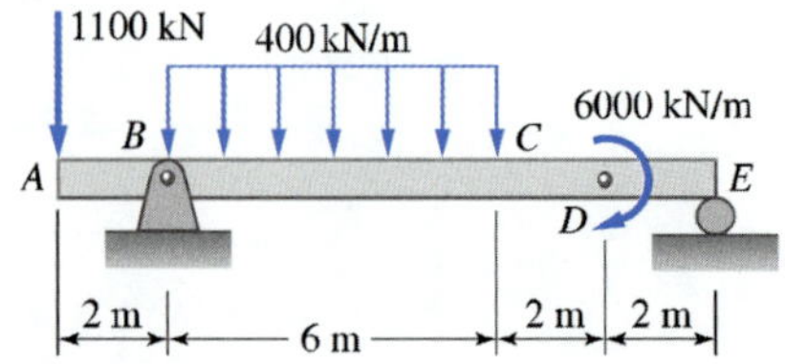

그림 P4.35

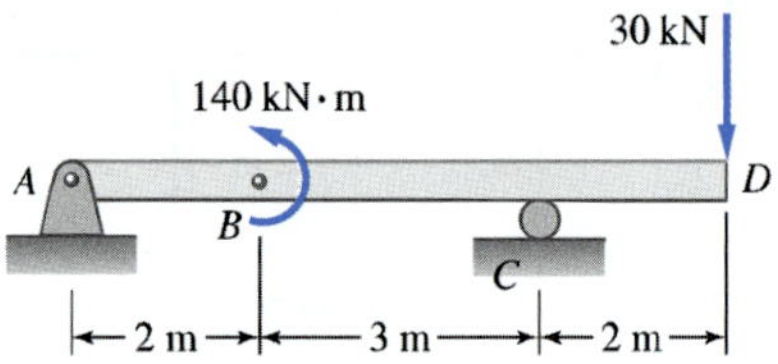

그림 P4.36

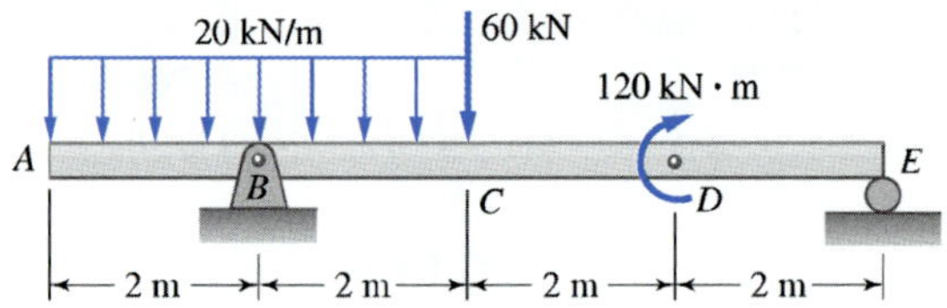

그림 P4.37

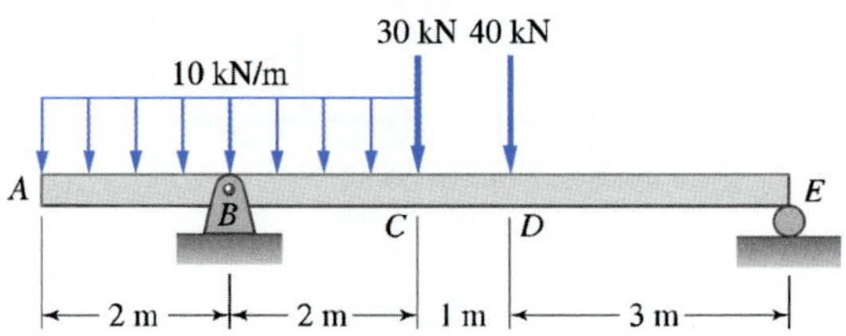

그림 P4.38

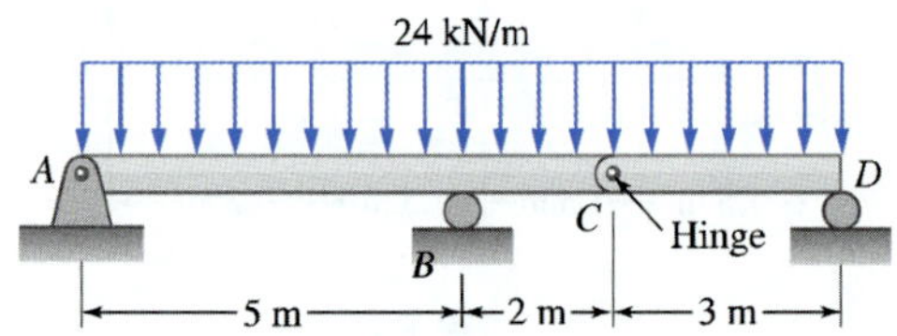

그림 P4.39

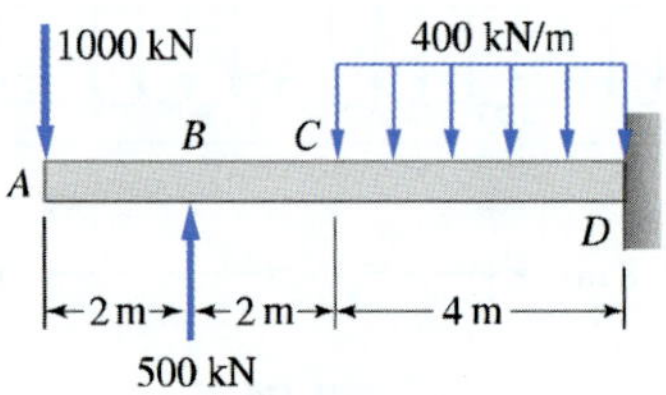

그림 P4.40

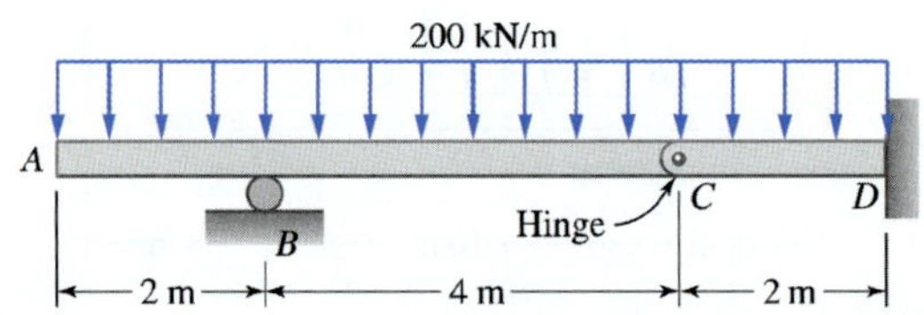

그림 P4.41

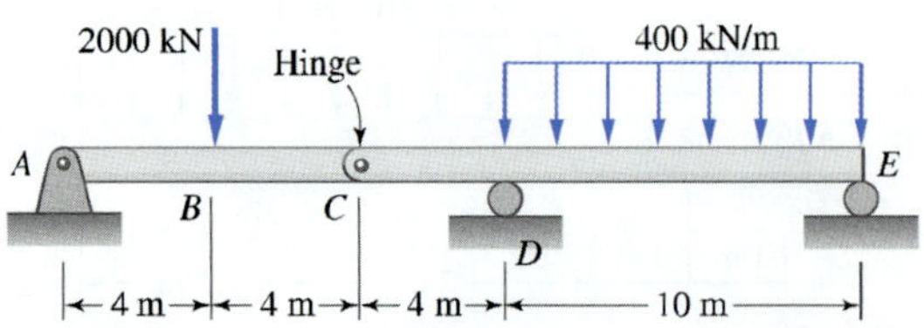

그림 P4.42

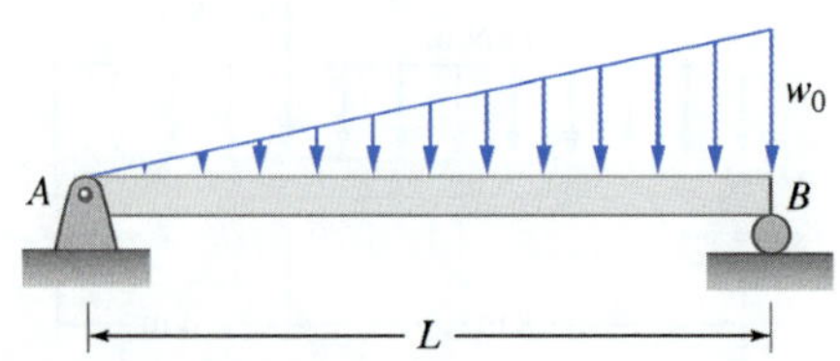

그림 P4.43

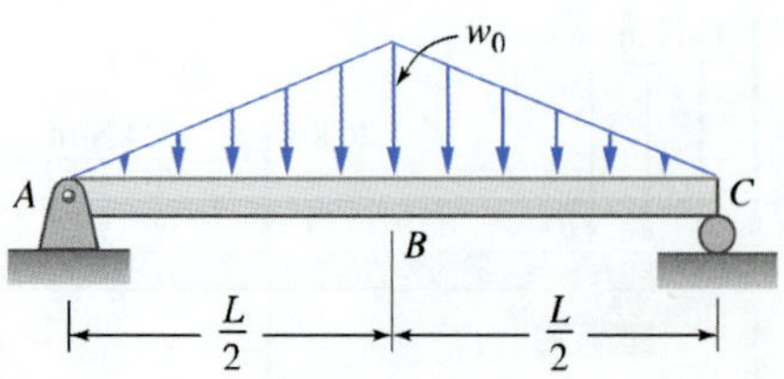

그림 P4.44

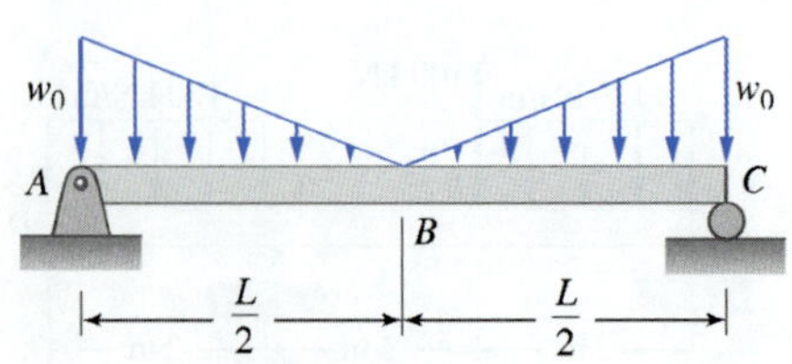

그림 P4.45

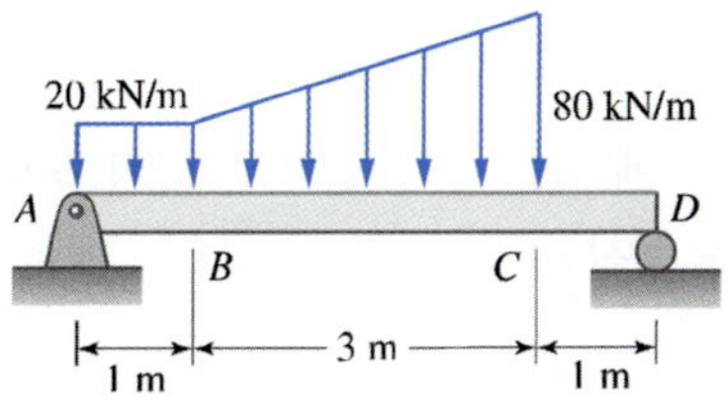

그림 P4.46

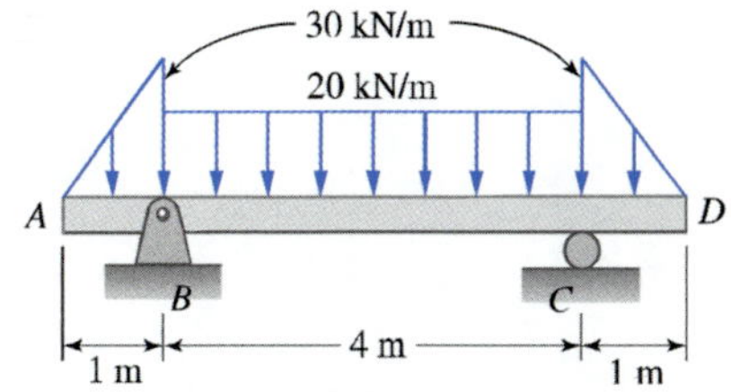

그림 P4.47

4.48-4.52 주어진 전단력 선도에 상응하는 하중 선도와 굽힘 모멘트 선도를 그려라. 보에는 우력이 작용하지 않는다고 가정하라.

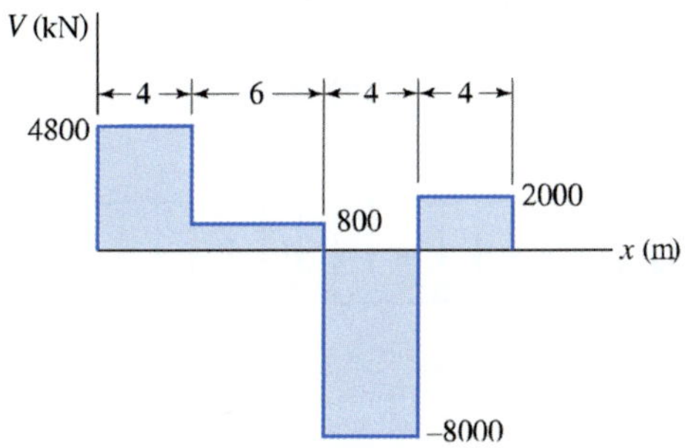

그림 P4.48

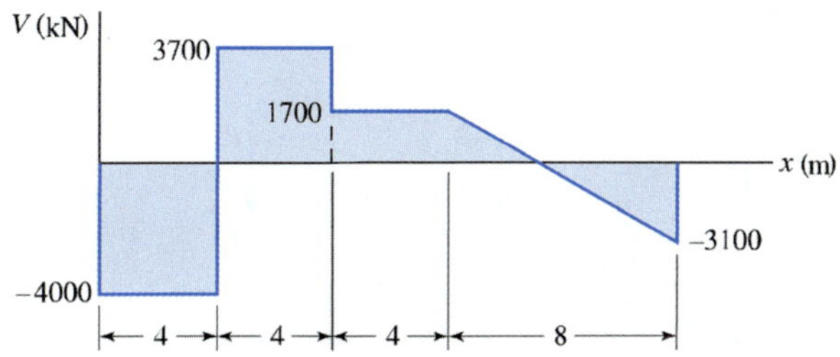

그림 P4.49

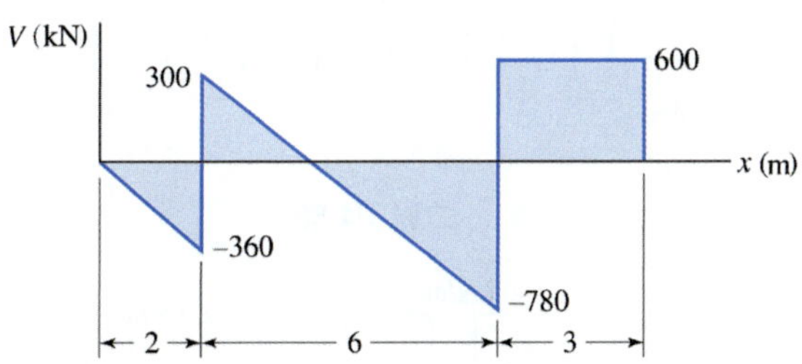

그림 P4.50

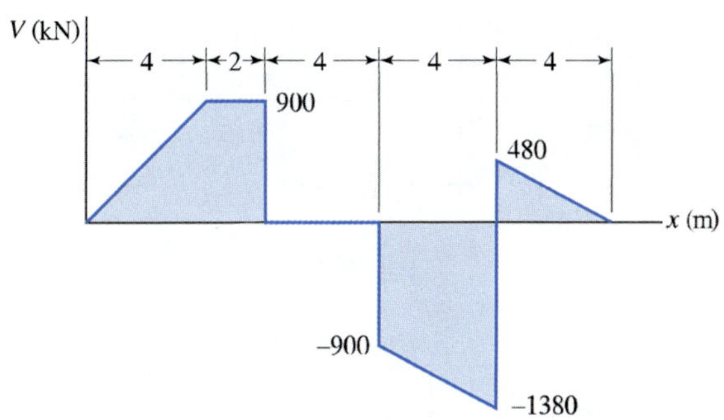

그림 P4.51

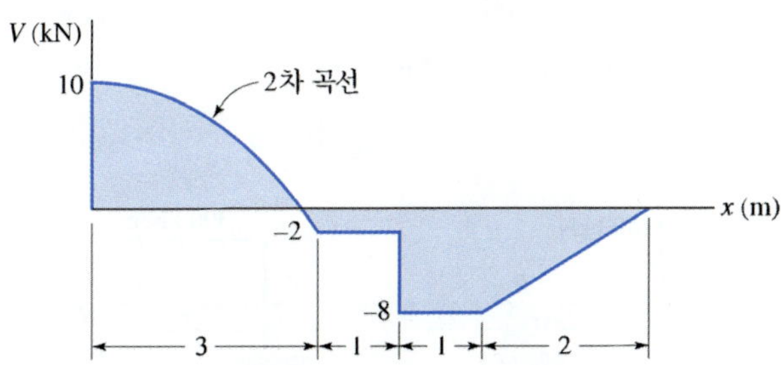

그림 P4.52

복습문제

4.53-4.67 다음에 보인 보들에 대하여 전단력 및 굽힘 모멘트 선도를 그려라. 단 보의 자중은 무시하라.

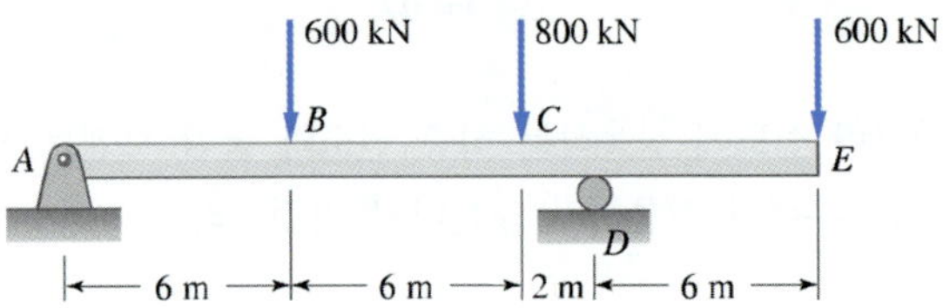

그림 P4.53

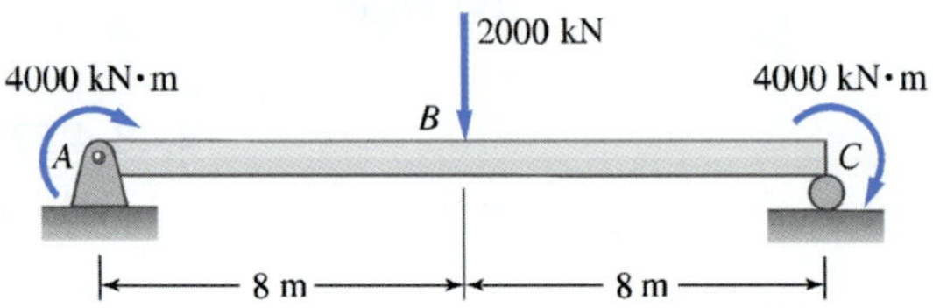

그림 P4.54

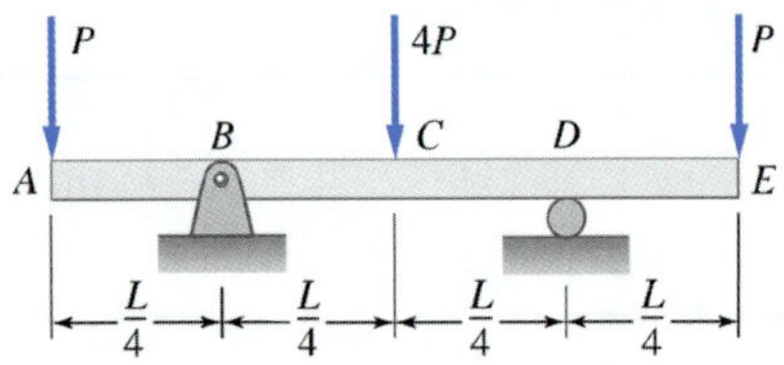

그림 P4.55

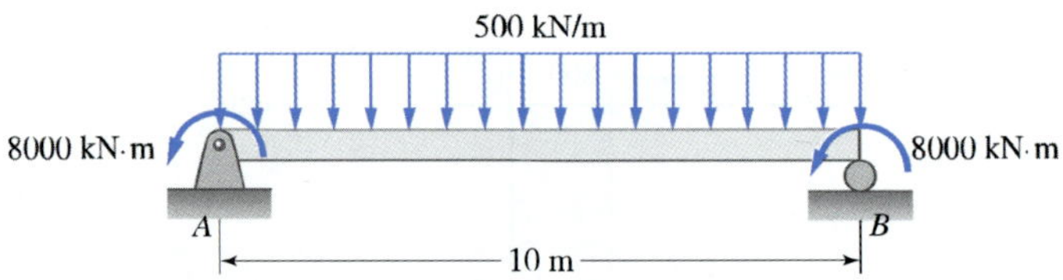

그림 P4.56

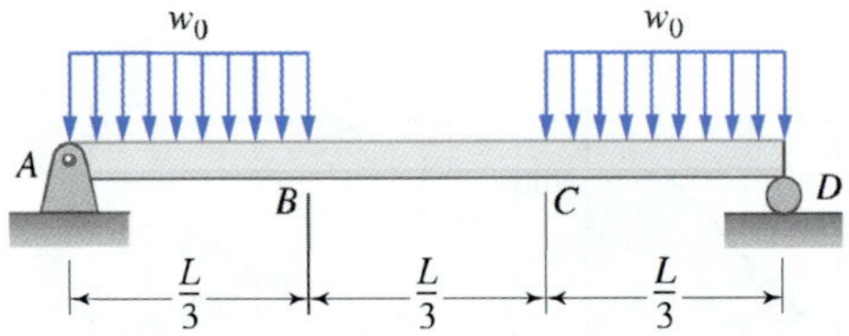

그림 P4.57

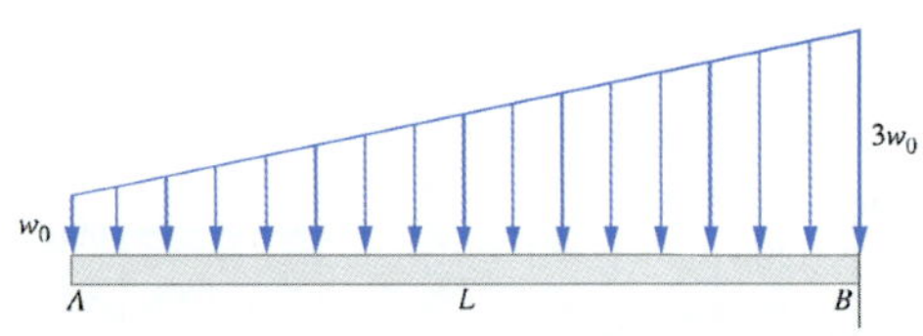

그림 P4.58

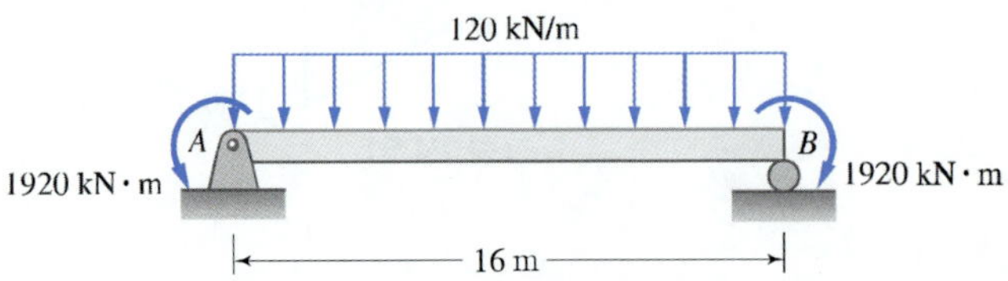

그림 P4.59

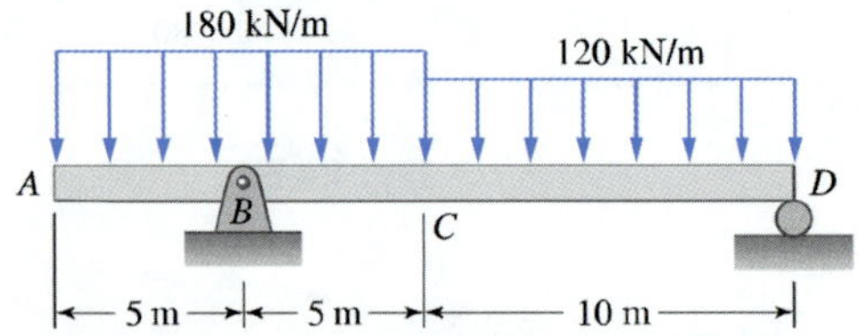

그림 P4.60

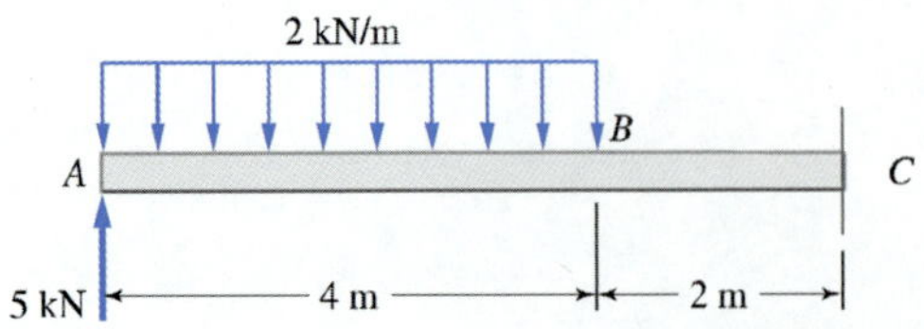

그림 P4.61

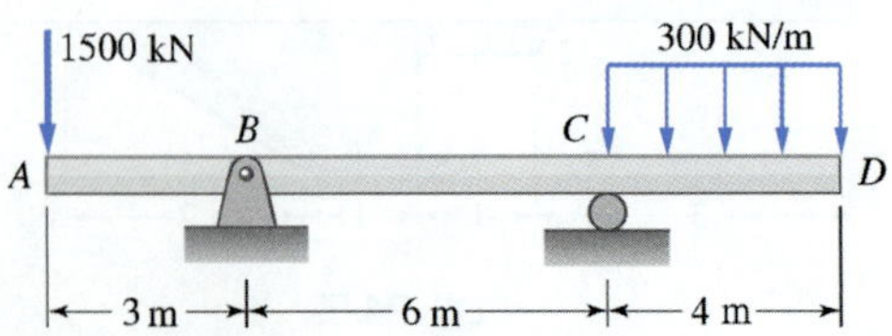

그림 P4.62

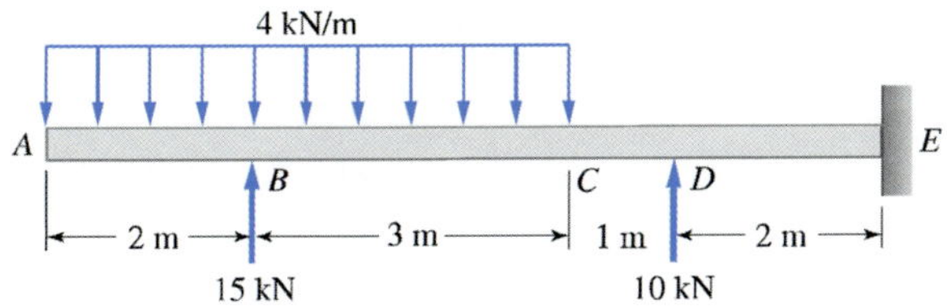

그림 P4.63

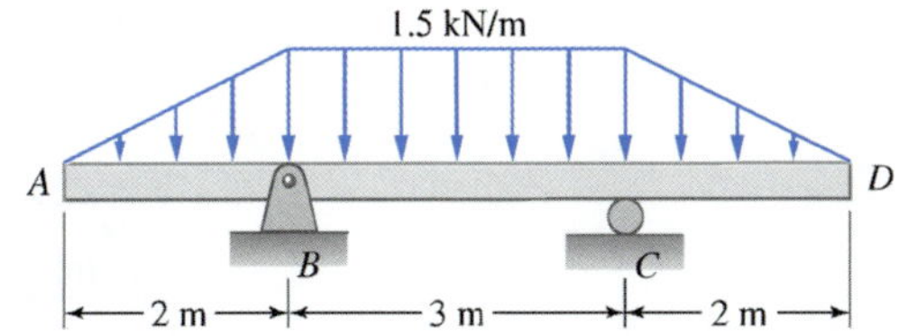

그림 P4.64

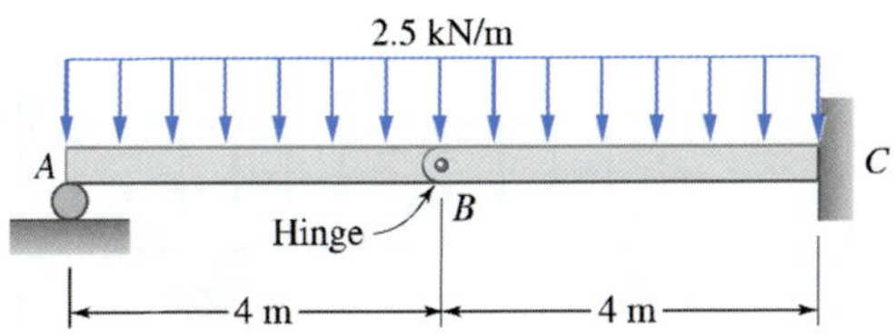

그림 P4.65

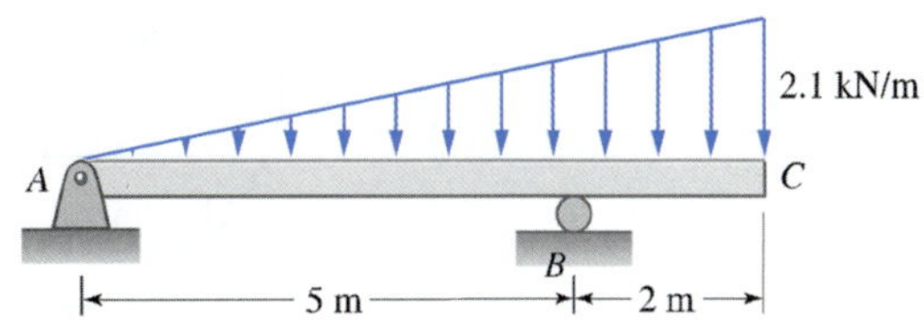

그림 P4.66

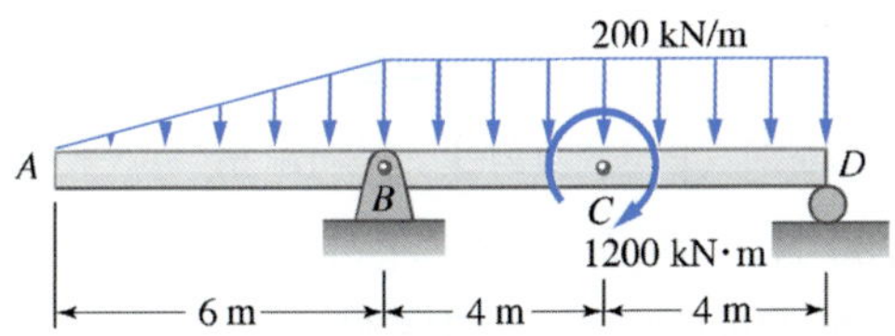

그림 P4.67

4.68-4.69 주어진 전단력 선도에 대응하는 하중 및 굽힘 모멘트 선도를 그려라. 보에는 우력이 작용하지 않는다고 가정하라.

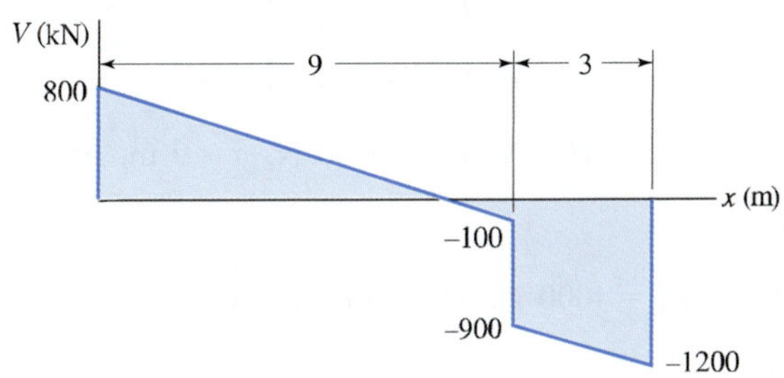

그림 P4.68

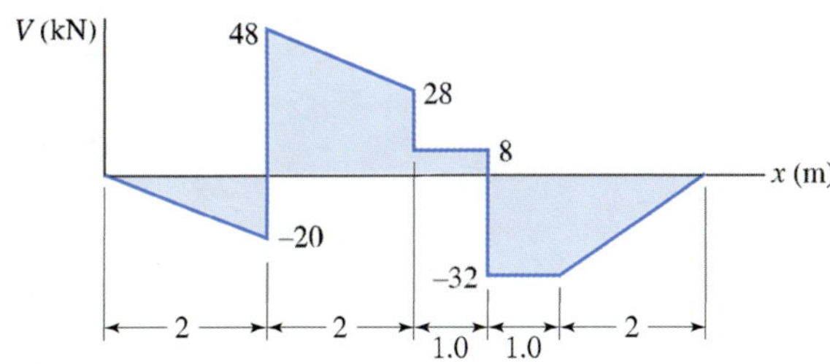

그림 P4.69

컴퓨터문제

C4.1 그림의 외팔보 AB는 벽을 지지하고 있는 파일(pile)을 나타낸다. 토압에 의해 파일은 그림과 같은 분포 하중을 견디고 있다. 수치적분을 사용하여 B에서의 전단력과 굽힘 모멘트를 계산하라.

C4.2 내다지보가 전체 길이 L에 걸친 세기 w_0의 분포 하중과 자유단에서의 집중 하중 P를 받고 있다. 지지점 사이의 거리는 x이다. 주어진 L, w_0 및 P에 대하여, $x = L/2$로부터 L까지의 구간에서 보 속의

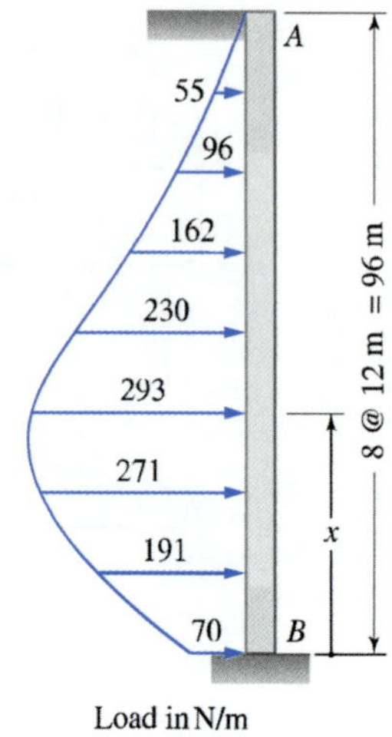

그림 C4.1

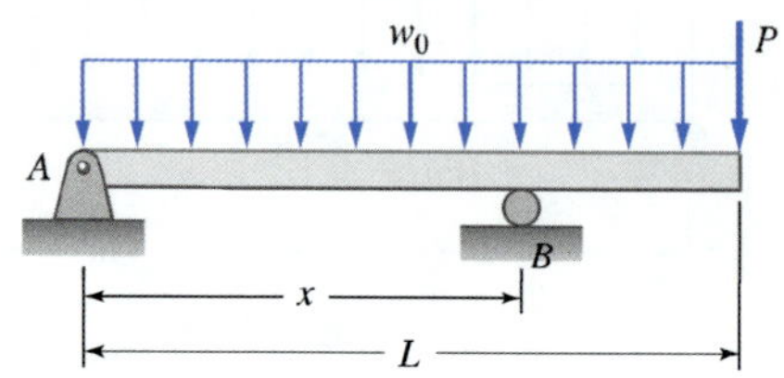

그림 C4.2

최대 굽힘 모멘트를 x의 함수로 그려라. $L = 16$ m, $w_0 = 200$ N/m, 그리고 (a) $P = 1200$ N 및 (b) $P = 0$을 사용하라. 각각의 경우, x값이 얼마일 때 최대 굽힘 모멘트가 최소화되는가?

C4.3 집중 하중 P_1, P_2, P_3가 길이 L의 단순지지보 AB를 가로질러 이동하고 있으며, 이들 하중들 사이의 거리는 각각 a, b로 고정되어 있다. A와 P_1 사이의 거리는 x이다. 주어진 하중의 크기와 a, b, L에 대하여 $x=0$으로부터 $x = L - a - b$까지, 각 하중에 의한 굽힘 모멘트를 x의 함수로 그리는 알고리즘을 작성하라.

(a) $P_1 = 4000$ N, $P_2 = 8000$ N, $P_3 = 6000$ N, $a = 9$ m, $b = 18$ m, $L = 44$ m

(b) $P_1 = 8000$ N, $P_2 = 4000$ N, $P_3 = 6000$ N, $a = 5$ m, $b = 28$ m, $L = 80$ m

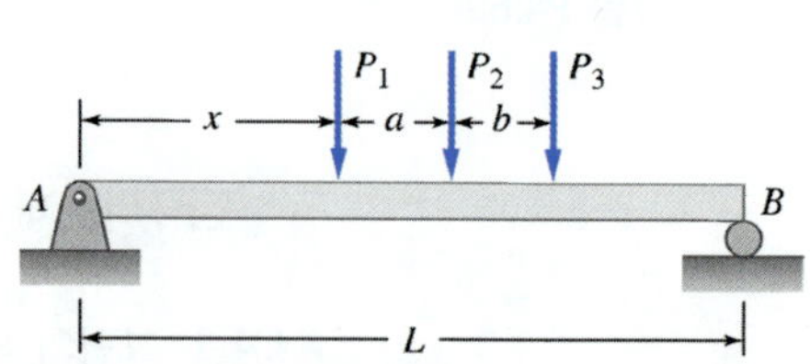

그림 C4.3

C4.4 길이 L의 외팔보 AB가 거리 x에 따라 변하는 분포 하중 w를 받고 있다. 아래에 주어진 L, $w(x)$에 대하여 전단력과 굽힘 모멘트를 그리는 알고리즘을 작성하라.

(a) $L = 3$ m, $w = (50$ kN/m$)\sin(\pi x/2L)$

(b) $L=5$ m,

$$w = \begin{cases} 20\ \mathrm{kN/m} & \text{iff } x \le 1.0\ \mathrm{m} \\ (20\ \mathrm{kN/m})\dfrac{x}{1.0\ \mathrm{m}} & \text{if } 1.0\ \mathrm{m} \le x \le 4\ \mathrm{m} \\ 0 & \text{iff } x > 4\ \mathrm{m} \end{cases}$$

C.4.5 보가 A와 B에서 단순지지된 경우, 문제 C4.4를 풀어라.

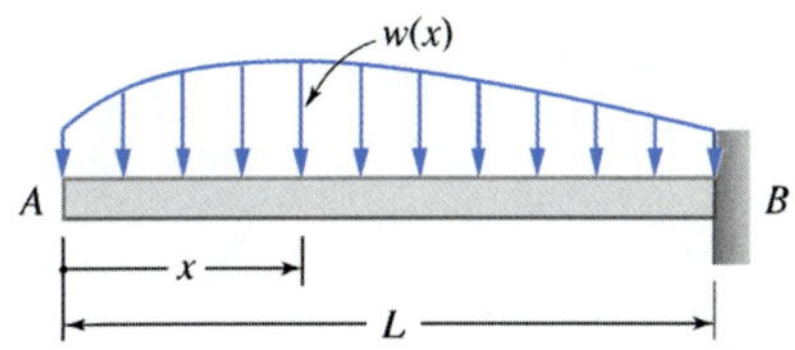

그림 C4.4, C4.5

제5장

보 속의 응력

강재보와 기둥으로 구성된 구조 프레임 워크. 4장에서 논의한 방법으로 부재 내의 전단력들과 굽힘 모멘트들을 구한 후에 이 장에서 유도하는 공식으로 응력들을 계산할 수 있다.

5.1 개요

앞장들에서 축 하중과 비틀림에 의해 야기된 봉 내부의 응력에 대해 생각하였다. 여기서는 세 번째의 기본적 하중인 굽힘을 다룬다. 굽힘 모멘트와 이것이 야기하는 응력들 사이의 관계를 유도할 때, 단순화시키는 가정들이 필요하다는 것을 다시금 알게 된다. 비록 이 가정들이 과도하게 제한적으로 보일지라도, 결과식들은 곧은 탄성 보(beam)들의 설계에 잘 사용되어 왔다. 더욱이 이들 식들은 다음 장에서 논의되는, 보다 복잡한 굽힘 문제로 확장될 수 있다. 굽힘 해석에 있어서 제3장의 비틀림에 대해 사용했던 동일한 절차를 사용한다.

- 실험적 증거에 근거하여 변형을 단순화시키는 가정을 하라.
- 가정된 변형과 기하학적으로 적합한 변형률을 구하라.
- 응력의 항으로 적합조건식을 나타내기 위해 Hooke의 법칙을 이용하라.
- 평형방정식들을 유도하라(이 방정식들은 응력과 작용 하중과의 관계를 제공한다).

5.2 굽힘응력

a. 단순화 가정

굽힘 모멘트에 의해 야기된 응력을 **굽힘응력**(*bending stress*), 또는 **휨응력**(*flexure stress*)이라 부른다. 이들 응력들과 굽힘 모멘트 사이의 관계를 **굽힘공식**(*flexure formula*)이라 부른다. 굽힘공식을 유도하는 데 다음과 같은 가정들을 한다.

- 보는 xy 평면으로 취해지는 하나의 축 대칭 평면을 가진다(그림 5.1을 보라).
- 작용 하중들(예를 들어 그림 5.1에서 F_1, F_2, F_3)은 대칭 평면에 놓여 있고 보의 축(x축)에 대하여 수직이다.
- 보의 축(axis)은 휘어지지만 늘어나지는 않는다(축은 대칭 평면(plane of symmetry)의 어딘가에 놓여 있는데, 그 위치는 나중에 결정할 것이다).
- 보의 단면은 뒤틀리지 않고 평면을 유지하며 보의 변형된 축에 대하여 수직이다.
- 보의 단면 치수의 변화는 무시할 만하다.

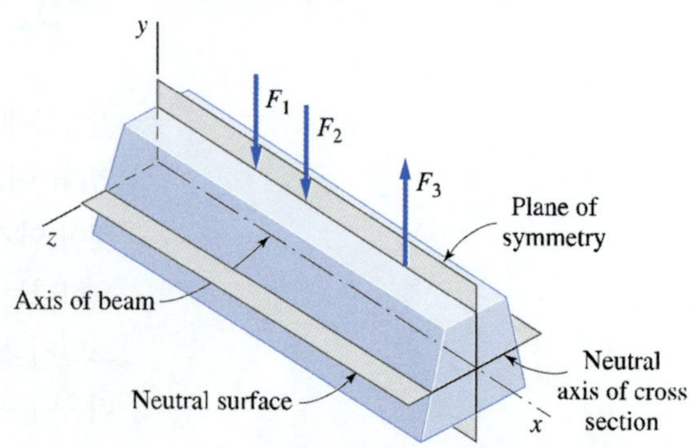

그림 5.1 대칭 평면에 놓인 하중을 받는 대칭보

수직 전단력에 의한 전단응력은 원래의 평면 단면을 뒤틀기(distort) 때문에, 여기서의 논의는 굽힘 모멘트에 의해서 야기된 변형에 대해서만 국한시킨다. 그러나 보의 길이가 단면 치수에 비해 훨씬 더 큰 세장 보(slender beam)에 있어서는 수직 전단력에 의한 변형은 굽힘에 의한 변형과 비교하여 무시할 만하다는 것을 보일 수 있다. 이상의 가정들에서 다음과 같은 결론을 이끌어 낼 수 있다: **보의 각 단면은 단면의 중립축이라 불리는 한 선에 관해 강체 요소처럼 회전한다. 중립축**(*neutral axis*)은 그림 5.1에 보이는 것처럼 보의 축을 통과하고 대칭 평면에 대해 수직이다. 모든 단면의 중립축을 포함하는 xz평면은 보의 **중립면**(*neutral surface*)이라 한다.

b. 적합 조건

그림 5.2는 미소 거리 dx로 분리된 두 단면으로 경계 지어진 보 요소를 보여준다. 작용 하중으로 인한 굽힘 모멘트 M때문에 단면은 $d\theta$만큼 서로 상대적으로 회전한다. 굽힘 모멘트는 그림 4.3에서 설정된 부호 규약에 따라 양으로 가정한다. 변형에 대하여 세워진 가정들과 일치하려면 단면은 어떤 형태로도 뒤틀리지 않는다.

단면은 보의 축에 대하여 수직을 유지한다는 가정 때문에, 중립면은 그림 5.2에 표시한 것처럼 곡률을 갖는 형태로 변형된다. 변형된 면의 곡률 반경(radius of curvature)을 ρ로 표시하였다. 중립면을 따라 잰 단면들 사이의 거리 dx는 변화하지 않는다는 것을 주목하라(이는 보의 축의 길이가 변하지 않는다고 가정하는 것이다). 따라서 중립면에 놓여 있는 길이 방향 섬유(fiber)들은 변형되지 않으며, 반면에 중립면 위의 섬유들은 압축되고 아래의 섬유들은 신장된다.

이제 그림 5.2에 보이는 것처럼 중립면 위로 거리 y만큼 떨어져 있는 길이 방향의 섬유 ab의 변형을 생각하자. 변형 상태에서 섬유는 각 $d\theta$에 의하여 반경 $(\rho-y)$의 호 $a'b'$를 형성한다. 따라서 변형된 길이는

$$\overline{a'b'}=(\rho-y)d\theta$$

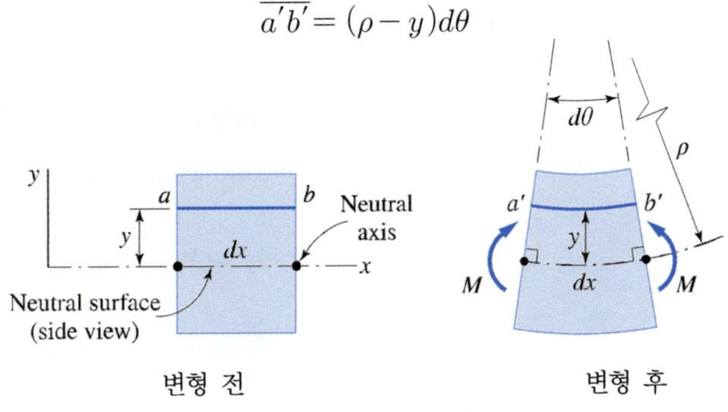

그림 5.2 미소보 요소의 변형

이 섬유의 원래 길이는 $\overline{ab} = dx = \rho d\theta$이다. 섬유의 수직 변형률(normal strain)은 길이의 변화를 원래 길이로 나누어서 구한다. 즉,

$$\epsilon = \frac{\overline{a'b'} - \overline{ab}}{\overline{ab}} = \frac{(\rho - y)d\theta - \rho d\theta}{\rho d\theta} = -\frac{y}{\rho}$$

응력이 재료의 비례한도(proportional limit)보다 작다는 가정하에서 섬유 ab의 수직응력(normal stress)을 Hooke의 법칙에서 얻을 수 있다.

$$\sigma = E\epsilon = -\frac{E}{\rho}y \tag{5.1}$$

식 (5.1)은 길이 방향 섬유의 수직응력이 중립면에서 섬유까지의 거리 y에 비례한다는 것을 보여준다. 음의 부호는 예상한 대로, 양의 굽힘 모멘트는 y가 양(중립면 위의 섬유들)일 때 압축응력을 발생시키며, y가 음(중립면 아래의 섬유들)일 때 인장응력을 발생시킴을 나타낸다.

c. 평형

굽힘공식의 유도를 마무리 짓기 위해, 단면의 중립축을 지정하고 ρ와 M 사이의 관계를 유도해야 한다. 이 두 과정은 평형 조건을 적용해서 이루어질 수 있다. 그림 5.3은 보의 전형적인 보의 단면을 보여준다. 단면의 미소 면적 dA에 작용하는 수직력은 $dP = \sigma dA$이다. $\sigma = -(E/\rho)y$를 대입하면 다음과 같다.

$$dP = -\frac{E}{\rho}ydA \tag{a}$$

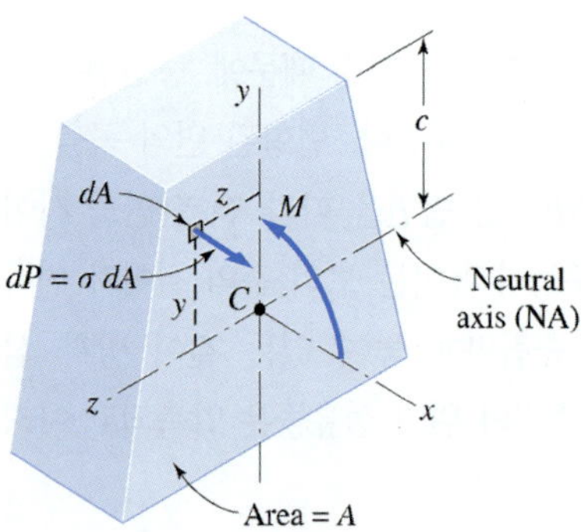

그림 5.3

여기서 y는 중립축 (NA)으로부터 미소 면적 dA까지의 거리이다. 평형 조건에서 단면에 걸쳐 분포하는 수직응력의 합 모멘트가 중립축 (z-축)에 대해 작용하는 굽힘 모멘트 M과 같아야 한다. 다시 말하자면 $-\int_A ydP = M$으로, 여기서 적분은 전체 단면적 A에 걸쳐 수행한다 (이 식에서 음의 부호는 dP의 모멘트와 양의 M이 반대 부호를 가지기 때문에 필요하다). 게다가, 축력의 총합과 y축에 관한 굽힘 모멘트 총합은 영이 되어야 한다. 즉, $\int_A dP = 0$이고, $\int_A zdP = 0$이어야 한다. 이 세 개의 평형방정식은 아래에서 자세히 전개한다.

축력의 합은 영이어야 한다. 축력이 0이라는 것에 대한 조건은 다음과 같다.

$$\int_A dP = -\frac{E}{\rho}\int_A y dA = 0$$

$\frac{E}{\rho} \neq 0$이므로, 이 식은

$$\int_A y dA = 0 \tag{b}$$

인 경우에만 만족된다. 식 (b)에서 적분은 중립축에 관한 단면의 1차 모멘트이다. 이는 **중립축이 단면의 도심 C를 통과할 경우에만** 0이 될 수 있다. 따라서 축력이 0이라는 조건은 단면의 중립축의 위치를 결정한다.

y축에 관한 모멘트의 합은 0이어야 한다. 이 조건은 다음과 같다.

$$\int_A z dP = -\frac{E}{\rho}\int_A zy dA = 0 \tag{c}$$

적분 $\int_A zy dA$는 단면적의 관성곱이다. 가정에 의거하여, y 축은 단면의 대칭축이고, 이 경우 적분은 0이 되며, 식 (c)는 자동적으로 만족된다.

중립축에 관한 모멘트의 합은 M이어야 한다. z축에 관한 모멘트의 합을 M으로 놓으면 다음과 같다.

$$-\int_A y dP = \frac{E}{\rho}\int_A y^2 dA = M$$

$\int_A y^2 dA = I$가 중립축 (z-축)에 관한 단면의 관성 모멘트라는 것을 상기하면,[1] **모멘트-곡률관계**(*moment-curvature relationship*)를 얻을 수 있다.

$$M = \frac{EI}{\rho} \tag{5.2a}$$

이 식의 유용한 형태는 다음과 같다.

$$\boxed{\frac{1}{\rho} = \frac{M}{EI}} \tag{5.2b}$$

d. 굽힘공식; 단면계수

식 (5.2b)의 $1/\rho$에 대한 표현을 식 (5.1)에 대입하면 다음과 같은 **굽힘공식**(*fl*

1 단면의 2차 모멘트는 부록 A에서 복습한다.

exure formula)을 얻는다.

$$\sigma = -\frac{My}{I} \tag{5.3}$$

앞에서 논의한 바와 같이 양의 굽힘 모멘트는 중립축 위에서는 음의 응력(압축)을, 중립축 아래에서는 양의 응력(인장)을 유발한다.

부호에 관계없이 굽힘응력의 최댓값은 다음과 같다.

$$\sigma_{\max} = \frac{|M|_{\max} c}{I} \tag{5.4a}$$

여기서 $|M|_{\max}$은 부호에 상관없는 최대 모멘트이며, c는 그림 5.3에 보인 것처럼 단면의 중립축으로부터 최외측(outmost) 지점까지의 거리이다. 식 (5.4a)는 종종 다음과 같은 형태로 쓴다.

$$\sigma_{\max} = \frac{|M|_{\max}}{S} \tag{5.4b}$$

여기서 $S = I/c$는 보의 **단면계수**(*section modulus*)라 불린다. S의 차원은 $[L^3]$이다. 따라서 단면계수의 단위는 mm^3 등 이다.

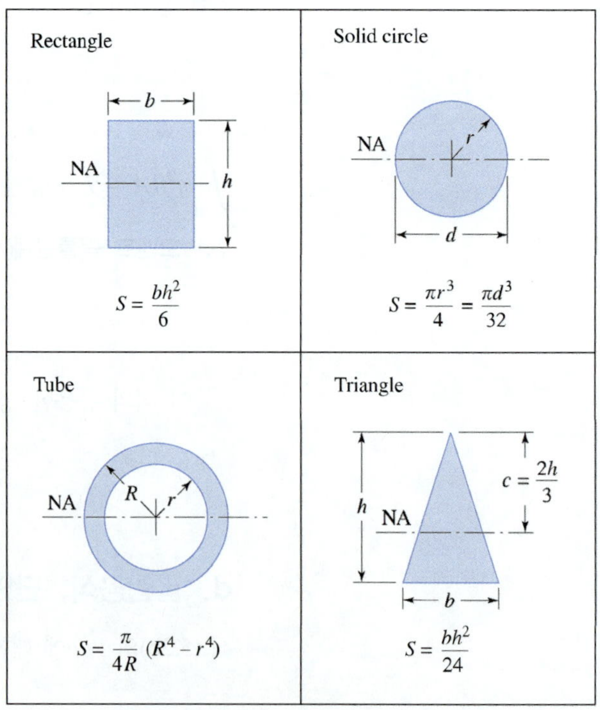

그림 5.4 단순 단면 형상의 단면계수

통상적인 단면의 단면계수 공식은 그림 5.4에 수록하였다. 표준 구조 형상의 단면계수는 다양한 핸드북들에 수록되어 있다. 요약된 목록을 부록 B에 수록하였다.

e. 굽힘응력을 구하는 과정

주어진 점에서의 응력

- 주어진 점을 포함하는 단면에서 정확한 부호를 갖는 굽힘 모멘트 M을 구하기 위해 단면법을 이용하라.
- 중립축의 위치를 결정하라.
- 중립축에 대한 단면적의 관성 모멘트 I를 계산하라(만일 보가 표준 구조 형상이라면, 이에 대한 단면 특성이 부록 B에 수록되어 있다).
- 주어진 점의 y좌표를 결정하라. y는 주어진 점이 중립축 위에 놓여 있으면 양, 중립축 아래에 있으면 음이다.
- $\sigma = -My/I$로부터 굽힘응력을 계산하라. 만일 M과 y에 대해 정확한 부호들이 사용된다면, 응력 또한 정확한 부호를 가질 것이다(인장은 양, 압축은 음).

최대 굽힘응력 : 대칭 단면 만일 중립축이 단면의 대칭축이라면, 최대 인장 및 최대 압축 굽힘응력들은 그 크기가 같고, 가장 큰 굽힘 모멘트가 일어나는 단면에서 발생된다. 다음 과정은 사각 보에서 최대 굽힘응력을 구하는 바람직한 과정이다.

- 4장에 기술된 방법들 중 하나를 활용하여 굽힘 모멘트 선도를 그려라. 가장 큰 크기(부호는 배제)를 갖는 굽힘 모멘트 M_{max}를 식별하라.
- 중립축에 관한 단면의 관성 모멘트 I를 계산하라(만일 보가 표준구조 형상이라면, 이의 단면 특성은 부록 B에 수록되어 있다).
- $\sigma_{max} = |M|_{max}c/I = |M|_{max}/S$로부터 최대 굽힘응력을 계산하라. 여기서 c는 중립축에서 단면의 상단 또는 하단까지의 거리이다.

최대 인장 및 압축 굽힘응력들 : 비대칭 단면 만일 중립축이 단면의 대칭축이 아니라면, 최대 인장 및 압축 굽힘응력은 다른 단면에서 일어날 수 있다. 균일 단면보에서 이 응력들을 계산하는 바람직한 과정은 다음과 같다.

- 4장에서 기술된 방법들 중의 하나를 활용하여 굽힘 모멘트 선도를 그려라. 가장 큰 양과 음의 부호를 갖는 굽힘 모멘트를 식별하라.
- 중립축의 위치를 결정하고 중립축에서 단면의 상단과 하단까지의 거리 c_{top}과 c_{bot}을 구하라.
- 중립축에 관한 단면의 관성 모멘트 I를 계산하라(만일 보가 표준 구조 형상이라면, 이에 대한 단면 특성은 부록 B에 수록되어 있다).
- 가장 큰 양의 굽힘 모멘트가 발생하는 단면의 상단과 하단에서의 굽힘 응력을 $\sigma = -My/I$로부터 계산하라. 단면의 상단인 $y = c_{top}$에서 $\sigma_{top} = -Mc_{top}/I$이다. 단면의 하단인 $y = -c_{bot}$에서 $\sigma_{bot} = Mc_{bot}/I$이다. 음의 최대 굽힘 모멘트를 받는 단면에 대해 계산을 반복하라. 이렇게 계산된 네 개의 응력들을 검사하여 보에서의 최대 인장(양) 및 압축(음) 굽힘응력을 구하라.

단위에 대한 주의 굽힘공식 $\sigma = -My/I$에서 각 항들의 단위들이 일관성이 있는지 확인하라.

SI 단위계에서 M은 통상 N·m 단위로 표현되는 반면에 단면의 치수들은 mm 단위로 표시된다. σ를 N/m^2(Pa)단위로 얻기 위해, 단면 특성들은 미터 단위로 전환되어야 한다. 따라서 굽힘 공식에서 단위들은 다음과 같다.

$$\sigma\ [\mathrm{N/m^2}] = -\frac{M\,[\mathrm{N{\cdot}m}]\,y\ [\mathrm{m}]}{I\,[\mathrm{m^4}]}$$

예제 5.1

그림 (a)의 단순지지보는 폭 120 mm, 높이 200 mm인 직사각형 단면을 갖는다. (1)보의 최대 굽힘응력을 구하라. (2)최대 굽힘응력이 일어나는 단면 위에 굽힘응력의 분포를 그려라. (3)단면 B의 보 상단에서 25 mm 아래인 점에서의 굽힘응력을 계산하라.

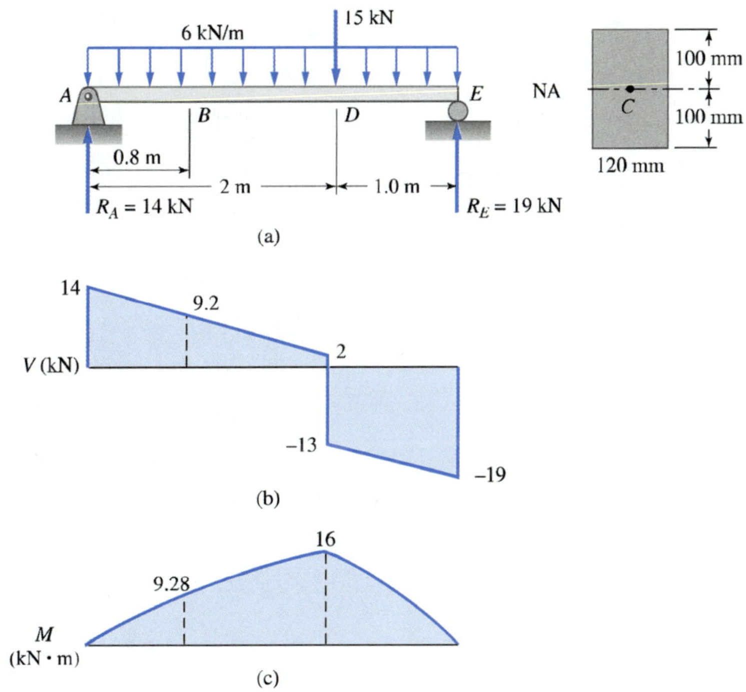

풀이

예비 계산

보에서 최대 굽힘응력을 구하기 전에, 최대 굽힘 모멘트를 구해야 한다. A와 E에서의 반력을 계산하는 것으로부터 시작한다. 그림 (a)에 그 결과들을 보였다. 그리고 나서, 4장에서 기술된 방법들 중(예를 들어 면적법)의 하나를 이용하여 전단력 선도와 굽힘 모멘트 선도를 그리면 그림 (b) 및 (c)와 같다. 이 경우, 중립축(NA)은 그림 (a)에 보인 것처럼 단면의 대칭축이다. 중립축에 관한 단면의 관성 모멘트는

$$I = \frac{bh^3}{12} = \frac{0.12(0.2)^3}{12} = 80.0 \times 10^{-6} \text{ m}^4$$

이며, 중립축과 단면의 상단 (또는 하단) 사이의 거리는 $c = 100$ mm $= 0.1$ m 이다.

(1)

보에서 최대 굽힘응력은 최대 굽힘 모멘트를 받는 단면에서 일어나며, 이는 단면 D이다. 굽힘공식 식 (5.4a)를 이용하여 다음과 같이 보에서의 최대 굽힘응력을 얻는다.

$$\sigma_{max} = \frac{|M|_{max} c}{I} = \frac{(16\times 10^3)(0.1)}{80.0\times 10^{-6}} = 20.0\times 10^6 \text{ Pa} = 20.0 \text{ MPa} \qquad \text{[답]}$$

(2)

단면 D에서의 응력 분포를 그림 (d)에 보인다. 그림을 그릴 때 다음과 같은 관찰에 따랐다. (i)굽힘응력은 중립축에서 떨어진 거리에 따라 선형적으로 변한다. (ii)M_{max}가 양이므로 단면의 상부 반은 압축이고, 하부 반은 인장이다. (iii)중립축에 관한 대칭성 때문에 최대 인장 및 압축응력의 크기는 같다.

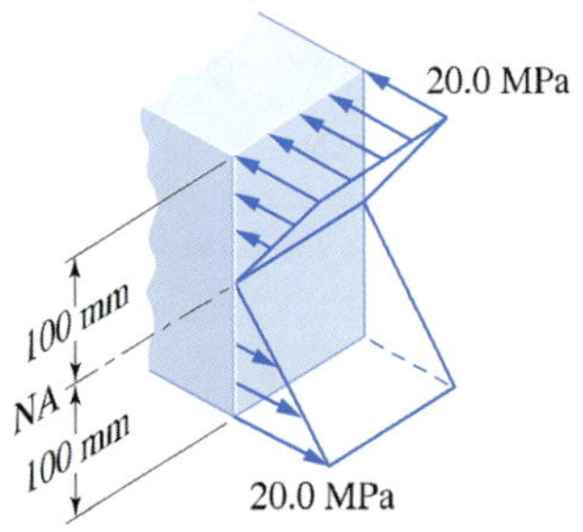

(d)

(3)

그림 (c)로부터, 단면 B에서의 굽힘 모멘트는 $M = 9.28$ kN·m임을 알 수 있다. 보의 상단으로부터 25 mm 아래에 위치한 지점의 y 좌표는 $y = 100 - 25 = 75$ mm $= 0.075$ m이다. 식 (5.3)에 이들 값들을 대입하면, 지정한 위치에서의 굽힘응력은 다음과 같다.

$$\sigma = -\frac{My}{I} = -\frac{(9.28\times 10^3)(0.075)}{80.0\times 10^{-6}} = -8.70\times 10^6 \text{ Pa}$$
$$= -8.70 \text{ MPa} \qquad \text{[답]}$$

음의 부호는 굽힘응력이 압축임을 의미하는데, 이는 굽힘 모멘트가 양의 값이고, 관심 지점이 중립축 위에 있기 때문에 예상했던 것이다.

예제 5.2

그림 (a)의 단순지지된 보는 보이는 것처럼 T-형상 단면을 갖는다. 최대 인장 및 압축 굽힘응력의 값과 위치를 구하여라.

풀이

예비 계산

최대 인장 및 압축 굽힘응력을 계산하기 전에, 최대 양 및 음의 굽힘 모멘트를 구해야 한다. 따라서 지점 A와 B에서의 반력을 계산하는 것으로부터 시작해서 전단력 선도와 굽힘 모멘트 선도를 그려야 한다. 이 결과들은 그림 (a)-(c)에 보였다. 그림 (c)로부터 최대 양 및 음의 굽힘 모멘트들은 각각 3200 kN·m와 −4000 kN·m임을 알 수 있다.

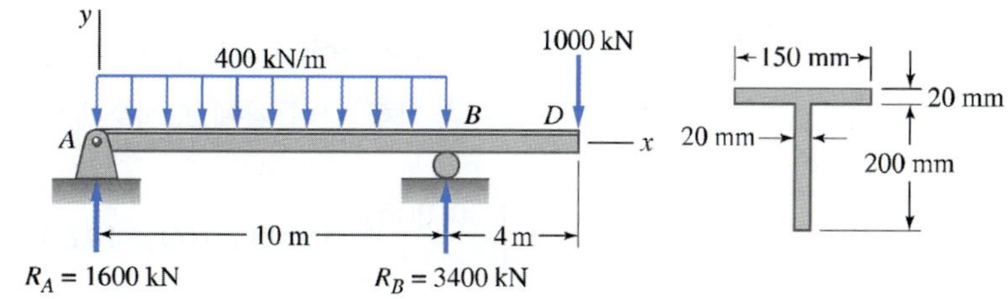

(a)

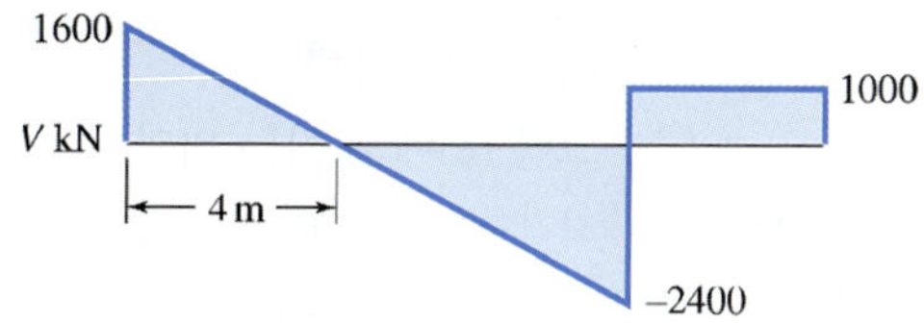

(b)

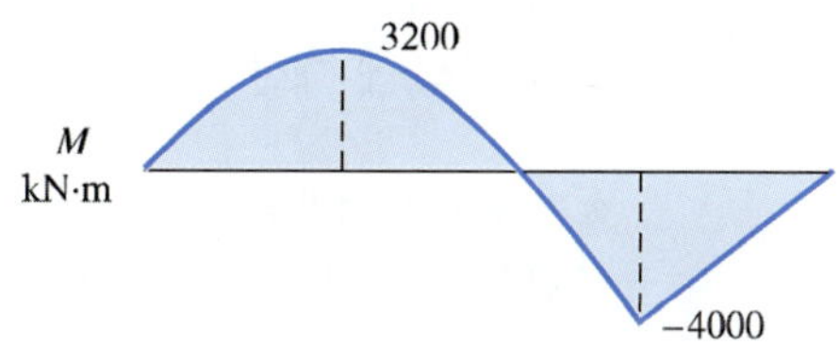

(c)

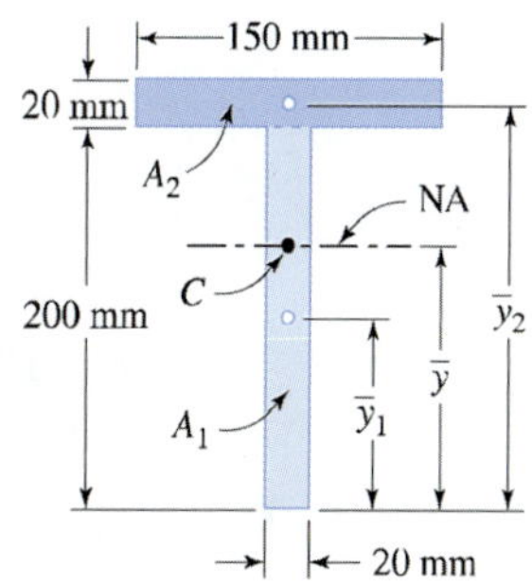

(d)

단면은 수평 대칭축을 갖지 않기 때문에 단면의 중립축(도심축)을 구해야 한다. 그림 (d)에 보이는 것처럼, 단면적 $A_1 = 20(200) = 4000$ mm²와 $A_2 = 20(150) = 3000$ mm²를 갖는 두 개의 직사각형으로 구성된 단면을 고려한다. 단면의 도심 좌표는 단면의 바닥에서 측정하였을 때, $\bar{y}_1 = 100$ mm와 $\bar{y}_2 = 210$ mm이다. 단면의 도심 C의 좌표 $\bar{y}$는

$$\bar{y} = \frac{A_1\bar{y}_1 + A_2\bar{y}_2}{A_1 + A_2} = \frac{4000(100) + 3000(210)}{4000 + 3000} = 147.14 \text{ mm}$$

이제 중립축에 대한 단면의 관성 모멘트 I를 계산할 수 있다. 평행축 정리를 이용하여, $I = \Sigma[\overline{I_i} + A_i(\overline{y}_i - \overline{y})^2]$를 얻는다. 여기서 $\overline{I_i} = b_i h_i^3/12$는 직사각형 단면 자체 도심축에 관한 관성 모멘트이다. 따라서

$$I = \left[\frac{20(200)^3}{12} + 4000(100 - 147.14)^2\right] + \left[\frac{150(20)^3}{12} + 3000(210 - 147.14)^2\right]$$
$$= 34.18 \times 10^6 \text{ mm}^4$$

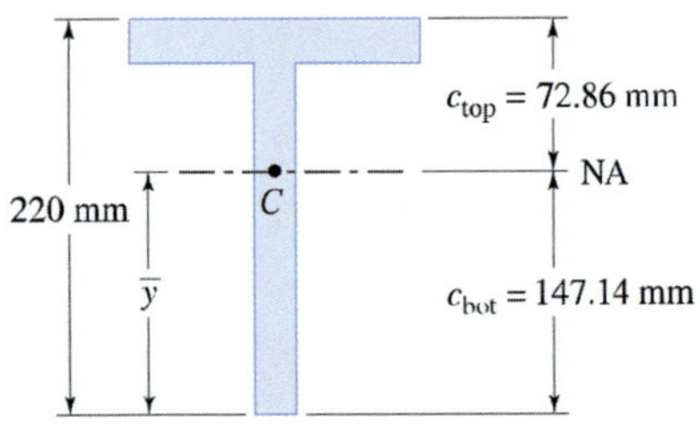

(e)

최대 굽힘응력

그림 (e)에 보이는 바와 같이 중립축에서 단면의 상단과 하단까지의 거리는 각각 $c_{top} = 220 - \overline{y} = 220 - 147.14 = 72.86$ mm와 $c_{bot} = \overline{y} = 147.14$ mm이다. 이 거리는 다르기 때문에 다음과 같이 두 위치인 x = 4 m(이곳에서 가장 큰 양의 굽힘 모멘트가 발생)와 x = 10 m(이곳에서 가장 큰 음의 굽힘 모멘트가 발생)에 대한 응력을 조사해야 한다.

$x = 4$ m에서의 응력 이 단면에서의 굽힘 모멘트는 $M = 3200$ kN · m인데, 중립축 위는 압축응력, 중립축 아래는 인장응력을 일으킨다. 결과적으로 단면의 상단과 하단에서의 굽힘응력은 다음과 같다.

$$\sigma_{top} = -\frac{Mc_{top}}{I} = \frac{-(3200 \times 10^6)(72.86)}{34.18 \times 10^6} = -6821.3 \text{ MPa}$$
$$\sigma_{bot} = -\frac{Mc_{bot}}{I} = \frac{(3200 \times 10^6)(147.14)}{34.18 \times 10^6} = 13775.5 \text{ MPa}$$

$x = 10$ m에서의 응력 이 부분에서 굽힘 모멘트는 $M = -4000$ kN · m이며, 중립축 위는 인장응력, 중립축 아래는 압축응력을 일으킨다. 결과적으로 단면의 상단과 하단에서의 굽힘응력은 다음과 같다.

$$\sigma_{top} = -\frac{Mc_{top}}{I} = \frac{(4000 \times 10^6)(72.86)}{34.18 \times 10^6} = 8526.6 \text{ MPa}$$
$$\sigma_{bot} = -\frac{Mc_{bot}}{I} = \frac{-(4000 \times 10^6)(147.14)}{34.18 \times 10^6} = -17219.4 \text{ MPa}$$

위의 결과를 조사해 보면 보에 있어서 최대 인장 및 압축응력은 다음으로 귀결된다.

$(\sigma_T)_{max}$ = 13775.5 MPa(x =4 m 위치 단면의 하단)
$(\sigma_C)_{max}$ = 17219.4 MPa(x =10 m 위치 단면의 하단)

■

예제 5.3

그림 (a)에서 외팔보는 직사각형 단면을 갖는 두 부분으로 구성되어 있다. 그림에서처럼 각 단면의 폭은 50 mm이지만 높이는 다르다. 보에서 최대 굽힘 응력을 구하라.

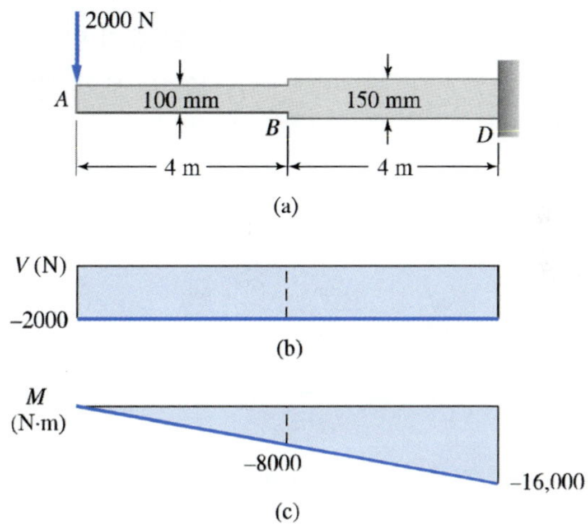

풀이

전단력 선도와 굽힘 모멘트 선도를 그림 (b)와 (c)에 보였다. 보의 단면이 일정하지 않기 때문에 최대응력은 단면 $B(M_B = -8000\ \mathrm{N \cdot m})$의 바로 왼쪽 또는 단면 $D(M_D = -16{,}000\ \mathrm{N \cdot m})$에서 일어난다. 그림 5.4를 참조하면 두 부분의 단면계수를 구할 수 있다.

$$S_{AB} = \frac{bh_{AB}^2}{6} = \frac{(50)(100)^2}{6} = 83{,}333.3\ \mathrm{mm}^3$$

$$S_{BD} = \frac{bh_{BD}^2}{6} = \frac{(50)(150)^2}{6} = 187{,}500\ \mathrm{mm}^3$$

식 (5.4.b)에서 관심 있는 두 단면에서의 최대 굽힘응력들은 다음과 같다.

$$(\sigma_B)_{\max} = \frac{|M_B|}{S_{AB}} = \frac{8000 \times 10^3}{83{,}333.3} = 96\ \mathrm{MPa}$$

$$(\sigma_D)_{\max} = \frac{|M_D|}{S_{BD}} = \frac{16{,}000 \times 10^3}{187{,}500} = 85.3\ \mathrm{MPa}$$

위의 값들을 비교해 보면, 보의 최대 굽힘응력은

$\sigma_{\max} = 96$ MPa (단면 B 바로 왼쪽에서) [답]

이는 최대 굽힘응력이 굽힘 모멘트가 최대가 아닌 단면에서 일어나는 한 예이다.

■

예제 5.4

광폭플랜지 단면[2] W 200 × 100이 그림 (a)에 보이는 것처럼 외팔보로 사용되었다. 보의 최대 굽힘응력을 구하라.

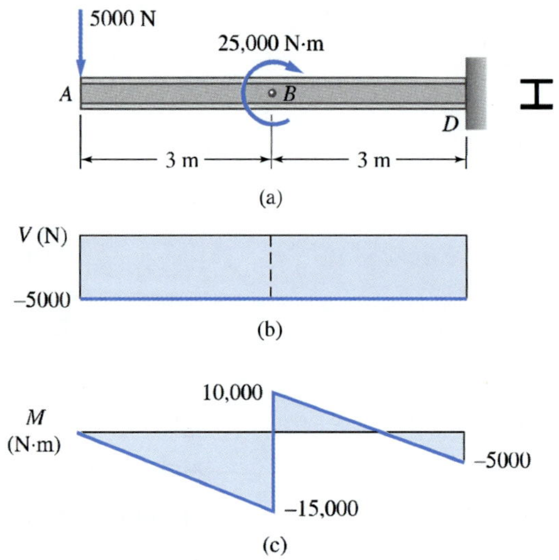

풀이

보에 대한 전단력 선도와 굽힘 모멘트 선도는 그림 (b)와 (c)에 보인다.

가장 큰 굽힘 모멘트는 단면 B의 바로 왼쪽 부분에 작용하며 $|M|_{max}$ = 15,000 N · m임을 주목한다. 부록 B의 표로부터 W200 × 100 단면의 단면계수는 $S = 990 \times 10^3$ mm^{3}이다. 따라서 보의 최대 굽힘응력은 다음과 같다.

$$\sigma_{max} = \frac{|M_{max}|}{S} = \frac{15,000 \times 10^3}{990 \times 10^3} = 15.2 \text{ MPa}$$ [답]

■

2 광폭플랜지와 그 밖의 보편적인 구조 형상들의 표시법은 5.3절에서 논의될 것이다. 구조 형상들의 특성은 부록 B의 표에 수록되어 있다.

연습문제

달리 기술되지 않았다면, 다음 문제들에서 보의 무게는 무시하라. 표준 구조 형상에 대해서는 부록 B에 표로 정리된 특성들을 사용하라.

5.1 50 mm × 200 mm인 판자들로 제작된 보가 그림과 같은 단면을 갖는다. 이 보에 작용하는 최대 굽힘 모멘트가 $M = 24{,}000$ N · m 일 때, (a)판자 A와 (b)판자 B에서의 최대 굽힘응력을 구하라.

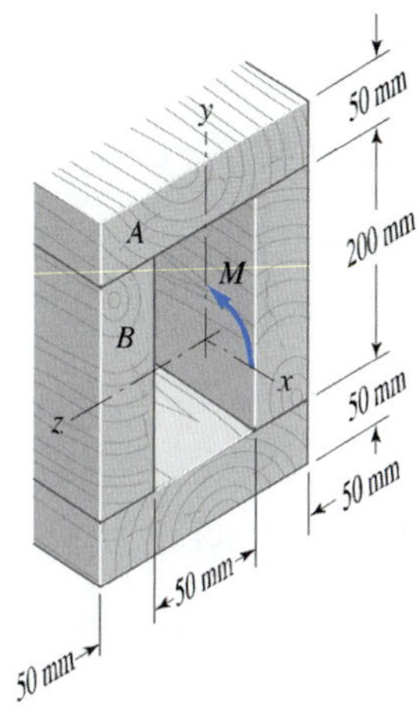

그림 P5.1

5.2 원형 단면의 보에 $M = 90{,}000$ N · m 크기의 굽힘 모멘트가 작용하고 있다. 단면 위의 지점 (a)A (b)B 및 (c)D에서의 굽힘응력을 계산하라.

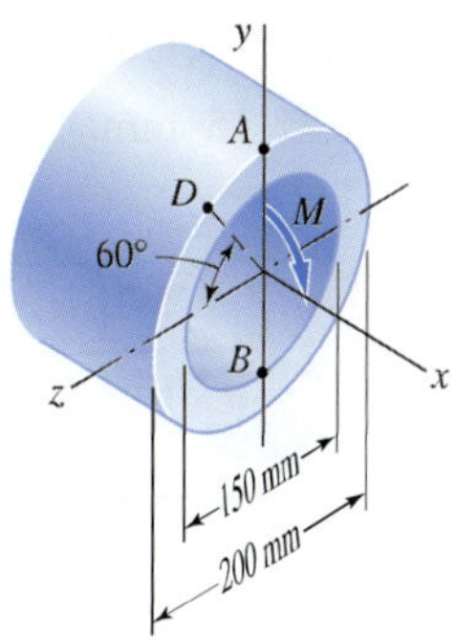

그림 P5.2

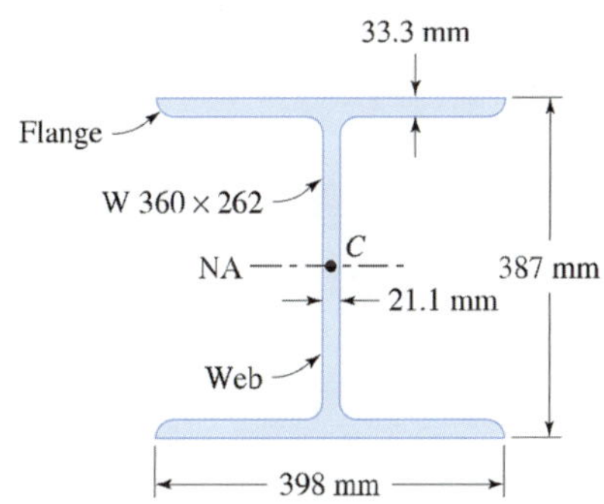

그림 P5.3

5.3 W 360 × 262의 단면에 460 kN · m의 굽힘 모멘트가 작용한다. (a)플랜지(flange)와 (b)웨브(web)의 최대 굽힘응력을 구하라. 단면의 특성에 대해서는 부록 B-2를 보라.

5.4 삼각형 단면의 보에 $M = 3.6$ kN · m의 굽힘 모멘트가 작용하고 있다. 이 단면에 작용하는 최대 인장 및 압축 굽힘응력을 구하라.

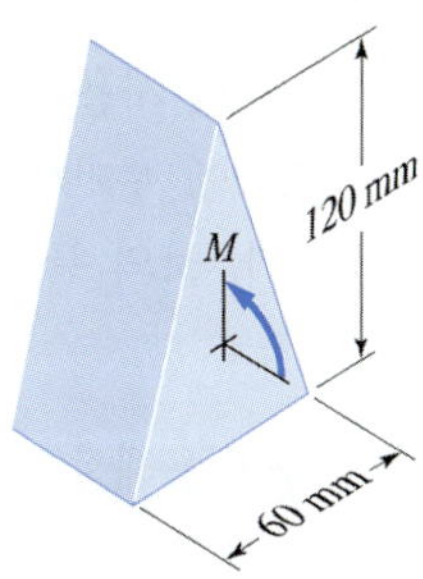

그림 P5.4

5.5 직사각형 단면을 갖는 목재(wooden)보에 걸리는 최대 굽힘응력을 구하라.

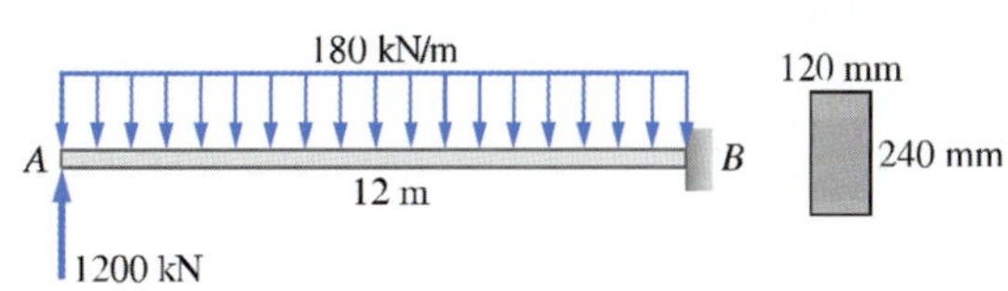

그림 P5.5

5.6 정사각형 단면을 갖는 보가 최대 굽힘 모멘트 24,000 N · m를 받고 있다. 우선 보가 (a)와 같이 놓여 있을 때와 그 다음에는 (b)에 보인

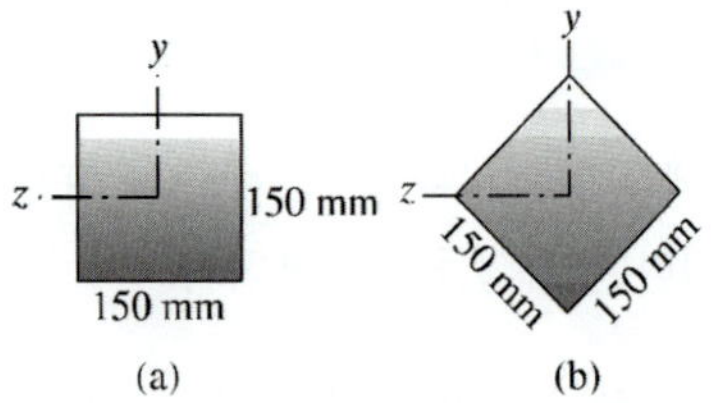

그림 P5.6

바와 같이 놓여 있을 때의 최대 굽힘응력을 결정하라. 두 가지 단면 방향의 경우 모두에서 z축이 중립축이다; 즉, 이 축에 관하여 굽힘 모멘트가 작용한다.

5.7 그림의 외팔보에서 (a)최대 굽힘응력과 그 위치 (b)단면 B의 상단에서 20 mm 지점의 굽힘응력을 구하라.

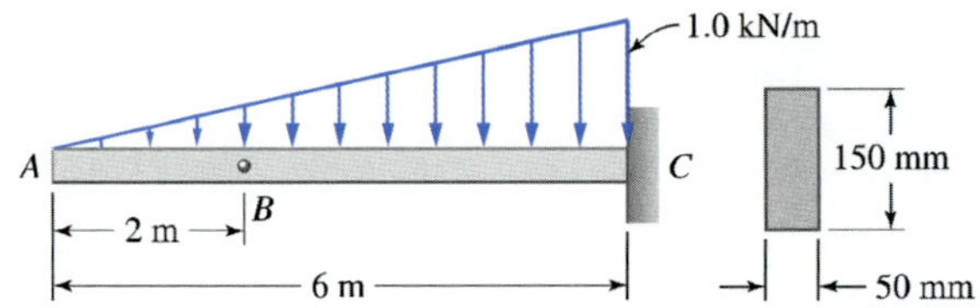

그림 P5.7

5.8 그림에 보인 보에 대해 (a)최대 굽힘응력과 (b)단면 D에서 보의 상단에서 15 mm되는 지점의 굽힘응력을 계산하라.

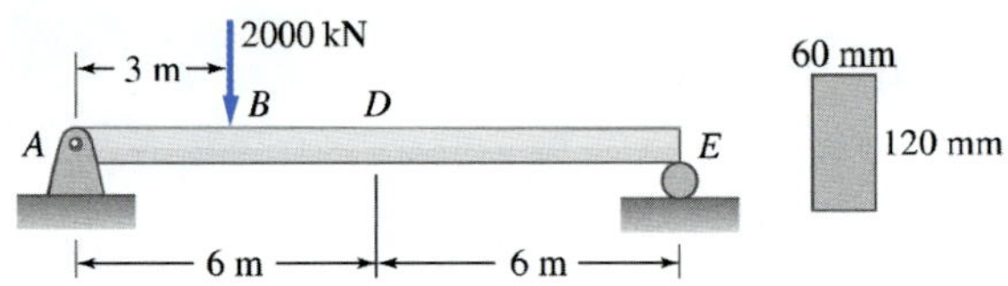

그림 P5.8

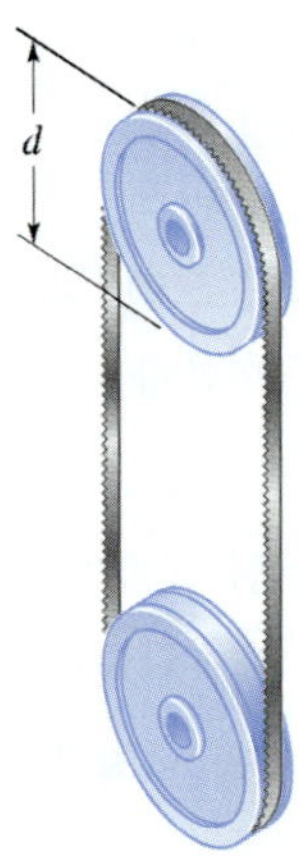

그림 P5.9

5.9 폭 20 mm, 두께 0.6 mm의 전동 쇠톱이 직경 d인 도르래 위에서 돌고 있다. (a)$d = 500$ mm일 때, 톱에서의 최대 굽힘응력을 구하라. (b)톱의 굽힘응력이 400 MPa를 넘지 않는, d의 최솟값은 얼마인가? 톱의 재질은 강이며 $E = 200$ GPa를 사용하라.

5.10 W 250 × 28.4 단면이 길이 $L = 6$ m인 외팔보에 사용되고 있다. 굽힘응력이 120 MPa를 넘지 않아야 할 때 자중에 부가해서 받을 수 있는 균일 분포 하중 w_0의 최댓값을 결정하라. 보의 특성에 대해서는 부록 B-2를 보라.

5.11 길이 $L = 4$ m이며 W 150 × 29.8의 단면을 이용해서 문제 5.10을 다시 풀어라.

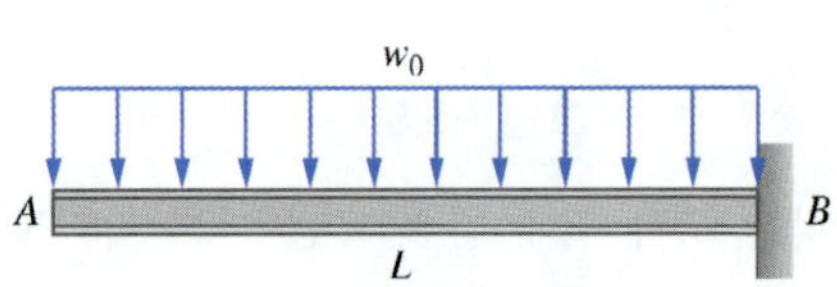

그림 P5.10, P5.11

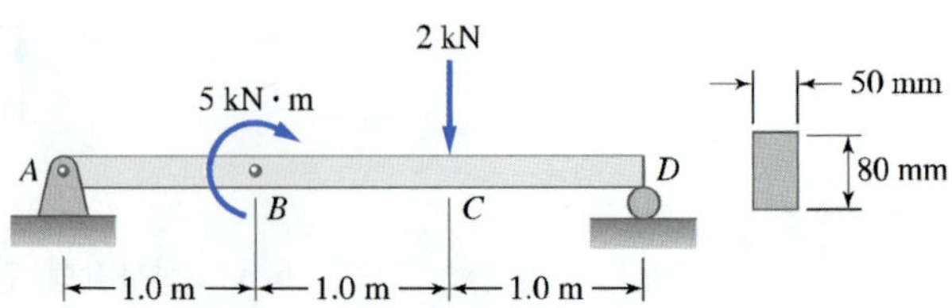

그림 P5.12

5.12 직사각형 단면의 보 $ABCD$가 그림과 같은 하중을 받고 있다. 최대 굽힘응력의 크기와 위치를 구하라.

5.13 S380 × 74의 단면이 크기 $3W$인 균일 분포 하중과 W의 집중 하중을 받고 있는 단순지지보에 사용되었다. 사용 굽힘응력이 120 MPa이면 W의 최대 허용값은 얼마인가?

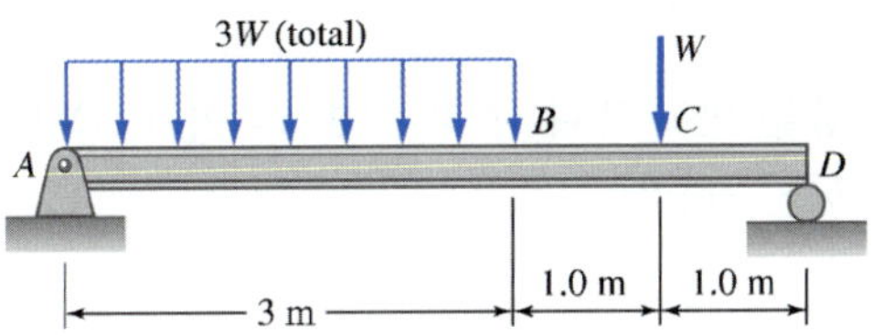

그림 P5.13

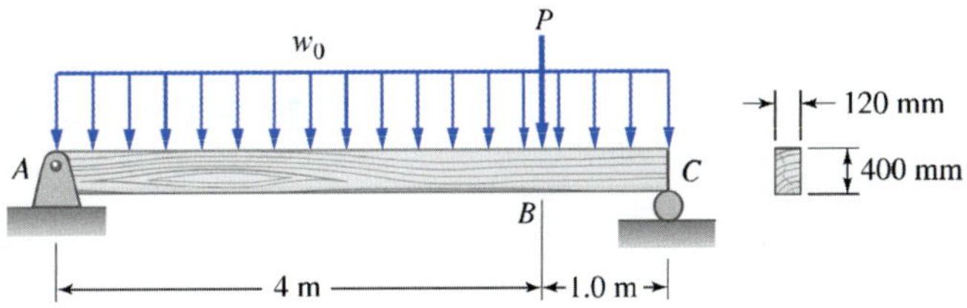

그림 P5.14

5.14 직사각형 단면을 갖는 단순지지보가 세기 w_0= 3 kN/m의 균일 분포 하중과 집중 하중 P를 받고 있다. 굽힘응력이 10 MPa를 넘지 않도록, P의 최대 허용값을 구하라.

5.15 80 kg의 사람이 목재 널빤지(plank)의 한쪽 끝 A로부터 다른 쪽 끝 B를 향하여 걷기 시작했다. 최대 굽힘응력이 50 MPa일 때 널빤지가 파손된다면 사람이 안전하게 걸을 수 있는 최대 거리 x는 얼마인가?

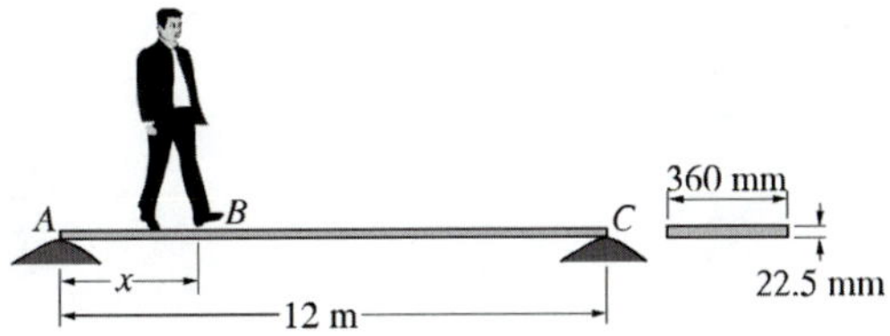

그림 P5.15

5.16 네 개의 50 mm × 200 mm판자를 못질해서 상자형 보를 만들었다. (a)단면의 중립축에 대한 관성 모멘트가 382.3 × 10^6 mm^4임을 보여라. (b)w_0 = 3000 N/m로 주어지고 굽힘응력이 8.4 MPa로 제한될 때, P의 최대 허용값을 구하라.

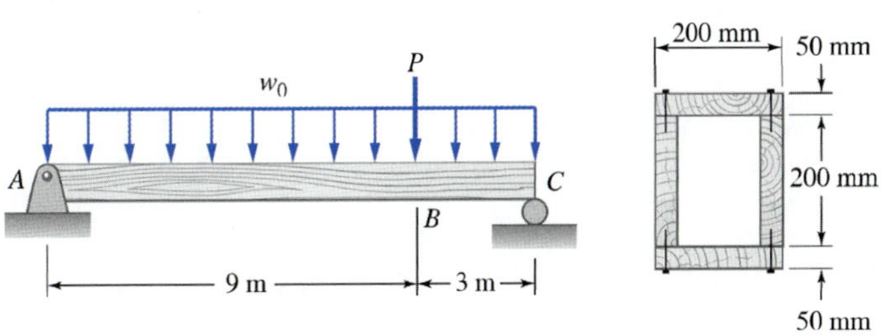

그림 P5.16

5.17 원형 단면을 갖는 강재보 내의 최대 굽힘응력을 구하라.

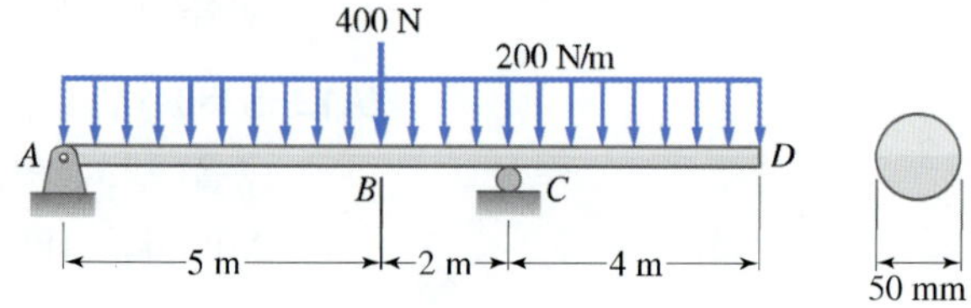

그림 P5.17

5.18 나무보가 그림처럼 하중을 받고 있다. 사용 굽힘응력이 10 MPa일 때 보의 최소 허용폭 b를 구하라.

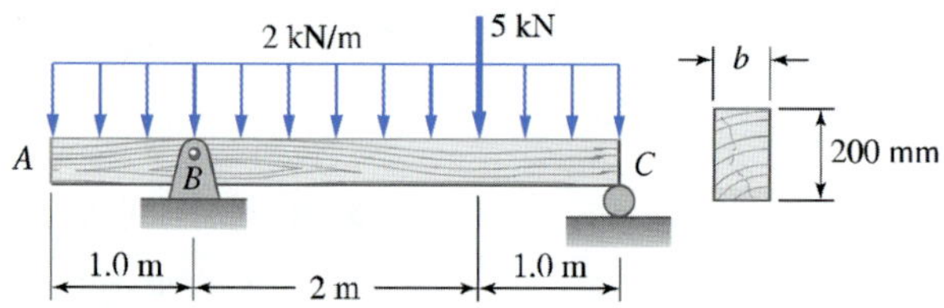

그림 P5.18

5.19 지름 40 mm의 봉이 세기 w_0의 균일 분포 하중을 그 길이의 반에 걸쳐서 받고 있다. A와 C에서 자동 정렬 베어링이 단순지지 역할을 하고 있다. 굽힘응력이 60 MPa로 제한될 때, w_0의 최대 허용값을 구하라.

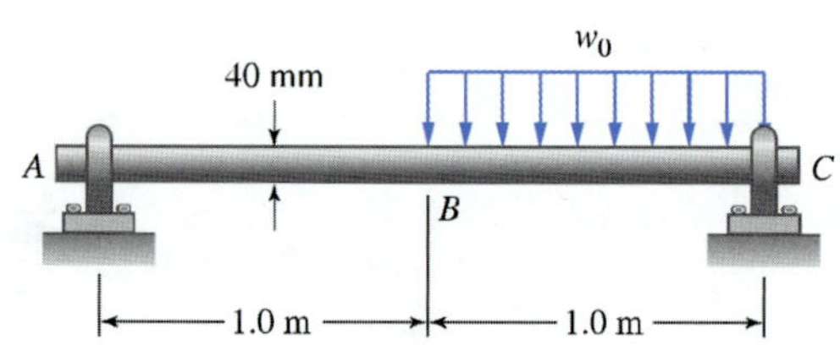

그림 P5.19

5.20 두 개의 C380 × 50.4 채널들을 그림처럼 맞대어 리벳팅한 내다지보가 있다. 이 보는 길이 전체에 걸쳐 세기 w_0의 균일 분포 하중을 받고 있다. 사용응력이 120 MPa일 때, w_0의 최대 허용값을 구하라. 채널 단면의 특성에 관해서는 부록 B-4를 보라.

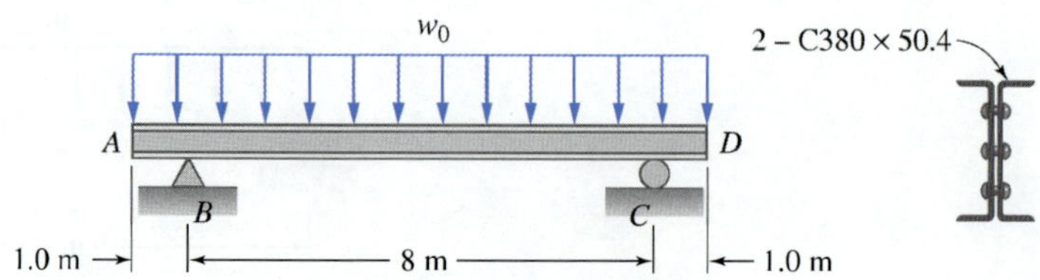

그림 P5.20

5.21 굽힘응력이 20 MPa를 넘지 않는 한도 내에서 그림에 보이는 보의 최대 허용 높이 h를 구하라

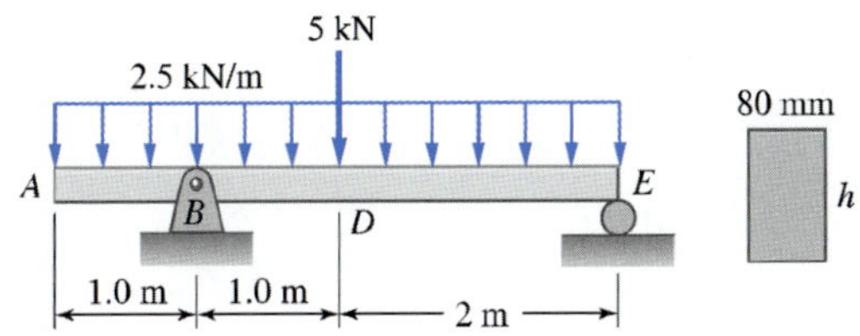

그림 P5.21

5.22 얇은 웨브(web)로 연결된 여섯 개의 관으로 이루어진 단순지지보가 있다. 각 관의 단면적은 80 mm²이다. 이 보는 세기 w_0인 균일 분포 하중을 받고 있다. 관의 평균 굽힘응력이 60 MPa를 넘지 않을 때, w_0의 최대 허용값을 구하라. 웨브의 단면적은 무시하라.

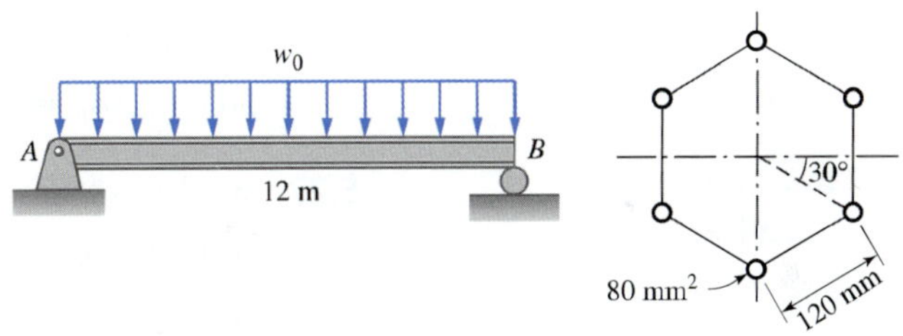

그림 P5.22

5.23 원형 단면의 단순지지보가 길이의 2/3만큼에 걸쳐 세기 w_0인 균일 분포 하중을 받고 있다. 사용 굽힘응력이 50 MPa일 때, w_0의 최대 허용값을 구하라.

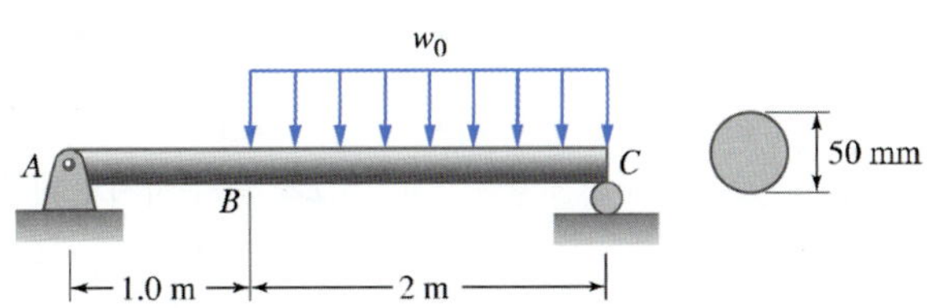

그림 P5.23

5.24 굽힘응력이 18 MPa를 넘지 않는 한도 내에서 보의 최대 허용 길이 L을 구하라.

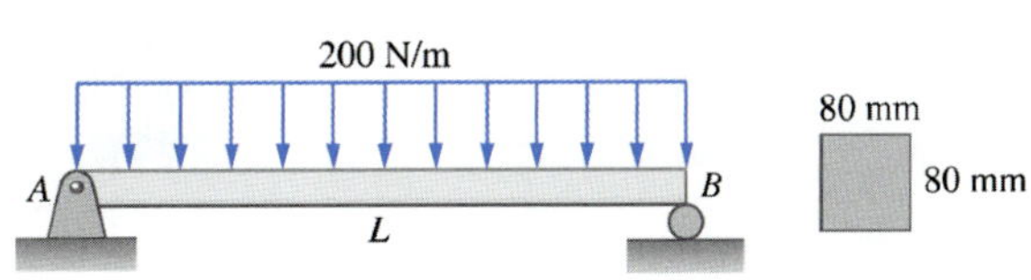

그림 P5.24

5.25 지름 40 mm인 원형 막대로 반원형 아크(arch)를 만들었다. 단면 B에서의 최대 굽힘응력을 구하라. 직선보에 대한 굽힘공식을 적용할 수 있다고 가정하라.

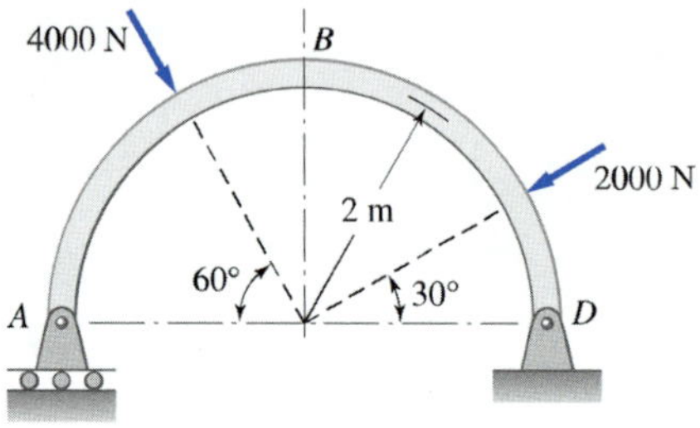

그림 P5.25

5.26 두 개의 C200 × 27.9 채널들을 그림처럼 맞대어 리벳팅한 길이 4 m의 외팔보가 있다. 다음 경우에 있어서, 보의 자중과 더불어 받을 수 있는 균일 분포 하중의 최댓값을 구하라. (a)그림에서 웨브가 수직인 경우, (b)웨브가 수평인 경우. 사용 굽힘응력은 120 MPa이며 채널 단면의 특성에 관해서는 부록 B-4를 보라.

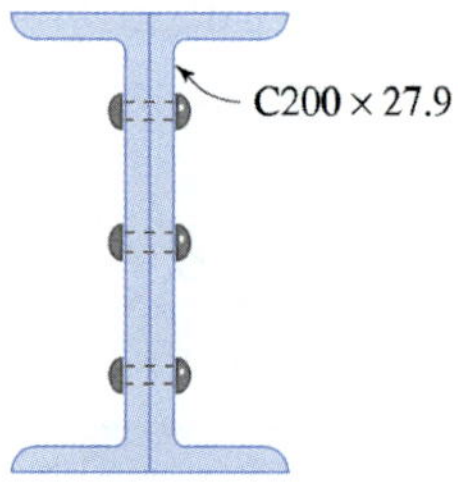

그림 P5.26

5.27 두 개의 S250 × 52 단면들을 그림처럼 플랜지 부분을 맞대어 용접한 내다지보가 있다. 이 보는 자중과 더불어 세기 w_0인 균일 분포 하중을 받고 있다. 사용 굽힘응력이 240 MPa일 때, w_0의 최대 허용값을 구하라. S 단면의 특성에 관해서는 부록 B-3을 보라.

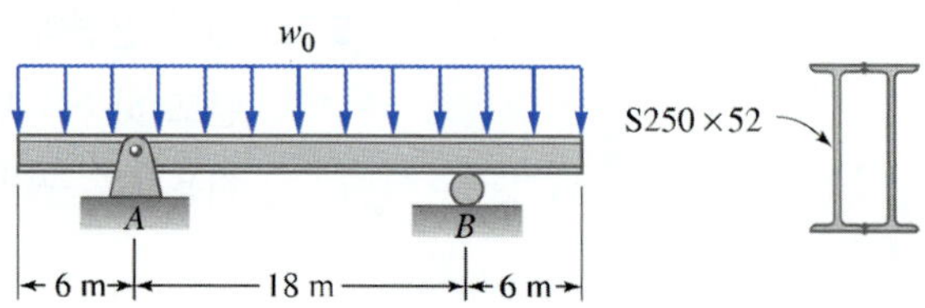

그림 P5.27

5.28 단순지지보에 S310 × 74.3의 단면을 사용하여 자중과 더불어 세기 w_0인 균일 분포 하중을 지지하고 있다. 사용 굽힘응력이 120 MPa일 때 w_0의 최대 허용값을 구하라. S 단면의 특성에 관해서는 부록 B-3을 보라.

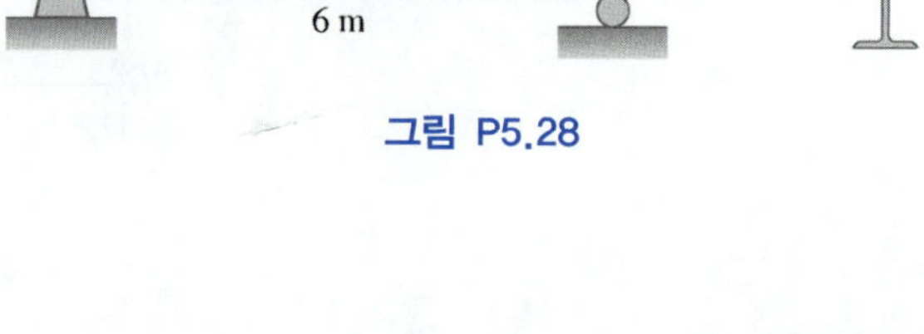

그림 P5.28

5.29 단이 있는 봉이 중앙에서 집중 하중 P를 받고 있다. 사용 굽힘응력이 180 MPa일 때, P의 최대 허용값을 구하라. A와 E에서의 베어링이 단순지지 역할을 한다고 가정하라.

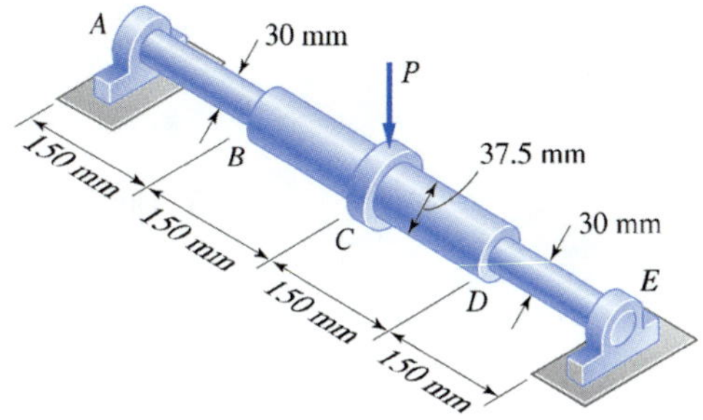

그림 P5.29

5.30 외부 직경이 50 mm인 원형 단면 외팔보가 있다. AB 부분은 중공(hollow)축으로 되어 있고 내부 직경은 35 mm이다. 사용 굽힘응력이 140 MPa일 때 이 보에 가할 수 있는 최대 균일 분포 하중의 세기 w_0를 구하라.

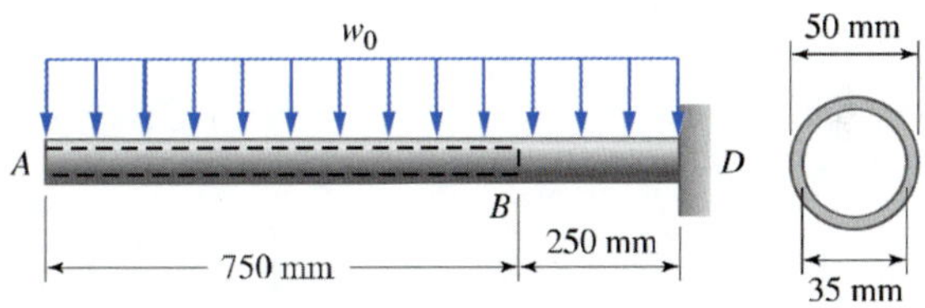

그림 P5.30

5.31 직사각형 기찻길 침목이 각각의 총 크기가 48 kN인 두 개의 균일 분포 하중들을 받고 있다. 땅에서 반력은 균일하게 분포된다. 침목의 굽힘응력이 8 MPa로 제한될 때, 단면의 최소 허용 치수 b를 구하라.

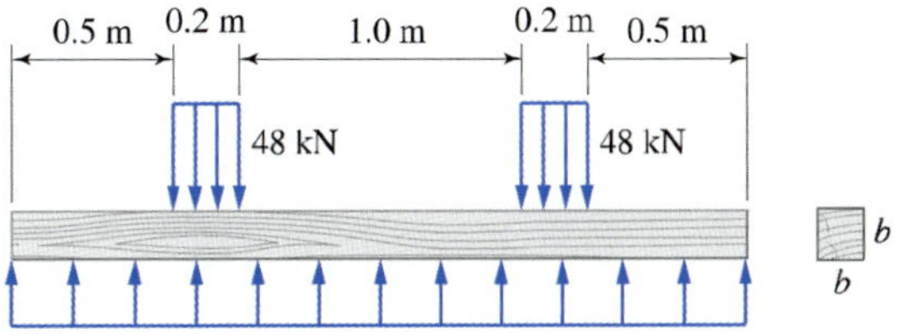

그림 P5.31

5.32 돌출부의 길이가 $b = 6$ m인 목재보가 집중 하중 P와 세기 w_0인 균일 분포 하중을 받고 있다. 사용 굽힘응력이 12 MPa일 때, 두 하중을 동시에 받을 수 있는 P와 w_0의 최댓값을 구하라.

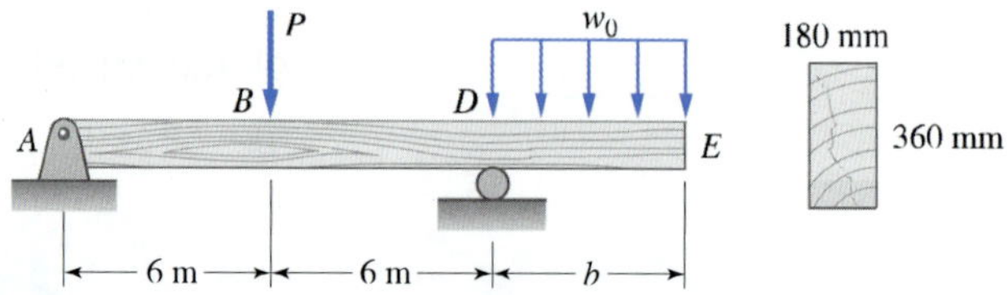

그림 P5.32, P5.33

5.33 내다지보에 작용하는 균일 분포 하중의 세기가 w_0 = 400 N/m이다. 두 하중을 동시에 받을 수 있는 돌출부 b의 최대 길이와 P의 최댓값을 구하라. 나무의 사용 굽힘응력은 14 MPa이다.

5.34-5.38 다음 그림에 보인 보의 최대 인장응력과 최대 압축응력을 구하라.

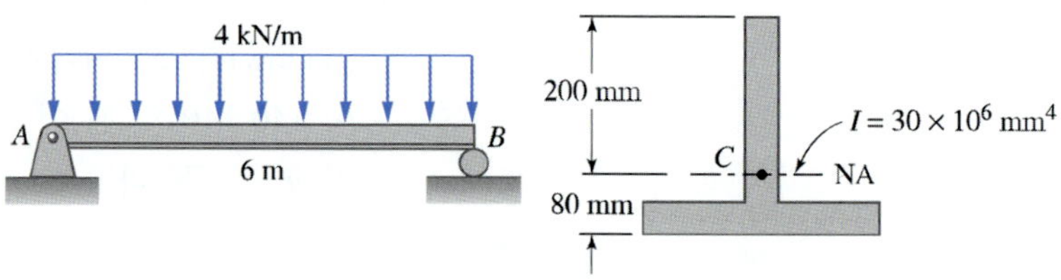

그림 P5.34

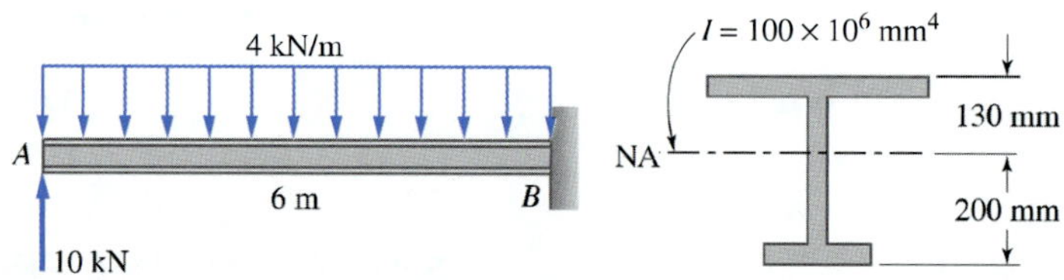

그림 P5.35

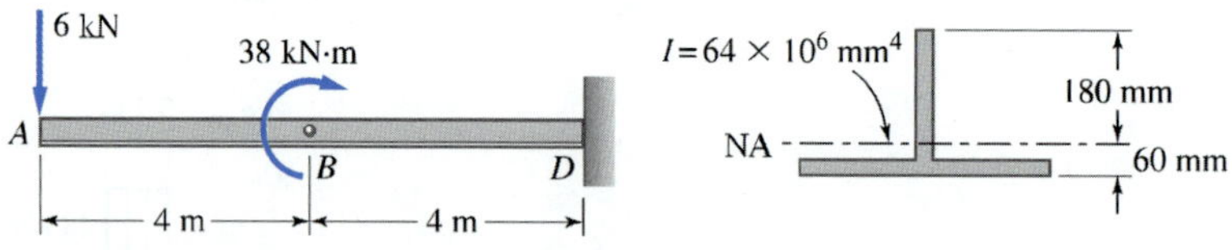

그림 P5.36

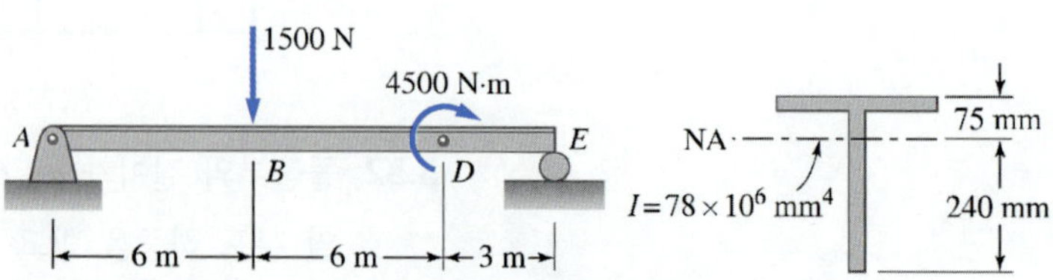

그림 P5.37

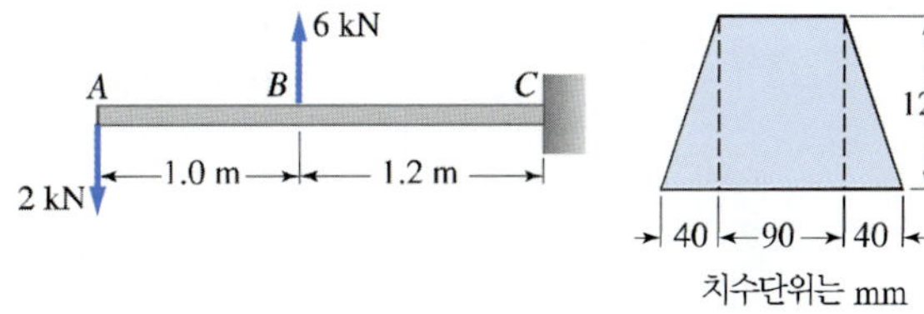

그림 P5.38

5.39 내다지보가 총 크기 8 W인 균일 분포 하중과 각각의 크기가 W인 두 개의 집중 하중을 받고 있다. 사용 인장응력이 30 MPa이며 사용 압축 응력이 100 MPa일 때, W의 최대 안전값을 구하여라.

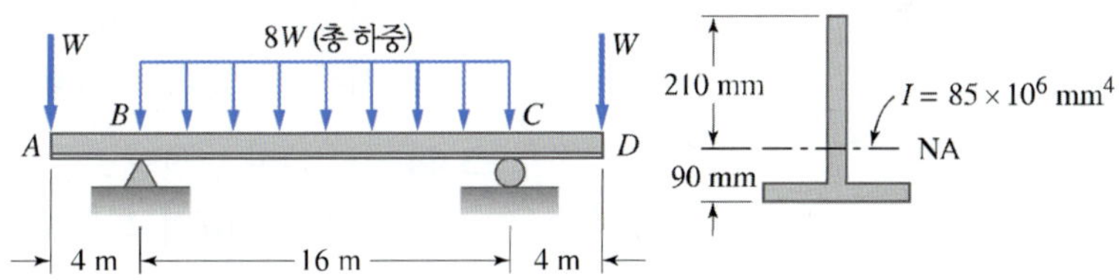

그림 P5.39

5.40 그림의 보가 집중 하중 W와 크기 4W의 균일 분포 하중을 받고 있다. 사용 인장응력이 60 MPa이고, 사용 압축응력이 100 MPa일 때, W의 최대 허용값을 구하여라.

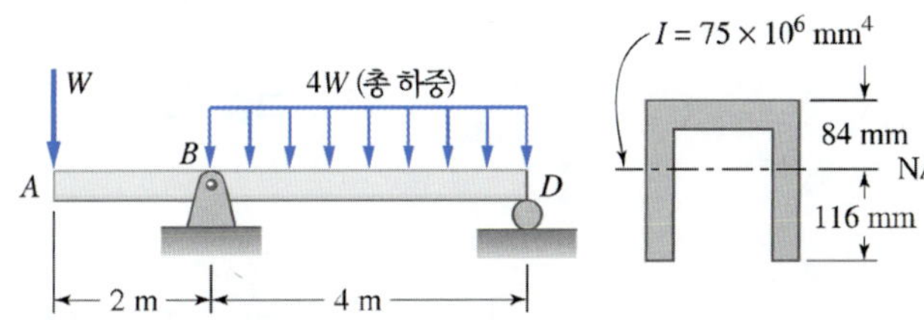

그림 P5.40

5.41 그림과 같이 역 T형 보가 세 개의 집중 하중들을 받고 있다. 굽힘응력이 인장은 21 MPa, 압축은 48 MPa를 넘지 않을 때, P의 최대 허용값을 구하라.

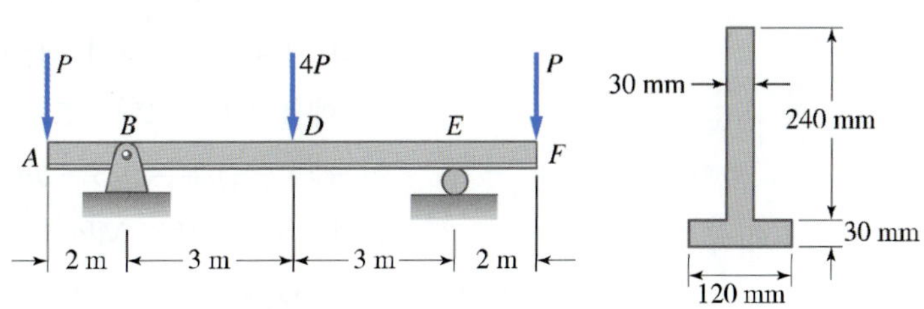

그림 P5.41

5.42 T형 단면의 보에, 자유단은 0이고 고정 단은 w_0인 삼각형 분포 하

중이 작용하고 있다. 사용 인장응력이 40 MPa이고 사용 압축응력이 100 MPa로 주어졌을 때, w_0의 최대 안전값을 구하라.

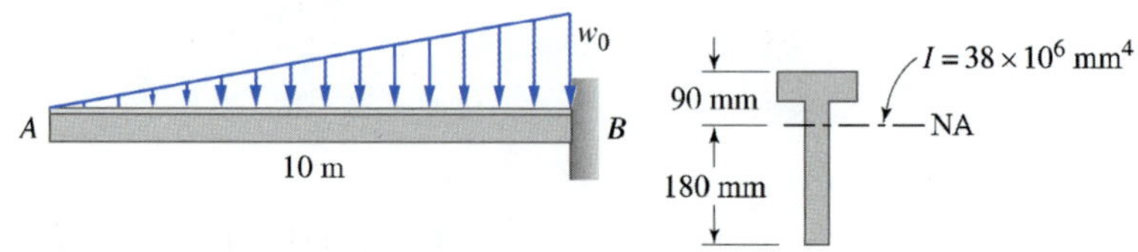

그림 P5.42

5.43 정사각형 단면의 보가 중립축이 대각선과 일치하게 위치하고 있다. 이 보의 단면계수는 그림에서 보듯이 위, 아래를 잘라 냄으로써 증가시킬 수 있다. 단면계수가 최대가 되는 비 a/b를 구하라.

5.44 직사각형 단면의 보는 원형 통나무를 잘라서 만들었다. 이 보의 단면계수가 최대가 되는 비 b/h를 구하여라.

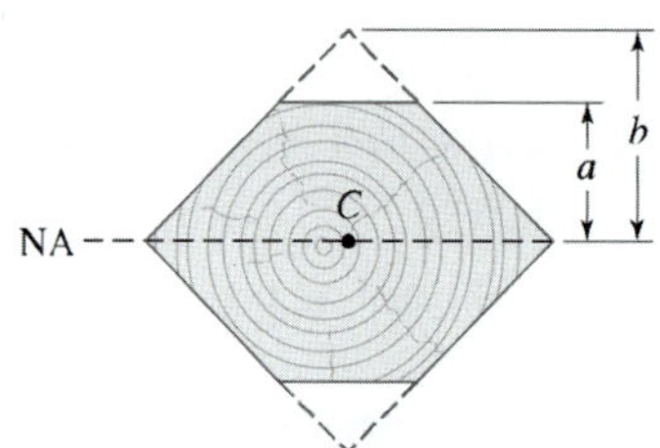

그림 P5.43

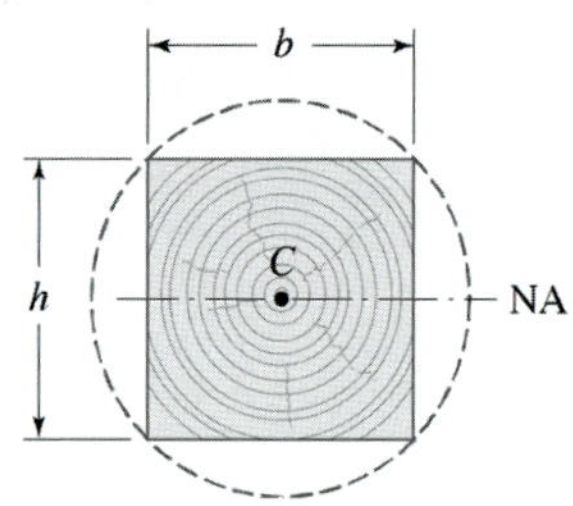

그림 P5.44

5.3 경제적 단면들

중립면 가까이 위치한 보의 부분들은 보의 상단이나 하단에 있는 부분들과 비교해 볼 때 응력을 덜 받는다. 따라서 사각 단면과 원형 단면을 포함하여 어떤 단면 형상을 가진 보는 단면의 많은 부분이 굽힘 모멘트에 저항하는데 거의 기여하지 못하기 때문에 비효율적으로 재료를 이용한다.

예를 들어, 그림 5.5 (a)에 보인 직사각형 단면을 갖는 보를 생각하자. 이 보의 단면계수는 $S = bh^2/6 = 60(180)^2/6 = 324{,}000$ mm^{3}이다. 만일 사용 응력이 $\sigma_w = 108$ MPa라면 보의 최대 안전 굽힘 모멘트는 $M = \sigma_w S = 108(324{,}000) = 34{,}992$ kN·mm이다.

그림 5.5 (b)에서, 전체 높이는 그대로 유지하면서 단면적을 재배치하였으며, 단면계수가 $S = 684{,}000$ mm^{3}까지 증가하는 것을 볼 수 있다. 따라서

새로운 최대 허용 모멘트는 $M = 108(684,000) = 73,872$ kN · mm이며, 이것은 동일 단면적의 직사각형 단면에 대한 허용 굽힘 모멘트의 두 배 이상이 된다. 이렇게 굽힘 모멘트를 받을 수 있는 능력이 증가하는 것은, 더 많은 단면적이 중립축으로부터 더 먼 거리에 위치하기 때문이다. 그러나 그림 5.5 (b)의 단면은 **플랜지**(*flange*)라 불리는 두 부분으로 단면이 분리되어 있어서 하나의 부재로서 작용하지 못할 것이기 때문에 실제적이지 못하다. 그림 5.5 (c)에서와 같이 플랜지들을 서로 연결하는 어떤 단면을 이용하는 것이 필요하다. 이렇게 두 플랜지를 수직으로 연결하는 부분은 보의 **웨브**(*web*)라 한다. 이 장의 마지막 부분에서 배우게 되겠지만. 웨브는 주로 보의 전단을 받는 성분으로서의 기능을 갖는다.

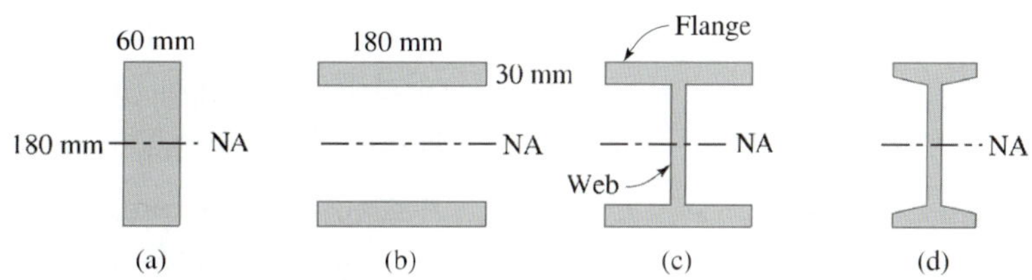

그림 5.5 높이를 변화시키지 않고 (a)에서의 단면적 10,800 mm²을 분포시키는 다양한 방법들.

a. 표준 구조 형상

그림 5.5 (c)는 **광폭플랜지보**(*wide-flange beam*)와 유사한데, W형이라 부른다. W 형은 최소의 재료의 무게로 큰 굽힘 강도를 내기 때문에, 제작된 것 중 가장 효율적인 표준 구조 형상들 중 하나이다. 이런 형상의 또 다른, "더 가는" 형태는 그림 5.5 (d)에 보이는 것과 같이 S형으로 불리는 I형보이다. I형보는 광폭플랜지보보다 먼저 사용되었지만, 효율적이지 못해 대부분의 경우 광폭플랜지보로 대치되어 왔다.

W와 S형의 특성은 부록 B에 수록하였다. SI 단위계에서는 두 가지 형상 모두 공칭 높이를 밀리미터로, 공칭 단위 길이당 질량을 미터 당 킬로그램으로 표시한다. 예를 들어 W610 × 140은 610 mm의 공칭 높이와 공칭 단위 길이당 질량이 140 kg/m인 광폭플랜지보를 나타낸다. 부록 B의 표들은 이 보의 실제 높이가 617 mm이고 실제 단위 길이당 질량이 140 kg/m임을 나타낸다. 미국 상용단위에서는 구조 단면의 공칭 높이를 인치로, 공칭 단위 길이당 질량은 피트당 파운드로 표시한다. 한 예로서, W36 × 302는 공칭 높이 36 in와 302 lb/ft 무게의 광폭플랜지보이다. 이 단면의 실제 높이는 37.3 in이다. 부록 B를 참조하면 단면의 구조 형상의 표들은 단면의 치수

이외에도 면적의 각 주축(principal axis)에 대한 관성 모멘트(I), 단면계수(S) 관성 반경(radius of gyration, r)[3]과 같은 단면의 특성들을 제공한다. 어떤 구조 단면을 선택하여 보에 사용할 때, 단면계수는 굽힘공식으로 구한 단면계수와 같거나 더 커야 한다. 즉,

$$S \geq \frac{|M|_{\max}}{\sigma_w} \tag{5.5}$$

이 식은 선택된 보의 단면계수가 굽힘 모멘트의 사용응력에 대한 비와 같거나 그것보다 더 커야 한다는 것을 가리킨다.

만일 어떤 보가 매우 가늘고 긴 보라면(큰 L/r), 사용응력에 도달하기 이전에 **횡 좌굴**(*lateral buckling*)에 의해 파손될 수도 있다. 횡 좌굴은 측면 굽힘과 비틀림의 조합으로 인한 저항력의 손실을 일으킨다. I형보들은 웨브에 평행한 축에 대해 비틀림 강성과 단면의 관성 모멘트가 작기 때문에 횡 좌굴에 대해 취약하다. 바닥 시스템으로 횡 방향 변위를 저지하거나 적절한 간격으로 플랜지를 버티게 함으로써, 전체 사용응력을 모두 사용할 수도 있다. 그렇지 않으면 이보다 저감된 응력을 설계에 명시해야 한다. 사용응력의 저감에 대한 공식은 가령 미국 강구조협회(AISC)와 같은 다양한 전문적인 기관들에 의해 명시된다. 이 장에서는 모든 보들이 횡 방향 변위에 대해 적절히 버틴다고 가정한다.

b. 표준 형상을 선택하는 과정

설계 엔지니어는 종종 보의 하중에 부가해서 주어진 하중을 견딜 수 있는 가장 경량의 구조 형상(예를 들어 W형)을 선택하여야 한다. 다음은 개략적인 선택 과정이다.

- 보의 자중을 무시하고, 최대 굽힘 모멘트 $M_{\max}$를 구하기 위해 굽힘 모멘트 선도를 그려라.
- $S_{\min} = |M|_{\max}/\sigma_w$로부터 최소 허용 단면계수를 구하라(여기서, σ_w는 사용응력이다).
- $S \geq S_{\min}$을 만족하도록 부록 B와 같은 구조 형상 목록에서 가장 경량의 형상을 선택하고, 그 무게를 기록하라.

---

3 r을 관성 반경으로 사용하는 것은 미국 강구조협회(American Institute of Steel Construction)의 표기법에 따른 것이다. 원의 반경을 표시하기 위해 종종 사용되는 r과 혼돈하지 않도록 주의하라.

- 미리 규정된 하중과 보의 자중을 합한 하중에 의해 선택된 보에서의 최대 굽힘응력 $\sigma_{\max}$를 계산하라. 만일 $\sigma_{\max} \leq \sigma_w$라면 선택은 종료된다. 그렇지 않으면 $S \geq S_{\min}$의 조건을 만족하는 두 번째 경량의 형상이 고려되어야 하고 최대 굽힘응력을 다시 계산한다. 만족할 만한 형상이 구해질 때까지 이 과정을 반복해야 한다.

예제 5.5

120 MPa의 굽힘응력을 넘지 않는 범위에서, 그림 (a)에 보이는 45 kN의 하중을 지지할 가장 가벼운 W형 보는 어떤 것인가? 보에 실제로 걸리는 굽힘응력을 구하라.

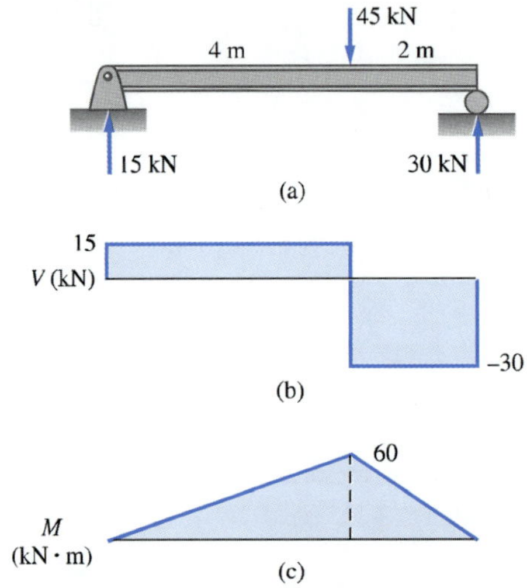

풀이

그림 (a)에 보이는 반력들을 구한 후, 그림 (b)와 (c)의 전단력 선도와 굽힘 모멘트 선도를 그린다. 가해진 하중하에서 발생하는 최대 굽힘 모멘트는 $M_{max} = 60\ \text{kN}\cdot\text{m}$이다. 이 모멘트를 지탱할 수 있는 최소 단면계수는 다음과 같다.

$$S_{min} = \frac{|M|_{max}}{\sigma_w} = \frac{60 \times 10^3}{120 \times 10^6} = 500 \times 10^{-6}\ \text{m}^3 = 500 \times 10^3\ \text{mm}^3$$

부록 B에 수록되어 있는 W형의 특성들의 표를 참조하여 밑에서부터 시작하면, 다음과 같은 것들이 $S \geq S_{min}$의 요건을 만족하는 각 치수 그룹에 있어 가장 가벼운 보들이라는 것을 알게 된다.

단면	S (mm^3)	질량 (kg/m)
W200 × 52	511×10^3	52.0
W250 × 44.8	531×10^3	44.8
W310 × 38.7	547×10^3	38.7

나머지 치수 그룹들에서의 모든 보들은 위에 열거된 것들보다 더 무겁다. 따라서 첫 번째 선택은 $S = 547 \times 10^{-6}\ \text{m}^3$을 갖는 W310 × 38.7 단면이다 (혹자는 몇몇 서로 다른 치수의 보들이 대략 동일한 단면계수를 갖도록 생산

되는 이유를 의아해 할 수 있다. 그 이유는 비록 최경량의 보가 무게만을 근거로 했을 때 가장 저렴하다 할지라도, 가장 가벼운 것보다는 종종 보의 머리 위 공간(headroom) 간격을 고려하여 높이(depth)가 더 낮은 보를 필요로 하기 때문이다).

보를 선택하는 절차는 보의 무게를 포함하는 응력 계산을 마치고 나서야 끝난다고 할 수 있는데, W310 × 38.7 단면의 무게는 다음과 같다.

$$w_0 = (38.7 \text{ kg/m}) \times (9.81 \text{ m/s}^2) = 380 \text{ N/m} = 0.380 \text{ kN/m}$$

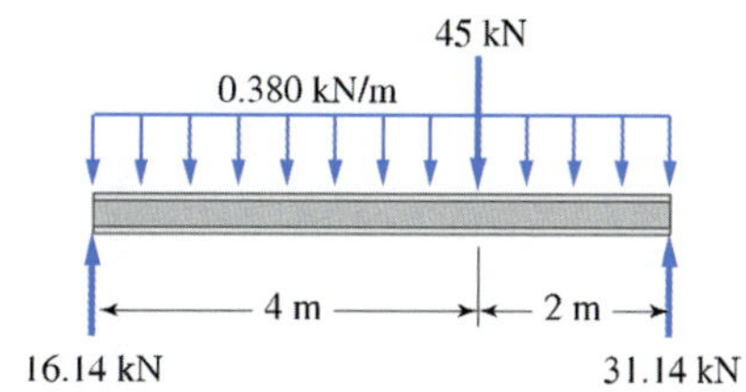

(d)

그림 (d)는 45 kN의 하중과 보의 자중을 지지하는 보를 보인다. 최대 굽힘 모멘트는 집중 하중을 받는 지점에서 발생하는 $M_{max} = 61.52 \text{ kN} \cdot \text{m}$이다 (이 예에서, 보의 자중은 최대 굽힘 모멘트를 단지 2.5%만큼만 증가시키므로 보의 자중은 45 kN의 하중에 비해 상대적으로 작다). 따라서 선택된 보에 걸리는 최대 굽힘응력은 다음과 같다.

$$\sigma_{max} = \frac{|M|_{max}}{S} = \frac{61.52 \times 10^3}{547 \times 10^{-6}} = 112.4 \times 10^6 \text{ Pa} = 112.4 \text{ MPa}$$

이 응력은 사용응력 120 MPa보다 작기 때문에, 45 kN의 하중을 안전하게 지지할 수 있는 가장 가벼운 W형 보는 최대응력이 $\sigma_{max} = 112.4$ MPa 인

$$\text{W310} \times 38.7 \qquad \text{[답]}$$

이다.

연습문제

5.45 길이 $L=$ 12 m인 단순지지보 전체에 걸쳐 균일 분포 하중의 세기 $w_o=$ 17.5 kN/m가 작용하고 있다. 굽힘응력이 120 MPa를 넘지 않는, 가장 가벼운 W형 보를 찾아라. 선택된 보에서의 실제 최대 굽힘응력은 얼마인가?

5.46 $w_o=$ 12 kN/m이고 보의 길이가 $L=$ 8 m일 경우, 문제 5.45를 다시 풀어라.

5.47 $P=$ 45,000 N의 집중 하중을 가운데에서 받는 길이 $L=$ 12 m인 단순지지보가 있다. 굽힘응력이 108 MPa를 넘지 않을 가장 가벼운 S형 보 단면을 선택하라. 선택된 보에서 실제 최대 굽힘응력은 얼마인가?

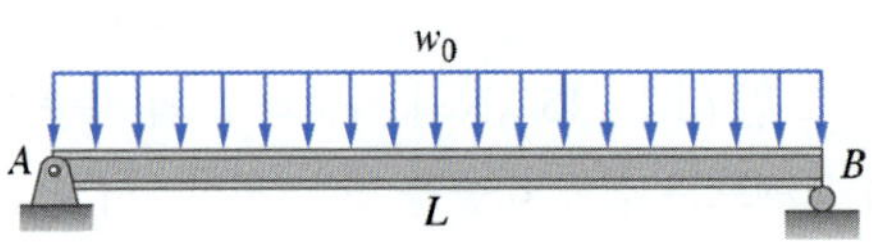

그림 P5.45, P5.46

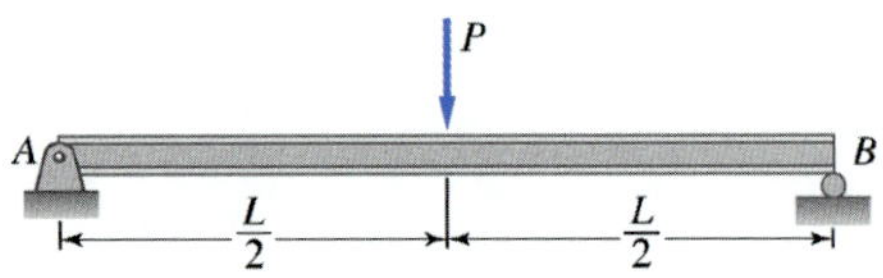

그림 P5.47

5.48 보 전체의 길이에 걸쳐 균일 분포 하중 $w_0=$ 8000 N/m을 받는 단순지지보가 있다. 사용 굽힘응력을 120 MPa라 할 때 가장 가볍고 적합한 W형 단면을 찾아라. 선택한 보에서의 실제 최대 굽힘응력은 얼마인가?

5.49 $w_0=$ 20,000 N/m일 때 문제 5.48을 다시 풀어라.

5.50 단순지지보에 대한 사용 굽힘응력이 120 MPa일 때 가장 가벼운 W형 단면을 찾아라. 선택한 보에서의 실제 최대 굽힘응력은 얼마인가?

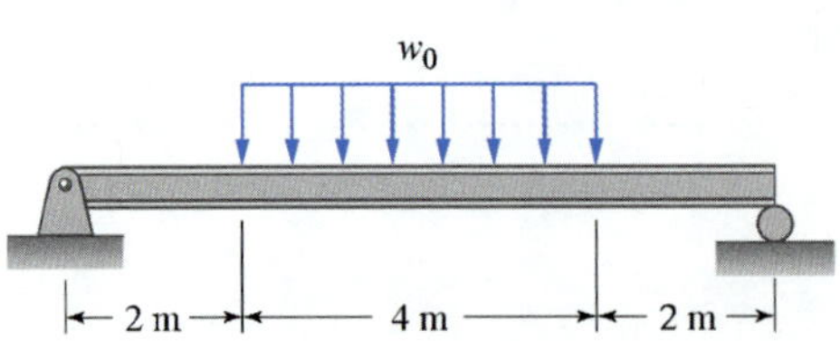

그림 P5.48, P5.49

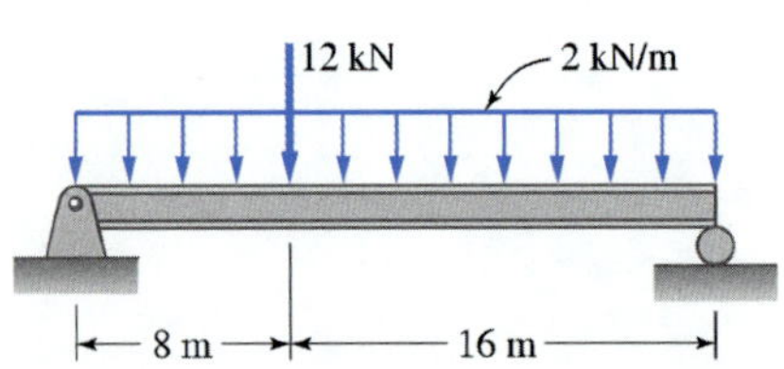

그림 P5.50

5.51 그림에 보인 보에 대한 사용 굽힘응력이 120 MPa일 때 가장 가벼운 S형 단면을 찾아라. 선택한 보에서의 실제 최대 굽힘응력은 얼마인가?

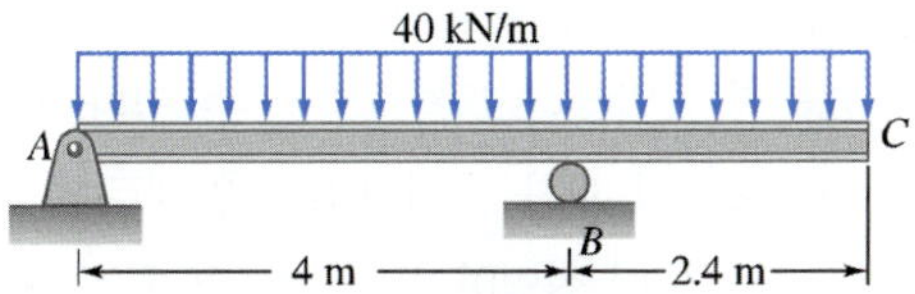

그림 P5.51

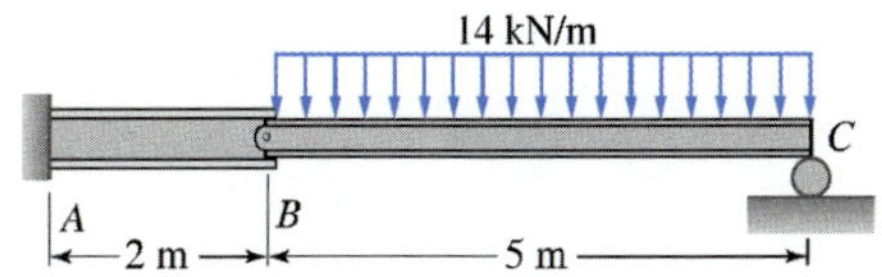

그림 P5.52

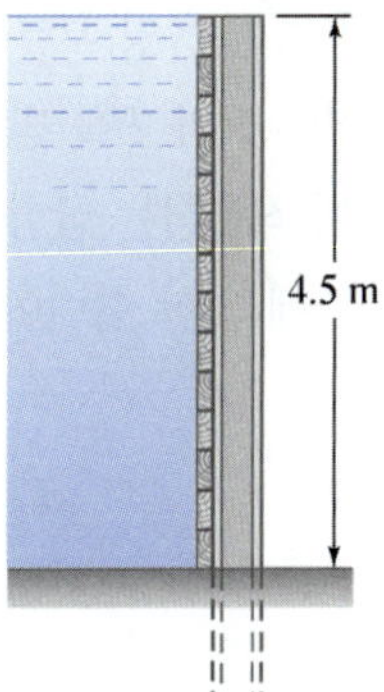

그림 P5.53

5.52 보 AB와 AC는 힌지 B에서 연결되어 있다. 보에 대한 사용 굽힘응력이 150 MPa일 때 각각의 보에 대하여 가장 가벼운 W형 단면을 찾아라. 선택한 보들에서의 실제 최대 굽힘응력들은 얼마인가?

5.53 4 m간격으로 땅 속에 박힌 강재보들이 임시 물막이 댐의 판자 말뚝을 지지하고 있다. 사용 굽힘응력이 180 MPa일 때, 이 용도에 맞는 가장 가벼운 S형보 단면을 선택하라. 물의 밀도는 1000 kg/m^{3}이다.

5.54 보 ABD와 보 DE가 D에서 힌지로 연결되어 있다. 굽힘에 대한 사용응력이 120 MPa일 때, 보 DE에 허용될 수 있는 가장 가벼운 W형 단면을 선택하라. 또한 각 보에서의 실제 최대 굽힘응력을 계산하라.

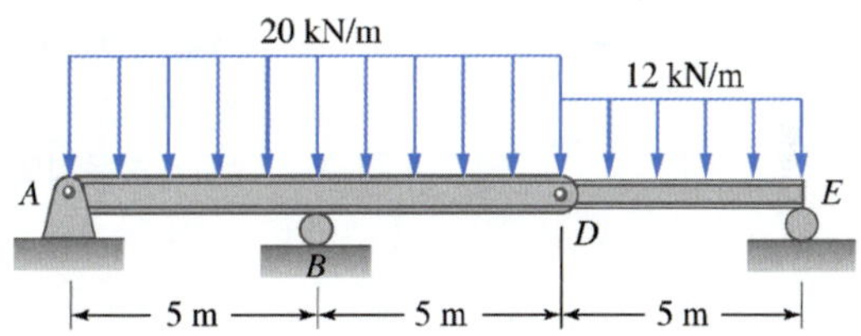

그림 P5.54

5.4 보에서의 전단응력

a. 굽힘 작용의 해석

만일 보를 여러 개의 얇은 층으로 겹겹이 구성했다면, 굽힘은 그림 5.6과 같은 결과를 보일 것이다. 분리된 층들은 서로 미끄러질 것이고, 보의 전체 굽힘 강도는 각 층들의 강도의 합이 될 것이다. 이렇듯 조합된 보는 동일 치수의 솔리드(solid)보(겹 층이 아니라, 단일 층인 보)보다 더 약할 것이다. 이를 보이기 위해 놀이 카드가 굽어지는 대로 각 장이 서로 미끄러질 수 있도록 헐겁게 카드를 잡으면서 손가락 사이로 놀이 카드를 구부려라. 그런 후 단일체 단면을 근사적으로 모사하기 위해, 놀이 카드가 미끄러질 수 없도록 견고하게 카드의 끝을 쥐어라. 그리고 카드들을 구부려 보라. 상당히 더 많은 노력이 필요하다는 것을 알게 될 것이다.

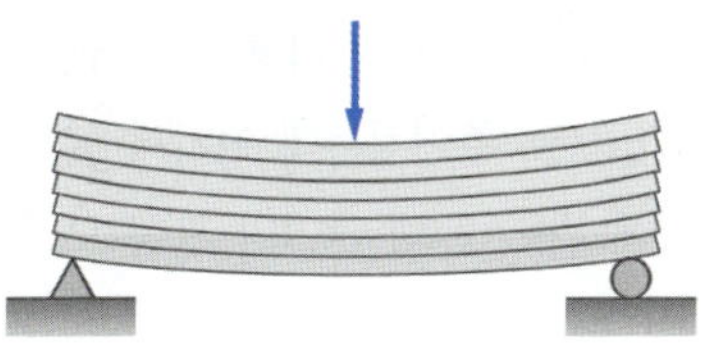

그림 5.6
층간에 어떤 고착도 없는 겹층 보의 굽힘

위의 관찰로부터, 단일체 보의 수평 층들은 층간에 작용하는 전단응력들이 미끄러짐을 막는다고 결론지을 수 있다. 바로 이 전단응력이 보를 개개 층의 적층으로써 보다는 하나의 단일체로써 거동하게 한다.

전단응력을 더 설명하기 위해 그림 5.7의 단순지지보를 생각하자. 다음과 같은 두 개의 절단면(단면 ①을 따라 연직으로 절단한 면과 중립축으로부터 거리 y' 위치에서 수평으로 절단한 면)을 사용해 보의 음영 부분을 분리시킨다. 분리된 부분은 그림에서 보이는 두 개의 수평력 P와 F를 받는다(연직력은 보이지 않는다). 축력 P는 단면①의 면적 A'에 작용하는 굽힘응력에 기인하는 반면에 F는 수평면 위에 작용하는 전단응력에 의한 합력이다. 평형 조건으로부터 $F = P$이어야한다.

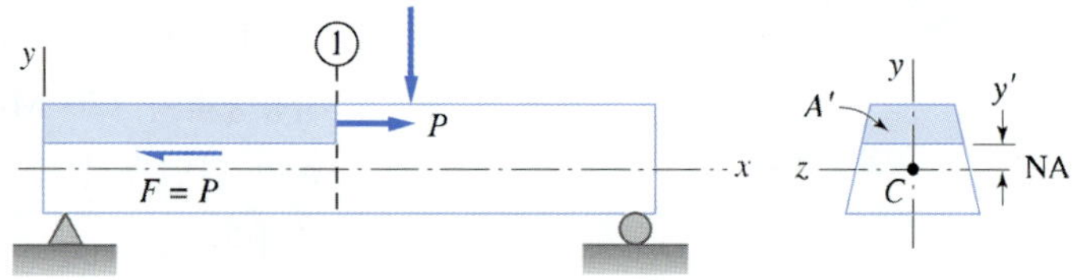

그림 5.7 보의 음영 부분이 평형을 이루기 위해서는 길이 방향으로의 전단력 $F = P$가 되어야 한다. 여기서 P는 단면①의 면적 A'에 작용하는 수직응력의 합력이다.

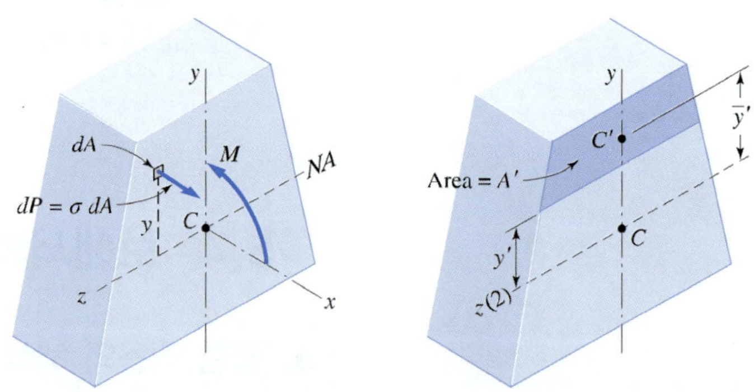

그림 5.8 단면적의 한 부분에 걸쳐 작용하는 수직응력의 합력의 계산

그림 5.8을 이용해 P를 계산할 수 있다. 단면의 면적 요소 dA에 작용하는 축력은 $dP = \sigma\, dA$이다. 만일 M이 보의 단면 ①에 작용하는 굽힘 모멘트라면, 굽힘응력은 식 (5.3) 즉 $\sigma = -My/I$로 주어지는데 여기서 y는 중립축에서 요소까지의 거리이며, I는 중립축에 관한 전체 단면의 관성 모멘트이다. 따라서,

$$dP = -\frac{My}{I}dA$$

이며, 면적 A'에 걸쳐 적분하면 다음과 같다.

$$P = \int_{A'} dP = -\frac{M}{I}\int_{A'} ydA = -\frac{MQ}{I} \tag{5.6}$$

여기서

$$Q = \int_{A'} ydA \tag{5.7a}$$

로서 중립축에 관한 면적 A'의 1차 모멘트(*first moment of area* A')이다. 식 (5.6)에서 음의 부호는 양의 굽힘 모멘트 M이 그림 5.7에서 보이는 것들과 반대 방향인 힘 P와 F를 유발함을 의미한다. 중립축으로부터 단면 A'의 도심인 C'까지의 거리를 $\bar{y}'$로 표기하면, 식 (5.7a)은 다음과 같이 쓸 수 있다.

$$Q = A'\bar{y}' \tag{5.7b}$$

식 (5.7)에서, Q는 y'위에 놓인 단면적의 1차 모멘트를 나타낸다. 중립축에 관한 전체 단면의 1차 모멘트는 0이므로 y'의 아래 단면의 1차 모멘트는 $-Q$이다. 따라서 Q의 크기는 y' 위 또는 아래 둘 중의 한 단면 중 더 편리한 단면을 사용함으로써 계산될 수 있다. Q의 최댓값은 $y'=0$인 중립축에서 산출된다. 이는 수평 전단력 F가 중립면에서 최대가 됨을 의미한다. 직사각형 단면에 대해 y'의 변화에 따른 Q의 변화는 그림 5.9에 예시하였다.

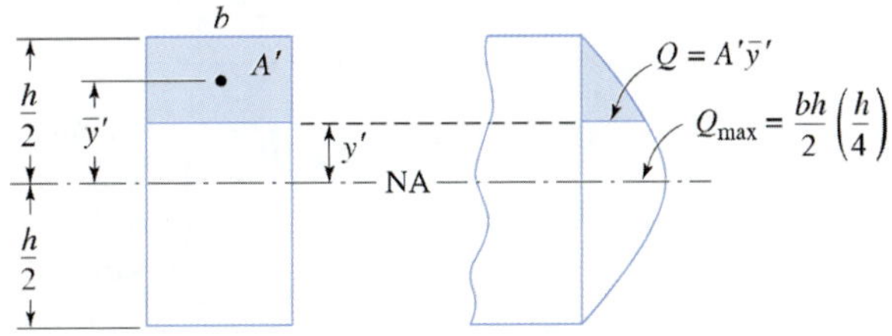

그림 5.9 직사각형 단면에서 중립축에 관한 단면 A'의 1차 모멘트 Q의 변화

b. 수평 전단응력

그림 5.10(단지 수평력들만을 나타냈다)에 보인 보의 음영 부분의 자유물체도(FBD)를 생각하자. 이 물체도는 미소 거리 dx에 의해 분리된 단면 ①과

②, 그리고 단면의 중립축 위의 y'거리에 위치한 수평 평면으로 제한되어 있다.

만일 보의 단면 ①에서의 굽힘 모멘트가 M이면, 물체의 면 ①에 작용하는 합력은 식 (5.6)으로 주어진다.

$$P = -M\frac{Q}{I}$$

이전에 설명했듯이, Q는 단면 A'(물체의 면 ①의 면적)의 1차 모멘트이고, I는 보의 전체 단면의 관성 모멘트이다. 단면 ②에 작용하는 굽힘 모멘트는 $M+dM$인데, 여기서 dM은 거리 dx에 걸친 M의 변화이다. 따라서 물체의 면 ②에 작용하는 수직력은 다음과 같다.

$$P + dP = -(M + dM)\frac{Q}{I}$$

이들 두 힘의 차는

$$(P + dP) - P = -(M + dM)\frac{Q}{I} - \left(-M\frac{Q}{I}\right) = -dM\frac{Q}{I} \quad \text{(a)}$$

이므로 평형은 수평면에 작용하는, 크기가 같고 방향이 반대인 힘 dF가 있을 경우에만 성립된다.

만일 수평면에 작용하는 **평균 전단응력**을 τ라 하면, 이것의 합력은 $dF = \tau b dx$이고, 여기서 b는 그림 5.10에 보는 것처럼 $y = y'$에서 단면의 폭이다. 수평력들에 대한 힘의 평형 조건은 다음과 같다.

$$\Sigma F = 0 \ : \quad (P + dP) - P + \tau b\, dx = 0$$

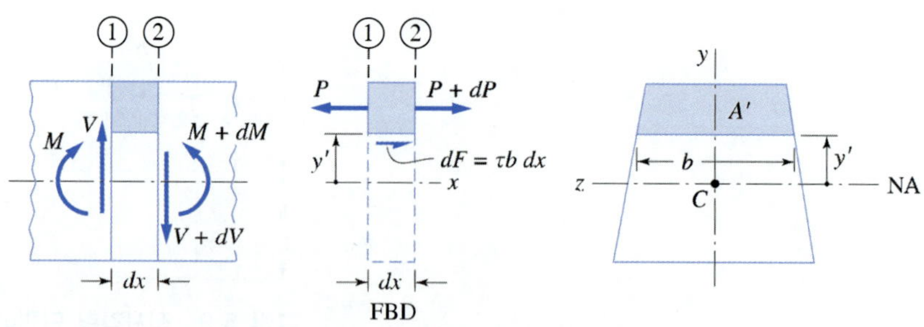

그림 5.10 보 요소의 자유물체도로에서 길이 방향 전단응력의 결정.

식 (a)에서 $(P + dP) - P$를 대입하면 다음을 얻는다.

$$-dM\frac{Q}{I} + \tau b dx = 0$$

이로부터

$$\tau = \frac{dM}{dx} \quad \frac{Q}{Ib} \tag{b}$$

전단력과 굽힘 모멘트 사이의 관계식 $V = dM/dx$를 상기하면, 평균 수평 전단응력을 다음과 같이 얻는다.

$$\boxed{\tau = \frac{VQ}{Ib}} \tag{5.8}$$

흔히 전단응력은 단면의 폭 b에 걸쳐 일정한데, 이 경우에 τ는 실제 전단응력으로 간주될 수 있다.

c. 연직 전단응력

엄격히 말해서 식 (5.8)은 보의 수평면(중립면에 평행한 면)에 작용하는 전단응력을 나타낸다. 그러나 1장에서, 전단응력은 항상 동일 크기를 갖고 공액인(complementary) 전단응력을 동반하고 이 두 응력들은 상호 수직인 평면 위에 작용한다는 것을 일반적인 증명 없이 설명했다.

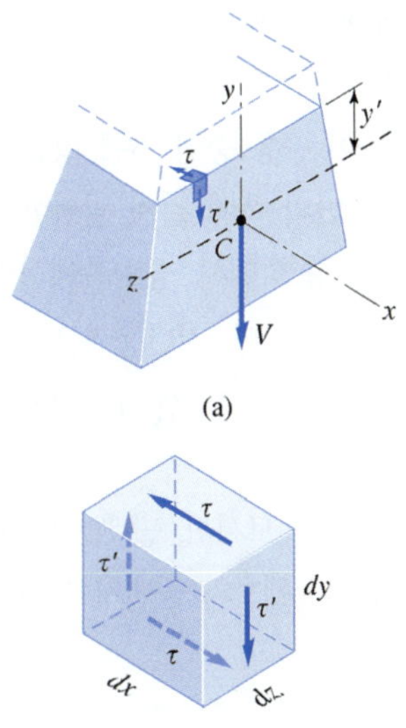

그림 5.11
단면 위의 한 점에 작용하는 연직 전단응력 τ'는 같은 점에 작용하는 길이 방향 전단응력 τ와 같다.

보에서 공액응력 τ'는 그림 5.11 (a)에 예시된 바와 같이 보 단면에 작용하는 연직(vertical) 전단응력이다. $\tau = \tau'$이므로 식 (5.8)은 보의 한 점에서 수평 전단응력뿐만 아니라 연직 전단응력을 계산하는 데 사용될 수 있다. 보단면적 A에 작용하는 연직 전단응력의 합은 당연히 전단력 V이다. 즉, $V = \int_A \tau dA$이다.

$\tau = \tau'$을 증명하기 위해, 자유물체로써 그림 5.11 (b)에서의 보의 미소 요소를 생각하자. 요소의 횡 방향 힘의 평형에 대하여 상부 면에 작용하는 전단응력 τ는 크기가 같지만 방향이 반대이고, 하부 면에 작용하는 전단응력과 균형을 이뤄야 한다. 이와 마찬가지로 앞면에 작용하는 공액 전단응력 τ'도 후면에 작용하는 반대 방향의 응력과 균형을 이뤄야 한다. 요소의 면들에 상응하여 작용하는 힘들은 각 응력에 이들 힘이 작용하는 면의 면적을 곱함으로써 얻어진다. 따라서 수평 및 연직력은 각각 $\tau dx\, dz$와 $\tau' dydz$이다. 이 힘들은 방향이 반대이면서 쌍을 이룬다. 회전(모멘트)의 평형에 대해, 이들 쌍의 크기는 같아야 한다. 즉, $(\tau dx\, dz)dy = (\tau' dydz)dx$이므로, 이로부터 $\tau = \tau'$이다.

d. 전단응력 식의 논의와 제한

전단응력 식 $\tau = VQ/(Ib)$로부터 균일 단면(prismatic) 보 내의 최대 전단

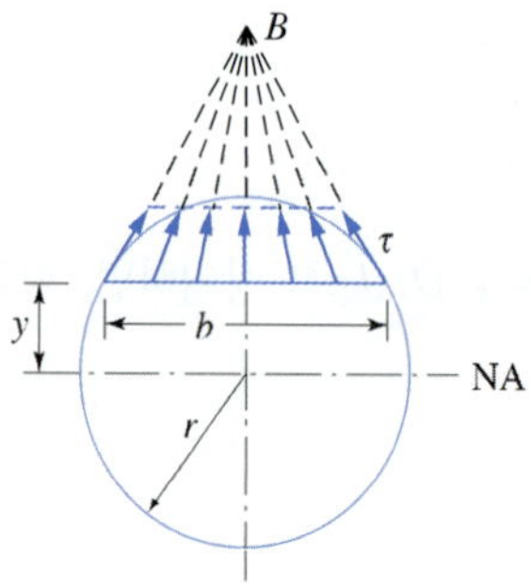

그림 5.12
원형 단면의 수평선을 따른 전단응력 분포

응력은 최대 연직 전단력 V를 받는 단면에서 일어난다는 것을 예측할 수 있다. 그 단면 내의 최대 전단응력의 위치(y'의 값)는 Q/b의 비로 구한다. Q는 $y' = 0$에서 항상 최대이므로 중립축은 통상적으로 최대 전단응력의 위치가 될 만한 후보이다. 그러나 만일 중립축에서의 폭 b가 단면의 다른 부분들에서보다 더 크면, 전단응력의 최댓값을 결정하기 전에 두 개 또는 더 많은 y'의 값에서 τ를 계산할 필요가 있다.

전단응력 식 (5.8)을 유도할 때, τ는 **평균** 전단응력으로 간주되어야 한다고 설명하였다. 단면의 폭 b에 걸친 전단응력의 변화를 종종 알 수 없으므로 이러한 제한은 필요하다. 식 (5.8)은 사각 단면과 사각형으로 구성된 가령 W와 S형 단면에 대해서는 충분히 정확하다. 그러나 그 밖의 단면 형상의 경우 τ에 대한 식은 주의해서 적용해야 한다. 그림 5.12의 원형 단면을 한 예로 생각해 보자. 단면 둘레의 전단응력은 그림에서 보인 것처럼 경계에 접해야 한다는 것을 보일 수 있다. 대칭성 때문에 응력이 연직 방향인 중심선을 제외하고는 내부 점들에서의 전단응력 방향은 알 수 없다. 최대 전단응력의 값을 구하기 위해서는 보이는 것처럼 응력들이 공통 중심 B를 향한다고 가정한다. 이들 전단응력들의 연직 성분들은 단면의 폭에 걸쳐 일정한 것으로 가정하고, 식 (5.8)로부터 계산한다. 이러한 가정 하에서, 중립축에서의 전단응력은 $1.333V/(\pi r^2)$이다. 더 정교한 해석[4]에 의하면, 전단응력은 실제적으로 가장자리에서의 $1.23V/(\pi r^2)$로부터 중심에서의 $1.38V/(\pi r^2)$까지 변하는 것을 보인다.

수직응력과 같이, 전단응력도 단면의 날카로운 모서리, 필렛, 그리고 구멍 근처에서 응력 집중을 보여준다. 또한 W 형상의 웨브와 플랜지 사이의 연결부 역시 응력 집중이 일어나는 부분이다.

e. 직사각형과 넓은 플랜지 단면

이제 전단응력을 폭 b, 높이 h의 사각 단면에 대해 y의 함수로 구할 것이다. 그림 5.13에서, 음영 부분의 면적은 $A' = b[(h/2) - y]$이며, 도심축까지의 거리는 $y' = [(h/2) + y]/2$이다. 따라서

$$Q = A'\,\bar{y}' = \left[b\left(\frac{h}{2} - y\right)\right]\left[\frac{1}{2}\left(\frac{h}{2} + y\right)\right] = \frac{b}{2}\left(\frac{h^2}{4} - y^2\right)$$

이며, 식 (5.8)은 다음과 같이 된다.

4 S. Timoshenko와 J. N. Goodier가 저술한 "탄성학의 이론(Theory of Elasticity)" 제3판을 보라(New York : McGraw Hill, 1970)

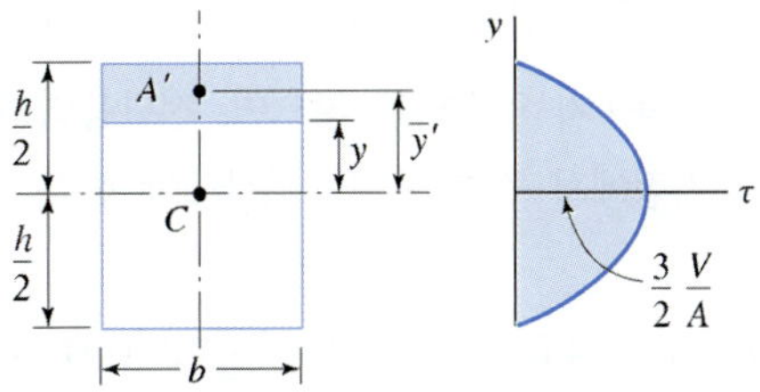

그림 5.13
사각 단면에서의 전단응력 분포

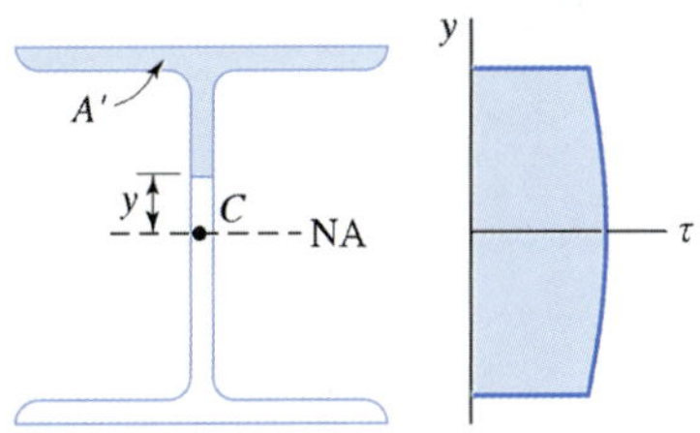

그림 5.14
넓은 플랜지보의 웨브에 작용하는 전단응력 분포

$$\tau = \frac{VQ}{Ib} = \frac{V}{2I}\left(\frac{h^2}{4} - y^2\right) \tag{c}$$

그림 5.13에 보이는 바와 같이, 전단응력이 단면의 높이에 걸쳐 포물선 형태로 분포된다는 것을 알 수 있다. 최대 전단응력은 중립축에서 발생한다. $y = 0$과 $I = bh^3/12$을 대입하면, 식 (c)는

$$\boxed{\tau_{\max} = \frac{3}{2}\frac{V}{bh} = \frac{3}{2}\frac{V}{A}} \tag{5.9}$$

이 된다. 여기서 A는 단면적이다. 따라서 직사각형 단면에서의 최대 전단응력은 단면에 작용하는 평균 전단응력보다 50% 더 크다. 넓은-플랜지 요소(W형 단면들)에 있어서, 대부분의 굽힘 모멘트는 플랜지가 받으며, 반면에 웨브는 대부분의 연직 전단력을 받는다. 그림 5.14는 전형적인 W 형상 웨브의 전단응력 분포를 보여준다. 이 경우 Q(중립축에 관한 A'의 1차 모멘트)값은 주로 보의 플랜지가 기여한다. 결과적으로 Q는 y에 따라 많이 변하지 않으므로, 웨브에서의 전단응력은 거의 일정하다. 실제로, $\tau_{\max} = V/A_{web}$는 대부분의 경우에 최대 전단응력의 근삿값으로서 사용될 수 있다. 여기서 A_{web}는 웨브의 단면적이다.

f. 전단응력 해석을 위한 과정

다음 과정은 보의 주어진 점에서의 전단응력을 구하는 데 사용될 수 있다:

- 특정한 지점을 포함하는 단면에 작용하는 연직전단력 V를 구하기 위해, 평형 해석을 이용한다(전단력 선도를 그리는 것이 통상적으로 좋은 생각이다).
- 중립축을 구하고 중립축에 관한 단면의 관성 모멘트 I를 계산하라 (만일 보가 표준 구조 형상이라면, 이에 대한 특성은 부록 B에 수록되어 있다).
- 특정한 지점 위(또는 아래)에 놓인 단면의 1차 모멘트, Q를 계산하라.
- $\tau = VQ/(Ib)$로부터 전단응력을 계산하라(여기서 b는 특정한 지점에서의 단면의 폭이다). τ는 폭 b에 걸쳐 일정한 경우에만 실제 전단응력이란 것을 주목하라: 그렇지 않으면 τ는 평균 전단응력으로 간주되야 한다.

주어진 단면에 작용하는 최대 전단응력 $\tau_{\max}$는 Q/b가 최대인 곳에서

일어난다. 만일 폭 b가 일정하다면, τ_{max}은 중립축에서 일어나는데 이곳에서 Q는 최댓값을 가지기 때문이다. 만일 폭 b가 일정하지 않으면, 전단응력의 최댓값을 구하기 위해 하나 이상의 지점에서 전단응력을 계산해야 한다.

SI 단위계에서, τ는 N/m^2 (Pa)로 표시되고, 단면의 치수는 미터(m), V는 newton (N)이어야 한다. 즉,

$$\tau\ [\mathrm{N/m^2}] = \frac{V\ [\mathrm{N}]\ Q\ [\mathrm{m^3}]}{I\ [\mathrm{m^4}]\ b\ [\mathrm{m}]}$$

예제 5.6

그림 (a)의 단순지지된 나무보는 보는 바와 같이 세 개의 160 mm × 80 mm 판자를 접착하여 만들었다. (1)접착 부위와 (2)나무에서의 최대 전단응력을 계산하라.

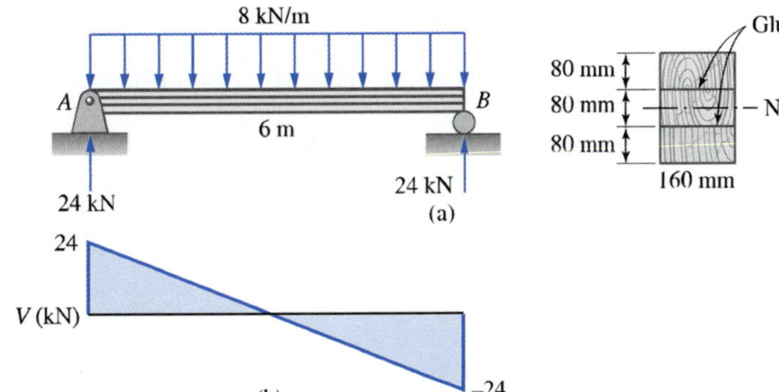

(a)
(b)

풀이

그림 (b)의 전단력 선도에서 보의 최대 전단력은 지지점에서 발생하는 $V_{max} = 24$ kN임을 알 수 있다. 중립축은 단면의 대칭축이다. 중립축에 관한 보 단면의 관성 모멘트는 다음과 같다.

$$I = \frac{bh^3}{12} = \frac{160(240)^3}{12} = 184.32 \times 10^6 \text{ mm}^4 = 184.32 \times 10^{-6} \text{ m}^4$$

(1)

접착부에서의 전단응력은 5.4절에서 논의한 수평 전단응력에 상응한다. 응력의 최댓값은 식 (5.8)에서 $\tau_{max} = V_{max}Q/(Ib)$에 의해 계산될 수 있는데, 여기서 Q는 그림 (c)에 보이는 단면 A'의 1차 모멘트이다. 즉

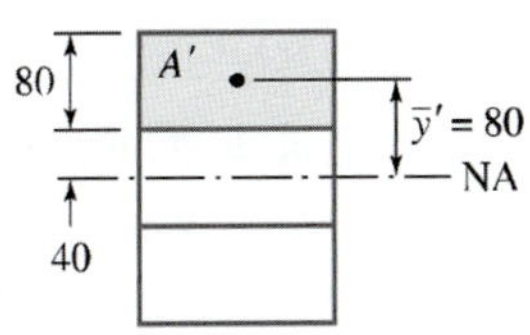

(c)

$$Q = A'\bar{y}' = (160 \times 80)(80) = 1.024 \times 10^6 \text{ mm}^3 = 1.024 \times 10^{-3} \text{ m}^3$$

따라서 접착부에서의 최대 전단응력은 지지점들에서 발생하고 그 값은 다음과 같다.

$$\tau_{max} = \frac{V_{max}Q}{Ib} = \frac{(24 \times 10^3)(1.024 \times 10^{-3})}{(184.32 \times 10^{-6})(0.160)}$$

$$= 833 \times 10^3 \text{ Pa} = 833 \text{ kPa}$$ [답]

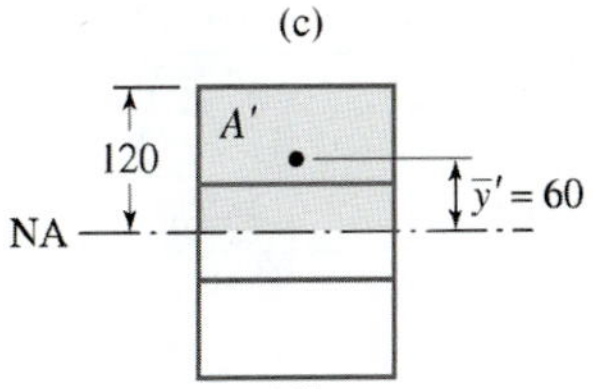

(d)

(2)

단면이 사각형이므로 나무에서의 최대 전단응력은 중립축에서 일어나며 다음과 같이 식 (5.9)로부터 계산될 수 있다.

$$\tau_{max} = \frac{3}{2}\frac{V_{max}}{A} = \frac{3}{2}\frac{(24\times10^3)}{(0.160)(0.240)} = 938\times10^3 \text{ Pa} = 938 \text{ kPa} \qquad \text{[답]}$$

같은 결과를 식 (5.8)에서도 구할 수 있는데, 여기서 A'는 그림 (d)에 표시된 대로 중립축 위의 단면의 면적이다. 이 면적의 중립축에 관한 1차 모멘트는

$$Q = A'\bar{y}' = (160\times120)(60) = 1.152\times10^6 \text{ mm}^3 = 1.152\times10^{-3} \text{ m}^3$$

이다.

따라서 식 (5.8)은 다음과 같이 된다.

$$\tau_{max} = \frac{V_{max}Q}{Ib} = \frac{(24\times10^3)(1.152\times10^{-3})}{(184.32\times10^{-6})(0.160)}$$
$$= 938\times10^3 \text{ Pa} = 938 \text{ kPa}$$

이는 앞의 결과와 일치한다.

예제 5.7

그림 (a)의 W200 × 100 단면이 보로써 이용되었다. 보의 어떤 단면에 작용하는 연직 전단력이 80 kN일 때, 이 단면에 대해 다음을 구하라. (1)웨브에서의 최소 전단응력, (2)웨브에서의 최대 전단응력, (3)웨브가 받는 전단력의 백분율

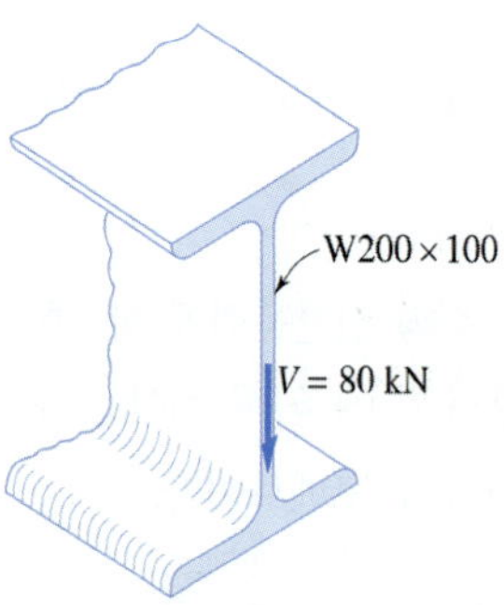

(a)

풀이

그림 (b)에 W200 × 100 단면의 이상적인 도면을 보여주고 있으며, 여기서 치수들은 부록 B의 표에서 얻은 것이다. 도면에서 웨브와 플랜지를 직사각형 단면으로 근사화했기 때문에 실제 단면에 있는 작은 필렛과 둥근 모서리는 무시하였다. 표에서 중립축에 관한 단면의 관성 모멘트는 $I = 113 \times 10^6$ mm^4이다.

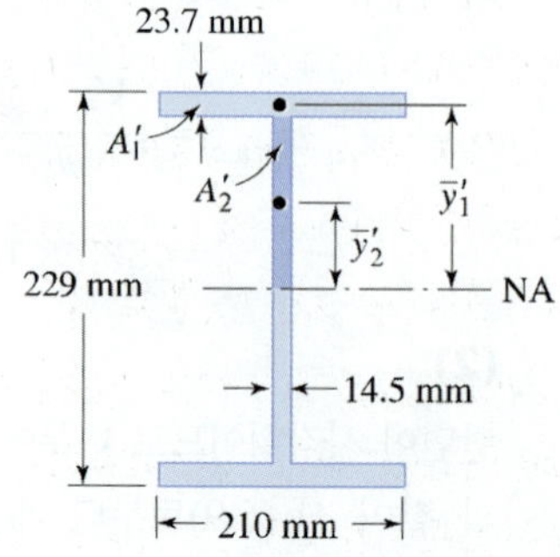

(b)

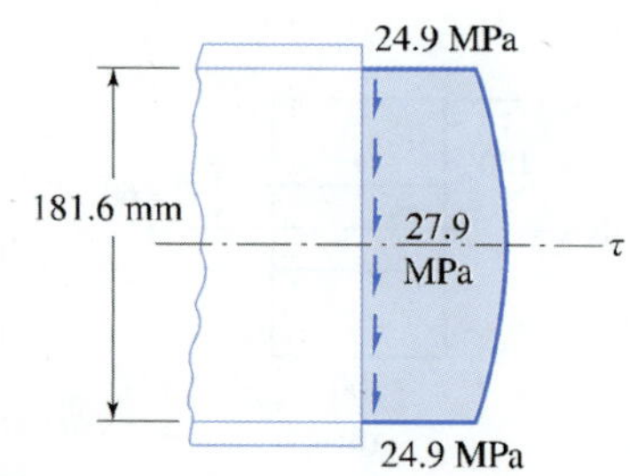

(c)

(1)

웨브에서의 최소 전단응력은 플랜지와의 연결부에서 일어나는데, 여기에서 Q/b가 가장 작다(웨브에서 $b = 14.5$ mm로 일정하다는 것을 주목하라). 따라서 전단응력 공식 $\tau = VQ/(Ib)$에서, Q는 그림 (b)에 보인 A'_1의 중립축에 관한 단면의 1차 모멘트이다.

$$Q = A'_1\,\bar{y}'_1 = (210 \times 23.7)\frac{229 - 23.7}{2} = 510{,}889\ \ \text{mm}^3$$

따라서 웨브에서 최소 전단응력은 다음과 같다.

$$\tau_{\min} = \frac{VQ}{Ib} = \frac{(80 \times 10^3)(510{,}889)}{(113 \times 10^6)(14.5)} = 24.9\ \ \text{MPa} \qquad \text{(답)}$$

(2)

최대 전단응력은 Q/b가 가장 큰 중립축상에 존재한다. 따라서 Q는 중립축 위(또는 아래) 면적의 1차 모멘트이다. 즉, 그림 (b)에서 A_1'와 A_2'의 복합 면적 모멘트이다. A_1'의 1차 모멘트는 (1)에서 계산하였다. 중립축에 관한 A_2'의 1차 모멘트는 $A_2'\,\bar{y}_2'$이고, 여기서

$$A_2' = \left(\frac{229}{2} - 23.7\right)(14.5) = 1316.6\ \ \text{mm}^2$$

$$\bar{y}'_2 = \frac{1}{2}\left(\frac{229}{2} - 23.7\right) = 45.4\ \ \text{mm}$$

이다. 따라서

$$Q = A'_1\bar{y}'_1 + A'_2\bar{y}'_2 = 510{,}889 + (1316.6)(45.4) = 570{,}662.6\ \ \text{mm}^3$$

이고, 웨브에서의 최대 전단응력은 다음과 같다.

$$\tau_{\max} = \frac{VQ}{Ib} = \frac{(80 \times 10^3)(570{,}662.6)}{(113 \times 10^6)(14.5)} = 27.9\ \ \text{MPa} \qquad \text{(답)}$$

(3)

그림 (c)는 웨브에서의 전단응력의 분포를 보여준다. 웨브가 받는 전단력은 다음과 같다.

$$V_{web} = (\text{웨브의 단면적}) \times (\text{전단력 선도의 면적})$$

5.4절의 논의를 통해, 전단응력의 분포가 포물선형이라는 것을 알고 있다. 포물선의 면적은 (2/3)(밑변 × 높이)라는 것을 상기하면,

$$V_{\text{web}} = (181.6\times14.5)\left[24.9+\frac{2}{3}(27.9-24.8)\right] = 70,883\ \text{N}$$

이 된다. 따라서 웨브가 받는 전단력의 백분율은 다음과 같다.

$$\frac{V_{\text{web}}}{V}\times100\% = \frac{70,833}{80,000}\times100\% = 88.5\%$$ [답]

이 결과는 플랜지가 연직 전단력을 버티는 데는 비효율적이라는 것을 확인해 주는 것이다. 5.4절에서 $\tau_{\max} = V/A_{web}$를 최대 전단응력에 대해 개략적 근삿값으로 사용할 수 있다는 것을 기술한 바 있다. 이 경우 다음을 얻는다.

$$\frac{V}{A_{\text{web}}} = \frac{80\times10^3}{(181.6)(14.5)} = 30.4\ \text{MPa}$$

이는 (2)에서 계산된 $\tau_{\max} = 27.9$ MPa에서 10% 이내의 차이가 나는 값이다.

예제 5.8

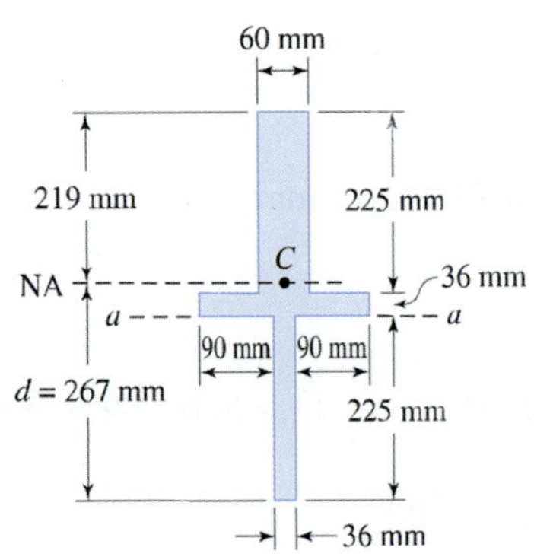

그림은 연직 전단력 $V = 72$ kN를 받는 보의 단면을 보여준다. 단면의 바닥에서 중립축까지의 거리는 $d = 267$ mm이며, 중립축에 관한 단면의 관성모멘트는 $I = 440\times10^6$ mm^{4}이다. 이 단면에 작용하는 최대 전단응력을 구하라.

풀이

최대 전단응력은 Q가 최대가 되는 중립축에서 일어나거나 $a-a$ 위치(여기서 단면의 폭은 중립축에서의 폭보다 더 작다)에서 발생할 것이다. 따라서 이들 두 위치에서의 전단응력을 계산해야 한다.

중립축에서의 전단응력 중립축 위의 직사각형 단면(중립축 아래의 단면이 사용될 수도 있다)의 중립축에 관한 1차 모멘트를 Q라 하자. 이 단면의 치수가 60 mm × 219 mm이므로

$$Q = A'\bar{y}' = (60\times219)\left(\frac{219}{2}\right) = 1,438,830\ \text{mm}^3$$

이며 중립축에서의 전단응력은

$$\tau = \frac{VQ}{Ib} = \frac{(72\times10^3)(1,438,830)}{(440\times10^6)(60)} = 3.92\ \text{MPa}$$

이 된다.

$a-a$단면에서의 전단응력 선 $a-a$ 위의 단면보다 오히려 그 아래의 면적을 사용하여 Q를 계산하는 것이 더 쉽다. 이 단면의 치수는 $b=36$ mm이며 $h=225$ mm이다. 따라서

$$Q=A'\bar{y}'=(36\times 225)\left(267-\frac{225}{2}\right)=1,251,450 \text{ mm}^3$$

이며, 전단응력은 다음과 같다.

$$\tau=\frac{VQ}{Ib}=\frac{(72\times 10^3)(1,251,450)}{(440\times 10^6)(36)}=5.69 \text{ MPa}$$

최대 전단응력은 이 두 값 중 큰 것이다

$$\tau_{\max}=5.69 \text{ MPa} \quad (a-a\text{에서 발생})$$ [답]

연습문제

다음 문제들에서 보의 무게는 무시하라.

5.55 목재보의 단면은 폭 60 mm, 높이 140 mm이다. 이 단면에 작용하는 연직 전단력은 32 kN이다. (a)중립축에서의 전단응력과 (b)중립축에서 30 mm 위에서의 전단응력을 구하라.

5.56 원형 단면에서 중립축에서의 평균 전단응력이 $\tau = 4V/(3\pi r^2)$임을 보여라. 여기서 V는 전단력이고, r은 단면의 반지름이다.

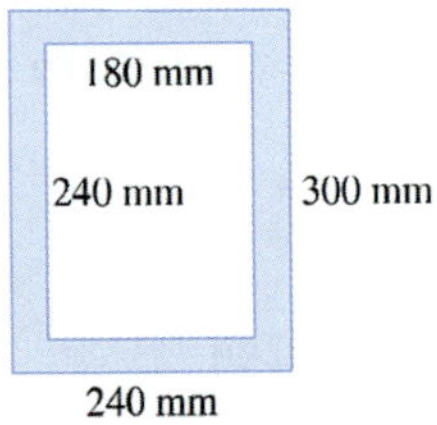

그림 P5.57, 5.58

5.57 그림과 같은 단면의 단순지지보가 세기 1800 N/m의 균일 분포 하중을 전체 길이 L에 걸쳐서 받고 있다. 사용 전단응력이 0.8 MPa일 때, L의 최대 허용값을 구하라.

5.58 그림과 같은 단면의 보에 작용하는 연직 전단력이 9000 N이다. (a)중립축에서의 전단응력과 (b)중립축에서 120 mm 위의 전단응력을 구하라.

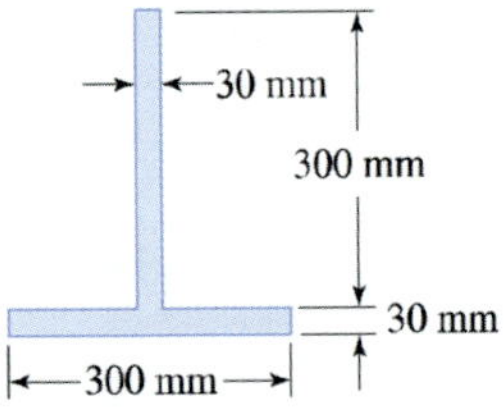

그림 P5.59

5.59 그림과 같은 단면의 보에 작용하는 연직 전단력이 100 kN이다. 보에서의 최대 전단응력을 구하라.

5.60 직사각형 나무보가 철도의 침목으로 사용되며, 크기가 48 kN인 두 개의 균일 분포 하중을 받고 있다. 땅으로부터의 반작용이 침목 전체에 걸쳐 균일하게 작용한다. 사용 전단응력이 1.0 MPa일 때, 최소 허용 b값을 구하라.

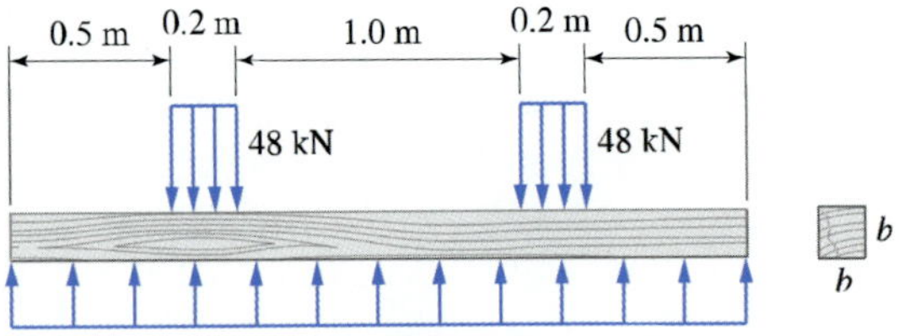

그림 P5.60

5.61 그림 (a) 및 (b)는 두 개의 얇은 벽 ($t \ll a$) 보의 단면을 보여준다. 연직 전단력 V에 의해 각 보에 걸리는 최대 전단응력을 계산하라.

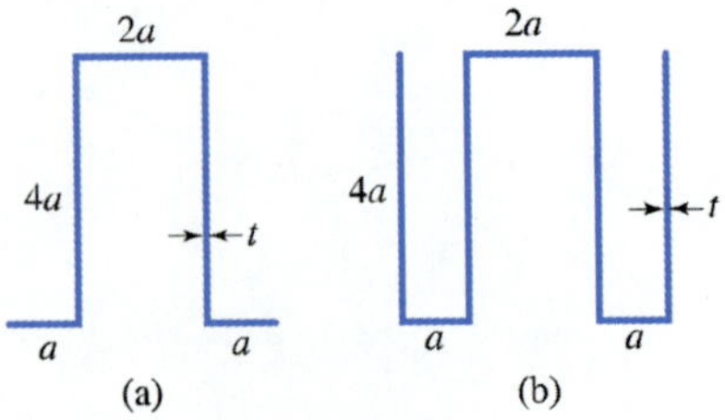

그림 P5.61

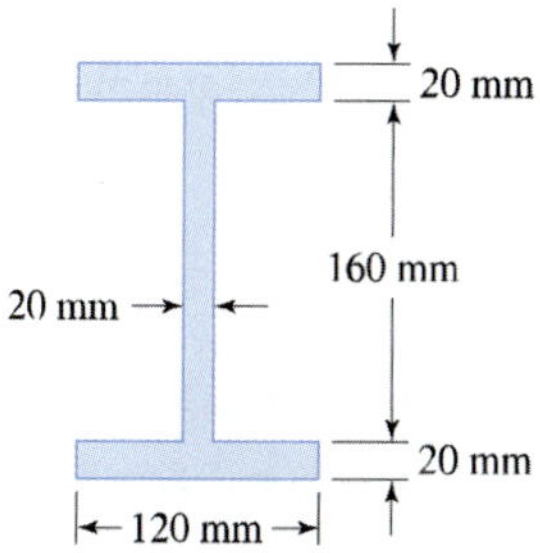

그림 P5.62, P5.63

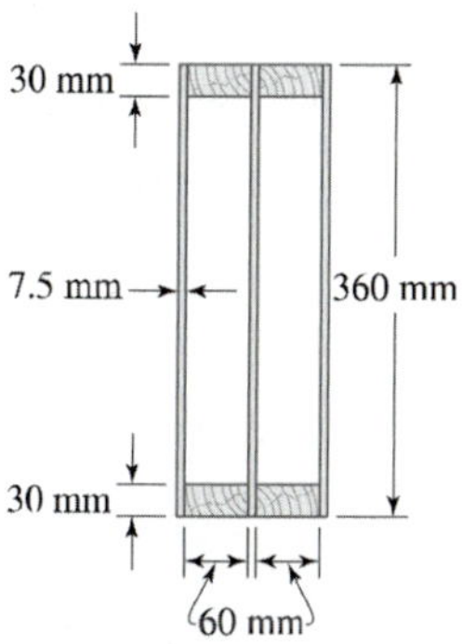

그림 P5.64

5.62 100 kN의 연직 전단력이 그림에 보인 바와 같은 I 단면에 작용하고 있다. (a)단면에 작용하는 최대 전단응력을 계산하라. 또한, (b)웨브가 받는 전단력의 백분율을 구하라.

5.63 5.62에서 웨브의 높이를 160 mm 대신 200 mm라 놓고 풀어라.

5.64 두께 7.5 mm의 연직 합판 스트립을 나무 블록으로 분리하여 보를 제작하였다. 최대 전단응력 1 MPa를 일으키는 연직 전단력을 구하라.

5.65 나무로 제작된 보가 세기 w_0인 균일 분포 하중을 받고 있다. 나무에서 최대 전단응력이 2 MPa로 제한될 때, w_0의 가장 큰 안전값을 구하라.

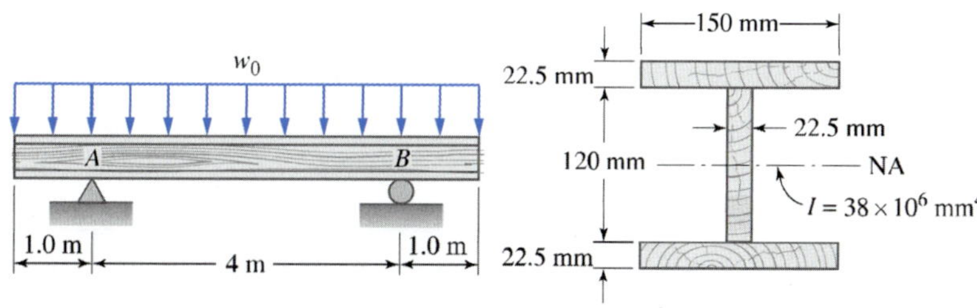

그림 P5.65

5.66 그림에 보인 보에서, 단면 C의 바닥에서 30 mm 위 지점에서의 전단응력을 구하라.

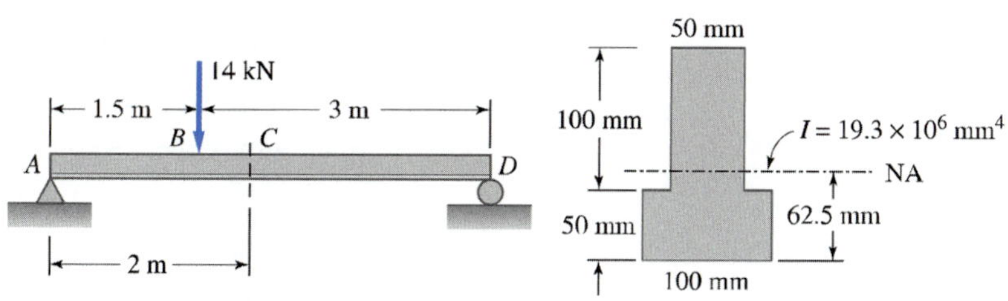

그림 P5.66

5.67 그림의 보에 대해, 최대 전단력을 받는 단면에서 연직 방향으로 30 mm 간격으로 전단응력을 구하고, 그 결과를 그려라.

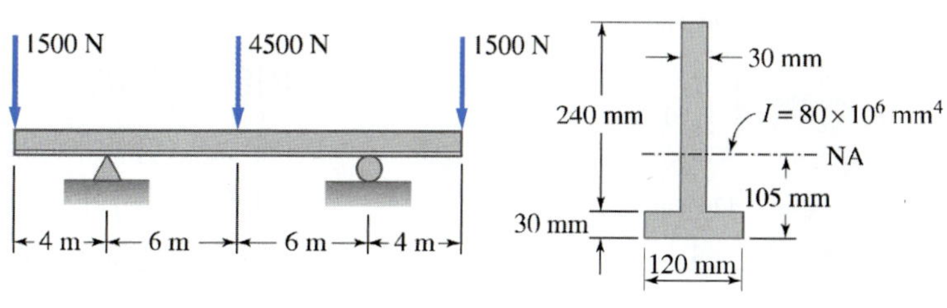

그림 P5.67

5.68 나무로 제작된 보가 그림에서처럼 집중 하중을 받고 있다. 사용 전단응력이 6 MPa일 때, 안전할 수 있는 최대 P값을 구하라.

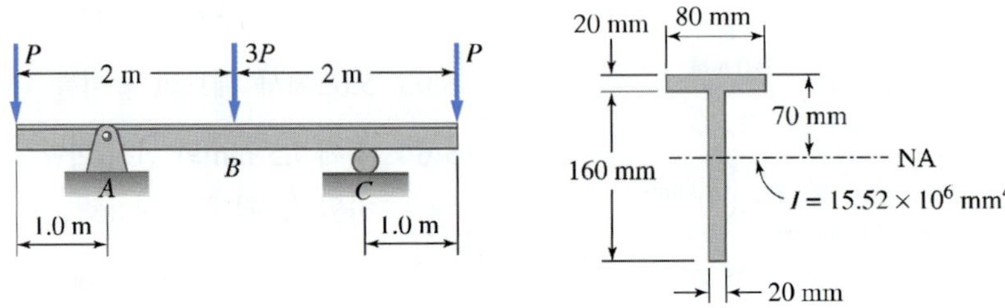

그림 P5.68

5.69 단순지지보가 그림과 같이 20 mm 두께의 판자들로 제작되었다. 사용 전단응력이 1.2 MPa일 때, 하중의 세기 w_0의 최대 허용값을 구하라.

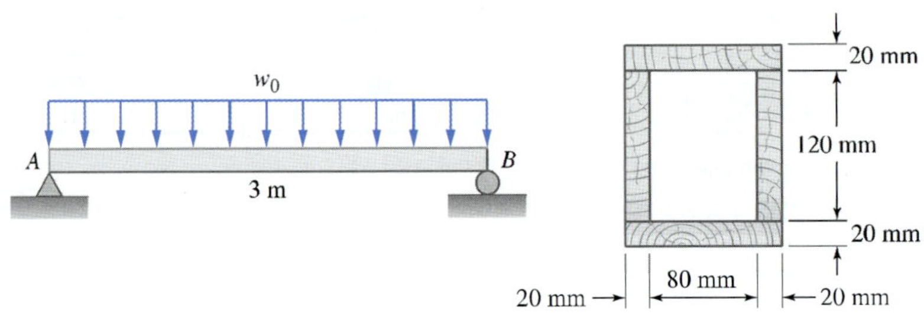

그림 P5.69

5.70 그림과 같이 함께 용접된 두 개의 S160 × 180 단면으로 이루어진 보가 있다. 균일 분포 하중의 세기가 $w_0 = 15$ kN/m일 때, 보에서의 최대 전단응력을 구하라.

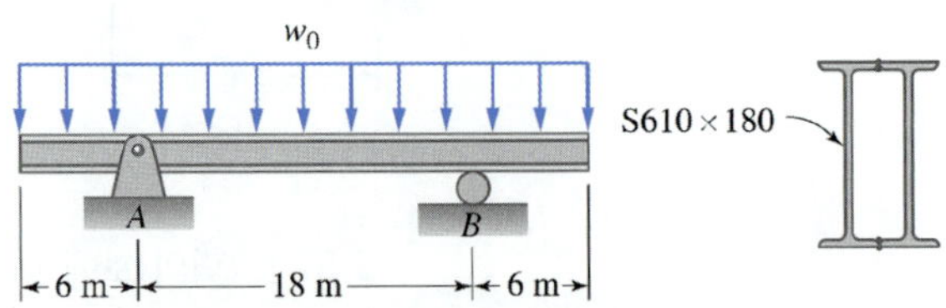

그림 P5.70

5.71 그림 같은 단면을 갖는 보에 작용하는 최대 전단력이 180 kN일 때, 보에서의 최대 전단응력을 구하라.

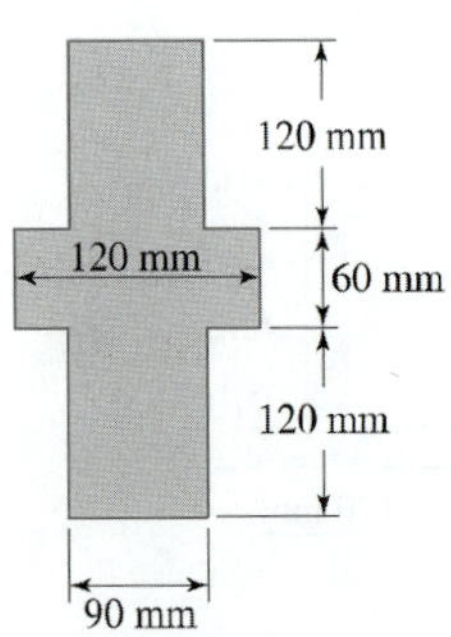

그림 P5.71

5.72 그림에 보인 단면의 보는 C250 × 45 단면의 뒤에 핀(fin)을 용접해 제작되었다. 단면의 중립축은 $d = 8.96$ mm에 위치하고 이 축에 관한 관성 모멘트는 $I = 4.35 \times 10^6$ mm^{4}이다. 200 kN의 연직 전단력에 의한 최대 전단응력은 얼마인가?

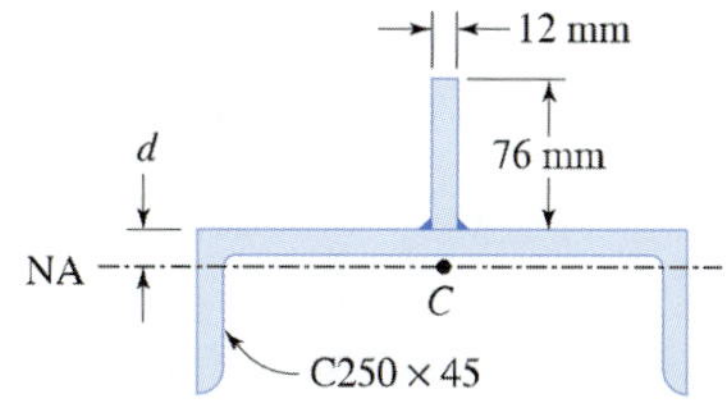

그림 P5.72

5.73 그림은 연직 전단력 V를 받는 보의 삼각형 단면을 보인다. 중립축(y = 0)에 작용하는 평균 전단응력을 유도하라.

***5.74** 그림에 보인 보의 삼각형 단면 위에 연직 전단력 V가 작용한다. (a)최대 평균 전단응력은 단면 위의 $y = h/6$의 위치에서 일어나는 것을 보여라. (b)최대 평균 전단응력을 유도하라.

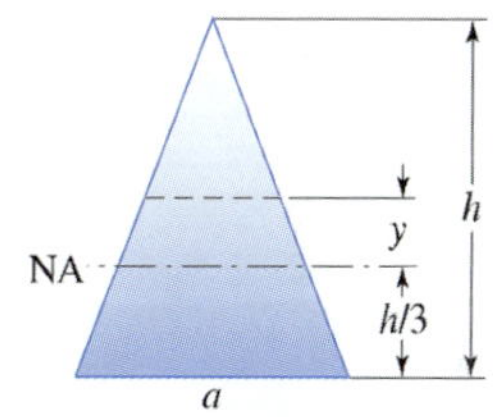

그림 P5.73, P5.74

5.5 굽힘과 전단에 대한 설계

지금까지 보의 굽힘응력과 전단응력을 분리해서 생각해 왔다. 이제부터 굽힘과 전단 모두에 대해 규정한 설계 기준을 만족하는 보의 설계를 공부한다. 일반적으로 굽힘응력은 긴 보의 설계에서 지배적인 반면에 전단응력은 짧은 보에서 중요하다. 전단력이 단지 하중의 크기에 의해 결정되는 반면에 굽힘 모멘트 M은 보의 하중의 크기와 길이 L에 의존한다는 것을 관찰함으로써 이러한 결론을 이끌어 낼 수 있다. 바꿔 말하면, 주어진 하중에 대해, V_{max}는 L에 무관하지만 M_{max}는 L이 증가하면 함께 증가한다.

전단응력은 목재의 결을 따라 전단 강도가 낮은 목재보에 있어 중요하다; 목재의 굽힘 강도에 대한 전단 강도의 전형적인 비는 1 : 10이다. 금속 보의 매우 얇은 웨브는 전단에 의해 파손되거나, 전단응력에 의해 야기되는 좌굴에 의해 파손될 수도 있다.

두 설계 기준을 만족시킬 수 있는 가장 직접적인 방법은 다음과 같은 두 가지 개별적인 계산 모두를 수행하는 것이다. 하나는 굽힘응력 기준에 근거한 것이고, 다른 하나는 전단응력 기준에 근거한 것이다. 이 결과들을 조사하면 두 기준 모두를 만족하는 설계를 밝힐 수 있다.

예제 5.9

그림 (a)에서의 직사각형 단면의 단순지지보는 길이 L에 걸쳐 균일하게 분포된 총 하중 W를 받는다. 굽힘과 전단 사용응력은 각각 σ_w와 τ_w이다. 최대 전단응력과 최대 굽힘응력이 동시에 사용값에 도달할 길이 L의 임계값을 구하라.

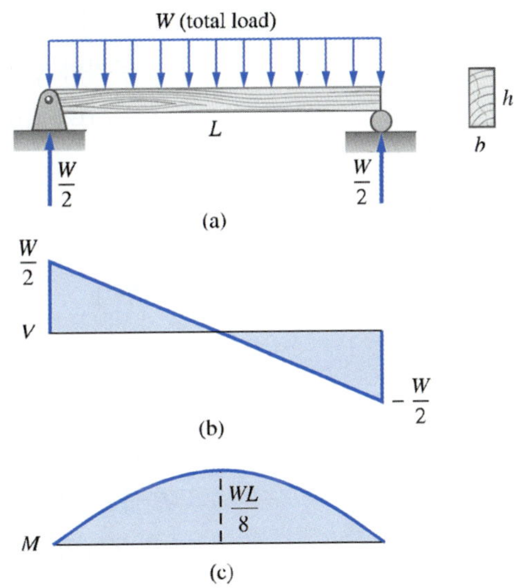

풀이

그림 (b)와 (c)는 보의 전단력 선도와 굽힘 모멘트 선도를 보인다. 최대 전단력 $V_{\max} = W/2$는 보의 양쪽 지지점에서 발생하고 최대 굽힘 모멘트 $M_{\max} = WL/8$은 가운데에서 발생한다.

전단에 대한 설계 전단응력 기준 $\tau \le \tau_w$를 어기지 않을 W의 최댓값은 식 (5.9)에서 $\tau_{\max} = \tau_w$로 놓아 구한다.

$$\tau_w = \frac{3}{2}\frac{V_{\max}}{A} = \frac{3}{2}\frac{W/2}{bh}$$

이것에서

$$W = \frac{4}{3}bh\tau_w \tag{a}$$

를 얻는다.

이 W 값은 보의 길이에 무관함을 주목하라.

굽힘에 대한 설계 식 (5.4b)에서 $\sigma_{\max} = \sigma_w$로 놓으면 다음을 얻는다.

$$\sigma_w = \frac{|M|_{\max}}{S} = \frac{WL/8}{bh^2/6} = \frac{3}{4}\frac{WL}{bh^2}$$

이것으로부터

$$W = \frac{4}{3}\frac{bh^2}{L}\sigma_w \tag{b}$$

를 얻으며, 이는 $\sigma \le \sigma_w$의 굽힘응력 기준을 만족하는 최대 W이다. W는 L의 증가와 함께 감소됨을 주시하라.

식 (a)와 (b)에서 W를 같게 놓으면

$$\frac{4}{3}bh\tau_w = \frac{4}{3}\frac{bh^2}{L}\sigma_w$$

이로부터

$$L = \frac{\sigma_w}{\tau_w}h \qquad \textbf{[답]}$$

이 된다. 이 임계 길이보다 더 긴 보에 대해서는 굽힘응력이 설계를 지배한다. 그렇지 않으면 전단응력이 설계를 지배한다. 예를 들어, 만일 $\sigma_w = 10\tau_w$(전형적인 목재의 경우)라고 가정하면, $L = 10h$가 된다.

예제 5.10

그림 (a)에서의 상자형 보는 집중 하중 $2P$와 P를 지지한다. 만일 굽힘과 전단에서의 사용응력이 각각 $\sigma_w = 6$ MPa과 $\tau_w = 0.6$ MPa일 때, 하중 P의 최대 허용값을 계산하라.

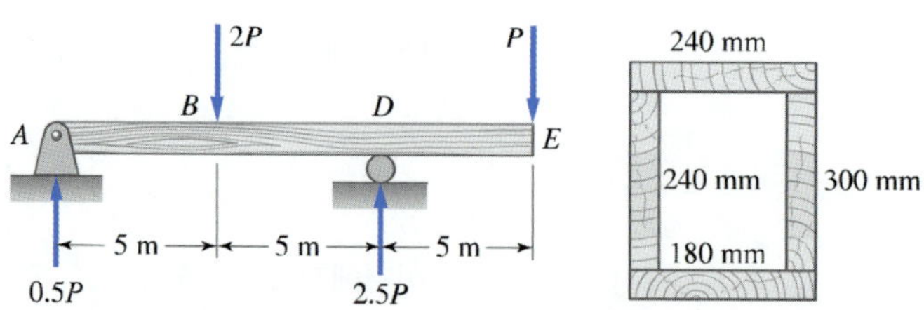

(a)

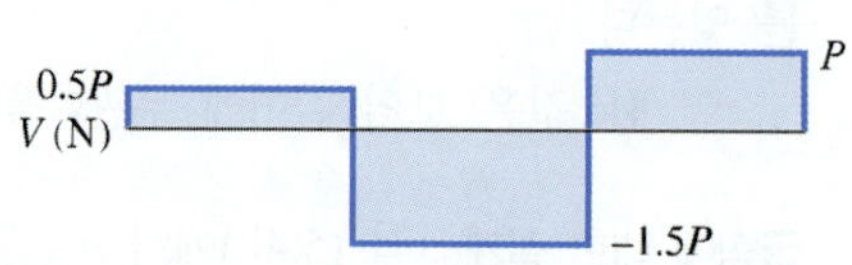

(b)

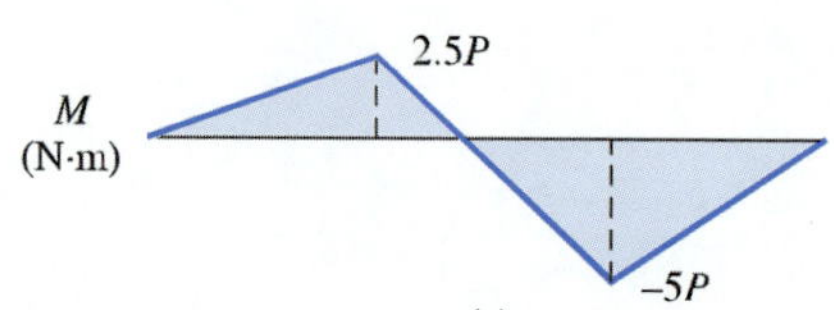

(c)

풀이

그림 (a)-(c)에 보이는 지지 반력, 전단력 선도, 그리고 굽힘 모멘트 선도는 평형 해석에서 구한다(P는 N 단위로 가정한다). 전단력의 최대 크기는 $|V_{max}| = 1.5\ P$N인데 이는 BD 요소에서 발생한다. 최대 굽힘 모멘트는 D에서 일어나며 $|M|_{max} = 5\ P$ N·m이다. 그림 (a)에 보인 단면의 중립축에 관한 관성 모멘트는 바깥쪽 단면의 관성 모멘트와 안쪽 단면의 관성 모멘트의 차이다.

$$I = \left(\frac{bh^3}{12}\right)_{\text{바깥쪽}} - \left(\frac{bh^3}{12}\right)_{\text{안쪽}} = \frac{240(300)^3}{12} - \frac{180(240)^3}{12} = 332.64 \times 10^6\ \text{mm}^4$$

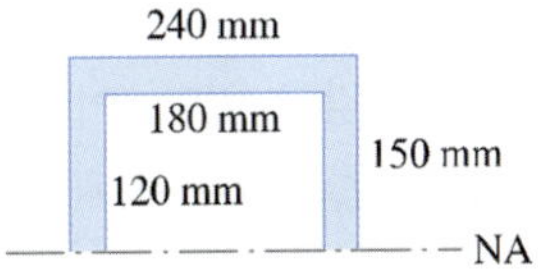

(d)

전단에 대한 설계 최대 전단응력은 요소 BD의 중립축에서 일어난다. 중립축 위의 단면의 1차 모멘트는 그림 (d)의 바깥쪽 사각형의 1차 모멘트에서 안쪽 사각형의 1차 모멘트를 빼줌으로써 계산된다.

$$\begin{aligned} Q &= (A'\bar{y}')_{\text{바깥쪽}} - (A'\bar{y}')_{\text{안쪽}} \\ &= (240 \times 150)(75) - (180 \times 120)(60) = 1.404 \times 10^6\ \text{mm}^3 \end{aligned}$$

사용 전단응력을 넘지 않고 작용할 수 있는 최대 하중 P는 전단 공식으로부터 구한다.

$$\tau_w = \frac{|V_{max}|Q}{Ib} \qquad 0.6 = \frac{(1.5P)(1.404 \times 10^6)}{(332.64 \times 10^6)(60)}$$

이로부터 $P = 5686$ N을 얻는다.

굽힘에 대한 설계 굽힘공식에서 굽힘응력 제한 조건을 넘지 않을 최대 하중 P를 산출한다.

$\sigma_{max} = \sigma_w$라 놓고 중립축에서 단면의 상단까지의 거리는 $c = 150$ mm이므로 다음을 얻는다.

$$\sigma_w = \frac{|M|_{max}c}{I} \qquad 6 = \frac{(5P \times 10^3)(150)}{(332.64 \times 10^6)}$$

이로부터 $P = 2661$ N을 얻는다.

안전하게 가할 수 있는 최대 P값은 위에서 계산된 두 값 중에서 작은 값이다. 즉,

$$P = 2661\ \text{N}$$ [답]

인데, 이는 최대 굽힘응력을 제한 조건으로 사용해 계산한 것이다.

연습문제

다음 문제들에서 보의 무게는 무시하라.

5.75 길이 L의 단순지지보가 폭 b, 높이 h의 직사각형 단면을 갖고 있다. 이 보는 보의 중앙에서 집중 하중 P를 받고 있다. $L = 10h$일 때 σ_{max}/τ_{max}의 비를 구하라.

5.76 다섯 개의 150 mm × 50 mm의 판자들을 접착해 그림과 같은 단면의 적층(laminated) 보를 구성하였다. 이 보는 세기 w_0인 균일 분포 하중을 2.5 m의 길이 전체에 걸쳐 받고 있다. 접착제의 사용 전단응력이 0.5 MPa, 나무의 사용 전단응력이 0.8 MPa, 나무의 사용 굽힘응력이 10 MPa일 때 w_0의 최대 허용값을 구하라.

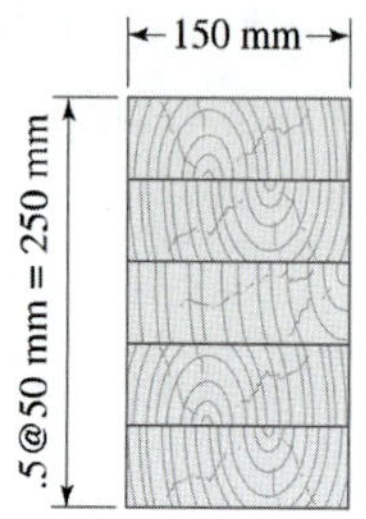

그림 P5.76

5.77 길이 L의 외팔보가 지름 d인 원형 단면을 갖고 있다. 이 보는 그림에서처럼 선형으로 변화하는 분포 하중을 받고 있다. L과 d 의 항으로 σ_{max}/τ_{max}비를 구하라. τ_{max}는 중립축에서 일어나고, 단면의 직경 방향으로 전단응력의 분포는 균일하다고 가정한다.

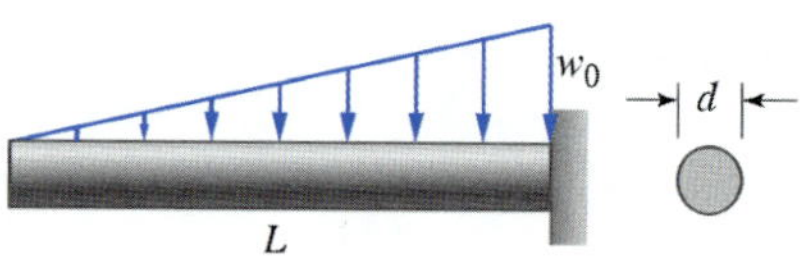

그림 P5.77

5.78 단순지지된 나무보가 길이 전체에 걸쳐 균일하게 분포하는 총 하중 W와 집중 하중 $2W$를 받고 있다. 사용 굽힘응력이 10MPa이고, 사용 전단응력이 0.5MPa일 때 W의 최대 허용값을 구하라.

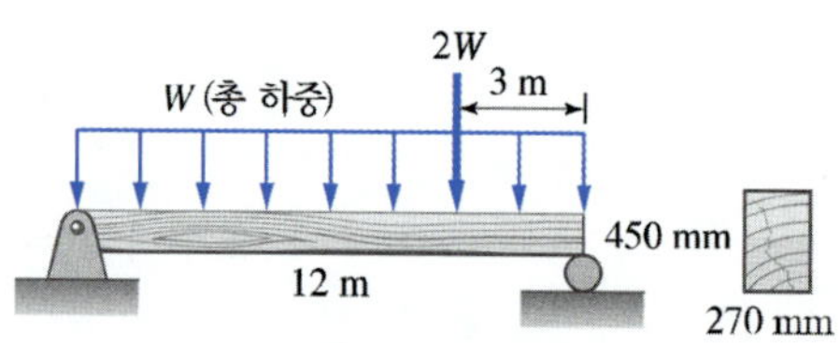

그림 P5.78

5.79 W250 × 49.1의 단면(웨브가 연직 방향인)이 길이 4 m인 외팔보로 사용되었다. 이 보가 전체 길이에 걸쳐 세기 w_0인 균일 분포 하중을 받고 있다. σ_{max}/τ_{max}비를 구하라.

5.80 집중 하중 P가 그림과 같은 단면을 갖는 길이 8 m의 나무보를 이동하고 있다. 나무의 사용 굽힘응력이 20 MPa이고 사용 전단응력이 5 MPa일 때, P의 최대 허용값을 구하라.

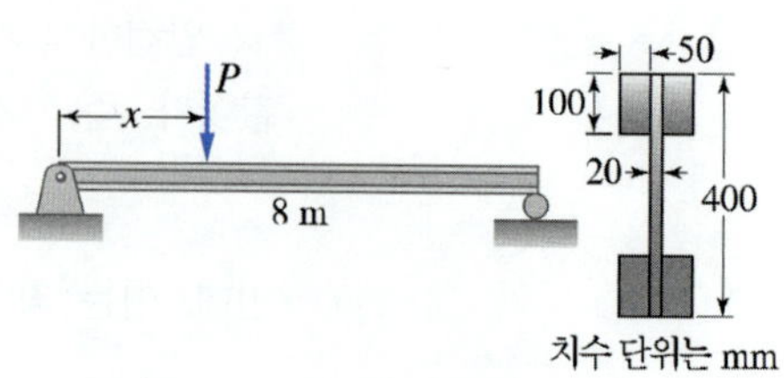

그림 P5.80

5.81 두 개의 240 mm × 60 mm 앵글을 폭 300 mm인 판재에 접착해 얇은 벽 외팔보를 만들었다. 두께 t는 단면 다른 부분의 치수보다 매우 작다고 가정하라. (a)사용 굽힘응력이 50 MPa일 때 최소 두께 t를 구하라. (b)접착제의 요구 전단 강도를 구하라.

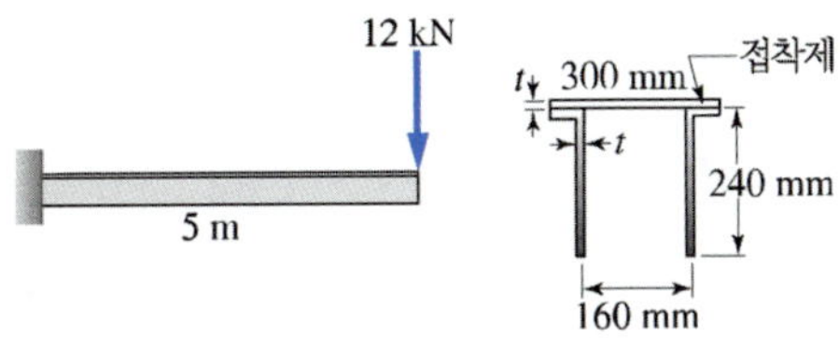

그림 P5.81

5.82 네 개의 나무판자를 접착해 제조되어 세 개의 집중 하중을 받는 나무보가 단순지지되어 있다. 사용 굽힘응력과 전단응력이 각각 10 MPa과 4 MPa일 때, 힘 P의 최대 허용값을 구하라.

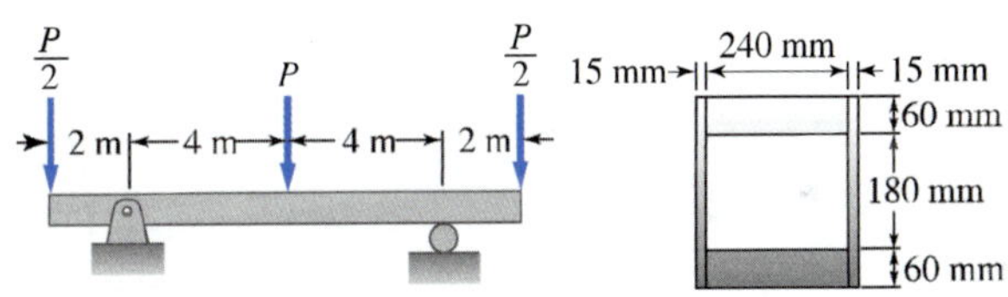

그림 P5.82

5.83 제작된 나무보의 사용 굽힘응력은 10 MPa이고 사용 전단응력이 1.4 MPa이다. 세기 w_0의 최대 허용값을 구하라.

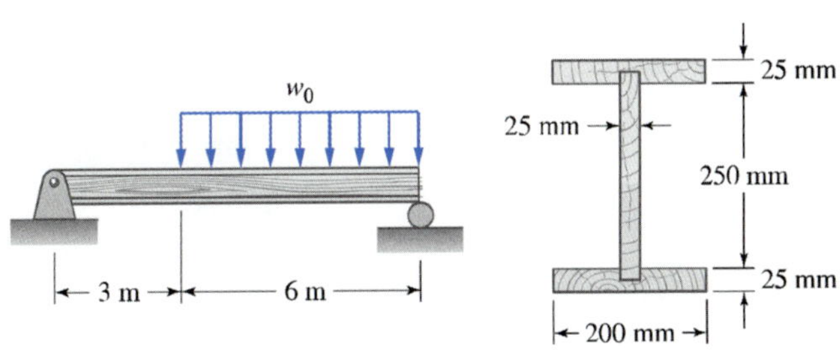

그림 P5.83

5.84 내다지보가 두 개의 집중 하중 W와 총 하중 $4W$ 크기의 균일 분포 하중을 받고 있다. 사용 인장응력이 100 MPa, 사용 압축응력이 160 MPa이며 사용 전단응력이 40 MPa일 때, (a)단면의 중립축이 $d = 65$ mm에 위치하며 중립축에 대한 단면적의 관성 모멘트가 $I = 50 \times 10^6$ mm^{4}임을 보여라. (b) W의 최대 허용값을 구하라.

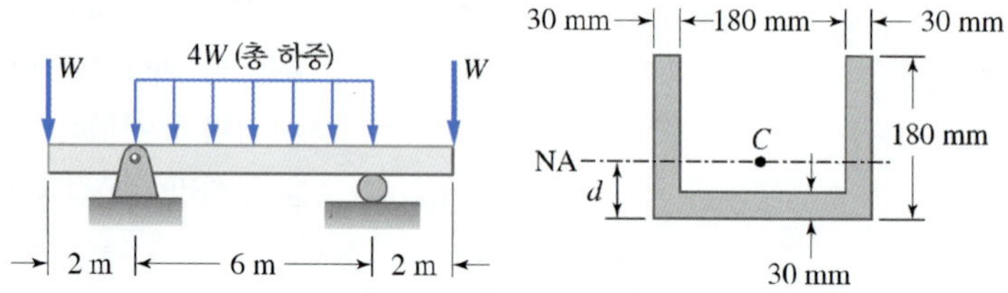

그림 P5.84

5.85 얇은 벽 튜브를 이용한 보가 세기 w_0인 균일 분포 하중을 받고 있다. (a)허용 굽힘응력이 100 MPa일 때 최대 허용 w_0값을 구하라. (b)이에 상응하는 최대 전단응력을 구하라.

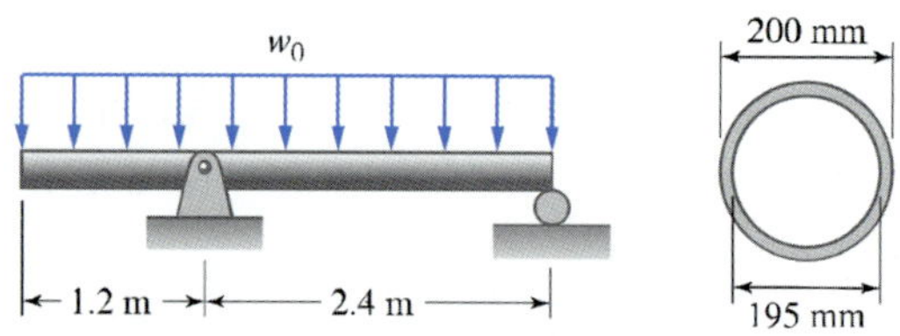

그림 P5.85

5.86 뒤집어진 T형 단면의 주철보가 크기 P인 두 개의 집중 하중을 받고 있다. 허용 인장응력이 48 MPa이고 허용 압축응력이 140 MPa, 그리고 허용 전단응력이 30 MPa이다. (a)단면의 중립축이 $d = 48.75$ mm에 위치하며 중립축에 대한 단면적의 관성 모멘트가 $I = 11.918 \times 10^6$ mm^{4}임을 보여라. (b)P의 최대 허용값을 구하라.

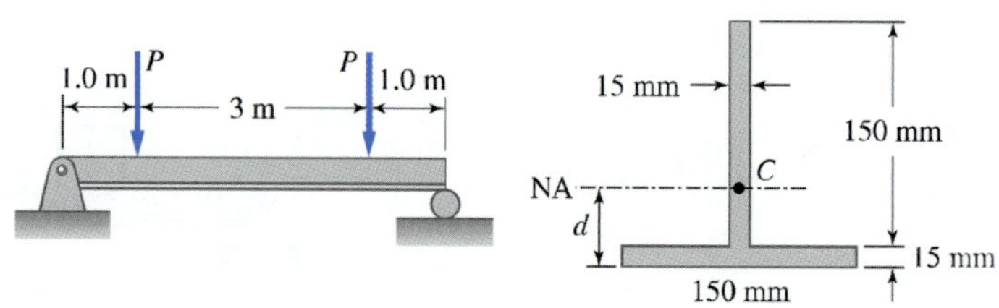

그림 P5.86

5.87 허용 굽힘응력이 24 MPa, 허용 전단응력이 1 MPa인 I형보가 지지할 수 있는 하중의 세기 w_0의 최대 안전값을 구하라.

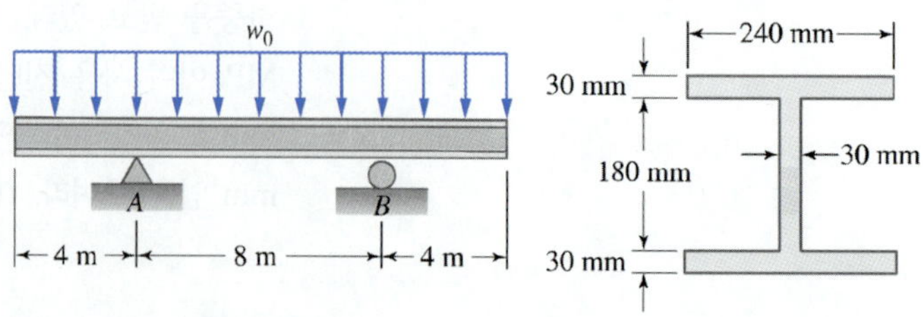

그림 P5.87

5.88 나무보가 정사각 단면을 갖고 있다. 허용 굽힘응력이 8 MPa, 허용 전단응력이 1.0 MPa일 때, 단면의 최소 허용 치수를 구하라.

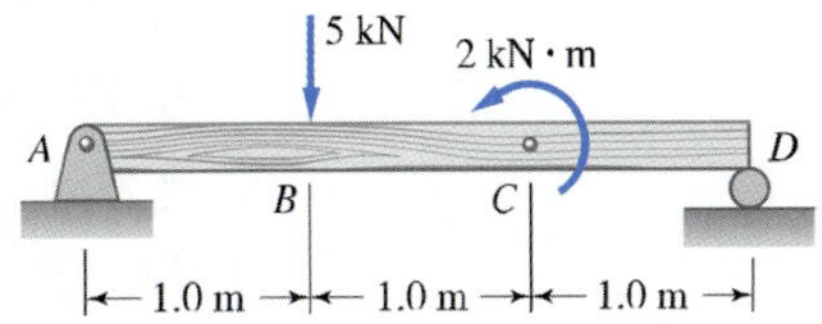

그림 P5.88

5.89 직사각형 나무보가 그림에서처럼 하중을 받고 있다. 허용 굽힘응력이 10 MPa, 허용 전단응력이 1.2 MPa일 때, P의 최대 허용 크기를 구하라.

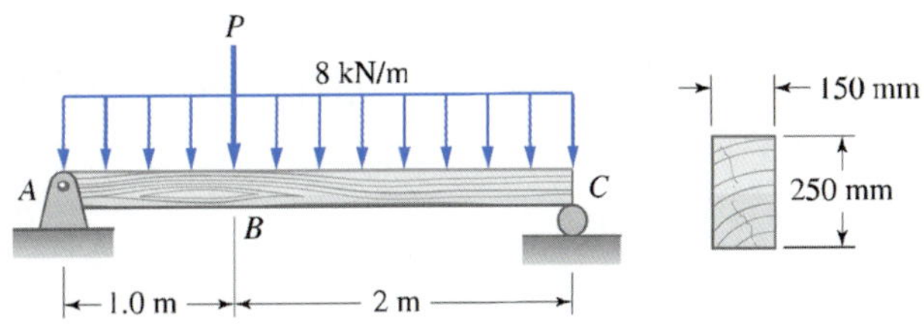

그림 P5.89

5.90 채널 단면의 보가 총 하중이 6 W인 균일 분포 하중과 크기 W 인 두 개의 집중 하중을 받고 있다. (a)단면의 중립축이 $d = 50$ mm에 위치하며, 중립축에 대한 단면의 관성 모멘트는 $I = 15.96 \times 10^6$ mm^4 임을 증명하라. (b)허용 인장응력이 40 MPa, 허용 압축응력이 80 MPa, 허용 전단응력이 24 MPa일 때 W에 대한 최대 허용값을 구하라.

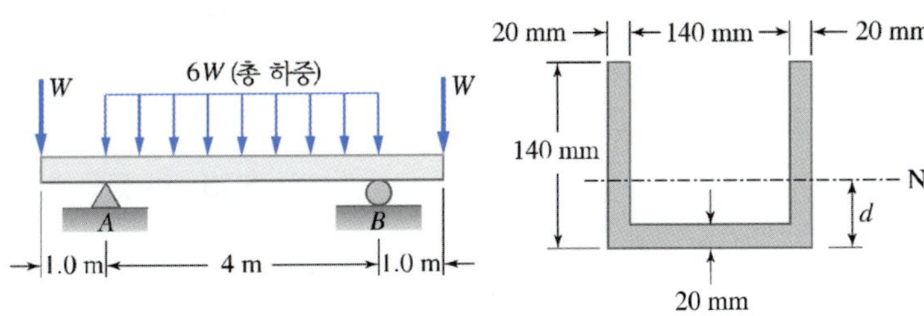

그림 P5.90

5.6 조립보에서의 조임구의 설계

조립보(built-up or fabricated beam)는 리벳, 볼트, 못으로 견고하게 조여진 종(longitudinal) 부재들로 구성된다. 5.4절에서 논의했던 것과 같이 이들 부재들은 보가 굽힘을 받을 때 서로 미끄러지는 경향이 있다. 솔리드 보(solid beam)의 경우, 요소들 간의 길이 방향 전단응력에 의해 미끄러짐 작용이 저지된다. 조립보의 경우, 미끄러짐의 경향에 대해 조임구(fastener)가 버텨 준다. 이 절에서는 조임구의 설계에 대해 고려한다. 그림 5.15에 보는 바와 같이, 세 개의 판자를 거리 e만큼의 간격에 걸쳐 볼트로 조여 조립한 보를 고려해 보자. 식 (5.8)의 전단 공식에서, 위의 두 판자 사이의 평균 길이 방향 전단응력은

$$\tau = \frac{VQ}{Ib}$$

이다. 여기서 Q는 그림 5.15 (c)에서 음영 단면의 중립축에 관한 1차 모멘트이다. 볼트 한 개가 받는 전단력 F는 τ와 그림 5.15 (a)에서 크기 eb의 음영 면적을 곱해서 구한다.

$$F = \tau eb = \frac{VQ}{Ib}(eb) = \frac{VQe}{I} \tag{5.10a}$$

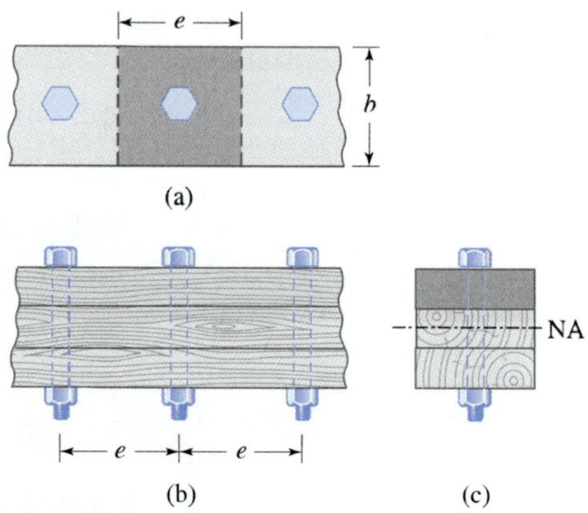

그림 5.15 한 줄의 볼트들에 의해 조여진 세 개의 판재들

이제 볼트 하나의 전단 허용력(사용력) F_w가 주어진다고 가정하라. 이 F_w의 값은 볼트의 전단 강도 또는 판자의 지압 강도에 따라 지배된다. 만일 판자 사이의 마찰을 무시하면, 허용할 수 있는 볼트의 가장 넓은 간격은 식 (5.10a)에서 $F = F_w$로 놓아 얻으며 그 결과는 다음과 같다.

$$e = \frac{F_W I}{VQ} \tag{5.10b}$$

만일 보의 길이 전체에 걸쳐 조임구를 같은 간격으로 배치하는 통상적인 예를 따르면, 식 (5.10b)에서의 V는 보에서의 최대 전단력을 나타낸다.

예제 5.11

평판과 앵글 거더(girder)를 제작하되, 그림 (a)에 보이는 단면으로 만들기 위해 1100 mm × 10 mm 웨브판에 두께 13 mm의 앵글 요소 네 개를 부착하였다. 중립축에 관한 단면의 관성 모멘트는 $I = 4140 \times 10^6$ mm^{4}이다. 만일 거더에서의 최대 전단력이 $V_{max} = 450$ kN일 때, 웨브판에 대해 앵글을 조이는 19 mm 리벳 사이의 최대 허용 간격을 구하라. 전단에 대한 허용응력은 $\tau_w = 100$ MPa이며, 허용 지압응력은 $(\sigma_b)_w = 280$ MPa이다.

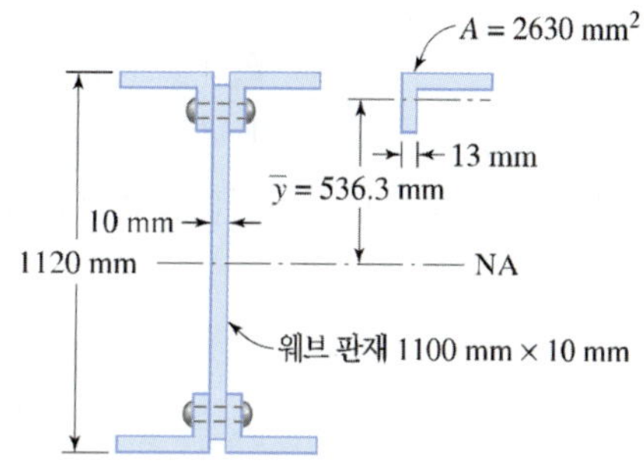

(a)

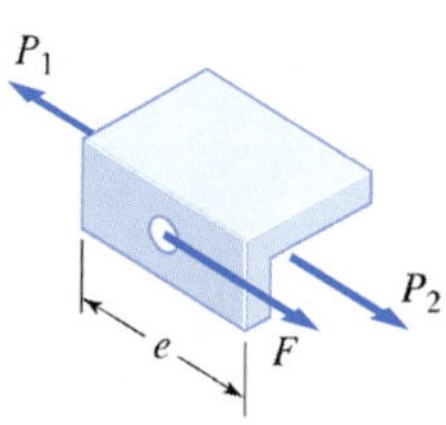

(b)

풀이

리벳은 앵글 요소와 웨브판 사이의 전단 연결을 해준다. 그림 (b)는 길이 e의 앵글 단면의 요소를 보여주는데 이 길이 e는 리벳의 간격이다. 리벳에서의 전단력 F는 굽힘응력으로 인한 길이 방향 힘 P_1과 P_2의 차에 대해 저항한다. 이 두 힘 P_1과 P_2는 요소의 두 끝에 작용한다. F값은 식 (5.10a)로부터 다음과 같이 계산할 수 있다: $F = VQe/I$, 여기서 Q는 보의 중립축에 관한 앵글 요소 단면적의 1차 모멘트이다. 그림 (a)의 데이터를 참조하면 다음과 같다.

$$Q = A\bar{y} = (2630)(536.3) = 1.4105 \times 10^6 \text{ mm}^3 = 1.4105 \times 10^{-3} \text{ m}^3$$

리벳의 간격을 구하기 전에, 한 개의 리벳에 의해 전달될 수 있는 허용력 F_w를 계산해야 한다. F_w가 리벳의 허용 전단응력에 의해 지배된다고 가정하면, 이는

$$F_w = A_{\text{rivet}}\tau_w = \frac{\pi(0.019)^2}{4}(100 \times 10^6) = 28.35 \times 10^3 \text{ N}$$

리벳은 이중 전단 상태에 있기 때문에 리벳과 웨브판 사이의 지압력은 $2F$이다. 따라서 웨브판의 **지압응력**에 의해 결정되는 F_w의 허용값은

$$2F_w = (d_{\text{rivet}}t_{\text{web}})(\sigma_b)_w = (0.019)(0.010)(280 \times 10^6)$$

이므로, $F_w = 26.60 \times 10^3$ N이다. 리벳과 앵글 요소 사이의 지압력은 F인데

이 힘은 리벳과 웨브판 사이에 작용하는 힘의 1/2이기 때문에 이들 사이의 지압응력을 고려할 필요는 없다. 리벳에 의해 전달되는 허용력(allowable force)은 리벳과 웨브판 사이의 지압응력에 의해 지배되기 때문에 이 값은

$$F_w = 26.60 \times 10^3 \ \text{N}$$

으로 결론지어진다.

이제 리벳의 최대 허용 간격은 식 (5.10b)로부터 계산할 수 있다.

$$e = \frac{F_w I}{VQ} = \frac{(26.60 \times 10^3)(4140 \times 10^{-6})}{(450 \times 10^3)(1.4105 \times 10^{-3})} = 0.1735 \ \text{m} = 173.5 \ \text{mm}$$ [답]

■

연습문제

5.91 그림에 보이는 보의 단면은 세 개의 80 mm × 200 mm 나무판자를 함께 볼트로 조여 제작하였다. 보는 나무의 최대 전단응력이 1.2 MPa이 되도록 하중을 받는다. 볼트의 최대 허용 전단력이 $F_w = 6.5$ kN일 때, 볼트의 최대 허용 간격을 구하라.

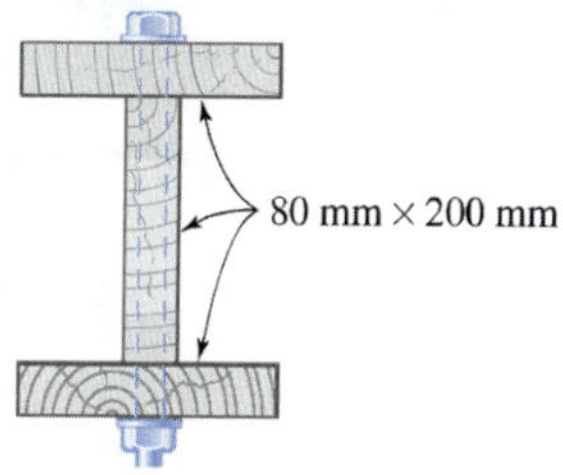

그림 P5.91

5.92 그림 (a) 및 (b)는 네 개의 60 mm 두께 나무판자를 못질하여 만든 두 개의 보 단면을 나타낸다. 두 단면의 단면 치수는 동일한 것을 주목하라. 각 보에 있어서, 40 kN의 연직 전단력을 버티도록 못의 최대 허용 간격을 구하라. 각 못의 허용 전단력은 1.25 kN이다.

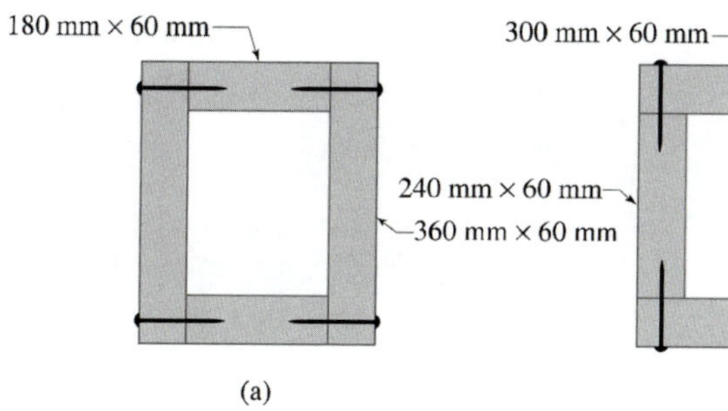

그림 P5.92

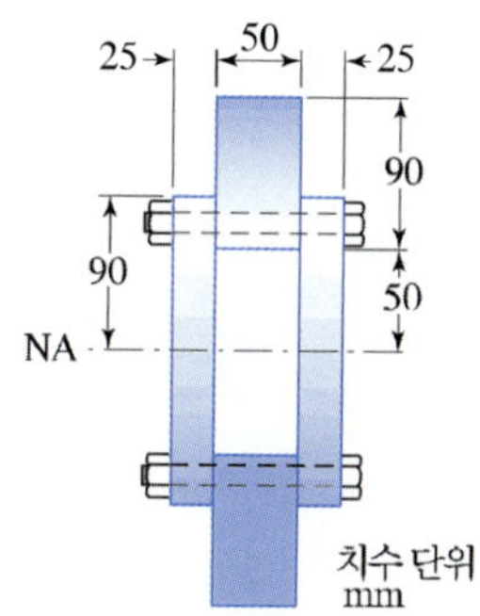

그림 P5.93

5.93 그림은 중립축에 대하여 대칭인 보의 단면을 보인다. 이 단면은 3 kN의 연직 전단력을 받고 있다. 볼트는 보의 길이를 따라 100 mm의 간격으로 설치하여 보를 지지하게 하였다. 각 볼트의 사용 전단응력이 5 MPa일 때, 볼트의 최소 허용 지름을 구하라.

5.94 길이가 6 m인 건축 현장의 비계(scaffold) 보도는 그림처럼 45 mm × 105 mm의 목재로 분리된 두 장의 360 mm × 15 mm의 합판을 나사못으로 조여 만들었다. 나사못은 보도의 길이 방향으로 매 150 mm마다 박혀 있다. 합판과 나무 조각의 허용 굽힘응력은 $\sigma_w = 6$ MPa이며, 각 나사못의 허용 전단력은 $F_w = 1250$ N이다. 이 판자 위를 걷

는 사람의 무게 W의 한계는 얼마인가?

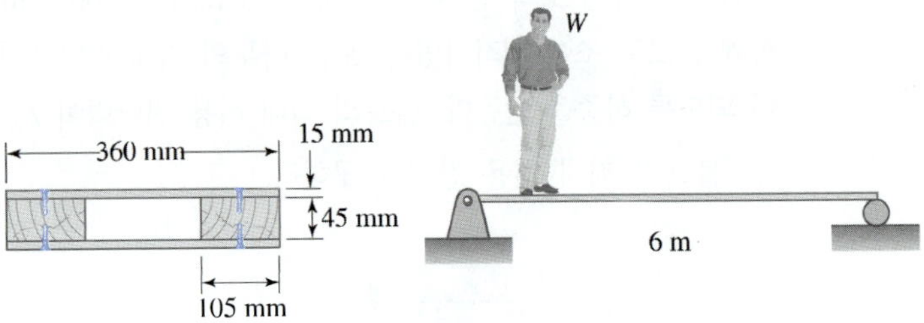

그림 P5.94

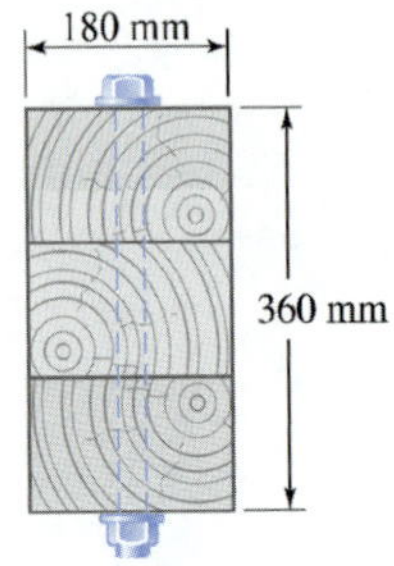

그림 P5.95

5.95 5 m길이의 단순지지보가 360 mm 간격으로 볼트에 의해 고정된 세 개의 120 mm × 180 mm 판자들로 이뤄져 있다. 볼트는 108 MPa의 인장응력으로 조여져 있다. 이 보는 중앙에서 집중 하중을 받고 있고 이로 인한 최대 굽힘응력은 10 MPa이다. 판자들 사이의 마찰계수가 0.3일 때 판자들 사이의 전단이 마찰에 의해서만 전달될 수 있도록 볼트의 지름을 구하라.

5.96 그림은 조립된 거더(girder)의 위쪽 반을 보여준다(단면은 중립축에 대하여 대칭이다). 제작에 사용된 모든 리벳의 지름은 22 mm이다. 거더 단면적의 중립축에 대한 관성 모멘트는 $I = 4770 \times 10^6\ \text{mm}^4$이다. 리벳의 허용 전단응력은 100 MPa이고, 웨브판의 허용 지압 응력은 280 MPa이다. 거더가 받는 최대 전단력이 450 kN일 때, 앵글을 웨브에 결합하는 리벳의 최대 허용 간격을 구하라.

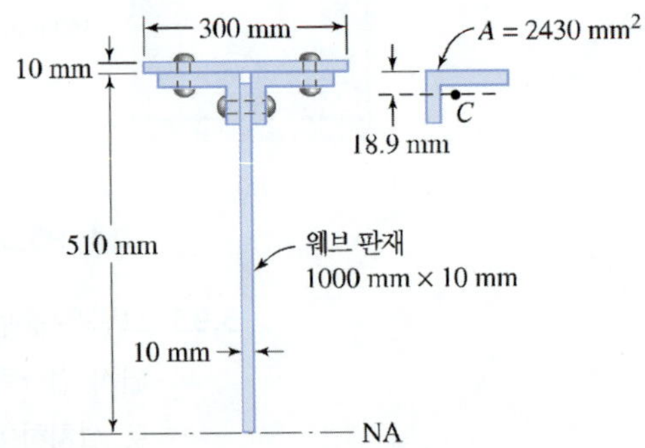

그림 P5.96

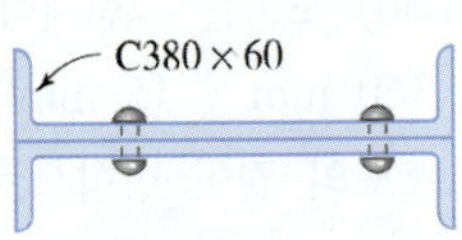

그림 P5.97

5.97 두 개의 C380 × 60의 채널들을 리벳으로 맞붙여 웨브를 수평 방향으로 한 보로 사용한다. 19 mm의 리벳은 보의 길이 방향으로 200 mm 간격을 두고 고정하였다. 리벳의 허용 전단응력이 100 MPa, 지압에 대한 채널 단면의 허용응력이 220 MPa일 때, 보에서의 최대 허용 전단력은 얼마인가?

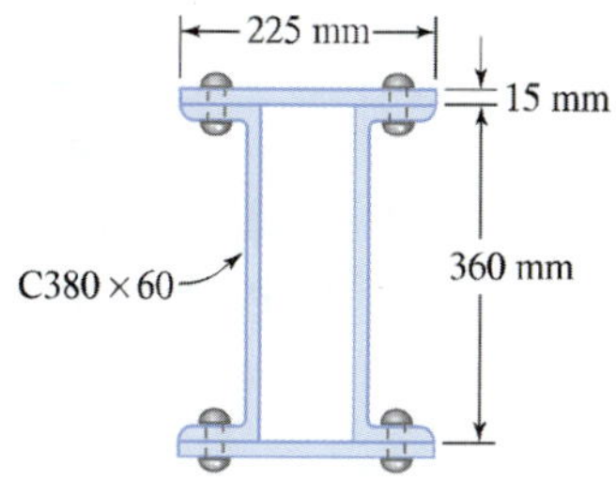

그림 P5.98

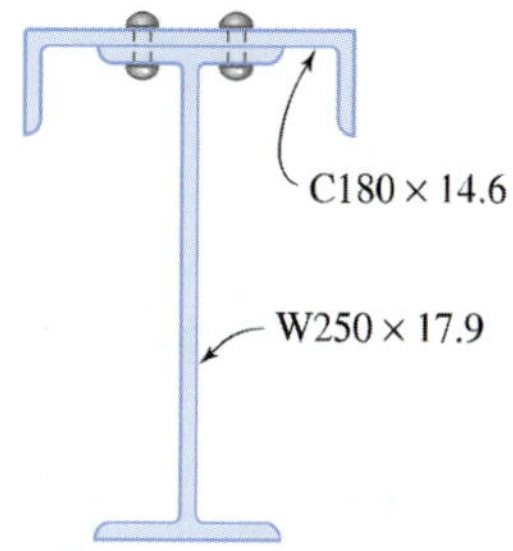

그림 P5.99

5.98 255 mm × 15 mm의 판재들에, 두 개의 C380 × 60의 채널들을 22.5 mm의 리벳으로 결합해 그림과 같은 단면의 보를 만들었다. 보에서의 최대 전단력은 100 kN이다. (a)허용 전단응력 30 MPa를 이용해 리벳의 최대 허용 간격을 구하라. (b)이에 상응하는 채널에서의 최대 지압응력을 계산하라.

5.99 W 250 × 17.9에 C180 × 14.6의 채널을 15 mm 리벳으로 결합해 제작하였다. 보의 최대 전단력은 65 kN이다. (a)리벳의 전단에 대한 사용응력이 100 MPa일 때, 리벳의 최대 허용 간격을 구하라. (b)이에 상응하여 리벳에 의해 지지되는 최대 지압응력은 얼마인가?

복습문제

다음 문제들에서 보의 무게는 무시하라.

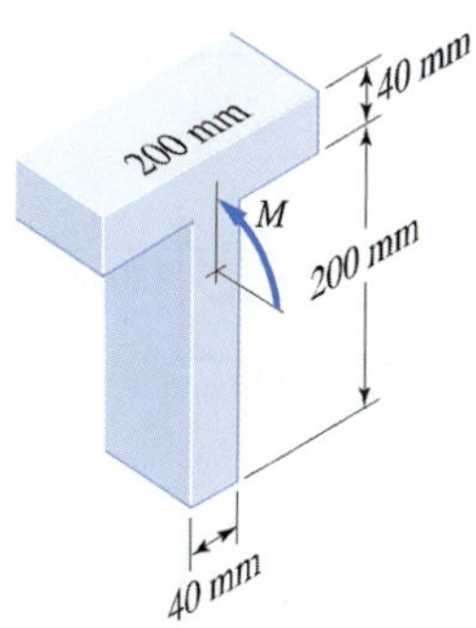

그림 P5.100

5.100 보의 단면에 작용하는 굽힘 모멘트 $M = 1.8\ \text{kN}\cdot\text{m}$이다. 단면에 작용하는 최대 인장 및 압축 굽힘응력을 구하라.

5.101 강재보의 양쪽 끝단에 우력 M_0를 가하니, 보의 중립축의 곡률 반경이 5 m가 되었다. 강의 탄성계수가 $E = 200$ GPa로 주어질 때, M_0의 값을 구하라.

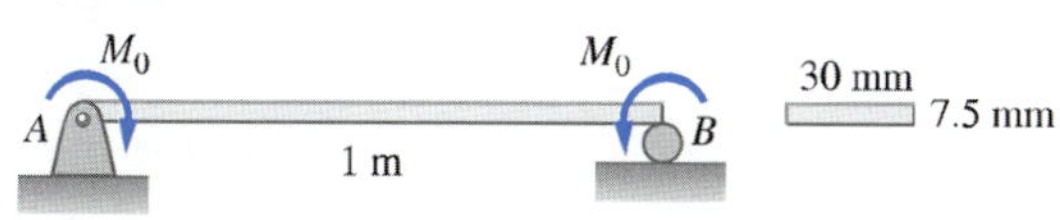

그림 P5.101

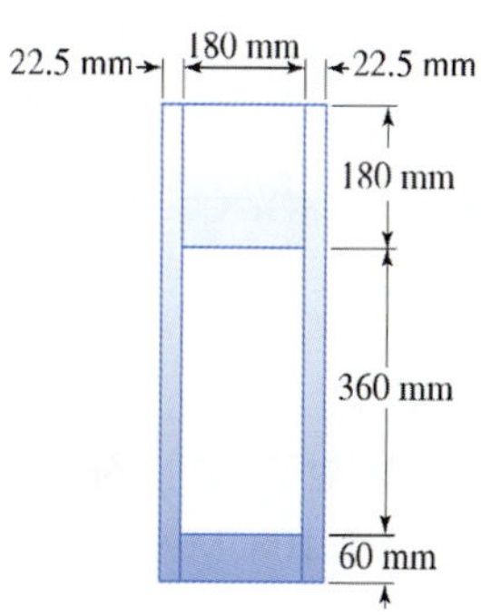

그림 P5.102

5.102 그림은 조립된 나무보 단면을 보여준다. 나무의 전단 사용응력이 5 MPa일 때, 보가 받을 수 있는 최대 허용 수직 전단력을 구하라.

5.103 그림에 보인 구조물은 속이 빈 직사각형 보 ABC에 원형 굽힘 봉 BDE를 용접하여 붙인 것이다. 구조물에 걸리는 최대 굽힘응력을 계산하라.

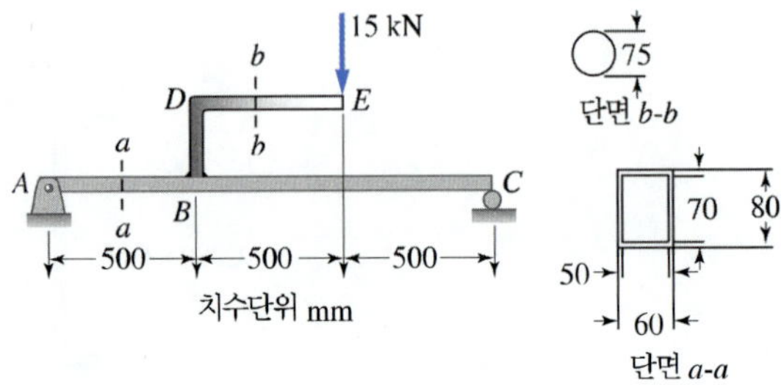

그림 P5.103

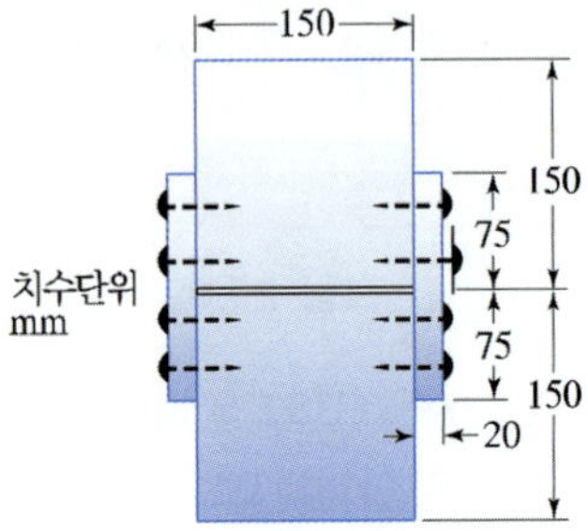

그림 P5.104

5.104 그림에 보인 보 단면은 150 mm × 150 mm 나무판자 두 개를 20 mm 두께의 합판 널판로 결합해 제작한 것이다. 합판의 사용 전단응력은 2 MPa임을 알고 있다. 보가 받는 최대 허용 수직 전단력을 구하라.

5.105 단이 진 보의 단면은 60 mm 폭의 직사각형이다. 3600 N·m의 우력에 의해 보에 걸리는 최대 굽힘응력을 구하라.

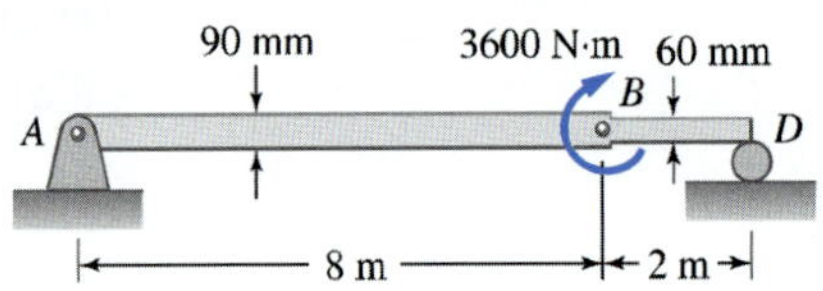

그림 P5.105

5.106 보에 걸리는 최대 굽힘응력의 크기와 위치를 구하라.

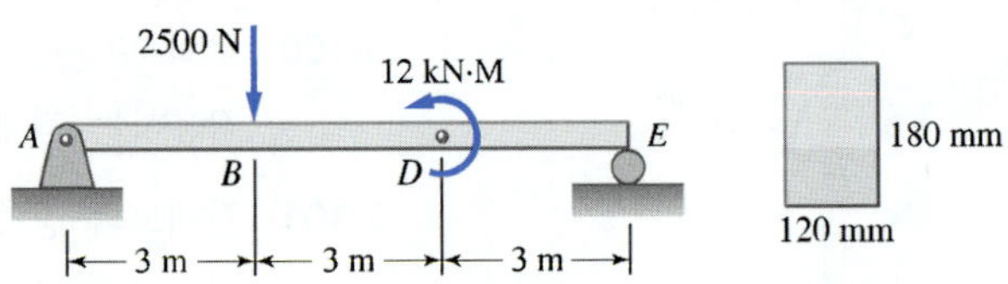

그림 P5.106

5.107 보에 걸리는 최대 인장 및 압축 굽힘응력을 구하라.

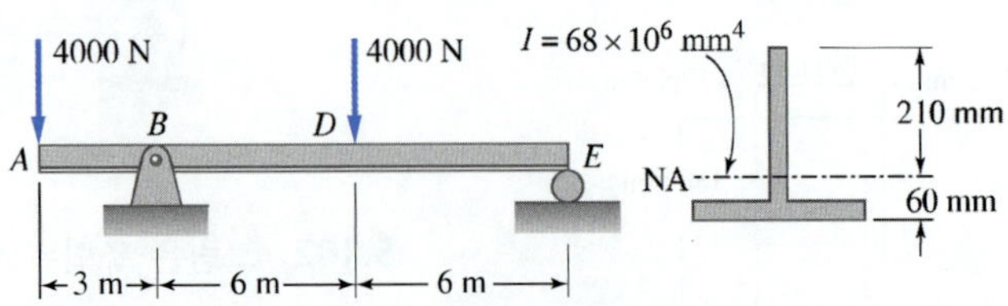

그림 P5.107

5.108 내다지보가 크기 P와 $2P$의 집중 하중을 받고 있다. 사용 굽힘응력이 인장에 대해 90 MPa이고 압축에 대해 108 MPa일 때, P의 최대 허용값을 구하라.

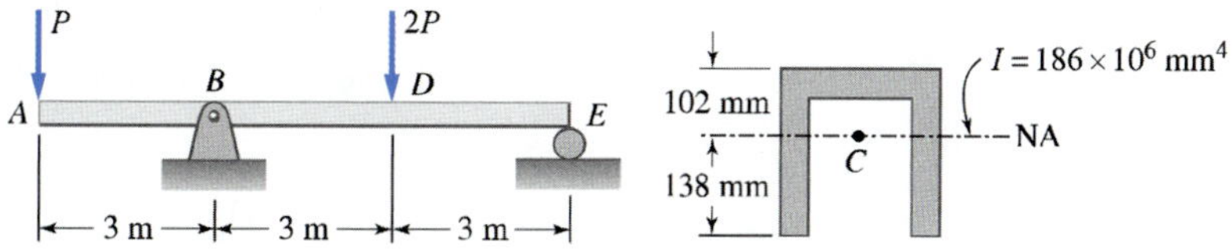

그림 P5.108

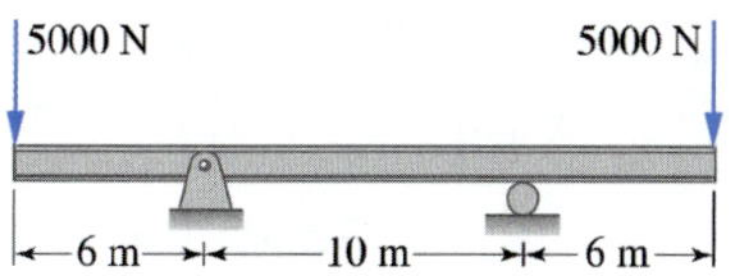

그림 P5.109

5.109 굽힘에 대한 사용응력이 108 MPa일 때 그림에 보인 내다지보에 있어서 최경량 S형 단면을 구하라. 선택한 보의 경우, 실제로 걸리는 최대 굽힘응력은 얼마인가?

5.110 S380 × 74 단면의 보가 총 $3W$인 균일 분포 하중과 집중 하중 W를 받고 있다. 굽힘에 대한 사용응력이 120 MPa일 때, W의 최댓값을 구하라.

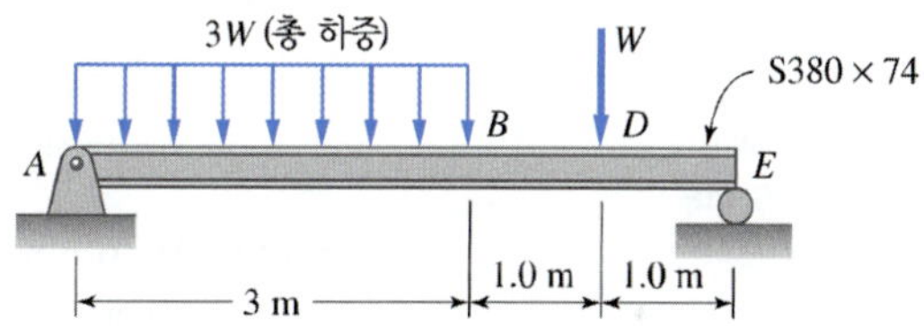

그림 P5.110

5.111 그림에 보인 주철제보의 내다지 길이는 양단에서 $b = 1.0$ m이다. 굽힘 사용응력이 인장과 압축에 대해 각각 20 MPa 및 80 MPa일 경우, 보에 가할 수 있는 최대 허용 분포 하중의 세기 w_0는 얼마인가? w_0는 보의 자중을 포함하고 있다고 가정하라.

5.112 다른 데이터는 변경하지 않은 채, $b = 3$ m라고 놓고 문제 5.111을 풀어라.

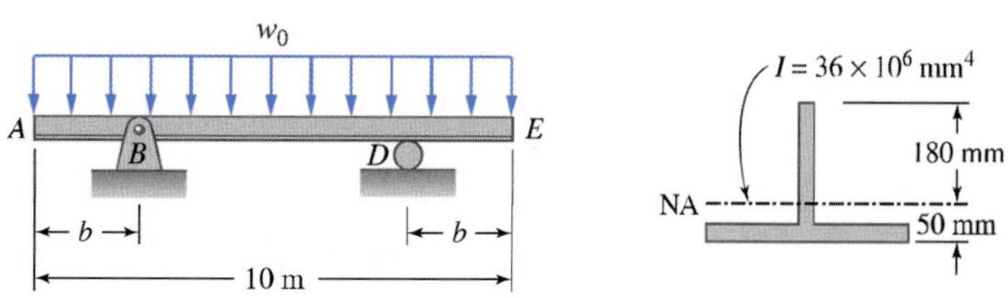

그림 P5.111, P5.112

5.113 길이 6 m인 단순지지보가 전체 보의 길이에 걸쳐 세기가 12,000 N/m인 균일 분포 하중을 받고 있다. 굽힘에 대한 사용응력이 108 MPa일 때 사용할 수 있는 최경량 S형 단면을 구하라. 선택한 보에 실제로 걸리는 응력은 얼마인가?

5.114 단순지지보에서 굽힘에 대한 사용응력이 120 MPa이다. 사용할 수

있는 최경량의 W형 단면을 구하고, 선택한 보에 실제로 걸리는 최대 굽힘응력을 계산하라.

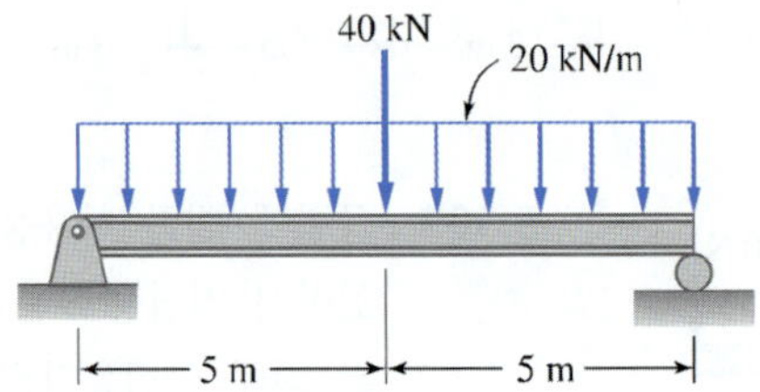

그림 P5.114

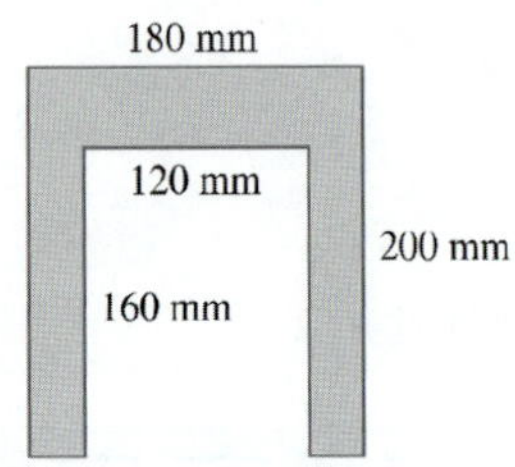

그림 P5.115

5.115 그림에 보인 단면에 60 kN의 연직 전단력이 작용하고 있다. 단면 위에 걸리는 최대 전단응력을 구하라.

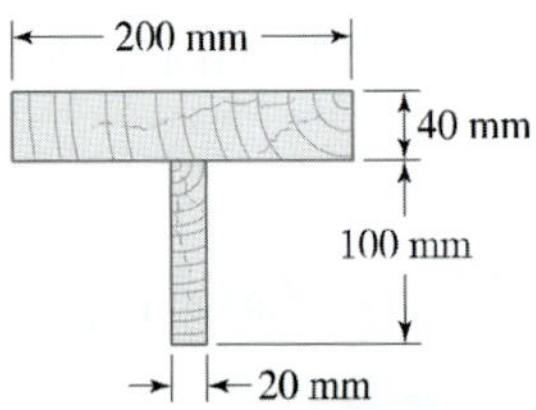

그림 P5.116

5.116 그림에 보인 것처럼 두 개의 나무 조각을 접착시켜서 보의 단면을 만들었다. 단면에 작용하는 연직 전단력이 60 kN일 때 (a)중립축에서의 전단응력과 (b)접착된 이음부에서의 전단응력을 구하라.

5.117 W360 × 262 단면이 650 kN의 연직 전단력을 받는다. 이 단면에 대해 (a)웨브에서의 최소 전단응력 (b)웨브에서의 최대 전단응력 (c)웨브가 받는 연직 전단력의 백분율을 구하라.

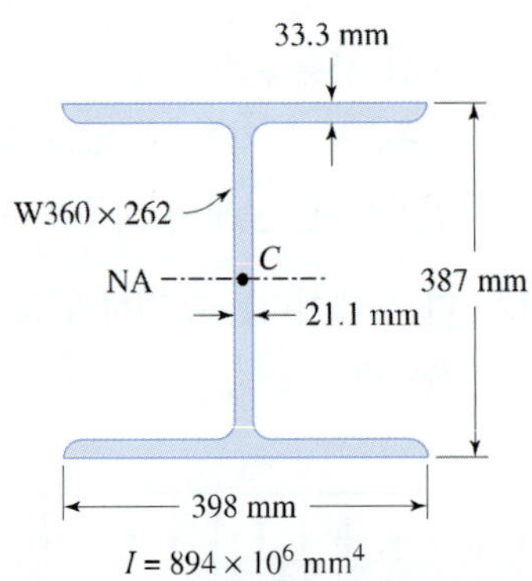

그림 P5.117

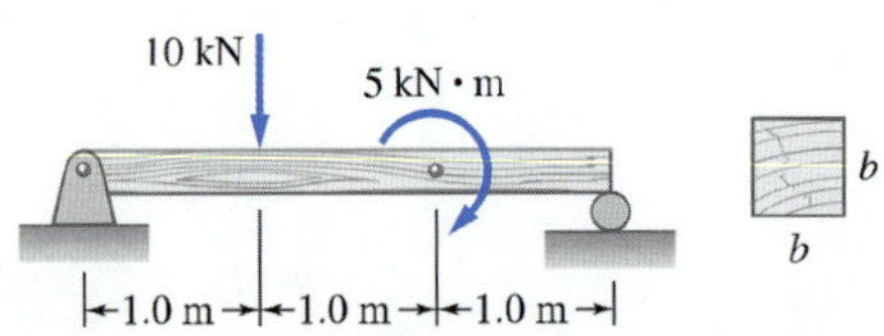

그림 P5.118

5.118 단순지지된 나무보가 정사각형 단면을 갖고 있다. 굽힘과 전단에 대한 사용응력이 각각 8 MPa과 1.0 MPa일 때, 치수 b의 최소 허용값을 구하라.

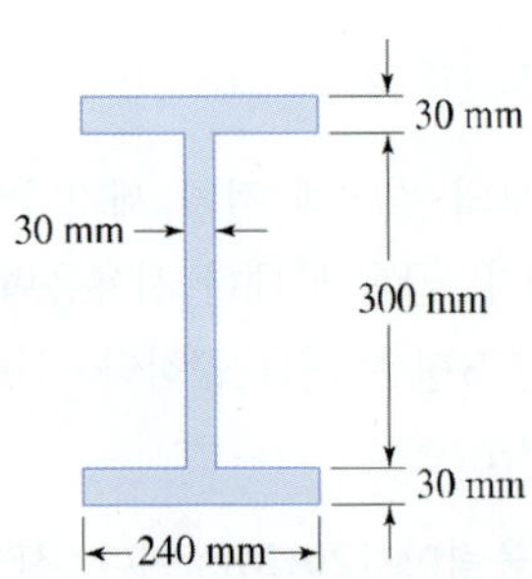

그림 P5.119

5.119 그림과 같은 단면의 단순지지보가 세기 w_0인 균일 분포 하중을 보의 전체 길이 $L = 15$ m에 걸쳐 받고 있다. 이 보에 대해 σ_{max}/τ_{max} 비를 구하라.

5.120 나무보가 집중 하중 W와 총 분포 하중 $0.7W$를 받고 있다. 굽힘 및 전단에 대한 사용응력이 각각 12 MPa과 0.5 MPa일 때 W의

최대 허용값을 구하라.

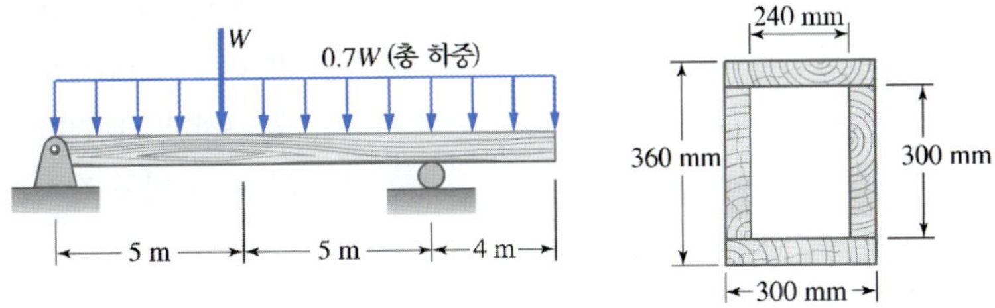

그림 P5.120

5.121 무게 W가 나무보를 따라 움직이고 있다. 굽힘 및 전단에 대한 사용응력이 각각 14 MPa와 1 MPa일 때 W의 최대 허용값을 구하라.

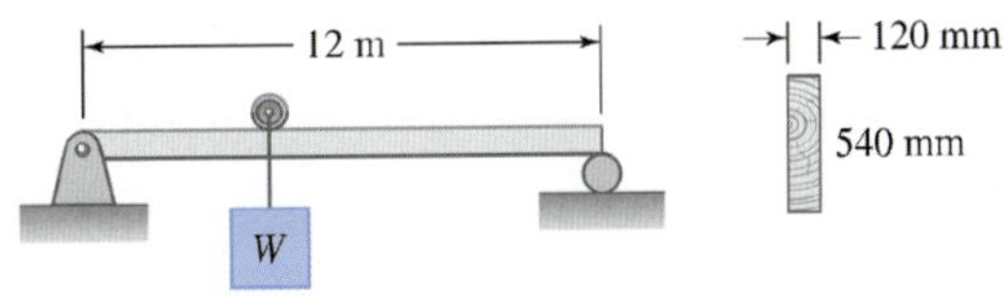

그림 P5.121

5.122 그림에서 보는 바와 같이 단순지지보의 단면을 네 개의 60 mm × 180 mm의 널빤지를 나사못으로 조여서 만들었다. 길이 12 m인 이 보가 중앙에 집중 하중을 받아, 나무에서의 최대 굽힘응력이 14 MPa가 되었다. (a)나무에서의 최대 전단응력을 구하라. (b)각 나사못에 걸리는 전단력을 1000 N으로 제한할 때, 나사못의 최대 허용 간격을 구하라.

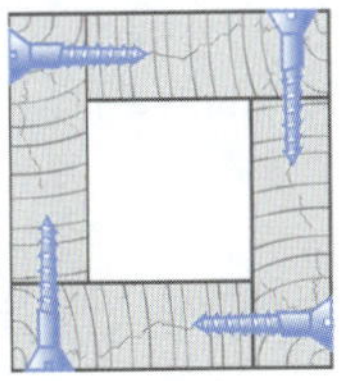

그림 P5.122

5.123 보는 바와 같이 두 개의 W200 × 100 단면을 볼트로 조립하여 보를 제작하였다. 단순지지된 보는 길이 10 m에 걸쳐서 세기 w_0 = 30 kN/m인 균일 분포 하중을 받는다. (a)이 보에서의 최대 굽힘응력을 구하라. (b)각 볼트의 허용 전단력이 30 kN일 때, 볼트의 최대 허용 간격을 계산하라.

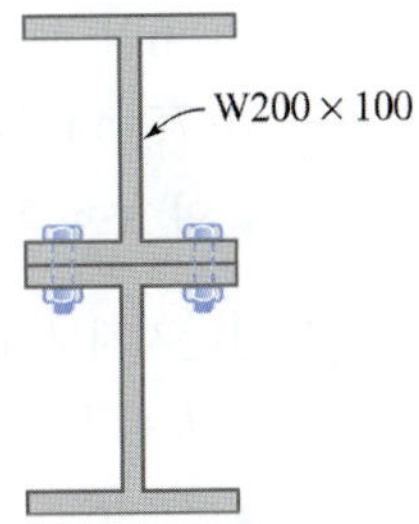

그림 P5.123

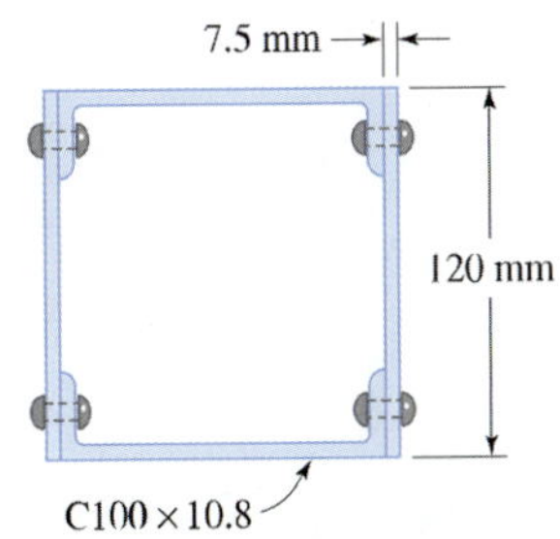

그림 P5.124

5.124 두 개의 C100 × 10.8의 채널들을 120 mm × 7.5 mm의 판재에

10 mm의 리벳들로 결합해 그림과 같은 단면의 보를 만들었다. 단순지지된 보의 길이 4 m에 걸쳐서 세기 w_0인 균일 분포 하중을 받고 있다. (a)사용 굽힘응력이 120 MPa일 때, w_0의 최대 허용값을 구하라. (b)전단에 대한 리벳의 사용응력이 80 MPa일 때, 리벳의 최대 허용 간격을 구하라.

컴퓨터문제

C5.1 보의 대칭 단면은 치수가 $b_i \times h_i (i = 1, 2, 3)$인 세 개의 직사각형을 그림처럼 차례로 쌓아서 구성되었다. 수평축에 대해 크기 M인 굽힘 모멘트가 이 단면에 작용한다. b_i, h_i와 M값이 주어졌을 때, 단면에 작용하는 최대 굽힘응력을 계산하는 알고리즘을 작성하라. 그림 (a)와 (b)에 보인 단면과 모멘트에 이 알고리즘을 적용하라.

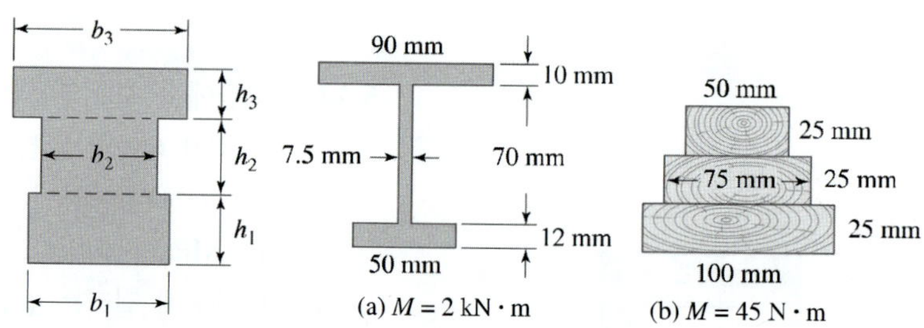

그림 C5.1

C5.2 길이가 L인 외팔보가 폭이 b로 일정한 직사각형 단면을 갖고 있다. 보의 높이 h는 식 $h = h_1 + (h_2 - h_1)(x/L)^2$에 따라 변한다. 균일 분포 하중의 크기는 w_0이다. L, b, h_1, h_2와 w_0가 주어질 때, 단면에 작용하는 최대 수직응력을 x의 함수로 그리는 알고리즘을 구성하라. (a)L =2 m, b = 25 mm, h_1 = 30 mm, h_2 = 120 mm, w_0 = 2 kN/m일 때, 이 알고리즘을 실행하라. (b)(a)에서의 보의 평균 높이인 75 mm를 유지하면서 보에서 최대 수직응력을 최소화하는 h_1과 h_2의 조합을 구하라.

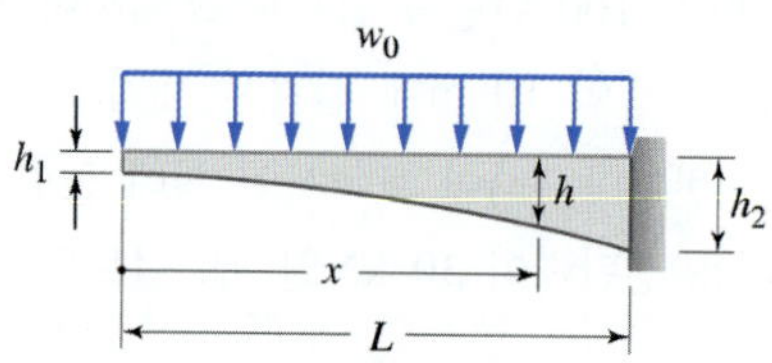

그림 C5.2

C5.3 단순지지보가 폭이 b로 일정한 직사각형 단면을 갖고 있다. 높이 h는 식 $h = h_1 + (h_2 - h_1)\ \sin(\pi x/L)$에 따라 변한다. 여기에서 L은 보의 길이이다. 왼쪽 지지 단에서 거리 x만큼 떨어진 곳에 집중 하중 P가 작용한다. L, b, h_1, h_2와 P가 주어질 때, 이 하중하에서의 최대 굽힘응력을 x의 함수로 그리는 알고리즘을 작성하라. P = 100 kN, L

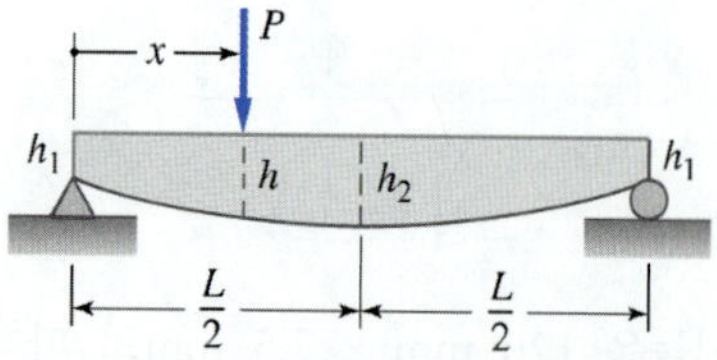

그림 C5.3

$=36$ m, $b=4$ mm, 그리고 (a)$h_1=18$ mm, $h_2=18$ mm일 경우, 또한 (b)$h_1=h_2=26.55$ mm일 경우 이 알고리즘을 실행하라(두 보의 체적은 동일하다).

C5.4 길이가 L이며 플랜지의 폭이 b로 일정한 외팔보가 두께 t의 판재로 제작되었다. 웨브의 높이 h는 h_1부터 h_2까지 선형적으로 변한다. 이 보가 자유단에서 집중 하중 P를 받는다. L, b, t, h_1, h_2와 P가 주어질 때 단면에 작용하는 최대 수직응력과 전단응력을 x의 함수로 그리는 알고리즘을 작성하라. $L=8$ m, $b=4$ mm, $t=0.5$ mm, $h_1=2$ mm, $h_2=18$ mm, $P=4800$ N일 때, 이 알고리즘을 실행하라.

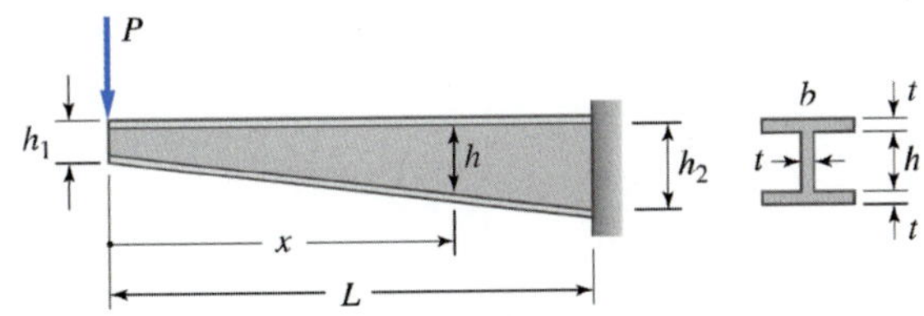

그림 C5.4

제6장
보의 처짐

민항기의 날개. 비행기의 날개는 외팔보로 모델링하여 해석함으로써 응력과 변형을 구할 수 있다. 과도한 변형은 공기역학적 건전성을 손상시킬 수 있기 때문에 날개의 처짐은 강도만큼이나 중요하다. 이 장은 보의 처짐을 계산하기 위한 여러 가지 방법들에 대하여 논한다.

6.1 개요

이 장에서는 정정보의 처짐(deflection)에 대하여 고찰한다. 보의 설계는 종종 강도보다 강성에 의해 좌우되기 때문에, 처짐의 계산은 보 해석에 있어 반드시 필요한 부분이다. 예를 들어, 건축 규정은 응력뿐만 아니라 처짐에 대한 제한을 명시하고 있다. 보의 과도한 처짐은 시각적으로 불안할 뿐만 아니라 건물 다른 부분의 손상 원인이 될 수 있다. 이런 이유 때문에 건축 규정은 보의 최대 처짐을 보 길이의 약 1/360로 제한한다. 기계 장치, 자동차 그리고 항공기의 설계 또한 처짐에 의해 좌우될 수 있다. 예를 들어 선반의 설계에 있어, 처짐은 가공되는 부품들의 치수 공차 이내로 유지될 수 있어야 한다. 자동차와 항공기는 구조적 진동을 제어할 수 있도록 충분한 강성을 지녀야 한다.

처짐은 부정정보의 해석에 있어 결정적인 역할을 한다. 축 하중을 받는 봉과 축의 비틀림 해석에서 공부한 것처럼 처짐은 평형방정식을 보완하는데 필요한 적합조건식들의 기반이 된다.

보의 처짐을 구하는 데 쓸 수 있는 여러 가지 해석적 방법들이 있다. 이 방법들의 공통적인 기반은 처짐을 굽힘 모멘트와 연관시키는 미분방정식이다. 이 미분방정식의 해법은 굽힘 모멘트가 일반적으로 불연속 함수이므로 복잡하다. 따라서 이 식들은 구간별로 적분되어야 한다. 처짐 해석에 관한 다양한 방법들은 근본적으로 미분방정식을 푸는 기법들이다. 이 책에서는 두 가지 방법을 다룬다.

이중적분법 이 방법은 적용법이 꽤 단순하지만, 때로는 상당한 대수적 처리가 필요하다. 불연속 함수를 사용하여 대수를 단순화하는 변형된 방법도 제시된다. 이중적분법의 가장 큰 장점은 보 전체에 걸친 모든 위치의 처짐에 대한 식을 도출해 낼 수 있다는 것이다.

모멘트-면적법 모멘트-면적법은 굽힘 모멘트 선도 아래 면적의 특성을 이용하는 준 그래픽적인 방법이다. 굽힘 모멘트 선도가 단순한 형상이라면 이것은 보의 특정 위치에서 처짐을 계산하는 가장 빠른 방법이다. 이 방법은 컴퓨터 프로그램을 사용하지 않고 처짐을 보의 위치에 관한 함수로써 유도하는 데는 적합하지 않다.

이 장에서는 또한 중첩법에 대하여 논의한다. 이 방법은 작용 하중을 처짐에 대한 해가 알려져 있는 단순한 하중들의 조합으로 나타낸다. 그 후 각 하중들의 기여분을 더함으로써 원하는 처짐을 계산한다(중첩의 원리).

6.2 이중적분법

그림 6.1 (a)는 보의 굽힘 변형을 나타낸다. 실제 보에 있어서 응력이 탄성한도 내에 있다면 그 변위와 기울기는 매우 작고 따라서 그림에 보이는 변형은 매우 과장된 것이라는 점을 상기하라. 변형된 보의 축을 탄성선이라고 한다. 이 절에서는 탄성선에 대한 미분방정식을 유도하고 그 미분방정식의 해를 구하는 방법을 설명한다.

a. 탄성선의 미분방정식

그림 6.1 (a)에서 보이는 것처럼, 고정 원점 O로부터 잰 보의 축상 임의 점 A의 수평 좌표를 x라 하자. 보가 처짐에 따라 축은 휘어지고 점 A는 점 A'로 이동한다. v로 표시된 점 A의 수직 변형이 만일 y축의 양의 방향(즉, 그림 6.1 (a)에서 상 방향)이라면 양의 부호로 간주된다. 보의 축은 중립면 상에 있기 때문에 그 길이는 변하지 않는다. 그러므로 탄성선을 따라 잰 거리 $\overline{OA'}$ 또한 x이다. 이것은 탄성선의 기울기가 작다고 가정하면 점 A의 수평 변형은 무시할 수 있음을 의미한다. 다음으로 그림 6.1 (b)에서 보인 것처럼, 보 축의 미소 요소 AB의 변형을 생각하자. 요소의 탄성선 $A'B'$는 변형 전의 요소와 같은 길이 dx이다.

v가 점 A의 처짐이라면 점 B의 처짐은 $v+dv$이다. 여기서, dv는 길이 dx에 걸친 처짐의 미소 변화이다. 마찬가지로 변형된 요소의 양단에서 처짐각(slope)들은 θ와 $\theta+d\theta$로 표시한다. 그림의 기하학에서 다음 식을 얻을 수 있다.

$$\frac{dv}{dx}=\sin\theta \approx \theta \tag{6.1}$$

θ가 작기 때문에 이러한 근사는 타당하다. 또한 그림 6.1 (b)로부터

$$dx=\rho d\theta \tag{a}$$

임을 알 수 있다. 여기서 ρ는 변형된 요소의 곡률 반경이다. 식 (a)를 $1/\rho=d\theta/dx$로 다시 쓰고 식 (6.1)의 θ를 대입하면 다음과 같다.

$$\frac{1}{\rho}=\frac{d^2v}{dx^2} \tag{6.2}$$

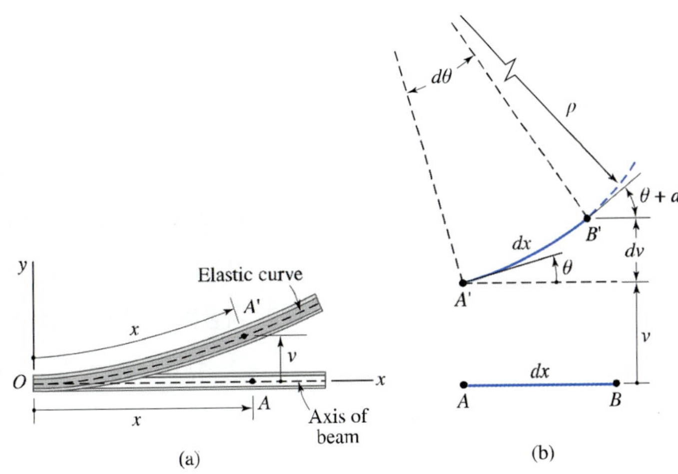

그림 6.1 (a) 보의 변형 (b) 미소보 축 요소의 변형

5.2절에서 굽힘공식을 유도할 때, 다음의 **모멘트–곡률 관계**(*moment-curvature relationship*)를 얻었다.

$$\frac{1}{\rho} = \frac{M}{EI} \tag{5.2b 반복}$$

여기서, M은 요소에 작용하는 굽힘 모멘트이고, E는 보 재료의 탄성계수, I는 중립축(도심축)에 관한 단면의 관성 모멘트를 나타낸다. 식 (5.2b)를 식 (6.2)에 대입하면

$$\frac{d^2v}{dx^2} = \frac{M}{EI} \tag{6.3a}$$

이 되고, 이 식이 **탄성선의 미분방정식**이다. 보의 **굽힘 강성**(*flexural rigidity*)이라 부르는 EI는 보통 보의 길이에 따라 일정하므로, 식 (6.3a)는 다음과 같은 형태로 쓰는 것이 편리하다.

$$EIv'' = M \tag{6.3b}$$

여기서 프라임($'$)은 x에 관한 미분을 나타낸다. 즉, $dv/dx = v'$, $d^2v/dx^2 = v''$ 등이다.

b. 미분방정식의 이중적분

만일 EI가 일정하고 M이 알려진 x의 함수라면, 식 (6.3b)의 적분은 다음과 같다.

$$EIv' = \int M dx + C_1 \tag{6.4}$$

식 (6.3b)을 두 번 적분하면 다음 식이 된다.

$$EIv = \iint M dx dx + C_1 x + C_2 \tag{6.5}$$

여기서 C_1과 C_2는 보의 변형에 있어 미리 정해진 구속 조건들(예를 들면 경계 조건들)에서 결정되는 적분 상수들이다. 식 (6.5)는 처짐 v를 x의 함수로 나타내기 때문에 **탄성선방정식**이라 부른다. 위에서 설명한 해석법은 보의 처짐을 계산하기 위한 이중적분법으로 알려져 있다.

만일 굽힘 모멘트나 굽힘 강성이 x에 관한 매끈한[1] 함수이면 보의 전

---

1 여기서 "매끈한"이란 함수와 그 함수의 도함수들이 연속이라는 것을 의미한다.

구간에 대하여 한 개의 **미분방정식**으로 표현할 수 있다. 만일 정정보[2]이면 두 개의 지지 반력이 있고 각 지지반력은 탄성선의 처짐이나 처짐각에 알려진 구속 조건을 부여한다. 경계 조건으로도 지칭되는 이 구속 조건들은 두 개의 적분 상수를 결정할 때 사용된다. 경계 조건의 일반적인 예는 핀 또는 롤러 지지에서 처짐이 0이 되며, 외팔보의 고정 지지점에서는 처짐과 처짐각이 모두 0이 된다는 것이다.

만일 굽힘 모멘트나 굽힘 강성이 매끈한 x의 함수가 아니면, 불연속점 사이의 각 보 구간(segment)에 대하여 별도의 미분방정식들이 수립되어야 한다. 두 인접한 보 구간들의 미분방정식들은 연결부에서 두 개의 **연속 조건**을 만족해야 한다.

1. 왼쪽 보 구간의 처짐은 오른쪽 보 구간의 처짐과 같아야 한다.
2. 왼쪽 보 구간의 처짐각(기울기)은 오른쪽 보 구간의 처짐각(기울기)과 같아야 한다.

물리적으로 설명하면 이 연속 조건은 두 보 구간이 만나는 점에서 꺾임(kink)이나 틈새가 없도록 한다는 것이다.

n개의 구간에 대하여 탄성선 미분방정식이 필요한 보를 생각하자. 이 보에서는 각 구간마다 두 번씩의 모멘트 방정식 적분에 의해 모두 $2n$개의 적분 상수(요소당 두 개)가 발생된다. 그리고 상수들을 구하는 데 사용되는 $2n$개의 식들이 있다. n개의 구간들 사이에는 $n-1$개의 연결부가 있기 때문에, $2(n-1)$개의 연속 조건식들이 있다. 두 개의 추가적인 식은 지지부에 부과된 경계 조건에 의해 주어진다. 따라서 모두 $2(n-1)+2=2n$개의 식이 있다. 만일 보가 여러 개의 구간들로 이루어졌다면, 적분 상수를 구하는 것은 번거로운 작업이 될 수 있다.

c. 이중적분을 위한 과정

다음의 과정은 보의 각 구간 내에서 EI가 균일하다는 것을 전제한다.

- 경계 조건들을 감안하여 보의 탄성선을 스케치하라. 예를 들어, 핀 지지에서는 처짐이 0이고 고정(외팔)지지에서는 처짐과 처짐각이 0이다.
- 원점에서 임의의 거리 x에서의 굽힘 모멘트 M을 구하기 위해 단면법을 이용하라. 자유물체도에서는 M을 항상 **양의 방향**으로 작용하도록 표시하라(이는 평형방정식이 굽힘 모멘트에 대한 올바른 부호를 도출

2 정정보는 제7장에서 다룬다.

할 수 있도록 한다). 만일 하중이 불연속이면, 불연속 지점들 사이의 각 구간에 대해 개별적으로 M의 표현식을 구해야 한다.

- M에 대한 표현식을 두 번 적분해서 각 구간에 있어서 EIv에 대한 표현식을 구한다. 적분 상수를 포함하는 것을 잊으면 안 된다.
- 경계 조건들과 구간들 사이의 처짐각과 처짐에 대한 연속 조건들로부터 적분 상수들을 구하라.

종종 **변위**(*displacement*)라고 부르는 처짐의 크기만이 필요할 수 있다. 이 변위를 δ로 표시한다. 즉 $\delta = |v|$이다.

예제 6.1

그림 (a)에서 보는 길이 L의 외팔보 AB는 보의 자중을 포함하여 세기 w_0의 균일 분포 하중을 받고 있다. (1)탄성선의 방정식을 유도하라 (2)보의 단면이 $W\,200 \times 100$이며 $L = 4$ m, $w_o = 2000$ N/m, $E = 200$ GPa일 때, 최대 변위를 구하라.

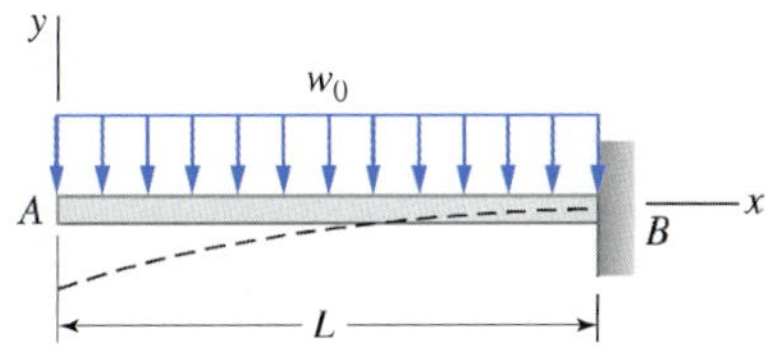

(a)

풀이

(1)

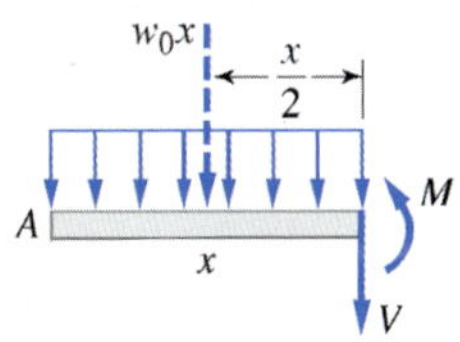

(b)

그림 (a)의 점선은 보의 탄성선을 나타낸다. 좌단에서부터 거리가 x 떨어진 곳에 작용하는 굽힘 모멘트는 그림 (b)의 자유물체도로부터 구할 수 있다 (V와 M은 양의 방향으로 작용하도록 표시하는 것에 유의하라).

$$M = -w_0x\left(\frac{x}{2}\right) = -\frac{w_0x^2}{2}$$

M에 대한 표현식을 미분방정식 $EIv'' = M$에 대입하면 다음을 얻는다.

$$EIv'' = -\frac{w_0x^2}{2}$$

이어지는 적분으로 다음 식을 얻는다.

$$EIv' = -\frac{w_0x^3}{6} + C_1 \quad \text{(a)}$$

$$EIv = -\frac{w_0x^4}{24} + C_1x + C_2 \quad \text{(b)}$$

적분 상수 C_1과 C_2는 고정단 B에서의 경계 조건에서 다음과 같이 얻어진다.

1. $v'|_{x=L} = 0$(지지점에서 B점의 회전이 구속된다). $v' = 0$과 $x = L$을 식 (a)에 대입하면 다음 식이 얻어진다.

$$C_1 = \frac{w_0L^3}{6}$$

2. $v|_{x=L}=0$(지지점에서 B점의 처짐이 구속된다). $v=0$와 $x=L$을 식 (b)에 대입하면 다음과 같다.

$$0=-\frac{w_0L^4}{24}+\left(\frac{w_0L^3}{6}\right)L+C_2 \qquad C_2=-\frac{w_0L^4}{8}$$

C_1과 C_2를 식 (b)에 대입하면 탄성선의 식은 다음과 같다.

$$EIv=-\frac{w_0x^4}{24}+\frac{w_0L^3}{6}x-\frac{w_0L^4}{8}$$

$$EIv=\frac{w_0}{24}(-x^4+4L^3x-3L^4)$$ [답]

(2)

부록 B의 표 B-2에서 $W200\times100$ 단면의 특성은 $I=113\times10^6$ mm^{4}와 $S=990\times10^3$ mm^3(단면계수)이다. 문제 (1)의 결과에서, 보의 최대 변위는 다음과 같다.

$$\delta_{\max}=|v|_{x=0}=\frac{w_0L^4}{8EI}=\frac{\left(\frac{2000}{1000}\right)(4000)^4}{8(200\times10^3)(113\times10^6)}=2.83\ \text{mm}$$ [답]

변위 크기 외에 더 심도 있는 이해를 위해, 보의 최대 굽힘응력을 계산해 보자. B에서 발생되는 최대 굽힘 모멘트의 크기는 $M_{\max}=w_0L^2/2$이다. 따라서 최대 굽힘응력은 다음과 같다.

$$\sigma_{\max}=\frac{M_{\max}}{S}=\frac{w_0L^2}{2S}=\frac{\left(\frac{2000}{1000}\right)(4000)^2}{2(990\times10^3)}=16.2\ \text{MPa}$$

■

예제 6.2

그림 (a)의 단순지지보 ABC는 길이 L에 걸쳐 최대 세기 w_0인 분포 하중을 받고 있다. 보의 최대 변위를 구하라.

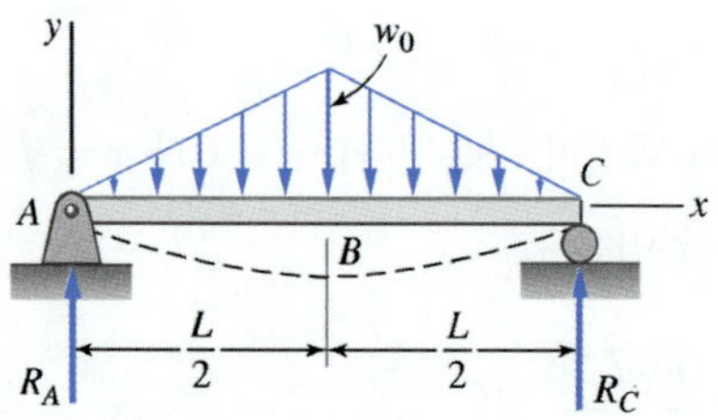

(a)

풀이

굽힘 모멘트와 탄성선(그림 (a)에서의 점선)은 보 중앙점에 대해 대칭이다. 따라서 보의 좌측 반(구간 AB)만을 해석한다.

대칭성 때문에 지지점 각각은 전체 하중의 반을 받는다. 따라서 반력들은 $R_A=R_C=w_0L/4$ 이다. AB에서의 굽힘 모멘트는 그림 (b)의 자유물체도로부터 다음과 같이 얻을 수 있다.

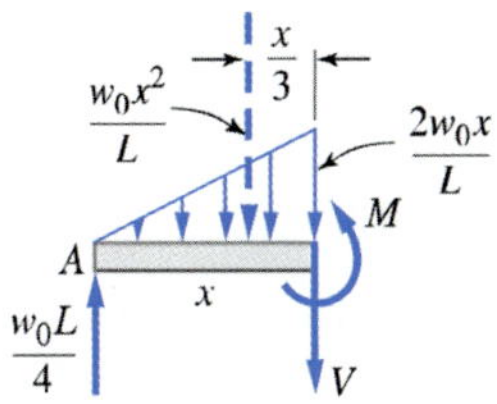

(b)

$$M = \frac{w_0 L}{4}x - \frac{w_0 x^2}{L}\left(\frac{x}{3}\right) = \frac{w_0}{12L}(3L^2x - 4x^3)$$

M을 탄성선의 미분방정식 식 (6.3b)에 대입하고 두 번 적분하면 다음 식들을 얻는다.

$$EIv'' = \frac{w_0}{12L}(3L^2x - 4x^3)$$

$$EIv' = \frac{w_0}{12L}\left(\frac{3L^2x^2}{2} - x^4\right) + C_1 \tag{a}$$

$$EIv = \frac{w_0}{12L}\left(\frac{L^2x^3}{2} - \frac{x^5}{5}\right) + C_1x + C_2 \tag{b}$$

두 개의 적분 상수들은 구간 AB의 탄성선에 대한 다음 두 개의 조건들로부터 구할 수 있다.

1. $v|_{x=0} = 0$(단순지지이므로 A에서 처짐은 없다). $x = v = 0$을 식 (b)에 대입하면 다음을 얻는다.

$$C_2 = 0$$

2. $v'|_{x=L/2} = 0$(대칭성때문에 보의 중앙점에서의 기울기는 0이다). $x = L/2$ 과 v'=0에서 식 (a)는 다음과 같이 된다.

$$0 = \frac{w_0}{12L}\left(\frac{3L^4}{8} - \frac{L^4}{16}\right) + C_1$$

$$C_1 = -\frac{5w_0L^3}{192}$$

이 상수들을 식 (b)에 대입하면 구간 AB에 대한 탄성선의 식을 얻는다.

$$EIv = \frac{w_0}{12L}\left(\frac{L^2x^3}{2} - \frac{x^5}{5}\right) - \frac{5w_0L^3}{192}x$$

$$EIv = -\frac{w_0x}{960L}(25L^4 - 40L^2x^2 + 16x^4) \tag{c}$$

좌우 대칭이므로 최대 변위는 보 중앙에서 발생된다. $x = L/2$에서 식 (c)를 계산하면 다음과 같다.

$$EIv|_{x=L/2} = -\frac{w_0}{960L}\left(\frac{L}{2}\right)\left[25L^4 - 40L^2\left(\frac{L}{2}\right)^2 + 16\left(\frac{L}{2}\right)^4\right] = -\frac{w_0L^4}{120}$$

음의 부호는 예상한 대로 처짐이 아래 방향임을 뜻한다. 따라서 최대 변위는 다음과 같다.

$$\delta_{\max} = |v|_{x=L/2} = \frac{w_0 L^4}{120EI} \downarrow \qquad \text{[답]}$$

예제 6.3

그림 (a)의 단순지지된 나무보 ABC는 직사각형 단면을 갖고 있다. 보는 좌단으로부터 2 m의 위치에서 300 N의 집중 하중을 받는다. 보의 최대 변위와 최대 처짐각을 구하라. 탄성계수는 $E=12$ GPa이고 보의 자중은 무시한다(A와 C점의 반력은 이미 평형 조건에서 계산되었다).

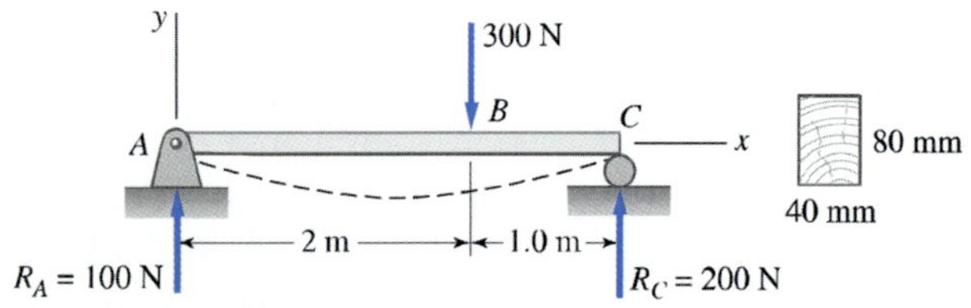

(a)

풀이

단면적의 관성 모멘트는 다음과 같다.

$$I = \frac{bh^3}{12} = \frac{40(80)^3}{12} = 1.7067\times10^6 \text{mm}^4 = 1.7067\times10^{-6}\ \text{m}^4$$

따라서 보의 굽힘 강성은 다음과 같다.

$$EI = (12\times10^9)(1.7067\times10^{-6}) = 20.48\times10^3\ \text{N}\cdot\text{m}^2$$

탄성선은 그림 (a)에서 점선으로 보였다. 하중이 B에서 불연속이므로 보는 AB, BC의 두 구간으로 분할되어야 한다. 두 보 구간에서의 굽힘 모멘트는 그림 (b)의 자유물체도에서 유도될 수 있다. 결과[3]는 다음과 같다.

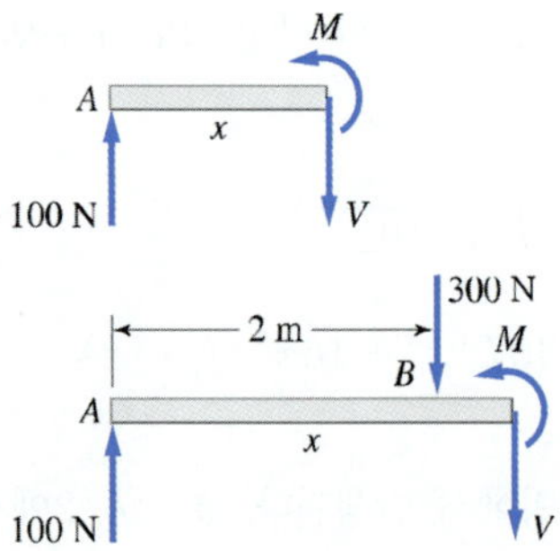

(b)

$$M = \begin{cases} 100x\ \text{N}\cdot\text{m} & AB\,(0 \le x \le 2\text{m})\text{에서} \\ 100x - 300(x-2)\ \text{N}\cdot\text{m} & BC\,(2\text{m} \le x \le 3\text{m})\text{에서} \end{cases}$$

구간 AB와 BC에 대하여 굽힘 모멘트의 표현식이 서로 다르므로, 이 굽힘 모멘트들은 이중적분 과정에서 별개로 다루어져야 한다. 이 굽힘 모멘트

3 BC에서의 굽힘 모멘트는 $M=-200x+600$ N·m로 단순화할 수 있다. 그러나 이러한 단순화에서 얻어지는 이점은 없다. 사실 적분 상수의 계산은 단순화하지 않는 편이 오히려 더 쉽다.

를 식 (6.3.b)에 대입하여 두 번 적분하면 다음 결과들을 얻는다.

구간 AB

$$EIv'' = 100x \ \text{N}\cdot\text{m}$$

$$EIv' = 50x^2 + C_1 \ \text{N}\cdot\text{m}^2 \tag{a}$$

$$EIv = \frac{50}{3}x^3 + C_1x + C_2 \ \text{N}\cdot\text{m}^3 \tag{b}$$

구간 BC

$$EIv'' = 100x - 300(x-2) \ \text{N}\cdot\text{m}$$

$$EIv' = 50x^2 - 150(x-2)^2 + C_3 \ \text{N}\cdot\text{m} \tag{c}$$

$$EIv = \frac{50}{3}x^3 - 50(x-2)^3 + C_3x + C_4 \ \text{N}\cdot\text{m}^3 \tag{d}$$

C_1에서 C_4까지 네 개의 적분 상수들은 다음의 경계 조건과 연속 조건에서 구할 수 있다.

1. $v|_{x=0} = 0$(지지 조건에서 A의 처짐은 없다). $v = x = 0$을 식 (b)에 대입하면

$$C_2 = 0 \tag{e}$$

2. $v|_{x=3\text{ m}} = 0$(지지 조건에서 C의 처짐은 없다). $x = 3$ m에서 $v=0$임을 식 (d)에 대입하면 다음과 같다.

$$0 = \frac{50}{3}(3)^3 - 50(3-2)^3 + C_3(3) + C_4$$

$$3C_3 + C_4 = -400 \ \text{N}\cdot\text{m}^3 \tag{f}$$

3. $v'|_{x=2\text{ m}^-} = v'_{x=2\text{m}^+}$($B$에서 기울기는 연속이다). $x = 2$m에서 식 (a)와 식 (c)를 같다고 놓으면 다음 식을 얻는다.

$$50(2)^2 + C_1 = 50(2)^2 + C_3$$

$$C_1 = C_3 \tag{g}$$

4. $v|_{x=2\text{m}^-} = v|_{x=2\text{m}^+}$($B$에서 처짐은 연속이다). $x = 2$m를 식 (b)와 식 (d)에 대입하고 그 결과들이 같다고 두면 다음 식이 된다.

$$\frac{50}{3}(2)^3 + C_1(2) + C_2 = \frac{50}{3}(2)^3 + C_3(2) + C_4$$

$$2C_1 + C_2 = 2C_3 + C_4 \tag{h}$$

식 (e)-(h)의 해는 다음과 같다.

$$C_1 = C_3 = -\frac{400}{3}\ \text{N}\cdot\text{m}^2 \qquad C_2 = C_4 = 0$$

상수들과 EI를 식 (a)부터 식 (d)에 대입하면 다음 결과를 얻는다.

요소 AB

$$v' = \frac{50x^2 - (400/3)}{20.48\times 10^3} = (2.441x^2 - 6.510)\times 10^{-3}$$

$$v = \frac{(50/3)x^3 - (400/3)x}{20.48\times 10^3} = (0.8138x^3 - 6.510x)\times 10^{-3}\ \text{m}$$

요소 BC

$$v' = \frac{50x^2 - 150(x-2)^2 - (400/3)}{20.48\times 10^3}$$
$$= [2.441x^2 - 7.324(x-2)^2 - 6.510]\times 10^{-3}$$

$$v = \frac{(50/3)x^3 - 50(x-2)^3 - (400/3)x}{20.48\times 10^3}$$
$$= [0.8138x^3 - 2.441(x-2)^3 - 6.510x]\times 10^{-3}\ \text{m}$$

최대 변위는 탄성선의 기울기가 0인 곳에서 발생된다. 이 점은 두 구간 중에서 더 긴 곳, 즉 AB 상에 존재한다. 구간 AB에서 v'=0으로 두면 다음 결과가 얻어진다.

$$2.441x^2 - 6.510 = 0 \qquad x = 1.6331\ \text{m}$$

이에 대응되는 처짐은

$$v|_{x=1.6331\text{m}} = [(0.8138(1.6331)^3 - 6.510(1.6331)]\times 10^{-3}$$
$$= -7.09\times 10^{-3}\text{m} = -7.09\ \text{mm}$$

이다. 음의 부호는 처짐이 예상대로 아래 방향임을 뜻한다. 따라서 최대 변위는 다음과 같다.

$$\delta_{\max} = |v|_{x=1.6331\text{m}} = 7.09\text{mm}\ \downarrow$$ [답]

그림 (a)의 탄성선을 살펴보면 가장 큰 처짐각(기울기)은 C에서 일어난다. 이 값은

$$v'|_{x=3\text{m}} = [2.441(3)^2 - 7.324(3-2)^2 - 6.510]\times 10^{-3} = 8.14\times 10^{-3}$$

이다. 처짐각에 대한 부호 규약에 따라, 양의 v'값은 보가 C에서 반시계 방향으로 회전함을 의미한다(이것은 그림에서 탄성선의 스케치와 일치한다). 따라

서 보의 최대 기울기는 다음과 같다.

$$\theta_{max} = |v'|_{x=3\text{m}} = 8.14 \times 10^{-3}\text{rad} = 0.466° \circlearrowleft \qquad \text{[답]}$$

예제 6.4

그림 (a)에서 외팔보 ABC는 두 구간에서 각기 다른 관성 모멘트를 갖는데, 구간 AB는 I_0, 구간 BC는 $2I_0$이다. 구간 AB는 세기 4000 N/m의 균일 분포 하중을 받고 있다. $E = 70$ GPa이고 $I_0 = 16 \times 10^6$ mm^{4}일 때 보의 최대 변위를 구하라.

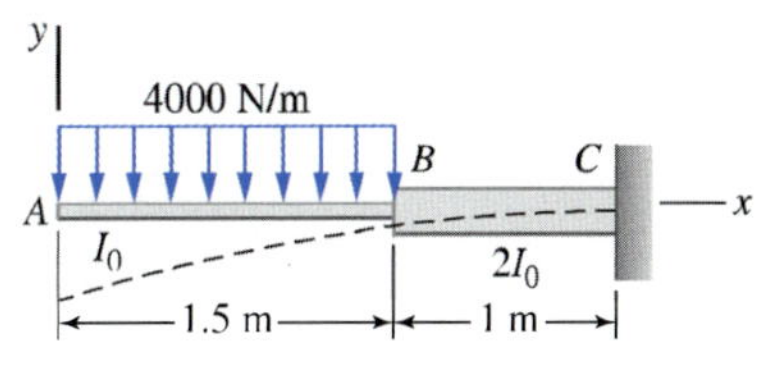

(a)

풀이

그림 (a)에서 점선은 보의 탄성선을 나타낸다. 그림 (b)의 자유물체도로부터 얻어진 두 구간에서의 굽힘 모멘트는 다음과 같다.

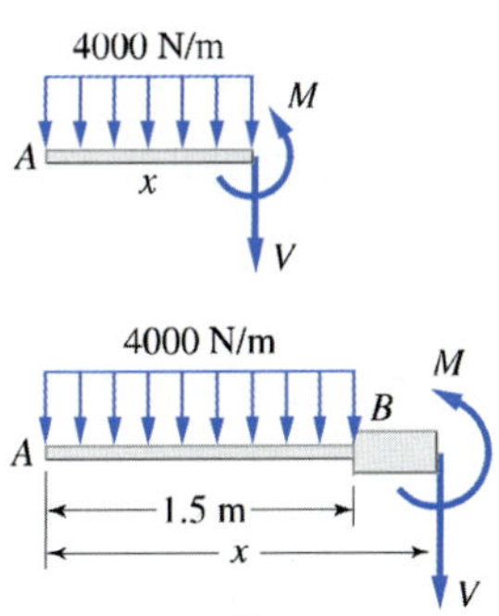

(b)

$$M = \begin{cases} -4000x\left(\dfrac{x}{2}\right) \text{ N}\cdot\text{m} & AB\ (0 \le x \le 1.5\,\text{m})\text{에서} \\ -6000(x-0.75) \text{ N}\cdot\text{m} & BC\ (1.5\,\text{m} \le x \le 2.5\,\text{m})\text{에서} \end{cases}$$

M의 표현식을 식 (6.3b)에 대입하고 두 번 적분하면 다음 결과를 얻는다.

구간 AB ($I = I_0$)

$$EI_0 v'' = -2000x^2 \text{ N}\cdot\text{m}$$

$$EI_0 v' = -\frac{2000}{3}x^3 + C_1 \text{ N}\cdot\text{m}^2 \qquad \text{(a)}$$

$$EI_0 v = -\frac{500}{3}x^4 + C_1 x + C_2 \text{ N}\cdot\text{m}^3 \qquad \text{(b)}$$

구간 BC ($I = 2I_0$)

$$E(2I_0)v'' = -6000(x-0.75) \text{ N}\cdot\text{m} \text{ 또는}$$

$$EI_0 v = -3000(x-0.75) \text{ N}\cdot\text{m}$$

$$EI_0 v' = -1500(x-0.75)^2 + C_3 \text{ N}\cdot\text{m}^2 \qquad \text{(c)}$$

$$EI_0 v = -500(x-0.75)^3 + C_3 x + C_4 \text{ N}\cdot\text{m}^3 \qquad \text{(d)}$$

네 개의 적분 상수를 구하기 위한 조건들은 다음과 같다 :

1. $v'|_{x=2.5\,\text{m}}=0$(고정단이므로 C에서는 회전이 없다). $x=2.5\,\text{m}$에서 v'=0이므로 식 (c)는 다음과 같이 된다.

$$0=-1500(2.5-0.75)^2+C_3$$
$$C_3=4.59\times10^3\quad \text{N}\cdot\text{m}^2$$

2. $v|_{x=2.5\,\text{m}}=0$(고정단이므로 C에서 처짐은 없다). v=0, $x=2.5$ m와 C_3값을 식 (d)에 대입하면 다음과 같다.

$$0=-500(2.5-0.75)^3+(4.59\times10^3)(2.5)+C_4$$
$$C_4=-8.8\times10^3\ \ \text{N}\cdot\text{m}^3$$

3. $v'|_{x=1.5\,\text{m}^-}=v'|_{x=1.5\,\text{m}^+}$($B$에서 기울기는 연속이다). 식 (a)와 식 (c)에 $x=1.5$ m와 C_3값을 대입한 후, 두 식을 같게 두면 다음과 같이 된다.

$$-\frac{2000}{3}(1.5)^3+C_1=-1500(1.5-0.75)^2+(4.59\times10^3)$$
$$C_1=5.6\times10^3\ \ \text{N}\cdot\text{m}^2$$

4. $v|_{x=1.5\,\text{m}^-}=v|_{x=1.5\,\text{m}^+}$($B$에서 변위는 연속이다). $x=1.5$ m와 먼저 계산된 적분 상수값들을 식 (b)와 (d)에 대입하면 다음과 같이 된다.

$$-\frac{500}{3}(1.5)^4+(5.6\times10^3)(1.5)+C_2=-500(1.5-0.75)^3$$
$$+(4.59\times10^3)(1.5)-(8.8\times10^3)$$
$$C_2=-9.68\times10^3\ \ \text{N}\cdot\text{m}^3$$

보의 최대 처짐은 점 A, 즉 x=0에서 발생된 식 (b)로부터

$$EI_0v|_{x=0}=C_2=-9.68\times10^3\ \ \text{N}\cdot\text{m}^3=-9.68\times10^{12}\ \ \text{N}\cdot\text{mm}^3$$

이 되고, 음의 부호는 A에서의 처짐이 예측한 대로 아래 방향임을 의미한다. 따라서, 최대 변위는 다음과 같다.

$$\delta_{\max}=|v|_{x=0}=\frac{9.68\times10^{12}}{EI_0}=\frac{9.68\times10^{12}}{(70\times10^3)(16\times10^6)}=8.6\ \text{mm}\ \downarrow$$ [답]

연습문제

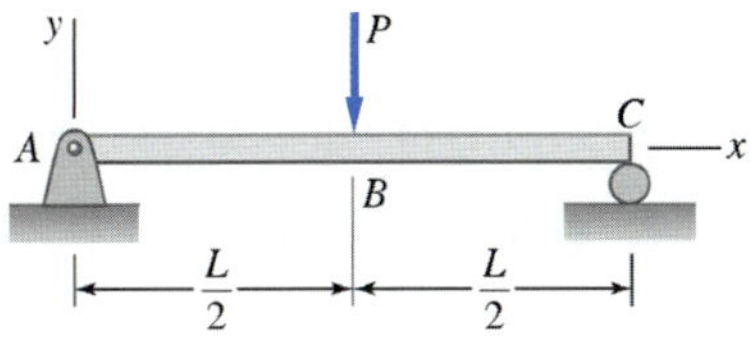

그림 P6.1

6.1 보의 중앙에 집중 하중 P를 받는 단순지지보에 대해 (a)탄성선의 식과 (b)최대 변위를 구하라.

6.2 단순지지보가 세기 w_0의 균일 분포 하중을 받고 있다. (a)탄성선의 식과 (b)최대 변위를 구하라.

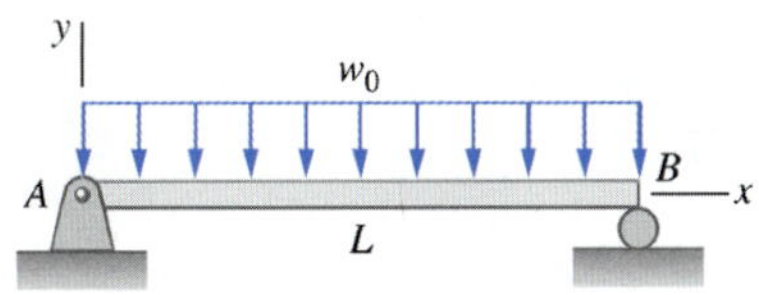

그림 P6.2

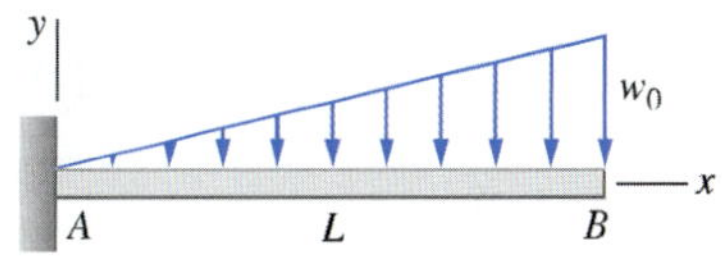

그림 P6.3

6.3 외팔보에 작용하는 분포 하중의 세기가 0에서 w_0까지 선형적으로 변화한다. 탄성선의 식을 유도하라.

6.4 단순지지보가 양단에서 우력을 받는다. 각 우력의 크기는 M_0이고 방향은 서로 반대이다. 최대 처짐의 발생 위치와 크기를 구하라.

6.5 좌단에 작용하는 우력 M_0가 없을 때, 문제 6.4를 풀어라.

6.6 보의 중앙에 우력 M_0가 작용하는 단순지지보에서 $EI\delta$의 최댓값과 그 발생 위치를 구하라(힌트: 비대칭(skew-symmetry)이므로 보 중앙점에서의 처짐은 0이다).

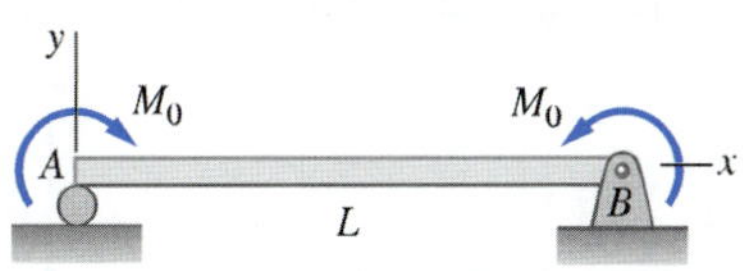

그림 P6.4, P6.5

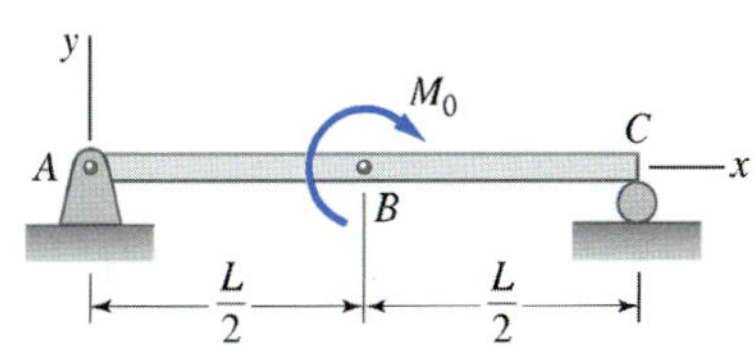

그림 P6.6

6.7 단순지지보의 중앙에서의 $EI\delta$값을 구하라. 이때 처짐은 위 방향인가 아래 방향인가?

6.8 양단에 우력이 작용하는 직사각형 단면 목재보의 최대 처짐을 구하라. 여기서, $E = 12$ GPa이다.

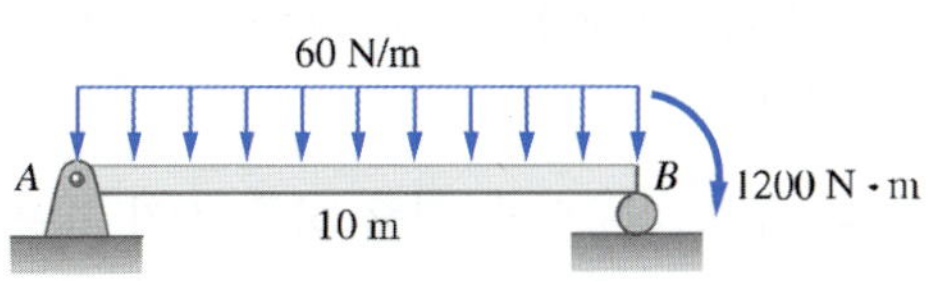

그림 P6.7

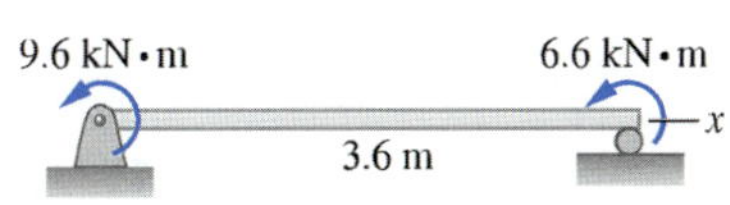

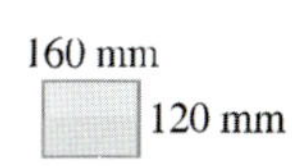

그림 P6.8

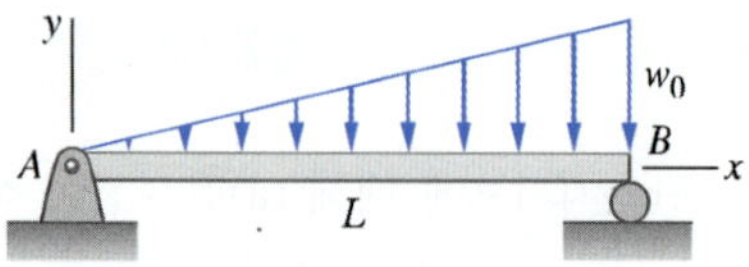

그림 P6.9

6.9 단순지지보에 작용하는 분포 하중의 세기가 0에서 w_0까지 선형적으로 변한다. (a)탄성선의 방정식을 유도하고, (b)최대 처짐의 위치를 구하라.

6.10 그림에 보이는 분포 하중에 의한 단순지지보의 최대 처짐을 구하라(힌트: 대칭성을 이용하여 보의 우측 반만 해석하라).

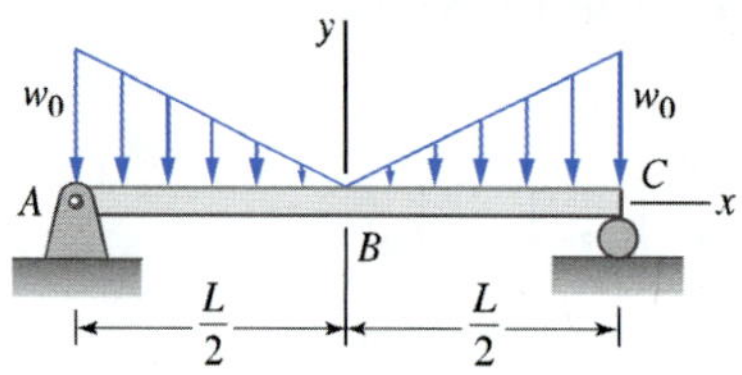

그림 P6.10

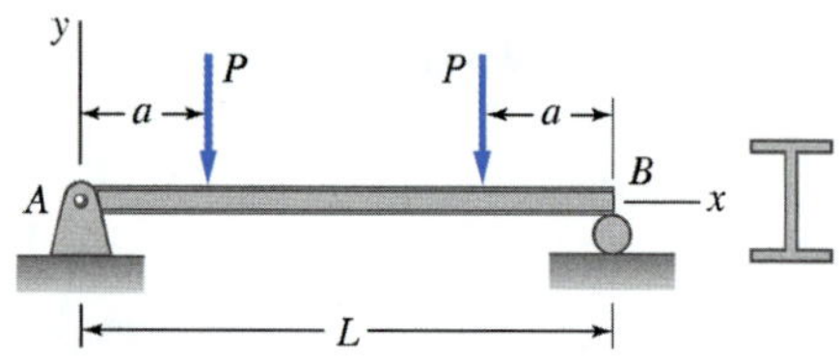

그림 P6.11

6.11 두 개의 집중 하중이 단순지지보 위에 대칭적으로 위치하여 작용한다. (a)보의 최대 처짐의 표현식을 구하라(힌트: 대칭성을 이용하여 보의 좌측 반만 해석하라). (b) W200 × 100 단면에서 $a = 6$ m, $L = 20$ m, $P = 6000$ N 그리고, $E = 200$ GPa일 때, 최대 변위와 최대 굽힘 모멘트를 계산하라.

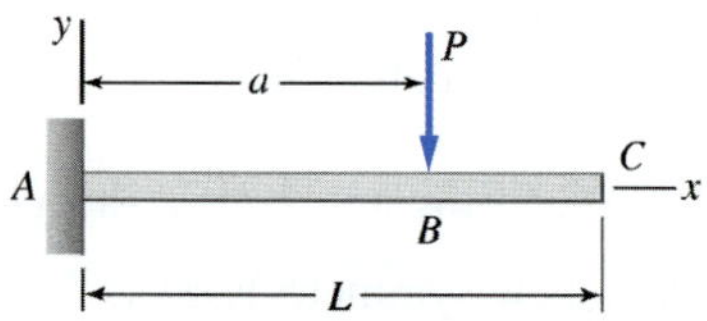

그림 P6.12

6.12 집중 하중 P에 의한 외팔보의 최대 처짐을 구하라.

6.13 세기 w_0인 균일 분포 하중이 단순지지보의 중앙 부분에 작용한다. (a) $EI\delta_{max}$의 표현식을 구하라(힌트: 대칭성을 이용하여 보의 좌측 반만 해석하라). (b)W200 × 22.5 단면에서 $a = b = 2$ m, $w_o = 3.6$ kN/m 그리고, $E = 200$ GPa일 때, δ_{max}와 최대 굽힘 모멘트를 계산하라.

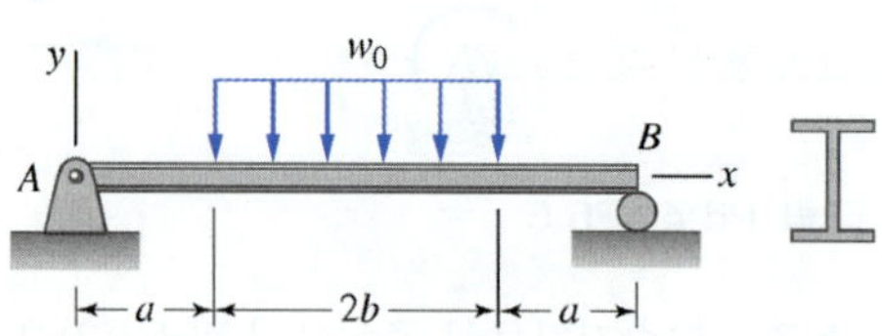

그림 P6.13

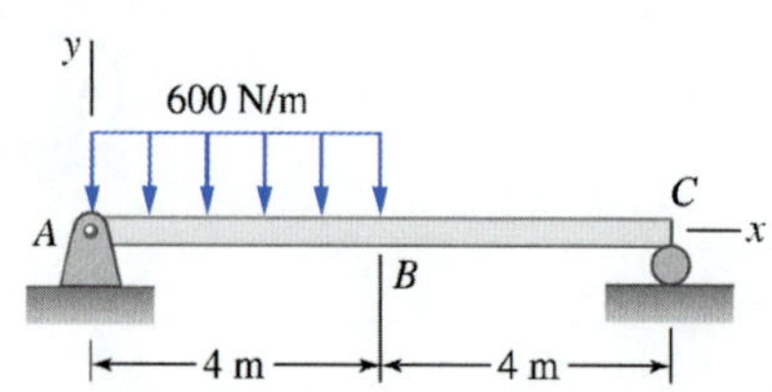

그림 P6.14

6.14 단순지지보의 좌측 반이 세기 600 N/m인 균일 분포 하중을 받는다. (a)중앙에서 $EI\delta$값을 계산하라. (b)$E = 10$ GPa라면, 보 중앙에서의 처짐을 보 길이의 1/360 이내로 제한할 수 있는 최소의 관성 모멘트 I값을 구하라.

6.15 내다지보의 우측 자유단에 집중 하중 P가 작용한다. (a)이 하중에 의한 변위의 표현식을 유도하라. (b)이 보가 직경 22.5 mm의 강봉이라면 이 하중에 의한 변위와 최대 굽힘 모멘트를 계산하라. 여기

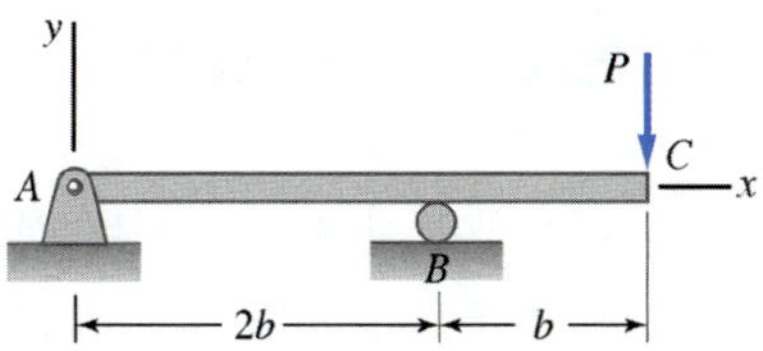

그림 P6.15

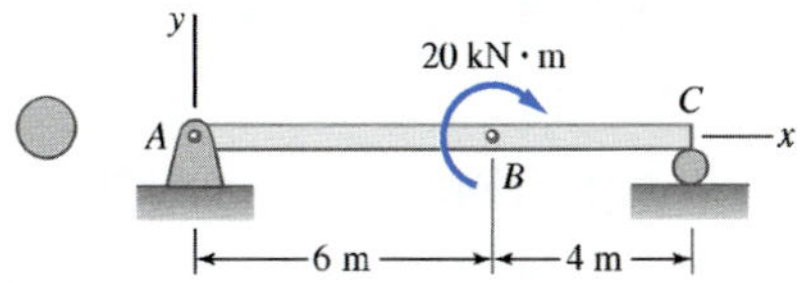

그림 P6.16

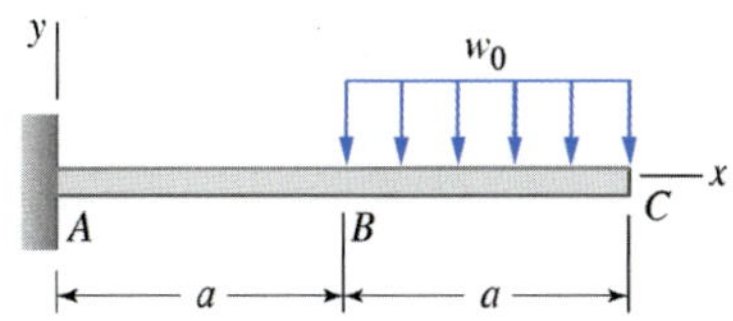

그림 P6.17

서, $b = 720$ mm, $P = 150$N 그리고 $E = 200$ GPa이다.

6.16 단순지지 강재보가 그림에 보이는 것처럼 20 kN·m의 우력을 받는다. $E = 200$ GPa이고, $I = 8 \times 10^{-6}$ m^{4}일 때, 우력이 작용되는 점에서의 변위와 처짐각을 구하라.

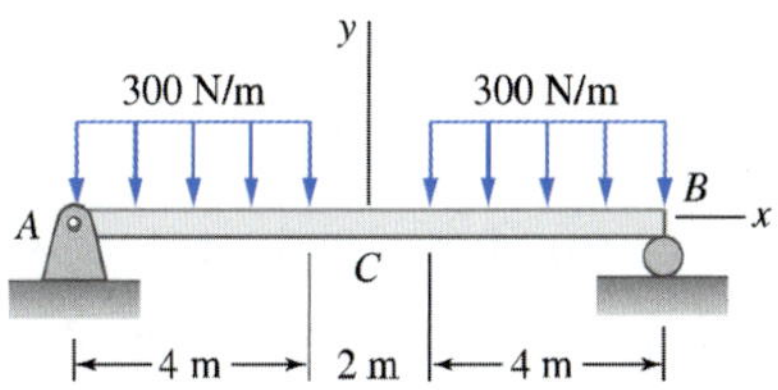

그림 P6.18

6.17 길이 $2a$의 단순지지보는 우측 반쪽에 걸쳐 세기 w_0의 균일 분포 하중을 받는다. 이때, 보의 최대 변위를 구하라.

6.18 단순지지보 위에 두 개의 균일 분포 하중이 대칭적으로 작용하고 있다. 이 보에서 $EI\delta$의 최댓값을 구하라(힌트: 대칭성을 이용하여 보의 우측 반만 해석하라).

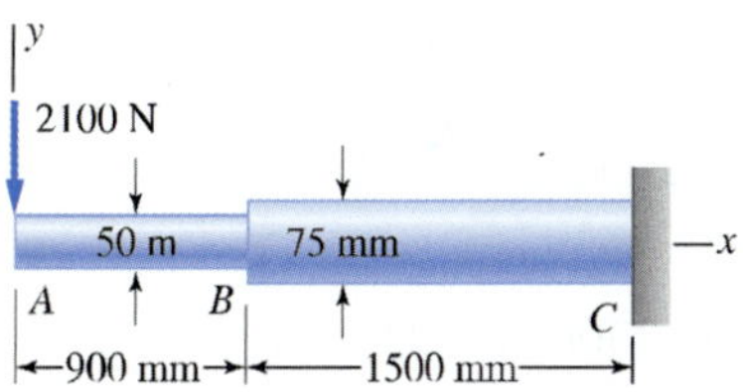

그림 P6.19

6.19 강재 외팔보는 그림에서 보인 직경을 갖는 두 개의 원통형 봉들로 구성된다. 2100 N의 집중 하중으로 인한 보의 최대 처짐을 구하라. 강에 대해 $E = 200 \times 10^3$ GPa를 사용하라.

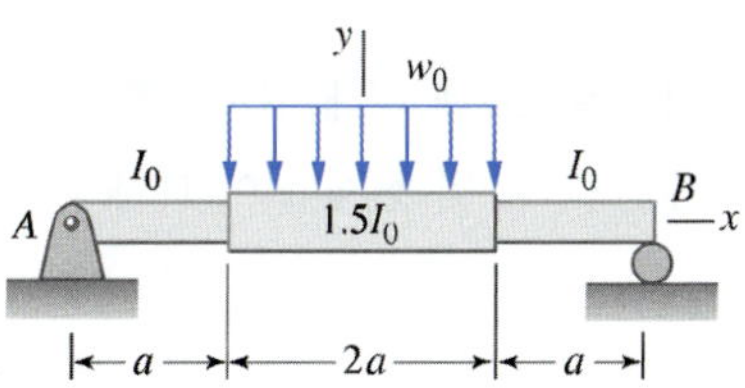

그림 P6.20

6.20 길이 $4a$의 단 있는 보는 중간 반쪽 길이에 걸쳐 세기 w_0의 분포 하중을 받는다. 보의 중간 반쪽의 단면 관성 모멘트는 $1.5I_0$이고 나머지 반은 I_0이다. 보 중앙에서의 처짐을 구하라(힌트: 대칭성을 이용하여 보의 우측 반만 해석하라).

6.21 외팔보의 단면 2차 모멘트는 자유단의 0으로부터 고정단의 I_0까지 선형적으로 변한다. 집중 하중 P로 인한 자유단에서의 변위를 구하라.

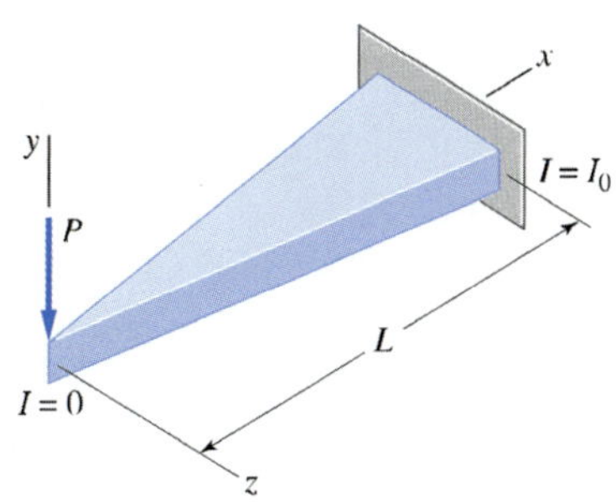

그림 P6.21

6.3 브라켓 함수를 이용한 이중적분

이중적분법에서 두 개 이상의 보 구간들을 해석해야 할 때 발생되는 적분 상수를 계산하는 것은 매우 번거롭다. 굽힘 모멘트를 *Macaulay* **브라켓 함수**로 알려진 불연속 함수의 항으로 표현하면 계산을 단순화시킬 수 있다. 불연속 함수는 주어진 하중이 불연속이더라도 굽힘 모멘트를 보의 전체 길이에 걸쳐 하나의 표현식으로 나타낼 수 있게 한다. 하나의 연속적인 굽힘 모멘트 표현식을 적분함으로써 보의 모든 위치에서 역시 연속적인 처짐각과 처짐에 대한 식을 얻을 수 있다.

한 예로써 그림 6.2 (a)와 같은 하중을 받는 단순지지보를 생각하자. 세 개의 보 구간에 대한 자유물체도를 그림 6.2 (b)-(d)에 보였다. A와 B 지점에서의 반력은 이미 평형 조건에서 계산되어 있다. 각 구간에 대한 모멘트 평형방정식 $\Sigma M = 0$을 이용하면 다음과 같은 굽힘 모멘트들을 얻는다(모멘트는 구간의 우측 단에 설정된다).

구 간	**M(N · m)**
$0 \le x \le 2\text{m}$	$480x$
$2\text{m} \le x \le 3\text{m}$	$480x - 500(x-2)$
$3\text{m} \le x \le 5\text{m}$	$480x - 500(x-2) - \dfrac{450}{2}(x-3)^2$

연이어진 각 구간에 있어서, 추가적인 항이 M에 더해지는 한편, 나머지 부분들은 그대로임을 주목하라. 이러한 패턴으로부터 전체 보에 대해 다음의 표현식이 제시될 수 있다.

$$M = 480x - 500(x-2) - \frac{450}{2}(x-3)^2 \ \text{N} \cdot \text{m}$$

이 식에서 $x \le 2$일 때 $(x-2)$항이 사라지고, $x \le 3$일 때 $(x-3)^2$항이 사라진다는 사실을 알 수 있다.

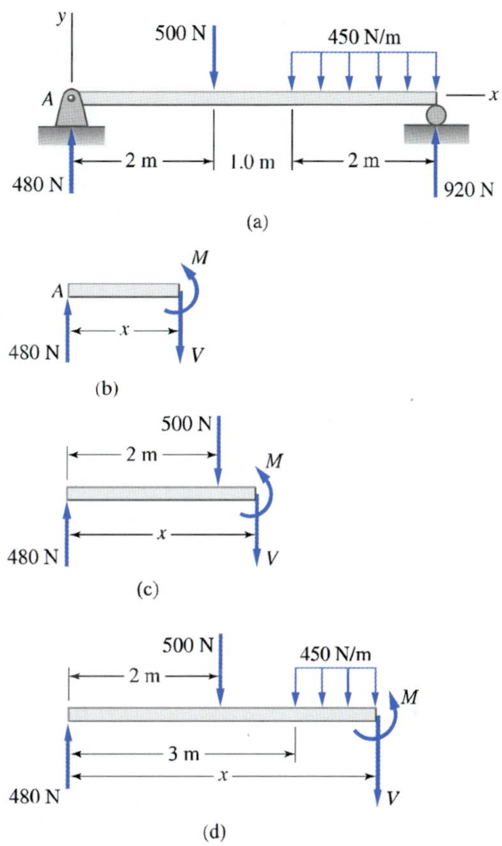

그림 6.2 (a) 세 개의 부분으로 나눈 단순지지보
(b)–(d) 각 부분들의 자유물체도

이러한 개념은 아래의 Macaulay의 브라켓 함수를 이용해서 공식화된다. Macaulay의 브라켓 함수는 "브라켓 함수"라고도 말하며 다음과 같이 정의된다.

$$< x-a >^{n} = \begin{cases} 0 & x \le a \text{ 일 때} \\ (x-a)^{n} & x \ge a \text{ 일 때} \end{cases} \tag{6.6}$$

여기서 n 은 음이 아닌 정수이다.[4] 괄호 $<\cdots>$는 브라켓 함수의 표현법이다. 브라켓 함수는 괄호 안의 수식 즉, $(x-a)$가 음이면 정의에 의해 0이 되고, 그렇지 않으면 그대로 계산된다. 브라켓 함수는 통상적인 함수와 동일한 방법 즉,

4 n이 음이 되면 특이함수라는 부류의 함수가 되는데, 여기에서는 필요하지 않다.

$$\int \langle x-a \rangle^n dx = \frac{\langle x-a \rangle^{n+1}}{n+1} + C \tag{6.7}$$

과 같이 적분될 수 있다. 여기서, C는 적분 상수이다.

그림 6.2의 보에 대한 굽힘 모멘트는 브라켓 함수로써 다음과 같이 쓸 수 있다.

$$M = 480x - 500\langle x-2 \rangle - \frac{450}{2}\langle x-3 \rangle^2 \ \text{N}\cdot\text{m} \tag{a}$$

보의 전체 길이에 걸쳐 유효한 이 식은 보에 대한 **전체** 굽힘 모멘트 식이라 부른다. 보의 처짐각(기울기)과 처짐을 나타내는 이 식의 적분은 연속함수가 된다. 따라서, 식 (a)의 이중적분은 자동적으로 처짐의 연속성을 보장한다.

전체 굽힘 모멘트 식 (a)는 그림 6.2 (d)처럼 절단면 **왼쪽**의 자유물체도를 사용하여 보의 가장 오른쪽 부분에 대한 굽힘 모멘트를 나타냄으로써 얻어질 수 있다는 점을 주목하라. 그 다음, 해당 항들의 괄호를 브라켓으로 대치한다.

그림 6.2를 참고하면, 브라켓 함수 $\langle x-3 \rangle^2$이 $x = 3$에서 출발하여 보의 오른쪽 끝까지 계속되는 분포 하중에 의한 것임을 알 수 있다. 이제 그림 6.3 (a)에서 보는 것처럼 분포 하중의 끝이 x = 4 m에 있는 경우를 생각하자. 문제는 M의 표현식에 있어서 끝 부분을 어떻게 다루느냐 하는 것이다. 그림 6.1 (a)에서처럼, 보의 우측 단까지 가는 균일 분포 하중에서 x = 4 m와 보의 우측 단 사이에 방향이 반대인 균일 분포 하중을 부가하여 상쇄함으로써 이를 나타낼 수 있다.

이러한 기법을 그림 6.3 (b)에 보였다. 그림 6.3 (c)의 자유물체도로부터 얻어진 굽힘 모멘트에 대한 전체 표현식은 다음과 같다.

$$M = 435x - 500\langle x-2 \rangle - \frac{450}{2}\langle x-3 \rangle^2 + \frac{450}{2}\langle x-4 \rangle^2 \ \text{N}\cdot\text{m}$$

전체 굽힘 모멘트 식이 구해진 다음, 전체 보에 대한 처짐각과 처짐의 식을 얻기 위해 이 식을 적분한다. 적분으로 생기는 두 개의 적분 상수는 경계 조건으로부터 계산될 수 있다. 전술한 바와 같이, 브라켓 함수를 사용하면 구간들 사이 연결부에서 기울기와 처짐의 연속성은 자동적으로 만족된다.

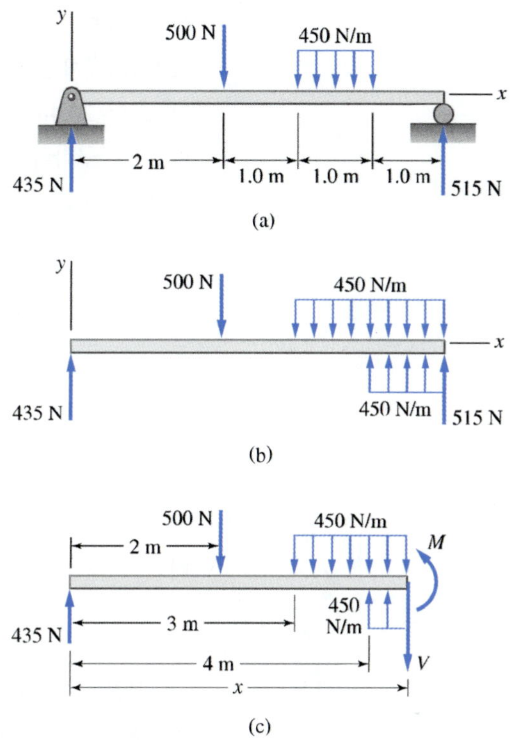

그림 6.3 (a)단순지지보 (b)등가 하중을 지닌 동일한 보 (c)가장 우측 보 부분의 굽힘 모멘트를 구하는 자유물체도.

예제 6.5

그림 (a)에서 보는 것처럼 단순지지보 ABC는 300 N의 집중 하중을 받는다. $EI = 20.48 \times 10^3\ \mathrm{N \cdot m^2}$를 이용하여 보의 처짐각(기울기)과 처짐에 대한 식을 구하라(주: 예제 6.3에서 동일한 보가 해석되었다).

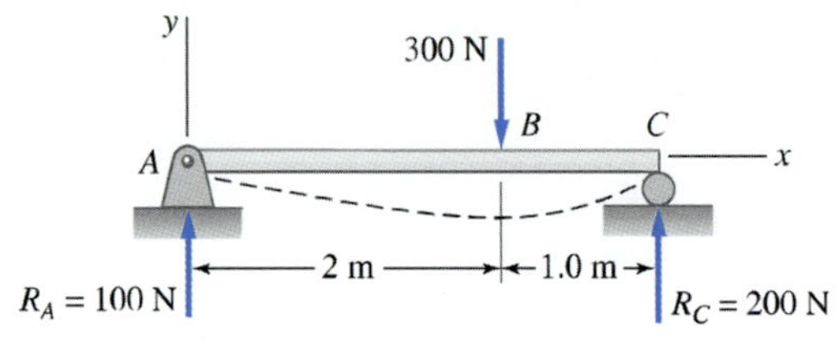

(a)

풀이

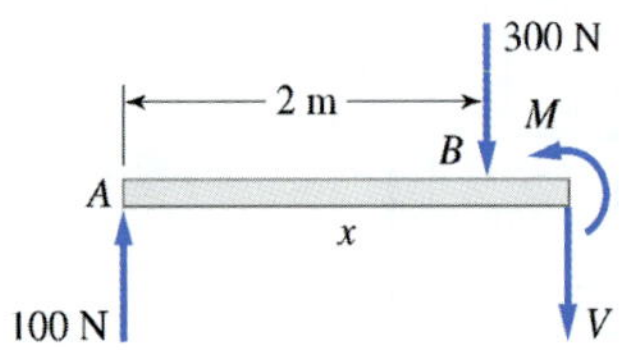

(b)

그림 (a)에서 점선은 보의 탄성선을 나타낸다. 그림 (b)의 자유물체도를 이용하면 다음과 같은 전체 굽힘 모멘트 식을 얻는다.

$$M = 100x - 300\langle x-2\rangle\ \mathrm{N \cdot m} \tag{a}$$

구간 AB ($0 \le x \le 2$ m)에서는 마지막 항이 브라켓 함수 정의에 의해 0이 되므로 $M = 100x$ N·m이다. 구간 BC (2m $\le x \le$ 3m)에서는 굽힘 모멘트 식이 $M = 100x - 300(x-2)$ N·m이다. 식 (a)를 탄성선의 미분방정식에 대입하고 두 번 적분하면 다음과 같이 된다.

$$EIv'' = 100x - 300\langle x-2\rangle\ \mathrm{N \cdot m}$$

$$EIv' = 50x^2 - 150\langle x-2\rangle^2 + C_1\ \mathrm{N \cdot m^2} \tag{b}$$

$$EIv = \frac{50}{3}x^3 - 50\langle x-2\rangle^3 + C_1 x + C_2\ \mathrm{N \cdot m^3} \tag{c}$$

C_1과 C_2를 구하기 위해 다음과 같은 경계 조건들을 적용한다.

1. $v|_{x=0} = 0$(단순지지이므로 A에서 처짐은 없다). $v = x = 0$을 식 (c)에 대입하고 $\langle 0-2\rangle^3 = 0$임을 상기하면 다음 결과를 얻는다.

$$C_2 = 0$$

2. $v|_{x=3\mathrm{m}} = 0$(단순지지이므로 C에서 처짐은 없다). $v = 0$, $x = 3$m를 대입하고 $C_2 = 0$을 식 (c)에 대입한 후, $\langle 3-2\rangle^3 = (3-2)^3$임을 감안하면, 다음과 같이 된다.

$$\frac{50}{3}(3)^3 - 50(3-2)^3 + C_1(3) = 0 \qquad C_1 = -\frac{400}{3}\ \mathrm{N \cdot m}$$

EI의 값과 적분 상수값들을 식 (b)와 식 (c)에 대입하면 다음과 같은 기울기와 처짐에 대한 전체 표현식을 얻게 된다.

$$v' = \frac{50x^2 - 150\langle x-2\rangle^2 - (400/3)}{20.48\times 10^3}$$
$$= [2.441x^2 - 7.324\langle x-2\rangle^2 - 6.150]\times 10^{-3} \qquad \text{[답]}$$

$$v = \frac{(50/3)x^3 - 50\langle x-2\rangle^3 - (400/3)x}{20.48\times 10^3}$$
$$= [0.8138x^3 - 2.441\langle x-2\rangle^3 - 6.150x]\times 10^{-3}\,\text{m} \qquad \text{[답]}$$

예제 6.6

그림 (a)의 내다지보에 대해 (1)탄성선의 식을 구하고, (2)지지점들 사이 중간 지점에서의 $EI\delta$ 값과 점 E에서의 $EI\delta$값을 구하라(이때 각 δ값의 부호가 위 방향인지 아래 방향인지 밝혀라).

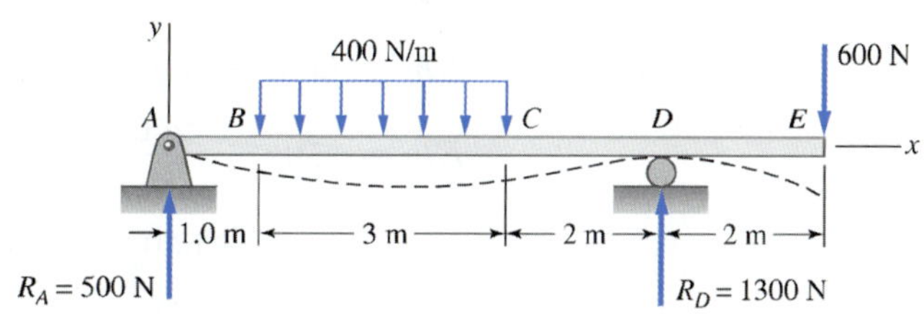

(a)

풀이

(1)

그림 (a)에서 점선은 보의 탄성선을 나타낸다. 그림 (b)는 보의 굽힘 모멘트를 구하는 데 사용되는 등가 하중을 나타낸다. 굽힘 모멘트를 브라켓 함수로 써 표현할 때 각 분포 하중은 보의 우측 단까지 연장됨을 상기하라. 따라서, 400 N/m의 하중을 점 E까지 연장한 후, 원하지 않는 부분에 작용하는 하중은 크기가 같고 방향이 반대인 하중을 CE에 작용시켜서 소거해야 한다. 이제, 굽힘 모멘트에 대한 전체 표현식은 그림 (c)의 자유물체도로부터 유도될 수 있고, 결과는 다음과 같다.

$$M = 500x - \frac{400}{2}\langle x-1\rangle^2 + \frac{400}{2}\langle x-4\rangle^2 + 1300\langle x-6\rangle \text{N}\cdot\text{m}$$

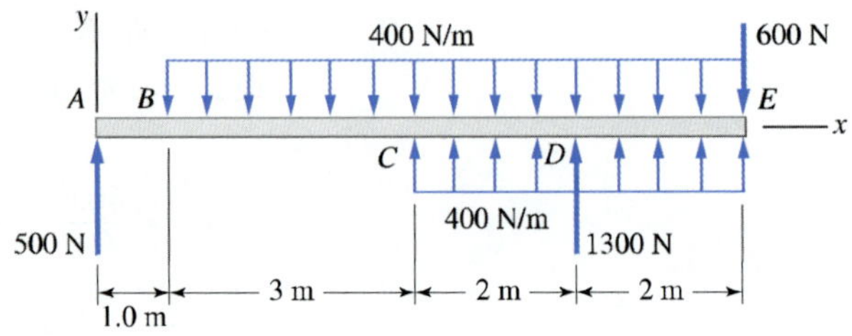

(b)

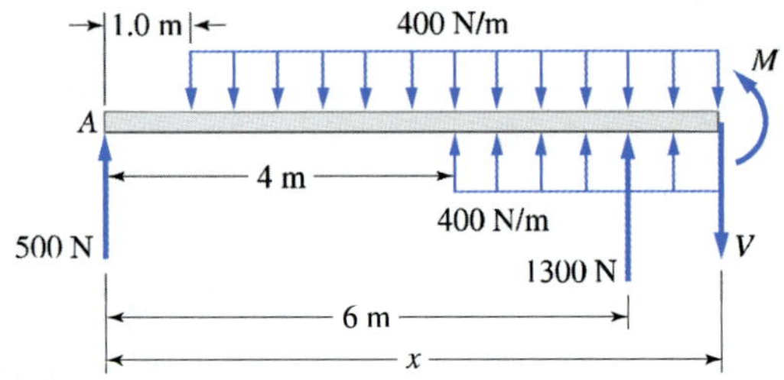

(c)

M을 탄성선의 미분방정식에 대입하고 두 번 적분하면 다음 식들을 얻는다.

$$EIv'' = 500x - 200\langle x-1\rangle^2 + 200\langle x-4\rangle^2 + 1300\langle x-6\rangle \ \text{N}\cdot\text{m}$$

$$EIv' = 250x^2 - \frac{200}{3}\langle x-1\rangle^3 + \frac{200}{3}\langle x-4\rangle^3 + 650\langle x-6\rangle^2 + C_1 \quad \text{N}\cdot\text{m}^2$$

$$EIv = \frac{250}{3}x^3 - \frac{50}{3}\langle x-1\rangle^4 + \frac{50}{3}\langle x-4\rangle^4 + \frac{650}{3}\langle x-6\rangle^3 + C_1x + C_2 \ \ \text{N}\cdot\text{m}^3 \tag{a}$$

경계 조건은 다음과 같다.

1. $v|_{x=0} = 0$(단순지지 조건에 의해 점 A에서 처짐은 없다). 식 (a)의 모든 브라켓 함수는 $x=0$에서 0이므로, 다음 결과가 얻어진다.

$$C_2 = 0$$

2. $v|_{x=6\text{m}} = 0$(단순지지 조건에 의해 점 D에서 처짐은 구속된다). 식 (a)에서 다음 식들이 얻어진다.

$$0 = \frac{250}{3}(6)^3 - \frac{50}{3}(6-1)^4 + \frac{50}{3}(6-4)^4 + C_1(6)$$

$$C_1 = -\frac{3925}{3} \ \ \text{N}\cdot\text{m}^2$$

C_1과 C_2에 대한 값을 식 (a)에 대입하면, 탄성선의 식은 다음과 같이 된다.

$$EIv = \frac{250}{3}x^3 - \frac{50}{3}\langle x-1\rangle^4 + \frac{50}{3}\langle x-4\rangle^4 + \frac{650}{3}\langle x-6\rangle^3 - \frac{3925}{3}x \ \text{N}\cdot\text{m}^3$$ [답]

(2)

지지점들 사이 중앙의 처짐은 $x = 3$ m를 EIv에 대한 표현식에 대입함으로써 얻을 수 있다. $\langle 3-4\rangle^4 = 0$과 $\langle 3-6\rangle^3 = 0$ 임을 감안하면, 다음 결과를 얻는다.

$$EIv|_{x=3\text{m}} = \frac{250}{3}(3)^3 - \frac{50}{3}(3-1)^4 - \frac{3925}{3}(3) = -1942 \ \text{N}\cdot\text{m}^3$$

음의 부호는 처짐이 아래 방향임을 의미한다. 따라서, 보 중앙에서의 $EI\delta$ 값은 다음과 같다.

$$EI\delta_{\text{mid}} = 1942 \ \text{N}\cdot\text{m}^3 \downarrow$$ [답]

E지점에서는 다음과 같이 된다.

$$EIv|_{x=8\text{m}} = \frac{250}{3}(8)^3 - \frac{50}{3}(8-1)^4 + \frac{50}{3}(8-4)^4 + \frac{650}{3}(8-6)^3 - \frac{3925}{3}(8) = -1817 \ \text{N}\cdot\text{m}^3$$

역시 음의 부호는 아래 방향 처짐을 나타낸다. 따라서 다음 결과가 얻어진다.

$$EI\delta_E = 1817 \ \text{N}\cdot\text{m}^3 \downarrow$$ [답]

예제 6.7

그림 (a)에서 보는 것처럼 우력 M_0가 길이 L인 외팔보의 중앙에 작용하고 있다. 우단 C에서의 처짐이 영이 되도록 하는 연직 하중 P의 크기를 구하라.

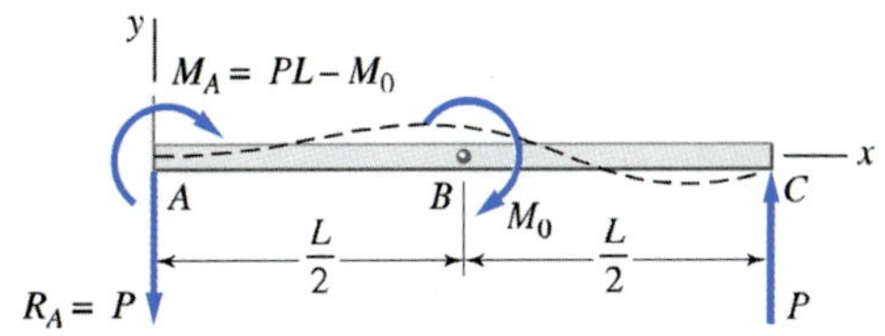

(a)

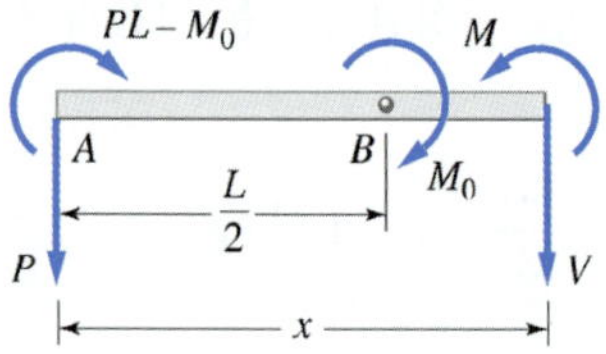

(b)

풀이

그림 (a)에서 보의 탄성선을 점선으로 보였다. 그림 (b)의 자유물체도에서 굽힘 모멘트에 대한 식을 얻는다.

$$M = (PL - M_0) - Px + M_0 \left\langle x - \frac{L}{2} \right\rangle^0$$

$x \geq L/2$ 구간에서는 $\langle x - L/2 \rangle^0 = 1$임을 유의하라. 이 식을 탄성선의 미분방정식에 대입하고 두 번 적분하면 다음과 같이 된다.

$$EIv'' = (PL - M_0) - Px + M_0 \left\langle x - \frac{L}{2} \right\rangle^0$$

$$EIv' = (PL - M_0)x - \frac{P}{2}x^2 + M_0 \left\langle x - \frac{L}{2} \right\rangle + C_1 \qquad \text{(a)}$$

$$EIv = (PL - M_0)\frac{x^2}{2} - \frac{P}{6}x^3 + \frac{M_0}{2}\left\langle x - \frac{L}{2} \right\rangle^2 + C_1 x + C_2 \qquad \text{(b)}$$

경계 조건들은 다음과 같다.

1. $v'|_{x=0} = 0$(고정지지이므로 점 A에서 회전은 구속된다).
$x = v' = 0$을 식 (a)에 대입하면 $C_1 = 0$이 된다.

2. $v|_{x=0} = 0$(고정지지이므로 점 A에서 처짐은 구속된다). $x = v = 0$를 식 (b)에 대입하면 $C_2 = 0$이다.

따라서 탄성선의 식은 다음과 같다.

$$EIv = (PL - M_0)\frac{x^2}{2} - P\frac{x^3}{6} + \frac{M_0}{2}\left\langle x - \frac{L}{2} \right\rangle^2$$

우측 단 C에서는 다음 결과가 얻어진다.

$$EIv|_{x=L} = (PL - M_0)\frac{L^2}{2} - \frac{PL^3}{6} + \frac{M_0}{2}\left(L - \frac{L}{2}\right)^2 = \left(\frac{PL}{3} - \frac{3M_0}{8}\right)L^2$$

점 C에서 처짐이 0이 되도록 하는 하중 P를 구하기 위해, $v|_{x=L} = 0$으로 놓고 P에 대해 푼다. 그 결과는 다음과 같다.

$$P = \frac{9}{8}\frac{M_0}{L} \qquad \text{[답]}$$

연습문제

6.22 폭 50 mm와 높이 h mm인 직사각형 단면의 외팔보가 있다. 보의 최대 변위가 10 mm를 넘지 않게 하는 최소의 허용 h값을 구하라. $E=10$ GPa이다.

6.23 외팔보의 자유단에서 $EI\theta$ 값을 구하라.

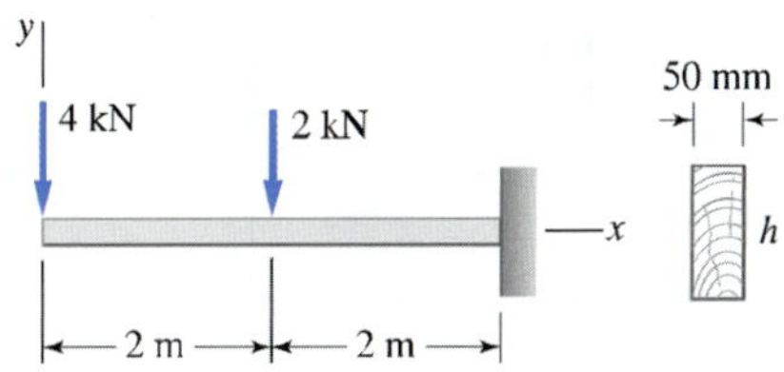

그림 P6.22

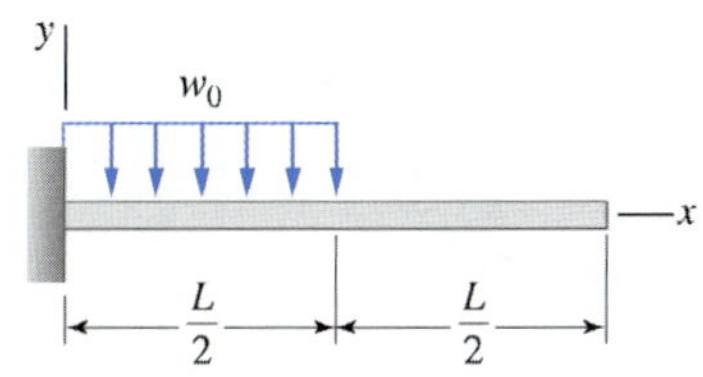

그림 P6.23

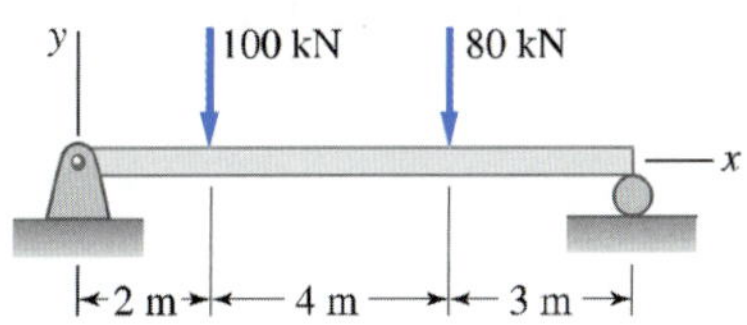

그림 P6.24

6.24 두 개의 집중 하중에 의한 보 중앙에서의 $EI\delta$값을 구하라.

6.25 부분적으로 균일 분포 하중을 받는 단순지지보의 중앙에서 $EI\delta$값을 구하라.

6.26 (a)집중 우력 M_0를 받는 단순지지보의 탄성선 식을 유도하라. (b) M_0의 작용점에서 EI값을 구하라.

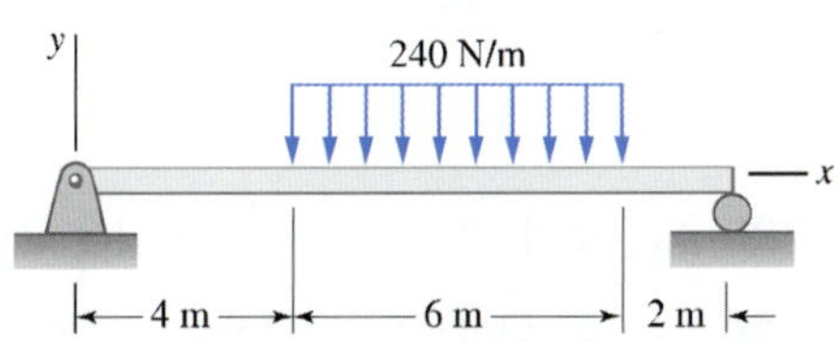

그림 P6.25

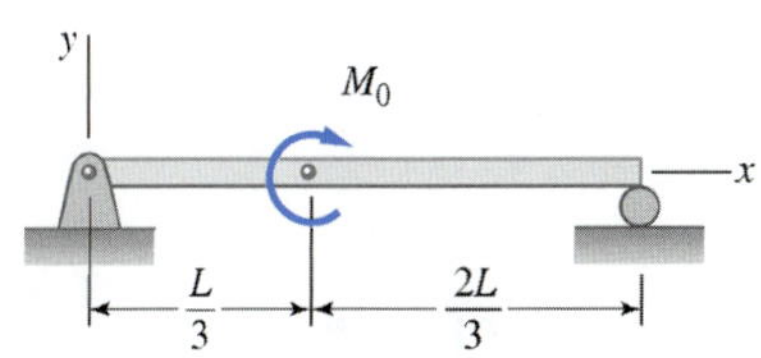

그림 P6.26

6.27 그림에 보인 내다지보에 대해 (a)탄성선의 식을 유도하고, (b)우측단에서의 $EI\delta$값을 계산하라.

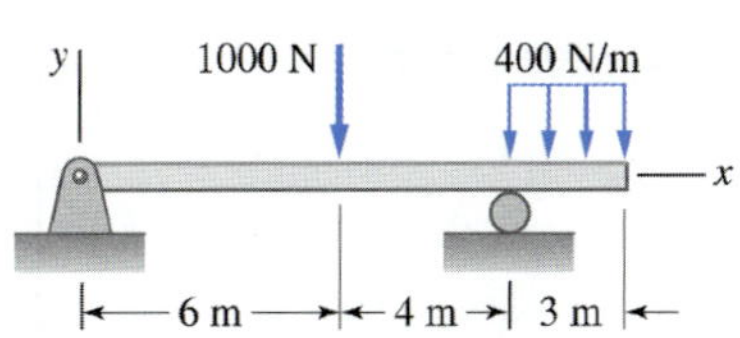

그림 P6.27

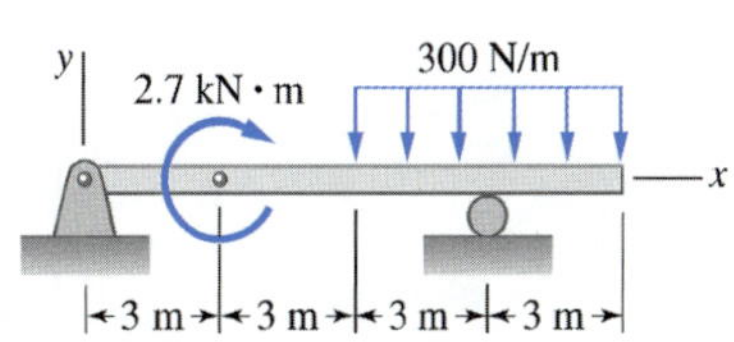

그림 P6.28

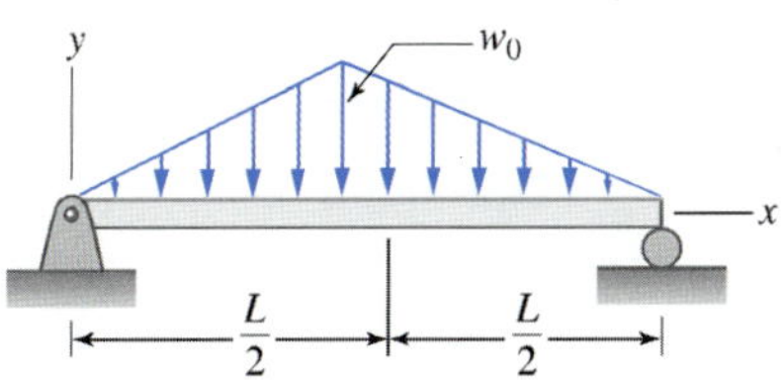

그림 P6.29

6.28 (a)내다지보의 탄성선의 식을 구하고, (b)지지점들 사이의 중간점에서 $EI\delta$값을 계산하라.

6.29 (a)단순지지보의 탄성선 식을 구하고, (b)$EI\delta$의 최댓값을 계산하라.

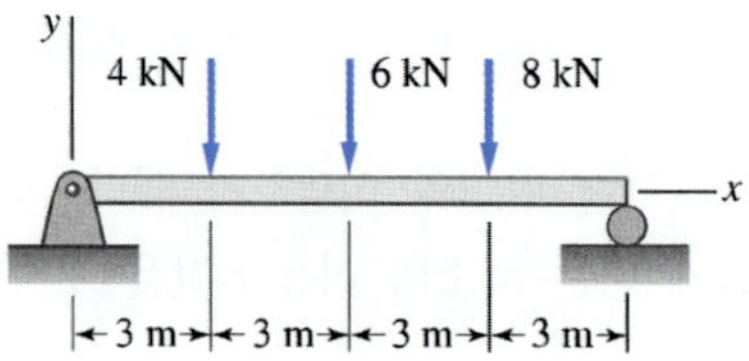

그림 P6.30

6.30 그림에서 보는 것처럼 단순지지보가 세 개의 집중 하중을 받는다. (a)보의 탄성선 식을 구하고, (b)중앙점에서 $EI\delta$값을 구하라.

6.31 15 kN 하중을 받는 내다지보의 $EI\delta$값을 계산하라.

6.32 내다지보 지지점들 사이의 중간점에서 변위를 구하라.

6.33 내다지보 좌측 단에서의 변위를 구하라.

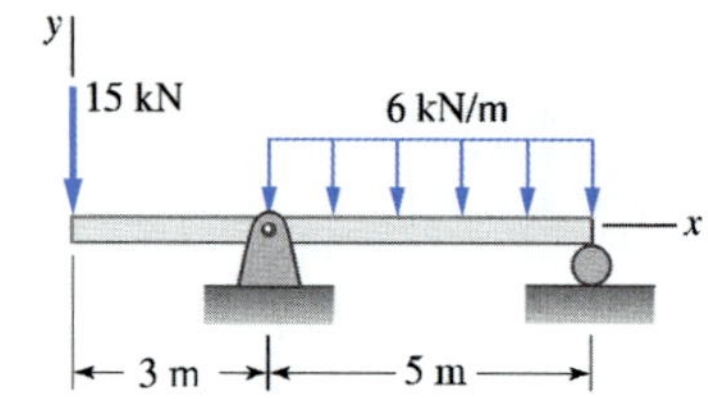

그림 P6.31

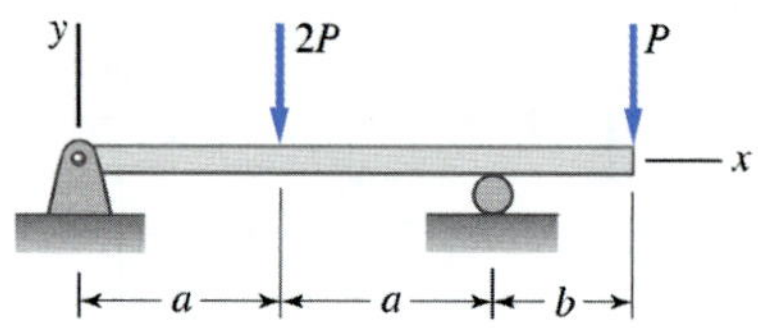

그림 P6.32

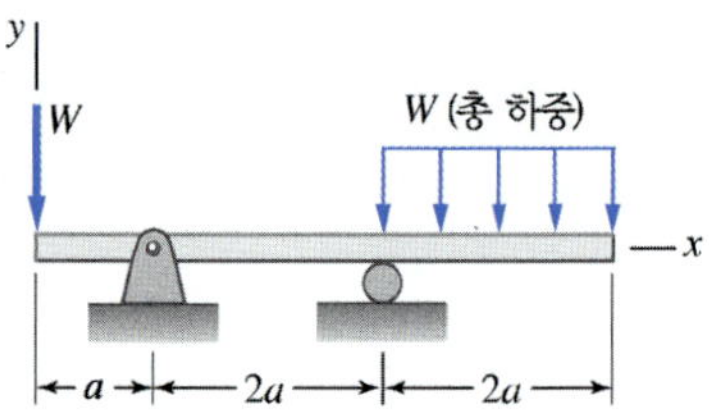

그림 P6.33

6.34 내다지보에 대해 (a)24 kN 하중하의 $EI\delta$값을 구하고, (b)지지점들 사이에서 $EI\delta$의 최댓값을 구하라.

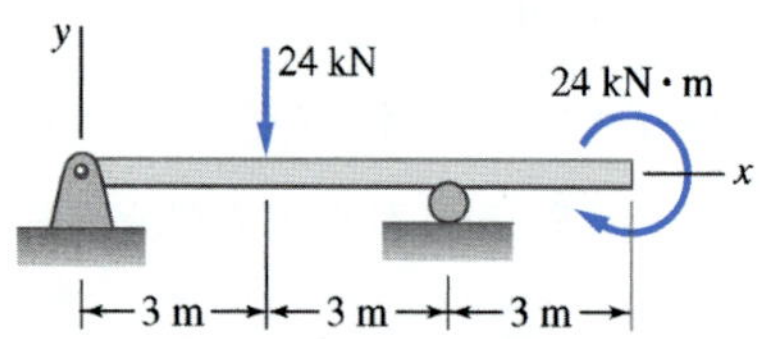

그림 P6.34

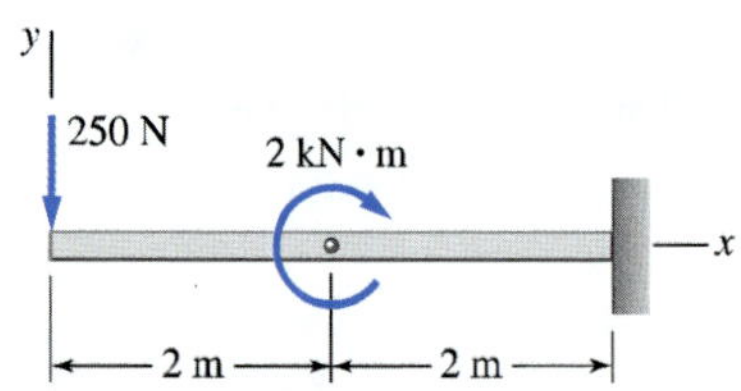

그림 P6.35

6.35 외팔보의 좌측 단에서 $EI\delta$값을 계산하라.

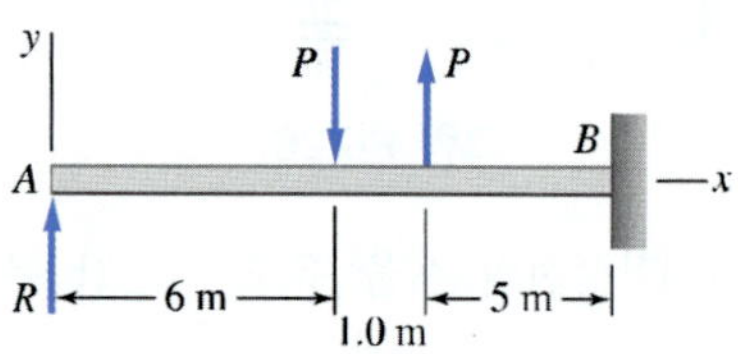

그림 P6.36

6.36 그림의 외팔보는 크기가 $P=$ 2000 N인 두 개의 힘에 의한 우력을 받는다. A지점에서의 변위가 발생하지 않게 하기 위해 가해야 하는 힘 R을 구하라.

6.37 외팔보의 최대 변위를 구하라.

6.38 외팔보의 우측 단에서 $EI\delta$값을 구하라.

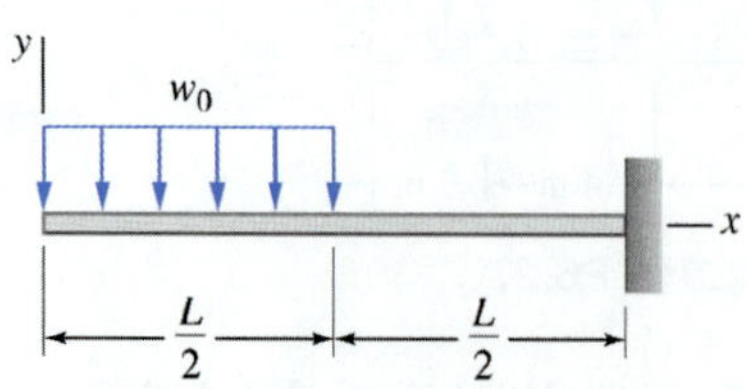

그림 P6.37

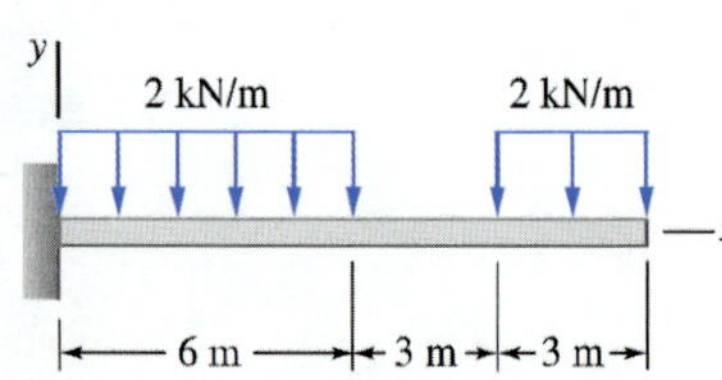

그림 P6.38

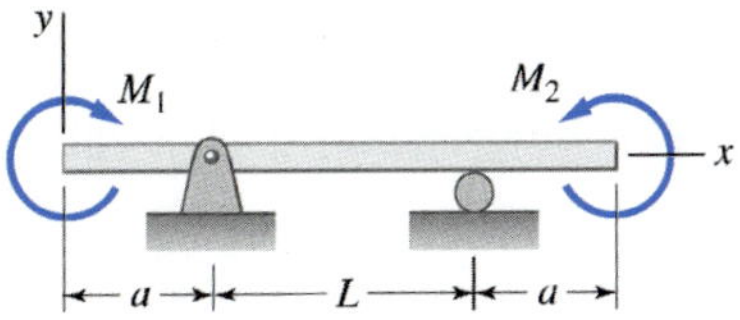

그림 P6.39

6.39 내다지보의 양단에서 $EI\theta$값을 구하라.

6.40 단순지지보의 중앙에서 $EI\delta$값을 계산하라.

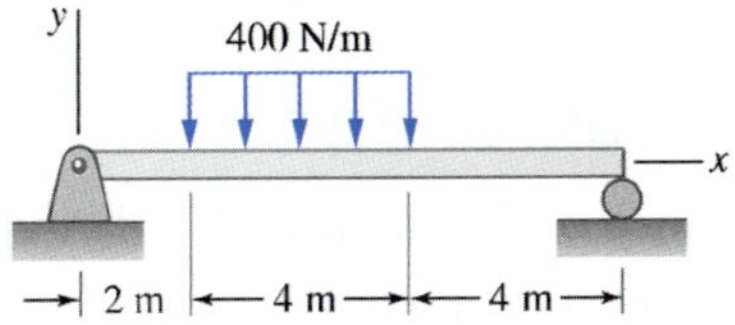

그림 P6.40

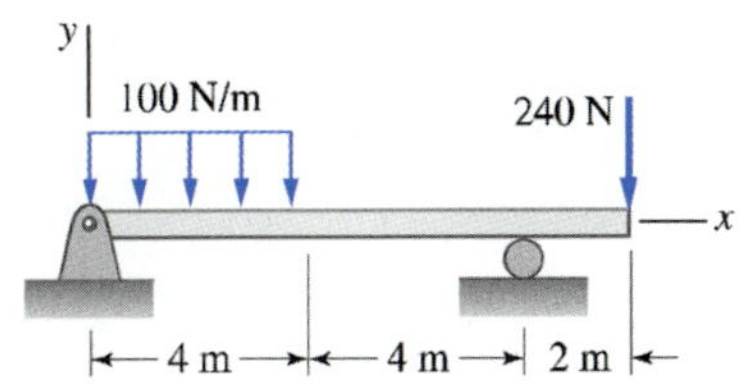

그림 P6.41

6.41 내다지보의 우측 지지단에서 $EI\theta$값을 계산하라.

6.42 외팔보의 최대 처짐을 구하라.

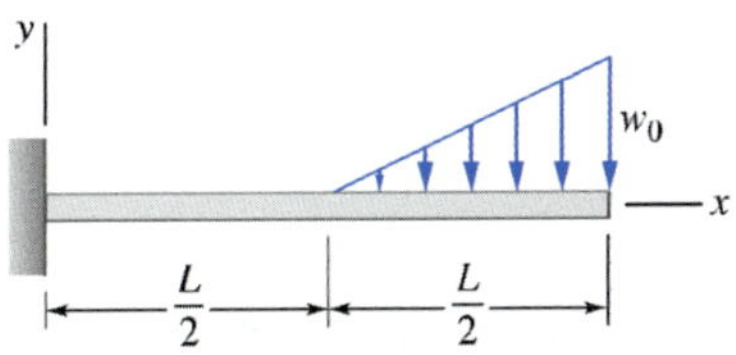

그림 P6.42

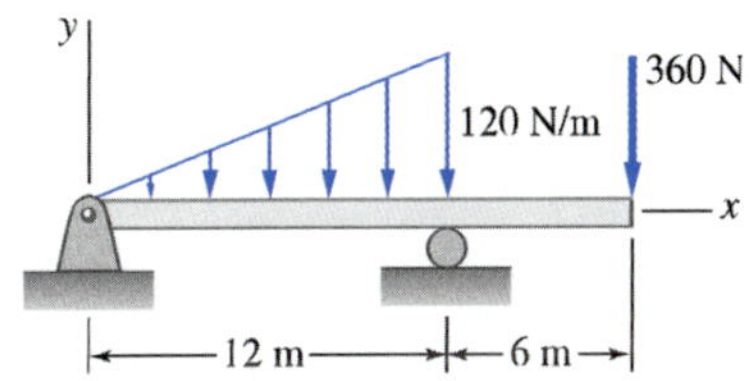

그림 P6.43

6.43 내다지보의 우측 단에서 $EI\delta$값을 구하라.

6.44 길이 9 m, W250 × 80 단면의 강재 외팔보에서 최대 변위를 계산하라($E = 200$ GPa, $I = 126 \times 10^6$ mm^4).

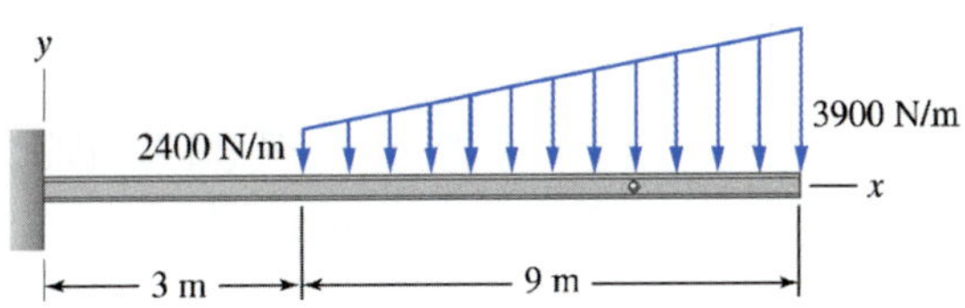

그림 P6.44

6.4* 모멘트-면적법

모멘트-면적법(*moment-area method*)은 보의 어떤 특정 위치에서 처짐각과 처짐을 구하는 데 편리하다. 이 방법은 굽힘 모멘트 선도 아래 면적의 기하학적 특성을 이용하여 굽힘 모멘트의 적분을 간접적으로 행하는 준-그래픽적인 방법이다. 이중적분법에서와 같이 변형이 탄성 영역 내에 있고 따라서 처짐각과 처짐이 미소한 것으로 가정한다.

a. 모멘트–면적 정리

이제 모멘트–면적법의 기초가 되는 두 개의 정리를 유도하게 된다. 제1 정리는 처짐각을, 제2정리는 처짐을 다룬다.

제1모멘트–면적 정리 그림 6.4 (a)는 원래 직선이었던 보 구간의 탄성선 AB를 보이고 있다(그림에서 변형은 과장되어 있다). 5.2절의 굽힘공식 유도 과정에서 논의되었던 것처럼, 거리 dx 만큼 떨어진 두 점 P, Q에서 보의 두 단면은 서로 상대각 $d\theta$만큼 회전한다. 단면들은 보의 축에 수직인 것으로 가정하므로 $d\theta$는 그림 6.4 (a)에서 보는 것처럼 P와 Q 사이의 탄성선 처짐각(기울기)의 차이이다. 그림에서 $dx = \rho d\theta$인 것을 알 수 있는데 여기서, ρ는 변형된 보 요소 탄성선의 곡률 반경이다. 따라서 $d\theta = dx/\rho$이고, 이는 모멘트–곡률 관계

$$\frac{1}{\rho} = \frac{M}{EI} \quad \text{(5.2b, 반복)}$$

를 이용하면 다음과 같이 된다.

$$d\theta = \frac{M}{EI}dx \quad \text{(a)}$$

구간 AB에 걸쳐 식 (a)를 적분하면 다음 식을 얻는다.

$$\int_A^B d\theta = \int_A^B \frac{M}{EI}dx \quad \text{(b)}$$

식 (b)의 좌변은 $\theta_B - \theta_A$이고 이는 A와 B 사이의 처짐각(기울기) 변화이다.

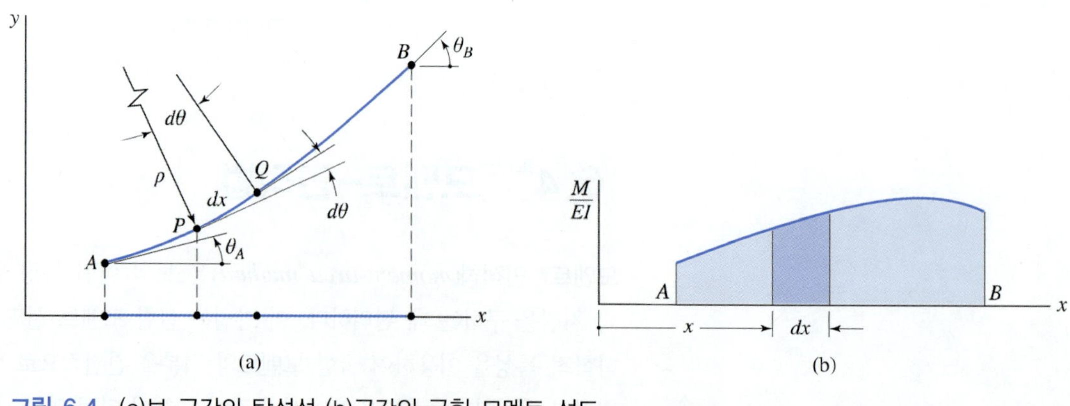

그림 6.4 (a)보 구간의 탄성선 (b)구간의 굽힘 모멘트 선도

우변은 그림 6.4 (b)의 음영 면적으로써, A와 B 사이의 $M/(EI)$ 선도 면적을 나타낸다. $\theta_{B/A} = \theta_B - \theta_A$로 표기하면, 식 (b)는 다음과 같은 형태로 표현될 수 있다.

$$\theta_{B/A} = \frac{M}{EI}\text{선도 면적}\Big]_A^B \tag{6.8}$$

이것이 **제1모멘트-면적 정리**이다.

제2모멘트-면적 정리 그림 6.5 (a)의 탄성선 AB에서 보는 것처럼, $t_{B/A}$를 점 A에서 탄성선의 접선으로부터 점 B까지의 연직 방향 거리라고 하자. 이 거리는 A에 대한 B의 **접선 편차**(*tangential deviation*)라고 부른다. 접선 편차를 구하기 위해 우선 미소 요소 PQ의 기여분인 dt를 구한 다음, AB 사이의 모든 요소들의 기여분을 합산하기 위해 $t_{B/A} = \int_A^B dt$를 도입한다. 그림에서 보는 것처럼, dt는 B에서 탄성선 상의 P와 Q에서 그은 접선들 사이의 연직 방향 거리이다. 기울기가 매우 작다는 것을 감안하면, 그림의 기하학적 형상에서 다음 관계를 얻는다.

$$dt = x'd\theta$$

여기서, x'는 B점에서 미소 요소까지의 수평 방향 거리이다. 따라서 접선 편차는 다음과 같다.

$$t_{B/A} = \int_A^B dt = \int_A^B x'd\theta$$

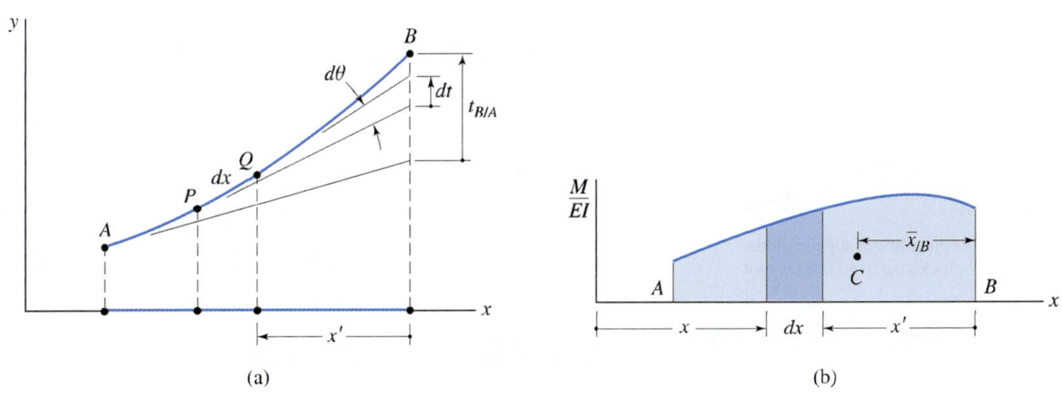

그림 6.5 (a)보 요소의 탄성선 (b)요소에 대한 굽힘 모멘트 선도

식 (a)의 $d\theta$를 대입하면 다음 식이 얻어진다.

$$t_{B/A} = \int_A^B \frac{M}{EI} x' dx \qquad \text{(c)}$$

식 (c)의 우변은 그림 6.5 (b)에서 $M/(EI)$선도 음영 면적의 B점에 관한 1차 모멘트를 나타낸다. 점 B와 이 면적의 도심인 점 C 사이의 거리를 $\bar{x}_{/B}$ ($/\mathrm{B}$는 "점 B에 대한"이라고 읽는다)로 표시하면 식 (c)를 다음과 같이 쓸 수 있다.

$$t_{B/A} = \left. \frac{M}{EI}\text{선도 면적} \right]_A^B \cdot \bar{x}_{/B} \qquad (6.9)$$

이것이 **제2모멘트-면적 정리**이다. 식 (6.9)의 우변으로 나타낸 면적의 1차 모멘트는 항상 접선 편차가 계산되는 점에 대해 취해진다는 것에 유의하라.

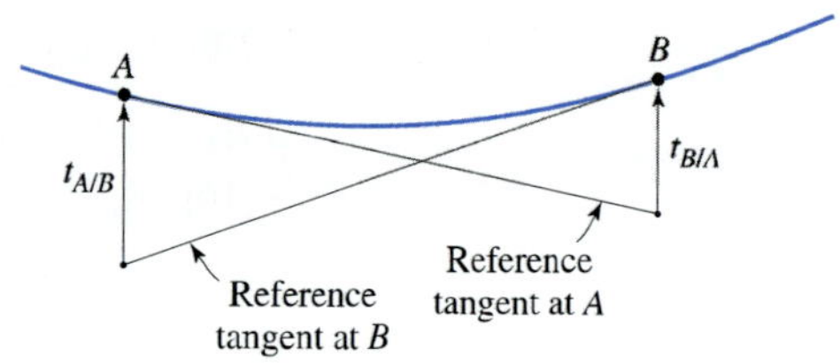

그림 6.6 탄성선의 접선 편차

$t_{B/A}$(점 A에 대한 점 B의 접선 편차)를 $t_{A/B}$(점 B에 대한 점 A의 접선 편차)와 혼동하지 말라. 그림 6.6에 예시된 것처럼 이 두 거리는 일반적으로 같지 않다.

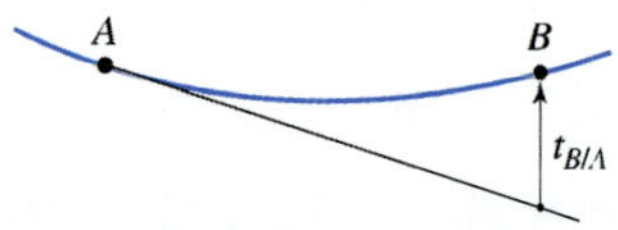

(a) Positive deviation; B located above reference tangent

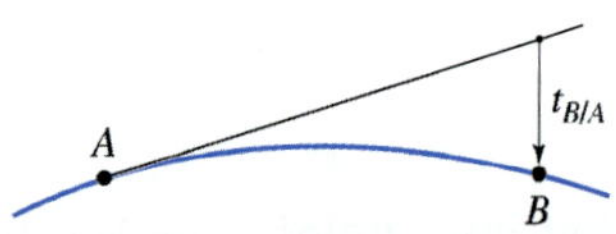

(b) Negative deviation; B located below reference tangent

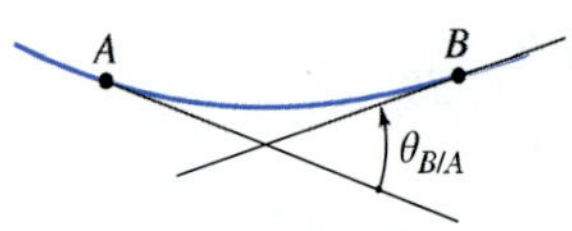

(c) Positive change of slope is counterclockwise from left tangent

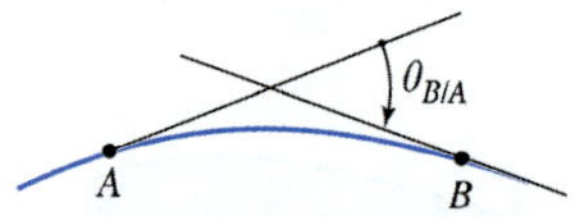

(d) Negative change of slope is clockwise from left tangent

그림 6.7
접선 편차와 처짐각 변화에 대한 부호 규약

부호 규약 그림 6.7에 예시된 다음의 부호 규약들이 두 모멘트-면적 정리에 적용된다.

- 접선 편차 $t_{B/A}$의 부호는 점 B가 점 A에서 탄성선에 그은 접선 위쪽에 놓이면 양이고, 점 B가 접선 아래에 놓이면 음이다.
- $\theta_{B/A}$가 반시계 방향이면 양이고, $\theta_{B/A}$가 시계 방향이면 음이다.

b. 부분별 굽힘 모멘트 선도

굽힘 모멘트 선도 이하의 면적과 1차 모멘트가 쉽게 계산될 수 있어야만, 모멘트-면적 정리가 실용적으로 적용될 수 있다. 이 계산을 단순화하는 핵심은 굽힘 모멘트 선도를 면적과 도심 좌표를 알고 있는 단순한 기하학적 형상들(사각형, 삼각형, 포물선)로 분할하는 것이다. 통상의 굽힘 모멘트 선도는 가끔 이러한 분할이 저절로 가능한 경우도 있지만, 선도의 각 부분이 한 가지 하중의 효과를 나타낼 수 있도록 **부분별 굽힘 모멘트 선도**(*bending moment diagram by parts*)를 그리는 방법이 선호된다. **단순지지보**에 대해 부분별 굽힘 모멘트 선도를 구성하는 것은 다음과 같이 진행된다.

- 단순지지 반력을 구하고 이 반력들을 작용 하중으로 간주한다.
- 편리한 위치에 고정 지지점을 둔다. 일반적으로 원래의 단순지지점이 좋은 선택일 수 있지만, 때로는 다른 지점이 더 편리할 수 있다. 보는 이제 이 지지점에 대한 외팔보 형태가 된다.
- 각 하중(원래 보의 지지 반력을 포함)에 대해 굽힘 모멘트 선도를 그린다. 만일 모든 선도들을 하나의 그림으로 나타낼 수 있다면 그렇게 하고, 양의 모멘트는 x축 위에, 음의 모멘트는 x축 아래에 그린다.

외팔보는 이미 고정지지되었기 때문에 마지막 과정만 필요하다.

한 예로써, 그림 6.8 (a)의 단순지지보 ABC를 생각하자. 지지 반력을 계산하여 그림에 보였다. 그림 6.8 (b)처럼 점 C에 고정지지를 도입하고 점 A의 반력을 작용 하중으로 간주한다. 이 결과는 원래 보와 **정적으로 등가**인 외팔보가 된다. 즉, 이 외팔보는 그림 6.8 (a)의 보와 동일한 통상적인 굽힘 모멘트 선도를 갖는다. 이제 그림 6.8 (c)에서 보인 바와 같이 두 하중 각각에 대한 굽힘 모멘트 선도를 그린다. R_A에 의한 모멘트 M_1은 양의 부호인 반면에 분포 하중은 음의 모멘트 M_2를 유발한다. 그림 6.8 (d)에 보이는 통상적인 굽힘 모멘트 선도는 M_1과 M_2를 중첩함으로써 즉, $M = M_1 + M_2$를 그림으로써 얻어진다.

부분별 굽힘 모멘트 선도를 작도함으로써 얻어지는 이점은 그림 6.8 (c)와 (d)를 비교하면 분명해진다. 전자는 삼각형과 포물선이라는 두 개의 단순한 부분으로 이루어진다. 통상적인 선도는 단순 형상으로 나누기 어려울 뿐만 아니라, 그 이전에 최대 굽힘 모멘트의 크기와 위치를 구해야 한다.

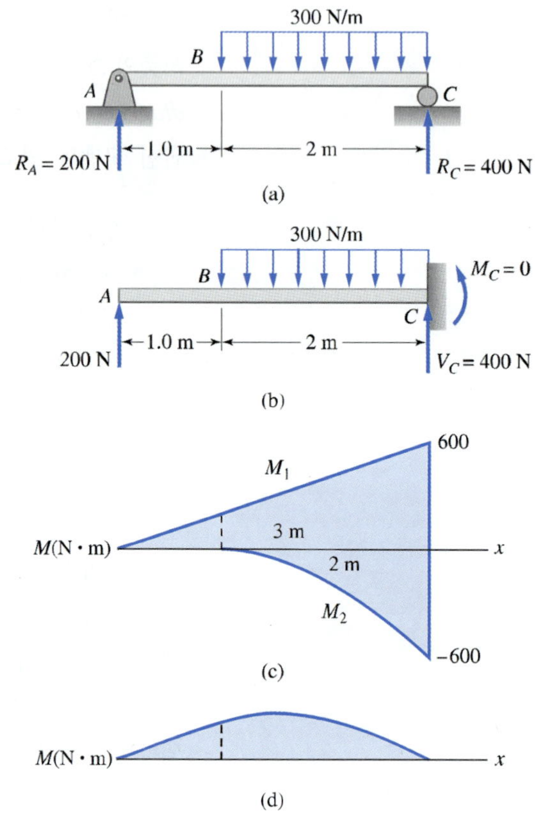

그림 6.8 (a)단순지지보 (b)점 C에서 고정지지를 지닌 동일보 (c)부분별 굽힘 모멘트 선도 (d)통상적인 굽힘 모멘트 선도

전술한 바와 같이, 보의 어떤 위치에도 고정 지지점을 둘 수 있다. 그림 6.8 (a)의 보에 대해 그림 6.9 (a)에서 처럼 점 B에서 고정 지지점을 두어 부분별 굽힘 모멘트 선도를 그려보자(이 위치는 점 C만큼 편리하지는 않지만, 한 예를 보이고 있다). 결과적으로 원래의 보는 점 B에서 지지를 공유하는 두 개의 외팔보로 변환된다. 작용된 힘들은 원래의 반력들과 분포 하중으로 구성된다. 따라서 그림 6.9 (b)의 굽힘 모멘트 선도는 이제 세 성분들을 포함한다. 점 B에 관한 힘들의 모멘트가 평형이 됨에 유의하라. 즉,

$$\Sigma(M_B)_R = \Sigma(M_B)_L$$

여기서 $\Sigma(M_B)_R$과 $\Sigma(M_B)_L$은 각각 점 B의 우측과 좌측에 있는 힘들에 의한 모멘트 합을 나타낸다. 부분별 굽힘 모멘트 선도를 구성할 때. 각 성분들은 대개 $M = kx^n$ 형태를 갖는다. 여기서 n은 모멘트 식의 차수를 나타내는 음이 아닌 정수이다. 표 6.1은 n =0, 1, 2, 3에 대한 M-선도 아래 면적의 특성을 보여준다. 이 표는 모멘트−면적법에서 필요로 하는 계산에 편리하다.

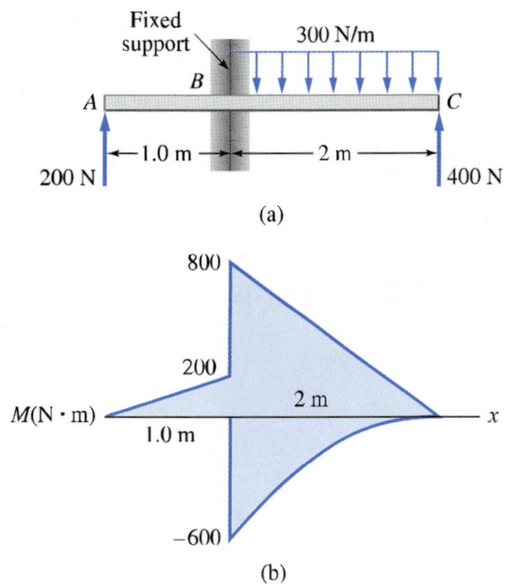

그림 6.9 (a)그림 6.8 (a)의 단순지지보와 등가인 점 B에서 고정된 보
(b)부분별 굽힘 모멘트 선도

n	$M = kx^n$의 그림	면적	$\bar{x}$
0	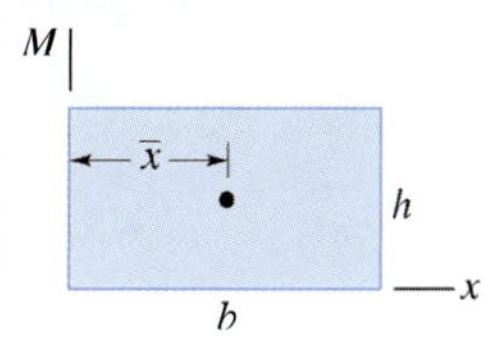	bh	$\frac{1}{2}b$
1	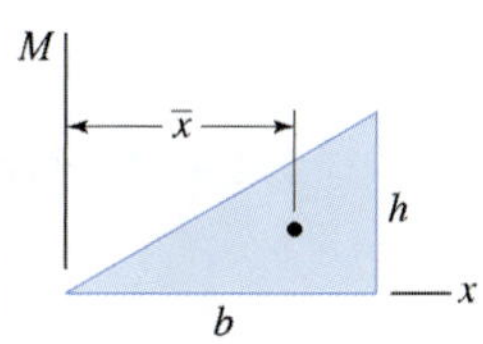	$\frac{1}{2}bh$	$\frac{2}{3}b$
2	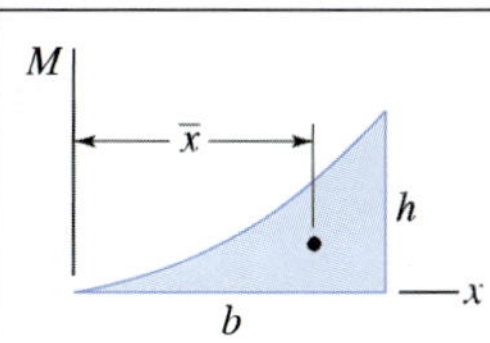	$\frac{1}{3}bh$	$\frac{3}{4}b$
3	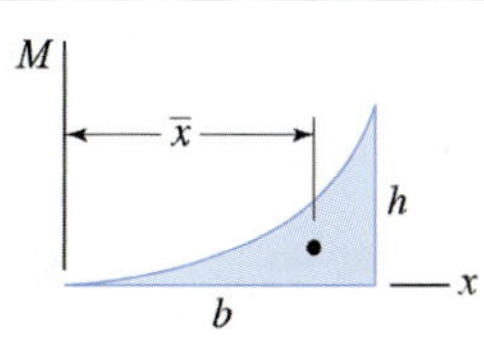	$\frac{1}{4}bh$	$\frac{4}{5}b$

표 6.1 $M = kx^n$으로 이루어진 면적의 특성

c. 모멘트-면적법의 응용

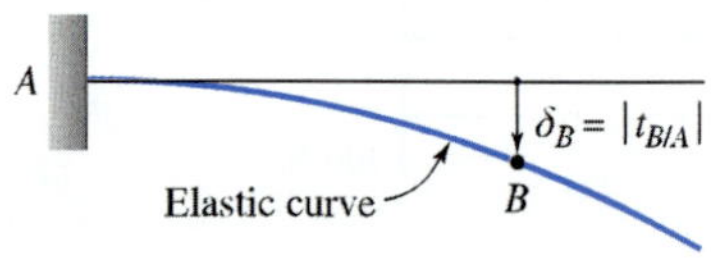

그림 6.10
변위는 외팔보의 점 B에 대한 접선 편차의 크기와 같다.

외팔보 그림 6.10에 보는 외팔보의 처짐을 생각하자. 점 A의 지지는 고정되어 있기 때문에, 점 A에서 탄성선에 대한 접선은 수평선이다. 그러므로 $t_{B/A}$ (점 A에 대한 B의 접선 편차)는 점 B의 변위와 같은 크기를 갖는다. 즉, $\delta_B = |t_{B/A}|$이고, 여기서,

$$t_{B/A} = \frac{M}{EI}\text{선도 면적}\Big]_A^B \cdot \bar{x}_{/B}$$

가 된다.

단순지지보 단순지지보의 탄성선을 그림 6.11에 보였다. 문제는 점 A로부터 x거리에 위치한 점 B의 변위 δ_B를 계산하는 것이다. 보통 탄성선에 대한 접선이 수평이 되는 지점은 모르기 때문에, 이 계산은 외팔보에 대한 계산보다 더 복잡하다. 점 A에서 탄성선에 접선을 그으면, 접선 이탈 $t_{B/A}$는 분명히 변위 δ_B가 아니다. 그러나 그림에서 $\delta_B = \theta_A x - t_{B/A}$임을 알 수 있다. 따라서, $t_{B/A}$뿐만 아니라 처짐각 θ_A도 계산해야 한다.

δ_B를 계산하는 절차는 다음과 같은 순서로 구성된다.

- 다음 식에서 $t_{C/A}$를 계산한다.

$$t_{C/A} = \frac{M}{EI}\text{선도 면적}\Big]_A^C \cdot \bar{x}_{/C}$$

- 다음의 기하학적 관계로부터 θ_A를 결정한다.

$$\theta_A = \frac{t_{C/A}}{L}$$

- 다음 관계를 이용하여 $t_{B/A}$를 계산한다.

$$t_{B/A} = \frac{M}{EI}\text{선도 면적}\Big]_A^B \cdot \bar{x}_{/B}$$

- 다음 식으로부터 δ_B를 계산한다.

$$\delta_B = \theta_A x - t_{B/A}$$

이 절차는 복잡해 보이지만 굽힘 모멘트 선도가 부분별로 그려져 있다면 신속하게 진행될 수 있다. 그림 6.11과 유사하게 탄성선을 정확히 스케치하는 것이 이 절차의 기본이라는 점을 강조한다. 이러한 스케치는 모든 해석의 출발점이다.

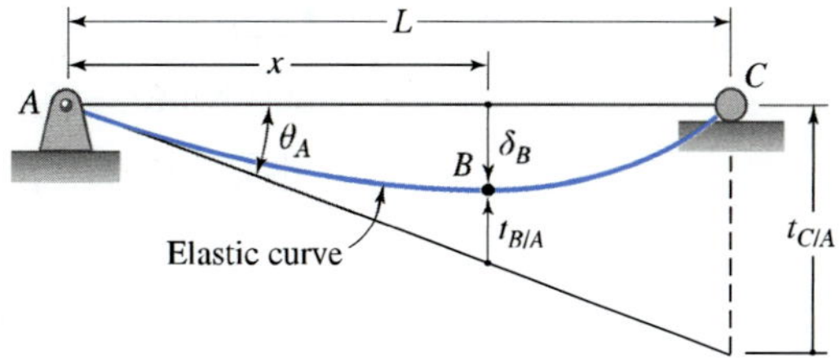

그림 6.11 단순지지보에서 점 B의 변위 δ_B를 계산하는 과정

예제 6.8

600 N/m의 균일 분포 하중이 그림 (a)외팔보 ABC의 왼쪽 반 부분에 작용한다. 그림처럼 점 A의 변위가 0이 되도록 하기 위한 힘 P의 크기를 구하라.

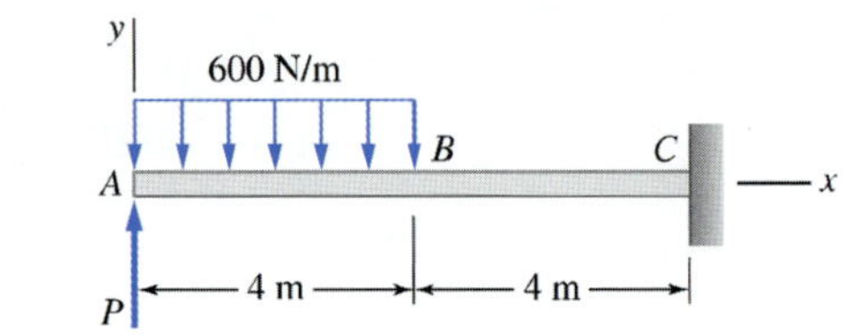

(a)

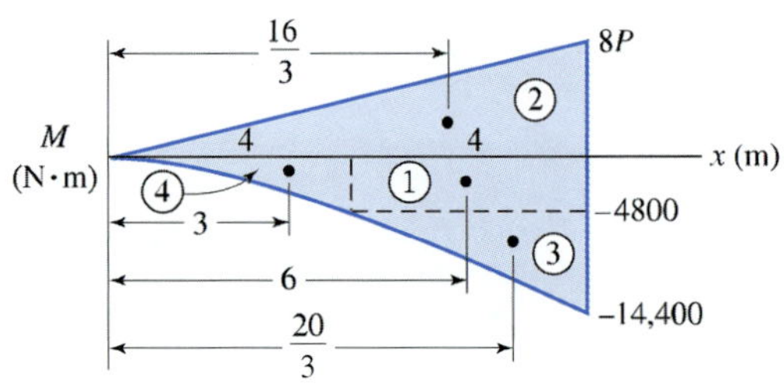

(b)

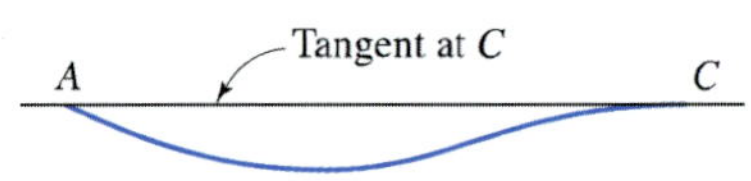

(c)

풀이

부분별로 그린 굽힘 모멘트 선도를 그림 (b)에 보였다. 윗 부분은 P에 의한 모멘트이고 아랫 부분은 분포 하중에 의한 것이다. 선도 아래의 면적은 네 개의 단순 형상들 즉 직사각형 ①, 삼각형 ②와 ③, 포물선 ④로 분할된다. 그림 (c)의 탄성선은 경계 조건($\delta_C = \theta_C = 0$)과 $\delta_A = 0$이라는 조건을 만족하도록 그려진 것이다. 점 C에서 탄성선의 기울기는 영이므로 $t_{A/C}$ (점 C 에 대한 A의 접선 편차)는 영이다. 따라서 제2모멘트－면적 정리에 의해 다음 식을 얻는다.

$$t_{A/C} = \frac{M}{EI}\text{선도 면적}\Big]_C^A \cdot \bar{x}_{/A} = 0$$

점 A에 관한 굽힘 모멘트 선도의 1차 모멘트를 계산하기 위해 그림 (b)에 보인 네 개의 부분 면적들을 이용하면, 다음 식을 얻을 수 있다.

$$\frac{1}{2}(8\times 8P)\left(\frac{16}{3}\right)-\frac{1}{3}(4\times 4800)(3)-(4\times 4800)(6)-\frac{1}{2}(4\times 9600)\left(\frac{20}{3}\right)=0$$

이로부터 다음 결과를 얻는다.

$$P=1537.5\,\mathrm{N}$$ [답]

별해

부분별 굽힘 모멘트 선도를 그리는 다른 방법들이 있다. 예를 들어 분포 하중을 그림 (d)에 보이는 등가 하중으로 대치시킬 수 있다. 이에 대한 결과인 그림 (e)의 굽힘 모멘트 선도는 두 포물선과 하나의 삼각형, 즉, 세 개의 부분을 갖는다. 점 A에 관한 굽힘 모멘트 선도의 1차 모멘트를 영으로 놓으면

$$\frac{1}{2}(8\times 8P)\left(\frac{16}{3}\right)-\frac{1}{3}(8\times 19{,}200)(6)+\frac{1}{3}(4\times 4800)(7)=0$$

이 되고 전과 같은 P값을 준다.

$$P=1537.5\,N$$ [답]

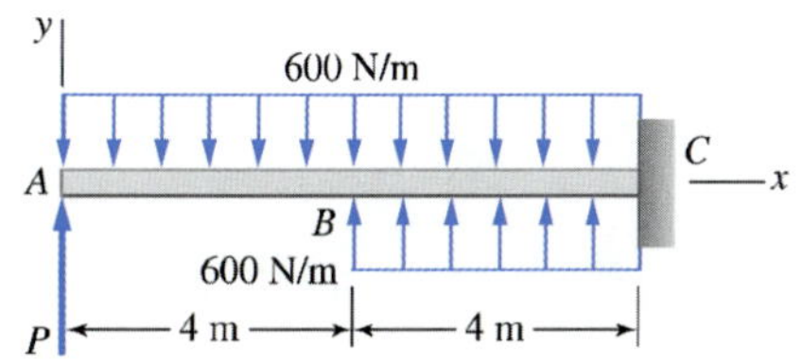

(d)

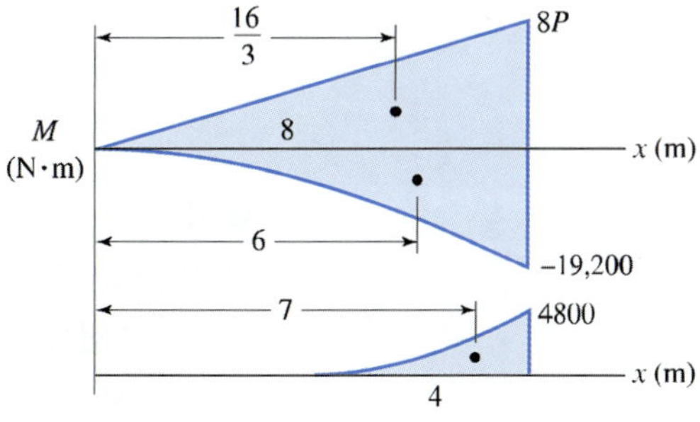

(e)

예제 6.9

그림 (a)의 단순지지보는 집중 하중 300N을 받는다. $EI = 20.48 \times 10^3\ \text{N}\cdot\text{m}^2$을 사용하여 (1)점 A에서 탄성선의 처짐각을 구하고 (2)점 D에서의 변위를 구하라 (주: 예제 6.3과 6.5에서 다루어진 보이다).

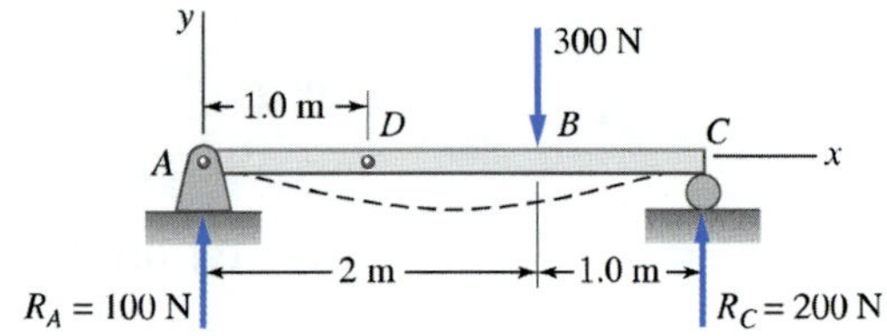

(a)

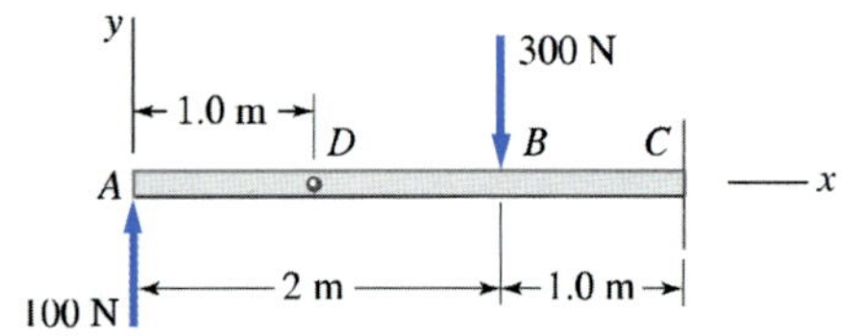

(b)

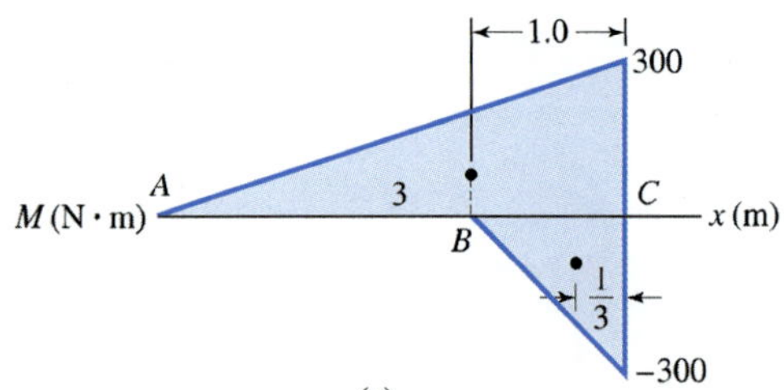

(c)

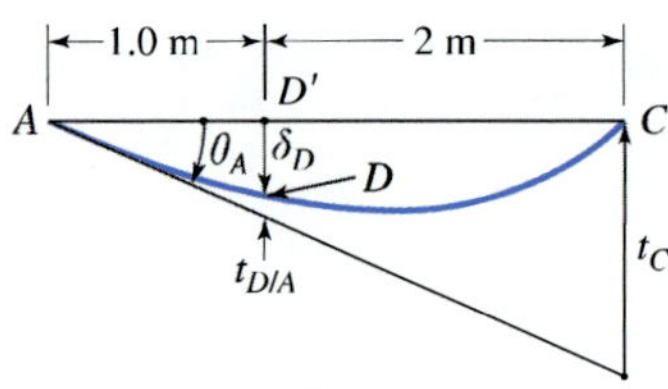

(d)

풀이

부분별 굽힘 모멘트 선도를 얻기 위해, 그림 (b)에서 보인 바와 같이, 점 C에 고정 지지점를 두고, 점 A에서의 반력을 작용 하중으로 간주한다. 결과적으로 굽힘 모멘트 선도는 그림 (c)와 같이 된다. 그림 (d)에 보인 원래 보의 탄성선은 처짐각 θ_A와 변위 δ_D를 나타내는데 이는 접선 편차 $t_{C/A}$ 및 $t_{D/A}$와 함께 구해진다.

(1)

접선 편차 $t_{C/A}$는 제2모멘트−면적 정리로부터 구할 수 있다.

$$t_{C/A} = \frac{M}{EI} \text{선도 면적}\Big]_C^A \cdot \overline{x}_{/C}$$

주어진 EI 값을 대입하고 그림 (c)를 참조하여 점 C에 관한 굽힘 모멘트 선도의 1차 모멘트를 계산하면 다음을 얻는다.

$$t_{C/A} = \frac{1}{20.48 \times 10^3}\left[\frac{1}{2}(3 \times 300)(1.0) - \frac{1}{2}(1.0 \times 300)\left(\frac{1}{3}\right)\right] = 0.019531 \text{ m}$$

$t_{C/A}$는 양의 부호임을 유의하라. 이것은 예상대로 점 C가 점 A에서의 기준 접선 위쪽에 있음을 의미한다. 처짐각(기울기)이 작다고 가정하면 그림 (d)로부터 다음의 결과를 얻는다.

$$\theta_A = \frac{t_{C/A}}{\overline{AC}} = \frac{0.019531}{3} = 6.510 \times 10^{-3} \text{rad} = 0.373° \circlearrowright \quad \text{[답]}$$

(2)

제2모멘트-면적 정리로부터 점 A에 대한 점 D의 접선 편차는

$$t_{D/A} = \frac{M}{EI} \text{선도 면적}\Big]_A^D \cdot \overline{x}_{/D}$$

와 같이 되고, 점 A와 점 D 사이 굽힘 모멘트 선도의 점 D에 대한 1차 모멘트를 얻기 위해 그림 (e)를 참고하면 다음 식을 얻는다.

$$t_{D/A} = \frac{1}{20.48 \times 10^3}\left[\frac{1}{2}(1.0 \times 100)\left(\frac{1}{3}\right)\right] = 0.8138 \times 10^{-3} \text{ m}$$

그림 (d)로부터, 점 D에서의 변위는 다음과 같다.

$$\delta_D = \theta_A \overline{AD'} - t_{D/A} = [6.510(1.0) - 0.8138] \times 10^{-3}$$
$$= 5.696 \times 10^{-3} \text{ m} = 5.70 \text{ mm} \downarrow \quad \text{[답]}$$

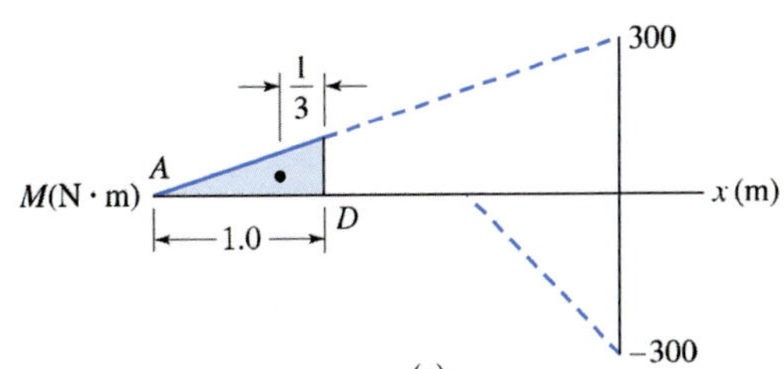

(e)

예제 6.10

그림 (a)의 내다지보의 우측 단 D 에서의 $EI\delta$값을 구하여라.

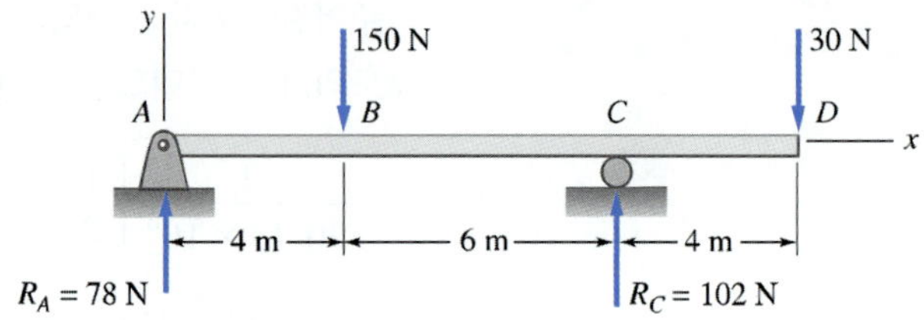

(a)

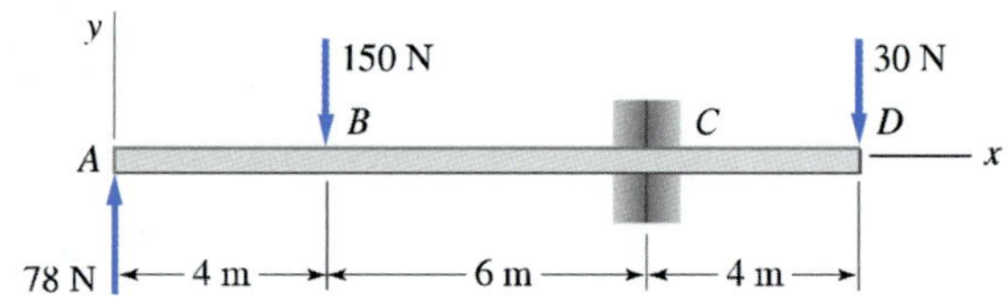

(b)

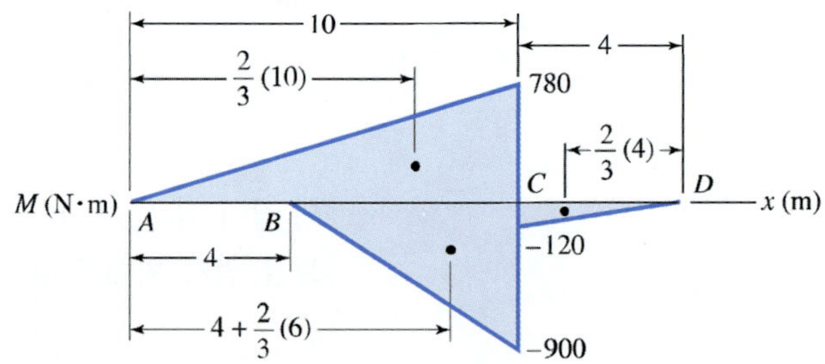

(c)

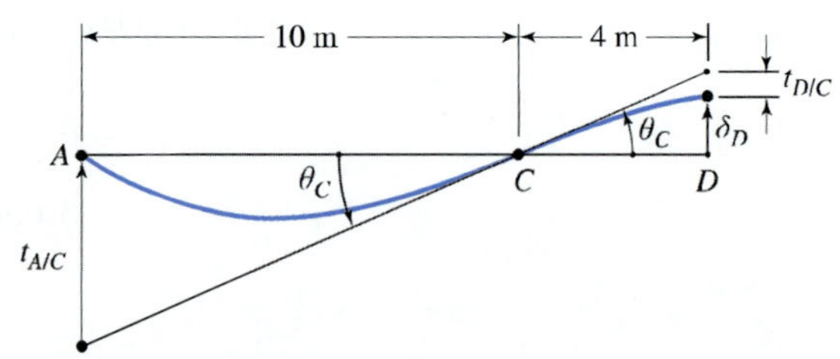

(d)

풀이

부분별 굽힘 모멘트 선도를 그리는 데 쓰이는 정적으로 등가인 보를 그림 (b)에 보였다. 점 C에 고정 지지점을 두고 점 A에서의 반력을 작용 하중으로 나타내었다. 그 결과 점 C에서 고정된 두 개의 외팔보로 변환되었다. 이 보들의 부분별 굽힘 모멘트 선도를 그림 (c)에 보였다. 그림 (d)에 보인 원래 보의 탄성선은 보가 점 C에서 반시계 방향으로 회전한다는 가정하에 그려졌다. 정확한 방향은 접선 편차 $t_{A/C}$의 부호에 의해 결정된다. 제2모멘트–면적 정리와 EI가 일정하다는 것을 이용하면 다음 식을 얻는다.

$$EIt_{A/C} = M\text{ 선도 면적}\Big]_A^C \cdot \bar{x}_{/A}$$
$$= \frac{1}{2}(10\times 780)\left[\frac{2}{3}(10)\right] - \frac{1}{2}(6\times 900)\left[4+\frac{2}{3}(6)\right] = 4400\ \text{N}\cdot\text{m}^2$$

양의 부호는 그림 (d)에서 보는 바와 같이 점 A가 점 C에서의 기준 접선보다 위에 있음을 뜻한다. 따라서 이것은 위에서의 가정을 입증하고 있다. 점 C에서의 처짐각(기울기)이 작다고 가정하면 $\theta_C = t_{A/C}/\overline{AC}$ 또는

$$EI\theta_C = \frac{4400}{10} = 440\ \ \text{N}\cdot\text{m}^2$$

이 된다. 점 C에서의 기준 접선에서 점 D의 편차는 다음 식으로부터 구한다.

$$EIt_{D/C} = M\text{ 선도 면적}\Big]_C^D \cdot \bar{x}_{/D} = -\frac{1}{2}(4\times 120)\left[\frac{2}{3}(4)\right] = -640\ \ \text{N}\cdot\text{m}^3$$

음의 부호는 그림 (d)에서 가정된 것과 같이 탄성선 상의 점 D가 기준접선 아래에 있음을 나타낸다. 그림 (d)에 따르면, 점 D의 변위는 $\delta_D = \theta_C\ \overline{CD} - |t_{D/C}|$이며, 따라서

$$EI\delta_D = 440(4) - 640 = 1120\ \ \text{N}\cdot\text{m}^3\ \uparrow$$ [답]

연습문제

6.45 점 C 대신 A를 고정지지로 간주하여 예제 6.10을 풀어라.

6.46 외팔보 ABC의 우측 단 C에서 $EI\delta$값을 계산하라.

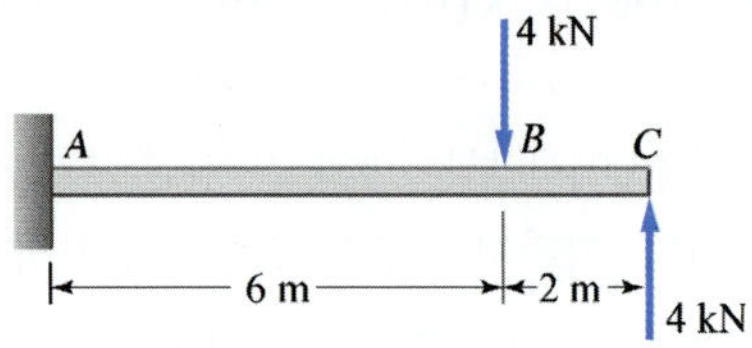

그림 P6.46

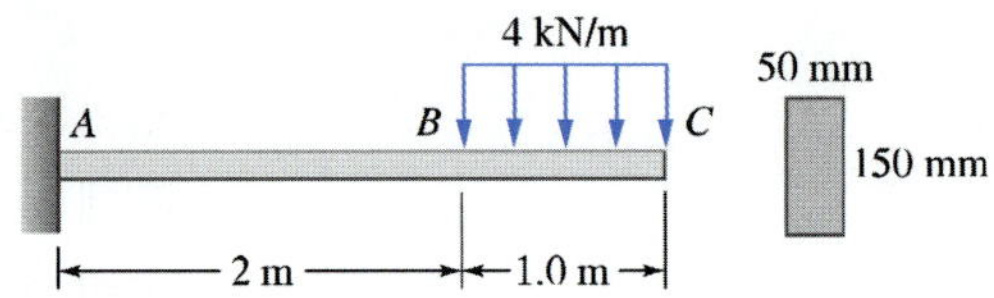

그림 P6.47

6.47 외팔보 ABC는 그림과 같은 직사각형 단면을 갖는다. $E = 69$ GPa일 때, 보의 최대 변위를 구하라.

6.48 목재 외팔보 ABC의 특성이 $I = 8 \times 10^6$ mm^4, $E = 10$ GPa이다. 자유단 A에서의 변위를 구하라.

6.49 문제 6.48의 보에서 점 B의 변위를 계산하라.

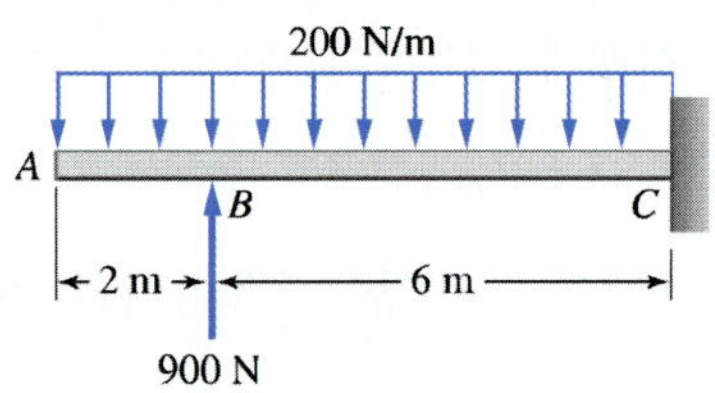

그림 P6.48, P6.49

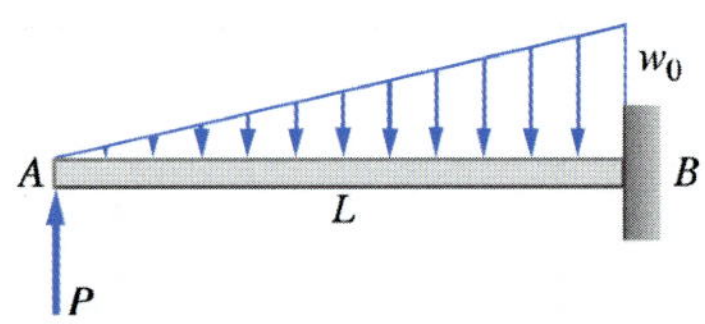

그림 P6.50

6.50 최대 세기 w_0의 선형 분포 하중을 지지하는 외팔보 AB가 좌측 단 A에서 힘 P로 지지되어 있다. (a)점 A의 처짐이 0이 되는 P의 값을 구하고, (b)점 A에서 대응되는 $EI\theta$ 값을 계산하라.

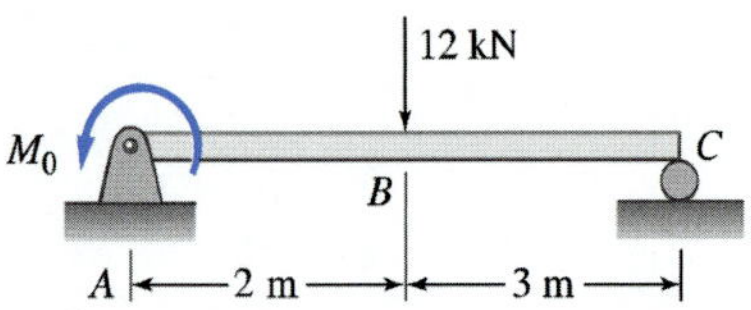

그림 P6.51

6.51 A의 처짐각(기울기)이 영이 되는 우력 M_0의 크기를 구하라.

6.52 단순지지보 ABC의 점 B에서 $EI\delta$값을 계산하라.

6.53 단순지지보 $ABCD$에 대해 (a)점 B, (b)점 C에서의 $EI\delta$을 구하라.

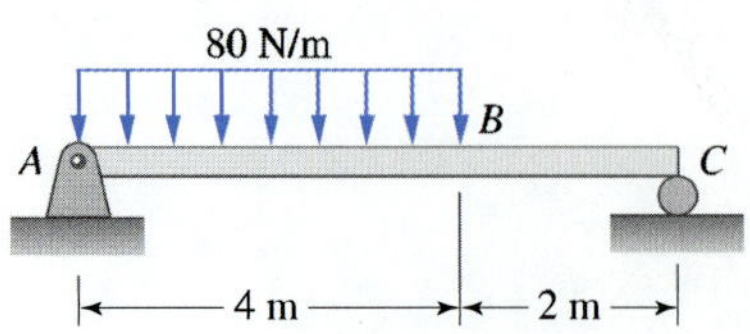

그림 P6.52

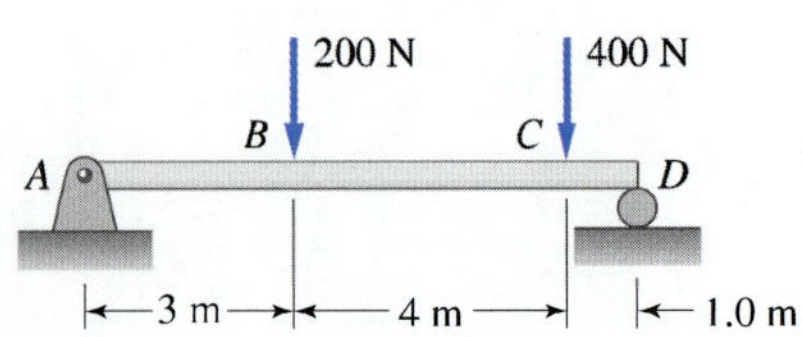

그림 P6.53

6.54 중앙에서 우력 M_0를 받는 단순지지보 ABC의 최대 변위를 구하라

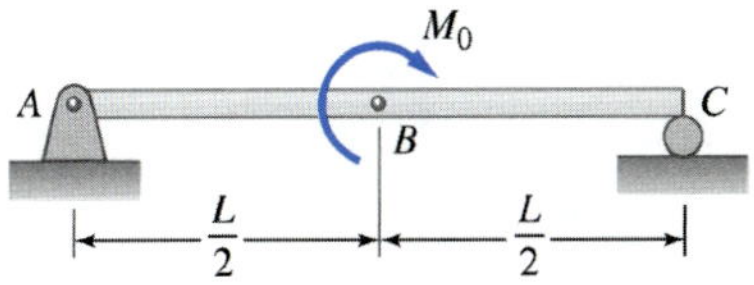

그림 P6.54

(힌트: 대칭 조건에 의해 우력 작용점 B에서의 처짐은 0이다).

6.55 단순지지보 $ABCD$에서 점 C의 $EI\delta$값을 구하라.

6.56 단순지지보 ABC에서 (a)점 B의 $EI\delta$, (b)점 B의 $EI\theta$값을 구하라.

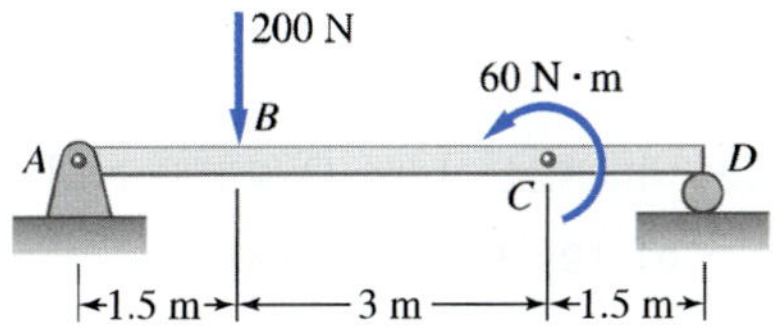

그림 P6.55

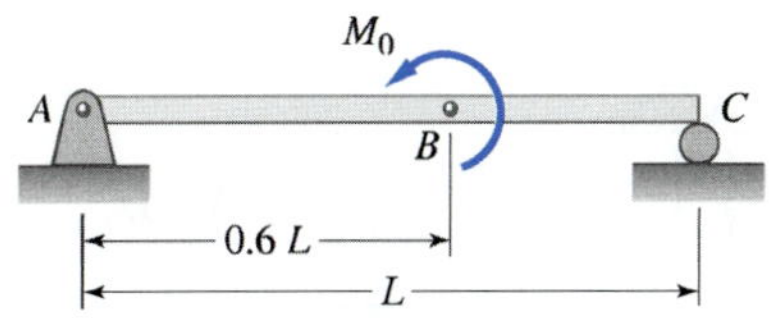

그림 P6.56

6.57 그림과 같은 단면을 갖는 목재 외팔보의 최대 변위를 계산하라. $E = 10$ GPa이다.

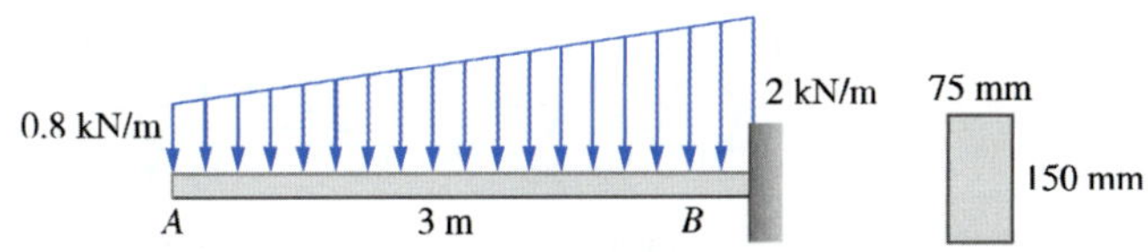

그림 P6.57

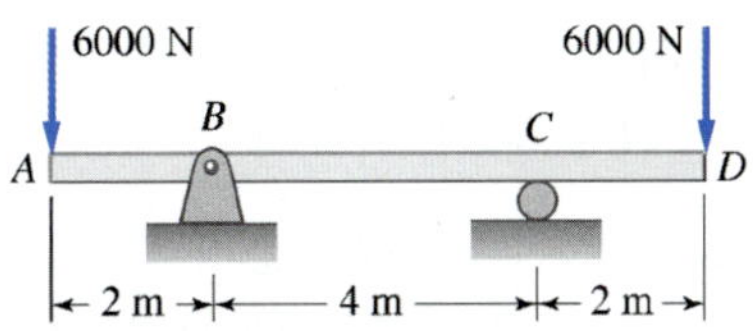

그림 P6.58

6.58 내다지보 $ABCD$의 좌측 단 A에서의 $EI\delta$값을 구하라(힌트: 대칭조건에 의해 지지점들 사이의 탄성선 중앙은 수평이다).

6.59 내다지보 $ABCD$에 대해 지지점 C에서 탄성선을 수평으로 만드는 하중 P의 크기를 계산하라.

6.60 외팔보 ABC의 점 B에서 변위를 구하라. $E = 10$ GPa, $I = 30 \times 10^6$ mm^4이다.

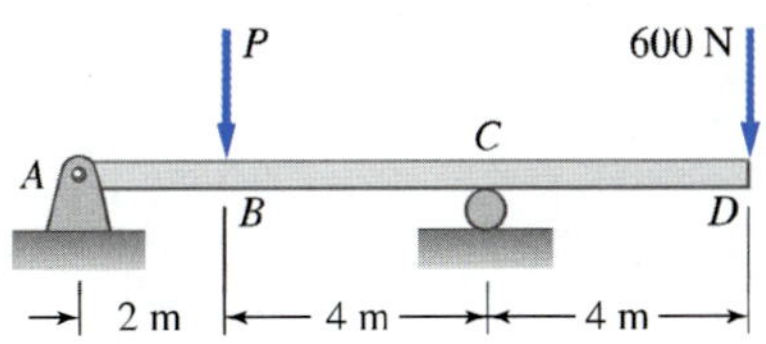

그림 P6.59

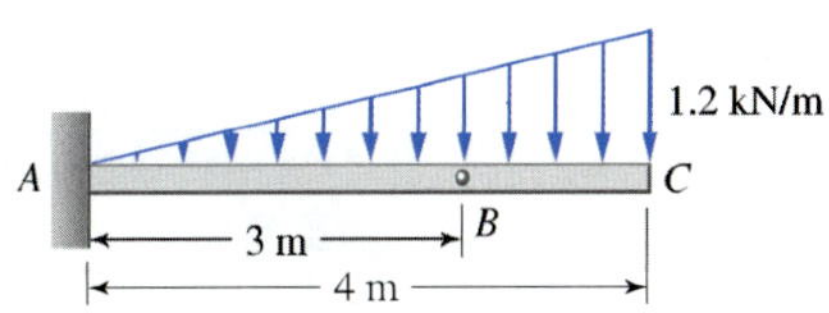

그림 P6.60

6.61 내다지보 $ABCD$에 대해, (a)점 C에서 탄성선의 기울기가 0으로 되도록 하는 힘 P의 값을 계산하고 (b)점 B에서 대응되는 $EI\delta$값을 구하라.

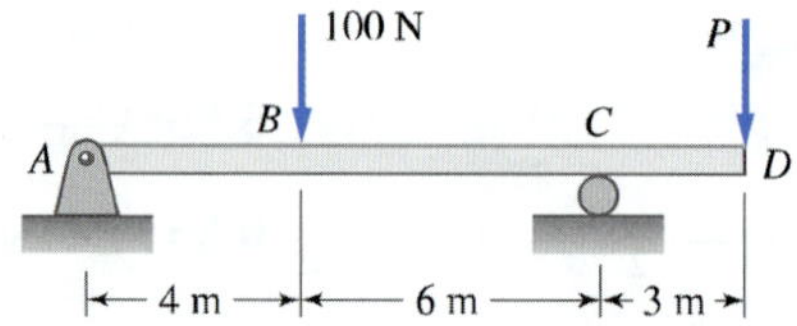

그림 P6.61 P6.62

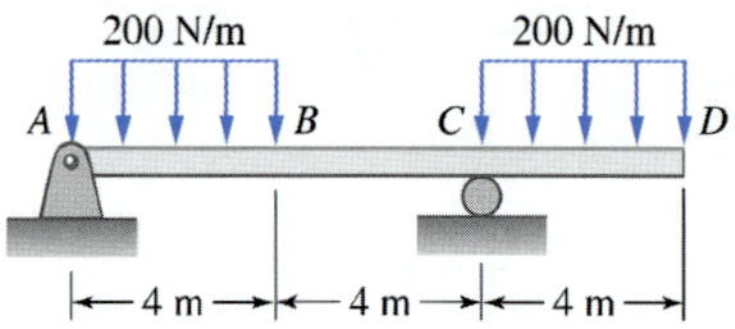

그림 P6.63

6.62 내다지보 $ABCD$는 100 N의 하중과 힘 $P = 80$ N을 받는다. 점D 에서의 $EI\delta$값을 계산하라.

6.63 내다지보 $ABCD$는 구간 AB와 CD에 걸쳐 세기 200 N/m의 균일 분포 하중을 받는다. 점 B에서의 $EI\delta$값을 구하라.

6.64 내다지보 ABC의 점 A에서의 $EI\delta$값을 구하라.

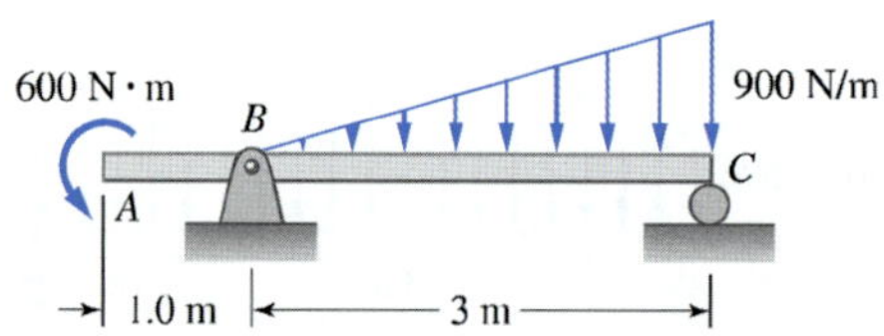

그림 P6.64

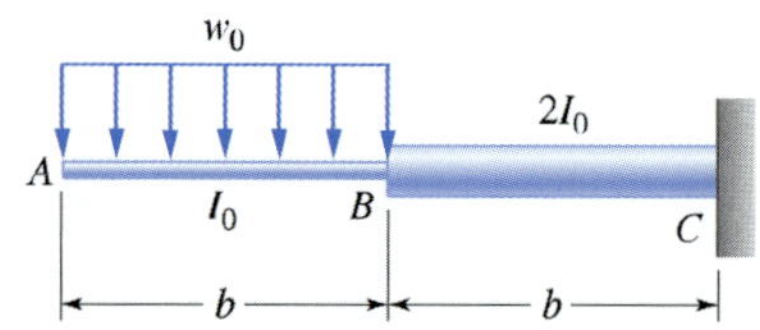

그림 P6.65

6.65 외팔보 ABC의 두 부분은 그림에서 보는 바와 같이 단면의 관성 모멘트가 서로 다르다. 보의 최대 변위 표현식을 구하라.

6.66 단순지지보 ABC는 두 부분으로 구성된다. AB부분 단면의 관성 모멘트는 BC부분 관성 모멘트의 세 배이다. 점 B에 대한 변위의 표현식을 구하라.

6.67 단순지지보 ABC의 점 B에서 $EI\delta$값을 계산하라.

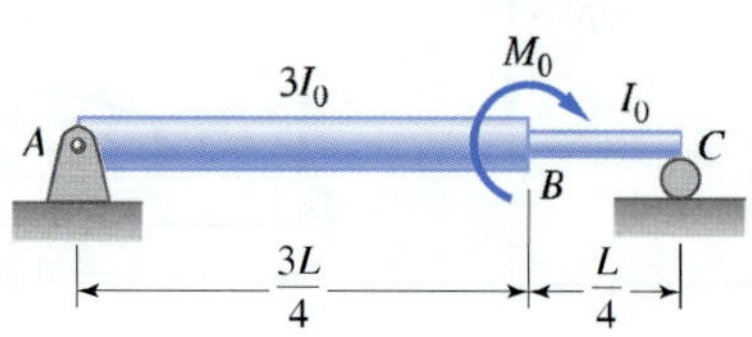

그림 P6.66

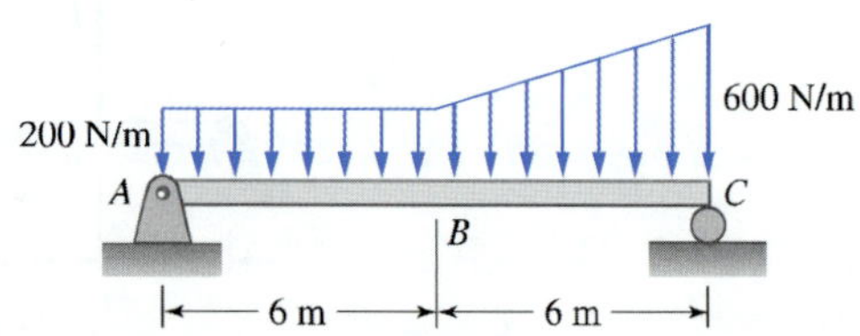

그림 P6.67

6.5 중첩법

처짐각와 처짐을 구하는 데 많이 쓰이는 **중첩법**(*method of superposition*)은 다음과 같은 중첩의 원리에 근거를 두고 있다.

구조물의 응답이 선형적이면, 동시에 작용하는 여러 하중의 효과는 개개 하중의 효과를 중첩함으로써 구할 수 있다.

“선형응답”이라함은 원인(하중)과 결과(내력과 변형)사이의 관계가 선형적이라는 것을 의미한다. 선형 응답에 대한 두 개의 필요 조건은 (1)재료는 Hooke의 법칙을 따라야 한다. (2)변형은 기하학적 형상에 미치는 영향을 무시할 수 있을 만큼 충분히 작아야 한다.

중첩법은 단순한 형태의 하중에 대한 이미 알려져 있는 처짐과 처짐각을 이용하여 더 복잡한 하중에 의한 변형을 구할 수 있게 해준다. 이 방법을 효과적으로 사용하기 위해서는 표 6.2와 6.3과 같이 다양한 하중들에 대한 처짐각(기울기)과 처짐에 대한 공식을 정리한 표들을 활용해야 한다. 많은 공학 핸드북에서 더 자세한 표들을 찾을 수 있다.

표 6.2 외팔보에 대한 처짐 공식

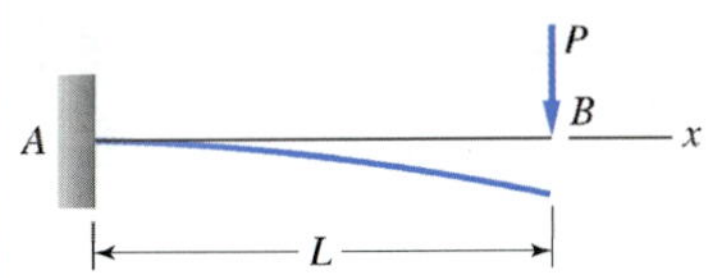	$\delta = \frac{Px^2}{6EI}(3L - x)$	$\delta_B = \frac{PL^3}{3EI}$	$\theta_B = \frac{PL^2}{2EI}$
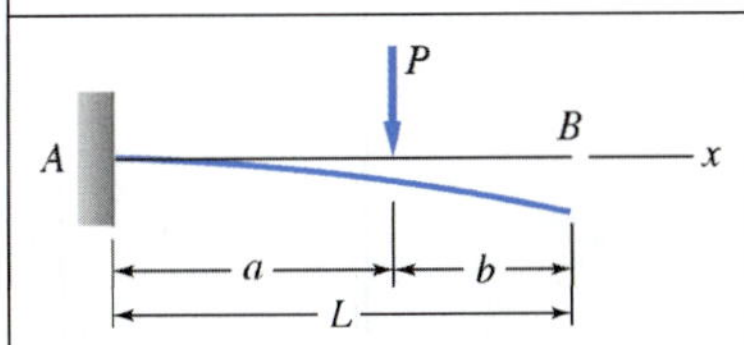	$\delta = \begin{cases} \frac{Px^2}{6EI}(3a - x) & 0 \le x \le a \\ \frac{Pa^2}{6EI}(3x - a) & a \le x \le L \end{cases}$	$\delta_B = \frac{Pa^2}{6EI}(3L - a)$	$\theta_B = \frac{Pa^2}{2EI}$
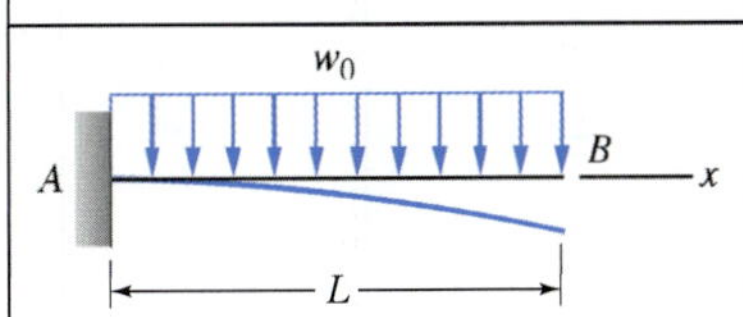	$\delta = \frac{w_0 x^2}{24EI}(6L^2 - 4Lx + x^2)$	$\delta_B = \frac{w_0 L^4}{8EI}$	$\theta_B = \frac{w_0 L^3}{6EI}$
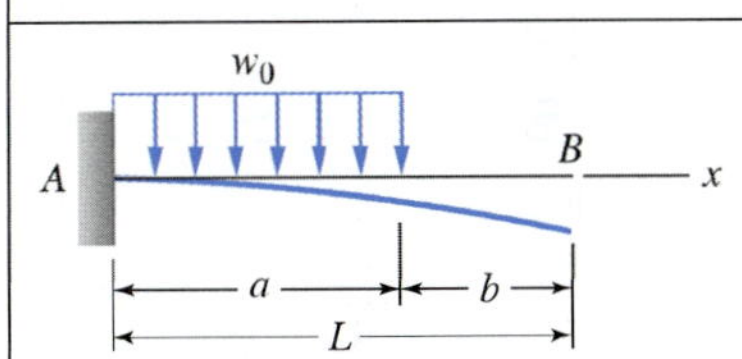	$\delta = \begin{cases} \frac{w_0 x^2}{24EI}(6a^2 - 4ax + x^2) & 0 \le x \le a \\ \frac{w_0 a^3}{24EI}(4x - a) & a \le x \le L \end{cases}$	$\delta_B = \frac{w_0 a^3}{24EI}(4L - a)$	$\theta_B = \frac{w_0 a^3}{6EI}$
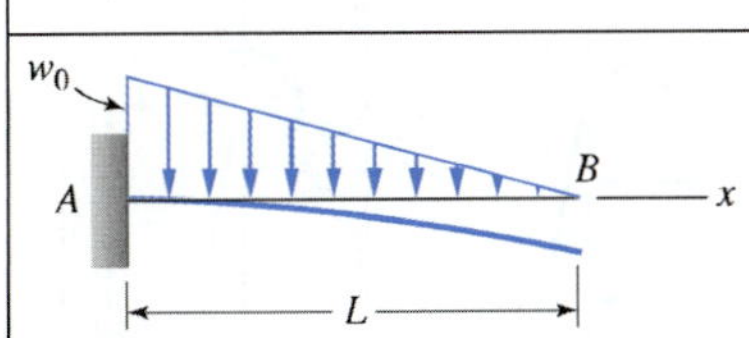	$\delta = \frac{w_0 x^2}{120L\,EI}(10L^3 - 10L^2 x + 5Lx^2 - x^3)$	$\delta_B = \frac{w_0 L^4}{30EI}$	$\theta_B = \frac{w_0 L^3}{24EI}$
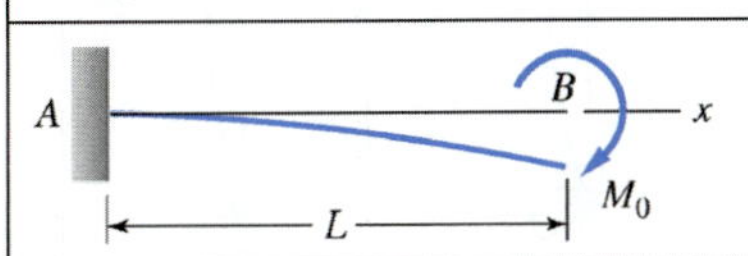	$\delta = \frac{M_0 x^2}{2EI}$	$\delta_B = \frac{M_0 L^2}{2EI}$	$\theta_B = \frac{M_0 L}{EI}$

표 6.3 단순지지보에 대한 처짐 공식

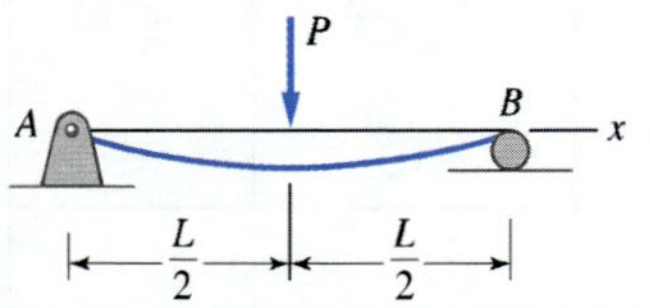	$\delta = \frac{Px}{48EI}(3L^2 - 4x^2) \quad 0 \le x \le \frac{L}{2}$	$\delta_{max} = \frac{PL^3}{48EI}$	$\theta_A = \theta_B = \frac{PL^2}{16EI}$
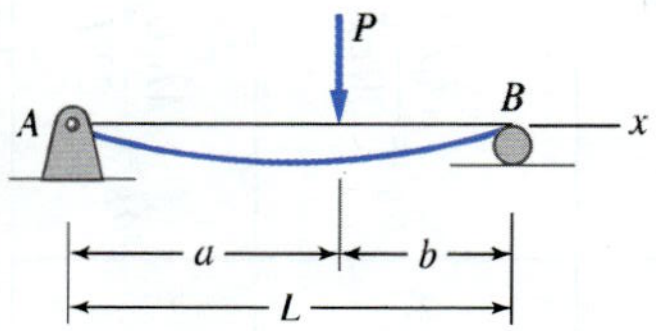	$\delta = \begin{cases} \frac{Pbx}{6LEI}(L^2 - x^2 - b^2) & 0 \le x \le a \\ \frac{Pb}{6LEI}\left[\frac{L}{b}(x-a)^3 + (L^2 - b^2)x - x^3\right] & a \le x \le L \end{cases}$	$\delta_{max} = \frac{Pb(L^2 - b^2)^{3/2}}{9\sqrt{3}LEI}$ at $x = \sqrt{\frac{L^2 - b^2}{3}}$ $\delta_{center} = \frac{Pb}{48EI}(3L^2 - 4b^2)$ if $a > b$	$\theta_A = \frac{Pab}{6LEI}(2L - a)$ $\theta_B = \frac{Pab}{6LEI}(2L - b)$
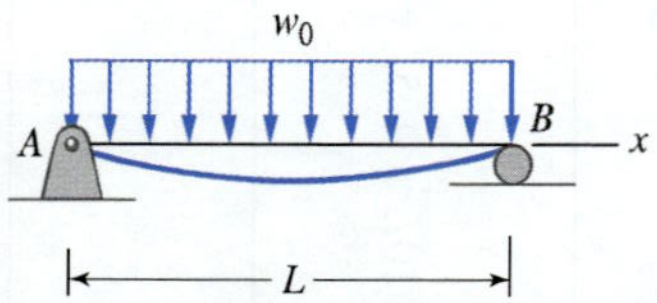	$\delta = \frac{w_0 x}{24EI}(L^3 - 2Lx^2 + x^3)$	$\delta_{max} = \frac{5w_0 L^4}{384EI}$	$\theta_A = \theta_B = \frac{w_0 L^3}{24EI}$
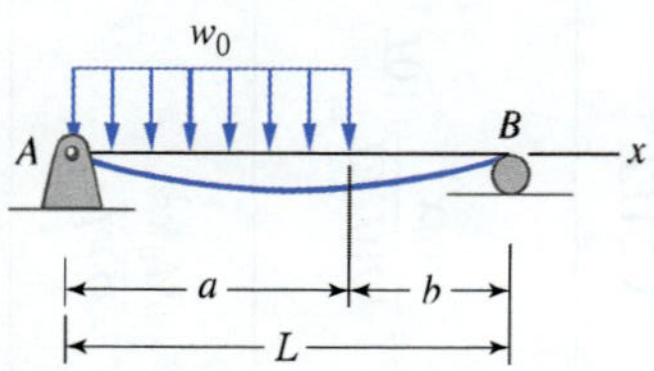	$\delta = \begin{cases} \frac{w_0 x}{24LEI}[a^2(a-2L)^2 + 2a(a-2L)x^2 + Lx^3] & 0 \le x \le a \\ \frac{w_0 a^2}{24LEI}(-L + x)(a^2 - 4Lx + 2x^2) & a \le x \le L \end{cases}$	$\delta_{center} = \frac{w_0}{384EI}(5L^4 - 12L^2b^2 + 8b^4)$ if $a \ge b$ $\delta_{center} = \frac{w_0 a^2}{96EI}(3L^2 - 2a^2)$ if $a \le b$	$\theta_A = \frac{w_0 a^2}{24LEI}(a - 2L)^2$ $\theta_B = \frac{w_0 a^2}{24LEI}(2L^2 - a^2)$
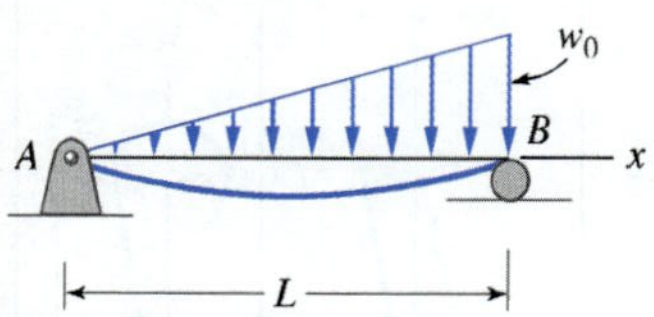	$\delta = \frac{w_0 x}{360LEI}(7L^4 - 10L^2x^2 + 3x^4)$	$\delta_{max} = 0.006\,522\frac{w_0 L^4}{EI}$ at $x = 0.5193L$ $\delta_{center} = 0.006\,510\frac{w_0 L^4}{EI}$	$\theta_A = \frac{7w_0 L^3}{360EI}$ $\theta_B = \frac{w_0 L^3}{45EI}$
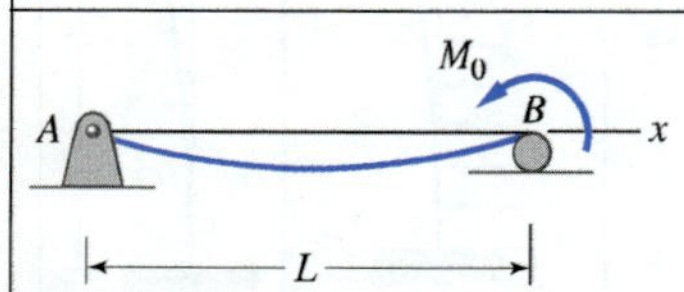	$\delta = \frac{M_0 x}{6LEI}(L^2 - x^2)$	$\delta_{max} = \frac{M_0 L^2}{9\sqrt{3}EI}$ at $x = \frac{L}{\sqrt{3}}$ $\delta_{center} = \frac{M_0 L^2}{16EI}$	$\theta_A = \frac{M_0 L}{6EI}$ $\theta_B = \frac{M_0 L}{3EI}$

예제 6.11

그림 (a)에 보인 두 개의 집중 하중을 받는 단순지지보의 중앙에서 $EI\delta$값을 계산하라.

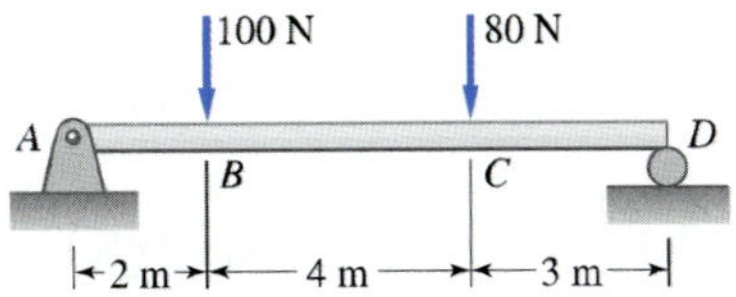

(a)

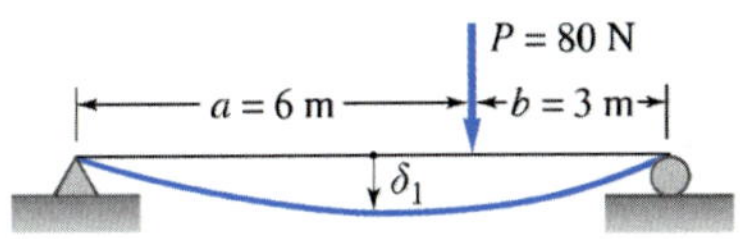

(b)

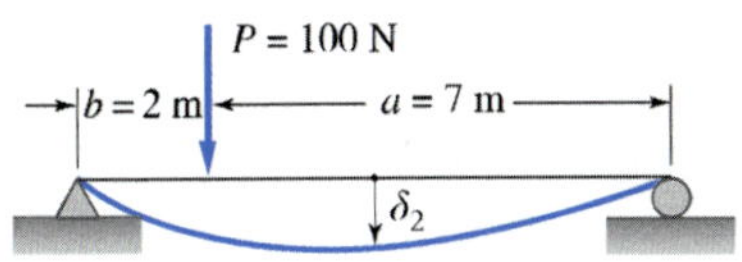

(c)

풀이

보에 작용하는 하중은 그림 (b)와 (c)에 보인 하중들의 중첩으로 생각할 수 있다. 표 6.3에 의하면 단순지지보의 중앙에서의 처짐은 다음으로 주어진다.

$$EI\delta_{\text{center}} = \frac{Pb}{48}(3L^2 - 4b^2) \quad \text{여기서 } a > b$$

a와 b(치수 a는 b보다 더 커야 한다는 점을 유의하라)를 그림처럼 선택한다면, 그림 (b)와 (c)의 보 중앙에서 변위 δ_1과 δ_2를 구하기 위해 이 공식을 이용할 수 있다.

$$EI\delta_1 = \frac{(80)(3)}{48}[3(9)^2 - 4(3)^2] = 1035 \ \text{N}\cdot\text{m}^3 \quad \downarrow$$

$$EI\delta_2 = \frac{(100)(2)}{48}[3(9)^2 - 4(2)^2] = 946 \ \text{N}\cdot\text{m}^3 \quad \downarrow$$

중첩을 통하여 원래 보 중앙점에서의 처짐을 구한다.

$$EI\delta = EI\delta_1 + EI\delta_2 = 1035 + 946 = 1981 \ \text{N}\cdot\text{m}^3 \quad \downarrow$$ [답]

예제 6.12

그림 (a)의 단순지지보는 부분적인 균일 분포 하중을 받는다. 중앙에서의 변위를 계산하라.

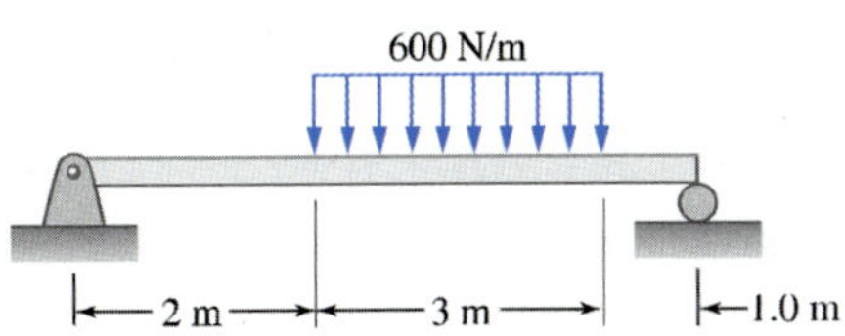

(a)

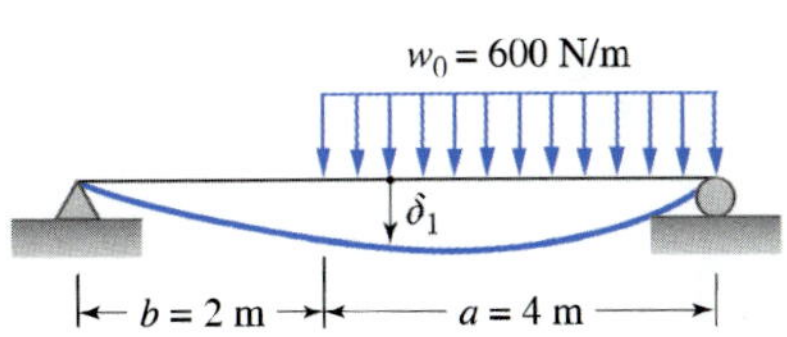

(b)

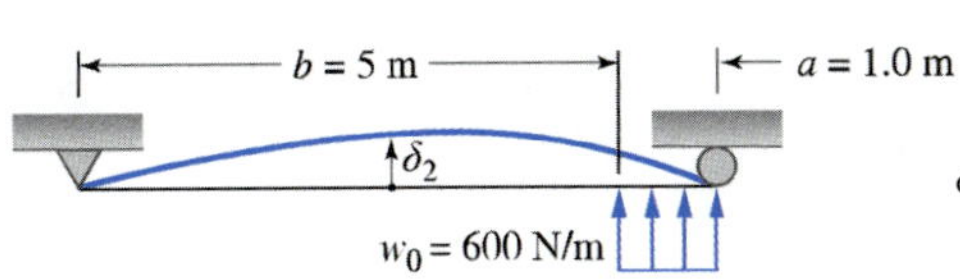

(c)

풀이

주어진 하중은 그림 (b)와 (c)에 보이는 두 하중의 중첩으로 나타낼 수 있다. 표 6.3으로부터 그림 (b)의 보 중앙에서 $EI\delta$값은

$$EI\delta_1 = \frac{w_0}{384}(5L^4 - 12L^2b^2 + 8b^4)$$

$$= \frac{600}{384}[5(6)^4 - 12(6)^2(2)^2 + 8(2)^4] = 7625 \ \text{N}\cdot\text{m}^3 \ \downarrow$$ [답]

이다.

마찬가지로 그림 (c)의 보 중앙에서의 변위는 다음과 같다.

$$EI\delta_2 = \frac{w_0 a^2}{96}(3L^2 - 2a^2) = \frac{(600)(1)^2}{96}[3(6)^2 - 2(1)^2] = 662.5 \ \ \mathrm{N \cdot m^3} \uparrow \text{[답]}$$

따라서 원래 보 중앙에서의 변위는 다음과 같이 중첩해서 구한다.

$$EI\delta = EI\delta_1 - EI\delta_2 = 7625 - 662.5 = 6960 \ \ \mathrm{N \cdot m^3} \downarrow \qquad \text{[답]}$$

예제 6.13

그림 (a)의 내다지보 ABC는 우측 단 C에서 집중 하중 P를 받는다. 점 C에서 보의 변위를 구하라.

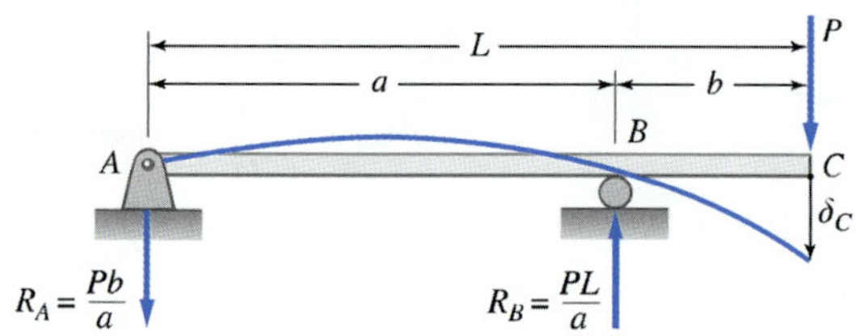

풀이

그림 (b)의 탄성선의 스케치에서 점 C의 변위는 다음과 같음을 알 수 있다.

$$\delta_C = \theta_B b + \delta_C'$$

여기서 θ_B는 점 B에서 탄성선의 처짐각(기울기)이고, δ_C'는 BC의 변형으로 인한 점 C에서의 처짐이다. 그림 (c)에 보인 요소 AB의 변형으로부터 θ_B를 구할 수 있다. 표 6.3을 사용하면 다음 결과가 된다.

$$\theta_B = \frac{(Pb)a}{3EI}$$

그림 (d)와 표 6.2로부터, BC의 변형으로 인한 변위는 다음과 같다.

$$\delta_C' = \frac{Pb^3}{3EI}$$

따라서 C에서의 변위는 다음과 같다.

$$\delta_C = \frac{Pba}{3EI}b + \frac{Pb^3}{3EI} = \frac{Pb^2}{3EI}(a+b) = \frac{Pb^2 L}{3EI} \quad \downarrow \qquad \text{[답]}$$

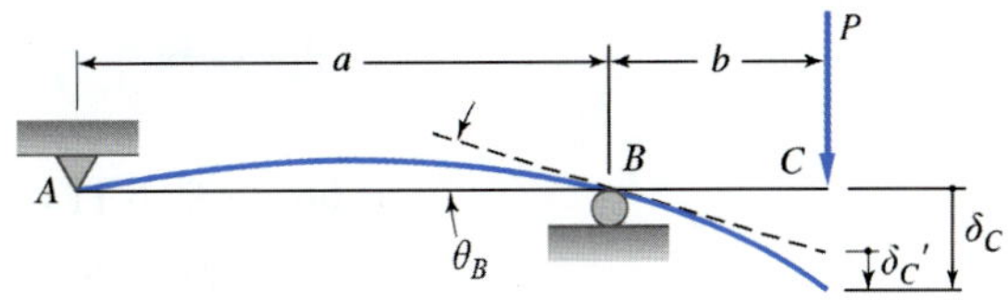

(b)

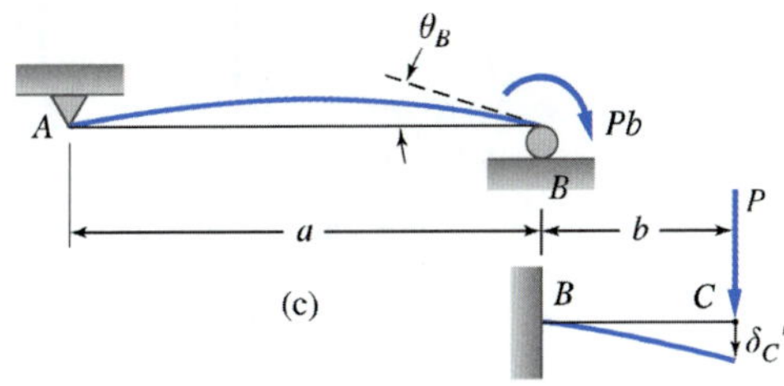

(c)

(d)

연습문제

6.68 예제 6.11의 보에서 점 B와 점 C에 작용하는 집중 하중에 의한 $EI\delta$ 값을 구하라.

6.69 단순지지보 중앙에서의 $EI\delta$ 값을 구하라.

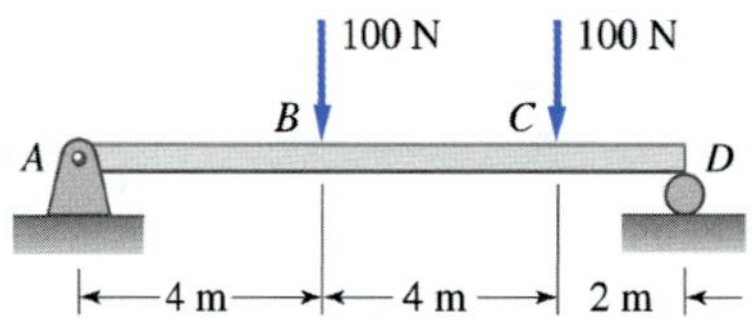

그림 P6.69

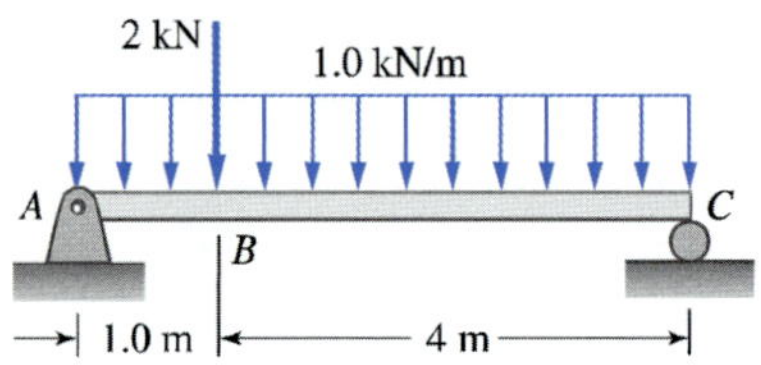

그림 P6.70

6.70 $E = 10$ GPa, $I = 20 \times 10^6$ mm^{4}일 때 단순지지보 중앙의 변위를 구하라.

6.71 단순지지보 중앙의 변위를 구하라.

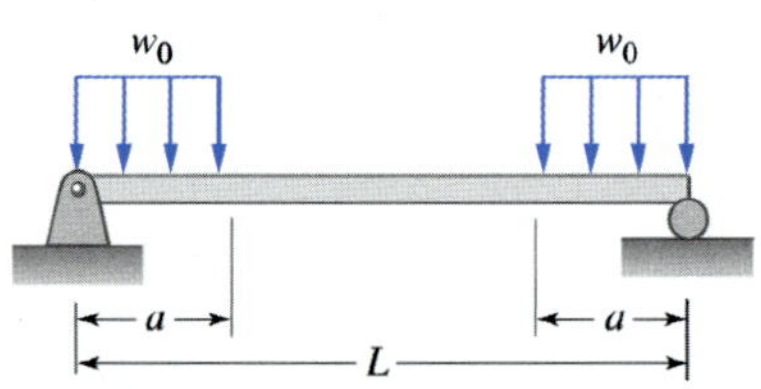

그림 P6.71

6.72 보의 돌출단 A에서 $EI\delta$ 값을 계산하라.

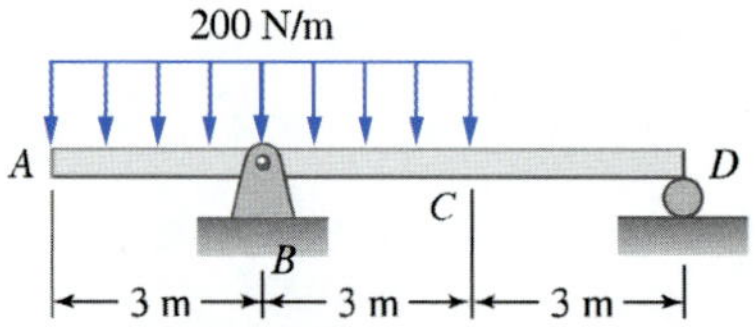

그림 P6.72

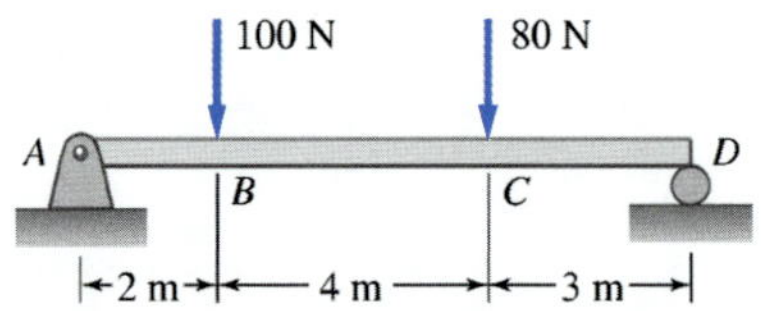

그림 P6.73

6.73 두 개의 집중 하중에 의한 보 중앙의 $EI\delta$ 값을 구하라.

6.74 목재보의 횡단면은 120 mm × 240 mm이다. 보 중앙에서의 아래 방향 처짐이 15 mm일 때 P의 값을 구하라. $E = 10$ GPa이다.

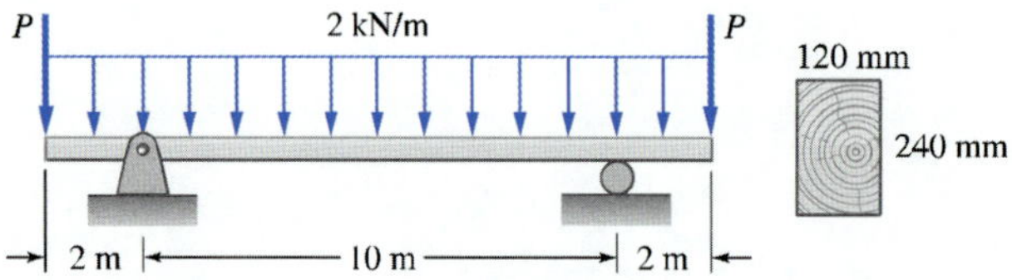

그림 P6.74

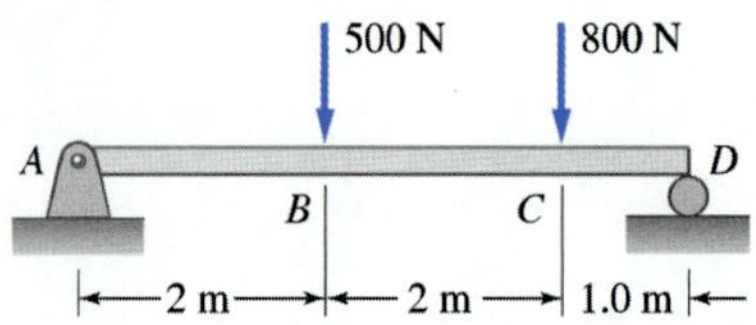

그림 P6.75

6.75 각 집중 하중이 단순지지보에 작용할 때 $EI\delta$값을 구하라.

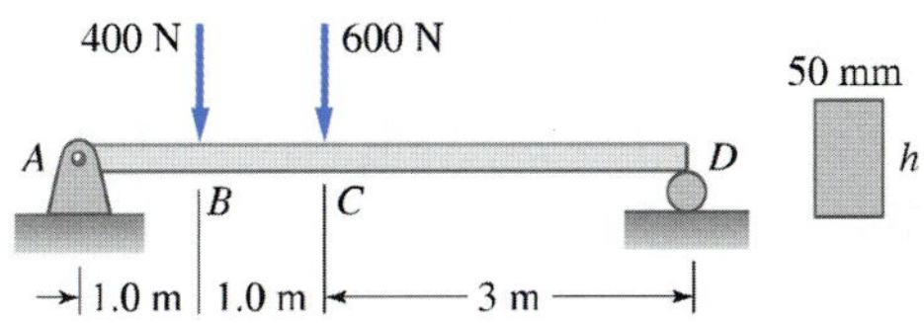

그림 P6.76

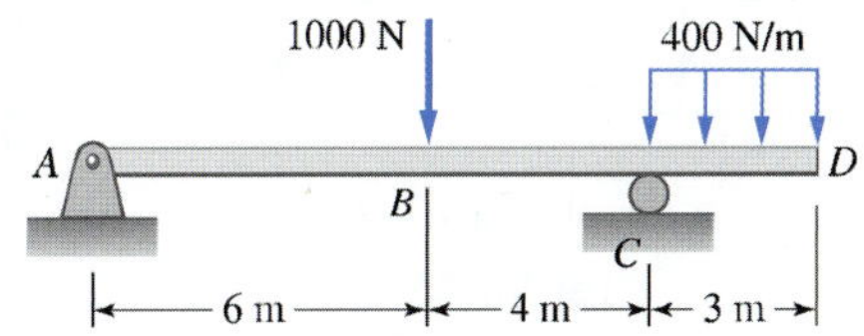

그림 P6.77

6.76 직사각형보 단면의 폭이 50 mm이다. 보 중앙의 처짐을 20 mm로 제한할 때 최소의 높이 h를 구하라. $E = 10$ GPa이다.

6.77 내다지보의 지지점 C에서 $EI\theta$의 크기와 방향을 구하라.

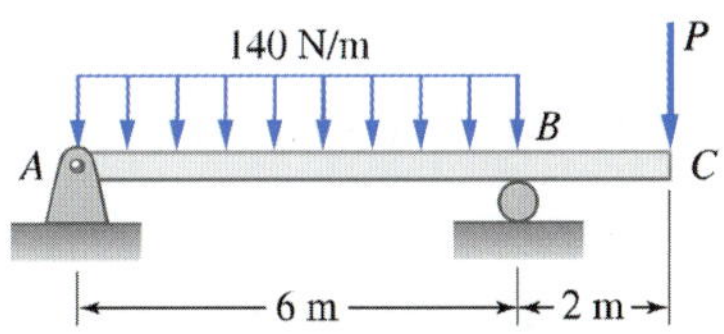

그림 P6.78 P6.79

6.78 내다지보 ABC는 지지점들 사이에 걸친 균일 분포 하중과 점 C에서 집중 하중 P를 받는다. 점 C에서의 처짐이 0이 되도록 P의 값을 결정하라.

6.79 내다지보 ABC는 지지점들 사이에 걸친 균일 분포 하중과 점 C에서 집중 하중 P를 받는다. 점 B에서 처짐 곡선이 수평이 되도록 하는 P의 값을 구하라.

6.80 내다지보에 3000 N의 하중이 작용할 때, $EI\delta$를 계산하라.

6.81 내다지보가 전체 길이에 걸쳐 균일 분포 하중 w_0를 받는다. 우측 단 C에서 처짐이 0이 되도록 치수 a를 결정하라.

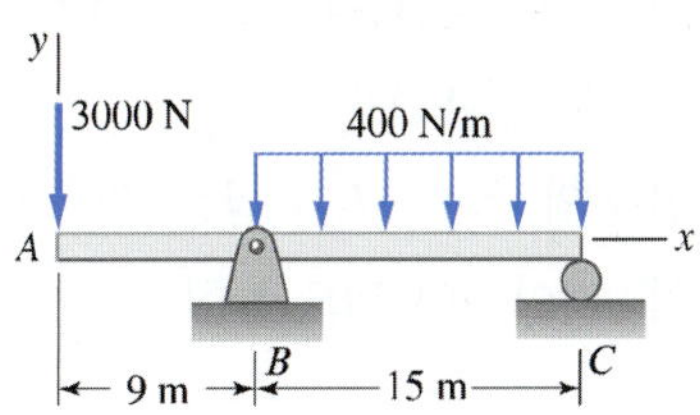

그림 P6.80

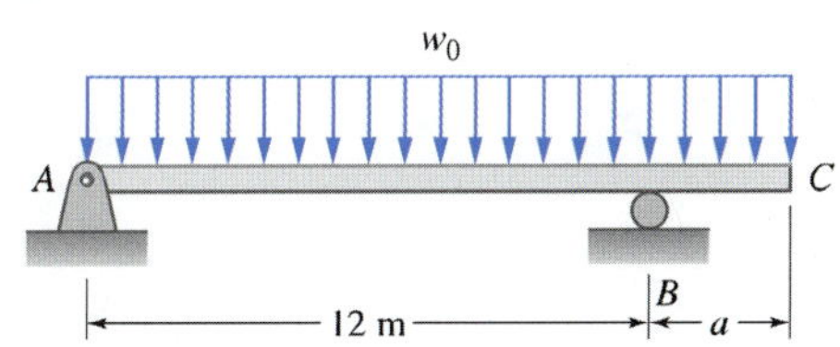

그림 P6.81

6.82 단순지지보 AB가 사다리꼴 분포 하중을 받고 있다. 이 보는 그림에서 보는 것과 같은 강재 튜브 단면을 갖는다. 보 중앙의 처짐과 좌측 단 A에서 탄성선의 처짐각을 구하라. $E = 200$ GPa이다.

6.83 내다지보에 6000 N의 하중이 작용할 때, $EI\delta$를 계산하라.

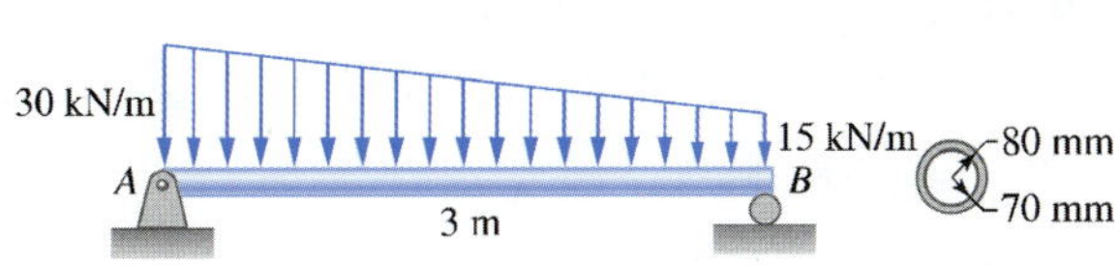

그림 P6.82

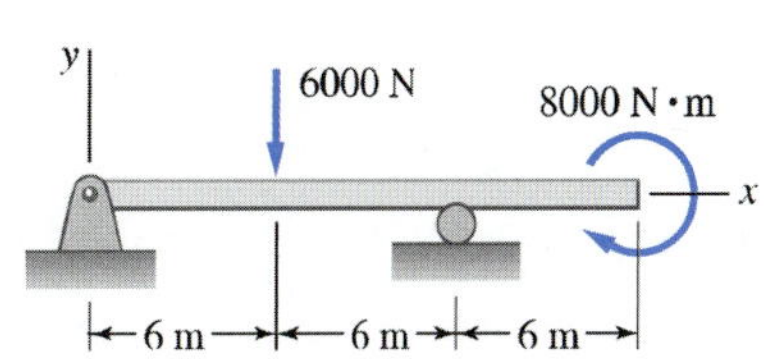

그림 P6.83

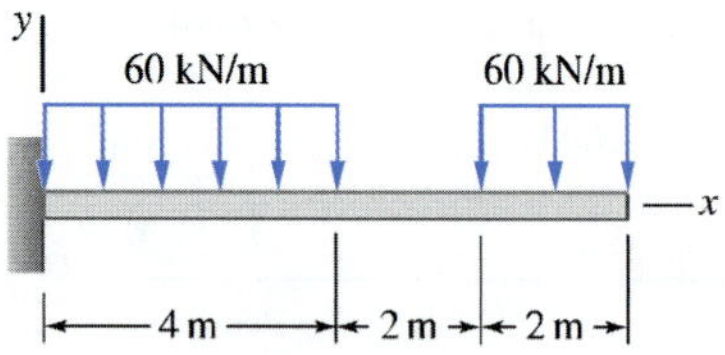

그림 P6.84

6.84 외팔보의 자유단에서 $EI\delta$를 계산하라.

6.85 단순지지보의 최대 변위를 계산하라.

6.86 그림과 같은 삼각형 하중을 받는 외팔보에서 $EI\delta$의 최댓값을 구하라.

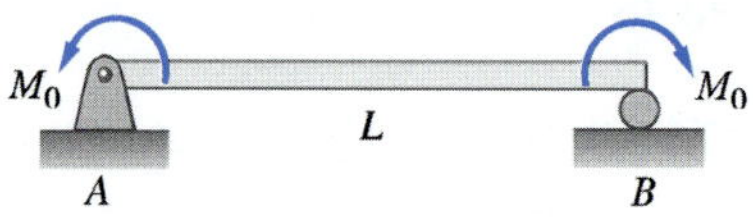

그림 P6.85

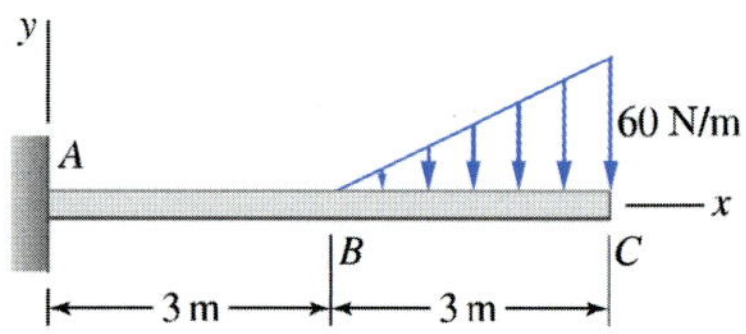

그림 P6.86

6.87 내다지보의 우측 단에서 $EI\delta$를 계산하라.

6.88 외팔보가 W250×80 단면으로 만들어졌다. 우측 단 C에서 탄성선의 처짐과 처짐각을 구하라.

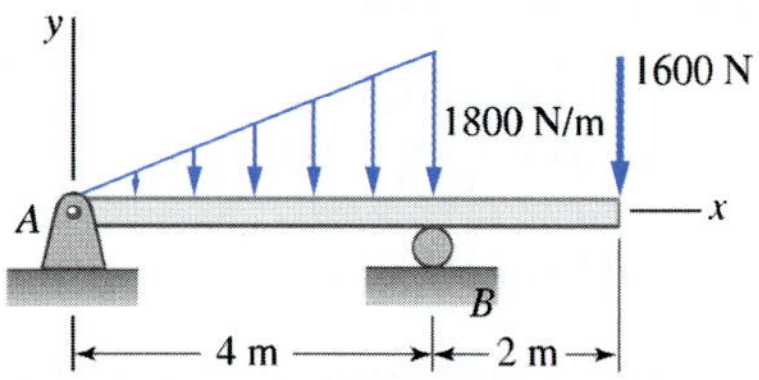

그림 P6.87

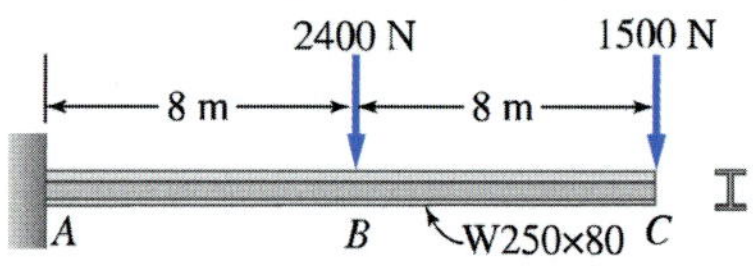

그림 P6.88

6.89 직각으로 꺾인 직경 30 mm의 강봉 상단 C의 수평 변위를 계산하라. $E = 200$ GPa이다.

6.90 힘 P와 우력 M_0를 받는 길이 L의 외팔보 AB가 있다. 점 A에서의 처짐각이 0이 되도록 하는 M_0를 P와 L의 항으로 나타내어라.

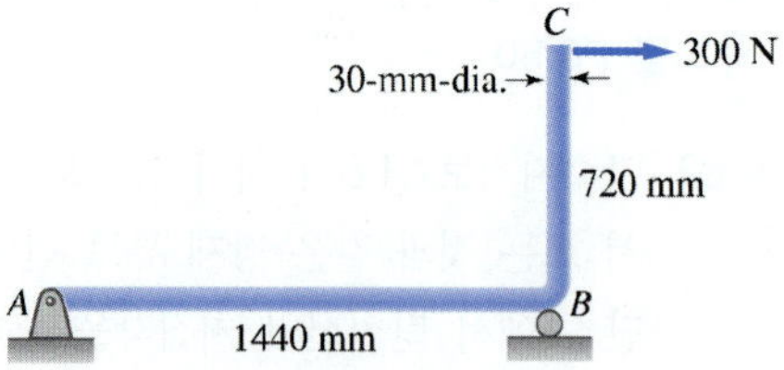

그림 P6.89

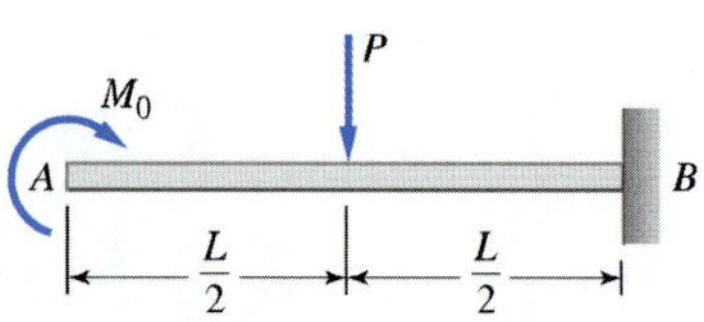

그림 P6.90

6.91 단순지지보의 특성은 $E = 70$ GPa, $I = 30 \times 10^6$ mm^{4}이다. 보 중앙의 처짐이 보 길이의 1/360과 같도록 하는 분포 하중의 세기 w_0를 구하라.

6.92 프레임 ABC의 점 C에서 우력 M_0에 의한 연직 변위를 구하라. EI는 프레임 전체에 걸쳐 동일한 것으로 가정한다.

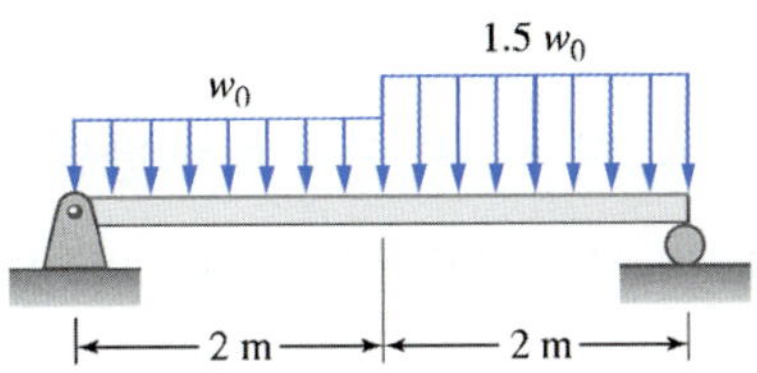

그림 P6.91

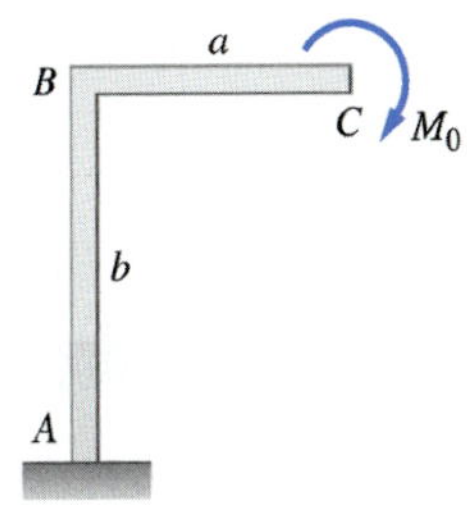

그림 P6.92, P6.93

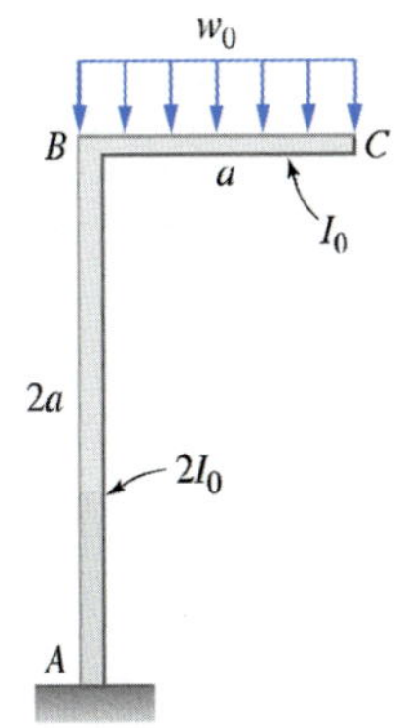

그림 P6.94

6.93 우력 M_0가 아래 방향의 연직 하중 P로 대치될 때, 문제 6.92를 풀어라.

6.94 프레임 ABC에서 점 C의 연직 변위를 구하라. 요소 AB와 BC부분 단면의 관성 모멘트는 각각 $2I_0$와 I_0이다.

복습문제

6.95 (a)외팔보의 탄성선 식을 구하라. (b)(a)결과를 사용하여 표 6.2의 대응되는 식으로 구한 자유단에서의 변위 δ와 비교하라.

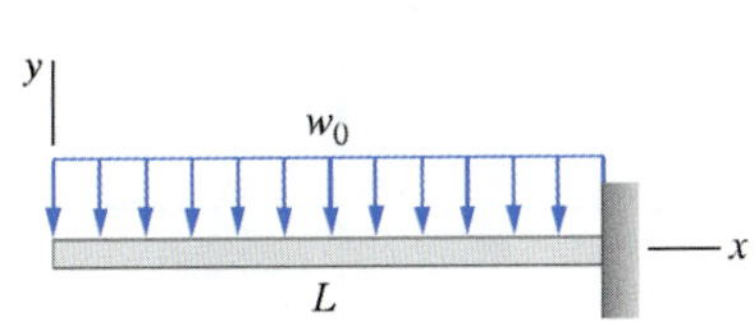

그림 P6.95

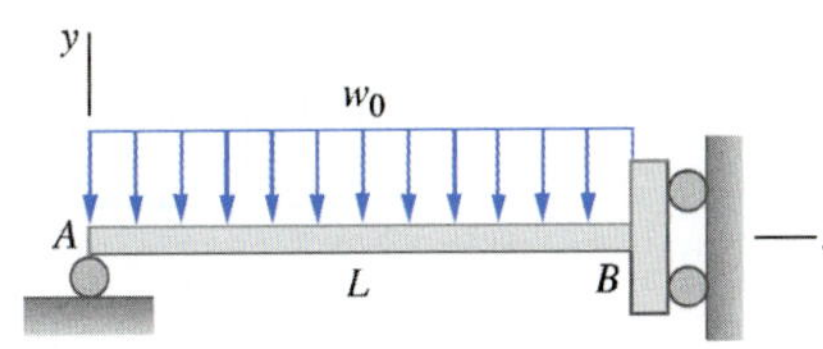

그림 P6.96

6.96 보 AB에 대한 탄성선 식을 유도하라. 점 B에서 연직 방향 변형은 자유롭지만 회전은 허용되지 않는다.

6.97 세기 $w = w_0 x^2/L^2$의 분포 하중을 받는 단순지지보의 탄성선 식을 구하라.

6.98 단순지지보에 작용하는 분포 하중의 세기가 점 A에서 w_o부터 점 B에서 $2w_0$까지 선형적으로 변한다. 보의 탄성선 식을 구하라.

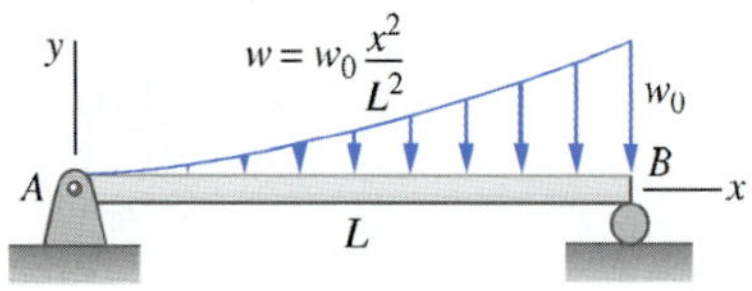

그림 P6.97

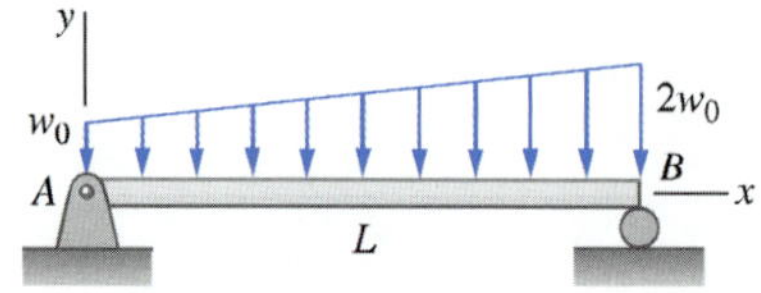

그림 P6.98

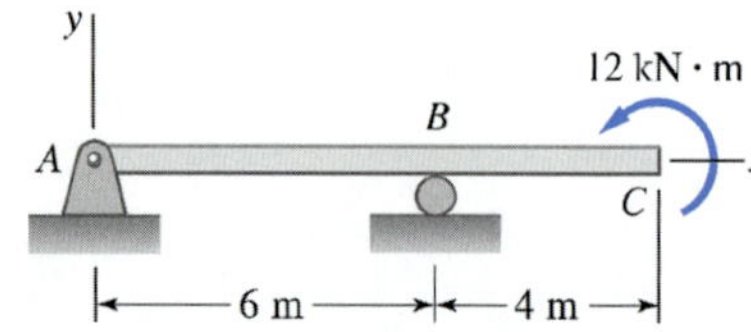

그림 P6.99

6.99 내다지보 ABC의 두 구간들에 대한 탄성선 식을 유도하라.

6.100 단순지지보의 구간 AB, BC에 대한 탄성선 식을 구하라.

6.101 그림에 보인 내다지보의 지지점 B에서 $EI\theta$ 값을 계산하라.

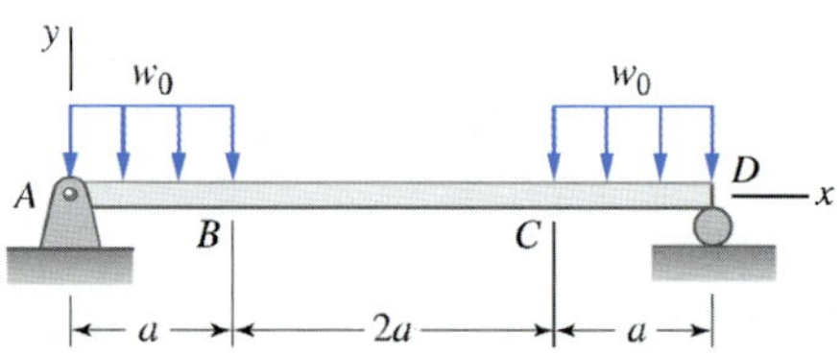

그림 P6.100

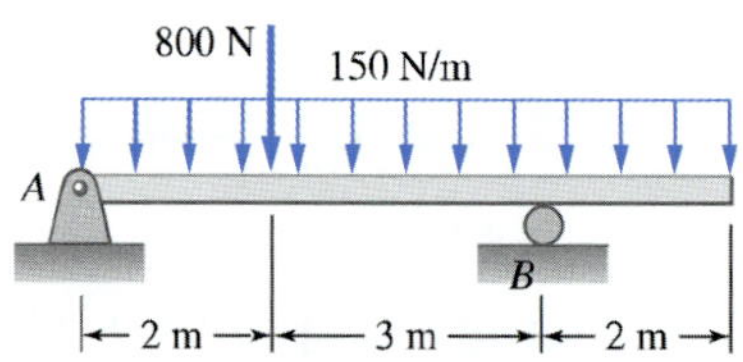

그림 P6.101

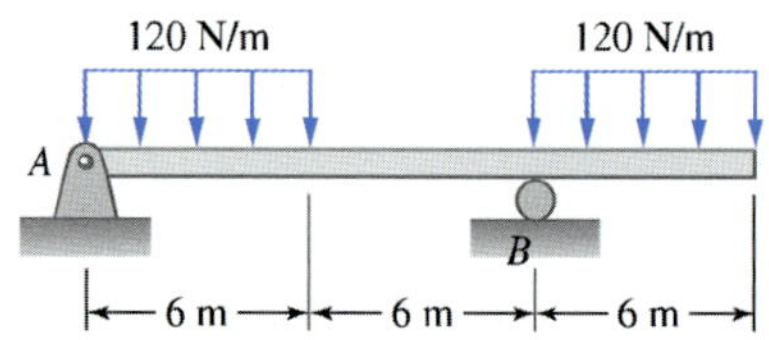

그림 P6.102

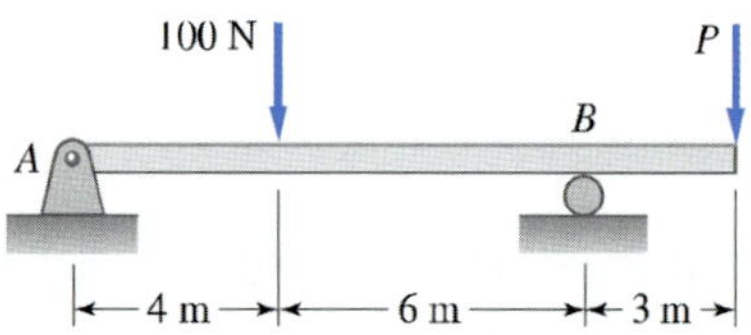

그림 P6.103

6.102 내다지보 지지점 사이의 중앙에서 $EI\delta$값을 구하여라.

6.103 내다지보가 크기 100 N과 P의 집중 하중을 받고 있다. (a)점 B에서 탄성선의 처짐이 0이 되게 하는 P를 구하고 (b)100 N 하중에 대응되는 $EI\delta$값을 구하라.

6.104 외팔보에서 $EI\delta$의 최댓값을 구하라.

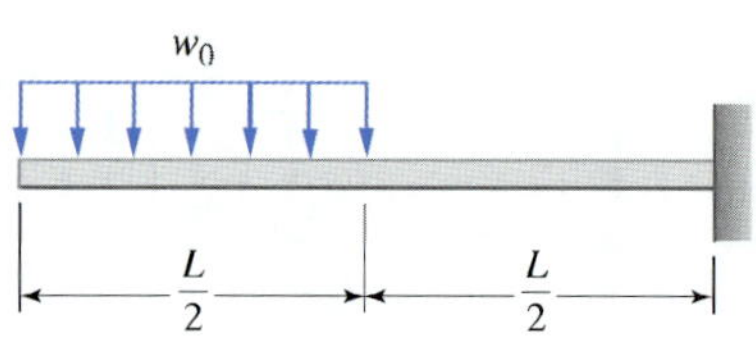

그림 P6.104

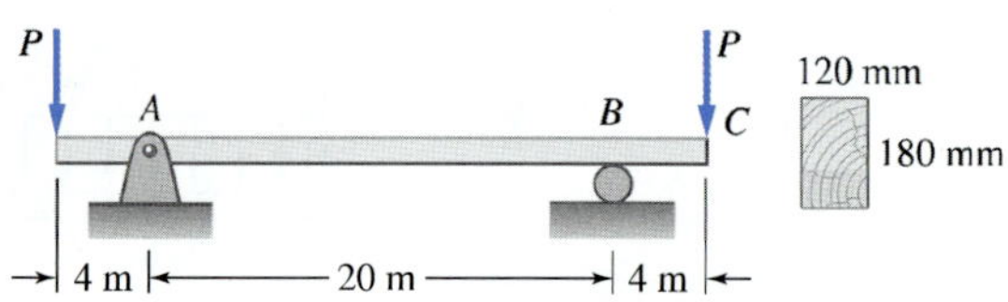

그림 P6.105

6.105 그림에 보인 직사각형 단면 목재보가 크기가 각각 P인 두 개의 집중 하중을 받고 있다. 보 중앙점의 처짐이 15 mm로 제한된다면, 이때 P의 최대 허용값을 구하라. $E = 10$ GPa이다.

6.106 내다지보의 오른쪽 단에서의 $EI\delta$의 값을 구하라.

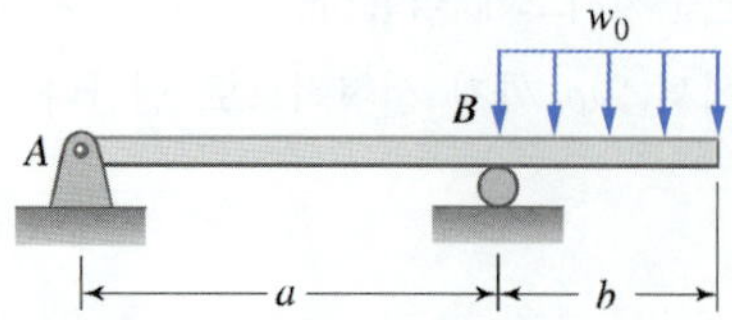

그림 P6.106

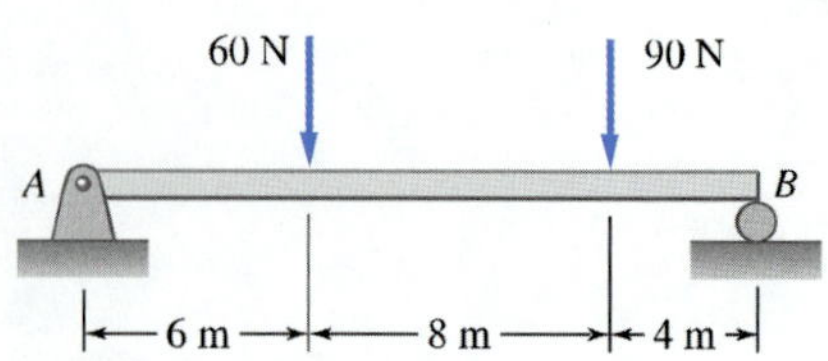

그림 P6.107

6.107 단순지지보에서 각 집중 하중에 대한 $EI\delta$값을 구하라.

6.108 단순지지보 중앙에서의 $EI\delta$값을 구하라.

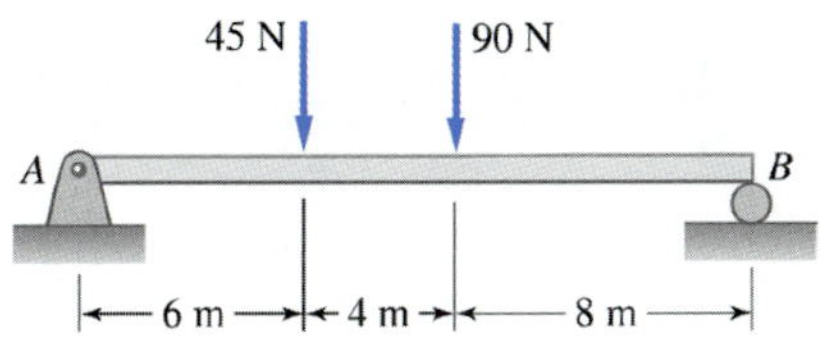

그림 P6.108

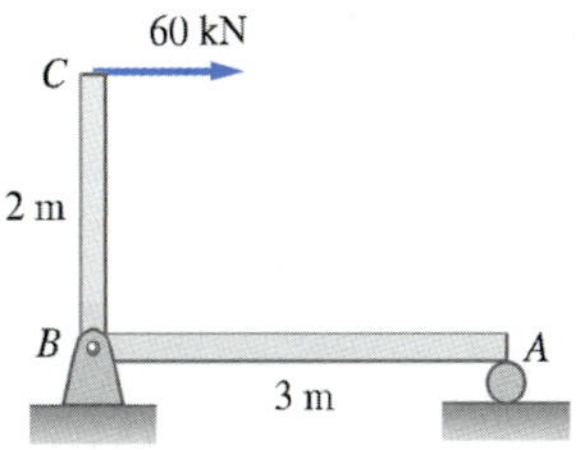

그림 P6.109

6.109 꺾인 보의 구간 AB와 BC부분은 동일한 굽힘 강성 EI를 갖는다. 상단 C에서 $EI\delta$의 수평 성분을 구하라.

6.110 직경이 다르고 길이가 같은 두 개의 강봉 부분으로 구성된 외팔보가 그림과 같은 삼각형 하중을 받고 있다. 최대 처짐을 계산하라. $E = 200$ GPa이다.

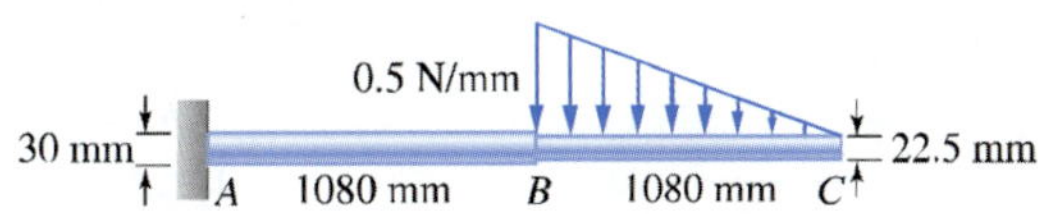

그림 P6.110

컴퓨터문제

C6.1 길이 L의 균일 외팔보가 거리 x에 따라 변하는 분포 하중 w를 받고 있다. 주어진 L, $w(x)$, E와 I에 대해, x에 따른 보의 처짐을 그리기 위한 프로그램을 작성하라. 그림 (a)와 (b)에 보인 강재보 ($E = 200$ GPa)에 대해 프로그램을 적용하라(힌트: 표 6.2의 집중 하중을 받는 보에 대한 처짐 공식을 하중 요소 $w\,dx$에 대해 적용하고 이 결과를 0부터 L까지 적분하는 중첩법을 이용하라. − 예제 6.11을 보라).

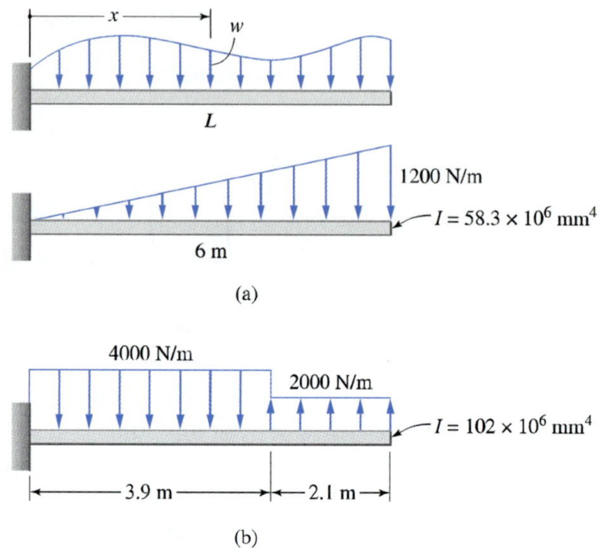

그림 C6.1

C6.2 양단에서 단순지지된 보로 가정하고 문제 C6.1을 풀어라.

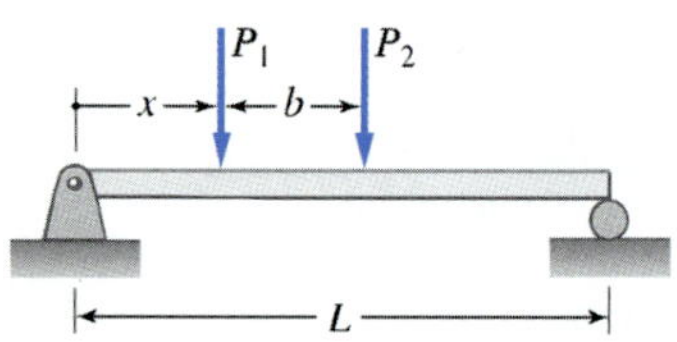

그림 C6.3

C6.3 집중 하중 P_1과 P_2가 길이가 L이고 일정한 단면을 갖는 단순지지보 위를 이동하고 있다. 하중은 일정한 거리 b만큼 서로 떨어져 있다. 주어진 P_1, P_2, L, b, E와 I에 대해 P_1에 의한 처짐을 거리 $x = 0$으로부터 $x = L$까지 x의 함수로 그려라. 다음 데이터를 적용하라:

(a) $P_1 = 12$ kN, $P_2 = 6$ kN, $L = 10$ m, $b = 3$ m, $E = 70$ GPa, $I = 250 \times 10^6$ mm^4

(b) $P_2 = -6$ kN, 다른 데이터는 (a)와 같다(힌트: 표 6.3을 연관시켜 중첩법을 이용하라).

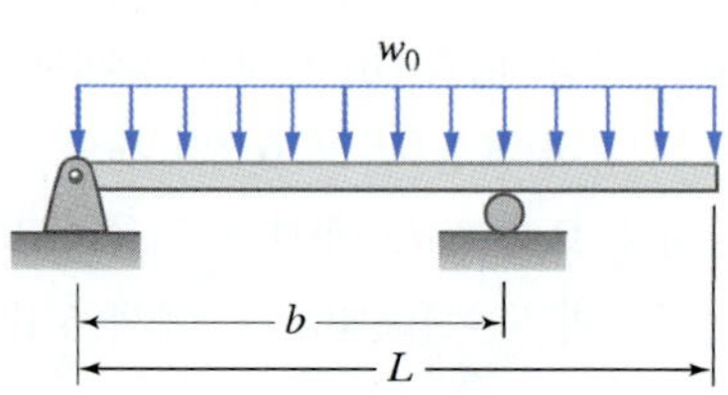

그림 P6.4

C6.4 길이 L과 일정한 단면을 갖는 내다지보가 세기 w_o의 균일 분포 하중을 받고 있다. 지지점 사이의 거리는 b이다. 주어진 L, b, w_0, E와 I에 대해 보의 처짐을 그려라. 이 프로그램으로 시험하여 최대 처짐을 최소화하는 b의 값을 구하라. 다음의 데이터를 적용하라: $L = 6$ m, $w_0 = 12$ kN/m, $E = 200$ GPa, $I = 95 \times 10^6$ mm^4(힌트: 표 6.2와 6.3을 연관시켜 중첩법을 이용하라).

C6.5 길이 L인 외팔보가 자유단에서 집중 하중 P를 받는다. 직사각형 단면의 폭 b는 일정하지만 높이는 다음과 같이 변한다.

$$h = h_1 + (h_2 - h_1)\frac{x}{L}$$

주어진 L, P, b, h_1, h_2 그리고 E에 대해 보의 탄성선을 그려라. 다음 데이터를 적용하라. $L = 3$ m, $P = 10{,}000$ N, $b = 60$ mm, $h_1 = 60$ mm, $h_2 = 300$ mm, $E = 200$ GPa(힌트: 모멘트-면적법을 이용하라).

C6.6 길이 L인 단순지지보가 좌측 지지단으로부터 거리 b인 지점에서 집중 하중 P를 받고 있다. 보의 플랜지는 일정 단면적 A_f를 갖지만, 보는 것처럼 플랜지들 사이의 거리 h는 h_1에서 h_2로 변한다. 단면의 관성 모멘트는 $I = 2A_f\,(h/2)^2$으로 근사시킬 수 있다. 주어진 L, b, P, A_f, h_1, h_2 그리고 E에 대해, 거리 x에 따른 보의 처짐을 그려라. 다음 데이터를 적용하라: $L = 8$ m, $b = 5$ m, $P = 150$ kN, $A_f = 7200$ mm^2, $h_1 = 240$ mm, $h_2 = 600$ mm, $E = 200$ GPa(힌트: 모멘트-면적법을 이용하라).

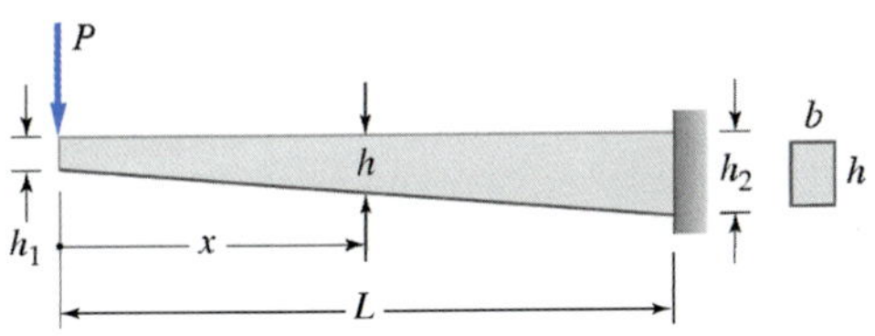

그림 C6.5

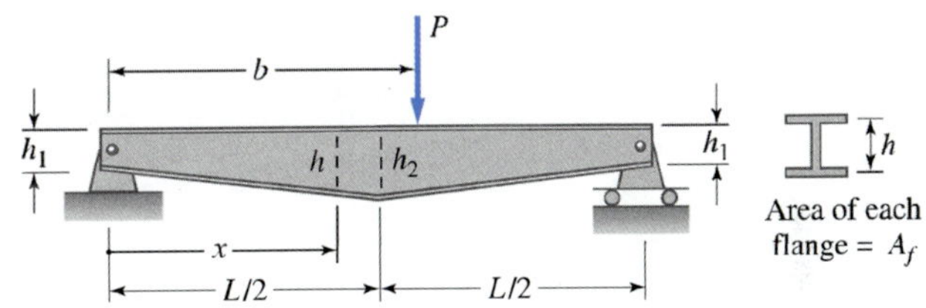

그림 C6.6

제 7 장
부정정보

Lan Scott/Shutterstock

강을 가로지르는 콘크리트 고가 도로, 이러한 형태의 도로는 여러 개의 지지점 위에 놓인 연속보로 간주될 수 있다. 연속보는 부정정이다: 이 장에서 보인 것처럼 부정정보는 평형 조건 외에 처짐을 고려해서 해석한다.

7.1 개요

지지 반력의 수가 독립적인 평형방정식의 수보다 많다면 이 보는 부정정이다. 일반적으로 축 방향에 대하여 횡 방향으로 하중을 받는 보는 두 개의 독립된 평형방정식을 이용할 수 있다($\Sigma F_y = 0$, $\Sigma M_A = 0$, A는 임의의 점).[1] 따라서 정정보는 두 개의 지지 반력을 갖는데, 이것은 보를 평형 상태로 유지하도록

1 축 하중을 0으로 가정하면 $\Sigma F_x = 0$은 자동적으로 만족된다.

하는 최소 지지 반력 수이다. 평형에 필수 요건이 아닌 부가적인 반력을 잉여 반력(redundant reaction)이라 한다. 잉여 반력의 수를 보의 **부정정차수**(degree of indeterminacy)라고 한다.

축 방향과 비틀림 하중 문제에서 부정정 문제를 풀기 위해서는 평형방정식뿐만 아니라 변형의 적합 조건이 필요하다는 사실을 알았다. 보의 적합조건식은 지지점에서 탄성선의 구속 조건에서 유도된다.

각 지지 반력은 지지점의 구속 조건에 상응한다. 예를 들어 단순지지보는 처짐을 구속하는 수직 반력이 있다. 고정지지점은 두 개의 반력을 갖는데 하나는 처짐을 구속하는 힘, 또 하나는 회전을 구속하는 우력이다. 따라서 **지지점의 구속 조건 수와 반력의 수는 항상 같다.**

7.2 이중적분법

이중적분법을 다시 살펴보면, 보의 탄성선방정식은 미분방정식 $EIv'' = M$을 두 번 적분하여 다음과 같이 유도된다.

$$EIv = \iint M dx dx + C_1 x + C_2 \qquad \text{(6.5식의 반복)}$$

만약 보가 정정이라면, 두 개의 지지 반력이 있으며, 따라서 탄성선에 두 개의 구속 조건이 있다. 반력들은 평형방정식에 의해 계산되므로 구속 조건들은 두 개의 적분 상수를 구하는 데 이용된다. 부정정보에서 잉여 반력은 추가적인 미지수를 의미한다. 그러나 각각의 잉여 반력과 관련된 부가적인 구속 조건이 있고 이를 식 (6.5)에 대입하면 추가적인 식이 제공된다.

예를 들면, 그림 7.1 (a)의 단순지지보는 정정이다. 이 보는 그림에서 보는 것처럼 두 개의 처짐 구속($v_A = 0$와 $v_B = 0$)과 두 개의 지지 반력(R_A와 R_B)을 갖는다. 반력들은 평형방정식에 의하여 구할 수 있으며, 이 구속 조건들은 식 (6.5)의 상수 C_1과 C_2를 계산하는 데 사용된다.

그림 7.1 (b)에 보인 것처럼 지지점 A를 고정하면, 추가적 구속 조건 $v'_A = 0$과 반작용 우력 M_A(잉여 반력)가 유발된다. 따라서 보는 1차 부정정이다. 미지수는 모두 다섯 개 즉, 세 개의 지지 반력(R_A, R_B 그리고 M_A) 그리고 두 개의 적분 상수(C_1과 C_2)이다. 이용 가능한 방정식의 수 역시 다섯 개로 두 개의 평형방정식과 그림에 보인 세 개의 구속 조건이다. 그림 7.1 (c)에서는 C점에 작은 초기 간격(gap) Δ를 갖는 지지점을 추가하였다. 하중을 가할 때 보가 지지점 C에 접촉한다고 가정하면, 그 지지점이 또 다른

잉여 반력 R_C를 유발하고 이에 상응하는 구속 조건이 $v_C = -\Delta$ 라는 것을 알 수 있다. 두 개의 잉여 지지 반력이 있으므로, 보의 부정정 차수는 2이다. 여섯 개의 미지수(R_A, R_B, R_C, M_A, C_1, C_2)를 결정하기 위해 적용할 수 있는 방정식의 수 역시 여섯 개이다: 두 개의 평형방정식과 그림에서 보는 네 개의 구속 조건이다.

위의 설명에서 M은 보의 전 길이에 걸쳐 적용 가능한 굽힘 모멘트의 전체 표현식임을 전제로 한다. 만약 보가 M의 표현식이 다른 두 개 이상의 구간(segment)으로 분할된다면, 이중적분으로 인해 추가적인 적분 상수가 생길 것이다. 그러나 처짐과 처짐각이 각 요소 사이의 연결부에서 연속적이어야 한다는 연속 조건 형태로 같은 수의 새로운 제한 조건이 생긴다. 여러 개의 요소를 갖는 부정정보에서는 M이 브라켓 함수(bracket function)의 형태로 표현되지 않는 한, 이중적분법은 분명 번거로운 해석법이 될 것이다.

보	반력	구속조건
(a) 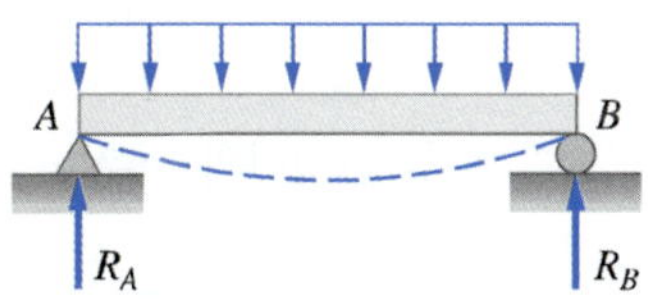	R_A R_B	$v_A = 0$ $v_B = 0$
(b) 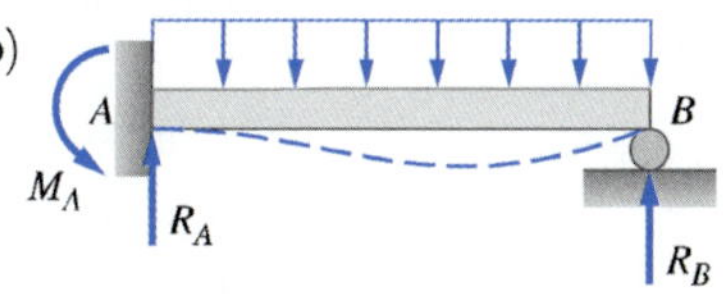	R_A R_B M_A	$v_A = 0$ $v_B = 0$ $v'_A = 0$
(c) 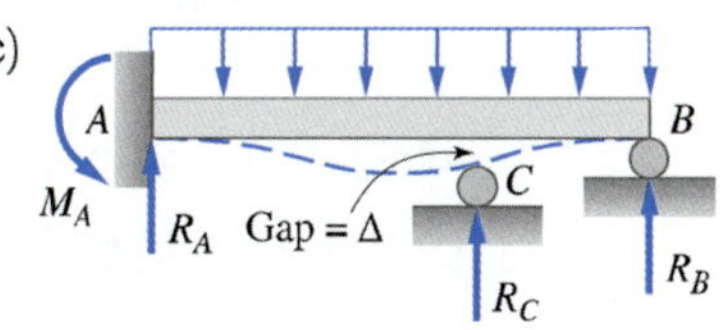	R_A R_B R_C M_A	$v_A = 0$ $v_B = 0$ $v_C = -\Delta$ $v'_A = 0$

그림 7.1 정정보와 부정정보의 예

예제 7.1

그림 (a)의 지지된 외팔보에 대해 모든 지지 반력을 구하라.

풀이

평형 조건 : 그림 (b)에 보인 보의 자유물체도에서 평형방정식은 다음과 같다.

$$\Sigma F_y = 0 \quad +\uparrow \quad R_A + R_B - 7200 = 0 \tag{a}$$

$$\Sigma M_A = 0 \quad +\circlearrowleft \quad M_A + R_B(12) - 7200(6) = 0 \tag{b}$$

세 개의 지지 반력(R_A, R_B, M_A)이 있으나 평형방정식은 두 개이기 때문에 부정정 차수는 1이다.

적합 조건 : 지지 반력을 포함하는 세 번째 식은 보의 변형 해석을 통하여 얻는다. 그림 (c)의 자유물체도에서 얻을 수 있는 다음과 같은 굽힘 모멘트 표현식에서 출발한다.

$$M = -M_A + R_A x - 600x\left(\frac{x}{2}\right) \text{ N}\cdot\text{m}$$

M을 탄성선의 미분방정식에 대입하고 두 번 적분하면 다음 식들을 얻는다.

$$EIv'' = -M_A + R_A x - 300x^2 \text{ N}\cdot\text{m}$$

$$EIv' = -M_A x + R_A \frac{x^2}{2} - 100x^3 + C_1 \text{ N}\cdot\text{m}^2$$

$$EIv = -M_A \frac{x^2}{2} + R_A \frac{x^3}{6} - 25x^4 + C_1 x + C_2 \text{ N}\cdot\text{m}^3$$

세 개의 지지 반력이 있으므로, 세 개의 구속 조건이 있다. 그림 (b)에서 점선으로 나타난 탄성선에 이 구속 조건들을 적용하면 다음과 같다.

1. $v'|_{x=0} = 0$(A에서는 회전이 없음) $C_1 = 0$
2. $v|_{x=0} = 0$(A에서는 처짐이 없음) $C_2 = 0$
3. $v|_{x=L} = 0$(B에서는 처짐이 없음)

$$-M_A \frac{(12)^2}{2} + R_A \frac{(12)^3}{6} - 25(12)^4 = 0 \tag{c}$$

식 (a)-(c)의 해는 다음과 같다.

$M_A = 10{,}800$ N·m $\quad R_A = 4500$ N $\quad R_B = 2700$ N **[답]**

결과가 양이므로, 반력들의 방향은 그림 (b)에 나타낸 것과 같다.

예제 7.2

그림 (a)와 같이 양단이 고정지지된 보의 지지 반력을 구하라.

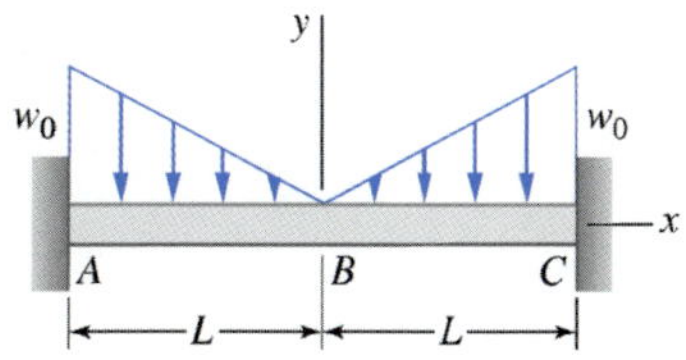

(a)

풀이

그림 (b)의 자유물체도와 같이 보는 네 개의 지지 반력 즉, 수직 반력 R_A, R_C 와 우력 M_A와 M_C가 있다. 두 개의 독립적인 평형방정식이 있으므로, 부정정 차수는 2이다.

중앙점 B를 기준으로 대칭 조건을 이용하여 해석을 단순화할 수 있다. 하중의 대칭성은 $M_A = M_C$라는 것을 의미하며 다음의 조건도 성립된다.

$$R_A = R_C = \frac{w_0 L}{2} \qquad \text{[답]}$$

또 변형의 대칭성으로부터 그림 (b)에서 점선으로 표시된 탄성선의 중앙점 B에서의 처짐각은 0이 되어야 한다.

대칭 조건을 이용하여 그림 (c)의 구간 BC 처럼 보의 절반만 해석하면 된다(구간 AB를 해석하여도 무방하다).

평형 조건 : 그림 (c) 구간 BC의 자유물체도에서 다음 식을 얻을 수 있다.

$$\Sigma F_y = 0 + \uparrow \qquad V_B + R_C - \frac{w_0 L}{2} = 0$$

$$\Sigma M_C = 0 + \circlearrowleft \qquad -M_B - M_C - V_B L + \frac{w_0 L}{2}\left(\frac{L}{3}\right) = 0$$

$R_C = w_0 L/2$를 대입하면 $V_B = 0$과 다음 결과를 얻을 수 있다.

$$M_C = -M_B + \frac{w_0 L^2}{6} \qquad \text{(a)}$$

적합 조건 : 그림 (d)의 자유물체도로부터 구간 BC의 굽힘 모멘트는 다음과 같이 된다.

$$M = M_B - \frac{w_0 x^2}{2L}\left(\frac{x}{3}\right) = M_B - \frac{w_0 x^3}{6L}$$

M을 탄성선의 미분방정식에 대입하고 두 번 적분하면 다음의 식들을 얻는다.

$$EIv'' = M_B - \frac{w_0 x^3}{6L}$$

$$EIv' = M_B x - \frac{w_0 x^4}{24L} + C_1$$

$$EIv = M_B \frac{x^2}{2} - \frac{w_0 x^5}{120L} + C_1 x + C_2$$

구간 BC의 탄성선을 그림 (c)에 점선으로 나타내었다. B와 C에서 탄성선의 기울기(처짐각)가 0이라는 조건을 적용하면 다음 식이 얻어진다.

1. $v'|_{x=0}$ $\quad C_1 = 0$

2. $v'|_{x=L} = 0$

$$M_B L - \frac{w_0 L^3}{24} = 0$$

이로부터 다음 결과가 얻어진다.

$$M_B = \frac{w_0 L^2}{24} \tag{b}$$

식 (b)를 식 (a)에 대입하고 $M_A = M_C$임을 고려하면 다음과 같이 된다.

$$M_A = M_C = -\frac{w_0 L^2}{24} + \frac{w_0 L^2}{6} = \frac{w_0 L^2}{8}$$ [답]

이 문제에서는 상수 C_2가 필요없으므로 처짐의 구속 조건 $v|_{x=L} = 0$이 사용되지 않았음을 유의하라.

연습문제

7.1 지지단에서 우력 M_0를 받는 지지된 외팔보의 모든 지지 반력을 구하라.

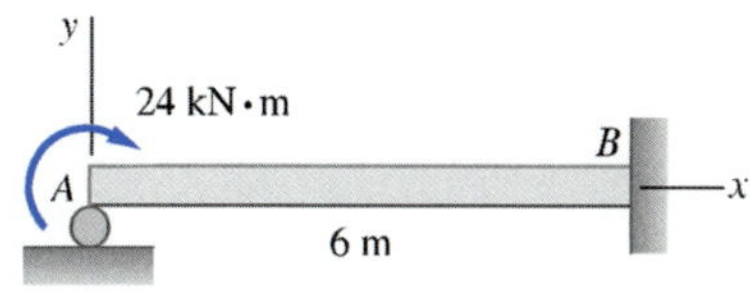

그림 P7.1

7.2 그림과 같이 삼각형 하중을 받는 지지된 외팔보에서 A점의 지지 반력을 구하라.

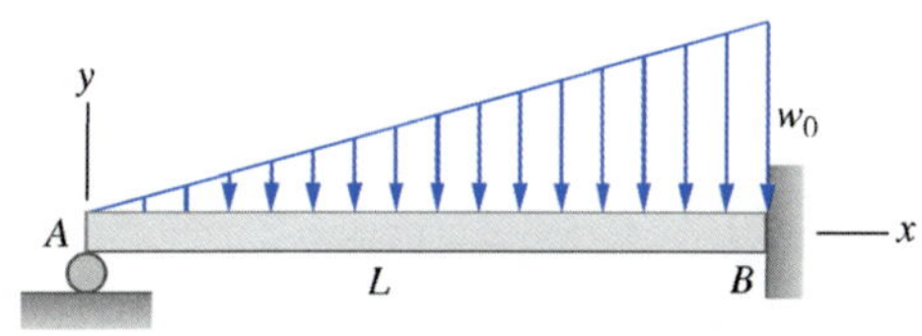

그림 P7.2

7.3 중앙점에서 1200 N · m의 우력을 받는 양단 고정된 보가 있다. 모든 지지 반력을 구하라(힌트: 중앙점에 대한 변형의 비대칭성(skew-symmetry)을 이용하라).

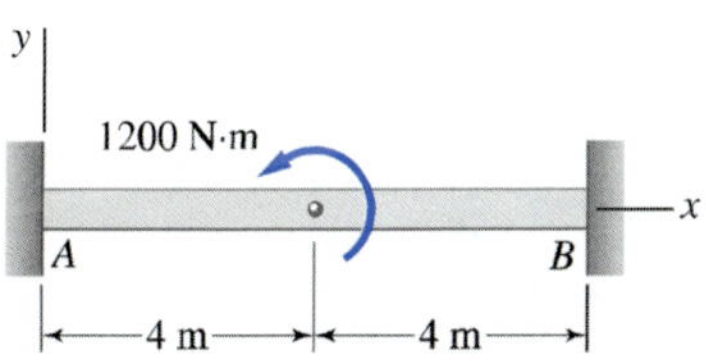

그림 P7.3

7.4 양단 고정된 보에 집중 하중이 작용한다. (a)모든 지지 반력을 구하라; (b)굽힘 모멘트 선도를 그려라(힌트: 대칭성을 이용하라).

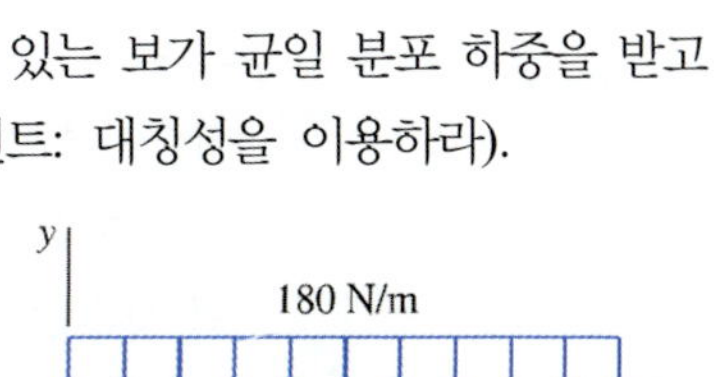

그림 P7.4

7.5 세 지지점이 있는 보가 균일 분포 하중을 받고 있다. 모든 지지 반력을 구하라(힌트: 대칭성을 이용하라).

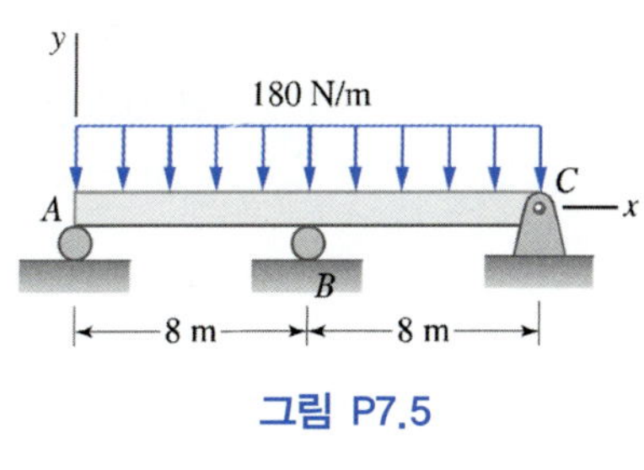

그림 P7.5

7.6 양단 고정된 보에 균일 분포 하중이 작용하고 있다. (a)모든 지지 반력을 구하라. (b)굽힘 모멘트 선도를 그려라.

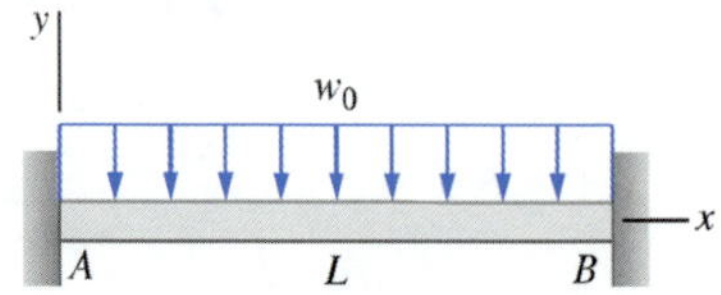

그림 P7.6

7.7 A점은 고정되어 있고, B점은 연직 롤러로 지지된 보가 있다(롤러는 연직 처짐은 허용하지만 회전은 구속한다). 3 kN의 집중 하중이 B에 작용할 때 모든 지지 반력을 구하라.

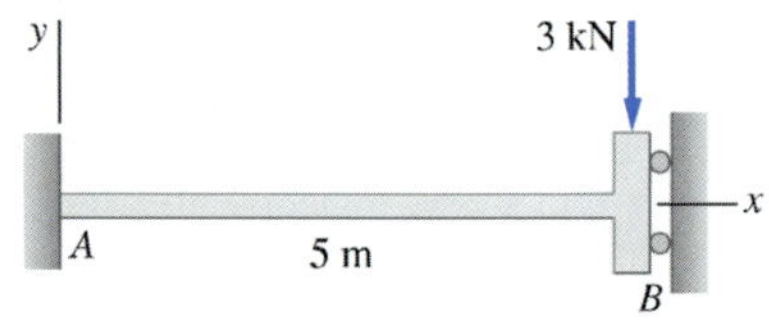

그림 P7.7

7.8 양단 고정보에 삼각형 하중이 작용하고 있다. 모든 지지 반력을 구하라.

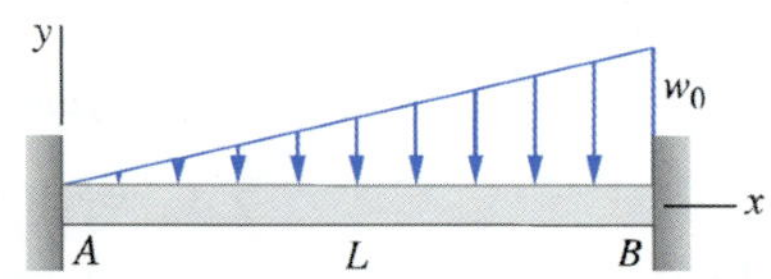

그림 P7.8

7.3 브라켓 함수를 이용한 이중적분

브라켓 함수는 굽힘 모멘트 M을 보의 길이 전체에 걸쳐 표현할 수 있으므로, 하중이 불연속적이더라도 보를 여러 개 요소로 분할할 필요가 없다. 그러므로 미지수의 수는 항상 $n+2$개이다(n개의 지지 반력과 이중적분에 의한 두 개의 상수). 적용이 가능한 방정식의 수 역시 $n+2$이다(지지점의 변형 구속에 따라 주어지는 n개의 방정식과 두 개의 평형방정식).

예제 7.3

그림 (a)의 보에 5000 N의 하중이 작용하기 전, 보와 B점 아래의 지지점 사이에 $\delta_0 = 30$ mm의 간격이 있다. 하중이 가해진 후, 모든 지지 반력을 구하라. $E = 10$ GPa이고, $I = 20 \times 10^6$ mm^{4}이다.

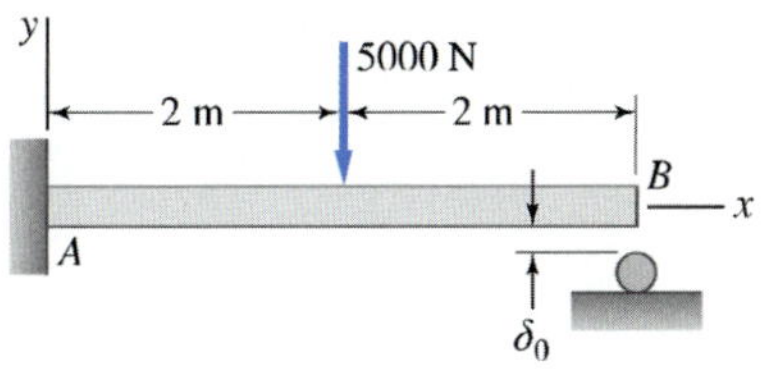

(a)

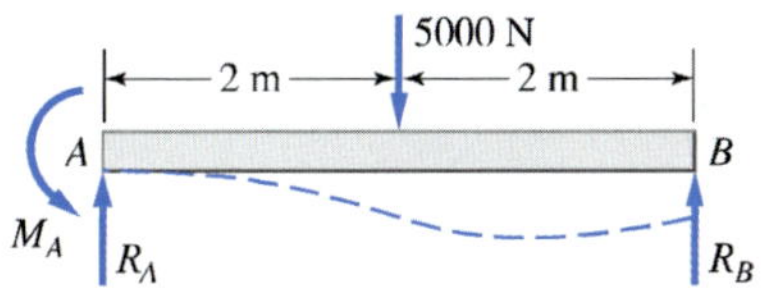

(b)

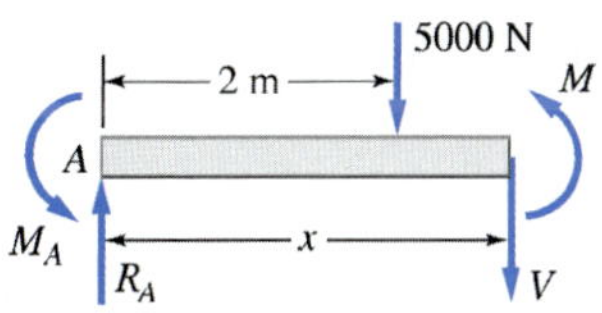

(c)

풀이

보의 자유물체도는 그림 (b)와 같다. 세 개의 지지 반력 R_A, R_B, M_A가 있다. 보가 지지점 B에 닿을 만큼 충분히 처진다고 가정하여, R_B를 포함시킨다.(만약 해에서 R_B가 양의 값을 가진다면, 이 가정이 타당하다는 것을 확인할 수 있다). 이 문제에서 미지수의 수는 다섯 개, 즉 세 개의 지지 반력과 이중적분에 의한 두 개의 적분 상수가 있다. 방정식 역시 다섯 개 즉, 두 개의 평형방정식과 세 개의 구속조건식이 있다(A와 B에서의 처짐 그리고 A지점에서의 처짐각을 알고 있다).

평형 조건 그림 (b)의 보의 자유물체도에서 다음과 같은 두 개의 독립된 평형방정식을 얻을 수 있다.

$$\Sigma F_y = 0 \quad +\uparrow \quad R_A + R_B - 5000 = 0 \tag{a}$$

$$\Sigma M_B = 0 \quad +\circlearrowleft \quad M_A - R_A(4) + 5000(2) = 0 \tag{b}$$

적합 조건 그림 (c)의 자유물체도에서 다음과 같이 보의 전체 굽힘 모멘트 식을 구할 수 있다.

$$M = -M_A + R_A x - 5000\langle x-2 \rangle \ \text{N}\cdot\text{m}$$

M을 탄성선의 미분방정식에 대입하고 두 번 적분하면 다음과 같이 된다.

$$EIv'' = -M_A + R_A x - 5000\langle x-2 \rangle \ \text{N}\cdot\text{m}$$

$$EIv' = -M_A x + R_A \frac{x^2}{2} - 2500\langle x-2 \rangle^2 + C_1 \ \text{N}\cdot\text{m}^2$$

$$EIv = -M_A \frac{x^2}{2} + R_A \frac{x^3}{6} - \frac{2500}{3}\langle x-2 \rangle^3 + C_1 x + C_2 \ \text{N}\cdot\text{m}^3$$

그림 (b)에서 점선으로 표시된 탄성선의 지지점에 부여되는 구속 조건은 다음과 같다.

1. $v'|_{x=0} = 0$(A점에서 회전이 없음) $C_1 = 0$
2. $v|_{x=0} = 0$(A점에서 처짐이 없음) $C_2 = 0$
3. $v|_{x=4\text{m}} = -\delta_0 = -0.03$ m(B점에서 아래 방향 처짐은 δ_0이다.)

$$(10\times10^9)(20\times10^{-6})(-0.03)=-M_A\frac{(4)^2}{2}+R_A\frac{(4)^3}{6}-\frac{2500}{3}(2)^3$$

I의 단위가 mm^4에서 m^4로 변환되었음에 유의하라. 이 식을 간단히 하면 다음과 같이 된다.

$$-24M_A+32R_A=2000 \tag{c}$$

식 (a)-(c)의 해는 다음과 같다.

$$R_A=3719\ \text{N} \qquad R_B=1281\ \text{N} \qquad M_A=4875\ \text{N}\cdot\text{m}$$ [답]

모든 반력들이 양이므로, 그림 (b)에 보인 방향은 타당하다. 양의 R_B값은 가정했던 것처럼 보가 지지점 B와 접촉한다는 것을 의미한다.

예제 7.4

그림 (a)의 보는 양단 고정되어 있고 일부분이 균일 분포 하중을 받고 있다. 모든 지지 반력을 구하라.

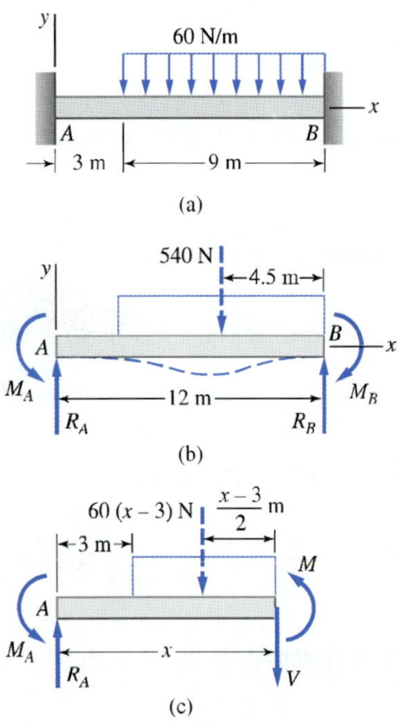

풀이

그림 (b)에 보인 전체 보의 자유물체도에는 네 개의 지지 반력 즉, 힘 R_A와 R_B, 우력 M_A와 M_B가 포함되어 있다. 따라서, 전체 미지수는 여섯 개다(네 개의 반력과 이중적분으로 생기는 두 개의 적분 상수). 활용할 수 있는 방정식의 수도 역시 여섯 개다(두 개의 평형방정식과 네 개의 지지점 구속 조건 즉, 각 지지점에서의 변형과 처짐각(기울기)은 0이어야 한다).

평형 조건 그림 (b)의 자유물체도에서 다음의 평형방정식들을 얻을 수 있다.

$$\Sigma F_y=0 \quad +\uparrow \quad R_A+R_B-540=0 \tag{a}$$

$$\Sigma M_B=0 \quad +\circlearrowleft \quad M_A-R_A(12)+540(4.5)-M_B=0 \tag{b}$$

적합조건식 그림 (c)의 자유물체도에서 전체 굽힘 모멘트의 식은 다음과 같이 쓸 수 있다.

$$M=-M_A+R_Ax-\frac{60}{2}\langle x-3\rangle^2\ \text{N}\cdot\text{m}$$

M을 탄성선의 미분방정식에 대입하고 두 번 적분하면 다음의 식을 얻는다.

$$EIv''=-M_A+R_Ax-30\langle x-3\rangle^2\ \text{N}\cdot\text{m}$$

$$EIv' = -M_A x + R_A \frac{x^2}{2} - 10\langle x-3\rangle^3 + C_1 \ \text{N} \cdot \text{m}^2 \tag{c}$$

$$EIv = -M_A \frac{x^2}{2} + R_A \frac{x^3}{6} - 2.5\langle x-3\rangle^4 + C_1 x + C_2 \ \text{N} \cdot \text{m}^3 \tag{d}$$

그림 (b)에서 보의 탄성선을 점선으로 나타내었다. 지지점의 구속 조건들에서 다음 결과를 얻는다.

1. $v'|_{x=0} = 0$(A에서 기울기는 0이다.)　$C_1 = 0$
2. $v|_{x=0} = 0$(A에서 처짐은 0이다.) $C_2 = 0$
3. $v'|_{x=12\text{m}} = 0$(B에서 기울기는 0이다.)

$$-M_A(12) + R_A \frac{(12)^2}{2} - 10(9)^3 = 0 \tag{e}$$

4. $v|_{x=12\text{m}} = 0$(B에서 처짐은 0이다.)

$$-M_A \frac{(12)^2}{2} + R_A \frac{(12)^3}{6} - 2.5(9)^4 = 0 \tag{f}$$

식 (e)와 (f)의 해는 다음과 같다.

$$R_A = 189.8 \ \text{N} \qquad M_A = 532 \ \text{N} \cdot \text{m}$$ [답]

평형방정식 (a)와 (b)의 해는 다음과 같다.

$$R_A = 350 \ \text{N} \qquad M_B = 638 \ \text{N} \cdot \text{m}$$ [답]

모든 반력들이 양이라는 사실은 그림 (b)의 자유물체도에서 가정했던 방향이 타당하다는 것을 의미한다.

■

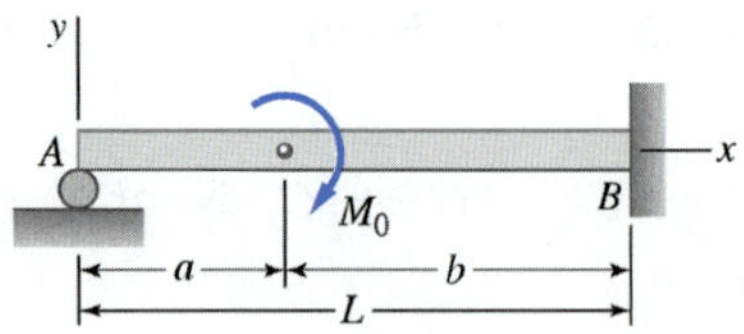

그림 P7.9

연습문제

7.9 그림에 보인 지지된 외팔보의 모든 지지 반력을 구하라.

7.10 양단이 고정된 보에 대해 (a)모든 지지 반력과 (b)중앙점에서의 처짐을 구하라.

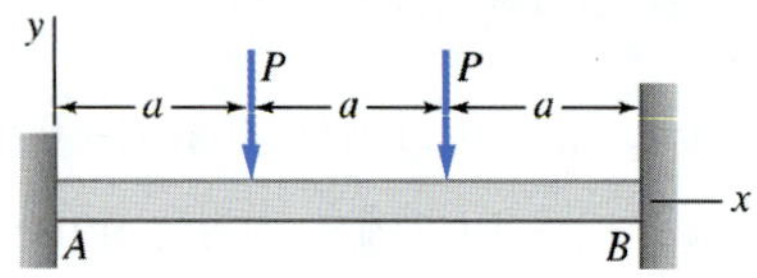

그림 P7.10

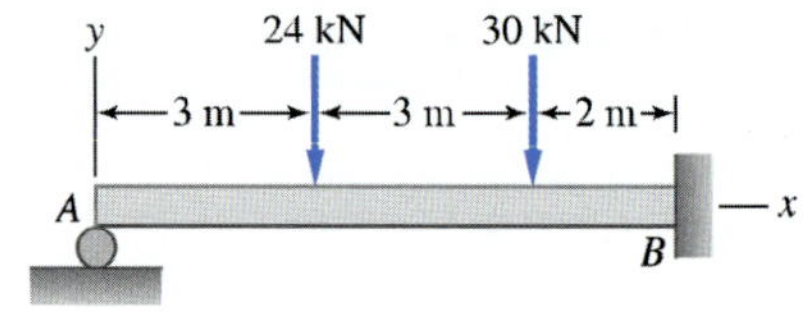

그림 P7.11

7.11 지지된 외팔보의 A점에서 지지 반력을 구하라.

7.12 양단이 고정된 보의 모든 지지 반력을 구하라.

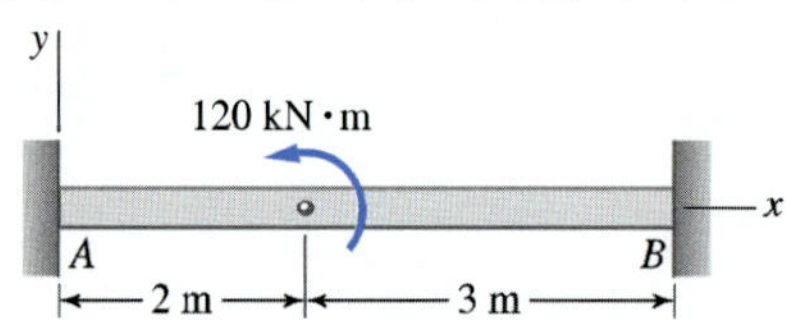

그림 P7.12

7.13 양단이 고정된 보에 대해 (a)모든 지지 반력과, (b)중앙점 C에서의 변위를 구하라(힌트: 대칭성을 이용하라).

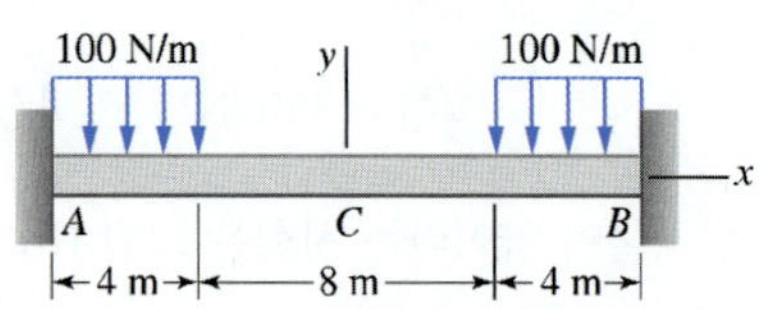

그림 P7.13

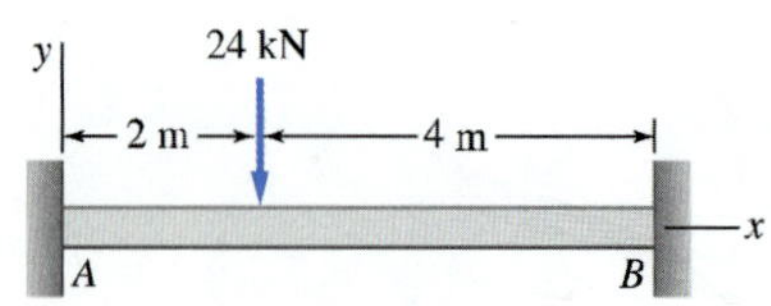

그림 P7.14

7.14 양단이 고정된 보의 모든 지지 반력을 구하라.

7.15 그림에 보인 보의 모든 지지 반력을 구하라.

7.16 보 ABC가 A점에서 고정되어 있고 B와 C에서 롤러 지지될 때, 모든 지지 반력을 구하라.

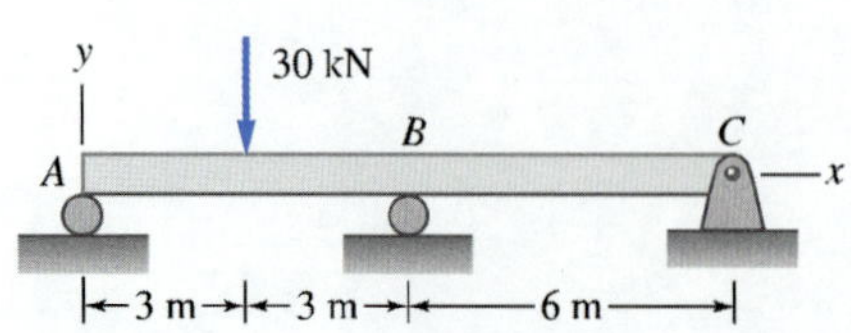

그림 P7.15

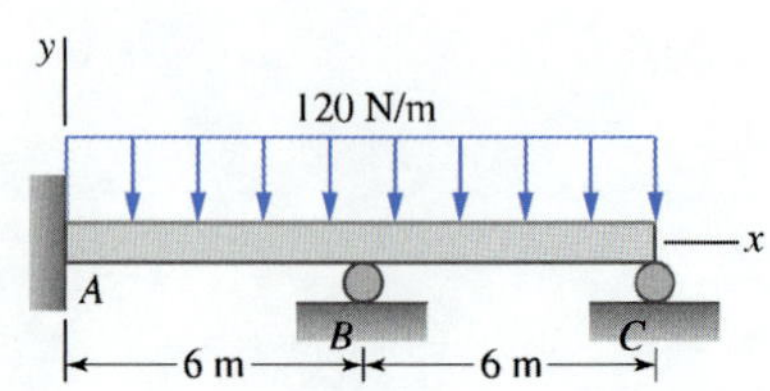

그림 P7.16

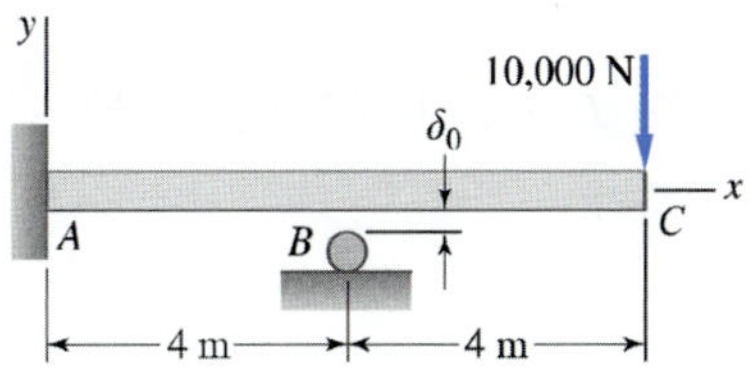

그림 P7.17

7.17 외팔보에 10,000 N의 하중이 작용하기 전, 보와 롤러 지지점 B의 사이에 $\delta_0 = 12$ mm의 간격이 있다. 하중이 작용할 때, 지지 반력을 구하라. $E = 200$ GPa와 $I = 30 \times 10^6$ mm^{4}을 적용하라.

7.18 지지된 외팔보의 특성은 $E = 72$ GPa이고 $I = 126 \times 10^6$ mm^{4}이다. 그림에서 상세히 보듯이 하중이 작용할 때 보의 B점에서 회전이 $\theta_0 = 0.75°$까지 허용될 수 있도록 느슨하게 고정되어 있다. 모든 지지 반력을 구하라.

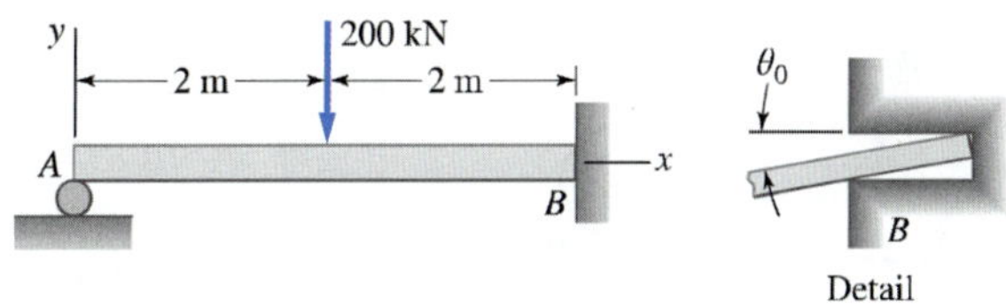

그림 P7.18

7.4* 모멘트-면적법

모멘트-면적법은 부정정보의 적합조건식을 유도하는 데 편리하다. 지지 반력의 수가 모두 n개라면 보의 부정정 차수는 $n-2$이다. 지지 반력을 계산하는 데 총 n개의 방정식이 사용될 수 있다. 즉, 두 개의 평형방정식과 모멘트-면적 정리에서 얻어지는 $n-2$개의 적합조건식이다.

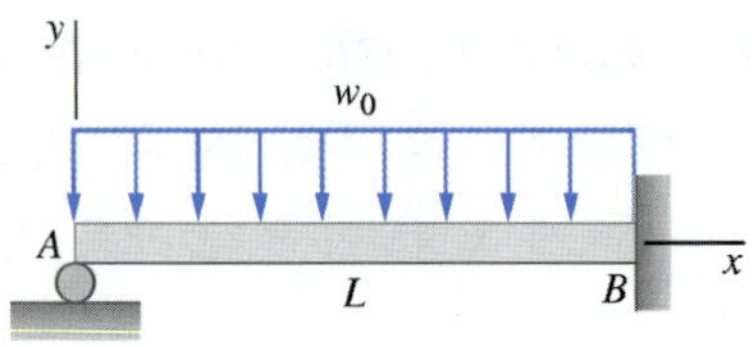

(a)

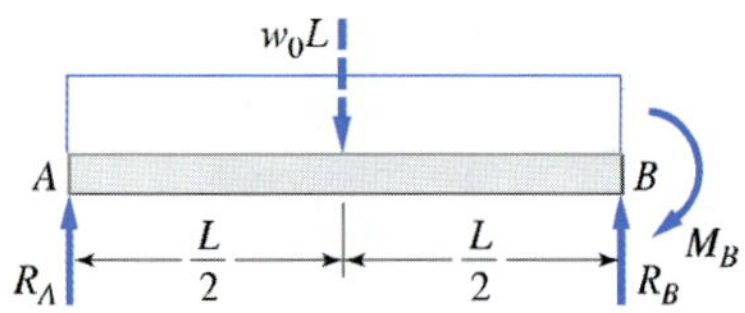

(b)

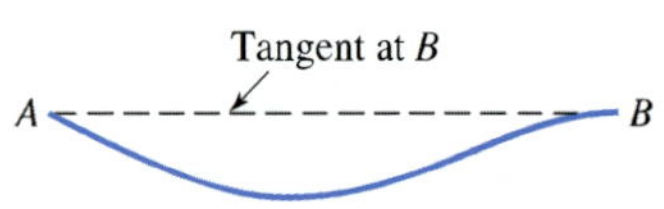

(c)

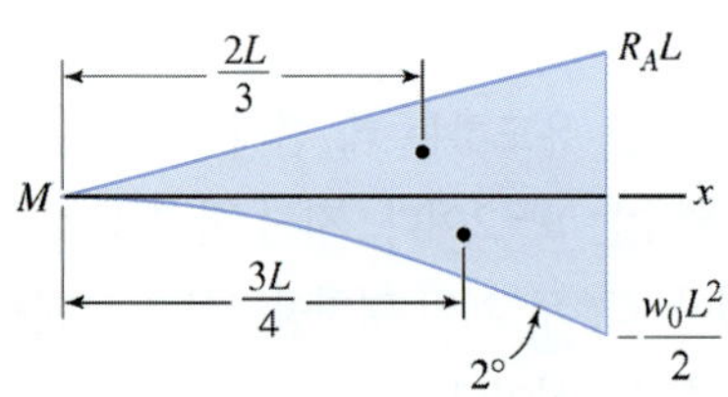

(d)

예제 7.5

그림 (a)의 지지된 외팔보 AB가 전체 길이 L에 걸쳐 세기 w_0의 균일 분포 하중을 받고 있다. 모든 지지 반력을 구하라.

풀이

그림 (b)의 자유물체도로부터 세 개의 반력(R_A, R_B, M_B)이 있다는 것을 알 수 있다. 독립된 평형방정식이 두 개이므로, 보는 1차 부정정이다. 따라서, 한 개의 적합조건식이 필요하다.

평형 조건 그림 (b)의 자유물체도로부터 다음 두 개의 독립된 평형방정식이 유도될 수 있다.

$$\Sigma F_y = 0 \quad +\uparrow \quad R_A + R_B - w_0 L = 0 \tag{a}$$

$$\Sigma M_B = 0 + \circlearrowleft \quad w_0 L\left(\frac{L}{2}\right) - R_A L - M_B = 0 \tag{b}$$

적합 조건 그림 (c)의 탄성선을 보면, B에서 탄성선의 접선이 수평이라는 것을 알 수 있다(고정 지지점에서는 회전이 구속된다). 따라서 B에서의 접선에 대해 A의 접선 편차는 0이다. 그림 (d)에 부분별로 그려진 굽힘 모멘트 선도와 제2모멘트-면적 정리로부터 다음의 적합조건식을 유도할 수 있다.

$$EIt_{A/B} = M\text{선도 면적}\Big]_B^A \cdot \bar{x}_{/A}$$

$$= \frac{1}{2}(L)(R_A L)\left(\frac{2L}{3}\right) - \frac{1}{3}(L)\left(\frac{w_0 L^2}{2}\right)\left(\frac{3L}{4}\right) = 0$$

이로부터 다음 결과가 얻어진다.

$$R_A = \frac{3}{8} w_0 L \qquad \text{[답]}$$

R_A를 식 (a)와 (b)에 대입하면 나머지 두 반력을 구할 수 있다.

$$R_B = w_0 L - R_A = w_0 L - \frac{3}{8} w_0 L = \frac{5}{8} w_0 L \qquad \text{[답]}$$

$$M_B = w_0 L\left(\frac{L}{2}\right) - R_A L = \frac{1}{2} w_0 L^2 - \frac{3}{8} w_0 L^2 = \frac{1}{8} w_0 L^2 \qquad \text{[답]}$$

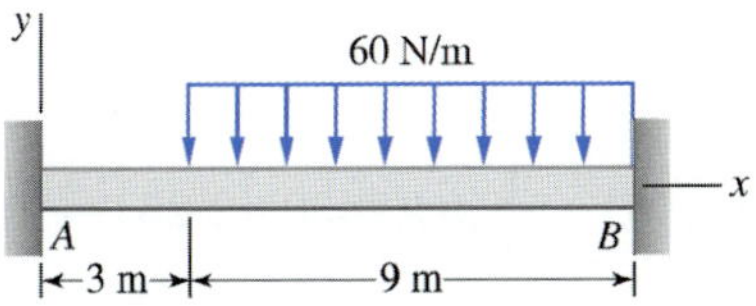

(a)

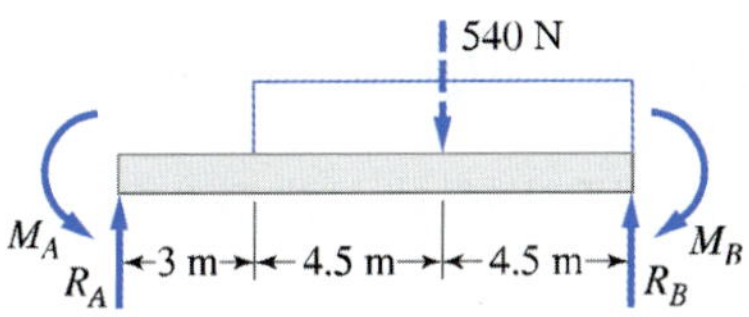

(b)

예제 7.6

그림 (a)의 보 AB는 양단이 고정되어 있으며, 부분적으로 균일 분포 하중을 받고 있다. 보에 작용하는 모든 지지 반력을 계산하라(주: 이 문제는 예제 7.4에서 이중적분법으로 풀었다).

풀이

그림 (b)의 전체 보에 대한 자유물체도에는 네 개의 미지 반력이 있다. 즉, 힘 R_A와 R_B, 우력 M_A와 M_B이다. 독립된 평형방정식이 두 개이므로 보는 2차 부정정이다. 이를 풀기 위해서 두 개의 적합조건식이 필요하다.

평형 조건 그림 (b)의 자유물체도로부터 두 개의 평형방정식을 다음과 같이 얻는다.

$$\Sigma F_y = 0 \quad +\uparrow \quad R_A + R_B - 540 = 0 \tag{a}$$

$$\Sigma M_B = 0 \quad +\circlearrowleft \quad M_A - R_A(12) + 540(4.5) - M_B = 0 \tag{b}$$

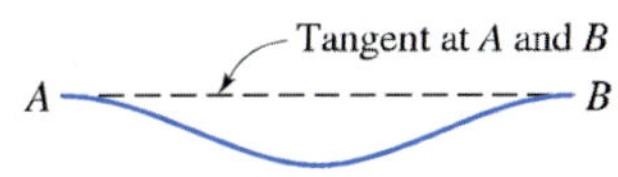

(c)

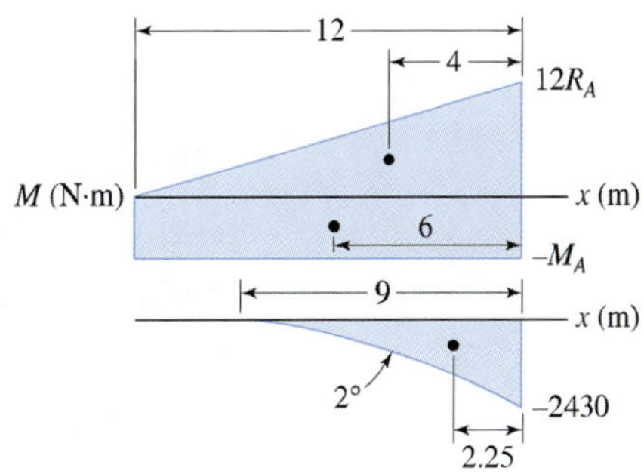

(d)

적합 조건 보의 탄성선을 그림 (c)에 보였다. 고정지지인 양단에서 탄성선의 처짐각이 수평이기 때문에 A와 B 사이에서 처짐각의 변화가 영이라는 결론 내릴 수 있다. 그림 (d)의 굽힘 모멘트 선도와 제1모멘트-면적 정리에서 다음 식이 주어진다.

$$EI\theta_{B/A} = M\text{선도 면적}\Big]_A^B = \frac{1}{2}(12)(12R_A) - 12M_A - \frac{1}{3}(9)(2430) = 0 \tag{c}$$

두 번째 적합조건식은 A에 대한 B의 접선 편차 $t_{B/A}$가 0이라는 조건에서 얻어진다($t_{A/B} = 0$이라는 조건을 사용할 수도 있다). 그림 (d)의 굽힘 모멘트 선도를 제2모멘트–면적법에 적용하면 다음 식을 얻을 수 있다.

$$EIt_{A/B} = M\text{선도 면적}]_A^B \cdot \bar{x}_{/B}$$

$$= \frac{1}{2}(12)(12R_A)(4) - 12M_A(6) - \frac{1}{3}(9)(2430)(2.25) = 0 \quad \text{(d)}$$

식 (a)-(d)를 풀면 다음의 값을 구할 수 있다.

$R_A = 189.8\ \text{N}$ $R_B = 350\ \text{N}$ $M_A = 532\ \text{N}\cdot\text{m}$ $M_B = 638\ \text{N}\cdot\text{m}$ [답]

이 결과들은 예제 7.4에서 브라켓 함수를 이중적분하여 구한 답과 일치한다.

예제 7.7

그림 (a)의 보는 세 개의 지지점을 갖는다. 6000 N의 하중이 작용할 때 모든 지지 반력을 계산하라.

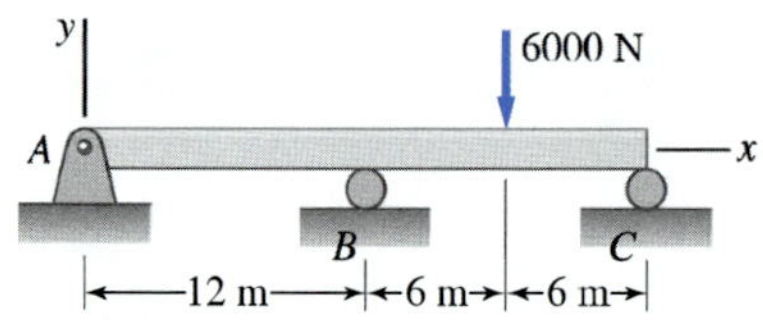

(a)

풀이

그림 (b)의 자유물체도는 R_A, R_B 그리고 R_C 세 개의 수직 반력이 있음을 보이고 있다. 독립된 평형방정식이 두 개이기 때문에, 이 보는 1차 부정정이다. 그러므로 반력의 계산에는 두 개의 평형방정식 외에 적합조건식이 하나 더 필요하다.

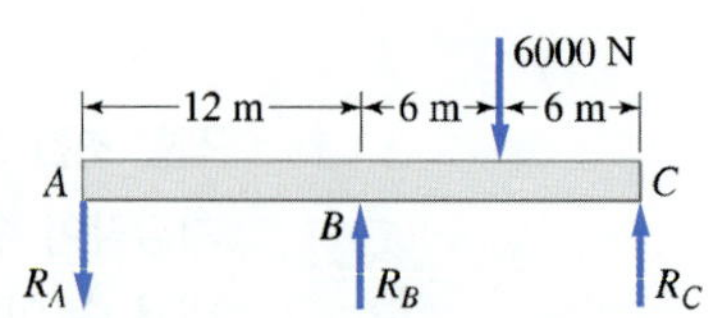

(b)

평형 조건 그림 (d)의 자유물체도에서 다음의 평형방정식을 얻을 수 있다.

$$\Sigma F_y = 0 \quad +\uparrow \quad -R_A + R_B + R_C - 6000 = 0 \quad \text{(a)}$$

$$\Sigma M_B = 0 \quad +\circlearrowleft \quad R_A(12) + R_C(12) - 6000(6) = 0 \quad \text{(b)}$$

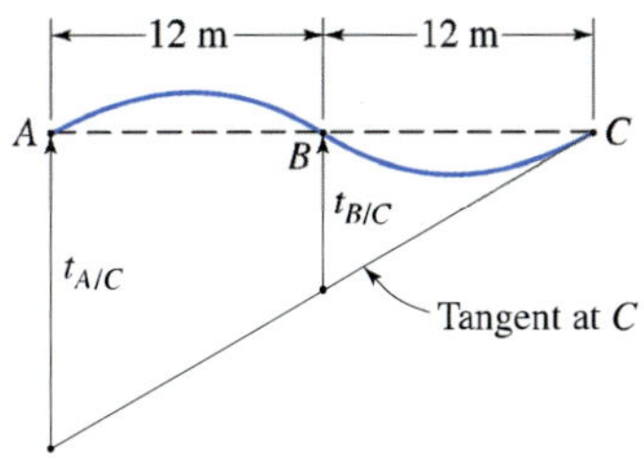

(c)

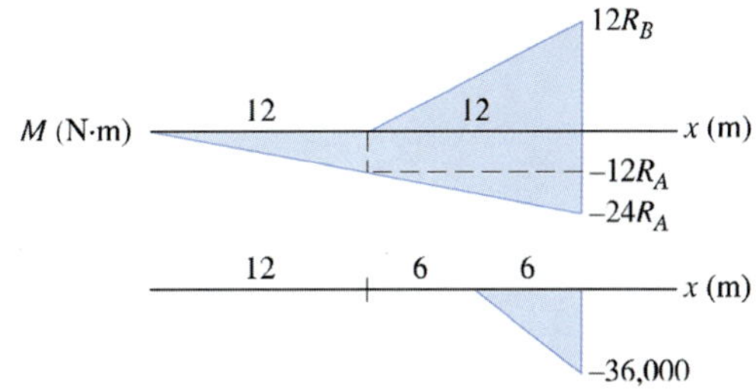

(d)

적합 조건 그림 (c)의 탄성선으로부터 접선 편차 $t_{A/C}$와 $t_{B/C}$가 다음과 같은 관계를 갖는다는 것을 알 수 있다.

$$t_{A/C} = 2t_{B/C} \tag{c}$$

그림 (d)의 굽힘 모멘트 선도와 제2모멘트-면적 정리를 이용하면, 다음 식을 얻을 수 있다.

$$\begin{aligned} EIt_{A/C} &= M\text{선도 면적}]_C^A \cdot \bar{x}_{/A} \\ &= \frac{1}{2}(12)(12R_B)\left[12+\frac{2}{3}(12)\right] - \frac{1}{2}(24)(24R_A)\left[\frac{2}{3}(24)\right] \\ &\quad - \frac{1}{2}(6)(36{,}000)\left[18+\frac{2}{3}(6)\right] \\ &= 1440R_B - 4608R_A - (2.376\times 10^6)\ \text{N}\cdot\text{m}^3 \end{aligned} \tag{d}$$

그리고

$$\begin{aligned} EIt_{B/C} &= M\text{선도 면적}]_C^B \cdot \bar{x}_{/B} \\ &= \frac{1}{2}(12)(12R_B)\left[\frac{2}{3}(12)\right] - 12(12R_A)\left[\frac{1}{2}(12)\right] \\ &\quad - \frac{1}{2}(12)(12R_A)\left[\frac{2}{3}(12)\right] - \frac{1}{2}(6)(36{,}000)\left[6+\frac{2}{3}(6)\right] \\ &= 576R_B - 1440R_A - (1.080\times 10^6)\ \text{N}\cdot\text{m}^3 \end{aligned} \tag{e}$$

식 (d)와 (e)를 식 (c)에 대입하여 정리하면 다음과 같다.

$$R_B = 750 + 6R_A \tag{f}$$

식 (a), (b)와 (f)를 반력에 대하여 풀면 다음의 결과를 얻는다.

$$R_A = 563 \text{ N} \qquad R_B = 4130 \text{ N} \qquad R_C = 2440 \text{ N}$$ [답]

연습문제

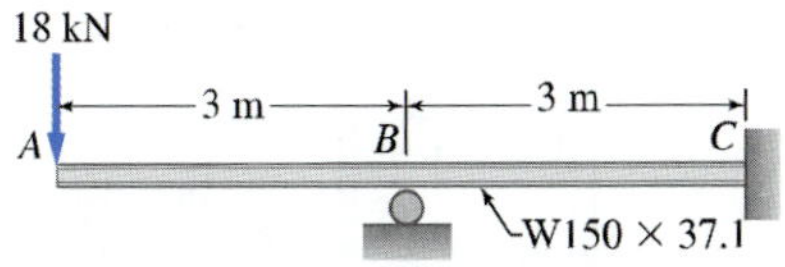

그림 P7.19

7.19 지지된 외팔보가 W150 × 37.1의 강재 단면을 갖고 있다. (a) B점의 반력과 (b) A점의 변위를 구하라.

7.20 지지된 외팔보의 A점에서 지지 반력을 구하라.

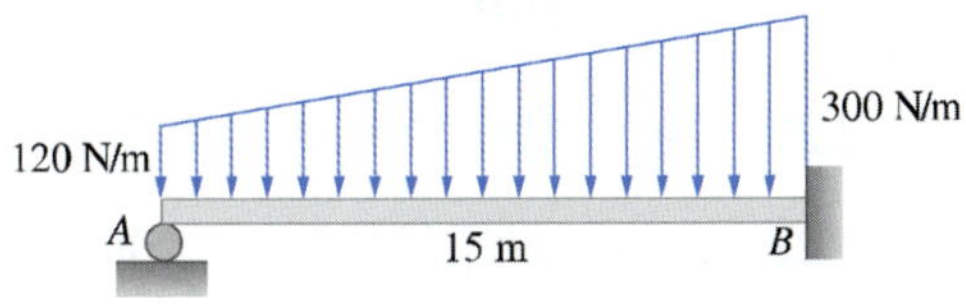

그림 P7.20

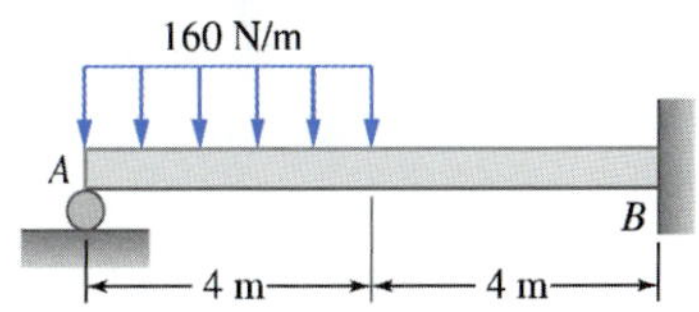

그림 P7.21

7.21 지지된 외팔보의 B점에 작용하는 반작용 우력을 구하라.

7.22 보 AB의 A점이 고정되어 있다. B점의 롤러 지지에서 수직 변형은 허용되지만 회전은 구속되어 있다. 모든 지지 반력을 구하라.

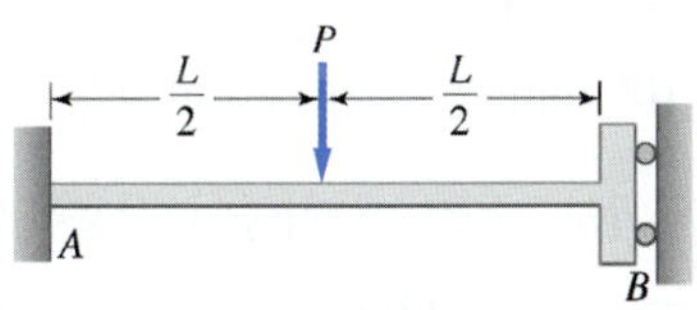

그림 P7.22

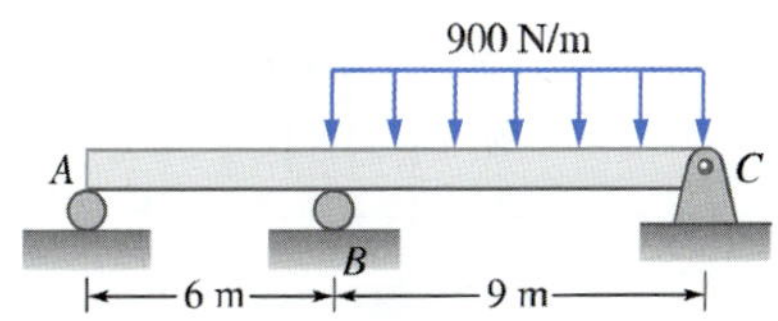

그림 P7.23

7.23 보 ABC가 세 지지점 위에 놓여 있다. 모든 지지 반력을 구하라.

7.24 보 ABC에 삼각형 분포 하중이 작용한다. 세 지지점의 반력을 모두 구하라.

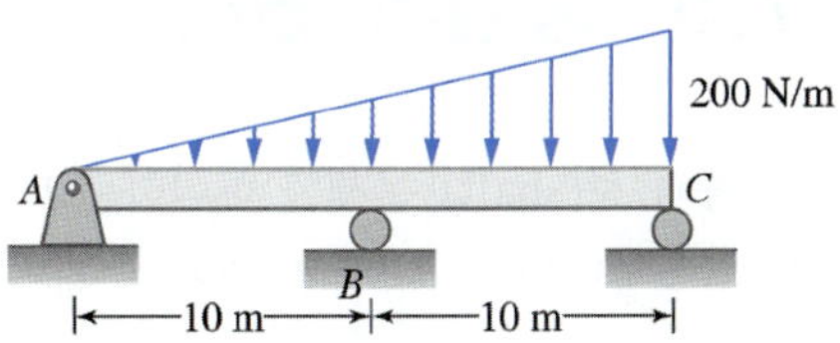

그림 P7.24

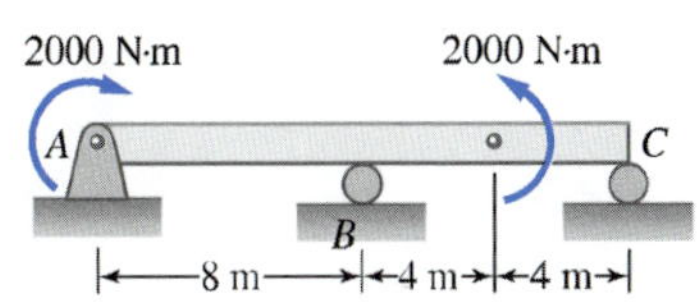

그림 P7.25

7.25 보 ABC가 세 지지점을 가지고 있고, 크기는 같지만 방향이 반대인 두 개의 우력을 받고 있다. 모든 지지 반력을 구하라.

7.26 보 AB는 양단이 고정되어 있다. (a)A와 B에 작용하는 반작용 우력을 결정하라. (b)중앙에서 $EI\delta$의 크기를 결정하라(힌트: 대칭성을 이용하라).

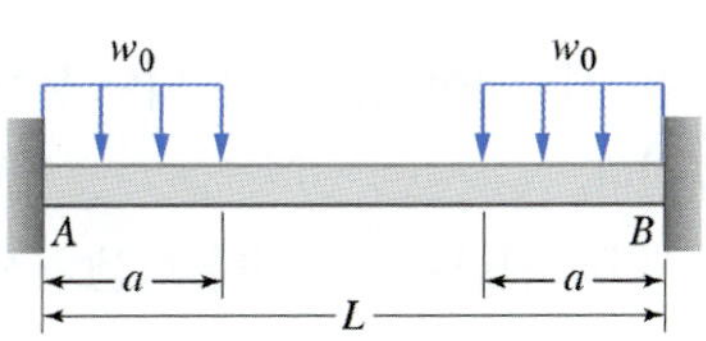

그림 P7.26

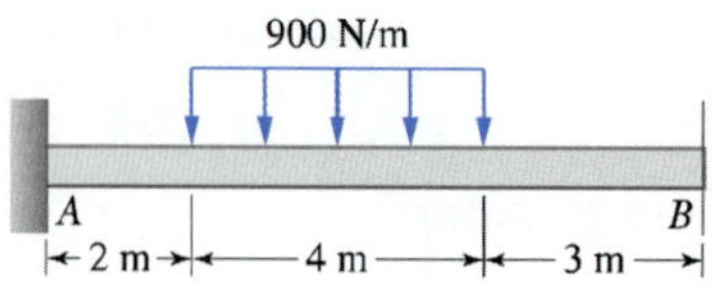

그림 P7.27

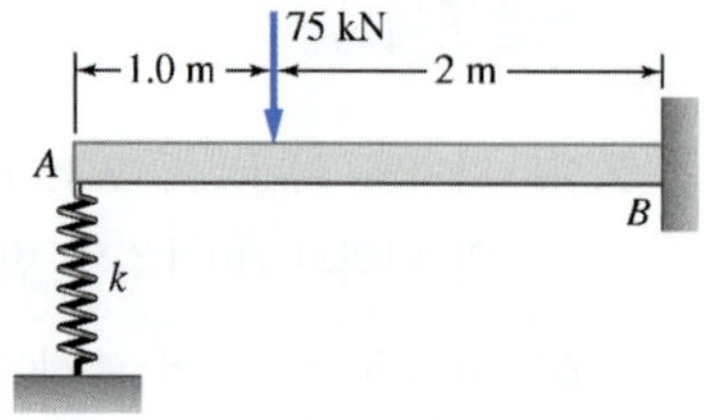

그림 P7.28

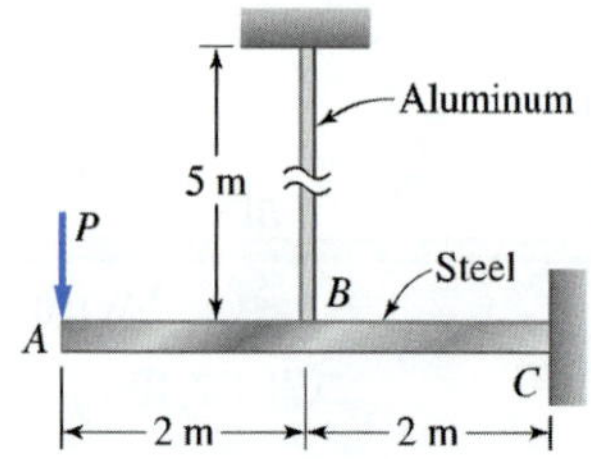

그림 P7.29

7.27 양단 고정지지인 보의 A점에서의 지지 반력을 구하라.

7.28 외팔보 AB의 특성은 $E = 200$ GPa이고 $I = 60 \times 10^6$ mm^{4}이다. 스프링 지지점 A에서 스프링 강성은 $k = 660$ kN/m이다. 이 스프링의 초기 변형이 없을 때, 보에 75 kN의 하중이 작용할 때 스프링에 작용하는 힘을 구하라.

7.29 강재 외팔보 ABC의 중앙점 B는 연직으로 놓인 알루미늄봉에 의해 지지되고 있다. 봉의 응력이 120 MPa를 초과할 수 없다면 작용하중 P의 최대 허용값을 구하라. 보에 대하여 $E_{st} = 200$ GPa, $I = 50 \times 10^6$ mm^{4}을 봉에 대하여 $E_{al} = 70$ GPa, $A = 40$ mm^{2}를 적용하라.

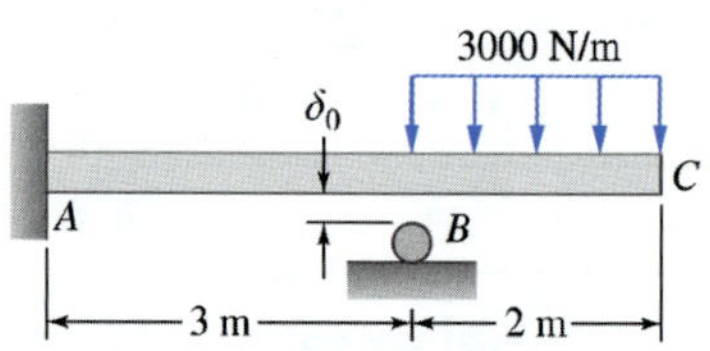

그림 P7.30

7.30 외팔보 ABC에 하중이 작용하지 않을 때, 보와 지지점 B 사이에는 $\delta_0 = 5$ mm의 간격이 있다. 3000 N/m의 분포 하중이 가해질 때 B점에서의 지지 반력을 구하라. $E = 200$ GPa, $I = 12.5 \times 10^6$ mm^4 이다.

7.5 중첩의 원리

부정정봉과 축(shaft) 문제를 해석하는 데 이미 중첩의 원리를 사용한 적이 있다. 부정정보에 이 방법을 적용할 때는 다음의 절차에 따른다.

- 부정정 차수를 결정하고 잉여 반력(redundant reaction)을 선택한다. 선택 방법이 한 가지만으로 유일한 것은 아니다. 어떤 지지 반력도 나머지 반력들이 하중을 지지할 수만 있다면 잉여 반력으로 선택될 수 있다.
- 잉여 반력과 관련된 구속 조건들을 제거하여 정정보가 되도록 한다. 잉여 반력은 작용 하중으로 간주한다.
- 중첩법을 이용하여, 제거된 구속 조건과 관련된 처짐이나 회전(처짐각)을 계산한다.

- 전 단계에서 구한 처짐이나 처짐각을 원래 보의 지지점들에 주어진 것과 같게 두는 조건으로 적합조건식을 작성한다.
- 잉여 반력에 대한 적합조건식을 푼다.

잉여 반력을 구한 후, 나머지 반력들은 예제에서 보는 것처럼 평형방정식으로 계산될 수 있다.

예제 7.8

그림 (a)의 지지된 외팔보 AB가 길이 L 전체에 걸쳐 균일 분포 하중을 받고 있다. 중첩법을 이용하여 모든 지지 반력을 구하라(주: 이 보는 296쪽 예제 7.1에서 이중적분법으로 해석되었다).

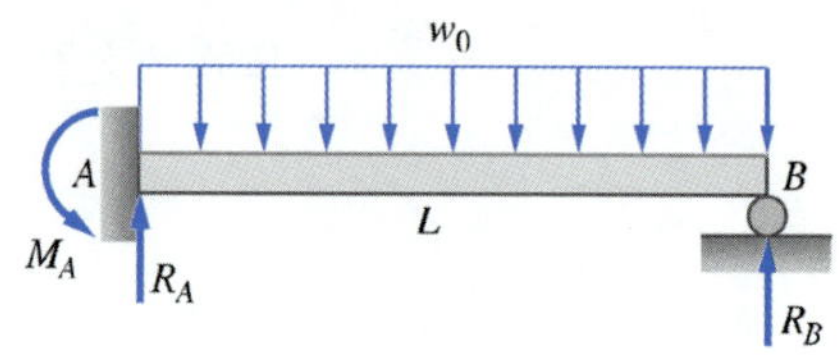

(a)

풀이

적합 조건 세 개의 지지 반력(R_A, R_B, M_A)이 있으나 독립된 평형방정식이 두 개이므로, 이 보는 1차 부정정이다. 따라서 그림 (a)의 지지 반력 중 어느 하나를 잉여 반력으로 둘 수 있다(나머지 두 반력이 하중을 지탱할 수 있음을 확인할 수 있다). R_B를 잉여 반력으로 선택하여 지지점 B를 소거하고 반력 R_B를 하중으로 간주한다. 그러면 그림 (b)와 같은 하중을 받는 외팔보가 된다. 이제 문제는 B점에서 탄성선의 처짐이 영이 되는 R_B를 찾는 것이다.

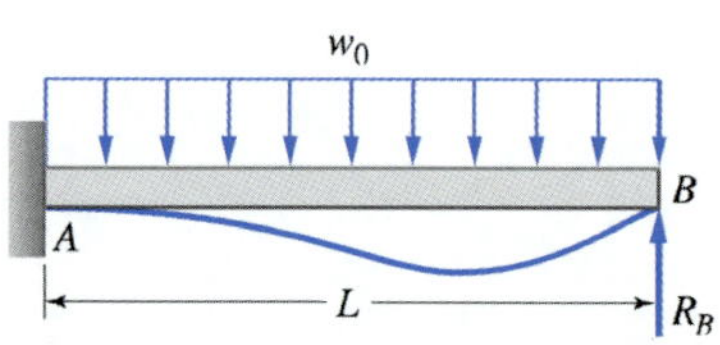

(b)

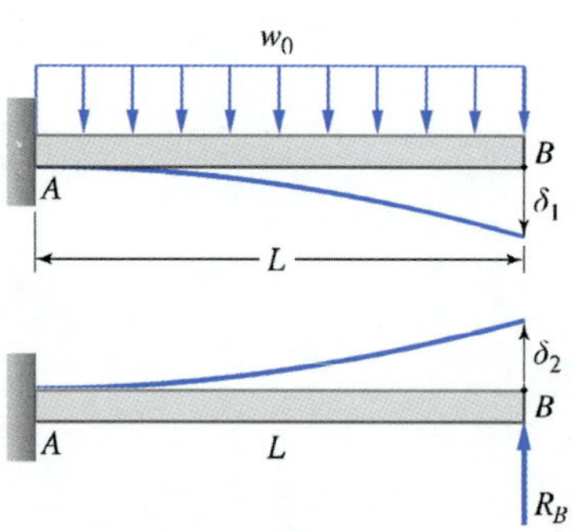

(c)

그림 (c)와 표 6.2에서 하중 w_0만이 작용할 때 B점에서의 처짐은 다음과 같다.

$$\delta_1 = \frac{w_0 L^4}{8EI} \quad \downarrow$$

그리고 R_B만 작용할 때 B점에서의 처짐은 다음과 같다

$$\delta_2 = \frac{R_B L^3}{3EI} \quad \uparrow$$

원래 보의 B점에서 처짐은 δ_1과 δ_2를 중첩해서 얻어진다. 결과가 0이 되어야 하므로, 적합조건식은 다음과 같다.

$$\delta_1 - \delta_2 = \frac{w_0 L^4}{8EI} - \frac{R_B L^3}{3EI} = 0$$

계산하면 다음과 같은 결과가 얻어진다.

$$R_B = \frac{3w_0 L}{8}$$ [답]

평형 조건 이제 A 점에서의 반력을 평형방정식으로부터 구할 수 있다. 그 결과는 다음과 같다(상세한 내용은 예제 7.1의 결과를 참조하라).

$$R_A = \frac{5w_0L}{8} \qquad M_A = \frac{w_0L^2}{8}$$ [답]

별해

앞서 언급했듯이 반력들 중 어느 하나를 잉여 반력으로 선택할 수 있다. 예를 들어 M_A를 잉여 반력으로 간주하자. A 점에서의 회전 구속을 풀고 M_A를 작용 우력으로 간주하면, 그림 (d)에 보인 것과 같은 양단 단순지지보가 된다.

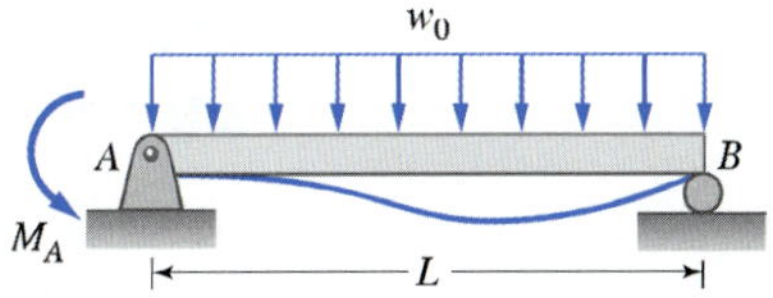

(d)

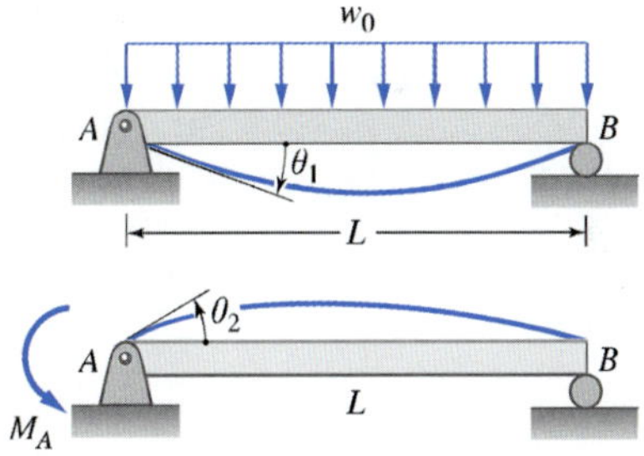

(e)

그림 (e)에 보인 것처럼, θ_1과 θ_2가 두 개의 작용 하중에 의해 발생된 각각의 처짐각(기울기)이라면 중첩에 의해 $\theta_A = \theta_1 - \theta_2$라고 표현할 수 있다. 표 6.3을 사용하면 다음의 식을 얻을 수 있다.

$$\theta_1 = \frac{w_0L^3}{24EI} \circlearrowright \qquad \theta_2 = \frac{M_AL}{3EI} \circlearrowleft$$

따라서, 적합조건식은

$$\theta_1 - \theta_2 = \frac{w_0L^3}{24EI} - \frac{M_AL}{3EI} = 0$$

이 되고, 이로부터 다음의 결과를 얻을 수 있다.

$$M_A = \frac{w_0L^2}{8}$$ [답]

다른 반력들은 평형방정식으로부터 계산될 수 있다.

예제 7.9

그림 (a)와 같이 양단이 고정된 보가 부분적으로 균일 분포 하중을 받고 있다. 중첩법을 이용하여 보에 작용하는 모든 지지 반력을 계산하라(주: 이 문제는 예제 7.4와 7.6에서 각기 다른 방법으로 풀었다).

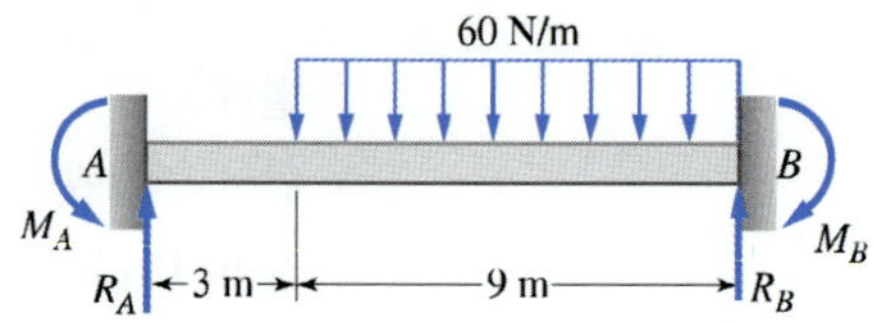

(a)

풀이

적합 조건 이 보는 2차 부정정이다 — 그림 (a)처럼 네 개의 지지 반력(R_A, R_B, M_A, M_B)이 있으나 독립된 평형방정식은 단지 두 개만 있다. 그러므로, 그중 두 개의 반력이 잉여 반력이다. R_A와 M_A를 잉여 반력으로 선택하여, A에서의 처짐과 처짐각(기울기)의 구속을 풀어 주고 R_A와 M_A를 작용 하중으로 간주하면, 그림 (b)과 같은 외팔보가 된다. 이제 할 일은 A점에서의 처짐과 처짐각이 0이 되도록 R_A와 M_A를 구하는 것이다.

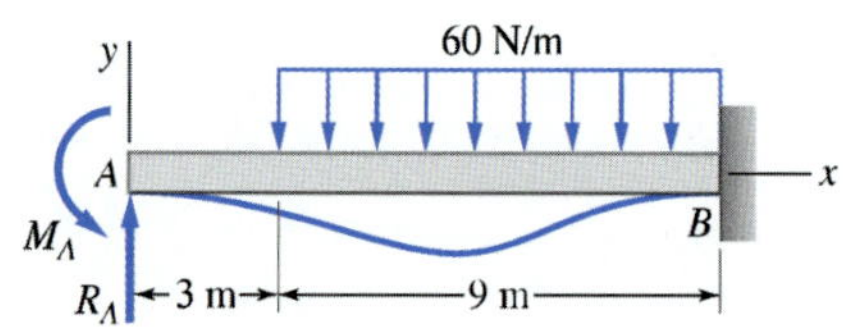

(b)

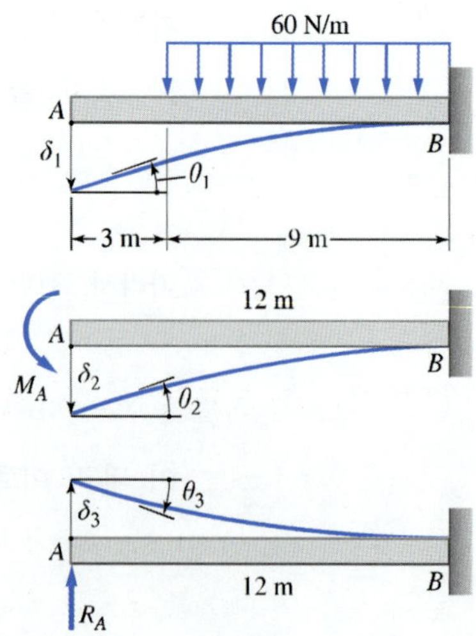

(c)

그림 (c)는 각각의 하중에 의한 처짐각과 처짐을 보여준다. 표 6.2를 사용하여 다음의 식들을 구할 수 있다.

$$EI\theta_1 = \frac{w_0 L^3}{6} = \frac{60(9)^3}{6} = 7290 \text{ N}\cdot\text{m}^2$$

$$EI\theta_2 = M_A L = M_A(12) = 12M_A \text{ N}\cdot\text{m}^2$$

$$EI\theta_3 = \frac{R_A L^2}{2} = \frac{R_A(12)^2}{2} = 72R_A \text{ N}\cdot\text{m}^2$$

$$EI\delta_1 = \frac{w_0 a^3}{24}(4L-a) = \frac{60(9)^3}{24}[4(12)-9] = 71{,}078 \text{ N}\cdot\text{m}^3$$

$$EI\delta_2 = \frac{M_A L^2}{2} = \frac{M_A(12)^2}{2} = 72M_A \text{ N}\cdot\text{m}^3$$

$$EI\delta_3 = \frac{R_A L^3}{3} = \frac{R_A(12)^3}{3} = 576R_A \text{ N}\cdot\text{m}^3$$

그림 (c)로부터, A점에서의 처짐각과 처짐이 0인 조건을 적용하면 다음과 같이 된다(공통 인자 EI는 소거하였다).

$$\theta_1 + \theta_2 - \theta_3 = 0 \qquad 7290 + 12M_A - 72R_A = 0 \qquad \text{(a)}$$

$$\delta_1 + \delta_2 - \delta_3 = 0 \qquad 71{,}078 + 72M_A - 576R_A = 0 \qquad \text{(b)}$$

식 (a)와 (b)를 반력에 대하여 풀면, 다음의 값을 얻을 수 있다.

$$R_A = 189.8 \text{ N} \qquad M_A = 532 \text{ N}\cdot\text{m}$$ [답]

평형 조건 그림 (a)로부터, 다음 두 개의 독립된 평형방정식을 얻는다.

$$\Sigma F_y = 0 \quad + \uparrow \quad R_A + R_B - 540 = 0 \qquad \text{(c)}$$

$$\Sigma M_B = 0 \quad +\circlearrowleft \quad M_A - R_A(12) + 540(4.5) - M_B = 0 \qquad \text{(d)}$$

R_A와 M_A의 값을 식 (c)와 (d)에 대입하고 B점의 반력에 대하여 풀면 다음 결과가 도출된다.

$$R_B = 350 \text{ N} \qquad M_B = 683 \text{ N}\cdot\text{m}$$ [답]

연습문제

7.31 예제 7.9에서 M_A와 M_B를 잉여 반력으로 선택하여 풀어라.

7.32 문제 7.15를 중첩법으로 풀어라.

7.33 문제 7.16을 중첩법으로 풀어라.

7.34 문제 7.18을 중첩법으로 풀어라.

7.35 문제 7.20을 중첩법으로 풀어라.

7.36 문제 7.22를 중첩법으로 풀어라.

7.37 문제 7.23을 중첩법으로 풀어라.

7.38 지지된 외팔보의 B와 C점에서 반력을 구하라.

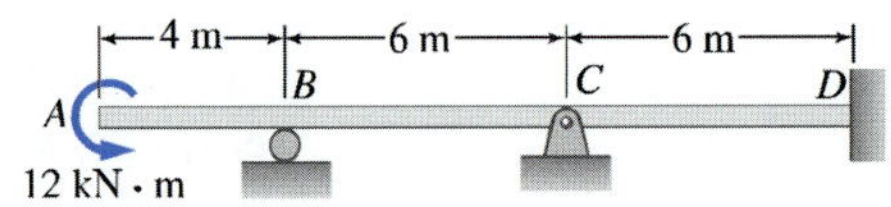

그림 P7.38

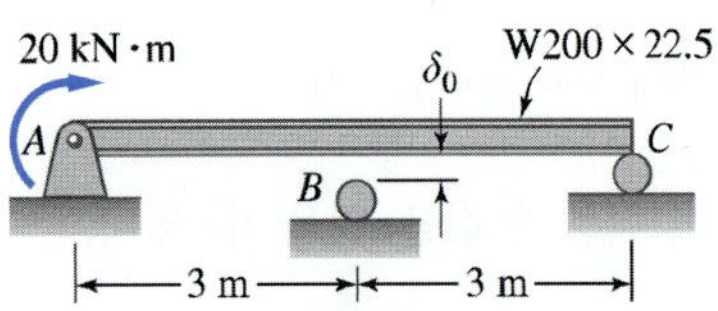

그림 P7.39

7.39 20 kN · m의 우력이 보에 작용하기 전, 보와 지지점 B 사이에 $\delta_0 =$ 4.25 mm 만큼의 간격이 있다. 우력이 작용한 후에 B점에서의 지지 반력을 구하라. 보는 W200 × 22.5의 형상이고, $E = 200$ GPa이다.

7.40 하중을 가하기 전, 두 개의 동일한 외팔보가 B점에서 접촉하고 있다. BC에 균일 분포 하중이 작용할 때 A와 C점에서 반작용 우력을 구하라.

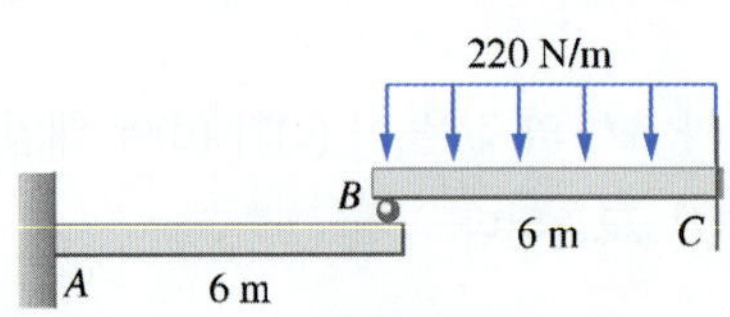

그림 P7.40

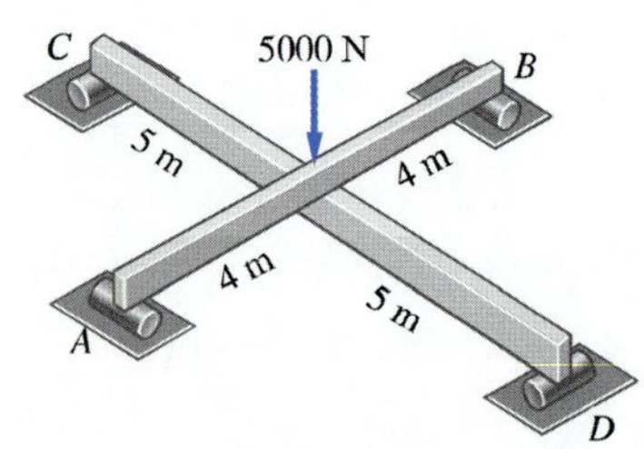

그림 P7.41

7.41 두 목재 단순보가 하중을 가하기 전에는 중앙점에서 단순히 접촉한 상태가 되도록 설치되어 있다. 보 AB는 폭 25 mm, 깊이 150 mm 이고, 보 CD는 폭 50 mm, 깊이 250 mm이다. 5000 N의 하중이 교차점에 작용할 때, 두 보 사이의 접촉력을 구하라.

는 그림 8.1 (a)에 나타낸 미소 길이 dx의 요소를 취하고, 직경을 따르는 평면을 반으로 절단해서 구해진다.

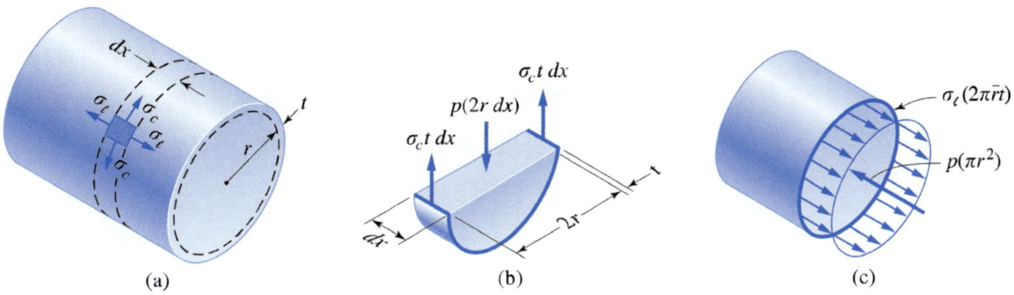

그림 8.1 (a)원통형 압력 용기, (b)원주응력 σ_c를 계산하기 위한 자유물체도, (c)축 방향 응력 σ_l을 계산하기 위한 자유물체도

절단에 의해 분리된 유체는 자유물체도의 일부분으로 고려될 수 있다. 직경면에 작용하는 압력에 의한 합력은 $p(2r\,dx)$이며, $2r\,dx$는 평면의 면적이다. 원통관의 벽에서 원주응력 σ_c가 두께를 따라서 일정하다고 가정하면, 그 합력은 $2(\sigma_c t\,dx)$이다. 유체의 무게를 무시한다면, 연직 방향으로 힘의 평형은 다음과 같다.

$$\Sigma F = 0 \quad +\uparrow \quad 2(\sigma_c t\,dx) - p(2r\,dx) = 0$$

이로부터 원주응력은 다음과 같다.

$$\boxed{\sigma_c = \frac{pr}{t}} \tag{8.1}$$

축 방향 응력 σ_l을 얻기 위해서 단면을 따라 원통을 두 부분으로 절단한다. 원통과 유체를 절단면 왼쪽으로 분리하면 자유물체도는 그림 8.1 (c)가 된다. 박벽 원통에 대해서 벽의 단면적은 (평균 원주)×(두께)=$(2\pi\bar{r})t$로 근사시킬 수 있다. 여기서 $\bar{r} = r + t/2$는 용기의 평균 반경이다. 따라서 축 방향 응력의 합력은 $\sigma_l(2\pi\bar{r})t$이다. 단면에 작용하는 압력의 합은 $p(\pi r^2)$이므로, 축력의 평형 조건에서 다음을 얻는다.

$$\Sigma F = 0 + \searrow \qquad \sigma_l(2\pi\bar{r}t) - p(\pi r^2) = 0$$

그러므로 축 방향 응력은 $\sigma_l = pr^2/(2\bar{r}t)$가 된다. 박벽 용기에서 근사치 $\bar{r} \approx r$을 사용하여 다음 식을 구할 수 있다.

$$\sigma_l = \frac{pr}{2t} \tag{8.2}$$

식 (8.1)과 (8.2)를 비교하면, 원주응력이 축 방향 응력의 두 배임을 알 수 있다. 이로 인해 원통의 압력이 증가되어 파괴점에 이르면, 용기는 축 방향선을 따라 쪼개지게 된다. 원통형 탱크가 그림 8.2와 같이 리벳으로 연결된 곡판으로 제조되었다면 축 방향 연결부의 강도는 둘레 방향 연결부의 강도보다 두 배 크다.

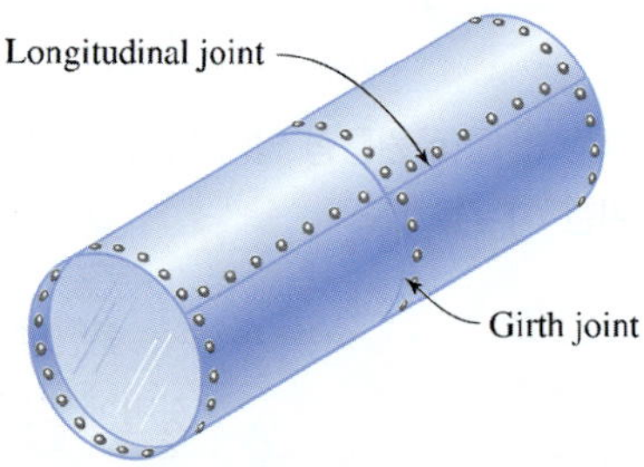

그림 8.2 곡판으로 만들어진 원통형 압축 용기

b. 구형 용기

원통에서 이용한 것과 유사한 해석을 사용하여, 그림 8.3 (a)의 구형 박벽 압력 용기의 벽에 작용하는 인장응력 σ를 유도할 수 있다. 구형 압력 용기는 중심을 기준으로 대칭이므로, 구의 표면상 다른 방향은 구분할 수 없다. 따라서 응력은 용기 전체에 걸쳐 일정하다. 그림 8.3 (b)에 나타낸 것처럼, 용기의 반을 자유물체도로 사용한다. 유체는 자유물체도에 포함되어 있지만, 그 중량은 용기의 중량과 함께 무시된다. 유체의 원형 표면에서 작용하는 압력에 의한 합력은 $p(\pi r^2)$이며, r은 관의 내부반경이다. 벽의 단면적에 대해서는 근삿값 $2\pi \bar{r} t$를 사용할 수 있는데, 여기서 $\bar{r}$은 용기의 평균 반경, t는 벽의 두께이다. 그러므로 σ로 인한 합력은 $\sigma(2\pi\bar{r}t)$이다. 아래의 평형방정식

$$\Sigma F = 0 + \uparrow \quad \sigma(2\pi\bar{r}t) = p(\pi r^2)$$

으로부터 $\sigma = pr^2/(2\bar{r}t)$가 구해진다. $\bar{r}$과 r 사이의 작은 차이를 무시한다면 응력은 다음과 같다.

$$\sigma = \frac{pr}{2t} \tag{8.3}$$

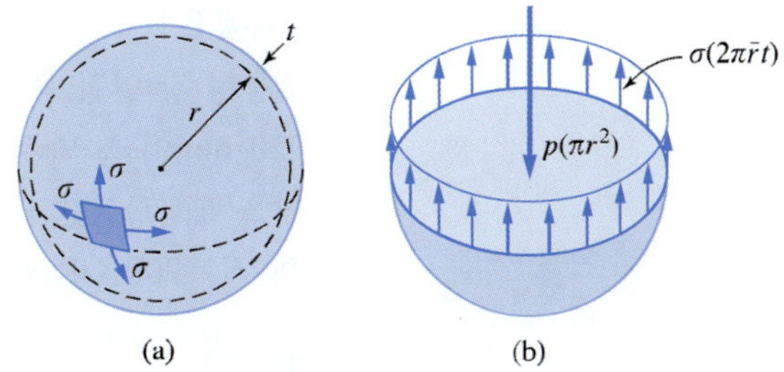

그림 8.3 (a) 구형 압력 용기, (b) 응력 σ를 구하기 위한 자유물체도

식 (8.1)–(8.3)에서 반경의 선택 앞에서 지적했듯이, 박벽 용기($r/t \geq 10$)의 내부 반경 r과 평균 반경 $\overline{r}$ 사이의 차이는 중요하지 않다. 그래서 식 (8.1) - (8.3)의 r에는 둘 중의 어느 반경을 대입해도 된다. 물론 r과 $\overline{r}$를 사용하여 계산된 응력은 달라지겠지만 그 오차는 기껏해야 몇 퍼센트이다.[1]

1 어떤 공학자들은 내부 반경을 사용하는 경향이 있는데, 이는 이론적인 값에 더 근접한 응력을 얻을 수 있기 때문이다.

예제 8.1

원통형 강 압력 용기가 반구 모양의 덮개로 덮여 있다. 용기의 내부 직경은 720 mm이고, 벽 두께는 7.5 mm로 일정하다. 용기가 0.75 MPa의 압력을 받을 때, (1)실린더와 (2)덮개에서 응력 및 반경의 변화를 결정하라. 강에 대해 $E=200$ GPa와 $\nu=0.28$을 사용하라.

풀이

(1)

실린더의 원주응력과 축 방향 응력은 다음과 같다.

$$\sigma_c=\frac{pr}{t}=\frac{(0.75)(720)}{7.5}=72\ \text{MPa}$$ [답]

$$\sigma_l=\frac{\sigma_c}{2}=36\ \text{MPa}$$ [답]

원주 변형률은 식 (2.10)의 2축 Hooke의 법칙으로부터 구해진다.

$$\epsilon_c=\frac{1}{E}(\sigma_c-\nu\sigma_l)=\frac{72-0.28(36)}{200\times10^3}=309.6\times10^{-6}$$ [답]

반경이 원주에 비례하므로, ϵ_c 또한 반경의 변형률이 된다(단위 길이당 반경의 변화). 즉, $\epsilon_c=\Delta r/r$이다. 따라서, 실린더 반경의 변화는 다음과 같다.

$$\Delta r=\epsilon_c r=(309.6\times10^{-6})(720)=0.223\ \text{mm}$$ [답]

(2)

구형 덮개에서의 끝단의 응력은 다음과 같고,

$$\sigma=\frac{pr}{2t}=\frac{(0.75)(720)}{2(7.5)}=36\ \text{MPa}$$ [답]

σ가 2축으로 작용하므로, 변형률도 2축 Hooke의 법칙으로부터 계산되어야 된다.

$$\epsilon=\frac{1}{E}(\sigma-\nu\sigma)=\frac{(1-\nu)\sigma}{E}=\frac{(1-0.28)(36)}{200\times10^3}=129.6\times10^{-6}$$

그러므로, 덮개 반경의 변화는 다음과 같다.

$$\Delta r=\epsilon r=(129.6\times10^{-6})(720)=0.093\ \text{mm}$$ [답]

연결부에서의 부적합성

지금까지의 해석에 따르면 실린더와 덮개의 반경 변화량은 다르다. 이러한 불일치는 적합성(벽의 변위와 기울기가 연속이어야 한다)에 위배되기 때문에, 앞에서 구한 해에서 실린더와 덮개 사이의 접합점 부근에서는 유효하지 않다는 결론을 내릴 수 있다. 변위와 기울기의 연속성은 접합점 부근에 굽힘응력이 존재해야 함을 뜻한다. 굽힘응력이 접합점에서 멀어질수록 빠르게 감쇠한다는(Saint Venant의 원리) 국부적인 문제에 해당하는 굽힘응력의 해석은 이 책의 범위를 벗어난다. 이를 통해 압력 용기에서의 굽힘응력은 연결부에서부터 대략 100 mm 정도 떨어지면 중요하지 않다는 것을 볼 수 있다.

연습문제

8.1 외부 직경이 2 mm이고, 내부 직경이 1.8 m인 구형 용기가 헬륨으로 인해 6 MPa의 일정한 압력을 받고 있다. 이때, 용기의 응력을 계산하라.

8.2 구형 압력 용기의 내부 직경이 0.5 m이고 벽 두께가 5.6 mm이다. 재료의 사용 인장응력이 30 MPa일 때, 최대 허용 내부 압력을 결정하라.

8.3 프로판 탱크의 원통 모양 부분은 360 mm의 외부 직경과 3.8 mm의 벽 두께를 갖는다. 탱크가 1.2 MPa의 압력을 받을 때, 원통의 벽에서의 축 방향 응력과 원주응력을 계산하라.

그림 P8.3

8.4 리벳으로 접합된 실린더의 강도를 결정하기 위해 그림과 같이 폭이 180 mm인 시편에 대한 인장 시험을 수행하였다. 파단 시 인장력 P가 축 방향으로 160 kN이고, 원주 방향으로는 80 kN이었다. 이때, 안전계수 2.0에 대해 0.9 MPa의 압력을 견딜 수 있는 실린더의 최대 허용 내부 직경을 구하라.

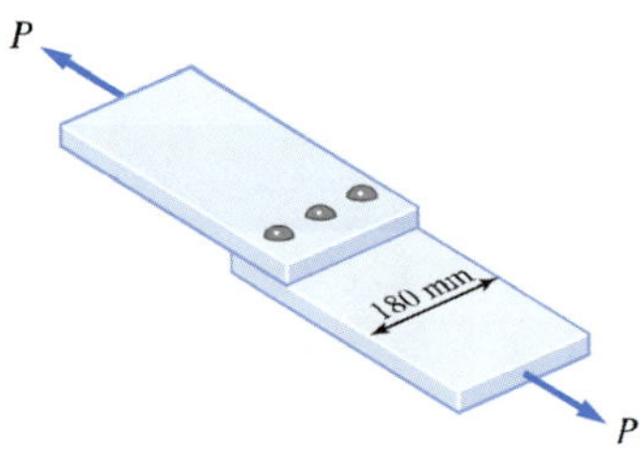

그림 P8.4

8.5 구형 덮개를 갖는 원통형 탱크는 외부 직경 2 m와 벽 두께 25 mm를 갖는다. 탱크가 1.5 MPa의 압력을 받는다면, 축 방향 응력과 원주응력 그리고 덮개에서의 응력을 결정하라.

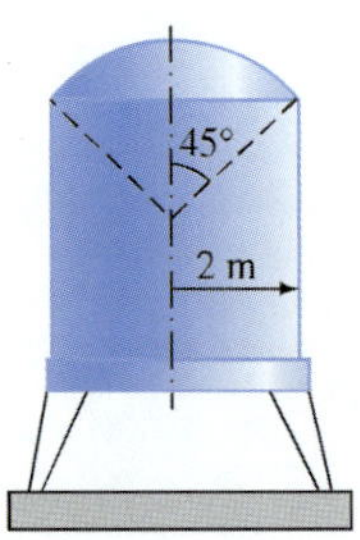

그림 P8.5

8.6 구형 기후 기구가 인장 강도 10 MPa를 갖는 0.2 mm 두께의 직물로 만들어졌다. 기구는 내부 압력이 대기압을 넘어서 1500 Pa인 고도에 이를 수 있도록 설계되었다. 안전계수 1.2를 사용하여, 기구의 최대 허용 직경을 구하라.

8.7 원통형 몸체와 구형 덮개를 갖는 스쿠버 탱크의 외부 직경은 225 mm이다. 탱크의 벽 두께는 15 mm이다. 탱크는 340 MPa의 최대 인장 강도를 갖는 알루미늄 합금으로 제작되었다. 탱크가 18 MPa의 압력을 받을 때 파열에 대한 안전계수를 결정하라.

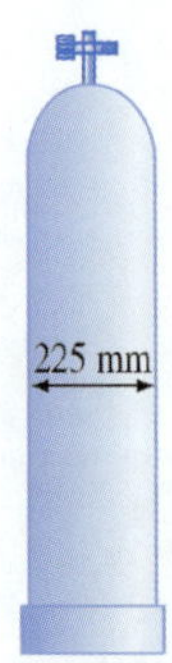

그림 P8.7

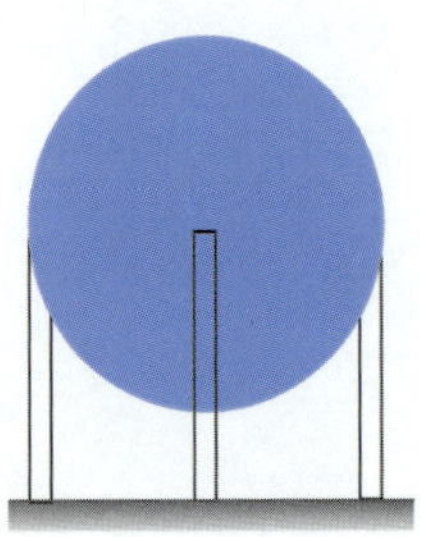

그림 P8.8

8.8 구형 가스 탱크는 강($E = 200$ GPa, $\nu = 0.3$)으로 만들어졌다. 탱크의 내부 직경은 10 m이고, 벽 두께가 30 mm이다. (a)강의 사용응력이 54 MPa이라면, 탱크에 대한 최대 안전 압력을 결정하라. (b)탱크의 체적 변화량을 계산하라.

8.9 원통형 강 압축 용기가 400 mm의 내부 직경과 8 mm의 벽 두께를 가지고 있다. 용기가 1.2 MPa의 압력을 받을 때 내부 직경의 변화량을 구하라. 강에 대해 $E = 200$ GPa, $\nu = 0.3$을 사용하라.

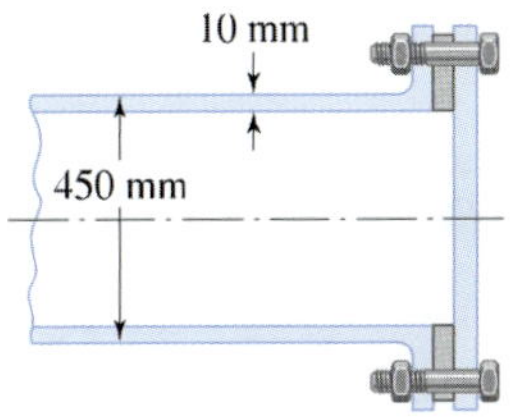

그림 P8.10

8.10 3.5 MPa로 증기를 운반하는 파이프의 외부 직경은 450 mm이고, 벽 두께는 10 mm이다. 틈막이는 파이프 한쪽단의 플랜지와 평판 사이에 삽입된다. (a)덮개를 고정하려면 직경 40 mm 볼트가 몇 개 필요한가? 볼트의 초기응력은 55 MPa이고, 허용응력은 80 MPa이다. (b)파이프의 원주응력은 얼마인가?

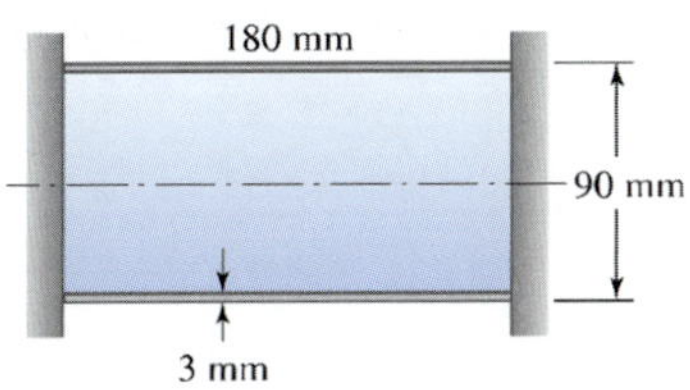

그림 P8.11

8.11 내부 직경 90 mm인 청동관의 끝단이 강체벽에 고정되어 있다. 관이 3 MPa의 압력을 받고 있을 때, 축 방향 및 원주응력을 결정하라. 청동에 대해 $E = 84$ GPa과 $\nu = 1/3$을 사용하라. 관의 끝단에서 국부적인 굽힘은 무시하라.

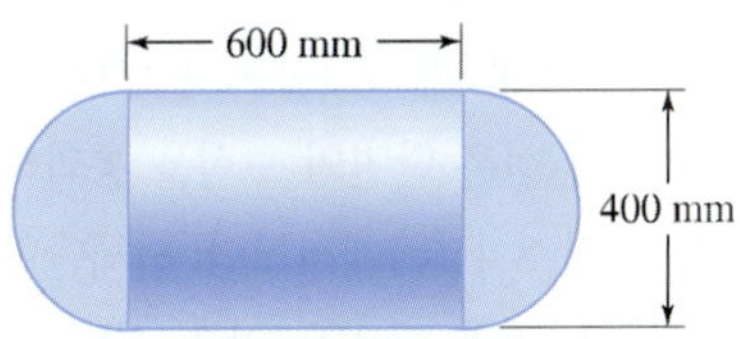

그림 P8.12

8.12 반구형 덮개로 끝이 싸인 실린더형 압력 용기가 강으로 만들어졌다. 용기의 두께는 18 mm로 균일하고 외부 직경은 400 mm이다. 용기가 3.6 MPa의 압력을 받을 때, 용기의 전체 길이 변화를 결정하라. 강에 대해 $E = 200$ GPa과 $\nu = 0.3$을 사용하라. 국부적인 굽힘은 무시하라.

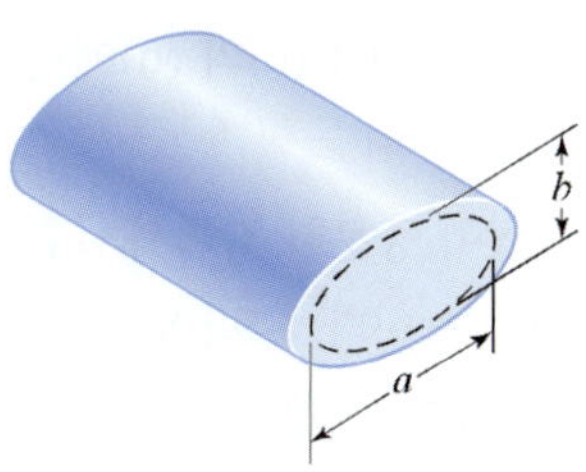

그림 P8.13

8.13 박벽 압력 용기가 그림에 보이는 것처럼 타원형 단면을 갖고 있다. $a > b$고, 두께는 t로 일정하다고 가정하여, 내부 압력 p에 의한 용기의 최대 및 최소 원주응력에 관한 식을 유도하라.

8.3 축 하중과 횡 하중의 조합

그림 8.4 (a)는 횡 하중과 단면의 도심에 작용하는 축력 P를 받는 직사각형 봉의 단면을 나타내고 있다. P만 작용하면, 그림 8.4 (b)에 나타낸 것처럼, 균일 분포 축응력 $\sigma_a = P/A$가 봉의 $m-n$단면에서 발생한다. 횡 하중만 작용하여 발생하는 굽힘응력은 $\sigma_b = -My/I$이다. 여기서, M은 $m-n$단면에 작용하는 굽힘 모멘트이다. 이 응력은 그림 8.4 (c)에 나타나 있다. 축 하중과 횡 하중이 동시에 작용할 때, $m-n$ 단면상의 임의의 점에서의 응력 σ는 두 개의 영향을 중첩하여 도출할 수 있다.

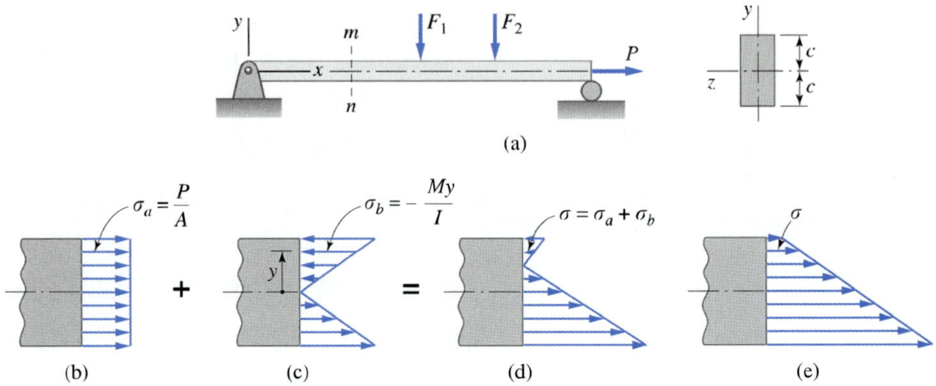

그림 8.4 (a)축 하중과 횡 하중을 받는 직사각형봉, (b)–(d) 축 하중과 굽힘에 의한 응력을 중첩하여 얻어진 응력 분포, (e)$P/A > |M|c/I$일 때의 응력 분포

$$\sigma = \sigma_a + \sigma_b = \frac{P}{A} - \frac{My}{I} \tag{8.4}$$

이는 그림 8.4 (d)에 나타낸 응력 분포의 결과가 된다.

물론 단면상의 최대 인장 및 압축 응력은 식 (8.4)의 두 항의 상대적 크기에 달려 있다. 그림 8.4 (d)의 응력 분포를 나타낼 때, $P/A < |M|c/I$로 가정했다. 단면상에 응력이 0인 선이 있지만 이 선은 단면의 도심을 통과하지는 않는다. 만약 $P/A > |M|c/I$이면, 그림 8.4 (e)에서처럼 전체단면이 인장 상태가 될 것이다(만약 P가 압축력이면, 전체 단면은 압축 상태가 될 것이다). 물론 단면이 중립축에 대해서 대칭이 아니라면, 응력 분포를 그릴 때 최상측 섬유와 최하측 섬유까지의 거리를 그림 8.4 (c)와 (d)에서처럼 고려해야 한다.

식 (8.4)에서 의미하는 중첩법은 봉의 변형이 충분히 작아서 굽힘 모멘트 M의 계산 시에 변위가 무시될 수 있을 때만 가능하다. 그림 8.5를 참조하면 변형을 무시하지 않을 때, P는 $m-n$단면의 굽힘 모멘트에 $-P\delta$만큼 기여한다. 여기서 δ는 그 단면에서 봉의 횡 방향 변위이다. 따라서,

$$\sigma = \frac{P}{A} - \frac{(M - P\delta)y}{I}$$

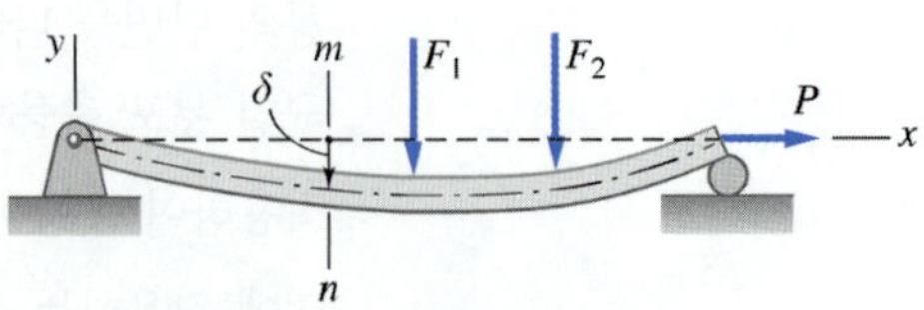

그림 8.5 보의 처짐이 클 때, 축 하중의 굽힘 모멘트에 대한 영향을 무시할 수 없다.

앞에서처럼 M은 횡 하중만 작용할 때 생기는 굽힘 모멘트를 뜻한다. 식 (8.4)는 $P\delta$가 M에 비해 작을 때만 유효함을 알 수 있다. 만약 P가 인장(양)이면, 그 모멘트는 굽힘응력을 감소시키고, P가 압축(음)이면 반대 효과가 일어난다. 이때 그 모멘트는 굽힘응력을 증가시킨다. 이러한 효과는 대부분의 구조물에서 무시되는데, 이는 주로 봉이 너무 강하기 때문에 P에 의한 추가적인 굽힘응력이 무시될 수 있는 것이다. 그러나 가느다란 압축 부재(기둥)에서는 그 효과가 아주 중요할 수 있으므로 보다 정확한 해석 방법이 요구된다.

식 (8.4)를 적용하기 전에, 관심 단면에 대한 축 하중 P와 굽힘 모멘트 M을 결정하기 위해서는 평형 해석을 이용해야 한다. 특정 단면에서 수직응력이 필요할 때는 그 단면상에서 힘의 관계를 나타내는 자유물체도로 충분할 것이다. 그러나 최대 수직응력을 구해야 한다면, 중요한 단면의 위치를 찾기 위해 축력과 굽힘 모멘트 선도가 필요하다.

예제 8.2

그림 (a)에 나타나 있듯이, 기계의 연결 부분은 간섭을 줄이기 위해 중앙 단면의 단면적을 전체의 1/2까지 줄이도록 설계되어 있다. 연결부의 두께는 50 mm이다. $P = 40$ kN이 주어져 있을 때, (1)단면 $m-n$에 작용하는 수직응력의 최댓값과 최솟값을 결정하라. (2)$m-n$단면에 작용하는 응력 분포를 그려라.

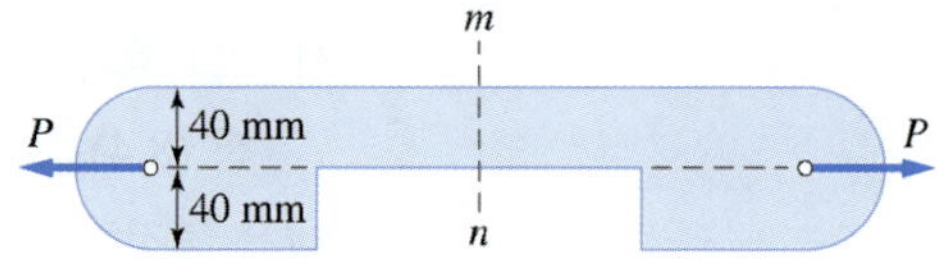

(a)

풀이

(1)

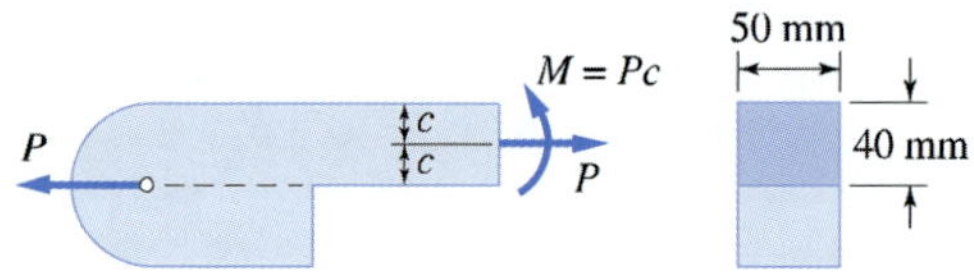

(b)

그림 (b)의 자유물체도는 $m-n$단면의 내력 시스템이 단면의 도심에 작용하는 수직력 P와 굽힘 모멘트 $M = Pc$로 표현될 수 있음을 보여준다. 따라서, 수직응력의 최댓값과 최솟값은 다음과 같다.

$$\left.\begin{matrix}\sigma_{max}\\ \sigma_{min}\end{matrix}\right\} = \frac{P}{A} \pm \frac{Mc}{I} = \frac{P}{A} \pm \frac{Pc^2}{I}$$

$P = 40$ kN을 대입하고,

$$A = bh = (50)40 = 2000\ \text{mm}^2 = 2.0 \times 10^{-3}\ \text{m}^2$$

$$I = \frac{bh^3}{12} = \frac{50(40)^3}{12} = 266.7 \times 10^3\ \text{mm}^4 = 266.7 \times 10^{-9}\ \text{m}^4$$

$$c = \frac{h}{2} = \frac{40}{2} = 20\text{mm} = 0.020\text{m}$$

를 이용하면,

$$\frac{P}{A} = \frac{40 \times 10^3}{2.0 \times 10^{-3}} = 20 \times 10^6\ \text{Pa} = 20\ \text{MPa}$$

$$\frac{Pc^2}{I} = \frac{(40 \times 10^3)(0.020)^2}{266.7 \times 10^{-9}} = 60 \times 10^6\ \text{Pa} = 60\ \text{MPa}$$

따라서 $m-n$ 단면에 작용하는 최대 및 최소 수직응력은 다음과 같다.

$$\sigma_{max} = 20 + 60 = 80 \text{ MPa}$$ [답]

$$\sigma_{min} = 20 - 60 = -40 \text{ MPa}$$ [답]

여기서 양의 값은 인장, 음의 값은 압축을 의미한다.

(2)

$m-n$단면의 응력 분포는 그림 (c)에 나타나 있다. 인장 하중 P에 의한 20 MPa의 인장응력은 모든 단면에 걸쳐 균일하게 분포되어 있다. 굽힘 모멘트 M에 의해 최외측 섬유에서 최대 60 MPa에 다다르는 선형적 응력 분포를 나타나게 된다(상단의 압축과 하단의 인장). P와 M으로 인한 응력들을 중첩시키면 $\sigma_{max} = 80$ MPa(하단)과 $\sigma_{min} = -40$ MPa(상단) 사이에서 선형적으로 변하는 응력 분포가 된다. 응력이 0인 점과 단면의 상부 사이 거리는 삼각형 형태를 이용하여 구할 수 있다: $d/40 = (40-d)/80$에서 $d = 13.33$ mm를 얻는다.

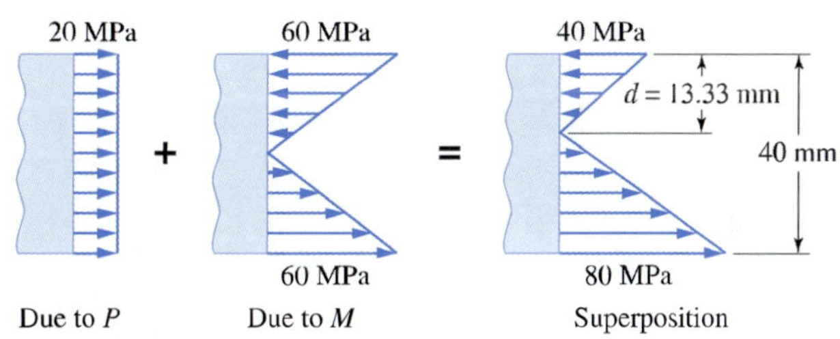

(c)

예제 8.3

그림 (a)의 목재보 $ABCD$는 두 곳에서 연직 하중을 받고 있다. 보는 점 A의 핀과 수평 케이블 CE에 의해 지지되어 있다. 발생하는 최대응력(인장 또는 압축)과 그 발생 위치를 구하라. 단 보의 자중은 무시한다.

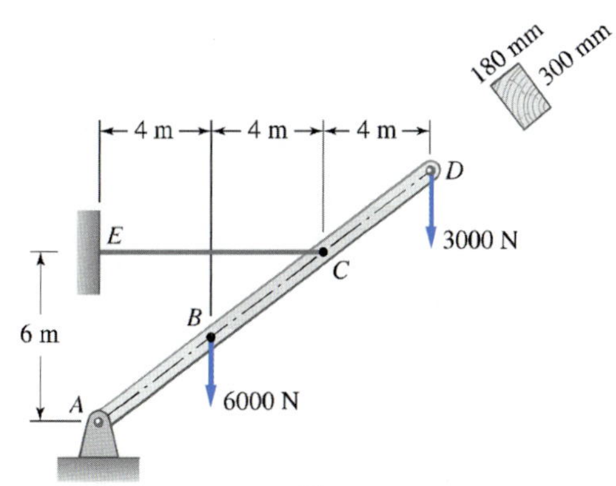

(a)

풀이

예비 계산 보의 단면 치수는 $b = 180$ mm, $h = 300$ mm이고, 이로부터 단면의 특성은 다음과 같다.

$$A = bh = 180(300) = 54{,}000 \ \ \text{mm}^2$$

$$I = \frac{bh^3}{12} = \frac{180(300)^3}{12} = 405 \times 10^6 \ \ \text{mm}^4$$

평형 해석 보의 자유물체도를 그림 (b)에 나타냈다. 평형방정식에서 다음이 구해진다.

$$\Sigma M_A = 0 \ \ +\circlearrowleft \ \ 6T - 6000(4) - 3000(12) = 0$$

여기서 케이블에 작용하는 인장력 $T = 10{,}000$ N을 구할 수 있다. 점 A에서의 반력은 $\Sigma \mathrm{F} = 0$으로부터 $A_h = 10{,}000$ N과 $A_v = 9{,}000$ N을 얻는다.

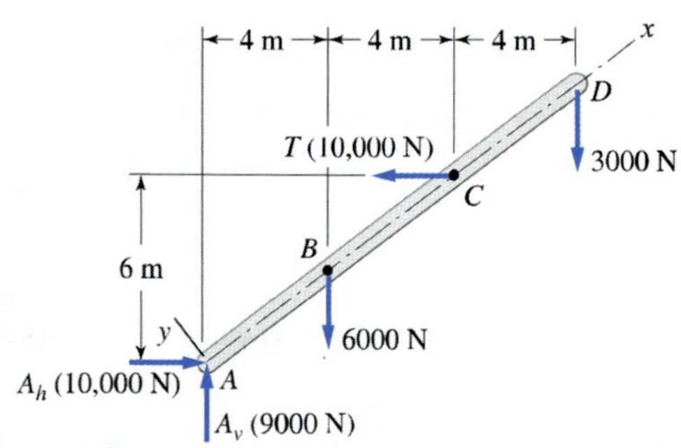

(b)

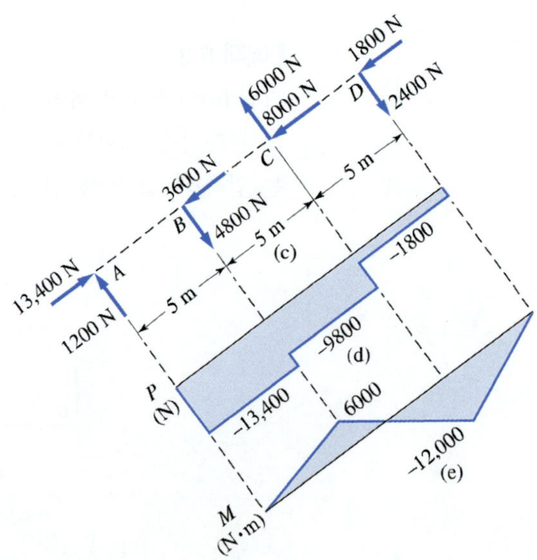

보 내부의 임의 위치에서 굽힘 모멘트와 축력을 결정하기 위해서는 그림 (b)의 힘들을 보에 평행한 방향과 수직인 방향 성분으로 분해하는 것이 편리하다. 결과는 그림 (c)에 보였다. 보의 평형 해석은 그림 (d), (e)에 각각 표시된 축력 선도와 굽힘 모멘트 선도를 구성함으로써 마무리된다.

최대응력의 계산 보의 모든 부분에서 축력이 음(압축)이므로, 최대 압축응력은 최대 인장응력보다 크다. 축력 선도 및 굽힘 모멘트 선도를 살펴보면, 최대 압축응력은 점 B 밑의 단면이나 점 C 밑의 단면에서 나타나는 것을 알 수 있다. 어느 응력이 더 큰 가는 두 단면에서의 응력을 계산해서 결정할 수 있다.

점 B 아래 단면에서 P = −13,400 N, M = +6,000 N·m이다. 최대 압축응력 σ_B는 P에 의해 발생하는 압축응력과 양의 굽힘 모멘트에 의한 최대 압축응력이 더해지는 곳인 단면의 상단에서 발생한다. 식 (8.4)에서 $y=-h/2=-150$ mm를 사용하면, 이 응력은 다음과 같다.

$$\sigma_B=\frac{P}{A}-\frac{My}{I}=-\frac{13,400}{54,000}-\frac{(6,000\times1,000)(150)}{405\times10^6}=-2.47\ \text{MPa}$$

점 C 아래 단면에 작용하는 축력과 굽힘 모멘트는 P = −9,800 N과 M = −12,000 N·m이다. 이 경우, 최대 압축응력 σ_C는 P에 의한 압축응력과 음의 굽힘 모멘트에 의한 최대 압축응력에 더해지는 곳인 단면의 하단에서 발생한다. 식 (8.4)에서 $-y=h/2=-150$ mm를 사용하면 압축응력은 다음과 같다.

$$\begin{aligned}\sigma_C&=\frac{P}{A}-\frac{My}{I}\\&=-\frac{9,800}{54,000}-\frac{(-12,000\times1,000)(-150)}{405\times10^6}=-4.63\ \text{MPa}\end{aligned}$$

두 값을 비교해 보면 보의 최대응력은

$$|\sigma|_{max}=4.63\ \text{MPa}$$ [답]

이고, 점 C 아래 단면의 하단에 작용함을 알 수 있다.

연습문제

8.14 기계 부품의 단면은 사각형이고, 단면이 5 mm이다. $m-n$단면에서 최대응력이 150 MPa로 제한될 때, 편심 e의 최대 허용값을 결정하라.

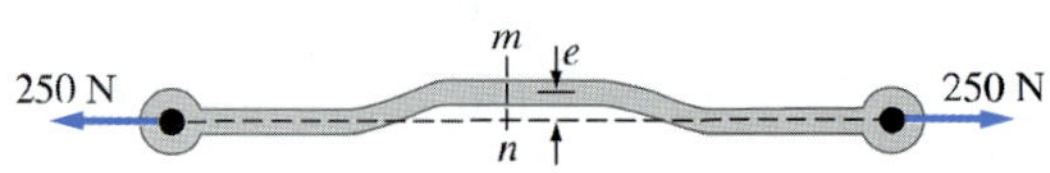

그림 P8.14

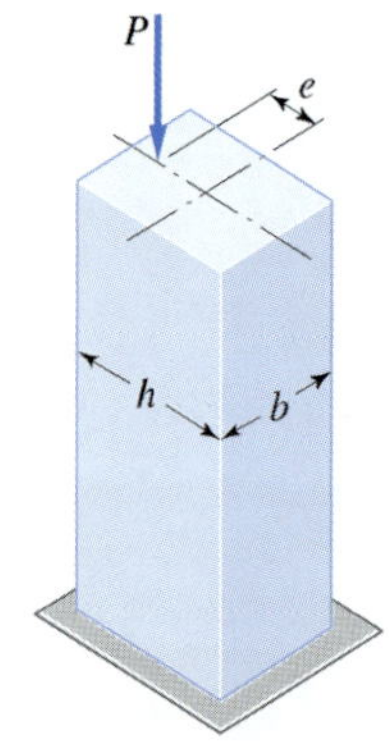

그림 P8.15

8.15 콘크리트 기둥에 작용하는 힘 P의 편심이 e이다. 콘크리트는 인장에 약하므로 모든 부분이 압축을 받게 하는 것이 바람직하다. 기둥의 어떤 곳에도 인장응력이 작용하지 않도록 e의 최댓값을 구하라(P가 인장응력을 유발하지 않고 작용하는 점의 궤적에 대한 면적을 단면의 핵심(core)이라 한다).

8.16 단면 $m-n$에서 허용 수직응력이 인장에 대해 15 MPa이고, 압축에 대해 30 MPa일 때, 주조강으로 만들어진 C형 조임쇠로 가할 수 있는 최대의 체결력(clamping force)을 구하라.

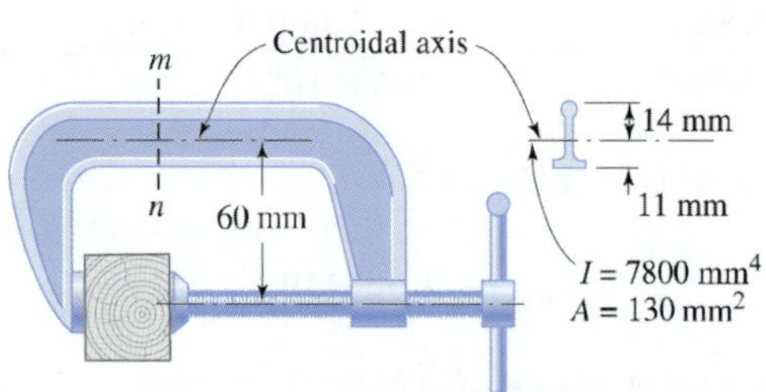

그림 P8.16

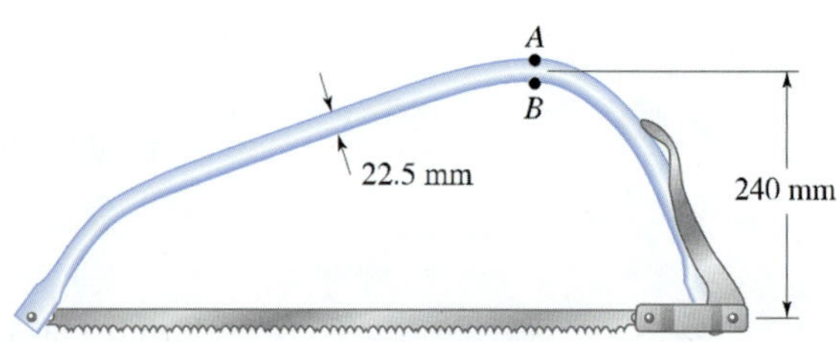

그림 P8.17

8.17 톱의 몸체는 외부 직경 22.5 mm, 벽 두께 1.88 mm인 구부러진 튜브 모양이다. 톱날이 100 N까지 인장되었을 때, 점 A와 B의 수직응력을 결정하라.

8.18 30 kN의 힘에 의해 발생하는 브래킷에 대한 점 A와 B에서의 수직응력을 계산하라.

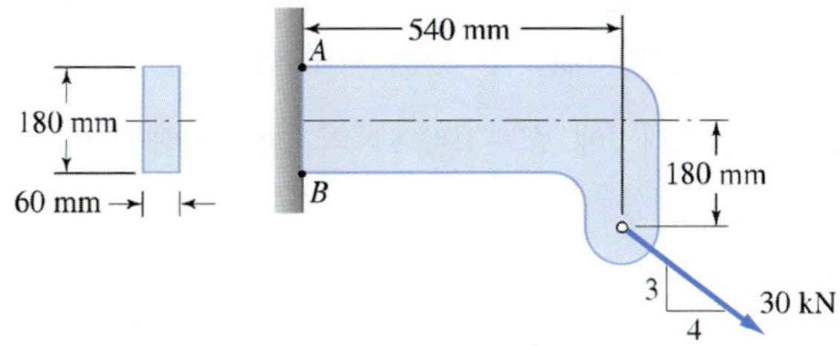

그림 P8.18

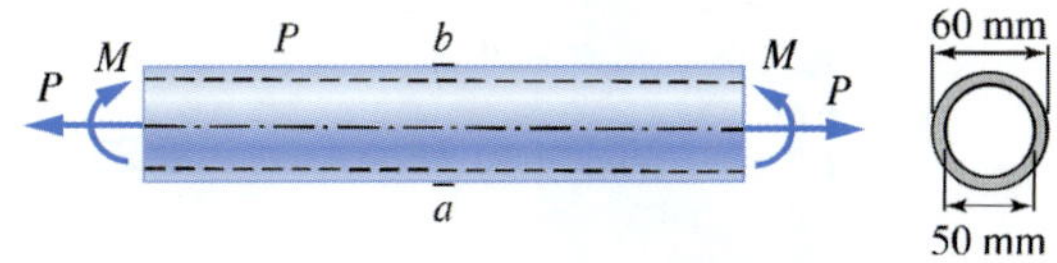

그림 P8.19

8.19 그림과 같은 단면을 갖는 중공형 튜브는 양쪽 방향에서 축 하중 P와 굽힘 모멘트 M을 받고 있다. 스트레인 게이지를 사용하여 a, b 위치에서 발생한 유효 응력은 $\sigma_a = 20$ MPa, $\sigma_b = 100$ MPa로 계산되었다. 이때, 축 하중 P와 굽힘 모멘트 M을 계산하라.

8.20 W360 × 101의 단면에 270 mm × 15 mm의 강판을 용접하여 철기둥을 제작하였다. 축 하중 P가 W단면의 도심 C에 작용하고 있다. 사용 수직응력이 90 MPa일 때, P의 최대 허용값을 구하라. 만일 강판을 제거한다면 허용 하중 P가 커질 것인가 작아질 것인가?

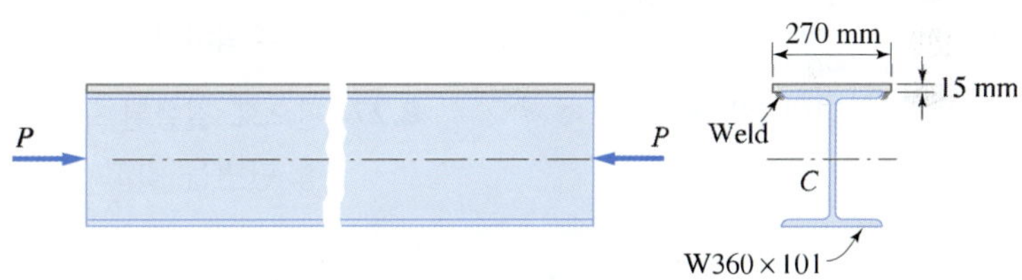

그림 P8.20

8.21 10 MPa의 허용 수직응력을 넘지 않도록 목재보에 가할 수 있는 힘 P의 최댓값을 구하라.

8.22 두 개의 W130 × 28.1단면이 어느 각을 이루며 용접된 구조용 부재가 있다. $m-n$단면에 작용하는 최대 및 최소 수직응력을 구하라.

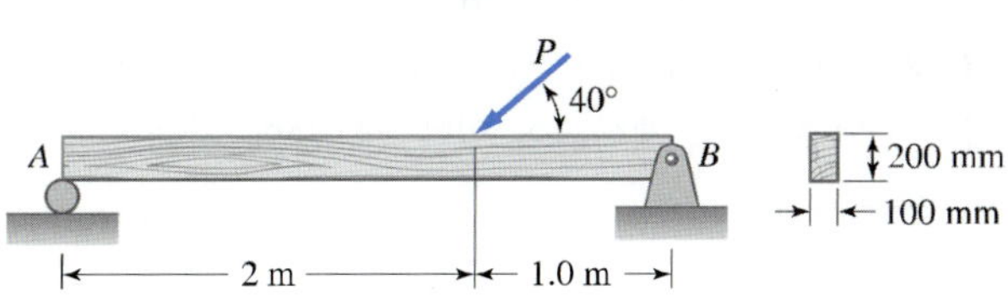

그림 P8.21

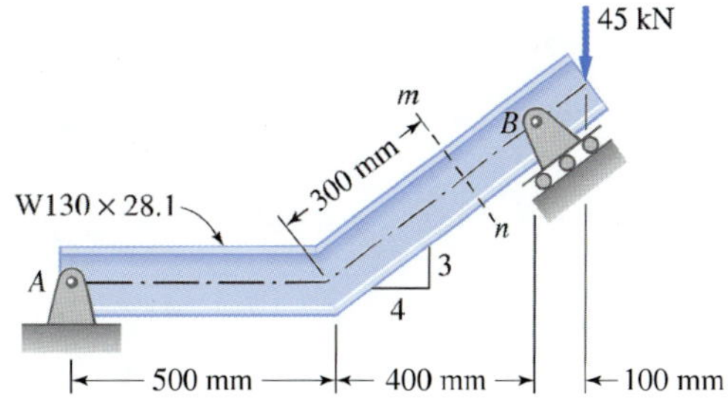

그림 P8.22

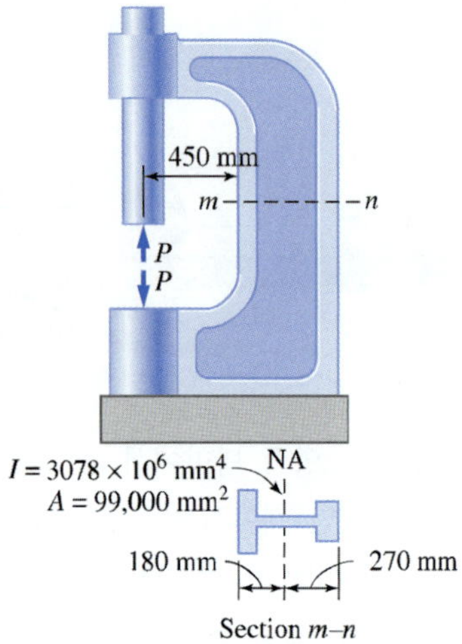

그림 P8.23

8.23 프레임의 $m-n$단면에 96 MPa의 응력을 넘지 않고, 펀치의 물체가 끼워지는 부분에 가할 수 있는 최대 힘 P를 결정하라.

8.24 그림에서처럼 브래킷에 $P=100$ kN의 힘이 가해질 때, 점 A와 B에 발생하는 수직응력을 구하라.

8.25 $A-B$단면의 허용 수직응력이 인장에 대해 8 MPa이고, 압축에 대해 12 MPa일 때, 그림에서 보여지는 방향으로 브래킷에 가해질 수 있는 최대 힘 P를 구하라.

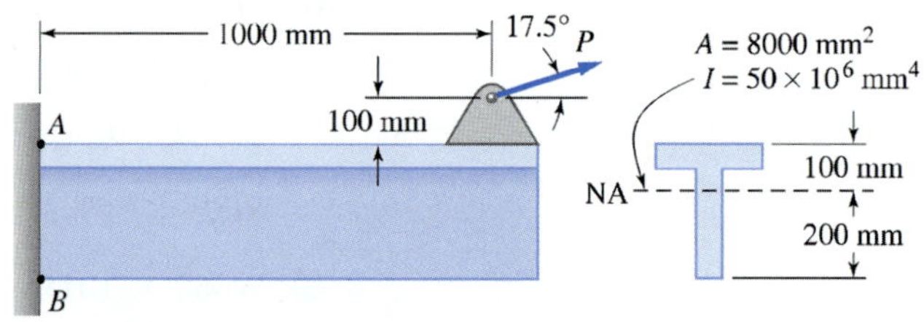

그림 P8. 24, P8.25

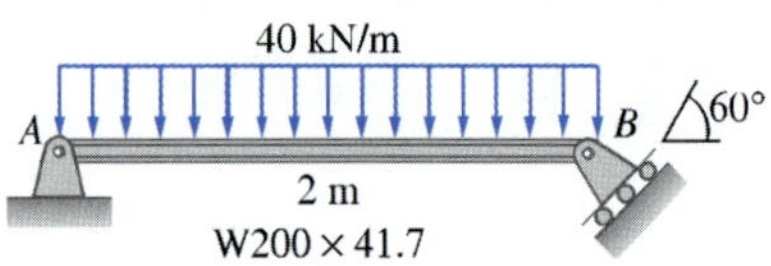

그림 P8.26

8.26 전체 길이에서 균일한 분포 하중 40 kN/m을 받는 보에 대한 최대 압축응력을 결정하라. 보의 A는 핀지지이고, B는 경사 롤러지지임을 주의하라.

8.27 핀으로 결합된 구조물 BD는 폭 100 mm, 깊이 400 mm의 직사각형 단면을 갖고 있다. 이 구조물에 대한 최대 수직응력을 결정하라.

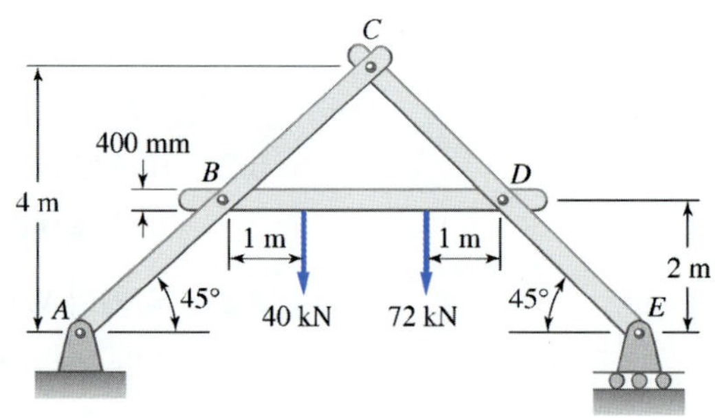

그림 P8.27

8.28 폭 100 mm와 깊이 400 mm의 단면을 가진 사각형보 ABC가 케이블 CD와 점 A에서 핀에 의해 지지되어 있다. 보에 작용하는 수직응력이 120 MPa로 제한되어 있을 때, 보에 가해질 수 있는 최대 연직력 P를 구하라.

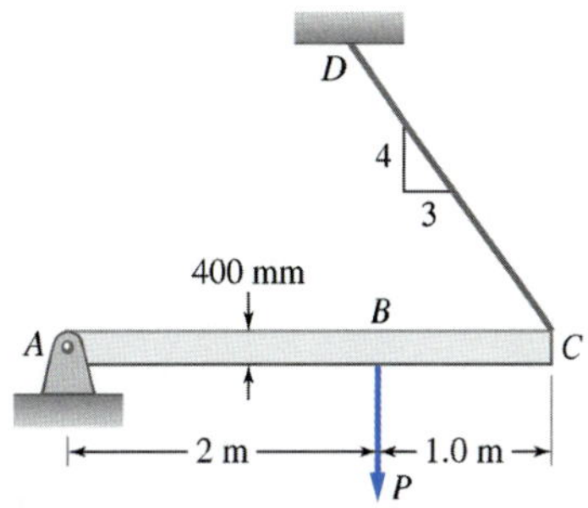

그림 P8.28

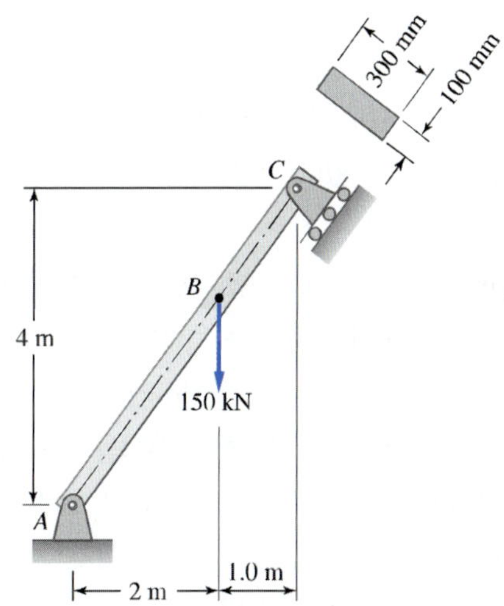

그림 P8.29

8.29 경사진 보 ABC에 대한 최대 압축 수직응력을 구하라.

8.4 한 점에서의 응력(평면응력)

이 절에서는 어느 점에서의 응력에 대한 개념을 정립하고자 한다. 여기에서는 응력 성분에 대한 부호 규약과 아래 첨자들의 도입을 필요로 한다.

a. 기준면

1.3절에서 물체의 한 점에 작용하는 응력들은 기준면의 좌표에 의존한다는 것을 학습하였다. 이러한 논의의 복습으로 그림 8.6 (a)와 같이 평형한 평면력 시스템에 따라 작용하는 물체를 생각해 보자. 그림 8.6 (b)에 보인 바와 같이, 우선 기준면 $a-a$를 도입할 수 있다고 가정하고, 그 평면의 점 O에 작용하고 있는 응력 σ와 τ를 계산하자. 그리고 기준면 $b-b$가 점 O를 통과하도록 하고, 그림 8.6 (c)에 보인 응력 σ'과 τ'을 구하기 위해 계산을 반복한다. 일반적으로 같은 점에서 계산되더라도 두 가지 응력들은 같지 않은데, 그것은 두 개의 면에 작용하는 합력이 같지 않기 때문이다.

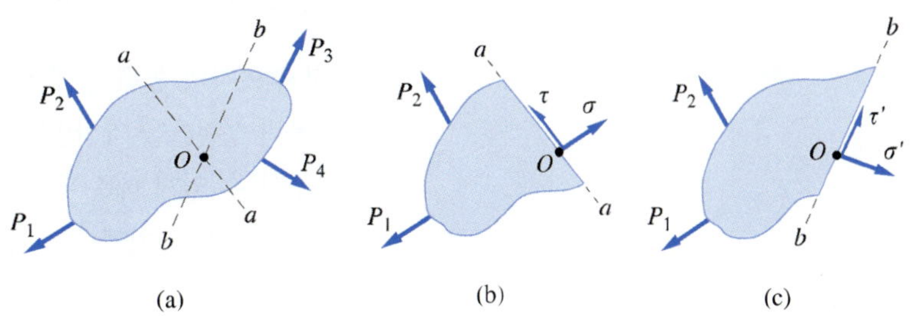

그림 8.6 (a)평형 상태의 물체 (b)점 O에서 $a-a$단면에 작용하고 있는 응력들 (c)점 O에서 $b-b$단면에 작용하고 있는 응력들

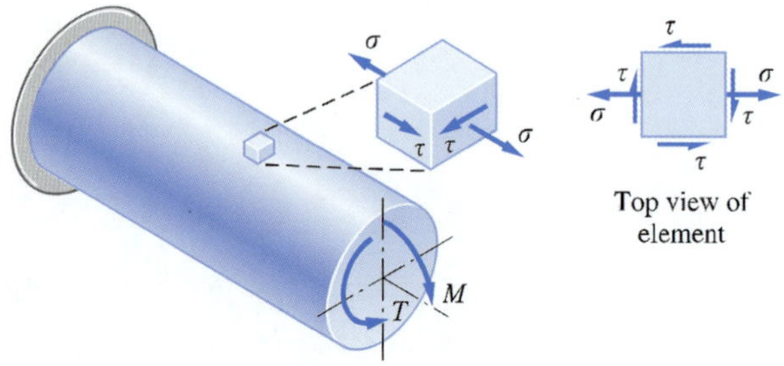

그림 P8.7 굽힘과 비틀림에 의해 봉에 발생하는 응력들. 기준면들(요소의 면들)은 단면과 축 방향 평면들이다.

보통 임의로 선택된 평면에 작용하는 응력을 직접적으로 계산하는 것은 효과적이지 않은데, 사용 가능한 식들이 단지 특정한 기준면에 작용하는 응력만 주기 때문이다. 예컨대 굽힘공식 $\sigma = -My/I$는 보의 단면에 작용하는 수직응력에 대해서 적용할 수 있도록 제한되어 있다. 마찬가지로 보에 대한 전단응력공식 $\tau = VQ/(Ib)$와 축에 대한 공식 $\tau = Tp/J$는 단면과 축 방향 평면에만 사용된다. 그러므로 만약 봉이 그림 8.7에서처럼 굽힘과 비틀림을 동시에 받으면, 그림에서처럼 요소의 측면에 작용하는 응력을 쉽게 구할 수 있다. 그 이유는 그 측면이 공식에서 사용된 기준면과 일치하기 때문이다. 그림 8.7에 보인 응력 σ와 τ는 요소의 위치에 작용하는 최대 수직응력과 최대 전단응력들이 아니다. 앞으로 나오겠지만 이 응력들의 최댓값은 요소의 측면에 대해 경사진 평면에서 발생한다. 최대응력은 설계 시 중요하므로 기준면의 방향에 따라 어느 점에서의 응력 성분들이 어떻게 변하는지 반드시 살펴보아야 하며, 이것이 다음 절의 주제이다.

b. 한 점에서의 응력 상태

응력 해석의 기본 개념은 어느 한 점의 응력 상태이다;

어느 한 점에서의 응력 상태는 그 점을 둘러싼 미소 체적 요소의 측면에 작용하는 응력 성분으로 정의된다.

한 점에서의 응력 상태를 아는 것은 그 점을 지나는 임의의 평면에 작용하는 응력 성분들을 계산할 수 있게 해준다. 또한 이것은 물체 내의 최대응력들을 구할 수 있게 해준다. 그러므로 설계 강도를 선정하기 위해 가장 중요한 단계가 취약한 위치에서의 응력 상태를 계산하는 것이다.

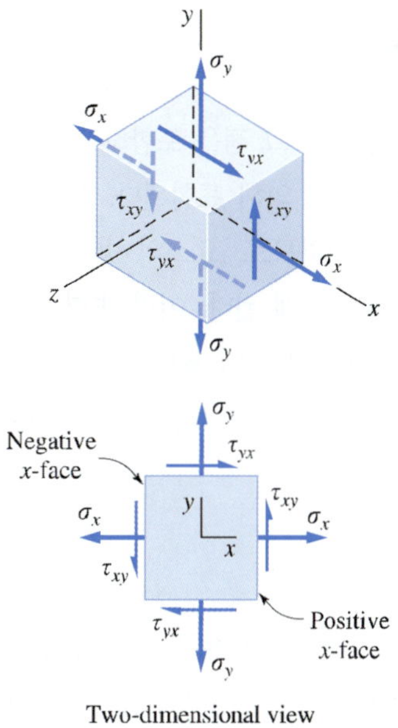

그림 8.8

2축 상태의 응력. 응력 성분들은 양의 방향으로 작용하고 있다.

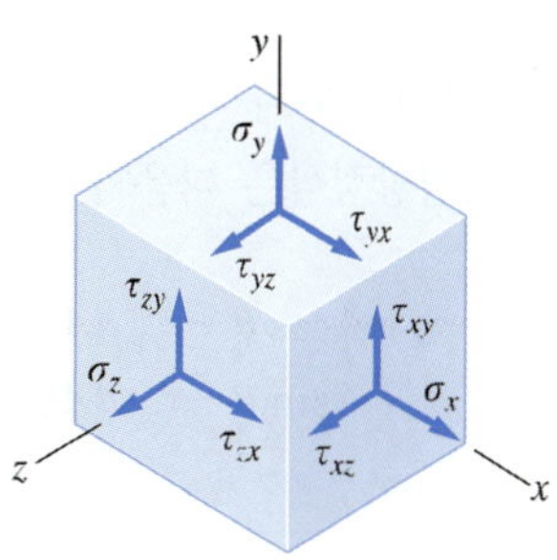

그림 8.9

3축 상태의 응력. 응력 요소들은 양의 방향으로 작용하고 있다.

c. 부호 규약과 아래 첨자

다음으로 응력에 대한 부호 규약과 아래 첨자를 소개하겠다. 비록 여기에서는 평면응력(2축 응력)만을 고려하지만 이에 대한 논의는 3축 응력에도 적용된다.

요소의 면들이 좌표 평면과 일치하고 있는 그림 8.8의 미소 요소를 고려해 보자. 어느 면의 이름은 그것에 수직인 좌표축을 취한다. 예컨대 요소의 x 면은 x 축과 수직이다. 또한, 어느 면은 **외향 수직 방향**에 따라 양 또는 음으로 간주된다. 외향 수직선이 좌표축의 양의 방향이면 그 면은 양이고, 그와 반대로 좌표축의 음의 방향이면 그 면은 음이다. 응력에 대한 부호 규약은 다음과 같다.

- 그림 8.8에 보인 바와 같이 양의 응력은 요소의 양의 면에서 좌표축의 양의 방향으로 작용한다.

물론 음의 면에 작용하고 있는 응력들은 크기가 같고 대응되는 양의 면에 대해 반대 방향이다. 이 부호 규약에 의하면 인장응력을 양으로, 압축응력을 음으로 간주하고 있음을 주목하라.

응력에 붙이는 첨자에 관한 규칙은 다음과 같다.

- 수직응력에 있는 한 개의 첨자는 그것이 작용하는 면을 가리킨다.
- 전단응력의 첫 번째 첨자는 그것이 작용하는 면을 나타내고 두 번째 첨자는 응력의 방향을 나타낸다.

그러므로 σ_x는 x 면에 작용하고 있는 수직응력을 나타내고, τ_{xy}는 x 면 위에서 y 방향으로 작용하고 있는 전단응력을 나타낸다. 보의 평면에 작용하는 전단응력들의 양의 값은 같기 때문에 $\tau_{xy} = \tau_{yx}$ 임을 알 수 있다 (이것은 5.4절에서 증명되었다).

3축 응력 상태에서 요소의 각 면은 일반적으로 세 응력 성분들이 작용한다. 그림 8.9에서 보듯이 그것은 하나의 수직응력과 두 개의 전단응력 성분들이다.

예를 들어 x 면에 작용하고 있는 응력 성분들은 수직응력 σ_x와 전단응력 τ_{xy}, τ_{xz}이다. 이 전단응력들은 보의 평면에 작용하는 수치적으로 같은 전단응력들을 동반한다(y 면에 τ_{yx}와 z 면에 τ_{zx}).

8.5 평면응력의 변환

앞 절에서 논의했듯이, 한 점에서의 응력 상태는 그 점을 포함하고 있는 체적 요소의 서로 수직인 면들에 작용하는 응력들에 의해 표현된다. 한 점에서의 응력들이 작용하는 평면의 방향에 따라 의존하므로, 요소의 방향이 바뀌게 됨에 따라 요소의 면에 작용하는 응력들도 바뀌게 된다. 이런 변화를 나타내는 수학적 관계를 **응력에 대한 변환식**이라고 한다. 이 절에서는 평면응력에 대한 변환식을 유도하고, 어느 한 점에서의 최대와 최소응력들을 구하는 데 이용할 것이다.

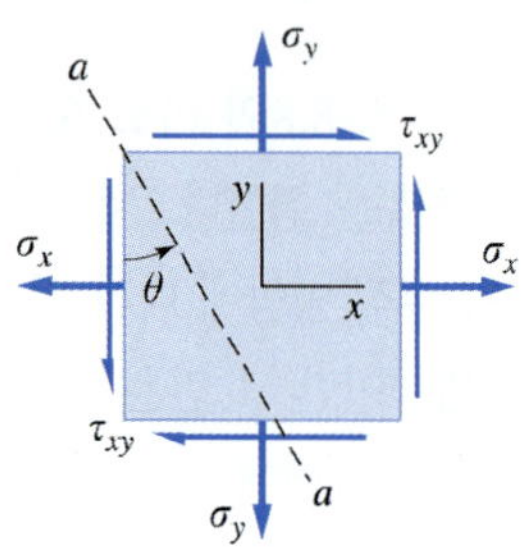

(a) Original state of stress

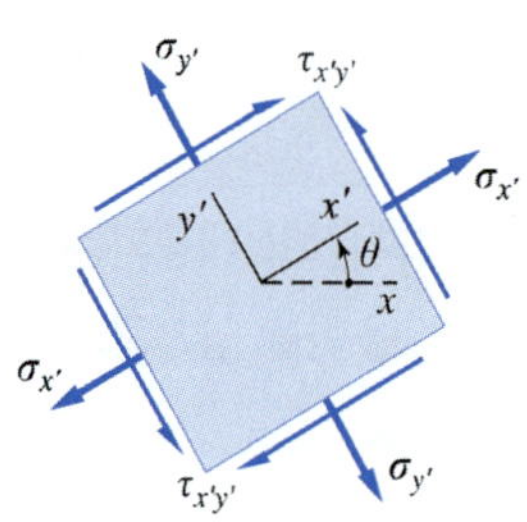

(b) Equivalent state of stress

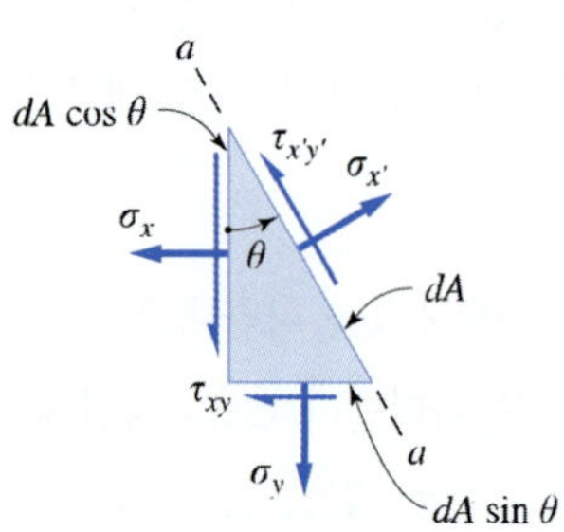

(c) Stresses on sides of wedge

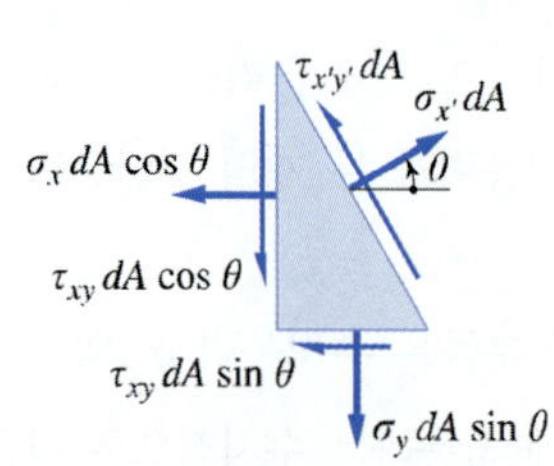

(d) FBD showing forces

그림 8.10 xy 좌표 평면에서 $x'y'$ 좌표 평면으로의 응력 상태의 변환
(a) 응력의 초기 상태, (b) 응력의 등가 상태, (c) 경사면에서의 응력들, (d) 힘에 대한 자유물체도

a. 변환식

그림 8.10 (a)는 한 점에서의 평면응력 상태를 보여주는데, 기준면(요소의 면)은 x와 y축에 수직이다. 그림 8.10 (b)는 같은 점에서의 응력 상태이지만, 요소의 면은 그 x'와 y'축에 수직이고, 두 좌표계는 θ만큼의 각도차이가 있다. 양의 θ는 x축에서 x'축으로 **반시계 방향**으로 잰 것임을 주목하라. 두 그림에서 응력 성분들은 부호 규약에 따라 양의 방향으로 그려져 있다. 그림에 표시되어 있는 보의 평면들에 작용하는 전단응력이 동일함을 이용할 수도 있다($\tau_{yx}=\tau_{xy}$와 $\tau_{x'y'}=\tau_{y'x'}$). 두 개의 다른 좌표계에 대해 같은 응력 상태를 표현하는 것이므로, 그림 8.10 (a)와 (b)의 응력 상태는 **등가**이다. 그림 8.10 (a)의 요소를 $a-a$평면을 따라 두 부분으로 자르고 그림 8.10 (c)와 같이 왼쪽 부분을 분리시켜 보자. 경사면 $a-a$는 그림 8.10 (b)에서 요소의 x'면과 같으므로 그 평면에 작용하는 응력들은 $\sigma_{x'}$와 $\tau_{x'y'}$이 된다. 그러므로 쐐기 모양의 요소에 대해 평형방정식을 적용할 수 있고, $\sigma_{x'}$와 θ에 관한 $\tau_{x'y'}$ 그리고 x와 y면에 작용하는 응력의 항으로 유도할 수 있다. dA를 경사면의 면적이라고 하면, 그림 8.10 (c)에서 보듯이 x와 y면의 면적은 $dA\cos\theta$와 $dA\sin\theta$임을 알 수 있다.

응력과 그 작용면의 면적에 곱해서 그림 8.10 (d)의 쐐기 모양 요소의 자유물체도에 나타나 있는 힘들을 구한다. 평형방정식은 다음과 같다.

$$\Sigma F_x = 0 \quad \sigma_{x'}\,dA\cos\theta - \tau_{x'y'}\,dA\sin\theta - \sigma_x\,dA\cos\theta - \tau_{xy}\,dA\sin\theta = 0$$
$$\Sigma F_y = 0 \quad \sigma_{x'}\,dA\sin\theta + \tau_{x'y'}\,dA\cos\theta - \sigma_y\,dA\sin\theta - \tau_{xy}\,dA\cos\theta = 0$$

경사면에 작용하는 응력들에 대해 풀면

$$\sigma_{x'} = \sigma_x\cos^2\theta + \sigma_y\sin^2\theta + 2\tau_{xy}\sin\theta\cos\theta \tag{a}$$

$$\tau_{x'y'} = -(\sigma_x-\sigma_y)\sin\theta\cos\theta + \tau_{xy}(\cos^2\theta - \sin^2\theta) \tag{b}$$

을 얻을 수 있다. 그림 8.10 (b)의 요소의 y' 면에 작용하는 수직응력은 식 (a)에 θ 대신 $\theta + 90°$를 대입해서 얻을 수 있다. $\cos(\theta + 90°) = -\sin\theta$, $\sin(\theta + 90°) = \cos\theta$임을 이용하면 다음과 같이 된다.

$$\sigma_{y'} = \sigma_x \sin^2\theta + \sigma_y \cos^2\theta - 2\tau_{xy}\sin\theta\cos\theta \tag{c}$$

식 (a)-(c)는 응력의 변환식이다. 이 식의 다른 형태들은 삼각함수 관계에 의해

$$\cos^2\theta = \frac{1+\cos 2\theta}{2} \quad \sin^2\theta = \frac{1-\cos 2\theta}{2} \quad \sin\theta\cos\theta = \frac{1}{2}\sin 2\theta$$

를 식 (a)-(c)에 대입해서 얻을 수 있고, 이로부터 보다 보편적으로 사용되는 응력변환식을 얻을 수 있다.

$$\sigma_{x'} = \frac{\sigma_x + \sigma_y}{2} + \frac{\sigma_x - \sigma_y}{2}\cos 2\theta + \tau_{xy}\sin 2\theta \tag{8.5a}$$

$$\sigma_{y'} = \frac{\sigma_x + \sigma_y}{2} - \frac{\sigma_x - \sigma_y}{2}\cos 2\theta - \tau_{xy}\sin 2\theta \tag{8.5b}$$

$$\tau_{x'y'} = -\frac{\sigma_x - \sigma_y}{2}\sin 2\theta + \tau_{xy}\cos 2\theta \tag{8.5c}$$

응력변환식(식 (a)-(c) 또는 (8.5))은 한 점의 응력 상태를 알면 그 점을 지나는 어떤 평면에 작용하는 응력을 계산할 수 있음을 보여준다. 이는 그림 8.10 (a)의 원래의 응력 상태를 알면, 응력변환식으로 그림 8.10 (b)에서의 응력 상태를 구할 수 있게 해준다는 것을 말한다.

식 8.5 (a)와 식 8.5 (b)를 살펴보면

$$\sigma_{x'} + \sigma_{y'} = \sigma_x + \sigma_y \tag{8.6}$$

이 성립함을 알 수 있다. 즉, **수직응력의 합은 일정**(*invariant*)하다. 이것은 수직응력의 합이 요소의 좌표계에 의존하지 않음을 말한다.

b. 주응력과 주평면

한 점에서의 최대 및 최소응력들을 그 위치에서의 **주응력**(*principal stresses*)이라고 부른다. 그 주응력이 작용하는 평면을 **주평면**(*principal planes*)이라 한다. 주평면에 수직인 방향을 **주방향**(*principal directions*)이라 한다. 주방향을 정의하는 θ의 값은 조건 $d\sigma_{x'}/d\theta = 0$에서 알 수 있다.

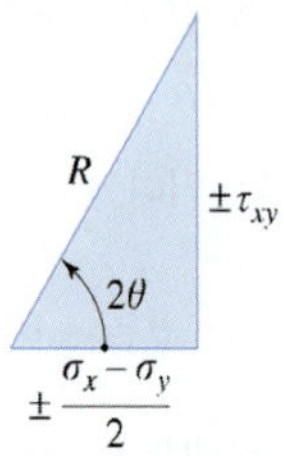

그림 8.11
주방향을 결정하는 θ_1과 θ_2의 기하학적 결정 방법

식 (8.5a)를 $\sigma_{x'}$에 대한 표현을 사용한다면 이 조건은 다음과 같다.

$$\frac{d\sigma_{x'}}{d\theta}=-(\sigma_x-\sigma_y)\sin 2\theta+2\tau_{xy}\cos 2\theta=0$$

여기서 다음을 도출할 수 있다.

$$\tan 2\theta=\frac{2\tau_{xy}}{\sigma_x-\sigma_y} \tag{8.7}$$

식 (8.7)에서 2θ에 대해 180° 차이가 나는 두 해를 얻을 수 있다. 하나를 $2\theta_1$이라 하면 다른 하나는 $2\theta_2=2\theta_1+180°$가 된다. 그러므로 두 개의 주방향은 90°의 차이가 난다. $2\theta_1$, $2\theta_2$의 sine, cosine의 값은 그림 8.11의 직각삼각형에서 얻을 수 있다.

$$\left.\begin{matrix}\sin 2\theta_1\\ \sin 2\theta_2\end{matrix}\right\}=\pm\frac{\tau_{xy}}{R} \tag{8.8a}$$

$$\left.\begin{matrix}\cos 2\theta_1\\ \cos 2\theta_2\end{matrix}\right\}=\pm\frac{\sigma_x-\sigma_y}{2R} \tag{8.8b}$$

여기서,

$$R=\sqrt{\left(\frac{\sigma_x-\sigma_y}{2}\right)^2+\tau_{xy}^2} \tag{8.9}$$

식 (8.8)과 (8.9)를 식 (8.5a)에 대입하고 정리하면, $\sigma_1=[(\sigma_x+\sigma_y)/2]+R$, $\sigma_2=[(\sigma_x+\sigma_y)/2]-R$이라는 주응력들을 얻게 된다.

$$\left.\begin{matrix}\sigma_1\\ \sigma_2\end{matrix}\right\}=\frac{\sigma_x+\sigma_y}{2}\pm\sqrt{\left(\frac{\sigma_x-\sigma_y}{2}\right)^2+\tau_{xy}^2} \tag{8.10}$$

여기서 σ_1, σ_2는 각각 θ_1, θ_2에 의해 정의되는 평면에 작용한다. 주응력 중 더 큰 값이 σ_1으로 정의됨을 주의하라. 즉, $\sigma_1 \geq \sigma_2$이다.

주평면상에 작용하는 전단응력을 식 (8.8)을 식 (8.5c)에 대입함으로써 다음과 같이 얻어진다.

$$\left.\begin{matrix}\tau_{12}\\ \tau_{21}\end{matrix}\right\}=-\frac{\sigma_x-\sigma_y}{2}\left(\pm\frac{\tau_{xy}}{R}\right)+\tau_{xy}\left(\pm\frac{\sigma_x-\sigma_y}{2R}\right)=0$$

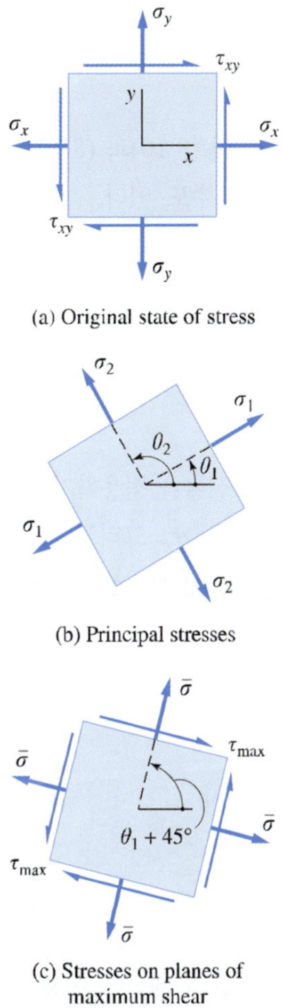

그림 8.12 한 점의 응력 평형 상태
(a) 응력의 초기 상태, (b) 주응력, (c) 최대 전단을 받는 평면의 응력들

이는 주평면상에는 전단응력이 작용하지 않음을 의미한다.

그림 8.12 (a)는 임의의 xy좌표계에서 원래의 응력 상태를 나타낸다. 주방향에 대한 등가의 응력 상태를 그림 8.12 (b)에 나타냈다. 두 개의 주평면은 90°만큼 차이나고, 전단응력을 받지 않는다는 것을 주목하라. 다시 말해, 그림 8.12 (a)와 (b)는 같은 응력 상태를 두 가지의 다른 표현으로 보여주는 것이다. 원래의 응력을 주응력 방향으로 변환시킴으로써 설계 시에 더 의미 있는 표현을 얻을 수 있다. 응력의 상태를 나타낼 때, 요소의 완전한 상태를 나타내야 한다. 즉, 각 면에 작용하는 응력들과 요소가 기준축과 이루는 각도를 표시해야 하는 것을 말한다.

c. 최대 면내 전단응력

한 점에서의 $\tau_{x'y'}$의 최댓값을 최대 면내 전단응력(*maximum in-plane shear stress*)이라고 부르고, $\tau_{\max}$로 쓴다. 최대 면내 전단응력의 평면을 정의하는 θ의 값은 식 $d\tau_{x'y'}/d\theta = 0$에서 구할 수 있다. 여기서 $\tau_{x'y'}$는 식 (8.5c)에서 주어진다. 도함수를 0으로 놓고 각도 θ에 대하여 풀면 다음과 같은 값이 나온다.

$$\tan 2\theta = -\frac{\sigma_x - \sigma_y}{2\tau_{xy}} \tag{8.11}$$

식 (8.11)은 2θ에 대해 서로 180° 차이나는 두 개의 해를 가진다. 따라서 90°의 차이가 나는 두 θ의 값이 있다. 또한 식 (8.11)은 식 (8.7)의 역수의 음의 값임을 알 수 있고, 이는 두 방정식으로 정의되는 각도 2θ가 90° 차이가 남을 의미한다. 그러므로 **최대 면내 전단응력의 평면은 주평면에 대해 45° 경사된다는 결론을 내릴 수 있다.**

그림 8.11에 있는 삼각형의 닮음을 이용하면 $\sin 2\theta$와 $\cos 2\theta$값을 구할 수 있었고, 이를 식 (8.5)에 대입한다. 자세한 내용을 생략하고, 최대 면내 전단응력에 대한 식은 다음과 같다.

$$\tau_{\max} = R = \sqrt{\left(\frac{\sigma_x - \sigma_y}{2}\right)^2 + \tau_{xy}^2} \tag{8.12}$$

최대 전단응력의 평면에 작용하고 있는 수직응력은 다음의 식에서 얻을 수 있다.

$$\bar{\sigma} = \frac{\sigma_x + \sigma_y}{2} \tag{8.13}$$

이상의 결과들은 그림 8.12 (c)에 표시하였다. 식 (8.10)과 (8.12)를 비교하면, 최대 면내 전단응력은 다음과 같이 표현될 수도 있다.

$$\tau_{max} = \frac{|\sigma_1 - \sigma_2|}{2} \tag{8.14}$$

d. 응력 변환 과정의 요약

주어진 응력 요소들의 확인 이 절에서 유도된 식들을 적용하기 전에, 8.4절에서 소개된 부호 규약을 이용하여 응력 성분 σ_x, σ_y 그리고 τ_{xy}를 확인해야 한다. 즉, 양의 응력 성분들은 요소의 양의 면에서 좌표축의 양의 방향으로 작용한다.

경사면에서의 응력 계산 변환식

$$\left.\begin{matrix}\sigma_{x'}\\ \sigma_{y'}\end{matrix}\right\} = \frac{\sigma_x + \sigma_y}{2} \pm \frac{\sigma_x - \sigma_y}{2} cos\ 2\theta \pm \tau_{xy} \sin 2\theta \qquad \text{(8.5a, b 반복)}$$

$$\tau_{x'y'} = -\frac{\sigma_x - \sigma_y}{2} sin\ 2\theta + \tau_{xy} \cos 2\theta \qquad \text{(8.5c 반복)}$$

은 경사면에 작용하는 응력 요소 $\sigma_{x'}$, $\sigma_{y'}$, $\tau_{x'y'}$의 계산에 이용될 수 있다. 경사를 나타내는 각도 θ가 x 축에서 x' 축 쪽으로 반시계 방향으로 잰 것임을 기억하라.

주응력의 계산 주응력 σ_1과 σ_2는 다음 식으로 주어진다.

$$\left.\begin{matrix}\sigma_1\\ \sigma_2\end{matrix}\right\} = \frac{\sigma_x + \sigma_y}{2} \pm R \qquad \text{(8.10 반복)}$$

여기서,

$$R = \sqrt{\left(\frac{\sigma_x - \sigma_y}{2}\right)^2 + \tau_{xy}^2} \qquad \text{(8.9 반복)}$$

주평면(σ_1, σ_2이 작용하는 평면)에서 전단응력은 없다는 것을 상기하라.

주방향의 결정 주방향은 다음 식에서 알 수 있다.

$$\tan 2\theta = \frac{2\tau_{xy}}{\sigma_x - \sigma_y} \qquad \text{(8.7 반복)}$$

각도 θ는 x 축에서 주축으로 반시계 방향으로 잰 것이다. 식 (8.7)에서 90° 차이가 나는 두 개의 θ값을 얻을 수 있다. 이 각도 중 하나를 식 (8.5a)에 대입해서 σ_1이나 σ_2의 값을 알 수 있고 그 각도에 해당하는 주응력을 확인할 수 있다.

최대 면내 전단응력의 계산 최대 면내 전단응력의 값은

$$\tau_{max} = \frac{|\sigma_1 - \sigma_2|}{2} \qquad \text{(8.14 반복)}$$

이고, 최대 전단 평면은 주평면에 45° 경사져 있다. 만일 주응력들을 모른다면, 최대 면내 전단응력과 전단 평면의 방향은 다음 식에서 얻을 수 있다.

$$\tau_{max} = R \qquad \text{(8.12 반복)}$$

$$\tan 2\theta = -\frac{\sigma_x - \sigma_y}{2\tau_{xy}} \qquad \text{(8.11 반복)}$$

식 (8.11)은 θ에 대해 90° 차이가 나는 두 해를 가진다. 각각의 해는 반시계 방향으로 x 축에서 최대 전단의 축(최대 전단의 평면에 수직)방향으로 측정된 각을 나타낸다. 최대 전단응력은 이러한 각들 중 하나를 식 (8.5c)에 대입함으로써 얻을 수 있다. 각도에 의해 정의되는 평면에 작용하는 전단응력의 방향을 결정해 주는 부호와 함께 그 값은 $+\tau_{max}$이거나 $-\tau_{max}$이다.

최대 전단 평면에 작용하고 있는 수직응력들은 다음과 같다.

$$\bar{\sigma} = \frac{\sigma_x + \sigma_y}{2} \qquad \text{(8.13 반복)}$$

변환으로 인해 수직응력들의 합은 변하지 않으므로, $\bar{\sigma} = (\sigma_1 + \sigma_2)/2$임을 알 수 있다[식 (8.6)을 보라].

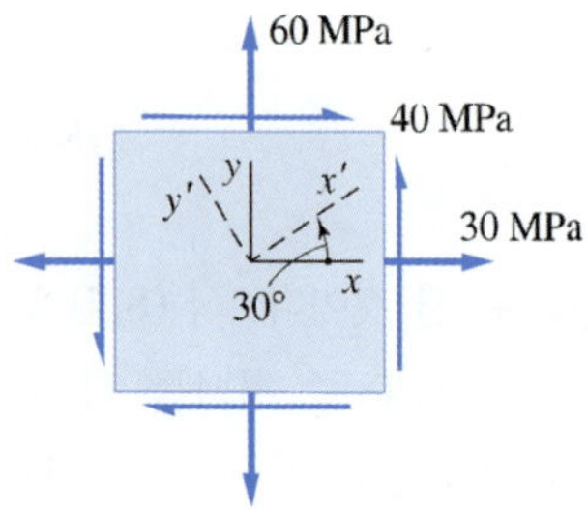

(a)

예제 8.4

xy 축에 대한 한 점에서의 평면응력 상태를 그림 (a)에 보였다. $x'y'$ 축들에 대한 등가상태의 응력을 구하라. 결과를 $x'y'$ 축을 가진 요소에 나타내어라.

풀이

부호 규약에 따라(양의 응력들은 요소의 양의 면에 좌표축의 양의 방향으로 작용한다.), 그림 (a)의 모든 응력 요소들은 양이다. $\sigma_x = 30$ MPa, $\sigma_y = 60$ MPa와 $\tau_{xy} = 40$ MPa이다. 이 응력들을 $x'y'$ 좌표계로 변환하기 위해 식 (8.5)를 사용한다. 변환방정식에 사용된 2θ의 각은 x 축에서 x' 축으로 반시계 방향으로 잰 각도의 두 배이다. $2\theta = 2(30°) = 60°$를 식 (8.5)에 대입하여 다음을 얻는다.

$$\sigma_{x'} = \frac{\sigma_x + \sigma_y}{2} + \frac{\sigma_x - \sigma_y}{2}\cos 2\theta + \tau_{xy}\sin 2\theta$$

$$= \frac{30+60}{2} + \frac{30-60}{2}\cos 60° + 40\sin 60°$$

$$= 72.1 \text{ MPa}$$ [답]

$$\sigma_{y'} = \frac{\sigma_x + \sigma_y}{2} - \frac{\sigma_x - \sigma_y}{2}\cos 2\theta - \tau_{xy}\sin 2\theta$$

$$= \frac{30+60}{2} - \frac{30-60}{2}\cos 60° - 40\sin 60°$$

$$= 17.9 \text{ MPa}$$ [답]

$$\tau_{x'y'} = -\frac{\sigma_x - \sigma_y}{2}\sin 2\theta + \tau_{xy}\cos 2\theta$$

$$= -\frac{30-60}{2}\sin 60° + 40\cos 60°$$

$$= 33.0 \text{ MPa}$$ [답]

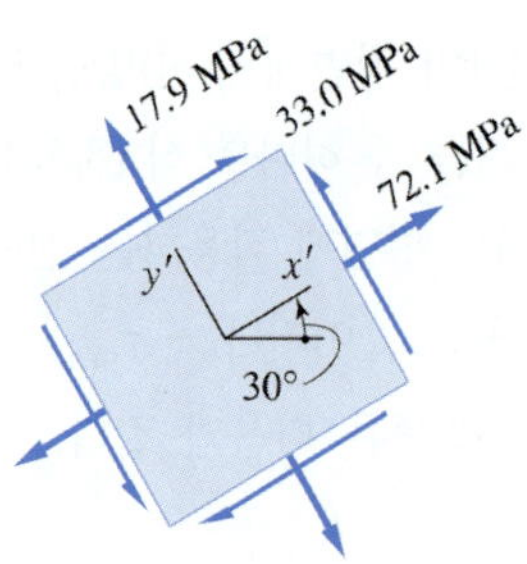

(b)

결과를 그림 (b)에 표시하였다. 계산된 응력 성분들이 모두 양이기 때문에 x'와 y'의 양의 면에서 양의 좌표 방향으로 작용한다.

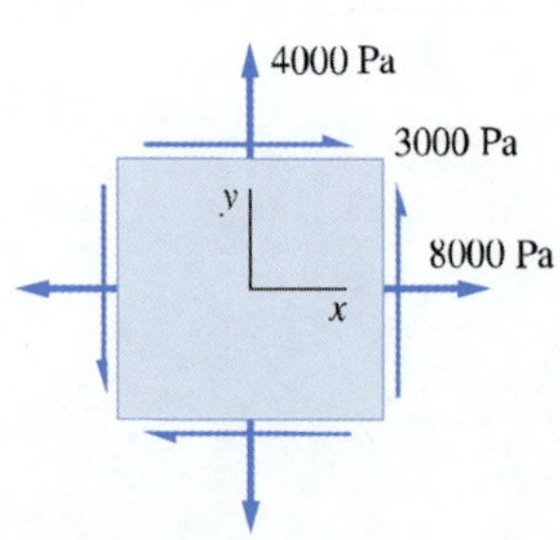

(a)

예제 8.5

그림 (a)에 주어져 있는 평면응력 상태에 대해 주응력과 주방향을 구하라. 결과를 주방향에 정렬된 요소에 나타내어라.

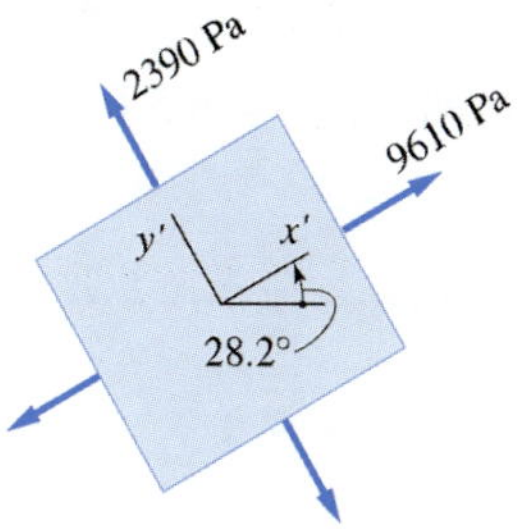

(b)

풀이

부호 규약을 따르면(양의 응력들은 요소의 양의 면에 좌표축의 양의 방향으로 작용한다.), 그림 (b)에 나타나 있는 응력 성분들은 $\sigma_x = 8000$ Pa, $\sigma_y = 4000$ Pa와 $\tau_{xy} = 3000$ Pa이다. 이 값들을 식 (8.9)에 대입하면 다음을 얻는다.

$$R = \sqrt{\left(\frac{\sigma_x - \sigma_y}{2}\right) + \tau_{xy}^2} = \sqrt{\left(\frac{8000 - 4000}{2}\right)^2 + (3000)^2} = 3606 \text{ Pa}$$

식 (8.10)에서 주응력을 구할 수 있다.

$$\left.\begin{matrix}\sigma_1 \\ \sigma_2\end{matrix}\right\} = \frac{\sigma_x + \sigma_y}{2} \pm R = \frac{8000 + 4000}{2} \pm 3606$$

이로부터,

$$\sigma_1 = 9610 \text{ Pa} \qquad \sigma_2 = 2390 \text{ Pa}$$ [답]

주응력의 방향은 식 (8.7)로 주어져 있다.

$$\tan 2\theta = \frac{2\tau_{xy}}{\sigma_x - \sigma_y} = \frac{2(3000)}{8000 - 4000} = 1.500$$

이에 두 해는 다음과 같다.

$$2\theta = 56.31° \text{와 } 56.31° + 180° = 236.31°$$
$$\theta = 28.16° \text{와 } 118.16°$$

σ_1에 관계되는 각도 θ_1과 σ_2에 관계되는 각도 θ_2를 결정하기 위해 식 (8.5a)를 사용하여 하나의 각도에 대응하는 수직응력 $\sigma_x{}'$을 계산한다. 결과는 σ_1이나 σ_2와 같아지는데, 그 각도와 관계되는 주응력을 확인시켜 줄 것이다. $\theta = 283.16°$를 식 (8.5a)에 대입하면 다음과 같고

$$\begin{aligned}\sigma_{x'} &= \frac{\sigma_x + \sigma_y}{2} + \frac{\sigma_x - \sigma_y}{2}\cos 2\theta + \tau_{xy}\sin 2\theta \\ &= \frac{8000 + 4000}{2} + \frac{8000 - 4000}{2}\cos[2(28.16°)] \\ &\qquad + 3000 \sin[2(28.16°)] \\ &= 9610 \text{ Pa}\end{aligned}$$

이는 σ_1과 같다. 따라서 다음을 얻는다.

$$\theta_1 = 28.2° \qquad \theta_1 = 118.2°$$ [답]

그림 (b)에 나타나 있는 미소 요소의 스케치는 주응력들과 주평면을 보여준다. 주평면에는 전단응력이 없는데, 이는 θ_1과 θ_2를 식 8.5 (c)에 대입함으로써 증명될 것이다.

예제 8.6

그림 (a)에 보인 평면응력의 상태에 대해 최대 면내 전단응력과 그것이 작용하는 평면을 구하라. 최대 전단 평면에 정렬된 요소에 결과를 나타내어라.

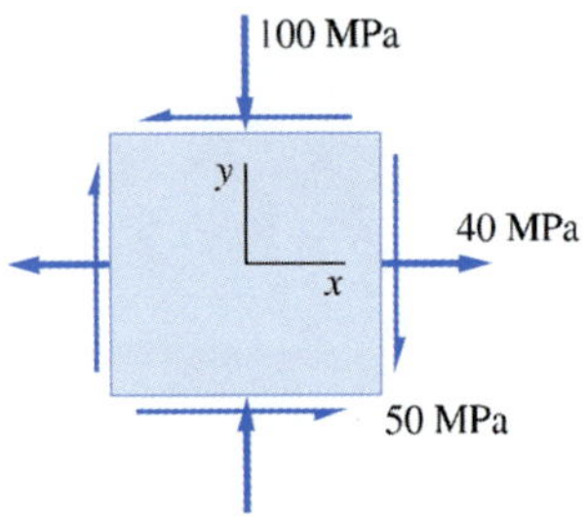

(a)

풀이

부호 규약에 의해(양의 응력들은 요소의 양의 면에 좌표축의 양의 방향으로 작용한다.), 그림 (a)에 나타나 있는 응력 성분들은 $\sigma_x = 40$ MPa, $\sigma_y = -100$ MPa과 $\tau_{xy} = -50$ MPa이다. 이 응력들을 식 (8.12)에 대입하면, 최대 면내 전단응력을 얻는다.

$$\tau_{\max} = \sqrt{\left(\frac{\sigma_x - \sigma_y}{2}\right)^2 + \tau_{xy}^2} = \sqrt{\left(\frac{40-(-100)}{2}\right)^2 + (-50)^2}$$
$$= 86.0 \text{ MPa}$$ [답]

최대 면내 전단응력이 작용하고 있는 평면의 방향은 식 (8.11)에서 구할 수 있다.

$$\tan 2\theta = -\frac{\sigma_x - \sigma_y}{2\tau_{xy}} = -\frac{40-(-100)}{2(-50)} = 1.400$$

이 식의 해는 다음과 같다.

$$2\theta = 54.46°\text{와 } 54.46° + 180° = 234.46°$$
$$\theta = 27.23°\text{와 } 117.23°$$ [답]

요소의 측면에 작용하는 최대 면내 전단응력의 방향을 결정하기 위해 평면들 중 한 평면−말하자면 $\theta = 27.23°$로 정의되는 평면에 작용하는 전단응력의 부호를 찾아야 한다. 주어진 응력 성분과 $\theta = 27.23°$를 식 (8.5c)에 대입하여 다음을 얻는다.

$$\tau_{x'y'} = -\frac{\sigma_x - \sigma_y}{2}\sin 2\theta + \tau_{xy}\cos 2\theta$$
$$= -\frac{40-(-100)}{2}\sin[2(27.23°)] + (-50)\cos[2(27.23°)]$$
$$= -86.0 \text{ MPa}$$

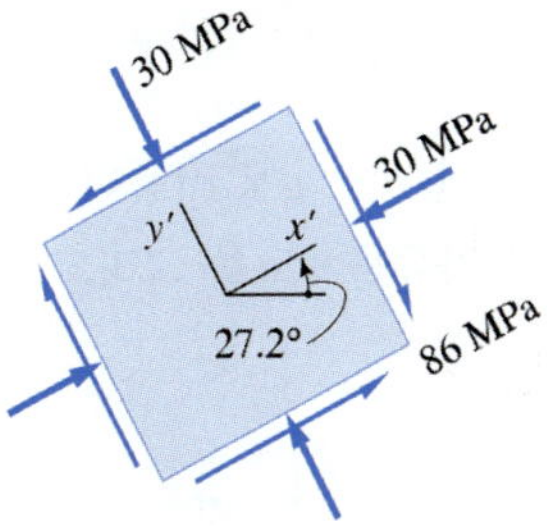

(b)

음의 부호는 그림 (b)에서 보인 바와 같이 전단응력이 양의 x' 면에서 음의 y' 방향으로 작용하고 있음을 말해 준다. 이 결과가 구해지면, 나머지 전단응력의 방향은 직관에 의해 알 수 있다. 요소에 작용하는 수직응력들은 식 (8.13)에서 계산된다.

$$\bar{\sigma} = \frac{\sigma_x + \sigma_y}{2} = \frac{40 + (-100)}{2} = -30 \text{ MPa}$$

그림 (b)에 보인 바와 같이 수직응력들은 요소의 모든 면에서 같다.

연습문제

8.30-8.32 주어진 응력 상태에 대해 경사평면 $a-a$에 작용하는 응력 성분을 구하라. 음영된 쐐기모양 부분의 자유물체도를 그리고 평형방정식을 적용하여 풀어라.

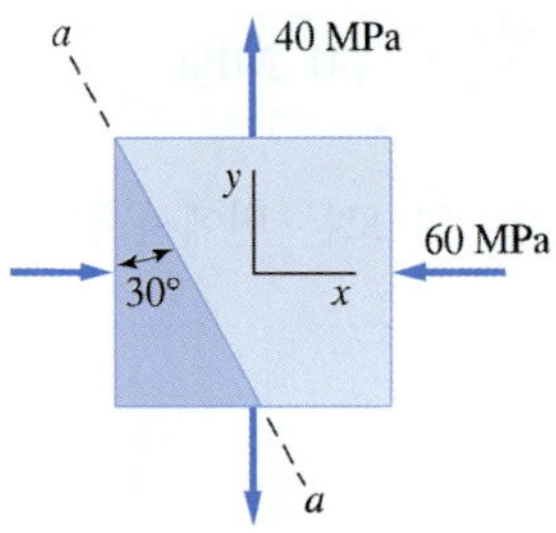

그림 P8.30

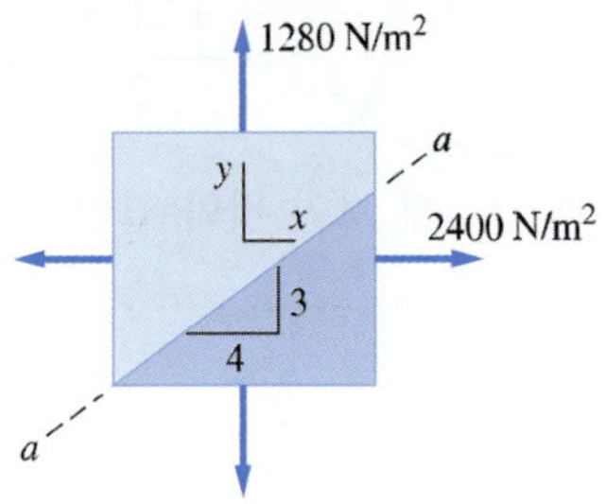

그림 P8.31

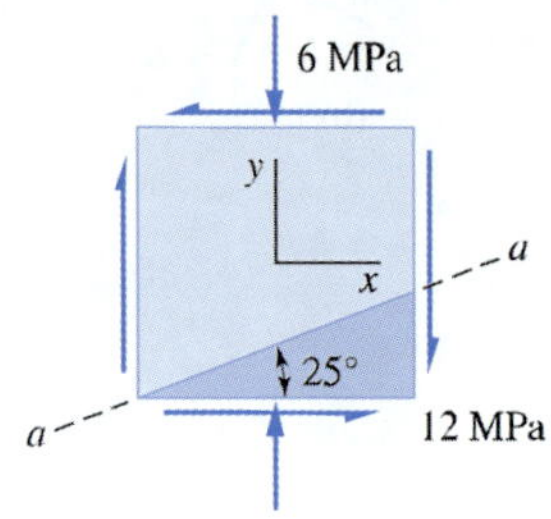

그림 P8.32

8.33-8.37 한 점에서의 응력 상태가 xy축에 대해 나타나 있다. $x'y'$축에 대한 등가 응력 상태를 결정하라. $x'y'$축에 정렬된 요소에 결과를 스케치하라.

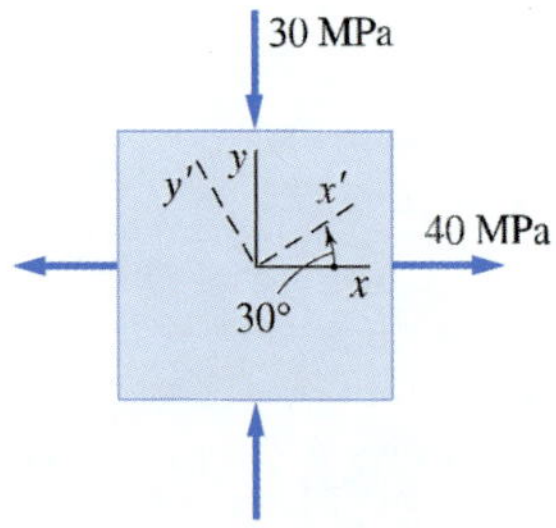

그림 P8.33

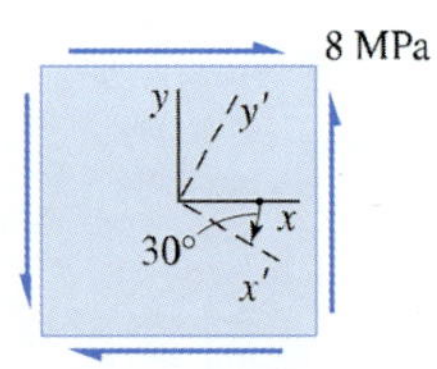

그림 P8.34

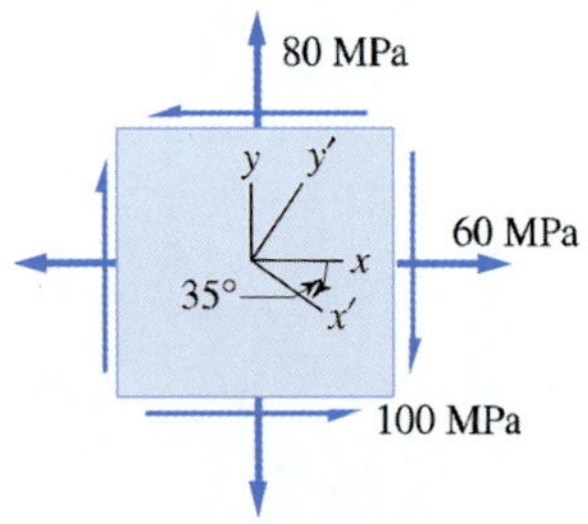

그림 P8.35

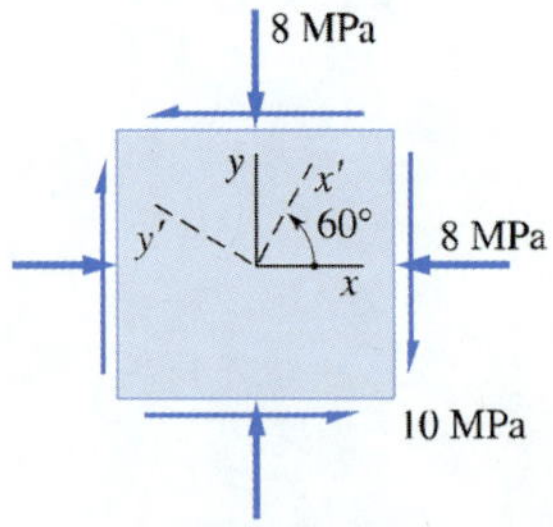

그림 P8.36

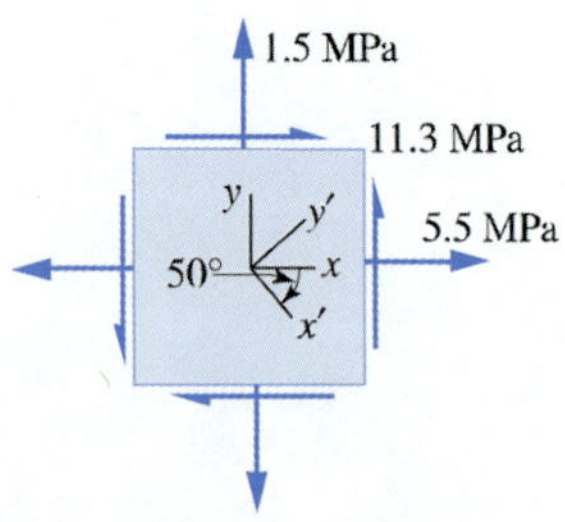

그림 P8.37

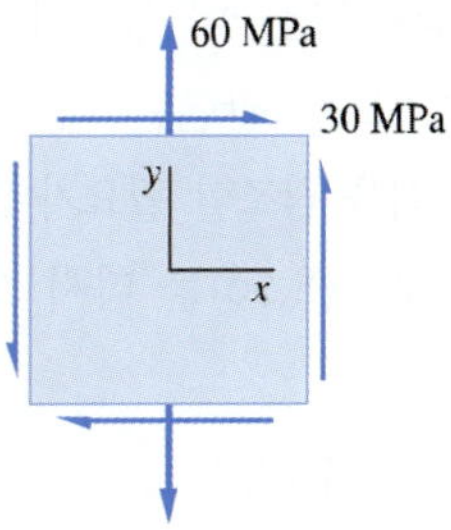

그림 P8.38

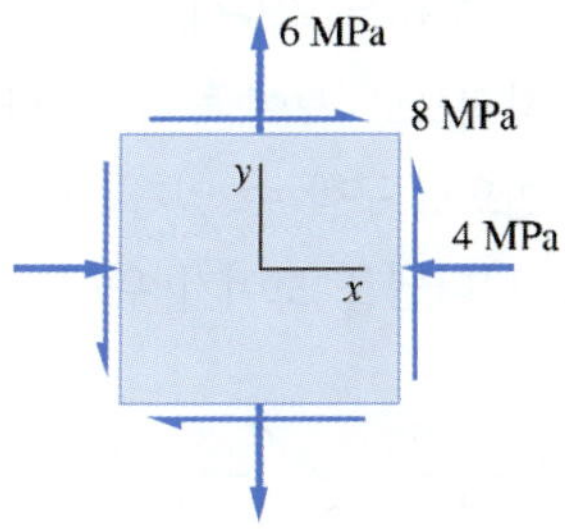

그림 P8.39

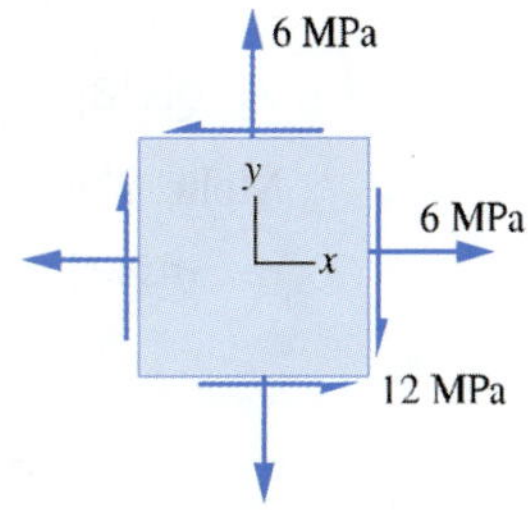

그림 P8.40

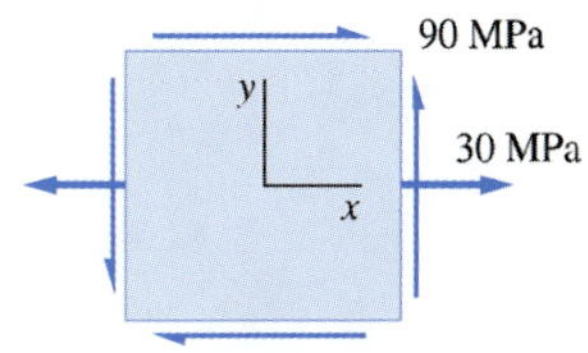

그림 P8.41

8.38-8.41 그림의 응력 상태에 대해서 주응력과 그 방향을 구하라. 주응력 방향으로 정렬된 요소에 그 결과를 스케치하라.

8.42-8.45 그림의 응력 상태에 대해서 최대 면내 전단응력을 구하라. 최대 면내 전단응력의 평면에 정렬된 요소에 그 결과를 스케치하라.

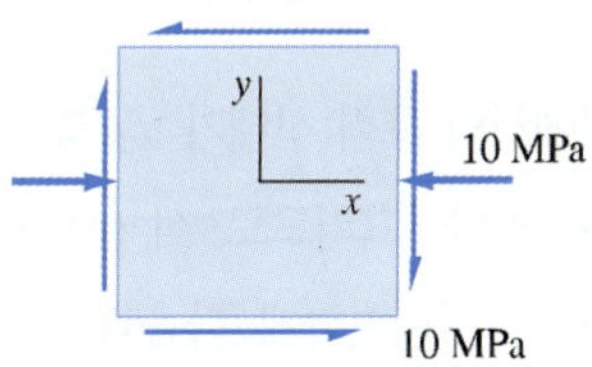

그림 P8.42

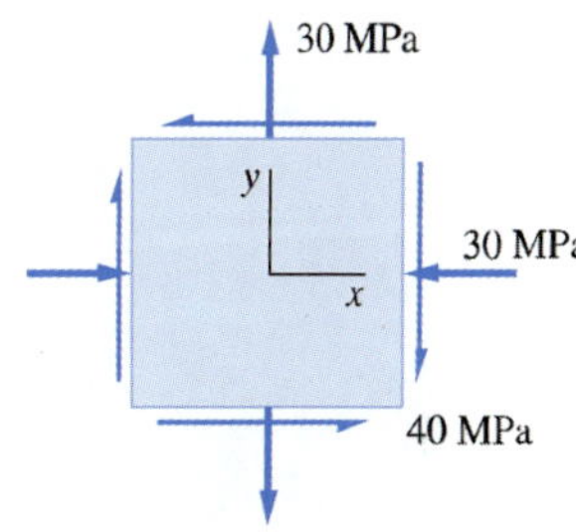

그림 P8.43

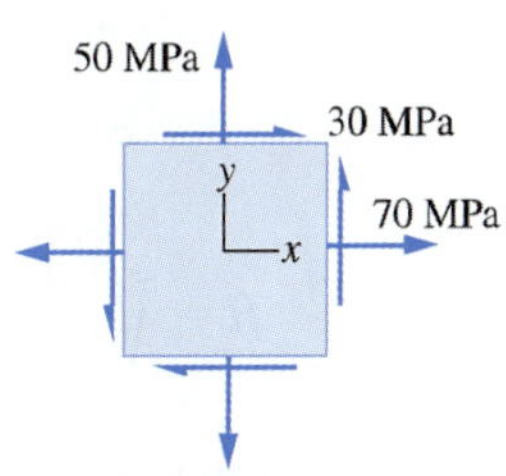

그림 P8.44

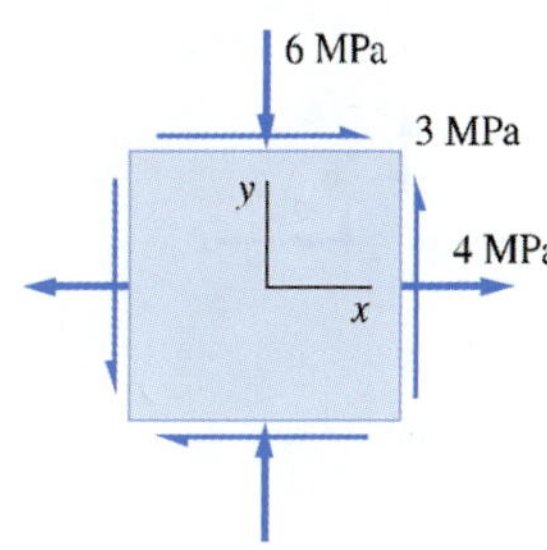

그림 P8.45

8.6 평면응력에 대한 Mohr 원

변환식의 도해적 표현인 Mohr 원은[2] 두 가지 이유로 인해 유명한 응력 변환

---

2 이 도해적 방법은 1882년 독일의 공학자 Otto Mohr에 의해 개발되었다. 그 방법은 또한 변형률 및 관성 모멘트의 변환에 대해서도 적용할 수 있다.

의 방법이다. 첫째, 변환하는 각도에 따라 수직응력과 전단응력 성분이 어떻게 변화하는지 시각적으로 보여줄 수 있다. 둘째, 모든 관련된 데이터를 Mohr 원에서 삼각법으로 구할 수 있기 때문에 변환식을 참조할 필요가 없다.

변환식이 원을 나타냄을 보이기 위해 식 (8.5a)와 (8.5c)를 다시 쓰면:

$$\sigma_{x'} - \frac{\sigma_x+\sigma_y}{2} = \frac{\sigma_x-\sigma_y}{2}\cos 2\theta + \tau_{xy}\sin 2\theta \tag{a}$$

$$\tau_{x'y'} = -\frac{\sigma_x-\sigma_y}{2} sin2\theta + \tau_{xy}\cos 2\theta \tag{b}$$

식 (a)에서 $(\sigma_x+\sigma_y)/2$는 식의 우변에서 좌변으로 이동되었다. 식 (a)와 (b)의 양변을 제곱하고 방정식을 더해서 2θ를 소거한다.

$$\left(\sigma_{x'} - \frac{\sigma_x+\sigma_y}{2}\right)^2 + \tau_{x'y'}^2 = \left(\frac{\sigma_x-\sigma_y}{2}\right)^2 + \tau_{xy}^2 \tag{c}$$

만약 한 점에서의 응력 상태가 xy축에 대해 주어지면, σ_x, σ_y와 τ_{xy}는 상수임을 알 수 있다. 그러므로 식 (c)에서 $\sigma_{x'}$와 $\tau_{x'y'}$만 변수가 된다.

식 (c)는 더 간편하게 다음과 같이 쓸 수 있다.

$$(\sigma_{x'} - \bar{\sigma})^2 + \tau_{x'y'}^2 = R^2 \tag{d}$$

여기서,

$$\bar{\sigma} = \frac{\sigma_x+\sigma_y}{2} \qquad \text{(8.13, 반복)}$$

$$R = \sqrt{\left(\frac{\sigma_x-\sigma_y}{2}\right)^2 + \tau_{xy}^2} \qquad \text{(8.9, 반복)}$$

식 (d)는 $\sigma_{x'}\tau_{x'y'}$ 평면에 있는 원의 식임을 알 수 있다. 그 원의 반경은 R 이고, 그 중심의 좌표는 $(\bar{\sigma},\ 0)$이다.

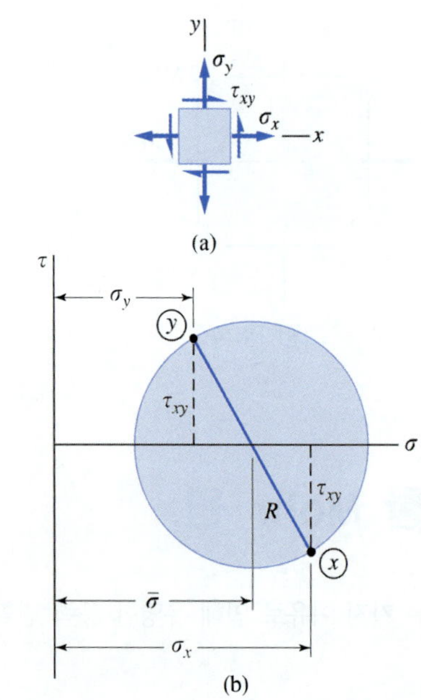

그림 8.13
주어진 응력 성분에서 Mohr 원의 구성

a. Mohr 원의 작도

그림 8.13 (a)와 같은 한 점에서의 응력 성분이 σ_x, σ_y와 τ_{xy}인 평면응력 상태를 생각해 보자. 그림 8.13 (b)에 보인 응력 상태에 대한 Mohr의 원은 다음과 같이 작도된다.

1. 좌표축을 그리고, 횡좌표는 수직응력 σ를 나타내고, 종좌표는 전단응

력 τ를 나타내도록 두 축을 그린다.

2. 좌표 $(\sigma_x, -\tau_{xy})$로 ⓧ 표시된 점과 좌표(σ_y, τ_{xy})로 ⓨ 표시된 점을 그린다. 이 점들의 좌표는 요소의 x와 y면에 작용하는 응력이다. 나중에 혼동을 피할 수 있도록 표시하는 것이 중요하다.
3. 점 ⓧ와 ⓨ를 직선으로 연결하고, 이 선을 직경으로 하는 원을 그린다.

Mohr 원이 이제 완성되었다. 원의 반경이

$$R = \sqrt{\left(\frac{\sigma_x - \sigma_y}{2}\right)^2 + \tau_{xy}^2}$$

이고, 그 중심은 $(\bar{\sigma}, 0)$에 위치함을 주목하라. 여기서 $\bar{\sigma} = (\sigma_x + \sigma_y)/2$ 이다.

b. Mohr 원의 특성

Mohr 원의 특성은 다음과 같다.

- 원 위에 각 점의 좌표는 물체 내의 선택된 점을 통과하는 평면에 작용하는 수직응력과 전단응력을 나타낸다(이러한 이유에서 원 위에 점을 그릴 때마다 그것이 나타내는 평면을 확실하게 정의하기 위해 즉시 표시를 해야 한다).
- 전단응력의 위치를 찾는 편리한 방법이 있다: 요소의 중심에 대해 **시계 방향** 모멘트를 지닌 전단응력은 그림 8.14 (a)에 보인 것처럼 위(σ축의 상부)에 그려진다. 만약 전단응력의 모멘트가 **반시계 방향**이면, 그림 8.14 (b)에서처럼 그 점은 아래(σ축의 하부)에 그려진다.[3]
- Mohr 원 위의 두 직경 사이 각 2θ는 변환각 θ의 두 배이고, 두 각은 같은 방향(시계 방향 또는 반시계 방향)으로 측정된다.

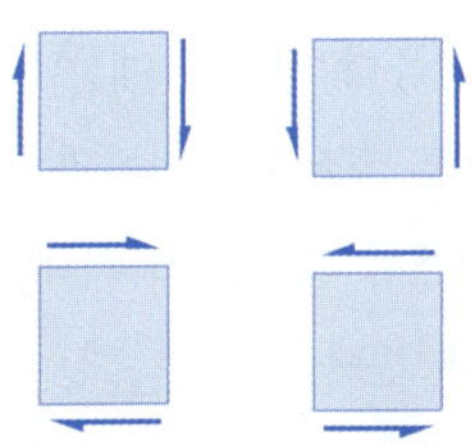

그림 8.14
Mohr 원에 전단응력을 그리는 규약

Mohr 원을 사용하여 응력 성분을 그림 8.15 (a)의 xy축에서 $x'y'$축으로 변환하는 과정을 아래에 기술하였다. 그림 8.15 (d)에 보인 Mohr 원을 사용하는 데, 이는 점 ⓧ와 ⓨ를 직경으로 이용하여 그려진 것이다.

- 그림 8.15 (b)의 xy축과 $x'y'$축 사이에서 각 θ의 의미와 크기에 주목하라(θ의 의미는 xy축이 $x'y'$축에 일치되도록 회전시켜야 하

3 이 규약은 전단에 대한 표준 기호 규약과 다르며 Mohr 원에서만 적용한다.

는 방향이다).

- θ와 같은 방향의 각 2θ만큼 Mohr 원의 직경 ⓧ−ⓨ를 회전시켜라. 그림 8.15 (d)에 보인 것처럼 새로운 직경의 끝점을 ⓧ'와 ⓨ'로 표시하라. ⓧ'의 좌표는 $(\sigma_{x'},\ -\tau_{x'y'})$이고, ⓨ'의 좌표는 $(\sigma_{y'},\ \tau_{x'y'})$이다.

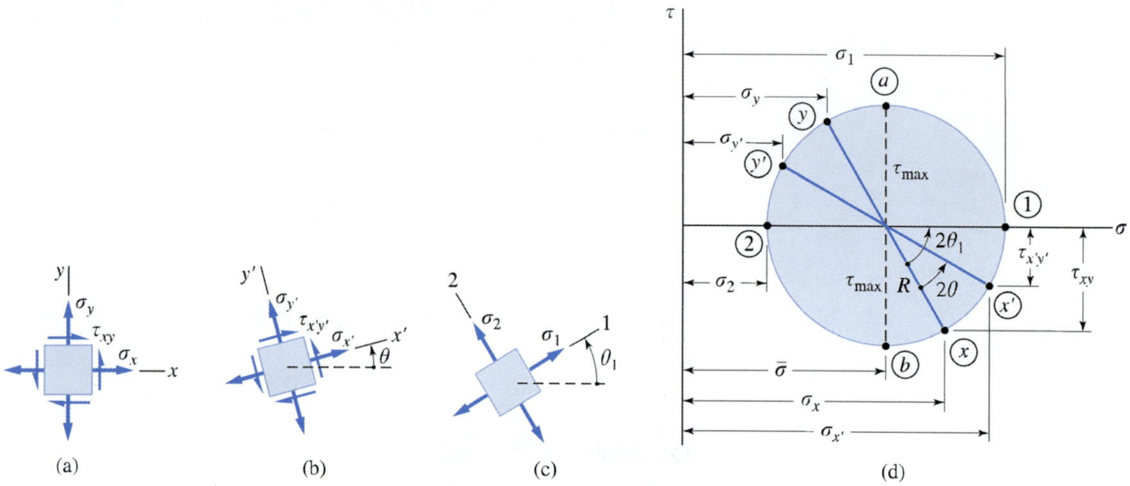

그림 8.15 xy축의 응력 요소를 $x'y'$축으로 변환하기 위한 Mohr 원의 사용

Mohr 원은 주응력과 주응력의 방향을 찾기 위해서도 사용될 수 있다. 그림 8.15 (d)를 참고하여, 주응력면(최대 및 최소 수직응력의 평면)은 각각 ①과 ②로 표시되어 있음을 알 수 있다. 이 점들의 수직응력 좌표는 $\sigma_1 = \bar{\sigma} + R$과 $\sigma_2 = \bar{\sigma} - R$이고 그들의 전단응력 좌표는 예상대로 0이다. 주응력 방향은 그림 8.15 (c)에 나타난 것처럼 xy좌표계 방향과 θ_1만큼 차이가 있다. θ_1의 크기와 방향은 Mohr 원 위에서 각 $2\theta_1$에 의해 결정된다.

덧붙여서 Mohr 원을 관찰하면 최대 면내 전단응력 τ_{max}는 원의 반경 R과 같음을 알 수 있다. τ_{max}가 작용하는 평면은 원 위에 점 ⓐ와 ⓑ로 표시하였다.

ⓐ와 ⓑ의 σ좌표가 $\bar{\sigma}$임을 주목하라. 최대 전단응력의 평면에 대응하는 원위의 점들은 주응력면을 나타내는 점과 90° 차이가 있다. 따라서 최대 전단 평면과 주응력 평면 사이의 차는 예상대로 45°이다.

c. Mohr 원의 확인

Mohr 원이 변환식의 유효한 표현인지를 증명하기 위해, 점 ⓧ'의 좌표가 식 (8.5a) 및 (8.5c)와 일치함을 보여야 한다. 그림 8.15 (d)에서 다음을 알 수 있다.

$$\sigma_{x'} = \bar{\sigma} + R\cos(2\theta_1 - 2\theta) \tag{e}$$

다음과 같은, 항등식을 이용하고

$$\cos(2\theta_1 - 2\theta) = \cos 2\theta_1 \cos 2\theta + \sin 2\theta_1 \sin 2\theta$$

$\bar{\sigma} = (\sigma_x + \sigma_y)/2$를 대입하여 식 (e)로부터 다음을 얻는다.

$$\sigma_{x'} = \frac{(\sigma_x + \sigma_y)}{2} + R(\cos 2\theta_1 \cos 2\theta + \sin 2\theta_1 \sin 2\theta) \tag{f}$$

그림 8.15 (d)에서 다음을 알 수 있다.

$$\sin 2\theta_1 = \frac{\tau_{xy}}{R} \qquad \cos 2\theta_1 = \frac{(\sigma_x - \sigma_y)}{2R} \tag{g}$$

식 (g)를 식 (f)에 대입하여 간단히 하면, $\sigma_{x'}$에 대한 표현은 다음과 같다.

$$\sigma_{x'} = \frac{\sigma_x + \sigma_y}{2} + \frac{\sigma_x - \sigma_y}{2}\cos 2\theta + \tau_{xy}\sin 2\theta \tag{h}$$

그림 8.15 (d)에서 또한 다음을 얻는다.

$$\tau_{x'y'} = R\ \sin(2\theta_1 - 2\theta)$$

다음과 같은, 항등식을 대입하고

$$\sin(2\theta_1 - 2\theta) = \sin 2\theta_1 \cos 2\theta - \cos 2\theta_1 \sin 2\theta$$

식 (g)를 사용하여, 다음을 얻는다.

$$\tau_{x'y'} = -\frac{\sigma_x - \sigma_y}{2}\sin 2\theta + \tau_{xy}\cos 2\theta$$

식 (h)와 (i)는 변환식 (8.5a)와 (8.5c)와 일치하므로, Mohr 원은 변환식을 나타내는데 유효하다고 결론지을 수 있다.

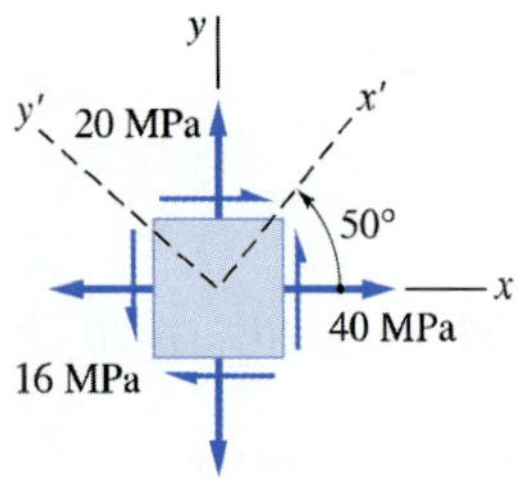

(a)

예제 8.7

xy축상 한 점의 평면응력 상태를 그림 (a)에 보였다. Mohr 원을 사용하여, (1) 주응력과 주응력면을 결정하고, (2) 최대 전단응력을 결정하라. 그리고 (3) $x'y'$축에 대해 등가의 응력 상태를 결정하라. 모든 결과를 적절히 회전된 요소 위에 스케치하여 나타내어라.

풀이

Mohr 원의 작도

정해진 부호 규약에서(양의 응력은 요소의 양의 면에 정의 좌표 방향으로 작용한다.), 그림 (a)의 응력 성분들은 $\sigma_x = 40$ MPa, $\sigma_y = 20$ MPa와 $\tau_{xy} =$ 16 MPa이다. 이 응력들과 8.6절에서 설명된 과정을 이용하여, 그림 (b)에 보인 Mohr 원을 얻는다. 원 위의 점 ⓧ의 좌표는 요소의 x면에 작용하는 응력 성분이다. 이 면 위의 전단응력은 요소의 중심에 대해 반시계 방향의 모멘트를 가지므로, σ축 아래에 그린다. 점 ⓨ의 좌표는 요소의 y면에 작용하는 응력 성분이다. 이 면 위의 전단응력은 요소의 중심에 대해 시계 방향 모멘트를 갖는다. 따라서 σ축 위에 그린다.

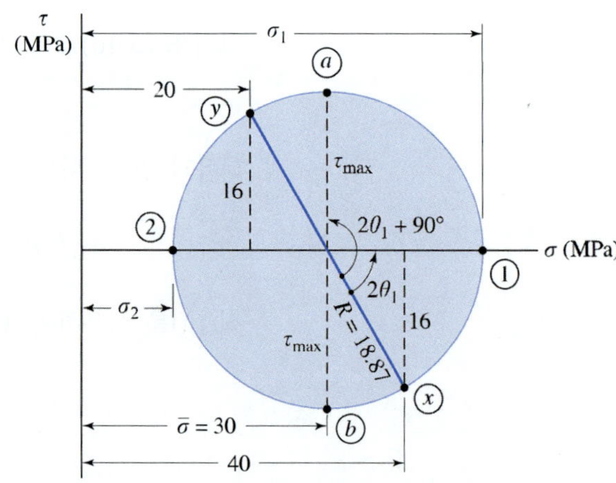

(b)

그림 (b)에서 계산된 원의 특성은 다음과 같다.

$$\bar{\sigma} = \frac{40+20}{2} = 30 \text{ MPa}$$

$$R = \sqrt{(10)^2 + (16)^2} = 18.87 \text{ MPa}$$

만약에 원이 축척에 맞게 그려졌다면, 모든 알고자 하는 값들을 직접 측정해서 구할 수도 있을 것이다. 그러나 여기서는 삼각법을 이용하여 계산한다.

(1)

그림 (b)를 관찰하면 점 ①과 ②가 주응력면을 나타냄을 알 수 있다. 주응력들은 다음과 같다.

$$\sigma_1 = \bar{\sigma} + R = 30 + 18.87 = 48.9 \text{ MPa} \qquad \text{[답]}$$

$$\sigma_2 = \bar{\sigma} - R = 30 - 18.87 = 11.13 \text{ MPa} \qquad \text{[답]}$$

주응력의 방향은 각 θ_1에 의해 결정되는데 여기서 θ_1은 요소의 x 면에서 σ_1이 작용하는 평면까지 반시계 방향으로 측정된 각이다.(Mohr 원의 각은 물리적 평면 사이의 각의 두 배이고 같은 방향을 측정됨을 기억하라.) 그림 (b)에서 다음을 알 수 있다.

$$\tan 2\theta_1 = \frac{16}{10} \qquad 2\theta_1 = 58.0°$$

$$\theta_1 = 29.0° \qquad \text{[답]}$$

그림 (c)는 주응력 방향으로 정렬된 요소에 주응력을 나타내고 있으며 각각 1, 2로 표시하였다.

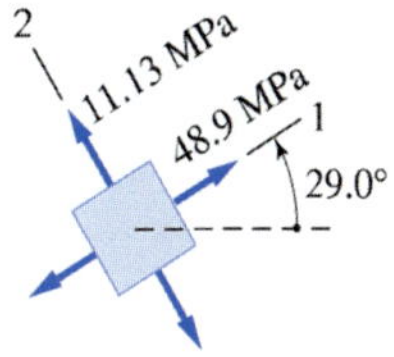

(c)

(2)

최대 면내 전단응력의 평면은 그림 (b)의 Mohr 원 위의 점 ⓐ와 ⓑ에 대응된다. 최대 전단응력의 크기는 원의 반경과 같다. 따라서,

$$\tau_{\max} = 18.87 \text{ MPa} \qquad \text{[답]}$$

최대 전단응력 평면에 정렬된 요소를 그림 (d)에 보였다. 원 위에서 점 ①에서부터 점 ⓐ까지 측정된 각은 90°이고, 반시계 방향이다. 그러므로, 그림 (d)에서 요소의 a축은 보여진 것처럼 1축에 대해 반시계 방향으로 45° 기울었다. 원 위의 점 ⓐ는 σ축 위에 놓여 있으므로, a면에 작용하는 $\tau_{\max}$의 모멘트는 요소의 중심에 대해 시계 방향이며, 이는 그림 (d)에서 $\tau_{\max}$의 방향을 결정한다. a평면과 b평면에 작용하는 수직응력이 $\sigma = 30$ MPa임을 주목하라.

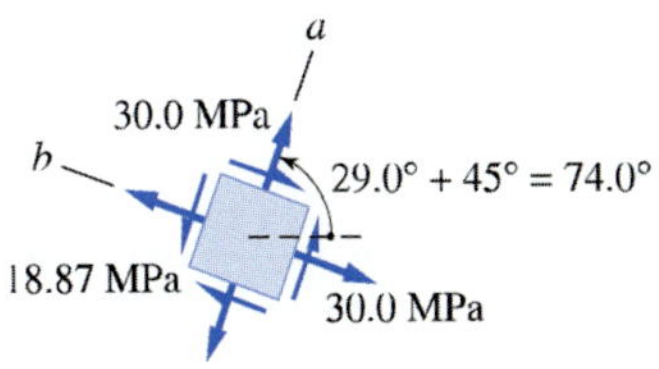

(d)

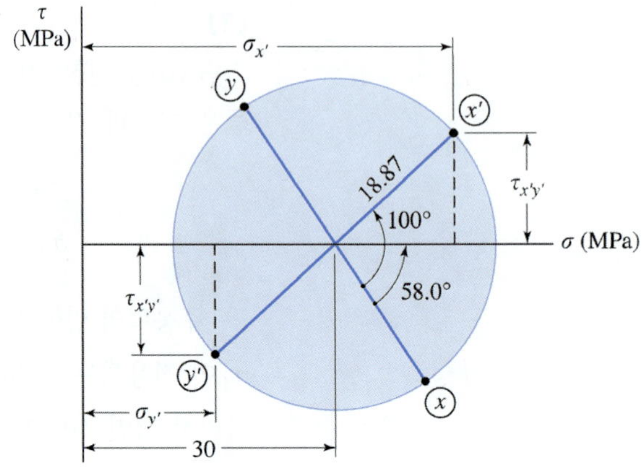

(e)

(3)

그림 (a)는 xy좌표계를 반시계 방향으로 50° 회전시킨다면 $x'y'$축에 일치함을 보여주고 있다. 이는 그림 (e)에 나타낸 것처럼 Mohr 원의 직경 ⓧ−ⓨ를 ⓧ'−ⓨ'위치까지 반시계 방향으로 100° 만큼 회전시킨 것에 상응한다. ⓧ'와 ⓨ'의 좌표는 $x'y'$축에 정렬된 요소의 면에 작용하는 응력 성분이다.

그림 (e)에 보인 Mohr 원의 형상에서 다음을 얻는다.

$$\sigma_{x'} = 30 + 18.87\cos(100° - 58.0°) = 44.0 \text{ MPa}$$ [답]

$$\sigma_{y'} = 30 - 18.87\cos(100° - 58.0°) = 15.98 \text{ MPa}$$ [답]

$$\tau_{x'y'} = 18.87\sin(100° - 58.0°) = 12.63 \text{ MPa}$$ [답]

이런 응력을 나타내는 요소는 그림 (f)에 보였다. 다시 한번, 전단응력의 방향은 규약에서 알 수 있다. 만약 전단응력이 σ축 위에 그려지면, 요소의 중심에 대한 그 모멘트는 시계 방향이고, 그 반대도 성립된다. 점 ⓧ'가 σ축 위에 놓여 있으므로, 요소의 x'면 위의 전단응력은 요소의 중심에 대해 시계 방향 모멘트가 된다.

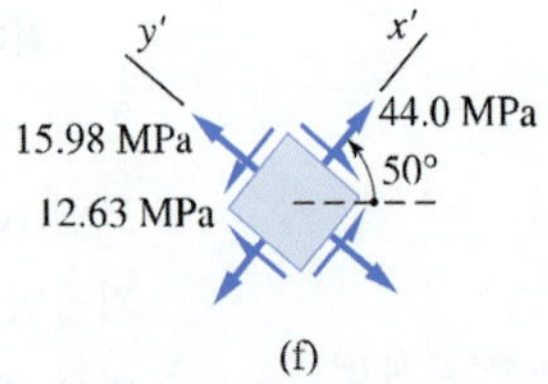

(f)

연습문제

Mohr 원을 사용하여 다음의 문제를 풀어라.

8.46-8.49 그림에 나타난 응력 요소 상태에 대해, (a)Mohr 원을 그리고, (b)원의 반경 R과 그 중심의 좌표 σ를 구하라.

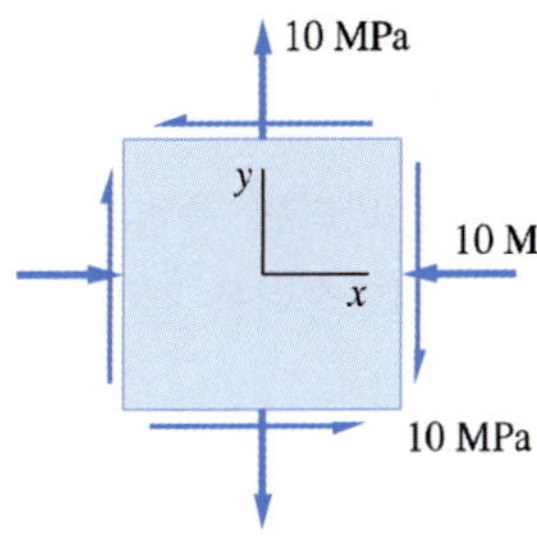

그림 P8.46

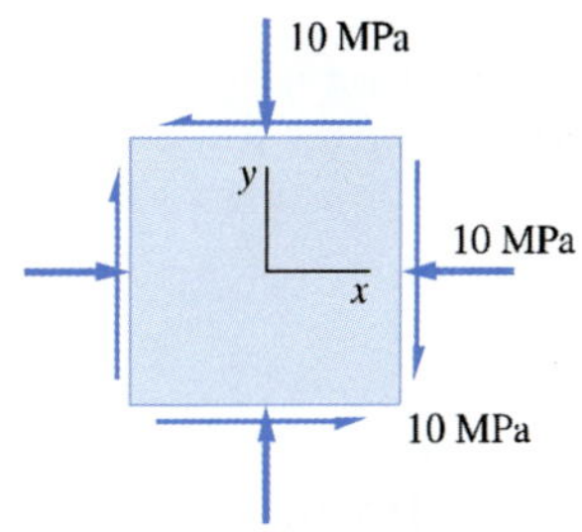

그림 P8.47

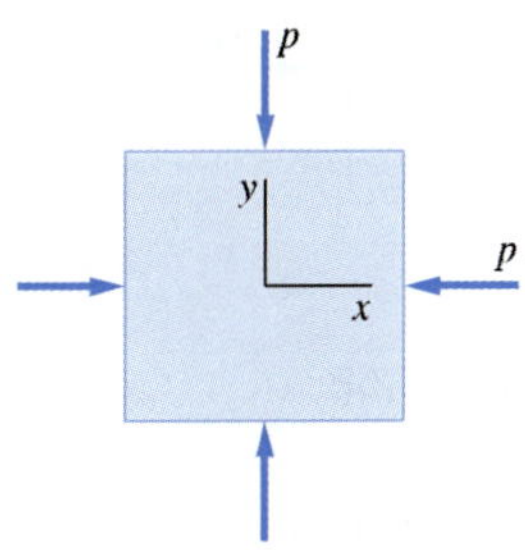

그림 P8.48

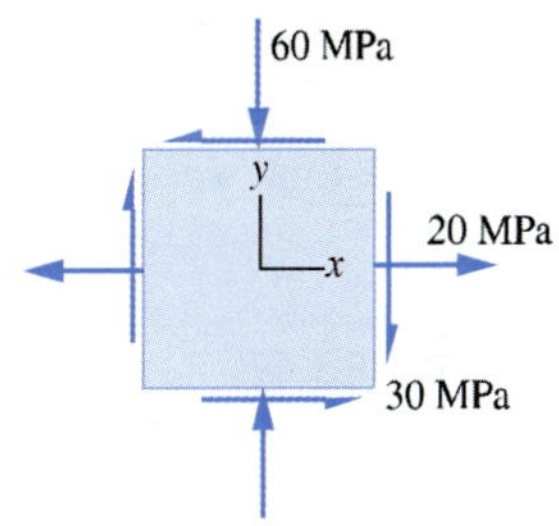

그림 P8.49

8.50-8.56 어떤 점의 응력 상태를 xy축에 대해 나타내었다. $x'y'$축에 대해 등가의 응력 상태를 구하라. $x'y'$축에 정렬된 요소에 그 결과를 스케치하여 보여라.

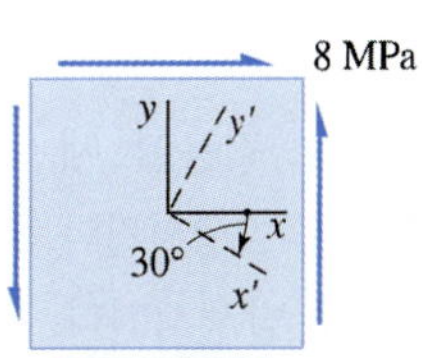

그림 P8.50

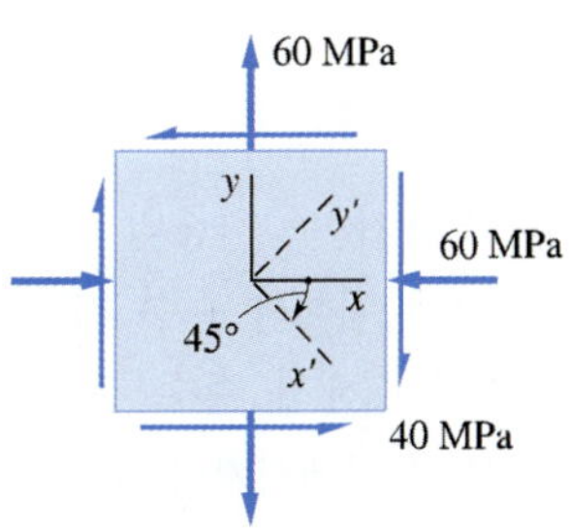

그림 P8.51

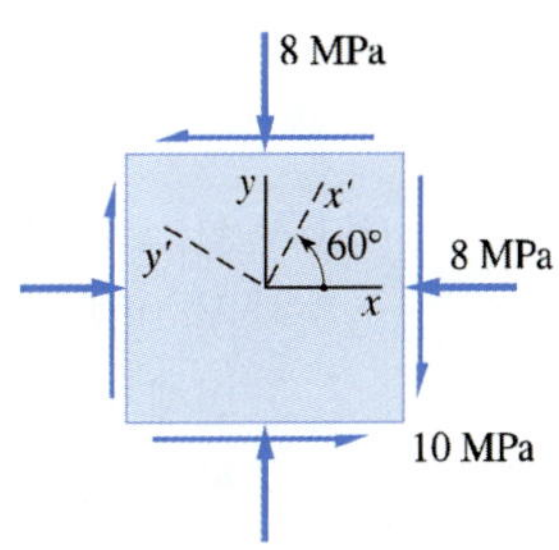

그림 P8.52

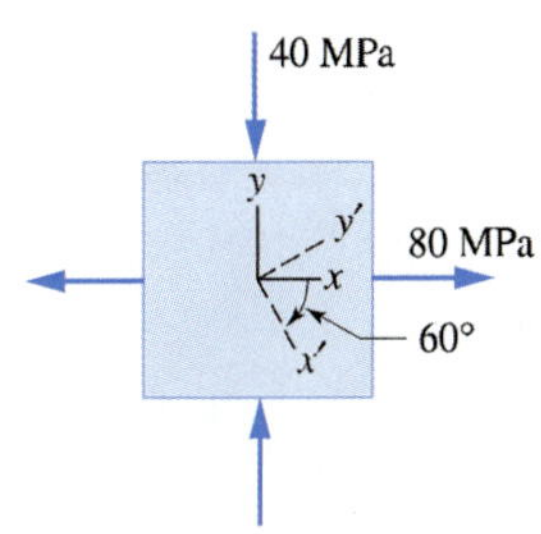

그림 P8.53

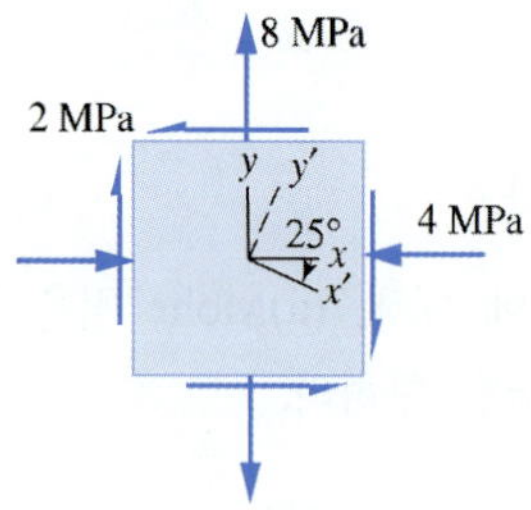

그림 P8.54

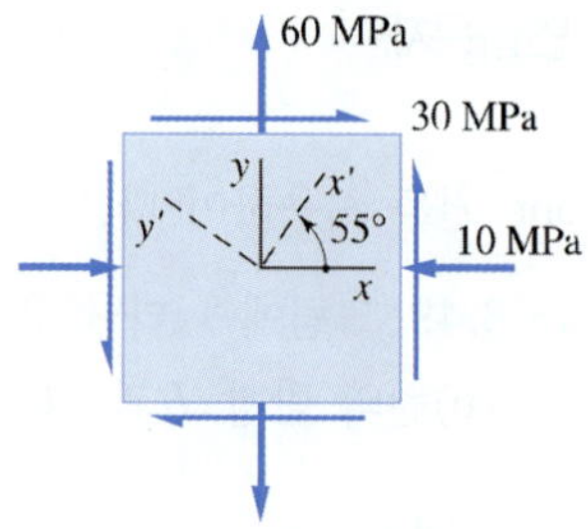

그림 P8.55

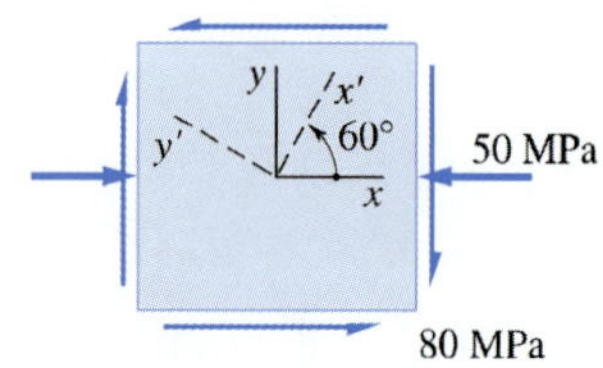

그림 P8.56

8.57-8.61 그림에 나타난 응력 상태에 대해서, (a)주응력을 결정하고, (b)최대 면내 전단응력을 결정하라. 적절히 회전된 요소 위에 그 결과를 나타내라.

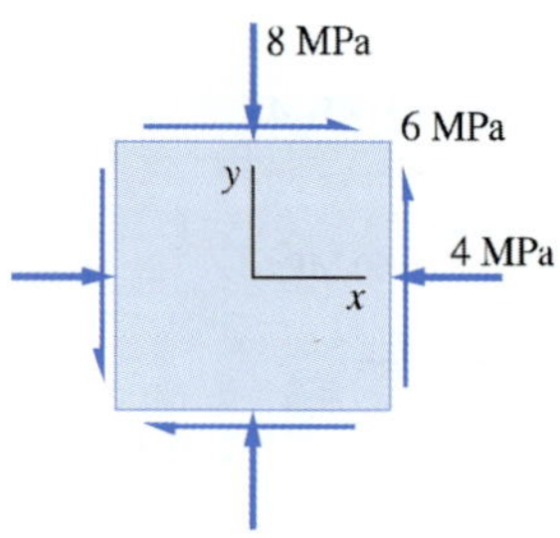

그림 P8.57

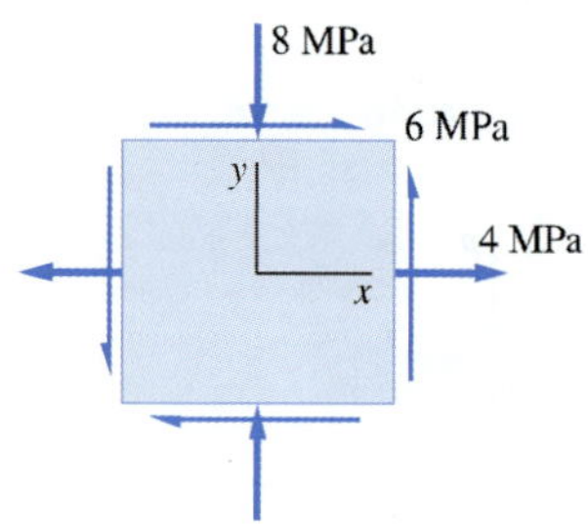

그림 P8.58

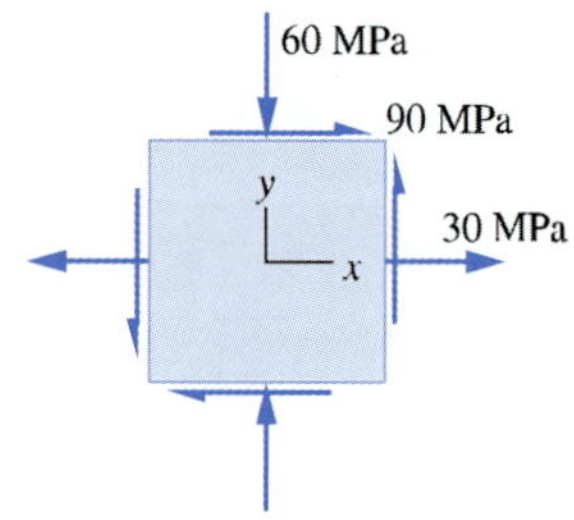

그림 P8.59

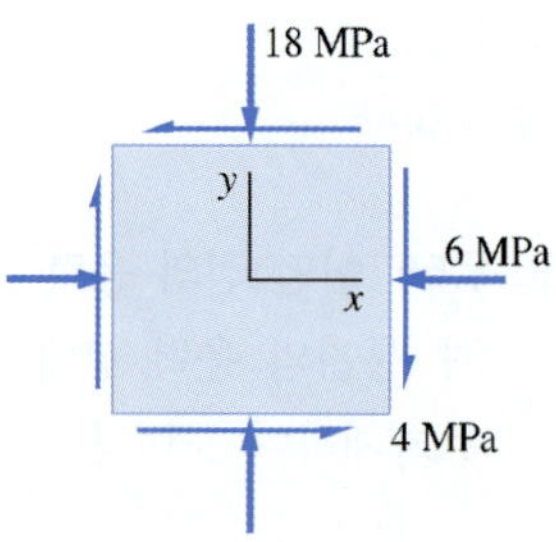

그림 P8.60

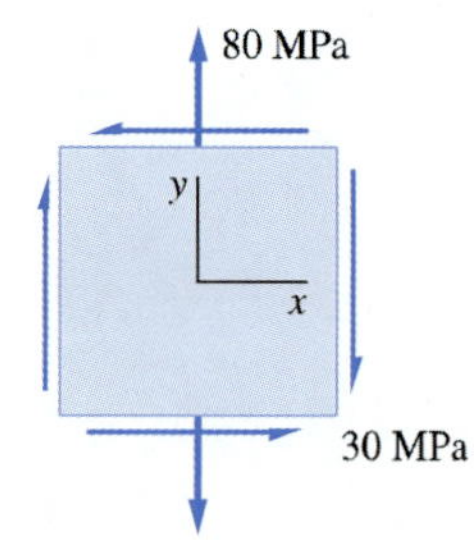

그림 P8.61

8.62 어느 한 점의 응력 상태가 두 하중의 결과이다. 홀로 작용할 때, 그 첫 번째 하중은 xy축에 대해서 순수 전단 3 MPa를 발생시킨다. 두 번째 하중은 $x'y'$축에 대해서 순수 전단 4 MPa를 발생시킨다. 두 쌍의 축 사이의 각은 그림에서처럼 $\theta = 30°$이다. 만약에 두 하중에 동시에 작용할 때, (a)xy축에 대해 이 점에서의 응력 상태를 구하고, (b)주응력과 주응력면을 구하라. 적절히 회전된 요소에 그 결과를 나타내라.

8.63 문제 8.62를 $\theta = 45°$인 경우에 대해서 풀어라.

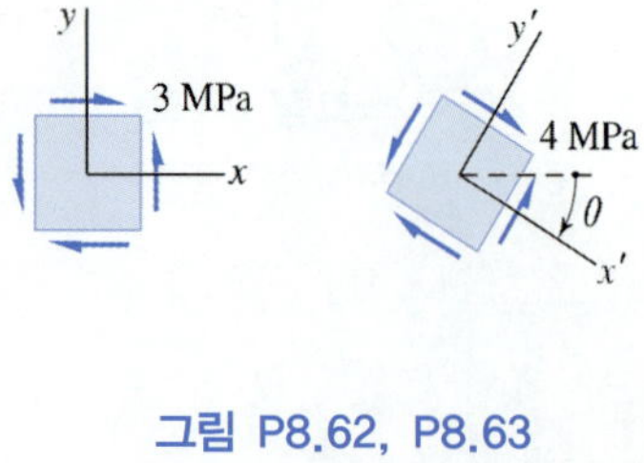

그림 P8.62, P8.63

8.64 어느 한 점의 응력 상태는 두 하중의 결과이다. 따로 작용할 때, 그 하중들은 그림에 보인 두 응력 상태를 일으킨다. 두 하중이 동시에 작용할 때, 주응력과 주응력면을 구하라. 적절히 회전된 요소에 그 결과를 나타내라.

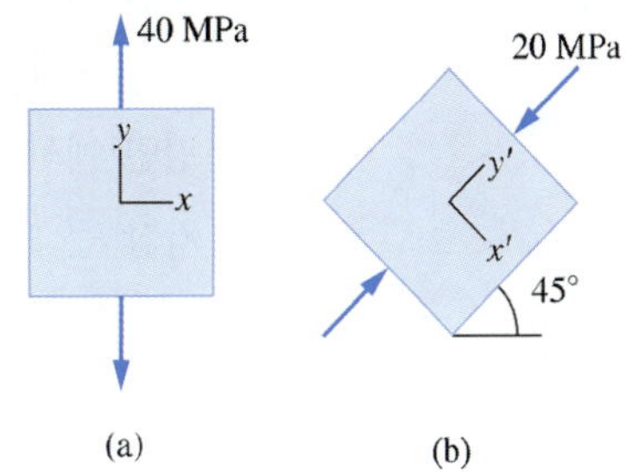

그림 P8.64

8.65 그림은 어느 한 점의 응력 상태를 보이고 있다. 이 점에서 최대 전단응력이 10 MPa로 알려져 있을 때, σ_y의 값을 구하라.

8.66 그림은 어느 한 점의 응력 상태를 보이고 있다. $a-a$ 평면 위에 작용하는 수직응력이 4 MPa인 인장응력일 때, σ_x의 값을 구하라.

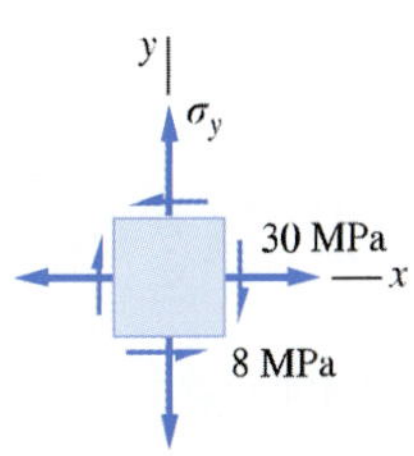

그림 P8.65

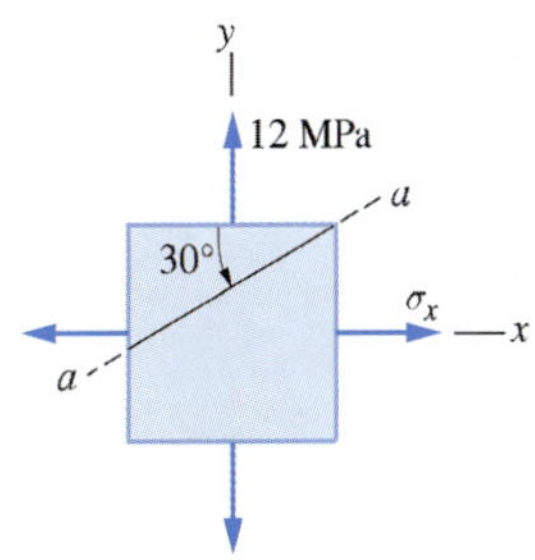

그림 P8.66

8.7 절대 최대 전단응력

지금까지는 응력의 면내 변환에 국한시켜 알아보았다(xy 평면 내에서의 변환). 이 변환에서 발생되는 가장 큰 전단응력은 **최대 면내 전단응력**이라고 불리고 τ_{max}라고 표현한다. 그러나 τ_{max}가 반드시 한 점에서 가장 큰 전단응력인 것은 아니다. **절대 최대 전단응력**(*absolute maximum shear stress*)으로 불리는 가장 큰 전단응력을 찾기 위해서는 다른 두 좌표 평면에서의 변환을 생각해야 된다.

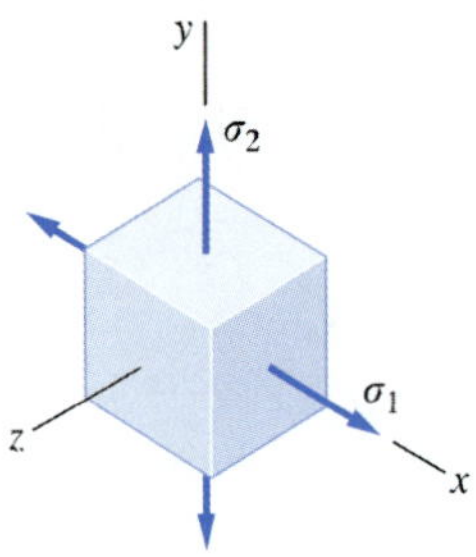

그림 8.16
주평면에 대한 평면응력 상태

a. 평면응력 상태

그림 8.16에 보인 평면응력 상태를 생각해 보라. 여기서 σ_1과 σ_2는 주응력이며 xy축은 주응력 방향과 일치한다. xy평면에서 변환에 대한 Mohr 원은 그림 8.17 (a)에 나타나 있다. 이 원의 반경은 최대 면내 전단응력 $\tau_{max} = |\sigma_1 - \sigma_2|/2$이다. 그림 8.17 (b)와 (c)는 Mohr 원이 zx평면과 yz평면[4]에서의 응력 변환을 나타냄을 보이고 있다. 절대 최대 전단응력 τ_{abs}는 가장 큰 원의 반경이다; 즉,

$$\tau_{\text{abs}} = \max\left(\frac{|\sigma_1 - \sigma_2|}{2},\ \frac{|\sigma_1|}{2},\ \frac{|\sigma_2|}{2}\right) \tag{8.15}$$

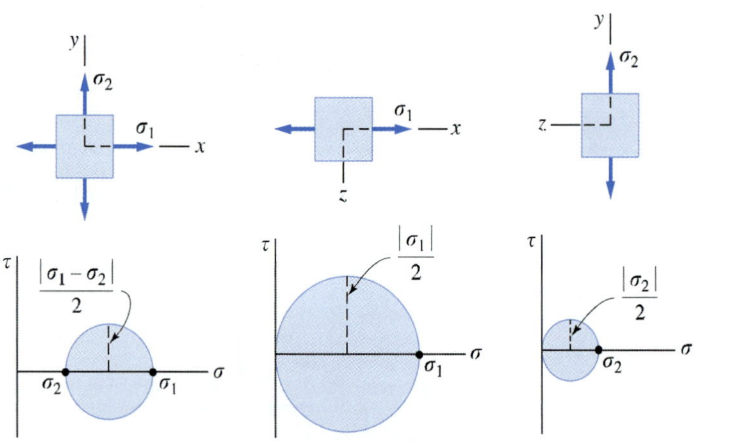

(a) xy평면에서의 변환 (b) zx평면에서의 변환 (c) yz평면에서의 변환

그림 8.17 세 좌표 평면(평면응력)에서 응력 변환에 대한 Mohr 원.

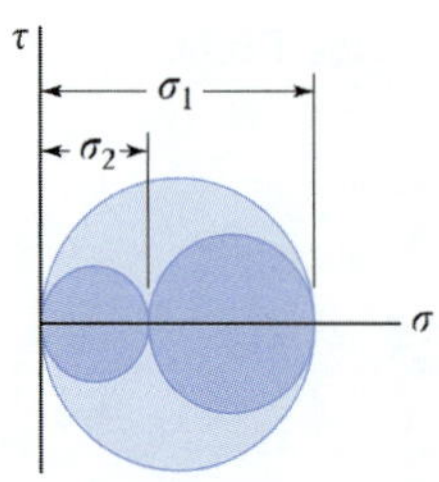

그림 8.18
하나의 좌표축상에 그려진 세 좌표 평면에서의 응력 변환에 대한 Mohr의 원. 가장 큰 원의 반경이 절대 최대 전단응력이다.

그림 8.18에 나타낸 것처럼 세 개의 Mohr 원을 하나의 좌표축에 그리는 것이 일반적이다.

식 (8.15)로부터 다음의 결론을 이끌어 낼 수 있다.

1. 만약 σ_1과 σ_2가 부호가 같으면(둘 다 인장 또는 둘 다 압축), 절대 최대 전단응력은 $|\sigma_1|/2$ 또는 $|\sigma_2|/2$이고, 둘 중에 더 큰 값이다.
2. 만약 σ_1과 σ_2가 반대 부호이면(하나는 인장이고 다른 하나는 압축), 절대 최대 전단응력은 $|\sigma_1 - \sigma_2|/2$이고, 이는 최대 면내 전단응력

---

4 비록 변환식 (8.5)가 평면응력에 대해서 유도되었지만, 면외(out-of-plane) 수직응력이 0이 아닐지라도 유효하다. 이 수직응력은 면내(in-plane) 성분을 지니지 않으므로 변환식이 유도된 때, 평형방정식에 영향을 미치지 않는다.

τ_{max}와 같다.

b. 일반적인 응력 상태

평면응력과는 반대로, 어느 한 점에서의 일반적인(3차원) 응력 상태에 관한 완전한 논의는 이 책의 범위를 벗어난다. 어떤 응력 상태라도 그림 8.19 (a)에 보인 것처럼 상호 수직인 평면상에서 작용하는 세 개의 주응력(σ_1, σ_2, σ_3)에 의해 나타내 보일 수 있다. 이에 상응하는 Mohr 원은 그림 8.19 (b)에 보였다. 이 경우에도 절대 최대 전단응력은 가장 큰 원의 반경과 같다.

$$\tau_{abs} = \max\left(\frac{|\sigma_1 - \sigma_2|}{2}, \frac{|\sigma_2 - \sigma_3|}{2}, \frac{|\sigma_3 - \sigma_1|}{2}\right) \tag{8.16}$$

그림 8.18과 8.19의 Mohr 원을 비교하면 평면응력은 $\sigma_3 = 0$인 특별한 경우임을 알 수 있다.

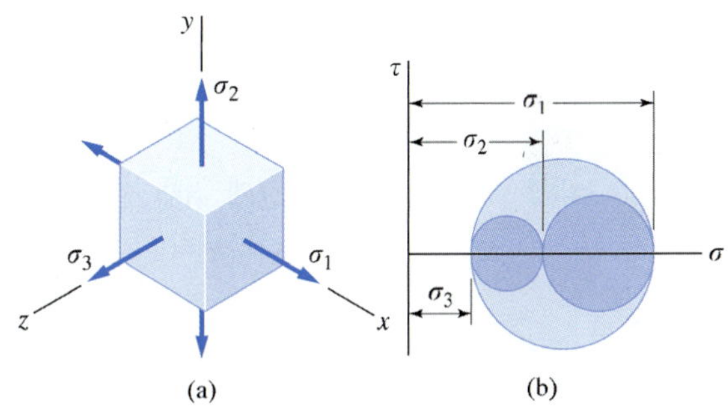

그림 8.19 세 좌표 평면(3축 응력)에서의 응력 변환에 관한 Mohr 원.

예제 8.8

그림 (a)에 보인 평면응력에 대해서, 최대 면내 전단응력과 절대 최대 전단응력을 결정하라.

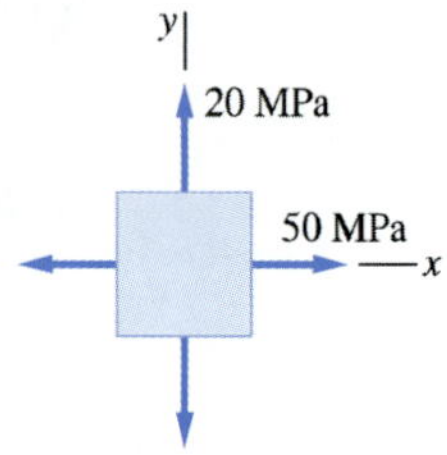

(a)

풀이

주어진 응력들은 $\sigma_1 = \sigma_x = 50$ MPa과 $\sigma_2 = \sigma_y = 20$ MPa이다. 세 좌표 평면에서 응력 변환을 나타내는 Mohr 원을 그림 (b)에 나타내었다. 최대 면내 전단응력 τ_{max}는 xy평면에서 변환을 나타내는 원의 반경과 같다. 따라서,

$$\tau_{max} = 15 \text{ MPa}$$ [답]

절대 최대 전단응력은 가장 큰 원의 반경과 같고, 이는 zx평면에서의 변환을 나타낸다.

$$\tau_{abs} = 25 \text{ MPa}$$ [답]

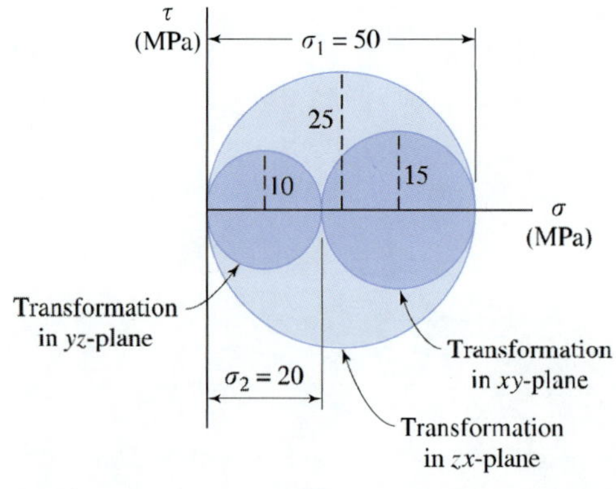

(b)

연습문제

8.67-8.73 그림에 나타난 평면응력 상태에 대해서, (a)최대 면내 전단응력과 (b)절대 최대 전단응력을 구하라.

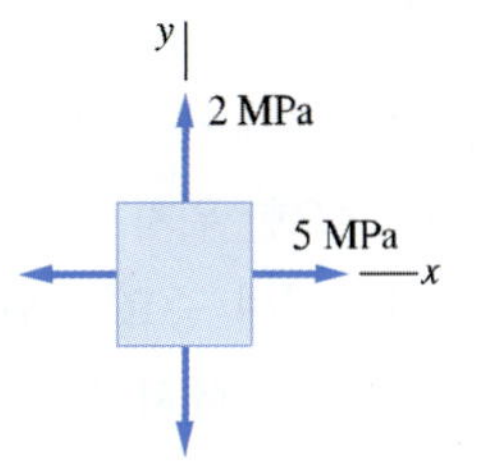

그림 P8.67

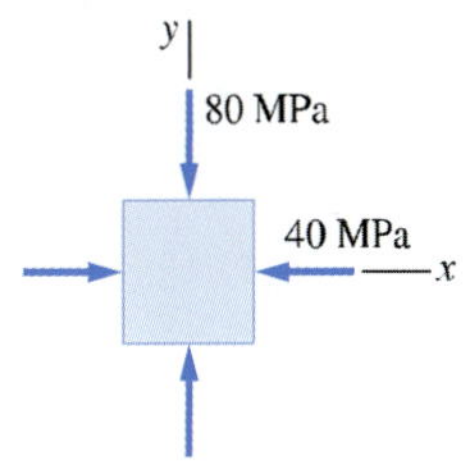

그림 P8.68

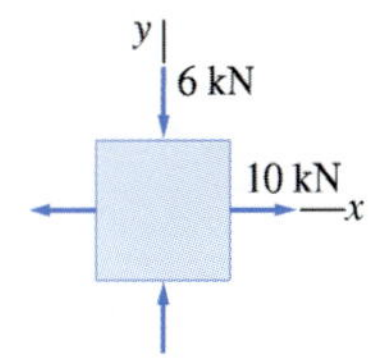

그림 P8.69

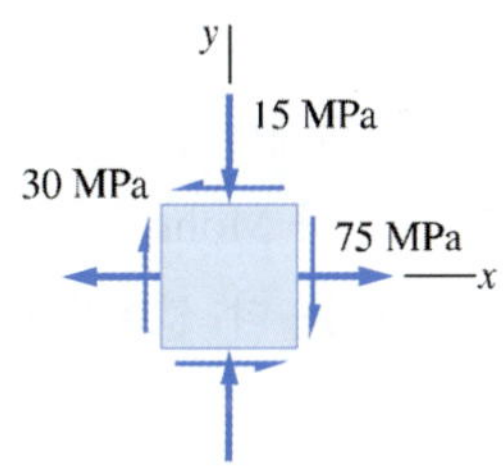

그림 P8.70

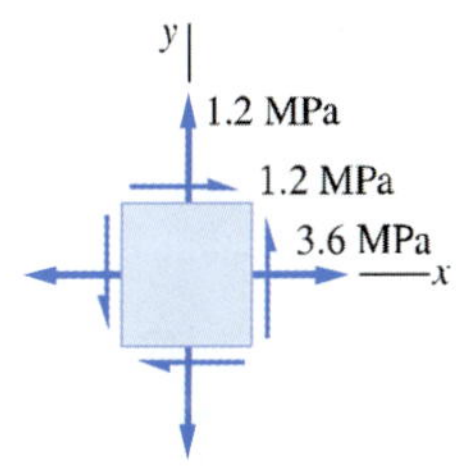

그림 P8.71

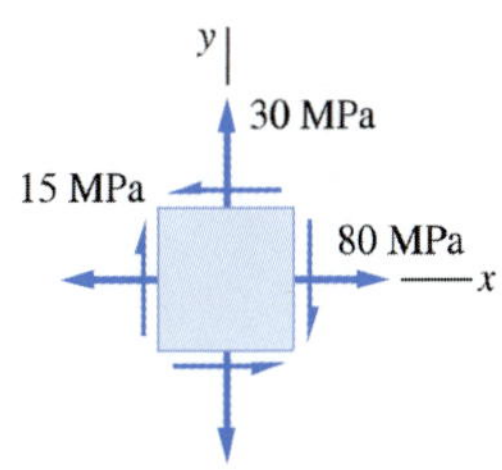

그림 P8.72

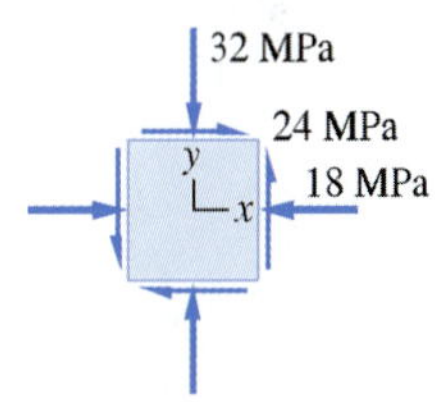

그림 P8.73

8.74-8.76 그림에 나타난 3축 응력 상태에 대해서, 절대 최대 전단응력을 구하라.

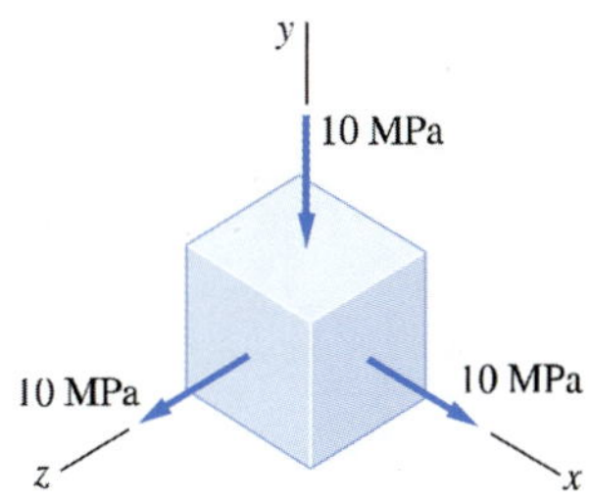

그림 P8.74

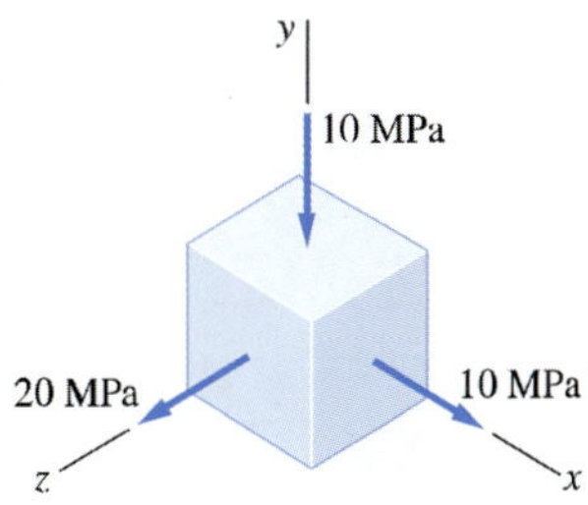

그림 P8.75

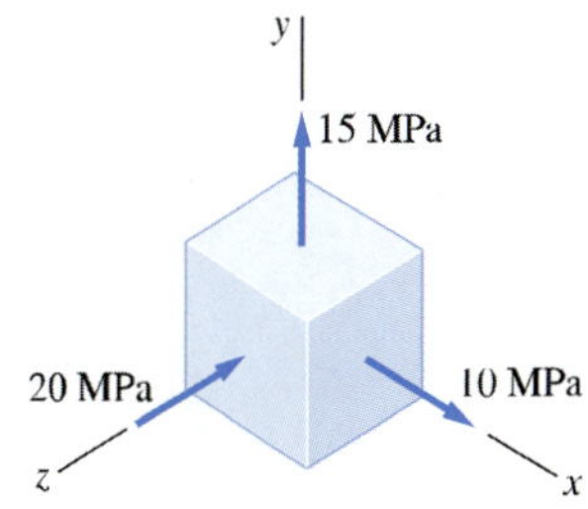

그림 P8.76

8.8 응력 변환의 조합 하중에 적용

응력 변환의 가장 중요한 이용은 조합 하중(축력, 비틀림 그리고 굽힘)을 받는 부재의 해석이다. 이 해석에 관한 일반적인 과정은 다음과 같다.

- 중요한 위치(가장 큰 응력을 받는 점)에서의 응력 상태를 계산하라. 때때로 중요한 위치가 불확실한데, 이 경우에는 부재의 여러 점에서 응력을 비교하여 중요한 위치를 결정한다.
- 중요한 위치에서의 응력 상태에 대해 Mohr 원을 그려라.
- Mohr 원을 이용하여 주응력과 최대 전단응력 등 관련된 응력들을 계산하라.

8.5절에서 전개된 변환공식은 응력 상태를 해석하기 위해 사용될 수 있다. 그러나 Mohr 원이 시각적 이점이 있으므로, 많은 공학자들이 이를 이용하는 것을 더 선호하고 있다.

예제 8.9

그림 (a)의 길이 450 mm인 긴 봉의 반경이 11.5 mm이다. 봉의 (1)점 A와 (2)점 B에서 최대 수직응력을 결정하라.

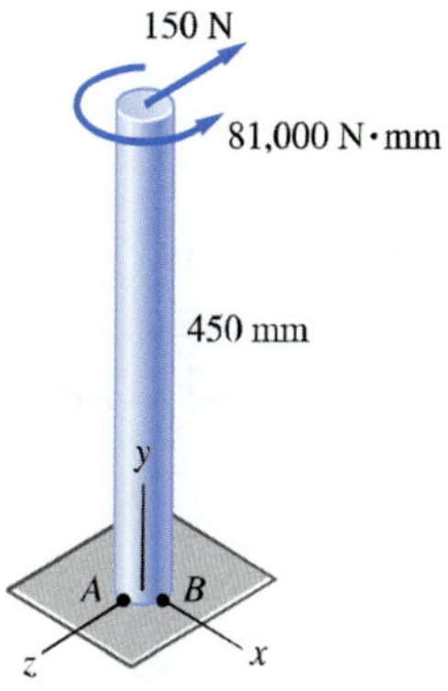

(a)

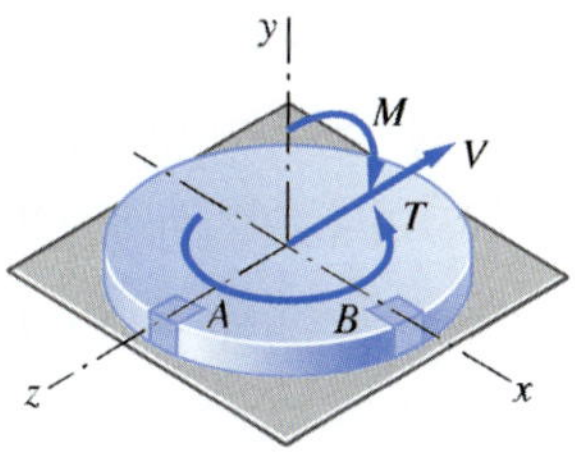

(b)

풀이

예비 계산

봉의 바닥면에 작용하는 내력계가 그림 (b)에 나타나 있다. 이는 토크 $T=$ 81,000 N·mm, 굽힘 모멘트 $M = 15P = 450(150) = 67,500$ N·mm(x축에 대해 작용), 그리고 횡 전단력 $V = P = 150$ N로 구성되어 있다.

봉의 단면 특성은 다음과 같다.

$$I = \frac{\pi r^4}{4} = \frac{\pi(11.5)^4}{4} = 13,736.7 \text{ mm}^4$$
$$J = 2I = 2(13,736.7) = 27,473.4 \text{ mm}^4$$

(1)

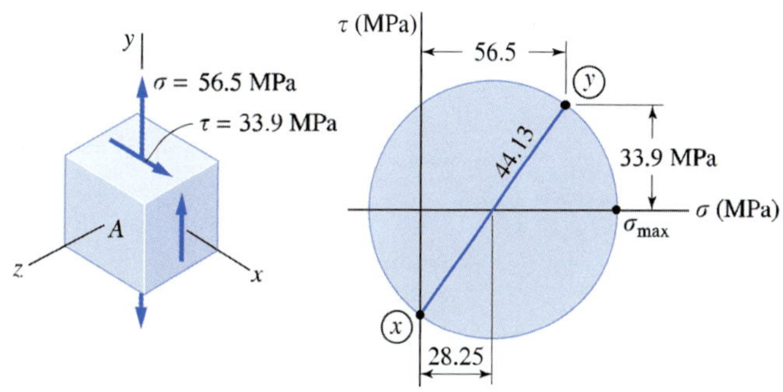

(c)

그림 (c)는 점 A에서의 응력 상태와 대응하는 Mohr 원을 보여준다. 굽힘응력은

$$\sigma = \frac{Mr}{I} = \frac{(67,500)(11.5)}{13,736.7} = 56.5 \text{ MPa}$$

그리고 토크에 의한 전단응력은

$$\tau_T = \frac{Tr}{J} = \frac{81,000(11.5)}{27,473.4} = 33.9 \text{ MPa}$$

를 발생시킨다. 횡전단력 V에 의한 전단응력은 A에서 0이다.

그림 (c)에 있는 점 A의 응력 상태에 대한 Mohr 원에서, 점 A의 최대 수직응력은 다음과 같다.

$$\sigma_{max} = 28.25 + 44.13 = 72.38 \ \text{MPa}$$ [답]

(2)

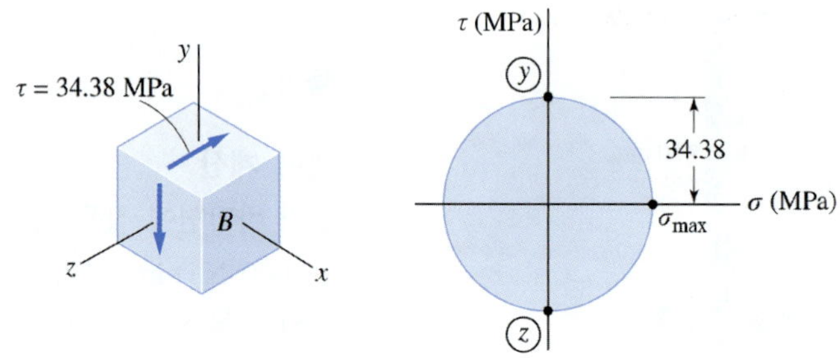

(d)

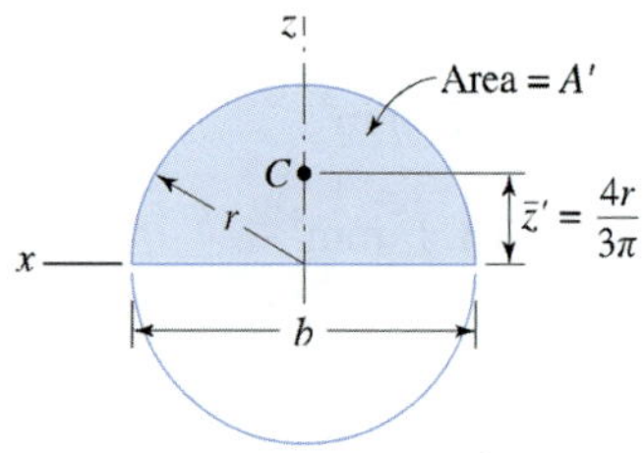

(e)

점 B의 응력 상태는 그림 (d)에 나타내었다. 토크에 의한 전단응력은 앞에서와 같이 $\tau_T = 33.9$ MPa이다. 그러나 이 점은 중립축 위에 놓여 있기 때문에 굽힘응력은 0이다. 그러나 횡전단력 V에 의해 생기는 추가적인 전단응력이 존재한다. 이 전단응력의 크기는 $\tau_V = VQ/(Ib)$이다. 여기서 $b = 2r = 23$ mm이고, Q는 중립축에 대한 단면적 1/2의 1차 모멘트이다. 그림 (e)를 참고하여 Q는 다음과 같다.

$$Q = A'\bar{z}' = \left(\frac{\pi r^2}{2}\right)\left(\frac{4r}{3\pi}\right) = \frac{2r^3}{3} = \frac{2(11.5)^3}{3} = 1013.9 \ \text{mm}^3$$

따라서,

$$\tau_V = \frac{VQ}{Ib} = \frac{150(1013.9)}{(13{,}736.7)(23)} = 0.48 \ \text{MPa}$$

τ_T와 τ_V는 같은 평면 위에 작용하고 방향도 같으므로, 합할 수 있다. 따라서 총 전단응력은 다음과 같다.

$$\tau = \tau_T + \tau_V = 33.9 + 0.48 = 34.38 \ \text{MPa}$$

그림 (d)에 보인 이 순수 전단 상태에 대한 Mohr 원에서 B에서의 최대 수직응력을 다음과 같이 얻는다.

$$\sigma_{max} = 34.38 \ \text{MPa}$$ [답]

V에 의한 전단응력은 M과 T에 의한 응력에 비해서 작다는 것을 주목하라. 앞에서 지적했듯이, 가느다란 봉에 주는 V의 영향은 봉이 박벽(thin-walled)이 아니라면 그다지 중요하지 않다.

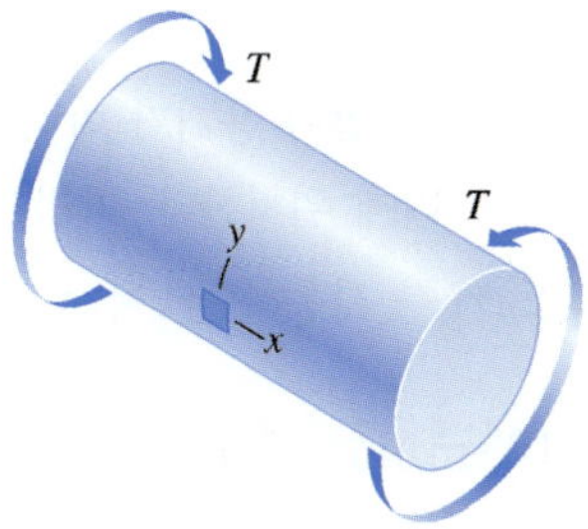

(a)

예제 8.10

양단이 밀폐된 박벽 원통형 압력 용기가 평균 반경이 450 mm이고, 벽 두께가 10 mm이다. 이 용기는 내압 $p = 2$ MPa과 더불어 그림 (a)에서처럼 토크 T를 받고 있다. 사용 전단응력이 $\tau_w = 50$ MPa일 때, T의 최대 허용값을 구하라.

풀이

용기 벽의 응력 상태는 그림 (b)의 요소에 표시하였다. 압력에 의한 수직응력은 식 (8.1)과 (8.2)로부터 구한다.

$$\sigma_x = \sigma_l = \frac{pr}{2t} = \frac{(2 \times 10^6)(0.45)}{2(0.01)} = 45.0 \text{ MPa}$$

$$\sigma_y = \sigma_c = \frac{pr}{t} = 2\sigma_l = 90.0 \text{ MPa}$$

여기서 r은 평균 반경을 사용했다. 비틀림에 의한 전단응력 τ_{xy}는 이 단계에서는 알려져 있지 않다.

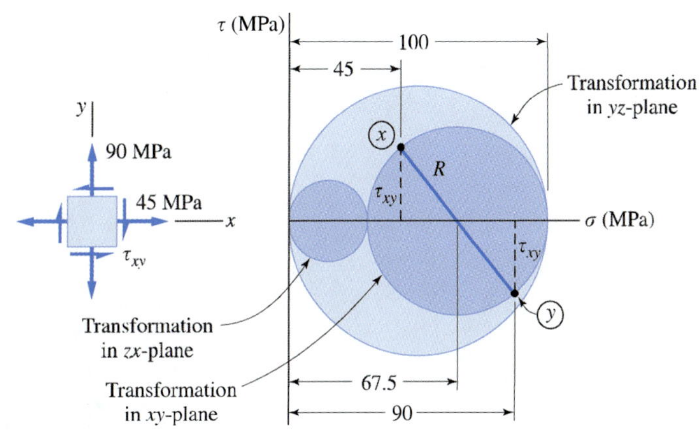

(b)

이 경우, 최대 면내 전단응력이 실린더 벽에서 최대 전단응력은 아니다. 이는 8.7절에서 설명된 세 좌표 평면에서 응력 변환을 나타내는 Mohr 원을 그려서 확인될 수 있다. 그림 (b)에 보인 결과로부터 가장 큰 원은 yz 평면에서의 변환을 나타내는 것임을 알 수 있다.

그림 (b)에서 Mohr 원을 그릴 때, 가장 큰 원의 반경이 50 MPa가 되도록 하는 데, 이것은 전단응력의 주어진 한계값이다. 이 한계에 달하게 하는 τ_{xy}의 값은 그림 (b)의 원으로부터 계산될 수 있다.

$$R = 100 - 67.5 = 32.5 \text{ MPa}$$

$$\tau_{xy} = \sqrt{R^2 - (90-67.5)^2} = \sqrt{32.5^2 - 22.5^2} = 23.45 \text{ MPa}$$

이제 이 전단응력을 일으키는 토크를 계산한다. 압력 용기가 박벽이므로, 단면적 A의 모든 부분은 도심에서 대략 r인 거리에 위치한다. 따라서 극관성 모멘트의 근삿값은 $J = Ar^2$이다. $A \approx 2\pi rt$를 사용하면 다음을 얻는다.

$$J = 2\pi r^3 t = 2\pi(450)^3(10) = 5.726 \times 10^9 \text{ mm}^4 = 5.726 \times 10^{-3} \text{ m}^4$$

최대 허용 토크는 $\tau_{xy} = Tr/J$로부터 다음과 같다.

$$T = \frac{\tau_{xy} J}{r} = \frac{(23.45 \times 10^6)(5.726 \times 10^{-3})}{0.45}$$
$$= 298 \times 10^3 \text{ N·m} = 298 \text{ kN·m}$$ [답]

예제 8.11

강으로 된 축 $ABCD$가 그림 (a)에 보인 하중을 받고 있다. 사용응력이 $\sigma_w = 120$ MPa과 $\tau_w = 70$ MPa일 때, 최소 직경 d를 구하라. 축과 도르래의 무게는 무시하라. 도르래는 축에 단단하게 붙어 있다. 직접 전단력에 의한 응력은 무시한다.

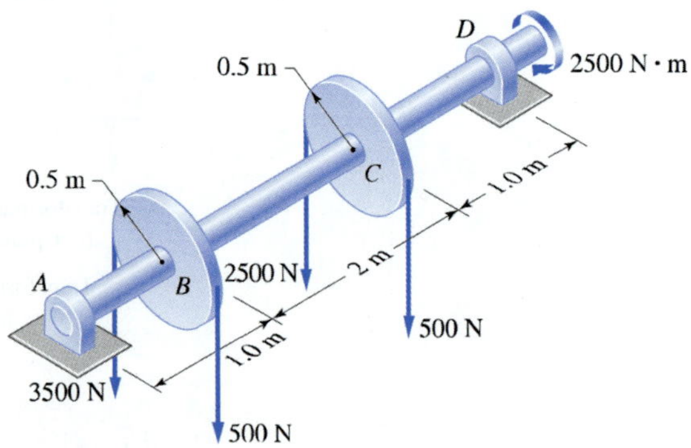

(a)

풀이

첫 번째 단계는 그림 (b)에 나타낸 것처럼, 하중에 의한 굽힘 모멘트 선도(M)와 비틀림 선도(T)를 작성하는 것이다. 이 선도들에서 가장 큰 굽힘 모멘트가 B에서 발생하지만, 가장 큰 토크는 CD부분에서 발생하고 있음을 알 수 있다. 따라서, 그림 (b)에 보인 것처럼 중요한 위치는 단면 $a-a$ 또는 단면 $b-b$이다.

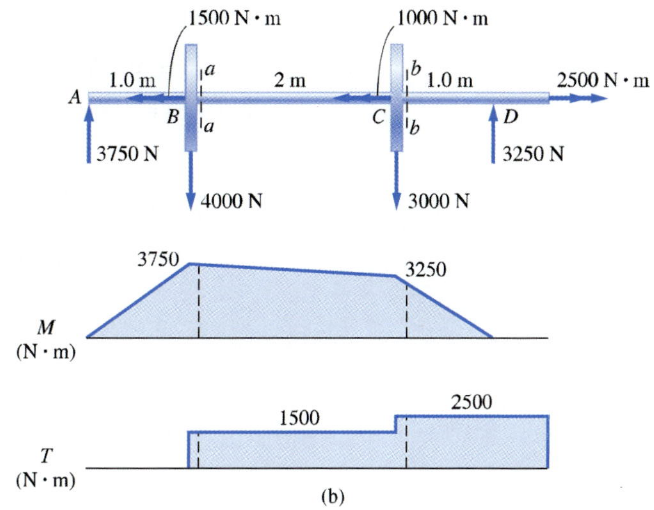

(b)

그림 (c)를 참고하면, 각 단면에서 가장 큰 응력을 받는 점은 굽힘응력(상단에서 압축이며 하단에서 인장)을 받는 단면의 상단과 하단에 위치함을 추론할 수 있다. 주어진 설계 기준에서 수직응력($\sigma_w \le 120$ MPa)이 압축인지 인장인지 구분이 없으므로, 상단이든 하단이든 선택할 수 있다. 여기에서는 하단을 선택하여, 각 단면에서의 응력 상태를 해석하겠다.

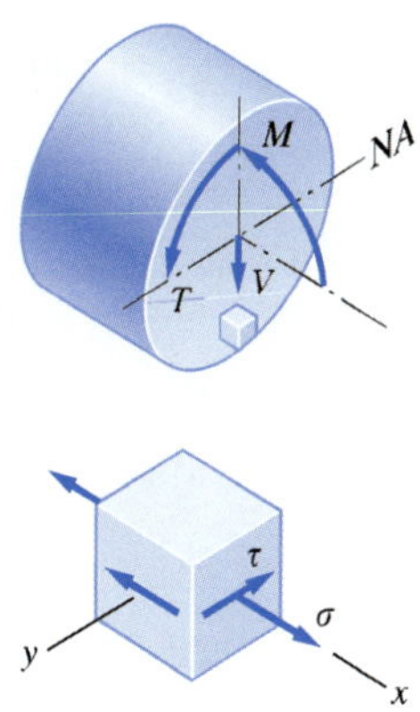

(c)

단면 a–a 이 단면에서, $M = 3750$ N · m이고 $T = 1500$ N · m이다. 그러므로 단면의 하단에서의 응력은 다음과 같다.

$$\sigma = \frac{32M}{\pi d^3} = \frac{32(3750)}{\pi d^3} = \frac{120 \times 10^3}{\pi d^3} \text{ Pa} = \frac{120}{\pi d^3} \text{ kPa}$$

$$\tau = \frac{16T}{\pi d^3} = \frac{16(1500)}{\pi d^3} = \frac{24 \times 10^3}{\pi d^3} \text{ Pa} = \frac{24}{\pi d^3} \text{ kPa}$$

여기서 직경 d 는 m 단위이다. 대응하는 Mohr 원이 그림 (d)에 나타나 있다. 그 원으로부터, 최대 수직응력과 최대 면내 전단응력이 다음과 같음을 알 수 있다.

$$\sigma_{max} = \frac{60}{\pi d^3} + \frac{64.62}{\pi d^3} = \frac{124.62}{\pi d^3} \text{ kPa}$$

$$\tau_{max} = \frac{64.62}{\pi d^3} \text{ kPa}$$

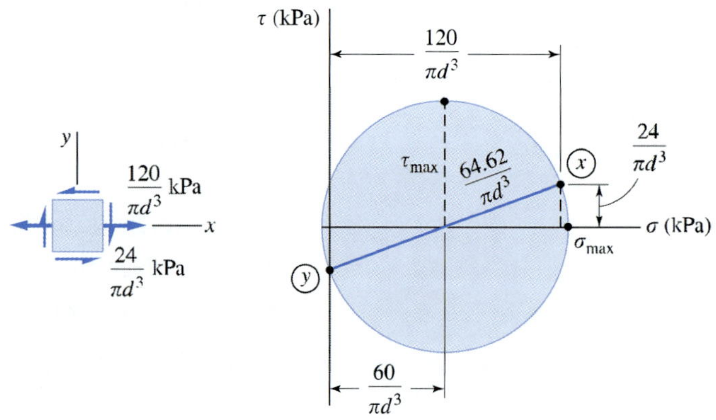

(d)

단면 b–b 이 단면에서, $M = 3750$ N·m이고 $T = 2500$ N·m이다. 이로부터 그 단면의 하단에서 다음의 응력들을 얻는다.

$$\sigma = \frac{32M}{\pi d^3} = \frac{32(3250)}{\pi d^3} = \frac{104 \times 10^3}{\pi d^3} \text{ Pa} = \frac{104}{\pi d^3} \text{ kPa}$$

$$\tau = \frac{16T}{\pi d^3} = \frac{16(2500)}{\pi d^3} = \frac{40 \times 10^3}{\pi d^3} \text{ Pa} = \frac{40}{\pi d^3} \text{ kPa}$$

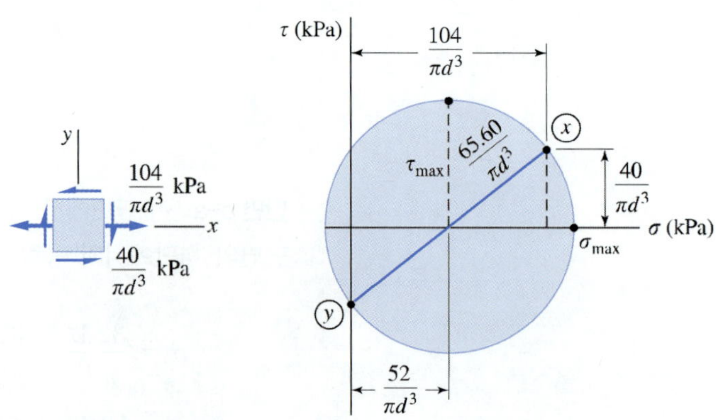

(e)

그림 (e)의 Mohr 원에서 최대 수직응력과 최대 면내 전단응력들은 다음과 같다.

$$\sigma_{max} = \frac{52}{\pi d^3} + \frac{65.60}{\pi d^3} = \frac{117.60}{\pi d^3} \text{ kPa}$$

$$\tau_{max} = \frac{65.60}{\pi d^3} \text{ kPa}$$

위의 결과들에서 최대 수직응력은 단면 $a-a$에서 발생하는 반면, 최대 전단응력은 단면 $b-b$에서 발생한다. 이 응력들을 허용값($\sigma_{max} = 120 \times 10^3$ kPa, $\tau_{max} = 70 \times 10^3$ kPa)과 같게 놓으면, 다음을 얻는다.

$$\frac{124.62}{\pi d^3} = 120 \times 10^3 \qquad d = 0.06914 \text{ m}$$

$$\frac{65.60}{\pi d^3} = 70 \times 10^3 \qquad d = 0.06682 \text{ m}$$

최소 허용 직경은 이 두 값 중에서 큰 값이다.

$$d = 0.0691 \text{ m} = 69.1 \text{ mm}$$ [답]

주의 전단응력에 대한 설계 기준은 $\tau_{abs} \le \tau_w$ 인데, 여기서 τ_{abs}는 절대 최대 전단응력이다. 이 문제에서, 주응력들이 조사된 두 점에서 반대 부호를 가지고 있으므로 τ_{abs}는 최대 면내 전단응력 τ_{max}와 같다.

연습문제

8.77 직경 60 mm인 원형봉이 축력 P를 받고 있다. 사용응력이 $\sigma_w = 70$ MPa와 $\tau_w = 20$ MPa일 때, 안전하게 가할 수 있는 최대 하중 P를 구하라.

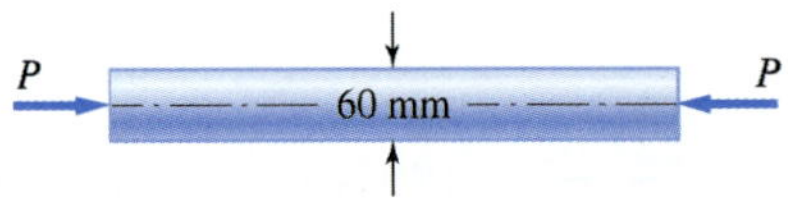

그림 P8.77

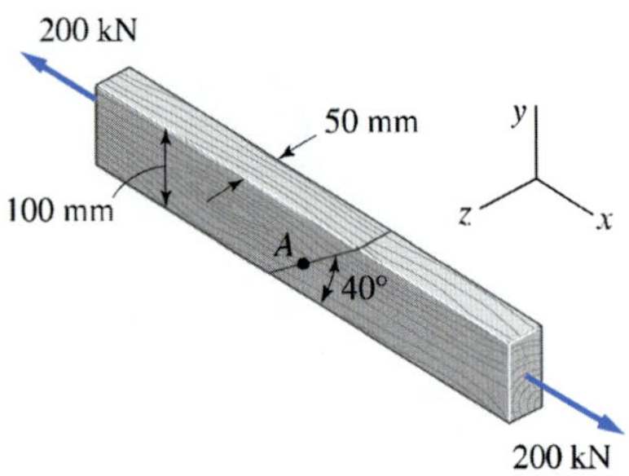

그림 P8.78

8.78 50 mm × 100 mm의 두 개의 목조는 보인 것처럼 40°의 각도로 결합되어 있다. (a) xyz축과 관련된 점 A에서의 응력 상태를 그리고 (b) 접착된 결합부에서 작용하는 수직응력과 전단응력을 결정하라.

8.79 얇은 관을 만들기 위하여 8 mm 두께의 강재 스트립을 20° 나선방향으로 용접하였다. 3000 kN·m의 토크에 의하여 접착 이음부에서 발생하는 수직응력과 전단응력의 크기를 구하라.

그림 P8.79

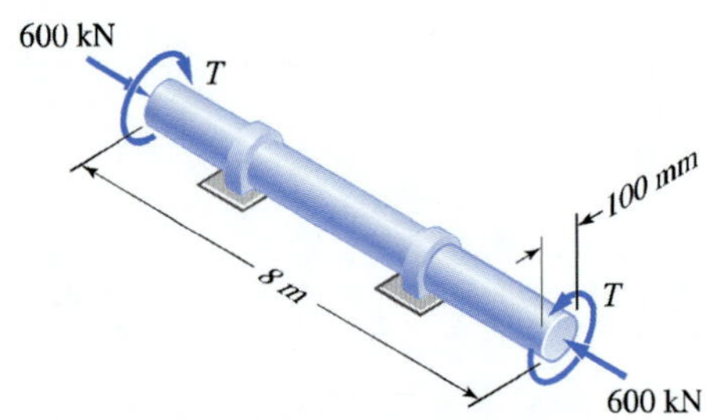

그림 P8.80

8.80 직경 100 mm, 길이 8 m인 중실 강축이 압축력 600 kN과 비틀림각 15°를 유발하는 토크 T를 동시에 받고 있다. 강의 전단계수가 80 GPa일 때, 축의 최대 수직응력과 최대 전단응력을 계산하라.

8.81 단면의 직경이 120 mm인 작은 터빈의 중실축이 압축력 600kN을 지지하고 있다. 250 rev/min에서 사용응력 $\sigma_w = 78$ MPa와 $\tau_w = 60$ MPa를 넘지 않게 전달할 수 있는 동력을 구하라.

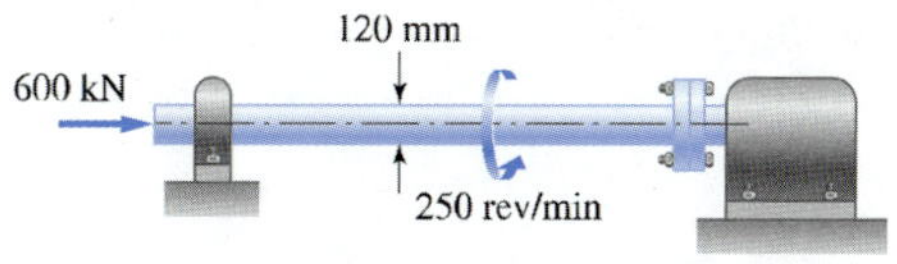

그림 P8.81

그림 P8.82

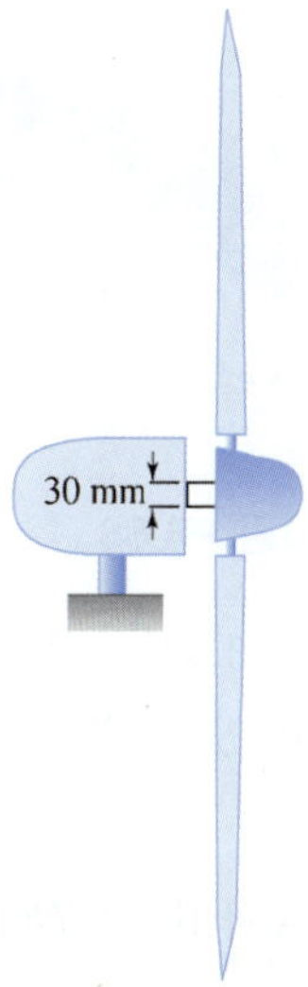

그림 P8.83

8.82 모터 보트의 강재중공 프로펠러 축은 외부 직경이 90 mm, 내부 직경이 75 mm이다. 최대 동력으로 주행할 때, 프로펠러는 108 kN의 추진력을 갖고, 5 m 길이의 축은 0.8° 뒤틀리게 된다. $G = 84$ GPa를 사용하여 축에서의 최대 수직응력과 전단응력을 구하라.

8.83 30 mm의 지름을 갖는 풍력 터빈의 축은 50 kN의 축 추력이 전달하고, 2 Hz에서 2.5 kW의 동력이 전달한다. 축에서의 최대 수직응력을 결정하라.

8.84 T-브라켓은 원통형 봉 AB와 CD가 용접된 구조를 갖는다. 허용전단응력이 80 MPa일 때, 봉 AB의 최소 허용 지름은 무엇인가? 횡전단력에 의해 발생하는 응력은 제외한다.

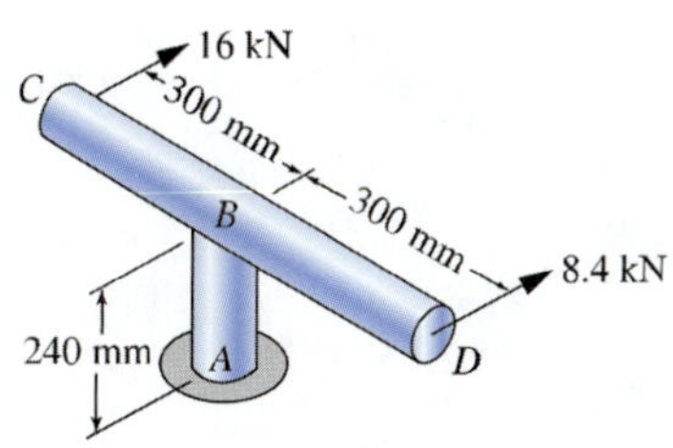

그림 P8.84

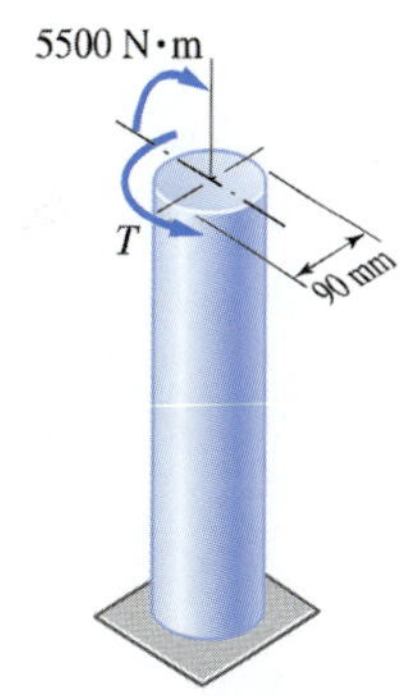

그림 P8.85

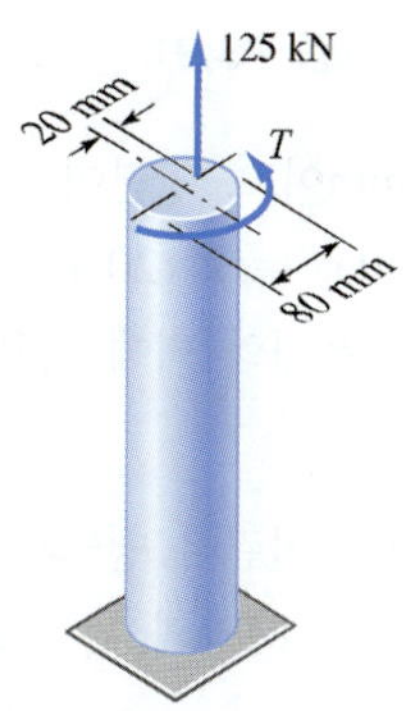

그림 P8.86

8.85 단면의 지름이 90 mm인 봉이 5500 N·m의 굽힘 모멘트와 토크 T를 받고 있다. 사용응력이 $\sigma_w = 108$ MPa과 $\tau_w = 112$ MPa일 때, 가할 수 있는 최대 토크 T를 결정하라.

8.86 지름이 80 mm인 중실봉이 토크 T와 단면의 중심선에서 20 mm 떨어진 점에 작용하는 125 kN의 인장력을 받고 있다. 사용응력이 $\sigma_w = 100$ MPa과 $\tau_w = 80$ MPa일 때, 최대 허용 토크 T를 계산하라.

8.87 지름이 50 mm인 축이 1.0 kN의 횡 하중과 토크 T를 받고 있다. 사용응력이 $\sigma_w = 140$ MPa과 $\tau_w = 80$ MPa일 때, 최대 토크 T를 구하라. 횡전단력에 의한 응력은 무시하라.

8.88 원형봉 AB의 사용응력이 $\sigma_w = 120$ MPa과 $\tau_w = 60$ MPa이다. 2 kN

하중을 받을 수 있는 최소 반지름을 구하라. 횡전단력에 의한 응력은 무시하라.

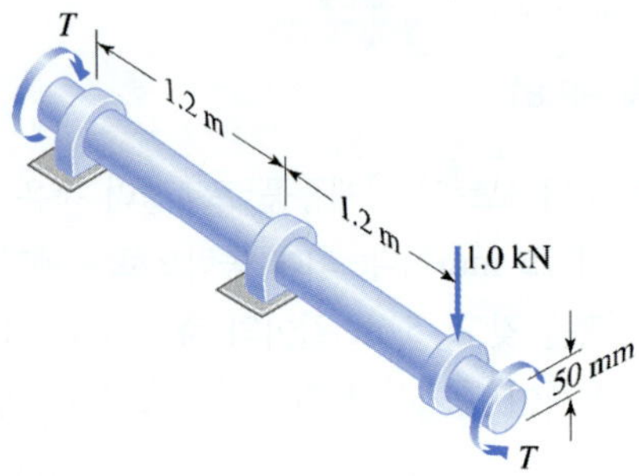

그림 P8.87

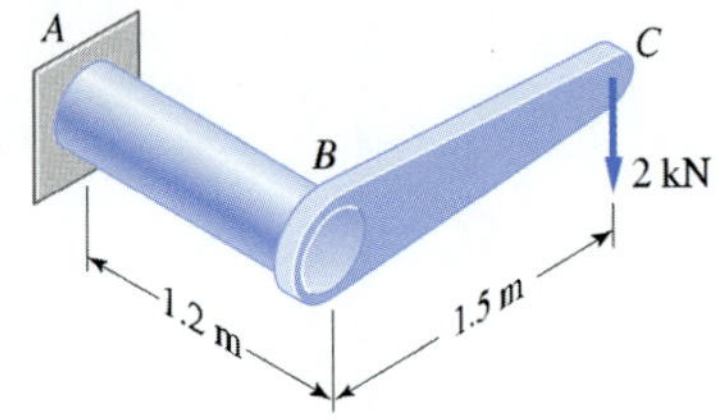

그림 P8.88

8.89 지름이 100 mm인 중실축이 축 인장력 160 kN, 최대 굽힘 모멘트 6 kN·m와 토크 9 kN·m를 동시에 받고 있다. 축의 최대 인장, 압축 및 전단응력을 계산하라.

8.90 얇은 두께를 갖는 사각형 튜브의 (a)점 A와 (b)점 B에서의 최대전단응력을 구하라.

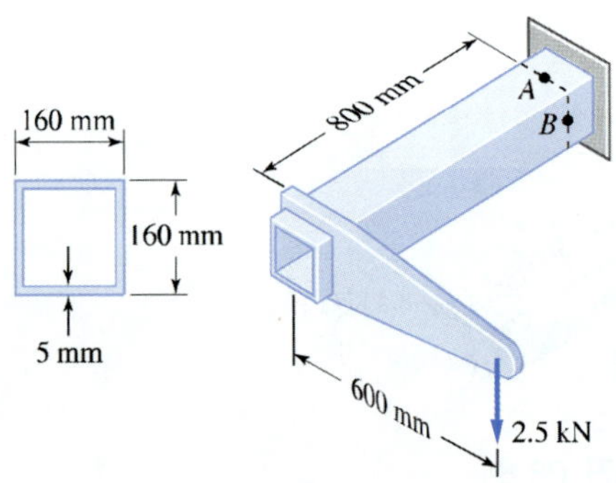

그림 P8.90

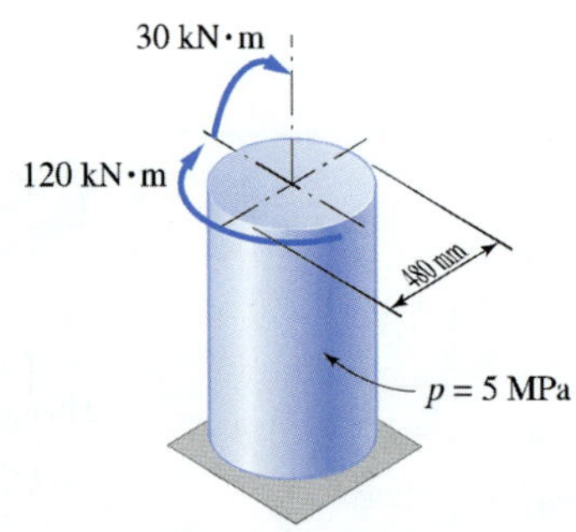

그림 P8.91

8.91 외부 직경이 480 mm, 벽 두께가 15 mm이고, 양단이 닫힌 원형압력 용기가 있다. 용기는 내부 압력 5 MPa, 토크 120 kN·m와 굽힘 모멘트 30 kN·m를 동시에 받고 있다. 용기의 벽에 작용하는 최대 수직응력과 전단응력을 계산하라.

8.92 두께 15 mm의 판으로 만든 양단이 닫힌 실린더 탱크가 내부 압력 2 MPa를 받고 있다. 사용응력이 $\sigma_w = 72$ MPa과 $\tau_w = 30$ MPa일 때, 탱크의 최대 허용 직경을 구하라.

8.93 외부 직경이 600 mm, 벽 두께가 15 mm인 실린더 탱크가 있다. 탱크는 1.5 MPa의 압력과 인장력 120 kN을 받고 있다. 탱크벽에서의 최대 수직응력과 전단응력을 계산하라.

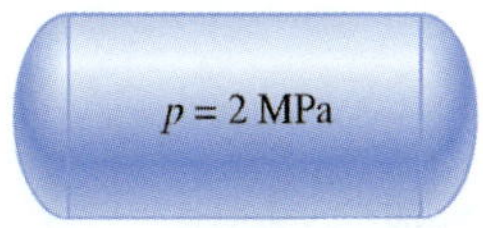

그림 P8.92

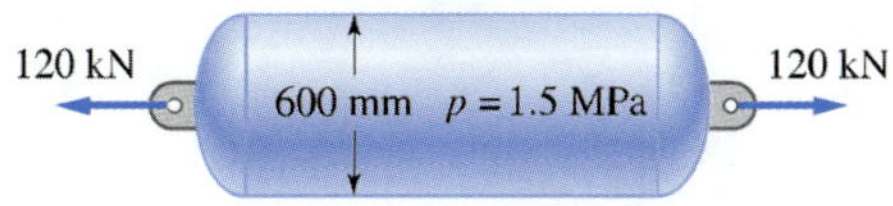

그림 P8.93, P8.94

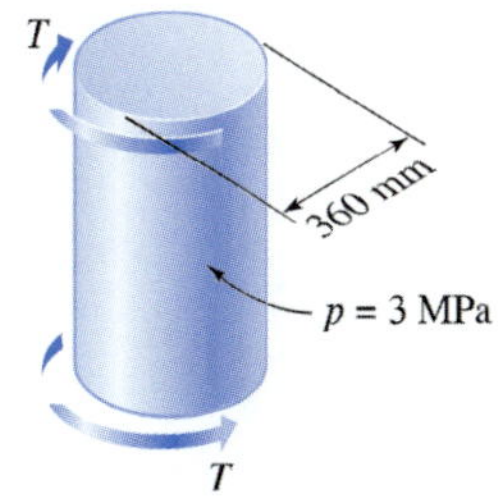

그림 P8.95

8.94 문제 8.93에서 압력이 0.9 MPa이고 압축력이 300 kN인 경우에 대해 계산하라.

8.95 평균 직경이 360 mm인 양단이 닫힌 실린더 탱크가 두께 12 mm판으로 제작되었다. 이 탱크는 3 MPa의 내부 압력과 토크 T를 받고 있다. 사용응력이 $\sigma_w = 100$ MPa과 $\tau_w = 50$ MPa일 때, T의 최대 허용값을 결정하라.

8.96 외부 직경이 500 mm인 강재파이프는 8 mm 두께의 스트립을 30° 나선형방향으로 용접하여 제작하였다. 표시된 축 하중 및 비틀림 하중에 의하여 용접부에서 작용하는 수직 응력을 계산하라.

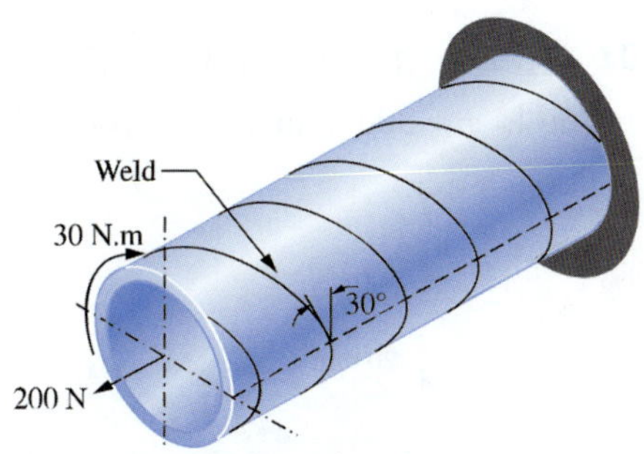

그림 P8.96

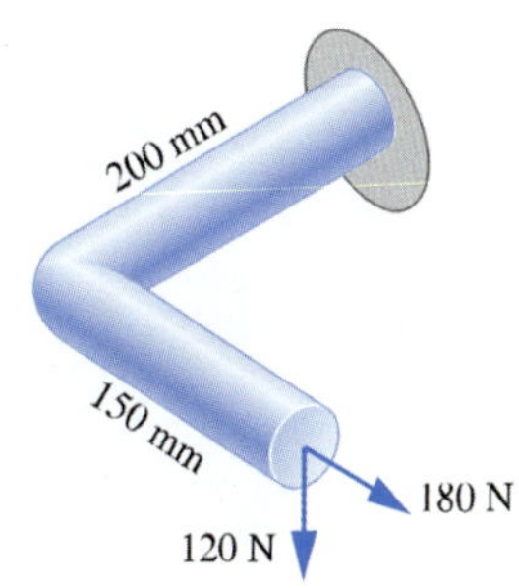

그림 P8.97

8.97 직경 18 mm의 강봉이 L형상으로 굽어져 있다. 표시된 두 하중을 받는 봉에서의 최대 인장응력을 구하라. 횡전단력들은 무시하라.

8.98 축이 그림에서와 같은 하중을 받고 있다. 사용 전단응력이 $\tau_w = 80$ MPa일 때, 축의 최소 허용 직경을 결정하라. 횡전단력에 의한 응력을 무시하고 도르래와 축의 무게도 무시하라.

8.99 직경 50 mm인 축이 그림에서와 같은 하중을 받고 있다. 벨트의 인장이 도르래 B에는 수평으로 도르래 C에는 수직으로 가해지고 있다. 축의 최대 수직응력과 전단응력을 계산하라. 횡전단력에 의한 응력을 무시하고, 도르래와 축의 무게도 무시하라.

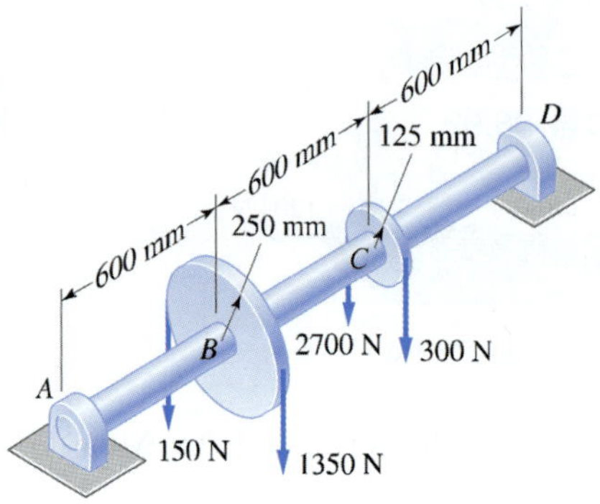

그림 P8.98

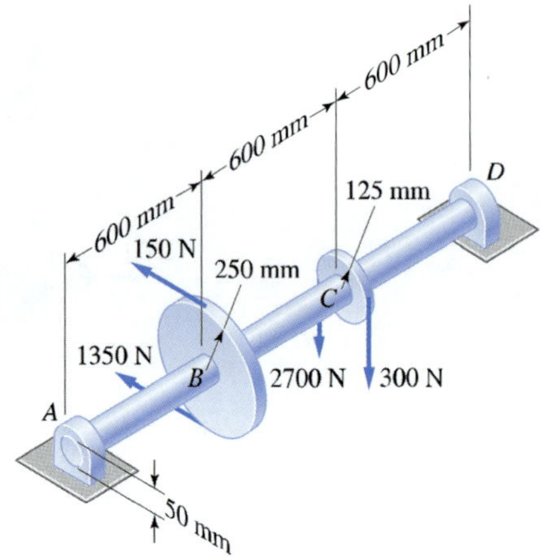

그림 P8.99

8.100 세 도르래에 의하여 힘과 토크를 받는 축의 최소 허용 직경을 구하라. 사용응력은 $\sigma_w = 25$ MPa와 $\tau_w = 10$ MPa이다. 횡전단력에 의한 응력을 무시하고 도르래와 축의 무게도 무시하라.

8.101 외팔보의 점 A에서의 주응력과 최대 면내 전단응력을 구하라. 점 A는 $x = 250$ mm 위치에 있다. 결과를 적절히 회전된 요소에 스케치하여 보여라.

8.102 외팔보의 점 B에서의 30° 기울어진 평면에서의 응력 성분을 계산하라. $x = 300$ mm로 가정하라. 적절히 회전된 요소에 그 결과를 나타내어라.

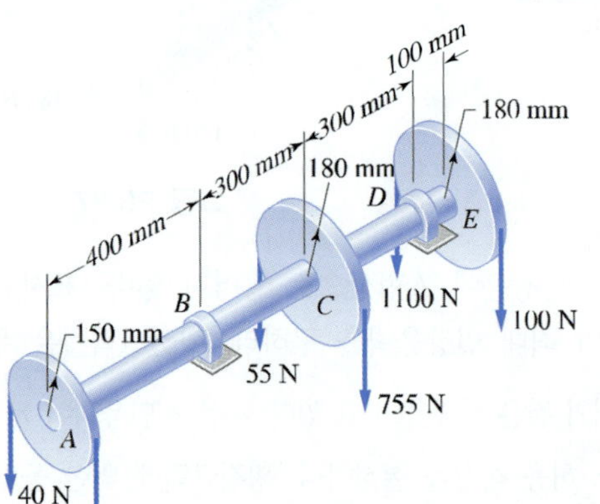

그림 P8.100

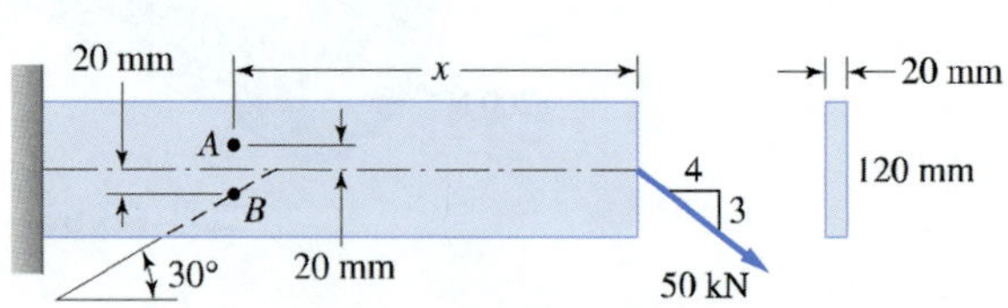

그림 P8.101, P8.102

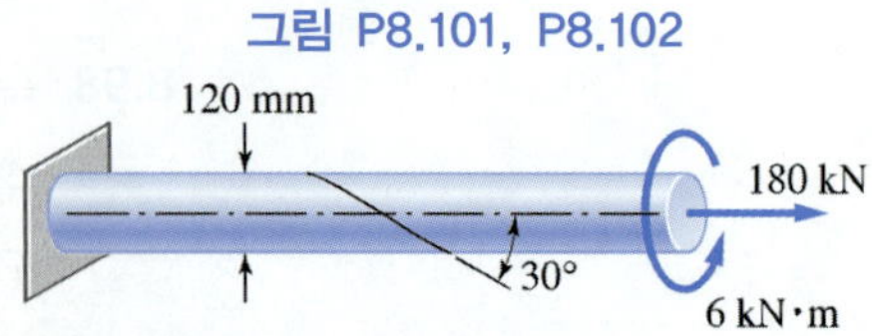

그림 P8.103

8.103 직경이 120 mm인 축이가 180 kN의 축력과 6 kN · m의 토크를 받고 있다. 축과 35°를 이루는 나선형 용접부에 작용하는 수직응력과

전단응력을 계산하라.

8.104 그림의 외팔보에 대해 플랜지 바로 밑에 위치한 점 A에서의 주응력을 계산하라. 적절히 회전된 요소에 그 결과를 나타내어라.

8.105 외팔보의 플랜지 바로 밑에 위치한 점 A에서의 최대 면내 전단응력을 계산하라. 적절히 회전된 요소에 그 결과를 나타내어라.

8.106 내부 직경이 300 mm, 외부 직경이 315 mm인 플라스틱 실린더가 오일로 가득 차 있다. 실린더는 양단에서 가스켓으로 밀봉되어 있으며, 가스켓은 강체판에 체결되어 네 개의 볼트로 고정되어 있다. 오일에 2 MPa의 압력을 작용시켜 각 볼트가 40 kN의 인장력을 받으면서 단단히 조여졌다. 실린더에서 결과적으로 발생하는 최대 전단응력을 계산하라.

8.107 내부 직경이 300 mm, 외부 직경이 315 mm인 플라스틱 실린더가 있다. 실린더는 양단에서 봉합되어 있는데, 가스켓은 강체판에 체결되어 네 개의 볼트로 고정되어 있다. 플라스틱의 허용응력이 인장에 대해 40 MPa, 압축에 대해 28 MPa이고, 전단에 대해 22 MPa이다. 네 볼트에 걸리는 초기 인장력이 각각 35 kN일 때, 가할 수 있는 최대 내부 압력은 얼마인지 계산하라.

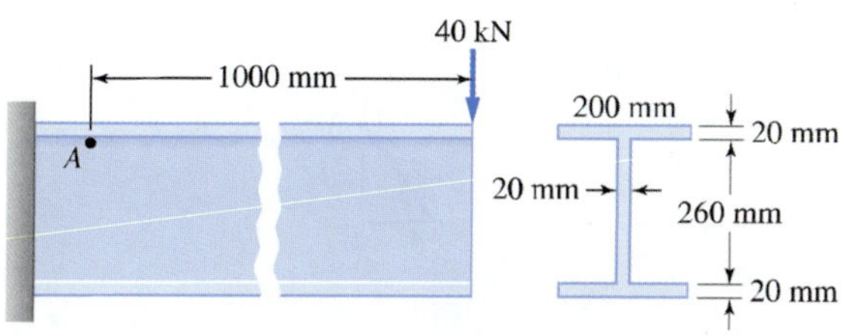

그림 P8.104, P8.105

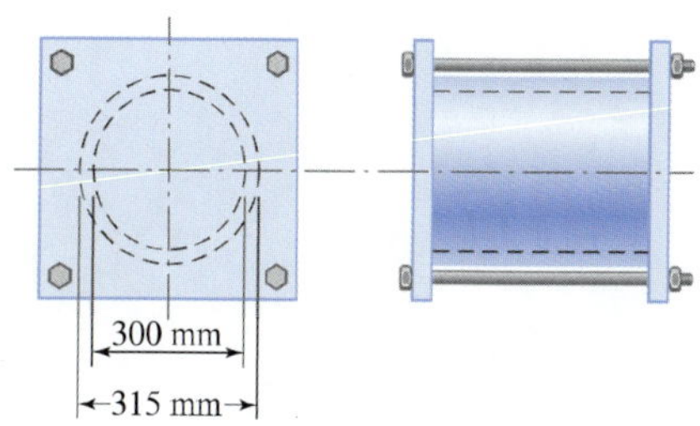

그림 P8.106, P8.107

8.9 변형률의 변환: 변형률에 대한 Mohr 원

공학 분야에서 마주치는 많은 문제들은 탄성봉에 가해지는 축력, 비틀림 그리고 굽힘의 조합을 포함한다. 이런 문제들에서 응력은 앞 절에서 소개한 방법으로 계산될 수 있으며, 그중 최대 수직응력 또는 최대 전단응력은 설계 기준으로 쓰인다. 만약 구조물이 복잡하여 이런 방법으로 해석하기 어렵다면, 응력은 실험을 통해서 결정되어야 할 것이다. 응력은 수학적 추상 개념이기 때문에 직접적으로 측정할 수는 없다. 그러나 변형률은 계측할 수 있기 때문에 Hooke의 법칙으로 정의되는 응력-변형률 관계를 이용해서 변형률로부터 응력을 계산할 수 있다. 이 절에서 평면 변형률(plane strain)의 변환방정식을 유도하게 된다. 만약 우리가 주어진 축상에서 어느 한 점에서의 변형률 성분을 안다면 변환식은 그 점에서 임의의 축에 대한 변형률 성분을 계산할 수 있게 한다. 이를 이용하여 어느 한 점에서의 주변형률도 구할 수 있다. 이 절에서는 또한 Hooke의 법칙을 이용하여 측정된 변형률을 응력으로 변환하는 방법도 다루고자 한다.

a. 변형률에 대한 복습

그림 8.20 (a)는 **수직 변형률** ϵ_x와 ϵ_y를 발생하고 있는 크기 $dx \times dy$인 미소 요소를 보여주고 있다. 양의 수직 변형률이 단위 길이당 신장량임을 상기하면, x방향으로의 신장량이 $\epsilon_x\ dx$임을 알 수 있다. 마찬가지로 y방향으로 요소의 신장량은 $\epsilon_x\ dx$이다. 압축 수직 변형률은 음으로 간주한다.

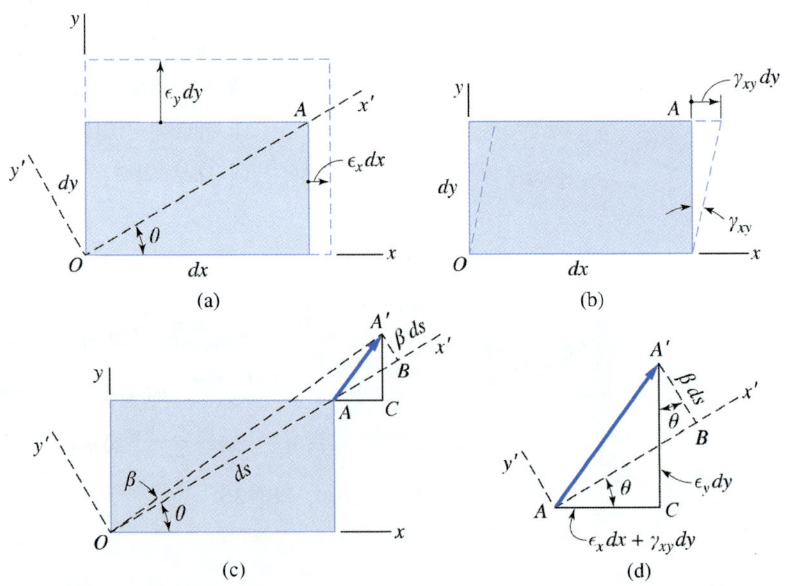

그림 8.20 (a)수직 변형률을 받는 요소 (b)전단 변형률을 받는 요소 (c)수직 변형률과 전단 변형률에 의한 요소의 대각선의 변화 (d)점 A에서 변위벡터 성분

그림 8.20 (b)에서 보인 **전단 변형률** γ_{xy}는 요소의 모서리 사이에서 원래 직각인 각도의 변화를 잰 것이다(단위는 radian). 아래 첨자 xy는 γ_{xy}가 x축 또는 y축의 평행한 또는 일치하는 두 모서리 사이에서 각의 변화를 의미한다. 전단 변형률은 사이각이 줄어들면 양의 값을 갖고 사이각이 늘어나면 음의 값을 갖는다. 변형률의 기호 규약은 응력의 기호 규약에 그대로 적용된다.

b. 평면 변형률의 변환식

점 O에서의 평면 변형 상태는 그 점에서의 변형률 성분 ϵ_x, ϵ_y와 γ_{xy}로 정의된다. 만약 어느 점의 변형률을 안다면, 변형률변환식은 그 점에서 어떤 축에 대해 수직 변형률과 전단 변형률을 계산하는 데에 이용할 수 있다.

이제 그림 8.20 (a)에서와 같이 xy축에서 $x'y'$축으로의 변형률변환식을 유도하자. 유도를 쉽게 하기 위해 대각선 OA가 x'축과 일치하도록 요소의 크기를 선택한다. 또한 점 O는 고정이고 x축으로 형성된 모서리는 회전하지 않는다고 가정하면 편리하다. 이런 가정들은 임의의 강체 운동을 제거시켜 준다.

수직 변형률의 변환식 만약 세 가지 변형률이 동시에 발생하면 그림 8.20 (c)에서 보는 바와 같이 점 A는 A'로 이동한다. 이때 변위는 그림 8.20 (a)와 (b)에서의 변위를 중첩시켜 구할 수 있다. 따라서, $\overline{AA'}$의 수평과 수직 성분은 다음과 같다.

$$\overline{AC} = \epsilon_x\, dx + \gamma_{xy}\, dy \quad \text{와} \quad \overline{CA'} = \epsilon_y\, dy \tag{a}$$

이제 $\overline{AA'}$를 대각선 OA에 대하여 평행 및 수직 성분으로 분해한다. 평행한 성분 $\overline{AB}$는 OA의 길이의 변화를 의미하고 수직 성분 $\overline{BA'}$는 β만큼의 OA의 각 변화를 의미한다. 그림 8.20 (c)에서 $\overline{BA'} = \beta ds$라는 것을 알 수 있다.

그림 8.20 (c)에서의 변위를 그림 8.20 (d)에서 확대하여 나타내었다. 대각선 OA의 길이 증가는 x'방향으로 $\overline{AC}$와 $\overline{CA'}$의 투영 길이를 합함으로써 얻을 수 있다. 이로부터 $\overline{AB} = \overline{AC}\cos\theta + \overline{CA'}\sin\theta$를 얻을 수 있으며, 여기서 θ는 x축과 OA사이의 각이다. 여기에 식 (a)를 대입하면 다음과 같다.

$$\overline{AB} = (\epsilon_x\, dx + \gamma_{xy}\, dy)\cos\theta + \epsilon_y\, dy\sin\theta \tag{b}$$

$\overline{AB}$를 대각선 OA의 원래의 길이 ds로 나누면 x'축 방향으로의 변형률은 다음과 같다.

$$\epsilon_{x'} = \frac{\epsilon_x\, dx\cos\theta}{ds} + \frac{\gamma_{xy}\, dy\cos\theta}{ds} + \frac{\epsilon_y\, dy\sin\theta}{ds} \tag{c}$$

그림 8.20 (a)에서 $dx/ds = \cos\theta$와 $dy/ds = \sin\theta$임을 알 수 있고, 이를 이용하면 식 (c)는 다음과 같이 나타낼 수 있다.

$$\epsilon_{x'} = \epsilon_x \cos^2\theta + \gamma_{xy}\sin\theta\cos\theta + \epsilon_y \sin^2\theta \tag{d}$$

이 변환식의 표준 형태는 다음의 삼각항등식을 이용하여 유도될 수 있다.

$$\cos^2\theta = \frac{1+\cos 2\theta}{2} \qquad \sin^2\theta = \frac{1-\cos 2\theta}{2} \qquad \sin\theta\cos\theta = \frac{1}{2}\sin 2\theta$$

이를 식 (d)에 대입하면 다음과 같다.

$$\epsilon_{x'} = \frac{\epsilon_x+\epsilon_y}{2} + \frac{\epsilon_x-\epsilon_y}{2}\cos 2\theta + \frac{1}{2}\gamma_{xy}\sin 2\theta \tag{8.17a}$$

$\epsilon_{y'}$는 θ를 $\theta+90°$를 대치하면 구할 수 있다.

$$\epsilon_{y'} = \frac{\epsilon_x+\epsilon_y}{2} - \frac{\epsilon_x-\epsilon_y}{2}\cos 2\theta - \frac{1}{2}\gamma_{xy}\sin 2\theta \tag{8.17b}$$

전단 변형률의 변환식 그림 8.20 (d)를 다시 참조하면, 변위 성분 $\overline{BA'}$은 y'축 방향으로 $\overline{AC}$와 $\overline{CA'}$를 투영시켜서 구할 수 있음을 볼 수 있다. 따라서 $\overline{BA'} = \overline{CA'}\cos\theta - \overline{AC}\sin\theta$이고, 이 식에 식 (a)에 대입하면 다음과 같다.

$$\overline{BA'} = \epsilon_y\, dy\cos\theta - (\epsilon_x\, dx + \gamma_{xy}\, dy)\sin\theta \tag{e}$$

따라서, OA의 회전각은 다음과 같다.

$$\begin{aligned}\beta = \frac{\overline{BA'}}{ds} &= \frac{\epsilon_y\, dy\cos\theta}{ds} - \frac{\epsilon_x\, dx\sin\theta}{ds} - \frac{\gamma_{xy}\, dy\sin\theta}{ds}\\ &= \epsilon_y\sin\theta\cos\theta - \epsilon_x\sin\theta\cos\theta - \gamma_{xy}\sin^2\theta\end{aligned} \tag{f}$$

OA에 직각인 (y'축과 일치하는) 선 요소의 회전각 β'는 식 (f)에 θ 대신에 $\theta+90°$를 대입하면 다음과 같이 구할 수 있다.

$$\beta' = -\epsilon_y\sin\theta\cos\theta + \epsilon_x\sin\theta\cos\theta - \gamma_{xy}\cos^2\theta \tag{g}$$

β와 β'에 대해 양의 방향이 반시계 방향이므로 x'축과 y'축으로 형성되는 직각이 감소하는 전단 변형률 $\gamma_{x'y'}$은 두 각의 차이이다. 따라서 다음과 같이 나타낼 수 있다.

$$\begin{aligned}\gamma_{x'y'} = \beta - \beta' &= \epsilon_y(2\sin\theta\cos\theta) - \epsilon_x(2\sin\theta\cos\theta)\\ &\quad + \gamma_{xy}(\cos^2\theta - \sin^2\theta)\end{aligned} \tag{h}$$

$2\sin\theta\cos\theta = \sin 2\theta$ 와 $\cos^2\theta - \sin^2\theta = \cos 2\theta$로 바꾸어 대입하면 다음과 같은 전단 변형률에 관한 변환식의 표준형을 구할 수 있다.

$$\frac{1}{2}\gamma_{x'y'} = -\frac{\epsilon_x - \epsilon_y}{2}\sin 2\theta + \frac{1}{2}\gamma_{xy}\cos 2\theta \tag{8.17c}$$

c. 변형률에 대한 Mohr 원

식 (8.5)의 응력에 관한 변환식과 식 (8.17)과 비교해 보면, 응력과 변형률 사이의 관계가

$$(\sigma_x,\ \sigma_y,\ \tau_{xy}) \Leftrightarrow (\epsilon_x,\ \epsilon_y,\ \gamma_{xy}/2)$$

이 되어, 식의 형태가 같다는 것을 알 수 있다.

변형률에 관한 변환식 역시 응력에 관한 Mohr 원과 같은 방식으로 표현하여 Mohr 원을 이용하여 나타낼 수 있다고 결론지을 수 있다. 가장 큰 차이는 세로좌표에 그려지는 것이 전단 변형률 대신 전단 변형률의 $1/2$값($\gamma/2$)이라는 것이다. 따라서 변형률에 관한 Mohr 원은 직경의 끝점의 좌표가 $(\epsilon_x,\ -\gamma_{xy}/2)$와 $(\epsilon_y,\ \gamma_{xy}/2)$이다. 이것은 응력의 Mohr 원의 규약과 일치하는 것인데, 상응하는 좌표는 $(\sigma_x,\ -\tau_{xy})$와 $(\sigma_y,\ \tau_{xy})$였다.

응력과 변형률의 유사성은 변형률에 대한 Mohr 원을 응력에 대한 Mohr 원으로 축척 변환을 이용해서 변환할 수 있다는 사실을 통해 좀 더 예시될 것이다. 축척변환식은 다음과 같다.

$$R_\sigma = R_\epsilon \frac{E}{1+\nu} \qquad \bar{\sigma} = \bar{\epsilon}\frac{E}{1-\nu} \tag{8.18}$$

여기서 E는 탄성계수이고 ν는 Poisson 비이다. 그림 8.21에 나타낸 것과 같이 R_σ과 R_ϵ은 각각 응력과 변형률 원의 반지름이고 $\bar{\sigma} \equiv (\sigma_x + \sigma_y)/2$과 $\bar{\epsilon} = (\epsilon_x + \epsilon_y)/2$는 원의 중심이다(이 관계식의 증명은 문제 8.108에 있다).

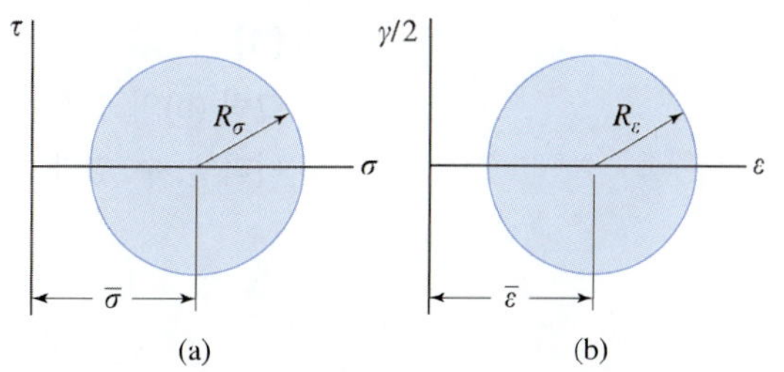

그림 8.21 (a)응력에 대한 Mohr 원, (b)변형률에 대한 Mohr 원

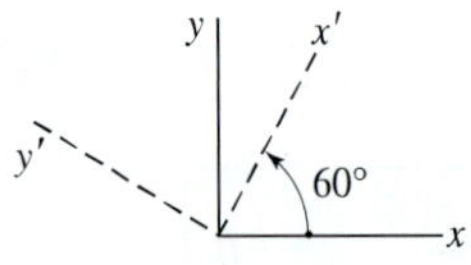

(a)

예제 8.12

물체의 한 점에서의 평면 변형률 상태가 $\epsilon_x = 800 \times 10^{-6}$, $\epsilon_y = 200 \times 10^{-6}$와 $\gamma_{xy} = -600 \times 10^{-6}$으로 주어져 있다. Mohr 원을 이용하여 (1)주변형률과 방향을 구하고(방향을 스케치하라), (2)그림 (a)의 $x'y'$축에 대한 변형률 성분을 구하라.

풀이

주어진 변형률 성분을 이용하여, 그림 (b)와 같이 Mohr 원을 그렸다. 좌표 $(\epsilon_x, -\gamma_{xy}/2) = (800, 300) \times 10^{-6}$으로 점 ⓧ와 좌표 $(\epsilon_y, \gamma_{xy}/2) = (200, -300) \times 10^{-6}$으로 점 ⓨ를 그리는 것부터 시작한다. 두 점이 있는 직선이 원의 직경이 된다. 만약 이 원이 축척대로 그려졌다면, 모든 미지값들은 직접 계측해서 결정할 수 있다. 그러나 여기에서는 삼각법을 이용하여 문제를 푸는 것을 선택한다.

그림 (b)를 참조하면, 다음의 인자들을 구할 수 있다.

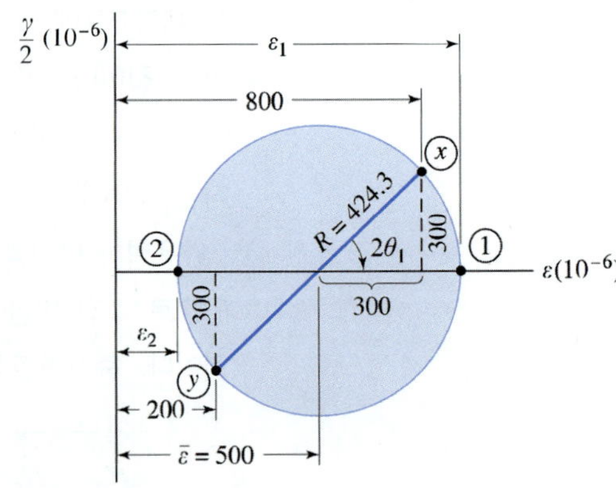

(b)

$$\overline{\epsilon} = \left(\frac{800+200}{2}\right) \times 10^{-6} = 500 \times 10^{-6}$$

$$R = (\sqrt{(300)^2 + (300)^2}) \times 10^{-6} = 424.3 \times 10^{-6}$$

(1)

그림 (b)의 점 ①과 점 ②를 지나는 주축을 기준으로 주변형률을 다음과 같이 나타낼 수 있다.

$$\epsilon_1 = \overline{\epsilon} + R = (500 + 424.3) \times 10^{-6} = 924.3 \times 10^{-6} \quad \text{[답]}$$

$$\epsilon_2 = \overline{\epsilon} - R = (500 - 424.3) \times 10^{-6} = 75.7 \times 10^{-6} \quad \text{[답]}$$

여기서 Mohr 원의 점 ⓧ에서 점 ①로 잰 각이 시계 방향으로 $2\theta_1 = 45°$임

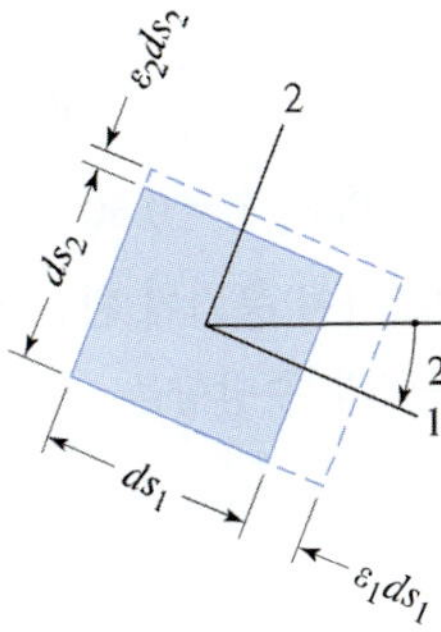

(c)

을 그림 (b)에서 알 수 있다. 따라서 x 축과 1축 사이의 각은 그림 (c)에 보인 것처럼 x 축에서 시계 방향으로 잰 값인 $\theta_1 = 22.5°$이다. ϵ_2에 상응하는 주 방향은 물론 ϵ_1의 방향에 수직이다.

(2)

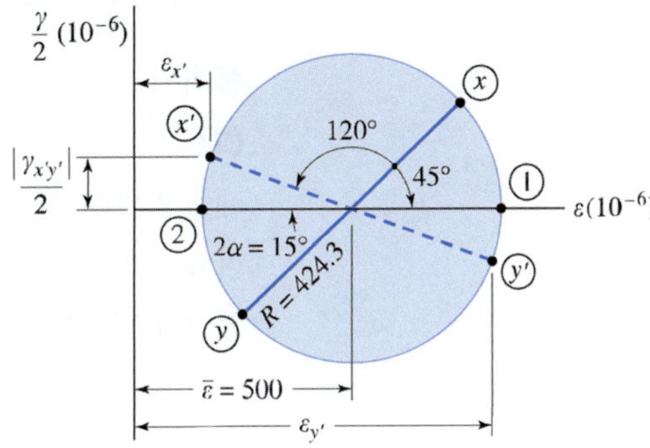

(d)

주어진 변형률 상태에 대한 Mohr 원을 그림 (d)에 다시 그렸다. $x'y'$축에 관한 변형률을 결정하기 위해 원 위에서 상응점 ⓧ′와 ⓨ′을 찾아야 한다. 그림 (d)에서와 같이 x축으로부터 반시계 방향으로 x'축으로의 각이 60°이므로, 원 위에서 점 ⓧ′는 점 ⓧ 에서 반시계 방향으로 120°이다. 물론 ⓨ′는 ⓧ′에서 반대쪽의 지름 끝에 위치하고 있다. 이 계산을 편리하게 하기 위해 점 ⓧ′과 점 ②사이의 중앙각을 이용한다.

$$2\alpha = 180° - 45° - 120° = 15°$$

원을 참조하여 x'와 y'축 방향으로 수직 변형률을 구하면 다음과 같다.

$$\epsilon_{x'} = \overline{\epsilon} - R\cos 2\alpha = (500 - 424.3 \cos 15°) \times 10^{-6} = 90.2 \times 10^{-6} \quad \text{[답]}$$

$$\epsilon_{y'} = \overline{\epsilon} + R\cos 2\alpha = (500 + 424.3 \cos 15°) \times 10^{-6} = 910 \times 10^{-6} \quad \text{[답]}$$

전단 변형률의 크기는 다음과 같다.

$$\frac{|\gamma_{x'y'}|}{2} = R \sin 2\alpha = 424.3 \ \sin 15° = 109.82 \times 10^{-6}$$

점 ⓨ′이 ϵ축 밑에 있으므로, $\gamma_{x'y'}$는 음이라고 할 수 있다. 따라서

$$\gamma_{x'y'} = -2(109.82) \times 10^{-6} = -220 \times 10^{-6} \quad \text{[답]}$$

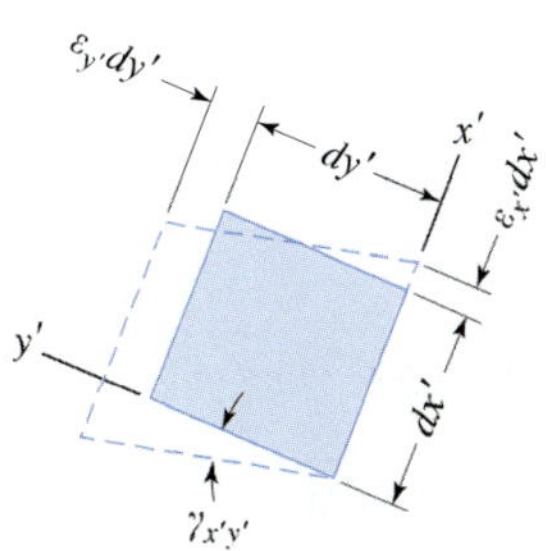

(e)

수직 변형률의 양이라는 것의 값은 신장을 의미하고, 반면에 전단 변형률의 음이라는 것은 그림 (e)에서와 같이 $x'y'$축 사이의 각이 증가함을 의미한다.

예제 8.13

어느 한 점에서의 평면 변형률 상태가 $\epsilon_x = 800 \times 10^{-6}$, $\epsilon_y = 200 \times 10^{-6}$와 $\gamma_{xy} = -600 \times 10^{-6}$이다. 재료 물성값 $E = 200$ GPa과 $\nu = 0.30$일 때, (1)예제 8.12의 변형률에 관한 Mohr 원의 결과를 이용하여 응력에 관한 Mohr 원을 작성하라 (2)응력의 Mohr 원으로부터 주응력과 주방향을 구하라.

풀이

(1)

예제 8.12에서 변형률 원의 인자들이 $\bar{\epsilon} = 500 \times 10^{-6}$와 $R_\epsilon = 424.3 \times 10^{-6}$이라고 구하였다. 응력 원의 이에 상응하는 인자는 식 (8.18)의 축척 변환을 적용하여 다음과 같이 구할 수 있다.

$$R_\sigma = R_\epsilon \frac{E}{1+\nu} = (424.3 \times 10^{-6}) \frac{200 \times 10^9}{1+0.3} = 65.27 \times 10^6 \text{ Pa}$$
$$= 65.27 \text{ MPa}$$
$$\bar{\sigma} = \bar{\epsilon} \frac{E}{1-\nu} = (500 \times 10^{-6}) \frac{200 \times 10^9}{1-0.3} = 142.86 \times 10^6 \text{ Pa}$$
$$= 142.86 \text{ MPa}$$

구한 Mohr 원은 그림 (a)와 같다. 원 위의 점 ⓧ와 ⓨ, 즉 요소의 x와 y면상에 작용하는 응력의 좌표는 변형률 원 위에서와 같은 각도 위치를 갖고 있다. 이제 지금까지 해왔던 방식대로 응력 원을 이용하여 어떤 임의 축상의 응력 성분을 구하는 데 이용할 수 있다.

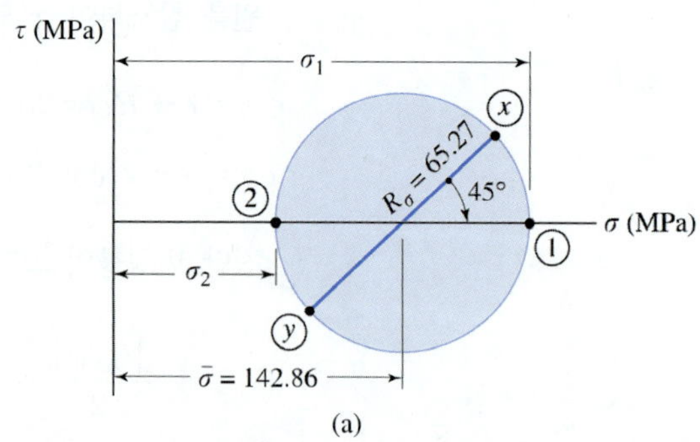

(a)

(2)

그림 (a)에서 주응력을 다음과 같이 구할 수 있다.

$$\sigma_1 = \bar{\sigma} + R_\sigma = 142.86 + 65.27 = 208 \text{ MPa} \qquad \text{[답]}$$

$$\sigma_2 = \bar{\sigma} - R_\sigma = 142.86 - 65.27 = 77.6 \text{ MPa} \qquad \text{[답]}$$

주방향도 그림 (b)에서와 같이 응력 원에서 구할 수 있다.

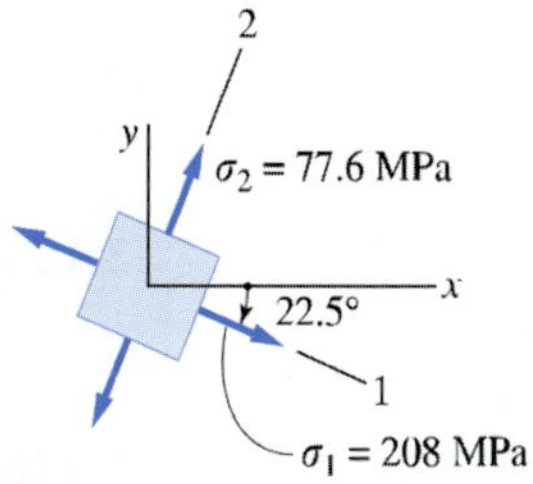

(b)

응력풀이에 관한 대안

응력에 관한 변환된 원을 이용하는 대신에 응력에 관한 2축 상태에 대한 일반적인 Hooke의 법칙을 이용하여 변형률로부터 응력 성분들을 구할 수 있다 (2.4절 참조).

$$\sigma_x = \frac{(\epsilon_x + \nu\,\epsilon_y)E}{1-\nu^2}, \sigma_y = \frac{(\epsilon_y + \nu\,\epsilon_x)E}{1-\nu^2}, \tau_{xy} = G\gamma_{xy} = \frac{E}{2(1+\nu)}\gamma_{xy}$$

예제 8.12에서 구한 주변형률 $\epsilon_1 = 924.3 \times 10^{-6}$과 $\epsilon_2 = 75.7 \times 10^{-6}$을 대입하면 주응력을 다음과 같이 구할 수 있다.

$$\sigma_1 = \frac{[924.3 + 0.3(75.7)](10^{-6})(200 \times 10^9)}{1-(0.3)^2} = 208 \text{ MPa}$$

$$\sigma_2 = \frac{[75.7 + 0.3(924.3)](10^{-6})(200 \times 10^9)}{1-(0.3)^2} = 77.6 \text{ MPa}$$

이 값들은 위의 (2)에서의 결과와 일치한다.

연습문제

8.108 식 (8.18)이 변형률에 관한 Mohr 원을 응력에 관한 Mohr 원으로 변환시킴을 증명하라.

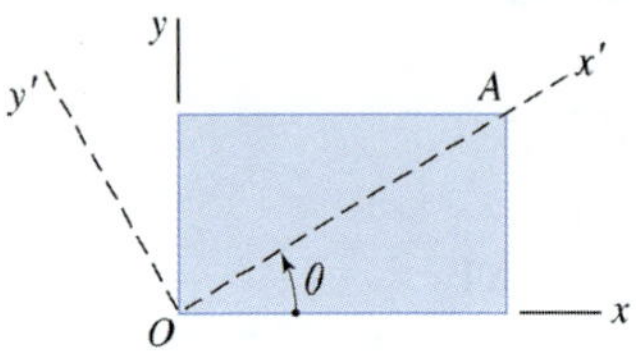

그림 P8.109

8.109 점 O의 변형률 $\epsilon_x = \epsilon_2$, $\epsilon_y = \epsilon_1$, $\gamma_{xy} = 0$이 주어졌을 때, 8.9절의 식 (f)로 주어진 선 OA의 회전각이 $\beta = \gamma_{x'y'}/2$임을 증명하라.

8.110 점에 대한 변형률이 $\epsilon_x = -500 \times 10^{-6}$, $\epsilon_y = 260 \times 10^{-6}$, $\gamma_{xy} = 720 \times 10^{-6}$이다. $E = 200$ GPa과 $\nu = 0.3$일 때, 그 점에서의 주응력을 구하라.

8.111 점에 대한 변형률이 $\epsilon_x = 800 \times 10^{-6}$, $\epsilon_y = -400 \times 10^{-6}$, $\gamma_{xy} = -600 \times 10^{-6}$이다. $E = 200$ GPa과 $\nu = 0.3$일 때, 그 점에서의 주응력을 구하라.

8.112 점 O의 변형률이 $\epsilon_x = -620 \times 10^{-6}$, $\epsilon_y = 84 \times 10^{-6}$, $\gamma_{xy} = -540 \times 10^{-6}$이다. x'축은 x축에 대해 45° 기울어져 있을 때, x'평면에 작용하는 응력 성분을 구하라. $E = 200$ GPa, $\nu = 0.3$을 이용하라. 결과를 적절히 회전된 요소에 스케치하라.

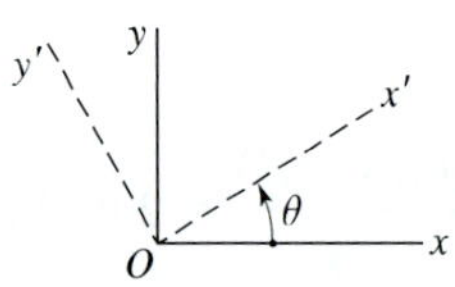

그림 P8.112, P8.113

8.113 점 O의 변형률이 $\epsilon_x = -800 \times 10^{-6}$, $\epsilon_y = 200 \times 10^{-6}$, $\gamma_{xy} = -800 \times 10^{-6}$이고, x'축은 x축에 대해 20° 기울어져 있을 때, x'평면의 응력 성분을 계산하라. $E = 200$ GPa, $\nu = 0.3$을 이용하라. 결과를 적절히 회전된 요소에 스케치하라.

8.10 스트레인 로젯

a. 스트레인 게이지

전기 저항 스트레인 게이지는 특정한 방향으로의 수직 변형률을 측정하는 기구이다. 이런 형태의 게이지는 선 또는 박막의 전기 저항이 그 길이의 변화에 직접적으로 관계된다는 원리에 입각해서 작동한다. 게이지를 물체에 부착하면 물체와 게이지가 같은 수직 변형률을 겪게 된다. 이에 따른 게이지 요소의 전기 저항이 측정되고 이는 변형률로 변환된다. 그림 8.22는 전형적인 박막 스트레인 게이지를 보여준다. 일반적으로 이용되고 있는 게이지의 길이(gage length)는 0.203 mm에서 120 mm이다. 그 외에도 콘덴서나 유도자와 같은 다양한 게이지들도 있는데, 이들은 저항보다는 전기적인 특성에 의존한다. 그

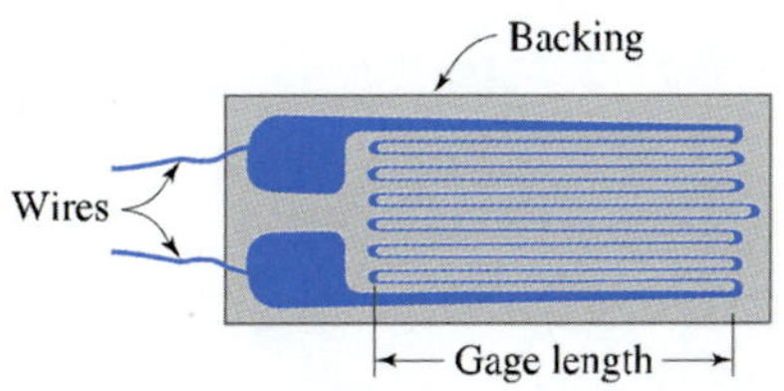

그림 P8.22 전기저항 변형률 게이지

러나 전기 저항 게이지가 지금까지도 널리 많이 쓰이고 있는데, 이는 가격이 비교적 저렴하면서 동시에 정확하고 내구성이 좋기 때문이다. 또한 전기 저항 게이지는 정적 변형률과 동적 변형률을 측정하기에 유용하다.

b. 스트레인 로젯

어느 한 점에서의 평면 변형률 상태는 세 가지의 변형률 성분 ϵ_x, ϵ_y 그리고 γ_{xy}로 결정될 수 있기 때문에 변형률을 결정하기 위하여 세 가지 변형률 성분을 읽어야 한다. 예를 들면, ϵ_x와 ϵ_y를 결정하기 위해 x와 y방향으로 각각 하나의 게이지를 이용할 수 있다. 그러나 전단 변형률을 직접적으로 측정할 수 있는 장비가 없기 때문에 간접적으로 γ_{xy}를 결정해야 한다. 이는 x축 또는 y축이 아닌 다른 방향의 수직 변형률을 측정하기 위하여 세 번째 게이지를 사용해서 결정할 수 있다.

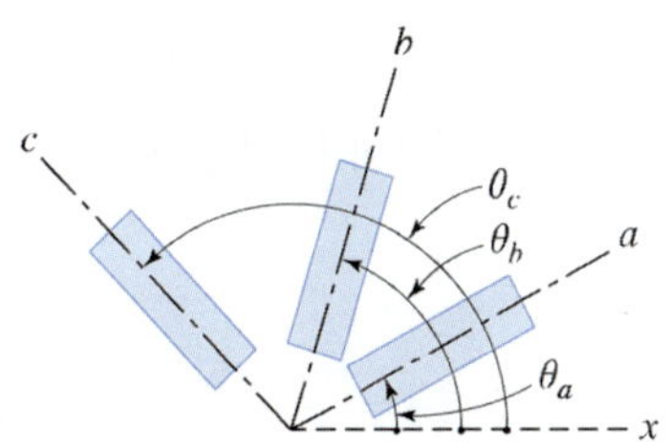

그림 8.23
임의의 방향을 갖는 스트레인 로젯

여기에서는 측정된 세 수직 변형률로부터 평면 변형률을 어떻게 결정하는가를 보여주고자 한다. 그림 8.23의 **스트레인 로젯**(*strain rosette*)은 x축과 같은 기준축에 대해 θ_a, θ_b, θ_c각을 가진 세 스트레인 게이지로 구성되어 있다. 각 게이지 변형률을 ϵ_a, ϵ_b, ϵ_c로 명시하였다. 이 변형률과 각을 식 (8.17)에 대입하면, 다음과 같은 연립방정식이 된다.

$$\epsilon_a = \frac{\epsilon_x + \epsilon_y}{2} + \frac{\epsilon_x - \epsilon_y}{2}\cos 2\theta_a + \frac{\gamma_{xy}}{2}\sin 2\theta_a \qquad \text{(a)}$$

$$\epsilon_b = \frac{\epsilon_x + \epsilon_y}{2} + \frac{\epsilon_x - \epsilon_y}{2}\cos 2\theta_b + \frac{\gamma_{xy}}{2}\sin 2\theta_b \qquad \text{(b)}$$

$$\epsilon_c = \frac{\epsilon_x + \epsilon_y}{2} + \frac{\epsilon_x - \epsilon_y}{2}\cos 2\theta_c + \frac{\gamma_{xy}}{2}\sin 2\theta_c \qquad \text{(c)}$$

ϵ_a, ϵ_b, ϵ_c, θ_a, θ_b와 θ_c의 값을 알고 있다고 가정하면, 식 (a)-(c)은 세 미지수 ϵ_x, ϵ_y, γ_{xy}에 대한 선형대수방정식이 된다. 이들 세 미지수를 구하면 앞 절에서 설명한 응력과 변형률에 대한 Mohr 원을 작성할 수 있게 된다.

실무적 편의상 수직 변형률은 통상적으로 다음에 언급하게 될 두 스트레인 로젯 중 하나를 이용하여 구할 수 있다.

c. 45° 스트레인 로젯

45° 스트레인 로젯은 그림 8.24에 나타나 있다. 스트레인 게이지의 각은 $\theta_a = 0°$, $\theta_b = 45°$와 $\theta_c = 90°$이다. 이들의 각들을 식 (a)-(c)에 대입하면 다음과 같다.

$$\epsilon_x = \epsilon_a \quad \epsilon_y = \epsilon_c \quad \frac{\gamma_{xy}}{2} = \epsilon_b - \frac{\epsilon_a + \epsilon_c}{2} \tag{8.19}$$

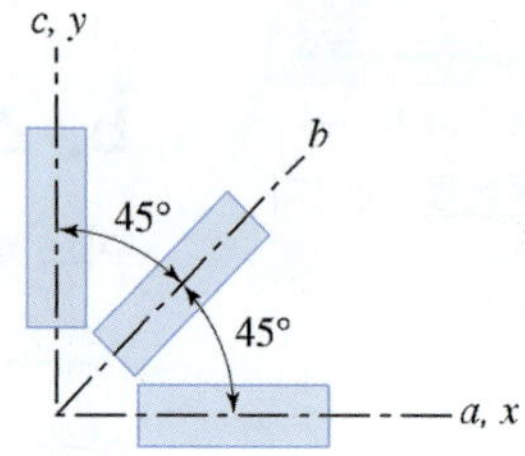

그림 8.24 45° 스트레인 로젯

d. 60° 스트레인 로젯

그림 8.25의 60° 로젯에서 스트레인 게이지는 $\theta_a = 0°$, $\theta_b = 60°$와 $\theta_c = 120°$의 각으로 이루어져 있다. 이 값들을 이용하면 식 (a)-(c)는 다음과 같다.

$$\epsilon_x = \epsilon_a \quad \epsilon_y = \frac{2\epsilon_b + 2\epsilon_c - \epsilon_a}{3} \quad \frac{\gamma_{xy}}{2} = \frac{\epsilon_b - \epsilon_c}{\sqrt{3}} \tag{8.20}$$

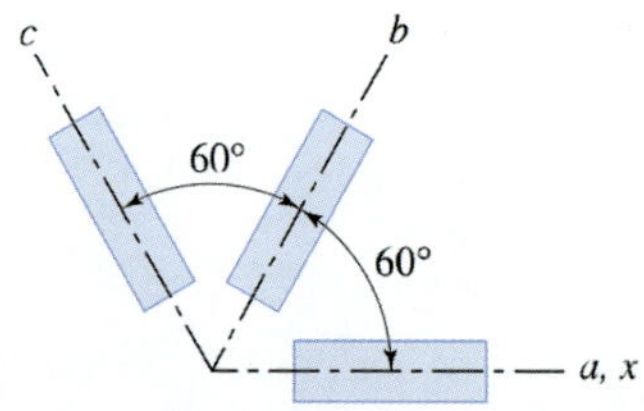

그림 8.25 60° 스트레인 로젯

예제 8.14

45° 스트레인 로젯에서 읽은 값들이 $\epsilon_a = 100 \times 10^{-6}$, $\epsilon_b = 300 \times 10^{-6}$, $\epsilon_c = -200 \times 10^{-6}$이다. 재료 물성값이 $E = 180$ GPa과 $\nu = 0.28$일 때, 주응력과 그 방향을 결정하라. 결과를 요소 위에 스케치하라.

풀이

식 (8.19)에서 다음과 같은 결과를 구할 수 있다.

$$\epsilon_x = \epsilon_a = 100 \times 10^{-6}, \qquad \epsilon_y = \epsilon_c = -200 \times 10^{-6}$$
$$\frac{\gamma_{xy}}{2} = \epsilon_b - \frac{\epsilon_a + \epsilon_c}{2} = \left[300 - \frac{100 + (-200)}{2}\right] \times 10^{-6} = 350 \times 10^{-6}$$

이 결과들을 이용하여 그림 (a)와 같이 변형률에 대한 Mohr 원을 그릴 수 있다. 이 원의 인자들은 다음과 같다.

$$\bar{\epsilon} = \frac{100 - 200}{2} \times 10^{-6} = -50 \times 10^{-6}$$
$$R_\epsilon = \sqrt{350^2 + 150^2} \times 10^{-6} = 380.8 \times 10^{-6}$$

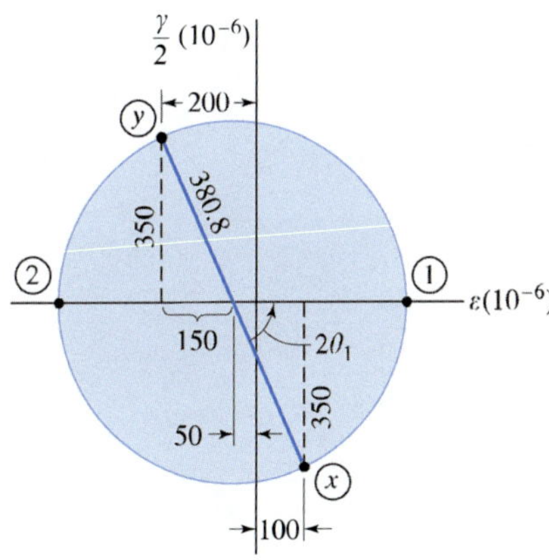

(a)

응력에 대한 Mohr 원의 상응하는 인자들은 식 (8.18)을 이용하여 다음과 같이 구할 수 있다.

$$\bar{\sigma} = \frac{E}{1-\nu}\bar{\epsilon} = \frac{180 \times 10^9}{1 - 0.28}(-50 \times 10^{-6}) = -12.50 \times 10^6 \text{ Pa}$$
$$= -12.50 \text{ MPa}$$
$$R_\sigma = \frac{E}{1+\nu}R_\epsilon = \frac{180 \times 10^9}{1 + 0.28}(380.8 \times 10^{-6}) = 53.55 \times 10^6 \text{ Pa}$$
$$= 53.55 \text{ MPa}$$

따라서 주응력은 다음과 같다.

$$\sigma_1 = \bar{\sigma} + R_\sigma = -12.50 + 53.55 = 41.1 \text{ MPa}$$ [답]

$$\sigma_2 = \bar{\sigma} - R_\sigma = -12.50 - 53.55 = -66.1 \text{ MPa}$$ [답]

응력과 변형률에 관한 주방향은 서로 일치하므로, 응력의 주방향을 변형률에 관한 Mohr 원으로부터 구할 수 있다. 그림 (a)의 원에서

$$2\theta_1 = \tan^{-1}\frac{350}{150} = 66.80^\circ \qquad \theta_1 = 33.4^\circ$$ [답]

그림 (b)는 주응력과 주방향을 나타낸다.

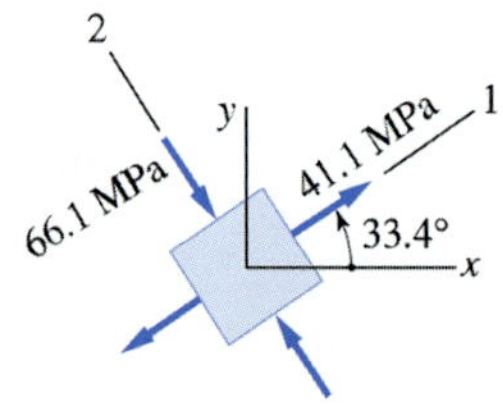

(b)

연습문제

8.114 45° 스트레인 로젯에 대해 식 (8.19)를 증명하라.

8.115 60° 스트레인 로젯에 대해 식 (8.20)를 증명하라.

8.116 45° 스트레인 로젯의 게이지 a와 c가 주변형률 방향으로 정렬시켰을 때, ϵ_a, ϵ_b, ϵ_c 사이의 관계는 어떠하겠는가?

8.117 비행기의 알루미늄 표면 한 점에서의 변형률을 60° 스트레인 게이지를 이용하여 다음과 같이 측정하였다. $\epsilon_a = 160 \times 10^{-6}$, $\epsilon_b = -220 \times 10^{-6}$, $\epsilon_c = 360 \times 10^{-6}$. $E = 70$ GPa과 $\nu = 0.3$을 이용하여 주응력과 최대 면내 전단응력을 계산하라.

8.118 변형률이 $\epsilon_a = 340 \times 10^{-6}$, $\epsilon_b = -550 \times 10^{-6}$, $\epsilon_c = -180 \times 10^{-6}$일 때, 문제 8.117을 풀어라.

8.119 45° 스트레인 로젯을 이용하여 측정한 변형률이 $\epsilon_a = 550 \times 10^{-6}$, $\epsilon_b = -210 \times 10^{-6}$, $\epsilon_c = -120 \times 10^{-6}$이다. $E = 200$ GPa과 $\nu = 0.3$일 때, 주응력과 주방향을 구하라. 결과를 적절히 회전된 요소에 스케치하라.

8.120 측정된 변형률이 $\epsilon_a = 300 \times 10^{-6}$, $\epsilon_b = 600 \times 10^{-6}$, $\epsilon_c = 100 \times 10^{-6}$일 때, 문제 8.119를 풀어라

8.121 60° 스트레인 로젯을 이용하여 측정한 변형률이 $\epsilon_a = 300 \times 10^{-6}$, $\epsilon_b = -400 \times 10^{-6}$, $\epsilon_c = 100 \times 10^{-6}$이다. $E = 200$ GPa와 $\nu = 0.3$을 사용해서 주응력과 주방향을 구하라. 결과를 적절히 회전된 요소에 스케치하라.

8.11 전단계수와 탄성계수의 관계

2.4절에서 재료의 전단계수 G는 탄성계수 E와 Poisson 비 ν사이에

$$G = \frac{E}{2(1+\nu)} \qquad \text{(2.14, 반복)}$$

의 관계가 있다는 것을 기술한 바 있다. 이제 이 관계를 증명할 수 있다.

그림 8.26 (a)에서와 같이 순수 전단 상태를 고려해 보자. 그림 8.26 (b)의 응력 상태에 대한 Mohr 원은 주응력이 $\sigma_1 = \tau_{xy}$, $\sigma_2 = -\tau_{xy}$ 임을 보여주고 있다. 게다가 주방향은 그림 8.26 (c)에서와 같이 xy 축에 관해 45°로 기울어져 있다. 식 (2.14)에 관한 증명은 두 가지의 다른 방법을 이용하여 ϵ_1을 τ_{xy}의 항으로 유도하는 것에서 시작한다. 두 방법에 의한 ϵ_1의 표현이 같다는 것으로 증명을 할 것이다.

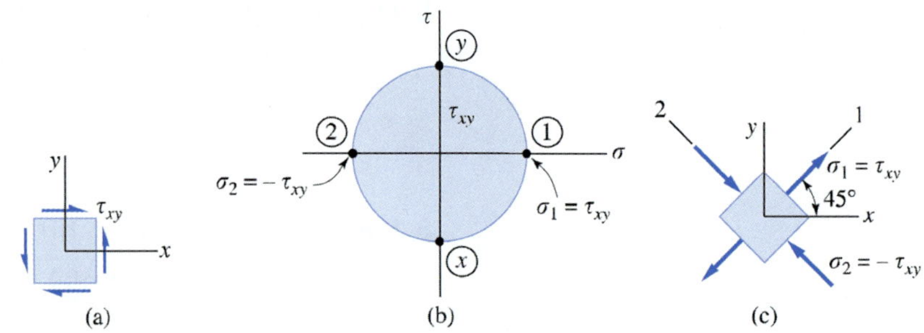

그림 8.26 (a)순수 전단 상태 (b)순수 전단에 관한 Mohr 원 (c)순수 전단에 의한 주응력

방법 1 그림 8.26 (c)를 참조하면, 2축 응력에 관한 Hooke의 법칙인 식 (2.10)은 다음과 같다.

$$\epsilon_1 = \frac{1}{E}(\sigma_1 - \nu\sigma_2) = \frac{1}{E}[\tau_{xy} - \nu(-\tau_{xy})] = \frac{(1+\nu)\tau_{xy}}{E} \tag{a}$$

방법 2 응력과 변형률에 관한 주방향이 같기 때문에 ϵ_1의 방향이 x축에 대해 $\theta = 45°$로 기울어져 있다. 여기서 수직 변형률에 관한 변환식을 이용하여 ϵ_1을 γ_{xy}에 관련시킬 수 있다.

$$\epsilon_{x'} = \frac{\epsilon_x + \epsilon_y}{2} + \frac{\epsilon_x - \epsilon_y}{2}\cos 2\theta + \frac{\gamma_{xy}}{2}\sin 2\theta \qquad \text{(8.17a, 반복)}$$

$\epsilon_x = \epsilon_y = 0$(이는 $\sigma_x = \sigma_y = 0$의 결과이다)과 $2\theta = 90°$를 식 (8.17a)에 대입하면 다음과 같은 결과를 얻을 수 있다.

$$\epsilon_1 = \frac{\gamma_{xy}}{2} = \frac{\tau_{xy}}{2G} \tag{b}$$

여기서 전단에 관한 Hooke의 법칙 $\gamma_{xy} = \tau_{xy}/G$를 이용하였다.

증명 식 (a)와 (b)를 비교해 보면 $(1+\nu)/E = 1/(2G)$라는 결론을 얻을 수 있다.

또는

$$G = \frac{E}{2(1+\nu)}$$

이로써 증명이 완결되었다. 비록 세 탄성 상수 (E, G, ν)를 이용하여 탄성체 변형을 해석하는 것이 때로는 편리하기도 하지만, 이들 중 둘만이 독립적이라는 것을 명심해야 한다.

복습문제

8.122 콘크리트 기둥이 기둥의 축에 대해 단면에 편심 e를 갖는 집중 하중 P를 받고 있다. 기둥에 인장응력이 발생하지 않을 최대 편심 e를 구하라.

8.123 그림에서 보인 목재보에 대해 단면 $m-n$에 작용하는 최대 인장 및 압축 수직응력을 구하라.

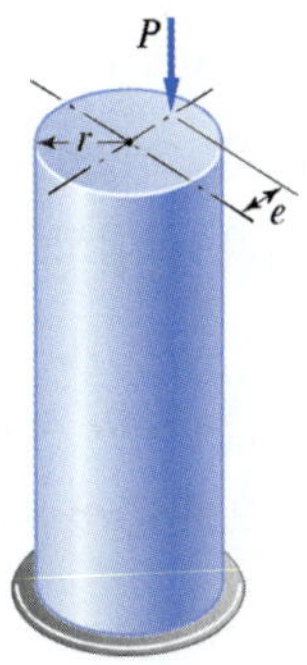

그림 P8.122

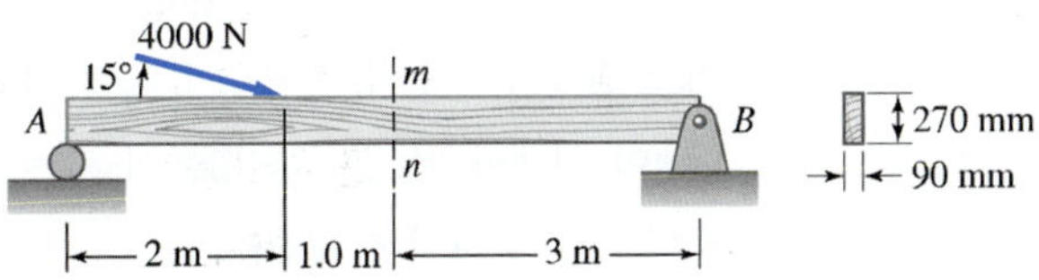

그림 P8.123

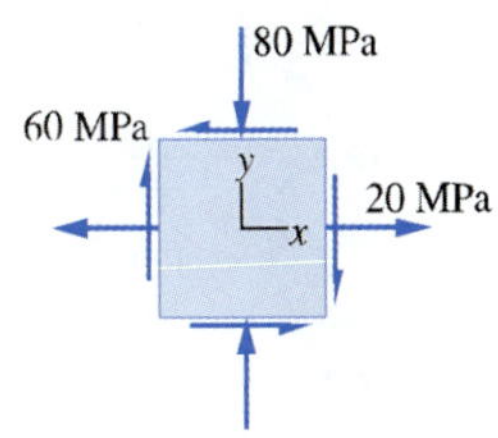

그림 P8.125

8.124 어느 한 점에서의 평면응력 상태는 $\sigma_x = -15$ MPa, $\sigma_y = -5$ MPa와 τ_{xy}이다. 이 위치에서 인장응력이 허용되지 않을 때, τ_{xy}의 최대 허용 크기를 구하라.

8.125 주응력과 표시된 응력 상태에 대한 주방향을 구하라. 적절히 회전된 요소 위에 그 결과를 나타내라.

8.126 두 개의 하중을 가하여 평면응력 상태를 이루고 있다. 하중이 개별적으로 작용할 때, 두 하중은 그림과 같은 응력을 발생시킨다. 하중이 동시에 작용할 경우, xy축에 대한 응력 상태를 결정하라. 적절히 회전된 요소 위에 그 결과를 나타내라.

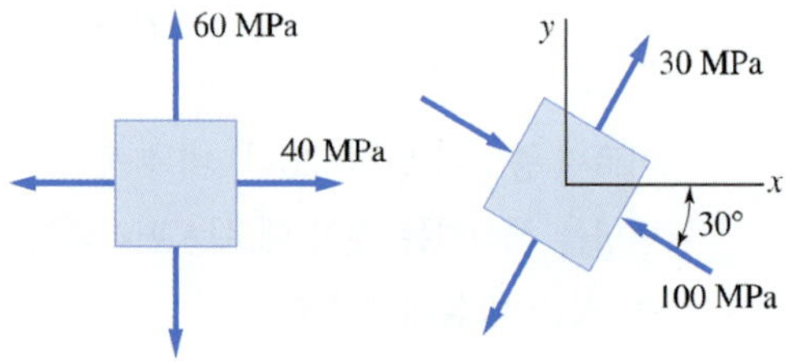

그림 P8.126

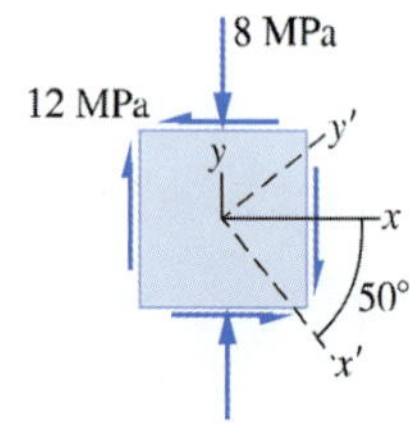

그림 P8.127

8.127 한 점에 대한 응력 상태는 xy축에 관련하여 나타낼 수 있다. $x'y'$축에 관련된 응력의 등가 상태를 계산하라. 적절히 회전된 요소 위에 그 결과를 나타내라.

8.128 어느 한 점의 평면응력 상태는 σ_x, σ_y 그리고 $\tau_{xy} = 30$ MPa이다. 주응력이 $\sigma_1 = 40$ MPa와 $\sigma_2 = -80$ MPa임을 알 때, (a) σ_x, σ_y 값을 구하고, (b)xy축에 대한 주방향을 구하라. 적절히 회전된 요소 위에 그 결과를 나타내라.

8.129 어느 한 점에서의 평면 변형률 상태는 $\epsilon_x = 1600 \times 10^{-6}$, $\epsilon_y = -800 \times 10^{-6}$ 그리고 $\gamma_{xy} = 1000 \times 10^{-6}$이다. 이 점에서의 주응력과 주방향을 결정하라. $E = 70$ GPa과 $\nu = 0.28$을 이용하라. 적절히 회전된 요소 위에 그 결과를 나타내라.

8.130 어느 점에서의 수직 변형률이 $\epsilon_x = 540 \times 10^{-6}$, $\epsilon_y = 180 \times 10^{-6}$이다. 이 점에서 더 큰 주변형률이 $\epsilon_1 = 660 \times 10^{-6}$으로 주어졌을 때, ϵ_2와 γ_{xy}의 크기를 구하라.

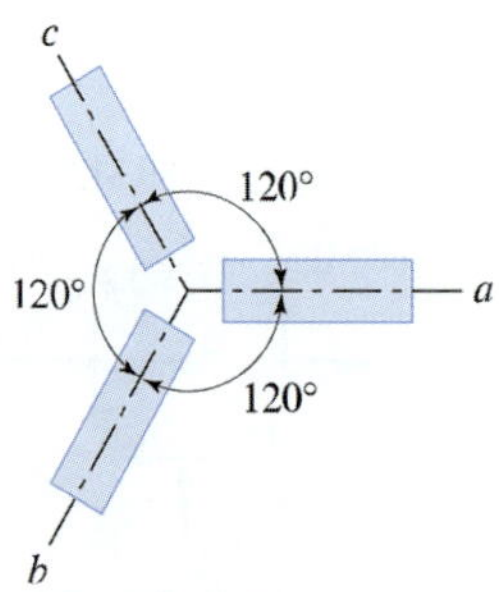

그림 P8.131

8.131 스트레인 로젯으로 측정한 변형률이 $\epsilon_a = 600 \times 10^{-6}$, $\epsilon_b = -110 \times 10^{-6}$과 $\epsilon_c = 200 \times 10^{-6}$이다. 주변형률과 주방향을 구하라.

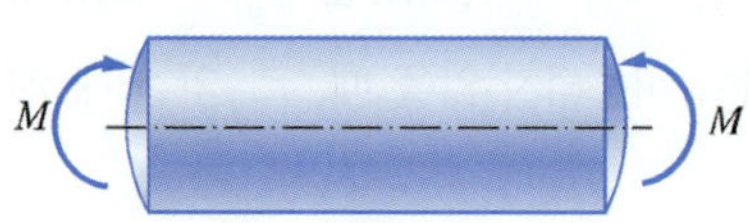

그림 P8.132

8.132 원형 압력 용기가 외부 반지름 750 mm, 벽 두께 20 mm를 갖는다. 용기는 2 MPa의 압력과 크기 M인 굽힘 모멘트를 전달한다. 용기의 벽에 걸쳐 길이 방향 응력이 인장이 되게 하는 M의 크기를 구하라.

8.133 굽은 봉이 균일한 사각형 단면을 가지고 있다. (a)점 A, (b)점 B의 주응력을 구하라.

8.134 토크 T로 축에 관해 회전시키면서 600 kN의 힘으로 누르면서 지름이 300 mm인 콘크리트 파일을 지반에 삽입하고 있다. 파일의 인장응력이 1.8 MPa를 넘지 않도록 최대 허용 토크 T를 구하라.

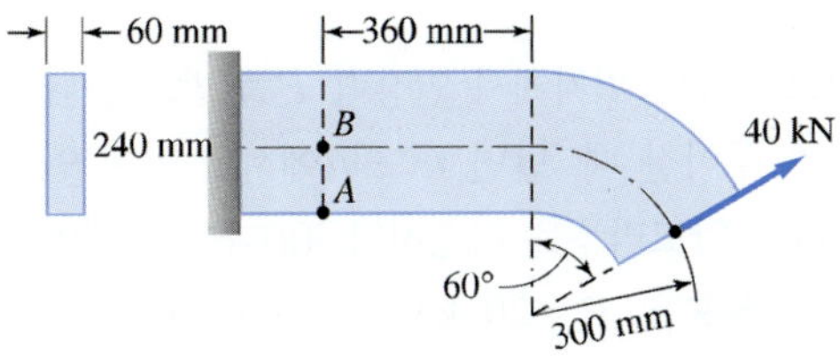

그림 P8.133

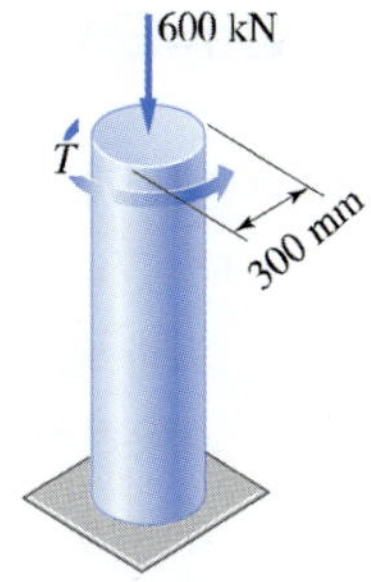

그림 P8.134

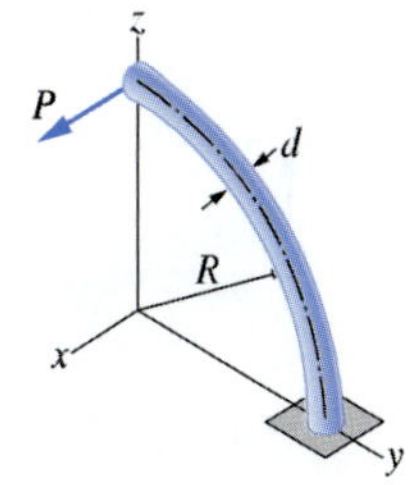

그림 P8.135

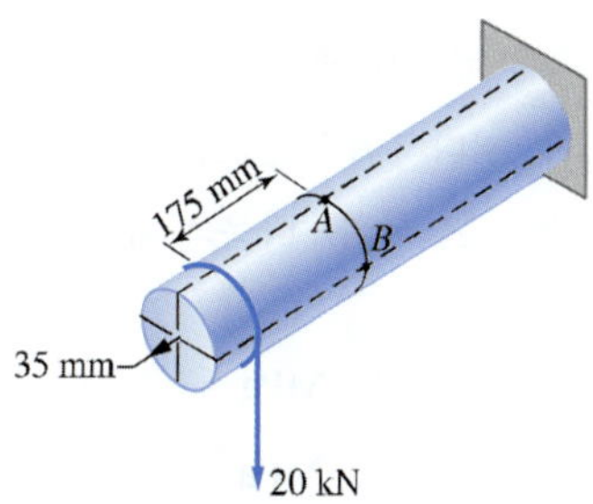

그림 P8.136

8.135 직경이 d인 원형봉이 반지름의 1/4 원만큼 굽어져 있다. 사용 전단응력이 τ_w일 때, $d = 35$ mm, $R = 750$ mm, 그리고 $\tau_w = 100$ MPa를 사용하여 최대 허용력 P를 구하라.

8.136 강재봉을 감싸고 있는 케이블의 끝에서 20 kN의 연직 하중이 작용하고 있다. (a)점 A와 (b)점 B에서의 주응력을 계산하라.

8.137 굽은 파이프의 외부 직경이 45 mm이며, 두께가 6 mm이다. (a) BC구간과 (b)AB구간에서의 최대 전단응력을 계산하라. 횡전단력에 의한 응력은 무시하라.

8.138 A와 D에서의 베어링으로 지지된 축이 그림과 같이 하중을 받고 있다. 수직응력이 18 MPa를 넘지 않도록 축의 최소 허용 반경을 결정하라. 횡전단력에 의한 응력은 무시하라.

8.139 플라스틱 튜브가 내부 압력 2 MPa 외에도 550 N의 하중을 받고 있다. (a)점 A와 (b)점 B에서의 주응력을 구하라.

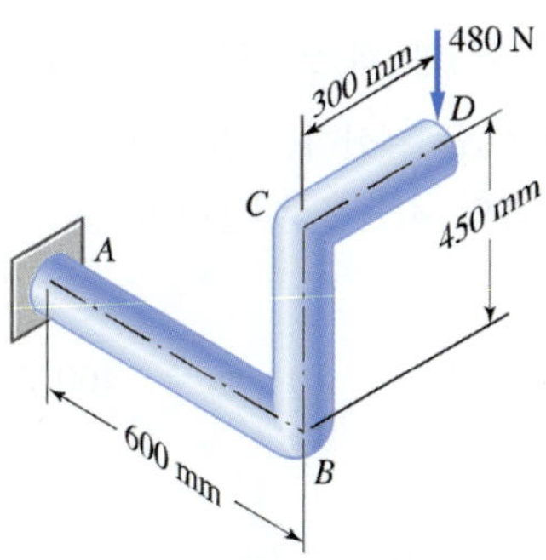

그림 P8.137

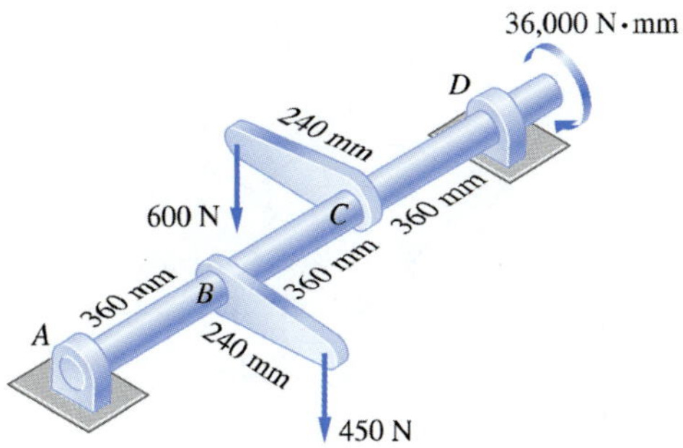

그림 P8.138

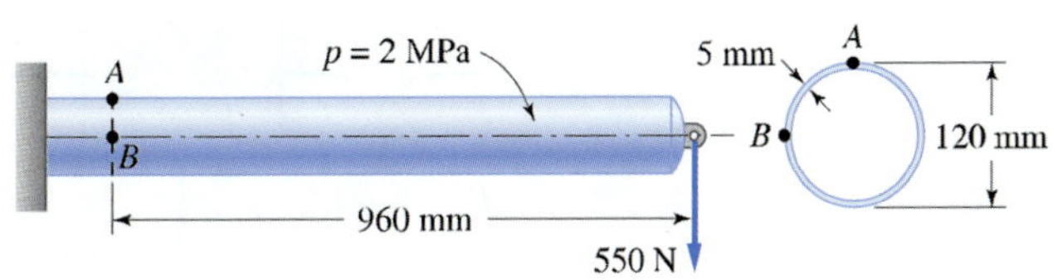

그림 P8.139

컴퓨터문제

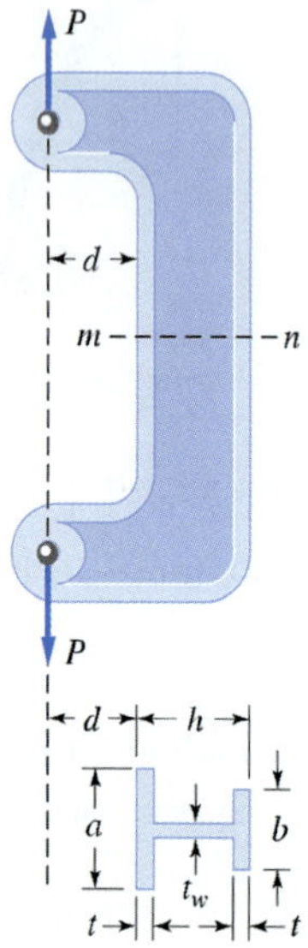

그림 C8.1

C8.1 그림과 같은 링크가 오프셋 d의 위치에서 인장력 P를 받고 있다. P, d 그리고 단면의 치수가 주어질 때, 단면 $m-n$에서의 최대 인장응력과 압축응력을 계산하는 알고리즘을 작성하라. (a)다음의 데이터를 이용하여 알고리즘을 실행하라: $P=20$ kN, $d=60$ mm, $h=90$ mm, $t_w=11.25$ mm, $t=15$ mm, $a=45$ mm, $b=30$ mm (b)사용 수직응력이 70 MPa일 때, 실험적으로 a와 b의 최적값을 구하라($a+b$를 최소화하는 값). 다른 값들은 (a)에서의 값들을 사용하라.

C8.2 σ_x, σ_y 그리고 γ_{xy}가 주어졌을 때, $\theta=0°$에서 180°까지 경사진 $m-n$평면에 작용하는 수직응력과 전단응력을 그리는 알고리즘을 작성하고, 주응력과 상응하는 θ값을 계산하라. 다음의 값들을 이용하여 알고리즘을 실행하라.

(a) $\sigma_x=60$ MPa, $\sigma_y=-30$ MPa, $\tau_{xy}=80$ MPa

(b) $\sigma_x=80$ MPa, $\sigma_y=80$ MPa, $\tau_{xy}=-30$ MPa

C8.3 세 개의 스트레인 게이지가 그림과 같이 배치되어 있다. 각도(θ_a, θ_b, θ_c), 계측된 변형률(ϵ_a, ϵ_b, ϵ_c)과 재료의 물성값(E, ν)이 주어져 있을 때, 주응력과 주방향(각 θ)을 계산하는 알고리즘을 작성하라. $E=200$ GPa, $\nu=0.3$과 다음의 값들을 이용하여 알고리즘을 수행하라.

(a) $\theta_a=0$, $\theta_b=60°$, $\theta_c=120°$, $\epsilon_a=300\times10^{-6}$, $\epsilon_b=-400\times10^{-6}$, $\epsilon_c=100\times10^{-6}$

(b) $\theta_a=30$, $\theta_b=75°$, $\theta_c=120°$, $\epsilon_a=100\times10^{-6}$, $\epsilon_b=300\times10^{-6}$, $\epsilon_c=-200\times10^{-6}$

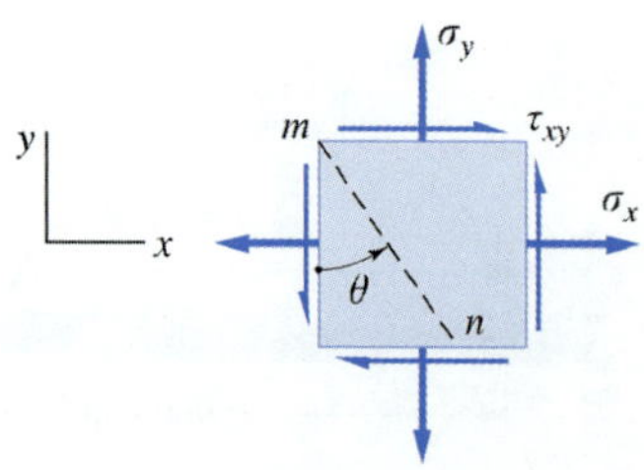

그림 C8.2

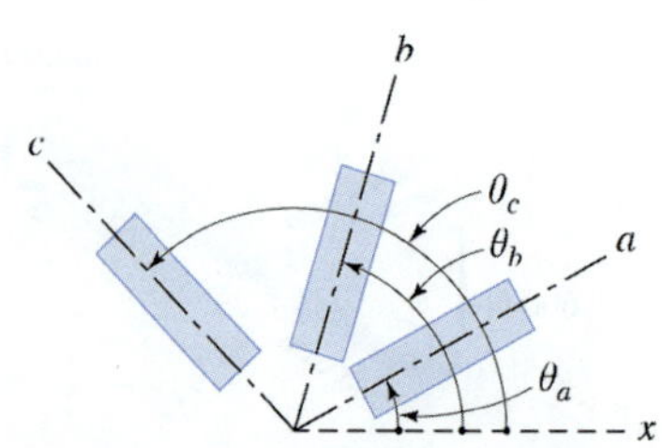

그림 C8.3

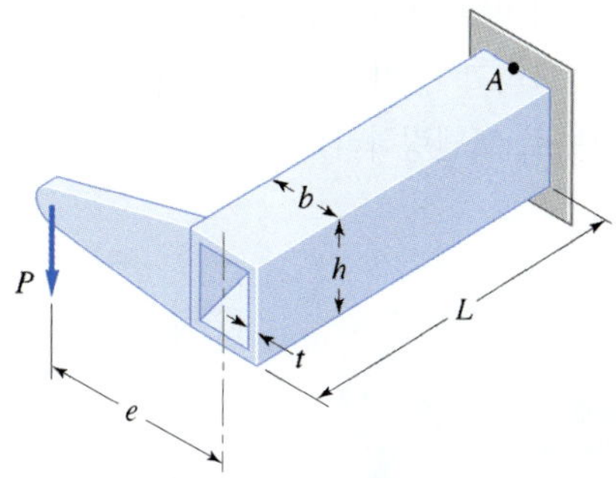

그림 C8.4

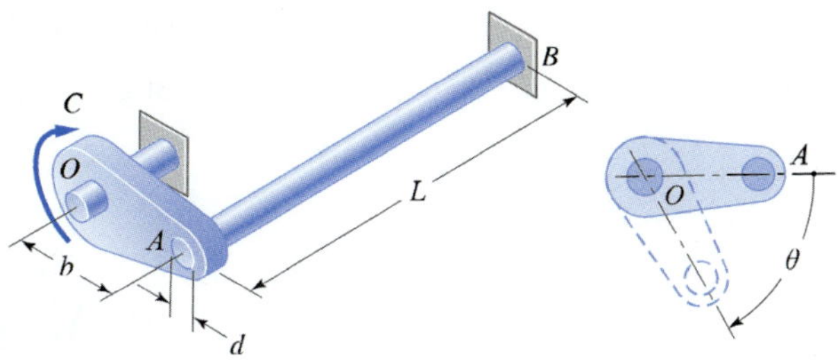

그림 C8.5

C8.4 길이 L인 박벽 사각형 단면을 갖는 튜브가 편심 e인 하중 P를 받고 있다. 튜브의 둘레는 $S = 2(h + b)$이고, 이때의 h와 b는 단면의 평균 치수이다. 벽의 두께는 t이다. P, L, e, t, S가 주어질 때, $h = 0.1S$에서 $0.4S$ 범위에서 튜브의 최대 수직응력을 도식화하는 알고리즘을 작성하라. 그리고 $P = 10{,}000$ N, t = 3.75 mm, σ_w = 60 MPa와 아래의 값을 이용하여 가능한 최소의 S와 이에 대응되는 h와 b를 결정하는 데 알고리즘을 시험해 보라. (a)$L = e = 0.75$ mm, (b)L = 1 m, e = 0.5 m(힌트: 최대 수직응력은 점 A에서 발생한다.)

C8.5 지름이 d, 길이가 L인 모넬 합금봉 AB가 점 B에 고정지지되어 있고 암 OA에 단단하게 연결되어 있다. 우력 C가 암 OA에 작용할 때, 그림에서와 같이 암은 봉 AB에 굽힘과 비틀림을 발생시키면서 점 O에 대해 θ만큼 회전한다. θ가 0°에서 180°로 변할 때, 봉 AB에 걸리는 절대 최대 전단응력을 그리는 알고리즘을 작성하라. 봉은 탄성 범위 내에 있고 암의 변형은 무시한다고 가정한다. 또한 최대 전단응력이 합금의 항복응력 τ_{yp}를 넘어서지 못한다고 했을 때, θ와 C의 최대 허용값을 결정하라. 다음의 데이터를 사용하라:
L = 1800 mm, b = 180 mm, d = 7.5 mm, E = 200 GPa, ν = 0.28, τ_{yp} = 300 MPa. 횡전단응력에 의한 응력은 무시하라.

C8.6 길이가 L, 평균 지름이 D, 두께가 t인 강으로 제작된 박막 용기의 양단이 단순지지되어 있다. 용기는 압력 P에서 물로 채워져 있다. 용기와 물의 무게로 인한 추가 하중이 존재한다. 좌표 x 와 θ로 정의되는 용기 내의 임의의 점에서 최대 면내 전단응력 $\tau_{\max}$와 절대 최대 전단응력 τ_{abs}를 계산하는 알고리즘을 작성하라. $x = 0$과 $x = L$에서 $\theta(0 \le \theta \le 360°)$의 함수로 $\tau_{\max}$와 τ_{abs}를 그려라. 다음의 데이터를 이용하라: L = 10 m, D = 2 m, t = 10 mm, p =

250×10^3 Pa. 밀도는 강이 7850 kg/m^{3}이며 물이 1000 kg/m^{3}이다 (힌트: 용기를 내압 p 그리고 용기와 물의 무게로 인한 균일 분포 하중을 받는 단순지지보로 모델링하라).

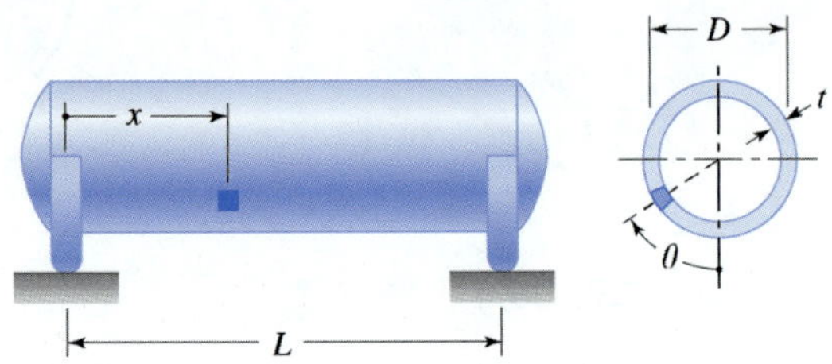

그림 C8.6

제 9 장
복합보

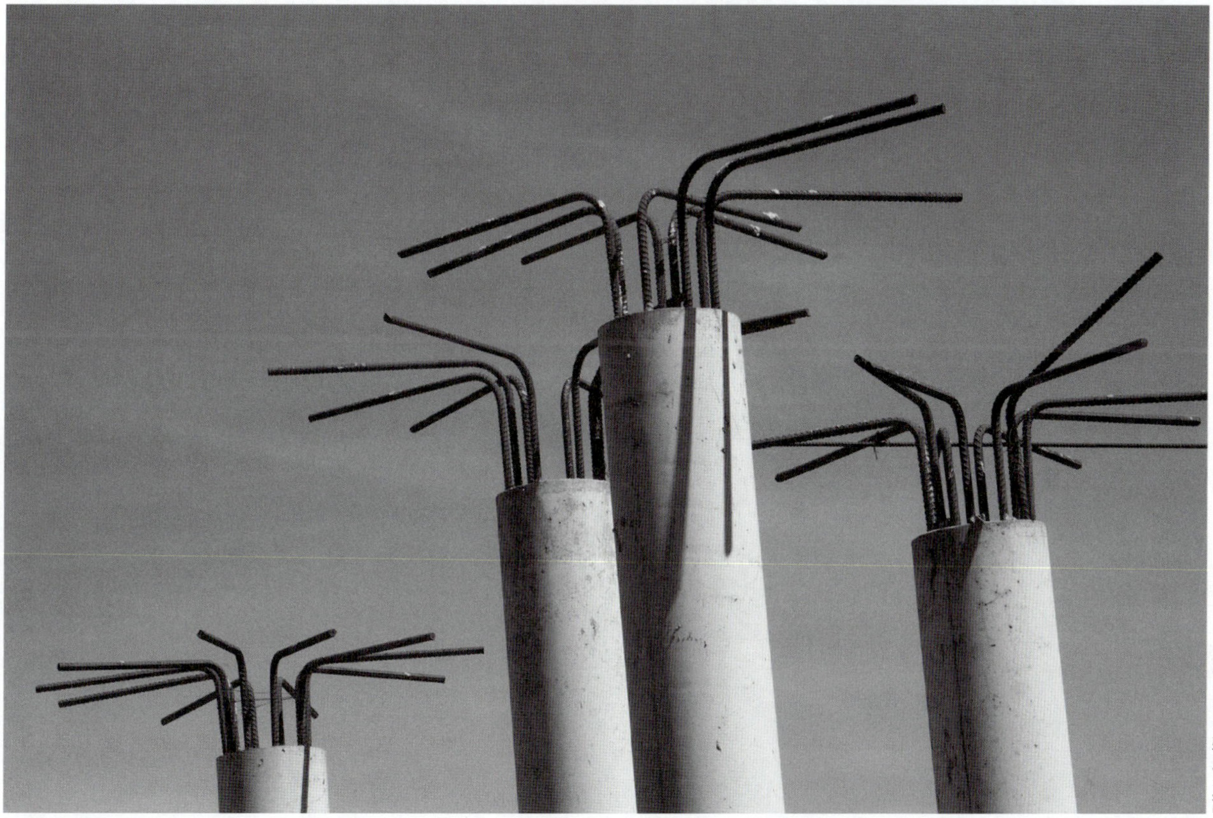

강철보 강재가 솟아 나온 콘크리트 기둥. 보강은 보와 기둥의 강도를 크게 증가시킨다. 특히, 콘크리트의 인장 강도는 미미하므로 강철보 강재는 인장 하중에 저항하기 위해 필수적이다. 이 장에서는 보강된 콘크리트보와 같이 두 개 이상의 다른 재료로 된 보를 해석하는 방법을 다룬다.

9.1 개요

복합보(*composite beam*)와 보강보(*reinforced beam*)의 용어는 두 가지 이상의 서로 다른 재료로 만들어진 보에 사용된다. 일반적으로, 복합보의 주된 부분을 구성하는 재료는 비싸지 않으나, 굽힘 시에 그 자체만으로 하중을 전달하는 데 충분히 강하지 않다. 따라서 보강의 기능은 보의 굽힘 강도를 증가시키기 위한 것이다. 5.2절에서 유도된 굽힘공식 $\sigma = -M_y/I$는 보는 균질이라는 가정에 기초하기 때문에 복합보에는 적용되지 않는다. 그러나 복합 단면을 동일한 굽힘 강성을 갖는 등가의 균질 단면으로 변환하여 이 공식을 수정할 수 있다. 굽힘공식의 유도에서 사용된 다른 가정은 복합보에서도 유지된다. 이 중 가장 중요한 가정은 평면인 단면은 변형 후에도 평면을 유지한다는 것이다.

9.2 복합보에 대한 굽힘공식

그림 9.1 (a)는 단면적 A_1와 A_2의 두 재료로 이루어진 보의 단면을 보여주고 있다. 여기서 각각의 탄성계수는 E_1와 E_2로 나타낸다. 이들 두 재료는 완전하게 결합되어 굽힘 중에 미끄러짐이 발생하지 않는다고 가정한다.

또한 평면인 단면이 평면을 유지한다고 가정하면, 균질보에 대해 수직 변형률은

$$\epsilon = -\frac{y}{\rho}$$

이며, 여기서 그림 9.1 (b)에서 나타낸 바와 같이 y는 중립축에서의 거리이고 ρ는 보의 곡률 반경이다. 이 두 재료에서의 굽힘응력은 다음과 같다.

$$\sigma_1 = -\frac{E_1}{\rho}y, \quad \sigma_2 = -\frac{E_2}{\rho}y \tag{a}$$

이들 응력 분포는 그림 9.1 (c)와 같다(그림을 작도할 때 $E_2 > E_1$으로 가정하였다).

중립축을 구하기 위해서는, 단면에 작용하는 축력이 0이라는 평형 조건을 사용한다.

$$\int_{A_1} \sigma_1 dA + \int_{A_2} \sigma_2 dA = 0$$

식 (a)의 응력을 대입하면 다음 식을 얻는다.

$$\int_{A_1} \frac{E_1}{\rho} y dA + \int_{A_2} \frac{E_2}{\rho} y dA = 0 \tag{b}$$

ρ를 소거하고 다음과 같이 놓으면

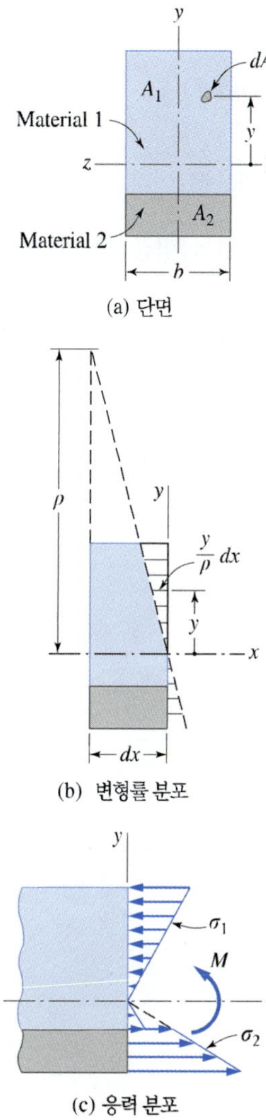

그림 9.1
두 개의 재료로 이루어진 복합보의 굽힘

$$\boxed{\frac{E_2}{E_1} = n} \tag{9.1}$$

식 (b)는 다음과 같이 쓸 수 있다.

$$\int_{A_1} ydA + \int_{A_2} y\,(ndA) = 0 \tag{c}$$

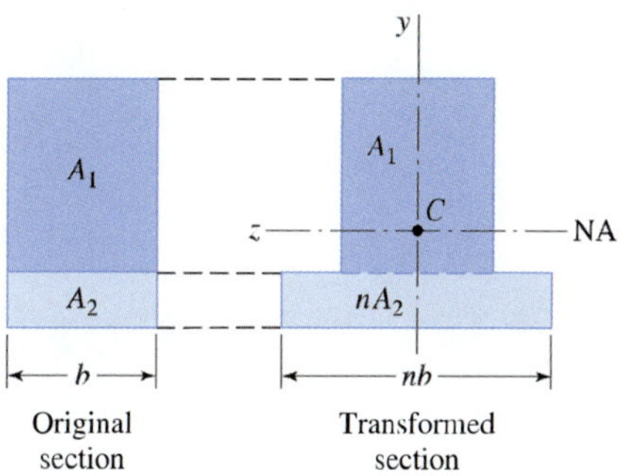

그림 9.2 재료 1로 이루어진 등가 단면으로 단면을 변환하기

식 (c)는 재료 2의 단면적이 중립축의 위치를 결정할 때 계수 n 만큼 가중된다는 것을 보여준다. 이러한 가중치를 고려하는 편리한 방법은 그림 9.2에서 보인 것과 같이 전체가 재료 1로 만들어진 등가 또는 변환 단면을 도입하는 것이다. 가중계수는 단면 A_2의 너비에 n를 곱하여 고려된다. 따라서 원래 단면의 중립축은 변환된 단면적의 도심 C을 지나게 된다. 응력 분포의 합 모멘트가 단면에 작용하는 굽힘 모멘트 M과 같다는 것에 대한 평형 조건은

$$\int_{A_1} \sigma_1\, ydA + \int_{A_2} \sigma_2\, ydA = -M$$

(−부호는 M 에 대한 부호 규약에 의한 것으로, 양의 M은 $y > 0$에서 압축을 일으킨다.)

식 (a)의 응력을 대입하면

$$\int_{A_1} \frac{E_1}{\rho} y^2 dA + \int_{A_2} \frac{E_2}{\rho} y^2 dA = M$$

이 되고, 이것은 다음과 같이 쓸 수 있다.

$$\frac{1}{\rho} = \frac{M}{E_1 I} \tag{9.2a}$$

여기서

$$I=\int_{A_1} y^2 dA + \int_{A_2} y^2 (ndA) \tag{9.2b}$$

이것은 중립축에 대한 변환된 단면적의 관성 모멘트이다.

식 (9.2a)의 $\dfrac{1}{\rho}$을 식 (a)에 대입하면 수정된 굽힘공식이 얻어진다.

$$\boxed{\sigma_1 = -\frac{My}{I} \qquad \sigma_2 = -n\frac{My}{I}} \tag{9.3}$$

예제 9.1

그림 (a)의 목재보가 바닥 부분이 강재판(strip)으로 보강되었다. 강의 허용 굽힘응력이 120 MPa이고 나무의 허용 굽힘응력이 8 MPa일 때 보가 안전하게 전달할 수 있는 최대 굽힘 모멘트를 구하라. $E_{st}/E_{wd} = 20$을 사용하라.

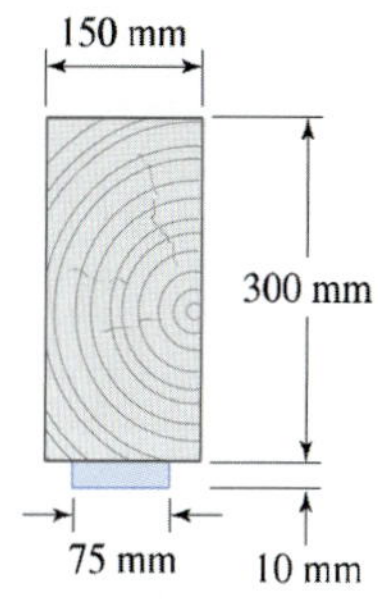

(a)

풀이

목재의 한쪽 단면을 보강하는 것은 실용적으로 일반적이지는 않지만, 이 예제는 보강된 콘크리트보에 대한 논의에서 접하게 되는 많은 개념을 보여준다.

이 문제에서, $n = E_{st}/E_{wd} = 20$이므로 그림 (b)에서 보여지는 나무로 된 변환 단면이 된다. 변환 단면은 $A_{\text{wd}} = 150(300) = 45 \times 10^3\ \text{mm}^2$와 $nA_{\text{st}} = 20(75 \times 10) = 15 \times 10^3\ \text{mm}^2$인 두 개의 직사각형으로 이루어져 있다. 이들 면적의 도심은 단면의 바닥으로부터 $\bar{y}_{\text{wd}} = 150 + 10 = 160\ \text{mm}$와 $\bar{y}_{\text{st}} = 10/2 = 5\ \text{mm}$에 위치한다. 전체 변환 단면의 도심 좌표 $\bar{y}$는 다음과 같이 주어진다.

$$\bar{y} = \frac{A_{\text{wd}}\bar{y}_{\text{wd}} + nA_{\text{st}}\bar{y}_{\text{st}}}{A_{\text{wd}} + nA_{\text{st}}} = \frac{(45\times10^3)(160) + (15\times10^3)(5)}{(45\times10^3) + (15\times20^3)}$$
$$= 121.25\ \text{mm}$$

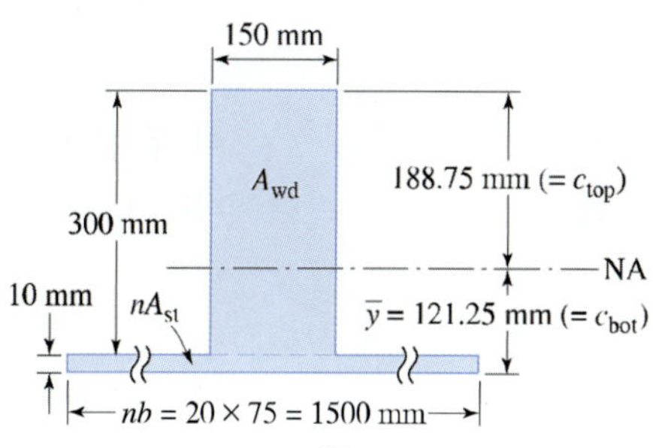

(b)

직사각형의 관성 모멘트가 $I=\dfrac{bh^3}{12}+Ad^2$임을 상기하면 중립축에 대한 변환 단면의 관성 모멘트는 다음과 같다.

$$I=\left[\frac{150(300)^3}{12}+(45\times10^3)(160-121.25)^2\right]$$

$$+\left[\frac{1500(10)^3}{12}+(15\times10^3)(121.25-5)^2\right]$$

$$=607.9\times10^6\text{mm}^4=607.9\times10^{-6}\text{m}^4$$

그림 (b)에서 중립축에서 상단 및 하단까지의 거리는

$$c_{\text{top}}=(300+10)-121.25=188.75\ \text{mm}$$

$$c_{\text{bot}}=121.25\ \text{mm}$$

각 재료에서의 최대 굽힘응력은 다음의 수정 굽힘공식에서 구해진다.

$$\sigma_{\text{wd}}=\frac{Mc_{\text{top}}}{I} \tag{a}$$

$$\sigma_{\text{st}}=n\frac{Mc_{\text{bot}}}{I} \tag{b}$$

식 (a)에서 σ_{wd}에 목재의 허용응력으로 대입하고 굽힘 모멘트에 대해 풀면

$$M=\frac{\sigma_{\text{wd}}I}{c_{\text{top}}}=\frac{(8\times10^6)(607.9\times10^{-6})}{188.75\times10^{-3}}=25.8\times10^3\ \text{N}\cdot\text{m}$$

마찬가지로, 식 (b)에서 σ_{st}에 강재의 허용응력을 대입하면

$$M=\frac{\sigma_{\text{st}}I}{nc_{\text{bot}}}=\frac{(120\times10^6)(607.9\times10^{-6})}{20(121.25\times10^{-3})}=30.1\times10^3\ \text{N}\cdot\text{m}$$

이 두 값 중 작은 값이 보가 안전하게 전달하는 최대 굽힘 모멘트가 된다. 따라서

$$M_{\max}=25.8\ \text{NN}\cdot\text{m}$$ **[답]**

이는 목재에서의 응력에 의해 결정된다. 이 경우에 보는 강재가 초과되어서 과도 보강되었다고 할 수 있다.

■

연습문제

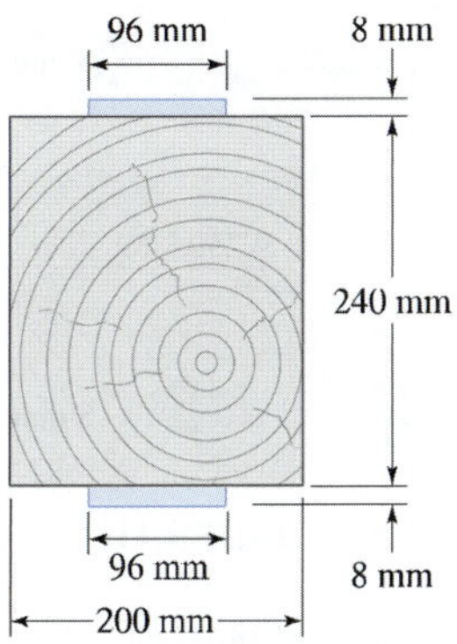

그림 P9.1–P9.3

9.1 목재보가 상하면에서 완전하게 부착된 강판으로 보강되었다. 나무의 허용응력이 8 MPa, 강의 허용응력이 120 MPa이고, 탄성계수비는 E_{st}/E_{wd}= 15이다. 보강에 의한 허용 굽힘 모멘트의 증가를 구하라.

9.2 사용응력이 80 MPa인 알루미늄으로 제작된 보강판으로 가정하여 문제 9.1을 풀어라. E_{al}/E_{wd} = 5를 이용하라.

9.3 강판으로 보강된 단순지지된 목재보가 그림과 같은 단면을 갖는다. 이 보의 길이는 4 m이고, 스팬 중앙 1/2 부분에서 균일 분포 하중 16 kN/m을 받는다. E_{st}/E_{wd} = 15일 때, 목재와 강에서의 최대 굽힘응력을 구하라.

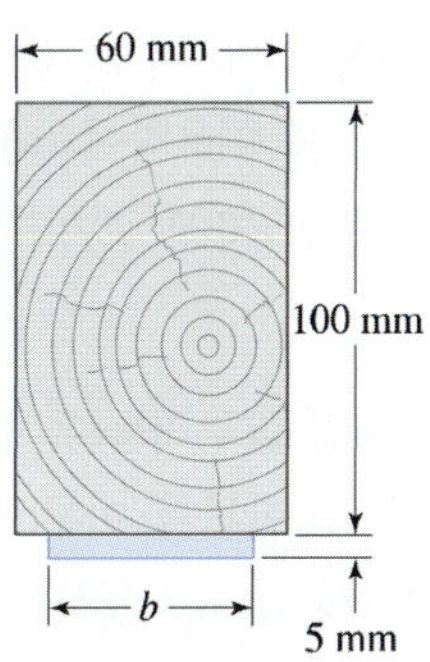

그림 P9.4–P9.6

9.4 목재보가 폭 b = 40 mm인 강판에 의해 바닥에서 보강되었다. E_{st}/E_{wd} = 20일 때, 단순지지된 길이 18 m의 중앙에서 가할 수 있는 최대 수직 집중 하중을 구하라. 사용응력은 나무에 대해 7.2 MPa, 강에 대해 108 MPa이다.

9.5 사용응력이 나무에 대해 8.27 MPa, 강에 대해 124.11 MPa에 동시에 도달되도록 하는 목재의 바닥에 고정된 강판의 폭 b를 구하라.

9.6 단순지지된 목재보가 그림에 보인 바와 같이 폭 b의 강판으로 보강되었다. 이 보는 20 m 길이에 걸쳐 크기 300 N/m의 균일 분포 하중(보의 자중 포함)을 전달하고 있다. b = 40 mm와 E_{st}/E_{wd}= 20을 이용하여 나무와 강에서의 최대 굽힘응력을 구하라.

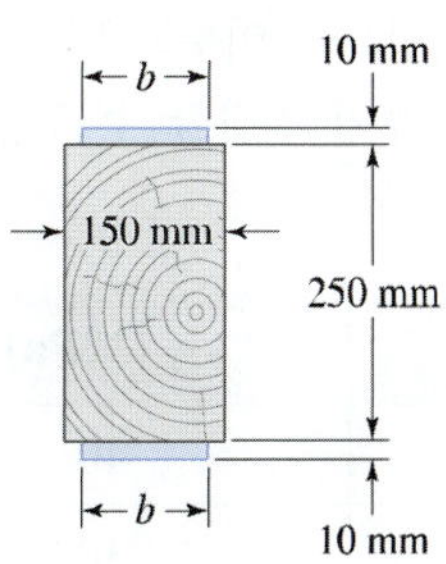

그림 P9.7

9.7 목재보가 폭 b인 강판에 의해 상하면에서 보강되었다. 40 kN · m의 굽힘 모멘트에 저항하기 위해 필요한 b의 최솟값을 구하라. E_{st}/E_{wd}= 15로 가정하고 허용 굽힘응력은 목재에 대해 10 MPa, 강에 대해 120 MPa이다.

9.8 폭 150 mm, 깊이 200 mm인 목재보가 상하면에서 폭이 b이고 두께가 6 mm인 알루미늄판으로 보강되었다. 이 보에서의 최대 굽힘 모멘트는 14 kN · m이다. 굽힘에 대한 사용응력이 나무가 10 MPa, 알루미늄이 80 MPa일 때, b의 최소 허용값을 구하라. E_{al}/E_{wd} = 5를 사용하라.

9.9 한 쌍의 C250 × 30 강재 채널이 나무보를 보호하기 위해 볼트 두 개로 체결되었다. 나무보의 깊이는 채널의 깊이와 같으며 254 mm이다. 굽힘이 z-축에 대해 발생할 때, 최대 허용 굽힘 모멘트를 구하라. E_{st}/E_{wd} = 20을 사용하고 사용응력은 나무에 대해 8 MPa, 강

에 대해 120 MPa이다.

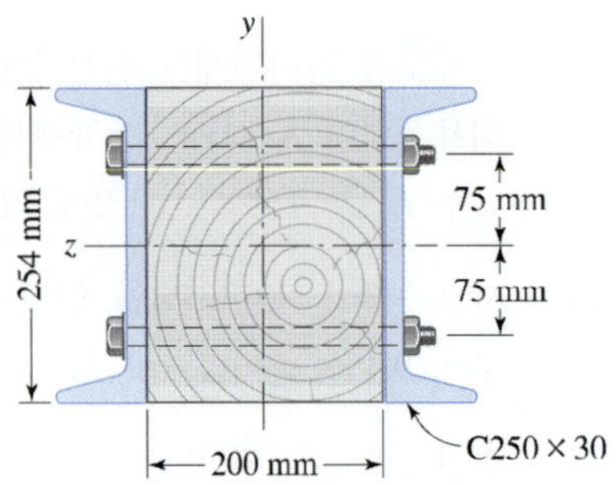

그림 P9.9, P9.10

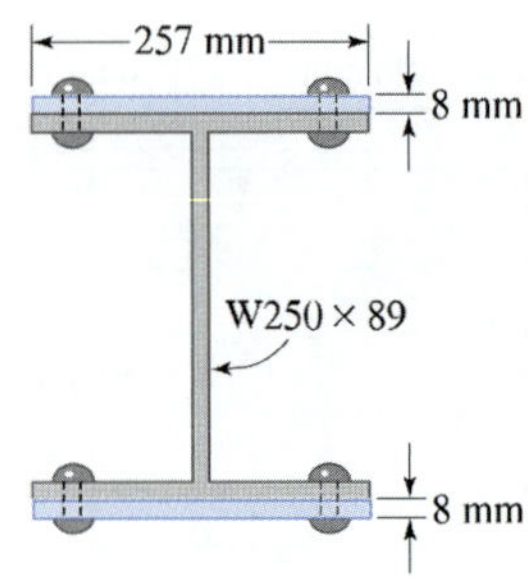

그림 P9.11

9.10 문제 9.9의 보에 대해 굽힘이 y-축에 대해 발생할 때 최대 허용 굽힘 모멘트를 구하라.

9.11 단면 $W250 \times 89$를 치수를 갖는 알루미늄보의 플랜지에 강판을 볼트로 체결하여 보강되었다. 허용 굽힘응력은 강에 대해 108 MPa, 알루미늄에 대해 90 MPa이다. $E_{st}/E_{wd} = 3$을 이용하여 (a)보강에 의한 허용 굽힘 모멘트의 증가 백분율, (b)굽힘 강성 EI의 증가 백분율을 구하라.

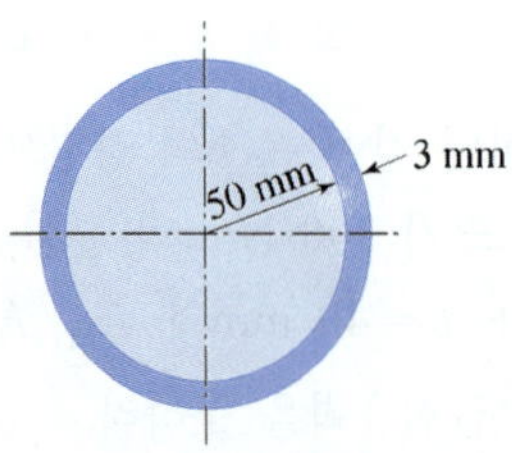

그림 P9.12, P9.13

9.12 변경 50 mm인 비닐 실린더가 두께 3 mm인 알루미늄 튜브에 내장되어 그림에 보이는 바와 같은 단면을 갖는 복합보를 이루고 있다. 이 보에 6 kN·m의 굽힘 모멘트가 걸려 있을 때 각 요소에서 최대 굽힘응력을 계산하라. 비닐과 알루미늄의 탄성계수는 각각 3.1 GPa와 73 GPa이다.

9.13 반경이 50 mm인 가문비나무로 된 목재 코어와 두께가 3 mm인 비닐 덮개가 그림과 같은 단면을 갖는 복합보를 이루고 있다. 탄성계수와 사용굽힘응력이 아래와 같을 때 이 보가 전달할 수 있는 최대 허용 굽힘 모멘트를 구하라.

재료	E(GPa)	σ_w(MPa)
가문비나무	13	40
비닐	3.1	30

9.3 복합보에서의 전단응력과 처짐

9.2절에서는 복합보에서의 굽힘응력에 대해 논의하였다. 여기서는 이러한 형태의 보에 대해 전단응력과 처짐을 고려한다.

a. 전단응력

5.4절에서 유도한 전단응력의 식

$$\tau = \frac{VQ}{Ib} \qquad \text{(5.8 반복)}$$

은 Q와 I는 **변환 단면**을 이용하여 구하고 b는 **원래 단면**의 폭이면, 복합보에도 적용할 수 있다.

이 식을 이용하기 위해, 그림 9.3 (a)에 보인 단면을 갖는 복합보를 생각해 보자. 수평 단면 $a-a$에 작용하는 전단응력 τ는 그림 9.3 (b)의 자유물체도를 이용하여 평형 조건에서 구할 수 있다. 자유물체는 거리 dx만큼 떨어진 두 단면과 단면 $a-a$로 싸여 있다. 평형방정식 $\Sigma F_x = 0$에서 $\tau b\, dx + dP = 0$ 또는

$$\tau = -\frac{1}{b}\frac{dP}{dx} \qquad \text{(a)}$$

이 된다. 여기서 P는 $a-a$ 윗쪽 단면에 작용하는 수직력이다($a-a$ 아래쪽 단면도 사용될 수 있다). 식 (9.3)의 굽힘응력에 대한 식에서 이 힘은

$$P = \int_{A_1'} \sigma_1\, dA + \int_{A_2'} \sigma_2\, dA = -\int_{A_1'} \frac{My}{I} dA - \int_{A_2'} n\frac{My}{I} dA$$

여기서 면적 A'_1와 A'_2는 그림 9.3 (b)에 표시되어 있으며, I는 **변환 단면**의 관성 모멘트이고, $n = E_2 / E_1$이다. 이 방정식을 다시 쓰면

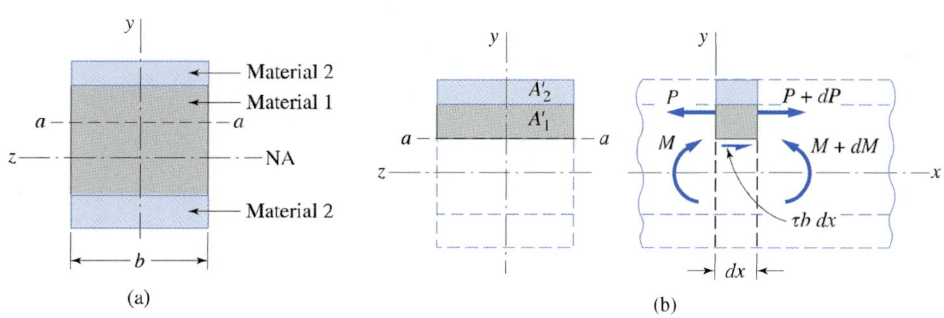

그림 9.3 (a)복합보의 단면 (b)길이 방향 전단응력을 구하기 위해 사용되는 자유물체도

$$P = -\frac{M}{I}\left[\int_{A_1'} y\,dA + \int_{A_2'} y\,(ndA)\right] = -\frac{M}{I}Q \tag{b}$$

여기서 Q는 중립축에 대한 $a-a$ 위쪽에 있는 변환 단면적의 1차 모멘트이다.

따라서 $\frac{dP}{dx} = -\left(\frac{dM}{dx}\right)\left(\frac{Q}{I}\right) = -\frac{VQ}{I}$이고 이를 식 (a)에 대입하면 식 (5.8)이 된다.

b. 처짐

식 (9.2a)에 따르면, 복합보에 대한 모멘트-곡률 관계식은 $\frac{1}{\rho} = \frac{M}{E_1 I}$이다. $\frac{1}{\rho} = \frac{d^2v}{dx^2}$ 이므로, 처짐 v에 대한 미분방정식은

$$\frac{d^2v}{dx^2} = \frac{M}{E_1 I} \tag{9.4}$$

이 된다. 따라서 복합보의 처짐은 변환 단면의 굽힘 강성 $E_1 I$를 이용하면 균질보에 대해 사용된 방법으로 계산할 수 있다.

예제 9.2

그림 (a)의 단순지지보의 단면은 나무 코어와 알루미늄 면재로 이루어져 있다. 보의 길이는 1.8 m이고 오른쪽 끝에서 0.6 m에 위치하는 지점에서 30 kN의 집중 하중을 전달하고 있다. (1)보에서의 최대 수직 전단응력과 (2) 보의 중앙에서의 변위를 구하라. $E_{wd} = 10.5$ GPa, $E_{al} = 70$ GPa이다.

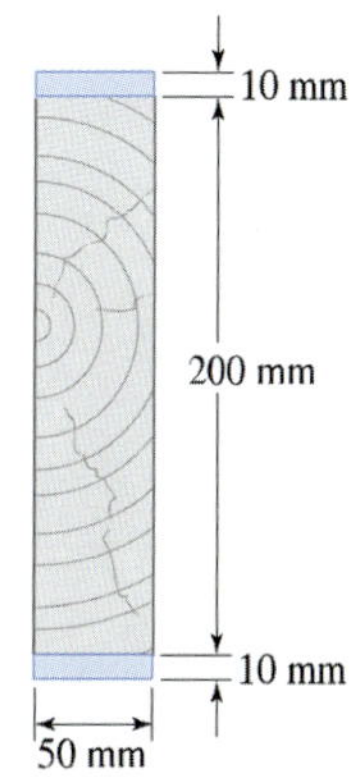

(a)

풀이

나무로 구성된 변환 단면을 그림 (b)에 보였다. 본래 알루미늄판이 차지했던 직사각형의 너비는 계수 $E_{al}/E_{wd} = 20/3$[1] 만큼 증가한다. 중립축은 대칭으로 위치한다. 중립축에 대한 변환 단면의 관성 모멘트는 다음과 같다.

$$I = \Sigma\left(\frac{bh^3}{12} + Ad^2\right) = \frac{50(200)^3}{12} + 2\left[\frac{(1000/3)(10)^3}{12} + \left(\frac{1000}{3} \times 10\right)(105)^2\right]$$
$$= 106.9 \times 10^6 \text{ mm}^4$$

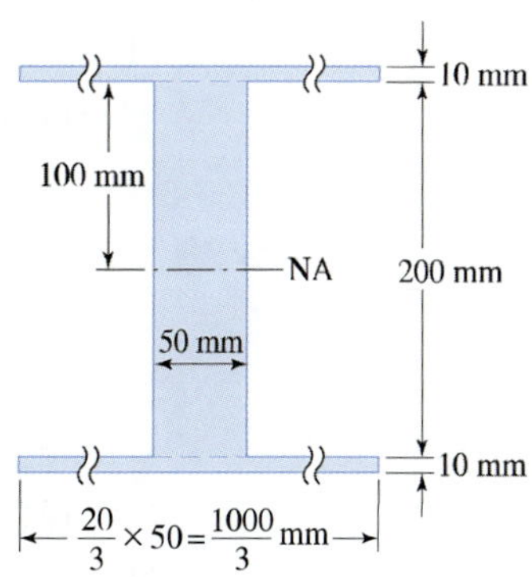

(b)

1 알루미늄으로 된 변환 단면도 쓸 수 있다. 그 경우에 표면재의 원래 폭은 유지되고, 코어의 원래 폭에 계수 $E_{wd}/E_{al} = \frac{3}{20}$ 만큼 곱하면 된다.

(1)

최대 전단응력은 중립축에서 발생하므로, 중립축에 관한 변환 단면의 상부(또는 하부) 1/2의 1차 모멘트가 필요하다. 그림 (b)를 참고하면, 다음을 얻는다.

$$Q = \Sigma A'\,\bar{y}' = (50\times 100)(50) + \left(\frac{1000}{3}\times 10\right)(105) = 600\times 10^3 \ \text{mm}^3$$

그림 (c)의 전단력 선도에서, 전단력의 최댓값은 $V_{\max} = 20$ kN임을 알 수 있다. 따라서, 보에서의 최대 수직 전단응력은

$$\tau_{\max} = \frac{V_{\max} Q}{Ib} = \frac{(20\times 10^3)(600\times 10^3)}{(106.9\times 10^6)(50)} = 2.24 \ \text{MPa} \qquad \text{[답]}$$

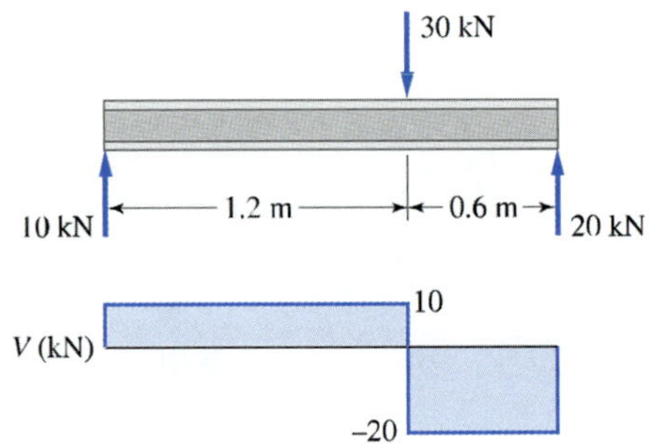

(c)

(2)

집중 하중을 전달하는 단순지지된 보의 중앙 변위는 표 6.3에서 주어진 공식에서

$$\delta_{\text{mid}} = \frac{Pb}{48EI}(3L^2 - 4b^2)$$

이 경우에 $b = 0.6$ m이다. 복합보에 대해서는 변환 단면의 굽힘 강성 $E_{\text{wd}}I$ 를 사용해야 하므로 다음을 얻는다.

$$\delta_{\text{mid}} = \frac{(30\times 10^3)(600)}{48(10.5\times 10^3)(106.9\times 10^6)}\left[3(1800)^2 - 4(600)^2\right] = 2.8 \ \text{mm} \qquad \text{[답]}$$

위의 변위는 수직 전단의 기여분을 포함하지 않았다. 일반적인 보에서 변위에 대한 전단력의 영향은 무시할 만하지만, 복합보에서는 반드시 그렇지는 않다. 샌드위치 구조에서, 표면재는 코어보다 강한 재료로 제작되므로, 코어에서의 전단응력은 상당한 변위를 일으킬 수 있다. 왜냐하면 전단력의 대부분은 연한 코어에 의해 지지되며, 반면에 굽힘 모멘트는 주로 강한 표면재에 의해 전달되기 때문이다.

연습문제

9.14 문제 9.4와 같은 단면을 가진 보에서의 최대 허용 전단력을 구하라. $b = 45$ mm, $E_{st}/E_{wd} = 20$이고, 나무의 사용전단응력은 0.5 MPa이다.

9.15 문제 9.9의 보에 대해, 채널이 보를 따라 300 mm 간격으로 20 mm볼트에 의해 나무에 고정되었다. $E_{st}/E_{wd} = 20$으로 가정하여, y-축을 따라 40 kN 전단력이 작용할 때 볼트에서의 평균 전단응력을 구하라.

9.16 z-축을 따라 40 kN 전단력이 작용할 때 문제 9.15를 풀어라.

9.17 문제 9.1과 같은 보를 고려해 보자. 이 보는 길이가 4 m이며 단순지지되어 있고, 보의 전체 길이에 걸쳐 20 kN/m의 균일 분포 하중을 전달한다. $E_{st} = 200$ GPa, $E_{wd} = 10$ GPa일 때, 중앙처짐을 계산하라.

9.18 그림에서는 세 개의 재료를 고정하여 실험적으로 제작한 보의 단면을 보이고 있다. 목재와 강재 사이 및 목재와 알루미늄 사이에서 발생하는 전단응력을 구하되 계산 결과를 수직 전단력 V로 나타내라. $E_{st} = 200$ GPa, $E_{wd} = 10$ GPa, $E_{al} = 66.67$ GPa이다.

9.19 그림과 같이 두 개의 40 mm × 80 mm 나무 널빤지와 두께가 3.75 mm인 강철판을 연결하여 제작한 복합보가 있다. 나무의 전단응력이 3 MPa로 제한될 때 보가 전달할 수 있는 최대 수직 전단력을 구하라. $E_{st}/E_{wd} = 15$이다.

9.20 문제 9.4에서 기술된 보에서 단순지지된 길이 18 m의 중앙에서 1500 N의 집중력을 전달한다. 강에 대해 $E = 200$ GPa를 사용하여 중앙처짐을 구하라.

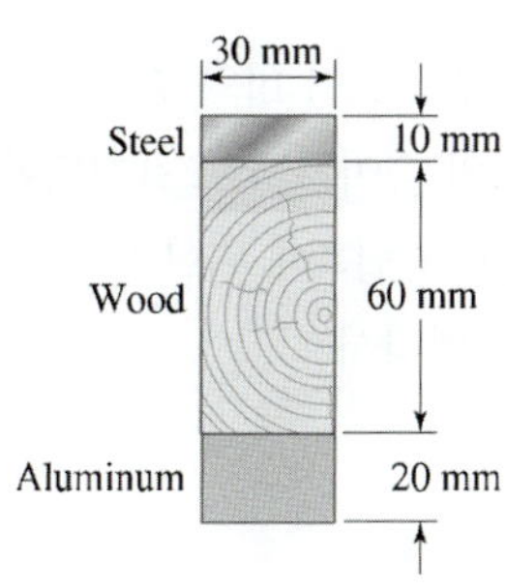

그림 P9.18

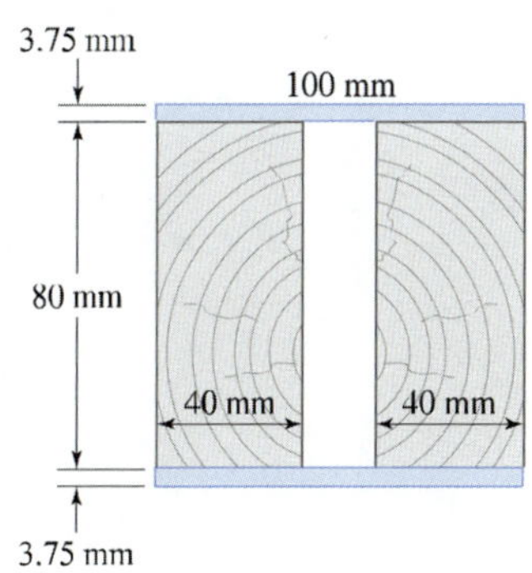

그림 P9.19

9.4 보강된 콘크리트보

콘크리트는 비교적 값이 저렴하기 때문에 대중적인 건축 재료이다. 콘크리트는 연한 나무와 거의 같은 압축 강도를 갖지만, 인장 강도는 실질적으로 0이다. 이러한 이유로 콘크리트보는 보의 인장 측에 길이 방향으로 철근 막대를 내장하여 보강된다. 다행히 콘크리트와 철근 사이에는 자연적인 접착성이 존재하여, 굽힘 중에 이들 사이에는 미끄러짐이 발생하지 않는다. 따라서 앞 절에서 전개한 원리를 보강된 콘크리트보에 적용할 수 있다.[2]

일반적으로 콘크리트는 어떠한 인장응력도 전달하지 못한다고 가정한다. 콘크리트의 인장 측은 철근이 전체 인장 하중을 전달하도록 위치만 잡아 준다. 만일 그림 9.4 (a)에 보인 것처럼, 철근이 한 줄만이 있다면, 철근은 균일응력을 받는다고 가정할 수 있다(철근의 직경은 단면의 깊이에 비해 작다). 따라서, 보의 변환 단면은 그림 9.4 (b)에 보인 것과 같다. 음영 부분은 굽힘을 저항하는 유효 면적을 보여준다. 탄성계수비 $n = E_{st}/E_{co}$는 콘크리트의 질에 따라 6에서 10 사이이다.

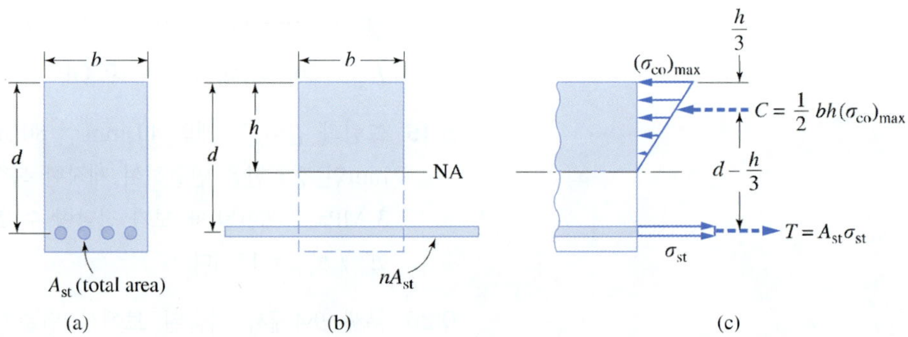

그림 9.4 (a)보강된 콘크리트보의 단면 (b)등가 콘크리트 단면 (c)단면에 작용하는 수직응력

a. 탄성 해석

그림 9.4에서 보인 바와 같이 철근과 보의 상면 사이의 거리는 d, 압축부에서 콘크리트의 깊이는 h로 표현되어 있다. 또한 h는 단면의 중립축을 나타내므로, 이것은 중립축에 관한 변환 단면의 1차 모멘트가 0이 되는 조건에서 구할 수 있다. 따라서

2 긴 보에서는 충분한 접착력이 발생하므로 철근을 직선으로 놓을 수 있다. 그러나 짧은 보에서는 철근이 콘크리트에 보다 안전하게 체결되도록 끝은 일반적으로 구부러뜨린다.

$$(bh)(\frac{h}{2}) - nA_{\text{st}}(d-h) = 0$$

이 되고, 이는 다음과 같이 쓸 수 있다.

$$\boxed{\left(\frac{h}{d}\right)^2 + \frac{2nA_{\text{st}}}{bd}\frac{h}{d} - \frac{2nA_{\text{st}}}{bd} = 0} \tag{9.5}$$

여기서 b는 원래 보의 폭이고 A_{st}는 보강 부분의 전체 면적이다.

이 2차 방정식을 h/d에 대해 풀면, 변환 단면의 관성 모멘트 I를 계산할 수 있으며 따라서 콘크리트에서의 최대 압축응력과 철근에서의 인장응력을 다음 식과 같이 구할 수 있다.

$$\boxed{(\sigma_{\text{co}})_{\text{max}} = \frac{Mh}{I} \quad \sigma_{\text{st}} = n\frac{M(d-h)}{I}} \tag{9.6}$$

그러나 그림 9.4 (a)에서의 직사각형 단면에 대해서는, 아래에서 유도되는 공식으로 응력을 구하는 것이 쉽다.

그림 9.4 (c)에서 단면의 응력 분포로부터, 콘크리트에서 압축응력의 합력은 다음과 같다.

$$C = \frac{1}{2}bh(\sigma_{\text{co}})_{\text{max}}$$

이것은 응력 선도의 도심에 — 즉 단면의 상단으로부터 거리 $h/3$에 작용한다.

철근에 의해 전달되는 인장력

$$T = A_{\text{st}}\sigma_{\text{st}}$$

는 C와 같은 크기를 가지는데, 이 두 힘은 모멘트 팔길이가 $d - \frac{h}{3}$인 우력을 이룬다. 이 모멘트는 단면에 작용하는 굽힘 모멘트 M과 같으므로, 굽힘 모멘트와 응력 사이에 다음의 유용한 관계식을 얻는다.

$$\boxed{M = \frac{1}{2}bh\left(d - \frac{h}{3}\right)(\sigma_{\text{co}})_{\text{max}} = \left(d - \frac{h}{3}\right)A_{\text{st}}\sigma_{\text{st}}} \tag{9.7}$$

식 (9.6) 또는 (9.7)이 모두 응력 계산에 사용될 수 있다.

b. 극한 모멘트 해석

극한 모멘트 해석은 대부분의 국가에서 보강 콘크리트 설계의 기초이다. 미국에서 극한 모멘트의 계산법은 미국콘크리트협회(ACI) 코드 318-08에 규정되어 있다. 다른 나라들에도 유사한 코드가 사용되며, 사소한 항목들에서만 다를 뿐이다. 여기서는 ACI 코드 318-08에 기초한 해석 방법을 간략히 설명한다. 편의상 설명은 건설에 통상적으로 사용되는 재료인 보통 강도(moderate strength)의 콘크리트와 중간 강도(medium strength)의 보강봉으로 이루어진 보에 국한하기로 하자.

그림 9.5의 응력-변형률 선도에 보인 바와 같이, 보통 강도 콘크리트는 약 28 MPa 정도의 극한 압축 강도를 가지는데, 이는 대략 0.0012의 변형률에 해당한다. 그러나 경험적으로 보면 콘크리트는 이 크기의 변형률을 훨씬 상회하여도 손상되지 않으며 변형률이 0.003에 이를 때까지 파쇄되지 않는다.

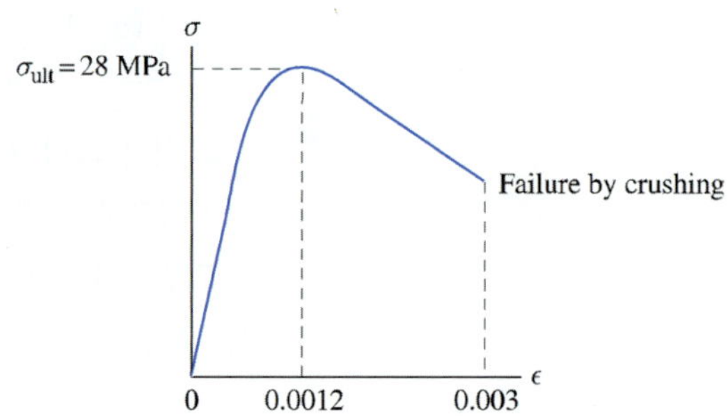

그림 9.5 콘크리트의 압축 응력-변형률 선도

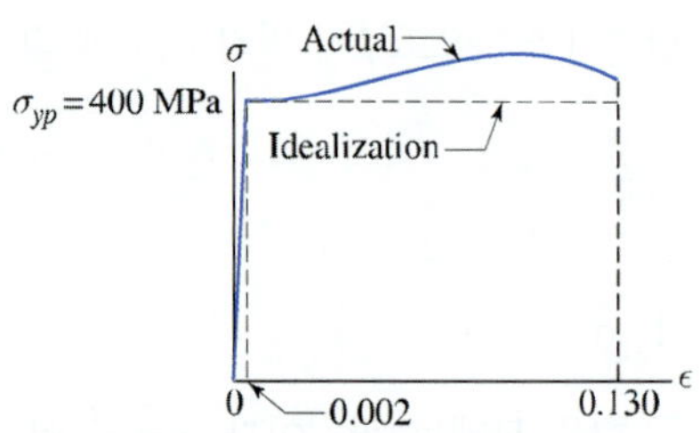

그림 9.6
60등급 강철의 이상화된 응력-변형률 선도

그림 9.6은 중간 강도 보강에 사용되는 강(60 등급 강봉)의 응력-변형률 선도를 보이고 있다. 이 강봉은 항복응력인 400 MPa까지 완전탄성으로 거동한다. 약 0.002의 항복 변형률 이상으로 변형되면 약간의 변형률 강화가 발생하는데 이는 해석에서 무시된다. 다시 말해서 보강재의 거동은 그림 9.6에서 수평 점선으로 나타낸 것과 같이 탄성-완전 소성으로 이상화된다.

전술한 바와 같이 보강된 콘크리트보의 파손은 콘크리트의 압축 변형률이 파쇄 변형률인 0.003에 이르면 발생하게 된다. 파손의 형태는 보강의 양에 달려 있다. 보가 과보강(*over-reinforced*)되어 있다면, 콘크리트는 응력이 항복값이 이르기 전에 파쇄된다. 이런 경우 파손은 즉각적으로 발생하는 데, 붕괴가 임박하여도 징조를 보이지 않는다. 보강량이 부족한 저보강의 경우에는 콘크리트가 파쇄되기 이전에 보강부의 항복이 먼저 발생한다. 저보강 시 파손모드는 보의 인장 측의 콘크리트에 균열이 발생하거나 과도한 변형이 발생하는 것과 같은 경고가 선행된다. 후자와 같은 형태의 파손이 선호되므로 보를 부족하게 저보강(*under-reinforced*)하는 것이 보통이다.

그림 9.7 (a)는 폭이 b인 보강된 콘트리트보의 사각형 단면을 보이고 있

다. 보강 철근은 보의 상단에서 d 만큼의 거리에 매립되어 있으며 총 단면적은 A_{st}이다. 변형률 및 응력의 분포는 각각 그림 9.7 (b) 및 (c)에 나타나 있으며 보의 극한 굽힘 모멘트 계산에 사용된다.[3] 이 선도는 보가 저보강된 경우이며 곧 파손이 발생하려는 시점을 가정한 것이다.

그림 9.7 (b)는 콘크리트가 파쇄되는 순간의 변형률 분포를 나타낸다. 이 분포는 굽힘 변형 중에 평면 단면은 평면으로 유지되며 따라서 변형률 분포가 선형이라는 일반적 가설에 따른 것이다. 콘크리트의 최대 압축 변형률은 파쇄 변형률인 0.003임을 유의하라. 닮은 삼각형 공식을 사용하면

$$\frac{\epsilon_{co}}{h} = \frac{\epsilon_{st}}{d-h}$$

여기서 h는 그림 9.7 (b)에 나타난 바와 같이 보의 상단에서 중립축까지의 거리이다. ϵ_{st}에 대해 풀고 $\epsilon_{co} = 0.003$을 대입하면 파괴 시점의 보강 철근의 변형률은 다음과 같다.

$$\epsilon_{st} = 0.003\frac{d-h}{h} \tag{9.8}$$

콘크리트에서 변형률 분포는 선형이지만, 응력의 분포는 콘크리트가 탄성 한계 이상으로 응력이 가해졌으므로 그림 9.7 (c)와 같이 비선형이다. ACI 코드에는 이 응력 분포의 합력 C를

$$C = 0.72bh(\sigma_{co})_{ult} \tag{9.9}$$

로, 그리고 작용선은 단면의 상단에서 $0.425h$ 아래에 위치한다고 명기하고 있다. 이 규정은 보강된 콘크리트보에 대해 수많은 해석적 및 실험적 연구를 수행하여 얻은 결과이다.

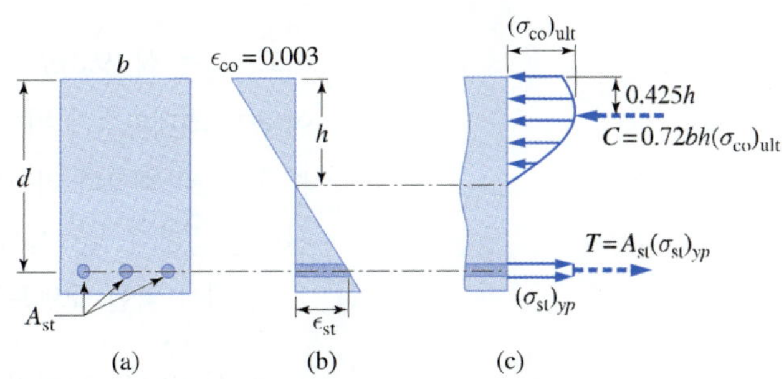

그림 9.7 (a)보의 단면, (b)콘크리트가 파쇄될 때의 변형률 분포, (c) ACI 코드에 의한 철근과 콘크리트의 합력

3 ACI 코드에 의하면, 설계 시 더 정확한 콘크리트 응력 분포 대신 등가 사각형의 압축응력 분포를 사용해도 된다고 허용하고 있다.

여기서는 보가 저보강된 경우를 가정하였으므로 보강 철근은 보의 파손 시작 이전에 또는 파손 중에 항복한다. 그러므로 보강 철근에 의해 전달되는 인장력 T는 강철의 항복응력 $(\sigma_{\rm st})_{yp}$에 의해 결정된다.

$$T = A_{\rm st}(\sigma_{\rm st})_{yp} \tag{9.10}$$

중립축의 위치(거리 h)는 평형방정식에서 구할 수 있다.

$$C = T \qquad 0.72bh(\sigma_{\rm co})_{\rm ult} = A_{\rm st}(\sigma_{\rm st})_{yp}$$

윗 식을 풀면

$$h = \frac{A_{\rm st}(\sigma_{\rm st})_{yp}}{0.72b(\sigma_{co})_{\rm ult}} \tag{9.11}$$

파손을 발생시키는 굽힘 모멘트는 다음과 같이 C와 T에 의한 우력 모멘트이다.

$$M_{\rm nom} = (d - 0.425h)C = (d - 0.425h)T \tag{9.12}$$

식 (9.12)의 모멘트 $M_{\rm nom}$은 **공칭 극한 모멘트**라 한다. ACI 코드는 이 모멘트가 설계 목적상 인수 ϕ로 감소시켜야 한다고 요구하고 있다. 다시 말해서 보의 **극한 모멘트**는 다음 값을 취해야 한다.

$$M_{\rm ult} = \phi M_{\rm nom} \tag{9.13a}$$

여기서

$$\phi = \begin{cases} 0.9 & \text{if} \quad \epsilon_{\rm st} \geq 0.005 \\ 0.483 + 83.3\epsilon_{\rm st} & \text{if} \quad 0.002 \leq \epsilon_{\rm st} \leq 0.005 \end{cases} \tag{9.13b}$$

이고 $\epsilon_{\rm st}$는 식 (9.8)로 계산된 보강 철근의 변형률이다. 식 (9.13b)에서 보듯이 ϕ를 최대화하기 위해서 $\epsilon_{\rm st} \geq 0.0005$가 되는 것이 유리하다. 인수 ϕ는 본질적으로 재료나 건설상의 변수를 허용하는 안전계수로, 저보강이 보의 안전도를 증가시키는 사실 또한 참작된 것이다.

설계시 극한 모멘트는 통상 다음 절차를 통해 결정한다.

- 식 (9.11)로 거리 h를 계산한다.
- 식 (9.12)로 공칭 극한 모멘트 $M_{\rm nom}$을 계산한다.
- 식 (9.8)로 보강 철근의 최대 변형률 $\epsilon_{\rm st}$를 계산한다.
- 식 (9.13b)로 ϕ를 결정한다.
- 식 (9.13a)로 극한 모멘트 $M_{\rm ult}$를 구한다.

예제 9.3

그림 9.4 (a)에 보여지는 단면을 가진 보강 콘크리트보가 $b = 300$ mm, $d = 500$ mm, $A_{st} = 1500$ mm², $n = E_{st} / E_{co} = 8$을 갖는다. 굽힘 모멘트 70 kN·m에 의해 발생되는 콘크리트와 철근에서의 최대응력을 구하라. 탄성 해석으로 계산하라.

풀이

먼저 식 (9.5)를 이용하여 보의 상단에서 중립축까지의 거리 h을 구한다.

$$\left(\frac{h}{d}\right)^2 + \frac{2nA_{st}}{bd}\frac{h}{d} - \frac{2nA_{st}}{bd} = 0 \tag{a}$$

주어진 보에 대해서

$$\frac{2nA_{st}}{bd} = \frac{2(8)(1500)}{300(500)} = 0.160$$

따라서 식 (a)는

$$\left(\frac{h}{500}\right)^2 + 0.160\left(\frac{h}{500}\right) - 0.160 = 0$$

이 방정식의 양의 근은 $h = 163.96$ mm $= 0.16396$ m이다.

식 (9.7)의 첫 번째 식을 이용하면

$$M = \frac{1}{2}bh\left(d - \frac{h}{3}\right)(\sigma_{co})_{max}$$

$$70 \times 10^3 = \frac{1}{2}(0.3)(0.16396)\left(0.5 - \frac{0.16396}{3}\right)(\sigma_{co})_{max}$$

여기서 콘크리트에서의 최대 압축응력이 구해진다.

$$(\sigma_{co})_{max} = 6.39 \times 10^6 \text{ Pa} = 6.39 \text{ MPa}$$ [답]

식 (9.7)의 두 번째 식에서

$$M = \left(d - \frac{h}{3}\right)A_{st}\sigma_{st}$$

$$70 \times 10^3 = \left(0.5 - \frac{0.16396}{3}\right)(1500 \times 10^{-6})\sigma_{st}$$

이 식을 풀면, 철근에서의 인장응력을 얻는다.

$$\sigma_{st} = 104.8 \times 10^6 \text{ Pa} = 104.8 \text{ MPa}$$ [답]

■

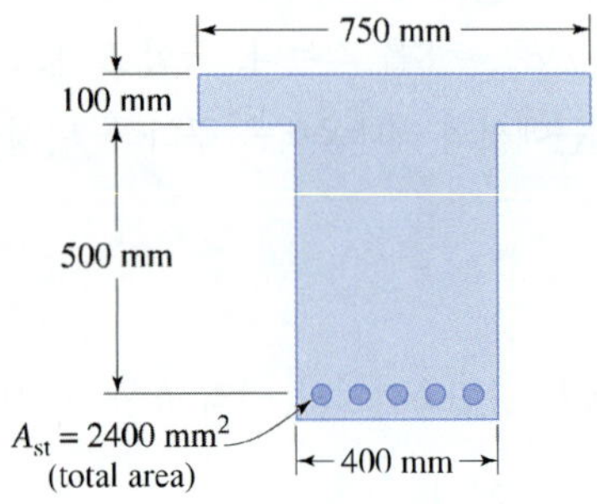

(a)

예제 9.4

그림 (a)는 보강된 콘크리트 T-단면보를 보여주며, 철근 보강의 단면적은 2400 mm^2이다. $n = E_{st}/E_{co} = 8$이고 콘크리트에 대한 사용응력은 12 MPa이고 철근에 대해서는 140 MPa일 때, 이 보가 전달할 수 있는 최대 굽힘 모멘트를 구하라.

풀이

먼저 그림 (b)에서 보인 변환 단면의 중립축을 구한다. 단면이 직사각형이 아니므로, 식 (9.5)를 사용할 수 없다. 따라서 변환 단면의 중립축에 대한 1차 모멘트가 0이 된다는 조건에서 중립축을 구한다. h를 중립축과 보의 상단 사이의 거리라 하면, 세 개의 직사각형으로 구성된 변환 단면을 알 수 있다. 이들 사각형의 면적과 도심의 좌표는 다음과 같다.

$$A_1 = 750 \times 100 = 75 \times 10^3 \ \text{mm}^2 \qquad \bar{y}_1 = (h - 50) \ \text{mm}$$
$$A_2 = 400(h - 100) \ \text{mm}^2 \qquad \bar{y}_2 = (h - 100)/2 \ \text{mm}$$
$$A_3 = 19.20 \times 10^3 \ \text{mm}^2 \qquad \bar{y}_3 = -(600 - h) \ \text{mm}$$

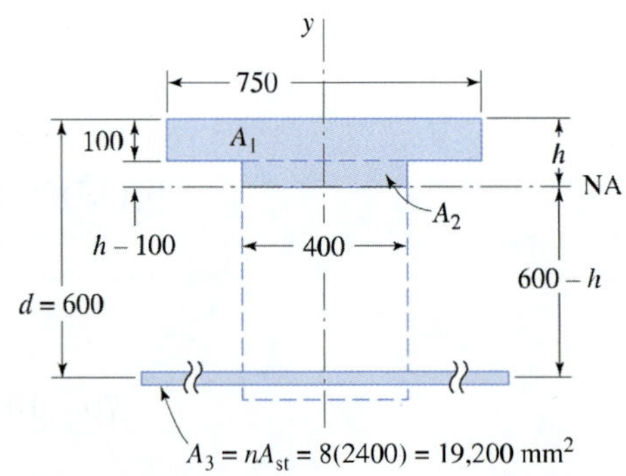

(b)

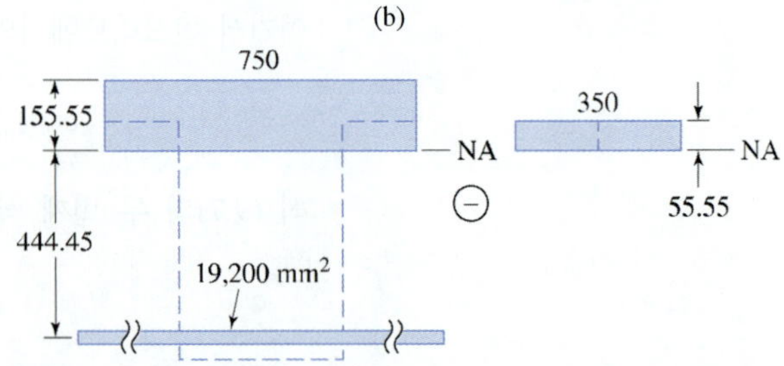

변환 단면의 중립축에 대한 1차 모멘트 $\Sigma A_i \bar{y}_i$를 0이라 놓으면

$$(75 \times 10^3)(h - 50) + 400\frac{(h - 100)^2}{2} - (19.20 \times 10^3)(600 - h) = 0$$

이것의 양의 근은

$$h = 155.55 \ \text{mm}$$

연습문제

연습문제 9.21-9.34를 탄성 해석으로 풀어라.

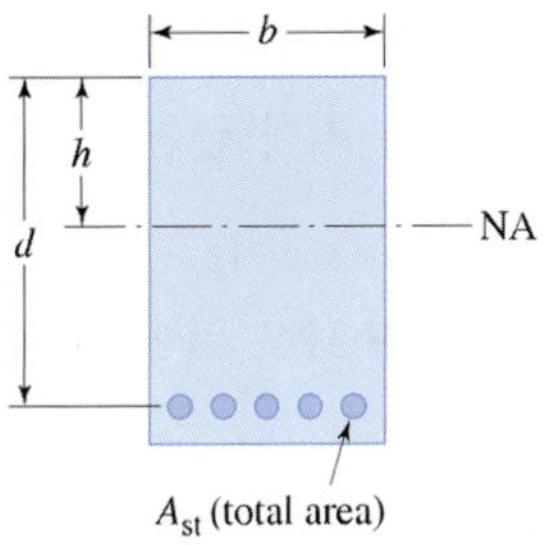

그림 P9.21–P9.28

9.21 보강 콘크리트보의 특성은 $b = 250$ mm, $d = 450$ mm, $A_{st} = 1500$ mm^{2}이다. (a)$E_{st}/E_{co} = 6$, (b)$E_{st}/E_{co} = 10$일 때 h를 구하라.

9.22 보강 콘크리트보의 특성이 $b = 80$ mm, $d = 180$ mm, $A_{st} = 125$ mm^2, $E_{st}/E_{co} = 8$, $(\sigma_{st})_{yp} = 360$ MPa 이다. (a)보강 철근이 항복되는 시점의 굽힘응력을 구하라. (b)이때 콘크리트의 최대응력을 구하라.

9.23 $d = 120$ mm이고 다른 수치는 변하지 않을 때 문제 9.22를 풀어라.

9.24 보강 콘크리트보에 대해, 굽힘 모멘트 60 kN · m에 의한 철근과 콘크리트에서의 최대응력을 구하라. $b = 400$ mm, $d = 600$ mm, $A_{st} = 1500$ mm^2, $E_{st}/E_{co} = 8$을 이용하라.

9.25 보강 콘크리트보에 대해 $b = 500$ mm, $d = 750$ mm, $A_{st} = 6000$ mm^2, $E_{st}/E_{co} = 10$이다. 굽힘 모멘트 270 kN · m에 의한 철근과 콘크리트에서의 최대응력을 구하라.

9.26 보강 콘크리트보의 특성이 $b = 300$ mm, $d = 450$ mm, $A_{st} = 1400$ mm^2, $E_{st}/E_{co} = 8$이다. 사용응력이 콘크리트에서 12 MPa, 철근에 대해 140 MPa일 때, 안전하게 가할 수 있는 최대 굽힘 모멘트를 구하라.

9.27 보강 콘크리트보에 대해 $b = 100$ mm, $d = 180$ mm, $A_{st} = 200$ mm^2, $E_{st}/E_{co} = 10$이다. 보강 철근 아래 20 mm의 콘크리트가 있다. 자중에 더하여 이 보는 길이 6 m의 단순지지 스팬 위에 세기 w_0의 균일 분포 하중을 전달한다. 사용응력이 콘크리트에 대해 10.8 MPa, 철근에 대해 120 MPa일 때, w_0의 최대 허용값을 구하라. 콘크리트의 비중은 2400 kg/m^{3}이다(철근의 자중은 무시한다).

9.28 보강 콘크리트보의 특성이 $b = 120$ mm, $d = 180$ mm, $E_{st}/E_{co} = 8$이다. 굽힘 모멘트 20 kN · m가 작용할 때, 콘크리트의 최대 압축응력은 20 MPa 이다. 철근에서의 응력과 철근 보강 단면적을 구하라.

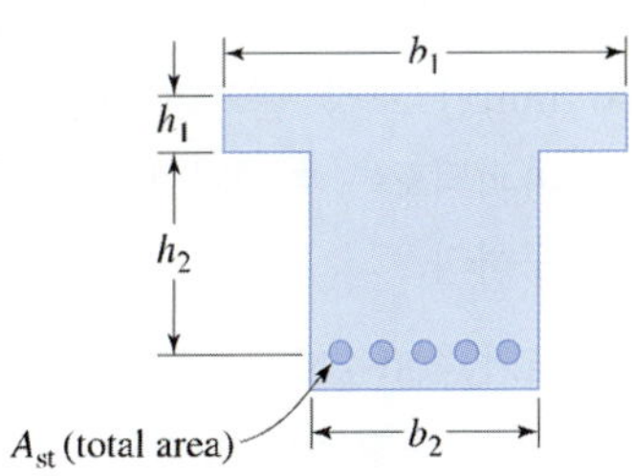

그림 P9.29–P9.30

9.29 보강 콘크리트 T-형보의 특성이 $b_1 = 300$ mm, $h_1 = 40$ mm, $b_2 = 120$ mm, $h_2 = 180$ mm, $A_{st} = 450$ mm^2, $E_{st}/E_{co} = 8$이다. 굽힘 모멘트가 200 kN · m일 때 콘크리트와 철근에서 최대응력을 구하라.

9.30 보강 콘크리트 T-형보에 대해, $b_1 = 500$ mm, $h_1 = 150$ mm, $b_2 = 250$

mm, $h_2 = 500$ mm, $A_{\text{st}} = 3300$ mm^2, $E_{\text{st}}/E_{\text{co}} = 8$이다. 응력이 콘크리트에서 12 MPa 그리고 철근에서 140 MPa가 초과되지 않도록 보에 가해질 수 있는 최대 굽힘 모멘트를 구하라.

9.31 보강 콘크리트보의 크기가 $b = 300$ mm, $d = 500$ mm, $a = 75$ mm이다. 보강 철근의 총 단면적은 인장 측에서 $A_t = 1200$ mm^{2}이고 압축 측에서 $A_c = 400$ mm^{2}이다. 콘크리트의 허용응력은 12 MPa, 철근은 140 MPa일 때 보가 전달할 수 있는 최대 굽힘 모멘트 M을 구하라. $E_{\text{st}}/E_{\text{co}} = 10$을 이용하라.

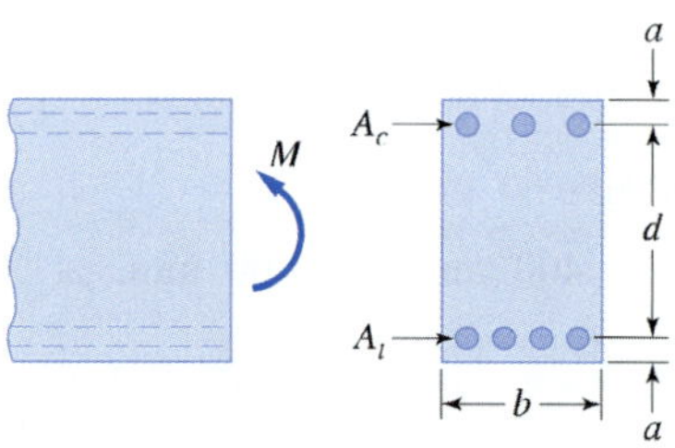

그림 P9.31–P9.34

9.32 굽힘 모멘트의 부호가 바뀌었을 때, 문제 9.31을 풀어라(M의 방향이 그림에 보여진 것과 반대 방향일 때).

9.33 $b = 120$ mm, $d = 180$ mm, $a = 30$ mm인 보강 콘크리트보가 그림에 보인 바와 같이 $M = 20$ kN·m의 굽힘 모멘트를 전달하고 있다. 인장 측에서 보강 철근의 단면적은 $A_t = 400$ mm^{2}이고 압축 측에서 $A_c = 200$ mm^{2}이다. $E_{\text{st}}/E_{\text{co}} = 8$을 이용하여 콘크리트와 보강 철근에서 최대 압축응력을 구하라.

9.34 $A_c = 400$ mm^{2}이고 다른 수치는 변하지 않을 때 문제 9.33을 풀어라.

연습문제 9.35-9.40을 ACI 코드 318-08을 사용하여 풀어라. $(\sigma_{\text{st}})_{yp} = 400$ MPa, $(\sigma_{\text{co}})_{\text{ult}} = 28$ MPa이다.

9.35 보강 철근의 단면적이 250 mm^{2}이고 $b = 120$ mm, $d = 240$ mm인 보강 콘크리트보에 대해 극한 모멘트를 구하라.

9.36 보강 철근의 단면적이 580 mm^{2}일 때 문제 9.35를 풀어라.

9.37 $d = 360$ mm이고 $b = 200$ mm인 보강 콘크리트보에 대해 극한 모멘트는 얼마인가? 보강 철근의 단면적은 1.5×10^3 mm^{2}이다.

9.38 보강 콘크리트보에서 파괴 시 $\epsilon_{\text{st}} = 0.010$이고 $M_{\text{ult}} = 2 \times 10^6$ N·m, $b/d = 0.5$를 만족하는 보강 철근의 단면적을 구하라.

9.39 크기가 $d = 500$ mm이고 $b = 300$ mm인 보강 콘크리트보가 보강 철근의 변형률이 0.008에 도달하면 파괴되도록 설계되었다. 보강 철근의 단면적과 보의 극한 모멘트를 구하라.

9.40 깊이가 $d = 420$ mm이고 극한 모멘트가 400 kN·m인 보강 콘크리트보가 있다. 또한 파괴 시 보강 철근의 변형률은 0.005이다. 보의 넓이 b와 보강 철근의 단면적 A_{st}를 구하라.

컴퓨터문제

C9.1 길이 L인 샌드위치보가 단순지지되었으며 세기 w_0인 균일 분포 하중을 전달한다. 이 보는 코어 ①에 두께 t인 상하면 ②를 접착하여 제작되었으며 최종 직사각형 단면은 폭 b, 높이 h이다. 두 재료의 탄성계수비는 $n = E_2/E_1$이다.

(a) 주어진 L, w_0, t, b, h와 n에 대해 이 두 재료에서의 최대 굽힘응력 σ_1, σ_2와 접착제에서의 전단응력 τ를 계산하는 알고리즘을 작성하라.

(b) 알고리즘을 이용하여 재료 ①의 가격이 재료 ②의 가격의 여덟 배일 때 최소 비용 설계를 위한 b와 h값을 시행착오법으로 계산하라. $L = 6$ m, $w_0 = 600$ N/m, $t = 15$ mm, $n = 5$ 및 사용응력 $(\sigma_1)_w = 12$ MPa, $(\sigma_2)_w = 72$ MPa, $\tau_w = 0.9$ MPa를 사용하라.

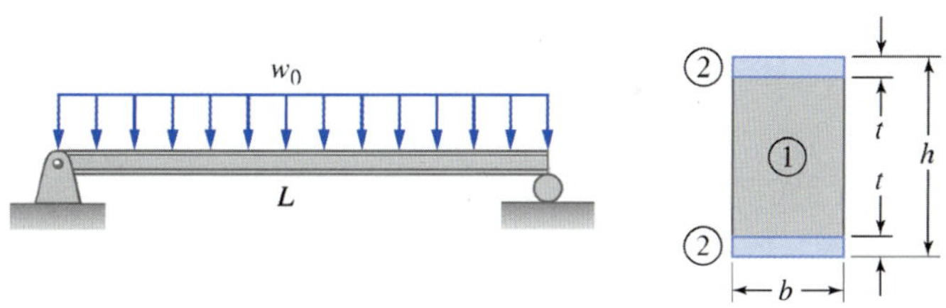

그림 C9.1

C9.2 P9.31-P9.34에 보 콘크리트보는 각각 단면적 A_t와 A_c를 갖는 인장 및 압축 철근 보강을 갖는다. 단면의 폭이 b이고 상하 철근 사이의 거리가 d이며, 철근을 덮는 콘크리트의 두께는 a이다.

(a) 주어진 A_t, A_c, b, d, a, $n = E_{st}/E_{co}$와 굽힘 모멘트 M에 대해, 콘크리트의 최대 압축응력과 철근에서의 응력을 계산하는 알고리즘을 작성하라.

(b) 다음 값을 가지고 프로그램을 실행하라 : $A_t = 1859$ mm^2, $A_c = 0$, $b = 267$ mm, $d = 325$ mm, $a = 75$ mm, $n = 8$, $M = 90$ kN · m.

(c) $M = 100$ kN · m일 때, 응력값이 콘크리트에서 12 MPa, 철근에서 140 MPa를 초과하지 않는 A_t와 A_c의 최소 가능한 값을 시행착오법으로 구하라. n과 단면 치수는 (b)와 같은 값을 사용하라.

제 10 장

기둥

Joe Gough/Shutterstock

보와 기둥으로 된 건물 뼈대. 가는 기둥은 응력이 항복점에 도달하기 훨씬 전에 좌굴에 의해 파괴될 수 있다. 이 장에서는 좌굴에 초점을 맞춰 기둥의 설계에 대해 논의한다.

10.1 개요

기둥(*column*)이라는 용어는 압축 하중을 전달하는 부재에 적용된다. 기둥은 그것들이 파괴되는 방법에 따라 일반적으로 다음의 세 가지 형태로 세분할 수 있다.

- 단주(*short column*)는 파쇄(즉 항복)에 의해 파괴된다. 하중이 편심으로 작용하더라도 단주의 횡 방향 처짐은 무시할 만하다. 따라서 이것은 8.3절에서 기술된 바와 같이 축 방향 하중과 굽힘이 조합된 부재로 해

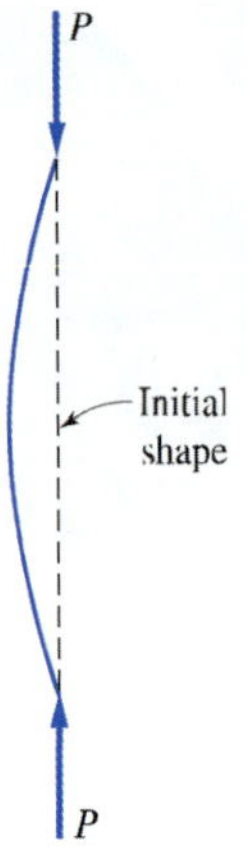

그림 10.1
축하중을 받는 가는 기둥의 좌굴

석할 수 있다.

- **긴 기둥**(*long column*)은 좌굴에 의해 파괴된다. 만일 축 하중이 임계값에 이르면, 가는 기둥의 똑바른 초기 형상이 불안정해지며, 그림 10.1과 같이 기둥이 횡 방향으로 처지게 되어, 최종적으로 파괴된다. **좌굴**이라고 알려진 이 현상은 재료의 비례한도 또는 항복응력보다 작은 (보통 매우 작음) 응력에서도 발생할 수 있다.
- **중간 기둥**(*intermediate column*)은 파쇄와 좌굴의 조합에 의해 파괴된다. 이의 파괴 메커니즘은 해석하기가 어려우므로, 중간 기둥은 실험에서 유도된 경험공식에 의해 설계된다.

이 장에서는 긴 기둥과 중간 기둥의 해석과 설계에 대해 논의한다. 해석에서 이들 기둥은 축 하중과 굽힘을 받는 보로 취급하지만 중요한 차이는 다음과 같다. 즉 평형에서 횡 방향 처짐은 더 이상 무시하지 않는다. 다른 말로 말하면, 자유물체도는 변형 전 기둥이 아니라 변형된 기둥의 형상을 이용하여 그려진다.

10.2 임계 하중

a. 임계 하중의 정의

그림 10.2는 단순지지된 기둥의 **이상화된 모델**을 보여준다. 이 모델에서 기둥은 초기에는 직선이었고, 기둥의 도심축과 완전하게 정렬된 축 하중을 받고 있었다. 응력 또한 비례한도 이하로 유지된다고 가정한다. 그림 10.2 (a)에 보인 바와 같이 끝단 모멘트 M_0가 작용할 때, 기둥은 횡 방향으로 처지며, 최대 변위 δ_{max}은 M_0에 비례한다. 지금 점차로 축 하중 P을 증가시키고 동시에 끝단 모멘트는 감소시켜서 그림 10.2 (b)와 같이 최대 변위 δ_{max}은 변하지 않도록 한다. 그림 10.2 (c)에서 보인 바와 같이 끝단 모멘트가 영이 되면, δ_{max}은 축 하중만에 의해서 유지된다. 기둥이 다른 횡 하중 (예를 들면 끝단 모멘트) 없이 처진 위치를 유지하는 데 필요한 축 하중을 **임계 하중**(*critical load*) 또는 **좌굴 하중**(*buckling load*)이라 부르며 P_{cr}로 표시한다.

P_{cr}을 이상으로 조금만 증가하여도, 처짐 δ_{max}은 급속히 증가하여 기둥을 파괴시킨다. 한편 축 하중이 임계치보다 약간 낮게 가해지면, 반대 효과가 나타나서 기둥은 반듯해진다.

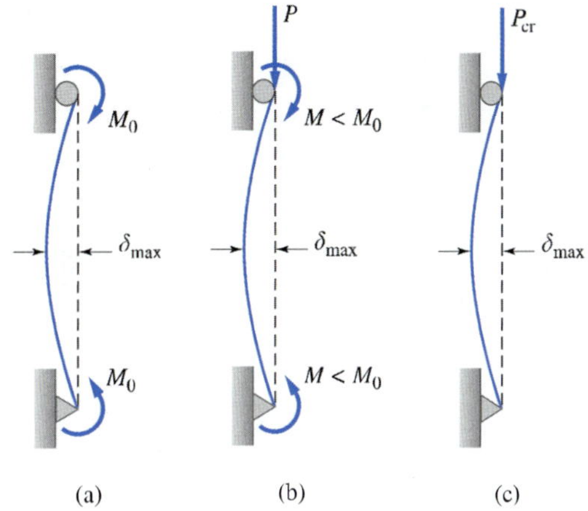

그림 10.2 (a) 모멘트 $M = M_0$에 의해 구부러진 가는 기둥 (b) $M < M_0$이면, 횡 변위는 적정한 크기의 축 하중 P에 의해 유지될 수 있다. (c) P가 임계치 P_{cr}에 이르면, 횡 변위는 $M = 0$에서 유지된다.

임계 하중은 기둥이 반듯하게 하중을 지지할 수 있는 최대 축 하중으로 정의된다. 그러나 임계 하중에서 기둥의 반듯한 위치는 불안정한데, 그 이유는 최소한의 측면 하중으로 기둥을 횡 방향으로 처지게 할 수 있기 때문이다. 다른 말로 말하면 기둥의 횡 방향 강성은 $P = P_{cr}$일 때 영이다.

b. Euler의 공식

기둥의 임계 하중에 대한 공식은 위대한 스위스의 수학자 Leonhard Euler에 의해 1757년에 유도되었다. Euler의 해석은 제6장에서 처짐의 해석에 사용되었던 탄성 곡선 미분방정식에 기초하고 있다.

$$\frac{d^2v}{dx^2} = \frac{M}{EI} \tag{a}$$

그림 10.3 (a)은 축 하중 P를 받는 이상적인 단순지지된 기둥 AB를 보여준다. 이 하중이 횡 방향으로 변형된 위치에서도 기둥을 지지할 수 있다고 하자. 보해석에서와 같이 x는 기둥을 따라 측정된 거리이고, 횡 방향 처짐은 v로 나타낸다. 임의의 단면에 작용하는 굽힘 모멘트 M은 그림 10.3 (b)의 자유물체도에서 구할 수 있다(그림에서 보여지는 M와 v는 제4장에서 소개된 부호 규약에 따라 양이다). 평형방정식 $\Sigma M_A = 0$에서 $M = -Pv$ 이므로, 식 (a)에 대입하면

$$\frac{d^2v}{dx^2} + \frac{P}{EI}v = 0 \tag{b}$$

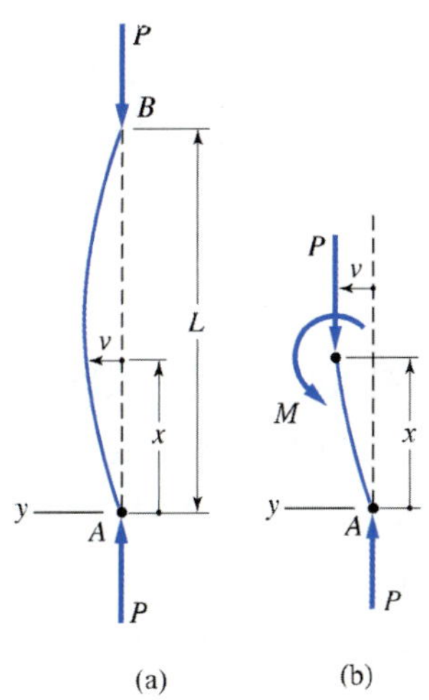

그림 10.3
(a) 단순지지 기둥의 좌굴 (b) 굽힘 모멘트 M을 구하기 위한 자유물체도

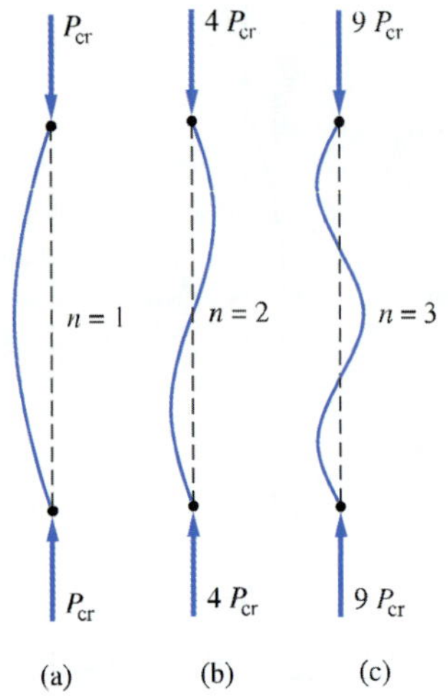

그림 10.4
단순지지 가둥의 최초 세 개의 좌굴모드 형상

식 (b)는 상계수를 가진 2계 제차 선형 미분방정식이다.

미분방정식의 해는

$$v = C_1 \sin\left(\sqrt{\frac{P}{EI}}\,x\right) + C_2 \cos\left(\sqrt{\frac{P}{EI}}\,x\right) \tag{c}$$

이며, 직접 대입하여 증명할 수 있다. 적분 상수 C_1, C_2는 지지점의 구속 조건에서 구해진다.

1. $v \mid_{x=0} = 0$, 이 조건으로부터 $C_2 = 0$.
2. $v \mid_{x=L} = 0$, 이 조건에 따라서

$$0 = C_1 \sin\sqrt{\frac{PL^2}{EI}} \tag{d}$$

식 (d)는 $C_1 = 0$일 때 만족되지만, 이것은 $P = v = 0$인 무용해가 되므로 관심이 없다. 다른 해는 $\sqrt{\dfrac{PL^2}{EI}} = 0,\ \pi,\ 2\pi,\ 3\pi,\ \cdots$ 또는

$$P = n^2 \frac{\pi^2 EI}{L^2}\ (n = 0, 1, 2, 3, \ldots) \tag{e}$$

$n = 0$ 인 경우는 $P = v = 0$ 인 무용해가 되므로 버린다. 따라서 임계 하중은 $n = 1$로 놓아 구해지며, Euler공식이 된다.

$$P_{cr} = \frac{\pi^2 EI}{L^2} \tag{10.1}$$

이것은 횡 변위를 유지할 수 있는 P의 최솟값이다. 이에 대응되는 탄성선의 식을 **모드 형상**이라 부르며 그림 10.4 (a)에서 보여지는 바와 같이

$$v = C_1 \sin\frac{\pi x}{L}$$

이다. 상수 C_1은 부정적이며, 변위의 크기가 임의적이라는 것을 암시한다.

$n = 2$와 $n = 3$에 상당하는 탄성 곡선은 그림 10.4 (b)와 (c)에서 보여진다. 이들 모드 형상은 P_{cr}보다 큰 축 하중을 요구하므로, 이것은 기둥이 중앙점 ($n = 2$) 또는 1/3지점($n = 3$)에서 고정된 경우에만 실현된다.

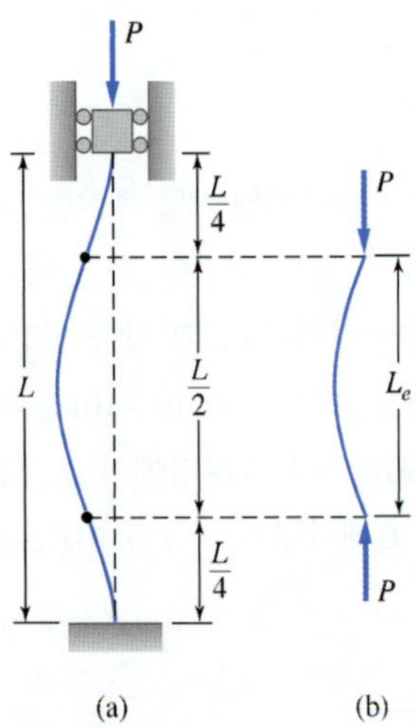

그림 10.5
고정단을 가진 기둥의 좌굴

다른 지지 조건을 가진 기둥의 임계 하중은 단순지지된 기둥의 임계 하중으로 표현할 수 있다. 예를 들어 그림 10.5 (a)에서 **고정단**을 가진 기둥을 생각해 보자. 모드 형상은 각 지지단에서 거리가 $L/4$인 굴곡점(inflection points)을 갖는다. 굴곡점에서 (영의 곡률 때문에) 굽힘 모멘트가 영이 되므로, 그림 10.5 (b)에서의 자유물체도는 중앙의 1/2이 유효 길이 $L_e = L/2$을 갖는 단순지지된 기둥에 동등함을 보여준다. 따라서 이 기둥의 임계 하중은

$$P_{cr} = \frac{\pi^2 EI}{L_e^2} = \frac{\pi^2 EI}{(L/2)^2} = 4\frac{\pi^2 EI}{L^2} \tag{10.2}$$

이는 단순지지 기둥의 임계 하중의 네 배이다.

길이 L인 **외팔 기둥**의 임계 하중도 동일한 방법으로 구해진다. 이 기둥은 그림 10.6에 보인 것처럼 단순지지 기둥의 하부 (또는 상부) 1/2처럼 거동한다. 따라서 유효 길이는 $L_e = 2L$이 되고, 이 경우에 임계 하중은

$$P_{cr} = \frac{\pi^2 EI}{L_e^2} = \frac{1}{4}\frac{\pi^2 EI}{L^2} \tag{10.3}$$

이는 같은 길이의 단순지지 기둥에 대한 임계 하중의 1/4이다.

그림 10.7의 **지지된 외팔보 기둥**의 유효 길이는 근사적으로 $L_e = 0.7L$이라는 것을 보일 수 있으며, 이것은 굴곡점과 단순 지지점 사이의 거리이다. 따라서 임계 하중은 다음과 같다.

$$P_{cr} = \frac{\pi^2 EI}{L_e^2} = \frac{\pi^2 EI}{(0.7L)^2} \approx 2\frac{\pi^2 EI}{L^2} \tag{10.4}$$

이것은 단순지지 기둥에 대한 임계 하중의 두 배이다.

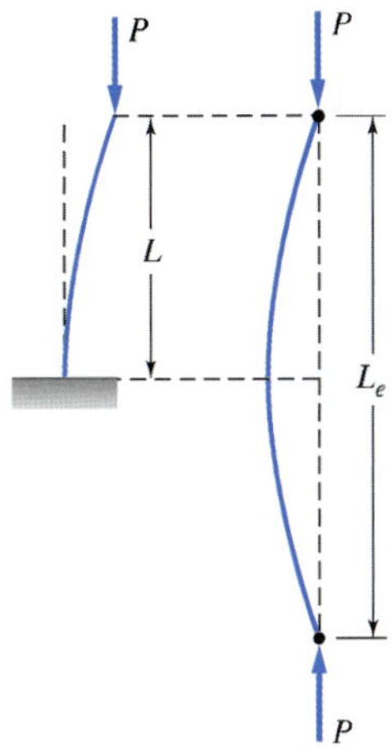

그림 10.6
외팔기둥의 좌굴

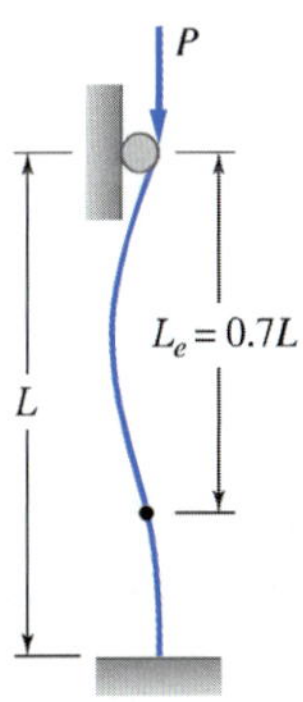

그림 10.7
지지된 외팔기둥의 좌굴

10.3 임계 하중의 고찰

앞 절에서 기둥의 임계 또는 좌굴 하중은 다음과 같이 구하였다.

$$\boxed{P_{cr} = \frac{\pi^2 EI}{L_e^2}} \tag{10.5}$$

여기서 기둥의 유효 길이 L_e는 끝단 지지 형태에 따라 결정된다. 단순지지 기둥에 대해서는 $L_e = L$이다. 식 (10.5)는 P_{cr}가 재료의 강도에는 의존하지 않고 탄성계수와 기둥의 치수에만 의존함을 보여준다. 따라서 크기가 같은 고장력강으로 된 기둥과 일반 강재로 된 가는 기둥은 동일한 탄성계수를 가지므로 동일한 임계 하중에서 좌굴된다. 식 (10.5)에서 구해지는 임계 하중은 좌굴응력이 비례한도를 초과하지 않는 경우에만 물리적으로 의미가 있다. 기

둥이 좌굴하기 직전의 응력은 식 (10.5)에서 $I = Ar^2$을 대입하여 구해지며, 여기서 A는 단면적 r은 단면의 최소 관성 반경이다.[1]
따라서.

$$\sigma_{\rm cr} = \frac{P_{\rm cr}}{A} = \frac{\pi^2 E}{\left(\dfrac{L_e}{r}\right)^2} \tag{10.6}$$

여기서 $\sigma_{\rm cr}$은 임계응력이라 부르며 L_e/r은 기둥의 세장비로 알려져 있다. 따라서 $P_{\rm cr}$은 $\sigma_{\rm cr} < \sigma_{pl}$일 때 최대 지탱 하중으로 간주되는데, 여기서 σ_{pl}은 재료의 비례한도이다.

긴 기둥은 $\sigma_{\rm cr}$이 σ_{pl}보다 작은 기둥으로 정의된다. 따라서 긴 기둥과 중간 기둥을 구별하는 선은 $\sigma_{\rm cr} = \sigma_{pl}$ 일 때 식 (10.6)을 만족하는 세장비이다. 이러한 세장비의 한계는 서로 재료가 다르거나 동일한 재료에서 등급이 다르면 변한다. 예를 들어, 비례한도가 200 MPa이고 탄성계수 $E = 200$ GPa인 강재에 대해, 한계 세장비는 다음과 같다.

$$\left(\frac{L_e}{r}\right)^2 = \frac{\pi^2 E}{\sigma_{pl}} = \frac{\pi^2 (200 \times 10^9)}{200 \times 10^6} \approx 10{,}000 \qquad \frac{L_e}{r} \approx 100$$

이 값보다 낮은 세장비에 대해서는 식 (10.6)으로 주어진 임계응력은 재료의 비례한도를 초과한다. 따라서, 강재 기둥의 하중 전달 능력은 그림 10.8의 그래프에 예시한 것처럼 $L_e / r > 100$인 경우에만 임계응력으로 결정된다. 그림은 세장비가 증가함에 따라 임계응력이 급격히 감소함을 보여준다. 그림 10.8은 파괴 시의 응력을 보여주며, 사용응력은 아니라는 것을 강조한다. 따라서 허용응력을 구하기 위해서는 임계응력을 적당한 안전계수로 나눠야 한다. 안전계수는 제작상의 결함과 하중의 편심성과 같은 실제 기둥에서 항상 존재하는 피할 수 없는 불완전성을 허용하도록 한다.

기둥은 항상 굽힘에 최소한으로 저항하는 방향으로 좌굴하는 경향이 있다. 이러한 이유에서 좌굴은 최대 세장비 L_e / r이 생기는 축에 대해 발생하며, 이것은 단면의 최소 관성 모멘트축이 된다.

---

1 여기서 r은 AISC 표기에 맞추기 위해 관성반경을 나타낸다. 이 r을 원의 반경과 혼돈하지 말 것.

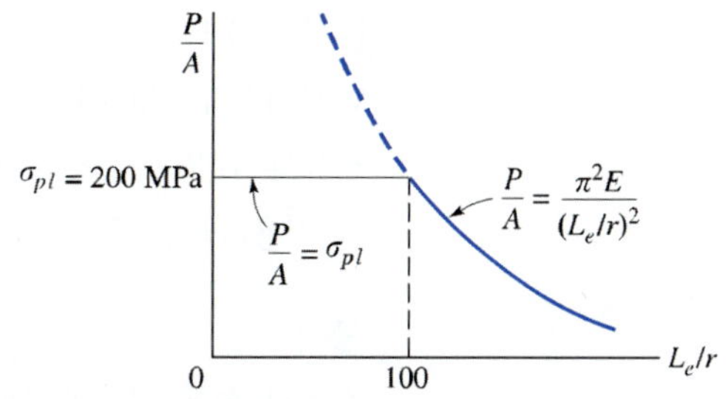

그림 10.8 구조용 강재 기둥의 임계응력 對 세장비 비교. 세장비가 100 이하일 때 임계응력은 의미가 없다.

예제 10.1

안전계수가 3일 때 축 하중 450 kN을 지지하는 길이 7 m의 강재 기둥에 사용할 수 있는 최경량 W 형상을 선택하라. $\sigma_{pl} = 200$ MPa와 $E = 200$ GPa를 사용하라. 기둥은 (1)단순지지 (2)지지된 외팔보라고 가정한다.

풀이

주어진 설계 하중에 안전계수를 곱하면 최소 허용 임계 하중에 대해 $P_{\text{cr}} = 450(3) = 1350$ kN이 얻어진다. 선택된 단면은 좌굴이나 파괴없이 이 하중을 전달해야 한다. 파괴 조건은$P_{\text{cr}}/A < \sigma_{pl}$이며, 이로부터 최소 소요 단면적은

$$A = \frac{P_{cr}}{\sigma_{pl}} = \frac{1350 \times 10^3}{200 \times 10^6} = 6.75 \times 10^{-3} \ \text{m}^2 = 6750 \ \text{mm}^2$$

서로 다른 경계 조건 때문에, 두 기둥에 대한 좌굴 기준은 별도로 취급해야 한다.

(1)

단순지지된 기둥의 유효 길이는 $L_e = L = 7$ m 이다. 식 (10.5)을 I에 대해 풀면, 최소 허용 관성 모멘트를 구할 수 있다.

$$\begin{aligned} I &= \frac{P_{\text{cr}} L_e^2}{\pi^2 E} = \frac{(1350 \times 10^3)(7)^2}{\pi^2 (200 \times 10^9)} \\ &= 33.5 \times 10^{-6} \ \text{m}^4 = 33.5 \times 10^6 \ \text{mm}^4 \end{aligned}$$

표 B-2에서 W-형상을 조사하여, 소요 관성 모멘트를 가진 경량 단면을 구하면 W250 × 73단면이다. 이것의 특성은 $I_{\min} = 38.8 \times 10^6$ mm^4 가장 약한 축에 대한 관성 모멘트)이고 $A = 9820$ mm^{4}이다. 단면적이 파단을 방지하기 위해 필요한 단면적(6750 mm^2)을 초과하므로, 받아들일 수 있는 최경량 선택은

W250 × 73 단면 **[답]**

(2)

지지된 외팔보의 유효 길이는 $L_e = 0.7L = 0.7(7) = 4.90$ m이므로, 좌굴을 방지할 수 있는 최소 관성 모멘트를 구하면

$$I = \frac{P_{\text{cr}} L_e^2}{\pi^2 E} = \frac{(1350 \times 10^3)(4.90)^2}{\pi^2 (200 \times 10^9)}$$

$$= 16.421 \times 10^{-6}\ \text{m}^4 = 16.42 \times 10^6\ \text{mm}^4$$

이 요구 조건에 맞는 최경량 W-형상은 W200 × 52 단면이며, 이것의 단면 특성은 $I_{min} = 17.7 \times 10^6$ mm^4, $A = 6650$ mm^{2}이다. 그러나 이 단면은 단면적이 파단 조건 $A > 6750$ mm^{2}을 만족하지 않으므로 받아들여지지 않는다. 따라서 좌굴과 파단 조건을 동시에 만족하는 최경량 단면은

W250 × 58 단면 **[답]**

여기서 $I_{min} = 18.7 \times 10^6$ mm^4, $A = 7420$ mm^{2}이다.

연습문제

10.1 단순지지된 강재 기둥이 길이가 4 m이고 변의 길이가 b인 정사각형 단면을 가진다. 기둥이 110 kN의 축 하중을 지지할 때, 좌굴을 방지하는 b의 최솟값을 구하라. 강에 대해 $E = 200$ GPa를 사용하라.

10.2 기둥이 목재로 제작되어 $E = 10$ GPa일 때 문제 10.1을 풀어라.

10.3 40 mm × 80 mm인 목재가 길이 2.2 m로 양단 고정된 기둥으로 사용된다. $E = 10$ GPa, $\sigma_{pl} = 30$ MPa일 때, 안전계수를 2로 하여 전달할 수 있는 최대 축 하중을 구하라.

10.4 길이 8 m인 알루미늄관이 1.2 kN 축 하중을 전달하는 단순지지 기둥으로 사용된다. 관의 외부 직경이 50 mm일 때, 좌굴에 대한 안전계수가 2가 되는 내부 직경을 계산하라. 알루미늄에 대해 $E = 70$ GPa를 사용하라.

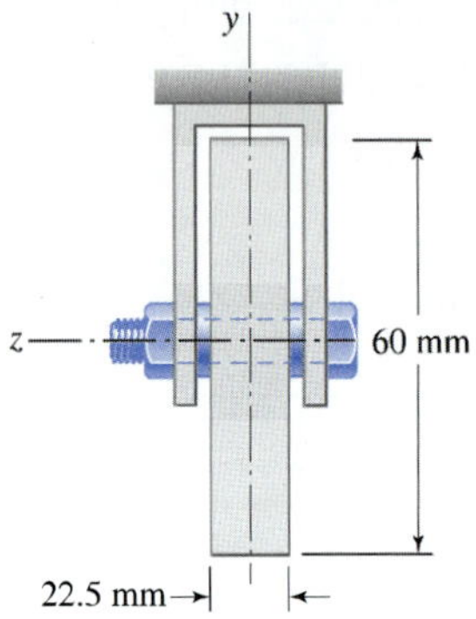

그림 P10.5

10.5 알루미늄 기둥은 길이가 2 m로써 22.5 mm × 60 mm 인 직사각형 단면을 갖고 있다. 기둥은 양단에서 그림에 보여진 바와 같이 22.5 mm 방향으로 평행하게 볼트로 고정되어 있다. 따라서 양단은 z-축으로는 회전할 수 있으나, y-축으로는 회전할 수 없다. $E = 70$ GPa, $\sigma_{pl} = 36$ MPa, 안전계수 2를 사용하여 최대 허용 축 하중을 구하라.

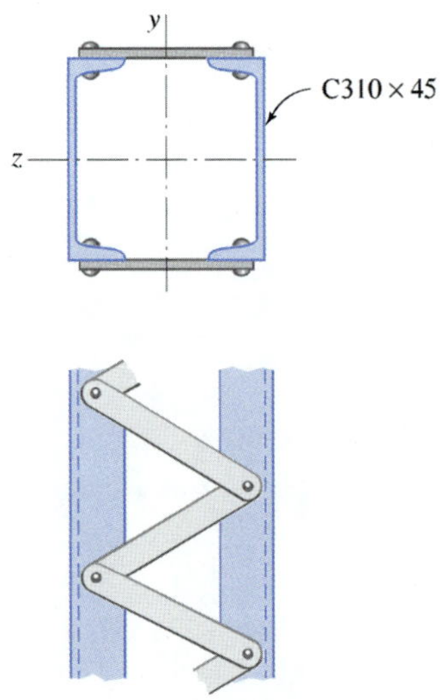

그림 P10.6

10.6 두 개의 C310 × 45 채널이 x-축과 y-축에 관한 동일한 관성 모멘트를 가진 단면을 제작하기 위해 그림과 같이 체결되었다(이 체결부는 굽힘 강성에 기여하지 않는다). 이 단면이 단순지지 기둥으로 사용될 때, (a) 좌굴에 의해 파괴되는 기둥의 최소 길이와 (b) 안전계수 2.5로 12 m길이의 기둥이 지지할 수 있는 최대 허용 축 하중을 구하라. $E = 200$ GPa와 $\sigma_{pl} = 240$ MPa를 사용하라.

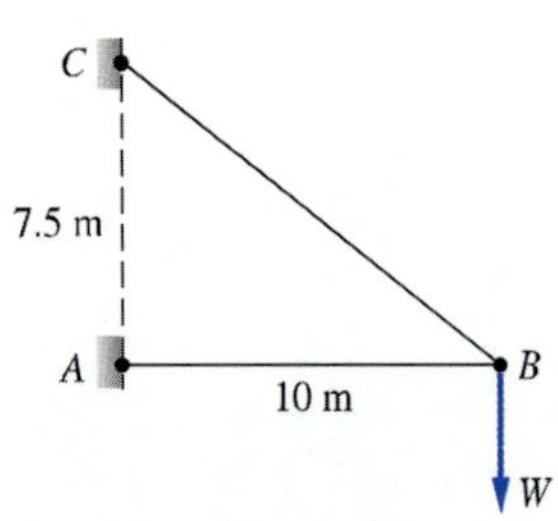

그림 P10.7

10.7 두 개의 트러스 부재가 모두 W200×100 단면으로 되어 있다. 트러스가 안전하게 전달할 수 있는 최대 하중 W를 구하라. $E = 200$ GPa, $\sigma_{pl} = 216$ MPa이고 안전계수 1.6을 사용하라. B 지점의 조인트가 그림에 보이지는 않으나 대각재로 체결되어 트러스 평면외방향의 변형은 없다고 가정하라.

10.8 W형상이 8 m 길이의 단순지지 기둥으로 사용되었다. 안전계수는 2.5이고 축 하중 270 kN을 전달할 수 있는 최경량 형상을 선택하라. $E = 200$ GPa와 $\sigma_{pl} = 200$ MPa를 사용하라.

10.9 안전계수가 2이고 축 하중 900 kN을 전달할 수 있는 양단 고정된 20 m 길이 기둥에 대한 최경량 W형상을 선택하라. $E = 200$ GPa와 $\sigma_{pl} = 180$ MPa로 가정하라.

10.10 핀으로 연결된 목재 구조 ABC의 두 부재는 치수가 $b \times b$인 동일한 정사각형 단면을 갖고 있다. 1,600 N 수직 하중이 B에서 작용한다. 좌굴에 대해 안전계수 3이 확보되는 b의 최솟값을 구하라. 목재에 대해 $E = 10$ GPa를 사용하고 연결점 B는 구조물 평면 내에서만 움직일 수 있도록 체결된 것으로 가정하라.

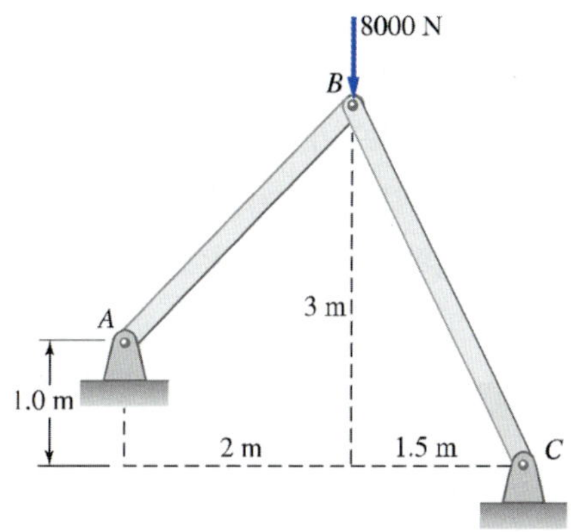

그림 P10.10

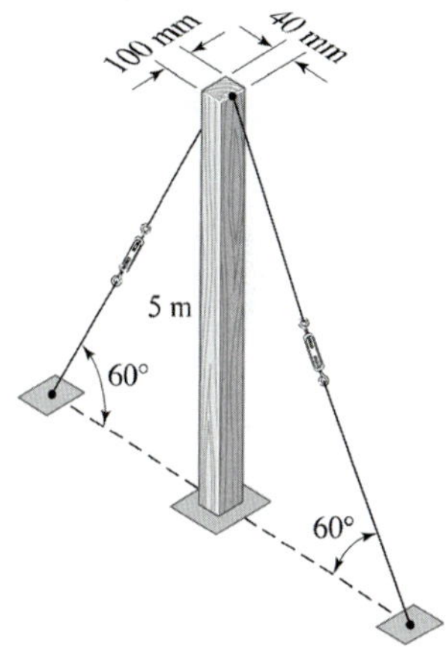

그림 P10.11

10.11 길이 5 m인 목재 기둥이 바닥에서 고정되어 있으며 상단에서 두 케이블로 지지되어 있다. 턴버클이 각 케이블이 인장력 T가 될 때까지 회전된다. 기둥이 좌굴을 일으킬 수 있는 T 값을 구하라. 목재에 대해 $E = 10$ GPa를 사용하라.

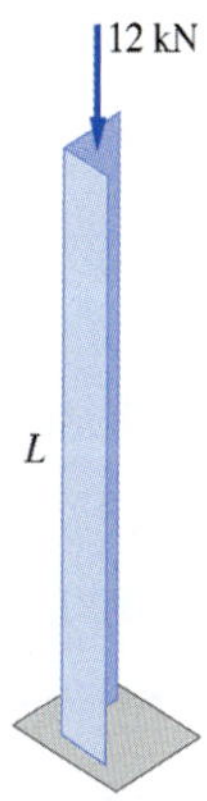

그림 P10.12

10.12 L75 × 75 × 13 앵글 단면이 길이 L인 외팔 기둥으로 사용된다. 12 kN의 축 하중이 작용할 때, 기둥이 좌굴되지 않는 L의 최대 허용값을 구하라. $E = 200$ GPa를 사용하라.

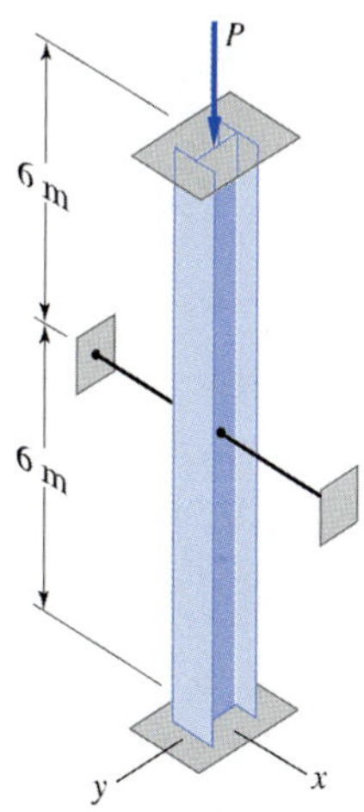

그림 P10.13

10.13 S310 × 74 단면을 가진 12 m 길이의 강재 기둥이 양단에서 고정되었다. 이 기둥은 중앙에서 x-방향의 변위를 방지하도록 두 케이블로 체결되었다. 축 하중 P의 임계값을 구하라. 강재에 대해 $E = 200$ GPa를 사용하라.

10.14 원형 단면의 중실 알루미늄봉이 움직일 수 없는 두 벽 사이에 딱 맞게 조립되었다. 봉이 좌굴되는 온도의 상승량을 구하라. 알루미늄에 대해 $E = 70$ GPa와 $\alpha = 23.1 \times 10^{-6}/°C$를 사용하라.

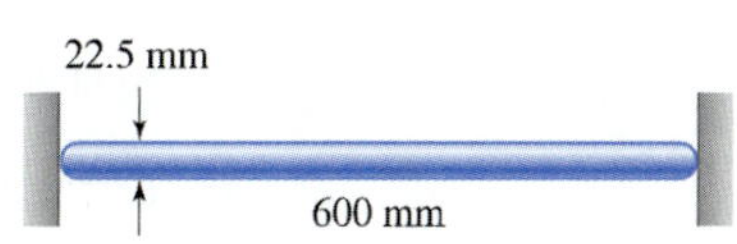

그림 P10.14

10.4 중간 기둥에 대한 설계공식

앞 절에서, 세장비 L_e / r로 측정해서 기둥이 충분히 가는 경우에 좌굴은 비례한도보다 낮은 응력에서 발생함을 보여주었다.

다른 극단적이 경우로 짧은 기둥에서 횡 방향 변위는 파괴 기구에서 무시될 정도로 역할을 하지 못한다. 따라서 짧은 기둥은 P/A가 재료의 항복응력에 도달하여야 파괴된다.

여러 가지 설계공식이 중간 길이의 기둥에 대해 제안되었으며, 이것은 짧은 기둥과 긴 기둥 사이의 간격을 메꿔 준다. 이 공식들은 주로 포괄적인 실험계획의 결과에서 유도되므로 자연히 경험적이다. 재료적 특성은 중간 기둥의 파괴에서 주된 역할을 한다. 따라서 여러 재료에 대해 여러 가지 설계공식이 많은 공학 핸드북이나 설계 기준에서 찾아볼 수 있다.

a. 접선계수이론

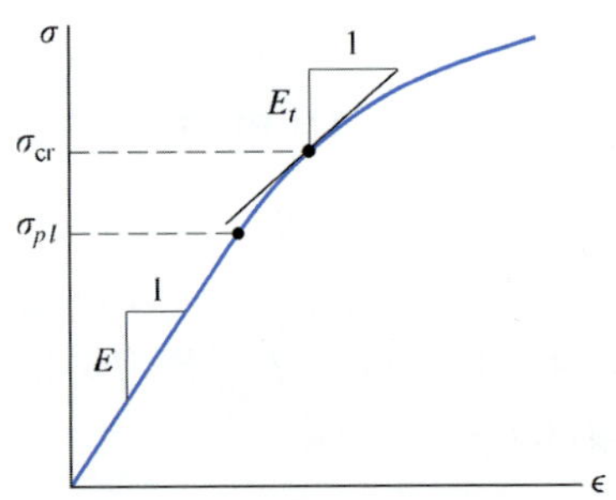

그림 10.9

$\sigma_{cr} > \sigma_{pl}$이면, 접선계수이론은 Euler 공식에서의 E를 $\sigma = \sigma_{cr}$인 점에서의 응력-변형률 곡선의 기울기 E_t로 대체한다.

알루미늄처럼 항복점이 명백히 나타나지 않는 재료로 된 기둥을 고려해 보자. 그림 10.9의 압축응력-변형률 선도에서 나타내진 것처럼 압축응력 σ_{cr}이 좌굴전의 값이지만 비례한도 σ_{pl}은 초과하는 값이라 하자. 변형률의 부가적인 증가 $d\epsilon$는 응력의 증가 $d\sigma = E_t\, d\epsilon$를 야기하는 데, 여기서 E_t는 $\sigma = \sigma_{cr}$ 점에서 그래프의 기울기이다. 따라서 좌굴 시에 기둥의 굽힘 강성은 E_t에 의해 결정되며, 이것은 탄성계수 E보다 작다. 이러한 축소된 강성을 고려하기 위해, 접선계수이론은 식 (10.6)에서 E를 E_t로 대치하며, 이로써 임계응력에 대해 다음 식을 얻는다.

$$\sigma_{cr} = \frac{P_{cr}}{A} = \frac{\pi^2 E_t}{\left(\dfrac{L_e}{r}\right)^2} \tag{10.7}$$

비록 식 (10.7)은 비례한도를 넘어선 응력-변형률 선도의 비선형성을 고려하고 있으나, 그것의 이론적 기반은 다소 약하다. 따라서 이 식은 경험식으로 봐야 한다. 그러나 식 (10.7)로부터 얻어진 결과들은 실험 결과와 충분히 잘 일치하고 있다.

접선계수라고 불리는 응력-변형률 선도의 기울기는 비례한도를 넘어서는 상수가 아니므로, 식 (10.7)로부터 임계 하중을 산출하는 것은 간단하지 않다. 이 어려움은 임계응력에서의 기울기 E_t를 미리 알지 못하기 때문이다(결국 그 값은 임계응력에 의존한다).

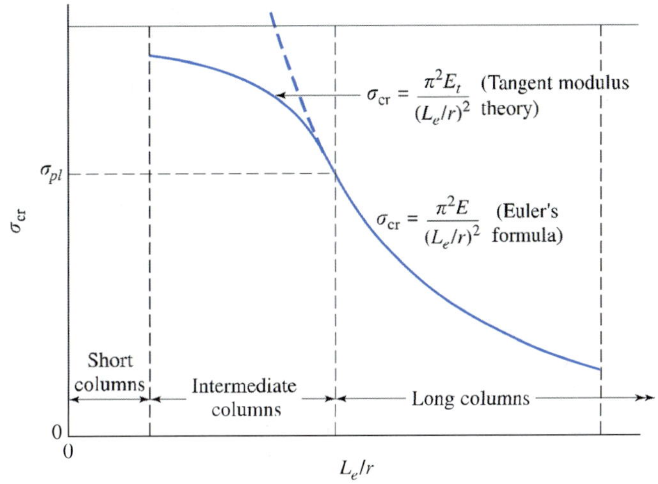

그림 10.10 알루미늄 기둥의 임계응력 대 세장비.

따라서 식 (10.7)은 σ_{cr}와 E_t에 대해 동시에 시행착오법으로 풀어야 한다.

그림 10.10은 알루미늄 기둥에 대해 접선계수이론에서 얻어진 임계응력의 세장비에 대한 그래프를 보여준다. 보는 바와 같이, 접선계수이론은 짧은 기둥과 긴 기둥에 대한 곡선을 부드럽게 연결하고 있다.

b. AISC 기둥 규정

미국 강구조학회(AISC)는 강재 기둥의 압축 강도를 계산하는 데, **하중과 저항계수 설계법**(LRFD)으로 알려진 방법을 규정하고 있다[2].

LRFD 방법에서는 **가는 단면**과 **가늘지 않은 단면**을 구분하여 적용한다. 가늘지 않은 단면으로 된 기둥벽은 국부적으로 좌굴되기 전에(플랜지나 웨브에서 주름 발생 없이) 응력이 완전하게 소성이 되도록 충분히 두꺼운 경우이다. 반면에 가는 단면에서는 비탄성 영역에서 국부적 좌굴이 발생할 수 있는데, 이는 기둥의 좌굴 강도에 부정적 영향을 준다. 가는 단면은 특별한 설계 절차를 따르는데 결과적으로 가늘지 않은 단면으로 설계한 것처럼 경제적이지는 않게 된다.

구조 단면이 그림 10.11에 보인 지표를 만족하면 가늘지 않은 단면으로 정의된다. 부록 B에 열거된 대부분의 표준 단면들은 가늘지 않은 범주에 속한다.

LRFD 규정에 의하면 가늘지 않은 단면으로 된 기둥의 **공칭 좌굴응력**은

2 AISC는 허용 강도 설계법(ASD)이라 하는 더 오래된 방법의 사용도 허용하고 있다.

다음과 같이 주어진다.

$$\sigma_{\text{nom}} = \begin{cases} (0.658^{\sigma_{yp}/\sigma_{\text{cr}}})\sigma_{yp} & \text{if} \quad L_e/r \le 4.71\sqrt{E/\sigma_{yp}} \\ 0.877\sigma_{\text{cr}} & \text{if} \quad L_e/r > 4.71\sqrt{E/\sigma_{yp}} \end{cases} \tag{10.8}$$

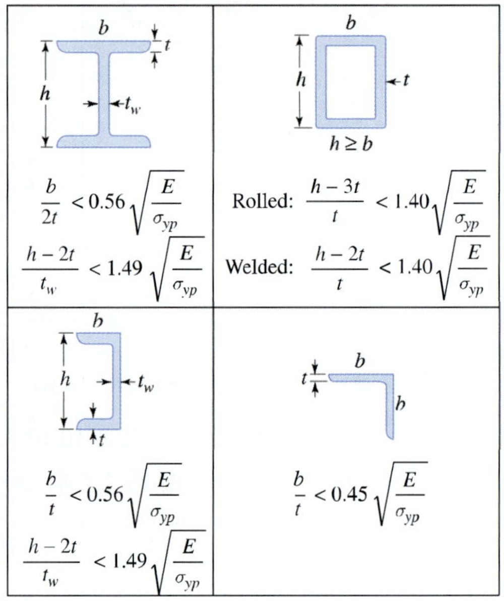

그림 10.11 얇지 않은 단면에 대한 지표

여기서 σ_{cr}은 식 (10.6)의 오일러 공식으로 결정되는 임계응력이다. 세장비에 대한 공칭 좌굴응력의 변화가 그림 10.12에 두 등급의 강재에 대해 나타나 있다. A36[3]은 항복응력이 250 MPa로 채널과 앵글에 가장 흔히 사용되는 강재이다. 고강도 강재인 A992는 항복응력이 350 MPa이고 W-단면에 사용되는 표준 등급 강재이다. 긴 기둥에서는 ($L_e/r > 4.71\sqrt{E/\sigma_{yp}}$) 공칭응력은 단순히 오일러의 임계응력에 0.877을 곱한 것이다. 이 승수는 기둥의 초기 곡률과 같은 제작상의 결함을 보완한다. 또한 그림 10.12에서 $L_e/r = 0$일 때 $\sigma_{\text{nom}} = \sigma_{yp}$임을 관찰할 수 있는데, 이는 매우 짧은 기둥이 좌굴이 아닌 항복으로 파괴된다는 사실을 반영하는 것이다.

3 A36과 A992는 미국실험학회(ASTM)의 식별 기호이다.

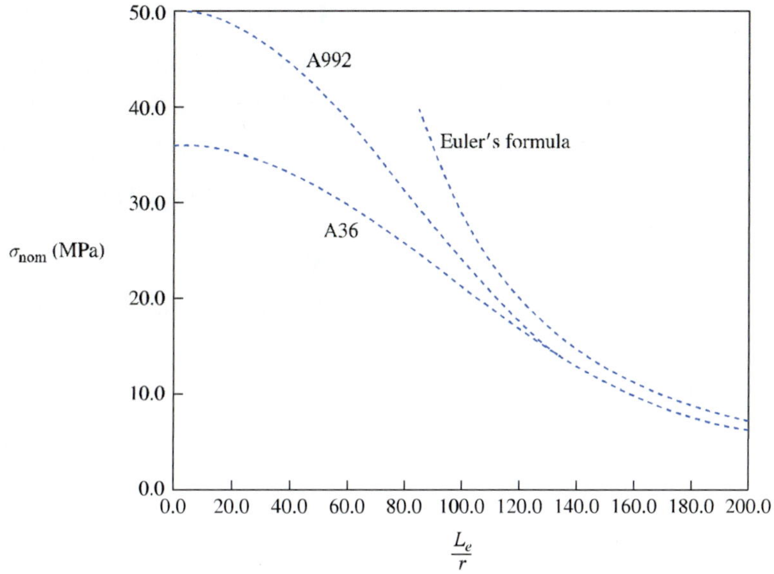

그림 10.12 두 개의 등급 강재에 대한 공칭 좌굴응력 대 세장비

기둥의 설계 강도 P_{des}는 공칭 강도 $\sigma_{nom}A$에 저항계수 ϕ를 곱해 다음과 같이 구한다.

$$P_{des} = \phi\sigma_{nom}A \tag{10.9}$$

여기서 A는 기둥의 단면적이고 $\phi = 0.9$ 이다. 계수 ϕ는 하중 및 건설상의 통계적 가변성을 보완해 준다. P_{des}는 기둥의 파괴점을 초과하는 하중이며 허용 하중이 아니라는 것에 주의하라. LRFD 설계 절차에서 P_{des}는 예상 운용 하중에 안전계수를 곱한 값보다 같거나 커야 한다. 운용 하중과 안전계수는 LRFD 코드에 규정되어 있다(이 규정은 약간 복잡하여 본 교과서의 범위를 벗어난다).

예제 10.2

AISC 기둥 규정을 이용하여, 길이가 9 m이고 W 360×122 단면으로 된 기둥의 설계 강도를 구하라. 기둥이 (1)양단 단순지지, (2)한쪽 끝은 단순지지이고 다른 쪽 끝은 고정지지되어 있다고 가정하라. A992 강재(σ_{yp} = 380 MPa, E = 200 GPa)를 사용하라.

풀이

부록 B의 표 B-2을 따르면, W360 × 122 단면의 특성은

A = 15.5 × 10^3 mm^2(단면적)

r = 63.0 mm(최소 관성 반경)

b = 257 mm(플랜지 넓이)

t = 21.7 mm(플랜지 두께)

h = 363 mm(단면 깊이)

t_w = 13.0 mm(웨브 두께)

그림 10.11에서

$$\frac{b}{2t} = \frac{257}{2(21.7)} = 5.92$$

$$0.56\sqrt{\frac{E}{\sigma_{yp}}} = 0.56\sqrt{\frac{200\times10^9}{350\times10^6}} = 13.39$$

$$\frac{h-2t}{t_w} = \frac{363-2(21.7)}{13.0} = 24.6$$

$$1.49\sqrt{\frac{E}{\sigma_{yp}}} = 1.49\sqrt{\frac{200\times10^9}{350\times10^6}} = 35.62$$

이고, 이는 그림의 부등식을 만족한다. 따라서 단면은 얇지 않은 단면의 범주에 속하는 것을 알 수 있다.

(1)

기둥이 단순지지되어 있으므로 유효 길이는 $L_e = L = 9$ m이다. 따라서 세장비는

$$\frac{L_e}{r} = \frac{9000}{63} = 142.86$$

이 되고, 식 (10.6)의 오일러 임계응력은

$$\sigma_{\text{cr}} = \frac{\pi^2 E}{(L_e/r)^2} = \frac{\pi^2(200\times 10^9)}{142.86^2} = 96.72\times 10^6 \text{ Pa}$$

가 된다. 세장비를 아래의 값과 비교하면

$$4.71\sqrt{\frac{E}{\sigma_{yp}}} = 4.71\sqrt{\frac{200\times 10^9}{350\times 10^6}} = 112.59$$

공칭 좌굴응력은 식 (10.8)의 두 번째 식에서 다음과 같이 주어진다.

$$\sigma_{\text{nom}} = 0.877\sigma_{\text{cr}} = 0.877(96.72\times 10^6) = 84.82\times 10^6 \text{ Pa}$$

$$\begin{aligned} P_{\text{des}} &= \phi\sigma_{\text{nom}}A = 0.9(84.82\times 10^6)(15.5\times 10^{-3}) \\ &= 1.183\times 10^6 \text{ N} = 1.183 \text{ MN} \end{aligned}$$ [답]

(2)

지지된 외팔보 기둥에 대해, 유효 길이는 $L_e = 0.7L$이고, 따라서 세장비는 다음과 같이 된다.

$$\frac{L_e}{r} = \frac{0.7(9000)}{63} = 100.0$$

이에 대응되는 임계응력은

$$\sigma_{\text{cr}} = \frac{\pi^2 E}{(L_e/r)^2} = \frac{\pi^2(200\times 10^9)}{100^2} = 197.39\times 10^6 \text{ Pa}$$

$L_e/r < 112.59$이므로, 식 (10.8)의 첫 번째 식이 적용된다.

$$\begin{aligned} \sigma_{\text{nom}} &= (0.658^{\sigma_{yp}/\sigma_{\text{cr}}})\sigma_{yp} \\ &= (0.658^{350/197.39})(350\times 10^6) = 166.63\times 10^6 \text{ Pa} \end{aligned}$$

따라서 설계 강도는

$$\begin{aligned} P_{\text{des}} &= \phi\sigma_{\text{nom}}A = 0.9(166.63\times 10^6)(15.5\times 10^{-3}) \\ &= 2.32\times 10^6 \text{ N} = 2.32 \text{ MN} \end{aligned}$$ [답]

[주] 위의 답들은 기둥의 설계 강도가 지지 조건에 매우 민감하다는 것을 보여준다. 실제 건설 시 고정단에서 완전 고정은 실현되지 않으므로, 이상적인 $0.7L$의 값보다 큰 유효 길이를 사용하는 것이 바람직하다. 이런 경우 $L_e = 0.8L$로 하는 것이 보다 신중한 선택일 것이다.

연습문제

10.15 양단 고정된 5 m 길이 기둥의 세장비를 다음과 같은 단면에 대해 구하라. (a)반경 40 mm인 원형 단면, (b)50 mm 정사각형 단면

10.16 길이 12 m의 지지된 외팔 기둥에서 다음 단면에 대해 세장비를 구하라. (a)반경이 60 mm인 원형 단면, (b)60 mm × 90 mm 직사각형 단면

AISC 규정을 사용하여 다음 문제들을 풀어라. A36 강의 항복응력은 250 MPa이고 A992강의 항복응력은 350 MPa이다.

10.17 다음 A36 강 단면 중 어느 것이 가늘지 않은 단면인가? (a)W460 × 74, (b)W460 × 82, (c)W460 × 89.

10.18 그림은 A36 강으로 된 두 개의 단면을 보이고 있다. 두 단면 모두 가늘지 않은 단면이 되는 최소 허용 두께 t를 구하라.

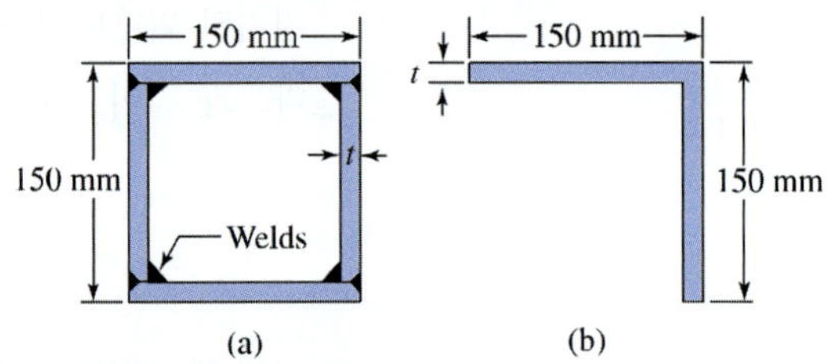

그림 P10.18

10.19 A992 강으로 된 W200 × 100 단면이 유효 길이 15 m인 기둥에 사용되었다. 단면이 가늘지 않다고 가정하고 설계 강도를 구하라.

10.20 W310 × 52 단면을 가진 단순지지된 기둥의 설계 강도를 구하라. 재료는 A36 강이고 기둥의 길이는 4 m이다. 가늘지 않은 단면을 가정하라.

10.21 A36 강으로 된 W250 × 167 단면이 길이 L인 단순지지 기둥에 사용되었다. 요구 설계 강도가 1600 kN일 때 L의 최대 허용치를 구하라. 가늘지 않은 단면을 가정하라.

10.22 요구 설계 강도를 3200 kN으로 하고 문제 10.21을 풀어라.

10.23 A36 강 중실봉이 유효 길이 6 m인 기둥으로 사용되었다. 요구 설계 강도가 40 kN이라면 봉의 최소 허용 지름을 구하라.

10.24 요구 설계 강도가 4000 kN일 때 문제 10.23을 풀어라.

10.25 네 개의 L127 × 127 × 12.7 앵글 단면이 그림에서 보여지는 단면의 형태로 조립되어 단순지지 기둥을 형성하였다. 가늘지 않은 단면

으로 가정하고 기둥의 설계 강도를 계산하라. 재료는 A36 강이다.

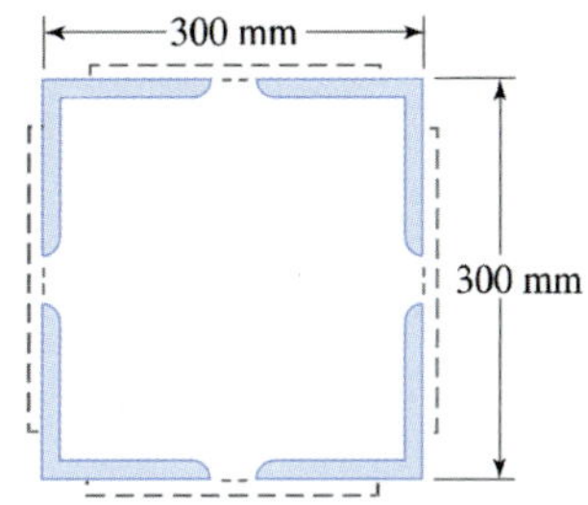

그림 P10.25

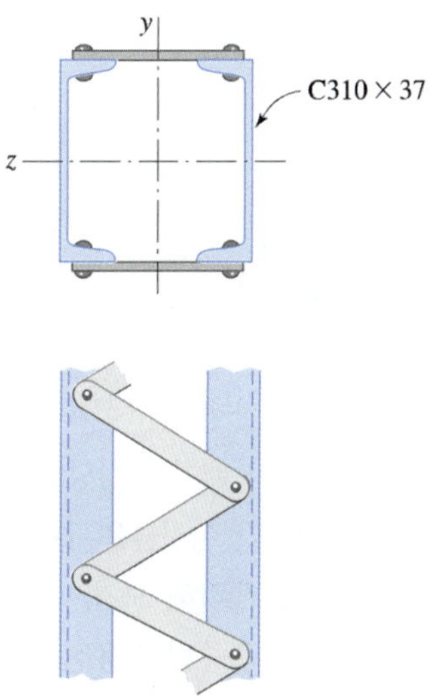

그림 P10.26, P10.27

10.26 A36 강으로 된 두 개의 C310 × 37 채널이 그림에 보인 것처럼 연결되어 12 m 길이의 단순지지 기둥으로 사용되었다. 기둥의 단면은 두 대칭축에 관해 동일한 관성 모멘트를 갖는 단면이 되도록 연결되었다(연결부는 기둥의 강성을 현저히 증가시키지 않는다). 가늘지 않은 단면을 가정하고 기둥의 설계 강도를 구하라.

10.27 채널 단면이 360 MPa의 항복응력을 갖는 고강도 강으로 된 경우 문제 10.26을 풀어라.

10.28 단순지지된 6 m 길이의 기둥이 1200 kN의 설계 강도를 가지게 하려고 한다. 여기에 사용될 수 있는 가장 가벼운 W12 단면을 선택하라. 재료는 항복응력이 350 MPa인 고강도 강이다.

10.29 그림에 보이는 단면을 갖는 압연 사각형 관이 유효 길이 8 m인 기둥에 사용되었다. 요구되는 기둥의 설계 강도는 80 kN이다. 얇지 않은 단면으로 가장 가벼운 기둥이 될 수 있도록 치수 h와 t를 구하라. 재료는 A992 강이다.

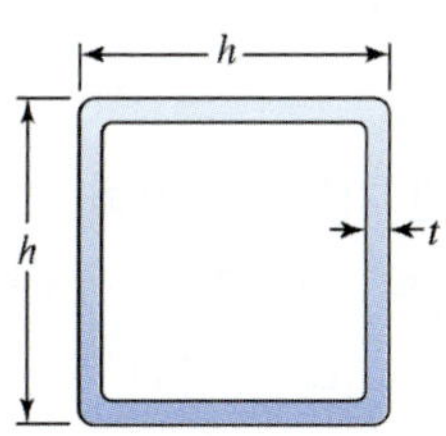

그림 P10.29

10.30 외부 치수가 50 mm × 50 mm이고 벽 두께가 6.25인 정사각형 2024-T3 알루미늄합금관이 단순지지 기둥으로 사용되었다. 이 합금은 그림에서 보여진 압축 응력–변위률 선도를 갖는다. 임계응력이 (a)245 MPa, (b)175 MPa일 때 접선계수이론을 이용하여 기둥의 길이를 구하라.

10.31 그림은 2024-T3 알루미늄합금에 대한 압축응력–변형률 선도를 보여준다. 접선계수이론을 이용하여 이 합금으로 제작된 세장비 $L_e/r = 40$ 기둥에 대한 임계응력을 추정하라.

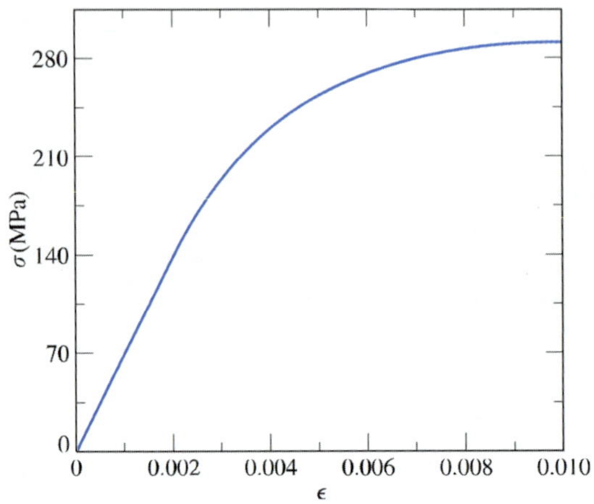

그림 P10.30, P10.31

10.5 편심 하중: 시컨트 공식

대부분의 기둥은 순수하게 축 하중만을 지지하도록 설계된다. 설계자는 하중이 기둥의 도심축을 따라 작용하도록 구조 부재들이 배치에 상당한 주의를 기울인다. 하중의 작은 편심성은 물론 피할 수 없지만 이것들은 우발적이다. 지금 유한한 의도적인 하중 편심성을 갖는 기둥을 생각해 보자. 예를 들어 보들이 기둥의 플랜지에 연결되는 건물 프레임에서 하중의 작용점은 기둥의 도심이 아니고 플랜지 위이다. 이러한 연구의 결과는 예측할 수 있는 크기의 우연한 편심성에 대해서도 유용하다.

a. 시컨트 공식의 유도

그림 10.13 (a)에 보인 길이 L인 단순지지된 기둥을 생각해 보자. 여기서 하중 P는 단면의 도심에 대해 편심 e를 갖는다. 편심은 크기 Pe인 끝단 모멘트를 유발하며, 이것은 기둥을 구부리는 원인이다. 기둥이 가늘면, 굽힘을 동반하는 변위는 아주 크게 되어, 이들의 평형에 대한 영향을 무시할 수 없다. 따라서 기둥의 굽힘 모멘트는 그림 10.13 (b)에서 보인 것처럼 **변형된** 기둥의 자유물체도에서 계산해야 한다. 이 그림에서 굽힘 모멘트는

$$M = -P(v+e)$$

이다. 여기서 v는 횡 방향 처짐이다. M을 탄성선의 미분방정식, $d^2v/dx^2 = M/(EI)$에 대입하고 항들을 정리하면,

$$\frac{d^2v}{dx^2}+\frac{P}{EI}v=-\frac{Pe}{EI} \tag{a}$$

이 된다. 이것은 비제차 미분방정식이므로, 그 해는 제차해와 특수해의 합이다. 제차해는 10.2절의 식 (c)와 동일하다. 특수해는 $v=-e$이고, 이를 식 (a)에 대입해 보면 쉽게 증명할 수 있다. 따라서 식 (a)의 일반해는

$$v=C_1\sin\left(\sqrt{\frac{P}{EI}}\,x\right)+C_2\cos\left(\sqrt{\frac{P}{EI}}\,x\right)-e \tag{b}$$

적분 상수 C_1와 C_2는 지지점의 변위가 영인 조건에서 결정된다.

$$v\,|_{x=-\frac{L}{2}}=0 \qquad -C_1\sin\sqrt{\frac{PL^2}{4EI}}+C_2\cos\sqrt{\frac{PL^2}{4EI}}-e=0 \tag{c}$$

$$v\,|_{x=\frac{L}{2}}=0 \qquad C_1\sin\sqrt{\frac{PL^2}{4EI}}+C_2\cos\sqrt{\frac{PL^2}{4EI}}-e=0 \tag{d}$$

식(c)와 (d)의 해는

$$C_1=0 \qquad C_2=e\quad\sec\sqrt{\frac{PL^2}{4EI}}$$

이들 적분 상수를 식 (b)에 대입하면, 탄성선의 식을 얻는다.

$$v=e\left[\sec\sqrt{\frac{PL^2}{4EI}}\ \cos\left(\sqrt{\frac{P}{EI}}\,x\right)-1\right] \tag{e}$$

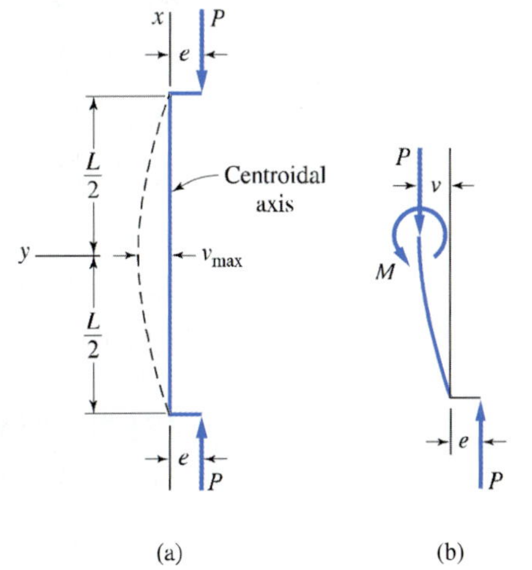

그림 10.13 (a)편심 하중을 받는 기둥의 변형 (b)굽힘 모멘트 M을 구하기 위한 자유물체도

최대 처짐은

$$v_{\max} = v\mid_{x=0} = e\left(\sec\sqrt{\frac{PL^2}{4EI}} - 1\right) = e\left[\sec\left(\frac{L}{2r}\sqrt{\frac{P}{EA}}\right) - 1\right] \quad (10.10)$$

여기서 $r = \sqrt{\frac{I}{A}}$ 의 단면의 최소 관성 반경이다. $P \to P_{cr} = \frac{\pi^2 EI}{L^2}$ 이면 $v_{\max} \to e\,[\sec(\frac{\pi}{2}) - 1] = \infty$ 가 된다.

기둥의 최대 굽힘 모멘트는 중앙에서 발생한다. 그 크기는 $M_{\max} = P(v_{\max} + e)$ 이다. 따라서 기둥의 최대 **압축응력**은 다음과 같다.

$$\sigma_{\max} = \frac{P}{A} + \frac{M_{\max}c}{I} = \frac{P}{A} + \frac{P(v_{\max}+e)c}{Ar^2}$$

여기서 c는 도심축에서 최외측 압축 섬유까지의 거리이다. 식 (10.10)의 $v_{\max}$을 대입하면, **시컨트 공식**을 얻는다.

$$\sigma_{\max} = \frac{P}{A}\left[1 + \frac{ec}{r^2}\sec\left(\frac{L}{2r}\sqrt{\frac{P}{EA}}\right)\right] \quad (10.11)$$

ec/r^2은 **편심비**로 알려져 있고, $[L/(2r)]/\sqrt{P/(EA)}$ 는 *Euler* 각이라 부른다. 시컨트 공식이 단순지지된 기둥에 대해 유도되었지만, 다른 경계 조건에 대해서도 L을 유효 길이 L_e로 대치하여 유효함을 보일 수 있다.

b. 시컨트 공식의 응용

기둥의 재료적 특성, 치수 그리고 편심 e를 안다고 가정하자. 이제 시컨트 공식에서 두 변수, P와 $\sigma_{\max}$가 남아 있다. P가 주어지면, $\sigma_{\max}$는 공식에서 어려움없이 계산할 수 있다. 반면에 $\sigma_{\max}$가 주어지면, P의 결정은 상당히 복잡해지는데, 그 이유는 식 (10.11)은 P에 대해 비선형이므로 시행착오법으로 풀어야 한다. 주어진 하중 P을 안전하게 전달할 수 있는 구조 단면의 선택은 마찬가지로 시행착오 과정을 거친다.

사용 하중의 결정 기둥의 설계에서 공통의 문제는 주어진 기둥이 항복에 대해 안전계수 N을 가지고 전달할 수 있는 사용 하중(최대 허용 하중) P_w을 결정하는 것이다. $\sigma_{\max} = \sigma_{yp}$을 식 (10.11)에 대입하면

$$\sigma_{yp} = \frac{P}{A}\left[1 + \frac{ec}{r^2}\sec\left(\frac{L_e}{2r}\sqrt{\frac{P}{EA}}\right)\right] \quad (10.12)$$

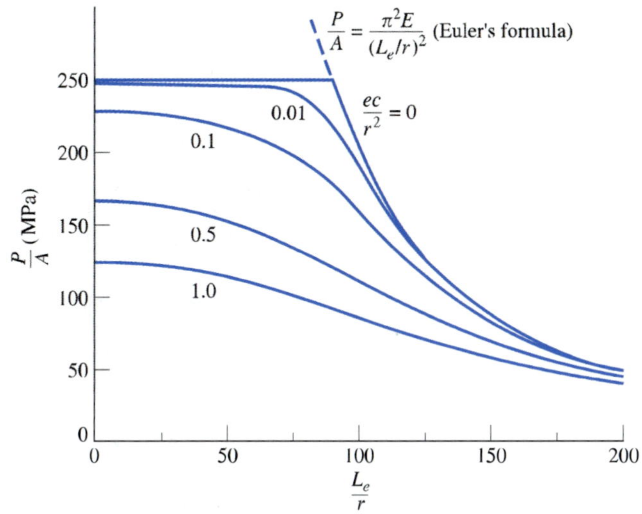

그림 10.14 편심 하중을 받는 구조용 강재 기둥에 대한 항복 평균응력과 세장비 (이것은 시컨트 공식에 의해 주어진 최대응력을 항복응력과 같게 놓아서 구한다.)

이것은 P/A에 대해 시행착오법으로 풀 수 있다. 해에서 P가 항복이 시작되는 하중을 나타내므로, 항복에 대해 안전계수 N을 보장해 주는 사용하중은 $P_w = P/N$이다.

그림 10.14는 식 (10.12)에서의 해 P/A와 표준 등급 강 기둥($E = 200$ GPa와 $\sigma_{yp} = 250$ MPa)에 대한 L_e/r을 여러 편심비에 대한 그래프를 보여준다. 이 그림은 P에 대한 대략적인 추정을 제공하는데, 이것은 식 (10.12)의 시행착오의 출발점으로 사용될 수 있다.

표준 구조 단면의 선택 식 (10.11)은 주어진 사용 하중 P_w을 안전하게 전달하는 표준 단면을 구하는 데 사용할 수 있다. 그 과정은 시험 단면을 선택하고 그 단면의 특성을 $P = NP_w$와 함께 식 (10.11)에 대입하는 것이다. 결과로 구한 $\sigma_{\max}$가 σ_{yp}을 초과하면, 보다 큰 단면이 선택되며 이 과정은 반복된다. 한편 $\sigma_{\max}$이 σ_{yp}보다 아주 작을 때는, 보다 가벼운 단면이 선택되어야 한다. 표준 단면으로 시작할 경우 식 (10.13)을 다음의 형태로 다시 써서 계산을 수행하는 것이 편리하다.

$$\sigma_{\max} = \frac{P}{A} + \frac{Pe}{S}\sec\left(\frac{L_e}{2}\sqrt{\frac{P}{EI}}\right) \tag{10.13a}$$

여기서 S는 단면계수이다. 이 식의 다른 유용한 형태는

$$\sigma_{\max} = \frac{P}{A} + \frac{Pe}{S}\sec\left(\frac{\pi}{2}\sqrt{\frac{P}{P_{\text{cr}}}}\right) \quad (10.13\text{b})$$

여기서 $P_{\text{cr}} = \dfrac{\pi^2 EI}{L_e^2}$는 기둥의 임계 하중이다 (Euler공식). 식 (10.13b)는 $P \to P_{\text{cr}}$ 이면 $\sigma_{\max} \to \infty$ 가 됨을 보여준다. 이 결과는 축 하중이 임계 하중에 접근하면 횡강성을 잃어버리는 것을 다시 한 번 보여준다.

안전계수 안전계수 N은 주로 하중에서의 불확실성을 반영하므로, 이것은 σ_{yp}가 아닌 P에 적용해야 한다. 응력이 하중에 비례하는 경우에, N을 P에 적용하는 것($P_w = P/N$)이 N을 σ_{yp}에 적용하는 것($\sigma_w = \sigma_{yp}/N$)과 동일한 결과를 주므로 이 구분은 의미가 없다. 그러나 이는
하중-응력 관계식이 비선형인 시컨트 공식에서는 사실이 아니다.

최대 인장응력 앞의 논의에서는 최대응력이 기둥의 압축면에서 발생하는 것으로 가정하였다. 이 가정은 도심축과 단면의 최외측 섬유 사이의 거리가 인장과 압축면에 대해 많은 차이가 있을 경우에는 맞지 않는다. 예로서 그림 10.15에 보인 채널 단면을 생각해 보자. 여기서 도심 C로부터 최외측 인장 섬유까지의 최대 거리 c_t는 압축 측까지의 대응되는 거리 c_c에 비해 매우 크다. 따라서, 굽힘에 의한 최대 인장응력 Mc_t / I는 최대 굽힘 압축응력 Mc_c / I보다 상당히 크다.

결과적으로 최대 인장응력 $(\sigma_t)_{\max} = Mc_t/I - P/A$는 최대 압축응력 $(\sigma_c)_{\max} = Mc_c/I + P/A$를 초과할 수 있다.

식 (10.11)-(10.13)은 최대 인장응력을 계산하는 데에도 사용할 수 있으며, 이것은 시컨트 항에 의해 표현되는 굽힘응력에서 직접 응력 P/A 을 뺀 것이다. 따라서 각 식의 우변에서 첫째 항의 부호를 반대로 해야 한다. 물론 최대 섬유 거리로 c_t를 사용해야 한다.

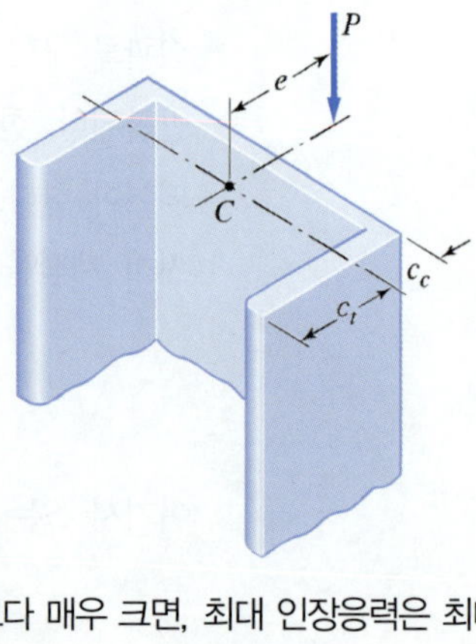

그림 10.15 만일 c_t가 c_c보다 매우 크면, 최대 인장응력은 최대 압축응력을 초과할 수 있다.

예제 10.3

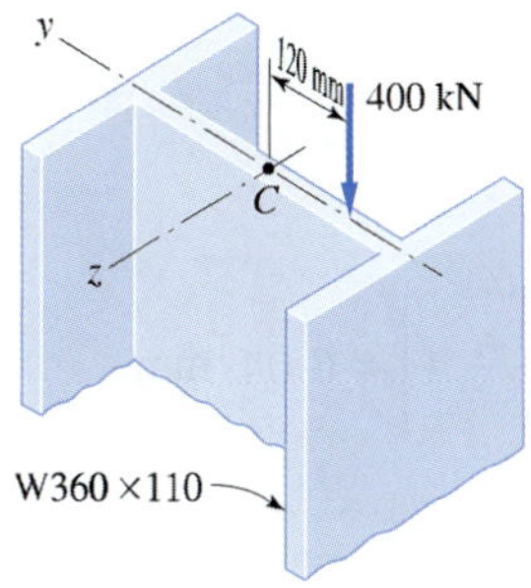

단면 W360 × 110이 길이 8 m인 단순지지된 기둥으로 사용되었다. 보여지는 바와 같이 400 kN의 하중이 120 mm 편심되게 작용할 때 (1)기둥의 최대 압축응력, (2)항복에 대한 안전계수, (3)최대 횡 방향 처짐을 구하라. 기둥은 y 축에 대해서는 좌굴되지 않는다고 가정한다. $E = 200$ GPa, $\sigma_{yp} = 250$ MPa를 사용하라.

풀이

부록 B의 표 B-2에서, 이 단면의 특성은 다음과 같다. $A = 14.1 \times 10^3\ \text{mm}^2$, $I_z = 331 \times 10^6\ \text{mm}^4$, $S_z = 1840 \times 10^3\ \text{mm}^3$이다. 기둥이 단순지지되었으므로, 유효 길이는 $L_e = L = 8$ m이다.

(1)

식 (10.13a)을 이용하면, 최대 압축 응력은 다음과 같다.

$$\sigma_{\max} = \frac{P}{A} + \frac{Pe}{S_z}\sec\left(\frac{L_e}{2}\sqrt{\frac{P}{EI_z}}\right)$$

$$= \frac{400 \times 10^3}{14.1 \times 10^3} + \frac{(400 \times 10^3)(120)}{1840 \times 10^3}\sec\left(\frac{8 \times 1000}{2}\sqrt{\frac{400 \times 10^3}{(200 \times 10^3)(331 \times 10^6)}}\right)$$

$$= 54.5$$ [답]

(2)

항복에 대한 안전계수를 구하면 $N = \sigma_{yp} / \sigma_{\max} = 250/54.5 = 4.59$와 같이 구해야 하는 기분이 드나 이는 잘못된 것이다. 안전계수는 응력이 아닌 하중에 적용해야 한다. 따라서 N은 다음 방정식의 해에서 구해진다.

$$\sigma_{yp} = \frac{NP}{A} + \frac{NPe}{S_z}\sec\left(\frac{L}{2}\sqrt{\frac{NP}{EI_z}}\right)$$

알고 있는 데이터를 대입하면, 이 식은

$$250 = \frac{N(400 \times 10^3)}{14.1 \times 10^3} + \frac{N(400 \times 10^3)(120)}{1840 \times 10^3}\sec\left[\frac{8 \times 1000}{2}\sqrt{\frac{N(400 \times 10^3)}{(200 \times 10^3)(331 \times 10^6)}}\right]$$

$$250 = N[28.37 + 26.09\sec(0.3109\sqrt{N})]$$

시행착오법으로 해를 구하면

$$N = 4.12$$ [답]

이것은 최대응력에 기초하여 구한 안전계수 4.59보다 작다.

(3)

식 (10.10)을 따르면, 최대 횡 방향 처짐은

$$v_{\max} = e\left(\sec\sqrt{\frac{PL_e^2}{4EI}} - 1\right)$$

$$= 120\left[\sec\sqrt{\frac{(400\times10^3)(8\times1000)^2}{4(200\times10^3)(331\times10^6)}} - 1\right] = 6.04\ \text{mm}$$ [답]

예제 10.4

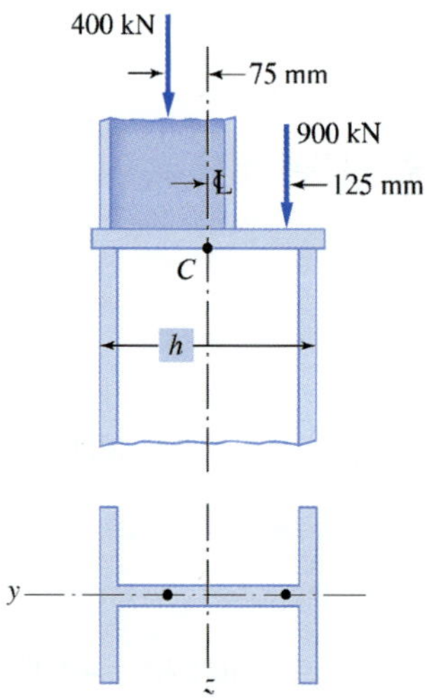

(a)

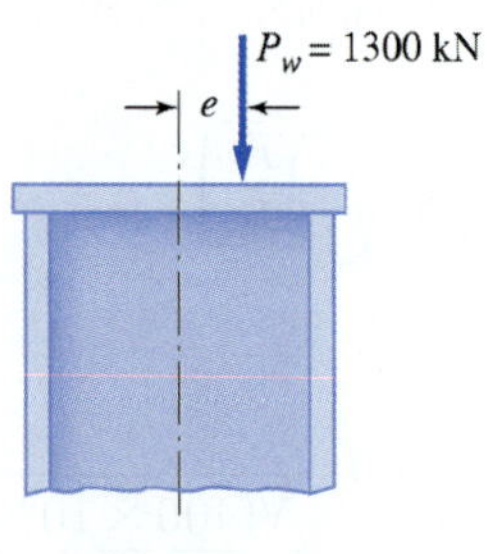

(b)

그림 (a)에서 유효 길이 $L_e = 7$ m인 하부 기둥이 항복에 대해 안전계수 2를 가지고 두 하중을 전달하고 있다. 공간의 제약 때문에 단면의 깊이 h는 400 mm 이하로 유지해야 한다. (1)단면의 z축에 대한 굽힘을 고려하여 하부 기둥에 적합한 최경량 W-형상을 구하라. (2)y-축에 관한 좌굴에 대해 선택된 단면의 안전계수는 얼마인가? $E = 200$ GPa, $\sigma_{yp} = 250$ MPa를 사용하라.

풀이

두 하중은 그림 (b)에서 보인 것처럼 정적으로 하중 P_w = 1300 kN 에 등가된다. 편심 e는 그림 (a)와 (b)에서 단면의 도심 C에 대한 힘의 모멘트를 같게 놓아 구해진다. 따라서

$$125(900) - 75(400) = 1300e, \qquad e = 63.46\ \text{mm}$$

안전계수를 적용하면, 식 (10.15a)에서 사용되는 하중은 $P = NP_w = 2(1300) = 2600$ kN

(1)

공간 제한을 만족시키는 최경량 W-형상은 400 mm보다 약간 작은 깊이를 가져야 한다. 부록 B의 표 B-2를 조사해 보면 400 mm 제한 이내에 있는 가장 가벼운 단면은 W360 형상이다. 따라서 식 (10.13a)에서 $\sigma_{\max}$를 계산하고, 그 결과를 σ_{yp}와의 비교를 통해 연달은 W360 형상을 시도하였다. 시도의 결과들을 아래 표에 정리하였다.

단면	A(mm^2)	I(mm^4)	S(mm^3)	$\sigma_{\max}$(MPa)
W360×110	14.1×10^3	331×10^6	1840×10^3	301
W360×122	15.5×10^3	367×10^6	2020×10^3	271
W360×134	17.1×10^3	416×10^6	2340×10^3	239

따라서 $\sigma_{max} \le \sigma_{yp} = 250$ MPa인 받아들일 만한 최경량 단면은

$$\text{W360} \times 134$$ [답]

이것의 깊이는 356 mm이다.

(2)

W360 × 134 단면의 y축에 관한 관성 모멘트는 $I = 151 \times 10^6$ mm^{4}이므로, 임계 하중은 다음과 같다(이 하중은 y축에 대해 편심이 없다).

$$P_{cr} = \frac{\pi^2 EI}{L_e^2} = \frac{\pi^2(200 \times 10^3)(151 \times 10^6)}{7000^2} = 6.083 \times 10^6 \text{ N} = 6083 \text{ kN}$$

따라서 y축의 좌굴에 대한 안전계수는

$$N = \frac{P_{cr}}{P_w} = \frac{6083}{1300} = 4.68$$ [답]

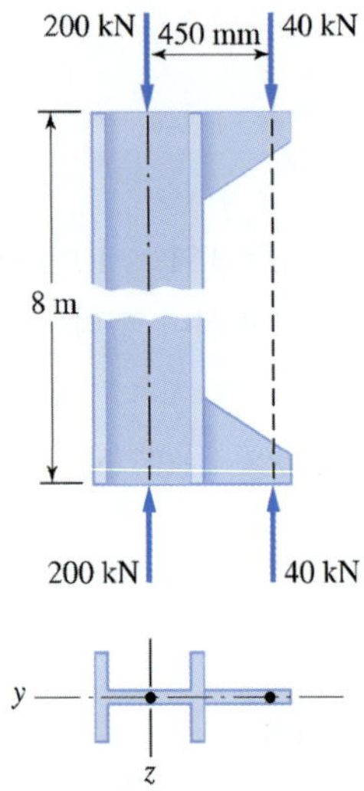

그림 P10.32, P10.33

연습문제

10.32 W310 × 60 단면이 길이 8 m인 단순지지된 기둥으로 사용된다. 그림에서 보여진 바와 같이 두 하중이 작용할 때 (a)기둥의 최대 압축 응력 (b)항복에 대한 안전계수를 구하라. $E = 200$ GPa, $\sigma_{yp} = 240$ MPa를 사용하라.

10.33 그림에서 보여진 기둥에 대해, 깊이가 450 mm 이내이고, 항복에 대해 안전계수 2를 가지고 제시된 하중을 전달할 수 있는 최경량 W 형상을 구하라. $E = 200$ GPa, $\sigma_{yp} = 240$ MPa를 사용하라.

10.34 알루미늄 T단면이 6 m 길이의 단순지지된 기둥으로 사용된다. 하중 $P = 40$ kN에 의해 기둥에 발생되는 최대 압축 및 인장응력을 계산하라. 알루미늄에 대해 $E = 70$ GPa를 사용하라.

10.35 사용응력이 $\sigma_w = 130$ MPa일 때 문제 10.34에 기술한 기둥에 대해 최대 허용 하중 P를 구하라.

10.36 길이가 2 m인 외팔 기둥이 135 mm 외부 직경을 가진 강관으로 제작되었으며 단면 특성은 $A = 2850$ mm^2, $I = 5.8 \times 10^6$ mm^{4}이다. 항복에 대한 안전계수가 2.5가 확보되는 30 kN 하중의 편심 e를 구하라. $E = 200$ GPa, $\sigma_{yp} = 300$ MPa를 사용하라.

10.37 관이 $E = 70$ GPa, $\sigma_{yp} = 6300$ MPa 특성을 갖는 2014-T6 알루미늄합금으로 제작되었을 때 문제 10.36을 풀어라.

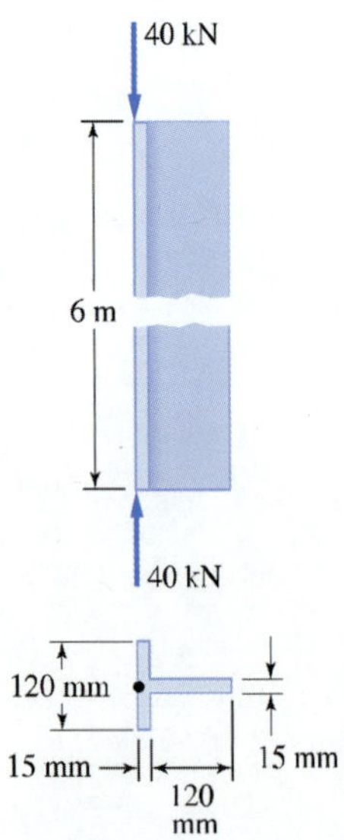

그림 P10.34, P10.35

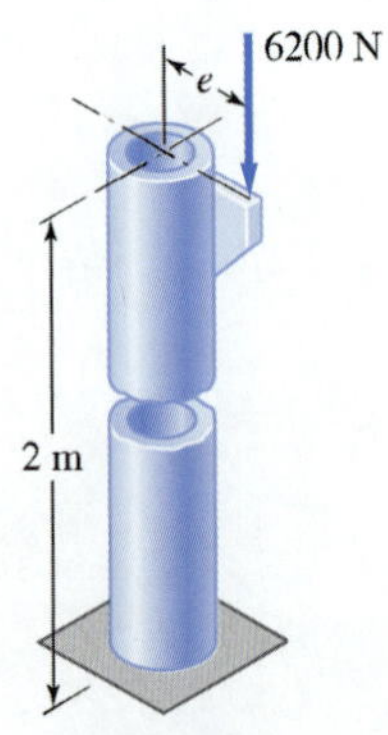

그림 P10.36, P10.37

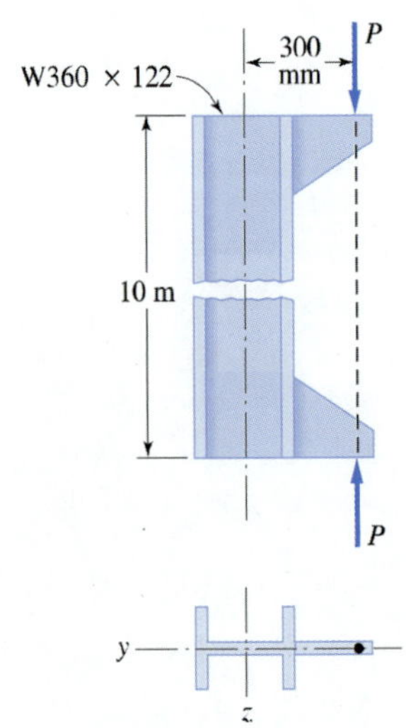

그림 P10.38, P10.39

10.38 단순지지된 기둥이 W360 × 122 단면으로 길이 10 m이다. P = 500 kN일 때 (a)기둥의 최대 압축응력 (b)항복에 대한 안전계수를 구하라. $E = 200$ GPa, $\sigma_{yp} = 250$ MPa를 이용하라.

10.39 문제 10.38에서 하단이 고정되고 상단이 단순지지되었을 때 기둥의 최대 허용 하중 P를 구하라. 항복에 대한 안전계수 2를 사용하고 y-축에 대한 좌굴 가능성은 무시하라.

10.40 W형상이 유효 길이 30 m인 기둥으로 사용된다. 그림에서 보인 바와 같이 775 kN 하중이 270 mm의 편심을 갖는다. 항복에 대한 안전계수 2.5를 가지고 하중을 전달할 때 최경량 단면을 구하라. 공간 제한 때문에 단면의 깊이는 600 mm를 초과하지 않는다. $E =$ 200 GPa, $\sigma_{yp} = 330$ MPa를 사용하라.

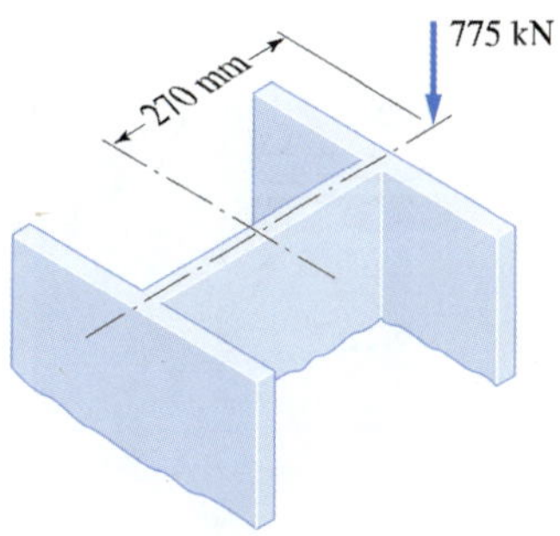

그림 P10.40

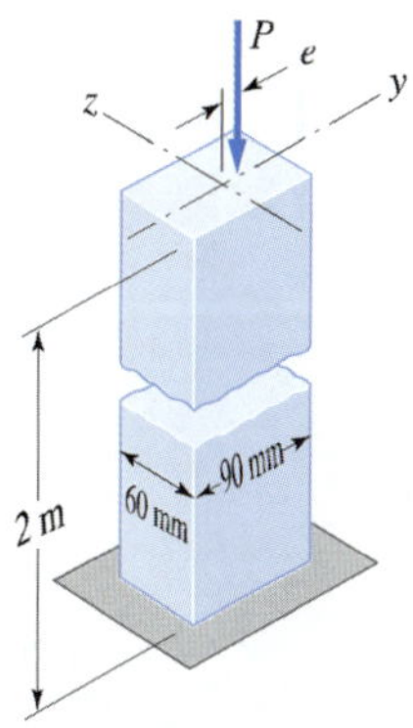

그림 P10.41 P10.42

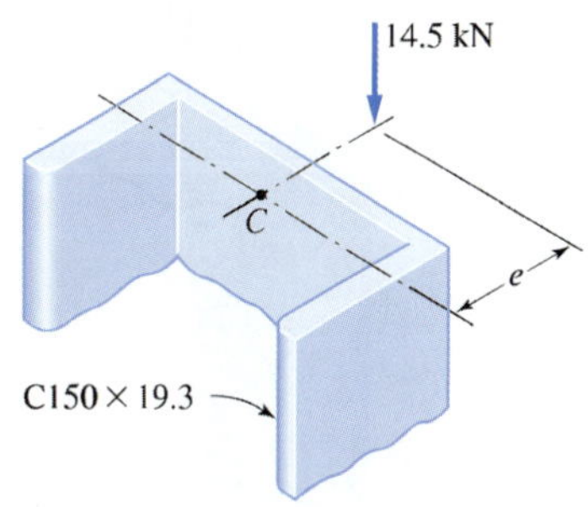

그림 P10.43

10.41 강재 외팔 기둥에 작용하는 하중 P가 z-축에 대해 편심 $e = 15$ mm를 갖는다. 항복과 좌굴에 대한 안전계수 2.5를 이용하여 P의 최대 허용값을 구하라. 어떤 파괴 모드가 해를 지배하는가? 재료의 특성은 $E = 200$ GPa, $\sigma_{yp} = 250$ MPa이다.

10.42 e = 150 mm일 때 문제 10.41을 풀어라.

10.43 C150 × 19.3 채널이 유효 길이 3 m의 기둥으로 사용된다. 최대 인장응력이 최대 압축응력을 초과하지 않을 때 14.5 kN 하중의 최대 편심 e를 구하라. $E = 200$ GPa를 사용하라.

10.44 단순지지된 기둥이 C310 × 45 채널로 길이 2.2 m이다. 항복에 대한 안전계수 2.5를 가지고 전달할 수 있는 하중 P의 최댓값을 구하라. $E = 200$ GPa, $\sigma_{yp} = 380$ MPa를 사용하라. 인장 또는 압축이 주도하는가?

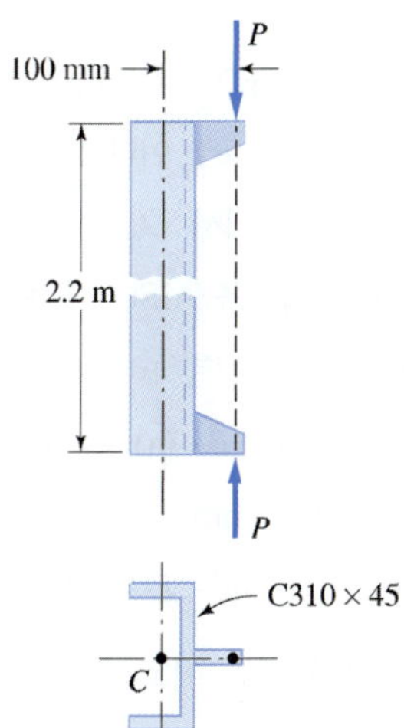

그림 P10.44

10.45 외부 직경 150 mm, 내부 직경 120 mm인 관이 유효 길이 8 m인

기둥으로 사용된다. 편심 e를 갖는 P의 크기가 기둥의 임계 하중의 1/2이다. 사용응력이 120 MPa일 때 e의 최대 허용값을 구하라. $E = 200$ GPa를 사용하라.

10.46 W200 × 100 단면이 8 m 길이의 단순지지 기둥에 사용되었다. 기둥은 편심 e를 가지는 축 하중 P를 전달한다. 기둥의 항복이 $P = 0.85\ P_{cr}$ (여기서 Pcr은 오일러 공식으로 주어진 임계 하중)에서 시작될 때 e값을 구하라. $E = 200$ GPa, $\sigma_{yp} = 250$ MPa를 사용하라.

10.47 사각형 관이 유효 길이 6 m인 기둥으로 사용되었다. 축 하중 P는 편심 $e = 6$ mm를 가지고 있다. 기둥이 항복되기 시작하는 P 값을 구하라. $E = 200$ GPa, $\sigma_{yp} = 250$ MPa를 사용하라.

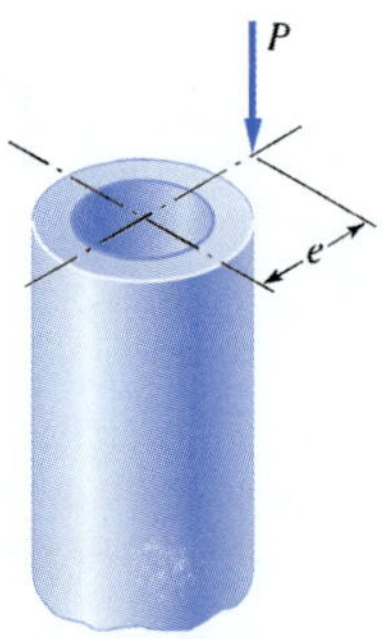

그림 P10.45

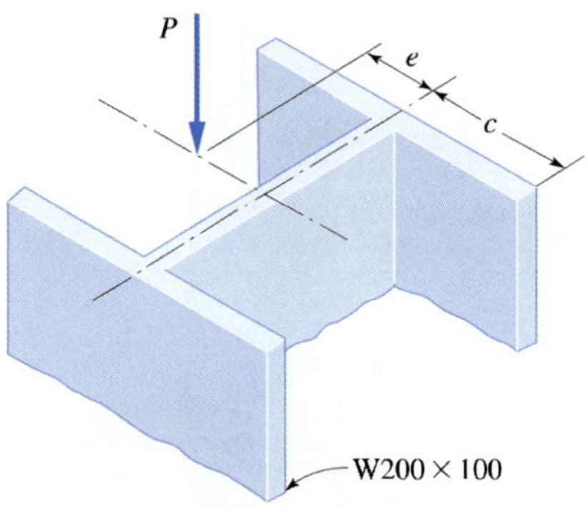

그림 P10.46

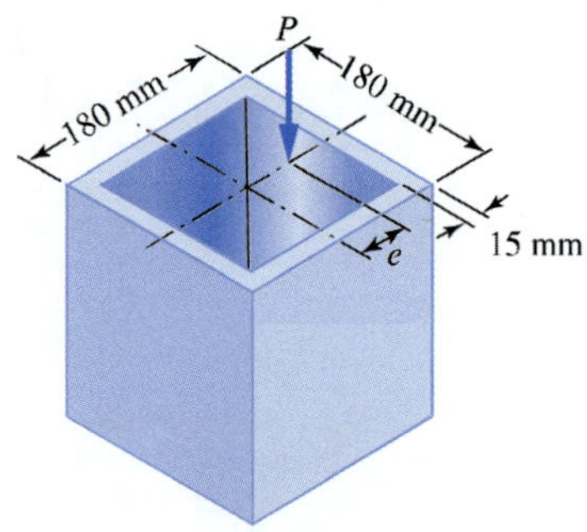

그림 P10.47

컴퓨터문제

C10.1 외부 직경 D, 내부 직경 d인 원형 강관이 유효 길이 L_e인 기둥으로 사용된다. 강의 탄성계수가 E이고 항복응력은 σ_{yp}이다. 주어진 값 $\beta = d/D$, L_e, E와 σ_{yp}에 대해 D가 $D = 0$에서 D_{max}까지 변할 때 설계 강도 P_{des}를 D에 대해 그리는 알고리즘을 AISC 규정을 이용하여 작성하라. 이 알고리즘을 다음 자료에 대해 실행하라. $L_e = 6$ m, $E = 200 \times 10^3$ MPa, $\sigma_{yp} = 250$ MPa, 그리고 (a)$\beta = 0$ (중실봉), $D_{max} = 270$ mm, (b)$\beta = 0.9$, $D_{max} = 480$ mm. 각 경우에 대해 $P = 3000$ kN일 때, 그래프를 이용하여 최소 허용 D를 추정하라.

C10.2 W-단면으로 이루어진 기둥의 유효 길이는 L_e이고 편심 e를 갖고 축 하중 P를 전달하고 있다. 주어진 값 L_e, e, E, σ_{yp}와 단면 특

성 A, S, I에 대해 (1)항복이 시작되는 P 값, P_{yp}를 계산하고 (2)P가 $P=0$에서 P_{yp}까지 변할 때 P에 대한 최대 수직 압축응력 σ_{max}를 그리기 위한 알고리즘을 작성하라. 이 알고리즘을 $e=300$ mm, $E=200$ GPa, $\sigma_{yp}=250$ MPa, $A=15{,}500\ \text{mm}^2$, $S=2010\times10^3\ \text{mm}^3$, $I=365\times10^6\ \text{mm}^4$이고 (a) $L_e=10$ m, (b) $L_e=20$ m를 갖는 W360 × 122 단면에 대해 실행하라. 각 경우에 대해 그래프를 이용하여 $\sigma_{max}=150$ MPa가 될 때의 P 값을 추정하라.

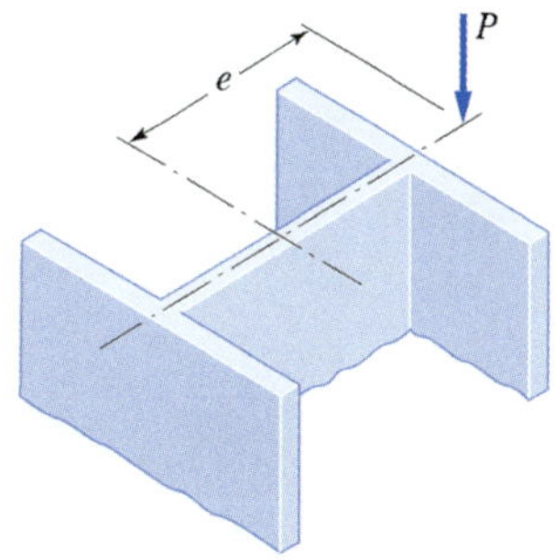

그림 C10.2

C10.3 중공관의 외부·내부 직경이 각각 D와 d이다. 이 관은 축 하중 P를 전달하기 위해 유효 길이 L_e를 갖는 기둥으로 사용된다. 재료의 응력 σ와 변형률 ϵ사이의 관계식을 근사적으로 다음과 같다.

$$\sigma = 68.8\epsilon - (2.36\times10^3)\epsilon^2 - (2.06\times10^6)\epsilon^3\ \text{GPa}$$

주어진 D, d, L_e에 대해, 좌굴에 대한 접선계수이론을 이용하여 P의 임계값을 계산하는 알고리즘을 작성하라. 이 알고리즘을 다음 자료에 대해 실행하라. $D=80$ mm, $d=60$ mm이고 (a)L_e=1.2 m, (b)L_e=2 m.

제11장

보에 관한 추가적인 주제들

곡선보의 일부분. 보가 심하게 곡선이면 직선보에 대해 유도된 공식은 적용되지 않는다. 곡선보의 응력 해석은 이 장에 제시되는 주제 중 하나이다

11.1 개요

제5장에서의 굽힘이론은 그것의 사용에 대해 제한이 있는 몇 가지 가정에 기초하였다. 이들 가정 중에 두 가지는 다음과 같다.

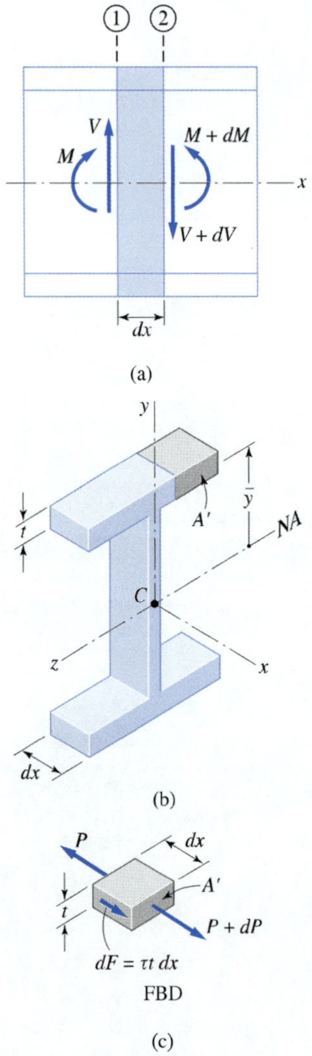

그림 11.1
(a)–(b) W–단면의 미소 요소
(c) 플랜지의 전단응력을 구하는 데 사용되는 자유물체도

- 보는 대칭면을 가지고 작용 하중은 이 평면 내에 작용한다.
- 보는 초기에는 직선이거나 또는 곡률 반경이 보의 깊이에 비해 크다.

만일 하중이 보의 대칭면에 작용하지 않으면, 하중면이 전단 중심이라고 알려진 단면의 특정한 점을 지나지 않는 한 전단응력이 보를 비틀리게 할 수 있다. 이 문제에 대해서는 11.2절과 11.3절에서 다루고 있는데, 주어진 단면의 전단 중심의 위치를 어떻게 결정하는가에 대해서도 배우게 된다.

11.4절의 주제는 **비대칭 굽힘**인데, 굽힘 모멘트가 단면의 주축이 아닌 축에 대해 작용하는 경우이다. 결과적으로 단면의 중립축은 굽힘축과 일반적으로 일치하지 않아서 굽힘공식 $\sigma = -My/I$를 직접 적용할 수 없다. 11.4절에서는 비대칭 굽힘에 대해서도 굽힘공식을 사용할 수 있도록 해석을 수정하는 방법을 설명한다.

11.5절에서는 상당한 초기 곡률이 있는 보에 대해 다룬다. 직선보에서는 평면인 단면이 평면을 유지한다는 가정 때문에 굽힘공식에서 보듯이 단면에 걸쳐 선형적 응력 분포가 되었다. 보가 굽어져 있으면 같은 가정은 응력의 비선형 분포라는 결과를 주는데, 이에 대해서는 그 절에서 유도한 곡선보 공식으로 설명한다.

11.2 얇은 두께의 보에서의 전단류

5.4절에서 대칭보에 작용하는 횡전단력으로 유발되는 연직 전단응력을 계산하기 위한 식인 $\tau = VQ/(Ib)$를 유도하였다. 광폭플랜지와 채널 단면과 같은 구조 형상의 플랜지에서의 전단응력에 대한 비슷한 공식이 구해질 수 있다. 전단응력을 유도하는 것은 기본적으로 5.4절에서 사용한 논의의 연장이다.

그림 11.1 (a)와 (b)에서는 광폭보의 미소 요소를 보여준다. 이 요소는 단면 ①과 ②를 경계로 하고 있으며, 거리 dx만큼 떨어져 있다. 두 단면에 작용하는 굽힘 모멘트는 M과 $M+dM$으로 표시되었다. 그림 11.1 (c)에서 플랜지의 음영 부분을 수직 절단면으로 분리하였다. 수직력 P와 $P+dP$는 플랜지의 면적 A'에 작용하는 굽힘응력의 합력이다. 5.4절에서

$$P = -\frac{MQ}{I} \qquad \text{(5.6 반복)}$$

임을 보였는데, 여기에서 Q는 면적 A'의 중립축에 관한 1차 모멘트이고 I는 중립축에 관한 보 단면적의 관성 모멘트이다.

따라서

$$dP = -\frac{dM}{dx}\frac{Q}{I}dx = -\frac{VQ}{I}dx$$

위식은 $V = dM/dx$를 대입한 것이다.

그림 11.1 (c)의 자유물체도의 평형(x방향으로 작용하는 힘만 보여준다)은 길이 방향으로의 평면에서 길이 방향으로의 전단력 dF가 있어야 할 것을 요구한다. 전단응력 τ가 플랜지의 두께 t에 걸쳐 균일하게 분포한다고 가정하면 $dF = \tau t\ dx$이다. 따라서 평형방정식

$$\Sigma F_x = 0 :\ (P + dP) - P + dF = 0$$

은

$$-\frac{VQ}{I}dx + \tau t\ dx = 0$$

되고, 이로부터

$$\boxed{\tau = \frac{VQ}{It}} \tag{11.1}$$

을 얻는다.

플랜지에서 길이 방향 전단응력은 그림 11.2에 보는 바와 같이 단면상에 같은 크기의 전단응력을 동반한다. 식 (11.1)에서 Q는 A'가 중립축 아래 있을 때 음이 되므로, 상부와 하부플랜지에서의 전단응력은 보는 바와 같이 방향이 반대이다.

얇은 두께의 부재에서, **전단류**의 개념을 도입하는 것이 편리하다. 전단응력은 단위 면적당 힘을 나타내지만, 전단류 q는 **단위 길이당의 힘**이다. 전단류는 전단응력 τ와 두께 t의 항으로

$$\boxed{q = \tau t = \frac{VQ}{I}} \tag{11.2}$$

이 된다.

식 (11.2)를 이용하면, 광폭플랜지와 채널 단면의 플랜지에서의 전단류 분포를 구할 수 있다. 그림 11.3 (a)을 참고하면

$$q = \frac{VQ}{I} = \frac{V(tz)\overline{y}}{I} = \frac{Vht}{2I}z \tag{a}$$

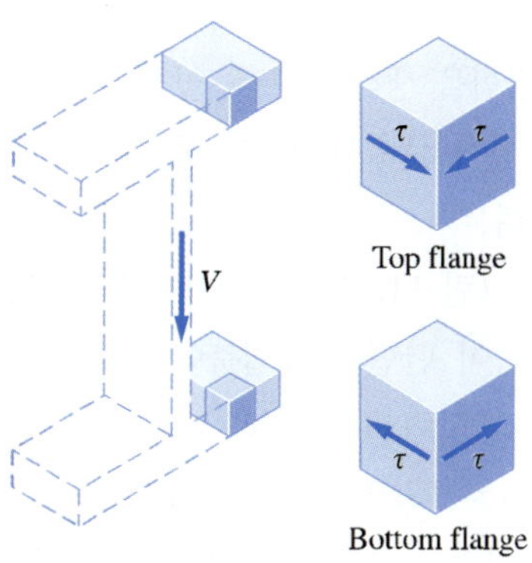

그림 11.2
W-단면의 프랜지에서의 전단응력

이 식은 전단류 q가 플랜지의 자유단에서의 거리에 선형적으로 변한다는 것을 보여준다. 단면에서의 전단류의 변화와 방향을 그림 11.3 (b)의 전단류 선도로 표시하였다(각 단면에 작용하는 전단력 V는 아래로 작용한다고 가정하였다).

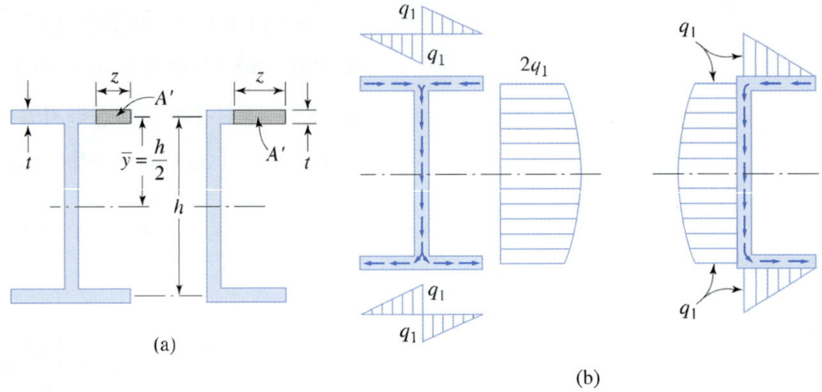

그림 11.3 (a) 광폭플랜지와 채널 단면에서의 전단류의 계산 (b) 전단류의 분포

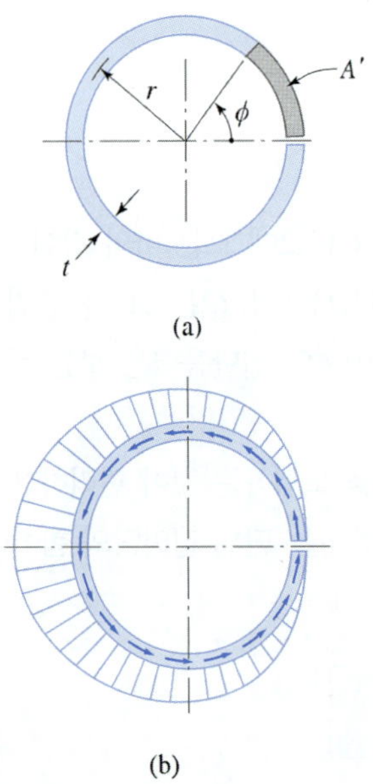

그림 11.4
(a) 분리관의 전단류 계산
(b) 전단류의 분포

마찬가지로, 그림 11.4 (a)의 분리관에서 각 ϕ로 정의되는 위치에서의 전단류는

$$q = \frac{VQ}{I} = \frac{V}{I}\int_0^{\phi}(r\sin\phi)(tr\,d\phi) = \frac{Vtr^2}{I}(1-\cos\phi) \qquad \text{(b)}$$

위 식을 그림으로 나타내면 그림 11.4 (b)의 전단류 선도와 같다(전단력 V는 단면에서 아래로 작용한다고 가정하였다).

11.3 전단 중심

단일 대칭축을 가진 얇은 두께 단면의 굽힘을 생각해 보자. 앞장에서 대칭축이 하중 평면에 있다고 가정하였다. 이 절에서는, 대칭축이 중립축인 단면에 굽힘이론을 적용할 수 있는 조건을 살펴본다.

단일 대칭축을 갖는 단면의 예로서 그림 11.5의 채널 단면을 생각한다. 하중 방향을 수직으로 가정하여, 대칭축이 단면의 중립축이 되도록 한다. 그림 11.5 (a)는 단면에 작용하는 수직 전단력 V에 의해 야기되는 전단류를 보인다. 플랜지에서의 최대 전단류 $q = Vhtb/(2I)$는 11.2절의 식 (a)에 $z = b$을 대입하여 구해지며 여기서 치수 h, t와 b는 그림에서 정의되었다. 그림 11.5 (b)에서 보인 플랜지에서 전단류의 합력 H는 전단류 선도의

면적으로

$$H=\frac{1}{2}q_1 b=\frac{Vhtb^2}{4I} \tag{c}$$

웨브에서 전단류의 합력은 단면에 작용하는 수직 전단력 V와 같다. 플랜지에서의 힘 H는 크기 Hh인 짝힘을 이루므로, 그림 11.5 (b)의 하중계는 그림 11.5 (c)에서 보인 것처럼 점 O를 지나 작용하는 정역학적으로 등가인 힘 V로 대치된다. O의 위치는 임의의 점에 대한 두 하중계의 모멘트가 항상 같아야 된다는 조건에서 구해진다. B를 모멘트 중심으로 취하면, $Hh = Ve$가 되며 따라서

$$e=\frac{Hh}{V}=\frac{h^2b^2t}{4I} \tag{11.3}$$

점 O는 단면의 전단 중심(*shear center*) 또는 굽힘 중심(*flexural center*)으로 알려져 있다.

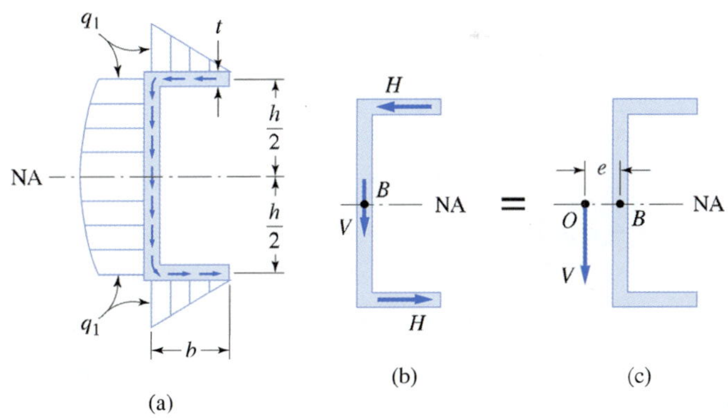

그림 11.5 (a) 채널 단면의 전단류 분포 (b) 전단류의 합력 (c) 전단 중심 O에서 작용하는 전단력 V를 이루는 정역학적 등가 하중계

앞의 결과는 5장과 6장에서 유도한 굽힘이론을 응용하기 위해서는 전단력이 전단 중심을 지나도록 작용해야 한다는 것을 보여준다. 이 요구 조건을 만족하기 위해서는, 외부 하중의 **평면은 전단 중심을 반드시 지나야 한다.** 만일 하중이 이 조건을 맞추지 못하면, 굽힘은 비틀림이 동반한다. 예를 들어 그림 11.6 (a)에서 외팔보는 하중 P가 끝단면의 전단 중심을 지나도록 작용하므로 비틀리지 않는다. 한편 만일 단면의 도심 C와 같이 다른점에 위치하면, 보의 변형은 그림 11.6 (b)에서 보여지는 것처럼 비틀림과 굽힘으로 이루어진다.

다른 얇은 보 단면의 전단 중심은 유사한 해석에 의해 결정된다. 어떤

경우에는 전단 중심의 위치는 관찰에 의해 결정할 수 있다. 그림 11.7 (a)의 T-단면은 실질적으로 플랜지에서 수직 전단력을 모두 전달한다(중립축을 따라 놓이므로, 그것의 기여는 무시한다). 따라서 단면의 전단 중심은 플랜지의 중심선에 위치한다. 그림 11.7 (b)의 등각 앵글의 전단 중심은 분명히 다리에서 전단류가 서로 교차하는 단면의 교차부이다.

만일 대칭축이 수직(하중 평면에서)인 경우에, 전단 중심은 항상 그 축상에 채 놓인다. 그림 11.7 (c)에 보인 바와 같이 수평 전단류는 대칭축에 대해 대칭이다. 따라서 이들의 합력은 없다. 반면에 수직 전단류는 대칭축상에 놓여 있는 합력 V를 갖는다.

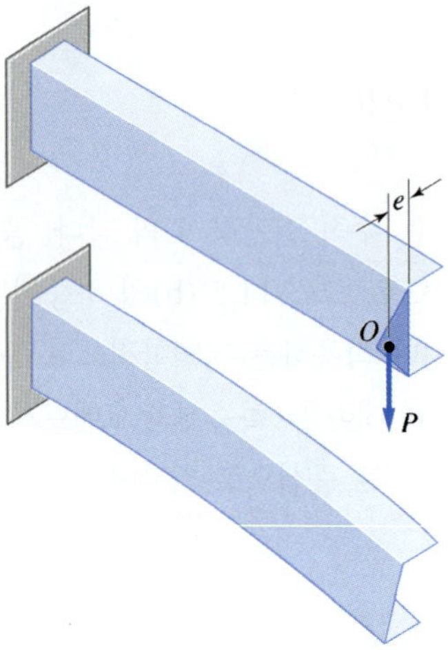

(a)

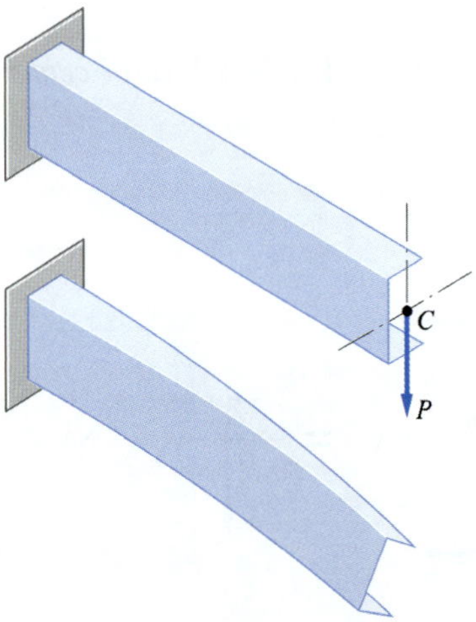

(b)

그림 11.6
(a) 하중이 전단 중심 O에 작용하면 비틀림 없이 채널 단면이 굽어진다. (b) 하중이 전단 중심에 작용하지 않으면, 굽힘은 비틀림을 동반한다

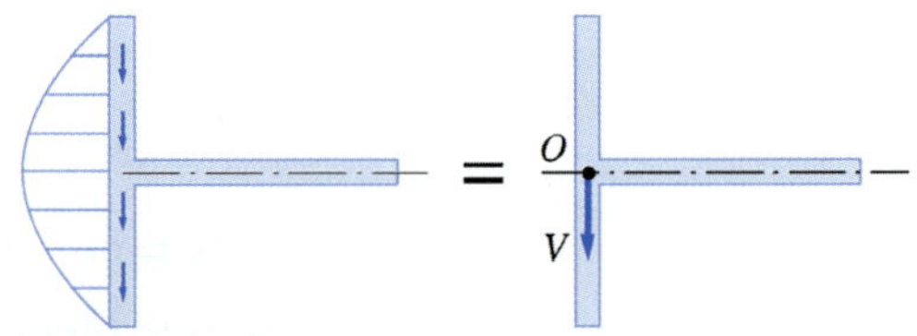

(a)

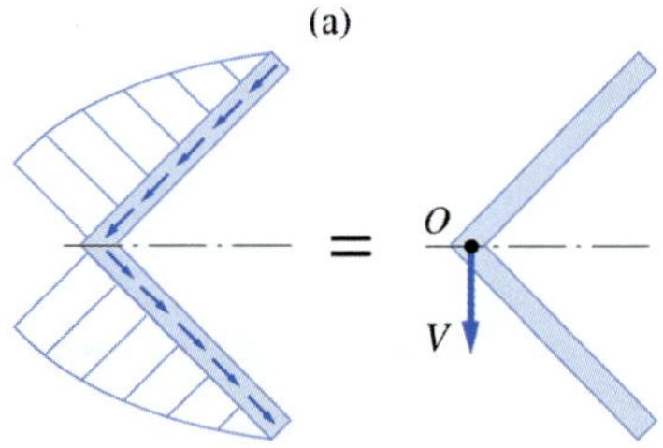

(b)

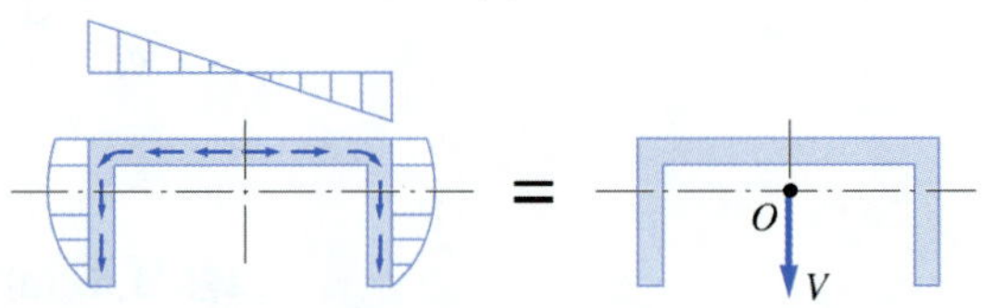

(c)

그림 11.7 전단 중심 O를 관찰에 의해 알 수 있는 단면들

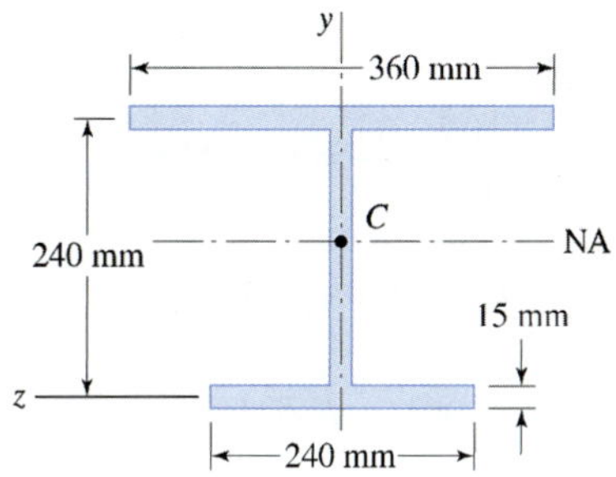

(a)

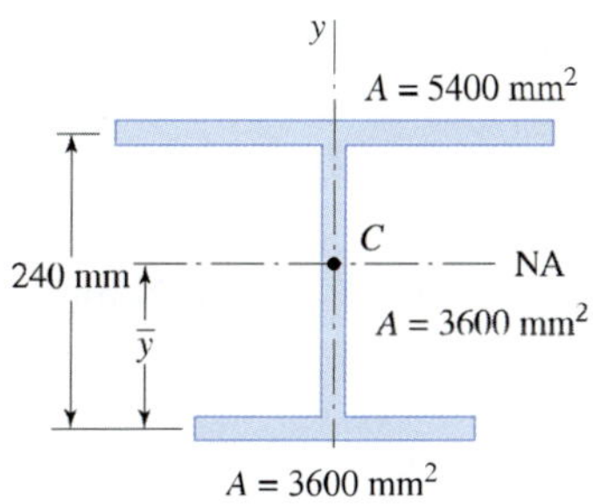

(b)

예제 11.1

그림 (a)의 얇은 두께 단면이 15 mm의 일정한 벽 두께를 갖는다. 단면에 전단력 $V = 5000$ N이 y의 음의 방향으로 작용하고 있을 때, 이 단면의 전단류 선도를 그려라.

풀이

그림 (b)에 보여진 이상화된 단면으로부터 단면 특성을 계산한다. 얇은 단면에 대해 이와 같은 근사가 보통 사용되고 있는데, 타 단면 치수와 비교하여 벽 두께를 무시하게 된다.

그림 (b)를 참조하면, 중립축의 위치는 그림 (c)에 보인 것처럼 다음과 같이 주어진다.

$$\bar{y} = \frac{\Sigma A_i \bar{y}_i}{\Sigma A_i} = \frac{3600(0) + 3600(120) + 5400(240)}{3600 + 3600 + 5400} = 137.14 \text{ mm}$$

중립축에 대한 단면적의 관성 모멘트는 다음과 같이 계산된다.

$$\begin{aligned} I &= I_{\text{web}} + \sum_{\text{플랜지}} A_i(\bar{y} - \bar{y})^2 \\ &= \left[\frac{15(240)^3}{12} + 3600(137.14 - 120)^2\right] \\ &\qquad + 3600(137.14)^2 + 5400(102.86)^2 \\ &= 143.18 \times 10^2 \text{ mm}^4 \end{aligned}$$

전단류 선도는 그림 (b)에 보였다. 계산 결과는 아래에서 설명된다.

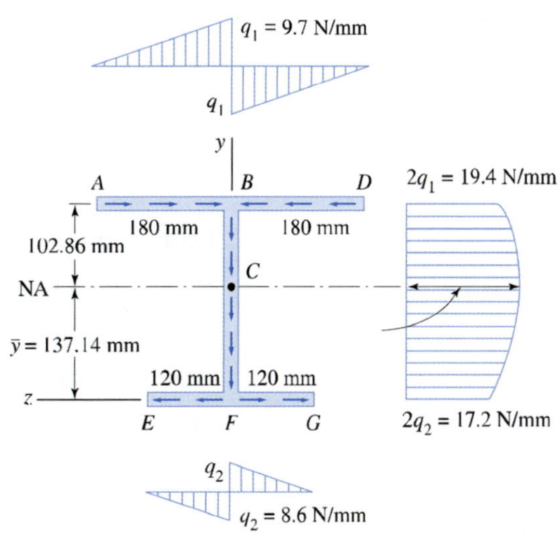

(c)

상부플랜지 상부플랜지의 전단류는 A에서 영에서 B에서 q_1까지 선형적으로 변한다. 여기서

$$q_1 = \frac{VQ_{AB}}{I} = \frac{5000(15 \times 180)(102.86)}{143.18 \times 10^6} = 9.7 \text{ N/mm}$$

플랜지의 다른 쪽 반에서 전단류는 동일한 분포이나 반대 방향으로 작용한다.

하부플랜지 하부플랜지에서, 전단력은 E에서 0이고 F에서

$$q_2 = \frac{VQ_{EF}}{I} = \frac{5000(15 \times 120)(137.14)}{143.18 \times 10^6} = 8.6 \text{ N/mm}$$

까지 선형적으로 증가한다. 또한 전단류는 플랜지의 두 반쪽에서 대칭이다.

웨브 웨브의 B에서의 전단류는

$$q_B = \frac{VQ_{AD}}{I} = \frac{V(2Q_{AB})}{I} = 2q_1 = 2(9.7) = 19.4 \text{ N/mm}$$

마찬가지로 F에서의 전단류는

$$q_F = \frac{VQ_{EG}}{I} = \frac{V(2Q_{EF})}{I} = 2q_2 = 2(8.6) = 17.2 \text{ N/mm}$$

단면의 도심 C에서 발생하는 최대 전단류는

$$\begin{aligned} q_{\max} &= \frac{V(Q_{AD} + Q_{BC})}{I} \\ &= 19.4 + \frac{5000(15 \times 102.86)(102.86/2)}{143.18 \times 10^6} = 22.2 \text{ N/mm} \end{aligned}$$

■

예제 11.2

예제 11.1의 단면이 90° 회전되었으며, 전단력 $V = 5000$ N이 수직 아래 방향으로 작용한다.

(1)각 플랜지에 전달되는 전단력과, (2)전단 중심과 좌측 플랜지 사이의 거리를 구하라.

풀이

그림 (a)에서 중립축의 단면에 대한 관성 모멘트는(웨브의 작은 기여는 무시한다).

$$I = \frac{15(360)^3}{12} + \frac{15(240)^3}{12} = 75.6 \times 10^6 \text{ mm}^4$$

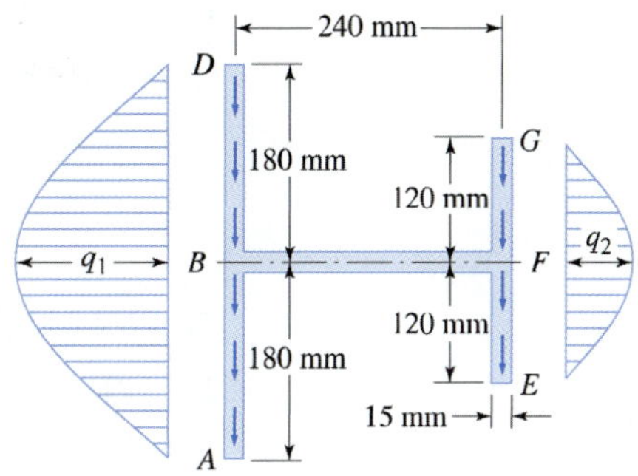

(a)

(1)

전체 수직 전단력 V가 플랜지에 전달되고, 여기서 전단류 분포는 그림 (a)에 보인 것처럼 포물선이다. 전단류의 최댓값은 다음과 같이 구해진다.

$$q_1 = \frac{VQ_{BD}}{I} = \frac{5000(15 \times 180)(90)}{75.6 \times 10^6} = 16.1 \text{ N/mm}$$

$$q_2 = \frac{VQ_{FG}}{I} = \frac{5000(15 \times 120)(60)}{75.6 \times 10^6} = 7.1 \text{ N/mm}$$

그림 (b)에 보인 플랜지에서의 전단력은 각각의 전단류 선도의 면적과 같다. 따라서

$$V_1 = \frac{2}{3} q_1 \overline{AD} = \frac{2}{3}(16.1)(360) = 3864 \text{ N} \quad \text{[답]}$$

$$V_2 = \frac{2}{3} q_2 \overline{EG} = \frac{2}{3}(7.1)(120) = 1136 \text{ N} \quad \text{[답]}$$

검산으로써 $V_1 + V_2 = 3864 + 1136 = 5000$ N이며 이는 단면의 수직 전단력 V와 같다.

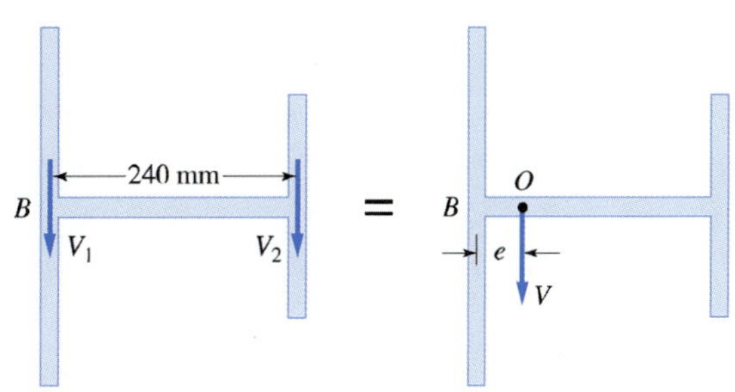

(b) (c)

(2)

힘 V_1와 V_2는 그림 (c)에서 나타낸 것처럼 전단 중심 O에 작용하는 전단력 V와 정적으로 등가이다. 좌측 플랜지와 점 O사이의 거리 e는 그림 (b)와 (c)에서 B에 관한 힘의 모멘트를 같게 구해지며, 이로부터 $240\,V_2 = e\,V$ 또는

$$e = \frac{240\,V_2}{V} = \frac{240(1136)}{5000} = 54.5 \ \text{mm} \qquad \text{[답]}$$

[주] 보는 구부러져도 비틀리지 않는다는 가정을 이용하여 전단류가 계산되었다. 따라서, 이 결과는 전단력 V가 전단 중심을 지날 경우에만 유효하다. 그렇지 않으면 전단류를 구하는 굽힘 이론은 적용할 수 없다.

연습문제

11.1-11.4 수직 전단력 V가 그림에서 보여지는 얇은 두께의 단면에 작용하고 있다. 단면의 전단류 선도를 그려라. 단면의 두께는 일정하다고 가정하라.

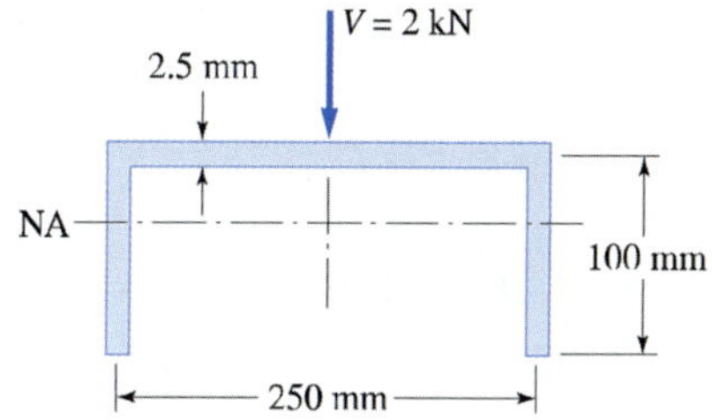

그림 P11.1

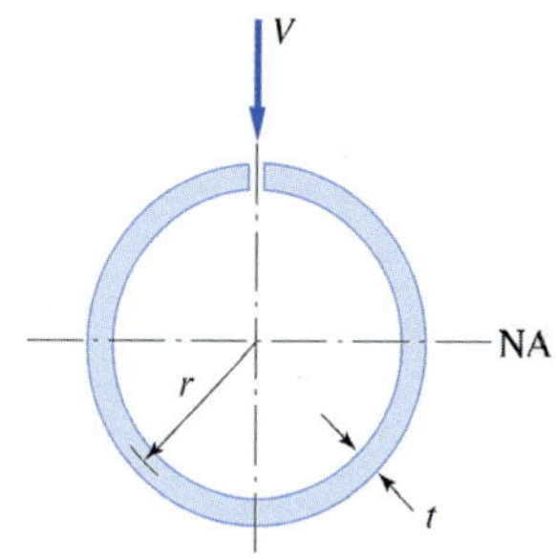

그림 P11.2

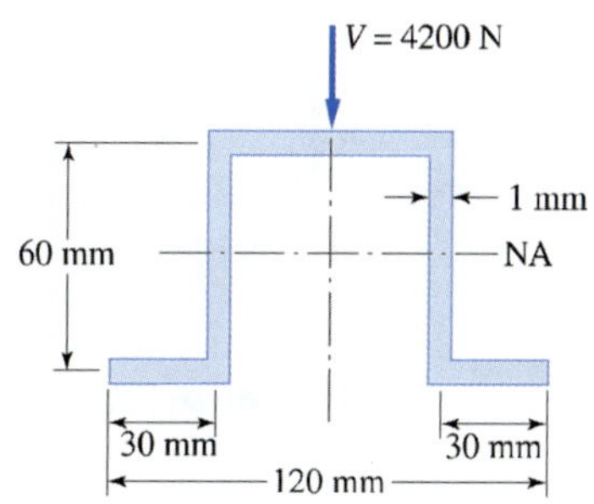

그림 P11.3

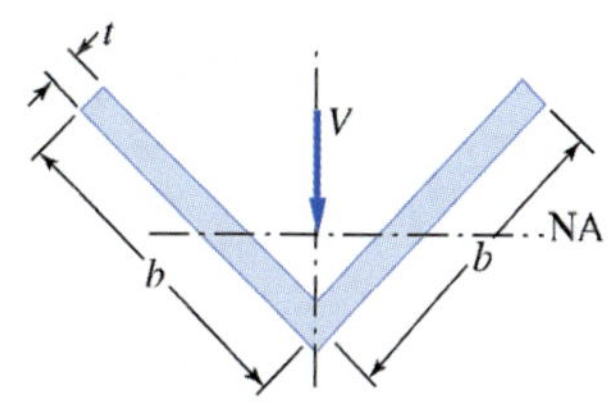

그림 P11.4

11.5-11.8 그림에서 보여진 단면에 대해 (a)수직 전단력 V에 의한 전단류 선도를 그려라. (b)전단 중심 O가 위치하는 거리 e를 계산하라. 단면의 두께는 일정하다고 가정하라.

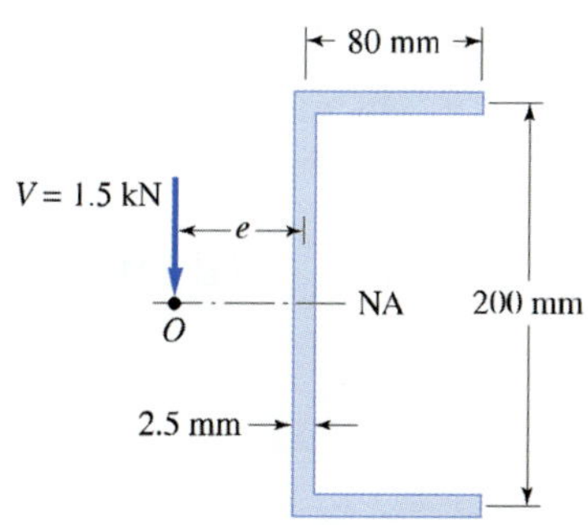

그림 P11.5

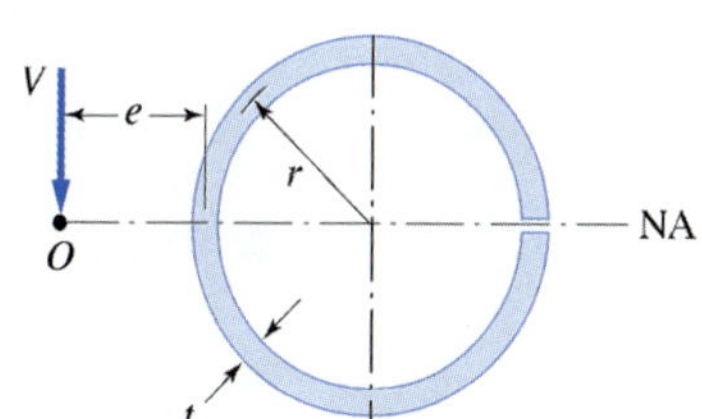

그림 P11.6

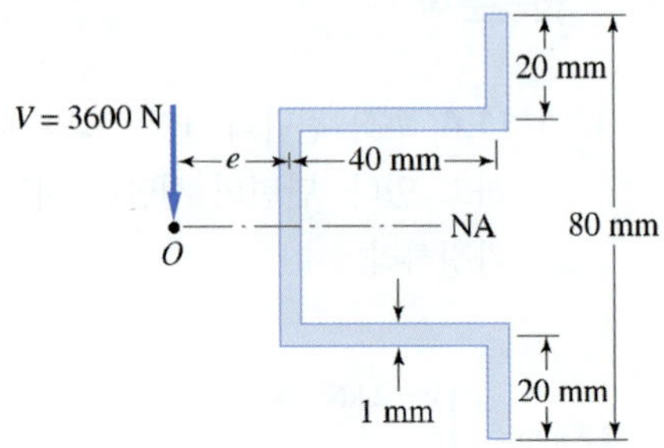

그림 P11.7

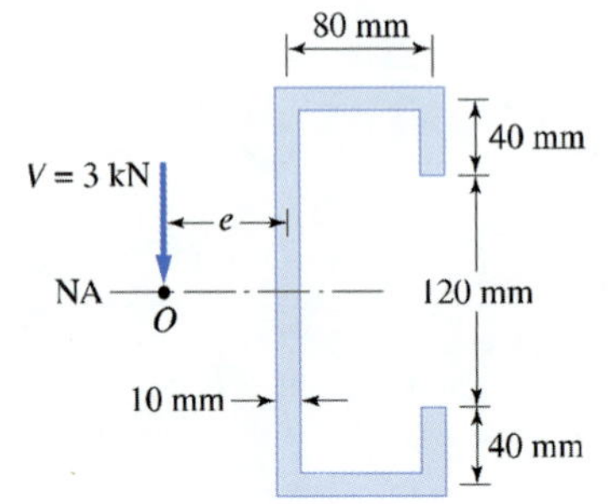

그림 P11.8

11.9-11.18 그림에서 보여지는 보의 단면은 균일 두께를 갖는다. 점 B에 대한 전단 중심의 위치를 구하라.

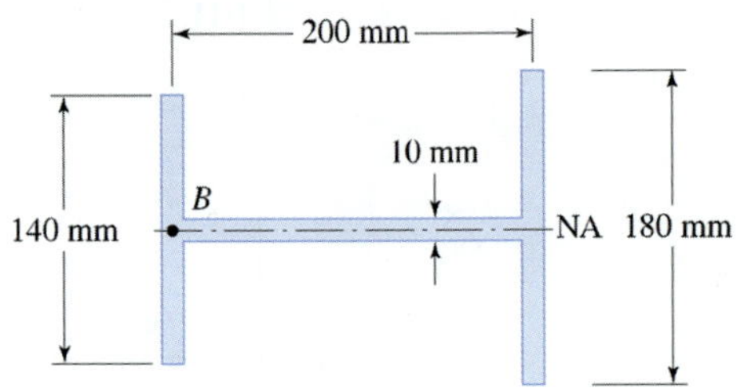

그림 P11.9

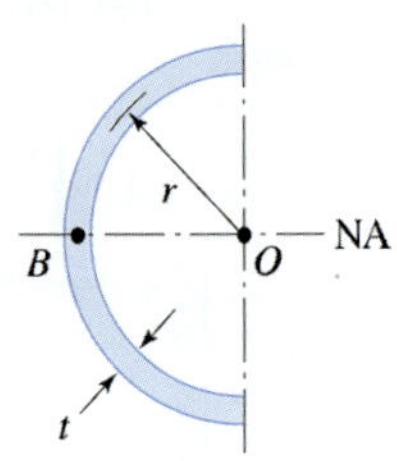

그림 P11.10

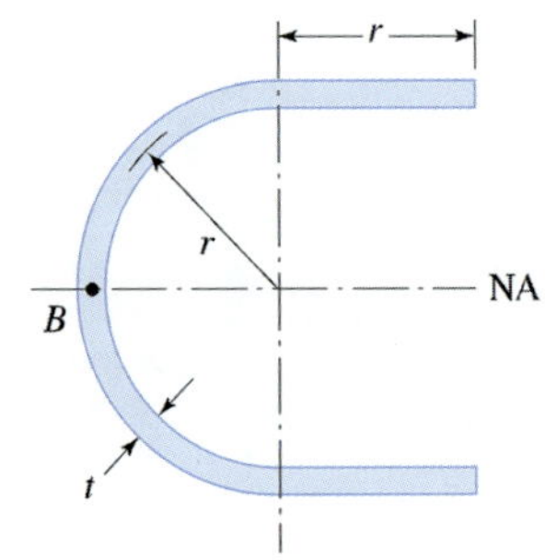

그림 P11.11

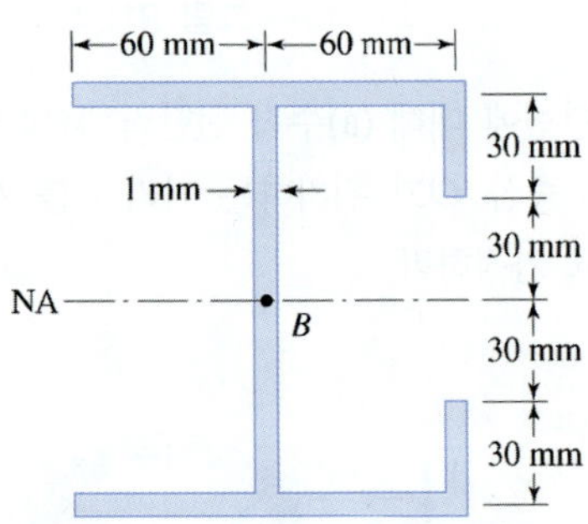

그림 P11.12

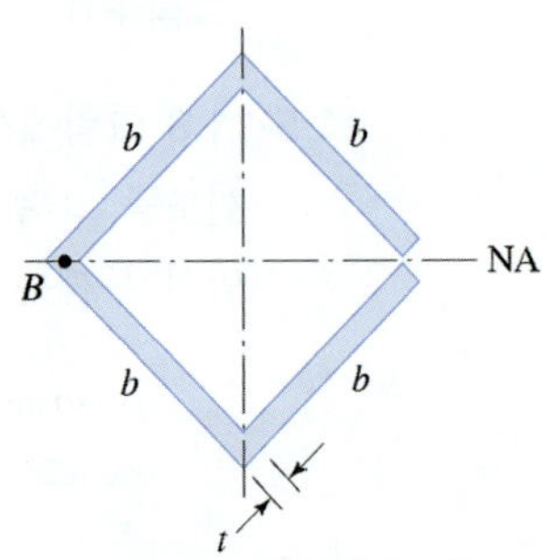

그림 P11.13

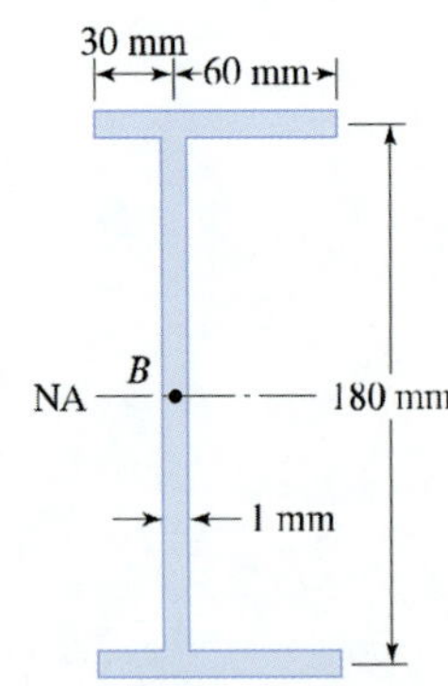

그림 P11.14

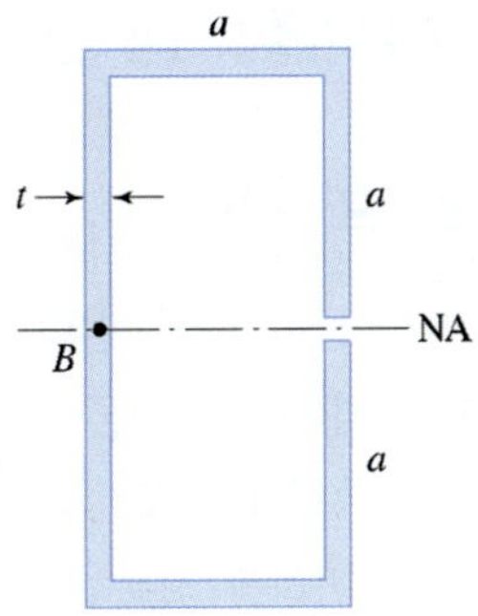

그림 P11.15

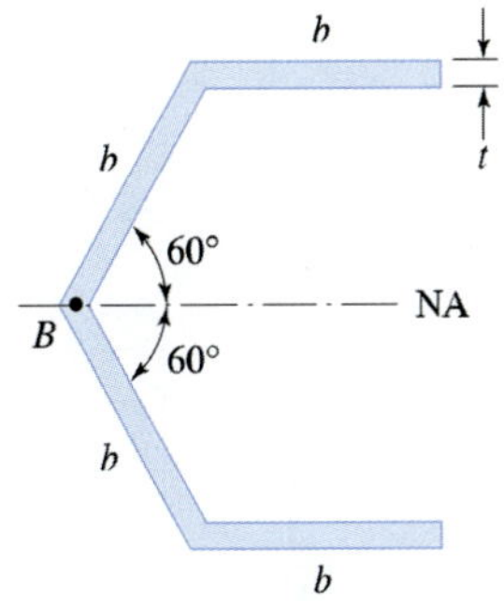

그림 P11.16

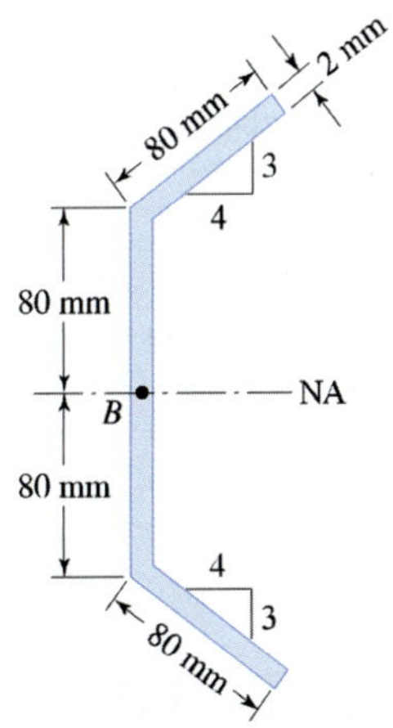

그림 P11.17

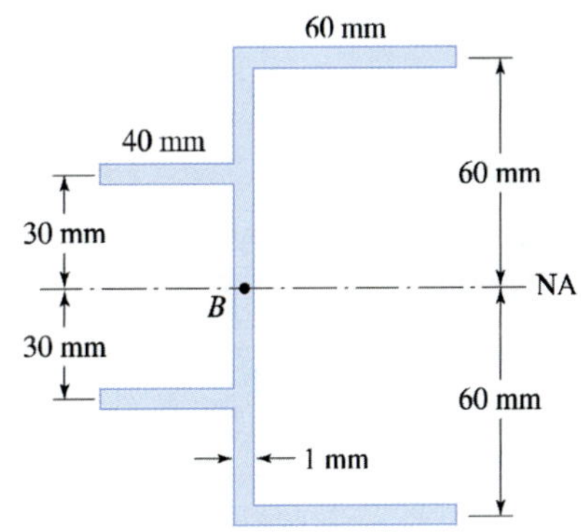

그림 P11.18

11.19 그림에 C230×30 단면의 이상화된 단면이 나타나 있다. 점 B와 전단 중심 사이의 수평길이 e를 구하라.

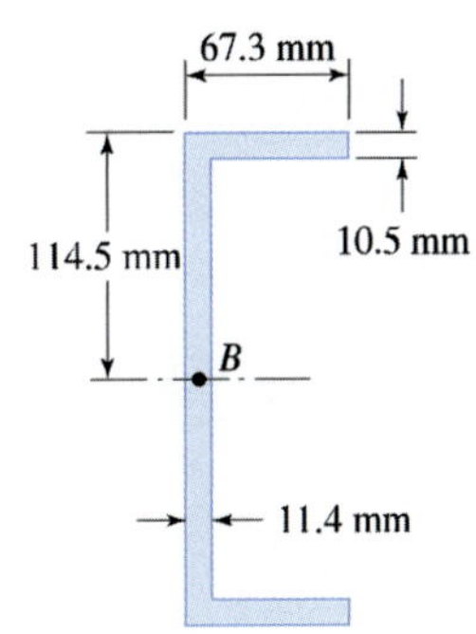

그림 P11.19

11.4 비대칭 굽힘

a. 대칭 굽힘의 검토

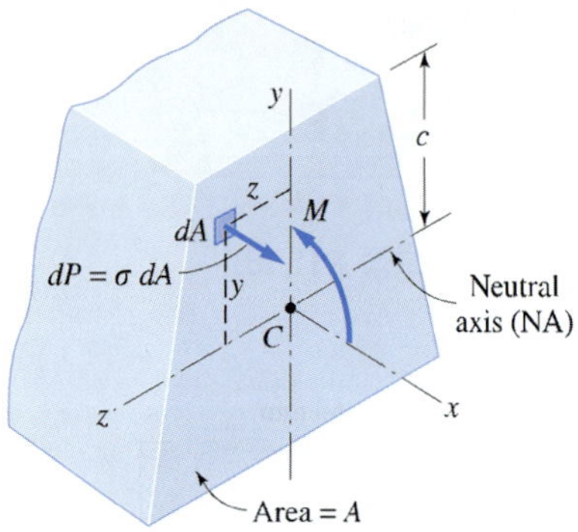

그림 11.8
대칭굽힘, 여기서 하중 평면(xy 평면)은 또한 보의 대칭면이다.

제5장에서 전개한 굽힘이론은 단면의 대칭축을 포함하는 평면에 하중이 놓인 경우로 제한된다. 대칭 굽힘이론을 지배하는 방정식의 유도는 그림 5.3에 기초했으며 여기서 그림 11.8로 다시 보였다. 평면 단면이 평면을 유지한다는 가정에 Hooke의 법칙을 적용하면 수직응력 분포

$$\sigma = -\frac{E}{\rho}y \qquad (5.1\ 반복)$$

에 이르게 된다. 여기서 ρ는 보의 곡률 반경이다. 다음 평형 조건이 만족되어야 한다.

- 축력의 합력은 반드시 0이어야 한다. $\int_A \sigma dA = 0$, 식 (5.1)의 σ을 대입하면

$$\int_A y\,dA = 0 \qquad \text{(a)}$$

  이는 중립축이 단면의 도심축과 일치함을 보여준다.

- y축에 관한 합 모멘트도 0이어야 한다. $\int_A \sigma z dA = 0$, σ에 대한 식을 대입하면, 이 조건은

$$I_{yz} = \int_A yz\,dA = 0 \qquad \text{(b)}$$

  여기서 적분은 yz-축에 대한 단면적의 관성곱이다. y축은 이미 단면의 대칭축으로 가정했으므로, 관성곱은 0이 되며, 이 조건은 저절로 만족된다.

- 중립축에 관한 합 모멘트는 굽힘 모멘트 M과 같아야 된다. $\int_A \sigma y\ dA = -M$(음의 부호는 부호 규약에 의한 것이다. 양의 M은 $y > 0$일 때 음의 σ가 된다). 이 조건은 $M = EI/\rho$이므로 식 (5.1)에 대입하여 굽힘공식을 얻는다.

$$\sigma = -\frac{My}{I} \qquad \text{(c)}$$

y축이 단면의 대칭축이 되어야 된다는 요구 조건은 지나친 제한이라는 것을 알 수 있다. 식 (b)에 따르면 굽힘공식은 $I_{yz} = 0$이면 유효하며, 이것은 yz-축이 단면의 **관성의 주축**인 경우이다.[1] 따라서 굽힘공식은 M이 단면의 주축의 하나에 대해 작용할 때 적용할 수 있다. 주축에 대해 평행이고, 전단 중심을 지나는 평면을 굽힘의 주 평면이라 부른다. 굽힘 공식이 유효하기 위해서는 외력은 굽힘의 주평면에 놓여야 한다.

b. 대칭 단면

이제 **비대칭 굽힘**을 논의할 준비가 되었다. 비대칭 굽힘은 전단 중심을 지나는 하중들이 굽힘의 주평면에 놓이지 않을 경우에 야기된다. 그림 11.9에 보여지는 바와 같이 굽힘 모멘트 M을 받는 대칭 단면을 생각해 보자(이중 화살을 굽힘 모멘트를 벡터로 나타낼 때 사용하였다). M이 주축에 대해 경사되어 있으므로, 굽힘 공식은 직접 적용할 수 없다. 그러나 M을 성분별로 분해하면

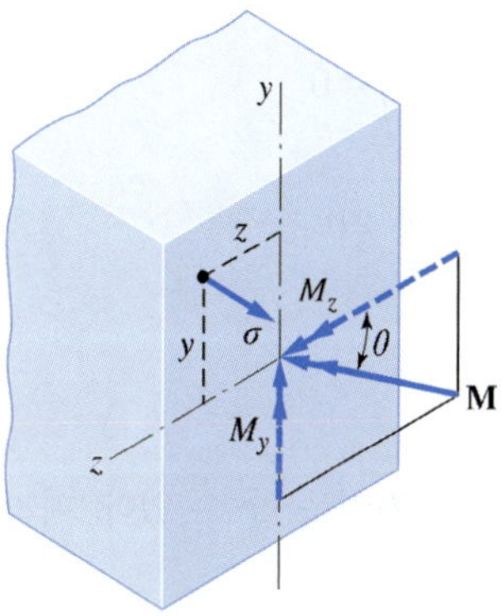

그림 11.9
대칭 단면의 비대칭 굽힘

$$M_y = M\sin\theta\ ,\ M_z = M\cos\theta \tag{d}$$

굽힘 공식은 각 성분에 대해 따로 적용할 수 있으며 그 결과를 중첩하면 그림 11.10와 같이 나타내진다. M_y에 의한 응력은 $M_y z/I_y$이고 y축이 중립축이 된다. M_z에 대한 중립축은 z축이고 대응되는 응력은 $-M_z y/I_z$이다. 중첩을 이용하면 M에 의한 응력은

$$\boxed{\sigma = \frac{M_y z}{I_y} - \frac{M_z y}{I_z}} \tag{11.4}$$

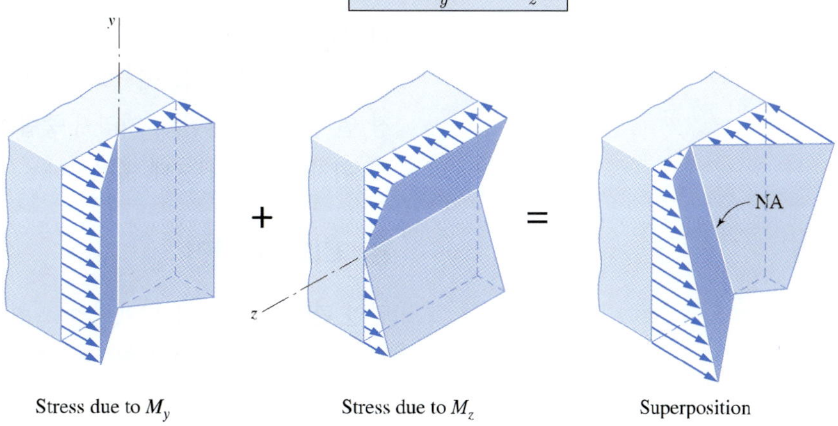

그림 11.10 비대칭 굽힘에 의한 수직응력 분포

1 관성곱과 관성 모멘트를 포함하여 면적의 관성 특성에 대해서는 부록 A를 참고하라.

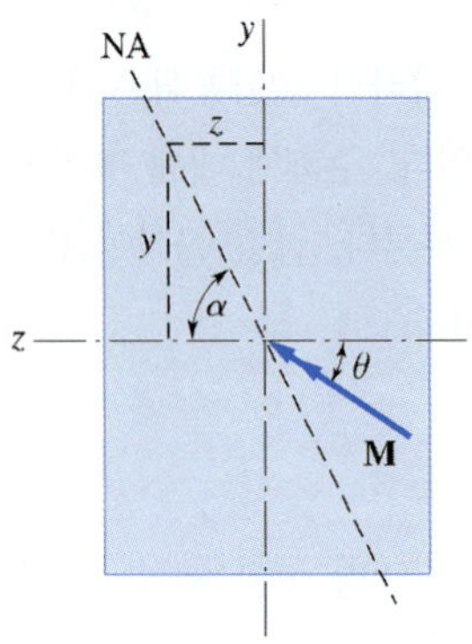

그림 11.11
비대칭굽힘에서 중립축은 반드시 굽힘 모멘트 벡터와 평행할 필요는 없다.

c. 중립축의 경사

일반적으로 비대칭 굽힘에 대한 중립축은 굽힘 모멘트 M과 평행하지 않는다. 중립축은 굽힘응력이 영인 선이므로, 그 식은 식 (11.4)에서 $\sigma = 0$으로 놓아 구할 수 있다. 따라서

$$\frac{M_y z}{I_y} - \frac{M_z y}{I_z} = 0$$

식 (d)에서 굽힘 모멘트의 성분들을 대입하면

$$M\left(\frac{z\sin\theta}{I_y} - \frac{y\cos\theta}{I_z}\right) = 0$$

여기서 M을 소거하고, 다시 정리하면 다음과 같다.

$$\frac{y}{z} = \frac{I_z}{I_y}\tan\theta \tag{e}$$

그림 11.11을 참고하면, y/z가 중립축의 기울기임을 알 수 있다. 따라서, 식 (e)는 다음과 같이 쓸 수 있다.

$$\boxed{\tan\alpha = \frac{I_z}{I_y}\tan\theta} \tag{11.5}$$

여기서 α는 중립축의 경사각(중립축과 z축 사이의 각)이다. 식 (11.5)는 대칭 굽힘($\theta = 0$ or 90°)이 아니라면, 중립축은 $I_y = I_z$인 경우에만 모멘트 벡터 M에 평행하다는 것을 보여준다.

굽힘응력이 중립축에서의 거리에 비례하므로, 최대응력은 중립축에서 가장 먼 점에서 발생한다. 따라서 중립축을 정하는 것은 단면의 최대 굽힘응력의 위치를 결정하는 데 유용하다.

d. 비대칭 단면

만일 단면이 그림 11.12에서의 z-형상과 같이 대칭축을 갖지 않으면, 먼저 관성의 주축 (yz-축)방향을 정의하는 각 θ를 결정해야 한다. 굽힘 모멘트 M은 보인 바와 같이 두 성분M_y 와 M_z로 분해되며, 그리고 나서 단면의 임의의 점에서의 굽힘응력은 식 (11.4)에서 결정된다.

식 (11.4)를 사용하기 전에, 그 점의 yz-좌표들을 결정해야 한다. 이에는 종종 다음과 같은 **좌표계 변환 문제**를 포함한다. 임의의 점 B에서의 $y'z'$-좌표와 각도 θ를 알고, B의 yz-좌표를 계산한다. 그림 11.12의 두 개의 음영

된 삼각형을 참고하면, 다음과 같이 두 좌표계 사이의 관계식을 알 수 있다.

$$y_B = y'_B \cos\theta + z'_B \sin\theta \qquad z_B = z'_B \cos\theta - y'_B \sin\theta \tag{11.6}$$

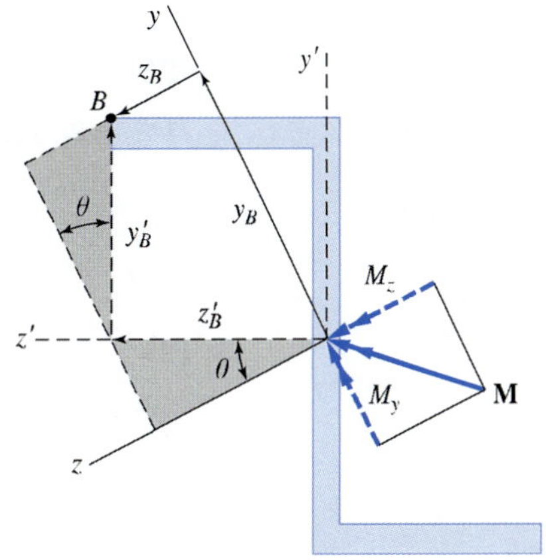

그림 11.12 비대칭 단면의 굽힘. yz-축은 단면의 관성의 주축이다. 음영된 삼각형은 단면상의 점들에 대한 좌표 변환 유도하는 데 사용된다.

예제 11.3

W250 × 32.7 단면이 그림 (a)에 보인 것처럼 z-축에 16.2° 경사진 32 kN·m의 굽힘 모멘트를 받고 있다. (1)중립축과 z-축 사이의 각도와 (2)단면에 작용하는 최대 굽힘응력을 구하라.

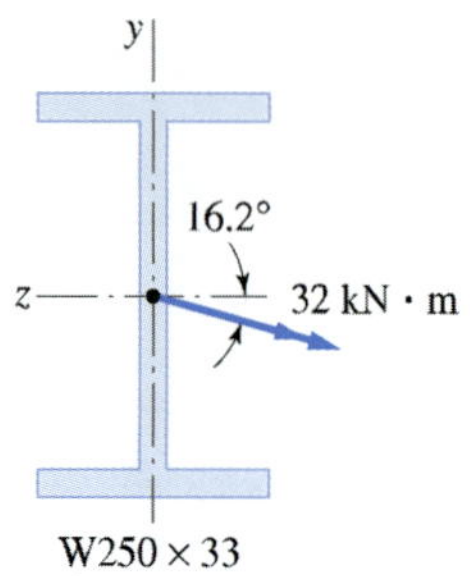

(a)

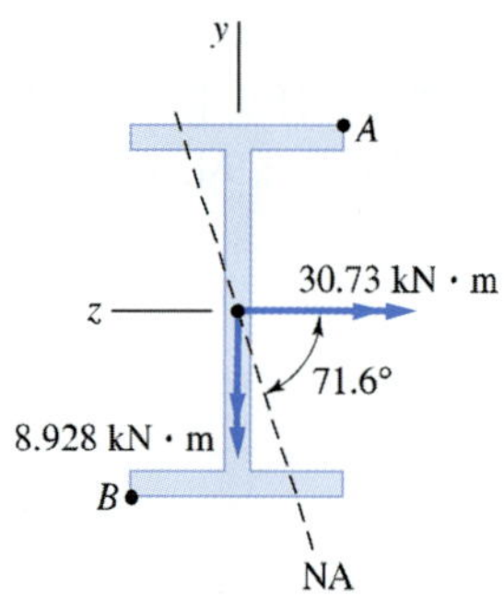

(b)

풀이

부록 B의 표 B-2에서, 단면의 특성은 다음과 같다.

$$I_y = 4.75 \times 10^6 \ \text{mm}^4 \qquad I_z = 49.1 \times 10^6 \ \text{mm}^4$$
$$S_y = 65.1 \times 10^3 \ \text{mm}^3 \qquad S_z = 380 \times 10^3 \ \text{mm}^3$$

(1)

중립축과 z-축 사이의 각도 α는 식 (11.5)에서 계산할 수 있다.

$$\tan \ \alpha = \frac{I_z}{I_y}\tan\theta = \frac{49.1}{4.75}\tan 16.2° = 3.003$$
$$\alpha = 71.6°$$ [답]

중립축은 그림 (b)에 나타나 있다.

(2)

그림 (a)의 굽힘 모멘트를 주축에 평행한 성분으로 분해하면 다음과 같다.

$$M_y = -32 \sin 16.2° = -8.928 \ \text{kN}\cdot\text{m}$$
$$M_z = -32 \cos 16.2° = -30.73 \ \text{kN}\cdot\text{m}$$

그림 (b)를 관찰하면, A와 B가 중립축에서 가장 멀리 있으므로 이 점들에서 최대 굽힘응력이 발생함을 알 수 있다. 또한 굽힘 모멘트의 두 성분이 A점에서 인장을 B점에서 압축을 일으키는 것을 알 수 있다. 따라서 단면에 작용하는 최대 굽힘응력은

$$\sigma_{\max} = \sigma_A = |\sigma_B| = \frac{|M_y|}{S_y} + \frac{|M_z|}{S_z} = \frac{8.928 \times 10^3}{65.1 \times 10^{-6}} + \frac{30.73 \times 10^3}{380 \times 10^{-6}}$$
$$= 218 \times 10^6 \ \text{Pa} = 218 \ \text{MPa}$$ [답]

예제 11.4

L 127 × 127 × 12.7 앵글이 단순지지보로 사용되며 길이는 1440 mm이다. 보는 그림 (a)에 보인 바와 같이 중앙에서 5 kN의 하중을 받고 있다. (1)중립축과 수평축 사이의 각도와 (b)보에서의 최대 굽힘응력을 구하라.

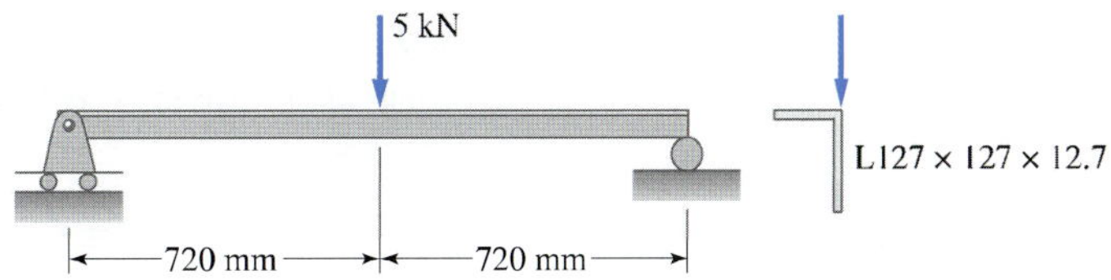

(a)

풀이

예비 계산

단면을 그림 (b)에 보였는데, yz-축은 관성의 주축이다. 그림에 보인 치수들은 부록 B의 표 B-5의 자료에서 얻은 것이다. 표에서 단면의 특성은 다음과 같다.

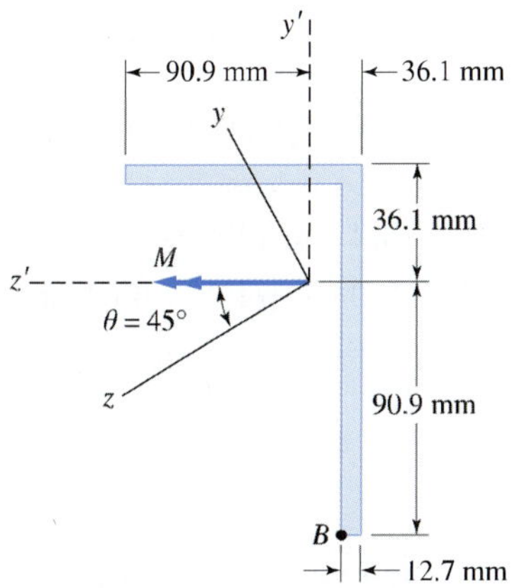

(b)

$A = 3060\ \text{mm}^2$, $I_{y'} = 4.7 \times 10^6\ \text{mm}^4$, $I_{z'} = 4.7 \times 10^{-4}\ \text{mm}^4$, $r_y = 24.9$ mm(y축에 대한 관성 반경), 그리고 $\tan\ \theta = 1$이다. 주어진 자료에서

$$\theta = \tan^{-1} 1 = 45^\circ$$

이고

$$I_y = Ar_y^2 = 3060(24.9)^2 = 1.9 \times 10^6\ \ \text{mm}^4$$

이다. z-축에 관한 관성 모멘트는 $I_y + I_z = I_{y'} + I_{z'}$에서 구할 수 있다(관성 모멘트의 합은 좌표축의 변환에 따라 변하지 않는다). 따라서

$$I_z = I_{y'} + I_{z'} - I_y = 4.7 \times 10^6 + 4.7 \times 10^6 - 1.9 \times 10^6 = 7.5 \times 10^6\ \ \text{mm}^4$$

굽힘 모멘트 M은 그림 (b)에서 보는 것과 같이 z'-축에 대해 작용한다.

(1)

z-축에 대한 중립축의 경사각은 식 (11.5)로 주어진다.

$$\tan\ \alpha = \frac{I_z}{I_y}\tan\theta = \frac{7.5 \times 10^6}{1.9 \times 10^6}(1) = 2.478 \qquad \alpha = 75.8^\circ$$

따라서, 중립축과 수평축 사이의 각은 그림 (c)를 참조하면

$$\beta = \alpha - \theta = 75.8^\circ - 45^\circ = 30.8^\circ$$ [답]

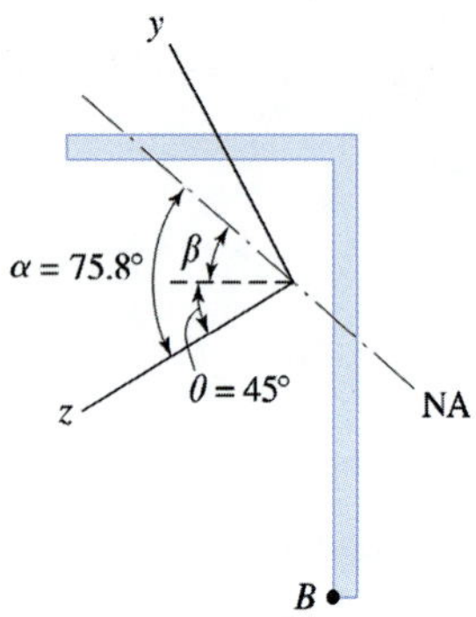

(c)

(2)

최대 굽힘 모멘트의 보의 중앙에 위치한다. 그 크기는

$$M = \frac{PL}{4} = \frac{5(1440)}{4} = 1800 \ \text{kN} \cdot \text{mm}$$

그림 (b)에서 관성의 주축에 대한 이 모멘트의 성분은

$$M_y = M\sin\theta = 1800 \sin 45^\circ = 1272.79 \ \text{kN} \cdot \text{mm}$$
$$M_z = M\cos\theta = 1800 \cos 45^\circ = 1272.79 \ \text{kN} \cdot \text{mm}$$

그림 (c)에서 B점이 중립축에서 가장 먼 점에 있으므로 최대 굽힘 모멘트는 B점에서 발생하는 것을 알 수 있다. 그림 (b)에서 B점의 좌표는

$$y'_B = -90.9 \ \text{mm} \quad z'_B = -(36.1 - 12.7) = -23.4 \ \text{mm}$$

식 (11.6)을 이용하여 이 좌표를 주축에 대한 것으로 변환하면 다음을 얻는다.

$$y_B = y'_B \cos\theta + z'_B \sin\theta = -90.9 \cos 45^\circ + (-23.4) \sin 45^\circ = -67.7 \ \text{mm}$$
$$z_B = z'_B \cos\theta - y'_B \sin\theta = -23.4 \cos 45^\circ - (-90.9) \sin 45^\circ = 65.1 \ \text{mm}$$

최대 굽힘응력은 식 (11.4)에서 계산할 수 있다.

$$\sigma_{\max} = \sigma_B = \frac{M_y z_B}{I_y} - \frac{M_z y_B}{I_z}$$
$$= \frac{(1272.79 \times 10^3)(65.1)}{1.9 \times 10^6} - \frac{(1272.79 \times 10)(-67.7)}{7.5 \times 10^6}$$
$$= 55.1 \ \text{MPa}$$

[답]

연습문제

11.20 목재보의 단면이 수평과 10°기울어진 크기 540 kN · mm의 굽힘 모멘트 M을 받고 있다. (a)중립축과 수평축 사이의 각, (b)단면에 작용하는 최대 굽힘응력을 구하라.

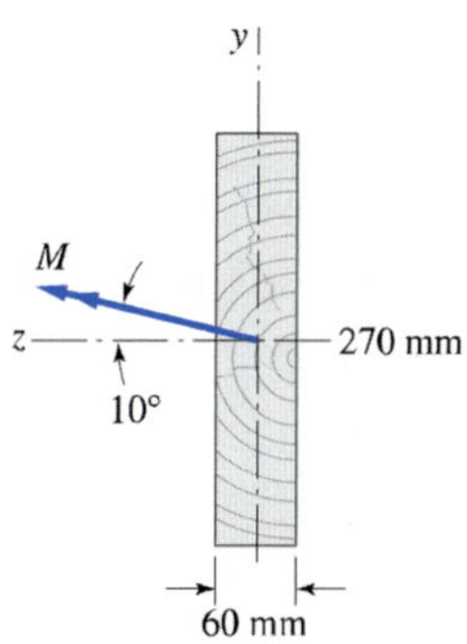

그림 P11.20

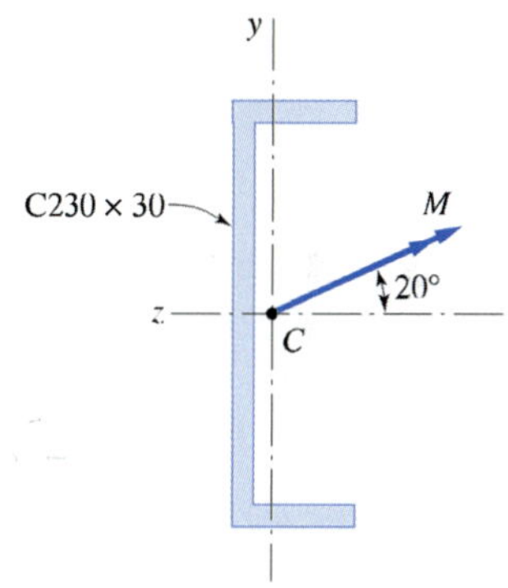

그림 P11.21

11.21 C230 × 30 단면에 작용하는 굽힘 모멘트 M의 크기는 1800 kN·mm이다. (a)중립축과 수평축 사이의 각, (b)이 단면에 작용하는 최대 굽힘응력을 구하라.

11.22 단순지지된 보가 수직축과 40°기울어지고 단면의 도심 C를 지나는 힘 P를 받고 있다. 사용 굽힘응력이 108 MPa일 때, P의 최대 허용값을 구하라.

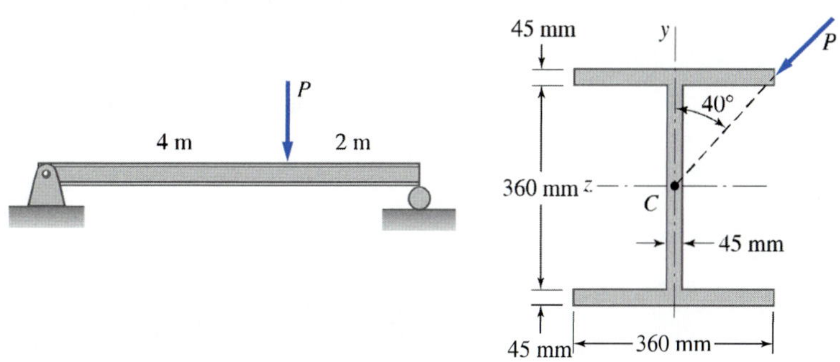

그림 P11.22

11.23 L203 × 102 × 19 단면이 6 kN 하중을 지지하는 외팔보로 사용되었다. (a)중립축과 수직축 사이의 각, (b)보에서의 최대 굽힘응력을 구하라.

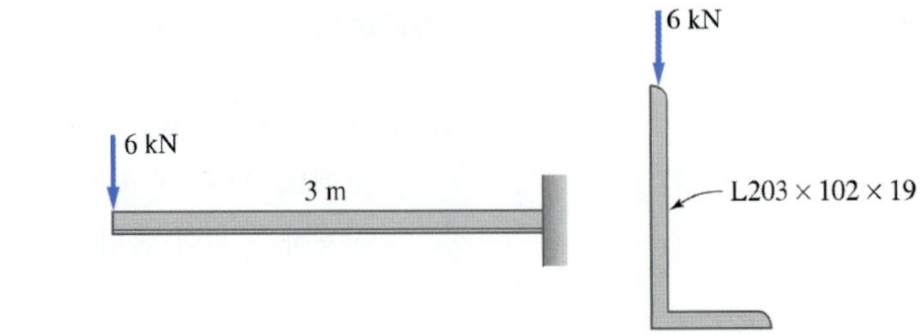

그림 P11.23

11.24 단순지지된 T형 보의 단면은 관성 특성 $I_y = 15.15 \times 10^6\ mm^4$, $I_z = 91.2 \times 10^6\ mm^4$을 갖는다. 하중 P가 중앙에서, 연직선과 30° 경사지어 단면의 도심 C를 지나게 작용한다. (a)중립축과 수평 사이의 각, (b)사용 굽힘응력이 72 MPa일 때, 하중 P의 최대 허용값을 구하라.

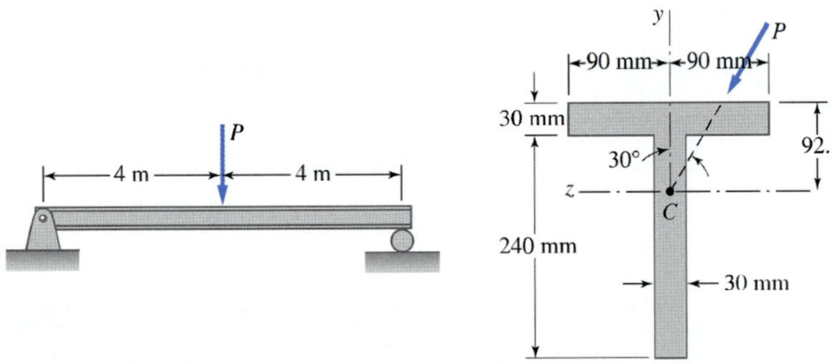

그림 P11.24

11.25 문제 11.24에서와 같은 단면을 가진 외팔보가 그림에서 보는 바와 같이 두 개의 집중 하중을 받고 있다. (a)지지점에서 중립축과 수평축 사이의 각, (b)보의 최대 인장 및 압축응력을 구하라.

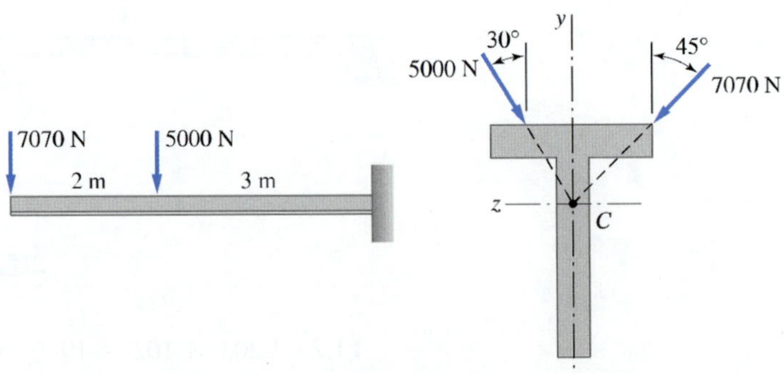

그림 P11.25

11.26 Z-단면보가 자유단에서 힘 $P = 200$ N을 전달하는 외팔보로 사용된다. 단면의 주관성 모멘트는 $I_y = 2.39 \times 10^4\ mm^4$, $I_z = 20.5 \times 10^4\ mm^4$

이다. 점 B에서의 굽힘응력을 구하라.

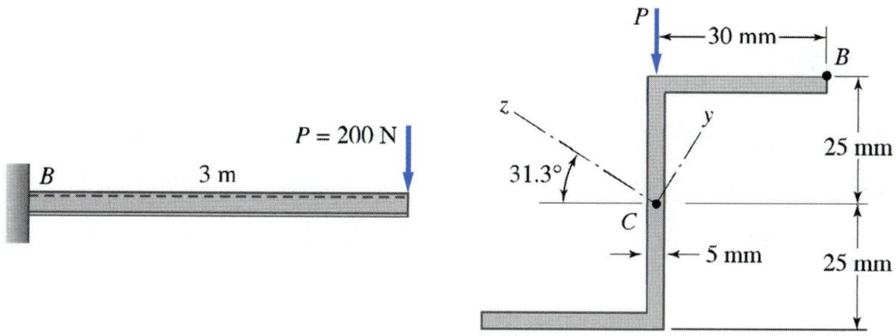

그림 P11.26

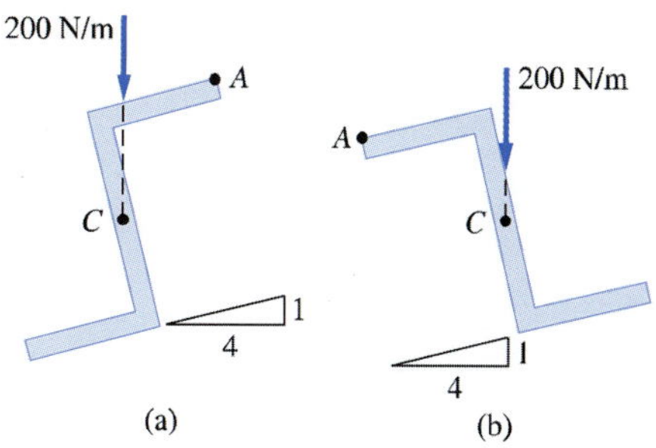

그림 P11.27

11.27 문제 11.26에 기술된 Z-단면이 길이 4 m인 단순지지된 지붕 마룻대보로 사용되며 200 N/m의 분포 수직 하중을 전달한다. 지붕의 기울기는 그림에서 나타낸 대로 1:4이다. 마룻대 방향 (a)와 (b)에 대해 코너 A의 최대 굽힘응력을 구하라.

11.28 돌기둥이 그림에서 보는 것처럼 편심 하중 $P = 12$ kN을 전달한다. (a)중립축이 y-와 z-축과 교차하는 단면상의 위치를 구하라. (b)최대 인장 및 압축 수직응력을 구하라.

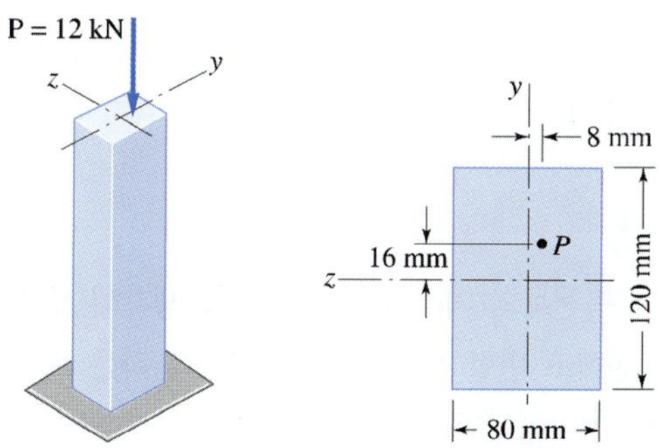

그림 P11.28

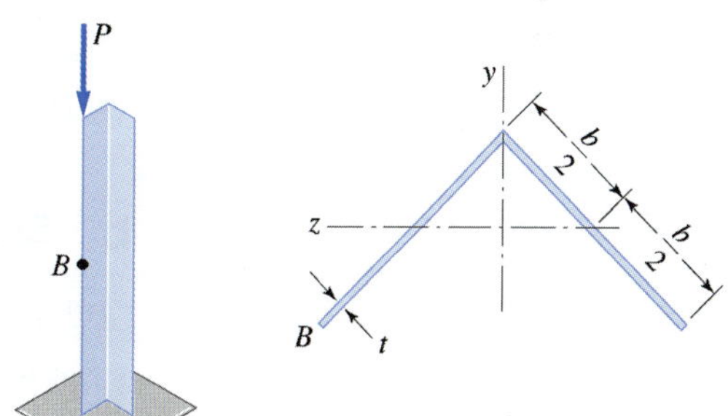

그림 P11.29

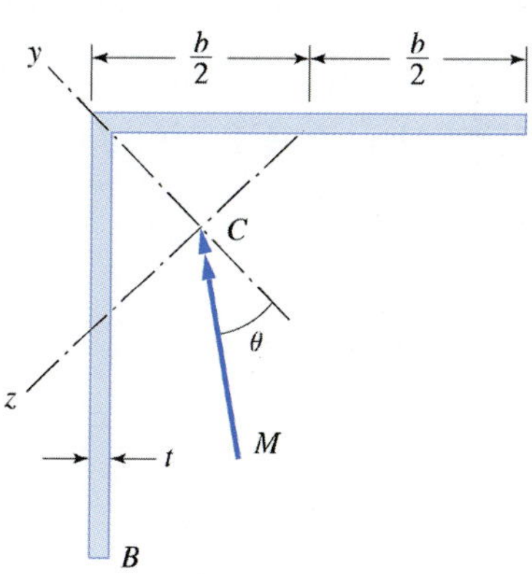

그림 P11.30

11.29 단주가 얇은 두께의 등각 앵글 단면으로 제작되었다. 단면의 주관성 모멘트는 $I_y = tb^3/3$, $I_z = tb^3/24$이다. 하중 P가 그림에 보인 바와 같이 한쪽 끝에 작용할 때, 단면의 점 B에서의 압축응력을 구하라.

11.30 얇은 등각 앵글 단면의 주관성 모멘트는 $I_y = tb^3/3$, $I_z = tb^3/24$이다. 굽힘 모멘트 M이 y-축에 각도로 기울어져 단면에 작용하고 있다. B점에서 굽힘응력이 0이 되는 값을 구하라.

11.5 곡선보

a. 배경

제5장에서 굽힘공식 $\sigma = - My/I$ 를 유도할 때, 보는 초기에 직선이라고 가정했다. 만일 보가 그림 11.13에서 보는 것처럼 곡선이면, 굽힘응력의 분포는 더 이상 선형이 아니다. 따라서 굽힘응력을 계산하기 위해 다른 공식을 유도해야 한다.

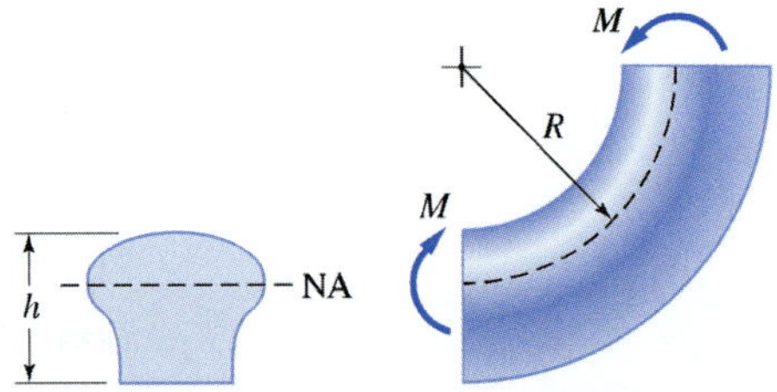

그림 11.13 일정한 굽힘 모멘트 M을 전달하는 곡선보

보의 곡률이 작으면 이 두 공식 사이의 차이는 작다. 일반적으로 곡선보에서 $R/h > 5$ 인 경우에 굽힘 공식은 수용할 만한 결과를 준다. 여기서 R은 중립면의 곡률 반경이고 h는 보의 깊이다. 이보다 더 심한 곡선보에서 굽힘 공식은 사용할 수 없다.

b. 적합성

그림 11.14에 보인 곡선보의 미소 요소의 변형을 생각해 보자. 중립면에 곡률 반경을 R로 표현하고 변형 전의 두 단면 사이의 각은 $d\theta$ 로 표시하였다. 직선보에 대해서와 같이 평면인 단면은 굽힘 후에도 평면을 유지한다고 가정한다. 비록 이 가정은 엄밀한 의미에서는 정확하지는 않으나 변형률 계측 결과에 가까운 일치를 보이는 결과를 준다. 굽힘 모멘트 M이 작용하면 단면들은 서로 상대적으로 회전하여 이들 사이의 각을 $d\theta'$ 으로 증가시키고, 중립면의 곡률 반경은 R' 으로 감소시킨다. 중립면 상에서의 섬유 길이 ds는 변하지 않으므로 다음을 얻는다.

$$Rd\theta = R'd\theta' \tag{a}$$

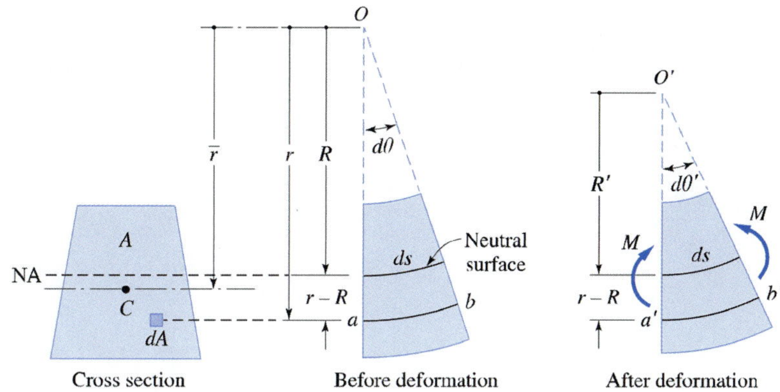

그림 11.4 곡선보의 미소 요소의 변형

먼저 초기에 곡률 중심 O에서 거리 r에 위치한 대표적인 섬유 ab의 변형률을 조사해 보자. 변형 전에 이 섬유의 길이는 $\overline{ab}= rd\theta$이다. 변형 후의 길이는

$$\overline{a'b'}= [R' + (r - R)]d\theta' = Rd\theta + (r - R)d\theta'$$

가 되며, 여기서 마지막 단계에서 식 (a)를 이용하였다.
따라서 섬유의 수직 변형률은

$$\epsilon = \frac{\overline{a'b'} - \overline{ab}}{\overline{ab}} = \frac{[Rd\theta + (r - R)d\theta'] - rd\theta}{rd\theta}$$

$$= \frac{r(d\theta' - d\theta) - R(d\theta' - d\theta)}{rd\theta} = \frac{d\theta' - d\theta}{d\theta}\left(1 - \frac{R}{r}\right)$$

지금 $\phi = (d\theta' - d\theta)/d\theta$라 놓으면, 섬유 ab의 변형률은 다음과 같다.

$$\epsilon = \phi\left(1 - \frac{R}{r}\right)$$

섬유에서의 수직응력은

$$\sigma = E\epsilon = E\phi\left(1 - \frac{R}{r}\right) \tag{b}$$

결과적인 응력 분포를 그림 11.15에 보였다. 응력 분포가 비선형이므로, 중립면이 단면의 도심을 지나면, 단면 전체에 대한 인장력과 압축력은 균형을 이룰 수 없다. 따라서 중립면은 단면의 도심에서 곡률 중심 O쪽으로 이동해야 한다. 식 (b)에서의 응력을 굽힘공식에서 구한 선형 응력 분포(파선)와 비교하면 중립축의 이러한 이동과 함께, 내부 섬유에서 응력의 증가와 외부 섬유에서 응력의 감소를 볼 수 있다.

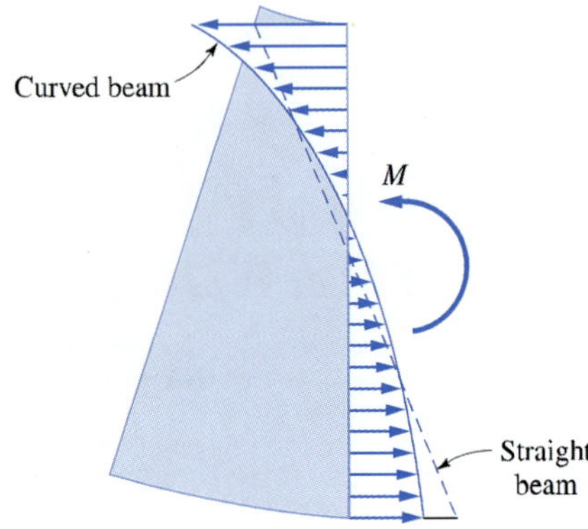

그림 11.15 곡선보에서 수직응력의 분포

c. 평형

다음에 중립축의 위치를 구하고 응력과 작용하는 굽힘 모멘트 사이의 관계를 유도하자. 굽힘만의 영향(축력이 없는)을 고려하므로, 단면에 작용하는 수직응력은 다음에서 기술하는 두 가지 평형 조건을 반드시 만족해야 한다.

축력의 합은 반드시 영이어야 한다. 식 (b)에서 이 조건은 다음과 같이 된다.

$$\int_A \sigma dA = E\phi \int_A \left(1 - \frac{R}{r}\right) dA = 0 \tag{c}$$

여기서 dA는 그림 11.14에서 보는 것처럼 단면적의 요소이고, 적분은 단면적 A의 전체에 걸쳐 수행된다. 변형이 없지 않는 한 ϕ은 0이 될 수 없으며, 따라서 축력이 0이라는 조건은 다음과 같이 된다.

$$\int_A \left(1 - \frac{R}{r}\right) dA = A - R\int_A \frac{dA}{r} = 0$$

따라서 곡률 중심 O에서 중립축까지의 거리는

$$\boxed{R = \frac{A}{\int_A (1/r)\,dA}} \tag{11.7}$$

해석적 방법에 의한 적분 $\int_A (1/r)dA$의 계산은 단면이 단순한 형상인 경우에만 가능하다. 복잡한 단면에 대해서는 적분은 수치적인 방법으로 계산해야 한다.

합 모멘트는 M과 같아야 한다. 응력 분포의 합력은 우력(couple)이므로(축력이 없다), 그것의 크기를 계산하기 위해 임의의 편리한 모멘트 중심을 이용할 수 있다. 모멘트 중심으로 그림 11.14에서 곡률 중심 O를 선택하면 다음과 같다.

$$\int_A r\sigma dA = M$$

여기에 식 (b)의 응력을 대입하면

$$E\phi\int_A (r-R)dA = M$$

여기서 $\int_A RdA = RA$ 및 $\int_A rdA = A\bar{r}$임의 알 수 있으며, 여기서 $\bar{r}$는 그림 11.14에서 보는 것처럼 O에서 단면의 도심 C까지의 거리이다. 따라서 ϕ와 M 사이의 관계식은

$$EA\phi(\bar{r}-R) = M \tag{11.8}$$

d. 곡선보 공식

$E\phi$에 대해 식 (11.8)을 풀고 그 결과를 식 (b)에 대입하면 곡선보 공식이 유도된다.

$$\boxed{\sigma = \frac{M}{A(\bar{r}-R)}\left(1-\frac{R}{r}\right)} \tag{11.9}$$

식 (11.7)와 (11.9)는 곡선보에서의 굽힘응력을 구하는 데 충분하다. 전술한 바와 같이 잠재되어 있는 어려움은 적분 $\int_A (1/r)dA$의 계산이다.

Cross Section	$\int_A \frac{dA}{r}$
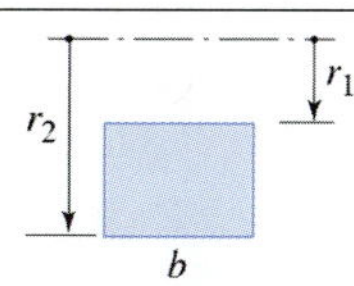	$b \ln\frac{r_2}{r_1}$
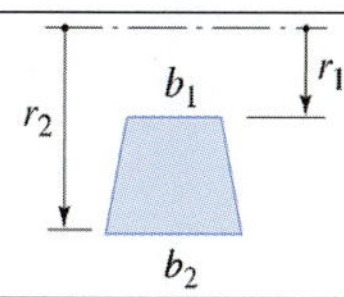	$b_2 - b_1 + \frac{r_2 b_1 - r_1 b_2}{r_2 - r_1}\ln\frac{r_2}{r_1}$
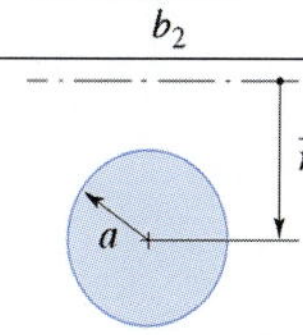	$2\pi(\bar{r} - \sqrt{\bar{r}^2 - a^2})$

그림 11.16 곡선보의 몇 가지 단면에 대한 $\int_A (1/r)dA$의 값

그러나 몇 가지 단면 형상에 대해서는 적분이 알려져 있다. 이들 중 몇 가지를 그림 11.16에 열거하였다. 마지막으로 $\overline{r}$과 R의 차이는 대개 아주 작으므로 식 (11.9)에서 분모의 뺄셈 $\overline{r}-R$은 상당히 큰 반올림 오차를 야기할 수 있음을 강조한다. 이러한 이유 때문에 r와 R은 반드시 유효 숫자 두 자리 또는 세 자리까지 늘려서 계산해야 한다.

예제 11.5

그림 (a)의 T-단면이 78 mm의 내부 반경을 갖는 링으로 성형되었다. 사용 수직응력 $\sigma_w = 90$ MPa일 때 링에 가할 수 있는 최대 힘 P를 구하라.

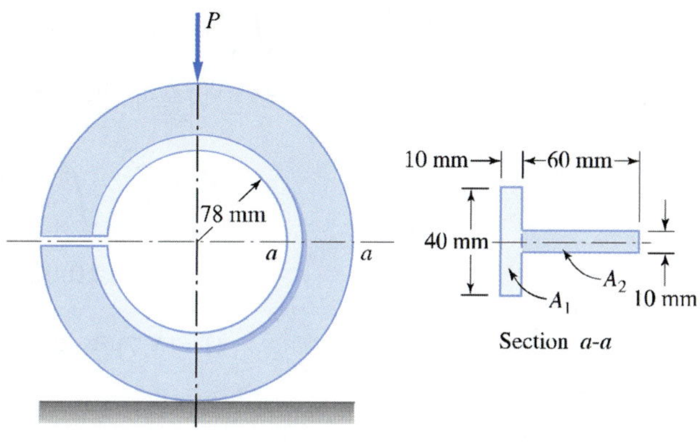

(a)

풀이

중요한 단면은 $a-a$인데, 여기서, 굽힘 모멘트와 축력이 모두 최댓값에 이른다. 그림 (b)의 링의 윗쪽 반에 대한 자유물체도는 단면 $a-a$에 작용하는 내부력계를 보여준다. 압축력 P는 그것의 수직응력에 대한 기여가 단순히 $-P/A$가 되도록 단면의 도심 C에 위치시켰다. 굽힘 모멘트는 $M = P\bar{r}$인데, 여기서 $\bar{r}$는 링의 도심축의 반경이다. M에 의한 굽힘 응력은 곡선보 공식에서 계산되어야 한다. $a-a$에 작용하는 수직응력은 P와 M의 기여를 중첩해 얻어진다. 최대응력이 링의 내부 반경 측 또는 외부 반경 측 어디에 작용하는지 알지 못하므로, 두 위치 모두에서 응력을 조사해야 한다.

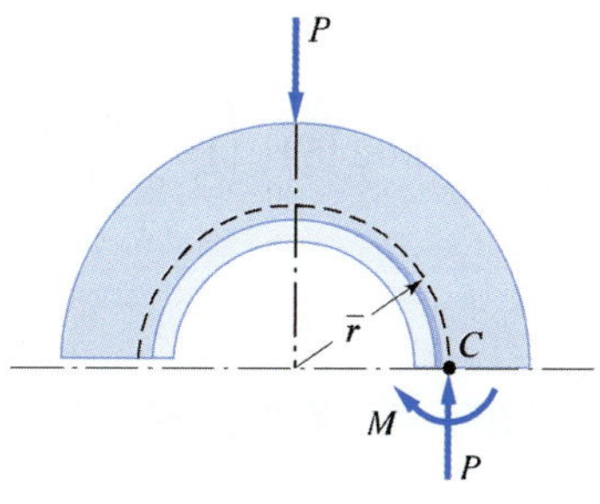

(b)

단면특성 단면적을 그림 (a)에서 보는 것처럼 $A_1 = 400$ mm^{2}와 $A_1 = 600$ mm^{2}인 두 직사각형의 조합으로 생각한다. 따라서 단면적은

$$A = A_1 + A_2 = 400 + 600 = 1000 \ \text{mm}^2$$

그림 (a)에서 링의 내부 반경과 외부 반경은

$$r_1 = 78 \ \text{mm} \quad r_2 = 78 + 70 = 148 \ \text{mm}$$

도심축의 반경은 다음과 같이 주어진다.

$$\bar{r} = \frac{A_1\bar{r}_1 + A_2\bar{r}_2}{A_1 + A_2} = \frac{400(78+5) + 600(78+40)}{1000} = 104 \text{ mm}$$

식 (11.7)로부터 굽힘에 대한 중립면의 반경 R을 계산하기 위해 적분 $\int_A (1/r)dA$가 필요하다. 각 직사각형에 대해 그림 11.16에서 공식을 적용하면 다음과 같이 된다.

$$\int_A \frac{dA}{r} = \int_{A_1} \frac{dA}{r} + \int_{A_2} \frac{dA}{r} = 40 \ln \frac{78+10}{78} + 10 \ln \frac{78+70}{78+10}$$
$$= 10.0239 \text{ mm}$$

식 (11.7)은 다음과 같이 된다.

$$R = \frac{A}{\int_A (1/r)dA} = \frac{1000}{10.0239} = 99.762 \text{ mm}$$

R의 계산에서 추가적인 유효 숫자를 이용한 것에 유의하라.

최대응력 내부 반경과 외부 반경에서의 굽힘응력은 식 (11.9)에서 계산된다. 이 식은 다음 상수를 포함한다.

$$\frac{M}{A(\bar{r}-R)} = \frac{P\bar{r}}{A(\bar{r}-R)} = \frac{P(104)}{1000(104-99.762)} = 0.02454 \text{ P}$$

균일 응력 $-P/A$와 굽힘응력을 중첩하면, 내부 반경 r_1와 외부 반경 r_2 상의 점에서 수직응력은

$$\sigma_{\text{inner}} = -\frac{P}{A} + \frac{M}{A(\bar{r}-R)}\left(1 - \frac{R}{r_1}\right) = -\frac{P}{1000} + 0.02454\text{P}\left(1 - \frac{99.762}{78}\right)$$
$$= -0.0007847 \text{ P MPa}$$
$$\sigma_{\text{outer}} = -\frac{P}{A} + \frac{M}{A(\bar{r}-R)}\left(1 - \frac{R}{r_2}\right) = -\frac{P}{1000} + 0.02454\text{P}\left(1 - \frac{99.762}{148}\right)$$
$$= 0.006998 \text{ P MPa}$$

단면 $a-a$상의 응력 분포를 그림 (c)에 보였다. 최대응력은 내부 반경 측에서 발생함을 알 수 있다.

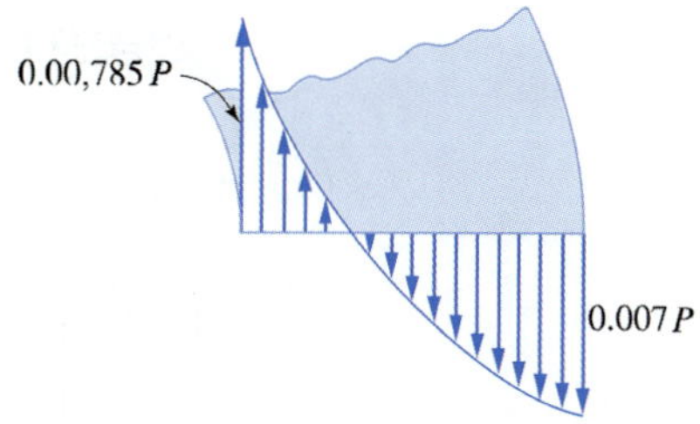

(c)

최대 허용 하중은 다음과 같다.

$$|\sigma_{\text{inner}}| = \sigma_w \qquad 0.0785\text{P} = 90$$

따라서

$$P = 11.5 \ \text{kN}$$ [답]

연습문제

11.31 그림 11.16의 직사각형에 대해 $\int_A (1/r)dA$에 대한 식을 유도하라.

11.32 직사각 단면을 가진 곡선보에 작용하는 굽힘 모멘트가 $M = 8$ kN·m이다. 점 B에서의 굽힘응력을 계산하라.

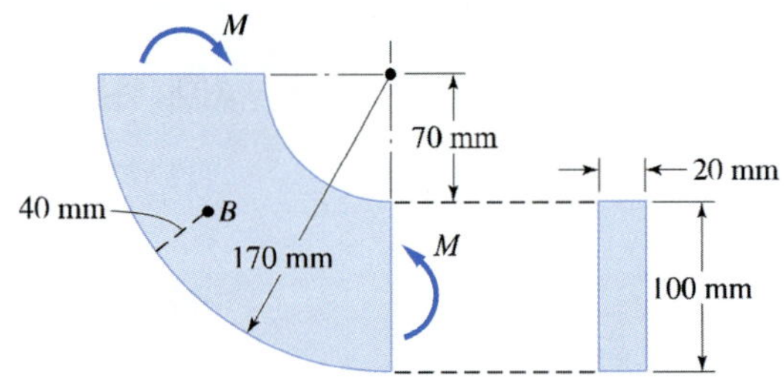

그림 P11.32

11.33 후크의 단면 A-B가 그림에 보인 바와 같이 사다리꼴이다. 단면 A-B에서 최대응력이 90 MPa를 초과하지 않아야 할 때 후크가 전달할 수 있는 최대 하중 P를 구하라.

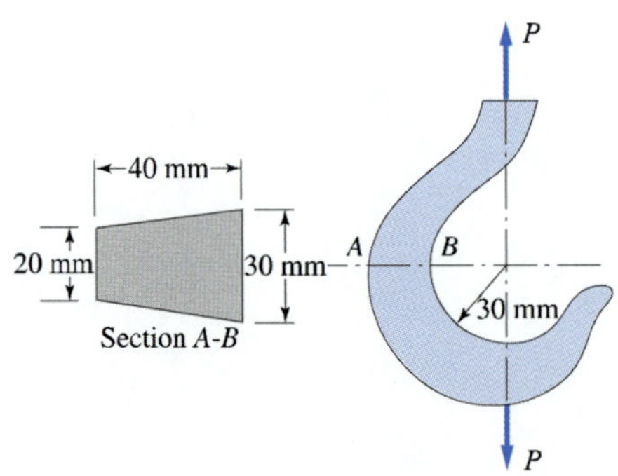

그림 P11.33

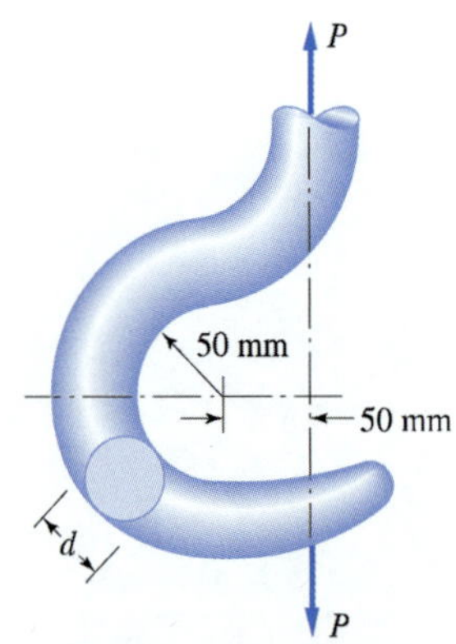

P11.34, P11.35

11.34 후크가 직경 $d = 100$ mm인 원형 단면을 갖는다. 사용 수직응력이 120 MPa일 때 하중 P의 최대 허용치를 구하라.

11.35 $d = 75$ mm일 때 문제 11.34를 풀어라.

11.36 직경 d인 원형 막대가 평균 반경 $\bar{r} = 2d$인 반원으로 구부러져 있다. 사용 수직응력이 100 MPa일 때, 1800 N 하중을 전달할 수 있는 d의 최소 허용치를 구하라.

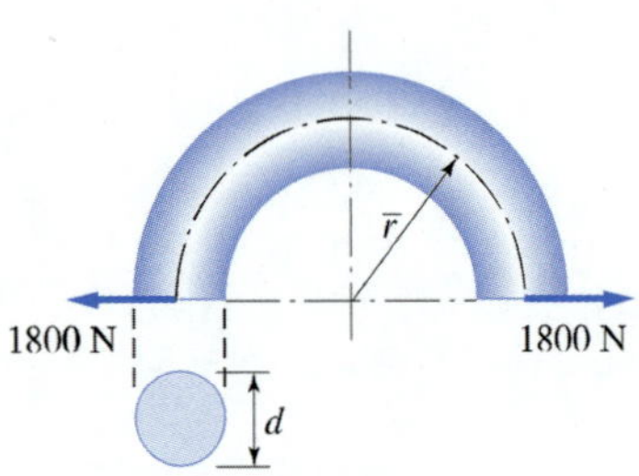

그림 P11.36

11.37-11.41 그림에 보인 곡선보의 단면 a-a에 작용하는 최대 인장응력과 압축응력을 구하라.

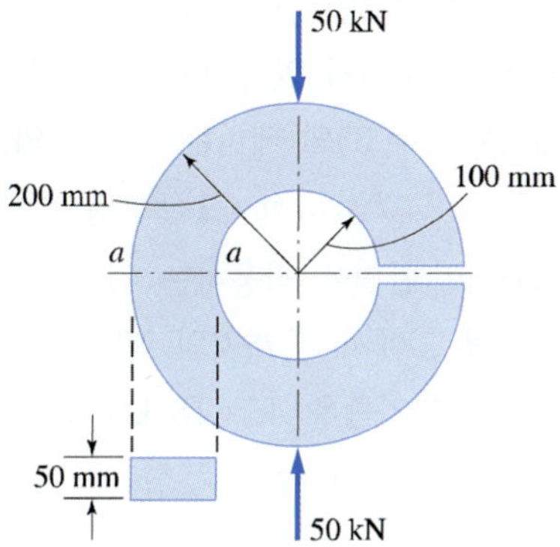

그림 P11.37

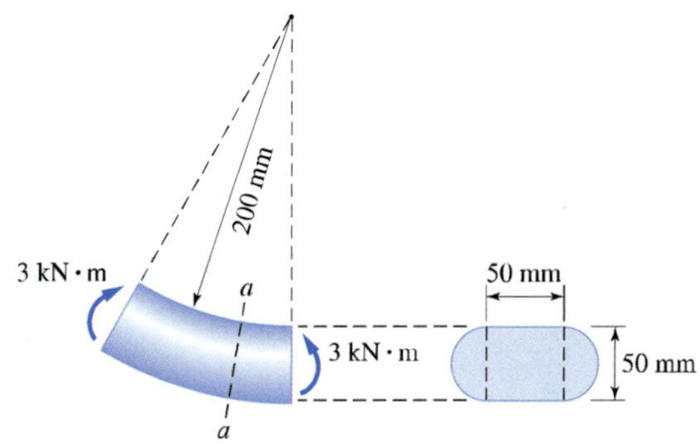

그림 P11.38

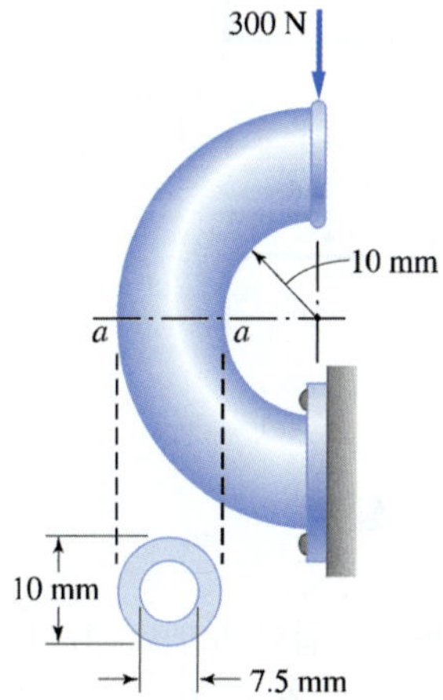

그림 P11.39

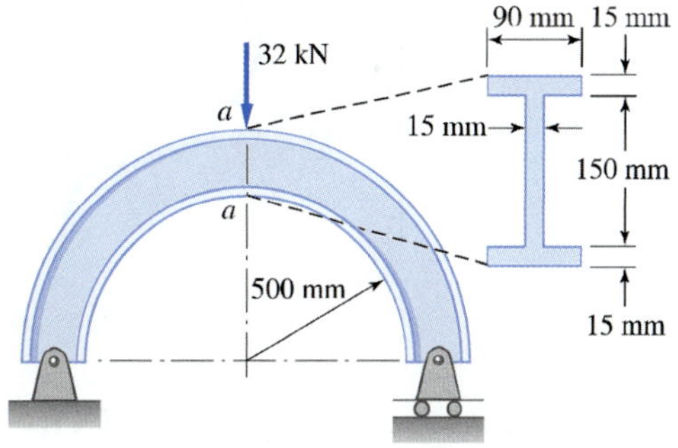

그림 P11.40

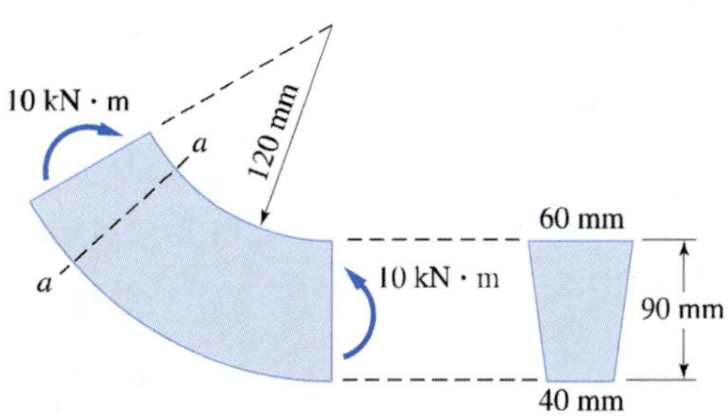

그림 P11.41

컴퓨터문제

C11.1 얇은 두께의 보의 대칭 단면이 균일 두께 t인 직선 요소들의 끝이 서로 연결되어 이루어져 있다. 단면의 상부 1/2을 구성하는 n개 요소 (그림에서는 $n = 3$)의 배치는 각 요소의 끝단에 있는 절점의 좌표 x_i와 $y_i (i = 1, 2, \ldots, n+1)$로 명시된다. 주어진 n, t와 절점의 좌표, 그리고 단면에 작용하는 전단력 V에 대해 전단 중심의 좌표 e와 절점 ①에서 ⓝ 까지의 전단응력을 계산하는 알고리즘을 작성하라. 이 알고리즘을 $V = 18$ kN으로 하여 그림 (a)의 단면에 적용하라. 또한 $V = 25$ kN으로 하여 그림 (b)의 단면에 적용하라.

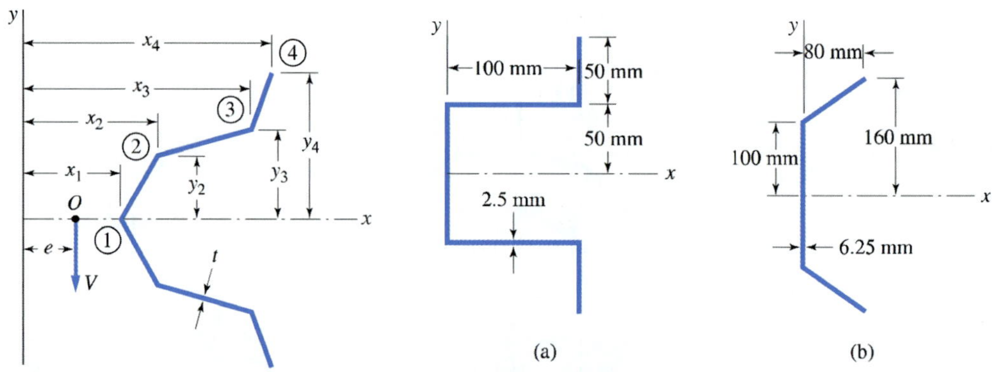

그림 C11.1

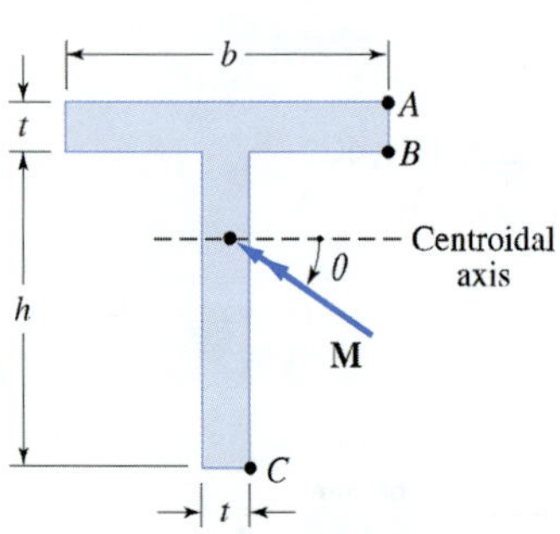

그림 C11.2

C11.2 T-단면에 작용하는 굽힘 모멘트 M이 수평과 각 θ를 이루고 있다. 주어진 M와 단면 치수 b, h, t에 대해 θ가 $\theta = -90°$에서 90°까지 변할 때 단면에 작용하는 최대 굽힘응력 (절댓값)을 θ에 대해 그리는 알고리즘을 작성하라. 이 알고리즘을 다음 자료에 대해 실행하라. $M = 20$ kN·m, $b = 180$ mm, $h = 240$ mm, $t = 30$ mm (힌트: 점 A, B, C에서의 응력을 고려하라)

C11.3 곡선보의 단면이 깊이 h, 평균 폭 b_{av}인 사다리꼴이다. 단면 바닥의 폭 b_1을 변화시키고, h와 b_{av}을 상수로 유지하여, 단면적을 변화시키지 않고 보에서의 응력 분포를 바꿀 수 있다. 주어진 h, b_{av}, 굽힘 모멘트 M, 반경 r_1에 대해 보에서의 최대 인장굽힘응력 및 압축 굽힘응력 크기를 b_1이 $b_1 = 0$에서 $2b_{av}$까지 변할 때 b_1에 대해 그리는 알고리즘을 작성하라. 이 알고리즘을 다음 자료에 대해 실행하라. $h = 27.5$ mm, $b_{av} = 60$ mm, $M = 2500$ N·m, $r_1 = 180$

mm. 그림을 사용하여 최소 굽힘응력을 주는 b_1의 값을 구하라.

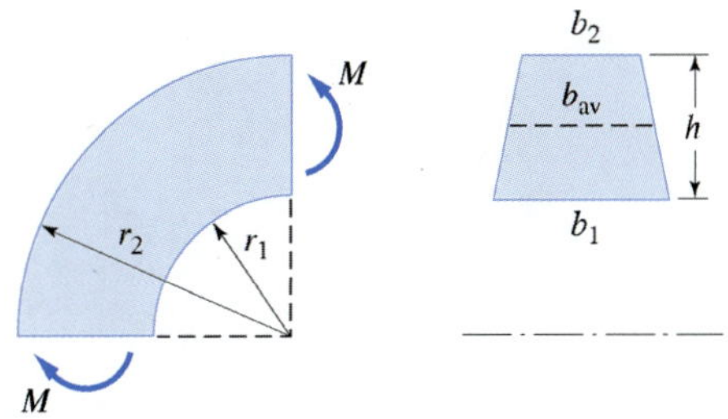

그림 C11.3

제12장

특별한 주제들

Mikael Damkier/Shutterstock

콘크리트 벽체를 크레인으로 내리고 있다. 만일 벽체가 하강하는 속도가 갑자기 감소한다면, 지지하고 있는 케이블이 늘어나는 정도는 정적 해석으로 예측한 값보다 많이 클 것이다. 동적 하중 해석은 본 장의 주제 중 하나이다.

12.1 개요

앞장들은 재료역학의 전형적인 학부 과정의 핵심을 이루는 내용을 다루었다. 여기에서는 좀 더 응용 연구의 기초가 되는 몇 가지 주제들을 간략히 논하고자 한다. 각 주제들은 포괄적인 분야의 연구로 구성되므로, 이 장의 각 절들은 복잡한 주제의 간략한 소개로 생각할 수 있다. 각 절들은 서로 독립적이므로, 이들 각각은 다른 절들을 참고하지 않고도 공부할 수 있다.

12.2 에너지법

a. 일과 변형 에너지

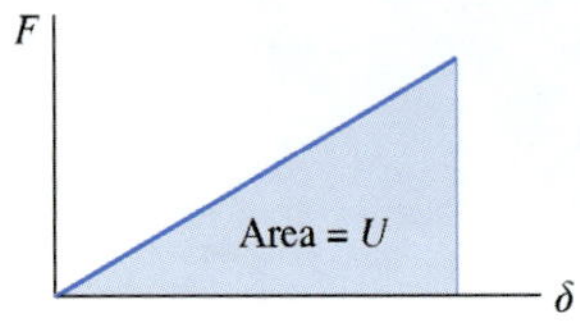

그림 12.1
탄성체의 하중–변위선도. 면적 U는 힘에 의한 일이다.

힘 F가 적절하게 지지된 탄성체에 서서히 가해질 때(강체 변위는 허용되지 않는다), 물체가 변형하면서 힘은 일을 한다. 이 일은 $U=\int_0^\delta F\,d\delta$로 계산되는데, 여기서 δ는 F의 작용점의 일-흡수 변위이다. 즉, F 방향으로의 변위 성분이다. 만일 응력이 비례한도보다 작으면, 그림 12.1에서 보는 바와 같이 F는 δ에 비례하며 따라서 일은 다음과 같다.

$$U=\frac{1}{2}F\delta \tag{12.1}$$

U는 하중-변위 선도의 면적임을 주목하라. 우력 C가 한 일도 식 (12.1)와 같은 형태를 갖는다. $U=C\,\theta/2$, 여기서 θ는 우력의 작용 평면에서의 회전각(radian 단위)이다. 따라서 식 (12.1)을 일의 일반적인 표현으로 볼 수 있으며, F는 힘 또는 우력을 나타내고 δ는 일-흡수 변위 또는 회전이다.

탄성체에 작용하는 여러 하중(힘과 우력) F_1, F_2, F_3,… 의 일은 하중이 작용하는 순서에는 무관하다. 일을 계산할 때는 모든 하중이 동시에 작용하는 것으로 가정하는 것이 종종 편리하다. 그 결과는

$$U=\frac{1}{2}\sum F_i\,\delta_i \tag{12.2}$$

여기서 δ_i는 모든 하중에 의해 발생되는 변위 중, 힘 F_i의 일-흡수 변위이다. 물체가 탄성이면, 외부 하중의 일은 물체에 **변형 에너지**(strain energy)라 부르는 기계적 에너지로 저장된다. 하중이 제거되면 변형 에너지는 물체를 본래의 형상으로 되돌려지도록 방출된다. 일과 변형 에너지의 개념을 이용하면, 탄성체의 변위를 계산하는 강력한 과정을 개발할 수 있다.

먼저 여러 하중하에서 봉과 보에 저장되는 변형 에너지에 대한 식을 유도하는 것으로 시작한다.

b. 봉과 보의 변형 에너지

축 하중 그림 12.2와 같이 균일 단면적 A, 길이 L, 탄성계수 E를 가진 봉을 생각해 보자. 축 하중 P가 점차적으로 가해지면, 작용점의 일-흡수 변위는 봉의 신장 $\delta=PL/(EA)$이다.

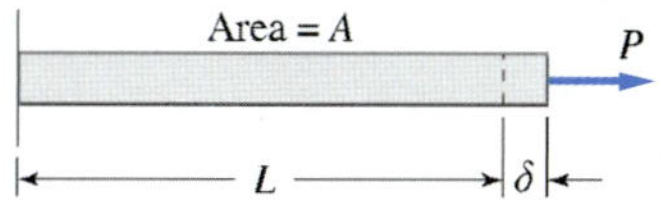

그림 12.2
축하중 P에 의한 바의 신장

따라서 봉의 변형 에너지는

$$U = \frac{1}{2} P\delta = \frac{1}{2}\frac{P^2 L}{EA} \tag{12.3}$$

만일 P^2/EA가 봉의 길이에 따라 일정하지 않으면, 식 (12.3)은 미소 길이 dx인 요소에만 적용할 수 있다. 봉의 변형 에너지는 요소들의 변형 에너지를 더하여, 즉, 적분하여 구할 수 있다. 그 결과는

$$U = \frac{1}{2}\int_0^L \frac{P^2 dx}{EA} \tag{12.4}$$

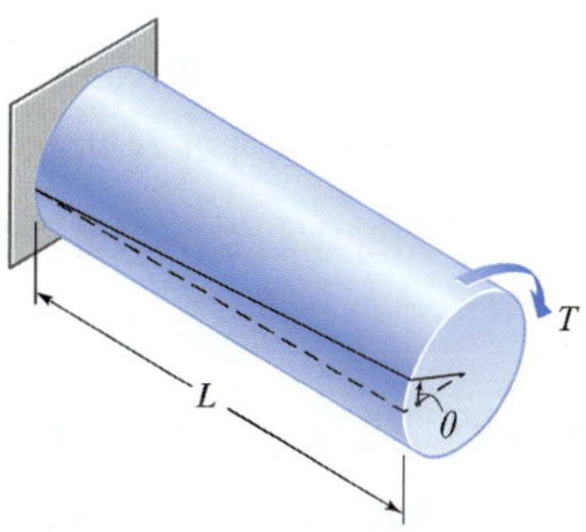

그림 12.3
토크 T에 의한 바의 비틀림

비틀림 그림 12.3은 길이 L이고 균일 단면을 가진 원형봉을 보여준다. 토크 T가 점차적으로 가해지면, 막대의 자유단은 각 $\theta = TL/(GJ)$만큼 회전한다. 여기서 J는 단면적의 극관성 모멘트이고, G는 전단 탄성계수이다. 토크 T의 일-흡수 변위는 회전각 θ이므로, 봉의 변형 에너지는

$$U = \frac{1}{2} T\theta = \frac{1}{2}\frac{T^2 L}{GJ} \tag{12.5}$$

$T^2/(GJ)$가 봉을 따라 변하면, 식 (12.5)는 미소 길이 dx인 요소에 적용할 수 있으며, 그 결과를 적분하면 다음과 같다.

$$U = \frac{1}{2}\int_0^L \frac{T^2 dx}{GJ} \tag{12.6}$$

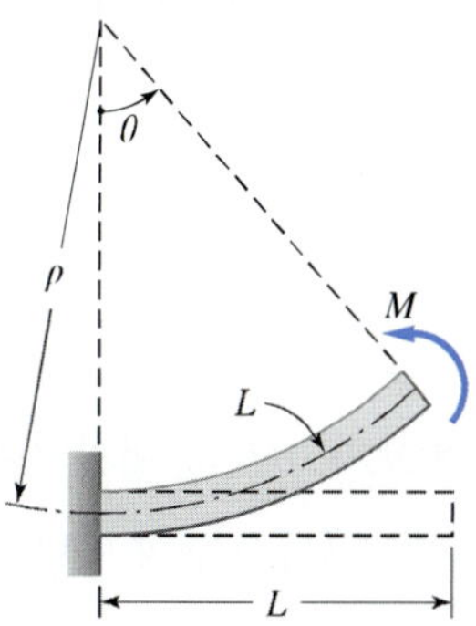

그림 12.4
모멘트 M에 의한 봉의 굽힘

굽힘 모멘트 M이 그림 12.4와 같이 길이 L인 보에 가해질 때, 이 보는 반경 ρ인 호로 변형된다. 그 결과로, 보의 자유단은 각 $\theta = L/\rho$만큼 회전하며, 이것이 M의 일-흡수 변위이다. 따라서 보의 변형 에너지는

$$U = \frac{1}{2} M\theta = \frac{1}{2}\frac{ML}{\rho}$$

식 (5.2)의 $1/\rho = M/(EI)$를 대입하면 다음 식을 얻는다. 여기서 I는 중립축에 대한 단면적의 관성 모멘트이다.

$$U = \frac{1}{2}\frac{M^2 L}{EI} \tag{12.7}$$

일반적으로 M는 보를 따라 일정하지 않으므로, 보의 변형 에너지는 길이 dx인 미소 요소에 식 (12.7)을 적용하여 구하고, 이를 적분한다. 따라서

$$U = \frac{1}{2}\int_0^L \frac{M^2\,dx}{EI} \tag{12.8}$$

c. Castigliano 정리에 의한 처짐

Castigliano의 정리 Castigliano의 정리는 탄성체가 외부 하중 F_1, F_2, F_3, ⋯ 하에서 평형 상태에 있다면 다음과 같다.

$$\delta_i = \frac{\partial U}{\partial F_i} \tag{12.9}$$

여기서 δ_i는 F_i와 관련된 일−흡수 변위이며 U는 외부 하중의 항으로 표현된 물체의 변형 에너지이다. 식 (12.9)에서 F_i는 힘이나 우력이 될 수 있다. F_i가 점 A에 작용하는 힘이라면, δ_i는 그 힘 방향으로 A의 변위이다. F_i가 점 A에 작용하는 우력이면, δ_i는 그 우력 방향으로 점 A에서 물체의 회전이다.

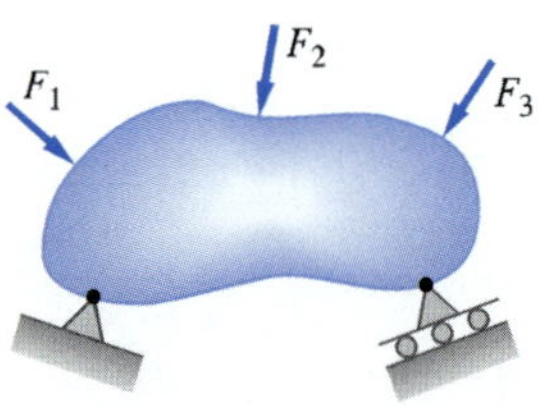

그림 12.5
여러 하중을 전달하는 탄성체

증명 그림 12.5에서 물체는 탄성이고 하중 F_1, F_2, F_3, ⋯가 작용한 후에 평형을 유지하도록 충분히 지지되어 있다고 하자(여기서는 모든 하중들 중 세 하중만을 보였다). 물체의 변형 에너지는 물체가 변형하는 동안 이들 하중이 한 일과 같다. 따라서 변형 에너지는 작용 하중의 함수로 표현할 수 있다. $U = U(F_1, F_2, F_3 \cdots)$. 반력에 대응되는 일−흡수 변위가 없기 때문에 반력은 일을 하지 않음을 주목하라(롤러 지지대의 변위는 반력에 대하여 수직이다). 모든 하중이 작용한 후에 하중 중의 하나, 예로써 F_i가 미소량 $d\ F_i$만큼 증가했다고 가정하자.

이에 상응하는 U의 변화량은

$$dU = \frac{\partial U}{\partial F_i} dF_i \tag{a}$$

다음으로 하중의 순서가 바뀐 경우를 생각해 보자. dF_i를 먼저 작용시키고 F_1, F_2, F_3 ...을 그 다음에 작용시킨다. 그러면 dF_i가 변형 에너지에 기여하는 양은,

$$dU = dF_i \delta_i \tag{b}$$

여기에서 δ_i는 dF_i의 일−흡수 변위이다. 계수 1/2이 없는 것은 변위 δ_i가 발생하면서 dF_i가 일정하게 유지되기 때문임을 주목하라. 하중의 순서는 변형 에너지에 영향을 주지 않으므로 식 (a)와 (b)는 동일한 결과를 주어야

한다. 즉,

$$dU = \frac{\partial U}{\partial F_i} dF_i = dF_i \delta_i$$

이로부터 $\delta_i = \partial U / \partial F_i$가 되며, 이로써 Castigliano 정리가 증명된다.

Castigliano 정리의 응용 일반적으로 조합 하중을 받는 봉의 변형 에너지는 축 하중, 비틀림, 굽힘에 대한 기여분을 중첩하여 얻어진다.

$$U = \int_0^L \frac{P^2}{2EA} dx + \int_0^L \frac{T^2}{2GJ} dx + \int_0^L \frac{M^2}{2EI} dx$$

처짐 $\delta_i = \partial U / \partial F_i$는 적분하기 전에 적분 기호 내부를 미분하면 가장 잘 계산된다. 이 과정은 F_i가 x의 함수가 아니어도 상관없다. 단순화하면 다음을 얻는다.

$$\delta_i = \frac{\partial U}{\partial F_i} = \int_0^L \frac{P}{EA} \frac{\partial P}{\partial F_i} dx + \int_0^L \frac{T}{GJ} \frac{\partial T}{\partial F_i} dx + \int_0^L \frac{M}{EI} \frac{\partial M}{\partial F_i} dx \quad (12.10a)$$

처짐이 요구되는 점에서 하중이 작용하지 않으면, 원하는 처짐 방향으로 가상의 하중을 그 점에서 가해야 한다. 적분하기 전에 그러나 미분한 후에, 가상 하중을 영으로 놓는다(이렇게 하면 궁극적으로 영으로 놓아질 항의 적분을 피하게 된다). 가상 하중을 Q로 표현하면, Q방향으로의 변위는 다음과 같다.

$$\begin{aligned} \delta_Q &= \frac{\partial U}{\partial Q} \bigg|_{Q=0} \\ &= \int_0^L \left[\frac{P}{EA} \frac{\partial P}{\partial Q} \right]_{Q=0} dx + \int_0^L \left[\frac{T}{GJ} \frac{\partial T}{\partial Q} \right]_{Q=0} dx \\ &\quad + \int_0^L \left[\frac{M}{EI} \frac{\partial M}{\partial Q} \right]_{Q=0} dx \end{aligned} \quad (12.10b)$$

Castigliano 정리는 부정정 문제에서 잉여 반력을 구하는 데도 사용될 수 있다. Q를 변위의 제한 조건 $\delta_Q = \Delta$가 부여되는 잉여 반력이라고 하면, Q을 계산하기 위한 식은 $\Delta = \partial U / \partial Q$이다. 즉

$$\Delta = \int_0^L \frac{P}{EA} \frac{\partial P}{\partial Q} dx + \int_0^L \frac{T}{GJ} \frac{\partial T}{\partial Q} dx + \int_0^L \frac{M}{EI} \frac{\partial M}{\partial Q} dx \quad (12.10c)$$

예제 12.1

그림 (a)의 강재 트러스에 대해, 작용 하중 $W=24$ kN에 의한 A점의 수평 변위를 구하라. $E=200$ GPa를 사용하고 단면적은 그림에 보였다.

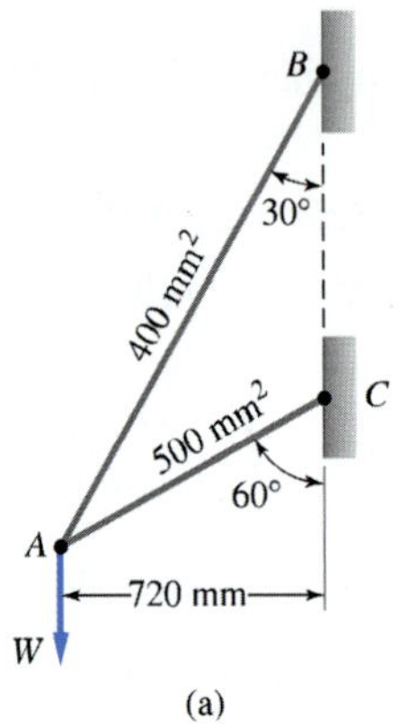

(a)

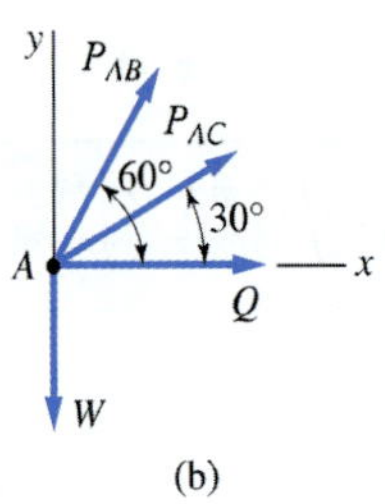

(b)

풀이

부재의 길이는

$$L_{AB}=\frac{720}{\sin 30°}=1440 \text{ mm} \qquad L_{AC}=\frac{720}{\sin 60°}=831.4 \text{ mm}$$

트러스의 연결점 A에서의 자유물체도를 그림 (b)에 보였다. 작용 하중 W에 추가하여, 그림에는 수평 가상 하중 Q을 포함하고 있는데, 이것은 수평 변위의 계산을 위해 필요하다. 자유물체도를 이용하면, 다음의 평형방정식을 얻는다.

$$\sum F_x=0 \qquad P_{AB}\cos 60°+P_{AC}\cos 30°+Q=0$$

$$\sum F_y=0 \qquad P_{AB}\sin 60°+P_{AC}\sin 30°-W=0$$

이 식의 해는

$$P_{AB}=1.7321W+Q \qquad P_{AC}=-W-1.7321Q$$

트러스의 변형 에너지는 각 부재의 변형 에너지의 합이다.

$$U=\sum\frac{P^2L}{2EA}$$

Castigliano 정리인 식 (12.10b)에 따라 A에서의 수평 변위는

$$\delta_A=\frac{\partial U}{\partial Q}\bigg|_{Q=0}=\sum\left[\frac{PL}{EA}\frac{\partial P}{\partial Q}\right]_{Q=0} \tag{a}$$

계산은 다음 표와 같이 하게 된다.

부재	P	L (mm)	A (mm²)	$\frac{\partial P}{\partial Q}$	$\left[\frac{PL}{A}\right]_{Q=0}$
AB	$1.7321W+Q$	1440	400	1	$6.236\ W$
AC	$-W-1.7321Q$	831.4	500	-1.7321	-1.6628 W

표의 마지막 두 열의 자료를 식 (a)에 대입하면 다음을 얻는다.

$$\delta_A=\frac{1}{E}[(6.236\ W)(1)+(-1.6628\ W)(-1.7321)]$$

$$=9.116\frac{W}{E}=9.116\left(\frac{24\times10^3}{200\times10^3}\right)=1.1 \text{ mm}$$ [답]

답이 양이므로, 점 A의 수평 변위는 Q와 같은 방향, 즉, 우측 방향이다.

예제 12.2

그림 (a)의 원형봉 AB가 수평면에 놓인 반경 R인 1/4 원형호로 성형되었다. 이 봉은 B에서 고정되어 있으며 끝단 A에서 연직 하중 P를 받고 있다. A 점에서의 연직 처짐을 구하라.

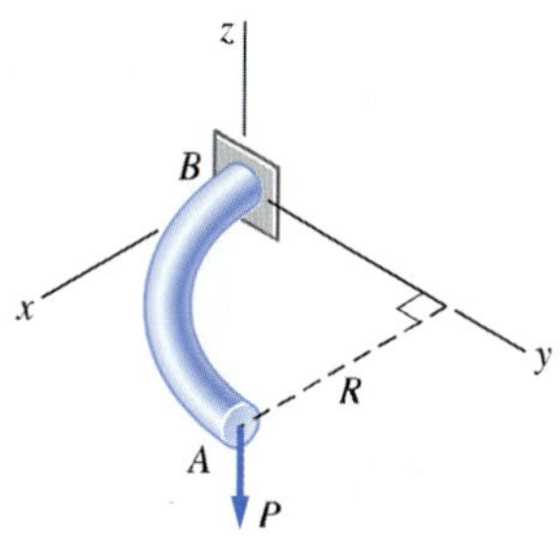

(a)

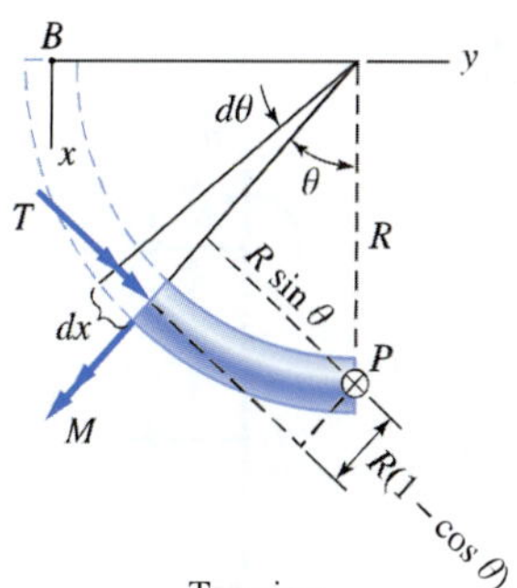

Top view

(b)

풀이

A에서의 연직 처짐이 P의 일-흡수 변위이므로, 이를 계산하는 것은 Castigliano 정리를 직접적으로 응용하는 것이다: $\delta A = \partial U / \partial P$. 먼저 봉에서의 굽힘 모멘트와 토크에 대한 식을 유도하는 것으로 시작한다. 그림 (b)의 자유물체도를 검토해 보면, P의 모멘트 팔은 토크 축에 대해서는 $R(1-\cos\theta)$이고, 굽힘 축에 대해서는 $R\sin\theta$이다. 따라서

$$T = PR(1-\cos\theta) \qquad M = PR\sin\theta$$

$$\frac{\partial T}{\partial P} = R(1-\cos\theta) \qquad \frac{\partial M}{\partial P} = R\sin\theta$$

윗 식들과 $dx = R\ d\theta$을 식 (12.10a)에 대입하면 다음을 얻는다.

$$\begin{aligned}\delta_A &= \frac{1}{GJ}\int_0^{\pi/2} T\frac{\partial T}{\partial P}Rd\theta + \frac{1}{EI}\int_0^{\pi/2} M\frac{\partial M}{\partial P}Rd\theta \\ &= \frac{1}{GJ}\int_0^{\pi/2}[PR(1-\cos\theta)][R(1-\cos\theta)]Rd\theta \\ &\quad + \frac{1}{EI}\int_0^{\pi/2}(PR\sin\theta)(R\sin\theta)Rd\theta \\ &= \frac{PR^3}{GJ}\int_0^{\pi/2}(1-\cos\theta)^2 d\theta + \frac{PR^3}{EI}\int_0^{\pi/2}\sin^2\theta\, d\theta\end{aligned}$$

적분을 계산하면, A에서의 연직 처짐은 다음과 같다.

$$\delta_A = \frac{PR^3}{GJ}\left(\frac{3\pi-8}{4}\right) + \frac{PR^3}{EI}\left(\frac{\pi}{4}\right) \qquad \text{[답]}$$

예제 12.3

그림 (a)의 강체 프레임이 A에서 핀으로, D에서 롤러로 지지되어 있다.

(1) $EI\delta_D$ 값을 구하라. 여기서 δ_D는 균일 분포 하중 800 N/m에 의한

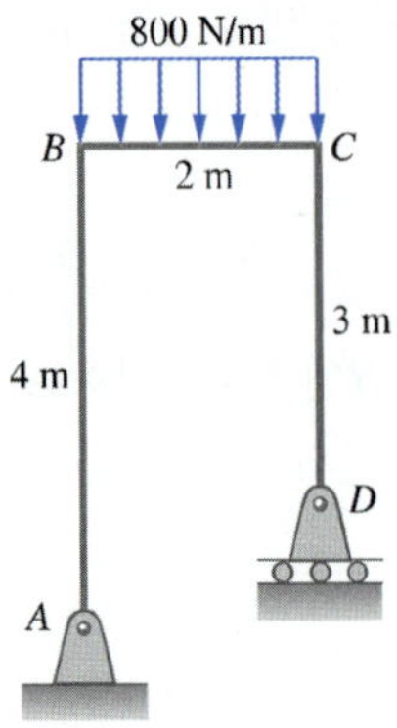

(a)

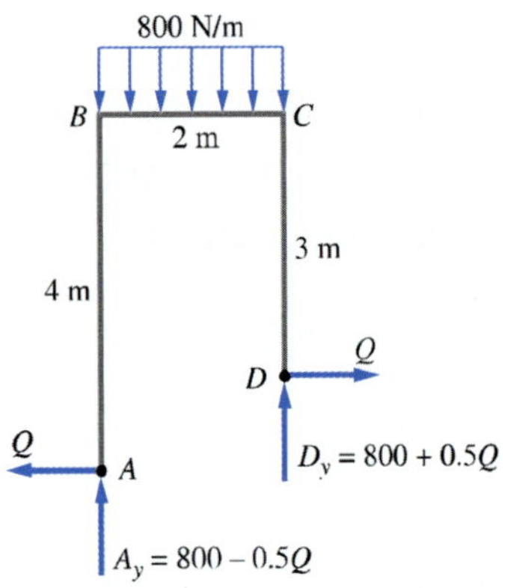

(b)

D에서의 수평 처짐이다.

(2) D에서 롤러가 핀으로 대치되었을 때, D에서의 수평 반력을 구하라.
EI는 프레임 전체에 걸쳐 일정하다고 가정하고, 굽힘 변형만을 고려하라.

풀이

(1)

프레임의 자유물체도는 그림 (b)에 보였다. D에서 수평력이 없으므로, 이 점에 가상 수평 하중 Q를 도입한다. Castigliano 정리인 식 (12.10b)에 따르면, D의 수평 처짐을

$$\delta_D = \left[\frac{\partial U}{\partial Q}\right]_{Q=0} = \int_L \left[\frac{M}{EI}\frac{\partial M}{\partial Q}\right]_{Q=0} dx \tag{a}$$

여기서 적분은 프레임의 모든 부재에 대해 수행된다.

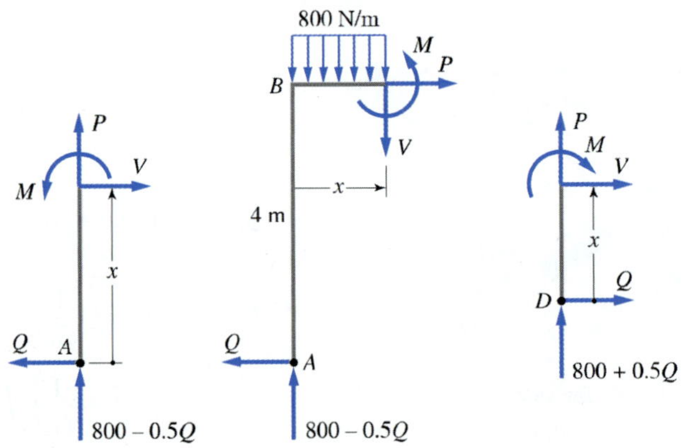

(c)

그림 (c)는 프레임 각 부재의 내력을 유도하는 데 사용할 수 있는 자유물체도를 보여준다. 이 해석에서는 굽힘 모멘트만이 필요하고, 아래 표에 주어져 있다. 이 표에 식 (a)의 적분항도 열거하였다. 각 부재에서 사용된 x-좌표의 원점은 그림 (c)에 보였다.

	AB	BC	CD
M(N·m)	Qx	$4Q+(800-0.5Q)x-400x^2$	Qx
$\dfrac{\partial M}{\partial Q}$(m)	x	$4-0.5x$	x
$M\mid_{Q=0}$(N·m)	0	$800x-400x^2$	0

부재 BC만이 식 (a)의 적분에 기여할 수 있도록 부재 AB와 CD에 대해

$M|_{Q=0}=0$임을 주시하라. 따라서 D의 수평 변위는 다음과 같이 구해진다.

$$EI\delta_D=\int_{L_{BC}}\left[M\frac{\partial M}{\partial Q}\right]_{Q=0}dx=\int_0^{2\text{m}}(800x-400x^2)\,(4-0.5x)\,dx$$
$$=1867\ \text{N}\cdot\text{m}^3\rightarrow$$ [답]

이 결과가 양이므로, D에서의 처짐은 가상 하중 Q와 같은 방향 즉 우측 방향이다.

(2)

그림 (b)의 자유물체도를 여전히 이용할 수 있지만, 이제는 Q가 D에서의 수평 반력 (잉여 반력)으로 간주되어야 한다. D에서 변위에 대한 제한 조건은 $\delta_Q=0$ (δ_Q는 Q방향으로 변위)이므로, 식 (12.10c)의 Castigliano 정리는 다음과 같이 된다.

$$0=\frac{\partial U}{\partial Q}=\int_L\frac{M}{EI}\frac{\partial M}{\partial Q}\,dx$$

표에 열거된 자료를 대입하고, 모든 세 개의 부재에 대해 적분하면 다음을 얻는다.

$$0=\int_0^{4\text{m}}(Qx)\,x\,dx+\int_0^{2\text{m}}[4Q+(800-0.5Q)x-400x^2]$$
$$(4-0.5x)dx+\int_0^{3\text{m}}(Qx)x\,dx$$
$$=21.33Q+(1866.7+24.67Q)+9Q$$

따라서 D에서의 수평 반력은

$$Q=-33.9\ \text{N}$$ [답]

음의 부호는 Q의 방향이 그림 (b)에 보인 것과 반대라는 것을 의미한다.

연습문제

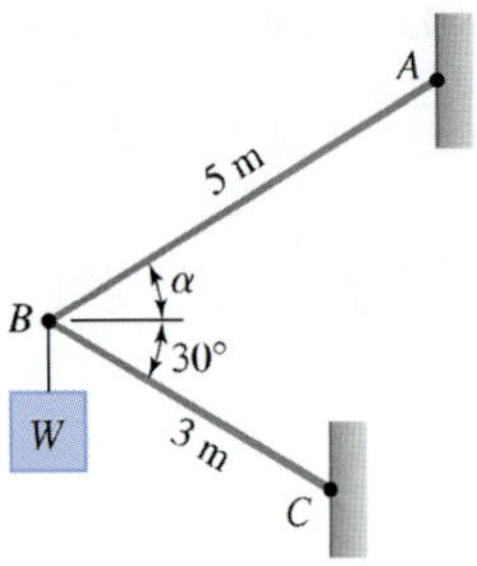

그림 P12.1, P12.2

12.1 알루미늄 트러스가 연직 하중 $W = 8000$ N을 받고 있다. 각 부재의 단면적은 50 mm^{2}이고 $E = 70$ GPa이다. $\alpha = 30°$로 가정하여 연결점 B에서의 수평 변위와 연직 변위를 계산하라.

12.2 트러스의 각 부재의 단면적은 40 mm^{2}이다. 부재 AB는 강으로 만들어졌고, 반면에 부재 BC는 알루미늄으로 만들어졌다. $W =$ 8500 N, $\alpha = 45°$로 가정할 때, 연결점 B의 수평 및 연직 변위를 구하라. $E_{st} = 200$ GPa와 $E_{al} = 70$ GPa를 이용하라.

12.3 강재 트러스가 하중 $F = 30$ kN을 지지하고 있다. 연결점 B의 수평 및 연직 변위를 구하라. $E = 200$ GPa이고, 단면적은 $A_{AB} = 300$ mm^2, $A_{BC} = 500$ mm^{2}이다.

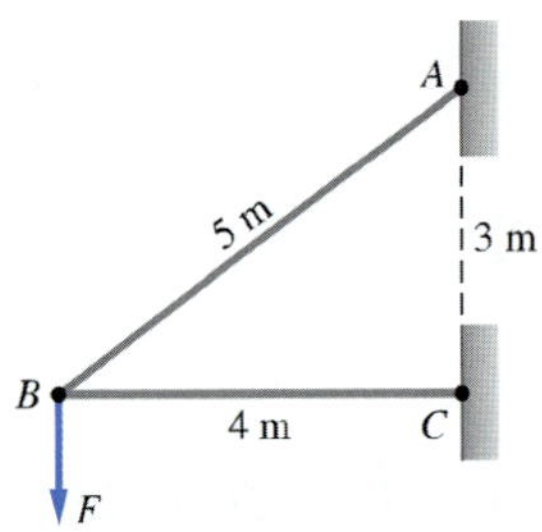

그림 P12.3

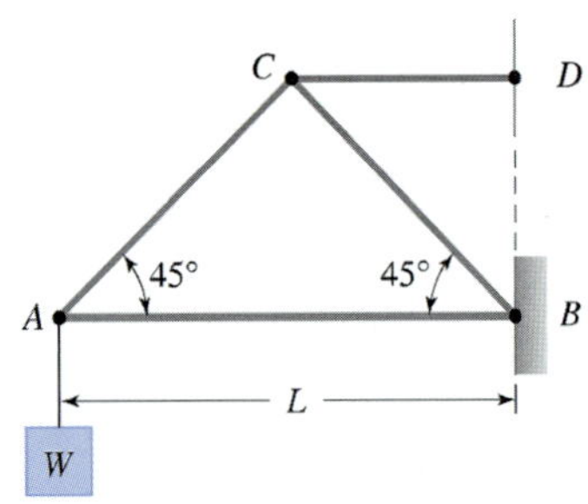

그림 P12.4

12.4 트러스의 각 부재가 동일 재료로 만들어졌고 동일한 단면적을 갖는다. 작용 하중 W에 의한 점 A의 연직 변위를 구하라.

12.5 강재 외팔보가 길이가 3 m인 두 개의 서로 다른 W 단면으로 제작되었다. 보의 자유단에서의 변위를 계산하라. 강의 탄성계수는 $E =$ 200 GPa이다.

12.6 단순지지보에 대해, 하중 P에 의한 점 A의 기울기(처짐각)를 계산하라(힌트: A점에 가상 모멘트를 도입하라).

12.7 연속 강재보에 대해 지지점에서의 반력을 구하라.

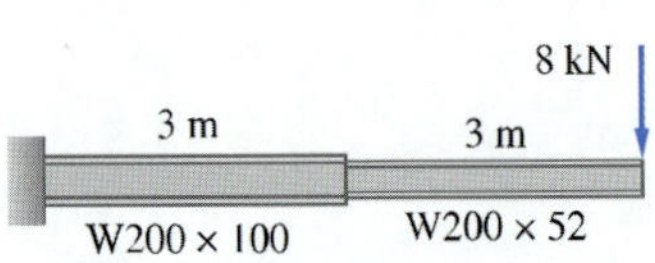

그림 P12.5

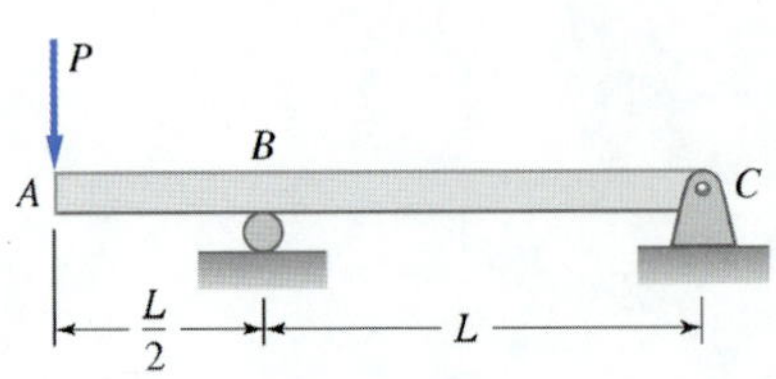

그림 P12.6

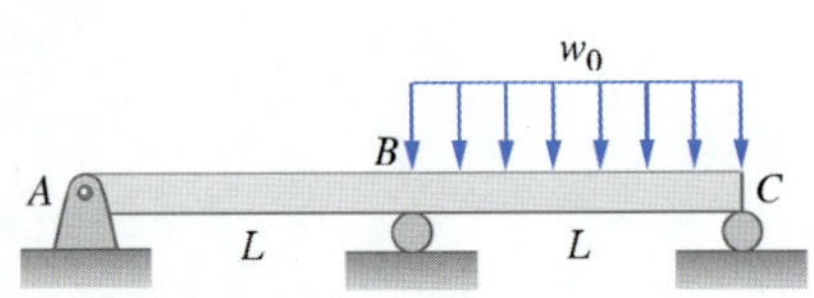

그림 P12.7

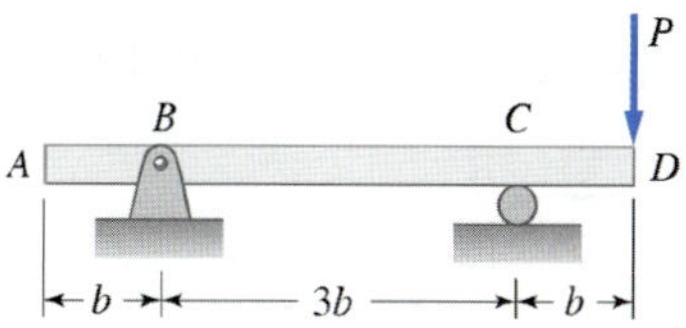

그림 P12.8

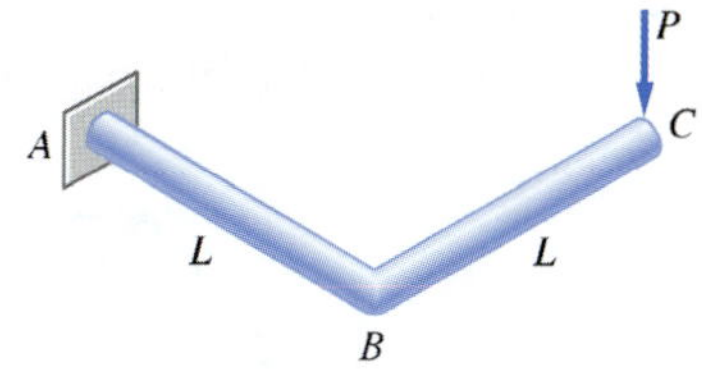

그림 P12.9

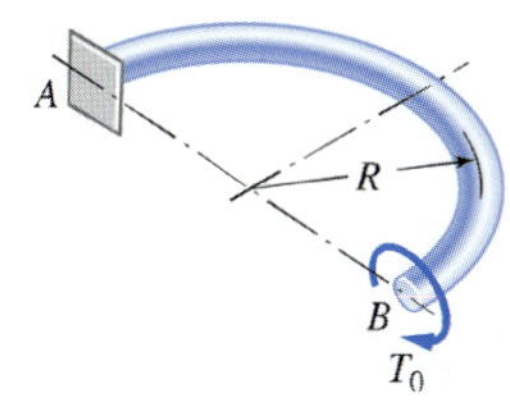

그림 P12.10, P12.11

12.8 하중 P에 의한 점 C에서의 내다지보의 기울기(처짐각)를 계산하라(힌트: C점에 가상 모멘트를 도입하라).

12.9 구부러진 원형 막대 AB가 A에서 고정되었으며 C에서 수직 하중 P을 받는다. 점 C의 연직 변위를 구하라.

12.10 원형 막대 AB가 반경 R인 반원형 호로 제작되었다. 막대는 A에서 고정되었으며 B에서 비틀림 모멘트 T_0을 받는다. B점에서의 비틀림각을 구하라.

12.11 문제 12.10에서 기술된 구부러진 막대에 대해, 끝단 B에서의 연직 변위를 계산하라.

12.12 연직 하중 P가 외팔 프레임에 작용하고 있다. EI가 일정하다고 가정하고, 굽힘 변형만을 고려하여, 점 C에서의 수평 및 연직 변위를 구하라.

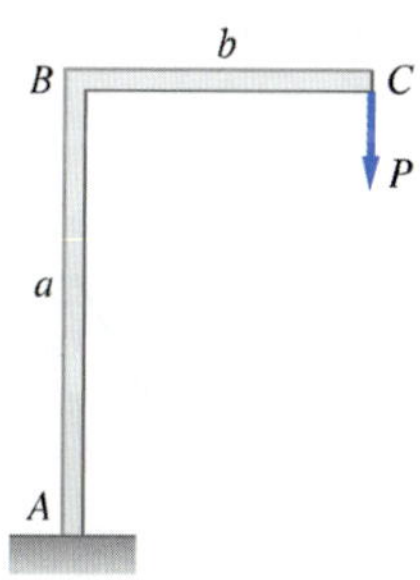

그림 P12.12

12.13 원형 막대가 반경 R인 반원형 호로 제작되었다. 수평력 P가 작용할 때, 점 C에서의 수평 변위와 B점에서의 연직 변위를 구하라. 굽힘 변형만을 고려하라.

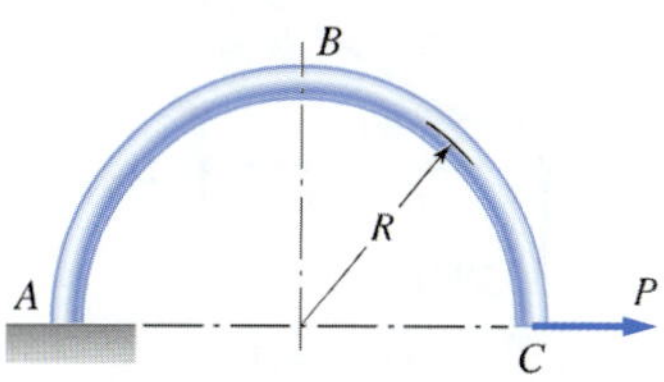

그림 P12.13, P12.14

12.14 하중 P가 C에서 연직 아래 방향으로 작용할 때 문제 12.13을 풀어라.

12.15 균일한 굽힘 강성 EI를 갖는 그림에 보인 프레임이 B점에서 600 N의 수평 하중을 받고 있다. 굽힘 변형만을 고려해서 균일 굽힘 강성 $EI\delta_D$의 값을 구하라. 여기서 δ_D는 롤러로 지지된 D 점에서의 수평 변위이다.

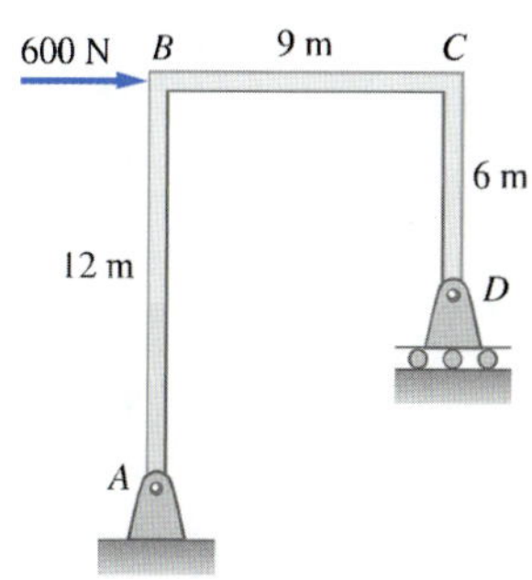

그림 P12.15

12.16 강재 트러스의 연결점 C에서의 연직 변위를 구하라. 트러스의 모든 부재는 동일 단면적으로 가정하라(힌트: 대칭성을 이용하라).

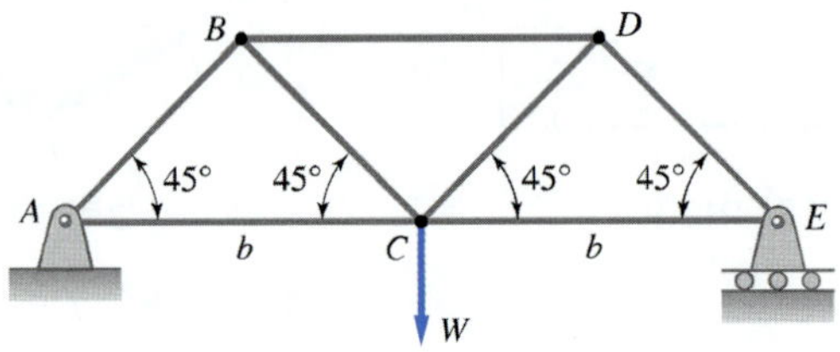

그림 P12.16

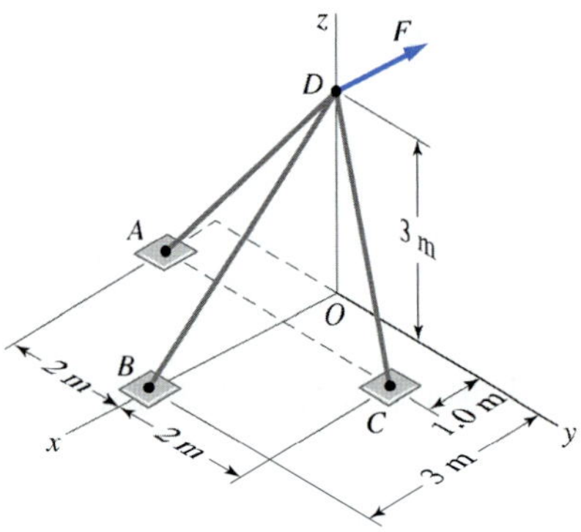

그림 P12.17

12.17 알루미늄 트러스의 각 부재는 500 mm^2의 단면적을 갖는다. x의 음의 방향으로 작용하는 힘 $F = 25$ kN에 의한 연결점 D의 수평 변위를 구하라. 알루미늄에 대해 $E = 70$ GPa를 사용하라.

12.18 S200 × 27.4 단면으로 만들어진 강재 트러스가 B점에서 단면적 50 mm^2인 강재 와이어로 지지되어 있다. 연직 하중 W에 의해 와이어에 발생하는 힘을 결정하라. 보의 축 방향으로의 변형은 무시하라. 강에 대해 $E = 200$ GPa를 사용하라.

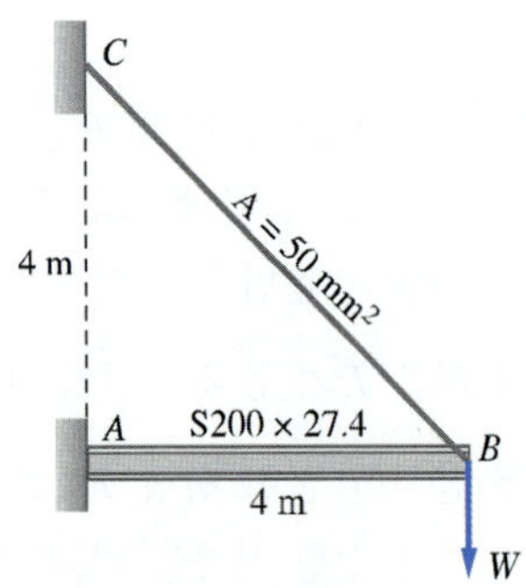

그림 P112.18

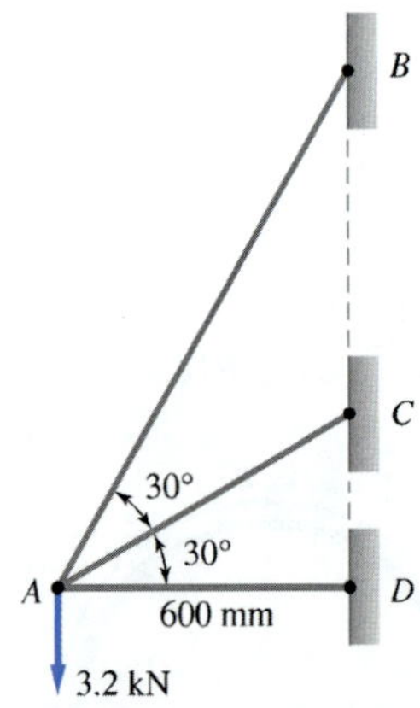

그림 P12.19

12.19 강재 트러스의 각 부재의 단면적은 450 mm^2이다. 3.2 kN의 하중에 의한 부재 AD의 내력을 구하라.

12.20 3000 N의 연직 하중이 연결점 A에 작용할 때, 강재 트러스 각 부재에서의 내력을 구하라. 부재의 단면적은 그림에 보인 것과 같다. 강에 대해 $E = 200$ GPa를 사용하라.

12.21 프레임의 각 부재에 대해 굽힘 강성 EI는 동일하다. 6 kN의 연직 하중이 작용할 때, E점에서의 지지 반력의 수평 성분을 구하라. 굽힘 변형만을 고려하라.

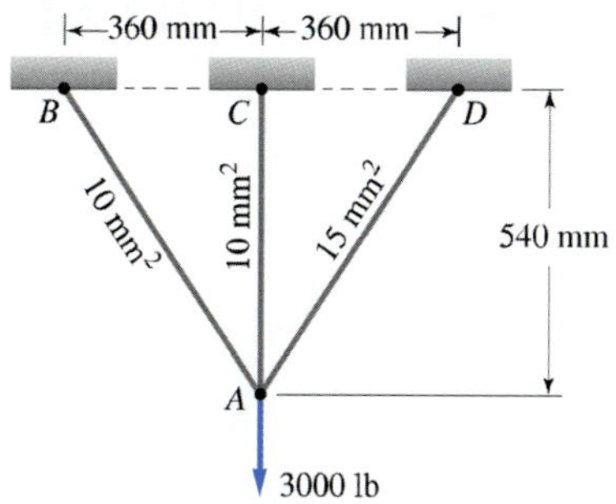

그림 P12.20

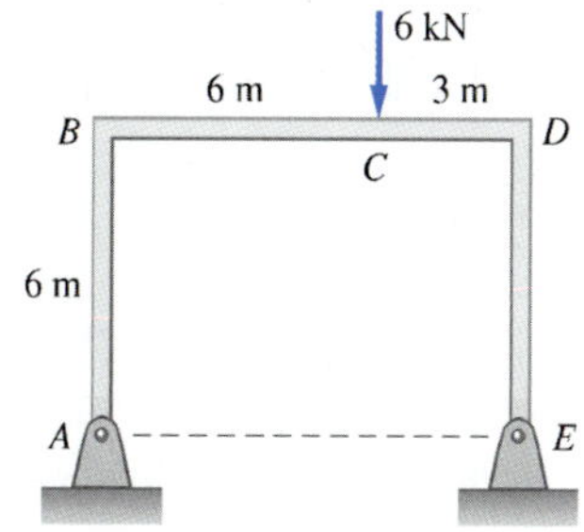

그림 P12.21

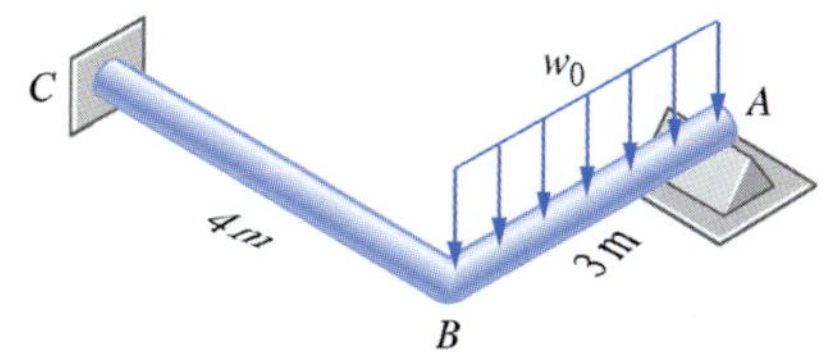

그림 P12.22

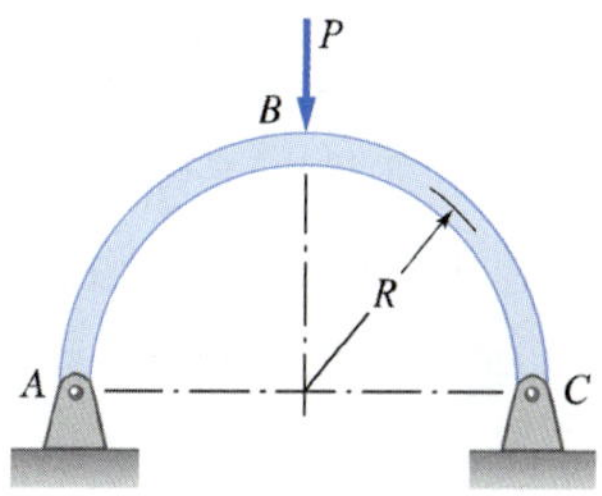

그림 P12.23

12.22 직경 d인 구부러진 강재 막대 ABC가 C에서 강체벽에 고정되었으며 지지대 A 위에 놓여 있다. 구간 AB는 균일 분포 하중 w_0=80 N/m를 받고 있다. 강에 대해 E = 200 GPa와 G = 80 GPa를 사용하여, A점에서의 지지 반력을 구하라.

12.23 균일 막대 ABC가 반경 R인 반원형 호로 제작되었다. 원호는 A와 C에서 핀으로 지지되었다. 연직 하중 P가 B에 작용할 때, A에서의 반력의 수평 성분의 크기를 구하라. 굽힘 변형만을 고려하라.

12.24 800 N의 수평력이 프레임에 작용할 때, A와 D에서의 반력의 수평 및 연직 성분을 구하라. 부재 AB와 부재 BC의 굽힘 강성은 EI, 부재 CD의 굽힘 강성은 $2EI$이다. 굽힘에 의한 변형만을 고려하라.

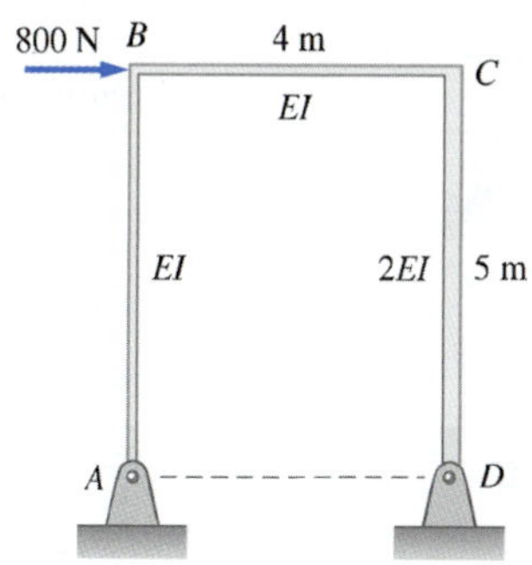

그림 P12.24

12.3 동하중

정적 해석은 암시적으로는 하중이 천천히 가해져서 동적 효과는 무시된다고 가정된다. 급격히 가해지는 하중은 정적 해석에서 예측한 것보다 순간적으로 매우 높은 변위와 응력을 발생시킨다. 이 절에서는 정지된 탄성체에 충돌하는 강체 질량에 의한 동하중의 효과를 다룬다.

a. 가정

동하중의 해석은 다음과 같이 단순화된 가정에 기초한다.

- 물체의 응력은 비례한도 이하로 유지된다.
- 충돌 중의 물체와 충격 질량은 접촉 상태를 유지한다(되튀김이 없다).
- 충돌 중에는 에너지가 손실되지 않는다.

이들 가정을 통해 충격 하중을 매우 이상화된 모델로 유도함으로써, 응력과 변형에 대하여 매우 개략적인 추상을 할 수 있게 한다. 응력파와 열로 어느 정도 에너지의 손실은 피할 수 없으므로, 물체를 변형시킬 수 있는 에너지는 단순이론에서 예측된 것보다 작다. 다른 말로 말하면, 실제의 응력과 변위는 계산된 값보다 작다.

b. 질량–스프링 모델

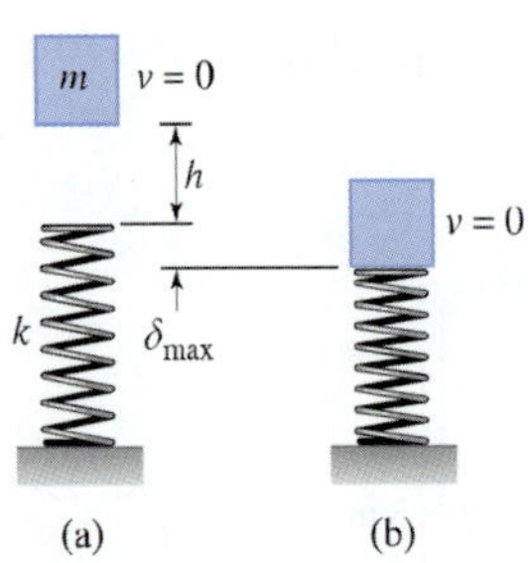

그림 12.6
동하중의 질량 스프링 모델
(a) 질량 m가 방출되기 전
(b) 최대 처짐의 위치

간단한 충돌 모델로, 질량 m이 강성이 k이며 질량은 무시할 만한 스프링에 낙하되는 경우를 생각해 보자. 그림 12.6 (a)에 나타낸 것과 같이, 질량은 정지 상태로부터 놓여서 스프링과 접촉 전에 거리 h만큼 낙하한다.

충돌에 이어서 스프링은 변형하며, 그림 12.6 (b)와 같이 반동 전에 최대 동적 처짐 δ_{max}에 이른다. 변위 δ_{max}는 최대 **동적 처짐**(*dynamic deflection*)으로 알려져 있다. 일-에너지 원리는 다음과 같다.

$$U = \Delta T \tag{12.11}$$

여기서 U는 질량에 대해 한 일이고 ΔT는 질량의 운동 에너지의 변화량이다. 이 원리를 그림 12.6 (a)의 질량에 적용하면, 보여진 두 위치 사이에서 운동 에너지의 변화가 없으므로 (두 위치에서 $T = 0$), 질량에 대해 한 일은 영이라고 할 수 있다.

질량에 대해 한 일은

$$U = mg\,(h + \delta_{max}) - \frac{1}{2}k\delta_{max}^2$$

여기서 첫째 항은 중력이 한 일이고 두 번째 항은 스프링력이 한 일이다 (δ_{max}와 스프링력은 서로 방향이 반대이므로, 두 번째 항은 음이다). 전체 일은 0이므로, 다음의 식을 얻는다.

$$mg\,(h+\delta_{\max})-\frac{1}{2}k\delta_{\max}^2=0 \tag{a}$$

$mg/k=\delta_s$을 대입하면(δ_s는 자중 mg를 점차로 가했을 때 발생하는 **정적 변형**(*static deformation*)) 식 (a)를 다음 형태로 정리할 수 있다.

$$\delta_{\max}^2-2\delta_s\,\delta_{\max}-2\delta_s\,h=0$$

이 식의 해는

$$\delta_{\max}=\delta_s+\sqrt{\delta_s^2+2\delta_s\,h} \tag{b}$$

식 (b)는 다음과 같이 쓸 수 있다.

$$\boxed{\delta_{\max}=n\,\delta_s} \tag{12.12a}$$

여기서

$$\boxed{n=1+\sqrt{1+\frac{2h}{\delta_s}}} \tag{12.12b}$$

를 **충격계수**(*impact factor*)라 부른다. 충격계수는 정적 처짐을 그에 상응하는 최대동적처짐으로 바꾸는 승수(multiplier)라는 것에 주목하라. 스프링에서의 힘은 변형에 비례하므로, 충격계수를 스프링력에도 적용할 수 있다. $F_{\max}=nF_s=n(mg)$이며 여기서 $F_s=mg$는 정하중이다.

두 가지 특별한 경우가 관심이 있다. h가 δ_s보다 대단히 크면, 식 (12.12b)에서 $2h/\delta_s$의 항만을 유지하면 된다. 이렇게 하면

$$n=\sqrt{\frac{2h}{\delta_s}} \qquad (h\gg\delta_s) \tag{12.13}$$

로 유도된다. 반대의 경우 $h=0$(하중이 스프링에 닿을 때 갑자기 놓는다)인데, 이에 대해 식 (12.12b)에서 $n=2$이다. 이는 하중을 갑자기 작용시키면 같은 하중을 점진적으로 작용시킬 때의 처짐의 두 배가 됨을 의미한다.

c. 탄성체

질량–스프링 시스템에 대해 위에서 얻은 결과는 스프링 질량을 무시할 수 있는 탄성체로 대체해도 유효하다. 왜냐하면 이 두 경우 모두에 대해 하중–변위의 관계가 선형이기 때문이다. 예로써 그림 12.7에 보인, 질량 m이 막대

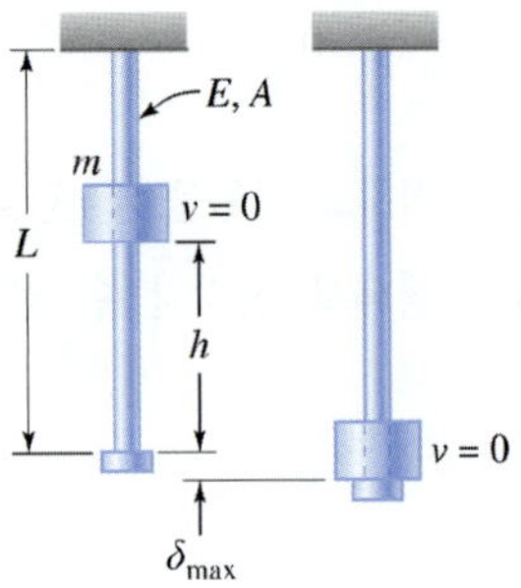

그림 12.7
질량-스프링 모델에서 스프링은 여기에 보인 연직 봉과 같은 탄성체로 대체될 수 있다.

끝에 있는 멈추개를 치기 전에 높이 h만큼 떨어지는 시스템을 생각해 보자. 막대의 정적 신장량은 $\delta_s = mgL/(EA)$이다 $h \gg \delta_s$라 가정하면, 식 (12.13)의 충격계수를 이용할 수 있고, 이로부터 막대의 최대 동적 신장량은

$$\delta_{\max} = n\delta_{\mathrm{s}} = \sqrt{\frac{2h}{\delta_{\mathrm{s}}}}\,\delta_{\mathrm{s}} = \sqrt{2h\delta_{\mathrm{s}}} = \sqrt{\frac{2hL}{EA}mg} \tag{c}$$

충격계수는 힘과 응력에 대해서도 적용할 수 있으므로, 막대에서의 최대 동적 응력은 다음 식에서 구할 수 있다.

$$\sigma_{\max} = n\sigma_{\mathrm{s}} = \sqrt{\frac{2h}{\delta_{\mathrm{s}}}}\,\frac{mg}{A} = \sqrt{2h\left(\frac{EA}{mgL}\right)\left(\frac{mg}{A}\right)^2} = \sqrt{\frac{2Eh}{AL}mg} \tag{d}$$

여기서 σ_s는 정적 응력 (점진적으로 작용하는 하중에 의한 응력)이다. 식 (d)로부터 작은 탄성계수를 갖는 재료를 사용하거나 막대의 단면적 또는 길이를 증가시키면 응력을 감소시킬 수 있다는 것을 알 수 있다. 이는 응력이 E와 L 모두에 의존하지 않는 정적 인장의 경우와 매우 다르다.

d. 레질리언스 계수 : 인성계수

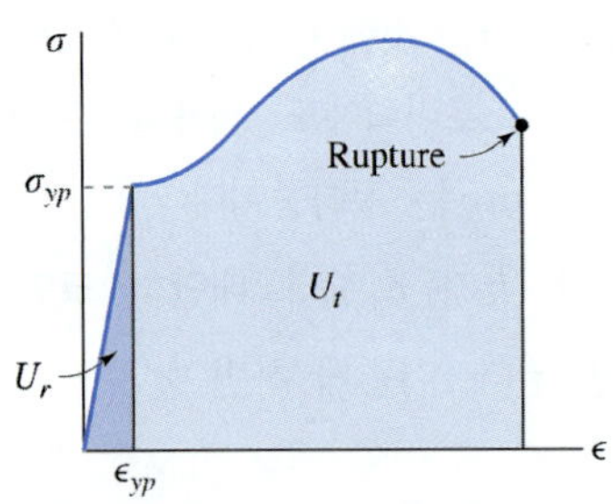

그림 12.8
음영 부분의 면적은 레질리언스 계수(U_r)과 인성계수(U_t)와 같다.

레질리언스(resilience) 계수(또는 탄성에너지 계수)와 인성(toughness) 계수는 재료의 충격 저항성의 척도이다. 이들 계수는 단순 인장 시험으로부터 구한 응력-변형률 선도에서 결정된다. 단순 인장에서, 재료의 단위 체적(*unit volume*)을 변형시키는 응력이 한 일은 $U = \int_0^{\epsilon} \sigma \; d\epsilon$이며, 이것은 응력-변형률 선도 아래의 면적과 같다. 레질리언스 계수(*modulus of resilience*) U_r은 재료가 영구적으로 변형되기 전에 단위 체적당 흡수할 수 있는 최대 에너지로 정의된다. 따라서 U_r은 항복점 σ_{yp}까지의 응력-변형률 선도 아래의 면적과 같다. 그림 12.8을 참고하면, 레질리언스 계수는 다음과 같이 주어진다.

$$U_r = \frac{1}{2}\sigma_{yp}\;\epsilon_{yp} = \frac{1}{2}\sigma_{yp}\left(\frac{\sigma_{yp}}{E}\right) = \frac{\sigma_{yp}^2}{2E} \tag{12.14}$$

U_t로 표시되는 인성계수(*modulus of toughness*)는 파단될 때까지 재료의 단위 체적당 흡수되는 에너지이다. 따라서 U_t는 그림 12.8에서 나타낸 것처럼 전체 응력-변형률 선도 아래의 면적과 같다. 재료의 충격 저항성은 재료의 연성에 크게 의존된다는 것은 분명하다. 그림 12.9는 두 재료에 대한 응력-변형률 선도를 보여준다. 한 재료는 낮은 연성을 갖는 고강도강이다. 다른

하나는 낮은 강도를 갖지만 높은 연성을 갖는 강이다. 이 경우에 저강도강에 대한 음영 면적 $(U_t)_1$은 고강도 재료의 면적 $(U_t)_2$보다 크다. 따라서 연성 재료는, 강하지만 연성이 작은 재료보다 파단될 때까지 더 큰 에너지를 흡수할 수 있다. 이러한 이유로, 연성 재료가 충돌 또는 충격 하중을 받는 부재로 선택된다.

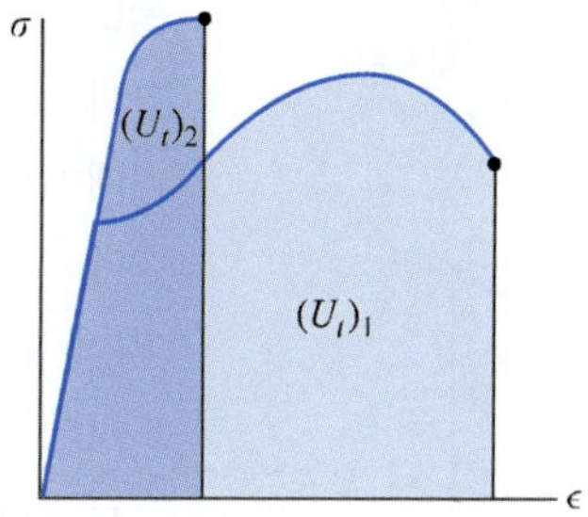

그림 12.9
강의 두 등급에 대한 응력-변형률 선도. 연성, 저강도강이 더 큰 인성을 갖는다.

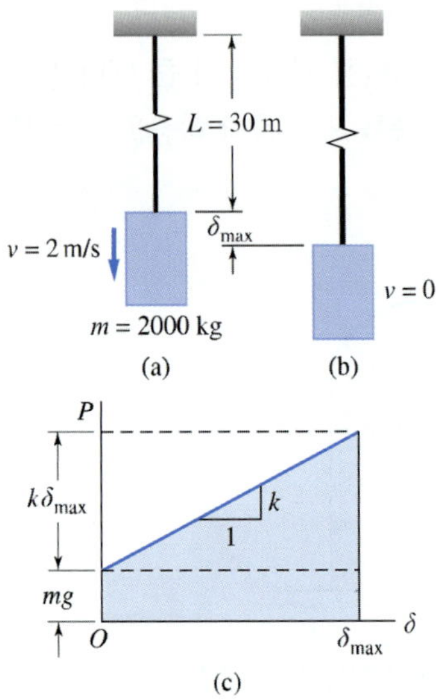

예제 12.4

질량 2000 kg의 엘리베이터가 2 m/s속도로 내려가고 있다. 케이블이 30 m 풀렸을 때 승강드럼이 갑자기 멈추었다. 케이블의 단면적이 600 mm^{2}이고 $E=200$ GPa일 때, 케이블 내의 최대력을 계산하라. 케이블의 자중은 무시한다.

풀이

그림 (a)는 승강드럼이 멈추기 직전의 엘리베이터를 보여준다. 이 순간의 엘리베이터의 속도는 일정하므로, 케이블의 힘 P는 엘리베이터의 자중 mg와 같다. 그림 (b)에서 보인 최대 동적 신장 위치에서, 엘리베이터의 속도는 영이고 케이블의 힘은 $k\delta_{max}+mg$이다. 여기서 k는 케이블의 유효 스프링 강성도이다. 이 두 위치에서 P는 그림 (c)에서 보는 것처럼 신장 δ에 대해 선형적으로 변한다. δ가 케이블의 동적 신장량을 나타낸다는 것을 주목하라. 즉 정적 신장량 $\delta_s=mg/k$에 부가된 신장량이다.

P와 δ는 서로 반대 방향을 가지므로, 엘리베이터에 케이블의 힘이 한 일은 그림 (c) 선도 아래의 면적의 음의 값이다. 즉, $-(mg\delta_{max}+k\delta_{max}^2/2)$이다. 중력의 일 $mg\delta_{max}$을 더하면, 엘리베이터에 한 순수한 일을 구할 수 있다.

$$U=-\frac{1}{2}k\delta_{max}^2$$

정적 인장력에 의한 케이블의 신장량은 $\delta_s=PL/EA$이며, 이것으로 케이블의 유효 스프링 강성도를 구한다.

$$k=\frac{P}{\delta_s}=\frac{EA}{L}=\frac{(100\times10^9)(600\times10^{-6})}{30}=2.0\times10^6\ \text{N/m}$$

따라서

$$U=-\frac{1}{2}(2.0\times10^6)\delta_{max}^2=-(1.0\times10^6)\delta_{max}^2$$

그림 (a)와 (b)에 보인 위치 사이에서 엘리베이터의 운동 에너지의 변화는

$$\Delta T=T_{final}-T_{initial}=0-\frac{1}{2}mv^2=-\frac{1}{2}(2000)(2)^2=-4.0\times10^3\text{J}$$

일–에너지 원리 $U=\triangle T$를 적용하면, 다음을 얻는다.

$$-(1.0\times10^6)\ \delta_{max}^2=-4.0\times10^3$$

따라서

$$\delta_{max} = 63.25 \times 10^{-3} \text{ m}$$

케이블에서의 최대 힘은

$$P_{max} = k\delta_{max} + mg = (2.0\times10^6)(63.25\times10^{-3}) + 2000(9.81)$$
$$= 146.1\times10^3 \text{ N} = 146.1 \text{ kN}$$ [답]

P_{max}은 엘리베이터의 자중 19.62 kN의 일곱 배 이상임을 주목하라.

예제 12.5

80 kg의 블록이 그림 (a)에 보인 바와 같이 단순지지된 보의 중앙에서 10 mm 높이에서 낙하되었다. (1)충격계수 (2)보의 최대 동적 굽힘응력을 구하라. 보에 대해 $E = 200$ GPa를 이용하라. 블록과 보는 충돌 후에 접촉을 유지한다고 가정하라. 보의 질량은 무시하라.

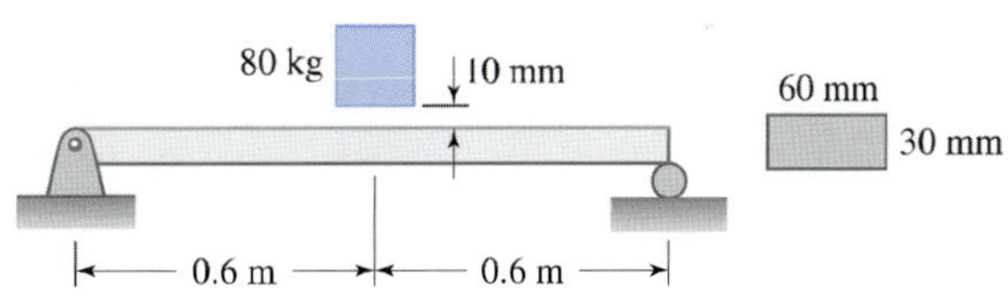

(a)

풀이

(1)

보 단면의 중립축에 대한 관성 모멘트는

$$I = \frac{bh^3}{12} = \frac{60(30)^3}{12} = 135.0\times10^3 \text{ mm}^4 = 135.0\times10^{-9} \text{ m}^4$$

표 6.3에 따르면 질량 80 kg의 무게를 받는 보의 중앙에서의 정적처짐은

$$\delta_{st} = \frac{(mg)L^3}{48EI} = \frac{(80\times9.81)(1.2)^3}{48(200\times10^9)(135.0\times10^{-9})} = 1.0464\times10^{-3} \text{ m}$$

식 (12.12b)에서, 충격계수는

$$n = 1 + \sqrt{1+\frac{2h}{\delta_{st}}} = 1 + \sqrt{1+\frac{2(0.010)}{1.0464\times10^{-3}}} = 5.485$$ [답]

(2)

보의 중앙에서 최대 동하중 P_{max}는 정하중에 충격계수를 곱해서 구한다.

$$P_{max} = n(mg) = 5.485(80 \times 9.81) = 4305 \text{ N}$$

이 하중에 의한 최대 굽힘 모멘트는 그림 (b)에서 보는 것처럼 중앙에서 발생한다. 그 값은

$$M_{max} = \frac{4305}{2}(0.6) = 1291.5 \text{ N} \cdot \text{m}$$

따라서 최대 동적 굽힘응력은

$$\sigma_{max} = \frac{M_{max}c}{I} = \frac{1291.5(0.015)}{135.0 \times 10^{-9}} = 143.5 \times 10^{6} \text{ Pa} = 143.5 \text{ MPa}$$ [답]

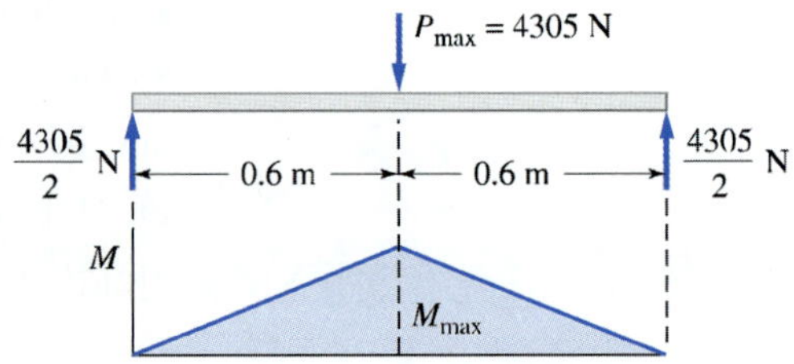

(a)

연습문제

12.25 다음 세 가지 재료에 대한 레질리언스 계수를 구하라.

(a) 강합금	$E = 200$ GPa	$\sigma_{yp} = 350$ MPa
(b) 황동	$E = 150$ GPa	$\sigma_{yp} = 210$ MPa
(c) 알루미늄합금	$E = 70$ GPa	$\sigma_{yp} = 280$ MPa

어떤 재료가 영구 변형을 일으키지 않고 충격을 흡수하는 데 최적인가?

12.26 그림에 보인 위치에서 100 N의 진자가 정지 상태에서 놓여나 길이 180 mm인 알루미늄 막대와 충돌하였다. 알루미늄의 레질리언스 계수가 0.94 N · mm/mm³일 때 영구 변형 없이 충격을 흡수할 수 있는 막대의 최소 직경 d를 구하라. 진자가 되튀김이 없다고 가정하라.

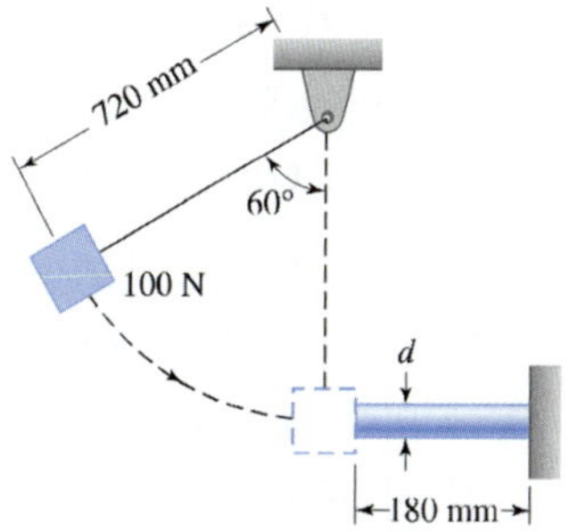

그림 P12.26

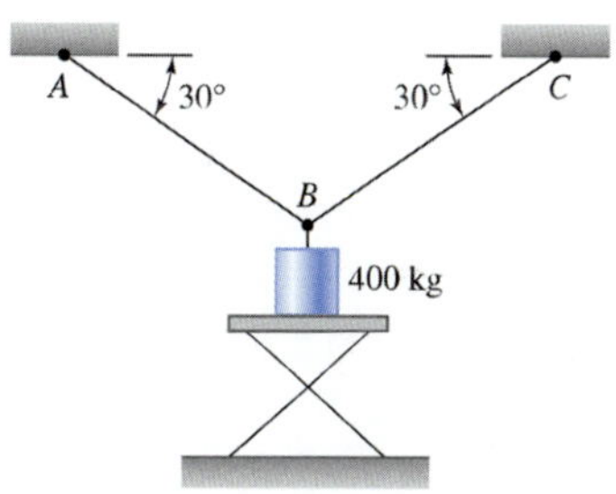

그림 P12.27

12.27 질량이 400 kg인 물체가 플랫폼에 놓여 있으며 강 케이블 ABC에 연결되어 있다. 플랫폼은 케이블의 느슨한 부분이 제거될 때까지 천천히 내려지고 있으나, 물체의 모든 중량은 여전히 플랫폼에 의해 지지되고 있다. 플랫폼이 갑자기 붕괴될 때, 케이블에서의 최대 동적 힘을 구하라.

12.28 무게 400 N의 물체가 2 mm를 낙하하다가, 단면적이 200 mm²이고 길이가 30 m인 와이어 로프의 끝에 걸렸다. $E = 150$ GPa로 가정하여 로프에서의 최대 동적 응력을 구하라.

12.29 로프 끝에 부착된 질량 m이 일정 속도 v로 내려가고 있는데, A 위치에서 도르래가 갑자기 걸려서 멈추었다. 충격계수가 다음과 같음을 보여라.

$$n = 1 + \sqrt{\frac{kv^2}{mg^2}}$$

여기서 k는 로프의 유효 스프링 강성도이다.

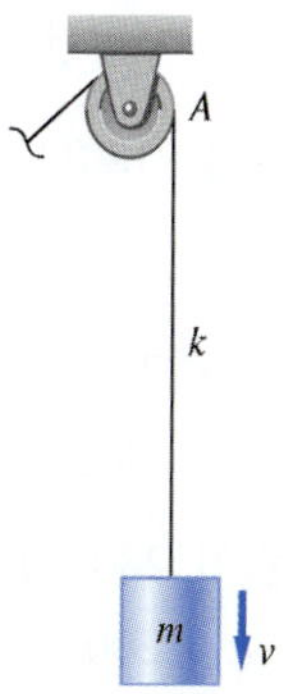

그림 P12.29

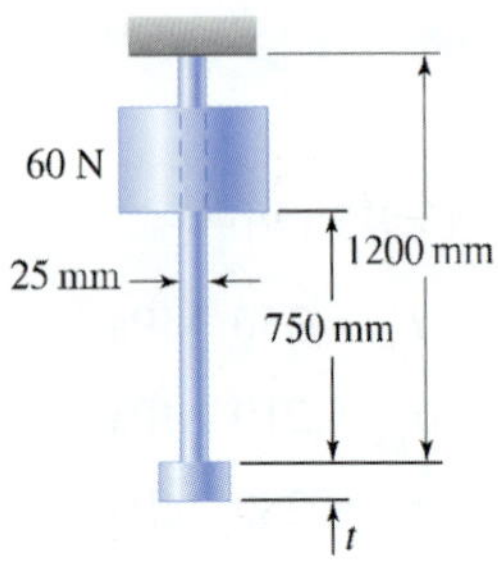

그림 P12.30

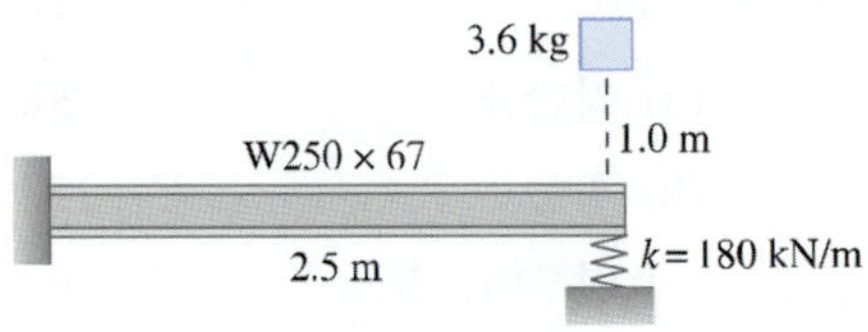

그림 P12.31

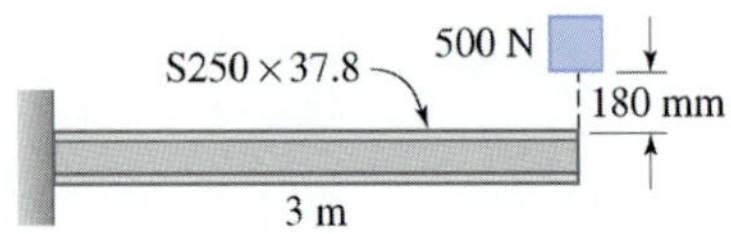

그림 P12.32

12.30 무게가 60 N인 물체가 750 mm 낙하하여 지름이 25 mm인 강재 볼트의 머리와 충돌하였다. 전단응력이 84 MPa로 제한될 때, 머리 부분의 최소 허용 두께 t를 구하라. 볼트에 대해 $E = 200$ GPa를 사용하라.

12.31 W250 × 67 강재 외팔보의 자유단이 강성 $k = 180$ kN/m인 스프링으로 지지되어 있다. 질량 3.6 kg의 물체가 높이 1.0 m로부터 보의 끝단에 떨어졌다. 보에서의 최대 동적 응력을 구하라. 강에 대해 $E = 200$ GPa를 사용하라.

12.32 S250 × 37.8 강재보가 길이 3 m인 외팔보로 사용된다. 무게가 500 N인 물체가 180 mm 높이에서 보의 자유단에 떨어졌다. 충격에 의한 최대 동적 응력과 변위를 구하라. 강에 대해 $E = 200$ GPa를 사용하라.

12.33 직사각형 단면의 단순지지된 강재보에 높이 1.2 m에서 떨어지는 질량 800 kg인 물체가 충돌하였다. 보에 대해 $E = 200$ GPa를 사용하여 충격계수를 구하라.

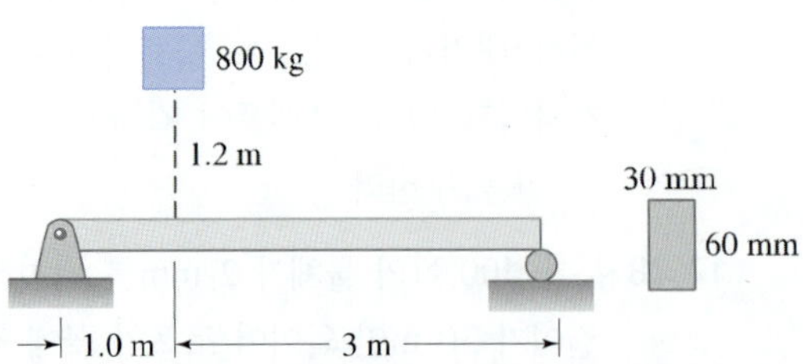

그림 P12.33

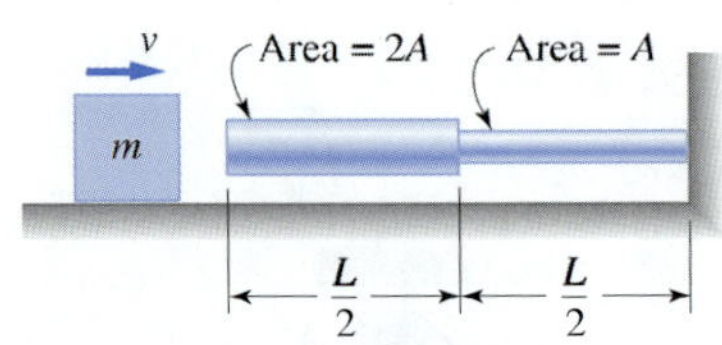

그림 P12.34

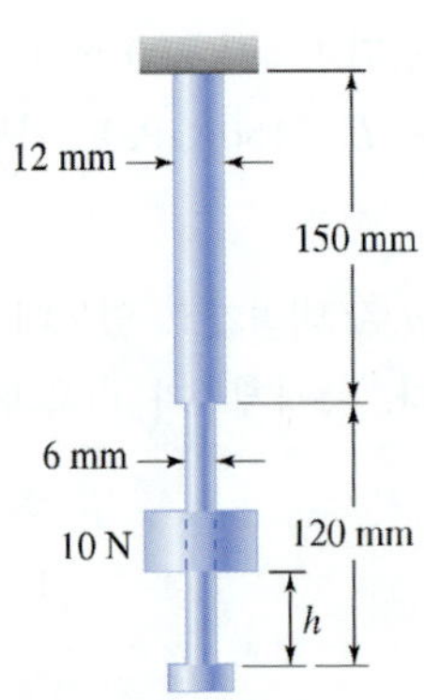

그림 P12.35

12.34 질량 m인 물체가 속도 v로 단이 진 탄성 봉을 향해 미끄러지고 있다. 이 봉에서의 최대 동적 응력 식을 유도하라.

12.35 무게 10 N의 물체가 높이 h에서 떨어져서 이단 볼트의 머리부에 충돌하였다. 볼트에서 최대 동적 수직응력이 280 MPa를 초과하지 않을 h의 최댓값을 구하라. 볼트에 대해 $E = 200$ GPa를 사용하라.

12.4 파손이론

파손 기준(*failure criteria*)이라고도 불리는 **파손이론**(*theories of failure*)은 다음 질문에 대한 답을 주고자 한다. 단축 인장 또는 압축 시험에서 얻은 데이터가 복잡한 하중하에서의 파손을 예측하는 데 사용될 수 있는가? 파손은 항복(yield) 또는 파단(rupture)을 의미한다. 지금까지, 단축 시험에서의 파손을 다축 하중에 의한 파손과 상관시키는 범용적인 방법은 정립되지 않았다. 그러나 설계 코드와 관계되는 어떤 재료들에 대해 잘 맞는 몇 가지 파손이론이 있다.

일반적으로 파손 기준에는 두 개의 그룹이 있다. 하나는 파단에 의해 파괴되는 취성 재료와 다른 하나는 항복 현상을 나타내는 연성 재료에 대한 것이다. 여기에서 다루는 내용은 취성 재료와 연성 재료에 대해 각각 두 개씩, 즉 네 개의 간단하지만 널리 알려진 파손이론으로 제한한다. 이 모든 이론들은 주응력의 항으로 표현되므로, 재료의 중요한 위치에서 세 주응력은 이미 구하였다고 전제한다. 이 절에서는 평면응력에 대한 파손 기준만 생각한다. 즉 $\sigma_3 = 0$으로 가정한다.

a. 취성 재료

최대 수직응력이론 W.Rankine이 제안한 최대 수직응력이론은 모든 파손이론 중에서 가장 오래되고 가장 간단하다. 이 이론은 파손이 재료의 최대 주응력이 재료의 단축 인장 시험의 극한응력 σ_{ult}와 같을 때 발생한다고 가정한다. 분명히 이 이론은 다른 두 주응력의 영향을 무시한다. 그럼에도 불구하고, 최대 수직응력이론은 인장과 압축시에 거의 동일한 강도를 갖는 취성 재료의 시험 결과와 매우 잘 일치하고 있다. 평면응력에 대해, 최대 수직응력이론은 σ_1과 σ_2가 주응력이면 $|\sigma_1| = \sigma_{ult}$ 또는 $|\sigma_2| = \sigma_{ult}$일 때 파손을 예측한다. 무차원화된 형태로 표현하면, 파손 기준은

$$\frac{\sigma_1}{\sigma_{ult}} = \pm 1 \quad \text{or} \quad \frac{\sigma_2}{\sigma_{ult}} = \pm 1 \tag{12.15}$$

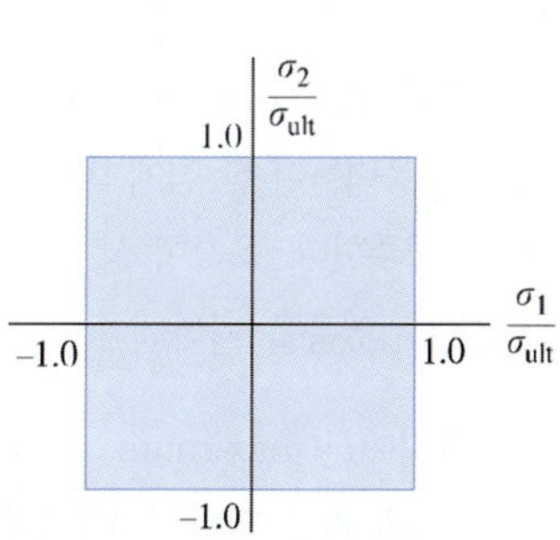

그림 12.10
최대 수직응력 파손 기준. 직사각형 내부에 있는 점들에 의한 응력 상태는 파단에 대해 안전하다는 것을 나타낸다.

이다. 식 (12.15)를 그림 12.10에 보였다. 직사각형의 외곽선이 파손 기준을 나타낸다. 재료의 주응력에 해당되는 점들이 음영된 면적 안에 있으면 재료는 파손되지 않는다. 점들이 음영 면적 위에 또는 밖에 있으면 응력이 파손을 일으킬 수 있다는 것을 나타낸다.

Mohr 이론 Mohr의 파손이론은 인장과 압축에 대해 서로 다른 특성을 갖는 재료에 대해 적용된다. 이 이론을 적용하기 위해서는 재료의 극한 인장응력 $(\sigma_{ult})_t$와 극한 압축응력 $(\sigma_{ult})_c$을 알아야 하는데, 이는 인장 시험에서 구한

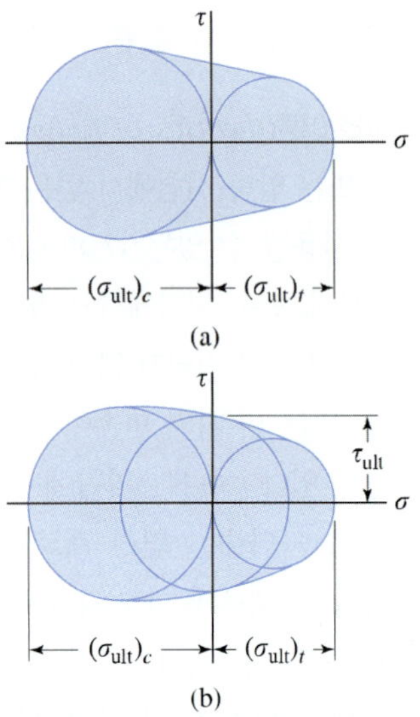

그림 12.11
Mohr의 파손 기준. 음영 영역 내부의 점들로 표시된 응력 상태는 파손에 대해 안전하다.

다. 두 응력 상태에 대한 Mohr 원은 그림 12.11 (a)에서와 같이 하나의 그림으로 그릴 수 있다. Mohr 이론의 파손 포락선(envelope) 그림은 원에 접하는 두 직선을 그리면 얻어진다. 주어진 응력 상태는 그것의 Mohr 원이 완전하게 그림 12.11 (a)의 음영 부분인 파손 포락선 안에 있을 때 안전하다고 생각한다. 이는 Mohr 원이 파손 포락선에 접하거나 그 외부에 있으면 파손이 된다고 추정하는 것이다.

Mohr 이론은 비틀림 시험에 의해 얻어지는 극한 전단응력 τ_{ult}을 알 수 있으면 개선될 수 있다. 이 시험에 대응되는 Mohr 원은 그림 12.11 (b)에서 보는 것처럼 그림에 추가할 수 있다. 파손 포락선은 세 원에 접하는 곡선을 그려 구해진다.

b. 연성 재료

최대 전단응력이론 *Tresca*의 항복 기준(*Tresca's yield criterion*)으로 알려진 최대 전단응력이론(maximum shear stress theory)은 절대 최대 전단응력이 단축 인장 시험 항복 시의 최대 전단응력과 같을 때 항복이 발생한다고 가정한다. 제8장에서 평면응력 상태에서는 절대 최대 전단응력이 $|\sigma_1|/2$, $|\sigma_2|/2$ 또는 $|\sigma_1-\sigma_2|/2$중에서 큰 것임을 알았다. 단축 인장 시험에서, 항복 시의 최대 전단응력은 $\sigma_{yp}/2$이며, 따라서 Tresca 항복 조건은 다음과 같이 쓸 수 있다.

$$\frac{\sigma_1}{\sigma_{yp}}=\pm 1 \quad \text{or} \quad \frac{\sigma_2}{\sigma_{yp}}=\pm 1 \quad \text{or} \quad \frac{\sigma_1}{\sigma_{yp}}-\frac{\sigma_2}{\sigma_{yp}}=\pm 1 \tag{12.16}$$

그림 12.12에서 식 (12.16)의 선도는 *Tresca*의 **육각형**(*Tresca's hexagon*)이라 부르는 육각형을 형성한다. 어느 응력 상태의 주응력들이 한 점에 의하여 육각형 내부에 표시되면 그 응력 상태는 안전하다고 간주한다. 육각형 상 또는 밖에 있는 경우라면, 그 응력 상태는 파손을 일으킬 수 있음을 나타낸다.

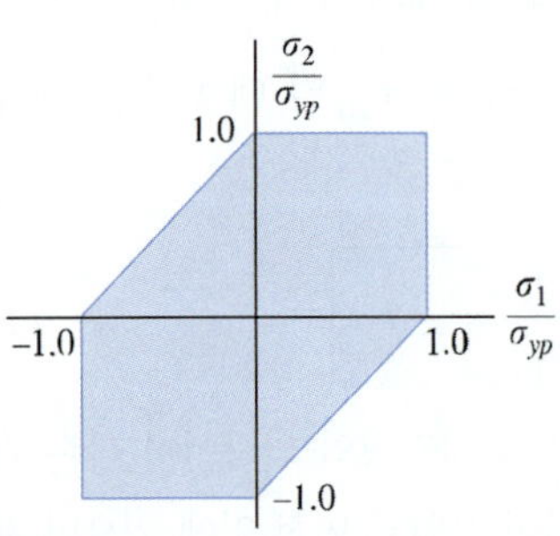

그림 12.12
최대 전단응력 항복 기준, 음영 영역 내의 점으로 표현되는 응력 상태는 항복에 대해 안전하다.

최대 뒤틀림 에너지이론 최대 뒤틀림 에너지이론(maximum distortion energy theory)은 연성 재료의 항복을 예측하는 데 가장 일반적인 이론이다.[1] 앞에서 기술한 대로, 탄성체를 변형하는 힘들에 의해 수행된 일은 물체 내에 변형 에너지로 저장된다. 여기서 유용한 개념은 어느 지점에서 단위 체적당 변형 에너지로 정의되는 **변형 에너지 밀도**(*strain energy density*)이다. 변형 에너지 밀도는 두 부분으로 나눌 수 있다. 체적의 변화와 관련되는 **체적**

1 최대 뒤틀림 에너지이론은 Huber-Hencky-von Mises 항복이론 또는 팔면체(octahedral) 전단이론으로 알려져 있다.

(*volumetric*) 변형 에너지 밀도와 체적의 변화 없이 요소의 형상을 변화시키는 뒤틀림(*distortion*) 변형 에너지 밀도이다.

평면응력을 받는 탄성체에 대해 뒤틀림 변형 에너지 밀도는 다음과 같이 표현할 수 있다.

$$U_d = \frac{1}{6G}(\sigma_1^2 + \sigma_2^2 - \sigma_1\sigma_2) \tag{a}$$

여기서 G는 전단 탄성계수이다.

최대 뒤틀림 에너지이론은 재료가 아래의 식을 만족할 때 항복된다고 간주한다.

$$U_d = (U_d)_{yp} \tag{b}$$

여기서 $(U_d)_{yp}$는 단축 인장 시험에서 항복점에서 동일한 재료의 뒤틀림 변형 에너지 밀도이다. 단축 인장에서, 항복 시의 응력은 $\sigma_1 = \sigma_{yp}$와 $\sigma_2 = 0$이며, 이를 식 (a)에 대입하면 $(U_d)_{yp} = \sigma_{yp}^2 / (6G)$를 얻는다. 이 결과와 식 (a)를 식 (b)에 대입하면 다음을 얻는다.

$$\sigma_1^2 + \sigma_2^2 - \sigma_1\sigma_2 = \sigma_{yp}^2$$

이 항복 조건의 무차원화된 형태는 다음과 같다.

$$\left(\frac{\sigma_1}{\sigma_{yp}}\right)^2 + \left(\frac{\sigma_2}{\sigma_{yp}}\right)^2 - \left(\frac{\sigma_1}{\sigma_{yp}}\right)\left(\frac{\sigma_2}{\sigma_{yp}}\right) = 1 \tag{12.17}$$

이는 그림 12.13에 보인 타원의 방정식이다. 응력 상태는 주응력들이 타원 내의 어느 한 점으로 표현되면 안전하다고 간주한다. 그 점이 타원 위 또는 타원 밖에 위치하는 응력 상태는 파손된다고 본다. 타원은 점선으로 나타낸 Tresca의 육각형을 감싸고 있으므로, 최대 뒤틀림 에너지이론은 최대 전단응력이론보다 덜 보수적이다.

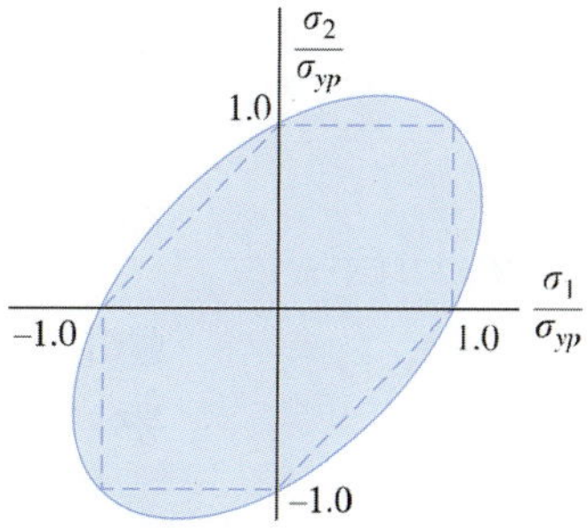

그림 12.13 최대 뒤틀림 에너지 항복 조건. 타원 영역 내의 점들로 표현되는 응력 상태는 항복에 대해 안전하다. (Tresca의 육각형은 점선으로 나타낸다.)

예제 12.6

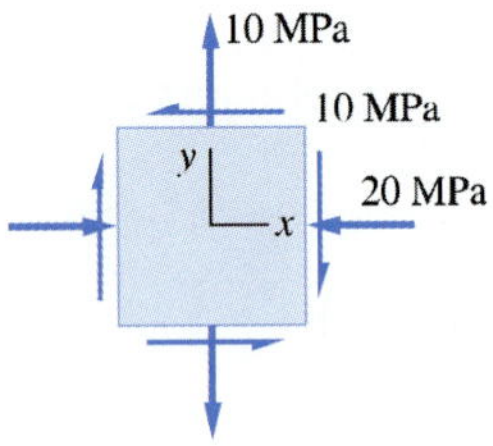

(a)

어느 취성 재료의 극한 강도가 인장에 대해 40 MPa이고 압축에 대해서는 50 MPa이다. Mohr의 파손 조건을 이용하여 그림 (a)의 평면응력 상태가 이 재료를 파손을 일으킬지를 결정하라.

풀이

먼저 그림 (b)에 보인 바와 같이 단축 인장과 단축 압축에 대해 파손의 응력 상태를 나타내는 Mohr 원을 그린다. 이 두 원에 대한 접선을 연결하여 파손 포락선을 완성한다. 이 Mohr 원으로 임의의 응력 상태가 파손 포락선(그림에서 음영 영역)내에 존재하면 파손에 대해 안전하다. 그렇지 않으면 파손이 예측된다.

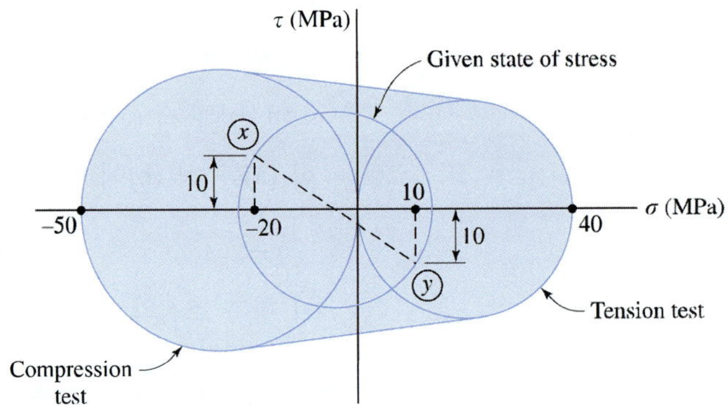

(b)

주어진 응력 상태를 나타내는 Mohr 원을 그림 (b)에 보였다. 원이 파손 포락선 내에 있으므로, 이 응력 상태는 **파손을 일으키지 않는다**.

예제 12.7

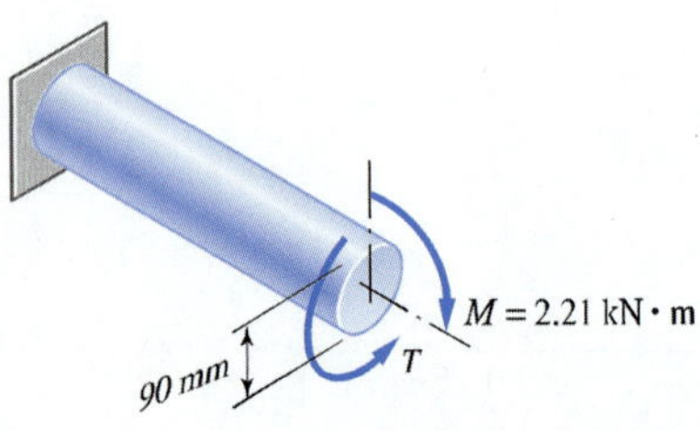

(a)

그림 (a)의 직경이 90 mm인 강재봉이 굽힘 모멘트 $M = 2.21$ kN · m와 토크 T을 받고 있다. 강의 항복 강도는 40 MPa일 때, 항복을 일으키지 않고 가할 수 있는 최대 토크 T를 구하라. (1)최대 전단응력이론, (2)최대 뒤틀림 에너지이론을 이용하라.

풀이

봉에서의 최대 굽힘응력은

$$\sigma = \frac{32M}{\pi d^3} = \frac{32(2.21 \times 10^6)}{\pi (90)^3} = 30.9 \text{ MPa}$$

그리고 비틀림에 의한 최대 전단응력은

$$\tau = \frac{16\,T}{\pi d^3} = \frac{16\,T}{\pi(90)^3} = (6.98 \times 10^{-6})\,T \;\; \text{MPa}$$

여기서 T의 단위는 N-mm이다. 이 응력에 대응되는 Mohr 원을 그림 (b)에 보였다. 원의 반경은

$$R = \sqrt{(15.45)^2 + [(6.98 \times 10^{-6})\,T]^2} \;\; \text{MPa} \tag{a}$$

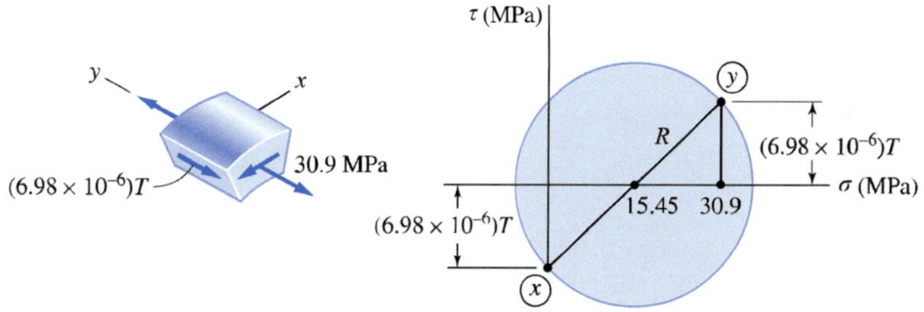

(b)

(1)

주응력들의 부호가 반대이므로, 절대 최대 전단응력은 Mohr 원의 반경 R이다. 따라서 지배 항복 조건은 식 (12.16)에서 $\sigma_1 - \sigma_2 = \sigma_{yp}$이다.
$\sigma_1 - \sigma_2 = 2R$이므로 항복 조건은 $2R = \sigma_{yp}$이다. 식 (a)에서 R을 대입하면 다음을 얻는다.

$$2\sqrt{(15.45)^2 + (6.98 \times 10^{-6}\,T)^2} = 40$$

이로부터 항복에 대해 안전한 최대 토크는

$$T = 1.8195 \times 10^6 \;\; \text{N} \cdot \text{mm} \; = \; 1.8195 \;\; \text{kN} \cdot \text{m}$$ [답]

(2)

$\sigma_1 = 15.45 + R$ MPa와 $\sigma_2 = 15.45 - R$ MPa를 항복 조건 $\sigma_1^2 + \sigma_2^2 - \sigma_1\sigma_2 = \sigma_{yp}^2$에 대입하면

$$(15.45 + R)^2 + (15.45 - R)^2 - (15.45 + R)(15.45 - R) = 40^2$$

이 되며, 이 식으로부터

$$R = 21.3 \;\; \text{MPa}$$

따라서 식 (a)는

$$21.3 = \sqrt{15.45^2 + (6.98 \times 10^{-6}\,T)^2}$$

이 되고, 이로부터 최대 안전 토크는

$$T = 2.1006 \times 10^6 \ \mathrm{N \cdot mm} \ = 2.1006 \ \mathrm{kN \cdot m}$$ [답]

연습문제

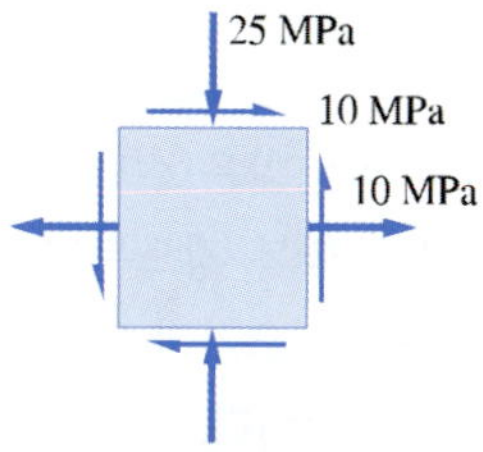

그림 P12.36

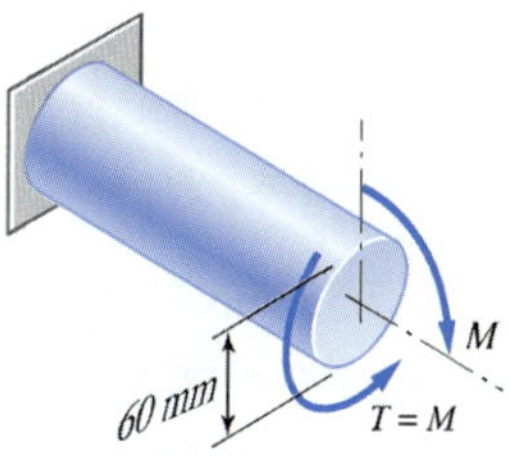

그림 P12.37

12.36 취성 재료의 극한 강도가 인장에 대해 30 MPa, 압축에 대해 40 MPa이다. Mohr의 파손 기준을 이용해 그림에서의 응력 상태가 파단에 대해 안전한지를 판단하라.

12.37 직경 60 mm인 봉이 극한 강도가 인장에 대해 20 MPa, 압축에 대해 30 MPa인 취성 재료로 제작되었다. 이 봉은 크기가 모두 M인 굽힘 모멘트와 토크를 전달한다. (a)수직응력이론을 이용하여 파단을 일으키지 않는 M의 최댓값을 구하라. (b)(a)에서 구한 M값이 Mohr의 파손이론을 기준으로 하면 안전한가?

12.38 취성 재료의 최종 강도가 인장에 대해 18 MPa, 압축에 대해 30 MPa이다. 이 값을 이용하여 Mohr의 파손이론에 대한 재료의 최종 전단응력을 구하라.

12.39 연성 재료의 어느 한 점에서 주응력이 $\sigma_1 = \sigma_0$, $\sigma_2 = 0.75\sigma_0$, $\sigma_3 = 0$이다. 이 재료의 항복 강도가 200 MPa일 때, (a)최대 전단응력이론, (b)최대 뒤틀림 에너지이론을 이용하여 항복이 시작되는 σ_0의 값을 구하라.

12.40 $\sigma_2 = -0.75\sigma_0$이고 다른 값은 변하지 않을 때, 문제 12.39를 풀어라.

12.41 항복이 발생되는 연성 재료에서의 응력 상태가 그림과 같다. (a)최대 전단응력이론과 (b)최대 뒤틀림 에너지이론을 이용하여 재료의 항복응력을 구하라.

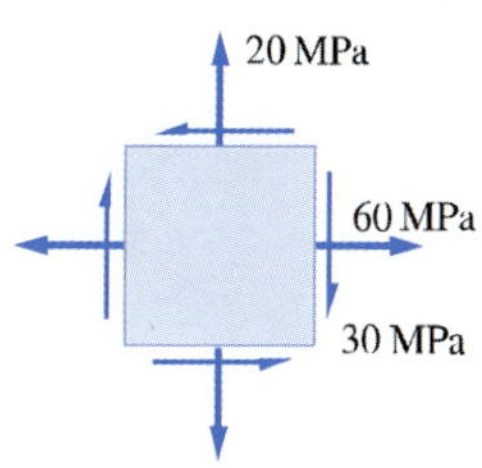

그림 P12.41

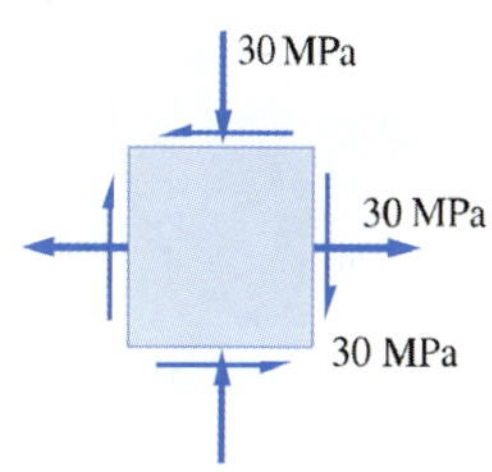

그림 P12.42

12.42 항복이 발생되는 어느 연성 재료에서의 응력 상태가 그림과 같다. (a)최대 전단응력이론과 (b)최대 뒤틀림 에너지이론을 이용하여 재료의 항복응력을 구하라.

12.43 직경 d인 중실축이 60 Hz에서 80 kW의 동력을 전달한다. 재료의 항복 강도가 250 MPa로 주어질 때, 항복에 대한 안전계수가 3이 되는 d값을 구하라. 최대 뒤틀림 에너지이론을 사용하라.

12.44 구부러진 원형봉이 항복응력 36 MPa인 강으로 만들어졌다. 항복을 일으킬 연직 하중 P 값을 구하라. (a)최대 전단응력이론과 (b)최대 뒤틀림 에너지이론을 이용하라.

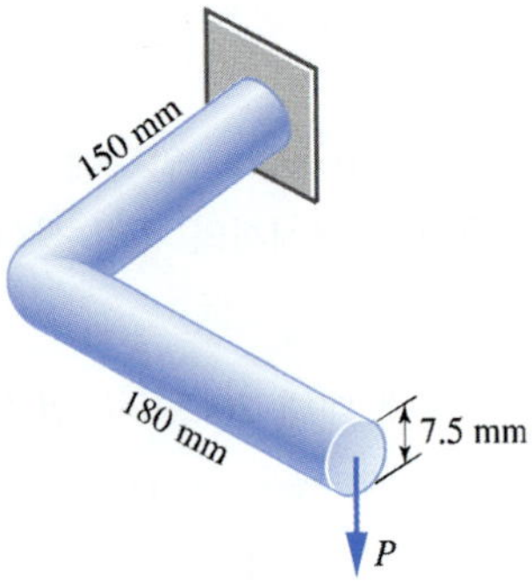

그림 P12.44

12.45 평균 직경이 320 mm, 벽 두께가 18 mm인 얇은 실린더형 압력 용기가 내압 24 MPa를 받고 있다. 재료의 항복 강도는 300 MPa이다. 최대 전단응력이론을 이용하여 항복을 일으키지 않고 내압에 부가하여 가할 수 있는 최대 축 하중 P를 구하라.

12.46 최대 뒤틀림 에너지이론을 이용하여 문제 12.45를 풀어라.

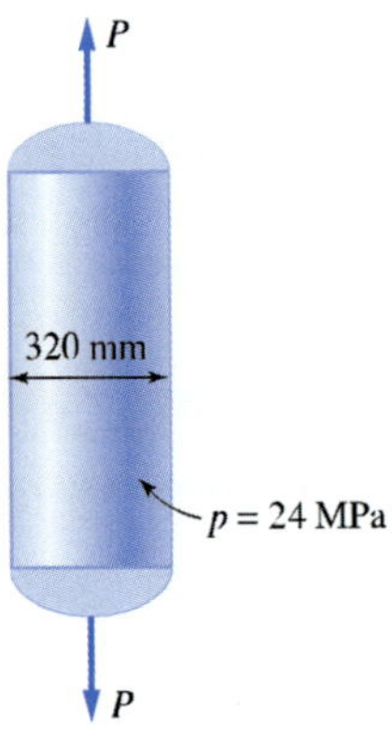

그림 P12.45, P12.46

12.47 얇은 두께의 실린더형 압력 용기의 평균 직경은 352.5 mm, 벽 두께는 7.5 mm이다. 용기의 벽이 내압 10.5 MPa에서 항복될 때, 최대 뒤틀림 에너지이론을 이용하여 재료의 항복 강도를 구하라.

12.48 평균 직경이 352.5 mm이고 벽 두께가 7.55 mm인 실린더형 용기가 내압 4.5 MPa와 토크 19,500 kN·mm를 받고 있다. 재료의 항복 강도가 216 MPa일 때, 최대 뒤틀림 에너지이론을 이용하여 항복에 대한 안전계수를 구하라.

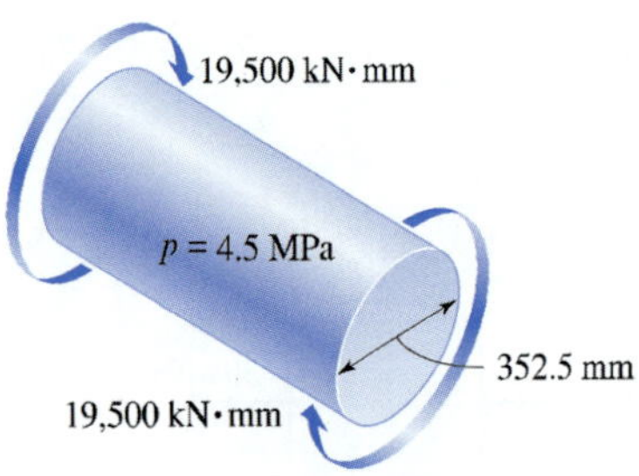

그림 P12.48

12.49 직경이 100 mm이고 길이가 8 m인 강재 중실축이 축 압축력 P와 토크 $T = 35$ kN·m을 동시에 받고 있다. 최대 전단응력이론에 따라 P의 최대 안전값을 구하라. $\sigma_{yp} = 200$ MPa를 사용하라.

12.50 길이 8 m이고, 직경 100 mm인 축이 인장과 압축에 대한 극한응력이 40 MPa인 취성 재료로 제작되었다. 이 축은 축 압축력 $P = 200$ kN와 토크 T를 동시에 받고 있다. 최대 수직응력 이론을 이용하여 T의 최대 허용값을 구하라.

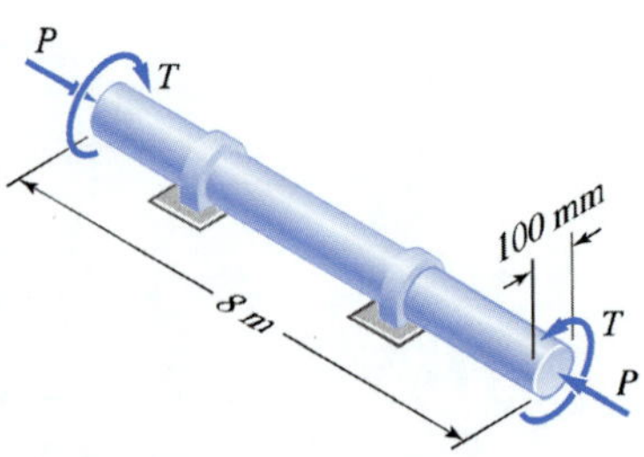

그림 P12.49, P12.50

12.51 직경 60 mm인 봉이 굽힘 모멘트 4000 N·m와 토크 T를 받고 있다. 이 재료의 항복응력은 420 MPa이다. 최대 뒤틀림 에너지이론을 이용하여 안전계수가 2일 때 T의 최대 허용값을 구하라.

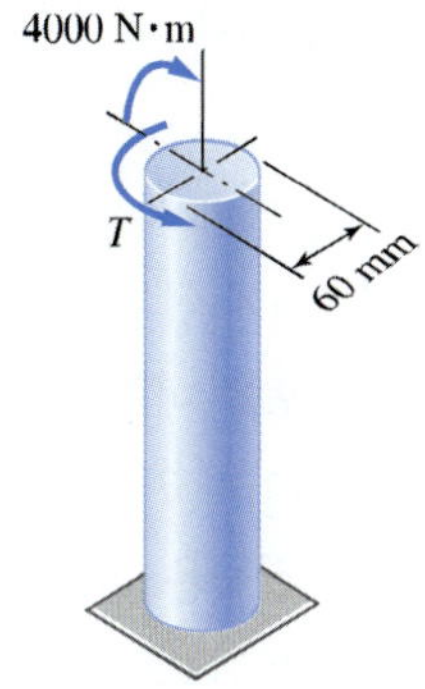

그림 P12.51, P12.52

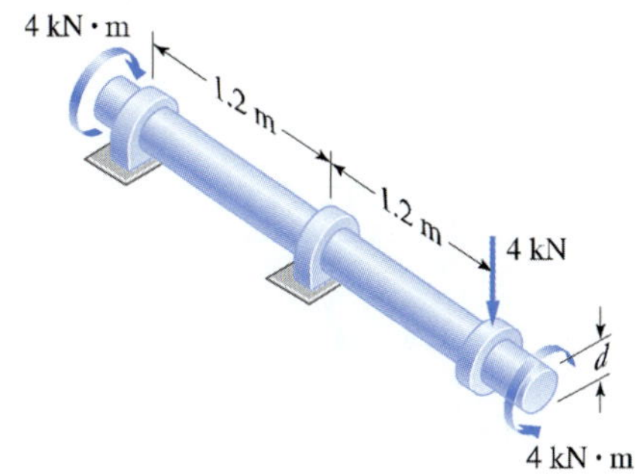

그림 P12.53

12.52 최대 전단응력이론을 이용하여 문제 12.51을 풀어라.

12.53 강재축이 4 kN의 횡 하중과 토크 4 kN·m을 동시에 받고 있다. 최대 전단응력이론을 이용하여 축의 최소 안전 직경 d를 구하라. σ_{yp} = 240 MPa과 안전계수 2를 사용하라.

12.54 양단이 막힌 원통형 압력 용기의 직경이 480 mm이고 벽 두께가 22.5 mm이다. 이 용기가 내압 8.4 MPa, 토크 150 kN·m 그리고 굽힘 모멘트 50 kN·m를 동시에 받고 있다. 이 재료의 항복 강도는 280 MPa이다. 최대 전단응력이론에 따른 항복에 대한 안전계수는 얼마인가?

12.55 직경 300 mm인 실린더형 탱크가 두께 7.5 mm인 판으로 제작되었다. 이 탱크가 내압 2.8 MPa과 토크 T를 받고 있다. 최대 뒤틀림 에너지이론에 따라 T의 최대 허용값을 구하라. σ_{yp}=220 MPa와 안전계수 2를 이용하라.

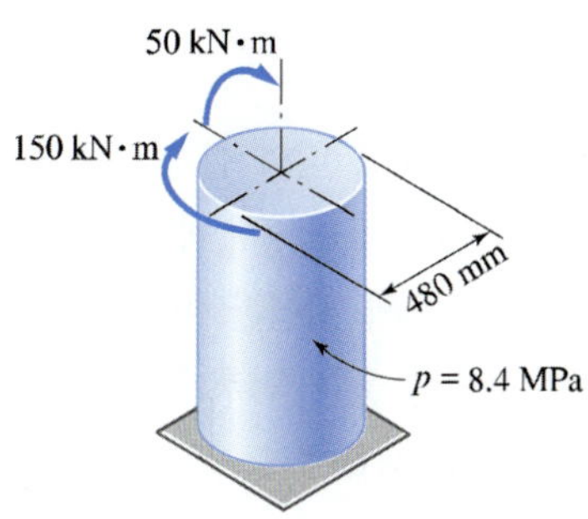

그림 P12.54

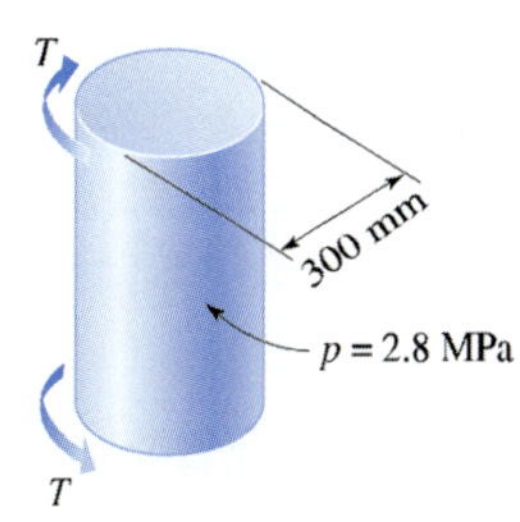

그림 P12.55

12.5 응력 집중

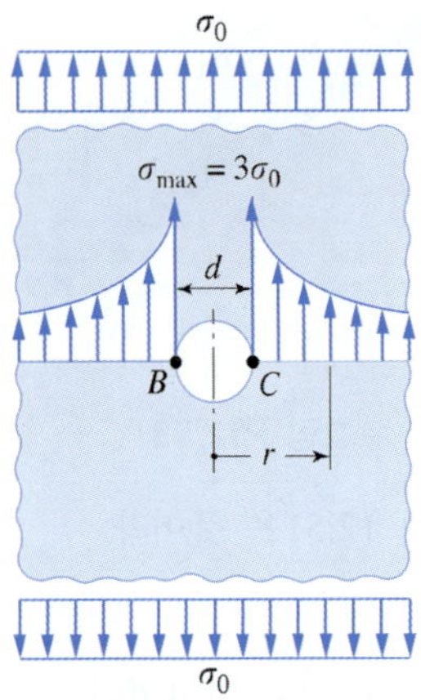

그림 12.14
작은 원형 구멍을 가진 균일 인장을 받는 판의 수직응력 분포

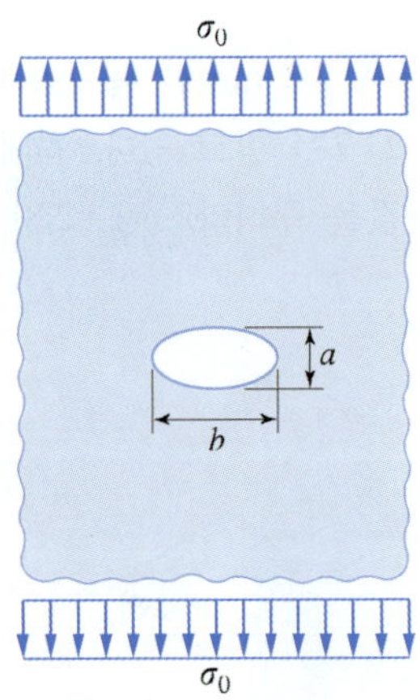

그림 12.15
작은 타원구멍을 갖는 균일하게 신장된 판

앞장들에서 지금까지 사용해 온 응력의 계산에 대한 기본 공식에서는 부재들의 단면이 균일하거나 점진적으로 변한다고 가정하였다. 이제 단면의 급격한 변화가 응력 분포에 미치는 영향을 생각해 보자. 이 변화는 **응력 집중**(*stress concentrations*)이라고 알려진 높은 응력의 국부화된 영역을 발생시킨다. 일반적으로 응력 집중은 연성 재료보다 취성 재료에 대해 더욱 관심이 높다. 연성 재료는 국부적으로 항복할 수 있으며 이것은 단면에 따라 응력을 좀 더 고르게 재분배시키게 된다. 반면에, 취성 재료는 항복이 되지 않고 응력 집중에 의한 갑작스러운 파손에 민감하다.

응력 집중의 예로서 그림 12.14에서의 작은 원형 구멍을 갖는 판을 고려해 보자.

판이 균일 인장응력 σ_0를 받고 있지만 원의 중심을 지나는 단면에 걸쳐 응력 분포는 균일하지 않다. 탄성이론에서 응력 분포는 다음과 같이 알려져 있다.[2]

$$\sigma = \frac{\sigma_0}{2}\left(2 + \frac{d^2}{4r^2} + \frac{3}{16}\frac{d^4}{r^4}\right) \tag{a}$$

여기서 d는 구멍의 직경이고 r은 구멍의 중심으로부터의 거리이다. 식 (a)에서 점 B와 C의 응력이 $3\sigma_0$임을 알 수 있다. 즉, 평균 응력의 세 배이다. 유사한 응력 집중이 그림 12.15에 보인 작은 타원 구멍에 의해 야기된다. 구멍의 수평축 끝단에서의 최대응력은 다음과 같이 주어진다.[3]

$$\sigma_{\max} = \sigma_0\left(1 + 2\frac{b}{a}\right) \tag{b}$$

이 응력은 b/a 비와 함께 증가하므로, 인장응력 방향에 수직인 좁은 균열($b/a \ll 1$)의 끝단에서 매우 높은 응력 집중이 발생한다. 따라서 이러한 균열은 성장해서 위험한 파단에 이르게 된다. 균열의 전파는 균열의 양단에 작은 구멍을 뚫어 멈추게 할 수 있으며 이때 높은 응력 집중을 완화할 수 있다. 연성 재료에서, 균열 끝단에서 국부 항복이 일어나며, 그것은 구멍과 동일한 효과를 갖는다. **응력 집중계수**(*stress concentration factor*) k는 다

2 S. Timoshemko J. N. Goodier, Theory of Elasticity, 3rd ed.(New York: McGraw-Hill, 1970)를 보라.

3 S. Timoshemko J. N. Goodier. Theory of Elasticity, 3rd ed.(New York: McGraw-Hill, 1970)를 보라.

음과 같이 정의된다.

$$k = \frac{\sigma_{max}}{\sigma_{nom}} \tag{12.18}$$

여기서 σ_{max}은 최대응력이고 σ_{nom}은 공칭응력(nominal stress)을 나타낸다(기본공식에서 계산된 응력). 봉과 보에서의 축 하중, 비틀림 하중 그리고 굽힘 하중에 의한 최대응력은 다음과 같이 주어진다.

$$\sigma_{max} = k\frac{P}{A} \qquad \tau_{max} = k\frac{Tr}{J} \qquad \sigma_{max} = k\frac{Mc}{I} \tag{12.19}$$

위의 식 (a)와 (b)와 같이 응력에 대한 정확한 해는 몇 가지 경우에만 존재한다. 그러나 여러 핸드북에서 실험적으로 또는 탄성이론 방정식의 수치해로 구한 응력 집중계수를 수록하였다.[4] 유용한 데이터의 예를 그림 12.16[5]에 보였다. 응력 집중계수의 식은 탄성이론으로 r/D의 여러 값에 대해 계산한 데이터값을 3차 다항식으로 맞춰(fitting) 얻은 것이다. 이 식들의 그래프를 그림 12.17에 보였다. 그림 12.16의 응력 집중계수는 공칭응력 σ_{nom}이 최대응력점을 지나는 순수 단면적(*net cross-sectional area*)(그림 12.16의 음영 면적)을 이용하여 계산된다고 가정한다.

(a) 직사각형 막대에서의 원형 구멍 축 인장 $k = 3.00 - 3.13\left(\frac{2r}{D}\right) + 3.66\left(\frac{2r}{D}\right)^2 - 1.53\left(\frac{2r}{D}\right)^3$ 면내 굽힘 $k = 2$ (r/D에 무관한)	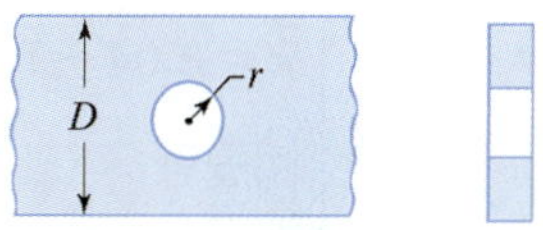
(b) 직사각형 막대에서 원형 필렛을 갖는 어깨 부분 축 인장 $k = 1.976 - 0.385\left(\frac{2r}{D}\right) - 1.022\left(\frac{2r}{D}\right)^2 + 0.431\left(\frac{2r}{D}\right)^3$ 면내 굽힘 $k = 1.976 - 1.925\left(\frac{2r}{D}\right) - 0.906\left(\frac{2r}{D}\right)^2 + 0.0430\left(\frac{2r}{D}\right)^3$	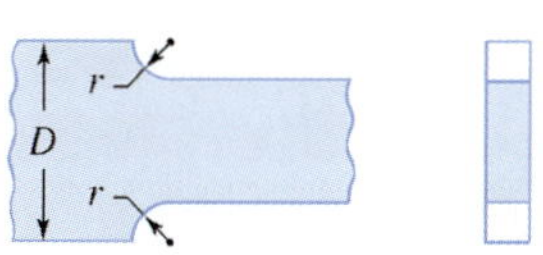

그림 계속

4 예로써 Walter D. Pilkey, Peterson's Stress Concentration Factors, 2nd ed. (New York: John Wiley & Sons, 1977)을 보라.

5 그림 16의 식들은 Warren C. Young, Roark's Formulas for Stress and Strain, 6th ed. (New York: McGraw-Hill, 1989)에서 인용한 것이다.

(c) 직사각형 막대에서 반원 노치 축 인장 $k = 3.065 - 3.370\left(\frac{2r}{D}\right) + 0.647\left(\frac{2r}{D}\right)^2 + 0.658\left(\frac{2r}{D}\right)^3$ 면내 굽힘 $k = 3.065 - 6.269\left(\frac{2r}{D}\right) + 7.015\left(\frac{2r}{D}\right)^2 - 2.812\left(\frac{2r}{D}\right)^3$	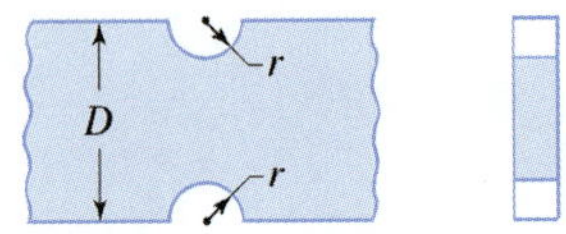
(d) 원형축에서 원형 필렛을 갖는 어깨 부분 축 인장 $k = 1.990 - 2.070\left(\frac{2r}{D}\right) + 1.938\left(\frac{2r}{D}\right)^2 - 0.857\left(\frac{2r}{D}\right)^3$ 굽힘 $k = 1.990 - 2.429\left(\frac{2r}{D}\right) + 2.057\left(\frac{2r}{D}\right)^2 - 0.619\left(\frac{2r}{D}\right)^3$ 비틀림 $k = 1.580 - 1.796\left(\frac{2r}{D}\right) + 2.000\left(\frac{2r}{D}\right)^2 - 0.784\left(\frac{2r}{D}\right)^3$	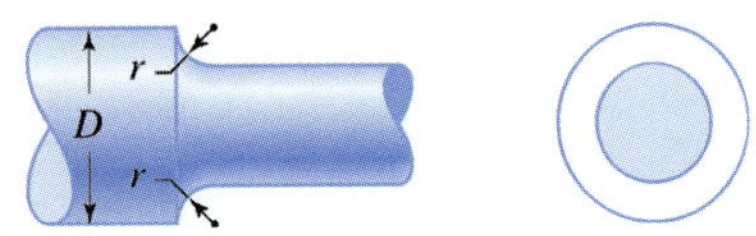
(e) 원형축에서 반원 홈(groove) 축 인장 $k = 3.04 - 5.42\left(\frac{2r}{D}\right) + 6.27\left(\frac{2r}{D}\right)^2 - 2.89\left(\frac{2r}{D}\right)^3$ 굽힘 $k = 3.04 - 7.236\left(\frac{2r}{D}\right) + 9.375\left(\frac{2r}{D}\right)^2 - 4.179\left(\frac{2r}{D}\right)^3$ 비틀림 $k = 2.000 - 3.394\left(\frac{2r}{D}\right) + 4.231\left(\frac{2r}{D}\right)^2 - 1.837\left(\frac{2r}{D}\right)^3$	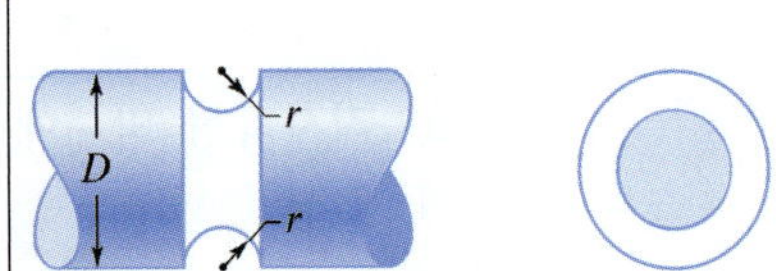

그림 12.16 직사각형과 원형 막대에 대한 응력 집중계수

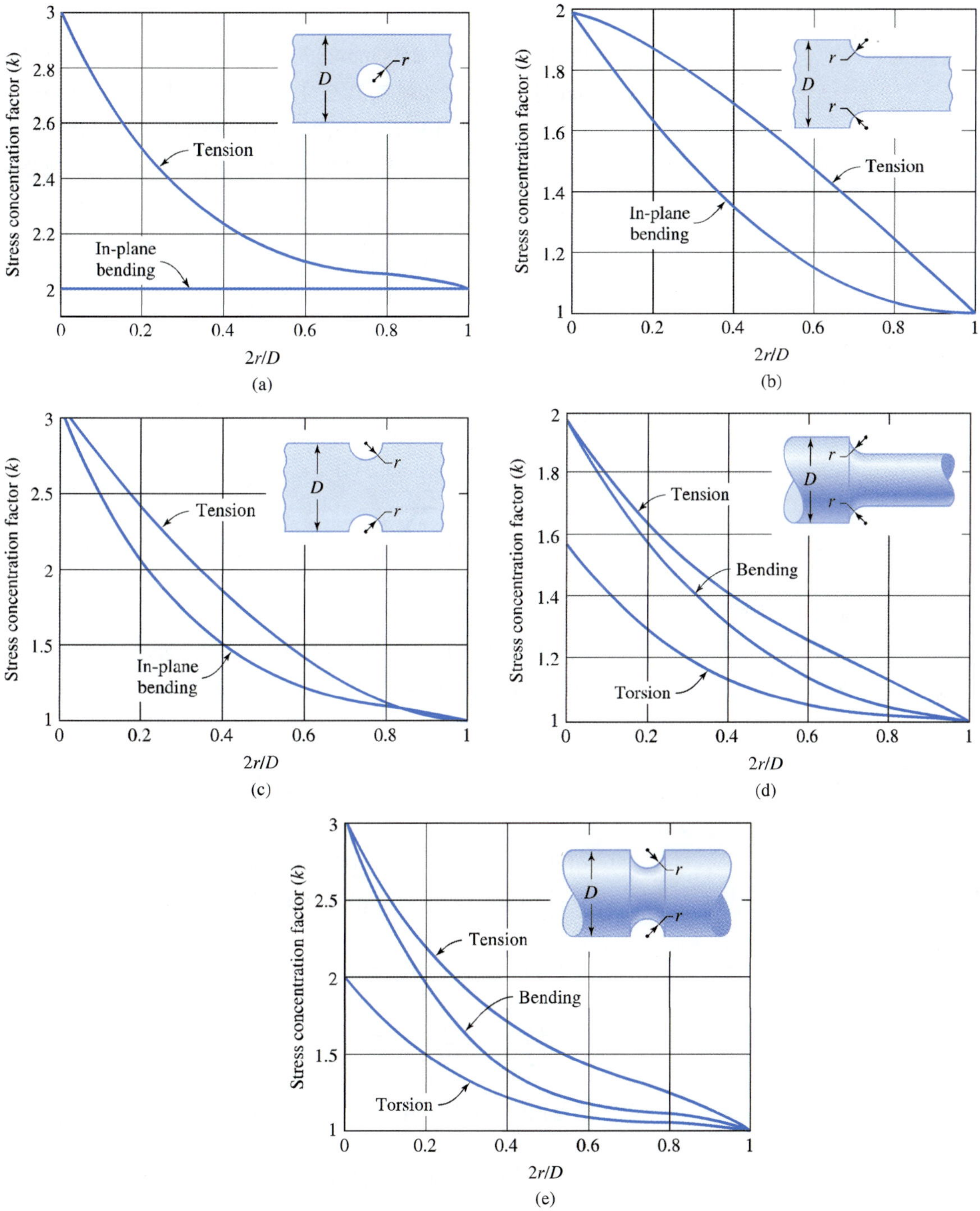

그림 12.17 직사각형과 원형 막대에 대한 응력 집중계수 그래프

예제 12.8

단면 치수가 $D = 250$ mm와 $b = 20$ mm인 직사각형 막대가 반경 $r = 50$ mm인 구멍을 중앙에 갖고 있다. 이 봉은 그림 (a)에 보인 바와 같이 편심량 $e = 50$ mm을 가진 길이 방향의 인장 하중 P를 받고 있다. 구멍의 선단에서의 최대 수직응력이 150 MPa를 초과하지 않을 P의 최댓값을 구하라.

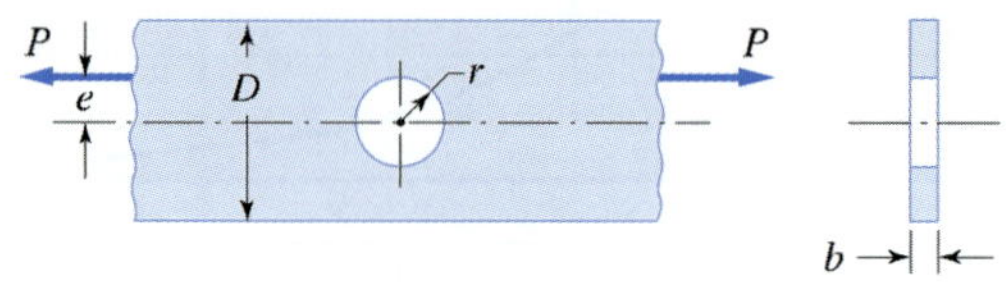

(a)

풀이

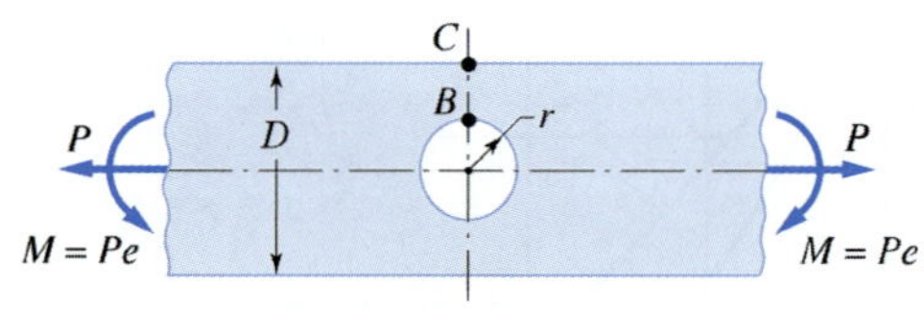

(b)

하중은 그림 (b)에서 보는 것과 같이 축 하중 P와 면내 굽힘 모멘트 $M = Pe$에 등가이다. 구멍 선단에서의 최대 수직응력 σ_{max}는 점 B에서 발생한다: 그 크기는

$$\sigma_{max} = k_t \frac{P}{A} + k_b \frac{(Pe)r}{I} \tag{a}$$

여기서 k_t와 k_b는 각각 인장과 굽힘에 대한 응력 집중계수이다. 그림 (a)에서 음영 부분의 순수 단면적의 기하학적 특성은

$$A = b(D-2r) = 20[250-2(50)] = 3.0 \times 10^3\ \text{mm}^2 = 3.0 \times 10^{-3}\ \text{mm}^2$$

$$I = \frac{bD^3}{12} - \frac{b(2r)^3}{12} = \frac{20(250)^3}{12} - \frac{20(2\times 50)^3}{12}$$

$$= 24.38 \times 10^6\ \text{mm}^4 = 24.38 \times 10^{-6}\ \text{m}^4$$

그림 12.16 (a)에서, 응력 집중계수는 $k_b = 2$이며,

$$k_t = 3.00 - 3.13\left(\frac{2r}{D}\right) + 3.66\left(\frac{2r}{D}\right)^2 - 1.53\left(\frac{2r}{D}\right)^3$$

$$= 3.00 - 3.13(0.4) + 3.66(0.4)^2 - 1.53(0.4)^3 = 2.236$$

따라서 식 (a)는 다음과 같이 된다.

$$\sigma_{max} = (2.236)\frac{P}{3.0\times10^{-3}} + (2)\frac{P(0.05)(0.05)}{24.38\times10^{-6}} = 950.4P$$

$\sigma_{max} = 150 \times 10^6$ Pa을 대입하고 P에 대해 풀면

$$P = \frac{150\times10^6}{950.4} = 157.8\times10^3\ \text{N} = 157.8\ \text{kN}$$ [답]

연습문제

12.56 구멍이 있는 막대가 축 하중 P를 받고 있다. (a)$r = 0.05D$, (b) $r = 0.1D$, (c)$r = 0.2D$인 경우에 대해 봉에서의 최대 수직응력을 P, D와 b의 항으로 구하라.

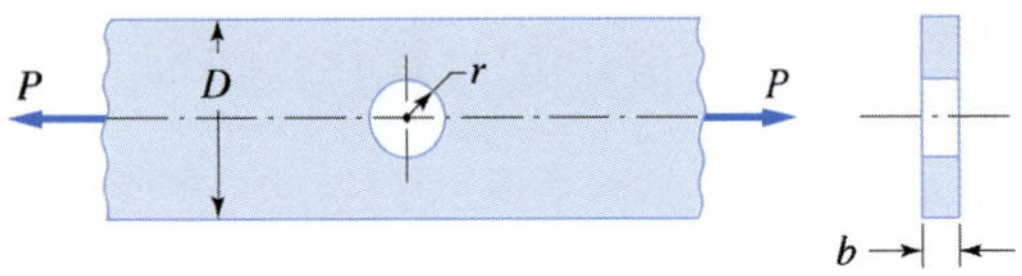

그림 P12.56

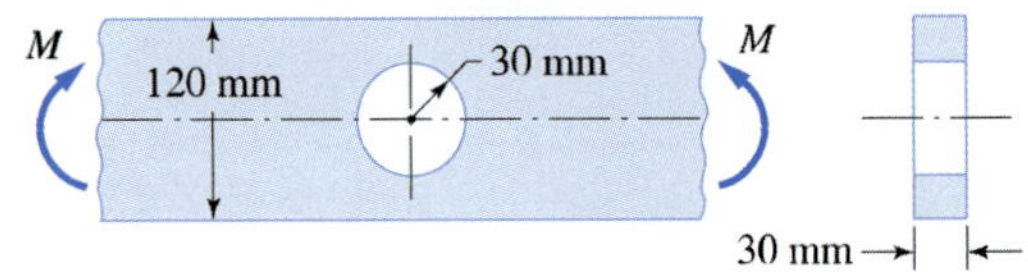

그림 P12.57

12.57 구멍의 가장자리에서의 최대 수직응력이 138 MPa를 초과하지 않도록 막대에 가할 수 있는 최대 면내 굽힘 모멘트 M을 구하라.

12.58-12.61 그림에 보인 막대의 최대 수직응력을 구하라.

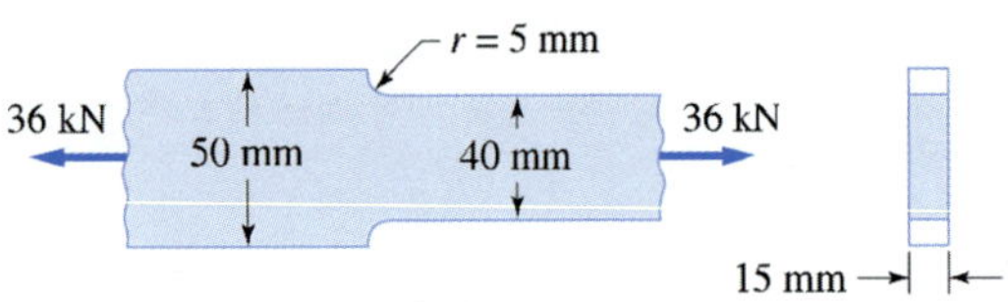

그림 P12.58

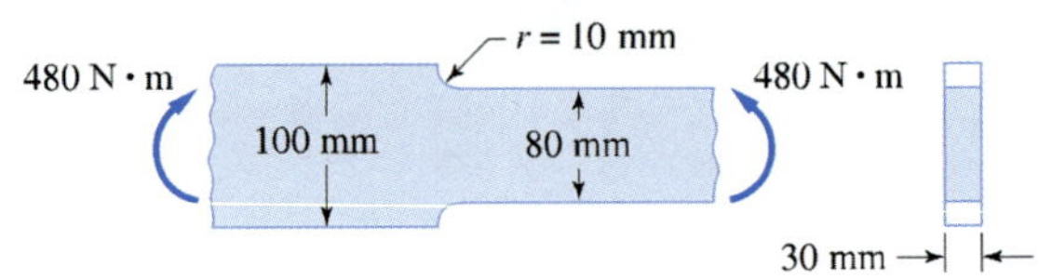

그림 P12.59

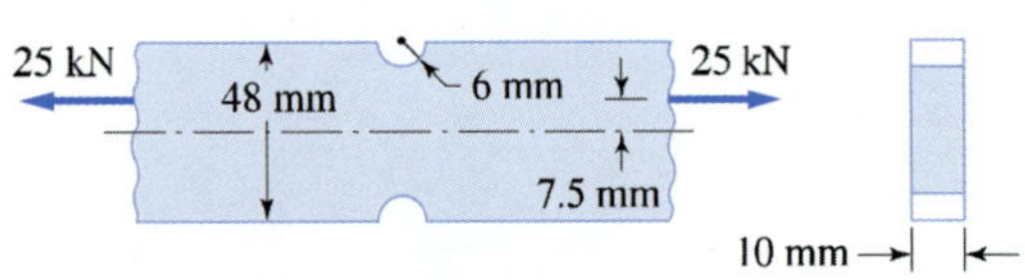

그림 P12.60

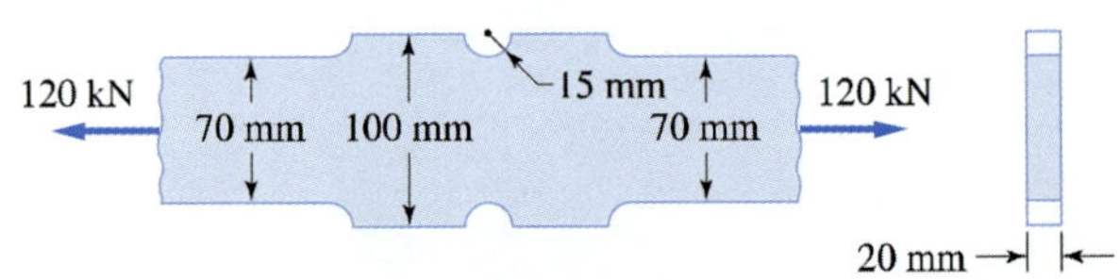

그림 P12.61

12.62 토크 375 kN·mm를 받는 단이 진 축에서의 최대 전단응력을 구하라.

12.63 최대 수직응력이 200 MPa로 제한될 때, 축에 가할 수 있는 최대 축 하중 P를 구하라.

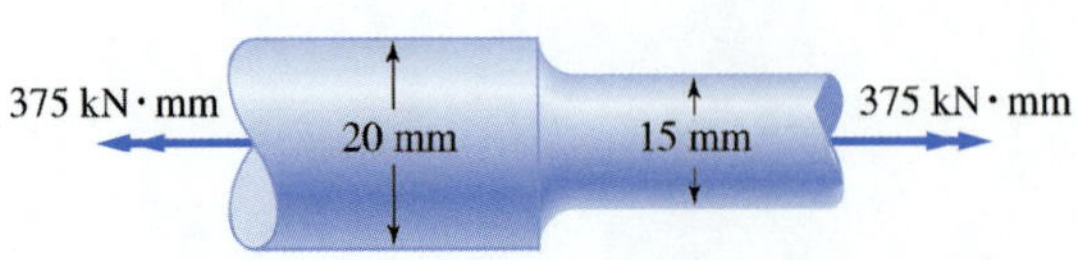

그림 P12.62

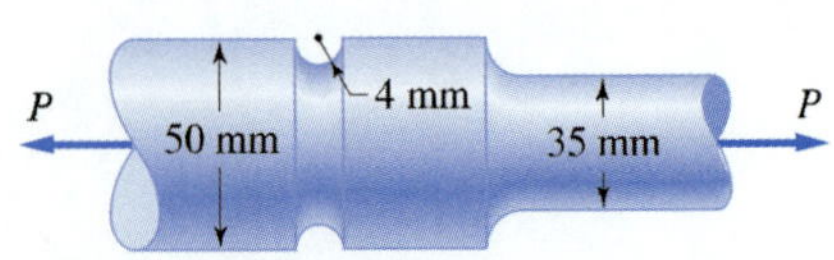

그림 P12.63

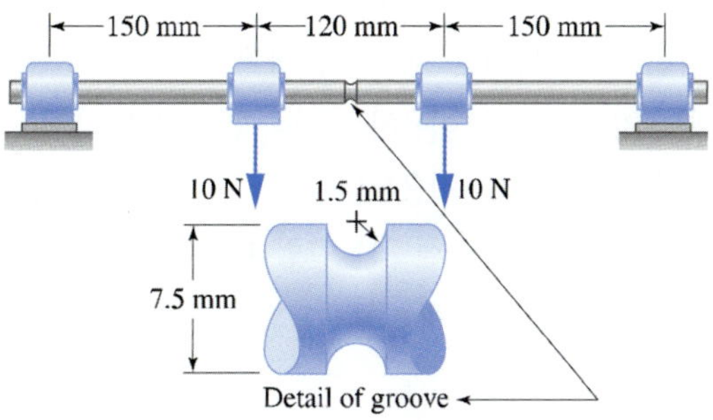

그림 P12.64

그림 P12.65

12.64 직경 7.5 mm인 홈이 있는 봉이 양단 자동조심(self-aligning) 베어링에 의해 지지되었다. 두 개의 10 N의 하중이 작용할 때, 봉에서의 최대 수직응력을 구하라.

12.65 단이 진 축이 500 N·m의 토크를 전달한다. 최대 전단응력이 100 MPa를 초과하지 않을 때, 최소 허용 직경 d를 구하라.

12.6 반복 하중 하의 피로

많은 기계 부품과 구조들은 반복되는 하중(loading) 및 제하중(unloading)에 의한 주기적 응력을 받는다. 이러한 하중은 정적 인장 시험에서 얻어진 최종 인장 강도보다 상당히 낮은 응력에서도 파단되는 결과를 초래한다. 이러한 형태의 파손에 이르는 과정을 **피로**(*fatigue*)라 부른다. 반복 하중을 받는 부재를 설계하기 위해서는, 부재의 수명 전체에 대하여 예상되는 응력 사이클 수뿐만 아니라 그러한 수를 적용할 수 있는 안전 응력을 알아야 한다. 이러한 값들을 결정하는 시험을 **피로 시험**(*fatigue tests*)이라 부른다.

반복 굽힘을 포함하는 피로 시험을 그림 12.18에 예시하였다. 이 시험에서, 원형시편이 네 개의 베어링에 설치된다. 두 개의 외부 베어링은 시편은 지지하고, 두 개의 가운데 베어링은 중량 W를 전달한다. 이러한 배치는 내부 베어링 사이에서 시편에 일정한 굽힘 모멘트를 가한다. 모터가 시편을 회전시키면, 재료는 각 회전 시마다 최대응력이 그림 12.19에서 보는 것처럼 $+\sigma_a$와 $-\sigma_a$사이에서 변하는 완전한 응력 반복을 받는다. 여기서 σ_a를 **응력 진폭**(*stress amplitude*)이라 칭한다. 시편이 파단되면, 모터는 자동적으로 멈추고 회전수 지시계는 파손을 일으키는 응력 사이클의 수를 보여준다.

주어진 재료에 대한 시험 프로그램에는 W의 여러 값에 대해 파손시까지 회전하거나 수백만 하중 싸이클에 이르게 하는 많은 동일한 시험편을 수반한다. 이 결과들은 $S-N$선도($S-N$ *diagrams*) 형태로 제시되는데, 여기서 응력 진폭 σ_a는 파손 시의 싸이클 수 N에 대해 그려진다.

N-축에 대해서는 지수 눈금을 이용하는 것이 관습이다. 유사한 피로시험이 축 하중과 비틀림에 대해서도 적용된다.

합금강에 대한 전형적인 $S-N$선도를 그림 12.20에 보였다. 선도가 수평이 되는 응력을 **내구 한도**(*endurance limit*) 또는 **피로 한도**(*fatigue limit*)라 부르며 σ_e로 표시한다.

내구 한도와 극한 강도σ_{ult} 사이에는 분명한 관계가 없지만 시험 결과에 의하면 σ_e는 통상 $0.4\sigma_{\mathrm{ult}}$와 $0.5\sigma_{\mathrm{ult}}$사이에 있다.

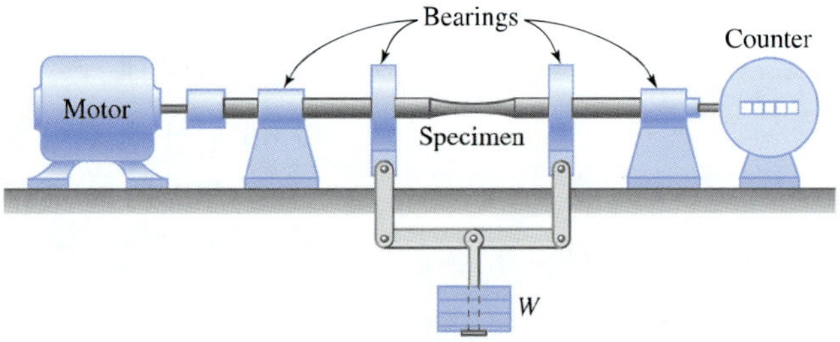

그림 12.18 시편에 반복 굽힘을 가하는 피로 시험기

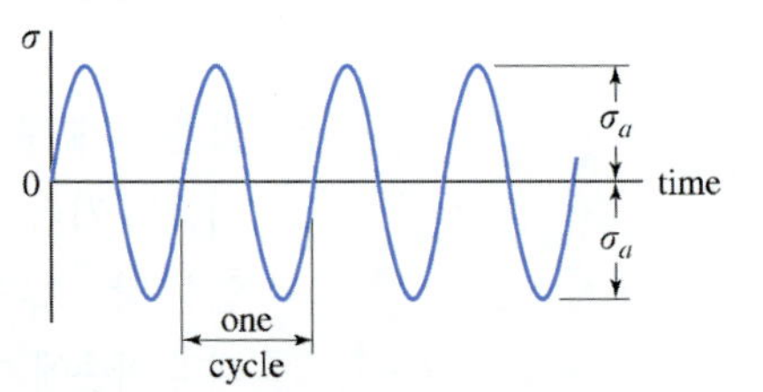

그림 12.19 반복 굽힘 시험에 대한 최대 수직응력 대 시간

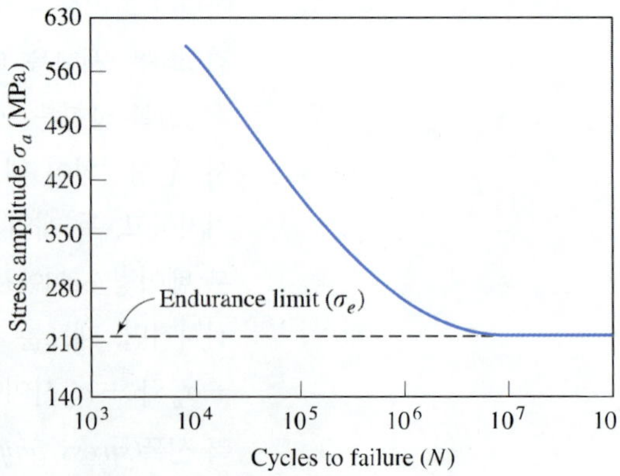

그림 12.20 유한한 내구 한도를 갖는 합금강에 대한 $S-N$선도(어떤 금속은 내구 한도를 갖지 않는다).

어떤 금속, 주로 알루미늄 합금와 구리 합금에서는, 뚜렷한 내구 한구 한도가 없으며, 이 경우에 σ_e는 N의 특정한 값, 일반적으로 $N = 10^7$ 또는 10^6에서의 값을 피로 강도로 취한다.

피로에 관한 여러 특징들을 **파괴역학**(*fracture mechanics*)으로 해석하는데, 이는 균열 전파를 다루는 이론이다. 미소 균열들은 초기부터 재료에 존재하거나 개재물 주위, 입자 경계, 그리고 다른 비균질물질에 의한 응력 집중에 의해 작은 하중 사이클 수에서도 발달된다. 반복 하중 하에서 균열은 전파되어 임계 크기까지 이르러, 여기서 파손이 발생한다. 파괴역학의 과제는 주어진 응력진폭 하에서 균열 전파 속도를 예측하며, 그 결과로 부재의 피로 수명을 결정한다. 원자로, 우주선, 잠수함 등과 같은 많은 중요한 응용 분야에서 파괴역학은 해석의 중요한 요소이다. 이러한 해석의 상세한 과정은 관련된 설계 기준에 규정되어 있다.

피로 해석에서의 주요 문제는 피로 수명에 기여하는 모든 인자들을 고려하는 것이다. 피로 강도는 재료의 금속학적 및 구조학적 관점뿐만 아니라, 표면 상태와과 환경 조건에도 의존한다고 알려져 있다. 밀링 후에 시편의 표면을 연마하면 피로 강도를 30% 이상 증가시킬 수 있다. 주위환경의 습기는 균열이 성장하는 속도에 영향을 주는 또 하나의 중요한 인자이다. 전형적으로, 금속의 피로 강도는 대기의 높은 습도에 의해 5%에서 15%까지 감소한다.

피로 파손은 그것이 경고없이 발생된다는 관점에서 아주 위험하다. 연성 재료가 정하중을 받으면, 파단이 일어나기 전에 재료에 광범위한 항복이 발생한다. 피로는 아주 작은 항복에서도 발생하므로 연성 재료도 갑작스럽게 파단된다. 즉, 이것들도 취성 모드로 파단된다. 이러한 이유로 응력 집중 정적 하중을 받는 연성 재료의 강도에 미치는 영향은 심각하지 않지만, 피로에서는 중요하다. 앞 절에서 본 바와 같이 납작한 막대에서 작은 구멍 주위에서의 응력은 축 하중인 경우 단면의 공칭응력의 세 배이다. 이 막대에서 하중이 점차로 증가하면, 항복은 구멍에서 먼저 발생하지만, 항복 영역은 단면에 비해 작다. 전반적인 변형은 항복이 전체 단면에 확산되는 때인 세 배의 하중이 될 때까지 발생하지 않는다. 따라서 정하중을 받는 막대의 강도를 결정하는 데 구멍의 효과는 중요하지 않다. 그러나 구멍을 갖는 막대의 피로 강도는 구멍이 없는 막대의 피로 강도의 1/3이다.[6]

6 실제 피로 강도는 **노치 감도**(*notch sensitivity*)로 알려진 효과때문에 응력 집중계수로부터 예측된 것보다 다소 높다.

컴퓨터문제

C12.1 그림 (a)의 트러스는 ①과 ②로 표기된 두 부재로 구성되어 있다. 부재의 단면적은 각각 A_1와 A_2이고, 탄성계수 E는 두 부재에 대해 동일하다. 부재들의 연결점 O를 원점으로 취할 때, 트러스의 배치는 지지점에서 좌표(x_1, y_1)와 (x_2, y_2)로 나타낸다. 지지점의 좌표, A_1, A_2, E와 수직 하중 W가 주어질 때, O점에서의 수평 및 수직 처짐을 구하기 위해 Castigliano 정리를 이용하는 알고리즘을 작성하라. 이 알고리즘을 강재 트러스 (b)와 (c)에 적용하라. 강에 대해 E = 200 GPa를 사용하라.

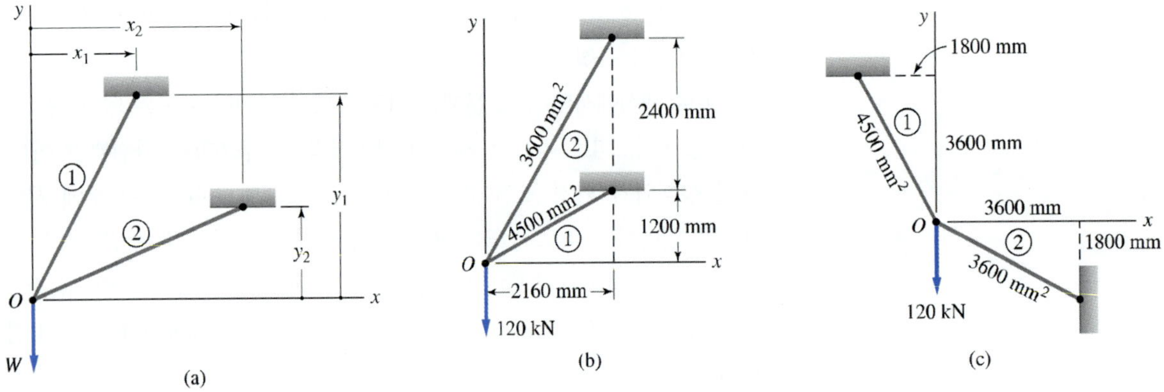

그림 C12.1

C12.2 그림 (a)에서 길이 L인 균일 단면보가 세기 w_0인 균일 분포 하중을 받고 있다. 이 보는 우측에서 고정지지되었고 좌측단에서 거리 x_1, x_2, x_3,...,x_n 위치에서 n개의 롤러로 지지되었다. L, w_0, n과 롤러 지지점의 좌표가 주어졌을 때, Castigliano 정리를 이용하여 롤러 지지점에서의 반력을 구하는 알고리즘을 작성하라. 이 알고리즘을 보 (b)와 (c)에 적용하라(힌트: 롤러 반력 R_1, R_2, ..., R_n은 잉여 반력으로 간주하고 변위 구속식 $\delta_i = \partial U/\partial R_i$=0, i=1, 2, ..., n을 이용하라).

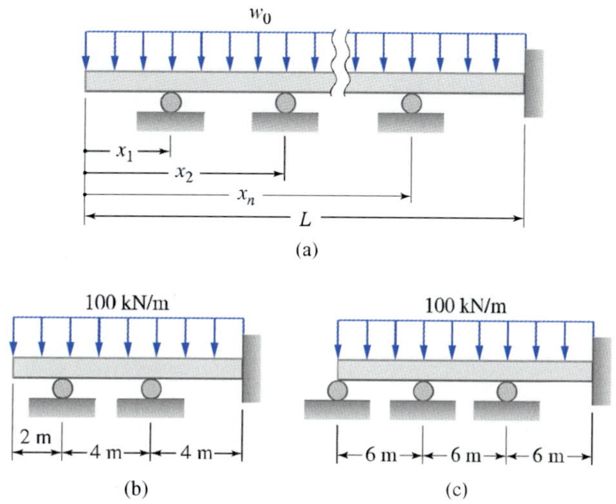

그림 C12.2

C12.3 토크 T를 전달하는 단이 진 축이 직경 D와 d인 두 부분으로 이루어져 있다. 두 부분 사이의 원형 필렛의 반경은 $r=(D-d)/2$이다. 축에서의 항복은 어느 곳에서도 허용되지 않는다. 주어진 T, D와 재료의 항복 응력 σ_{yp}에 대해 최소 허용 직경 d를 구하는 알고리즘을 작성하라. 항복 조건으로 최대 뒤틀림 에너지이론을 사용하라. 다음 값을 가지고 알고리즘을 실행하라. T = 4 kN·m, D= 75 mm, σ_{yp}= 480 MPa.

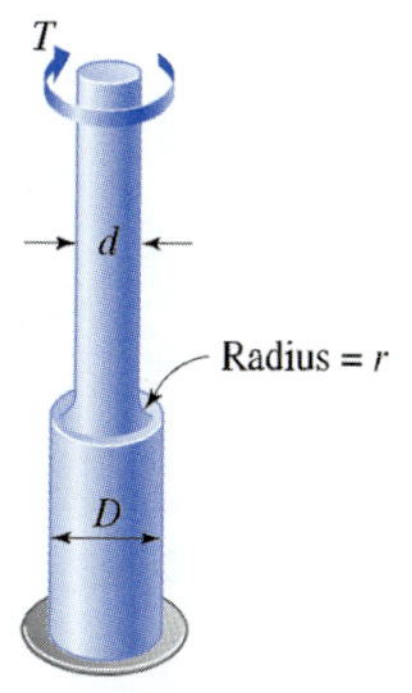

그림 C12.3

제13장 비선형 작용

Fedorov Oleksiy/Shutterstock

얇은 벽의 알루미늄 채널 단면의 소성 변형. 이 경우, 변형은 플랜지의 비탄성 좌굴에 의해 발생하였다.

13.1 개요

앞 장들에서의 해석들은 거의 예외없이 재료의 비례한도 이하의 응력을 다루었다. 다시 말하면, Hooke의 법칙이 적용된다고 가정하였다. 대부분의 응용에서 Hooke의 법칙에 기초하여 해석하여도 대체로 무방하다. 정상적인 사용 조건하에서 항복은 일반적으로 바람직하지 않은 영구 변형을 주기 때문에 피해야 한다.

이러한 이유에서 연성 재료의 안전계수는 $N = \sigma_{yp}/\sigma_w$로 정의된다. 여기에서 σ_w는 정상 사용 상태(normal service condition)하에서 하중에 의해 기대되는 최대 허용응력이다. 그러나 영구 변형은 돌발적인 파손으로 이어지지 않고 단지 구조물을 사용하지 못하게 할 뿐이다. 이러한 의미에서 영구 변형에 대한 안전과 돌발적인 파손에 대한 2단계 안전도가 고려된다. 후자는 지진에 노출되는 구조물 등과 같이 정상 사용 하중을 크게 넘어서는 하중을 받는 경우에 매우 중요하다.

이 장에서는 구조물이 파괴되기 이전까지 가할 수 있는 최대 하중에 대해서 생각해 본다. 이러한 하중을 **극한 하중**(*limit loading*)이라 한다. 연성 재료의 경우, 정정 구조물은 가장 큰 응력이 걸리는 단면에 항복이 전체적으로 확장될 때까지는 파괴가 일어나지 않는다. 부정정 구조물에의 극한 하중의 적용을 **극한 해석**(*limit analysis*)이라 하는데 13.5절에서 다룬다. 구조물이 파괴되기 전까지 매우 큰 소성 변형을 받기 때문에 취성 재료에 대해서는 이 장의 어떤 개념도 적용할 수 없음을 강조한다.

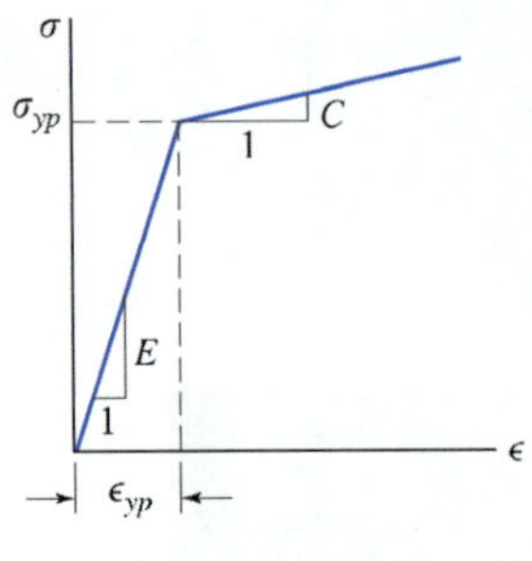

(a) Strain-hardening

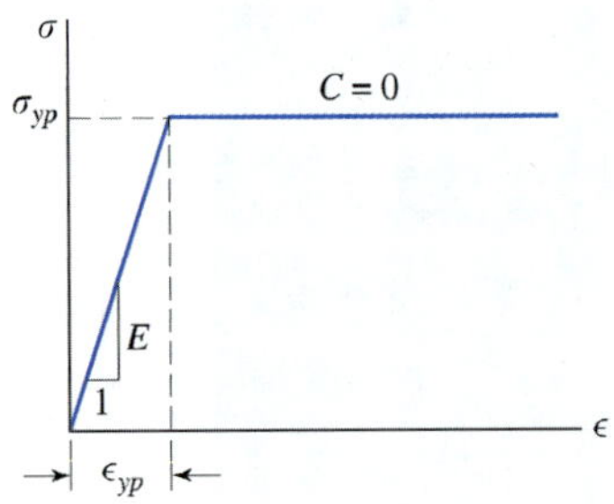

(b) Elastic-perfectly plastic

그림 13.1
변형 경화와 완전 탄소성의 이상화된 응력-변형률 선도
(a) 변형 경화
(b) 완전 탄소성

연성 재료의 응력-변형률 관계는 그림 13.1 (a)에서 보인 이상화 선도(線圖)와 같이 근사화될 수 있다. 선도의 탄성 부분은 탄성계수 E를 기울기로 갖는 직선이다. 소성 부분은 항복응력, σ_{yp}에서부터 시작되는 기울기 C인 직선이다. 기울기 C는 E보다 작으므로 소성에서 주어진 변형률을 발생시키기 위한 응력의 증가분이 탄성역에 비하여 작다. 이 부분에서는 응력의 증가 없이 변형이 증가되지 않으므로 이러한 재료의 성질을 **변형 경화**(*strain hardening*)이라 한다. 그림 13.1 (b)에서는 **완전 탄소성**(*elastic- perfectly plastic*)에 대한, 즉 $C = 0$으로 이상화된 응력-변형률 관계를 보인다. 이 관계는 인장과 압축에 대해서 모두 유효하다. 이러한 종류의 재료에서는 비례한도를 넘어서서 응력의 증가없이 소성 유동(plastc flow)이 발생할 수 있다. 완전 탄소성 재료의 거동은 건물 프레임에 통상 사용되는 저탄소강에 대해서 만족스러운 모델이 되는데, 이 장에서는 이 재료의 모델에 대해서만 고려한다.

13.2 극한 토크

소성역까지 응력을 받는 원형 봉의 비틀림해석은 3.2절에서 탄성봉에 대해 사용한 것과 매우 비슷하다. 3.2절과 마찬가지로 원형 단면은 뒤틀림 없이 평면을 유지하고 봉의 축에 수직하다고 가정한다. 그 결과 전단 변형률 γ는 보의 중심으로부터 떨어진 거리에 비례한다. 그러나 이제 γ는 전단 항복 변형률을 초과할 수 있다.

완전 탄소성 재료의 봉이 탄성을 넘어 소성까지 점진적으로 비틀리는 경우에 대한 반응을 고려해 보자. 전단응력 τ_{yp}에 도달할 때까지 봉은 탄성이고 그림 13.2 (a)의 응력 분포를 갖는다. 비틀림공식 $\tau_{\max} = Tr/J$으로부터 항복이 시작되는 토크는($\tau_{\max} = \tau_{yp}$일 때)

$$T_{yp} = \frac{J}{r}\tau_{yp} = \left(\frac{\pi r^4}{2}\right)\frac{\tau_{yp}}{r} = \frac{\pi r^3}{2}\tau_{yp} \tag{a}$$

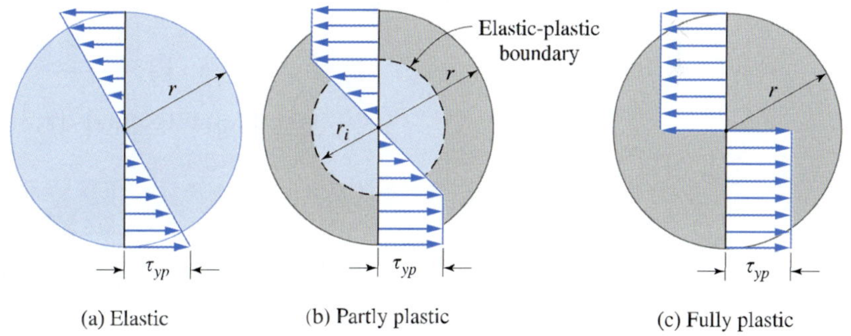

그림 13.2 완전 탄소성 재료로 만들어진 축이 완전 소성 상태가 될 때까지의 점진적인 전단응력 분포

여기서 T_{yp}를 **항복 토크**(*yield torque*)라 한다. 만일 봉이 이 점을 넘어 비틀린다면, 전단 변형률은 증가하나 전단응력은 항복응력으로 제한된다. 따라서 그림 13.2 (b)에서 나타낸 것과 같이 탄성과 소성의 경계를 구성하는 중간 반경 r_i가 존재하고 그 외부에서의 응력은 항복 전단응력 τ_{yp}인 소성부분이고, 내부는 탄성에 머문다. 탄성(내부)부분에서 토크는

$$T_i = \frac{J_i}{r_i}\tau_{yp} = \left(\frac{\pi r_i^4}{2}\right)\frac{\tau_{yp}}{r_i} = \frac{\pi r_i^3}{2}\tau_{yp}$$

단면 내에 있는 면적 요소 dA의 반경 방향으로의 좌표를 ρ라 놓으면 소성(외부) 부분에 걸리는 토크는

$$T_o = \int_{r_i}^{r} \rho(\tau_{yp} dA) = \tau_{yp}\int_{r_i}^{r} \rho(2\pi\rho\, d\rho) = \frac{2\pi}{3}(r^3 - r_i^3)\,\tau_{yp}$$

따라서 단면에 걸리는 전 토크는,

$$T = T_i + T_o = \frac{\pi r_i^3}{2}\tau_{yp} + \frac{2\pi}{3}(r^3 - r_i^3)\,\tau_{yp}$$

이는 다음과 같이 간단히 표시된다.

$$T = \frac{\pi r^3}{6}\left(4 - \frac{r_i^3}{r^3}\right)\tau_{yp} \tag{13.1}$$

그림 13.2 (c)와 같이 완전 소성 상태가 되도록 하는 토크를 **극한 토크**(*limit torque*)라 부르고 T_L로 표시한다. 식 (13.1)에서 $r_i = 0$으로 놓으면 극한 토크를 얻을 수 있다.

$$T_L = \frac{2}{3}\pi r^3 \tau_{yp} \tag{13.2a}$$

소성 토크가 항복 토크보다 1/3이 더 크다는 점에 주목하라. 즉

$$T_L = \frac{4}{3}T_{yp} \tag{13.2b}$$

13.3 극한 모멘트

비탄성 굽힘을 고려할 때, 응력이 변형률에 비례할 필요가 없다는 것을 제외하고는 5.2절에서 도입한 단순화 가정을 사용한다. 보의 평면 단면은 뒤틀림 없이 평면을 유지하면서 보의 변형된 축에 수직한 것으로 가정한다. 그 결과 한 점의 변형률은 중립축으로부터 떨어진 거리에 비례한다. 그러나 만일 보가 완전 탄소성 재료로 만들어졌다면 변형률이 항복 변형률을 넘는 곳 어디에서나 응력은 항복응력으로 일정하게 유지된다. 이 장 전체에 걸쳐 하중면을 보의 대칭면으로 가정한다.

그림 13.3 (a)에서 보인 자유단에 하중 P를 받는 외팔보를 고려해 보자. 하중 P가 충분히 커서 보의 회색 부분이 항복에 도달한다고 가정한다. 단면 a-a에서 최외측 섬유의 응력이 그림 13.3 (b)에 보인 것과 같이 막 항복에 도달하였으나 응력 분포는 탄성이다. 굽힘공식 $M_{\max} = \sigma_{\max}S = \sigma_{\max}(bh^2/6)$를 적용하면 이 단면에서 굽힘 모멘트의 크기는 다음과 같다.

$$M_{yp} = \sigma_{yp}\frac{bh^2}{6} \tag{a}$$

이 모멘트에서 항복이 시작되므로 이를 **항복 모멘트**(*yield moment*)라 한다.

그림 13.3 (c)에 보인 응력 분포와 같이 단면 b-b에서 깊이 $2y_i$에 걸쳐

탄성이고, 그 외부는 소성이다. 소성 부분에서는 응력이 항복응력 σ_{yp}로 일정하고 탄성 부분은 선형적으로 변화한다. 탄성 부분이 받는 굽힘 모멘트는 굽힘공식에 의해 얻는다.

$$M_i = \sigma_{yp}\frac{I_i}{y_i}$$

여기서 I_i는 단면의 탄성 부분의 중립축에 관한 관성 모멘트이다. 중립축에 대해 대칭인 소성역에 대한 굽힘 모멘트는

$$M_o = 2\int_{y_i}^{h/2} y(\sigma_{yp}dA) = 2\sigma_{yp}\int_{y_i}^{h/2} ydA = 2\sigma_{yp}\,Q_o$$

여기에서 Q_o는 중립축의 상하부에 있는 소성 부분 면적의 1차모멘트이다.

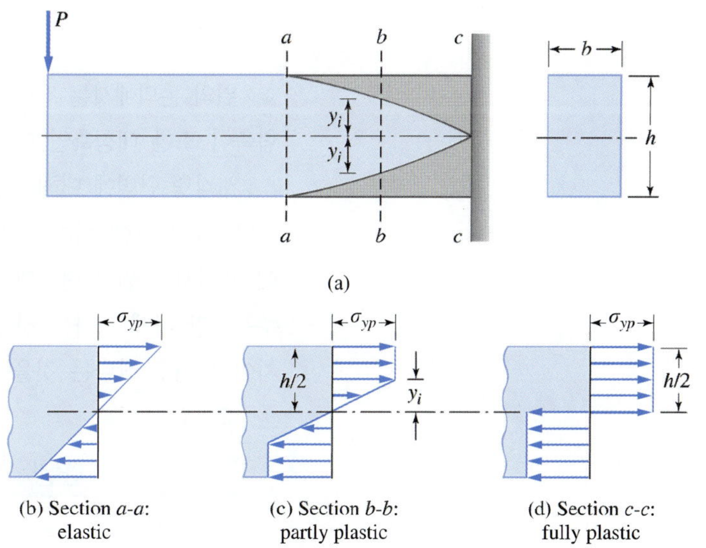

그림 13.3 단면 c–c가 소성이 되었을 때 사각형 단면 보에서의 수직응력 분포
(b) 단면 a–a : 탄성 (c) 단면 b–b : 부분 소성 (d) 단면 c–c : 완전 소성

부분적으로 소성인 단면에 의해 받는 전 굽힘 모멘트는

$$\boxed{M = M_i + M_o = \sigma_{yp}\left(\frac{I_i}{y_i} + 2Q_o\right)} \tag{13.3}$$

단면 $c-c$에서 보는 완전 소성이다. 그림 13.3 (d)에 보인 바와 같이 단면의 인장 부분과 압축 부분에 걸쳐서 응력은 σ_{yp}로 일정하다. 이러한 응력 분포를 일으키는 굽힘 모멘트를 **극한 모멘트**(*limit moment*) M_L라 하고 다음과 같이 주어진다.

$$\boxed{M_L = 2\sigma_{yp} Q} \quad (13.4a)$$

여기에서 Q는 중립축의 상하부 단면적의 1차 모멘트이다. 극한 모멘트는 **단면이 받을 수 있는 가장 큰 굽힘 모멘트**이다. 일단 한 단면이 완전 소성이 되면 굽힘은 더 일어날 수 있으나 저항 모멘트는 증가되지 않는다. 이런 이유에서 완전 소성 단면을 **소성 힌지**(*plastic hinge*)라고 한다. 직사각형 단면에 대해서 식 (13.4a)의 극한 모멘트는

$$M_L = 2\sigma_{yp}\left(\frac{bh}{2}\right)\left(\frac{h}{4}\right) = \sigma_{yp}\frac{bh^2}{4} \quad (b)$$

이며, 식 (a)와 (b)를 비교하여 다음 식을 얻는다.

$$\boxed{M_L = \frac{3}{2}M_{yp}} \quad (13.4b)$$

위의 논의에서는 직사각형 단면을 사용했지만, 식 (13.3)과 (13.4)는 굽힘축이 또한 **대칭축**인 어떤 단면에 대해서도 유효하다.

사각형 단면에 대해서는 3/2인 M_L/M_{yp}의 비는 단면의 형상에 따라 변한다. 표 13.1에 여러 가지 단순한 단면에 대한 이 비의 값을 정리하였다. 이 표에서는 원형 단면과 사각 단면의 극한 모멘트가 항복 모멘트에 비해 주목할만 하게 크다는 것을 보여주는데, 이에 반해 표준 구조 단면들은 이 차이가 매우 작다는 것을 알 수 있다.

표 13.1

단면	M_L/M_{yp}
직사각형	1.5
원	1.7
얇은 벽의 원형 튜브	1.27
전형적인 광폭플랜지보	1.1

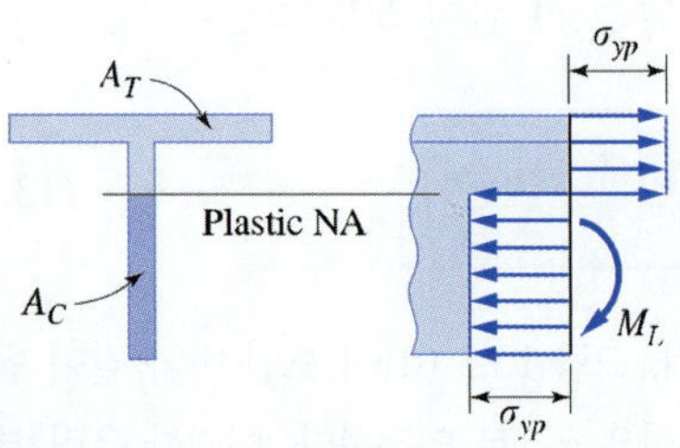

그림 13.4
만일 굽힘축이 단면의 대칭축이 아니면, 소성 중립축은 탄성 중립축과 일치하지 않는다.

만일 그림 13.4에서 보인 T-단면의 경우와 같이 굽힘축이 단면의 대칭축이 아니면, 중립축의 위치는 단면이 소성역에 들어가면서 그 위치가 변한다. 완전 소성의 경우, 축력이 0이 되는 평형 조건에서 $\sigma_{yp}A_T = \sigma_{yp}A_C$를 얻는데, 여기서 A_T는 단면의 인장 면적이고, A_C는 압축 면적이다(그림 참조). 따라서 중립축의 위치는

$$A_T = A_C \tag{13.5}$$

를 만족하도록 결정한다. 일단 중립축의 위치가 결정되면 극한 모멘트는 다음 식으로 계산된다.

$$M_L = \sigma_{yp}(Q_T + Q_C) \tag{13.6}$$

여기서 Q_T와 Q_C는 각각 인장과 압축 면적의 소성 중립축에 관해 계산되는 1차 모멘트이다. 여기서 소성 중립축이 단면의 도심을 지나지 않으므로 Q_T와 Q_C가 같지 않음에 유의하라.

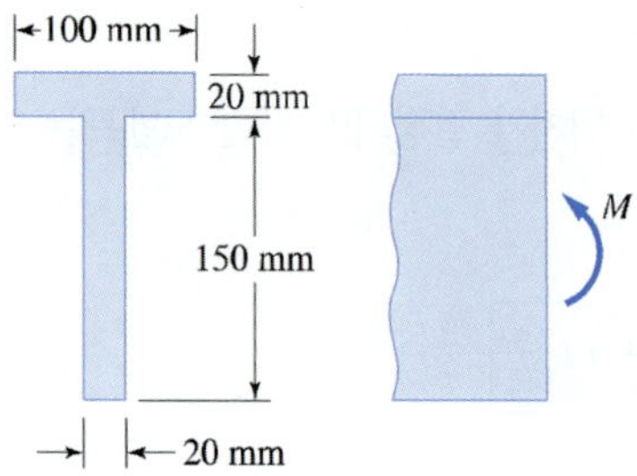

(a)

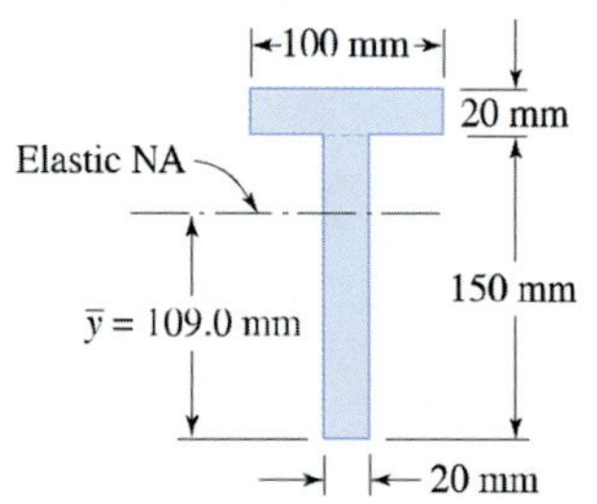

(b)

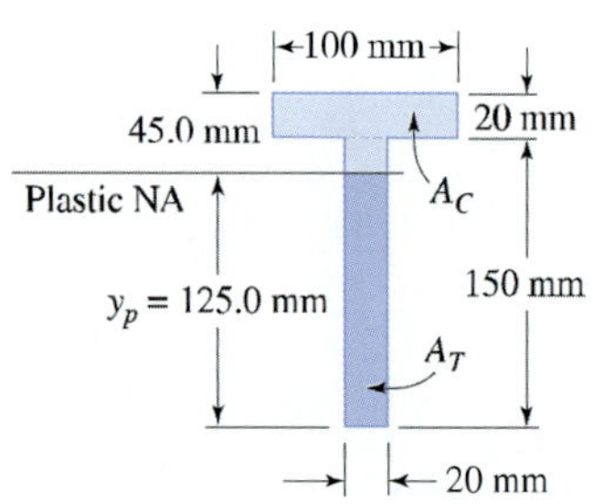

(c)

예제 13.1

그림 (a)에 보인 T-단면의 M_L/M_{yp}의 비를 구하라.

풀이

항복 모멘트 : 그림 (b)로부터 탄성 중립축(도심축과 일치)되는 축이 다음 식에 의해 주어진다.

$$\bar{y} = \frac{\sum A_i \bar{y}_i}{\sum A_i}$$
$$= \frac{(100\times 20)(160)+(20\times 150)(75)}{(100\times 20)+(20\times 150)}$$
$$= 109.0\,\text{mm} = 0.1090\text{ m}$$

중립축에 관한 단면의 관성 모멘트는

$$I= \sum\left[\frac{b_i h_i^3}{12}+A_i(\bar{y}_i-\bar{y})^2\right]$$
$$= \frac{100(20)^3}{12}+(100\times 20)(160-109.0)^2+\frac{20(150)^3}{12}$$
$$+(20\times 150)(75-109.0)^2$$
$$= 14.362\times 10^6\text{ mm}^4 = 14.362\times 10^{-6}\text{ m}^4$$

단면의 바닥에서 항복이 발생할 때의 굽힘 모멘트는

$$M_{yp} = \frac{\sigma_{yp} I}{\bar{y}} = \frac{14.362\times 10^{-6}}{0.1090}\sigma_{yp} = (131.76\times 10^{-6})\sigma_{yp}\text{N}\cdot\text{m}$$

극한 모멘트 : 그림 (c)에 표시한 바와 같이 소성 중립축은 단면을 같은 면적 A_T와 A_C로 나눈다. 바닥에서부터 이 축의 거리를 y_p라 표시하면

$$20y_p = 100(20)+20(150-y_p)$$
$$y_p = 125.0\text{mm}$$

식 (13.6)으로부터 극한 모멘트는

$$M_L = \sigma_{yp}(Q_T+Q_C)$$

소성 중립축에 관한 단면적 A_T, A_C의 1차 모멘트의 합은

$$Q_T + Q_C = (20 \times 125)\frac{125}{2} + \left[(100 \times 20)(35) + (20 \times 25)\frac{25}{2}\right]$$

$$= 232.5 \times 10^3 \mathrm{mm}^3 = 232.5 \times 10^{-6} \mathrm{m}^3$$

따라서 극한 모멘트는

$$M_L = (232.5 \times 10^{-6})\sigma_{yp} \mathrm{N \cdot m}$$

극한 모멘트의 항복 모멘트에 대한 비는

$$\frac{M_L}{M_{yp}} = \frac{(232.5 \times 10^{-6})\sigma_{yp}}{(131.76 \times 10^{-6})\sigma_{yp}} = 1.765$$ [답]

연습문제

13.1 직경이 35 mm인 원형 중실축이 토크 T를 받는다. 전단 항복응력이 $\tau_{yp} = 20\ \mathrm{MPa}$일 때 (a) 항복 토크 T_{yp} (b) 극한 토크 T_L을 구하라. (c) $T = 140\ \mathrm{kN-mm}$일 때 탄성 부분의 반경은 어디까지 미치는가?

13.2 외부 반경이 내부 반경의 1.5배인 원형 중공축의 T_L/T_{yp}를 구하여라.

13.3 어떤 원형 중실축에 토크 T가 작용하여 탄성 부분이 외부 반경의 80%까지 미친다고 한다. T/T_{yp}를 구하여라.

13.4 표 13.1에 주어진 (a)원형 중실봉 (b)박벽 원형 튜브에 대한 M_L/M_{yp}를 유도하라.

13.5 W200 × 52 보 단면의 M_L/M_{yp}를 계산하라.

13.6 W310 × 60 보 단면의 M_L/M_{yp}를 계산하라.

13.7 다음 그림의 T-단면에 대해 M_L/M_{yp}를 계산하라.

13.8 그림 단면의 도심축 $\bar{y} = 57\mathrm{mm}$이고 이 축에 관한 단면의 관성 모멘트는 $I = 8.55\times10^6\mathrm{mm}^4$이다. 이 단면을 가지는 보의 M_L/M_{yp}를 결정하라.

13.9 폭 50 mm, 깊이 140 mm의 사각보가 항복응력이 σ_{yp}= 220 MPa인 완전 탄소성 재료로 만들어져 있다. 단면의 1/2이 완전 소성이 되는 굽힘 모멘트를 구하라.

13.10 그림에서 보인 등변 앵글 단면의 도심축에 대해서 굽힘 모멘트가 (a) 수평 (b)연직으로 각각 작용할 경우 극한 모멘트를 계산하라. 단, σ_{yp} = 36 MPa를 사용하라.

13.11 σ_{yp}= 40 MPa일 때 그림에 보인 단면의 극한 모멘트를 계산하라.

13.12 σ_{yp}= 40 MPa일 때 그림에 보인 단면의 보에 대하여 중립축으로부터 45 mm까지 소성이 되는 굽힘 모멘트를 계산하라.

13.13 삼각형 단면에 대하여 M_L/M_{yp}를 계산하라.

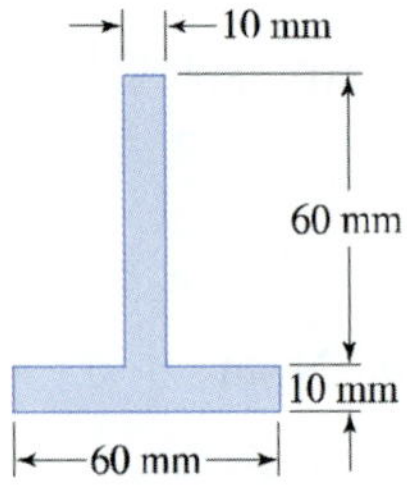

그림 P13.7

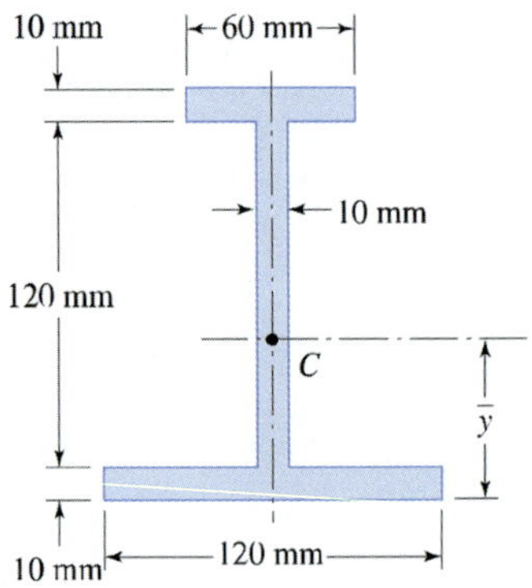

그림 P13.8

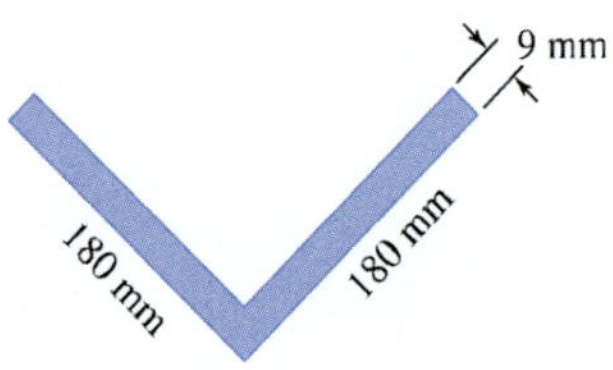

그림 P13.10

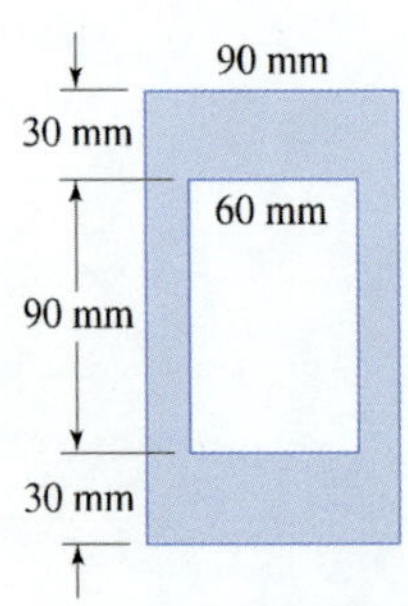

그림 P13.11, P13.12

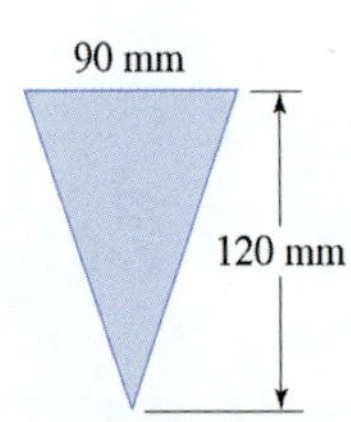

그림 P13.13

13.4 잔류응력

a. 하중–제하중사이클

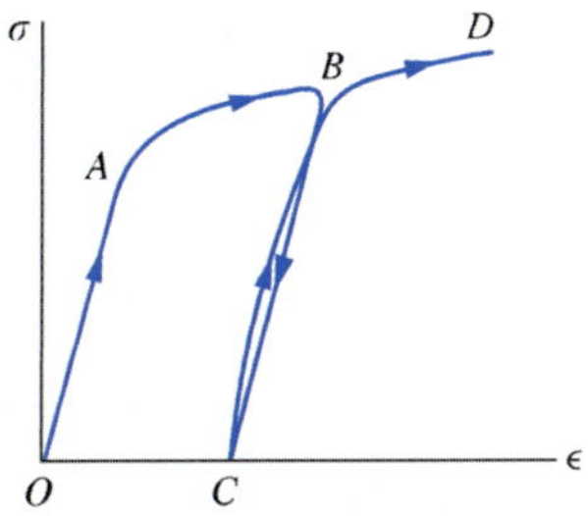

(a)

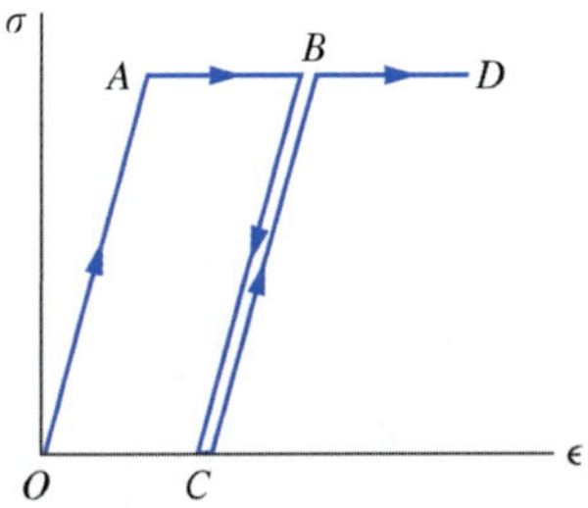

(b)

그림 13.5
(a)하중–제하중을 보이는 연성 재료의 응력–변형률 곡선
(b)완전 탄성 전소성 재료에 대한 이상화된 곡선

연성 재료의 실험에 의하면 그림 13.5 (a)의 곡선 OAB와 같이 소성역까지 하중이 가해지는(load) 경우, 경로 BC를 따라 제하(除荷, unload)되고 그 기울기는 근사적으로 초기 경로 OA에 평행한 것을 보여준다. 재하중(reloading)을 가하면 이전의 변형점 B까지는 탄성을 유지하고 그 이후는 다시 소성(곡선 CBD)이 된다. 여기서의 해석을 이상화된 완전 탄소성 재료에 대해서 국한할 때 이러한 하중–제하중–재하중 사이클을 그림 13.5 (b)에서 보여준다.

소성역으로 변형된 재료의 제하중의 주된 영향은 그림 13.5의 $\overline{OC}$에 대응하는 변형률에 대응되는 **영구 변형**(*permanent set*)을 생성하는 것이다. 이 영구 변형은 **잔류응력**(*residual stress*)으로 알려진 자체 평형인 내부 응력계를 생성한다. 잔류응력의 크기와 분포는 다음의 두 응력을 합성하여 결정될 수 있다. (1)주어진 하중에 의한 부분적 또는 전체적으로 소성인 응력 분포 (2)제하중에 의한 탄성 응력 분포. 그러나 이 방법은 계산되는 잔류응력이 항복응력을 넘어서는 경우에는 사용될 수 없다(완전 탄소성 재료의 불가능성). 굽힘축이 대칭축이 아닐 때는 이러한 경우가 언제나 해당된다는 것을 보일 수 있다. 따라서 탄성 제하중에 대한 이론은 대칭축에 관한 굽힘에 대해서만 적용된다.

b. 비틀림

잔류응력에 대한 첫 번째 예로서 극한 토크 T_L에 의해 완전 소성 상태로 변형된 원형봉을 고려해 보자. 13.2절에서 본 바와 같이 극한 토크는 항복토크의 4/3배가 되고 응력 분포는 그림 13.6 (a)와 같다. 봉에 제하를 위하여 크기 T_L의 반대 방향의 토크를 가한다. 제하중이 탄성적임을 상기하면 결과적인 응력 분포는 그림 13.6 (b)과 같다. (a)부분과 (b)부분의 하중과 응력 분포를 중첩하면 그림 13.5 (c)와 같은 제하중된 봉의 잔류응력 분포를 얻는다.

잔류응력에 대해 흥미로운 점은 원래의 극한 토크가 다시 작용되면 그림 13.7에서 보인 바와 같이 봉이 탄성적으로 거동한다는 것이다. 그림 13.7의 (a)와 (b)를 조합하면 그림 (c)와 같은 원래의 소성 상태를 얻는다. 반면에, 그림 13.8에 보인 바와 같이, **반대방향**의 항복토크는 추가적인 항복이 일어나기 전에 2/3를 초과할 수 없다.

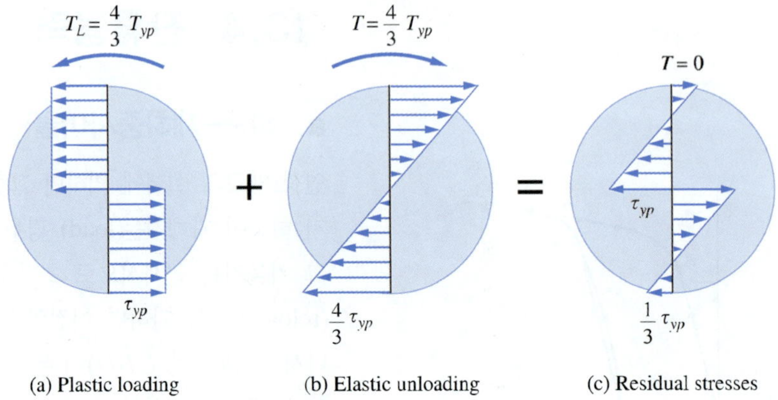

그림 13.6 완전 탄소성 재료의 축이 완전 소성 상태에 이르기까지 하중을 가한 후 제하중 전단응력의 분포를 구한다.

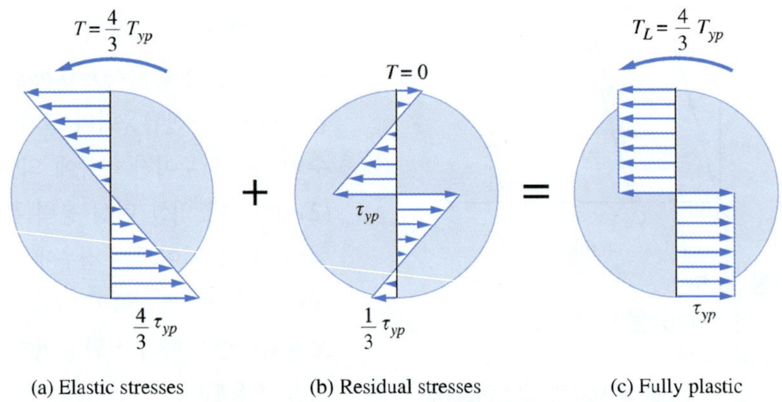

그림 13.7 극한 토크를 두 번째 가하면, 완전 소성 상태가 회복된다.

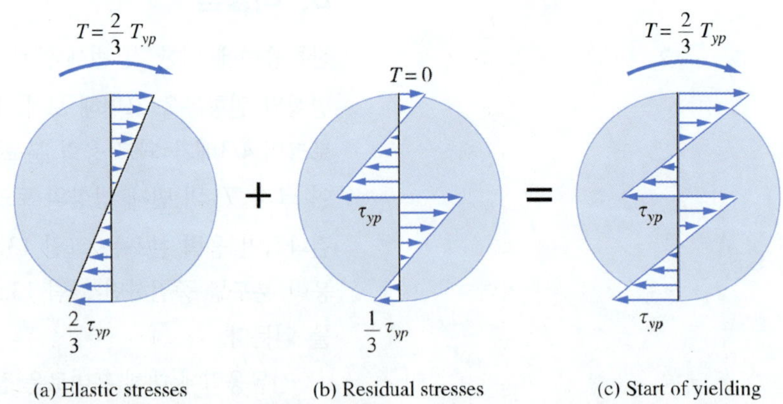

그림 13.8 이전에 완전 소성역으로 비틀린 축에 반대 방향으로의 토크 $T = (2/3)\,T_{yp}$를 가하면 추가적으로 항복 시작된다.

c. 굽힘

잔류응력의 두 번째 예로 극한 모멘트에 의해 완전 소성 상태로 변형된 직사각형 단면 보를 고려해 보자. 직사각형 단면에 대해서 13.3절에서 다룬 바와 같이 그림 13.9 (a)에 보인 응력 분포에 의한 극한 모멘트는 $M_L = (3/2)M_{yp}$이다. 하중을 이완시키는 것은 그림 13.9 (b)의 응력 분포를 가지는 반대 방향의 모멘트를 더하는 것과 같다. 하중이 제거된 보의 잔류응력 분포는 그림 13.9 (c)에 보인 것과 같이 (a)부분과 (b)부분을 중첩해서 얻게 된다. 이 경우에도 잔류응력은 자체 평형 상태이다. 그러나 재료의 어느 부분을 제거하면 불균형이 일어난다. 이것은 냉간 가공 부재가 기계 가공 후에 뒤틀리는(distort) 것을 설명한다.

비틀림의 경우에서 본 바와 같이 완전 소성 상태에서 제하된 보는 같은 방법으로 다시 하중을 가하면 극한 모멘트에 도달할 때까지 보의 탄성역이 남아 있게 된다. 역의 하중에 대해서 반대의 하중이 $(1/2)M_{yp}$를 넘지 않는 한 보에 탄성이 유지된다. 만일 이 조건이 만족되지 않으면 추가적인 항복이 발생할 것이다.

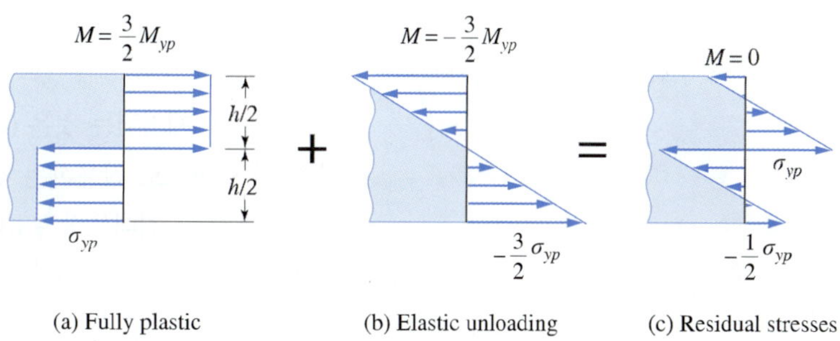

그림 13.9 완전 탄소성 재료의 보가 완전 소성 상태에 이르기까지 하중을 가한 후 제하중함으로써 수직응력 분포를 구한다.

d. 탄성 스프링백

잔류응력에 대한 마지막 예로 그림 13.10 (a)에 보인 것과 같이 직선의 직사각형봉이 90°원형 다이 주위에서 비탄성 굽힘이 발생하는 것을 고려해보자. 봉이 이완되면 그림 13.10 (b)에서와 같이 각도 θ_s로 되돌아 오게된다. 이러한 탄성 스프링백(spring-back)은 금속 성형 과정에서 매우 중요하다. 다이의 반경 R_0와 봉의 최종 곡률 반경 R_f사이의 관계는 제하에 의한 탄성 변형률과 하중에 의한 소성 변형률과의 조합에 의해 구해질 수 있다. 다음에 보인 계산은 잔류응력을 구할 때 사용한 것과 유사한 것이다.

5.2절의 굽힘 변형률 $\epsilon = y/\rho$를 상기하면, 그림 13.10 (a)에 보인 봉의 최대

변형률은

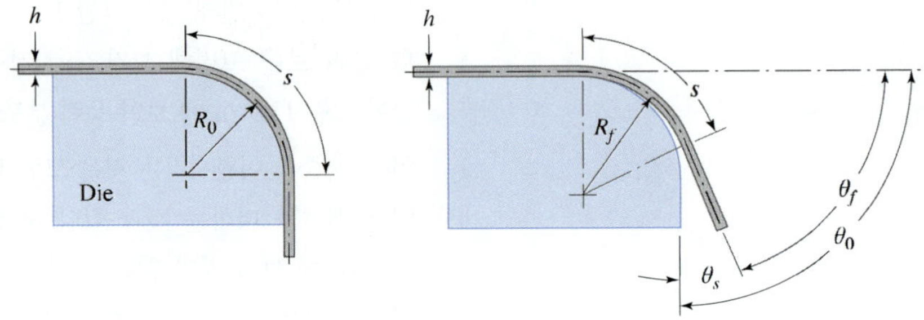

그림 13.10 (a)원형 다이 주위에서 봉의 굽힘 (b)제하중 후의 탄성 스프링백

$$\epsilon_0 = \frac{h/2}{R_0}$$

여기에서 h는 봉의 두께이다. 그림 13.10 (b)의 탄성 스프링백 후 최대 변형률은

$$\epsilon_f = \frac{h/2}{R_f}$$

봉에 하중이 제거되는 것은 (a)부분의 변형된 봉에 같은 크기의 극한 모멘트가 반대 방향으로 작용하는 것과 같다. 그림 13.10 (b)에서 보인 바와 같이 제하중에 의한 최대응력은 $(3/2)\sigma_{yp}$이고, 따라서 이에 상응하는 탄성 변형률은

$$\epsilon_e = \frac{\sigma}{E} = \frac{(3/2)\sigma_{yp}}{E}$$

이 응력들을 중첩하면 잔류응력 $\epsilon_f = \epsilon_0 - \epsilon_e$를 얻는다.

$$\frac{h/2}{R_f} = \frac{h/2}{R_0} - \frac{(3/2)\sigma_{yp}}{E}$$

이 식을 정리하면 다음과 다시 표시될 수 있다.

$$\boxed{1 - \frac{R_0}{R_f} = \frac{3\sigma_{yp} R_0}{Eh}} \tag{13.7}$$

굽어진 길이를 s로 표시하여, 최종 반경 R_f와 관련된 각도 θ_f를 $s = R_0\theta_0 = R_f\theta_f$로 부터 구한다. 즉,

$$\theta_f = \frac{R_0}{R_f}\theta_0$$

탄성 스프링백 각도는 다음 식으로부터 구할 수 있다.

$$\theta_s = \theta_0 - \theta_f = \theta_0\left(1 - \frac{R_0}{R_f}\right)$$

식 (13.7)을 대입하면 최종적으로 아래와 같은 식을 얻는다.

$$\boxed{\theta_s = \theta_0 R_0\left(\frac{3\sigma_{yp}}{Eh}\right)} \tag{13.8}$$

이 결과는 상대적인 탄성 스프링백의 크기가 (a) 작은 성형 반경 (b) 두꺼운 봉의 사용 (c) 낮은 항복 변형률 $\epsilon_{yp} = \sigma_{yp}/E$를 사용함으로써 감소될 수 있다는 것을 나타낸다. 또한 성형각 θ_0의 크기는 최종적으로 주어진 반경으로 굽어지게끔 수정해야 하는 것을 보여준다.

소성역이 발생하기까지 비튼 원형봉에서 하중이 제거되면 탄성 스프링백이 역시 나타난다. 이 경우 탄성 스프링백은 탄성 제하에 의해 발생하는 비틀림각의 크기와 같다.

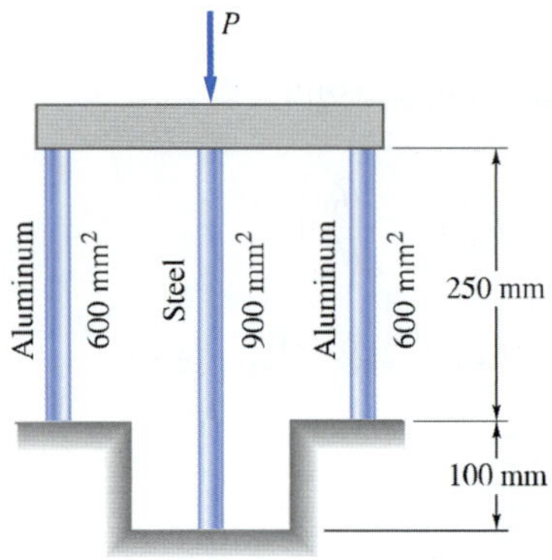

(a)

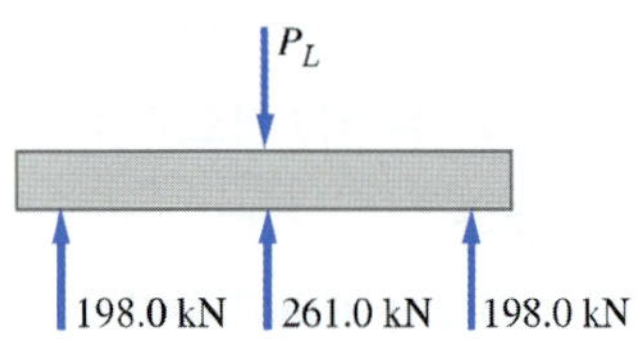

(b)

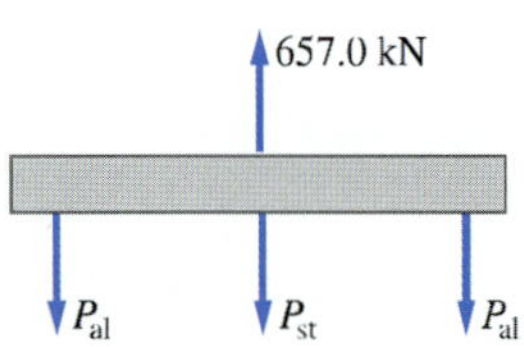

(c)

예제 13.2

그림 (a)에서와 같이 같은 간격을 가지는 세 개의 수직봉이 수평 강봉에 의해 단단히 고착되어 있다. 바깥 두 개 봉은 알루미늄 합금으로 만들어졌고, 가운데 봉은 강이다. 봉들의 단면적은 그림에 보였다. 하중를 0에서부터 극한 하중까지 가한 후 제거하였을 때 봉의 잔류응력을 구하라.

풀이

극한 하중 : 극한 하중 P_L은 세 개의 모든 봉이 항복에 달했을 때 하중 P의 값이다. 항복 시 봉들의 축 하중은

$$\mathrm{P}_{\mathrm{st}} = (\sigma_{yp} A)_{\mathrm{st}} = (290\times10^6)(900\times10^{-6})$$
$$= 261.0\times10^3\ \mathrm{N} = 261.0\ \ \mathrm{kN}$$
$$\mathrm{P}_{\mathrm{sl}} = (\sigma_{yp} A)_{\mathrm{al}} = (330\times10^6)$$
$$(600\times10^{-6}) = 198.0\times10^3\ \mathrm{N} = 198.0\ \ \mathrm{kN}$$

그림 (b)의 자유물체도를 참조하면 극한 하중을 얻는다.

$$P_L = 261.0 + 2(198.0) = 657.0\ \mathrm{kN}$$

탄성 되돌림 : P_L과 크기가 같은 상향 하중을 작용시키는 것은 극한 하중을 제거하는 것과 같다. 제하가 탄성이라고 가정하면, 2.5절의 부정정 구조물에 대해 논의한 과정을 적용할 수 있다. 그림 (c)의 자유물체도에서 평형조건식을 얻는다.

$$P_{\mathrm{st}} + 2P_{\mathrm{al}} = 657.0\ \mathrm{kN} \qquad \text{(a)}$$

수평 강봉은 세 개의 봉의 신장량을 같게하므로, 적합조건식은

$$\left(\frac{PL}{EA}\right)_{\mathrm{st}} = \left(\frac{PL}{EA}\right)_{\mathrm{al}} \qquad \frac{P_{\mathrm{st}}(350)}{(200)(900)} = \frac{P_{\mathrm{al}}(250)}{(70)(600)}$$

이것으로부터 다음 식이 유도된다.

$$P_{\mathrm{st}} = 3.061 P_{\mathrm{al}} \qquad \text{(b)}$$

식 (a)와 (b)를 풀어서 봉의 제하중의 크기를 구한다.

$$P_{\mathrm{st}} = 397.4\ \ \mathrm{kN} \quad P_{\mathrm{al}} = 129.8\ \ \mathrm{kN}$$

잔류응력 : 잔류 힘은 제하에 의한 인장력과 하중에 의한 압축력을 중첩하여 얻는다. 인장은 양, 압축은 음으로 생각하면 다음을 얻는다.

$$P_{st} = 397.4 - 261.0 = 137.4 \text{ kN}$$

$$P_{al} = 129.8 - 198.0 = -62.8 \text{ kN}$$

따라서 잔류응력은

$$\sigma_{st} = \frac{P_{st}}{A_{st}} = \frac{137.4 \times 10^3}{900 \times 10^{-6}} = 152.7 \times 10^6 \text{ Pa} = 152.7 \text{ MPa (T)}$$ [답]

$$\sigma_{al} = -\frac{P_{al}}{A_{al}} = -\frac{68.2 \times 10^3}{600 \times 10^{-6}} = -113.7 \times 10^6 \text{ Pa} = 113.7 \text{ MPa (C)}$$ [답]

연습문제

13.14 예제 13.2에서 강봉의 단면적을 1200 mm³로 바꾸어라. 하중 $P =$ 700 kN이 작용된 후 제거된다면, 각 봉에 생기는 잔류응력을 구하라.

13.15 복합봉이 강체 지지단 사이에 단단히 고정되어 있다. 강과 알루미늄 합금의 항복응력이 294 MPa와 336 MPa이다. 극한 하중 $P = P_L$이 작용된 후 제거된다면 발생하는 잔류응력을 구하라.

13.16 하중 $P = 660$ kN이 작용된 후 제거되었을 때 문제 13.15를 풀어라.

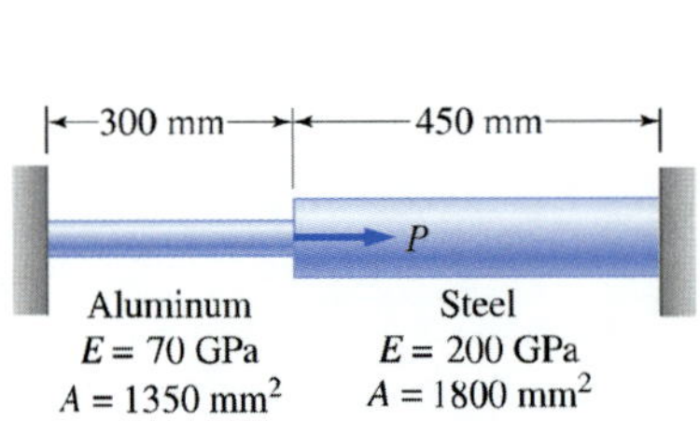

그림 P13.15, P13.16

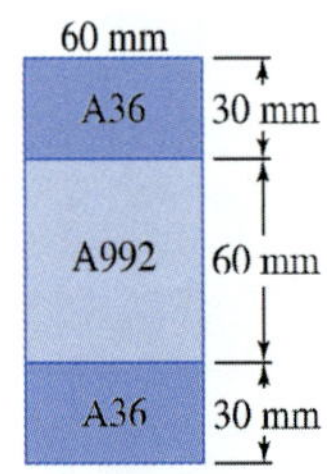

그림 P13.17

13.17 그림에서 세 개의 강봉이 용접으로 만들어진 보를 보여주고 있다. 두 개의 바깥쪽 층은 A36 강(σ_{yp}= 250 MPa)이고 안쪽의 봉은 A992 강(σ_{yp}= 350 MPa)이다. 극한 굽힘 모멘트가 작용되었다가 제거되었을 때 단면에 생기는 잔류응력의 분포에 대한 그림을 그려라.

13.18 반경 r인 중실봉에 작용하는 토크는 중심에서 $r/2$ 거리까지 탄성역을 만든다. 이 토크가 제거되었을 때 잔류 전단응력의 분포를 결정하라.

13.19 외부 직경이 내부 직경의 두 배인 중공축이 있다. 극한 하중이 가해진 후 제거되었을 때 잔류응력의 형상을 구하라.

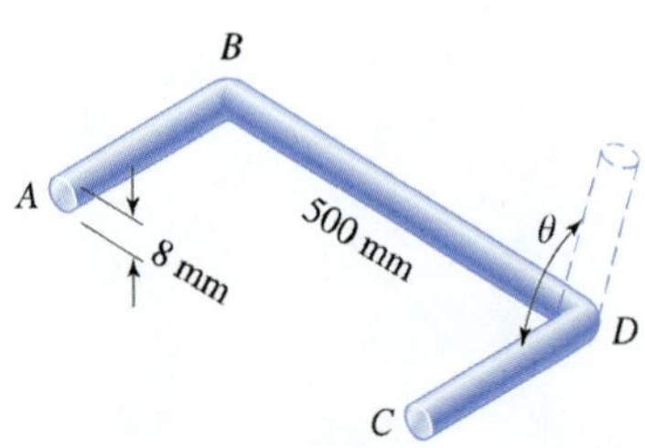

그림 P13.20

13.20 직경 8mm의 굽어진 봉이 있다. 아암 CD에 토크를 가하여 암(arm) AB에 대해 각도 θ 만큼 회전한다. 토크가 제거된 후 두 암이 서로 90° 떨어진다면 각도 θ의 값은 얼마인가? 항복 전단응력과 전단 탄성계수를 각각 τ_{yp}= 120 MPa, $G = 80$ GPa로 가정하라.

13.21 폭 50 mm, 깊이 90 mm의 직사각형 강봉이 봉의 80%를 소성으로 만드는 굽힘 모멘트를 받는다. σ_{yp}= 260 MPa를 사용하여 굽힘 모멘트가 제거된 후 잔류응력 분포를 구하라.

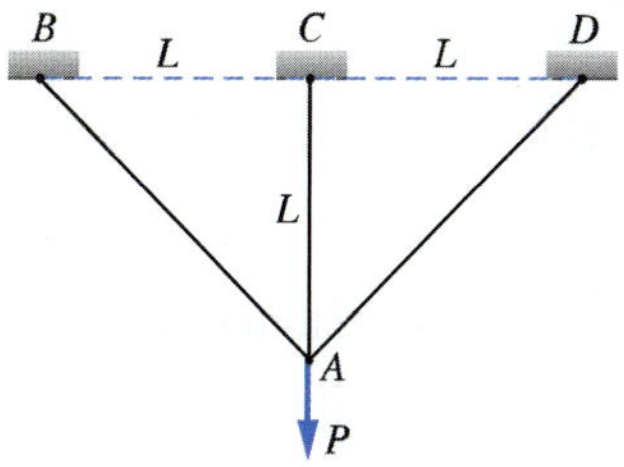

그림 P13.23

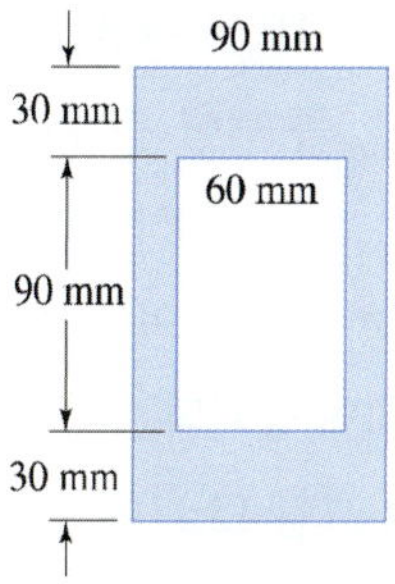

그림 P13.24

13.22 폭 30 mm, 깊이 60 mm의 직사각형 강봉에 6 kN-m의 굽힘 모멘트가 작용된 후 제거되었다. 만일 σ_{yp} = 280 MPa이라면 중립축에서 20 mm 떨어진 점에서의 잔류응력은 얼마인가?

13.23 그림에서 보인 세 개의 부재로 이루어진 트러스는 동일한 단면을 가진 강재로 만들어졌다. 하중이 0으로부터 극한 하중까지 가해진 후 제거하였을 때 각 부재에 생기는 잔류응력을 구하라.

13.24 그림에 보인 단면을 가지는 보가 중립축에서 45 mm까지 탄성역이 되는 굽힘 모멘트를 받는다. 굽힘 모멘트가 제거된 후 잔류응력의 분포를 구하라. σ_{yp}= 280 MPa를 사용하라.

13.25 두께 11.25 mm의 강재 스트립이 반경 120 mm인 원형 다이에서 굽혀지고 있다. σ_{yp} = 280 MPa, E = 100 GPa로 주어질 때, 잔류 곡률 반경은 얼마인가?

13.26 문제 13.25를 참조하여 스트립이 영구 굽힘 각도 90°를 가지기 위하여 원형 다이에서 굽힘을 받는 동안의 접촉 각도를 구하라.

13.27 반경 250 mm의 원형 다이가 10 mm 두께의 알루미늄 합금 2024-T4 스트립을 굽히는 데 사용된다. 영구 굽힘 각도 180°를 가지기 위해서 스트립의 요구되는 접촉 각도를 구하라. σ_{yp} = 330 MPa와 E = 70 GPa로 가정하라.

13.5 극한 해석

극한 해석은 부정정 구조물의 붕괴(collapse)를 일으키는 하중을 결정하는 방법이다. 이 방법은 오직 연성 재료에만 적용되고 여기의 간단한 논의에서는 완전 탄소성으로 가정한다. 이 방법은 간단한 2단계로 구성되어 있다. 첫째 단계는 구조 전체가 대변형이 일어나도록 구조의 어느 부분이 완전 소성이 되는가를 결정하는 구조의 기구학적 연구(kinematic study)이다. 두 번째 단계는 이 완전 소성 부분을 발생시키는 외력을 결정하는 평형 해석이다. 축 하중, 비틀림과 굽힘을 포함하는 예를 보이는 형식으로 극한 해석을 설명한다.[1]

1 축 하중이 포함된 한 예를 예제 13.2에 보였다.

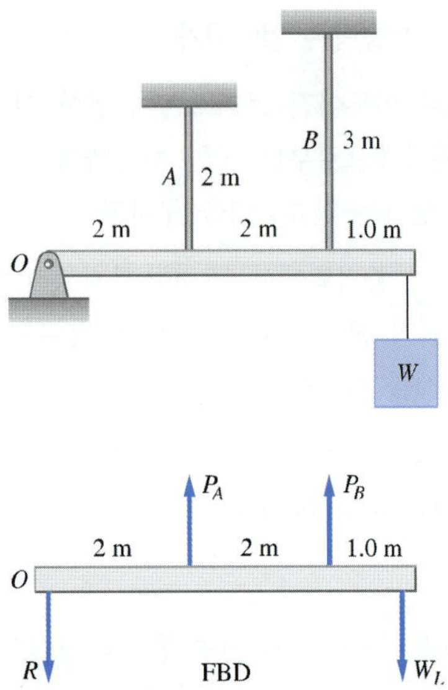

그림 13.11
극한 해석의 예. 봉 A와 B는 하중 W의 극한값에서 모두 소성된다.

a. 축 하중

그림 13.11에서 보인 것과 같이 O점에 핀으로 지지되고, 길이가 서로 다른 두 강봉 A와 B에 의해 지지되는 강체보를 고려해 보자. 탄성 해에서 강봉들의 신장은 핀으로부터 강봉까지의 거리에 비례한다. Hooke의 법칙은 축 하중 PA와 PB사이에 하나의 관계식을 준다 (적합조건식).

두 번째 관계식은 평형방정식 $\Sigma M_O = 0$으로부터 얻어진다. $W \le W_{yp}$인 범위 내에서는 탄성 해석이 유효하다. 여기서 W_{yp}는 하나의 봉에 항복이 시작되는 하중 W의 크기이다. 하중 W가 W_{yp}를 넘어 증가되면 첫 번째로 항복이 발생한 봉은 완전 소성 축 하중 $P = \sigma_{yp}A$를 유지하면서 항복이 지속된다. 아직 탄성인 다른 봉은 항복이 시작될 때까지 하중의 증가 분을 담당할 것이다. 그 점에서 구조는 핀을 중심으로 회전하여 붕괴되는 극한 하중 W_L에 도달한다. 이제 막대의 다음 성질들을 활용하여 그림 13.11에 나타낸 구조물에 대한 극한 하중을 구해보자.

봉	A(mm^2)	σ_{yp}(MPa)	E(GPa)
A	300	330	200
B	400	290	200

극한 하중에서 두 봉은 모두 소성이 되므로, 축 하중은 다음으로 주어진다.

$$P_A = (\sigma_{yp} A)_A = (330 \times 10^6)(300 \times 10^{-6}) = 99.0 \times 10^3 \text{ N} = 99.0 \text{ kN}$$
$$P_B = (\sigma_{yp} A)_B = (290 \times 10^6)(400 \times 10^{-6}) = 116.0 \times 10^3 \text{ N} = 116.0 \text{ kN}$$

이제 평형식 $\Sigma M_O = 0$에서 극한 하중을 다음과 같이 얻을 수 있다.

$$5W_L = 2P_A + 4P_B = 2(99.0) + 4(116.0)$$
$$W_L = 132.4 \text{ kN}$$

비교를 위해 봉 A에 항복이 발생하는 이 구조의 항복 하중이 $W_{yp} = 118.9$ kN 임을 보일 수 있다.

b. 비틀림

비틀림에 대한 극한 해석의 한 예로서 그림 13.12에 보인 복합봉을 고려해보자. 봉의 양단은 강체 지지판에 붙어 있다. 여기서의 문제는 강봉과 알루미늄

봉의 연결부에서 봉이 담당할 수 있는 최대 토크 즉, 극한 토크 T_L을 결정하는 것이다.

만일 재료를 완전 탄소성으로 가정하면 봉의 극한 토크는 두 부분이 그들 각각의 극한 토크에 도달할 때 발생한다. 13.2절의 식 (b)로부터 각 부분의 극한 토크는

$$(T_L)_{\text{al}} = \frac{2}{3}\pi(r^3\tau_{yp})_{\text{al}} = \frac{2}{3}\pi(0.035)^3(160\times10^6) = 14.368\times10^3 \text{ N}\cdot\text{m}$$

$$(T_L)_{\text{st}} = \frac{2}{3}\pi(r^3\tau_{yp})_{\text{st}} = \frac{2}{3}\pi(0.025)^3(140\times10^6) = 4.581\times10^3 \text{ N}\cdot\text{m}$$

봉의 극한 토크는 종축에 관한 모멘트 평형에서 얻어진다. 즉,

$$T_L = (T_L)_{al} + (T_L)_{st} = (14.368 + 4.581)\times10^3$$
$$= 18.95\times10^3 \text{ N}\cdot\text{m} = 18.95 \text{ kN}\cdot\text{m}$$

이에 반해 항복 토크는 강봉의 최대 전단응력이 항복에 도달할 때 나타나는 $T_{yp} = 9.60 \text{ kN}\cdot\text{m}$가 됨을 보일 수 있다.

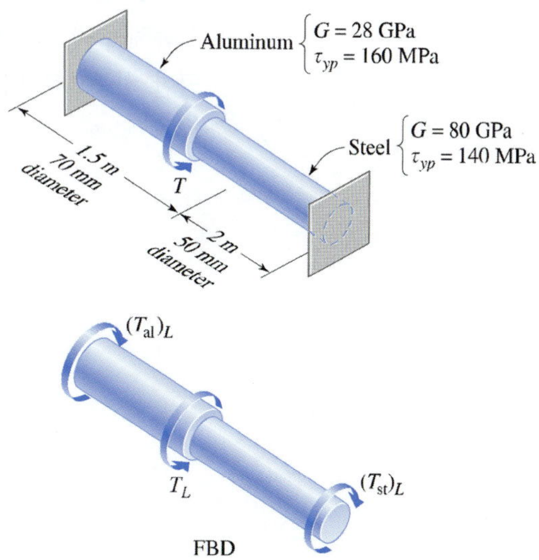

그림 13.12 극한 해석의 예. 작용 토크의 극한값에서 복합봉의 두 부분은 완전 소성이 된다.

c. 굽힘

그림 13.3에서 보인 외팔보로 다시 돌아가 보자. 하중 P가 증가함에 따라 지지점에서의 단면 $c-c$는 점차적으로 탄성, 부분 소성을 거쳐 단면 전체가 소성이 된다. 단면 $a-a$와 단면 $b-b$사이의 단면들은 부분 소성이 되고,

보의 나머지 부분은 탄성이다. 완전 소성 단면은 굽힘 모멘트의 증가없이 지지점에 대하여 보가 회전될 수 있으므로, 이를 **소성 힌지**(*plastic hinge*)라 부른다. 물론 소성 힌지에서의 굽힘 모멘트는 극한 모멘트 M_L이다. 일단 소성 힌지가 형성되면 그림 13.3의 보는 붕괴될 것이다.

정정보의 붕괴는 소성 힌지의 형성과 일치한다. 부정정보는 보가 기구학적으로 붕괴가 가능하도록 충분한 소성 힌지가 형성될 때까지는 붕괴되지 않는다. 붕괴의 기구학적 표시를 **붕괴 메커니즘**(*collapse mechanism*)이라고 한다. 그림 13.13에서는 붕괴 메커니즘의 세 가지 예를 보이고 있다. 붕괴 메커니즘에서 필요한 (솔리드 원으로 표시된) 소성 힌지의 개수는 잉여지지의 개수에 따라 증가함에 유의하라. 따라서 단순지지보는 단지 한 개의 소성 힌지를 필요로 하는 반면, 양단 고정지지보는 세 개의 소성 힌지를 필요로 한다.

일반적으로 소성 힌지는 고정지지점과 전단력이 0이 되는 단면을 포함하는, 굽힘 모멘트가 최대인 곳에서 형성된다($V = dM/dx$가 평형방정식이므로 이것은 탄성보에 국한되지 않는다). 따라서 소성 힌지의 위치는 집중하중을 받는 보에 대해서는 통상 분명하나, 분포 하중을 받는 부정정보에 그 위치를 찾는 일이 더 어려운 일이다. 대개는 하나 이상의 붕괴 기구가 가능해서 각각의 메커니즘에 대한 붕괴 하중을 구해 최소 붕괴 하중을 실제 극한 하중으로 택한다. 이 개념들은 다음에 나오는 예제에서 논의한다.

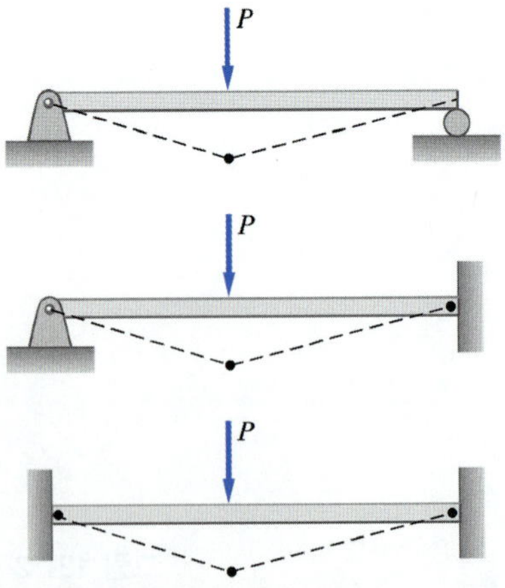

그림 13.13 보의 붕괴 기구는 지지점에 의존한다. 추가의 지지점을 구속할 때마다 붕괴 기구에서 추가적인 소성 힌지를 필요로 한다.

예제 13.3

그림 (a)의 보는 양단이 고정지지되어 있고 세기 w의 균일 분포 하중을 받고 있다. 탄성 상태에서 지지점의 모멘트가

$$M_A = M_B = \frac{wL^2}{12} \tag{a}$$

임을 알고 항복 하중(항복이 시작되는 w값)에 대한 극한 하중(붕괴 시의 w값)의 비를 구하라.

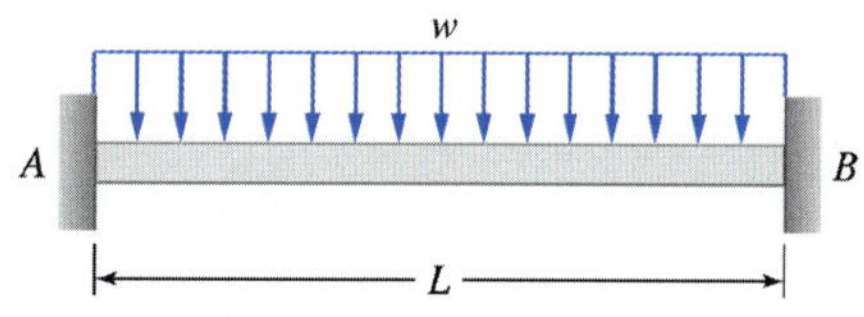

(a)

풀이

이 구조의 붕괴 메커니즘은 세 개의 소성 힌지의 형성을 요구한다. 보와 하중의 대칭성에 의해 그림 (b)의 붕괴 메커니즘을 일으키는 소성 힌지는 A, B, C에 위치한다. 소성 힌지에서의 굽힘 모멘트는 극한 모멘트 M_L과 같다. w의 극한값인 w_L과 M_L은 그림 (c)에 보인 보의 두 부분의 자유물체도를 사용한 평형식에서 얻을 수 있다. 대칭성의 결과로 C에서의 전단력이 영이 됨에 유의하라. 보의 왼쪽 절반에 대해 평형방정식 $\Sigma M_A = 0$을 적용하면 다음을 얻는다.

$$2M_L = \frac{w_L L}{2}\left(\frac{L}{4}\right) \qquad M_L = \frac{w_L L^2}{16} \tag{b}$$

$M_A = M_B = M_{yp}$와 $w = w_{yp}$를 식 (a)에 대입하면 항복 모멘트와 항복 하중을 얻는다.

$$M_{yp} = \frac{w_{yp} L^2}{12} \tag{c}$$

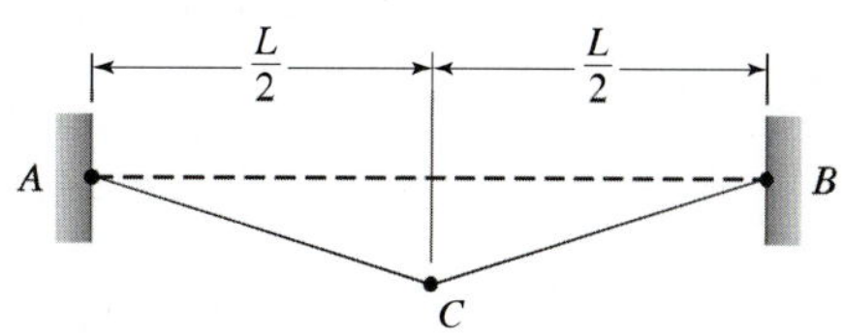

(b)

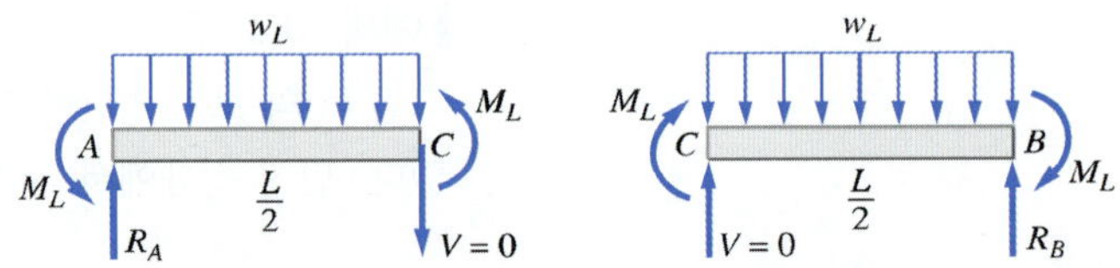

(c)

식 (b)를 식 (c)로 나누어 극한 하중의 항복 하중에 대한 비를 얻는다.

$$\frac{w_L}{w_{yp}} = \frac{4}{3}\frac{M_L}{M_{yp}} \qquad \text{[답]}$$

M_L/M_{yp}의 비는 표 13.1에 보인 것과 같이 직사각형, 원형 단면에 대하여 주목할 만한 값을 가지나, 표준 구조 형상은 1에 가까운 값을 갖게 되어 M_L을 M_{yp}로 택해도 큰 오차를 일으키지 않는다.

예제 13.4

그림 (a)의 지지된 외팔보는 세기 w의 균일 분포 하중을 받는다. 극한 모멘트 M_L을 극한 하중 w_L의 항으로 구하라.

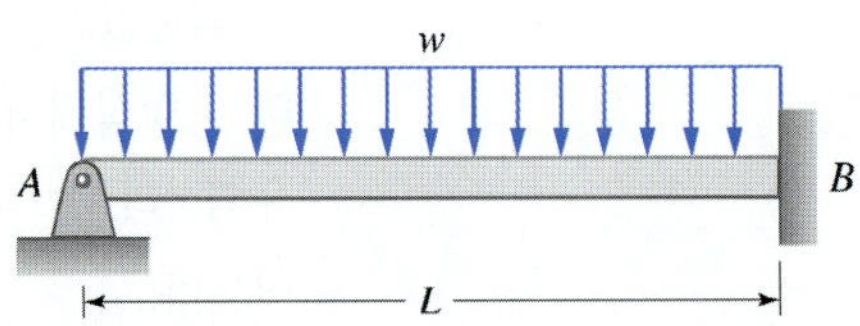

(a)

풀이

그림 (b)에 보인 붕괴 기구는 두 개의 소성 힌지를 요구한다. C의 소성 힌지는 위치를 알 수 없으나 최대 굽힘 모멘트가 나타나는 위치인 전단력이 영이 되는 조건에서 구할 수 있다(평형 조건 $V = dM/dx$는 응력이 탄성영역이거나 아니거나에 관계없이 유용하다). C의 양쪽에 있는 보 부분의 자유물체도를 그림 (c)에 보였다. B, C에서의 모멘트가 극한 모멘트 M_L임에 유의하라. AC부분에 평형 조건 $\Sigma M_A = 0$을 적용하면

$$M_L = \frac{w_L x^2}{2} \tag{a}$$

을 얻고, CB부분에 대한 평형 조건 $\Sigma M_B = 0$을 적용하면 다음이 된다.

$$2M_L = \frac{w_L (L-x)^2}{2} \tag{b}$$

식 (a)와 (b)의 해는 $x = 0.414L$이고, 이곳에 소성 힌지 C가 위치한다. 극한 모멘트는 다음이 된다.

$$M_L = 0.0858\, w_L L^2 \qquad \text{[답]}$$

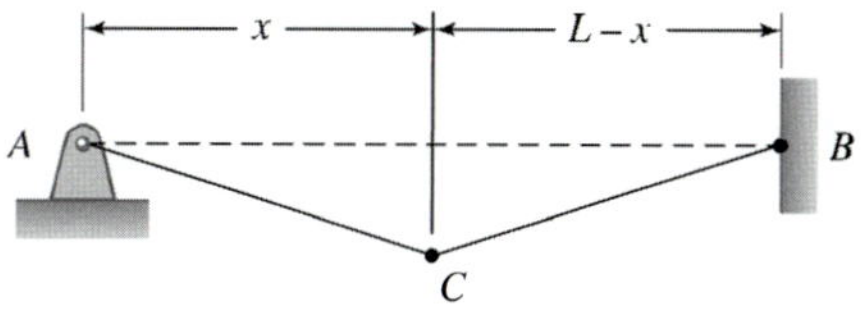

(b)

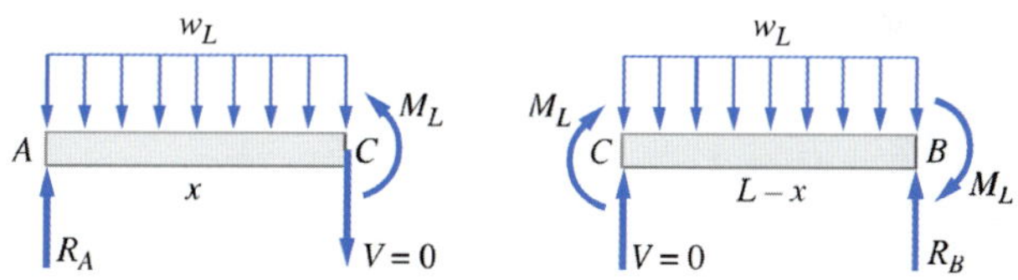

(c)

예제 13.5

그림 (a)에서 보인 두 개의 외팔보가 B의 롤러에 의해 나눠져 세기 w의 균일 분포 하중을 같이 지지하고 있다. 극한 모멘트 M_L의 항으로 극한 하중 w_L을 구하라. 보는 동일한 단면을 갖는다고 가정하라.

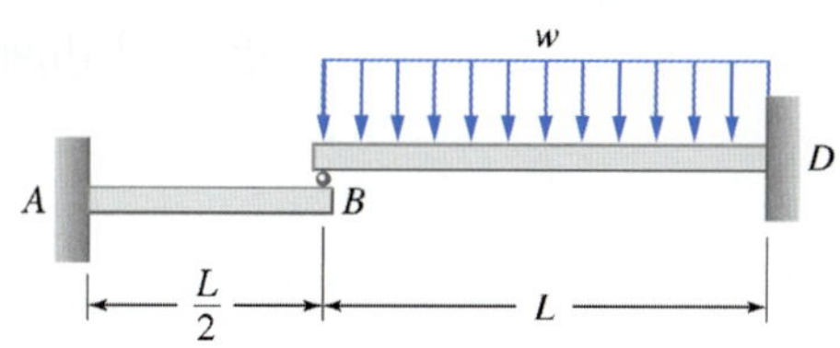

(a)

풀이

예제 13.4의 변형으로 단순 지지점이 외팔보로 대체되었다. 이러한 변경으로 A점에서 소성 힌지가 발생할 가능성이 있다. 만일 이 소성 힌지가 형성되지 않으면 $M_L = 0.0858 w_L L^2$인 예제 13.4의 결과를 얻는다. 만일 A에 힌지가 발생하면 그림 (b)에서 보인 바와 같이 A와 D에서 소성 힌지에 관한 회전에 의해 붕괴가 가능하다.

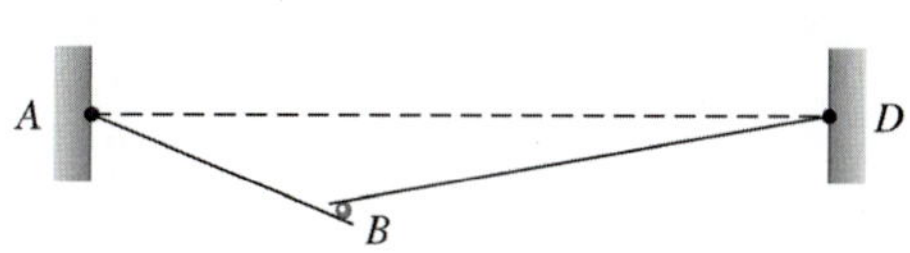

(b)

그림 (b)의 붕괴 메커니즘에 대한 극한 하중을 구하기 위하여 보에 대한 자유물체도를 그림 (c)와 같이 그린다. A, B에서의 모멘트는 극한 모멘트 M_L과 같음에 유의하라. 두 개의 보에 대한 평형식은 다음과 같다.

$$\Sigma M_A = 0 \qquad M_L = P\left(\frac{L}{2}\right)$$

$$\Sigma M_D = 0 \qquad M_L = w_L L\left(\frac{L}{2}\right) - P(L)$$

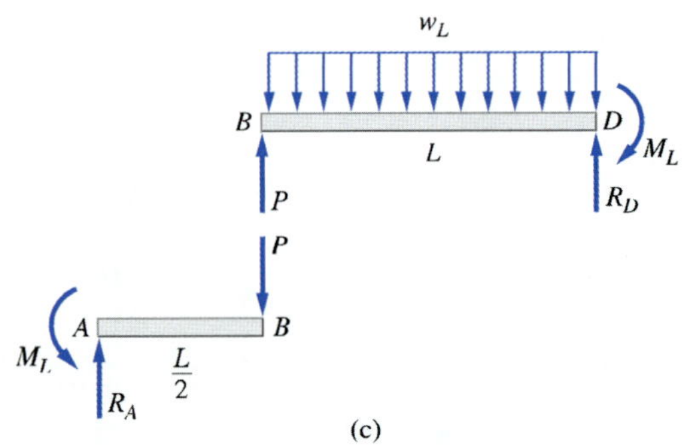

(c)

이 두 식에서 접촉력 P를 소거하면 다음을 얻는다.

$$M_L = \frac{w_L L^2}{6} = 0.1667 w_L L^2$$

이 식의 w_L은 예제 13.4에서 구한 극한 하중보다 작으므로 붕괴 메커니즘은 그림 (b)에서 보인 것과 같고 극한 하중은 다음과 같다.

$$w_L = \frac{6M_L}{L_2}$$ [답]

연습문제

13.28 브래킷이 단면적 120 mm²인 세 개의 동일한 볼트에 의해 강체벽에 고착되어 있다. 브래킷은 강체로 가정하여 볼트들의 신장은 브래킷의 코너 O에 관한 회전에 의해 발생한다. (a) 브래킷에 작용하는 모멘트 M의 극한값 (b) 항복 모멘트에 대한 극한 모멘트의 비를 구하라. 볼트의 항복응력 $\sigma_{yp} = 280$ MPa를 사용하라.

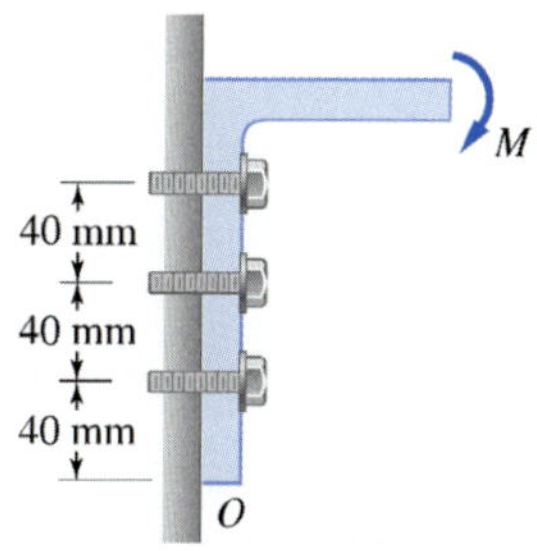

그림 P13.28

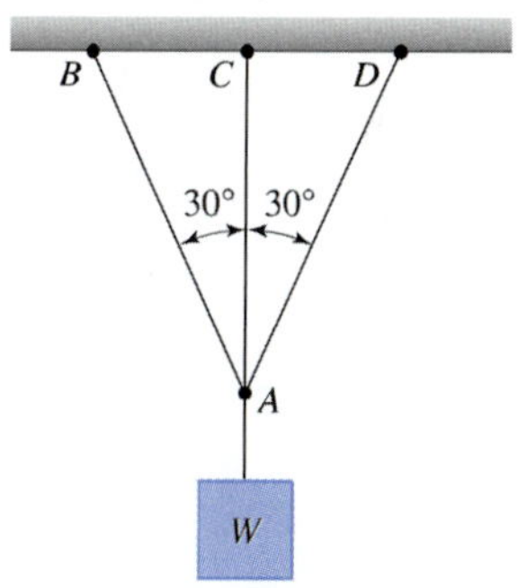

그림 P13.29

13.29 각 단면적이 322 mm²인 세 개의 강봉이 하중 W를 지지한다. 하중이 가해지기 전에 봉은 느슨하거나 응력이 가해지지 않는다고 할 때 항복 하중에 대한 극한 하중의 비를 구하라. 강의 $\sigma_{yp} = 245$ MPa를 사용하라.

13.30 그림 13.12의 오른쪽에서 1.0 m 떨어진 곳에 토크가 작용할 때 토크 T의 극한값을 구하라.

13.31 예제 13.5를 참조하여 보 AB의 길이를 L_1으로 놓을 때, 그림 (b)의 붕괴 기구가 오직 $L_1 > 0.207L$일 때임을 보여라.

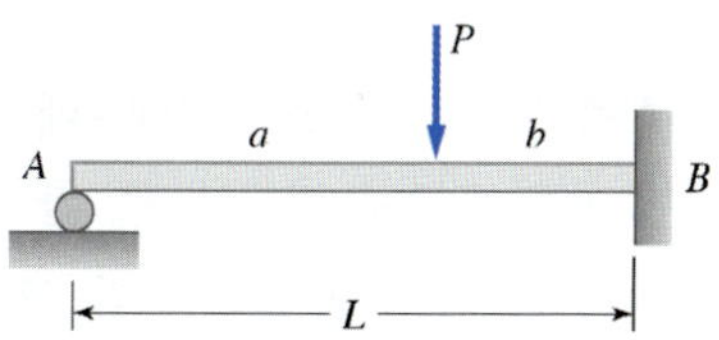

그림 P13.32

13.32 극한 모멘트 M_L을 사용하여 지지된 외팔보의 극한 하중 P_L을 구하라.

13.33 만일 두 개의 외팔보가 같은 극한 모멘트 M_L을 가질 때, 하중 P의 극한값을 구하라.

13.34 두 개의 외팔보가 그림에서 보인 치수의 직사각형 단면을 갖는다. 항복응력이 σ_{yp}= 280 MPa일 때 하중 P의 극한값을 구하라.

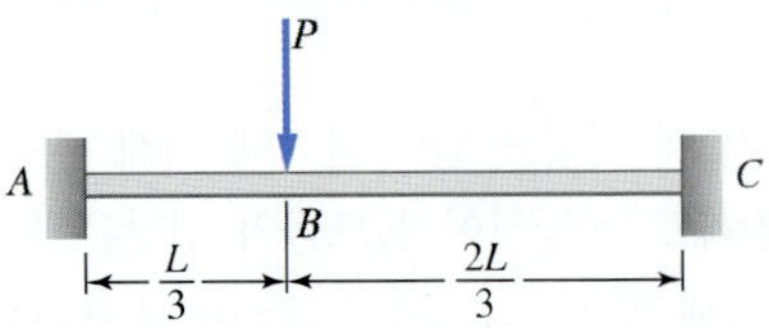

그림 P13.33

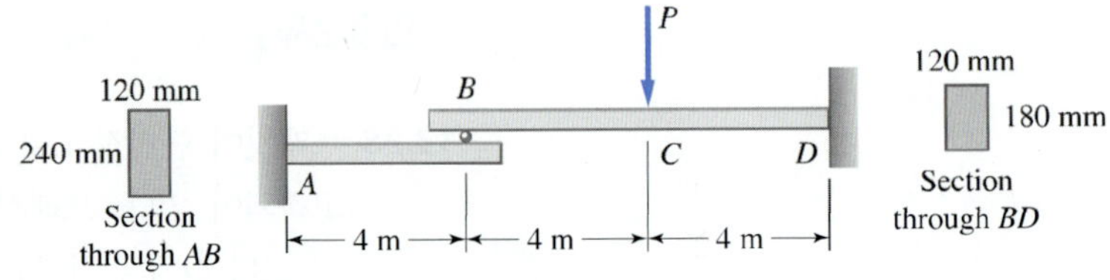

그림 P13.34

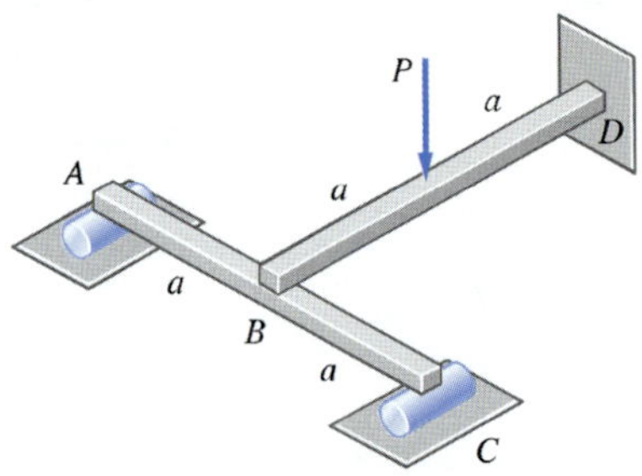

그림 P13.35

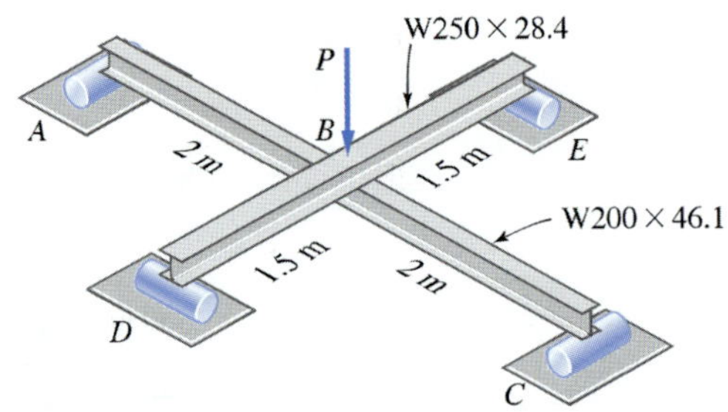

그림 P13.36

13.35 하중 P가 단순지지보 위에 놓인 외팔보에 의해 지지된다. 극한 모멘트가 외팔보는 M_L, 단순지지보는 $0.75M_L$일 때, 하중 P의 극한값을 구하라.

13.36 두 개의 광폭플랜지를 갖는 단순지지보가 그들 중앙에서 접촉되며 놓여 있다. 그 접합점에서 보들은 하중 P를 같이 지지한다. 하중 P의 극한값을 구하라. σ_{yp}= 280 MPa를 사용하고 $M_L = M_{yp}$로 가정하라.

13.37 구속된 보가 크기 P인 두 개의 하중을 받는다. 항복 모멘트에 대한 극한 모멘트의 비를 K로 놓을 때 K의 항으로 비 P_L/P_{yp}를 구하라(주: 보가 탄성일 때, 각 지지점에서의 굽힘 모멘트의 크기는 $2Pa/3$이다).

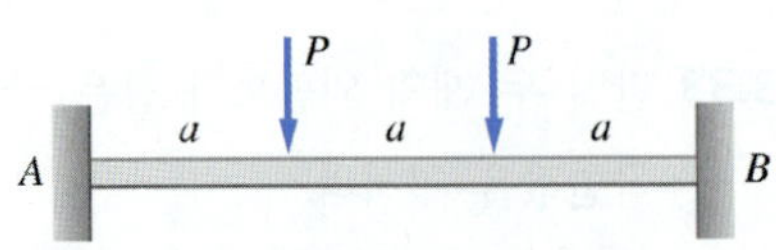

그림 P13.37

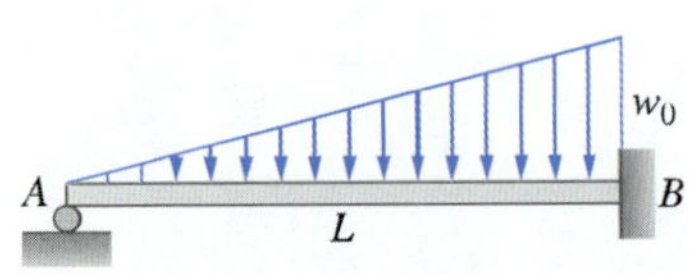

그림 P13.38

13.38 그림의 지지된 외팔보에 대하여 극한 모멘트 M_L의 항으로 하중의 세기 w_0의 극한값을 구하라.

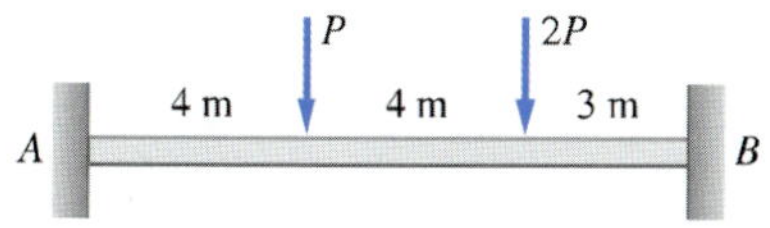

그림 P13.39

13.39 그림의 구속된 보에 대해 극한 모멘트 M_L의 항으로 P의 극한값을 구하라.

13.40 그림의 연속보가 전 길이에 걸쳐 세기 w의 균일 분포 하중을 받는다. 극한 모멘트 M_L의 항으로 w의 극한값을 구하라.

13.41 보의 양단이 강체벽에 지지되었다고 가정하고 문제 13.40를 풀어라.

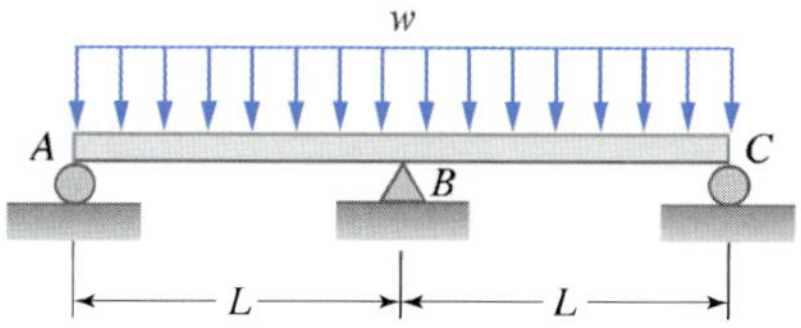

그림 P13.40, P13.41

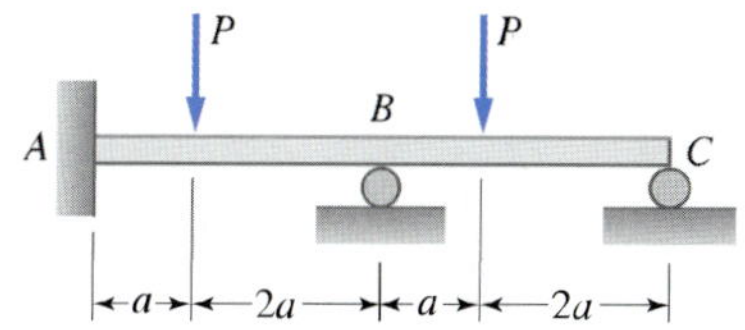

그림 P13.42

13.42 그림의 보인 보에 대해 극한 모멘트 M_L의 항으로 P의 극한값을 구하라.

컴퓨터문제

C13.1 반경이 r인 강봉에 작용하는 굽힘 모멘트 M이 극한 모멘트 M_L에 도달할 때까지 점진적으로 증가한다. r과 재료의 항복응력 σ_{yp}가 주어질 때, y_i에 대하여 $M = M_{yp}$에서 $M = M_L$까지 굽힘 모멘트의 그래프를 구하는 프로그램을 작성하라. 여기서 y_i는 중립축으로부터 탄성역의 상단까지의 거리이다. $r = 40$ mm와 $\sigma_{yp} = 240$ MPa일 때 프로그램을 실행하라.

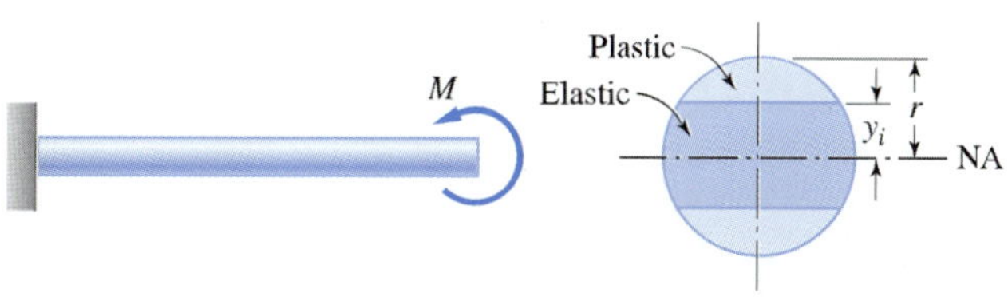

그림 C13.1

C13.2 길이 L 반경이 r인 강봉이 극한 토크 T_L에 도달할 때까지 점진적으로 증가하는 토크 T를 받는다. L, r과 재료의 특성 G, τ_{yp}가 주어질 때, 토크 T를 $T = T_{yp}$에서 $T = 0.99\,T_L$까지 B단의 회전 각도에 대해 그래프를 구하는 프로그램을 작성하라. $L = 1.0$ m, r

$= 50$ mm, $G = 80$ GPa와 $\tau_{yp} = 150$ MPa의 데이터를 가지고 프로그램을 실행하라.

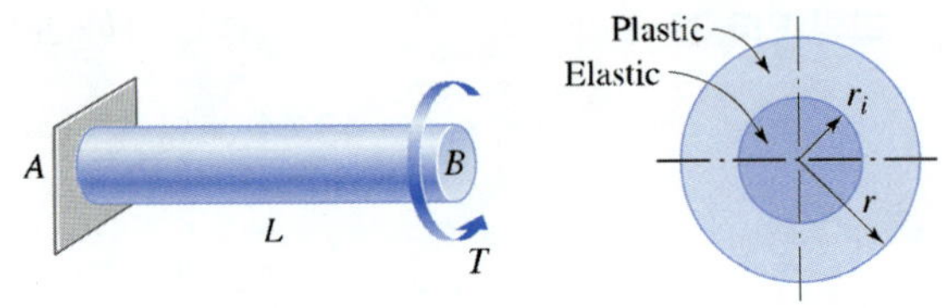

그림 C13.2

부록 A 평면 도형의 특성에 대한 복습

A.1 면적의 1차 모멘트

평면 면적 A의 x축과 y축에 관한 1차 모멘트는

$$Q_x = \int_A y\,dA \qquad Q_y = \int_A x\,dA \tag{A.1}$$

로 정의된다. 여기서 dA는 그림 A.1에서 보인 바와 같이 점(x, y)에 위치한 미소 요소이다. Q_x와 Q_y의 값은 좌표계의 원점의 위치에 따라 양, 음 또는 영이 될 수 있다. 면적의 1차 모멘트의 차원은 $[L^3]$이다. 따라서 단위는 mm^3, in^3 등이다.

면적의 도심 C는 다음의 좌표를 갖는 xy 평면 내의 점으로 정의된다(그림 A.1 참조).

$$\bar{x} = \frac{Q_y}{A} \qquad \bar{y} = \frac{Q_x}{A} \tag{A.2}$$

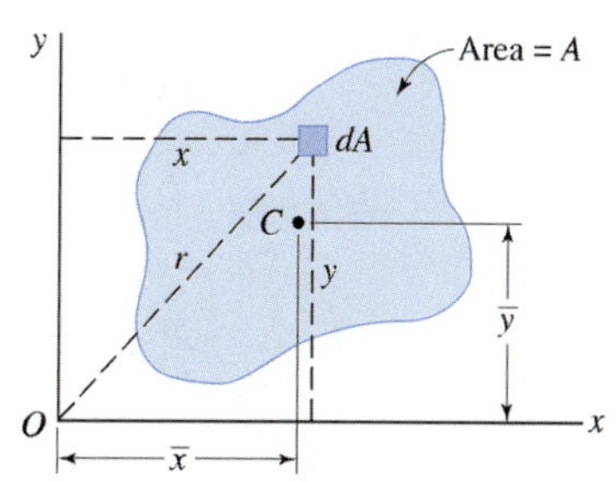

그림 A.1

만일 A와 점$(\bar{x}, \bar{y})$가 주어지면, 윗 식의 결과로 면적의 1차 모멘트는 $Q_x = A\bar{y}$, $Q_y = A\bar{x}$으로 계산될 수 있다. 다음은 면적의 1차 모멘트에 관한 유용한 특성이다.

- 만일 xy 좌표계의 원점이 도형의 도심에 위치하면(즉, $\bar{x}=0$, $y=0$이면), $Q_x = Q_y = 0$이다.
- 대칭축을 갖는 도형은 언제나 도심이 그 축상에 놓인다.

만일 도형이 면적 A_1, A_2, A_3, ... 인 직사각형, 원 등과 같이 간단한 기하학적 형상들로 나눠질 수 있다면 식 (A.1)은 다음 식으로 사용하는 것이 편리하다.

$$Q_x = \sum\left(\int_{A_i} y\,dA\right) = \sum(Q_x)_i = \sum A_i\bar{y}_i \tag{A.3a}$$

$$Q_y = \sum\left(\int_{A_i} x\,dA\right) = \sum(Q_y)_i = \sum A_i\bar{x}_i \tag{A.3b}$$

여기서 $(\bar{x}_i,\ \bar{x}_y)$는 면적 A_i은 도심의 좌표이다. 간단한 형상의 도심은 좌표를 쉽게 알 수 있으므로 식 (A.3)으로부터 적분을 사용하지 않고 1차 모멘트를 계산할 수 있다.

A.2 도형의 2차 모멘트

a. 관성 모멘트와 관성곱

그림 A.1을 다시 참조하여 xy축에 관한 평면 면적의 2차 모멘트를

$$I_x = \int_A y^2\,dA \qquad I_y = \int_A x^2 dA \qquad I_{xy} = \int_A x\,y\,dA \tag{A.4}$$

와 같이 정의할 수 있다. 이러한 적분값 I_x, I_y는 통상 **관성 모멘트**(*moment of inertia*), I_{xy}는 **관성곱**(*product of inertia*)[1,2]이라고 부른다. 관성 모멘트는 항상 양의 값을 갖는 반면에 관성곱는 양, 음 또는 0이 될 수 있다. 도형의 2차 모멘트의 차원은 $[L^4]$이다. 따라서 단위는 mm^4, in.^{4} 등이다.

---

1 관성 모멘트는 단순히 2차 모멘트, 관성곱은 상승 모멘트라고도 한다.

2 평면 도형의 관성 모멘트는 물체의 관성 모멘트와 혼동되어서는 안된다. 후자는 동력학에서 나오는 것으로 물체의 회전의 변화에 저항하는 능력에 관한 질량의 특성이다. 면적은 질량을 가지지 않으므로 관성을 가지지 못한다. 그러나 관성 모멘트라는 용어는 식 (A.4)의 적분이 물체의 관성 모멘트를 정의하는 $\int r^2 dm$와 비슷하므로 사용한다.

주의: 면적의 x축에 관한 1차 모멘트가 $Q_x = A\overline{y}$로 계산될 수 있다는 것을 상기하라. 여기서 $\overline{y}$는 도심의 좌표이다. 이 공식을 원용하여 자주 일으키는 실수는 관성 모멘트를 $I_x = A\overline{y}^2$으로 잘못 가정하는 것이다.

만일 x축 또는 y축의 어느 하나가 면적의 대칭축이면, $I_{xy} = 0$이다. 이 결과는 그림 A.2에 보인 면적을 고찰해 보면 유도할 수 있다. y축이 대칭축이므로 (x, y)좌표를 갖는 모든 요소 dA에 대하여 $(-x, y)$의 좌표를 갖는 dA가 있다. 적분을 전체 면적에 걸쳐 수행하면 $I_{xy} = \int_A xy\,dA = 0$의 결과를 얻는다.

그림 A.1을 참조하면, 점 O에 관한(엄격히 말하면, O를 관통하고 평면에 수직한 축에 관한) 극관성 모멘트를 정의할 수 있다.

$$J_O = \int_A r^2 dA \tag{A.5}$$

여기서 r은 O에서 면적 요소 dA까지의 거리이다. $r^2 = y^2 + x^2$을 대입하면 다음을 얻는다.

$$J_O = \int_A r^2 dA = \int_A (y^2 + x^2) dA = \int_A y^2 dA + \int_A x^2 dA$$

또는

$$J_O = I_x + I_y \tag{A.6}$$

이 관계식은 O에 관수한 면적의 극관성 모멘트가 O에서 수직으로 교차하는 두 축에 관한 관성 모멘트의 합과 같음을 나타낸다.

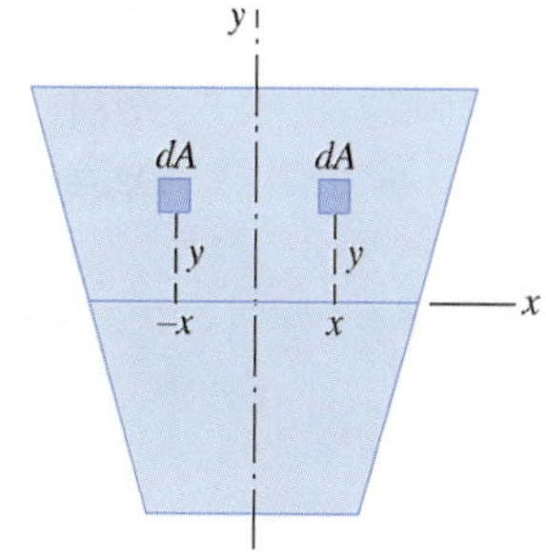

그림 A.2

b. 평행축 정리

그림 A.3의 도형 A의 도심을 C라 하고 x축과 평행하고 C를 지나는 도심의 x축을 x'축으로 놓자. x'축에 관한 관성 모멘트를 $\overline{I}_x$로 표시한다. 면적 요소 dA의 y 좌표는 $y = \overline{y} + y'$로 된다. 여기서 $\overline{y}$는 두 축 x와 x'축 사이의 거리이다. 식 (A.4)로부터 x축($\overline{y}$는 상수)에 관한 면적의 관성 모멘트는 다음과 같다.

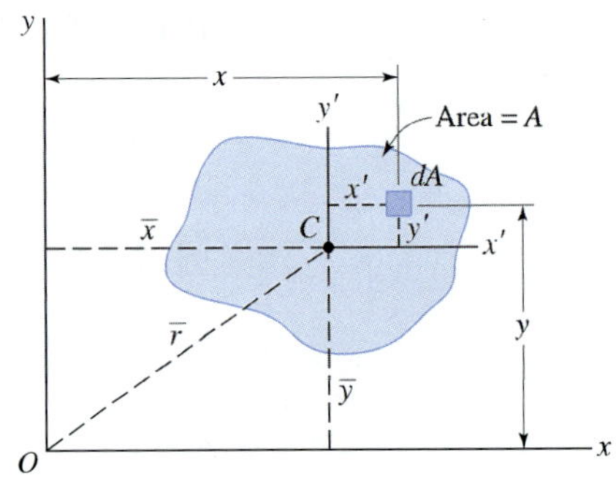

그림 A.3

$$I_x = \int_A y^2 dA = \int_A (\overline{y} + y')^2 dA = \overline{y}^2 \int_A dA + 2\overline{y} \int_A y' dA + \int_A (y')^2 dA \quad \text{(a)}$$

이 식에서 $\int_A dA = A$, $\int_A y' dA = 0$(도심축에 관한 1차 모멘트는 0), $\int_A (y')^2 dA = \overline{I}_x$를 사용하였다. 따라서 식 (a)는

$$I_x = \overline{y}_x + A\overline{y}^2 \quad \text{(A.7a)}$$

로 간단히 표시되고 이 식을 면적의 관성 모멘트에 관한 **평행축 정리**라고 한다. 거리 $\overline{x}$는 관성 모멘트가 이동된 거리이므로 때로는 **이동 거리**라 부른다.

주의: 평행축 정리는 $\overline{I}_x$가 도심을 지나는 x축에 대한 관성 모멘트일 때 유효하다. 만일 그렇지 않다면 식 (a)의 적분 $\int_A y' dA$가 사라지지 않아 식 (A.7a)에 추가의 항이 발생한다.

x축의 방향이 임의로 선택될 수 있으므로 평행축 정리는 어느 방향에 대해서도 적용될 수 있다. 예를 들면, y축에 대한 정리의 적용은

$$I_y = \overline{I}_y + A\overline{x}^2 \quad \text{(A.7b)}$$

이 되고, 여기서 $\overline{I}_y$는 도심 y축(즉, 그림 A.3의 y'축)에 관한 관성 모멘트이고 $\overline{x}$는 도심의 x좌표이다.

식 (a.4)의 I_{xy} 표현식에 $x = x' + \overline{x}$, $y = y' + \overline{y}$를 대입하면 관성곱에 대한 평행축 정리를 얻는다.

$$
\begin{aligned}
I_{xy} &= \int_A xy\,dA = \int_A (x' + \overline{x})(y' + \overline{y})\,dA \\
&= \int_A x'y'\,dA + \overline{x}\int_A y'\,dA + \overline{y}\int_A x'\,dA + \overline{x}\,\overline{y}\int_A dA
\end{aligned}
$$

$\int_A x'y'\,dA = \overline{I}_{xy}$는 도심축에 관한 관성곱임에 주의하라. 또한 $\int_A y'\,dA = \int_A x'\,dA = 0$이다. 왜냐하면 이 적분들은 도심축에 관한 1차 모멘트이고 $\int_A dA = A$이기 때문이다. 따라서 **관성곱에 대한 평행축 정리**는

$$
I_{xy} = \overline{I}_{xy} + A\overline{x}\,\overline{y} \tag{A.8}
$$

극관성 모멘트에 대한 평행축 정리 역시 존재한다. O점에 관한 극관성 모멘트를 J_0로 표시하고, C에 관해서는 $\overline{J}_C$라 하면 식 (A.6)과 (A.7)로부터 다음을 얻을 수 있다.

$$
J_O = I_x + I_y = (\overline{I}_x + A\overline{y}^2) + (\overline{I}_y + A\overline{x}^2)
$$

$\overline{I}_x + \overline{I}_y = \overline{J}_C$이므로 이 식은

$$
J_O = \overline{J}_C + A\overline{r}^2 \tag{A.9}
$$

와 같이 되고 여기서 $\overline{r} = \sqrt{\overline{x}^2 + \overline{y}^2}$는 그림 A.3에서 보인 것과 같이 O와 C 사이의 거리이다.

c. 관성 반경

많은 구조공학의 응용에서 관습적으로 **면적의 관성 반경**을 도입한다. x축, y축과 O점에 관한 관성 반경은 다음 식으로 정의된다.

$$
k_x = \sqrt{\frac{I_x}{A}} \qquad k_y = \sqrt{\frac{I_y}{A}} \qquad k_O = \sqrt{\frac{J_O}{A}} \tag{A.10}
$$

관성 반경의 차원은 $[L]$이다. 그러나 관성 반경은 명쾌한 물리적인 의미를 갖거나 직접 계측에 의해 결정될 수 있는 거리는 아니고 다만 식 (A.10)에 의해 계산될 수 있는 것이다. 관성 반경들은 다음 식의 관계를 갖는다.

$$k_O^2 = k_x^2 + k_y^2 \tag{A.11}$$

이 식은 식 (A.10)을 식 (A.6)에 대입하여 얻을 수 있다.

d. 복합 면적법

평면 면적 A가 부분 면적 $A_1, A_2, A_3, \cdots$로 나누어졌다고 하자. 한 축에 관한 면적 A의 관성 모멘트는 그 축에 관한 부분 면적들의 관성 모멘트의 합에 의해 구해질 수 있다. **복합 면적법**(*method of composite areas*)으로 알려진 이 방법은 합의 정적분은 정적분의 합과 같은 정적분의 특성으로부터 직접 구해진다. 예를 들면, 다음 식의 x축에 관한 I_x는

$$I_x = \int_A y^2\,dA = \int_{A1} y^2\,dA + \int_{A2} y^2\,dA + \int_{A3} y^2\,dA + \ldots$$

다음 식으로 쓸 수 있다.

$$I_x = (I_x)_1 + (I_x)_2 + (I_x)_3 + \ldots \tag{A.12a}$$

여기서 $(I_x)_i$는 부분 면적 A_i의 x축에 관한 관성 모멘트이다. 복합 면적법은 극관성 모멘트의 계산에도 역시 적용된다.

$$J_O = (J_O)_1 + (J_O)_2 + (J_O)_3 + \ldots \tag{A.12b}$$

여기서 $(J_O)_i$는 부분 면적 A_i의 O축에 관한 극관성 모멘트이다.

관성 모멘트 또는 관성곱은 합하기 전에 평행축 정리를 사용하여 공통의 축으로 변환하여야 한다. 그림 A.4의 표에 복합 면적법에 사용될 수 있는 단순한 형상의 면적 특성들을 정리하였다.

직사각형

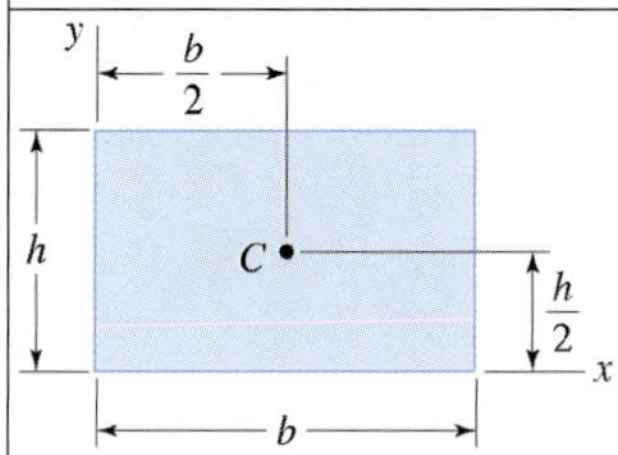

$\bar{I}_x + \frac{bh^3}{12}$ $\quad \bar{I}_y + \frac{b^3h}{12}$ $\quad \bar{I}_{xy} = 0$

$I_x = \frac{bh^3}{3}$ $\quad I_y = \frac{b^3h}{3}$ $\quad I_{xy} = \frac{b^2h^2}{4}$

원

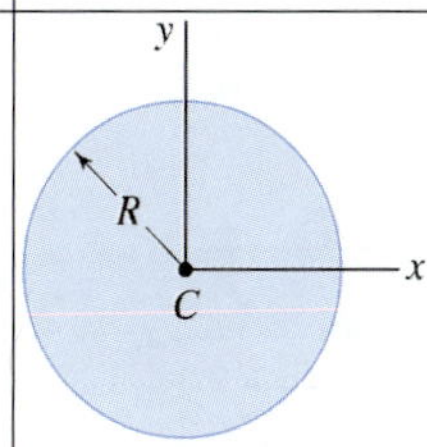

$I_x = I_y = \frac{\pi R^4}{4}$ $\quad I_{xy} = 0$

1/2 포물선 요소

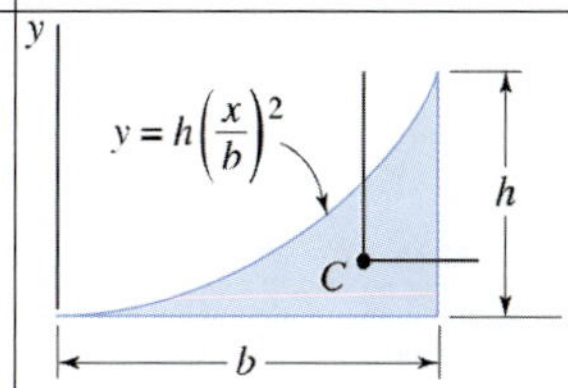

$\bar{x} = \frac{3b}{4}$

$\bar{y} = \frac{3h}{10}$

$\bar{I}_x = \frac{37bh^3}{2100}$ $\quad I_x = \frac{bh^3}{21}$

$\bar{I}_y = \frac{b^3h}{80}$ $\quad I_y = \frac{b^3h}{5}$

$\bar{I}xy = \frac{b^2h^2}{120}$ $\quad I_{xy} = \frac{b^2h^2}{12}$

직각삼각형

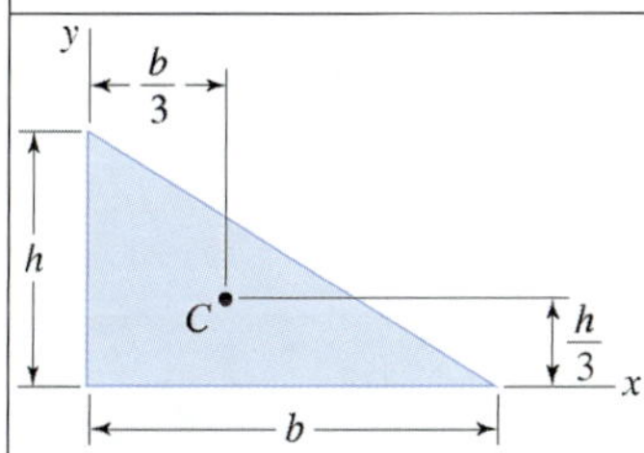

$\bar{I}_x = \frac{bh^3}{36}$ $\quad \bar{I}_y = \frac{b^3h}{36}$ $\quad \bar{I}_{xy} = \frac{b^2h^2}{72}$

$I_x = \frac{bh^3}{12}$ $\quad I_y = \frac{b^3h}{12}$ $\quad I_{xy} = \frac{b^2h^2}{24}$

반원

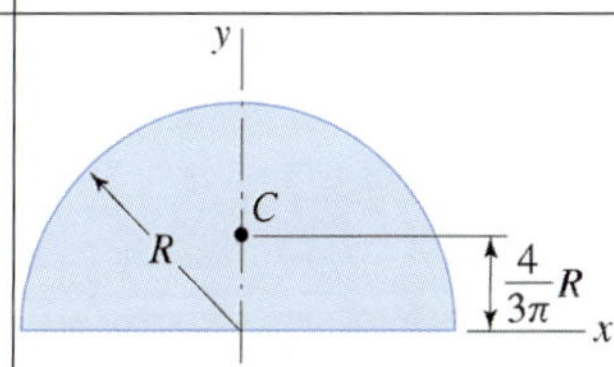

$\bar{I}_x = 0.1098R^4$ $\quad \bar{I}_{xy} = 0$

$I_x = I_y = \frac{\pi R^4}{8}$ $\quad I_{xy} = 0$

1/2 포물선 도형

$y = h\left(\frac{x}{b}\right)^2$

$\bar{x} = \frac{3b}{8}$

$\bar{y} = \frac{3h}{5}$

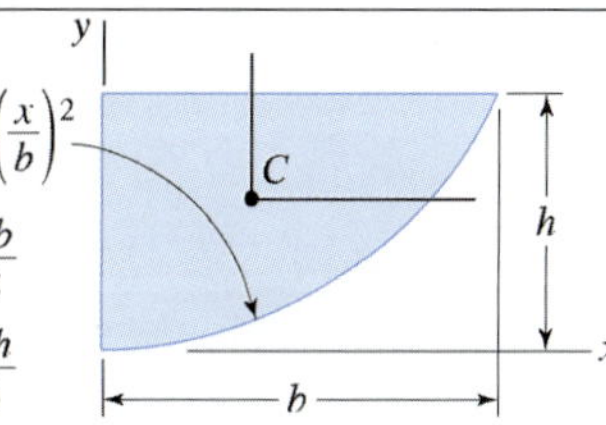

$\bar{I}_x = \frac{8bh^3}{175}$ $\quad I_x = \frac{2bh^3}{7}$

$\bar{I}_y = \frac{19b^3h}{480}$ $\quad I_y = \frac{2b^3h}{15}$

$\bar{I}_{xy} = \frac{b^2h^2}{60}$ $\quad I_{xy} = \frac{b^2h^2}{6}$

이등변 삼각형

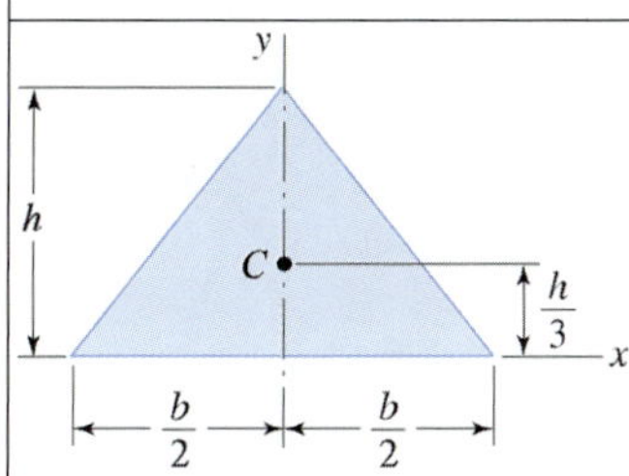

$\bar{I}_x = \frac{bh^3}{36}$ $\quad \bar{I}_y = \frac{b^3h}{48}$ $\quad \bar{I}_{xy} = 0$

$I_x = \frac{bh^3}{12}$ $\quad I_{xy} = 0$

1/4 원

$\bar{x} = \frac{4R}{3\pi}$

$\bar{y} = \frac{4R}{3\pi}$

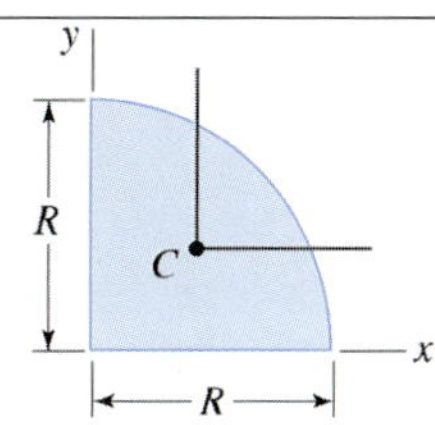

$\bar{I}_x = \bar{I}_y = 0.05488R^4$ $\quad I_x = I_y = \frac{\pi R^4}{16}$

$\bar{I}_{xy} = -0.01647R^4$ $\quad I_{xy} = \frac{\pi R^4}{8}$

부채꼴

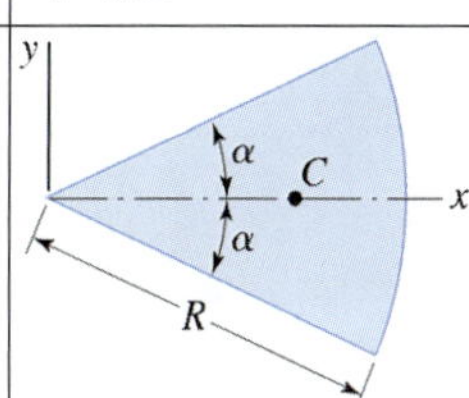

$\bar{x} = \frac{2R\sin\alpha}{3\alpha}$

$I_x = \frac{R^4}{8}(2\alpha - \sin 2\alpha)$

$I_y = \frac{R^4}{8}(2\alpha + \sin 2\alpha)$

$I_{xy} = 0$

그림 A.4

삼각형	1/4 타원
$\bar{x} = \frac{a+b}{3}$ $\bar{y} = \frac{h}{3}$ 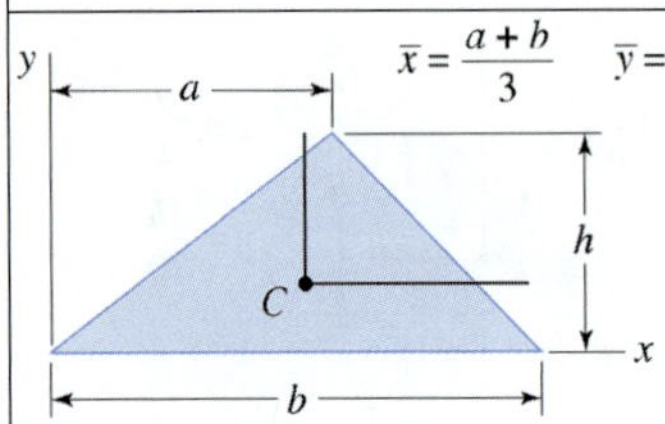 	$\frac{x^2}{a^2} + \frac{y^2}{b^2} = 1$ $\bar{x} = \frac{4a}{3\pi}$ $\bar{y} = \frac{4b}{3\pi}$ 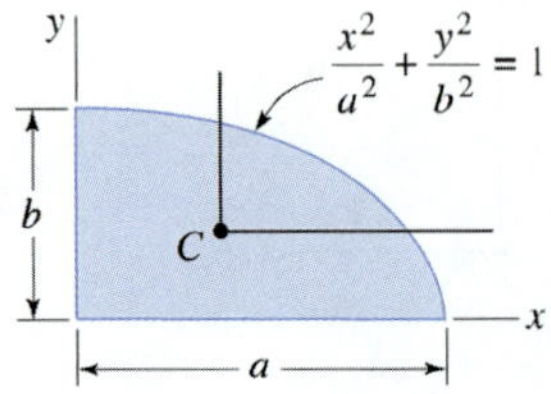
$\bar{I}_x = \frac{bh^3}{36}$ $I_x = \frac{bh^3}{12}$	$\bar{I}_x = 0.05488ab^3$ $I_x = \frac{\pi ab^3}{16}$
$\bar{I}_y \frac{bh}{36}(a^2 - ab + b^2)$ $I_y = \frac{bh}{12}(a^2 + ab + b^2)$	$\bar{I}_y = 0.05488a^3b$ $I_y = \frac{\pi a^3 b}{16}$
$\bar{I}_{xy} \frac{bh^2}{72}(2a - b)$ $I_{xy} = \frac{bh^2}{24}(2a + b)$	$\bar{I}_{xy} = -0.01647a^2b$ $I_{xy} = \frac{a^2b^2}{8}$

그림 A.4 (계속)

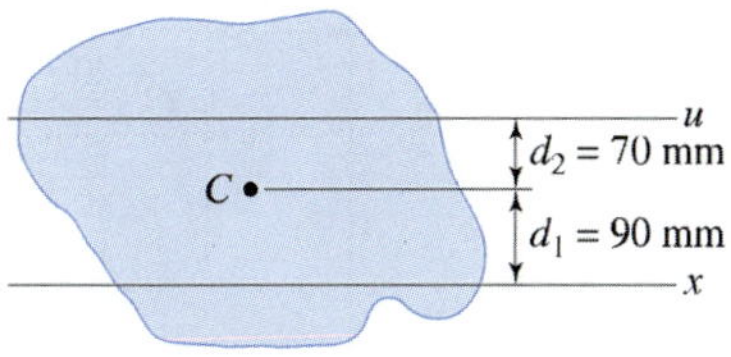

예제 A.1

그림에 보인 영역의 면적은 2000 mm^2이고 도심은 C에 위치한다. x에 관한 관성 모멘트가 $I_x = 40 \times 10^6\ \text{mm}^4$으로 주어질 때, u축에 관한 관성 모멘트 I_u를 구하라.

풀이

도심을 지나는 축이 아닌 x에서 u축으로 관성 모멘트를 변환하는 것이 된다. 따라서 x축에 평행하고 도심을 지나는 축에 관한 관성 모멘트 $\overline{I}_x$를 먼저 계산하여야 한다. 평행축 정리를 사용하면, $\overline{I}_x = I_x - Ad_1^2$을 얻는다.

$$\overline{I}_x = I_x - Ad_1^2 = (40 \times 10^6) - 2000(90)^2 = 23.80 \times 10^6 \quad \text{mm}^4$$

$\overline{I}_x$를 구한 후 평행축 정리는 도심축에 평행한 어떤 축에 관해서도 관성 모멘트가 계산이 가능하도록 해준다. I_u에 대하여 다음을 얻는다.

$$I_u = \overline{I}_x + Ad_2^2 = (23.80 \times 10^6) + 2000(70)^2 = 33.6 \times 10^6 \ \text{mm}^4 \qquad \text{[답]}$$

평행축 정리를 사용하는 공통의 잘못은 도심축이 아닌 두 축에 관하여 변환하는 것이다. 예를 들면, $I_u = I_x + A(d_1 + d_2)^2$를 적용을 시도하여 I_u에 대한 오답을 내는 것이다.

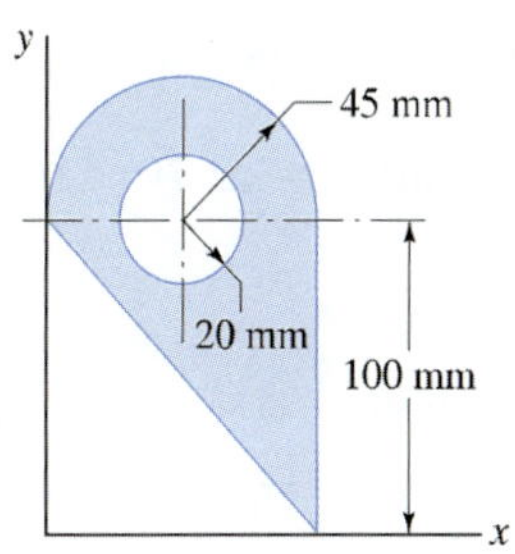

(a)

예제 A.2

그림 (a)에 보인 평면 도형에 대하여 (1)x축과 (2)도심 x축에 관한 관성 모멘트를 계산하라.

풀이

(1)

도형이 그림 (b)~(d)의 삼각형+반원−원으로 합성되었다고 고려해 보자. 각 부분의 관성 모멘트는 다음의 3단계로 계산한다. 첫째, 그림 A.4의 표를 사용하여 각 부분의 자신의 도심축에 관한 관성 모멘트를 계산한다. 각 관성 모멘트를 평행축 정리를 사용하여 x축으로 변환한다. 마지막으로 각 부분의 관성 모멘트를 합성하여 복합면적의 관성 모멘트를 구한다.

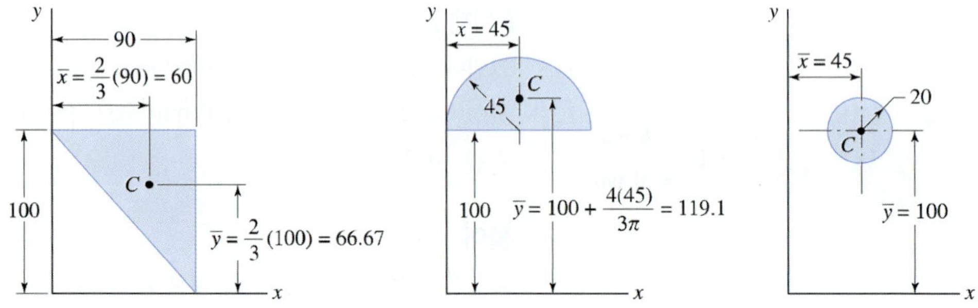

(b) (c) (d)

삼각형

$$A = \frac{bh}{2} = \frac{90(100)}{2} = 4500 \text{ mm}^2$$

$$\overline{I}_x = \frac{bh^3}{36} = \frac{90(100)^3}{36} = 2.500 \times 10^6 \text{ mm}^4$$

$$I_x = \overline{I}_x + A\overline{y}^2 = (2.500 \times 10^6) + 4500(66.67)^2 = 22.50 \times 10^6 \text{ mm}^4$$

반원

$$A = \frac{\pi R^2}{2} = \frac{\pi(45)^2}{2} = 3181 \text{ mm}^2$$

$$\overline{I}_x = 0.1098R^4 = 0.1098(45)^4 = 0.4503 \times 10^6 \text{ mm}^4$$

$$I_x = \overline{I}_x + A\overline{y}^2 = (0.4503 \times 10^6) + 3181(119.1)^2 = 45.57 \times 10^6 \text{ mm}^4$$

원(제거될 것임)

$$A = \pi R^2 = \pi(20)^2 = 1257 \text{ mm}^2$$

$$\overline{I}_x = \frac{\pi R^4}{4} = \frac{\pi(20)^4}{4} = 0.1257 \times 10^6 \text{ mm}^4$$

$$I_x = \overline{I}_x + A\overline{y}^2 = (0.1257 \times 10^6) + 1257(100)^2 = 12.70 \times 10^6 \text{ mm}^4$$

복합 면적

$$A = \Sigma A_i = 4500 + 3181 - 1257 = 6424 \text{ mm}^2$$

$$I_x = \Sigma(I_x)_i = (22.50 + 45.57 - 12.70) \times 10^6 = 55.37 \times 10^6 \text{ mm}^4$$ [답]

(2)

위 (1)에서의 계산된 관성 모멘트를 도심 x축에 관하여 변환하기 전에, 복합 면적의 도심의 y좌표인 $\overline{y}$를 구해야 한다. 식 (A.2)와 (A.3a)를 조합하여 다음을 얻는다.

$$\overline{y} = \frac{Q_x}{A} = \frac{\sum A_i \overline{y}_i}{A} = \frac{4500(66.7) + 3181(119.1) - 1257(100)}{6424} = 86.13 \text{ mm}$$

평행축 정리로부터 도심 x축에 관한 관성 모멘트를 구한다.

$$\bar{I}_x = I_x - A\bar{y}^2 = (55.37 \times 10^6) - 6424(86.13)^2 = 7.71 \times 10^6 \ \text{mm}^4 \quad \text{[답]}$$

예제 A.3

그림 (a)에 보인 도형의 관성곱 I_{xy}를 계산하라.

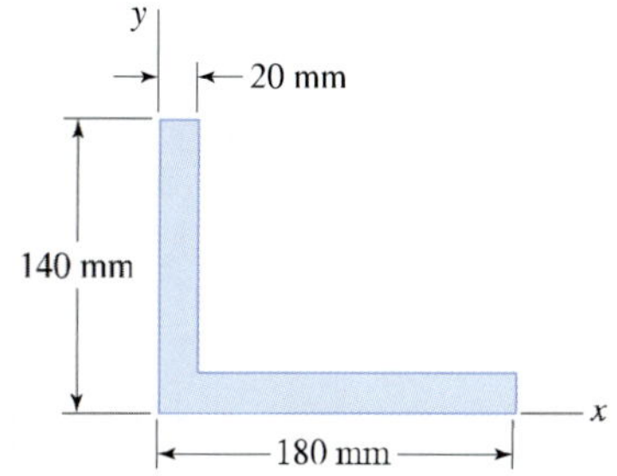

(a)

풀이

주어진 도형을 그림 (b)에서 보인 두 개의 직사각형으로 볼 수 있다. 관성곱에 관한 평행축 정리를 사용하여 각 직사각형의 I_{xy}를 계산할 수 있고, 따라서 그 결과를 합하면 된다. 대칭성에 의해 각 직사각형의 $\bar{I}_{xy} = 0$임을 고려하여, 다음 계산을 수행한다.

20 mm × 140 mm 직사각형

$$I_{xy} = \bar{I}_{xy} + A\bar{x}\bar{y} = 0 + (140 \times 20)(10)(70) = 1.960 \times 10^6 \ \text{mm}^4$$

160 mm × 20 mm 직사각형

$$I_{xy} = \bar{I}_{xy} + A\bar{x}\bar{y} = 0 + (160 \times 20)(100)(10) = 3.200 \times 10^6 \ \text{mm}^4$$

복합 면적

$$I_{xy} = \Sigma(I_{xy})_i = (1.960 + 3.200) \times 10^6 = 5.16 \times 10^6 \ \text{mm}^4 \quad \text{[답]}$$

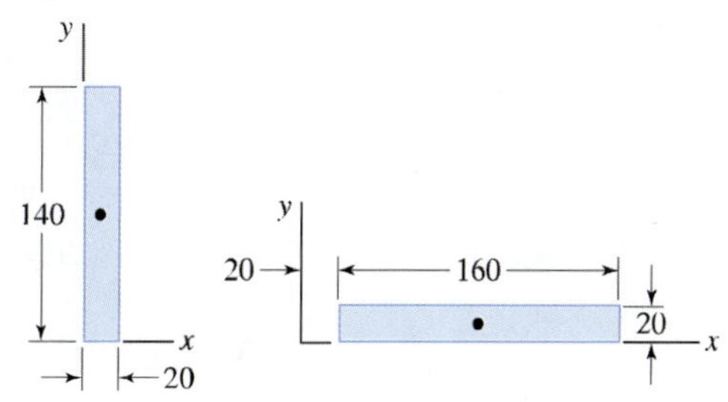

$\bar{x} = 10$ $\bar{y} = 70$ $\bar{x} = 100$ $\bar{y} = 10$

(b)

연습문제

A.1 그림에 보인 도형의 특성은 $\bar{J}_C = 50 \times 10^3\ \text{mm}^4$, $I_x = 600 \times 10^3\ \text{mm}^4$과 $I_y = 350 \times 10^3\ \text{mm}^4$이다. 면적 A, $\bar{I}_x$와 $\bar{I}_y$를 구하라.

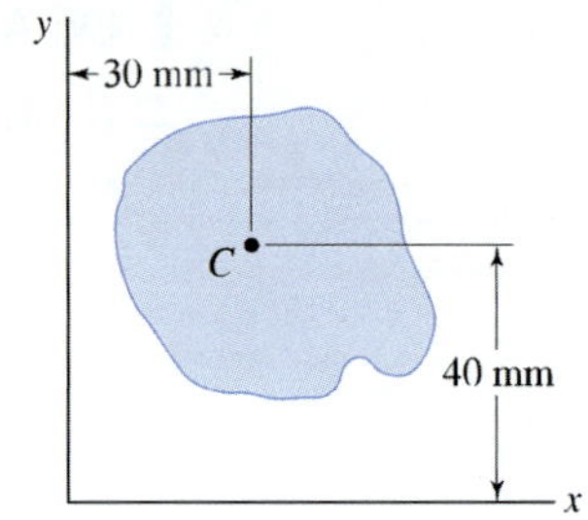

그림 PA.1

A.2 사다리꼴의 x축과 u축에 관한 관성 모멘트가 각각 $I_x = 14 \times 10^9\ \text{mm}^4$, $I_y = 38 \times 10^9\ \text{mm}^4$이다. $h = 200$ mm로 주어질 때 면적 A와 도심 x축에 관한 관성 반경을 구하라.

A.3 사다리꼴의 단면적 $A = 90 \times 10^3\ \text{mm}^2$과 $I_x = 14 \times 10^9\ \text{mm}^4$이 주어질 때, u축에 관한 $I_y = 120 \times 10^9\ \text{mm}^4$에 대한 거리 h를 구하라.

A.4 그림의 T 단면에 대해서 $\bar{y}$와 도심 x축에 대한 관성 모멘트를 구하라.

A.5 그림에서 보인 도형에 대해서 $\bar{y}$와 도심 x축, y축에 대한 관성 모멘트를 구하라.

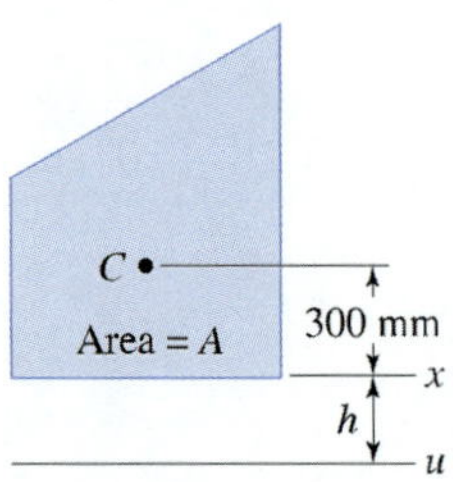

그림 PA.2, PA.3

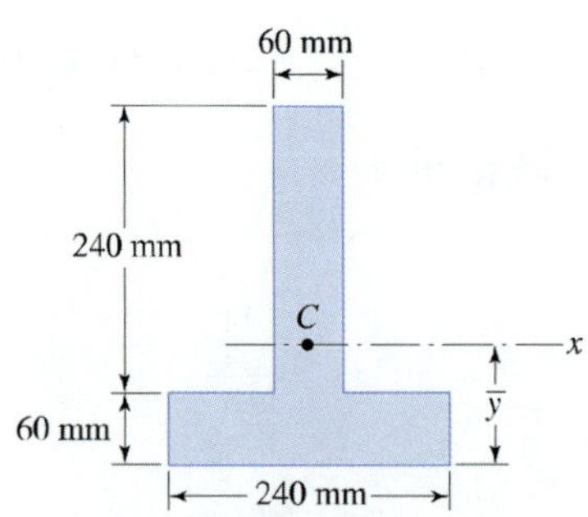

그림 PA.4

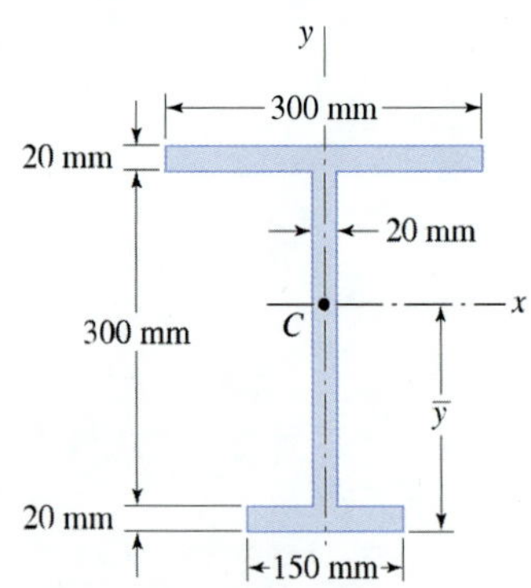

그림 PA.5

A.6 $\bar{y} = 68.54$ mm가 주어질 때 음영 면적에 대한 $\bar{I}_x$를 계산하라.

A.7 $\bar{y} = 25.86$ mm가 주어질 때 음영 면적에 대한 $\bar{I}_y$를 계산하라.

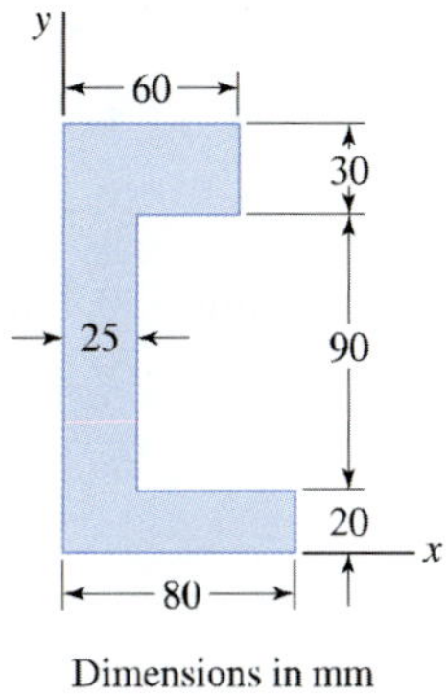

그림 PA.6, PA.7

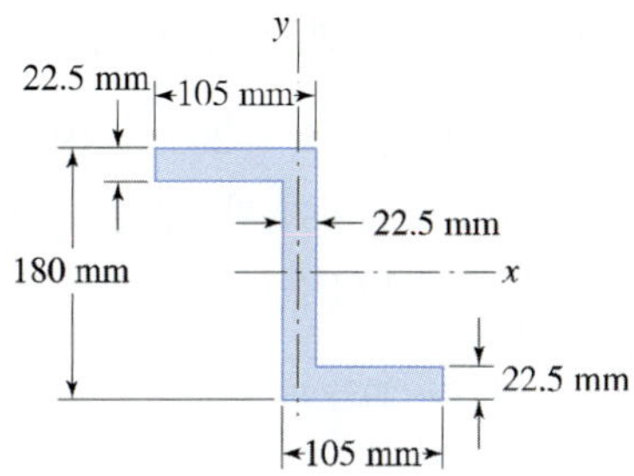

그림 PA.8

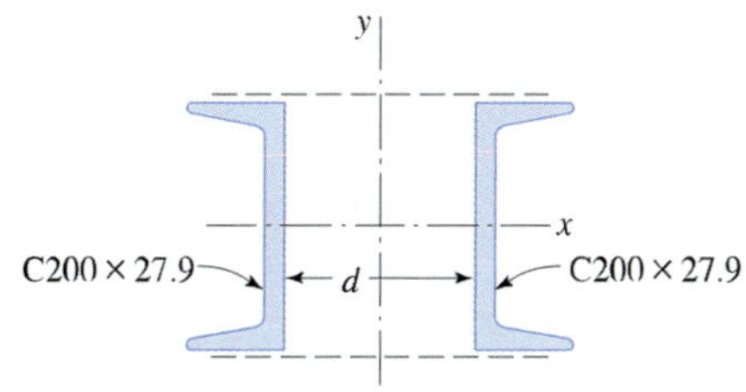

그림 PA.9

A.8 Z-단면에 대한 $\bar{I}_x$를 계산하라.

A.9 그림에서 보인 단면은 두 개의 $C200 \times 27.9$ 채널 단면을 일체가 되도록 맞추어 만들어졌다. x축과 y축에 관한 관성 모멘트가 동일하기 위한 거리 d를 결정하라. 점선으로 표시된 격자 봉의 관성 모멘트는 무시하라.

A.10 음영 면적의 O점에 관한 극관성 모멘트를 계산하라.

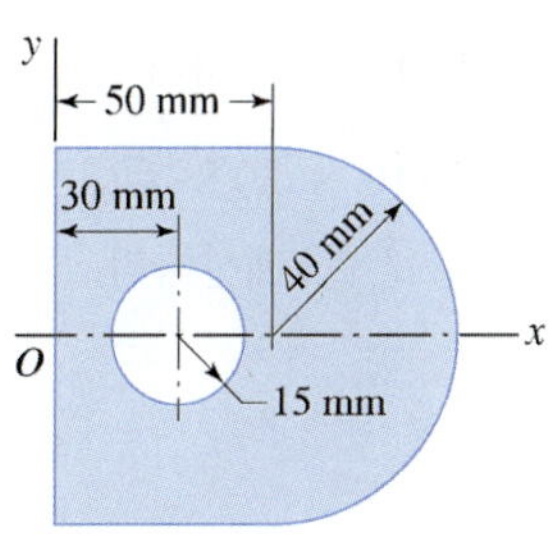

그림 PA.10

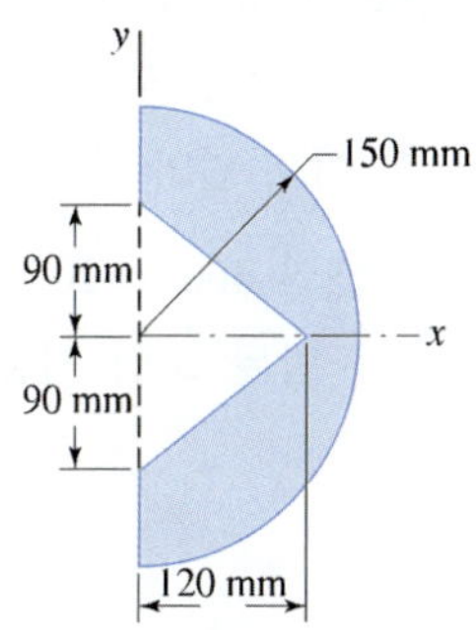

그림 PA.11

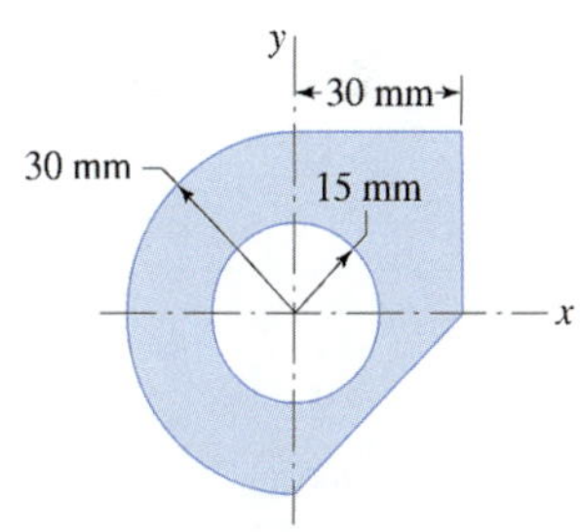

그림 PA.12

A.11 음영 면적의 x축에 관한 관성 모멘트를 계산하라.

A.12 음영 면적에 대하여 (a)I_x를 계산하라. (b)(a)부분의 결과와 평행축 정리를 사용하여 $\bar{I}_x$를 계산하라.

A.13 삼각형 면적의 $\bar{I}_x$를 계산하라.

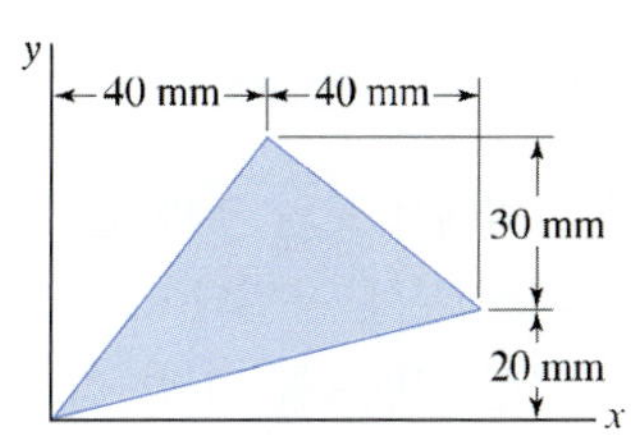

그림 PA.13

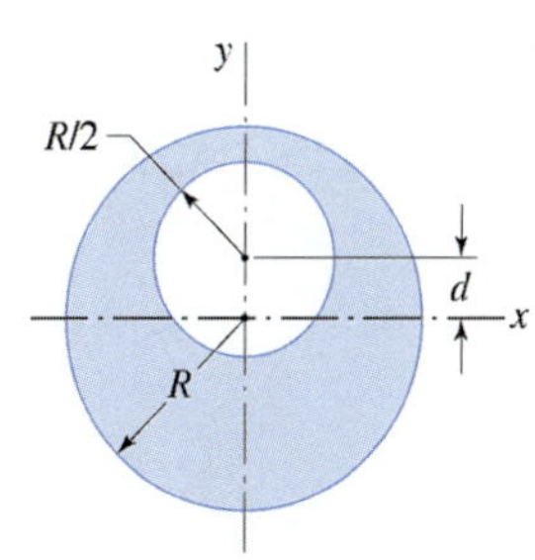

그림 PA.14

A.14 음영 면적은 반경이 R인 원에서 반경 $R/2$인 원이 제거된 것이다. 음영 부분의 관상 반경이 작은 원이 제거되기 전 큰 원의 관성 반경 k_x와 같기 위한 거리 d는 얼마인가?

A.15 앵글 단면 L203 × 203 × 19의 짧은 변이 705 mm × 0.4 mm 웨브 판에 연결되어 판–앵글 거더를 형성한다. 이 단면의 중심 x축에 관한 관성 반경을 계산하라.

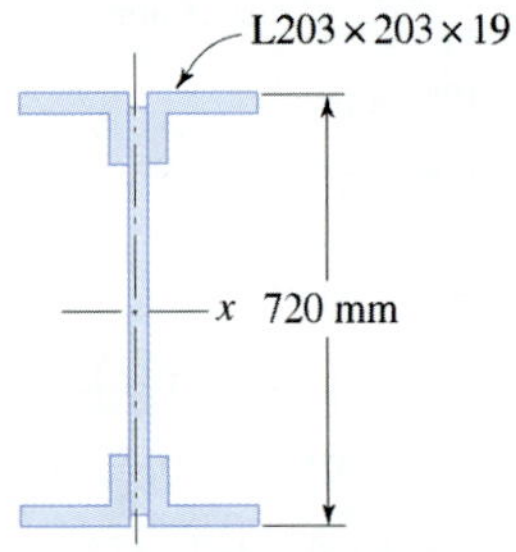

그림 PA.15

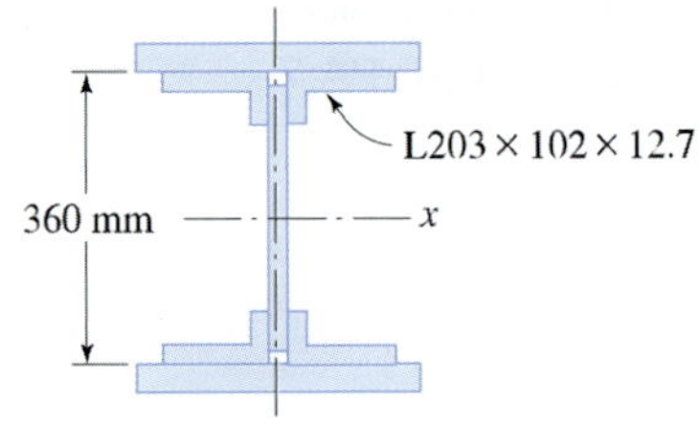

그림 PA.16

A.16 판과 앵글 기둥이 짧은 변이 한 개의 웨브판에 연결된 네 개의 앵글 단면 L203 × 102 × 12.7 mm과 두 개의 플랜지판으로 만들어져 있다. 웨브판은 350 × 20 mm이고 각 플랜지판은 460 × 60 mm이다. 이 단면의 중심 x축에 관한 관성 반경을 계산하라.

A.17 두 개의 400 × 20 mm 판에 두 개의 C310 × 30.8 채널이 연결되어 조합된 조립 기둥 단면에 대한 $\overline{I}_x$와 $\overline{I}_y$를 계산하라.

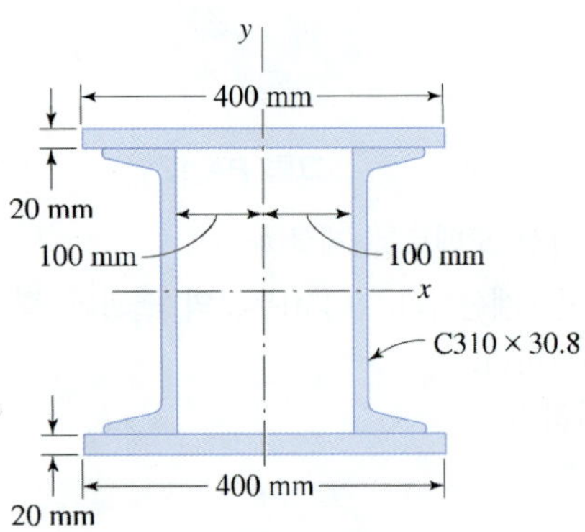

그림 PA.17

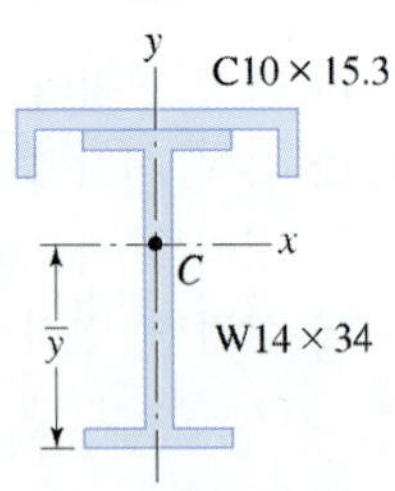

그림 PA.18

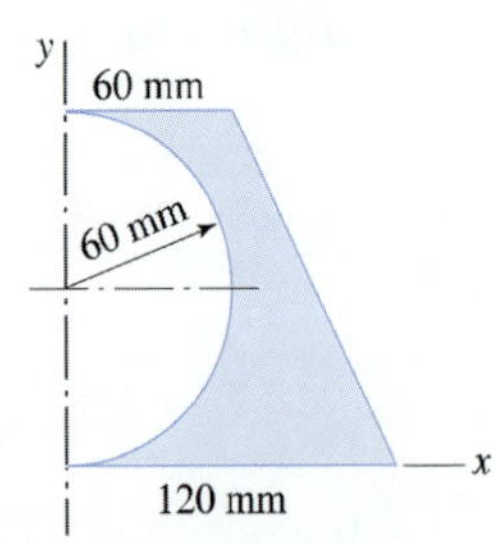

그림 PA.19

A.18 그림에서 보인 것과 같이 한 개의 C240 × 30 채널이 W310 × 60의 상부에 용접되어 있다. 이 복합 단면의 $\overline{y}$와 도심 x축에 관한 관성 모멘트를 결정하라.

A.19 그림에서 보인 도형의 xy축에 관한 관성곱을 계산하라.

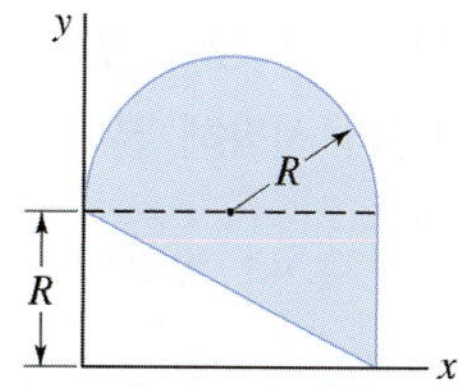

그림 PA.20

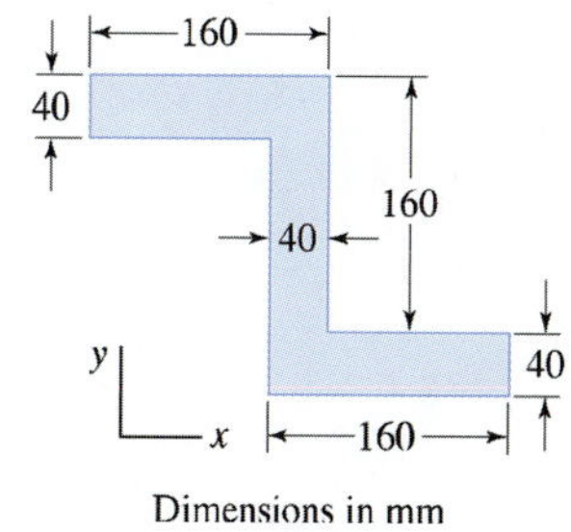

그림 PA.21

A.20 그림에서 보인 도형의 xy축에 관한 관성곱을 계산하라.

A.21 그림에서 보인 도형의 $\bar{I}_{xy}$를 계산하라.

A.22 그림은 표준 앵글 단면 L89 × 64 × 9.5의 단면을 보여준다. 단면의 $\bar{I}_{xy}$를 계산하라.

A.23 그림에서 보인 도형의 $\bar{x} = 25.86$ mm와 $\bar{y} = 68.54$ mm가 주어질 때, $\bar{I}_{xy}$를 계산하라.

A.24 그림에서 보인 도형의 $\bar{I}_{xy}$를 계산하라.

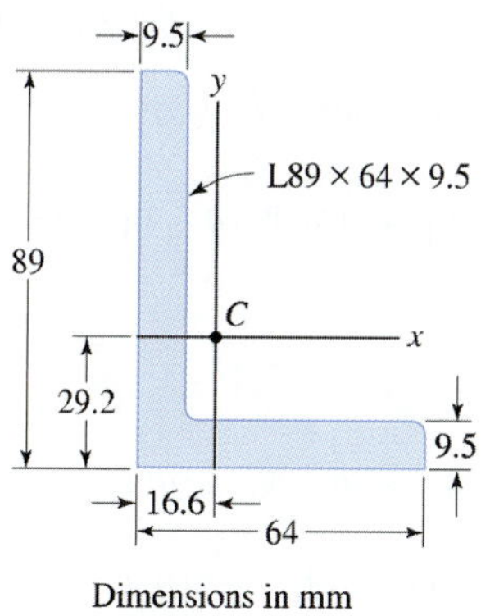

그림 PA.22

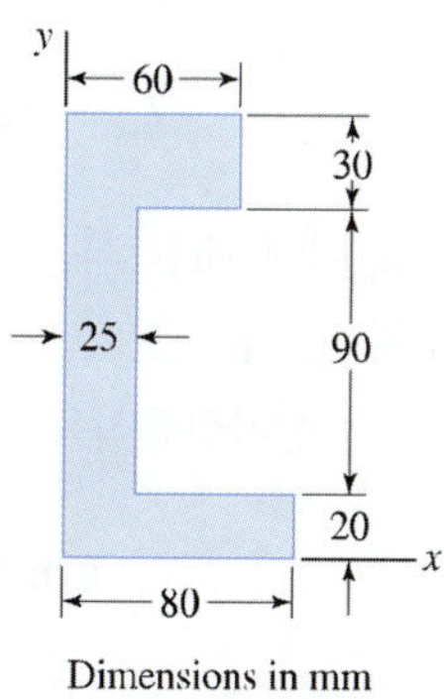

그림 PA.23

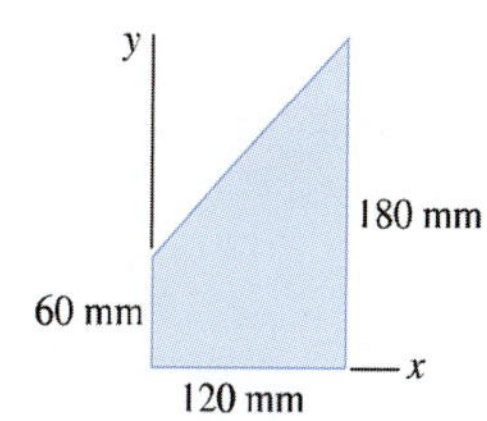

그림 PA.24

A.3 도형의 2차 모멘트의 변환

a. 관성 모멘트와 관성곱의 변환

일반적으로 평면 도형에 대한 I_x, I_y와 I_{xy}는 좌표계 원점의 위치와 xy축의 방향에 의존한다. 전 절에서 좌표축 이동의 효과(평행축 정리)를 고찰하였다. 여기서는 좌표축의 회전으로 인한 변화를 살펴본다.

그림 A.5에서 보인 평면 도형 A와 두 개의 좌표계를 고려해 보자. 좌표계들은 같은 원점 O를 가지고 있으나 uv축은 xy축에 각도 θ 경사되어 있다. 이제 I_x, I_y, I_{xy}와 θ를 항으로 도형의 I_u, I_v, I_{uv}를 계산할 수 있게 하는 **변환 공식**을 유도한다. 먼저 그림 A.5로부터 얻을 수 있는 점의 좌표에 대한 변환식부터 시작해 본다.

$$u = y\sin\theta + x\cos\theta \qquad v = y\cos\theta - x\sin\theta \tag{A.13}$$

정의에 의하여 u축에 관한 관성 모멘트 $I_u = \int_A v^2 dA$이다. v를 대입하면 식 (A.13)에서 다음을 얻는다.

$$\begin{aligned} I_u &= \int_A (y\cos\theta - x\sin\theta)^2 dA \\ &= \cos^2\theta \int_A y^2 dA - 2\sin\theta\ \cos\theta \int_A xy dA + \sin^2\theta \int_A x^2 dA \end{aligned}$$

적분들은 xy축에 관한 2차 모멘트들을 표시하므로 다음을 얻는다.

$$I_u = I_x\cos^2\theta - 2I_{xy}\sin\theta\ \cos\theta + I_y\sin^2\theta \tag{A.14a}$$

I_v, I_{uv}의 식도 비슷한 방법으로 유도될 수 있고 그 결과는 다음과 같다.

$$I_v = I_x\sin^2\theta + 2I_{xy}\sin\theta\ \cos\theta + I_y\cos^2\theta \tag{A.14b}$$

$$I_{uv} = (I_x - I_y)\sin\theta\ \cos\theta + I_{xy}(\cos^2\theta - \sin^2\theta) \tag{A.14c}$$

I_v식에 대한 식은 식 (A.14a)의 θ대신에 $(\theta + 90^o)$를 대입하여도 유도될 수 있다.

삼각항등식을 사용하면

$$\sin 2\theta = 2\sin\theta\ \cos\theta \qquad \cos 2\theta = \cos^2\theta - \sin^2\theta$$

$$\cos^2\theta = \frac{1}{2}(1 + \cos 2\theta) \qquad \sin^2\theta = \frac{1}{2}(1 - \cos 2\theta)$$

식 (A.14)를 다음과 같이 쓸 수 있다.

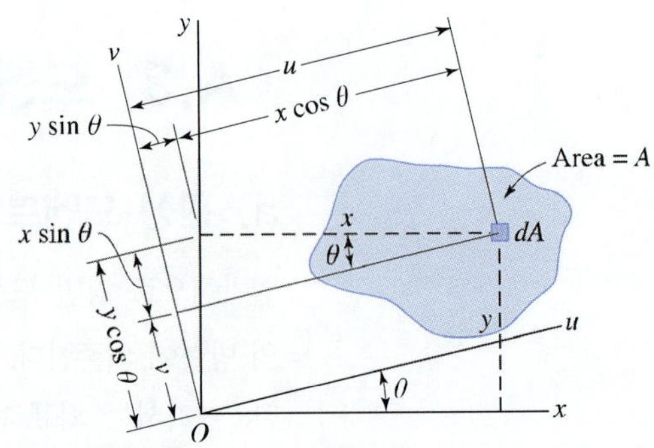

그림 A.5

$$I_u = \frac{I_x + I_y}{2} + \frac{I_x - I_y}{2}\cos 2\theta - I_{xy}\sin 2\theta \tag{A.15a}$$

$$I_v = \frac{I_x + I_y}{2} - \frac{I_x - I_y}{2}\cos 2\theta + I_{xy}\sin 2\theta \tag{A.15b}$$

$$I_{uv} = \frac{I_x - I_y}{2}\sin 2\theta + I_{xy}\cos 2\theta \tag{A.15c}$$

b. 응력변환식과의 비교

8장에서 유도된 평면 응력변환식의 x', y'를 u, v로 바꾸면

$$\sigma_u = \frac{\sigma_x + \sigma_y}{2} + \frac{\sigma_x - \sigma_y}{2} cos 2\theta + \tau_{xy}\sin 2\theta \tag{8.5a, 반복}$$

$$\sigma_v = \frac{\sigma_x + \sigma_y}{2} + \frac{\sigma_x - \sigma_y}{2}\cos 2\theta - \tau_{xy}\sin 2\theta \tag{8.5b, 반복}$$

$$\tau_{uv} = -\frac{\sigma_x - \sigma_y}{2}\sin 2\theta + \tau_{xy}\cos 2\theta \tag{8.5c, 반복}$$

식 (8.5)와 식 (A.15)를 비교해 보면 평면응력과 도형의 2차 모멘트에 대한 변환식들이 다음과 같은 조합을 따르면 완전히 일치하는 것을 볼 수 있다.

평면응력	σ_x	σ_y	σ_u	σ_v	τ_{xy}	τ_{uv}
도형의 2차 모멘트	I_x	I_y	I_u	I_v	$-I_{xy}$	$-I_{uv}$

(A.16)

따라서 식 (A.16)의 기호를 단순히 바꾸기만 하면 도형의 2차 모멘트에 대해 평면응력의 변환식을 사용할 수 있다.

c. 주관성 모멘트와 주축

8.5절에서 응력의 주축에 대한 표현은

$$\left.\begin{matrix}\sigma_1\\ \sigma_2\end{matrix}\right\} = \frac{\sigma_x + \sigma_y}{2} \pm \sqrt{\left(\frac{\sigma_x - \sigma_y}{2}\right)^2 + \tau_{xy}^2} \tag{8.10, 반복}$$

식 (A.16)의 조합에 따라 기호를 바꾸면, 주관성 모멘트에 대한 표현식을 얻는다.

$$\left.\begin{matrix}I_1\\ I_2\end{matrix}\right\} = \frac{I_x + I_y}{2} \pm \sqrt{\left(\frac{I_x - I_y}{2}\right)^2 + I_{xy}^2} \tag{A.17}$$

식 (8.7)인 $\tan 2\theta = 2\tau_{xy}/(\sigma_x - \sigma_y)$에 대해 마찬가지 방법을 적용하면,

$$\tan 2\theta = -\frac{2I_{xy}}{I_x - I_y} \tag{A.18}$$

로 되고 여기서 θ는 주축의 방향을 의미한다. 응력의 경우와 마찬가지로 식 (A.18)은 서로 180° 차이가 나는 두 개의 2θ에 대한 해를 준다. 하나의 해를 $2\theta_1$으로 표시하면 두 번째 해는 $2\theta_2 = 2\theta_1 + 180°$이다. 따라서 두 주축은 90° 차이가 난다.

8장에서 주평면에서는 전단응력이 없음을 보였다. 마찬가지로 주축에 대해서 관성곱이 0이 된다는 결론을 내릴 수 있다.

d. 면적의 2차 모멘트에 대한 Mohr의 원

8장에서 평면응력의 변환식이 그림 A.6 (a)에서 보인 Mohr 원에 의해 표시될 수 있음을 보았다. 원주상의 각 점은 특정한 수직인 면에 작용하는 수직응력과 전단응력에 대응한다. Mohr 원은 도형의 2차 모멘트에도 적용되어 각 점의 좌표는 특정한 수직축에 대한 관성 모멘트와 관성곱을 표시한다. τ_{xy}는 $-I_{xy}$와 관련되므로 도형의 2차 모멘트 원은 그림A.16 (b)에서 보인 바와 같이 수평축을 회전한 것이다. 즉, (I_x, I_{xy})점은 I_{xy}가 양(+)이라면 수평축 상부에 그려진다. 그에 반하여 (σ_x, τ_{xy})점은 τ_{xy}가 양이라면 수평축 하부에 그려진다. 이 점을 제외하고 두 원의 특성은 완전히 일치한다.

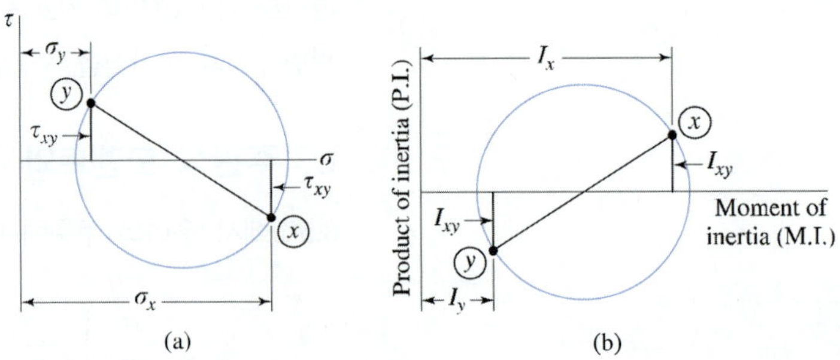

그림 A.6

예제 A.4

그림 (a)에서 보인 면적에 대하여 변환식을 사용하여 (1)면적의 도심 C에 위치한 주관성 모멘트와 대응하는 주방향을 계산하라. (2)uv축에 대한 관성 모멘트와 관성곱을 계산하라.

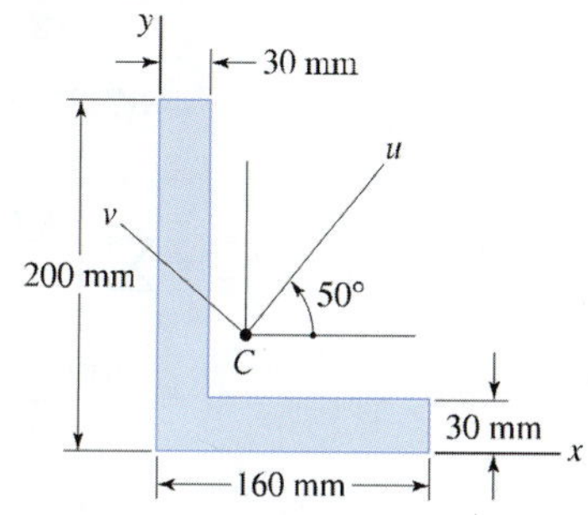

(a)

풀이

예비 계산

그림 (b)에서 보인 두 직사각형의 복합 면적을 고려해 보자. 도심 C의 좌표는 다음과 같이 구한다.

$$\overline{x} = \frac{\Sigma A_i \overline{x}_i}{\Sigma A_i} = \frac{6000(15) + 3900(30+65)}{6000+3900} = 46.52 \text{ mm}$$

$$\overline{y} = \frac{\Sigma A_i \overline{y}_i}{\Sigma A_i} = \frac{6000(100) + 3900(15)}{6000+3900} = 66.52 \text{ mm}$$

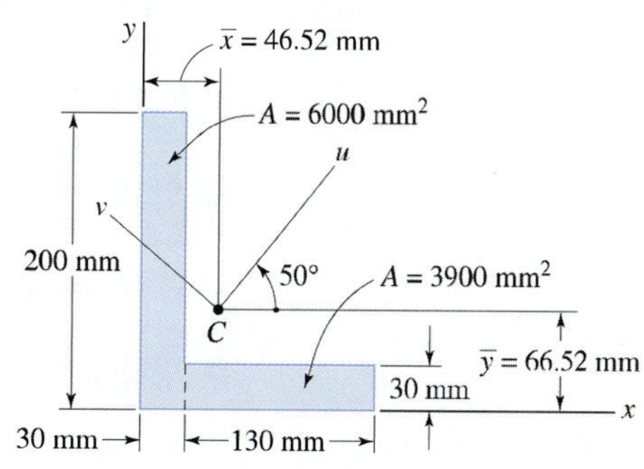

(b)

도심 xy축에 관한 복합 면적의 2차 모멘트는 다음과 같이 계산된다.

$$\bar{I}_x = \sum \left[\frac{b_i h_i^3}{12} + A_i (\bar{y}_i - \bar{y})^2 \right]$$
$$= \frac{30(200)^3}{12} + 6000(100 - 66.52)^2 + \frac{130(30)^3}{12} + 3900(15 - 66.52)^2$$
$$= 37.37 \times 10^6 \ \text{mm}^4$$

$$\bar{I}_y = \sum \left[\frac{b_i h_i^3}{12} + A_i (\bar{x}_i - \bar{x})^2 \right]$$
$$= \frac{200(30)^3}{12} + 6000(15 - 46.52)^2 + \frac{30(130)^3}{12} + 3900(95 - 46.52)^2$$
$$= 21.07 \times 10^6 \ \text{mm}^4$$

$$\bar{I}_{xy} = \sum A_i (\bar{x}_i - \bar{x})(\bar{y}_i - \bar{y})$$
$$= 6000(15 - 46.52)(100 - 66.52) + 3900(15 - 66.52)(95 - 46.52)$$
$$= -16.073 \times 10^6 \ \text{mm}^4$$

(1)

$\bar{I}_x, \bar{I}_y, \bar{I}_{xy}$ 대한 값을 식 (A.17)에 대입하면

$$\left.\begin{matrix} I_1 \\ I_2 \end{matrix}\right\} = \frac{\bar{I}_x + \bar{I}_y}{2} \pm \sqrt{\left(\frac{\bar{I}_x - \bar{I}_y}{2}\right)^2 + I_{xy}^2}$$
$$= \left[\frac{37.37 + 21.07}{2} \pm \sqrt{\left(\frac{37.37 - 21.07}{2}\right)^2 + (-16.073)^2} \right] \times 10^6$$
$$= (29.22 \pm 18.02) \times 10^6 \ \text{mm}^4$$

을 얻고, 도심에 관한 주관성 모멘트를 구한다.

$$I_1 = 47.2 \times 10^6 \ \text{mm}^4 \qquad I_2 = 11.20 \times 10^6 \ \text{mm}^4$$ [답]

주 방향에 대하여 식 (A.18)은

$$\tan 2\theta = -\frac{2\bar{I}_{xy}}{I_x - I_y} = -\frac{2(-16.073)}{37.37 - 21.07} = 1.9722$$

이고, 이로부터 $2\theta = 63.11°$와 $243.11°$를 얻는다. 이 각에 대한 I_1을 결정하기 위하여 $2\theta = 63.11°$를 식 (A.15a)에 대입하면

$$I_u = \frac{\bar{I}_x + \bar{I}_y}{2} + \frac{\bar{I}_x - \bar{I}_y}{2}\cos 2\theta - \bar{I}_{xy}\sin 2\theta$$
$$= \left[\left(\frac{37.37+21.07}{2}\right) + \left(\frac{37.37-21.07}{2}\right)\cos 63.11° - (-16.073)\sin 63.11°\right]\times 10^{-6}$$
$$= 47.2 \times 10^6 \text{ mm}^4$$

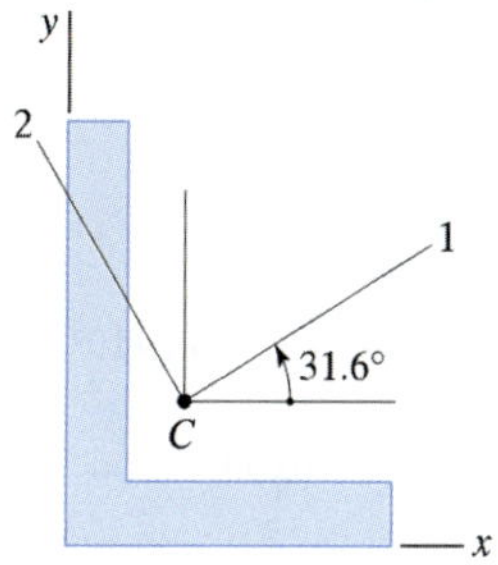

(c)

이 값이 I_1과 일치하므로, $2\theta = 63.11°$이 I_1에 대응되고 $2\theta = 243.11°$이 I_2에 대응된다는 결론을 내릴 수 있다. 따라서 주 방향은

$$\theta_1 = 31.6° \qquad \theta_2 = 121.6°$$ [답]

1과 2로 표기된 주축을 그림 (c)에 보였다.

(2)

그림 (a)에서 보인 uv-축에 대한 관성 모멘트와 관성곱를 계산하기 위하여 변환식 (A.15)에 $\theta = 50°$를 대입한다.

$$I_u = \left[\frac{37.37+21.07}{2} + \frac{37.37-21.07}{2}\cos 100° - (-16.073)\sin 100°\right]\times 10^{-6}$$
$$= 43.6 \times 10^6 \text{ mm}^4$$ [답]

$$I_v = \left[\frac{37.37+21.07}{2} - \frac{37.37-21.07}{2}\cos 100° + (-16.073)\sin 100°\right]\times 10^{-6}$$
$$= 14.81 \times 10^6 \text{ mm}^4$$ [답]

$$I_{uv} = \left[\frac{37.37-21.07}{2}\sin 100° + (-16.073)\cos 100°\right]\times 10^{-6}$$
$$= 10.82 \times 10^6 \text{ mm}^4$$ [답]

예제 A.5

변환공식 대신에 Mohr 원을 사용하여 예제 A.4를 풀어라.

풀이

예제 A.4의 해로부터 $\bar{I}_x = 37.37 \times 10^6$ mm^4, $\bar{I}_y = 21.07 \times 10^6$ mm^{4}과 $\bar{I}_{xy} = -16.073 \times 10^6$ mm^{4}이다. 이 값을 사용하여 아래 그림에 보인 Mohr의 원을 그린다. 원주 상에 ⓧ와 ⓨ로 표시된 점은 도심 xy축에 관한 2차 모멘트에 대응된다. $\bar{I}_{xy}$가 음(−)이므로 ⓧ는 수평축 밑에 그린다. 원의 매개 변수들은 기하학적 고찰에서 다음과 같이 얻어진다.

$$b = \frac{37.37 + 21.07}{2} \times 10^6 = 29.22 \times 10^6 \ \text{mm}^4$$

$$R = \sqrt{\left(\frac{37.37 - 21.07}{2}\right)^2 + (16.073)^2} \times 10^6 = 18.021 \times 10^6 \ \text{mm}^4$$

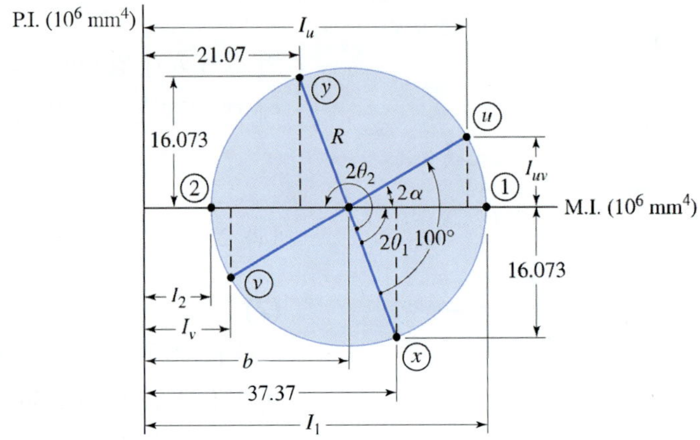

(1)

Mohr 원에 ①과 ②로 표시된 점들은 주관성 모멘트에 대응되고 그림으로부터 구해질 수 있다.

$$I_1 = b + R = (29.22 + 18.021) \times 10^6 = 47.2 \times 10^6 \ \text{mm}^4 \qquad \text{[답]}$$

$$I_2 = b - R = (29.22 - 18.021) \times 10^6 = 11.20 \times 10^6 \ \text{mm}^4 \qquad \text{[답]}$$

주방향은 원에서 보인 각도 θ_1과 θ_2를 계산하여 구해질 수 있다. 삼각법을 이용하면 다음을 얻는다.

$$2\theta_1 = \sin^{-1}\frac{16.073}{R} = \sin^{-1}\frac{16.073}{18.021} = 63.11°$$

따라서

$$\theta_1 = 31.6° \qquad \theta_2 = 31.6° + 90° = 121.6° \qquad \text{[답]}$$

원주 상의 점 ⓧ로부터 ①까지의 중심각이 반시계 방향으로 $2\theta_1$이다. 따라서 I_1에 대응하는 주방향은 중심 x축으로부터 반시계 방향으로 $\theta_1 = 31.6°$이다(Mohr원에서의 각도는 같은 방향으로 축 사이의 두 배가 됨을 상기하라). 이 결과는 예제 A.4의 그림 (c)에서 보인 것과 같은 결과이다.

(2)

Mohr의 원주 상에 ⓤ 와 ⓥ 의 좌표들은 uv축에 대한 관성 모멘트이다. x축으로부터 u축까지 회전된 각도가 반시계 방향으로 50°이므로 ⓧ 에서 ⓤ 까지의 각도는 역시 반시계 방향으로 100°이다. 물론 ⓥ 는 ⓤ 로부터 직경 반대 끝에 위치되어 있다. 계산을 손쉽게 하기 위해서 ①에서 ⓤ 사이의 중심각 2α, 즉 $2\alpha = 100° - 2\theta_1 = 100° - 63.11° = 36.89°$를 이용하였다. 원을 참조하여 다음을 얻는다.

$$I_u = b + R\ \cos\ 2\alpha = (29.22 + 18.021\ \cos 36.89°) \times 10^6$$
$$= 43.6 \times 10^6\ \text{mm}^4$$ [답]

$$I_v = b - R\ \cos\ 2\alpha = (29.22 - 18.021\ \cos 36.89°) \times 10^6$$
$$= 14.81 \times 10^6\ \text{mm}^4$$ [답]

$$I_{uv} = R\ \sin\ 2\alpha = (18.021\ \sin 36.89°) \times 10^6$$
$$= 10.82 \times 10^6\ \text{mm}^4$$ [답]

ⓤ 가 수평축 위에 있으므로 I_{uv}는 양(+)의 값임에 주의하라.

연습문제

문제 A.25~A.29를 관성 모멘트와 관성곱의 변환공식을 사용하여 풀어라.

A.25 그림에서 보인 도형의 특성은 $I_x = 40 \times 10^6\ \text{mm}^4$, $I_y = 10 \times 10^6\ \text{mm}^4$과 $I_{xy} = -8 \times 10^6\ \text{mm}^4$이다. $\theta = 120°$에 대하여 I_u, I_v 와 I_{uv}를 구하라.

A.26 그림에서 보인 도형의 특성은 $I_x = 10 \times 10^6\ \text{mm}^4$, $I_y = 20 \times 10^6\ \text{mm}^4$과 $I_{xy} = 12 \times 10^6\ \text{mm}^4$이다. $\theta = 33.7°$에 대하여 I_u, I_v 와 I_{uv}를 계산하라.

A.27 그림에서 보인 도형에 대하여, O점에서의 주관성 모멘트와 그에 상응하는 주방향을 구하라.

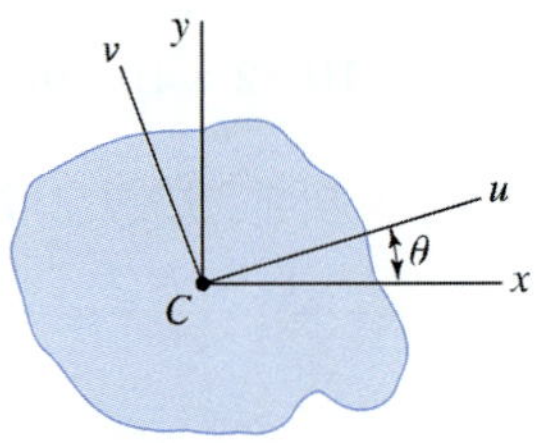

그림 PA.25, PA.26

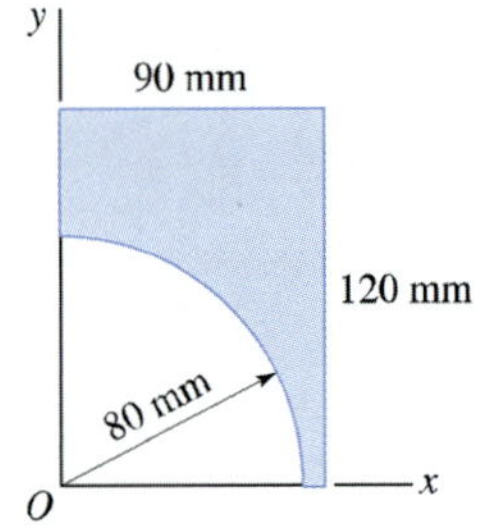

그림 PA.27

A.28 L80 × 64 × 9.5 앵글 단면은 단면의 특성 $I_x = 1.07 \times 10^6\ \text{mm}^4$, $I_y = 0.454 \times 10^6\ \text{mm}^4$과 $I_{xy} = 0.252 \times 10^6\ \text{mm}^4$를 가지고 있다. 여기서 I_2는 도심에 대한 주관성 모멘트의 하나이다. I_{xy}를 음이라고 가정하고 변환공식을 사용하여 다음을 계산하라. (a)도심에 대한 다른 주관성 모멘트인 I_1 (b)주방향

A.29 그림에서 보인 도형의 중심에 대한 주관성 모멘트와 그에 대응되는 주방향을 구하라.

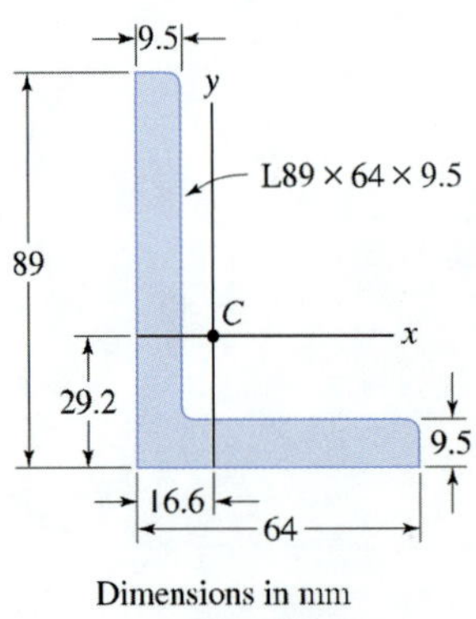

그림 PA.28

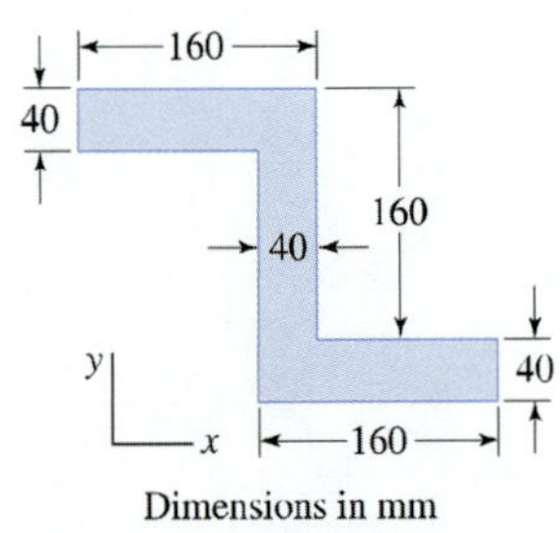

그림 PA.29

문제 A.30~A.39를 Mohr의 원을 사용하여 풀어라.

A.30 문제 A.25를 풀어라.

A.31 문제 A.26을 풀어라.

A.32 문제 A.27을 풀어라.

A.33 문제 A.28을 풀어라.

A.34 문제 A.29를 풀어라.

A.35 직사각형의 도심 C에 있는 uv축에 관한 관성 모멘트와 관성곱를 계산하라.

A.36 그림에서 보인 도형에 대하여 I_u, I_v 와 I_{uv}를 계산하라.

A.37 그림에서 보인 삼각형에 대하여 uv축에 관한 관성 모멘트와 관성곱을 구하라.

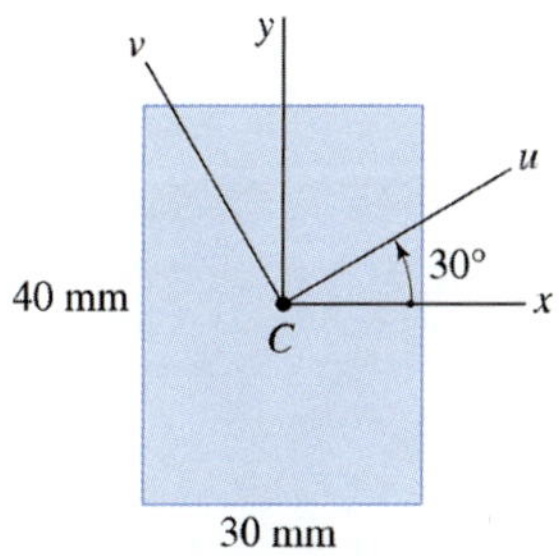

그림 PA.35

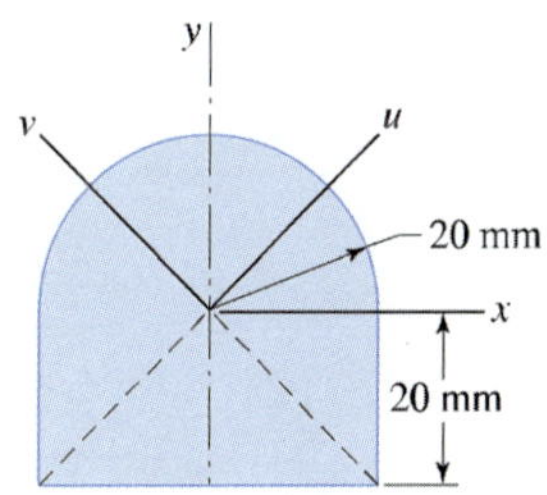

그림 PA.36

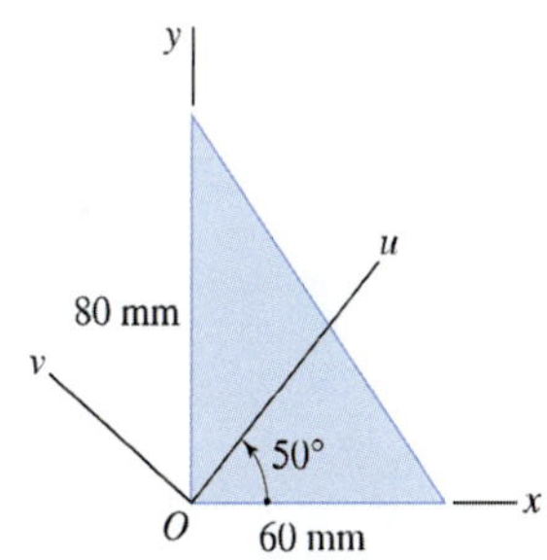

그림 PA.37

A.38 그림에서 보인 도형에 대하여, O점에서의 주관성 모멘트와 그에 상응되는 주방향을 계산하라.

A.39 그림에서 보인 도형의 특성은 $I_x = 1.4 \times 10^6\ \text{mm}^4$, $I_y = 2.64 \times 10^6\ \text{mm}^4$과 $I_{xy} = -1.16 \times 10^6\ \text{mm}^4$이다. I_u, I_v와 I_{uv}를 구하라. u축은 B점을 지난다.

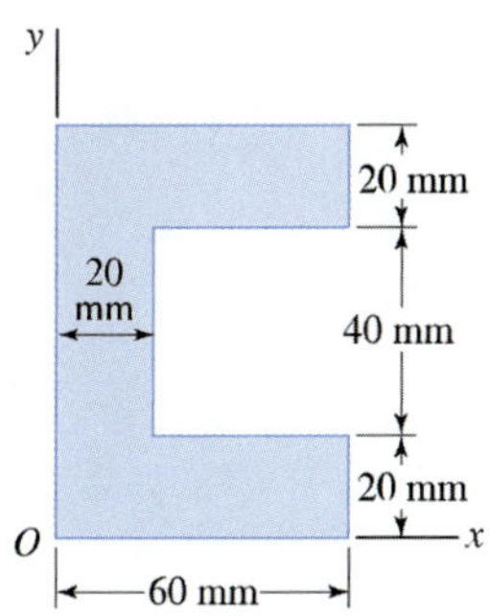

그림 PA.38

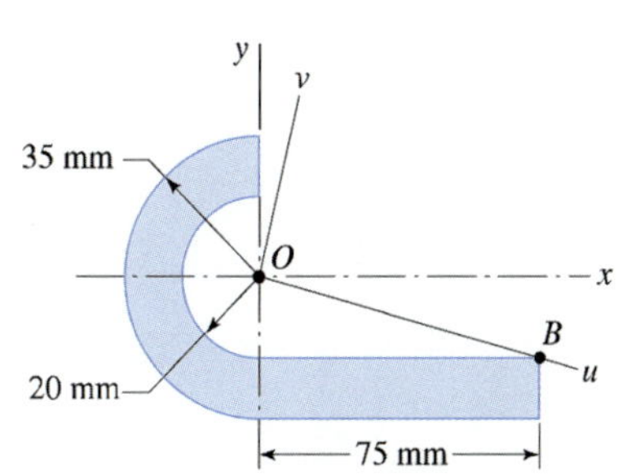

그림 PA.39

부록 B
표

표 B-1
보통 금속의 평균 물성값 : SI 단위

Metal	Density (kg/m³)	Temp. coeff. of linear expansion [μm/(m · °C)]	Proportional limit (MPa)[a]		Ultimate strength (MPa)			Modulus of elasticity (GPa)[a]		Percentage of elongation (in 50 mm)
			Tension	Shear	Tension	Comp.	Shear	Tension, E	Shear, G	
Steel, 0.2% carbon, hot rolled	7 850	Varies from 11.0 to 13.2 Average is 11.7 (for the four steels)	240	150	410	[b]	310	200	80	35
0.2% carbon, cold rolled	7 850		420	250	550	[b]	420	200	80	18
0.6% carbon, hot rolled	7 850		420	250	690	[b]	550	200	80	15
0.8% carbon, hot rolled	7 850		480	290	830	[b]	730	200	80	10
Gray cast iron	7 200	10.8	[c]	[d]	140	520	[d]	100	40	Slight
Malleable cast iron	7 200	11.9	250	160	370	[b]	330	170	90	18
Wrought iron	7 700	12.1	210	130	350	[b]	240	190	70	35
Aluminum, cast	2 650	23.1	60	—	90	[b]	70	70	30	20
Aluminum alloy 17ST	2 700	23.1	220	150	390	[b]	220	71	30	—
Brass, rolled (70% Cu, 30% Zn)	8 500	18.7	170	110	380	[b]	330	100	40	30
Bronze, cast	8 200	18.0	140	—	230	390	—	80	35	10
Copper, hard-drawn	8 800	16.8	260	160	380	[b]	—	120	40	4

[a] The proportional limit and modulus of elasticity for compression may be assumed equal to these values for tension except for cast iron where the proportional limit is approximately 180 MPa.
[b] The ultimate compressive strength for ductile materials may be taken as the yield point, which is slightly greater than the proportional limit in tension.
[c] Not well defined; approximately 40 MPa.
[d] Cast iron fails by diagonal tension.

표 B-1
보통 금속의 평균 물성값 : SI 단위(계속)

Metal	Weight (lb/ft^3)	Temp. coeff. of linear expansion [μ in./(in. · °F)]	Proportional limit (ksi)[a] Tension	Proportional limit (ksi)[a] Shear	Ultimate strength (ksi) Tension	Ultimate strength (ksi) Comp.	Ultimate strength (ksi) Shear	Modulus of elasticity (psi)[a] Tension, E	Modulus of elasticity (psi)[a] Shear, G	Percentage of elongation (in 2 in.)
Steel, 0.2% carbon hot rolled	490	Varies from 6.1 to 7.3 Average is 6.5	35	21	60	[b]	45	29×10^6	12×10^6	35
0.2% carbon cold rolled	490		60	36	80	[b]	60	29×10^6	12×10^6	18
0.6% carbon hot rolled	490		60	36	100	[b]	80	29×10^6	12×10^6	15
0.8% carbon hot rolled	490		70	42	120	[b]	105	29×10^6	12×10^6	10
Gray cast iron	450	6	[c]	[d]	20	75	[d]	15×10^6	6×10^6	Slight
Malleable cast iron	450	6.6	36	23	54	—	48	25×10^6	12.5×10^6	18
Wrought iron	480	6.7	30	18	50	[b]	35	27×10^6	10×10^6	35
Aluminum, cast	165	12.8	9	—	13	[b]	10.5	10×10^6	4×10^6	20
Aluminum alloy 17ST	168	12.8	32	21	56	[b]	32	10.3×10^6	4×10^6	—
Brass, rolled (70% Cu, 30% Zn)	530	10.4	25	15	55	[b]	48	14×10^6	6×10^6	30
Bronze, cast	510	10	20	—	33	56	—	12×10^6	5×10^6	10
Copper, hard-drawn	550	9.3	38	23	55	[b]	—	17×10^6	6×10^6	4

[a] The proportional limit and modulus of elasticity for compression may be assumed to equal these values for tension except for cast iron where the proportional limit is 26 ksi.
[b] The ultimate compressive strength for ductile materials may be taken as the yield point, which is slightly greater than the proportional limit in tension.
[c] Not well defined; approximately 6 ksi.
[d] Cast iron fails by diagonal tension.

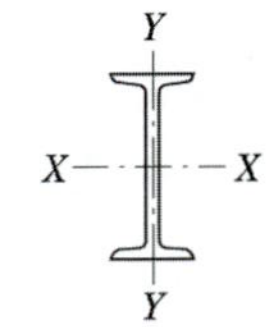

표 B-2
광폭플랜지 단면의 특성 (W–형상) : SI 단위

Designation	Mass (kg/m)	Area (mm^2)	Depth (mm)	Flange		Web thickness (mm)	Axis X-X			Axis Y-Y		
				Width (mm)	Thickness (mm)		I (10^6 mm^4)	$S = I/c$ (10^3 mm^3)	$r = \sqrt{I/A}$ (mm)	I (10^6 mm^4)	$S = I/c$ (10^3 mm^3)	$r = \sqrt{I/A}$ (mm)
W920 × 449	449	57 300	947	424	42.7	24.0	8 780	18 500	391	541	2 560	97.0
× 420	420	53 500	942	422	39.9	22.5	8 160	17 200	391	499	2 360	96.5
× 390	390	49 700	937	422	36.6	21.3	7 450	15 900	389	454	2 160	95.5
× 368	368	46 800	932	419	34.3	20.3	6 950	15 000	386	420	2 020	95.0
× 344	344	43 900	927	419	32.0	19.3	6 490	14 000	384	391	1 870	94.2
× 381	381	48 600	951	310	43.9	24.4	6 990	14 700	378	220	1 420	67.3
× 345	345	43 900	943	307	39.9	22.1	6 240	13 300	376	195	1 270	66.5
× 313	313	39 900	932	310	34.5	21.1	5 490	11 800	371	171	1 110	65.5
× 289	289	36 800	927	307	32.0	19.4	5 040	10 900	371	156	1 010	65.0
× 271	271	34 600	922	307	30.0	18.4	4 700	10 200	368	144	944	64.8
× 253	253	32 300	919	305	27.9	17.3	4 370	9 520	368	133	872	64.3
× 238	238	30 300	914	305	25.9	16.5	4 060	8 880	366	123	805	63.5
× 223	223	28 500	912	305	23.9	15.9	3 760	8 260	363	112	739	62.7
× 201	201	25 600	904	305	20.1	15.2	3 250	7 190	356	93.7	618	60.5
W840 × 359	359	45 800	869	404	35.6	21.1	5 910	13 600	358	388	1 930	91.9
× 329	329	42 100	861	401	32.5	19.7	5 370	12 400	358	350	1 740	91.2
× 299	299	38 200	856	399	29.2	18.2	4 830	11 200	356	312	1 560	90.4
× 226	226	28 900	851	295	26.9	16.1	3 400	7 980	343	114	773	62.7
× 210	210	26 800	846	292	24.4	15.4	3 100	7 340	340	102	700	61.7
× 193	193	24 700	841	292	21.7	14.7	2 790	6 650	335	90.7	621	60.7
× 176	176	22 400	836	292	18.8	14.0	2 460	5 880	330	77.8	534	58.9
W760 × 314	314	40 100	785	384	33.5	19.7	4 290	10 900	328	315	1 640	88.6
× 284	284	36 300	780	381	30.2	18.0	3 830	9 830	325	280	1 470	87.9
× 257	257	32 900	772	381	27.2	16.6	3 430	8 870	323	249	1 310	86.9
× 220	220	28 100	780	267	30.0	16.5	2 780	7 140	315	94.5	710	57.9
× 196	196	25 100	770	267	25.4	15.6	2 400	6 230	310	81.6	610	57.2
× 185	185	23 500	767	267	23.6	14.9	2 230	5 820	307	75.3	564	56.6
× 173	173	22 100	762	267	21.6	14.4	2 050	5 390	305	68.3	513	55.6
× 161	161	20 500	757	267	19.3	13.8	1 860	4 900	302	60.8	457	54.6
× 147	147	18 800	754	267	17.0	13.2	1 660	4 410	297	53.3	401	53.3

W690 × 265	265	33 900	706	358	30.2	18.4	2 920	8 280	295	231	1 290	82.6
× 240	240	30 700	701	356	27.4	16.8	2 630	7 510	292	207	1 160	82.0
× 217	217	27 800	696	356	24.8	15.4	2 360	6 780	292	184	1 040	81.3
× 192	192	24 400	701	254	27.9	15.5	1 980	5 650	284	76.6	603	56.1
× 170	170	21 600	693	257	23.6	14.5	1 700	4 900	279	66.2	516	55.4
× 152	152	19 400	688	254	21.1	13.1	1 510	4 380	279	57.9	456	54.6
× 140	140	17 900	683	254	18.9	12.4	1 360	3 980	277	51.6	406	53.8
× 125	125	16 000	678	254	16.3	11.7	1 190	3 490	272	44.1	347	52.6
W610 × 241	241	30 800	635	330	31.0	17.9	2 150	6 780	264	184	1 120	77.5
× 217	217	27 700	627	328	27.7	16.5	1 910	6 080	262	163	991	76.5
× 195	195	24 800	622	328	24.4	15.4	1 670	5 390	259	142	869	75.4
× 174	174	22 200	617	325	21.6	14.0	1 470	4 770	257	124	762	74.7
× 155	155	19 700	612	325	19.1	12.7	1 290	4 230	257	108	667	73.9
× 153	153	19 500	622	229	24.9	14.0	1 250	4 010	254	49.5	434	50.5
× 140	140	17 900	617	230	22.2	13.1	1 120	3 640	251	45.4	393	50.3
× 125	125	15 900	612	229	19.6	11.9	986	3 210	249	39.3	342	49.5
× 113	113	14 500	607	228	17.3	11.2	874	2 880	246	34.3	302	48.8
× 101	101	13 000	602	228	14.9	10.5	762	2 520	243	29.3	257	47.5
× 92	92.0	11 700	602	179	15.0	10.9	645	2 150	234	14.4	161	35.1
× 82	82.0	10 500	599	178	12.8	10.0	562	1 870	231	12.1	136	34.0
W530 × 219	219	27 900	561	318	29.2	18.3	1 510	5 390	233	157	985	74.9
× 196	196	25 000	554	315	26.4	16.5	1 340	4 830	232	139	877	74.4
× 182	182	23 200	551	315	24.4	15.2	1 230	4 470	231	127	806	74.2
× 165	165	21 100	546	312	22.2	14.0	1 110	4 080	230	114	729	73.7
× 150	150	19 200	544	312	20.3	12.7	1 010	3 720	229	103	660	73.4
× 138	138	17 600	549	214	23.6	14.7	862	3 150	221	38.7	362	46.7
× 123	123	15 700	544	212	21.2	13.1	762	2 800	220	33.9	320	46.5
× 109	109	13 900	538	211	18.8	11.6	666	2 470	219	29.4	279	46.0
× 101	101	12 900	536	210	17.4	10.9	616	2 290	218	26.9	257	45.7
× 92	92.0	11 800	533	209	15.6	10.2	554	2 080	217	23.9	229	45.0
× 82	82.0	10 500	528	209	13.3	9.53	475	1 800	213	20.1	193	43.9
× 72	72.0	9 100	523	207	10.9	8.89	399	1 520	209	16.1	156	42.2
× 85	85.0	10 800	536	167	16.5	10.3	487	1 820	212	12.7	153	34.3
× 74	74.0	9 480	528	166	13.6	9.65	410	1 550	208	10.4	125	33.0
× 66	66.0	8 390	526	165	11.4	8.89	351	1 340	205	8.62	104	32.0

(계속)

표 B-2
광폭 플랜지 단면의 특성 (W–형상) : SI 단위(계속)

Designation	Mass (kg/m)	Area (mm^2)	Depth (mm)	Flange Width (mm)	Flange Thickness (mm)	Web thickness (mm)	Axis X-X I (10^6 mm^4)	Axis X-X $S = I/c$ (10^3 mm^3)	Axis X-X $r = \sqrt{I/A}$ (mm)	Axis Y-Y I (10^6 mm^4)	Axis Y-Y $S = I/c$ (10^3 mm^3)	Axis Y-Y $r = \sqrt{I/A}$ (mm)
W460 × 177	177	22 600	483	287	26.9	16.6	912	3 790	201	105	736	68.3
× 158	158	20 100	475	284	23.9	15.0	795	3 340	199	91.6	646	67.6
× 144	144	18 400	472	282	22.1	13.6	728	3 080	199	83.7	592	67.3
× 128	128	16 300	467	282	19.6	12.2	637	2 720	197	72.8	518	66.8
× 113	113	14 400	462	279	17.3	10.8	554	2 390	196	63.3	452	66.3
× 106	106	13 400	470	194	20.6	12.6	487	2 080	191	25.1	259	43.2
× 97	97.0	12 300	467	193	19.1	11.4	445	1 920	190	22.8	236	42.9
× 89	89.0	11 400	462	192	17.7	10.5	410	1 770	190	20.9	218	42.7
× 82	82.0	10 500	460	191	16.0	9.91	370	1 610	188	18.7	195	42.4
× 74	74.0	9 480	457	191	14.5	9.02	333	1 460	187	16.7	175	41.9
× 68	68.0	8 710	460	154	15.4	9.14	296	1 290	184	9.37	122	32.8
× 60	60.0	7 610	455	153	13.3	8.00	255	1 120	183	7.95	104	32.3
× 52	52.0	6 650	450	152	10.8	7.62	212	944	179	6.37	83.9	31.0
W410 × 149	149	19 000	432	264	25.0	14.9	620	2 870	180	77.4	585	63.8
× 132	132	16 900	427	264	22.2	13.3	541	2 540	179	67.8	515	63.2
× 114	114	14 600	419	262	19.3	11.6	462	2 200	178	57.4	441	62.7
× 100	100	12 700	414	259	16.9	10.0	397	1 920	177	49.5	380	62.5
× 85	85.0	10 800	417	181	18.2	10.9	316	1 510	171	17.9	198	40.6
× 75	75.0	9 480	414	180	16.0	9.65	274	1 330	170	15.5	172	40.4
× 67	67.0	8 580	409	179	14.4	8.76	244	1 190	169	13.7	153	39.9
× 60	60.0	7 610	406	178	12.8	7.75	216	1 060	168	12.0	135	39.9
× 53	53.0	6 840	404	178	10.9	7.49	186	926	165	10.2	115	38.6
× 46.1	46.1	5 890	404	140	11.2	6.99	156	773	163	5.16	73.6	29.7
× 38.8	38.8	4 950	399	140	8.76	6.35	125	629	159	3.99	57.2	28.4
W360 × 1086	1 090	139 000	569	455	125	78.0	5 950	21 000	208	1 960	8 640	119
× 990	990	126 000	549	450	115	71.9	5 160	18 800	203	1 740	7 730	117
× 900	900	115 000	531	442	106	66.0	4 500	17 000	198	1 530	6 930	116
× 818	818	105 000	513	437	97.0	60.5	3 930	15 300	194	1 350	6 190	114
× 744	744	94 800	498	432	88.9	55.6	3 420	13 700	190	1 200	5 560	113
× 677	677	86 500	483	427	81.5	51.3	2 990	12 400	186	1 070	4 980	111
× 634	634	80 600	475	424	77.2	47.8	2 750	11 600	184	982	4 640	110
× 592	592	75 500	465	422	72.4	45.0	2 500	10 700	182	903	4 290	109
× 551	551	70 300	455	419	67.6	42.2	2 260	9 950	180	828	3 950	108
× 509	509	65 200	445	417	62.7	39.1	2 040	9 140	177	753	3 620	108
× 463	463	59 000	434	411	57.4	35.8	1 800	8 290	175	670	3 260	107
× 421	421	53 700	424	409	52.6	32.8	1 600	7 520	172	599	2 930	106
× 382	382	48 800	417	406	48.0	30.0	1 420	6 800	170	537	2 640	105
× 347	347	44 200	406	404	43.7	27.2	1 250	6 150	168	479	2 380	104
× 314	314	40 000	399	401	39.6	24.9	1 110	5 540	166	429	2 130	103
× 287	287	36 600	394	399	36.6	22.6	999	5 080	165	388	1 950	103

W360 × 262	262	33 400	386	399	33.3	21.1	891	4 600	163	349	1 750	102
× 237	237	30 100	381	396	30.2	18.9	791	4 160	162	311	1 580	102
× 216	216	27 500	376	394	27.7	17.3	712	3 800	161	282	1 430	101
× 196	196	25 000	373	373	26.2	16.4	637	3 420	160	228	1 220	95.5
× 179	179	22 800	368	373	23.9	15.0	574	3 110	158	206	1 110	95.0
× 162	162	20 600	363	371	21.8	13.3	516	2 830	158	186	1 000	94.7
× 147	147	18 800	361	371	19.8	12.3	462	2 570	157	167	905	94.2
× 134	134	17 100	356	368	18.0	11.2	416	2 340	156	151	818	94.0
× 122	122	15 500	363	257	21.7	13.0	367	2 020	154	61.6	480	63.0
× 110	110	14 100	361	257	19.9	11.4	331	1 840	153	55.8	436	63.0
× 101	101	12 900	356	254	18.3	10.5	301	1 690	153	50.4	397	62.5
× 91	91.0	11 500	353	254	16.4	9.53	266	1 510	152	44.5	352	62.2
× 79	79.0	10 100	353	205	16.8	9.40	225	1 270	150	24.0	234	48.8
× 72	72.0	9 100	351	204	15.1	8.64	201	1 150	149	21.4	210	48.5
× 64	64.0	8 130	348	203	13.5	7.75	178	1 030	148	18.8	185	48.0
× 57.8	57.8	7 230	358	172	13.1	7.87	160	895	149	11.1	129	39.4
× 51	51.0	6 450	356	171	11.6	7.24	142	796	148	9.70	113	38.9
× 44	44.0	5 710	351	171	9.78	6.86	121	688	146	8.16	95.4	37.8
× 39	39.0	4 960	353	128	10.7	6.48	102	578	144	3.71	58.2	27.4
× 32.9	32.9	4 190	348	127	8.51	5.84	82.8	475	141	2.91	45.9	26.4
W310 × 500	500	63 700	427	340	75.2	45.2	1 690	7 910	163	495	2 900	88.1
× 454	454	57 800	414	335	68.8	41.4	1 480	7 130	160	437	2 610	86.9
× 415	415	52 800	404	333	62.7	38.9	1 290	6 440	156	390	2 340	85.9
× 375	375	47 700	391	330	57.2	35.6	1 130	5 780	154	345	2 080	84.8
× 342	342	43 700	384	328	52.6	32.8	1 010	5 260	152	309	1 880	84.1
× 313	313	39 900	373	325	48.3	30.0	891	4 790	150	276	1 700	83.3
× 283	283	36 000	366	323	44.2	26.9	787	4 310	148	245	1 520	82.6
× 253	253	32 300	356	320	39.6	24.4	687	3 850	146	215	1 350	81.8
× 226	226	28 800	348	318	35.6	22.1	595	3 420	144	189	1 190	81.0
× 202	202	25 700	340	315	31.8	20.1	516	3 050	142	166	1 050	80.3
× 179	179	22 800	333	312	28.2	18.0	445	2 670	140	144	918	79.5
× 158	158	20 100	328	310	25.1	15.5	388	2 380	139	125	808	79.0
× 143	143	18 200	323	310	22.9	14.0	347	2 150	138	112	728	78.5
× 129	129	16 500	318	307	20.6	13.1	308	1 930	137	100	651	78.0
× 117	117	15 000	315	307	18.7	11.9	276	1 750	136	89.9	587	77.5
× 107	107	13 600	312	305	17.0	10.9	248	1 600	135	81.2	531	77.2
× 97	97.0	12 300	307	305	15.4	9.91	222	1 440	134	72.4	477	76.7
× 86	86.0	11 000	310	254	16.3	9.14	198	1 280	134	44.5	351	63.8
× 79	79.0	10 100	307	254	14.6	8.76	177	1 160	133	39.9	315	63.0
× 74	74.0	9 420	310	205	16.3	9.40	163	1 050	132	23.4	228	49.8
× 67	67.0	8 450	307	204	14.6	8.51	145	946	131	20.8	203	49.5

(계속)

표 B-2
광폭 플랜지 단면의 특성 (W-형상) : SI 단위(계속)

Designation	Mass (kg/m)	Area (mm^2)	Depth (mm)	Flange Width (mm)	Flange Thickness (mm)	Web thickness (mm)	Axis X-X I (10^6 mm^4)	Axis X-X $S = I/c$ (10^3 mm^3)	Axis X-X $r = \sqrt{I/A}$ (mm)	Axis Y-Y I (10^6 mm^4)	Axis Y-Y $S = I/c$ (10^3 mm^3)	Axis Y-Y $r = \sqrt{I/A}$ (mm)
W310 × 60	60.0	7 550	302	203	13.1	7.49	128	844	130	18.4	180	49.3
× 52	52.0	6 650	318	167	13.2	7.62	119	747	133	10.2	122	39.1
× 44.5	44.5	5 670	312	166	11.2	6.60	99.1	633	132	8.45	102	38.6
× 38.7	38.7	4 940	310	165	9.65	5.84	84.9	547	131	7.20	87.5	38.4
× 32.7	32.7	4 180	312	102	10.8	6.60	64.9	416	125	1.94	37.9	21.5
× 28.3	28.3	3 590	310	102	8.89	5.97	54.1	349	122	1.57	30.8	20.9
× 23.8	23.8	3 040	305	101	6.73	5.59	42.9	280	119	1.17	23.1	19.6
× 21	21.0	2 680	302	101	5.72	5.08	36.9	244	117	0.982	19.5	19.1
W250 × 167	167	21 200	290	264	31.8	19.2	298	2 060	118	98.2	742	68.1
× 149	149	19 000	282	262	28.4	17.3	259	1 840	117	86.2	655	67.3
× 131	131	16 700	274	262	25.1	15.4	222	1 610	115	74.5	570	66.8
× 115	115	14 600	269	259	22.1	13.5	189	1 410	114	64.1	493	66.0
× 101	101	12 900	264	257	19.6	11.9	164	1 240	113	55.8	433	65.8
× 89	89.0	11 400	259	257	17.3	10.7	142	1 090	112	48.3	377	65.3
× 80	80.0	10 200	257	254	15.6	9.40	126	983	111	42.9	338	65.0
× 73	73.0	9 290	254	254	14.2	8.64	113	895	110	38.9	306	64.5
× 67	67.0	8 580	257	204	15.7	8.89	103	805	110	22.2	218	51.1
× 58	58.0	7 420	252	203	13.5	8.00	87.0	690	108	18.7	185	50.3
× 49.1	49.1	6 260	247	202	11.0	7.37	71.2	574	106	15.2	151	49.3
× 44.8	44.8	5 700	267	148	13.0	7.62	70.8	531	111	6.95	94.2	34.8
× 38.5	38.5	4 910	262	147	11.2	6.60	59.9	457	110	5.87	80.1	34.5
× 32.7	32.7	4 190	259	146	9.14	6.10	49.1	380	108	4.75	65.1	33.8
× 28.4	28.4	3 630	259	102	10.0	6.35	40.1	308	105	1.79	35.1	22.2
× 25.3	25.3	3 220	257	102	8.38	6.10	34.1	265	103	1.48	29.2	21.5
× 22.3	22.3	2 850	254	102	6.86	5.84	28.7	226	100	1.20	23.8	20.6
× 17.9	17.9	2 280	251	101	5.33	4.83	22.4	179	99.1	0.907	18.0	19.9
W200 × 100	100	12 700	229	210	23.7	14.5	113	990	94.5	36.9	351	53.8
× 86	86.0	11 000	222	209	20.6	13.0	94.9	852	92.7	31.3	300	53.3
× 71	71.0	9 100	216	206	17.4	10.2	76.6	708	91.7	25.3	246	52.8
× 59	59.0	7 550	210	205	14.2	9.14	60.8	582	89.7	20.4	200	51.8
× 52	52.0	6 650	206	204	12.6	7.87	52.9	511	89.2	17.7	174	51.6
× 46.1	46.1	5 880	203	203	11.0	7.24	45.8	451	88.1	15.4	152	51.3
× 41.7	41.7	5 320	205	166	11.8	7.24	40.8	398	87.6	9.03	109	41.1
× 35.9	35.9	4 570	201	165	10.2	6.22	34.4	342	86.9	7.62	92.3	40.9
× 31.3	31.3	3 970	210	134	10.2	6.35	31.3	298	88.6	4.07	60.8	32.0
× 26.6	26.6	3 390	207	133	8.38	5.84	25.8	249	87.1	3.32	49.8	31.2
× 22.5	22.5	2 860	206	102	8.00	6.22	20.0	193	83.6	1.42	27.9	22.3
× 19.3	19.3	2 480	203	102	6.48	5.84	16.5	162	81.5	1.14	22.5	21.4
× 15	15.0	1 910	200	100	5.21	4.32	12.8	128	81.8	0.870	17.4	21.4

W150 × 37.1	37.1	4 740	162	154	11.6	8.13	22.2	274	68.6	7.12	91.9	38.6
× 29.8	29.8	3 790	157	153	9.27	6.60	17.2	220	67.6	5.54	72.3	38.1
× 22.5	22.5	2 860	152	152	6.60	5.84	12.1	159	65.0	3.88	51.0	36.8
× 24	24.0	3 060	160	102	10.3	6.60	13.4	167	66.0	1.84	36.1	24.6
× 18	18.0	2 290	153	102	7.11	5.84	9.20	120	63.2	1.24	24.6	23.3
× 13.5	13.5	1 730	150	100	5.46	4.32	6.83	91.1	62.7	0.916	18.2	23.0
× 13	13.0	1 630	148	100	4.95	4.32	6.20	83.6	61.7	0.828	16.6	22.6
W130 × 28.1	28.1	3 590	131	128	10.9	6.86	10.9	167	55.1	3.80	59.5	32.5
× 23.8	23.8	3 040	127	127	9.14	6.10	8.91	140	54.1	3.13	49.2	32.0
W100 × 19.3	19.3	2 470	106	103	8.76	7.11	4.70	89.5	43.7	1.61	31.1	25.4

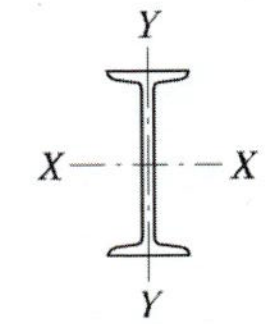

표 B-3
I – 단면의 특성 (S–형상) : SI 단위

Designation	Mass (kg/m)	Area (mm^2)	Depth (mm)	Flange Width (mm)	Flange Thickness (mm)	Web thickness (mm)	Axis X-X I (10^6 mm^4)	Axis X-X $S = I/c$ (10^3 mm^3)	Axis X-X $r = \sqrt{I/A}$ (mm)	Axis Y-Y I (10^6 mm^4)	Axis Y-Y $S = I/c$ (10^3 mm^3)	Axis Y-Y $r = \sqrt{I/A}$ (mm)
S610 × 180	180	22 900	622	204	27.7	20.3	1 320	4 230	240	34.5	338	38.9
× 158	158	20 100	622	200	27.7	15.7	1 220	3 930	247	32.0	320	39.9
× 149	149	18 900	610	184	22.1	18.9	991	3 260	229	19.7	215	32.3
× 134	134	17 100	610	181	22.1	15.9	937	3 060	234	18.6	205	33.0
× 119	119	15 200	610	178	22.1	12.7	874	2 870	241	17.5	197	34.0
S510 × 143	143	18 200	516	183	23.4	20.3	695	2 700	196	20.8	228	33.8
× 128	128	16 300	516	179	23.4	16.8	653	2 540	200	19.4	216	34.5
× 112	112	14 200	508	162	20.2	16.1	533	2 100	194	12.3	152	29.5
× 98.2	98.2	12 500	508	159	20.2	12.8	495	1 950	199	11.4	144	30.2
S460 × 104	104	13 200	457	159	17.6	18.1	384	1 690	170	10.0	126	27.4
× 81.4	81.4	10 300	457	152	17.6	11.7	333	1 460	180	8.62	113	29.0
S380 × 74	74.0	9 480	381	143	15.8	14.0	202	1 060	146	6.49	90.6	26.2
× 64	64.0	8 130	381	140	15.8	10.4	186	973	151	5.95	85.0	26.9
S310 × 74	74.0	9 420	305	139	16.7	17.4	126	829	116	6.49	93.2	26.2
× 60.7	60.7	7 680	305	133	16.7	11.7	112	739	121	5.62	84.1	26.9
× 52	52.0	6 580	305	129	13.8	10.9	94.9	624	120	4.10	63.6	24.9
× 47.3	47.3	6 010	305	127	13.8	8.89	90.3	593	123	3.88	61.1	25.4
S250 × 52	52.0	6 650	254	125	12.5	15.1	61.2	482	96.0	3.45	55.1	22.8
× 37.8	37.8	4 810	254	118	12.5	7.90	51.2	403	103	2.80	47.4	24.1
S200 × 34	34.0	4 360	203	106	10.8	11.2	26.9	265	78.5	1.78	33.6	20.2
× 27.4	27.4	3 480	203	102	10.8	6.88	23.9	236	82.8	1.54	30.2	21.0
S150 × 25.7	25.7	3 260	152	90.7	9.12	11.8	10.9	143	57.9	0.953	21.0	17.1
× 18.6	18.6	2 360	152	84.6	9.12	5.89	9.16	120	62.2	0.749	17.7	17.8
S130 × 15	15.0	1 890	127	76.2	8.28	5.44	5.12	80.3	52.1	0.495	13.0	16.2
S100 × 14.1	14.1	1 800	102	71.1	7.44	8.28	2.81	55.4	39.6	0.369	10.4	14.3
× 11.5	11.5	1 460	102	67.6	7.44	4.90	2.52	49.7	41.7	0.311	9.21	14.6
S75 × 11.2	11.2	1 420	76.2	63.8	6.60	8.86	1.21	31.8	29.2	0.241	7.55	13.0
× 8.5	8.50	1 070	76.2	59.2	6.60	4.32	1.04	27.4	31.2	0.186	6.28	13.2

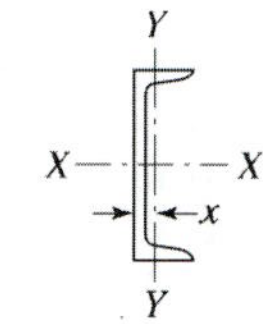

표 B-4
채널 단면의 특성 : SI 단위

Designation	Mass (kg/m)	Area (mm^2)	Depth (mm)	Flange Width (mm)	Flange Thickness (mm)	Web thickness (mm)	Axis X-X I (10^6 mm^4)	Axis X-X $S = I/c$ (10^3 mm^3)	Axis X-X $r = \sqrt{I/A}$ (mm)	Axis Y-Y I (10^6 mm^4)	Axis Y-Y $S = I/c$ (10^3 mm^3)	Axis Y-Y $r = \sqrt{I/A}$ (mm)	x (mm)
C380 × 74	74.0	9480	381	94.5	16.5	18.2	168	882	133	4.58	61.8	22.0	20.3
× 60	60.0	7610	381	89.4	16.5	13.2	145	762	138	3.82	54.7	22.4	19.8
× 50.4	50.4	6450	381	86.4	16.5	10.2	131	688	143	3.36	50.6	22.9	20.0
C310 × 45	45.0	5680	305	80.5	12.7	13.0	67.4	442	109	2.13	33.6	19.4	17.1
× 37	37.0	4740	305	77.5	12.7	9.83	59.9	393	113	1.85	30.6	19.8	17.1
× 30.8	30.8	3920	305	74.7	12.7	7.16	53.7	352	117	1.61	28.2	20.2	17.7
C250 × 45	45.0	5680	254	77.0	11.1	17.1	42.9	339	86.9	1.64	27.0	17.0	16.5
× 37	37.0	4740	254	73.4	11.1	13.4	37.9	298	89.4	1.39	24.1	17.1	15.7
× 30	30.0	3790	254	69.6	11.1	9.63	32.8	259	93.0	1.17	21.5	17.5	15.4
× 22.8	22.8	2890	254	66.0	11.1	6.10	28.0	221	98.3	0.945	18.8	18.1	16.1
C230 × 30	30.0	3790	229	67.3	10.5	11.4	25.3	221	81.8	1.00	19.2	16.3	14.8
× 22	22.0	2850	229	63.2	10.5	7.24	21.2	185	86.4	0.795	16.6	16.7	14.9
× 19.9	19.9	2540	229	61.7	10.5	5.92	19.9	174	88.6	0.728	15.6	16.9	15.3
C200 × 27.9	27.9	3550	203	64.3	9.91	12.4	18.3	180	71.6	0.820	16.6	15.2	14.4
× 20.5	20.5	2610	203	59.4	9.91	7.70	15.0	148	75.9	0.633	13.9	15.6	14.1
× 17.1	17.1	2170	203	57.4	9.91	5.59	13.5	133	79.0	0.545	12.7	15.8	14.5
C180 × 22	22.0	2790	178	58.4	9.30	10.6	11.3	127	63.8	0.570	12.7	14.2	13.5
× 18.2	18.2	2320	178	55.6	9.30	7.98	10.1	113	66.0	0.483	11.4	14.4	13.3
× 14.6	14.6	1850	178	53.1	9.30	5.33	8.82	100	69.1	0.398	10.1	14.7	13.7
C150 × 19.3	19.3	2460	152	54.9	8.71	11.1	7.20	94.7	54.1	0.437	10.5	13.3	13.1
× 15.6	15.6	1990	152	51.6	8.71	7.98	6.29	82.6	56.4	0.358	9.19	13.4	12.7
× 12.2	12.2	1540	152	48.8	8.71	5.08	5.45	71.3	59.4	0.286	8.00	13.6	13.0
C130 × 13	13.0	1700	127	48.0	8.13	8.26	3.70	58.3	46.5	0.260	7.28	12.3	12.1
× 10.4	10.4	1270	127	44.5	8.13	4.83	3.11	49.0	49.5	0.196	6.10	12.4	12.3
C100 × 10.8	10.8	1370	102	43.7	7.52	8.15	1.91	37.5	37.3	0.177	5.52	11.4	11.7
× 8	8.00	1020	102	40.1	7.52	4.67	1.60	31.5	39.6	0.130	4.54	11.3	11.6
× 6.7	6.70	890	102	40.1	7.52	3.18	1.52	30.0	41.4	0.120	4.34	11.6	12.5
C75 × 8.9	8.90	1140	76.2	40.6	6.93	9.04	0.862	22.6	27.4	0.125	4.31	10.5	11.6
× 7.4	7.40	948	76.2	38.1	6.93	6.55	0.770	20.2	28.4	0.100	3.74	10.3	11.2
× 6.1	6.10	774	76.2	35.8	6.93	4.32	0.687	18.0	29.7	0.0795	3.21	10.1	11.1
× 5.2	5.20	703	76.2	34.8	6.93	3.35	0.653	17.0	30.5	0.0703	2.98	10.0	11.3

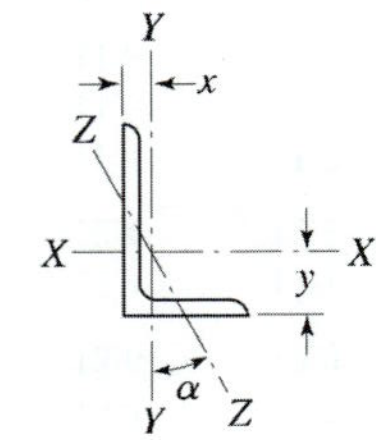

표 B-5
등변 및 부등변 앵글 단면의 특성 : SI 단위

Size and thickness (mm)	Mass (kg/m)	Area (mm^2)	Axis X-X: I (10^6 mm^4)	Axis X-X: $S = I/c$ (10^3 mm^3)	Axis X-X: $r = \sqrt{I/A}$ (mm)	Axis X-X: y (mm)	Axis Y-Y: I (10^6 mm^4)	Axis Y-Y: $S = I/c$ (10^3 mm^3)	Axis Y-Y: $r = \sqrt{I/A}$ (mm)	Axis Y-Y: x (mm)	Axis Z-Z: $r = \sqrt{I/A}$ (mm)	Axis Z-Z: tan α
L203 × 203 × 28.6	84.7	10800	40.8	287	61.2	61.0	40.8	287	61.2	61.0	39.6	1.00
× 25.4	75.9	9680	37.1	259	61.7	59.9	37.1	259	61.7	59.9	39.6	1.00
× 22.2	67.0	8520	33.2	229	62.2	58.7	33.2	229	62.2	58.7	39.9	1.00
× 19	57.9	7350	29.1	200	62.5	57.4	29.1	200	62.5	57.4	39.9	1.00
× 15.9	48.7	6200	24.8	169	63.0	56.1	24.8	169	63.0	56.1	40.1	1.00
× 14.3	44.0	5600	22.6	153	63.2	55.6	22.6	153	63.2	55.6	40.1	1.00
× 12.7	39.3	5000	20.3	137	63.2	55.1	20.3	137	63.2	55.1	40.4	1.00
L203 × 152 × 25.4	65.5	8390	33.7	247	63.2	67.3	16.1	146	43.7	41.9	32.5	0.542
× 22.2	57.9	7420	30.1	220	63.5	66.0	14.5	130	44.2	40.6	32.5	0.546
× 19	50.1	6410	26.4	192	64.0	64.8	12.8	113	44.5	39.6	32.8	0.550
× 15.9	42.2	5390	22.6	162	64.5	63.5	11.0	96.4	45.0	38.4	32.8	0.554
× 14.3	38.1	4880	20.6	147	64.8	63.0	10.0	87.5	45.2	37.8	33.0	0.556
× 12.7	34.1	4350	18.5	131	64.8	62.5	9.03	78.5	45.5	37.1	33.0	0.557
× 11.1	29.9	3830	16.4	116	65.0	61.7	8.03	69.3	45.7	36.6	33.3	0.559
L203 × 102 × 25.4	55.4	7100	29.0	229	63.8	77.0	4.83	64.6	26.2	26.4	21.4	0.247
× 22.2	49.3	6280	26.1	205	64.3	75.9	4.37	57.5	26.4	25.3	21.5	0.252
× 19	42.5	5450	22.9	179	64.8	74.7	3.90	50.3	26.7	24.1	21.6	0.257
× 15.9	36.0	4590	19.6	151	65.0	73.4	3.38	42.9	26.9	22.9	21.7	0.262
× 14.3	32.4	4150	17.9	137	65.3	72.6	3.10	39.0	27.2	22.3	21.8	0.264
× 12.7	29.0	3710	16.1	123	65.5	72.1	2.81	35.2	27.4	21.7	21.9	0.266
× 11.1	25.6	3260	14.2	108	65.8	71.4	2.51	31.1	27.7	21.1	22.0	0.268
L178 × 102 × 19	38.8	4960	15.7	137	56.1	63.5	3.75	49.3	27.4	25.4	21.7	0.324
× 15.9	32.7	4180	13.5	117	56.6	62.2	3.24	42.0	27.9	24.3	21.8	0.329
× 12.7	26.5	3390	11.1	94.9	57.2	61.0	2.70	34.4	28.2	23.1	22.0	0.334
× 11.1	23.4	2980	9.82	83.7	57.4	60.5	2.41	30.5	28.4	22.5	22.1	0.337
× 9.5	20.2	2570	8.53	72.4	57.7	59.7	2.11	26.4	28.4	21.9	22.2	0.339

L152 × 152 × 25.4	55.7	7100	14.7	140	45.5	47.2	14.7	140	45.5	47.2	29.7	1.00
× 22.2	49.3	6290	13.3	125	46.0	46.0	13.3	125	46.0	46.0	29.7	1.00
× 19	42.7	5460	11.7	109	46.2	45.0	11.7	109	46.2	45.0	29.7	1.00
× 15.9	36.0	4600	10.0	92.4	46.7	43.7	10.0	92.4	46.7	43.7	29.7	1.00
× 14.3	32.6	4160	9.16	83.9	47.0	43.2	9.16	83.9	47.0	43.2	30.0	1.00
× 12.7	29.2	3720	8.28	75.2	47.2	42.4	8.28	75.2	47.2	42.4	30.0	1.00
× 11.1	25.6	3280	7.33	66.5	47.2	41.9	7.33	66.5	47.2	41.9	30.0	1.00
× 9.5	22.2	2830	6.41	57.5	47.5	41.1	6.41	57.5	47.5	41.1	30.2	1.00
× 7.9	18.5	2370	5.41	48.3	47.8	40.6	5.41	48.3	47.8	40.6	30.2	1.00
L152 × 102 × 22.2	40.3	5150	11.5	117	47.2	53.8	4.04	55.2	27.9	28.4	21.7	0.421
× 19	35.0	4480	10.2	102	47.8	52.6	3.59	48.3	28.4	27.2	21.7	0.428
× 15.9	29.6	3780	8.74	86.7	48.0	51.6	3.11	41.3	28.7	26.2	21.8	0.435
× 14.3	26.9	3430	7.99	78.8	48.3	50.8	2.86	37.5	29.0	25.4	21.9	0.438
× 12.7	24.0	3060	7.20	70.6	48.5	50.3	2.59	33.8	29.0	24.9	21.9	0.440
× 11.1	21.2	2700	6.41	62.4	48.8	49.5	2.31	30.0	29.2	24.3	22.0	0.443
× 9.5	18.2	2330	5.58	54.1	49.0	49.0	2.02	25.9	29.5	23.7	22.1	0.446
× 7.9	15.3	1950	4.75	45.4	49.3	48.3	1.72	22.0	29.7	23.1	22.2	0.449
L152 × 89 × 12.7	22.7	2900	6.91	69.3	48.8	52.6	1.76	26.1	24.6	21.1	19.2	0.343
× 9.5	17.3	2210	5.37	52.9	49.0	51.3	1.39	20.0	25.0	19.8	19.4	0.349
× 7.9	14.5	1850	4.54	44.6	49.3	50.8	1.18	16.9	25.2	19.2	19.5	0.352
L127 × 127 × 22.2	40.5	5150	7.41	84.6	37.8	39.6	7.41	84.6	37.8	39.6	24.7	1.00
× 19	35.1	4480	6.53	74.1	38.1	38.6	6.53	74.1	38.1	38.6	24.7	1.00
× 15.9	29.8	3780	5.66	63.1	38.6	37.3	5.66	63.1	38.6	37.3	24.8	1.00
× 12.7	24.1	3060	4.70	51.6	38.9	36.1	4.70	51.6	38.9	36.1	24.9	1.00
× 11.1	21.3	2700	4.16	45.6	39.1	35.6	4.16	45.6	39.1	35.6	25.0	1.00
× 9.5	18.3	2330	3.65	39.5	39.4	34.8	3.65	39.5	39.4	34.8	25.0	1.00
× 7.9	15.3	1950	3.10	33.4	39.6	34.3	3.10	33.4	39.6	34.3	25.1	1.00
L127 × 89 × 19	29.3	3750	5.79	69.8	39.4	44.2	2.30	36.1	24.7	25.2	18.9	0.464
× 15.9	24.9	3170	4.99	59.5	39.6	42.9	2.00	30.8	25.1	24.1	18.9	0.472
× 12.7	20.2	2580	4.15	48.7	40.1	41.9	1.67	25.4	25.4	22.9	19.1	0.479
× 9.5	15.4	1970	3.23	37.4	40.4	40.6	1.31	19.5	25.9	21.7	19.2	0.485
× 7.9	12.9	1650	2.74	31.5	40.6	39.9	1.12	16.6	25.9	21.1	19.3	0.489
× 6.4	10.4	1330	2.23	25.4	40.9	39.4	0.916	13.4	26.2	20.4	19.3	0.491

표 B-5
등변 및 부등변 앵글 단면의 특성 : SI 단위(계속)

Size and thickness (mm)	Mass (kg/m)	Area (mm^2)	Axis X-X: I (10^6 mm^4)	Axis X-X: $S = I/c$ (10^3 mm^3)	Axis X-X: $r = \sqrt{I/A}$ (mm)	Axis X-X: y (mm)	Axis Y-Y: I (10^6 mm^4)	Axis Y-Y: $S = I/c$ (10^3 mm^3)	Axis Y-Y: $r = \sqrt{I/A}$ (mm)	Axis Y-Y: x (mm)	Axis Z-Z: $r = \sqrt{I/A}$ (mm)	Axis Z-Z: tan α
L127 × 76 × 12.7	19.0	2 420	3.93	47.4	40.1	44.2	1.06	18.5	20.9	18.9	16.3	0.357
× 11.1	16.7	2 140	3.50	42.0	40.4	43.7	0.953	16.4	21.1	18.3	16.4	0.361
× 9.5	14.5	1 850	3.06	36.4	40.6	42.9	0.837	14.3	21.3	17.7	16.4	0.364
× 7.9	12.1	1 550	2.60	30.6	40.9	42.4	0.716	12.1	21.5	17.1	16.5	0.368
× 6.4	9.80	1250	2.12	24.7	41.1	41.7	0.587	9.83	21.7	16.5	16.6	0.371
L102 × 102 × 19	27.5	3 510	3.17	45.7	30.0	32.3	3.17	45.7	30.0	32.3	19.7	1.00
× 15.9	23.4	2 970	2.76	39.0	30.5	31.0	2.76	39.0	30.5	31.0	19.7	1.00
× 12.7	19.0	2 420	2.30	32.1	30.7	30.0	2.30	32.1	30.7	30.0	19.7	1.00
× 11.1	16.8	2 140	2.05	28.3	31.0	29.2	2.05	28.3	31.0	29.2	19.7	1.00
× 9.5	14.6	1 850	1.80	24.6	31.2	28.7	1.80	24.6	31.2	28.7	19.8	1.00
× 7.9	12.2	1 550	1.53	20.8	31.5	28.2	1.53	20.8	31.5	28.2	19.8	1.00
× 6.4	9.80	1 250	1.25	16.9	31.8	27.4	1.25	16.9	31.8	27.4	19.9	1.00
L102 × 89 × 12.7	17.6	2 260	2.21	31.5	31.2	31.5	1.57	24.6	26.4	25.2	18.2	0.750
× 9.5	13.5	1 720	1.73	24.3	31.8	30.5	1.23	19.0	26.7	24.1	18.3	0.755
× 7.9	11.4	1 450	1.47	20.5	31.8	29.7	1.05	16.1	26.9	23.4	18.3	0.757
× 6.4	9.20	1 170	1.20	16.6	32.0	29.0	0.862	13.0	27.2	22.8	18.4	0.759
L102 × 76 × 15.9	20.2	2 510	2.50	37.4	31.2	34.8	1.19	22.0	21.5	22.0	16.0	0.534
× 12.7	16.4	2 100	2.09	30.6	31.5	33.5	0.999	18.0	21.8	20.9	16.1	0.542
× 9.5	12.6	1 600	1.64	23.6	32.0	32.3	0.787	13.9	22.2	19.7	16.2	0.551
× 7.9	10.7	1 350	1.40	20.0	32.3	31.8	0.674	11.8	22.4	19.1	16.2	0.554
× 6.4	8.60	1 090	1.14	16.2	32.3	31.0	0.554	9.59	22.5	18.4	16.2	0.558
L89 × 89 × 12.7	16.5	2 100	1.51	24.3	26.7	26.7	1.51	24.3	26.7	26.7	17.2	1.00
× 11.1	14.6	1 850	1.35	21.6	26.9	26.2	1.35	21.6	26.9	26.2	17.3	1.00
× 9.5	12.6	1 600	1.19	18.8	27.2	25.4	1.19	18.8	27.2	25.4	17.3	1.00
× 7.9	10.7	1 350	1.02	15.9	27.4	24.9	1.02	15.9	27.4	24.9	17.4	1.00
× 6.4	8.60	1 090	0.832	12.9	27.7	24.2	0.832	12.9	27.7	24.2	17.5	1.00
L89 × 76 × 12.7	15.1	1 940	1.44	23.8	27.2	28.4	0.966	17.9	22.3	22.1	15.7	0.713
× 11.1	13.5	1 710	1.29	21.1	27.4	27.7	0.870	15.9	22.5	21.5	15.7	0.717
× 9.5	11.7	1 480	1.14	18.4	27.7	27.2	0.766	13.9	22.7	20.9	15.8	0.720
× 7.9	9.80	1 250	0.970	15.6	27.7	26.7	0.658	11.8	22.9	20.3	15.8	0.722
× 6.4	8.00	1 010	0.799	12.7	27.9	25.9	0.541	9.59	23.1	19.6	16.0	0.725

L89 × 64 × 12.7	13.9	1770	1.35	23.1	27.4	30.5	0.566	12.4	17.8	17.8	13.5	0.485
× 9.5	10.7	1360	1.07	17.9	27.9	29.2	0.454	9.65	18.2	16.6	13.6	0.495
× 7.9	9.00	1150	0.916	15.2	28.2	28.7	0.390	8.21	18.4	16.1	13.7	0.500
× 6.4	7.30	929	0.753	12.3	28.4	27.9	0.323	6.72	18.6	15.4	13.7	0.504
L76 × 76 × 12.7	14.0	1770	0.916	17.4	22.7	23.6	0.916	17.4	22.7	23.6	14.7	1.00
× 11.1	12.4	1570	0.824	15.5	22.9	23.0	0.824	15.5	22.9	23.0	14.7	1.00
× 9.5	10.7	1360	0.728	13.5	23.1	22.5	0.728	13.5	23.1	22.5	14.8	1.00
× 7.9	9.10	1150	0.624	11.5	23.3	21.8	0.624	11.5	23.3	21.8	14.8	1.00
× 6.4	7.30	929	0.512	9.32	23.5	21.2	0.512	9.32	23.5	21.2	14.9	1.00
× 4.8	5.50	703	0.395	7.10	23.7	20.6	0.395	7.10	23.7	20.6	14.9	1.00
L76 × 64 × 12.7	12.6	1 610	0.862	16.9	23.1	25.3	0.537	12.1	18.2	18.9	13.1	0.666
× 11.1	11.3	1 430	0.778	15.1	23.3	24.7	0.487	10.7	18.4	18.4	13.1	0.671
× 9.5	9.80	1240	0.687	13.2	23.5	24.1	0.429	9.39	18.6	17.8	13.1	0.675
× 7.9	8.30	1080	0.587	11.2	23.7	23.5	0.370	7.98	18.8	17.2	13.2	0.679
× 6.4	6.70	845	0.483	9.09	23.9	22.9	0.306	6.51	18.9	16.6	13.2	0.683
× 4.8	5.10	643	0.374	6.93	24.1	22.2	0.236	4.97	19.1	15.9	13.2	0.687
L76 × 51 × 12.7	11.5	1 450	0.799	16.4	23.4	27.4	0.278	7.70	13.8	14.7	10.8	0.413
× 9.5	8.80	1120	0.641	12.8	23.8	26.2	0.224	6.03	14.1	13.6	10.8	0.426
× 7.9	7.40	942	0.549	10.8	24.0	25.7	0.194	5.15	14.3	13.0	10.9	0.432
× 6.4	6.10	768	0.454	8.87	24.2	24.9	0.162	4.23	14.5	12.4	10.9	0.437
× 4.8	4.60	582	0.353	6.78	24.4	24.2	0.127	3.24	14.7	11.7	11.0	0.442
L64 × 64 × 12.7	11.4	1450	0.508	11.7	18.7	20.4	0.508	11.7	18.7	20.4	12.2	1.00
× 9.5	8.70	1120	0.405	9.14	19.0	19.3	0.405	9.14	19.0	19.3	12.2	1.00
× 7.9	7.40	942	0.348	7.77	19.2	18.7	0.348	7.77	19.2	18.7	12.2	1.00
× 6.4	6.10	768	0.288	6.34	19.4	18.1	0.288	6.34	19.4	18.1	12.2	1.00
× 4.8	4.60	581	0.223	4.83	19.6	17.4	0.223	4.83	19.6	17.4	12.2	1.00
L64 × 51 × 9.5	7.90	1000	0.380	8.95	19.5	21.0	0.214	5.92	14.6	14.7	10.6	0.612
× 7.9	6.70	845	0.329	7.62	19.7	20.4	0.186	5.06	14.8	14.1	10.7	0.618
× 6.4	5.40	684	0.273	6.24	19.9	19.8	0.155	4.15	15.0	13.5	10.7	0.624
× 4.8	4.20	522	0.213	4.80	20.1	19.2	0.122	3.20	15.2	12.9	10.8	0.628
L64 × 38 × 6.4	4.80	605	0.247	5.96	20.1	22.0	0.0666	2.33	10.4	9.45	8.15	0.354
× 4.8	3.60	461	0.193	4.59	20.3	21.3	0.0524	1.80	10.6	8.81	8.23	0.360
L51 × 51 × 9.5	7.00	877	0.198	5.70	15.0	16.1	0.198	5.70	15.0	16.1	9.80	1.00
× 7.9	5.80	742	0.172	4.88	15.2	15.5	0.172	4.88	15.2	15.5	9.80	1.00
× 6.4	4.70	605	0.144	4.00	15.4	14.9	0.144	4.00	15.4	14.9	9.83	1.00
× 4.8	3.60	461	0.113	3.08	15.5	14.2	0.113	3.08	15.5	14.2	9.88	1.00
× 3.2	2.40	312	0.0787	2.11	15.7	13.6	0.0787	2.11	15.7	13.6	9.93	1.00

짝수 번호 문제의 답

제1장

1.2 58.3 MPa

1.4 $\sigma_{br} = 50$ MPa (C), $\sigma_{al} = 33.3$ MPa (T), $\sigma_{st} = 100$ MPa (T)

1.6 228 mm

1.8 24.0 kN

1.10 25 mm^2

1.12 82,944 N

1.14 9.2 N/mm^2

1.16 $P = 50.2$ kN, $x = 602$ mm

1.18 $A_{CD} = 1476$ mm^2, $A_{GD} = 841$ mm^2, $A_{GF} = 1500$ mm^2

1.20 $A_{CE} = 1071.4$ mm^2, $A_{BE} = 625$ mm^2, $A_{EF} = 2678.6$ mm^2

1.22 18,278.7 kN

1.24 $\sigma = 0.07$ N/mm^2, $\tau = 0.25$ N/mm^2

1.26 550 kN

1.28 29.1 mm

1.30 (a) 53.1 MPa; (b) 33.3 MPa; (c) 18.18 MPa

1.32 17.46 mm

1.34 30.6 kN

1.36 (a) 19.92 mm; (b) 84.3 MPa

1.38 189.8 kN

1.40 $b = 367$ mm, $t = 15$ mm

1.42 12.4 kN·m

1.44 70.8 mm

1.46 (a) 6 rivets; (b) 4 rivets

1.48 9.77 mm

1.50 317.5 kN

1.52 14.72 km

1.54 (a) 166.7 MPa; (b) 101.9 MPa; (c) 166.7 MPa

1.56 12.15 kN

1.58 $\sigma_{BC} = 4.4$ MPa (C), $\sigma_{BE} = 3.5$ MPa (T)

제2장

2.2 (a) 321.7 MPa; (b) 58.5×10^9 N/m^2; (c) 380 MPa; (d) 410.4 MPa; (e) 377.2 MPa

2.4 (No answer)

2.6 0.354 mm

2.8 3140 N

2.10 $\sigma_{st} = 1{,}0000$ MPa, $\sigma_{cu} = 60$ MPa, $P = 2563.6$ kN

2.12 2.50 mm

2.14 720 N

2.16 18.0 kN

2.18 1.25 m

2.20 1.921 mm

2.22 59.9 kN

2.24 1.785 mm↓

2.26 1.164 mm →

2.28 (No answer)

2.30 $\sigma_x = 63.3$ MPa (T), $\sigma_y = 55.2$ MPa (T)

2.32 $PL(v^2 - 1)/(EA)$

2.34 (No answer)

2.36 0.326

2.38 $\gamma = 9.98 \times 10^{-3}$ rad, $\epsilon_{AC} = 7.50 \times 10^{-3}$, $\epsilon_{BD} = -2.50 \times 10^{-3}$

2.40 $\epsilon_{AC} = \gamma/2$, $\epsilon_{BD} = -\gamma/2$

2.42 (No answer)

2.44 $\sigma_{st} = 193.6$ MPa (C), $\sigma_{co} = 13.6$ MPa (C)

2.46 91.3 mm

2.48 1.075 MN

2.50 16.30 MPa (C)

2.52 73,980 N

2.54 3.90 mm

2.56 25.9 MPa (T)

2.58 304.56 kN

2.60 $R_B = 0.415\,P$, $R_D = 0.585\,P$

2.62 $\sigma_{st} = 123.6$ MPa (T), $\sigma_{br} = 61.8$ MPa (C)

2.64 7.32 mm

2.66 $P_A = 239$ kN, $P_B = 184.2$ kN, $P_C = 177.2$ kN

2.68 $P_{AB} = P_{AD} = 2.48$ kN, $P_{AC} = 3.01$ kN

2.70 $P_{st} = 50.5$ kN, $P_{al} = 39.8$ kN

2.72 7.6 kN

2.74 (a) 138.67 MPa (T); (b) 37.8°C

2.76 (a) 40.6°C; (b) 60.0 MPa (C)

2.78 41.6°C

2.80 (No answer)

2.82 $\sigma_{cu} = 6.71$ MPa (T), $\sigma_{al} = 16.77$ MPa (C)

2.84 22.7°C (decrease)

2.86 $\sigma_{st} = 105.3$ MPa (C), $\sigma_{al} = 19$ MPa (C)

2.88 $\sigma_{AD} = \sigma_{CD} = 112.3$ MPa (C), $\sigma_{BD} = 112.3$ MPa (T)

2.90 $\sigma_{st} = 79.0$ MPa (T), $\sigma_{al} = 45.1$ MPa (T), $\sigma_{br} = 31.6$ MPa (T)

2.92 270.3 MPa (T)
2.94 (No answer)
2.96 $A_{al}/A_{st} = 3.8$
2.98 (a) 6629.8 mm^2; (b) 2.54 mm
2.100 15.16×10^{-3} mm
2.102 (a) 35.6 MPa (T); (b) 71.1 MPa (T)
2.104 $P_C = 0.923P$, $P_D = 1.615P$
2.106 $\sigma_A = 194$ MPa (T), $\sigma_C = 129.3$ MPa (T)
2.108 56.0°C (decrease)

제3장

3.2 (a) 114.0 mm; (b) 41.3 MPa
3.4 (No answer)
3.6 231 N
3.8 4.00 kN·m
3.10 509 N·m
3.12 (a) $\tau_{st} = \tau_{br} = 18.11$ MPa, $\tau_{al} = 28.0$ MPa; (b) 5.29°
3.14 6.34°, clockwise when viewed from D toward A
3.16 $T_0L/(2GJ)$
3.18 5.11 kN·m
3.20 $d_{st} = 59.4$ mm, $d_{br} = 145.6$ mm
3.22 $\tau_{br} = 168.5$ MPa, $\tau_{al} = 8.4$ MPa, $\tau_{st} = 185.1$ MPa
3.24 $T_{st} = T_{al} = 251$ N·m
3.26 $\tau_{st} = 67.9$ MPa, $\tau_{br} = 44.6$ MPa
3.28 $T_A = 4T/13, T_C = 6T/13$
3.30 54.5 mm
3.32 (a) 23.5 MPa, (b) 0.72°
3.34 (a) 42.6 MPa, (b) 6.00°
3.36 (No answer)
3.38 (a) $(1.509 \times 10^{-3})T/t^3$; (b) $(1.444 \times 10^{-3})T/t^3$, 4.31%
3.40 3297.9 N·m
3.42 (a) 0.785; (b) 0.617
3.44 (a) 9,46,980 N·mm; (b) 2.1°
3.46 (a) 37,32,480 N·mm; (b) 2.29°
3.48 (No answer)
3.50 15,82,675.5 N·mm
3.52 Bar (a): 71.8 MPa, 3.55°; Bar (b): 118.7 MPa, 11.3°
3.54 835
3.56 (a) 32.4 mm; (b) 20.4°
3.58 (a) 128.9 mm; (b) 3.33 MW
3.60 76.75 mw
3.62 (a) 69.6 mm; (b) 0.448° (gear A lags gear D)
3.64 (a) (No answer); (b) No change
3.66 $T_C = T_0/4$, $T_A = 3T_0/4$
3.68 57,255 N·mm
3.70 (a) 16.67 MPa, (b) 2.05°

제4장

4.2 $V = C_0/L, M = -C_0 + C_0x/L$
4.4 $V = -w_0x + w_0x^2/(2L), M = -w_0x^2/2 + w_0x^3/(6L)$
4.6 $AB: V = Pb/(a+b), M = Pbx/(a+b)$;
$BC: V = -Pa/(a+b), M = Pa[1 - x/(a+b)]$
4.8 $AB: V = -120x$ N, $M = -60x^2$ N·m;
$BC: V = -960$ N, $M = -960x + 3840$ N·m
4.10 AB: $V = -120x$ N, $M = -60x^2$ N·m;
BC: $V = -120x + 810$ N,
$M = -60x^2 + 810x - 2430$ N·m
4.12 AB: $V = -8x + 29$ kN, $M = -4x^2 + 29x$ kN·m;
BC: $V = -11$ kN, $M = -11x + 88$ kN·m
4.14 AB: $V = P/3, M = Px/3$;
BC: $V = -2P/3, M = P(L-2x)/3$;
CD: $V = P/3, M = -P(L-x)/3$
4.16 AB: $V = 12$ km, $M = 12x$ kN·m;
BC: $V = 0, M = 48$ kN·m;
CD: $V = 0, M = 0$
4.18 AB: $V = -60x + 670$ N, $M = -30x^2 + 670x$ N·m;
BC: $V = -60x - 230$ N,
$M = -30x^2 - 230x + 3600$ N·m;
CD: $V = -60x + 1480$ N,
$M = -30x^2 + 1480x - 16{,}920$ N·m
4.20 $AB: V = 540$ N, $M = 540x$ N·m;
$BC: V = 940 - 100x^2$ N, $M = -100x^3/3 + 940x - 1600/3$ N·m
4.22 $AB: V = (M_0/2R)\sin\theta, M = (M_0/2)(1 - \cos\theta)$;
$BC: V = (M_0/2R)\sin\theta, M = -(M_0/2)(1 + \cos\theta)$
4.24 $V_{max} = 7000$ kN, $M_{max} = 32{,}000$ kN·m
4.26 $V_{max} = -68.9$ kN, $M_{max} = -100$ kN·m
4.28 $V_{max} = \pm 2000$ kN, $M_{max} = -16{,}000$ kN·m
4.30 $V_{max} = -1320$ kN, $M_{max} = 4320$ kN·m
4.32 $V_{max} = 240$ kN, $M_{max} = -240$ kN·m
4.34 $V_{max} = -49$ kN, $M_{max} = 54.3$ kN·m
4.36 $V_{max} = 30$ kN, $M_{max} = -108$ kN·m
4.38 $V_{max} = 60$ kN, $M_{max} = 90$ kN·m
4.40 $V_{max} = -2100$ kN, $M_{max} = -8200$ kN·m
4.42 $V_{max} = 2400$ kN, $M_{max} = \pm 4000$ kN·m
4.44 $V_{max} = \pm w_0L/4$, $M_{max} = -w_0L^2/12$
4.46 $V_{max} = -86$ kN, $M_{max} = 137.5$ kN·m
4.48 $V_{max} = -8000$ kN, $M_{max} = 24{,}000$ k·m
4.50 $V_{max} = -780$ kN, $M_{max} = -1800$ kN·m
4.52 $V_{max} = 10$ kN, $M_{max} = 18.3$ kN·m
4.54 $V_{max} = -1500$ kN, $M_{max} = 8000$ kN·m
4.56 $V_{max} = 4100$ kN, $M_{max} = 8810$ kN·m
4.58 $V_{max} = -2w_0L, M_{max} = -5w_0L^2/6$
4.60 $V_{max} = 1300$ kN, $M_{max} = 2670$ kN·m
4.62 $V_{max} = -1500$ kN, $M_{max} = -4500$ kN·m
4.64 $V_{max} = \pm 2.25$ kN, $M_{max} = -1.0$ kN·m
4.66 $V_{max} = 3.60$ kN, $M_{max} = -3.8$ kN·m
4.68 $M_{max} = 3200$ kN·m

제5장

5.2 (a) 167.6 MPa (T); (b) 125.7 MPa (C); (c) 145.2 MPa (T)
5.4 $(\sigma_T)_{max} = 50.0$ MPa, $(\sigma_C)_{max} = 100.0$ MPa
5.6 (a): 42.7 MPa, (b): 60.3 MPa
5.8 (a) 31,250 MPa; (b) 15,625 MPa (C)

5.10 1.774 kN/m
5.12 75.0 MPa (just to the right of B)
5.14 32.5 kN
5.16 7740 N
5.18 75.0 mm
5.20 22.0 kN/m
5.22 96,000 N/m
5.24 2.8 m
5.26 (a) 4850 N/m; (b) 178.6 N/m
5.28 21.5 kN/m
5.30 3.44 kN/m
5.32 $w_0 = 2592$ N/m, $P = 23{,}328$ N
5.34 $(\sigma_T)_{\max} = 48.0$ MPa, $(\sigma_C)_{\max} = 120.0$ MPa
5.36 $(\sigma_T)_{\max} = 67.5$ MPa, $(\sigma_C)_{\max} = 39.4$ MPa
5.38 $(\sigma_T)_{\max} = 8.35$ MPa, $(\sigma_C)_{\max} = 10.26$ MPa
5.40 26.8 kN
5.42 1.01 kN/m
5.44 0.707
5.46 W460 × 52, 106.0 MPa
5.48 W200 × 46.1, 114.4 MPa
5.50 W610 × 101, 105.2 MPa
5.52 AB: W360 × 32.9, 148.7 MPa; BC: W310 × 28.3, 127.8 MPa
5.54 W310 × 28.3, 109.9 MPa
5.56 (No answer)
5.58 (a) 0.63 MPa; (b) 0.44 MPa
5.60 1.732 mm
5.62 (a) 30.52 MPa; (b) 90.2%
5.64 6666.7 N
5.66 345 kPa
5.68 13.68 kN
5.70 6.27 MPa
5.72 161.9 MPa
5.74 (b) $3V/ah$
5.76 3375 N/m
5.78 16,200 N
5.80 28.7 kN
5.82 32,724 N
5.84 (b) 21,652 N
5.86 11.73 kN
5.88 144.2 mm square
5.90 (b) 6.38 kN
5.92 (a): 37 mm, (b): 22.2 mm
5.94 1184.2 N
5.96 166.1 mm
5.98 (a) 186 mm; (b) 32 MPa
5.100 $\sigma_T = 3.38$ MPa, $\sigma_C = 1.688$ MPa
5.102 102.65 kN
5.104 15.50 kN
5.106 16.2 MPa
5.108 48.52 MPa
5.110 48.1 kN
5.112 889 N/m
5.114 W610 × 125, 113.8 MPa
5.116 (a) 3.28 MPa; (b) 31.8 MPa
5.118 86.6 mm
5.120 11,013 N
5.122 (a) 0.245 MPa; (b) 105.8 mm
5.124 (a) 8910 N/m; (b) 95.0 mm

제6장

6.2 (a) $EIv = \dfrac{w_0}{24}(2Lx^3 - x^4 - L^3x)$; (b) $\dfrac{5w_0L^4}{384EI}\downarrow$
6.4 $\dfrac{M_0L^2}{8EI}\downarrow$ at $x = \dfrac{L}{2}$
6.6 For left half: $\sqrt{3}M_0L^2/216\uparrow$ at $x = \sqrt{3}L/6$
6.8 12.71 mm (at $x = 1.042$ m)
6.10 $\dfrac{3w_0L^4}{640EI}\downarrow$
6.12 $\dfrac{Pa^2(3L-a)}{6EI}\downarrow$
6.14 (a) 16×10^3 N·m$^3\downarrow$; (b) 7.20×10^{-6} m^4
6.16 $v' = -0.01167$, $v = 20.0$ mm
6.18 26.8 kN·m$^3\downarrow$
6.20 $\dfrac{61w_0a^4}{36EI}\downarrow$
6.22 619 mm
6.24 1981 kN·m$^3\downarrow$
6.26 (a) $EIv = M_0\left(-x^3/6L + \langle x - L/3\rangle^2/2 - Lx/18\right)$; (b) $2M_0L^2/81\downarrow$
6.28 (a) $EIv = -50x^3 + 1350\langle x-3\rangle^2 - 12.5\langle x-6\rangle^4 + 350\langle x-9\rangle^3 - 1238x$ N·m^3; (b) 7090 N·m$^3\downarrow$
6.30 (a) $EIv = (4/3)x^3 - (2/3)\langle x-3\rangle^3 - \langle x-6\rangle^3 - (4/3)\langle x-9\rangle^3$-130.5x kN·m^3; (b) 513 kN·m$^3\downarrow$
6.32 $\dfrac{Pa^2}{12EI}(4a-3b)\downarrow$
6.34 (a) 54.0 kN·m$^3\downarrow$; (b) 54.8 kN·m$^3\downarrow$
6.36 176.5 N
6.38 3570 kN·m$^3\downarrow$
6.40 29.4 N·m$^3\downarrow$
6.42 $0.0630\dfrac{w_0L^4}{EI}\downarrow$
6.44 104.1 mm
6.46 251 kN·m$^3\uparrow$
6.48 65 mm$\downarrow$
6.50 (a) $w_0L/10$; (b) $w_0L^3/120$ ↻
6.52 853 N·m$^3\downarrow$
6.54 $\dfrac{\sqrt{3}M_0L^2}{216EI}\uparrow$
6.56 $(16.00 \times 10^{-3})\ M_0\ L^2\downarrow$
6.58 64,000 N·m$^3\downarrow$
6.60 62.0 mm$\downarrow$

6.62 1440 $N \cdot m^3 \downarrow$

6.64 428 $N \cdot m^3 \downarrow$

6.66 $\dfrac{M_0 L^2}{128 EI_0} \uparrow$

6.68 $EI\delta_B = 1330\ N \cdot m^3 \downarrow$, $EI\delta_C = 1716\ N \cdot m^3 \downarrow$

6.70 55.5 mm $\downarrow$

6.72 4390 $N \cdot m^3 \downarrow$

6.74 7.6 MPa

6.76 135.4 mm

6.78 236 N

6.80 1438 $N \cdot m^3 \downarrow$

6.82 8.91 mm, 0.557°

6.84 $21.2 \times 10^3\ kN \cdot m^3 \downarrow$

6.86 49.0 $kN{\cdot}m^3 \downarrow$

6.88 121.9 mm, 0.437°

6.90 $M_0 = PL/8$

6.92 $\dfrac{M_0 a}{2EI}(2b + a) \downarrow$

6.94 $\dfrac{5 w_0 a^4}{8 EI_0} \downarrow$

6.96 $EIv = \dfrac{w_0 x}{24}(-x^3 + 4Lx^2 - 8L^3)$

6.98 $EIv = \dfrac{w_0 x}{360L}(-3x^4 - 15Lx^3 + 40L^2x^2 - 22L^4)$

6.100 $EIv_{AB} = \dfrac{w_0 x}{24}(-x^3 + 4ax^2 - 20a^3)$,

$EIv_{BC} = \dfrac{w_0 a^2}{24}(6x^2 - 24ax + a^2)$

6.102 3240 $N \cdot m^3 \uparrow$

6.104 $41 w_0 L^4 / 384 \downarrow$

6.106 $\dfrac{w_0 b^3}{24}(3b + 4a) \downarrow$

6.108 15.40 $kN \cdot m^3 \downarrow$

6.110 65.7 mm

제7장

7.2 $w_0 L/10$

7.4 (a) $R_A = R_B = P/2$, $M_A = M_B = PL/8$

7.6 (a) $R_A = R_B = w_0 L/2$, $M_A = M_B = w_0 L^2/12$

7.8 $R_A = 3w_0 L/20$, $R_B = 7w_0 L/20$, $M_A = w_0 L^2/30$, $M_B = w_0 L^2/20$

7.10 (a) $R_A = R_B = P$, $M_A = M_B = 2Pa/3$; (b) $5Pa^3/(24EI) \downarrow$

7.12 $R_A = R_B = 34.6$ kN, $M_A = 14.40$ kN·m, $M_B = 38.4$ kN·m

7.14 $R_A = 17.78$ kN, $R_B = 6.22$ kN, $M_A = 21.3$ kN·m, $M_B = 10.65$ kN·m

7.16 $R_A = 334$ N, $R_B = 823$ N, $R_C = 283$ N, $M_A = 309$ N·m

7.18 $R_A = 84.8$ kN, $R_B = 115.2$ kN, $M_B = 60.9$ kN·m

7.20 945 N

7.22 $R_A = P$, $M_A = 3PL/8$, $M_B = PL/8$

7.24 $R_A = 42$ N, $R_B = 1250$ N, $R_C = 708$ N

7.26 (a) $M_A = M_B = \dfrac{w_0 a^2}{6L}(3L - 2a)$; (b) $\dfrac{w_0 a^3}{24}(L - a) \downarrow$

7.28 12.88 kN

7.30 308 N

7.32 $R_A = 12.19$ kN $\uparrow$, $R_B = 20.6$ kN $\uparrow$, $R_C = 2.82$ kN $\downarrow$

7.34 $R_A = 84.8$ kN, $R_B = 115.2$ kN, $M_B = 60.9$ kN·m

7.36 $R_A = P$, $M_A = 3PL/8$, $M_B = PL/8$

7.38 $R_B = 2.57$ kN $\uparrow$, $R_C = 3.43$ kN $\downarrow$

7.40 $M_A = 1485$ N·m, $M_C = 2480$ N·m

7.42 0.478 N

7.44 $R_A = R_D = 2w_0 L/5$, $R_B = R_C = 11 w_0 L/10$

7.46 $w_0 L^2/6$

7.48 $R_A = 593$ N $\downarrow$, $R_B = 5630$ N $\uparrow$

7.50 $R_B = 1500$ N $\uparrow$, $R_C = 1500$ N $\downarrow$, $M_C = 2000$ N·m

7.52 $R_A = R_C = P(1 + 3b/2a) \uparrow$, $R_B = 3Pb/a \downarrow$

7.54 $\dfrac{7 w_0 L^4}{1152 EI}$

7.56 (No answer)

제8장

8.2 0.672 MPa

8.4 494 mm

8.6 4.44 m

8.8 (a)

8.10 (a) 17 bolts; (b) 75.3 MPa

8.12 0.0450 mm

8.14 11.66 mm

8.16 162.5 N

8.18 $\sigma_A = 18.89$ MPa (T), $\sigma_B = 14.44$ MPa (C)

8.20 1088.7 kN, larger (1161 kN) with no plate

8.22 $\sigma_{max} = 2.66$ MPa, $\sigma_{min} = -17.70$ MPa

8.24 $\sigma_A = 10.08$ MPa (C), $\sigma_B = 55.9$ MPa (T)

8.26 63.3 MPa

8.28 457 kN

8.30 $\sigma = -35$ MPa, $\tau = 43.3$ MPa

8.32 $\sigma = 4.26$ MPa, $\tau = 10.01$ MPa

8.34 $\sigma_{x'} = -6.93$ MPa, $\sigma_{y'} = 6.93$ MPa, $\tau_{x'y'} = 4.0$ MPa

8.36 $\sigma_{x'} = -16.66$ MPa, $\sigma_{y'} = 0.66$ MPa, $\tau_{x'y'} = 5.0$ MPa

8.38 $\sigma_1 = 72.4$ MPa, $\sigma_2 = -12.4$ MPa, $\theta_1 = 67.5°$

8.40 $\sigma_1 = 18$ MPa, $\sigma_y = -6$ MPa, $\theta_1 = 45°$

8.42 $\tau_{max} = 11.18$ MPa, $\theta = -13.28°$

8.44 $\tau_{max} = 31.6$ MPa, $\theta_1 = -9.22°$

8.46 $R = 14.14$ MPa, $\bar{\sigma} = 0$

8.48 $R = 0$, $\bar{\sigma} = -p$

8.50 $\sigma_{x'} = -6.93$ MPa, $\sigma_{y'} = 6.93$ MPa, $\tau_{x'y'} = 4.0$ MPa

8.52 $\sigma_{x'} = -16.66$ MPa, $\sigma_{y'} = 0.66$ MPa, $\tau_{x'y'} = 5.0$ MPa

8.54 $\sigma_{x'} = -0.33$ MPa, $\sigma_{y'} = 4.33$ MPa, $\tau_{x'y'} = 5.88$ MPa

8.56 $\sigma_{x'} = -81.8$ MPa, $\sigma_{y'} = 31.8$ MPa, $\tau_{x'y'} = 61.7$ MPa
8.58 (a) $\sigma_1 = 6.49$ MPa, $\sigma_2 = -10.49$ MPa, $\theta_1 = 22.5°$; (b) $\tau_{max} = 8.49$ MPa
8.60 (a) $\sigma_1 = -4.79$ MPa, $\sigma_2 = -19.21$ MPa, $\theta_2 = 73.2°$; (b) $\tau_{max} = 7.21$ MPa
8.62 (a) $\sigma_x = 3.46$ MPa, $\sigma_y = -3.46$ MPa, $\tau_{xy} = 5$ MPa; (b) $\sigma_1 = 6.08$ MPa, $\sigma_2 = -6.80$ MPa, $\theta_1 = 27.6°$
8.64 $\sigma_1 = 38.3$ MPa, $\sigma_2 = -18.3$ MPa, $\theta_1 = 22.5°$
8.66 −20MPa
8.68 (a) 20 MPa; (b) 40 MPa
8.70 (a) 54.1 MPa; (b) 54.1 MPa
8.72 (a) 29.2 MPa; (b) 42.1 MPa
8.74 10 MPa
8.76 17.5 MPa
8.78 $\sigma_{x'} = 16.53$ MPa , $\tau_{x'y'} = 19.70$ MPa
8.80 $|\sigma|_{max} = 78.6$ MPa, $\tau_{max} = 40.4$ MPa
8.82 $|\sigma|_{max} = 57.6$ MPa, $\tau_{max} = 29.8$ MPa
8.84 91.3 mm
8.86 5070 N · m
8.88 32.1 mm
8.90 At A : 8.97 MPa; At B : 8.06 MPa
8.92 900 mm (inner diameter)
8.94 $\sigma_{max} = 17.1$ MPa, $\tau_{max} = 9.7$ MPa
8.96 20.8 kPa
8.98 46 mm
8.100 4.8 mm
8.102 $\sigma = 2.98$ MPa, $\tau = 11.51$ MPa
8.104 $\sigma_1 = 29.1$ MPa, $\sigma_2 = -1.24$ MPa, $\theta_1 = 11.7°$
8.106 21.3 MPa
8.108 (No answer)
8.110 $\sigma_1 = 46.3$ MPa, $\sigma_2 = -114.8$ MPa
8.112 $\sigma = -118.1$ MPa, $\tau = 60.8$ MPa
8.114 (No answer)
8.116 $\epsilon_b = (\epsilon_a + \epsilon_c)/2$
8.118 $\sigma_1 = 14.8$ MPa, $\sigma_2 = -40.8$ MPa, $\tau_{max} = 27.8$ MPa
8.120 $\sigma_1 = 120.6$ MPa, $\sigma_2 = -6.3$ MPa, $\theta_1 = 38.0°$
8.122 $r/4$
8.124 8.66 MPa
8.126 $\sigma_x = -27.5$ MPa, $\sigma_y = 57.5$ MPa, $\tau_{xy} = 56.3$ MPa
8.128 (a) $\sigma_x = -72.0$ MPa, $\sigma_y = 32.0$ MPa; (b) $\theta_1 = 75°$
8.130 $\epsilon_2 = 60 \times 10^{-6}$, $|\gamma_{xy}| = 480 \times 10^{-6}$
8.132 1239 N · m
8.134 22.8 kN · m
8.136 Point A : $\sigma_1 = 105.0$ MPa, $\sigma_2 = -1.029$ MPa; Point B : $\sigma_1 = 14.90$ MPa, $\sigma_2 = -14.90$ MPa
8.138 24.7 mm

제9장

9.2 7.87 kN · m
9.4 261.9 N
9.6 $\sigma_{wd} = 91.6$ MPa, $\sigma_{st} = 877.6$ MPa
9.8 62.8 mm
9.10 79.1 kN · m
9.12 $\sigma_{vi} = 8.51$ MPa, $\sigma_{al} = 212$ MPa
9.14 2301.5 N
9.16 74.7 MPa
9.18 Wood/steel: $4.31 \times 10^{-4} V$ MPa, wood/aluminum: $4.14 \times 10^{-4} V$ MPa
9.20 78.4 mm
9.22 (a) 7.264×10^6 N · mm; (b) 20.2 MPa
9.24 $\sigma_{st} = 73.3$ MPa, $\sigma_{co} = 3.39$ MPa
9.26 78.4 kN · m
9.28 $\sigma_{st} = 82.6$ Mpa, $A_{st} = 1723.8$ mm^2
9.30 269 kN · m
9.32 29.9 kN · m
9.34 $\sigma_{co} = 17.6$ MPa, $(\sigma_{st})_T = 271.3$ MPa, $(\sigma_{st})_C = 82$ MPa
9.36 38.3×10^7 N · mm
9.38 $b = 50.95$ mm, $d = 101.9$ mm, $A = 60.5$ mm^2
9.40 $b = 397$ mm, $A_{st} = 3.15 \times 10^3$ mm^2

제10장

10.2 57.2 mm
10.4 36.2 mm
10.6 (a) 9.88 m; (b) 739 kN
10.8 W250 × 67
10.10 44.9 mm
10.12 3.97 m
10.14 37.6°C
10.16 (a) 280; (b) 485
10.18 (a) 4.3 mm; (b) 14.1 mm
10.20 859 kN
10.22 5.91 m
10.24 7.14 in.
10.26 1164.6 kN
10.28 W310 × 23.8
10.30 (a) 22 mm; (b) 39 mm
10.32 (a) 53.1 MPa; (b) 3.9
10.34 $(\sigma_C)_{max} = 28.6$ MPa, $(\sigma_T)_{max} = 28.6$ MPa
10.36 273.7 mm
10.38 (a) 113.3 MPa; (b) 2.05
10.40 W410 × 149
10.42 37.8 kN (bending about z-axis)
10.44 45.5 kN (tension governs)
10.46 7.1 mm

제11장

11.2 $q_{max} = V/(\pi r)$
11.4 $q_{max} = 3V/(2\sqrt{2}\, b)$
11.6 (a) $q_{max} = 2V/(\pi r)$; (b) r

11.8 (a) $q_{max} = 17.43$ N/mm; (b) 44.7 mm
11.10 $0.273r$ to the left of B
11.12 10.48 mm to the left of B
11.14 11.25 mm to the left of B
11.16 $0.375b$ to the left of B
11.18 17.78 mm to the left of B
11.20 (a) 74.4°; (b) 1.3 MPa
11.22 183 kN
11.24 (a) 73.95°; (b) 9.36 MPa
11.26 −73 MPa (C)
11.28 (a) ($y=0$, $z=66.7$ mm) and ($y=-75.0$ mm, $z=0$); (b) $(\sigma_t)_{max}=0.500$ MPa, $(\sigma_c)_{max}=3.00$ MPa
11.30 26.6°
11.32 72.9 MPa
11.34 46.2 kN
11.36 21.8 mm
11.38 $(\sigma_t)_{max} = 84.0$ MPa, $(\sigma_c)_{max} = 98.2$ MPa
11.40 $(\sigma_t)_{max} = 40.3$ MPa, $(\sigma_c)_{max} = 35.2$ MPa

제12장

12.2 $\delta_V = 9.15$ mm ↓, $\delta_H = 2.42$ mm →
12.4 $5.83\ WL/(EA)$ ↓
12.6 $7PL^2/(24EI)$ ↺
12.8 $Pb^2/(EI)$ ↻
12.10 $\frac{\pi}{2} T_0 R\left(\frac{1}{EI}+\frac{1}{GJ}\right)$
12.12 $\delta_H = \frac{Pba^2}{2EI}$ →, $\delta_V = \frac{Pb^2(3a+b)}{3EI}$ ↓
12.14 $\delta_C = \frac{2PR^3}{EI}$ ←, $\delta_B = \frac{PR^3}{EI}\left(\frac{\pi}{4}+1\right)$ ↓
12.16 $\frac{Wb}{EA}\left(\sqrt{2}+\frac{3}{2}\right)$ ↓
12.18 $1.128\ W$
12.20 $P_{AB} = P_{AD} = 1046$ N (T), $P_{AC} = 1259$ N (T)
12.22 150.4 N
12.24 At A: 349 N ←, 1000 N ↓; at D: 451 N ←, 1000 N ↑
12.26 16.5 mm
12.28 169.4 MPa
12.30 13 mm
12.32 $\sigma_{max} = 110.1$ MPa, $\delta_{max} = 13$ mm
12.34 $2v\sqrt{mE/3AL}$
12.36 Unsafe
12.38 11.25 MPa
12.40 (a) 114.3 MPa; (b) 131.5 MPa
12.42 (a) 84.9 MPa; (b) 73.5 MPa
12.44 (a) 6.36 N; (b) 6.89 N
12.46 4.28 MN
12.48 2.29
12.50 4.74 kN·m
12.52 1.96 kN·m
12.54 2.47
12.56 (a) $3.02\frac{P}{Db}$; (b) $3.14\frac{P}{Db}$; (c) $3.73\frac{P}{Db}$
12.58 111.7 MPa
12.60 322.1 MPa
12.62 0.7 MPa
12.64 231 MPa

제13장

13.2 27.7
13.4 (a) 1.698; (b) 1.273
13.6 1.078
13.8 1.398
13.10 (a) 37,11,456 N·mm; (b) 7.42 kN·m
13.12 14,577.8 kN·mm
13.14 $P_{st} = 121.8$ kN (T), $P_{al} = 60.9$ kN (C)
13.16 $\sigma_{al} = 41.3$ MPa (T), $\sigma_{st} = 30.9$ MPa (T)
13.18 $\tau|_{\rho=r} = 7\tau_{yp}/24$, $\tau|_{\rho=r/2} = -17\tau_{yp}/48$
13.20 104.3°
13.22 15.1 MPa
13.24 $\sigma|_{y=75\text{ mm}} = -72.7$ MPa, $\sigma|_{y=45\text{ mm}} = 68.4$ MPa
13.26 94.4°
13.28 (a) 8.06 kN·m; (b) 1.285
13.30 9.16 kN·m
13.32 $M_L(2a+b)/(ab)$
13.34 136.1 kN
13.36 241 kN
13.38 $24M_L/L^2$
13.40 $11.66M_L/L^2$
13.42 $5M_L/(2a)$

부록 A

A.2 $A = 150 \times 10^3$ mm², $\bar{k}_x = 57.7$ mm
A.4 $\bar{y} = 105$ mm, $\bar{I}_x = 235.4 \times 10^6$ mm⁴
A.6 12.96×10^6 mm⁴
A.8 34×10^6 mm⁴
A.10 17.31×10^6 mm⁴
A.12 (a) 616×10^3 mm⁴; (b) 576×10^3 mm⁴
A.14 $0.433R$
A.16 $\bar{k}_x = 194.2$ mm
A.18 $\bar{y} = 200.3$ mm, $\bar{I}_x = 208.3 \times 10^6$ mm⁴
A.20 $3.07R^4$
A.22 -408×10^3 mm⁴
A.24 792×10^6 mm⁴
A.26 $I_u = 2.00 \times 10^6$ mm⁴, $I_v = 28.0 \times 10^6$ mm⁴, $I_{uv} = 0$
A.28 (a) 1.272×10^6 mm⁴; (b) $\theta_1 = 26.4°$, $\theta_2 = 116.4°$
A.30 $I_u = 10.57 \times 10^6$ mm⁴, $I_v = 39.43 \times 10^6$ mm⁴, $I_{uv} = -8.99 \times 10^6$ mm⁴

A.32 $I_1 = 59.04 \times 10^6\ \text{mm}^4$, $I_2 = 5.88 \times 10^6\ \text{mm}^4$, $\theta_1 = -32.4°$, $\theta_2 = 57.6°$

A.34 $I_1 = 143.6 \times 10^6\ \text{mm}^4$, $I_2 = 19.8 \times 10^6\ \text{mm}^4$, $\theta_1 = 41.4°$, $\theta_2 = 131.4°$

A.36 $I_u = I_v = 16.95 \times 10^4\ \text{mm}^4$, $I_{uv} = 0$

A.38 $I_1 = 913 \times 10^4\ \text{mm}^4$, $I_2 = 132.1 \times 10^4\ \text{mm}^4$, $\theta_1 = -27.5°$, $\theta_2 = 62.5°$

찾아보기

기타

역학에서 사용하는 주요 단위

물리량	국제단위계 (SI)			미국 관습단위계 (USCS)		
	단위	기호	공식	단위	기호	공식
가속도(각)	radian per second squared		rad/s^2	radian per second squared		rad/s^2
가속도(선형)	meter per second squared		m/s^2	foot per second squared		ft/s^2
면적	square meter		m^2	square foot		ft^2
밀도(질량)	kilogram per cubic meter		kg/m^3	slug per cubic meter		$sluy/ft^3$
밀도(중량) (비중)	newton per cubic meter		N/m^3	pound per cubic foot	pcf	lb/ft^3
에너지; 일	joule	J	$N \cdot m$	foot-pound		$ft \cdot lb$
힘	newton	N	$kg \cdot m/s^2$	pound	lb	(기본 단위)
단위 길이 당 힘 (힘의 세기)	newton per meter		N/m	pound per foot		lb/ft
진동수	hertz	Hz	s^{-1}	hertz	Hz	s^{-1}
길이	meter	m	(기본 단위)	foot	ft	(기본 단위)
질량	kilogram	kg	(기본 단위)	slug		$lb \cdot s^2/ft$
힘의 모멘트; 토크	newton-meter		$N \cdot m$	pound-foot		$lb \cdot ft$
관성 모멘트(면적)	meter to fourth power		m^4	inch to fourth power		$in.^4$
관성 모멘트(질량)	kilogram meter squared		$kg \cdot m^2$	slug foot squared		$slug \cdot ft^2$
동력	watt	W	J/s $(N \cdot m/s)$	foot-pound per second		$ft \cdot lb/s$
압력	pascal	Pa	N/m^2	pascal	psf	lb/ft^2
단면계수	meter to third power		m^3	inch to third power		$in.^3$
응력	pascal	Pa	N/m^2	pound per square inch	psi	$lb/in.^2$
시간	second	s	(기본 단위)	second	s	(기본 단위)
속도(각)	radian per second		rad/s	radian per second		rad/s
속도(선형)	meter per second		m/s	foot per second	fps	ft/s
체적(액체)	liter	L	$10^{-3}m^3$	gallon	gal.	$231in.^3$
체적(고체)	cubic meter		m^3	cubic foot	cf	ft^3

물리적 특성치

물성치	SI	USCS
청수 비중 밀도	 9.81 kN/m³ 1000 kg/m³	 62.4 lb/ft³ 1.94 slugs/ft³
해수 비중 밀도	 10.0 kN/m³ 1020 kg/m³	 63.8 lb/ft³ 1.98 slugs/ft³
알루미늄 (구조용 합금) 비중 밀도	 28 kN/m³ 2800 kg/m³	 175 lb/ft³ 5.4 slugs/ft³
강 비중 밀도	 77 kN/m³ 7850 kg/m³	 490 lb/ft³ 15.2 slugs/ft³
보강된 콘크리트 비중 밀도	 24 kN/m³ 2400 kg/m³	 150 lb/ft³ 4.7 slugs/ft³
대기압 (해수면) 권고 값 국제 표준 값	 101 kPa 101.325 kPa	14.7 psi 14.6959 psi
중력가속도 (위도 약 45° 해수면) 권고 값 국제 표준 값	 9.81 m/s² 9.80665 m/s²	 32.2 lb/ft³ 32.1740 slugs/ft³

SI 접두어

명칭	부호	곱수
tera	T	10^{12} = 1 000 000 000 000
giga	G	10^{9} = 1 000 000 000
mega	M	10^{6} = 1 000 000
kilo	k	10^{3} = 1 000
hecto	h	10^{2} = 100
deka	da	10^{1} = 10
deci	d	10^{-1} = 0.1
centi	c	10^{-2} = 0.01
milli	m	10^{-3} = 0.001
micro	μ	10^{-6} = 0.000 001
nano	n	10^{-9} = 0.000 000 000 001
pico	p	10^{-12} = 0.000 000 000 001

(주) 접두어 hecto, deka, deci 그리고 centi는 SI 단위에서 추천하지 않음.